Kleiner Leitfaden Naturwissenschaften

Physik – Astronomie – Chemie – Biologie

Herausgegeben von

Gerd-Dietrich Schmidt

PAETEC

Gesellschaft für Bildung und Technik mbH

Herausgeber
Dr. Gerd-Dietrich Schmidt

Autoren
Dr. Susanne Brezmann, Hamburg
Dr. habil. Volkmar Dietrich, Potsdam
Werner Ehlert, Magdeburg
Prof. Dr. habil. Karl-Heinz Gehlhaar, Schkeuditz
Dr. Annett Hartmann, Königswinter
Prof. Dr. habil. Lothar Meyer, Potsdam
OStR. Leonore Naunapper, Leipzig
Doz. Dr. habil. Christa Pews-Hocke, Berlin
Dr. Gerd-Dietrich Schmidt, Berlin
Dr. Oliver Schwarz, Gotha
Dr. Adria Wehser, Neubrandenburg

Die Deutsche Bibliothek – CIP-Einheitsaufnahme

Kleiner Leitfaden Naturwissenschaften : Physik – Astronomie – Chemie – Biologie / hrsg. von Gerd-Dietrich Schmidt. [Autoren: Susanne Brezmann ...]. - 2., stark überarb. und erg. Aufl. - Berlin : Paetec, Ges. für Bildung und Technik, 1996
ISBN 3-89517-021-6
NE: Schmidt, Gerd-Dietrich [Hrsg.]; Brezmann, Susanne

Dieses Werk folgt der reformierten Rechtschreibung und Zeichensetzung. Ausnahmen bilden Texte, bei denen künstlerische, philologische oder lizenzrechtliche Gründe eine Änderung gegenstehen.

Gedruckt auf chlorfrei gebleichtem Papier

2. stark überarbeitete und ergänzte Auflage

2 5 4 3 2 1 2000 99 98 97
Die letzte Ziffer bezeichnet das Jahr dieses Druckes.

Redaktion: Annett Hartmann, Lothar Meyer, Christa Pews-Hocke, Gerd-Dietrich Schmidt
Umschlaggestaltung: Britta Scharffenberg
Layout: Enev Design & Consulting, Berlin
Druck: Westermann Druck Zwickau GmbH

ISBN 3-89517-021-6

— Atommasse in u

— Elementsymbol

ktiv.

			Hauptgruppe					
	I	II	III	IV	V	VI	VII	VIII
								2 4,00 He Helium
			5 10,81 2,0 B Bor	6 12,01 2,5 C Kohlenstoff	7 14,007 3,0 N Stickstoff	8 15,999 3,5 O Sauerstoff	9 18,998 4,0 F Fluor	10 20,18 Ne Neon
			13 26,98 1,5 Al Aluminium	14 28,09 1,8 Si Silicium	15 30,97 2,1 P Phosphor	16 32,06 2,5 S Schwefel	17 35,45 3,0 Cl Chlor	18 39,95 Ar Argon
28 58,70 1,8 Ni Nickel	29 63,55 1,9 Cu Kupfer	30 65,38 1,6 Zn Zink	31 69,72 1,6 Ga Gallium	32 72,59 1,8 Ge Germanium	33 74,92 2,0 As Arsen	34 78,96 2,4 Se Selen	35 79,90 2,8 Br Brom	36 83,80 Kr Krypton
46 106,4 2,2 Pd Palladium	47 107,87 1,9 Ag Silber	48 112,41 1,7 Cd Cadmium	49 114,82 1,7 In Indium	50 118,69 1,8 Sn Zinn	51 121,75 1,9 Sb Antimon	52 127,60 2,1 Te Tellur	53 126,90 2,5 I Iod	54 131,30 Xe Xenon
78 195,09 2,2 Pt Platin	79 196,97 2,4 Au Gold	80 200,59 1,9 Hg Quecksilber	81 204,37 1,8 Tl Thallium	82 207,2 1,8 Pb Blei	83 208,98 1,9 Bi Bismut	84 [209] 2,0 Po* Polonium	85 [210] 2,2 At* Astat	86 [222] Rn* Radon

4 157,25 ,2 Gd adolinium	65 158,92 1,2 Tb Terbium	66 162,50 1,2 Dy Dysprosium	67 164,93 1,2 Ho Holmium	68 167,26 1,2 Er Erbium	69 168,93 1,2 Tm Thulium	70 173,04 1,2 Yb Ytterbium	71 174,97 1,2 Lu Lutetium

6 [247] ,3 Cm* urium	97 [247] 1,3 Bk* Berkelium	98 [251] 1,3 Cf* Californium	99 [254] 1,3 Es* Einsteinium	100 [257] 1,3 Fm* Fermium	101 [258] 1,3 Md* Mendelevium	102 [259] 1,3 No* Nobelium	103 [260] 1,3 Lr* Lawrencium

höchsten Halbwertszeit an.

Inhaltsverzeichnis

1 Die Naturwissenschaften

1.1 Die Naturwissenschaften und ihre Disziplinen

In unserer natürlichen Umwelt kann man viele interessante Erscheinungen beobachten.

Ein Gewitter ist eine eindrucksvolle Naturerscheinung.

Wie kommt es aber zu einem Blitz?

Wie gefährlich ist ein Blitz?

Was kann man tun, damit ein Blitz keinen Schaden anrichtet?

Der Mond ist in unterschiedlicher Gestalt am Himmel zu beobachten. Mal ist er ganz, mal ist er nur teilweise zu sehen. Manchmal kommt es zu einer Mondfinsternis.

Wie sind diese unterschiedlichen Erscheinungsformen des Mondes am Himmel zu erklären?

Eisen ist ein sehr festes Metall. Deshalb nutzt man es häufig, um Gegenstände daraus zu fertigen. Nach einer gewissen Zeit kann man jedoch beobachten, dass sich die glatte Oberfläche des Eisens verändert. Es bildet sich Rost.

Wie ist das zu erklären?

Wie kann man die Rostbildung verhindern?

Aus einem kleinen Samen wird ein großer, prächtiger Baum.

Wie kann sich aus einem so kleinen Samen ein großer Baum entwickeln?

Warum entstehen aus den Samen eines Baumes immer wieder Bäume mit ähnlichen Merkmalen?

Wie kommen die Veränderungen an einem Baum im Rhythmus der Jahreszeiten zustande?

Im Laufe von Millionen Jahren haben sich auf der Erde unterschiedliche Lebensräume für Pflanzen, Tiere und Menschen entwickelt. Es entstanden Ozeane und Kontinente mit Landschaften verschiedener Prägung.

Wie sind diese Landschaften entstanden?

Wie verändern sie sich noch heute?

Die Naturwissenschaften beschäftigen sich mit Erscheinungen und Gesetzen in unserer natürlichen Umwelt. Sie ermöglichen die Erklärung und Voraussage vieler Erscheinungen in der Natur.

Innerhalb der Naturwissenschaften haben sich im Laufe der Geschichte verschiedene Disziplinen entwickelt. Heute unterteilt man die Naturwissenschaften gewöhnlich in vier Disziplinen.

Die **Physik** untersucht *grundlegende* Erscheinungen und sucht nach grundlegenden Gesetzen, die sowohl in der belebten als auch in der unbelebten Natur auftreten und auch in den anderen naturwissenschaftlichen Disziplinen berücksichtigt werden.

Die **Astronomie** untersucht Erscheinungen im Weltall, u.a. die Bewegung und Entwicklung von Planeten und Sternen.

Die **Chemie** untersucht Erscheinungen, die mit dem Aufbau, den Eigenschaften und der Umwandlung von Stoffen unserer Umwelt durch chemische Reaktionen verbunden sind.

Die **Biologie** untersucht Erscheinungen des Lebens von Pflanzen, Tieren und Menschen, seiner Entstehung, seiner Gesetzmäßigkeiten, Erscheinungsformen und Entwicklung.

Auch die **Geographie** besitzt einen naturwissenschaftlichen Bereich, die physische Geographie. Sie untersucht die Wechselbeziehungen zwischen Lufthülle, Gesteinshülle, Wasserhülle und Lebewesen in der Nähe der Erdoberfläche sowie die Einflüsse der menschlichen Gesellschaft auf die Ausprägung der Landschaften.

Die einzelnen naturwissenschaftlichen Disziplinen untersuchen in der Regel nur Teilbereiche der Natur unter ganz bestimmten Gesichtspunkten. Unsere natürliche Umwelt ist aber ein einheitliches Ganzes. Um Erscheinungen der Natur richtig zu verstehen, müssen deshalb oft Erkenntnisse aus verschiedenen Naturwissenschaften herangezogen und gemeinsam ausgewertet werden. Folglich wird in einer naturwissenschaftlichen Disziplin stets versucht, auch die Erkenntnisse anderer Naturwissenschaften zu berücksichtigen und anzuwenden.

In Grenzbereichen zwischen den verschiedenen Naturwissenschaften haben sich neue naturwissenschaftliche Disziplinen wie Biophysik, Biochemie, physikalische Chemie oder Astrophysik entwickelt. Diese Teildisziplinen versuchen ganz gezielt Fragen und Probleme in der einen Naturwissenschaft durch Anwendung von Erkenntnissen aus der anderen Naturwissenschaft zu lösen.

Der Sinn der Naturwissenschaften besteht aber nicht nur in der Erklärung und Voraussage von Erscheinungen in der natürlichen Umwelt.

Die Naturwissenschaften sind eine wichtige Grundlage der Technik. In der Technik werden naturwissenschaftliche Erkenntnisse bewusst vom Menschen genutzt, um u.a. Stoffe mit gewünschten Eigenschaften herzustellen, Geräte und Anlagen zu bauen, Energie zu verwenden, damit sein Leben sicherer und angenehmer wird.

In Kraftwerken wird z.B. elektrische Energie bereitgestellt, die wir zu Hause nutzen können. In elektrischen Geräten wird diese Energie in Wärme oder Licht umgewandelt oder man nutzt sie zum Verrichten von Arbeit.

In chemischen Anlagen werden Stoffe hergestellt, die der Mensch z.B. als Baustoff, Brennstoff, Medikament und vieles mehr nutzt.

Auch bei technischen Anwendungen arbeiten Naturwissenschaftler verschiedener Disziplinen zusammen. Oft ist die Natur selbst Vorbild für technische Lösungen. Dann werden Erkenntnisse aus verschiedenen Naturwissenschaften angewendet.

Im Flugzeugbau werden viele technische Lösungen dem Vogelflug „abgeguckt".

Der Wulstbug eines Schiffes hat sein Vorbild bei einem Delphin.

Naturwissenschaftliche Erkenntnisse spielen auch in unserem täglichen Leben eine wichtige Rolle. So ist bekannt, dass man sich in einem anfahrenden oder bremsenden Bus im Stehen festhalten muss um nicht umzufallen. Nach dem Baden in einem See sollte man die nasse Badebekleidung wechseln, weil man sich sonst leicht erkälten kann. Wenn man Haustiere halten will, muss man genau wissen, welche Lebensbedingungen die betreffenden Haustiere benötigen, was sie fressen und wie sie sich fortpflanzen. Wer Kosmetika oder Haushaltschemikalien verwendet, sollte ihre Wirkungen genau kennen, um Nebenwirkungen zu vermeiden.

Naturwissenschaftliche Erkenntnisse sind eine wichtige Grundlage unseres täglichen Lebens. Die bewusste Nutzung solcher Erkenntnisse erleichtert unser Leben und erhöht unsere Sicherheit. Unkenntnis oder Nichtbeachtung naturwissenschaftlicher Erkenntnisse kann zu Unfällen oder Schäden führen.

Der Mensch ist heute u.a. mit Hilfe der Technik in der Lage, sein Leben nicht nur sicherer und angenehmer zu machen. Er kann auch große Veränderungen in seiner natürlichen Umwelt herbeiführen. Dies geschieht vor allem im Zusammenhang mit der Nutzung und Anwendung von Rohstoffen und Energie.

Diese gewaltigen Eingriffe in die Natur können auch die Lebensbedingungen von Pflanzen, Tieren und Menschen auf der Erde erheblich beeinflussen, ja sogar zerstören.
Deshalb ist es wichtig, dass bei der Lösung technischer Probleme und bei größeren Eingriffen in unsere natürliche Umwelt stets alle Naturwissenschaften zusammenwirken, um negative Auswirkungen auf die Lebensbedingungen von Pflanzen, Tieren und Menschen zu verhindern und unsere natürliche Umwelt zu erhalten.

1.2 Begriffe und Größen in den Naturwissenschaften

Begriffe in den Naturwissenschaften

Ein Ziel der Naturwissenschaften besteht darin, in der Natur Zusammenhänge und Gesetze zu erkennen und mit Hilfe der Gesetze diese Erscheinungen zu **erklären** oder **vorherzusagen,** die man in der lebenden oder nichtlebenden Natur beobachten kann. Diese Erkentnisse werden genutzt, um technische Geräte und Anlagen zu bauen, Stoffe mit gewünschten Eigenschaften herzustellen und anzuwenden. Dazu werden in den Naturwissenschaften Erscheinungen genau **beobachtet** und **experimentell untersucht.** Körper, Stoffe, Vorgänge in der Natur werden miteinander **verglichen,** um Gemeinsamkeiten, Unterschiede und Regelmäßigkeiten zu erkennen. Körper, Stoffe und Vorgänge mit gemeinsamen Eigenschaften werden gedanklich zu einer Klasse oder Gruppe zusammengefaßt. Diese Gruppe von Objekten erhält in der Regel einen eigenen Namen. Die gedankliche Zuordnung einer Gruppe von Objekten zu einem Wort nennt man **Begriff.**

Ein Begriff ist eine gedankliche Wiedergabe einer Klasse oder Gruppe von Objekten (Körper, Stoffe, Vorgänge usw.) aufgrund ihrer gemeinsamen Merkmale.

Damit in den Naturwissenschaften auch alle unter einem Begriff dieselben Objekte mit gemeinsamen Merkmalen verstehen, werden Begriffe in den Naturwissenschaften eindeutig **definiert.** Beim **Definieren** wird ein Begriff durch die Festlegung wesentlicher, gemeinsamer Merkmale eindeutig bestimmt und von anderen Begriffen unterschieden. Häufig werden dazu ein Oberbegriff und artbildende Merkmale angegeben, wie z.B. bei den nachfolgend dargestellten Begriffen „Schatten", „Chemisches Element", „Hebel" und „Planet". Manchmal legt man einfach fest, was unter einem Begriff zu verstehen ist, wie z.B. beim Begriff „Geschwindigkeit". In einigen Fällen kann man einen Begriff definieren, indem man alle Objekte (Körper, Stoffe, Vorgänge) aufzählt, die zu diesem Begriff gehören. Dies ist z.B. beim Begriff „Teilchen" der Fall.

Beispiele:

Schatten sind dunkle Gebiete, die sich hinter beleuchteten, undurchsichtigen Körpern bilden.

Teilchen sind Atome, Ionen und Moleküle.
Ein Wassermolekül ist ein Beispiel für ein Teilchen.

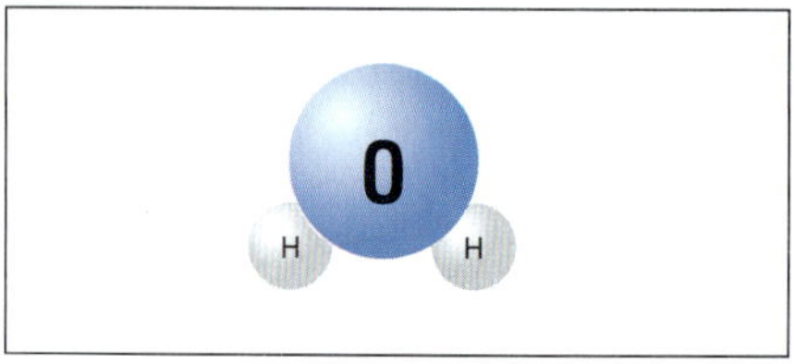

Ein **chemisches Element** ist eine Atomart, deren Atome die gleiche Anzahl Protonen im Kern enthalten.
Eisen ist ein Beispiel für ein chemisches Element.

Ein **Hebel** ist ein drehbar gelagerter, starrer Körper, der einen Drehpunkt und zwei Kraftarme besitzt.
Die Wippe ist ein Beispiel für einen Hebel.

Die **Geschwindigkeit** gibt an, welcher Weg in jeder Stunde zurückgelegt wird.
Ein Fußgänger mit einer Geschwindigkeit von 5 km/h legt in jeder Stunde 5 km Weg zurück.

Ein **Planet** ist ein relativ großer, meist kugelförmiger Himmelskörper, der sich um einen Stern bewegt.
Der Saturn ist ein Planet.

Auch im Alltag benutzt man Begriffe um sich zu verständigen. Alltagsbegriffe werden nicht exakt definiert, sondern auf der Grundlage von Erfahrungen im Umgang mit Objekten und Wörtern gebildet. Deshalb stimmen **Alltagsbegriffe** und naturwissenschaftliche **Fachbegriffe** häufig nicht bzw. nicht vollständig überein.

Beispiele:

Der Begriff **Arbeit** wird im Alltag u.a. für alle Tätigkeiten benutzt, bei denen man sich anstrengen und verausgaben muss. Auch das Lernen in der Schule ist für den Schüler Arbeit. Tätigkeiten, mit denen man Geld verdienen kann, bezeichnet man auch als Arbeit. Was man im Alltag unter Arbeit versteht, ist von Mensch zu Mensch z.T. verschieden.

In der Mechanik ist der Begriff Arbeit exakt definiert: *Mechanische Arbeit wird verrichtet, wenn ein Körper durch eine Kraft bewegt oder verformt wird.* Deshalb darf man in der Physik den Begriff mechanische Arbeit nur für Vorgänge verwenden, bei denen Körper durch Kräfte bewegt oder verformt werden. Dazu zählen u.a. auch Tätigkeiten (z.B. das Dehnen eines Expanders), für die man im Alltag auch den Begriff Arbeit benutzt.

Fachbegriffe knüpfen oft an Alltagsbegriffe an, werden aber exakt definiert und schränken die Anwendbarkeit des Begriffs oft ein. Deshalb muss man bei der Anwendung von Begriffen stets beachten, ob es sich um naturwissenschaftliche Fachbegriffe oder um Alltagsbegriffe handelt.

Manchmal werden bestimmte Worte für verschiedene Begriffe benutzt. So versteht man in der Physik unter **Feld** den Zustand *eines Raumes um einen Körper, in dem auf andere Körper Kräfte wirken.* In der Biologie ist ein Feld eine Ackerfläche, auf der Kulturpflanzen angebaut werden.

Zum Teil werden für ein und denselben Begriff auch verschiedene Wörter benutzt. So bezeichnet man das Messgerät für die elektrische Stromstärke als Stromstärkemesser, Strommesser oder Amperemeter.

Größen in den Naturwissenschaften

Einen Teil naturwissenschaftlicher Fachbegriffe bezeichnet man auch als **Größen.** Dabei handelt es sich um Begriffe zur Beschreibung messbarer Eigenschaften von Objekten (Körper, Stoffe, Vorgänge usw.).

> Eine Größe beschreibt eine messbare Eigenschaft von Objekten.

Die **Bedeutung einer Größe** gibt an, welche Eigenschaft der Objekte beschrieben wird. Für ein konkretes Objekt kann der Ausprägungsgrad dieser Eigenschaft gemessen und angegeben werden. Man nennt diesen Ausprägungsgrad auch **Wert einer Größe.**
Um den Wert einer Größe anzugeben, muss eine **Einheit** festgelegt sein. Der Wert der Größe ist dann das Produkt aus Zahlenwert und Einheit, wobei man den Malpunkt weglässt.

Beispiele:

$5\ m^3$ bedeutet $5 \cdot 1\ m^3$

$10\ l$ bedeutet $10 \cdot 1\ l$

Für jede Größe ist ein Formelzeichen (manchmal auch mehrere) als Abkürzung festgelegt. Mit Hilfe von Formelzeichen kann man naturwissenschaftliche Gesetze schneller und einfacher in mathematischer Form formulieren und anwenden.

Beispiele:

Größe	Temperatur	Dichte
Formelzeichen	ϑ oder T	ρ
Bedeutung	Die Temperatur gibt an, wie warm oder wie kalt ein Körper ist.	Die Dichte gibt an, welche Masse ein Kubikzentimeter eines Stoffes hat.
Einheit	1 Grad Celsius (1 °C) 1 Kelvin (1 K)	1 Gramm je Kubikzentimeter $(1\ \frac{g}{cm^3})$
Messgerät	Thermometer	Aräometer
Berechnung	–	$\rho = \frac{m}{V}$

Es gibt zwei große **Arten von Größen.** Einige Größen sind von der Richtung unabhängig. Die messbare Eigenschaft hat nur einen Betrag. Man nennt diese Größen auch **skalare Größen**. Temperatur und Dichte sind z.B. skalare Größen.

Andere Größen sind von der Richtung abhängig. Die messbare Eigenschaft hat neben dem Betrag auch eine Richtung. Solche Größen nennt man **gerichtete** oder **vektorielle Größen**. Man kennzeichnet sie mit einem Pfeil über dem Formelzeichen. Beispiele für vektorielle Größen sind die Geschwindigkeit $\vec{v}$ und die Kraft $\vec{F}$.

Bei der Addition von Größen muss man beachten, ob es sich um skalare oder vektorielle Größen handelt.

Bei skalaren Größen kann man die Beträge der Größen addieren.

Beispiel:

Eine Masse m_1 = 100 g Mehl und m_2 = 50 g Zucker werden zusammengeschüttet. Die Gesamtmasse des Gemisches ist
$m = m_1 + m_2 = 150$ g.

Bei der Addition vektorieller Größen sind die Richtungen der einzelnen Größen zu beachten.

Beispiel:

Ein Schlitten wird von zwei Kindern mit den Kräften F_1 = 100 N und F_2 = 100 N in unterschiedlicher Richtung gezogen. Die resultierende Gesamtkraft ergibt sich aus einem maßstäblichen Kräfteparallelogramm.

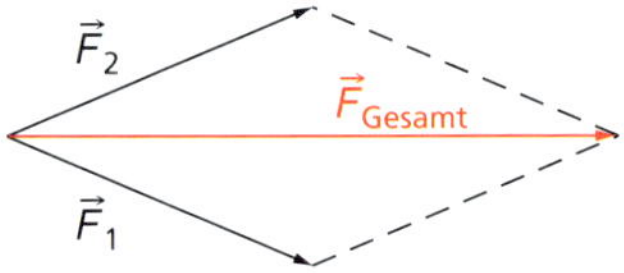

Wichtige Größen und Einheiten

(Basiseinheiten des Internationalen Einheitensystems sind farbig hervorgehoben.)

Aktivität einer radioaktiven Substanz (Zerfallsrate)	A	Becquerel	Bq	1 Bq	$= 1 s^{-1}$
Äquivalentdosis	H	Sievert	Sv rem	1 Sv	$= 1 J \cdot kg^{-1}$ = 100 rem
Arbeit	W	Joule Newtonmeter Wattsekunde Kilowattstunde	J Nm Ws kWh	1 J 1 kW·h	$= 1 kg \cdot m^2 \cdot s^{-2}$ = 1 Nm = 1 Ws $= 3{,}6 \cdot 10^6$ Ws
Atommasse, relative	A_r				
Beleuchtungsstärke	E	Lux	lx	1 lx	$= 1 lm \cdot m^{-2}$
Beschleunigung	a, g	Meter je Quadratsekunde	$m \cdot s^{-2}$	$1 m \cdot s^{-2}$	$= 1 N \cdot kg^{-1}$
Brennweite	f	Meter	m		

Brechwert (Brechkraft)	D	Dioptrie	dpt	1 dpt	$= 1\ m^{-1}$
Dichte	ρ	Kilogramm je Kubikmeter	$kg \cdot m^{-3}$	$1\ kg \cdot m^{-3}$	$= 10^{-3}\ g \cdot cm^{-3}$
Drehmoment (Kraftmoment)	M	Newtonmeter	N·m	1 N·m	$= 1\ kg \cdot m^2 \cdot s^{-2}$
Drehzahl	n	je Sekunde	s^{-1}	$1\ s^{-1}$	$= 60\ min^{-1}$
Druck	p	Pascal Bar Atmosphäre Torr (Millimeter Quecksilbersäule) Meter Wassersäule	Pa bar at mmHg mWS	1 Pa 1 bar 1 at 1 Torr 1 mWS	$= 1\ N \cdot m^{-2}$ $= 10^5$ Pa $= 9{,}81 \cdot 10^4$ Pa = 133,32 Pa $= 9{,}81 \cdot 10^3$ Pa
Durchschlagsfestigkeit	E_d	Volt je Meter	$V \cdot m^{-1}$		
Energie	E	Joule Newtonmeter Wattsekunde Steinkohleneinheit	J Nm Ws SKE	1 J 1 kg SKE	$= 1\ kg \cdot m^2 \cdot s^{-2}$ = 1 Nm = 1 Ws = 29,3 MJ
Energiedosis	D	Gray	Gy	1 Gy	$= 1\ J \cdot kg^{-1}$
Fallbeschleunigung (Ortsfaktor)	g	Meter je Quadratsekunde	$m \cdot s^{-2}$	$1\ m \cdot s^{-2}$	$= 1\ N \cdot kg^{-1}$
Feldstärke, elektrische	E	Volt je Meter	$V \cdot m^{-1}$	$1\ V \cdot m^{-1}$	$= 1\ kg \cdot m \cdot s^{-3} \cdot A^{-1}$ $= 1\ N \cdot C^{-1}$
Feldstärke, magnetische	H	Ampere je Meter	$A \cdot m^{-1}$	$1\ A \cdot m^{-1}$	$= 1\ kg \cdot m \cdot s^{-3} \cdot V^{-1}$ $= 1\ N \cdot Wb^{-1}$
Flächeninhalt	A	Quadratmeter Hektar Ar	m^2 ha ar	$1\ m^2$ 1 ha 1 ar	$= 10^{-6}\ km^2$ $= 10^2\ dm^2$ $= 10^4\ cm^2$ $= 10^6\ mm^2$ $= 10^4\ m^2$ $= 10^2\ m^2$
Frequenz	f	Hertz	Hz	1 Hz	$= 1\ s^{-1}$
Geschwindigkeit Ausbreitungs-geschwindigkeit	v c	Meter je Sekunde Kilometer je Stunde Knoten	$m \cdot s^{-1}$ $km \cdot h^{-1}$ kn	$1\ m \cdot s^{-1}$ $1\ km \cdot h^{-1}$ 1 kn	$= 3{,}6\ km \cdot h^{-1}$ $= 0{,}28\ m \cdot s^{-1}$ $= 1\ sm \cdot h^{-1}$ $= 1852\ m \cdot h^{-1}$
Höhe	h	Meter	m	s. Länge	
Induktivität	L	Henry	H	1 H	$= 1\ Wb \cdot A^{-1}$ $= 1\ m^2 \cdot kg \cdot s^{-2} \cdot A^{-2}$
Kapazität, elektrische	C	Farad	F	1 F	$= 1\ A \cdot s \cdot V^{-1}$

Kraft	F	Newton	N	1 N = 1 kg · m · s^{-2} = 1 J · m^{-1}
		Kilopond	kp	1 kp = 9,81 N
Ladung, elektrische	Q	Coulomb	C	1 C = 1 A · s
Länge	l	Meter	m	
		Seemeile	sm	1 sm = 1852 m
		Astronomische Einheit	AE	1 AE = 1,496 · 10^{11} m
		Lichtjahr	ly	1 ly = 9,461 · 10^{15} m
		Parsec	pc	1 pc = 3,086 · 10^{16} m
		Ångström	Å	1 Å = 10^{-10} m
Leistung	P	Watt	W	1 W = 1 J · s^{-1} = 1 V · A = 1 kg · m^2 · s^{-3} = 1 Nm · s^{-1}
		Pferdestärke	PS	1 PS = 736 W
Masse	m	Kilogramm	kg	
		Tonne	t	1 t = 10^3 kg
		Zentner	Ztr.	1 Ztr. = 50 kg
		Pfund	Pfd.	1 Pfd. = 500 g
		Karat	k	1 k = 2 · 10^{-4} kg
		Atomare Masseeinheit	u	1 u = 1,66 · 10^{-27} kg
Molare Masse	M	Kilogramm je Mol	kg · mol^{-1}	1 kg · mol^{-1} = 10^3 g · mol^{-1}
Molares Volumen	V_m	Kubikmeter je Mol	m^3 · mol^{-1}	1 m^3 · mol^{-1} = 10^3 l · mol^{-1}
Periodendauer (Schwingungsdauer)	T	Sekunde	s	s. Zeit
Radius	r	Meter	m	s. Länge
Spannung, elektrische	U, u	Volt	V	
Stoffmenge	n	Mol	mol	
Stoffmengenkonzentration	c_i	Mol je Liter	mol · l^{-1}	1 mol · l^{-1} = 1 mol · dm^{-3}
Stromstärke, elektrische	I, i	Ampere	A	
Temperatur	T	Kelvin	K	
	ϑ	Grad Celsius	°C	0 °C = 273,15 K
		Grad Fahrenheit	°F	32 °F = 0 °C 212 °F = 100 °C
		Grad Reaumur	°R	0 °R = 0 °C 80 °R = 100 °C
Übersetzungsverhältnis	$ü$, i		1	

Volumen	V	Kubikmeter	m^3	$1\ m^3$	$= 10^{-9}\ km^3$ $= 10^3\ dm^3$ $= 10^6\ cm^3$ $= 10^9\ mm^3$
		Liter	l	1 l	$= 10^{-3}\ m^3$ $= 1\ dm^3$
		Registertonne	RT	1 RT	$= 2{,}832\ m^3$
Wärme (Wärmemenge)	Q	Joule	J	1 J	= 1 Nm $= 1\ kg \cdot m^2 \cdot s^{-2}$ = 1 Ws
		Kalorie	cal	1 cal	= 4,19 J
Weg	s	Meter	m	s. Länge	
Wellenlänge	λ	Meter	m	s. Länge	
Widerstand, ohmscher	R	Ohm	Ω	1 Ω	$= 1\ V \cdot A^{-1}$ $= 1\ S^{-1}$
Widerstand, induktiver	X_L	Ohm	Ω	1 Ω	$= 1\ V \cdot A^{-1}$
Widerstand, kapazitiver	X_C	Ohm	Ω	1 Ω	$= 1\ V \cdot A^{-1}$
Winkel	α, β, γ, φ, σ, …	Radiant	rad	1 rad	$= \frac{180\ °}{\pi} \approx 57{,}296\ °$
		Grad	°	1 °	$= \frac{\pi}{180}$ rad $\approx 0{,}01745$ rad
Wirkungsgrad	η	1 oder in %			
Zeit	t	Sekunde	s		
		Minute	min	1 min	= 60 s
		Stunde	h	1 h	= 60 min = 3600 s
		Tag	d	1 d	= 24 h = 1440 min = 86 400 s
		Jahr	a	1 a	= 365 d oder 366 d

Vorsätze von Einheiten

Vorsatz	Bedeutung	Zeichen	Faktor, mit dem die Einheit multipliziert wird	Vorsatz	Bedeutung	Zeichen	Faktor, mit dem die Einheit multipliziert wird
Exa	Trillion	E	10^{18}	Dezi	Zehntel	d	$0{,}1 = 10^{-1}$
Peta	Billiarde	P	10^{15}	Zenti	Hundertstel	c	$0{,}01 = 10^{-2}$
Tera	Billion	T	10^{12} = 1 000 000 000 000	Milli	Tausendstel	m	$0{,}001 = 10^{-3}$

Vorsatz	Bedeutung	Zeichen	Faktor, mit dem die Einheit multipliziert wird	Vorsatz	Bedeutung	Zeichen	Faktor, mit dem die Einheit multipliziert wird
Giga	Milliarde	G	10^9 = 1 000 000 000	Mikro	Millionstel	µ	0,000 001 = 10^{-6}
Mega	Million	M	10^6 = 1 000 000	Nano	Milliardstel	n	0,000 000 001 = 10^{-9}
Kilo	Tausend	k	10^3 = 1 000	Pico	Billionstel	p	0,000 000 000 001 = 10^{-12}
Hekto	Hundert	h	10^2 = 100	Femto	Billiardstel	f	10^{-15}
Deka	Zehn	da	10^1 = 10	Atto	Trillionstel	a	10^{-18}

Wichtige Naturkonstanten

Einige Größen haben in der Natur einen festen Wert. Man nennt sie auch **Naturkonstanten**.

Absoluter Nullpunkt	T_0	0 K = –273,15 °C
Lichtgeschwindigkeit im Vakuum	c	2,997 924 58 · 10^8 m · s^{-1}
Molares Normvolumen	V_n	22,414 l · mol^{-1}
Normdruck	p_n	101 325 Pa = 1,013 25 bar
Normfallbeschleunigung	g_n	9,806 65 m · s^{-2}
Normtemperatur	T_n, ϑ_n	T_n = 273,15 K ϑ_n = 0 °C
Gravitationskonstante	G, γ	6,672 59 · 10^{-11} $m^3 \cdot kg^{-1} \cdot s^{-2}$
Elektrische Feldkonstante	ε_0	8,854 187 · 10^{-12} $A \cdot s \cdot V^{-1} \cdot m^{-1}$
Magnetische Feldkonstante	μ_0	1,256 637 · 10^{-6} $V \cdot s \cdot A^{-1} \cdot m^{-1}$
AVOGADRO-Konstante (AVOGADRO-Zahl)	N_A, L	6,022 136 · 10^{23} · mol^{-1}
FARADAY-Konstante	F	9,649 53 · 10^4 A · s · mol^{-1}
PLANCK-Konstante (Plancksches Wirkungsquantum)	h	6,626 07 · 10^{-34} J · s
Allgemeine Gaskonstante	R	8,314 5 J · K^{-1} · mol^{-1}
Elektron Ladung (Elementarladung)	e	1,602 177 · 10^{-19} C
Elektron Ruhemasse	m_e	9,109 38 · 10^{-31} kg
Elektron spezifische Ladung	$\frac{e}{m_e}$	1,758 819 · 10^{11} C · kg^{-1}
Neutron Ruhemasse	m_n	1,674 92 · 10^{-27} kg
Proton Ruhemasse	m_p	1,672 623 · 10^{-27} kg

1.3 Gesetze und Theorien in den Naturwissenschaften

In Erscheinungen der Natur kann man durch Beobachtungen und Experimente Zusammenhänge, z.B. zwischen einzelnen Eigenschaften von Körpern, Stoffen oder Vorgängen, erkennen. So kann man für einen Kupferdraht durch Messungen feststellen, dass die elektrische Stromstärke im Kupferdraht umso größer ist, je größer die angelegte Spannung ist. Genauere Untersuchungen an diesem Draht führen zu dem Ergebnis, dass in einem bestimmten Bereich $I \sim U$ gilt.

Wenn sich Zusammenhänge in der Natur unter bestimmten Bedingungen immer wieder einstellen und damit für eine ganze Gruppe oder Klasse von Objekten gelten, dann spricht man von gesetzmäßigen Zusammenhängen.

> Gesetze in den Naturwissenschaften sind allgemeine und wesentliche Zusammenhänge in der Natur, die unter bestimmten Bedingungen stets wirken.

Die Bedingungen, unter denen ein Zusammenhang stets wirkt, nennt man auch **Gültigkeitsbedingungen**.

Ein naturwissenschaftliches Gesetz besteht in der Regel also aus **Bedingungs-** und **Gesetzesaussage** und gilt für eine Klasse von Objekten.

So haben Untersuchungen gezeigt, dass der oben beschriebene Zusammenhang $I \sim U$, der an einem konkreten Kupferkabel gefunden wurde, für alle metallischen Leiter gilt, wenn deren Temperatur konstant bleibt. Dies wird im **ohmschen Gesetz** beschrieben:

Für alle metallischen Leiter gilt unter der Bedingung einer konstanten Temperatur (ϑ = konstant): $I \sim U$.

Dieses physikalische Gesetz gilt für die Klasse aller metallischen Leiter unter der Bedingung ϑ = konstant. „Metallischer Leiter und ϑ = konstant" ist die Bedingungsaussage, „$I \sim U$" die Gesetzesaussage.

Nicht immer sind naturwissenschaftliche Gesetze so vollständig beschrieben. Zum Teil muss man die Bedingungsaussagen auch aus dem Zusammenhang erschließen bzw. sind die Gültigkeitsbedingungen noch nicht vollständig bekannt.

Da naturwissenschaftliche Gesetze stets für eine Klasse von Objekten gelten, werden zu ihrer Formulierung naturwissenschaftliche Begriffe und Größen genutzt. Oft können naturwissenschaftliche Begriffe auch erst im Zusammenhang mit erkannten Gesetzen exakt definiert werden.

Naturwissenschaftliche Gesetze können unterschiedlich genau erkannt und unterschiedlich in der Art dargestellt sein.

Es gibt Gesetze, die lediglich beschreiben, unter welchen Bedingungen bestimmte Erscheinungen in der Natur auftreten. Diese Gesetze enthalten eine **qualitative** Gesetzesaussage, die mit Worten beschrieben wird.

Beispiel:

In einer Spule wird eine Spannung induziert, wenn sich das von der Spule umfasste Magnetfeld ändert (Induktionsgesetz).

Es gibt Gesetze, die einen Zusammenhang zwischen Eigenschaften bzw. Größen in der *Tendenz* beschreiben. Sie enthalten eine **halbquantitative** Gesetzesaussage, die in der Regel auch mit Worten beschrieben wird.

Beispiel:

Für alle Körper gilt unter der Bedingung, dass sie sich ausdehnen können:
Je größer die Temperaturänderung eines Körpers ist, desto größer ist seine Volumenänderung.

Es gibt Gesetze, die einen Zusammenhang zwischen Eigenschaften bzw. Größen mathematisch exakt beschreiben. Sie enthalten eine **quantitative** Gesetzesaussage, die sowohl mit Worten als auch mit mathematischen Mitteln (z.B. Proportionalität, Diagramm, Gleichung) beschrieben werden kann.

Beispiel:

Für alle Körper aus ein und demselben Stoff gilt:
Die Masse ist dem Volumen direkt proportional.

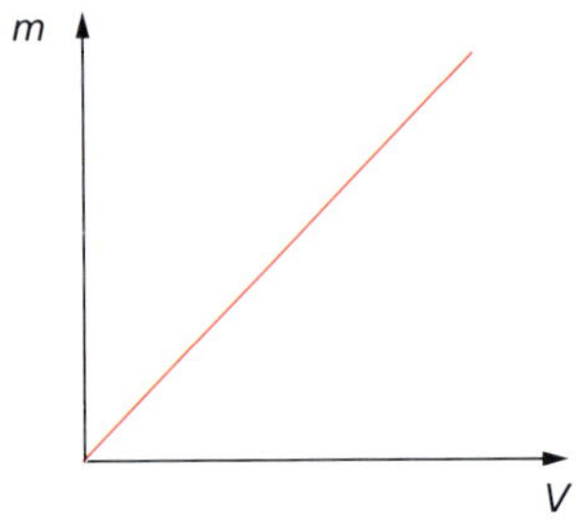

oder

$m \sim V$

oder

$m = \rho \cdot V$

Naturwissenschaftliche Gesetze existieren unabhängig vom Willen und von den Wünschen des Menschen. Das Hebelgesetz der Physik z.B. wirkt in Natur und Technik, ob wir es wollen oder nicht. Der Mensch kann Gesetze nur erkennen und zu seinem Vorteil nutzen. So kann man im täglichen Leben das Hebelgesetz nutzen um mit einem Flaschenöffner eine Flasche zu öffnen oder mit einer Brechstange eine Kiste anzuheben.

Naturwissenschaftliche Gesetze kann man auch nutzen um technische Geräte zu bauen. So wird das Induktionsgesetz in Wechselstromgeneratoren genutzt um Wechselströme und Wechselspannungen zu erzeugen.

Der Mensch kann auch Schaden nehmen, wenn er das Wirken von naturwissenschaftlichen Gesetzen nicht beachtet. Das Wirken des Trägheitsgesetzes kann bei Autounfällen zu schwersten Verletzungen führen, wenn sich die Insassen nicht mit Sicherheitsgurten anschnallen.

Zum Teil treten auch Schäden für den Menschen und seine Umwelt auf, weil ein gesetzmäßiger Zusammenhang oder die Gültigkeitsbedingungen noch nicht genau erkannt sind.

Deshalb ist es das Ziel der Naturwissenschaften, Gesetze in der Natur immer genauer zu erkennen und zum Wohl des Menschen und seiner Umwelt zu nutzen.

Ein System von Gesetzen, Modellen und anderen Aussagen, z. B. über einen Teilbereich einer Naturwissenschaft, bezeichnet man als **Theorie**. Ein Beispiel dafür ist die newtonsche Mechanik.

2 Denk- und Arbeitsweisen in den Naturwissenschaften

2.1 Erkenntniswege in den Naturwissenschaften

Das Erkennen naturwissenschaftlicher Gesetze

Das Erkennen und Anwenden von Gesetzen in Naturwissenschaft und Technik ist ein äußerst komplexer und in der Regel langwieriger Prozess. Wichtige Naturgesetze und deren Gültigkeitsbedingungen sind in langen, wechselvollen historischen Prozessen entdeckt worden. Diese Prozesse waren oft von Irrtümern und Irrwegen begleitet.

Auch heute ist das Erkennen von Naturgesetzen trotz modernster Experimentier- und Computertechnik ein komplizierter Prozess, bei dem meistens ganze Gruppen von Wissenschaftlern in aller Welt zusammenarbeiten.
Unabhängig vom komplizierten, wechselvollen Weg mit Irrtümern und Irrwegen gibt es immer wieder bestimmte Etappen, die in der Wissenschaft durchschritten werden müssen um neue Gesetze in der Natur zu erkennen. An einem Beispiel aus der Geschichte der Physik soll dies vereinfacht dargestellt werden.

Weg der Erkenntnis neuer Gesetze in der Natur	Ein Beispiel aus der Physik
1. In der Natur gibt es interessante, z.T. auffällige Erscheinungen, die beobachtet werden. Diese Erscheinungen veranlassen zur genauen **Beobachtung**. Durch **Vergleichen** wird versucht, Gemeinsamkeiten, Unterschiede und Regelmäßigkeiten in den Erscheinungen zu erkennen. Erscheinungen werden **klassifiziert**, d.h., Körper, Stoffe und Vorgänge mit gemeinsamen Eigenschaften werden zusammengefasst und **beschrieben**. Begriffe werden **definiert** und Größen eingeführt.	In der Natur kann man beobachten, – dass sich Balken biegen, wenn sie belastet werden, – dass sich Seile und Drähte verlängern, wenn man an ihnen zieht, – dass sich Bäume im Wind verformen usw. Genaue Beobachtungen zeigen, dass sich Körper immer dann verformen, wenn auf sie eine Kraft wirkt. Dabei gibt es Körper, die nach Wegfall der Kraft wieder ihre ursprüngliche Form annehmen, und solche, die auch nach Wegfall der Kraft verformt bleiben. Zur Unterscheidung werden die Begriffe *elastische* und *plastische* Verformung verwendet.
Im Ergebnis dieser Etappe können Vermutungen aufgestellt werden, – welche Zusammenhänge in den Erscheinungen wirken und – unter welchen Bedingungen diese auftreten.	Aufgrund genauerer Beobachtungen kann die Vermutung aufgestellt werden, – dass die Verformung bzw. Verlängerung eines Körpers umso größer ist, je größer die einwirkende Kraft ist, und bei kleinerer Kraft wieder zurückgeht und – dass dieser Zusammenhang bei allen elastisch verformten Körpern gilt.
Es werden Fragen gestellt, die es genauer zu untersuchen gilt.	Welcher Zusammenhang existiert zwischen der Verformung bzw. Verlängerung eines elastischen Körpers und der einwirkenden Kraft?

2. Um die Vermutungen zu prüfen und die Fragen zu beantworten werden die Erscheinungen noch genauer untersucht.

Dazu führt man in der Regel **Experimente** an einer Reihe von einzelnen Objekten durch, um die vermuteten Zusammenhänge exakter zu erfassen und die Wirkungsbedingungen besser zu erkennen. Dazu werden experimentelle Fragen gestellt. Es werden Messwerte aufgenommen und mit mathematischen Mitteln ausgewertet (grafisch oder rechnerisch).

Häufig wird versucht den Zusammenhang zwischen den Größen bzw. Eigenschaften von Objekten mit mathematischen Mitteln, z.B. als Diagramm, als Proportionalität oder als Gleichung, zu beschreiben. Dazu werden die Messwertereihen rechnerisch ausgewertet und die Diagramme interpretiert.

In Experimenten an verschiedenen Federn aus unterschiedlichsten Materialien wird die experimentelle Frage untersucht:
Welcher Zusammenhang existiert zwischen der Verlängerung s einer Feder und der an ihr angreifenden Kraft F?

Feder 1 als Beispiel

F in N	s in cm	$\frac{F}{s}$ in $\frac{N}{cm}$
0	0	–
1	0,8	1,25
2	1,7	1,18
3	2,4	1,25
4	3,3	1,21
5	4,1	1,22
6	4,7	1,28

Analoge Messwertereihen werden für weitere Federn aufgenommen und können grafisch dargestellt werden.

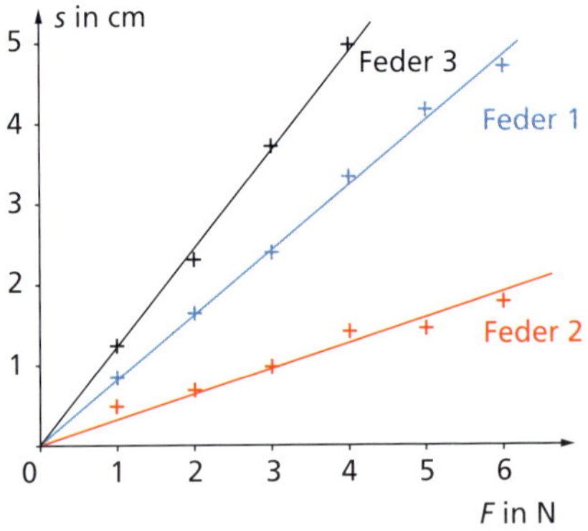

Der Zusammenhang, der zunächst nur an einzelnen Objekten gefunden wurde, wird auf eine ganze Klasse von Objekten verallgemeinert. Dabei ist man häufig zunächst auf Vermutungen in Bezug auf die Gültigkeitsbedingungen des Zusammenhangs angewiesen.

Aus den Messwertereihen und aus den Diagrammen kann man erkennen:

$s \sim F$ oder

$\frac{F}{s} = \text{konstant}$ oder

$F = D \cdot s$

Das so vermutlich existierende Naturgesetz muss vor allem hinsichtlich seiner Gültigkeitsbedingungen weiter überprüft werden. Manchmal erscheint es im Zusammenhang mit dem Erkennen neuer Gesetze sinnvoll, auch neue Begriffe zu definieren bzw. Größen einzuführen. Häufig nutzt man beim Aufstellen bzw. Überprüfen von Vermutungen auch **Modelle**. Modelle sind zwar Vereinfachungen der Wirklichkeit, sie stimmen aber in wichtigen Eigenschaften mit dem Original überein, in anderen nicht.	Man verallgemeinert den Zusammenhang zu folgendem Gesetz: Für alle elastisch verformten Körper gilt unter der Bedingung nicht zu großer Kräfte: $F = D \cdot s$ Man hat festgestellt, dass bei zu großen Kräften zunächst elastisch verformte Körper dann plastisch verformt werden und das Gesetz nicht mehr gilt. Der Proportionalitätsfaktor im gefundenen Gesetz erhält den Namen „Federkonstante" und kann als neue Größe eingeführt werden. Die Federkonstante ist ein Maß für die Härte einer Feder.
3. Das vermutlich gefundene Gesetz muss überprüft werden. Vor allem muss überprüft werden, ob die vorgenommene Verallgemeinerung des Zusammenhangs tatsächlich für die beschriebene Gruppe von Objekten gilt. Mit Hilfe des Gesetzes werden neue Erscheinungen bzw. Erkenntnisse vorausgesagt und in Experimenten bzw. in der Praxis überprüft. Das entdeckte Gesetz wird zur Erklärung von Erscheinungen der Natur genutzt. Es können mit dem Gesetz Größen berechnet werden, die man in der Praxis überprüfen kann. Unter Nutzung des Gesetzes kann man technische Geräte konstruieren. Jede erfolgreiche Anwendung eines Gesetzes in der Praxis ist ein Beleg für die Richtigkeit des gefundenen Gesetzes unter den gegebenen Bedingungen.	Mit Hilfe des gefundenen Gesetzes wird vorausgesagt, dass auch für die Verlängerung eines Gummibandes $s \sim F$ gilt. In Experimente kann man jedoch folgende Messwerte aufnehmen und grafisch darstellen: 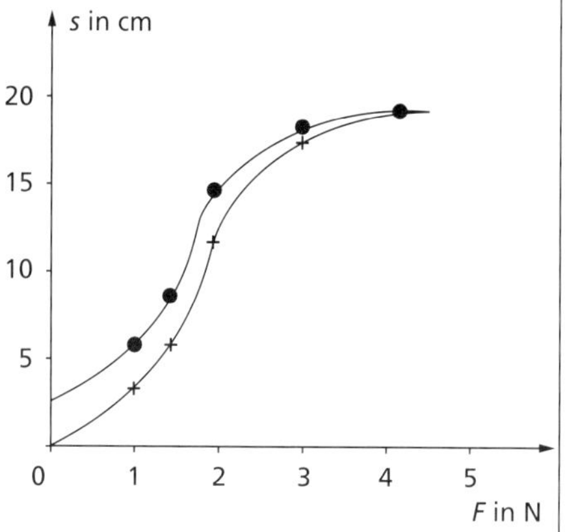 Für ein Gummiband gilt das oben gefundene Gesetz nicht. Das Gummiband wird auch nicht vollständig elastisch verformt. Die Gültigkeit des gefundenen Gesetzes muss also für Gummibänder ausgeschlossen werden.

Manchmal führt die Anwendung eines Gesetzes zur Erkenntnis, dass das Gesetz nicht in allen Fällen so wirkt, wie es vorausgesagt wird. Dann müssen die Gültigkeitsbedingungen eingeschränkt oder der Zusammenhang und die Bedingungen noch genauer untersucht werden.	Mit Hilfe des erkannten Gesetzes kann z.B. ein Federkraftmesser konstruiert werden. Seine Wirkungsweise beruht auf diesem Gesetz. Bei der Nutzung des Federkraftmessers ist jedoch zu beachten, dass er nicht überdehnt wird, da die Feder sonst plastisch verformt wird und das zugrunde liegende Gesetz dann nicht mehr gilt. Das Gesetz wird auch bei Stoßdämpfern in Kraftfahrzeugen oder bei Puffern an Eisenbahnwaggons genutzt. Auch bei vielen anderen elastischen Verformungen von Körpern kann das Gesetz angewendet werden.

Das im Beispiel dargestellte Gesetz wurde 1675 von dem englischen Wissenschaftler ROBERT HOOKE (1635–1703) entdeckt und wird nach ihm hookesches Gesetz genannt.

Das Anwenden naturwissenschaftlicher Gesetze

Ein wichtiges Ziel der Naturwissenschaften ist das Anwenden naturwissenschaftlicher Gesetze zum Lösen von Aufgaben und Problemen, z.B. zum Erklären und Voraussagen von Erscheinungen, zum Berechnen von Größen, zum Konstruieren technischer Geräte, zur Bestimmung von Stoffen und ihren Eigenschaften. Auch beim Anwenden naturwissenschaftlicher Gesetze gibt es immer wieder bestimmte Schritte, die durchlaufen werden müssen.

Weg der Anwendung von naturwissenschaftlichen Gesetzen	Ein Beispiel aus der Physik
1. Zunächst geht es darum, den Sachverhalt der Aufgabe genau zu erfassen. Man muss sich den Sachverhalt in der Aufgabe gut vorstellen können. Dabei kann auch eine anschauliche Skizze helfen.	**Aufgabe**: An einen Kranhaken wird eine Last der Masse 850 kg angehängt und angehoben. Um welche Länge wird das Seil des Kranes gedehnt, wenn die „Federkonstante" 3 200 N/cm beträgt? **Analyse:** 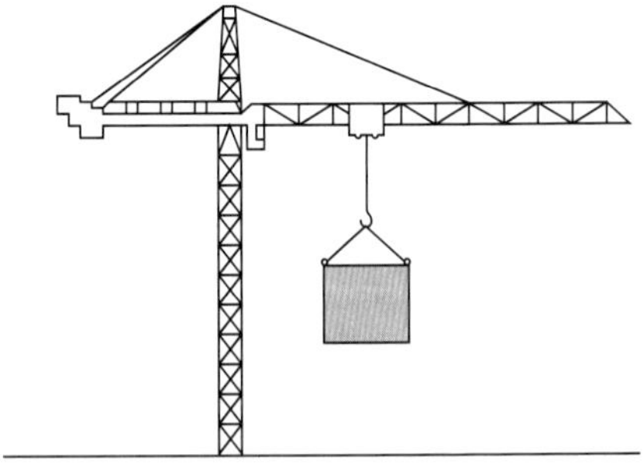

2. Der Sachverhalt der Aufgabe wird aus naturwissenschaftlicher Sicht vereinfacht. Unwesentliches wird weggelassen. Wesentliche Seiten werden mit Fachbegriffen beschrieben. Zum Sachverhalt der Aufgabe kann eine vereinfachte, schematisierte Skizze angefertigt werden. Gesuchte und gegebene Größen und Fakten werden zusammengestellt.	Das Seil eines Kranes ist in einem bestimmten Bereich ein elastischer Körper. Das bedeutet, dass das Seil bei Einwirkung einer Kraft verlängert wird und sich bei Wegfall dieser Kraft wieder zusammenzieht. Die einwirkende Kraft ist die Gewichtskraft der angehängten Last. Das Kranseil könnte man sich vereinfacht als Feder vorstellen. Gesucht: s Gegeben: $m = 850$ kg $D = 3\,200\ \frac{\text{N}}{\text{cm}}$ 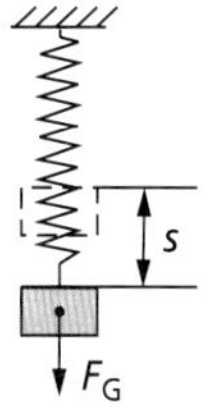
3. Wesentliche Seiten des Sachverhalts der Aufgabe werden mit naturwissenschaftlichen Gesetzen beschrieben. Dazu muss man gesetzmäßig wirkende Zusammenhänge und Bedingungen für das Wirken bekannter naturwissenschaftlicher Gesetze im Sachverhalt erkennen.	**Lösung:** Unter der Bedingung, dass sich das Kranseil ausschließlich elastisch verformt, gilt das hookesche Gesetz: $F = D \cdot s$ Die angreifende Kraft ist die Gewichtskraft der angehängten Last, die aus deren Masse berechnet werden kann. Es gilt: $F_G \sim m$
4. Die naturwissenschaftlichen Gesetze werden angewendet um die Aufgabe zu lösen, z.B. eine gesuchte Größe zu berechnen, eine Erscheinung zu erklären oder vorauszusagen usw. Dazu kann man verschiedene Mittel und Verfahren nutzen, z.B. – das inhaltlich-logische Schließen, – Verfahren und Regeln der Gleichungslehre, – grafische Mittel, – geometrische Konstruktionen, – experimentelle Mittel.	$F_G = 8\,500$ N, denn 1 kg $\hat{=}$ 10 N und $F_G \sim m$. $F = D \cdot s \quad \|: D$ $s = \frac{F}{D}$ $s = \frac{8\,500\ \text{N} \cdot \text{cm}}{3\,200\ \text{N}}$ $s = 2{,}66$ cm **Ergebnis:** Unter der Bedingung, dass sich ein Kranseil elastisch verformt, wird es beim Anhängen und Heben einer Last von 850 kg um 27 mm verlängert.

2.2 Tätigkeiten in den Naturwissenschaften

Vor allem im Zusammenhang mit dem Erkennen und Anwenden naturwissenschaftlicher Gesetze, mit dem Definieren von Begriffen und dem Arbeiten mit Größen gibt es eine Reihe von wichtigen Tätigkeiten, die auch im naturwissenschaftlichen Unterricht immer wieder durchgeführt werden.

Beschreiben

Beim Beschreiben wird mit sprachlichen Mitteln zusammenhängend und geordnet dargestellt, *wie* ein Gegenstand oder eine Erscheinung in der Natur beschaffen ist, z. B. welche Eigenschaften ein Körper besitzt, wie ein Vorgang abläuft, wie ein technisches Gerät aufgebaut ist. Dabei werden in der Regel äußerlich wahrnehmbare Eigenschaften der Erscheinung dargestellt.

Im Zusammenhang mit der Erklärung einer Erscheinung beschränkt man sich bei der Beschreibung häufig auf die Darstellung wesentlicher Seiten der Erscheinung.

Beispiel:

Beschreibe den Vorgang des Verbrennens von Magnesium an der Luft!

Ein Stück silber-glänzendes Magnesium wird mit der Brennerflamme erhitzt. Nach kurzer Zeit bildet sich eine grelle Flamme. Wird der Brenner geschlossen, brennt das Magnesium an der Luft unter sehr heller Lichterscheinung und Wärmeentwicklung weiter. Nach Beendigung des Vorgangs bleibt ein weißer, fester Stoff auf dem Verbrennungslöffel übrig.

Erklären

Beim Erklären wird zusammenhängend und geordnet dargestellt, *warum* eine Erscheinung in der Natur so und nicht anders auftritt. Dabei wird die Erscheinung auf das Wirken von Naturgesetzen zurückgeführt, indem man darstellt, dass die Wirkungsbedingungen bestimmter Gesetze in der Erscheinung vorliegen. Diese Wirkungsbedingungen sind wesentliche Seiten in der Erscheinung.

Beispiel:

Wenn ein lichtundurchlässiger Gegenstand in das Licht einer Glühlampe gehalten wird, erhält man einen scharf begrenzten Schatten. Bringt man den Gegenstand in das Licht einer langen Leuchtstofflampe, so sieht man einen unscharfen Schatten.

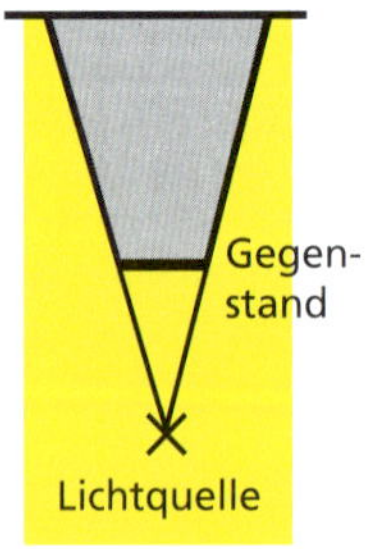

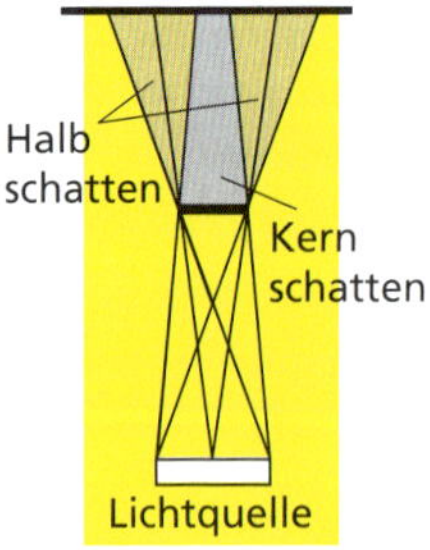

Wie kann man diese unterschiedliche Schattenbildung erklären?

Für die Lichtausbreitung gilt das Gesetz, dass sich Licht von einer Lichtquelle *nach allen Seiten geradlinig ausbreitet.* Zur Veranschaulichung der Lichtausbreitung können Lichtstrahlen als Modell für den Weg des Lichtes genutzt werden.

Bei einer fast punktförmigen Lichtquelle breitet sich Licht nur von *einem* Punkt geradlinig nach allen Seiten aus. Diese Lichtausbreitung wird durch den undurchsichtigen Körper behindert. Das Schattengebiet wird durch die Randstrahlen scharf begrenzt.

Bei einer ausgedehnten Lichtquelle breitet sich das Licht von jedem Punkt der Lichtquelle nach allen Seiten geradlinig aus. So erzeugt jeder Punkt der Lichtquelle einen scharfen Schatten des Körpers. Die verschiedenen Schattengebiete überlagern sich jedoch, so dass der Schatten insgesamt unscharf wird.

Beschreiben des Aufbaus und Erklären der Wirkungsweise technischer Geräte

Die Wirkungsweise technischer Geräte lässt sich auf das Wirken naturwissenschaftlicher Gesetze, deren Wirkungsbedingungen im Aufbau realisiert sind, zurückführen. Dabei geht man folgendermaßen vor:

- Nennen des Verwendungszwecks des Gerätes,
- Beschreiben der für das Wirken der Gesetze wesentlichen Teile des Gerätes,
- Zurückführen der Wirkungsweise auf Naturgesetze.

Beispiel:

Bei vielen technischen Geräten (z.B. Bügeleisen, Heizkissen, Kühlschrank) darf sich die Temperatur nur innerhalb bestimmter Grenzen verändern. Für diese Temperaturreglung werden Bimetallschalter benutzt.

Beschreibe den Aufbau und erkläre die Wirkungsweise eines Bimetallschalters!

Ein Bimetallschalter dient dem Öffnen und Schließen eines elektrischen Stromkreises beim Über- bzw. Unterschreiten einer bestimmten Temperatur. Wesentliches Teil dieses Schalters ist ein Bimetallstreifen. Er besteht aus zwei verschiedenen Metallen, die fest miteinander verschweißt, verklebt oder vernietet sind.

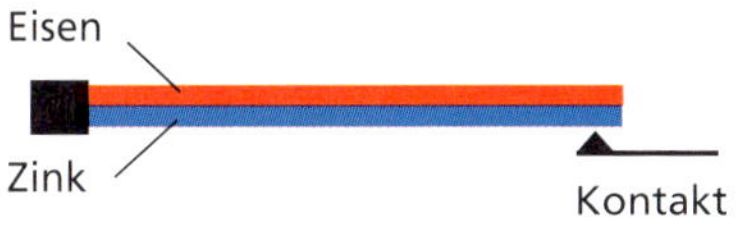

bei Zimmertemperatur

nach Temperaturerhöhung

Ändert sich die Temperatur, so ändert sich auch die Länge des Bimetallstreifens, denn für alle festen Körper gilt das Gesetz: *Wenn sich die Temperatur des Körpers ändert, so ändert sich auch seine Länge.* Die beiden Metalle des Bimetallstreifens (z.B. Eisen und Zink) dehnen sich bei gleicher Temperaturänderung unterschiedlich stark aus. Da beide Metallstreifen fest miteinander verbunden sind, biegt sich der Bimetallstreifen bei Temperaturänderung und öffnet bzw. schließt einen elektrischen Kontakt.

Voraussagen

Beim Voraussagen wird auf der Grundlage von Naturgesetzen unter Berücksichtigung entsprechender Bedingungen eine Folgerung in Bezug auf eine Erscheinung abgeleitet und zusammenhängend dargestellt.

Beispiel:

Was ist zu erwarten, wenn Ethen mit Brom zur Reaktion gebracht wird?

Alle ungesättigten Kohlenwasserstoffe gehen mit Brom Additionsreaktionen ein. Ethen besitzt eine Doppelbindung im Molekül und gehört damit zu den ungesättigten Kohlenwasserstoffen. Daraus lässt sich voraussagen: Wenn Ethen und Brom zur Reaktion gebracht werden, läuft eine Additionsreaktion ab und es entsteht das farblose Dibromethan.

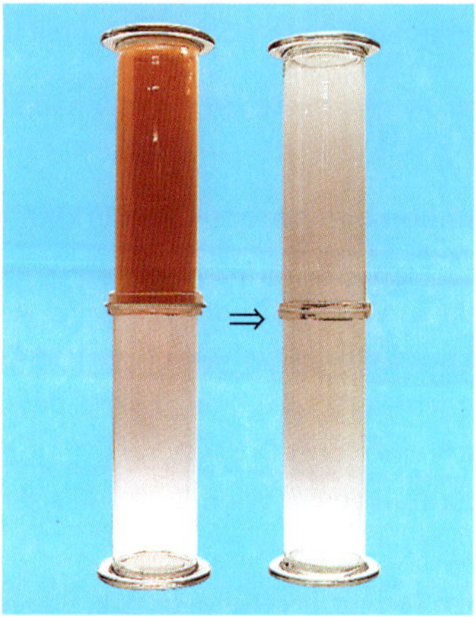

$CH_2{=}CH_2$	+	Br_2	⟶	$CH_2Br{-}CH_2{-}Br$
Ethen (farblos)		Brom (braun)		Dibrommethan (farblos)

Vergleichen

Beim Vergleichen werden Gemeinsamkeiten und Unterschiede von zwei oder mehreren Vergleichsobjekten (z. B. Körper, Stoffe, Vorgänge) ermittelt und dargestellt.

Beispiel:

Vergleiche das Gebiss eines Kindes und eines Erwachsenen miteinander!

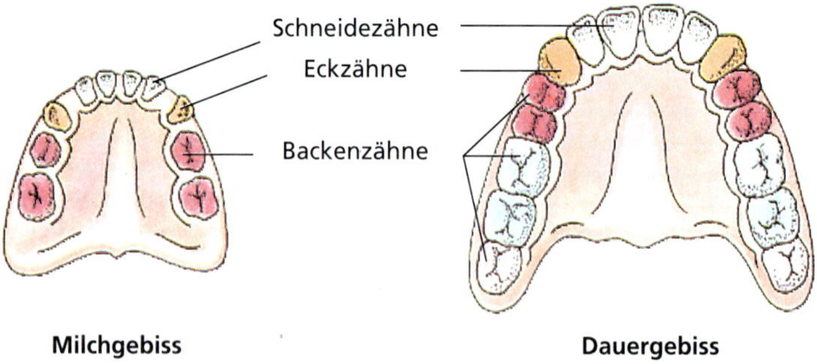

Gemeinsamkeiten:
Beide Gebisse bestehen aus Schneide-, Eck- und Backenzähnen.

Unterschiede:
1. Anzahl der Zähne insgesamt (Kind: 20, Erwachsener: 32)
2. Anzahl der Zähne pro Zahnart
3. Dauerhaftigkeit des Gebisses (Kind: Milchgebiss 5 – 6 Jahre, Erwachsener: Dauergebiss)

Klassifizieren

Beim Klassifizieren werden verschiedene Objekte aufgrund gemeinsamer und unterschiedlicher Merkmale in Gruppen eingeteilt. Alle Objekte, die bestimmte gemeinsame Merkmale besitzen, werden zu einer Klasse oder Gruppe zusammengefaßt. Dazu ist ein Vergleich der Objekte notwendig. Die Gruppen werden benannt und es entstehen Begriffssystheme.

Beispiel:

Klassifiziere die Lurche aufgrund gemeinsamer und unterschiedlicher Merkmale und ordne einzelne Vertreter in diese Gruppen ein!

Gruppe der Schwanzlurche	Gruppe der Froschlurche
Merkmale: – Schwanz vorhanden – langer Körper – 4 kurze Beine	**Merkmale:** – ohne Schwanz – gedrungener Körper – Vorderbeine kürzer als Hinterbeine
Vertreter: – Molche – Salamander	**Vertreter:** – Frösche – Kröten – Unken

Definieren

Beim Definieren wird ein Begriff durch die Festlegung wesentlicher, gemeinsamer Merkmale eindeutig bestimmt und von anderen Begriffen unterschieden. Dazu werden häufig ein Oberbegriff und artbildende Merkmale angegeben.

Beispiel:

Definiere den Begriff „Art"!

Eine Art ist die kleinste systematische Einheit von Individuen. Sie umfasst die Gesamtheit der Individuen, die in allen wesentlichen Merkmalen bezüglich Bau und Funktion übereinstimmen, sich untereinander geschlechtlich fortpflanzen und fruchtbare Nachkommen zeugen.

Erläutern

Beim Erläutern wird versucht, einem anderen Menschen einen naturwissenschaftlichen Sachverhalt (z.B. Vorgänge, Gesetze, Begriffe, Arbeitsweisen) verständlicher, anschaulicher, begreifbarer zu machen. Dazu werden häufig Beispiele für den Sachverhalt herangezogen.

Beispiel:

Für alle Körper, die mit einer konstanten Kraft beschleunigt werden, gilt das nebenstehende Diagramm.

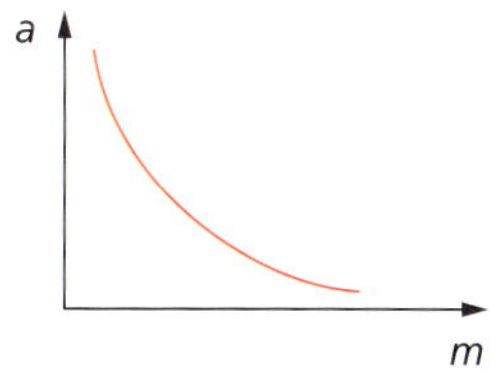

Erläutere den gesetzmäßigen Zusammenhang zwischen der Beschleunigung eines Körpers und seiner Masse an einem praktischen Beispiel!

Das Diagramm zeigt, dass bei einer konstanten Kraft die Beschleunigung eines Körpers umso größer ist, je kleiner seine Masse ist. Das ist z.B. beim Anfahren eines beladenen und eines unbeladenen LKW mit gleicher Antriebskraft festzustellen. Da die Masse des unbeladenen LKW kleiner ist als die des beladenen LKW, ist die Beschleunigung des unbeladenen LKW größer als die des beladenen LKW.

Begründen

Beim Begründen wird ein Nachweis geführt, dass eine Aussage richtig ist. Dazu müssen Argumente, wie z.B. Beobachtungen, Gesetze, Eigenschaften von Körpern und Stoffen, angeführt werden.

Beispiel:

Begründe, dass beim aluminothermischen Schweißen Aluminium als Reduktionsmittel reagiert!

Immer wenn ein Stoff bei einer chemischen Reaktion einem anderen Stoff Sauerstoff entzieht, reagiert er als Reduktionsmittel. Aluminium entzieht dem Eisenoxid den Sauerstoff.

$$2Al + Fe_2O_3 \longrightarrow 2Fe + Al_2O_3$$

Damit reagiert Aluminium beim aluminothermischen Schweißen als Reduktionsmittel.

Interpretieren

Beim Interpretieren wird einer verbalen Aussage, einem Zeichensystem (z.B. einer mathematischen Gleichung oder Proportionalität) oder einer grafischen Darstellung (z.B. einem Diagramm) eine auf die Natur bezogene inhaltliche Bedeutung gegeben.

Insbesondere beim **Interpretieren von Gleichungen und Diagrammen** wird den Zeichen und Symbolen eine naturwissenschaftliche Bedeutung zugeordnet. Dabei kann man folgendermaßen vorgehen:

- Nennen der Bedeutung der Zeichen und Symbole,
- Ableiten von naturwissenschaftlichen Zusammenhängen aus der mathematischen Struktur der Gleichung bzw. aus dem Diagramm unter Beachtung der geltenden Bedingungen,
- Ableiten von praktischen Folgerungen aus den naturwissenschaftlichen Zusammenhängen.

Beispiel:

Interpretiere die Gleichung $W = F \cdot s$ zur Berechnung der mechanischen Arbeit!
Die Gleichung $W = F \cdot s$ beschreibt Zusammenhänge zwischen der mechanischen Arbeit W, der wirkenden Kraft F und dem zurückgelegten Weg s. Die Gleichung gilt unter der Bedingung, dass die Kraft konstant ist und in Richtung des Weges wirkt.

Unter der Bedingung, dass die Kraft konstant ist, gilt:

> $W \sim s$, d.h., je größer der Weg, desto größer die verrichtete mechanische Arbeit. Dies tritt z.B. auf, wenn man mit einer Einkaufstasche statt in den 2. Stock in den 5. Stock eine Treppe hoch steigt.

Unter der Bedingung, dass der Weg konstant ist, gilt:

> $W \sim F$, d.h., je größer die Kraft, desto größer die Arbeit. Dies tritt z.B. auf, wenn man statt mit einer mit zwei Einkaufstaschen in den 2. Stock eine Treppe hochsteigt.

Beobachten

Beim Beobachten werden gezielt Erscheinungen in der Natur mit Sinnesorganen wahrgenommen, um deren Eigenschaften, Merkmale, räumliche Beziehungen oder zeitliche Abfolgen sowie Veränderungen in den Erscheinungen zu erkennen. Zum Teil werden auch technische Geräte (z.B. Fernrohr, Mikroskop) als Hilfsmittel für die Beobachtung genutzt.

Beispiel:

Beobachte den Ablauf einer partiellen Sonnenfinsternis!

Mikroskopieren

Beim Mikroskopieren werden sehr kleine Objekte und deren Lebensvorgänge durch ein Mikroskop beobachtet.

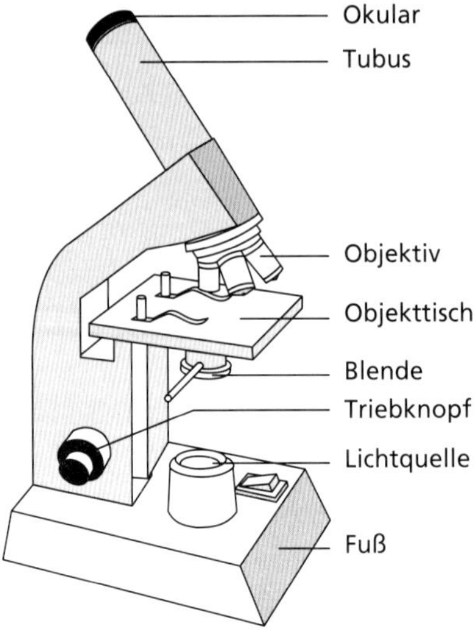

Handhabung

1. Spiegel zur Lichtquelle einstellen, Blende öffnen, Gesichtsfeld ganz ausleuchten.
2. Tubus durch Drehen am Triebknopf heben, Präparat bzw. Objekt (z.B. Haare, Federn) auf Objekttisch legen und mit Federn befestigen.
3. Tubus bis dicht über Präparat bzw. Objekt durch Drehen senken, dabei seitlich beobachten, damit Objekt nicht zerstört wird.
4. Ins Okular sehen, Tubus durch Drehen langsam heben, bis Scharfeinstellung des Objekts erreicht ist.
5. Durch langsames Verschieben des Präparates einen guten Bildausschnitt vom Objekt suchen.
6. Objekt genau beobachten.

Nach Möglichkeit sollte vom beobachteten Objekt eine **mikroskopische Zeichnung** angefertigt werden, die die Form, die Lage- und die Größenverhältnisse richtig darstellt.

Vorgehen beim mikroskopischen Zeichnen:

- Objekt im Mikroskop mit dem einen Auge betrachten, mit dem anderen Auge auf das neben dem Mikroskop liegende Zeichenpapier schauen,
- nur einen Ausschnitt vom Bild des Objekts zeichnen,
- Zeichnung und Bildausschnitt im Mikroskop ständig vergleichen, dabei Form, Lage und Größe des Objekts beachten,
- Zeichnung beschriften.

Messen

Beim Messen wird der Wert einer Größe, d.h. der Ausprägungsgrad einer Eigenschaft, mit Hilfe eines Messgerätes dadurch bestimmt, dass die zu messende Größe mit einer festgelegten Einheit verglichen wird. Dazu wird in der Regel eine Messvorschrift festgelegt.

Beispiel:

Miss das Volumen einer Flüssigkeit mit einem Messzylinder!

1. Schätze das Volumen des Körpers! Wähle einen geeigneten Messzylinder aus!
2. Fülle die Flüssigkeit in den Messzylinder, stelle ihn auf eine waagerechte Unterlage!
3. Bringe deine Augen in Höhe der Flüssigkeitsoberfläche! Lies den Stand an der tiefsten Stelle der Oberfläche ab!

Werden z.B. 8 ml Flüssigkeit gemessen, bedeutet das, dass der Wert der Größe Volumen das Achtfache der Einheit 1 ml, also $8 \cdot 1$ ml, beträgt.

Messgeräte haben einen bestimmten **Messbereich** und eine bestimmte **Messgenauigkeit**. Die Messgenauigkeit gibt an, mit welchem **Messfehler** der Messwert behaftet ist. Messwerte sind nur Näherungswerte für den wahren Wert der Größe.
Um Messfehler möglichst gering zu halten, nimmt man häufig eine ganze Reihe von Messwerten – eine **Messwertereihe** – auf und bildet den Mittelwert der Größe.
Dadurch können zufällige Schwankungen der Messwerte um den wahren Wert der Größe berücksichtigt werden.

Experimentieren

Das Experimentieren ist eine sehr komplexe Tätigkeit, die in verschiedenen Etappen beim Erkennen und Anwenden von Naturgesetzen auftritt. Das Ziel eines Experiments besteht darin, eine Frage an die Natur zu beantworten. Dazu wird eine Erscheinung der Natur unter ausgewählten, konkreten, kontrollierten und veränderbaren Bedingungen beobachtet und ausgewertet. Die Bedingungen und damit das gesamte Experiment müssen wiederholbar sein. Mit Experimenten werden z.B. Zusammenhänge, u.a. zwischen Größen untersucht. Dies dient dem Erkennen von Naturgesetzen. Andererseits können bei Experimenten Gesetze angewendet werden, um z.B. den Wert von Größen zu bestimmen.

Ablauf eines Experiments	Ein Beispiel aus der Physik
1. Vorbereiten des Experiments Zunächst ist zu überlegen, – welche Größen zu messen sind, – welche Größen verändert und welche konstant gehalten werden, – welche Gesetze angewendet werden können. Dann ist eine Experimentieranordnung zu entwerfen und zu skizzieren, mit der die gewünschten Größen gemessen und Beobachtungen gemacht werden können. Dabei sind auch die zu nutzenden Geräte, Hilfsmittel, Chemikalien und biologischen Objekte festzulegen. In der Planungsphase ist auch schon zu überlegen, wie das Experiment ausgewertet werden soll, da dies mitunter Einfluss auf die Experimentieranordnung und die Messgeräte hat.	*Untersuche experimentell Unterschiede zwischen der Leerlaufspannung und der Klemmenspannung von elektrischen Quellen!* Zu messende Größen: Leerlaufspannung U_L Klemmenspannung U_K Es werden Leerlaufspannung und Klemmenspannung für verschiedene elektrische Quellen gemessen und miteinander verglichen. Als Bauelement wird ein elektrischer Widerstand verwendet. 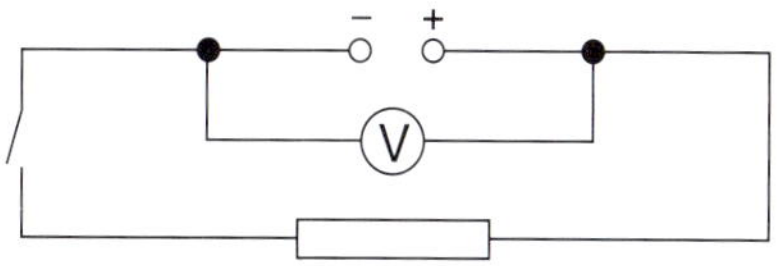
2. Durchführen des Experiments Die Experimentieranordnung ist nach der Planung aufzubauen. Die gewünschten Messwerte und Beobachtungen werden registriert und protokolliert. Dazu werden häufig Messwertetabellen angefertigt.	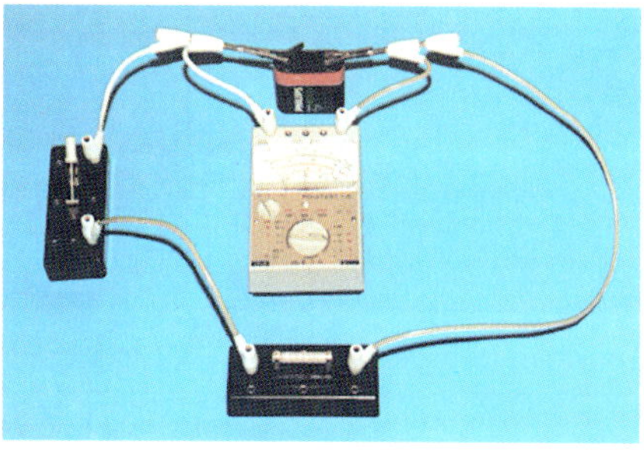

3. Auswerten des Experiments

Die protokollierten Messwerte und Beobachtungen werden nun ausgewertet. Dazu werden häufig Diagramme angefertigt und Berechnungen durchgeführt.

In Bezug auf die experimentelle Frage wird ein Ergebnis formuliert.

Häufig werden auch noch Fehlerbetrachtungen zur Genauigkeit der Messungen und Beobachtungen durchgeführt.

Elektrische Quelle	U_L in V	U_K in V
Monozelle	1,5	1,3
Flachbatterie	4,5	4,0
Stromversorgungsgerät	8,0	7,5

Bei allen im Experiment untersuchten elektrischen Quellen ist die Klemmenspannung kleiner als die Leerlaufspannung:

$$U_K < U_L$$

3 Fachübergreifende Themen

3.1 Körper – Stoffe – Reaktionen

3.1.1 Körper und Stoff

Körper und ihre Eigenschaften

Alle Gegenstände unserer Umwelt, mit denen sich die Naturwissenschaften beschäftigen, werden als **Körper** bezeichnet. Ein Baum, eine Katze, ein Haus, ein Auto, die Sonne, der Mond, das Wasser in einem See oder die Luft über einer Stadt sind Körper. Auch der menschliche Körper ist ein Untersuchungsgegenstand der Naturwissenschaften und damit ein Körper.

Körper besitzen verschiedene Eigenschaften. Ein Körper nimmt einen Raum ein, er hat ein **Volumen** und eine **Masse** . Bei einer bestimmten Temperatur haben Körper einen bestimmten **Aggregatzustand.** Ein Körper kann fest, flüssig oder gasförmig sein.

Körper können sich im festen, flüssigen oder gasförmigen Aggregatzustand befinden.

Der **Aggregatzustand** kennzeichnet das äußere Form- und Volumenverhalten eines Körpers.

Feste Körper	Flüssigkeiten	Gase

Eis ist ein fester Körper.	Wasser ist eine Flüssigkeit.	Wasserdampf ist ein Gas.

Feste Körper	Flüssigkeiten	Gase
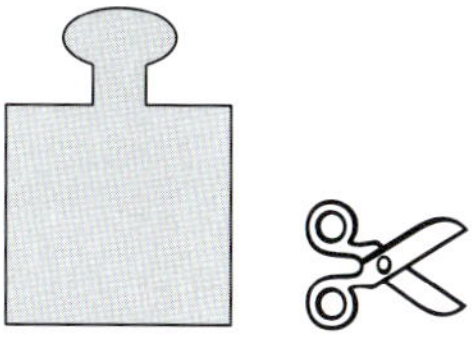	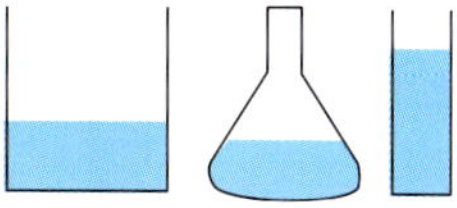	
Feste Körper haben eine bestimmte Form.	Flüssigkeiten passen sich der Form des Gefäßes an, in dem sie sich befinden.	Gase passen sich der Form des Gefäßes an, in dem sie sich befinden.
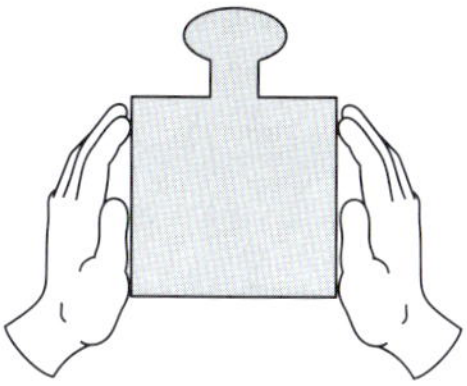	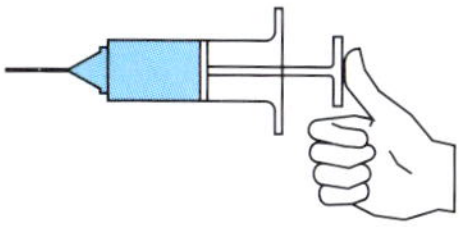	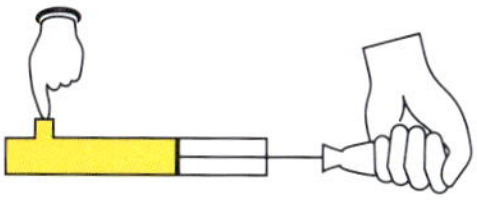
Feste Körper haben ein bestimmtes Volumen. Sie lassen sich nicht zusammendrücken.	Flüssigkeiten haben ein bestimmtes Volumen. Sie lassen sich nicht zusammendrücken.	Gase haben ein veränderliches Volumen. Sie lassen sich zusammendrücken.

Das Material, aus dem ein Körper besteht, bezeichnet man als **Stoff.**

Jeder Körper besteht aus Stoff.

Das Haus besteht aus dem Stoff Holz.	Die Flüssigkeit im See besteht aus dem Stoff Wasser.	Das Gas im Ballon besteht aus dem Stoff Helium oder Luft.

Aufbau der Stoffe aus Teilchen

Ein Stück Kreide lässt sich leicht zerteilen. Dabei erhält man immer kleinere Teilchen. Bei sehr feinem Kreidestaub sind die einzelnen Teilchen mit bloßem Auge nicht mehr zu erkennen (s. Abb.).

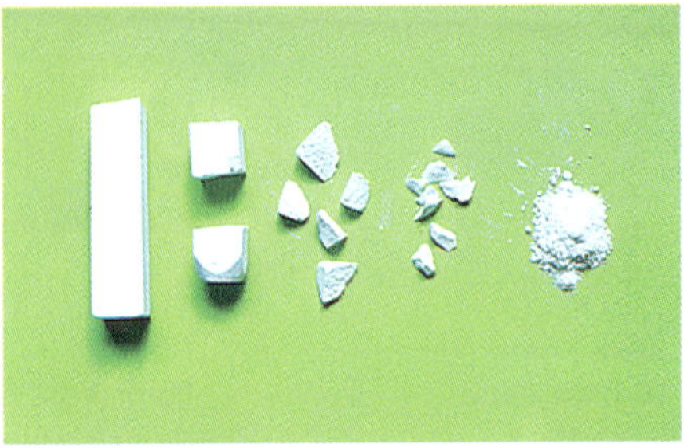

Wenn man Zucker in Tee löst, dann schmeckt man zwar den Zucker in diesem Tee, sehen kann man ihn aber nicht mehr.
Der Zucker hat sich im Tee in sehr kleinen Teilchen verteilt.

Der Stoff Luft ist überall vorhanden. Luft ist aber nicht sichtbar. Auch Gase bestehen aus sehr kleinen, nicht sichtbaren Teilchen.

Mit Hilfe spezieller Methoden kann man die kleinsten Teilchen (Atome) sichtbar machen (s. Abb.).

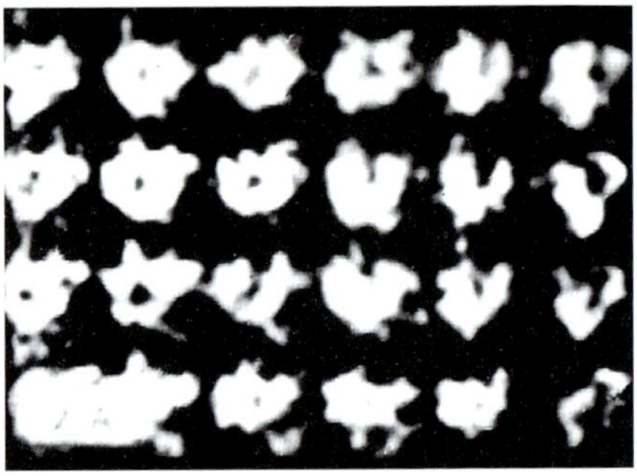

Alle Stoffe bestehen aus Teilchen.

Viele naturwissenschaftliche Erscheinungen kann man mit dem Aufbau der Stoffe aus Teilchen und dem **Teilchenmodell** erklären. Andere Erscheinungen kann man nur erklären, wenn man weiß, aus welchen Teilchen der Stoff aufgebaut ist und wie diese Teilchen miteinander verbunden sind.

Als **Teilchen** werden in den Naturwissenschaften Atome, Ionen und Moleküle bezeichnet. **Atome** sind die kleinsten Bausteine der Stoffe. Sie können durch **chemische Reaktionen** nicht weiter zerlegt werden. Zur Beschreibung des Aufbaus von Atomen gibt es verschiedene Modelle.

Ein Atom besteht aus **Atomkern** und **Atomhülle.** In der Atomhülle befinden sich elektrisch negativ geladene **Elektronen.** Im Atomkern befinden sich u.a. elektrisch positiv geladene **Protonen** und elektrisch neutrale **Neutronen.** Elektronen, Protonen und Neutronen bezeichnet man auch als **Elementarteilchen.** Die Naturwissenschaften haben bis heute ca. 200 andere Elementarteilchen entdeckt.

Ein **Atom** ist ein elektrisch *neutrales* Teilchen. Es besitzt die gleiche Anzahl von Elektronen in der Atomhülle wie Protonen im Atomkern.

Ein **Ion** ist ein elektrisch positiv oder negativ *geladenes* Teilchen. Die Anzahl der Elektronen in der Atomhülle ist größer oder kleiner als die Anzahl der Protonen im Atomkern. Damit besitzt ein Ion eine unterschiedliche Ladung in Atomkern und Atomhülle und ist damit selbst elektrisch geladen. Solche Ionen sind z.B. Sulfid-Ionen (S^{2-}) und Natrium-Ionen (Na^{+}).

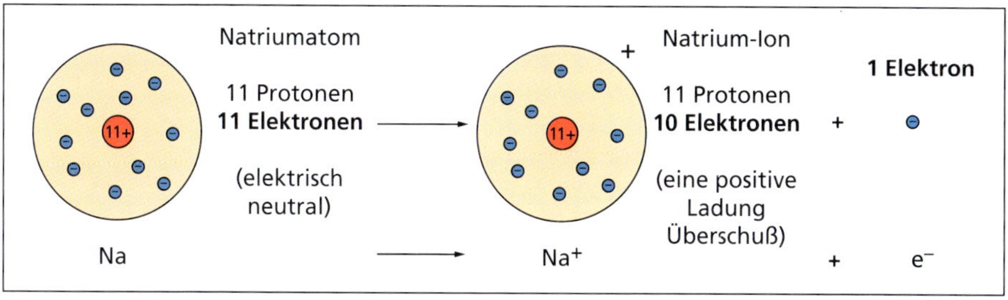

Moleküle sind Bausteine der Stoffe, die aus mindestens zwei Atomen bestehen.

Ein Sauerstoffmolekül besteht aus zwei miteinander verbundenen Sauerstoffatomen.	Ein Wassermolekül besteht aus einem Sauerstoff- und zwei Wasserstoffatomen, die miteinander verbunden sind.

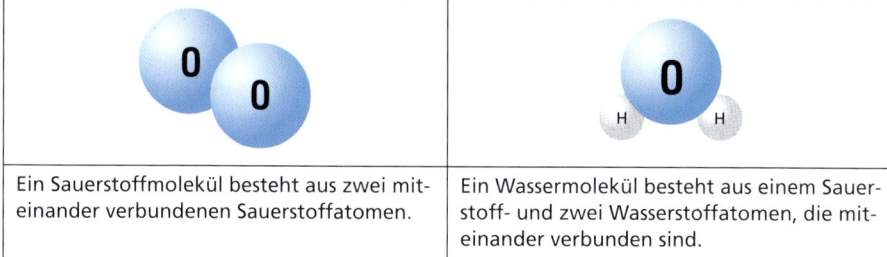

Elemente, Nuklide und Isotope

Ein **chemisches Element** ist eine Atomart, deren Atome die gleiche Anzahl Protonen im Kern enthalten. Bis heute sind 109 verschiedene chemische Elemente entdeckt bzw. künstlich hergestellt worden (s. Periodensystem der Elemente).

Bei einer Reihe von chemischen Elementen kann bei gleicher Anzahl der Protonen im Kern die Anzahl der Neutronen unterschiedlich sein. Atomkernarten, die die gleiche Anzahl Protonen, aber unterschiedliche Neutronenzahl haben, nennt man **Isotope.** So haben z.B. Kohlenstoffkerne 6 Protonen. Sie können aber 6, 7 oder 8 Neutronen besitzen. Das Element Kohlenstoff hat also drei Isotope.

Ein **Nuklid** ist eine Atomkernart, die eine ganz bestimmte Anzahl von Protonen und Neutronen besitzt. Ein Kohlenstoffkern mit 6 Protonen und 7 Neutronen ist z.B. ein Nuklid.

Stoffe und ihre Eigenschaften

Stoffe kann man nach sehr vielen Merkmalen einteilen. So lassen sie sich u.a. in reine Stoffe und Stoffgemische einteilen.

Reine Stoffe bestehen nur aus Teilchen des jeweiligen Stoffes (z.B. Wasser besteht nur aus Wassermolekülen).
Reine Stoffe besitzen bei Normalbedingungen konstante physikalische Eigenschaften (Schmelz- und Siedetemperatur, Dichte, Aggregatzustand usw.) und sind durch chemische Eigenschaften (z.B. Brennbarkeit) gekennzeichnet.
Reine Stoffe kann man in Elementsubstanzen, Molekülsubstanzen, Ionensubstanzen unterteilen, wobei Molekülsubstanzen und Ionensubstanzen auch chemische Verbindungen sein können.

Stoffgemische bestehen aus Teilchen mehrerer reiner Stoffe. Die enthaltenen Bestandteile lassen sich mit physikalischen Methoden (Sieben, Magnetscheiden, Dekantieren, Filtrieren, Abdampfen, Destillieren u.a.) voneinander trennen. Die Eigenschaften des Stoffgemisches sind nicht konstant, sondern werden durch die Eigenschaften der enthaltenen reinen Stoffe und durch deren Mischungsverhältnis bestimmt. Luft enthält u.a. Stickstoff, Sauerstoff, Kohlenstoffdioxid, Edelgase.

Elementsubstanzen sind reine Stoffe, die nur aus Teilchen eines Elements bestehen (z.B. besteht das Metall Natrium nur aus Teilchen des Elements Natrium, das Edelgas Helium nur aus Heliumteilchen).

Molekülsubstanzen sind reine Stoffe, die aus Molekülen aufgebaut sind.
Diese Moleküle können aus Atomen eines Elements gebildet werden (z.B. werden die Moleküle des Wasserstoffs aus zwei Wasserstoffatomen gebildet).
Die Moleküle können aber auch aus Atomen mehrerer Elemente zusammengesetzt sein (z.B. werden die Wassermoleküle aus je zwei Wasserstoffatomen und einem Sauerstoffatom gebildet).

Ionensubstanzen sind reine Stoffe, die aus Ionen verschiedener Elemente oder zusammengesetzten Ionen aufgebaut sind. Hierzu zählen viele Salze, Metallhydroxide und Metalloxide.

Chemische Verbindungen bestehen aus Teilchen von mindestens zwei verschiedenen chemischen Elementen.

Organische Stoffe bestehen aus Teilchen des *Kohlenstoffs* mit anderen Elementen, ausgenommen die Oxide des Kohlenstoffs, Kohlensäure und Carbonate.

Alle nicht organischen Stoffe werden auch als **anorganische Stoffe** bezeichnet.

Alle Lebewesen (Pflanzen, Tiere, Menschen) nehmen zur Aufrechterhaltung ihrer Lebensprozesse anorganische Stoffe (z.B. Sauerstoff, Kohlenstoffdioxid, Wasser) auf. Bei Tieren und Menschen sind es neben anorganischen auch organische Stoffe (z.B. pflanzliche und tierische Eiweiße, Fette, Kohlenhydrate). Diese von außen zugeführten organischen Stoffe bezeichnet man auch als **körperfremde organische Stoffe**. Sie werden durch Assimilationsprozesse in **körpereigene organische Stoffe** des Lebewesens (z.B. Kohlenhydrate, Fette und Eiweiße) umgewandelt. Körpereigene organische Stoffe besitzen eine andere chemische Zusammensetzung als die körperfremden organischen Ausgangsstoffe.

3.1.2 Stoffe und Reaktionen

Stoffe können durch **chemische Reaktionen** in andere Stoffe umgewandelt werden.

$$\text{Ausgangsstoffe} \xrightarrow[\text{Reaktion}]{\text{chemische}} \text{Reaktionsprodukte}$$

Beispiel:

$$C + O_2 \longrightarrow CO_2$$

Durch chemische Reaktionen entstehen neue Stoffe mit anderen chemischen und physikalischen Eigenschaften, als sie die Ausgangsstoffe haben. Chemische Reaktionen sind stets mit Prozessen der Energieumwandlung und -übertragung verbunden. Auch die Umwandlung körperfremder in körpereigene Stoffe in Lebewesen ist eine chemische Reaktion.

Bei chemischen Reaktionen werden die Bindungen zwischen den Teilchen der Ausgangsstoffe gelöst. In den Reaktionsprodukten gehen die Teilchen dann neue chemische Bindungen ein. Diese Neuordnung der chemischen Bindungen geschieht durch Prozesse in der *Atomhülle.*

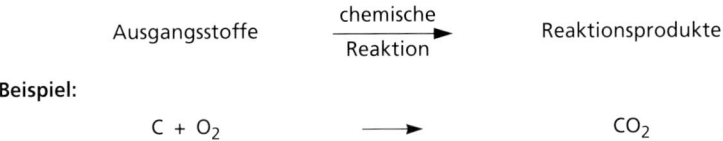

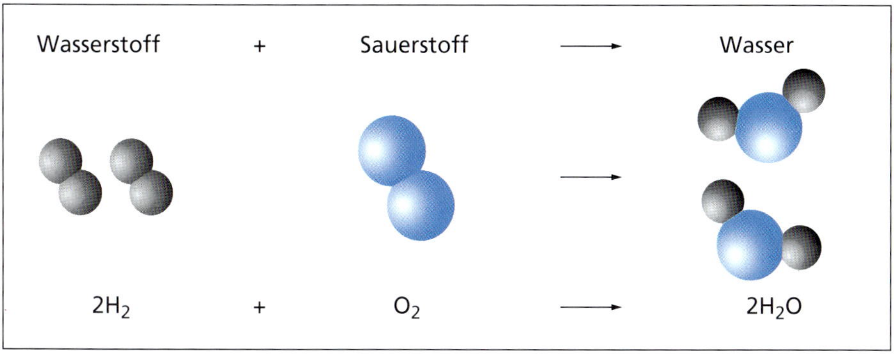

Stoffumwandlungen können auch durch Prozesse im Atomkern – **Kernumwandlungen** bzw. **Kernreaktionen** – erfolgen.

Durch Spaltung von Atomkernen (**Kernspaltung**) bzw. durch Verschmelzen von Atomkernen (**Kernfusion**) entstehen Stoffe mit neuen Atomkernen, die eine andere Anzahl von Protonen und Neutronen besitzen als die Kerne der Ausgangsstoffe. Die entstehenden Stoffe besitzen auch neue physikalische Eigenschaften. Kernreaktionen sind mit Prozessen der Energieumwandlung verbunden.

3.2 Energie in Natur und Technik

3.2.1 Energie, Energieträger und Energieformen

Die Energie

Energie ist die Fähigkeit eines Körpers, mechanische Arbeit zu verrichten, Wärme abzugeben oder Licht auszusenden.	**Formelzeichen:** *E*	**Einheit:** 1 Joule (1 J)

Vielfache der Einheit 1 J (sprich: ein dschul) sind 1 Kilojoule (1 kJ), 1 Megajoule (1 MJ) und 1 Gigajoule (1 GJ)

1 kJ = 1 000 J

1 MJ = 1 000 kJ = 1 000 000 J

1 GJ = 1 000 MJ = 1 000 000 kJ = 1 000 000 000 J

Weitere Einheiten für die Energie sind:

1 Newtonmeter (1 Nm)	1 Nm = 1 J
1 Wattsekunde (1 Ws)	1 Ws = 1 J
1 Steinkohleneinheit (1 SKE)	1 SKE = 29,3 MJ
1 Rohöleinheit (1 RÖE)	1 RÖE = 41,9 MJ

Körper, die Energie besitzen, nennt man **Energieträger** oder **Energieträger**.

Energieformen und Energieträger

Energie kann in unterschiedlichen Formen gespeichert und durch unterschiedliche Prozesse freigesetzt werden. Danach unterscheidet man verschiedene **Energieformen**.

Mechanische Energie	
Potentielle Energie (Energie der Lage)	**Kinetische Energie (Energie der Bewegung)**

Körper, die aufgrund ihrer Lage mechanische Arbeit verrichten können, besitzen *potentielle* Energie E_{pot}. Ein Springer auf dem Sprungturm besitzt potentielle Energie, die für die Bewegung (Beschleunigung) genutzt wird.	Körper, die aufgrund ihrer Bewegung mechanische Arbeit verrichten können, besitzen *kinetische* Energie E_{kin}. Ein fahrendes Auto besitzt kinetische Energie, die bei einem Aufprall als Verformungsarbeit auftritt.
Thermische Energie	**Chemische Energie**

Körper, die aufgrund ihrer Temperatur Wärme abgeben oder Licht aussenden können, besitzen *thermische* Energie E_{therm}. Ein glühender Draht besitzt thermische Energie. Er gibt Wärme ab und sendet Licht aus.	Körper, die bei chemischen Reaktionen Wärme abgeben, Arbeit verrichten oder Licht aussenden, besitzen *chemische* Energie E_{ch}. Beim Verbrennen von Holz wird chemische Energie als Wärme und Licht freigesetzt.

Elektrische Energie

Körper, die aufgrund elektrischer Vorgänge Arbeit verrichten, Wärme abgeben oder Licht aussenden, besitzen *elektrische* Energie E_{el}.
Geladene Gewitterwolken besitzen elektrische Energie, die beim Blitz freigesetzt wird.

Magnetische Energie

Körper, die aufgrund ihrer magnetischen Eigenschaft Arbeit verrichten können, besitzen *magnetische* Energie E_{mag}.
Die magnetische Energie des Feldes der Lasthebemagneten nutzt man zum Heben von Körpern.

Lichtenergie

Körper, die aufgrund ihrer Helligkeit Licht aussenden, besitzen *Lichtenergie* E_{Licht}.
Die Sonne sendet u. a. Lichtenergie aus.

Kernenergie

Durch Prozesse im Inneren von Atomkernen (Kernspaltung und Kernfusion) wird *Kernenergie* E_{Kern} frei.
Im Atomkraftwerk werden die Atomkerne von Uran gespalten, wobei Kernenergie frei wird.

Energien in Natur und Technik		
Energieform	Energieträger	Energiebetrag
chemische Energie	Benzin Dieselkraftstoff Heizöl Erdgas Stadtgas Steinkohle	35 MJ je Liter 36 MJ je Liter 42 MJ je Liter 31 MJ je Kubikmeter 17 MJ je Kubikmeter 29 MJ je Kilogramm
potentielle Energie	Rammbär (m = 1 000 kg) um 1 m gehoben	10 kJ
kinetische Energie	PKW (m = 1 000 kg) bei 100 km/h	386 kJ
thermische Energie	1 Liter Wasser, das sich von 100 °C auf 30 °C abkühlt	293 kJ
elektrische Energie	elektrischer Strom Glühlampe 60 W bei einer Stunde Betrieb	216 kJ

3.2.2 Umwandlung und Übertragung von Energie

Energie ist in der Natur in Energieträgern bzw. Energiequellen gespeichert. Energieträger, die in der Natur unmittelbar vorhanden sind, nennt man **Primärenergieträger**. Die in ihnen gespeicherte Energie ist die **Primärenergie**. Solche Primärenergieträger sind z.B. Holz, Braunkohle, Steinkohle, Erdöl, Erdgas, Uranerz, fließendes oder gestautes Wasser, Wind, Sonnenstrahlung und Erdwärme. Primärenergie kann vom Menschen in der Regel nicht oder nur in begrenztem Maße, z.B. zum Heizen, Beleuchten oder zum Antrieb von Maschinen und Anlagen, genutzt werden. Im größeren Umfang kann man heute lediglich Erdgas als Primärenergieträger direkt zur Wärmeversorgung nutzen.

Primärenergie wird in vielfältigen Umwandlungsprozessen in Energieformen umgewandelt, die dem Menschen direkt von Nutzen sind. In der Regel wird Primärenergie zunächst in **Sekundärenergie** umgewandelt, die leichter zu transportieren, zu verteilen, zu lagern und besser in **Nutzenergie** für den Menschen umzuwandeln ist. Sekundärenergie ist eine Zwischenform zwischen Primärenergie und der nutzbringenden Energie bzw. Nutzenergie.

Sekundärenergieträger sind z.B. Briketts und Koks, die in Brikettfabriken und Kokereien aus Braun- und Steinkohle hergestellt werden. In Raffinerien werden aus Erdöl die Sekundärenergieträger Benzin, Heizöl und Dieselkraftstoff gewonnen. Fernwärme und elektrischen Strom kann man in Heizkraftwerken aus Steinkohle, aus Erdöl oder Erdgas erzeugen.

Die wichtigste Form der Sekundärenergie ist die elektrische Energie, die in Kraftwerken aus den verschiedensten Primärenergieträger gewonnen werden kann. Elektrische Energie kann sehr schnell und über große Entfernungen transportiert und verteilt werden. Man kann sie relativ leicht in Geräten, Maschinen und Anlagen in andere Formen von Nutzenergie umwandeln. Elektrische Energie ist deshalb heute die wertvollste und am häufigsten genutzte Sekundärenergie. Sie hat allerdings den Nachteil, dass sie nur in kleinen Mengen gespeichert werden kann.

> Bei physikalischen, chemischen oder biologischen Vorgängen kann Energie von einer Energieform in eine andere Energieform umgewandelt werden.
> Energie kann auch von einem Körper auf einen anderen Körper übertragen werden.

Die Energieerhaltung

Bei allen Prozessen der Umwandlung und Übertragung von Energie gilt das **Gesetz von der Erhaltung der Energie**:

> In einem abgeschlossenen System bzw. bei einem abgeschlossenen Vorgang ist die Summe aller Energien stets konstant.
>
> Die Gesamtenergie bleibt erhalten.
>
> $E_1 + E_2 + E_3 \ldots = \text{konstant}$
>
> $E_1, E_2, E_3 \ldots$ verschiedene Energieformen

Dieses Naturgesetz, das auch **1. Hauptsatz der Thermodynamik** (S. 118) genannt wird, wurde zuerst von dem deutschen Arzt JULIUS ROBERT MAYER (1814–1878) und von dem englischen Physiker JAMES PRESCOTT JOULE (1818–1889) entdeckt. Eine besonders klare Formulierung des Energieerhaltungssatzes stammt von HERMANN VON HELMHOLTZ (1821–1894):

> Energie kann weder erzeugt noch vernichtet werden, sondern nur von einer Form in eine andere umgewandelt werden.

Die Energieentwertung

Die meisten Prozesse der Energieumwandlung und -übertragung, die in der Natur vorkommen, laufen von allein nur in einer Richtung ab.

Heißer Tee gibt z.B. thermische Energie an die Umgebung ab. Seine Temperatur verringert sich. Von allein kann die thermische Energie der Umgebung nicht wieder entzogen werden, um den Tee zu erwärmen.

Bei vielen Vorgängen wird die ursprünglich vorhandene Energie in thermische Energie umgewandelt, die an die Umgebung abgegeben wird.

Auch bei periodisch ablaufenden Vorgängen in der Natur wird die vorhandene Energie allmählich in thermische Energie der Umgebung umgewandelt. Bei einer Schaukel z.B. wird die mechanische Energie durch Reibung in thermische Energie umgewandelt. Der periodische Schaukelprozess kommt zum Erliegen, wenn man nicht ständig neuen Schwung nimmt.

Die bei diesen Vorgängen entstehende thermische Energie kann nicht von selbst der Umgebung entzogen werden und ist damit nicht ohne weiteres wieder nutzbar. Die wertvolle elektrische, mechanische oder chemische Energie wird in wertlose thermische Energie der Umgebung umgewandelt. Man sagt auch, dass die ursprünglich vorhandene Energie **entwertet** wird.

Diese Erkenntnisse werden im **Gesetz über die Energieentwertung** zusammengefaßt:

> Bei allen Vorgängen in Natur und Technik entsteht thermische Energie. Diese thermische Energie kann der Umgebung von allein weder entzogen noch nutzbar gemacht werden.
>
> Thermische Energie kann auch von selbst niemals von einem Körper niederer Temperatur auf einen Körper höherer Temperatur übergehen.
>
> Alle Vorgänge, bei denen thermische Energie auftritt, laufen von allein nur in einer Richtung ab.

Dieses Naturgesetz, das auch **2. Hauptsatz der Thermodynamik** genannt wird, wurde zuerst von RUDOLF CLAUSIUS (1822–1888) entdeckt.

Energieerhaltung und Energieentwertung treten bei allen Prozessen in Natur und Technik gleichzeitig auf. Die Gesamtenergie bleibt bei einem Vorgang stets erhalten. Hochwertige Energie wird jedoch in minderwertigere Energie bis hin zur thermischen Energie der Umgebung umgewandelt. Insofern wird hochwertige Energie verbraucht bzw. entwertet. Im Alltag spricht man deshalb auch von „Energieverbrauch", da die Nutzbarkeit der Energie für den Menschen bei fast jedem Umwandlungsprozess abnimmt.

3.2.3 Energie in der belebten und unbelebten Natur

Die Energie der Sonne

Die Sonne (S. 232) ist die natürliche Energiequelle der Erde. Fast alle Energie auf der Erde ist letztlich umgewandelte Sonnenenergie.

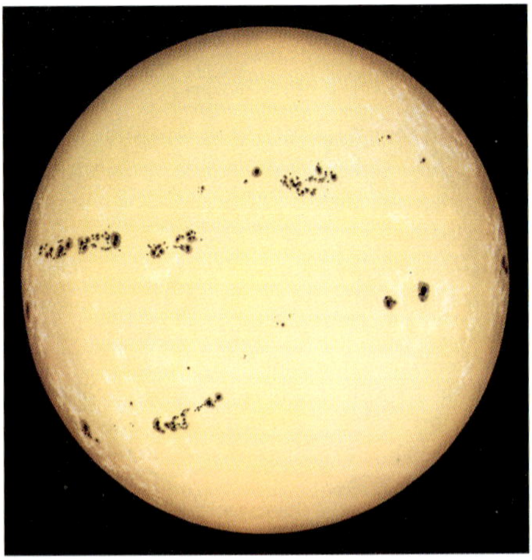

Im Inneren der Sonne werden gewaltige Energien freigesetzt und an der Sonnenoberfläche in den Weltraum abgestrahlt. Die in der Sonne freigesetzte Energie ist Kernenergie. Sie entsteht vor allem durch die Verschmelzung von Wasserstoffatomen zu Helium (S. 208).

Die Energie, die als Globalstrahlung die Obergrenze der Atmosphäre erreicht, ist relativ konstant. Würde diese Sonnenstrahlung nicht durch die Atmosphäre abgeschwächt werden, so könnte man auch auf der Erdoberfläche diesen Betrag der eingestrahlten Sonnenenergie messen.

Die Sonnenenergie, die ohne Abschwächung durch die Atmosphäre in jeder Sekunde senkrecht auf einen Quadratmeter der Erdoberfläche trifft, wird als **Solarkonstante *S*** bezeichnet.

Die Solarkonstante beträgt:

$$S = 1{,}36\ \frac{\text{kJ}}{\text{s} \cdot \text{m}^2}$$

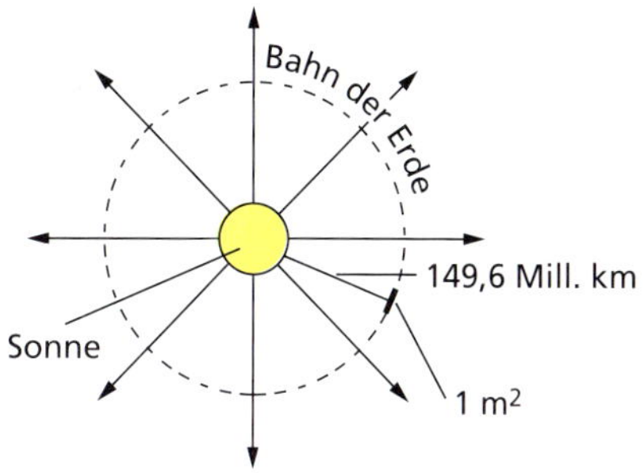

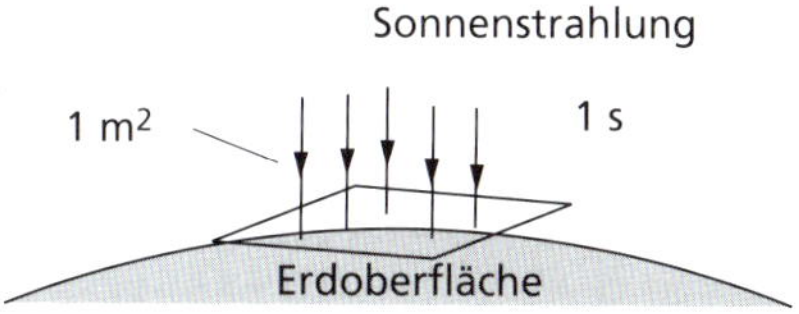

Es gelangen nur ca. 50 % der eintreffenden Sonnenstrahlung durch die Atmosphäre bis zur Erdoberfläche. Die Solarkonstante ist direkt nur an der Obergrenze der Atmosphäre messbar.

Die Einstrahlung von Sonnenenergie auf die Erde und die gleichzeitig stattfindende Energieabstrahlung von der Erde bilden ein kompliziertes System. Im Laufe der Zeit hat sich ein Gleichgewicht zwischen der von der Sonne eingestrahlten Energie und der von der Erde abgegebenen Energie gebildet. Dieser ausgeglichene **Energiehaushalt** sorgt für relativ gleichbleibende Bedingungen auf der Erde, die wiederum Grundlage für das Leben auf der Erde sind.

Energie bei chemischen Reaktionen

Jede chemische Reaktion (S. 260) ist mit energetischen Prozessen verbunden. So kann z. B. ein Teil der in den Ausgangsstoffen vorhandenen chemischen Energie in thermische Energie, Lichtenergie oder mechanische Energie umgewandelt und als Wärme, Licht oder mechanische Arbeit abgegeben werden.

Damit Stoffe als Reaktionspartner in eine chemische Reaktion eintreten können, müssen diese zuvor „aktiviert" werden. Dazu wird zunächst Energie, meist in Form thermischer Energie, zugeführt. Diese Energie nennt man **Aktivierungsenergie.**
Dabei kann man sich eine chemische Reaktion so vorstellen, als ob eine Kugel über einen Berg rollen soll.

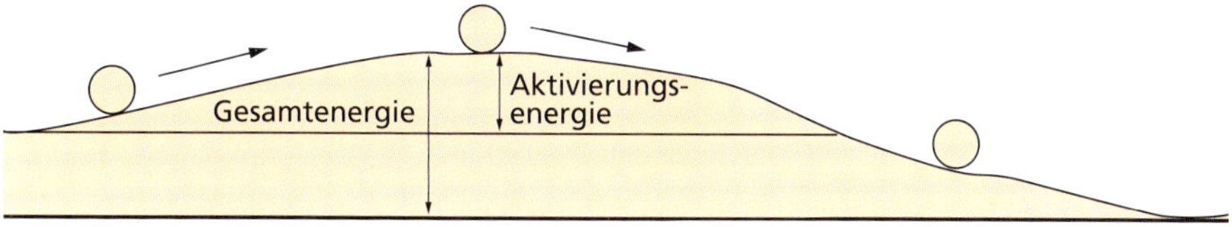

Zuerst wird sie auf den Berg gerollt, es wird ihr Energie zugeführt (Aktivierungsenergie). Dann rollt sie allein den Berg hinab. Dabei gibt sie wieder Energie ab.

Betrachtet man chemische Reaktionen unter dem Aspekt der Energie, gibt es zwei unterschiedliche Reaktionsarten:

<table>
<tr><th>Exotherme chemische Reaktion</th><th>Endotherme chemische Reaktion</th></tr>
<tr><td>Stoffumwandlung, bei der E_{therm} als Wärme abgegeben wird.</td><td>Stoffumwandlung, bei der E_{therm} als Wärme zugeführt werden muss.</td></tr>
<tr><td>Ausgangsstoffe ⟶ Reaktionsprodukte
$Q = -n$ kJ
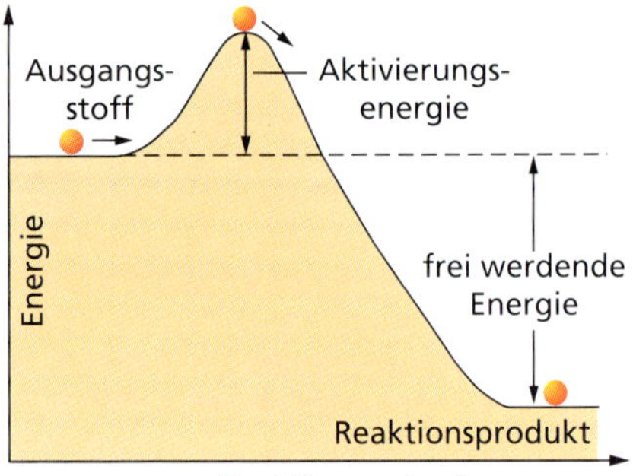
</td><td>Ausgangsstoffe ⟶ Reaktionsprodukte
$Q = +n$ kJ
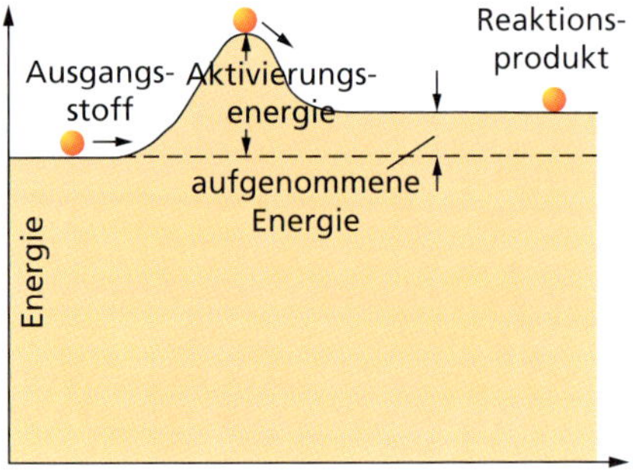
</td></tr>
</table>

Energie in der belebten Natur

Für die Aufrechterhaltung der Lebensprozesse nehmen alle Lebewesen Stoffe und Energie aus ihrer Umwelt auf.

In den lebenden Zellen der Organismen werden energiereiche organische körpereigene Stoffe aufgebaut (Assimilationsvorgänge) und diese körpereigenen Stoffe zur Nutzung der in ihnen enthaltenen chemischen Energie abgebaut (Dissimilationsvorgänge).

Orte des Stoff- und Energiewechsels sind die Zellen. In pflanzlichen Zellen wird aus anorganischen Stoffen – Kohlenstoffdioxid und Wasser – Glucose und Sauerstoff gebildet. Für diesen komplizierten biochemischen Prozess wird von den Pflanzen und einigen Bakterienarten die Energie des Sonnenlichtes genutzt. Der Prozess heißt **Photosynthese** (S. 414).

Bei der photosynthetischen Bildung von Glucose wird die Lichtenergie in chemische Energie umgewandelt und ist als solche in den organischen Stoffen enthalten. Die entstandene Glucose wird zu Stärke oder zu anderen organischen Stoffen wie Fette, Eiweiße u. a. umgebaut. Diese organischen Stoffe bilden die Grundlage für die Ernährung und Deckung des Energiebedarfs von Tieren und Menschen.

Die in den körpereigenen organischen Stoffen gespeicherte chemische Energie kann durch **biologische Oxidation** (Zellatmung) freigesetzt werden, wobei die organischen Stoffe stufenweise unter Einwirkung von Enzymen und bei Verbrauch von Sauerstoff abgebaut werden. Reaktionsprodukte sind Kohlenstoffdioxid und Wasser. Bei der **Atmung** wird thermische Energie in Form von Wärme abgegeben. Sie kann dann von den Zellen nicht mehr genutzt werden.

Bei der **Gärung** (z.B. alkoholischer Gärung, Milchsäuregärung) wird ebenfalls die in organischen Stoffen gebundene chemische Energie umgewandelt und für den Organismus nutzbar gemacht. Im Unterschied zur Atmung laufen die Gärungen ohne Sauerstoffzufuhr ab. Die organischen Ausgangsstoffe werden unvollständig abgebaut, die entstehenden Reaktionsprodukte, z.B. Ethanol oder Milchsäure, sind noch relativ energiereiche Verbindungen.

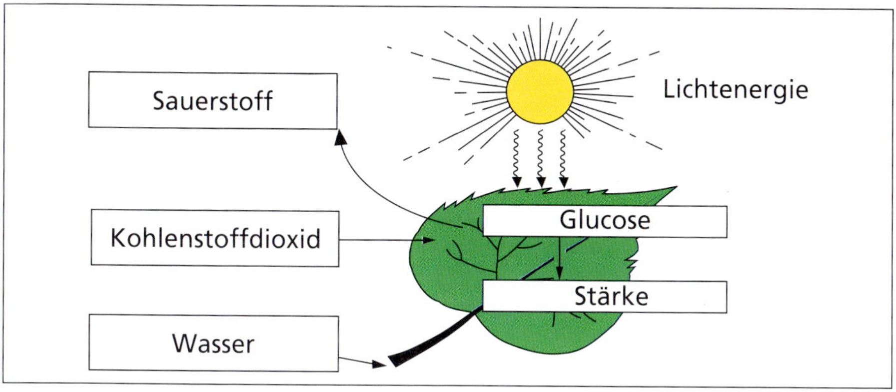

Photosynthese in Pflanzen

Energienutzung und Umweltbelastung

Ein großer Teil der heutigen Umweltbelastung ist unmittelbar mit der Bereitstellung und Nutzung von Energie durch den Menschen verbunden. Die Probleme der Umweltbelastung durch Energienutzung nehmen aufgrund des ständig steigenden Energieverbrauchs zu.

Eine große Rolle bei der Umweltbelastung im Zusammenhang mit der Energienutzung spielen Verbrennungsprozesse. Bei Verbrennungsprozessen entstehen neben der frei werdenden Energie zahlreiche gasförmige Stoffe sowie feste Rückstände wie Asche, Ruß, Staub und Schwermetalle. Nur einige dieser Reaktionsprodukte werden umweltverträglich entsorgt. Die meisten Stoffe belasten die Umwelt. Vor allem die gasförmigen Stoffe, aber auch Ruß und Staub, gelangen in die Atmosphäre und führen zu solch gefährlichen Erscheinungen wie Smog, saurer Regen, den zusätzlichen Treibhauseffekt und das Ozonloch. Eine Reihe der gasförmigen Stoffe, die bei Verbrennungen entstehen, können das Klima auf der Erde beeinflussen. Man nennt sie deshalb auch „klimawirksame Gase".

Das bei Verbrennungen mit Kohlenstoff entstehende Kohlenstoffdioxid ist eines der „klimawirksamen Gase". Es gelangt in die Atmosphäre und damit in den Kohlenstoff-Kreislauf der Erde. Der auf der Erde vorhandene Kohlenstoff ist durch verschiedene chemische und biologische Prozesse in einen großen Kreislauf eingebunden.

Bis vor einigen Jahrzehnten nahm man an, dass das Kohlenstoffdioxid, das durch Verbrennungen entsteht, den gesamten Kohlenstoff-Kreislauf nicht beeinflusst. Seit 1958 wird regelmäßig die Konzentration des Kohlenstoffdioxids in der Atmosphäre gemessen. Diese Messungen belegen, dass die CO_2-Konzentration in der Atmosphäre von Jahr zu Jahr ansteigt.

Nun ist CO_2 zwar nur in einer äußerst geringen Konzentration (ca. 0,035 %) in der Atmosphäre vertreten, aber bereits die geringste Änderung dieser Konzentration kann den **Treibhauseffekt** auf der Erde beeinflussen.

Der Treibhauseffekt der Erde entsteht dadurch, dass ein Teil der Wärmestrahlung von der Erde durch die Atmosphäre immer wieder zur Erde reflektiert wird. Diese Reflexion erfolgt vor allem an Wolken, Wasserdampf und solchen Gasen wie Kohlenstoffdioxid, Methan, Ozon und FCKW. Insbesondere Kohlenstoffdioxid trägt zum Treibhauseffekt bei. Der zu beobachtende Anstieg der Kohlenstoffdioxid-Konzentration in der Atmosphäre führt zu einer Verstärkung des Treibhauseffektes auf der Erde. Damit verbunden ist eine Erhöhung der Temperatur auf der Erde. Dies kann zu gewaltigen Veränderungen des Klimas auf der Erde mit vielen Folgen führen.

Die Gase Schwefeldioxid, Kohlenstoffmonoxid und Stickstoffdioxid verursachen gemeinsam mit anderen Luftbestandteilen eine Erscheinung, die **„Smog"** genannt wird. Der Begriff „Smog" steht für Luftverschmutzung und kommt aus dem Englischen. Er beschreibt die gelbliche Mischung von Rauch („smoke") und Nebel („fog") und wurde das erste Mal um die Jahrhundertwende in London benutzt.

Heute kann Smog in verschiedenen Regionen der Welt auftreten. Beim Sommer-Smog werden durch die Ansammlung von Verbrennungsgasen, vor allem von Stickstoffoxiden und Kohlenwasserstoffen, in Bodennähe „fotochemische" Reaktionen ausgelöst. Diese Reaktionen führen zur Bildung von bodennahem Ozon, das die Gesundheit des Menschen beeinflussen kann.

Eine weitere Verbesserung der Lebensbedingungen der Menschen auf der Erde ist in Zukunft nicht unbegrenzt durch eine ständig steigende Nutzung von Energie möglich.

Eine ganze Reihe von Primärenergieträgern, die wir heute nutzen, sind nur im begrenzten Umfang auf der Erde vorhanden. Außerdem stellt die Nutzung der Energie im heutigen Ausmaß einen so gewaltigen Eingriff in die Natur dar, dass die Gefahr besteht, die natürlichen Lebensgrundlagen von Pflanzen, Tieren und Menschen zu zerstören.

Deshalb hat die Menschheit für ihre weitere Existenz zwei grundlegende Probleme zu lösen:

1. Es müssen ausreichend Energieträger erschlossen und für den Menschen nutzbar gemacht werden.
2. Die Nutzung der Energie muss so gestaltet werden, dass die natürlichen Lebensgrundlagen des Menschen langfristig erhalten bleiben.

Ein Beitrag zur Lösung dieser Probleme ist die immer stärkere Nutzung **erneuerbarer** oder **regenerativer** Energieträger. Diese Energieträger entstehen auf der Erde immer wieder neu oder stehen ständig zur Verfügung. Zu ihnen gehören: Sonnenstrahlung, Wasser, Wind, Biowärme, Gezeiten und Erdwärme. Die Nutzung dieser Primärenergieträger ist heute z. T. noch mit erheblichem technischen Aufwand und hohen Kosten verbunden. Intensive Forschungsarbeit auf den Gebiet der regenerativen Energieträger ist deshalb notwendig.

Außerdem ist es unerlässlich, dass mit der vorhandenen Energie **rationell** und **sparsam** umgegangen wird. Dabei bedeutet rationelle und sparsame Energieanwendung nicht, dass auf die Nutzung von Energie verzichtet werden muss. Es geht vielmehr darum, dass der gewünschte Nutzen mit einem möglichst geringen Aufwand an Energie erreicht wird.

Ein großer Teil der erzeugten und bereitgestellten Sekundärenergie wird bei den Energieumwandlungen in nicht gewünschte thermische Energie umgewandelt. Dabei wird wertvolle elektrische, chemische u. a. Energie in wertlose thermische Energie umgesetzt und damit entwertet. Energieumwandlungen sind deshalb mit „Energieverlusten" verbunden.

Neben der Vermeidung eines unnötigen Energieverbrauchs sowie der Verbesserung des Wirkungsgrades (S. 84) von Anlagen und Geräten ist die Nutzung der großen „Energieverluste" für andere Zwecke (**Energierückgewinnung**) eine wichtige Möglichkeit der rationellen Energieanwendung.

Physik

Die Physik beschäftigt sich mit Erscheinungen und Gesetzen in unserer natürlichen Umwelt und ermöglicht es, viele Erscheinungen in der Natur zu erklären und vorherzusagen. Die Erscheinungen und Gesetze der Physik sind dabei so grundlegend, dass sie sowohl in der belebten als auch in der unbelebten Natur auftreten und auch in den anderen Naturwissenschaften berücksichtigt werden. Die Physik ist eine wichtige Grundlage der Technik sowie unseres täglichen Lebens. Traditionell erfolgt eine Einteilung der Physik in verschiedene Teilgebiete.

Teilgebiet	Untersuchungsgegenstand
Mechanik	Bewegung von Körpern, Kräfte und ihre Wirkungen, Auftrieb und Schwimmen, Fliegen, Entstehung und Eigenschaften von Schall 
Wärmelehre (Thermodynamik)	Temperatur von Körpern, Zufuhr und Abgabe von Wärme, Aggregatzustände und ihre Änderungen, Wärmeübertragung, Wärmekraftmaschinen 
Elektrizitätslehre (Elektrik)	Eigenschaften von elektrisch geladenen Körpern, Magnetismus, Wirkungen des elektrischen Stromes, Erzeugung und Umformung von Elektroenergie, elektrische Schaltungen und Bauelemente 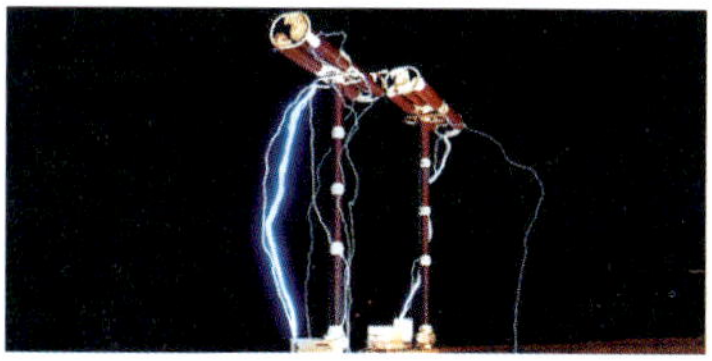
Optik	Ausbreitung des Lichtes, Reflexion und Brechung, Bildentstehung an Spiegeln und Linsen, optische Geräte, Farben 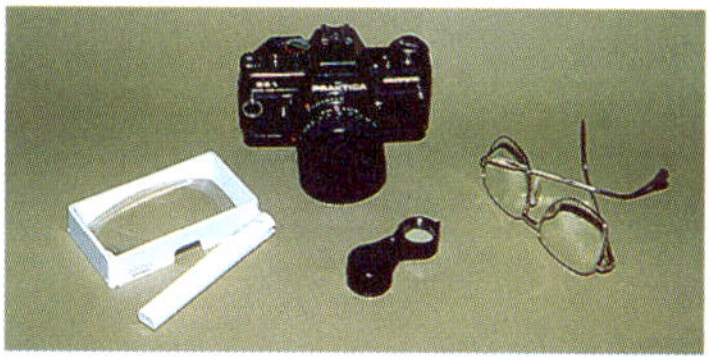
Atom- und Kernphysik	Aufbau von Atomen, Umwandlung von Atomkernen, Eigenschaften radioaktiver Strahlung, Erzeugung von Kernenergie 

1 Mechanik

1.1 Grundeigenschaften von Körpern und Stoffen

1.1.1 Das Volumen von Körpern

Die Größe Volumen

Das Volumen gibt an, wie viel Raum ein Körper einnimmt.	**Formelzeichen:** *V*	**Einheiten:** 1 Kubikmeter ($1\ m^3$) 1 Liter (1 l)

Teile der Einheit $1\ m^3$ sind ein Kubikdezimeter ($1\ dm^3$), ein Kubikzentimeter ($1\ cm^3$) und ein Kubikmillimeter ($1\ mm^3$):

$$1\ m^3 = 1\,000\ dm^3 = 1\,000\,000\ cm^3 = 1\,000\,000\,000\ mm^3$$
$$1\ dm^3 = 1\,000\ cm^3 = 1\,000\,000\ mm^3$$
$$1\ cm^3 = 1\,000\ mm^3$$

Vielfache und Teile der Einheit 1 l sind ein Hektoliter (1 hl) und ein Milliliter (1 ml):

1 hl = 100 l
1 l = 1 000 ml

Zwischen den Einheiten gelten folgende **Beziehungen**:

$$1\ m^3 = 1\,000\ l$$
$$1\ dm^3 = 1\ l$$
$$1\ cm^3 = 1\ ml$$

Volumen von Körpern in Natur und Technik	
Tischtennisball	$25\ cm^3$
Streichholzschachtel	$28\ cm^3$
Mauerziegel	$1{,}4\ dm^3$
Klassenzimmer	$\approx 250\ m^3$
große Tasse	0,25 l
Limonadenflasche	0,75 l
Wassereimer	10 l
Tank eines PKW	45 l … 60 l

Messen und Berechnen des Volumens

Das Volumen von strömenden Flüssigkeiten und Gasen wird mit **Durchflusszählern** (Wasseruhr, Gasuhr) gemessen (Abb. 1, S. 51). Das Volumen von pulverförmigen festen Körpern (z.B. Mehl) und von ruhenden Flüssigkeiten wird mit **Messzylindern** (Abb. 2, S. 51) gemessen.

Abb. 1

Abb. 2

Das Volumen fester Körper kann mit Hilfe von Messzylindern oder durch Bestimmen der Abmessungen des Körpers ermittelt werden.

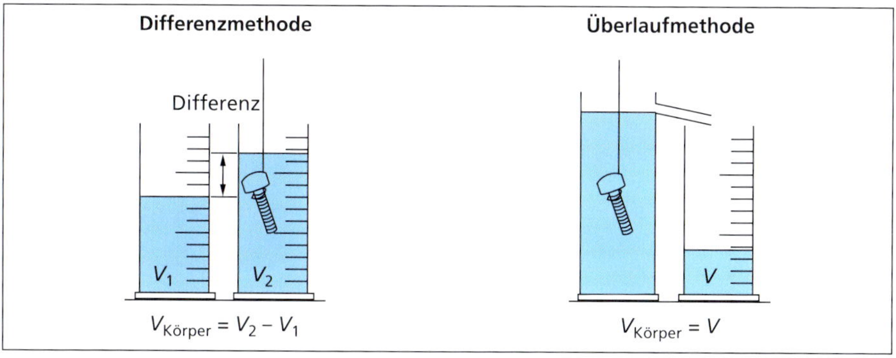

Unter der Bedingung, dass ein Körper die Form eines Quaders besitzt, gilt für das Volumen des Körpers:

$$V = a \cdot b \cdot c$$

a Länge
b Breite
c Höhe

Vorgehen beim Messen des Volumens mit einem Messzylinder

1. Schätze das Volumen des Körpers! Wähle einen geeigneten Messzylinder aus!
2. Fülle Flüssigkeit in den Messzylinder! Stelle ihn auf eine waagerechte Unterlage!
3. Lies den Stand an der tiefsten Stelle der Oberfläche ab! Schaue dabei waagerecht auf die Oberfläche!

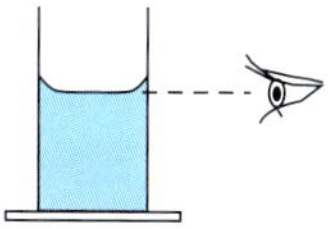

1.1.2 Die Masse von Körpern

Die Größe Masse

Die Masse gibt an, wie schwer oder wie leicht und wie träge ein Körper ist.	**Formelzeichen:** *m*	**Einheit:** 1 Kilogramm (1 kg)

Vielfache und Teile der Einheit 1 kg sind eine Tonne (1 t), ein Gramm (1 g) und ein Milligramm (1 mg):

1 t = 1 000 kg = 1 000 000 g = 1 000 000 000 mg

1 kg = 1 000 g = 1 000 000 mg

1 g = 1 000 mg

Im Alltag gebräuchlich sind auch noch 1 Pfund (500 g) und 1 Zentner (50 kg).

Masse von Körpern in Natur und Technik	
Haar	ca. 0,1 mg
1 Liter Luft	1,29 g
1 Pfennigstück	2 g
Normalbrief	ca. 20 g
1 Tafel Schokolade	100 g
1 Liter Wasser	1 kg
Mauerziegel	3,5 kg
PKW	ca. 1 000 kg
LKW	bis 40 t
Blauwal	bis 150 t

Die Masse als Eigenschaft eines Körpers ist unabhängig davon, wo sich dieser befindet. Sie ist an jedem beliebigen Ort gleich groß.

Messen der Masse

Die Masse von Körpern wird mit Hilfe von **Waagen** gemessen. Bei vielen Waagen (z.B. Balkenwaage, Laborwaage, Tafelwaage) wird die Masse des Körpers mit der Masse von Wägestücken verglichen (Abb. 1). Bei Schnellwaagen und elektronischen Waagen (Abb. 2) kann die Masse unmittelbar abgelesen werden.

Abb. 1

Abb. 2

Vorgehen beim Messen der Masse mit einer Balkenwaage

1. Schätze die Masse des zu wägenden Körpers! Wähle eine geeignete Waage und einen Wägesatz aus!
2. Prüfe die Nulllage der Waage!
3. Lege den Körper auf die eine und die Wägestücke auf die andere Waagschale! Nimm so lange Veränderungen vor, bis die Waage wieder im Gleichgewicht ist!
4. Addiere die Masse der Wägestücke! Die Summe ist gleich der Masse des Körpers.

1.1.3 Die Dichte von Stoffen

Die Größe Dichte

Die Dichte gibt an, welche Masse jeder Kubikzentimeter (cm^3) Volumen eines Stoffes hat.	**Formelzeichen:** ρ	**Einheiten:** ein Gramm je Kubikzentimeter $(1\ \frac{g}{cm^3})$ ein Kilogramm je Kubikmeter $(1\ \frac{kg}{m^3})$

Ein Stoff hat eine Dichte von 1 g/cm^3, wenn jeder Kubikzentimeter dieses Stoffes eine Masse von 1 g besitzt.

Für die Einheiten gilt:

$$1\ \frac{g}{cm^3} = 1\ \frac{kg}{dm^3} = 1\,000\ \frac{kg}{m^3}$$

$$1\ \frac{kg}{m^3} = 0{,}001\ \frac{kg}{dm^3} = 0{,}001\ \frac{g}{cm^3}$$

Die Dichte von Gasen wird manchmal auch in Gramm je Liter angegeben. Es gilt:

$$1\ \frac{g}{l} = 1\ \frac{kg}{m^3} = 0{,}001\ \frac{g}{cm^3}$$

Jeder Stoff hat bei einer bestimmten Temperatur und einem bestimmten Druck eine bestimmte Dichte.

Dichte einiger Stoffe (bei 20 °C)					
Feste Stoffe		**Flüssigkeiten**		**Gase**	
Stoff	ρ in g/cm^3	Stoff	ρ in g/cm^3	Stoff	ρ in kg/m^3
Aluminium	2,70	Benzin	0,70 – 0,74	Luft	1,29
Eis (bei 0 °C)	0,92	Dieselkraftstoff	0,84	Ozon	2,14
Kupfer	8,96	Quecksilber	13,53	Sauerstoff	1,43
Stahl	7,80	Spiritus	0,83	Stickstoff	1,25
Styropor	0,03	Wasser (rein)	1,00	Wasserdampf	0,61
Zinn	7,30	Meerwasser	1,02	Wasserstoff	0,09

Berechnen der Dichte

Die Dichte kann berechnet werden mit der Gleichung:

$$\rho = \frac{m}{V}$$

m Masse des Körpers
V Volumen des Körpers

Besteht der Körper aus *einem* Stoff, so ist die ermittelte Dichte die Dichte dieses Stoffes. Die Dichte kennzeichnet den Stoff, aus dem dieser Körper besteht.

Besteht ein Körper aus *mehreren* Stoffen, so ist die berechnete Dichte die Dichte dieses *Stoffgemisches.* Es ist die *mittlere* Dichte des Körpers.

1.1.4 Der Aufbau der Stoffe aus Teilchen

Das Teilchenmodell

Alle Stoffe sind aus sehr kleinen Teilchen aufgebaut, den **Atomen** (S. 204) und **Molekülen** (S. 253). Den Aufbau aller Stoffe kann man vereinfacht und anschaulich mit dem **Teilchenmodell** beschreiben.

1. Alle Stoffe bestehen aus Teilchen.
2. Die Teilchen befinden sich in ständiger Bewegung.
3. Zwischen den Teilchen wirken Kräfte.

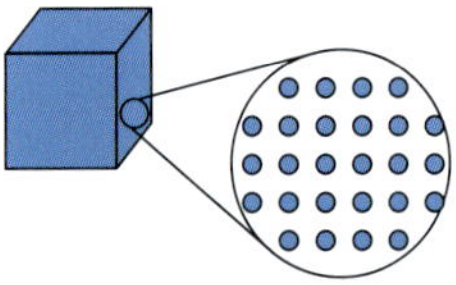

Ein Beleg für den Teilchenaufbau der Stoffe ist die **brownsche Bewegung.** Der englische Biologe ROBERT BROWN (1773–1858) beobachtete 1827 unter dem Mikroskop eine unruhige Bewegung von Blütenstaubkörnchen in Wasser.

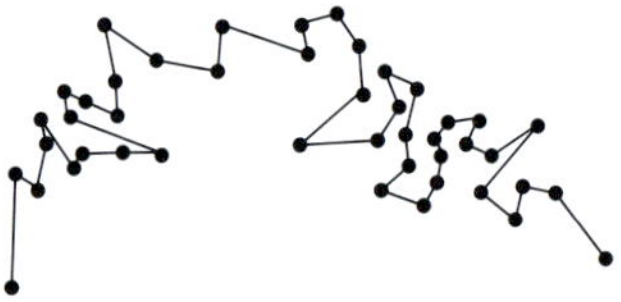

Diese Bewegung konnte 1905 von ALBERT EINSTEIN (1879–1955) mit dem Teilchenaufbau der Stoffe erklärt werden: Die Moleküle der Flüssigkeit befinden sich in ständiger Bewegung, stoßen dabei die viel größeren Staubkörnchen an und bewegen diese unregelmäßig hin und her.

Der Aufbau der Stoffe in verschiedenen Aggregatzuständen

Stoffe können in unterschiedlichen **Aggregatzuständen** vorliegen, in einem **festen, flüssigen** oder **gasförmigen** Zustand. Der Aggregatzustand kennzeichnet das äußere Form- und Volumenverhalten eines Körpers (S. 34). Neben dem gemeinsamen Teilchenaufbau unterscheiden sich feste Körper, Flüssigkeiten und Gase in ihrem Form- und Volumenverhalten.

	Feste Körper	**Flüssigkeiten**	**Gase**
Aufbau	Feste Körper bestehen aus Teilchen, die eng beieinander liegen und einen bestimmten Platz haben. 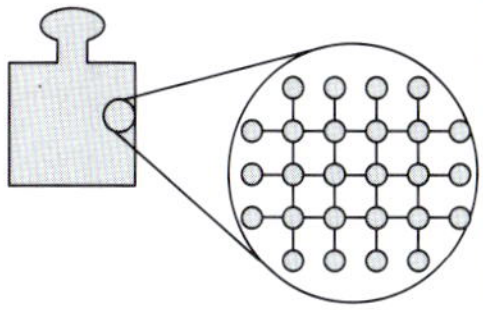 Die Teilchen schwingen um ihren Platz hin und her. Zwischen den Teilchen wirken starke anziehende und abstoßende Kräfte.	Flüssigkeiten bestehen aus Teilchen, die keinen bestimmten Platz haben, sondern gegeneinander verschiebbar sind. 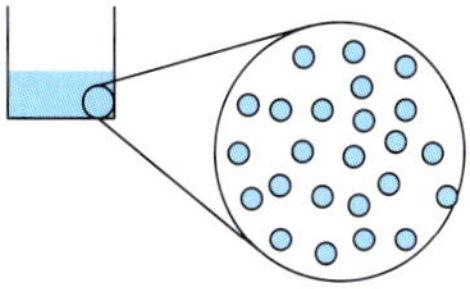 Die Teilchen führen unregelmäßige Bewegungen aus. Zwischen den Teilchen wirken Kräfte, die kleiner als bei festen Körpern sind.	Gase bestehen aus Teilchen, die sich frei im Raum bewegen. 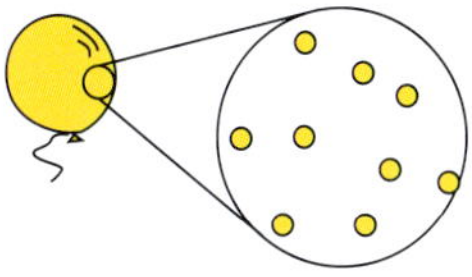 Die Teilchen bewegen sich frei im Raum. Zwischen den Teilchen wirken nur geringe Kräfte.
Form	Feste Körper haben eine bestimmte Form. 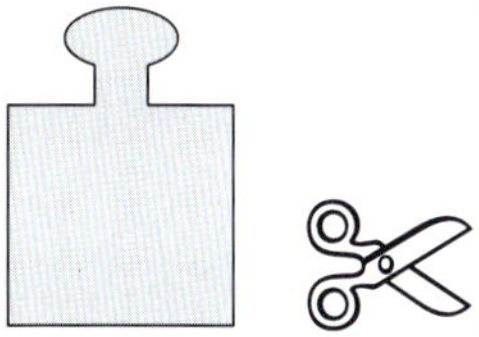	Flüssigkeiten passen sich der Form des Gefäßes an, in dem sie sich befinden. 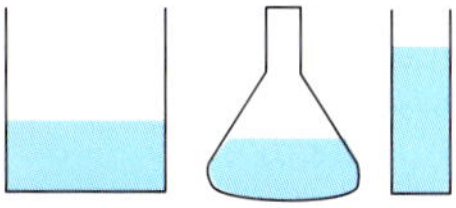	Gase passen sich der Form des Gefäßes an, in dem sie sich befinden. 
Volumen	Feste Körper haben ein bestimmtes Volumen. Sie lassen sich nicht zusammendrücken. 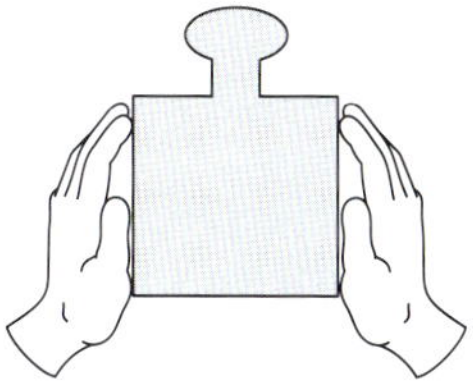	Flüssigkeiten haben ein bestimmtes Volumen. Sie lassen sich nicht zusammendrücken. 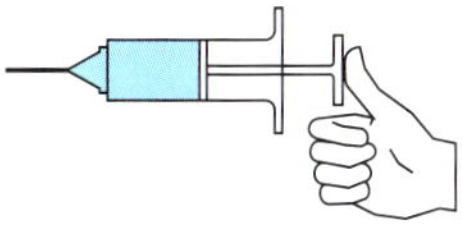	Gase nehmen den gesamten Raum ein, der ihnen zur Verfügung steht. Sie lassen sich zusammendrücken und haben ein veränderliches Volumen. 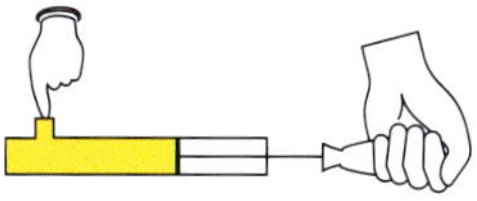

Kohäsion und Adhäsion

Kohäsion	Adhäsion
Zwischen den Teilchen *eines* Körpers wirken Kräfte. Diese Erscheinung wird als **Kohäsion** bezeichnet.	Zwischen den Teilchen *verschiedener* Körper wirken Kräfte. Diese Erscheinung wird als **Adhäsion** bezeichnet.
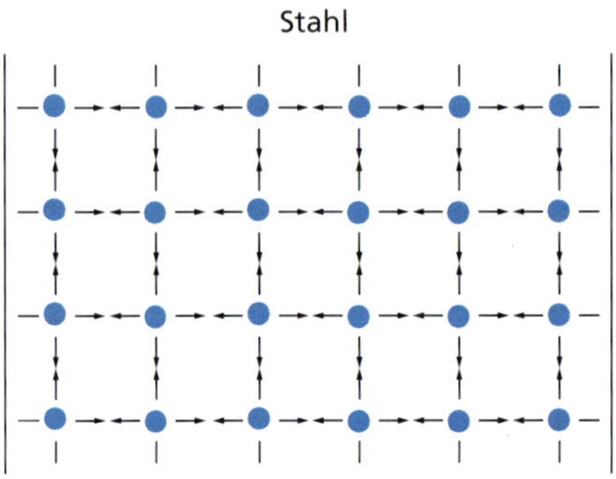	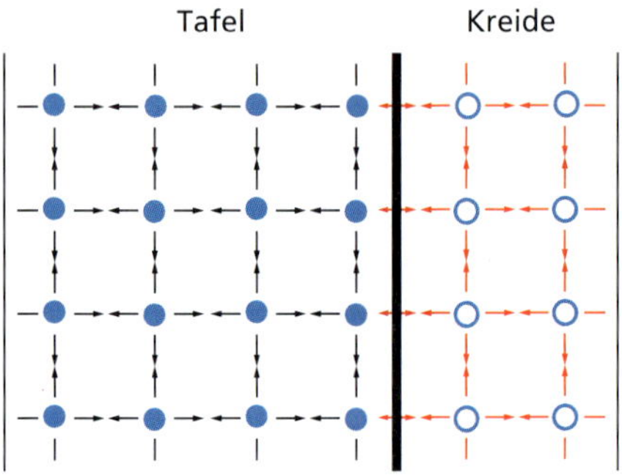
Kohäsionskräfte bewirken die Festigkeit von Körpern. Diese Kräfte sind bei festen Körpern groß, bei Flüssigkeiten geringer und bei Gasen sehr klein.	**Adhäsionskräfte** bewirken das Haften verschiedener Körper aneinander (Kreide an der Tafel, Farbe an der Wand, Leim an Holz). Die Wirkungsweise von Klebstoffen beruht auf der Adhäsion.

Kapillarität

Wird Wasser in ein Gefäß gefüllt, so kann man beobachten, dass es an der Gefäßwand etwas höher steigt. Ursache dafür sind die Adhäsionskräfte zwischen den Teilchen des Wassers und des Glases.

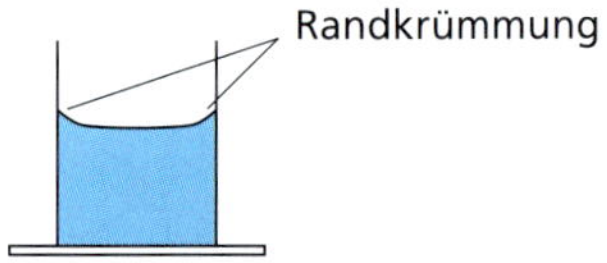

Bei sehr engen Röhren (Kapillaren) steigt das Wasser aufgrund der Adhäsionskräfte höher.

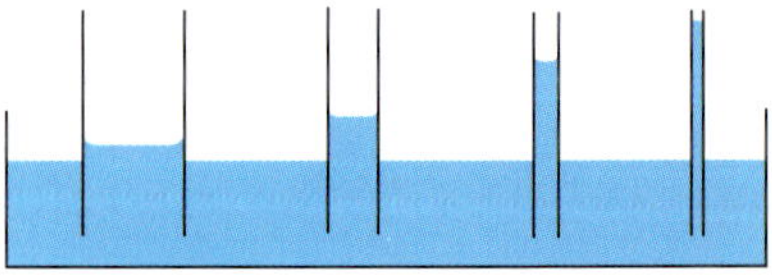

1.2 Mechanische Bewegungen und Kräfte

1.2.1 Mechanische Bewegungen

Ruhe und Bewegung

Ein Körper ist in **Ruhe**, wenn er seine Lage gegenüber einem anderen Körper (Bezugskörper) nicht ändert.

Verändert er seine Lage gegenüber einem Bezugskörper, so befindet er sich bezüglich dieses Körpers in **Bewegung.** Jede Bewegung ist somit **relativ** und nur gegenüber einem *Bezugskörper* angebbar.

Beispiel:
Eine Person, die in einem fahrenden Zug sitzt, ist gegenüber dem einen Bezugskörper (dem Zug) in Ruhe und gleichzeitig gegenüber anderen Bezugskörpern (z.B. Häusern an der Bahnstrecke) in Bewegung.

Häufig wird in der Physik die Erdoberfläche als Bezugskörper gewählt ohne das besonders hervorzuheben.

Arten und Formen von Bewegungen

Körper bewegen sich entlang einer **Bahn.**

Bewegungen können nach der **Form ihrer Bahn (Bahnform)** und nach der **Art der Bewegung** unterschieden werden.

Bahnformen von Bewegungen			
Geradlinige Bewegung	**Krummlinige Bewegung**	**Kreisbewegung**	**Schwingung**
Der Körper bewegt sich auf einer geraden Bahn.	Der Körper bewegt sich auf einer krummlinigen Bahn.	Der Körper bewegt sich auf einer Kreisbahn.	Der Körper bewegt sich zwischen zwei Punkten hin und her.
		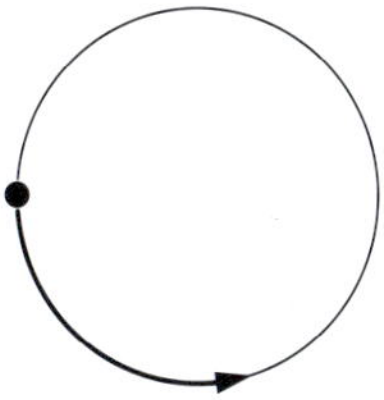	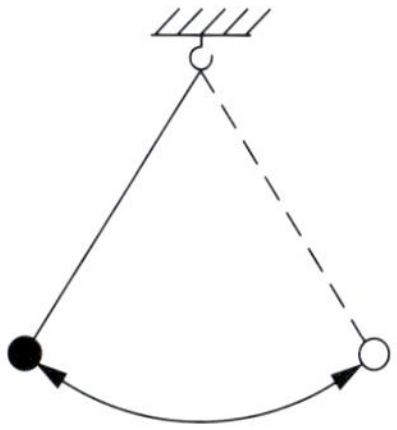

Von der Kreisbewegung zu unterscheiden ist die **Drehbewegung.**

Beispiel:
Ein Riesenrad als Ganzes führt eine Drehbewegung aus. Eine einzelne Gondel bewegt sich auf einer Kreisbahn, führt damit eine Kreisbewegung aus.

Arten von Bewegungen	
Gleichförmige Bewegung	**Ungleichförmige Bewegung** (beschleunigte und verzögerte Bewegung)
Der Körper bewegt sich mit einer konstanten Geschwindigkeit, d.h., Betrag und Richtung der Geschwindigkeit sind konstant.	Der Körper bewegt sich mit veränderlicher Geschwindigkeit, d.h., Betrag oder Richtung der Geschwindigkeit oder beides ist nicht konstant.
	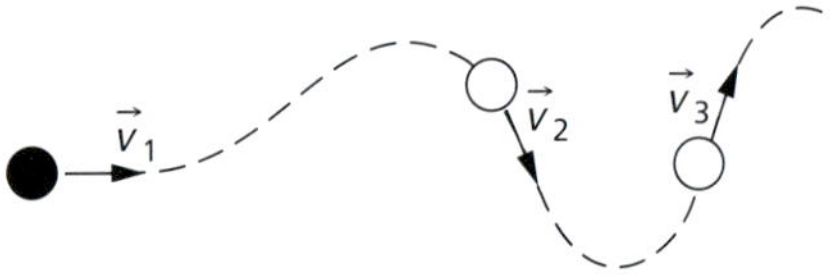
$\vec{v}_1 = \vec{v}_2$	$\vec{v}_1 \neq \vec{v}_2 \neq \vec{v}_3$

Der historisch eingeführte Begriff **gleichförmige Kreisbewegung** meint eine Bewegung eines Körpers auf einer Kreisbahn mit konstantem Betrag der Geschwindigkeit. Die Geschwindigkeit ändert jedoch ständig ihre Richtung. Die gleichförmige Kreisbewegung ist also eine beschleunigte Bewegung.

Nach dem Betrag der Beschleunigung können die ungleichförmigen Bewegungen noch einmal in **gleichmäßig beschleunigte** ($\vec{a}$ = konstant) und **ungleichmäßig beschleunigte** ($\vec{a} \neq$ konstant) Bewegungen unterteilt werden.

Zur Beschreibung von Bewegungen von Körpern in der Physik benutzt man häufig das Modell **Massepunkt.** Dabei stellt man sich vor, dass die gesamte Masse des Körpers in einem Punkt (dem Massepunkt) vereinigt ist und sich dieser Punkt bewegt. Von Form und Volumen des Körpers wird dabei abgesehen. Häufig benutzt man den Massemittelpunkt eines Körpers – auch Schwerpunkt genannt – zur Darstellung des Massepunktes.

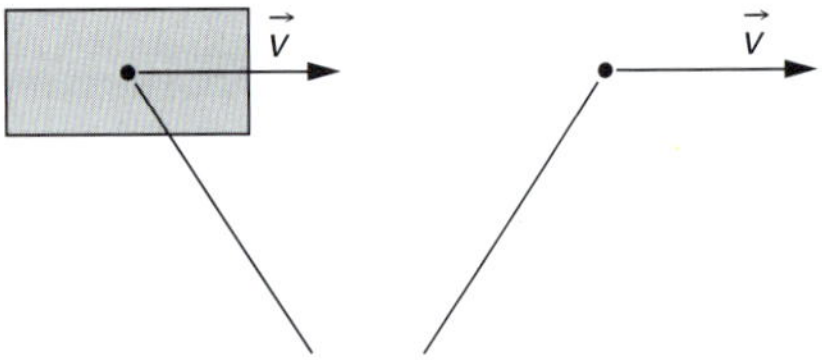

1.2.2 Die Geschwindigkeit von Körpern

Die Größe Geschwindigkeit

Die Geschwindigkeit gibt an, welcher Weg in jeder Sekunde bzw. in jeder Stunde zurückgelegt wird.	**Formelzeichen:** v	**Einheiten:** ein Meter je Sekunde ($1\ \frac{m}{s}$) ein Kilometer je Stunde ($1\ \frac{km}{h}$)

Ein Körper hat eine Geschwindigkeit von 1 m/s, wenn er in jeder Sekunde einen Weg von 1 m zurücklegt.

Für die Einheiten gilt:

$$1\ \frac{m}{s} = 3{,}6\ \frac{km}{h}$$

$$1\ \frac{km}{s} = 3\,600\ \frac{km}{h}$$

$$1\ \frac{km}{h} = \frac{1}{3{,}6}\ \frac{m}{s} = \frac{10}{36}\ \frac{m}{s}$$

In der Schifffahrt wird die Einheit 1 Knoten (1 kn) genutzt:

$$1\ \text{kn} = \frac{1\ \text{Seemeile}}{1\ \text{Stunde}} = \frac{1\,852\ \text{m}}{1\ \text{h}} \approx 1{,}85\ \frac{km}{h}$$

Die Geschwindigkeit ist eine gerichtete (vektorielle) Größe. Sie hat in jedem Punkt der Bewegung des Körpers einen bestimmten Betrag und eine bestimmte Richtung.

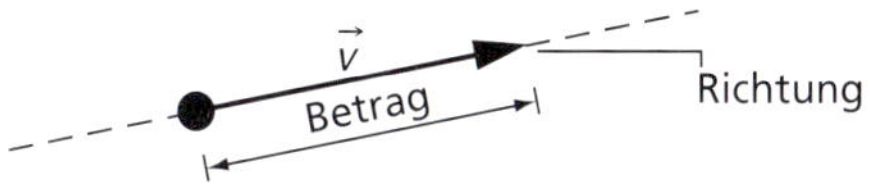

Geschwindigkeiten in Natur und Technik		
Fußgänger	1,4 m/s	5 km/h
Radfahrer	4,2 m/s	15 km/h
Windstärke 12	35 m/s	126 km/h
Auto (Richtgeschwindigkeit auf Autobahn)	36 m/s	130 km/h
Passagierflugzeug	250 m/s	900 km/h
Schall in Luft	340 m/s	1 224 km/h
Satellit um die Erde	8 000 m/s	28 800 km/h
Licht in Luft	300 Mio. m/s	1 080 Mio. km/h

Messen und Berechnen der Geschwindigkeit

Die Geschwindigkeit eines Körpers kann mit einem **Tachometer** oder elektronischen Geschwindigkeitsmesser gemessen werden. Ein Tachometer zeigt die **Augenblicksgeschwindigkeit** eines Körpers an.

> Die Geschwindigkeit eines Körpers kann berechnet werden mit der Gleichung:
>
> $v = \frac{s}{t}$ bzw. $v = \frac{\Delta s}{\Delta t}$
>
> s zurückgelegter Weg
> t benötigte Zeit

Bei einer **gleichförmigen** Bewegung (v = konstant) gilt die berechnete Geschwindigkeit für jeden Ort der Bewegung.

Bei einer **ungleichförmigen** Bewegung ($v \neq$ konstant) kann mit der obigen Gleichung nur eine *mittlere* Geschwindigkeit $\bar{v}$, auch **Durchschnittsgeschwindigkeit** genannt, berechnet werden.

1.2.3 Die Beschleunigung von Körpern

Die Größe Beschleunigung

Die Beschleunigung gibt an, wie sich die Geschwindigkeit des Körpers in jeder Sekunde ändert.	**Formelzeichen:** a	**Einheit:** ein Meter je Quadratsekunde ($1\ \frac{m}{s^2}$)

Ein Körper hat eine Beschleunigung von $1\ \frac{m}{s^2}$, wenn sich seine Geschwindigkeit in jeder Sekunde um $1\ \frac{m}{s}$ ändert.

Die Beschleunigung ist wie die Geschwindigkeit eine gerichtete (vektorielle) Größe.

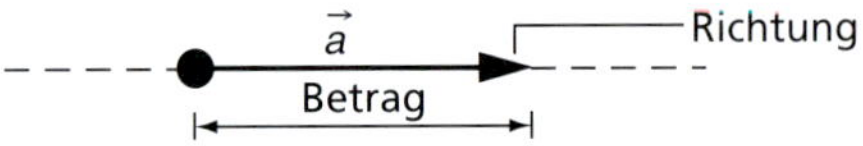

Beschleunigungen in Natur und Technik	
anfahrender Güterzug	0,1 m/s²
anfahrendes Auto	≈ 2 m/s²
100-m-Läufer nach dem Start	3 m/s²
bremsendes Auto	≈ 7 m/s²
fallender Stein	≈ 10 m/s²
startende Rakete	≈ 100 m/s²

Messen und Berechnen der Beschleunigung

Die Beschleunigung eines Körpers kann mit elektronischen **Beschleunigungsmessern** gemessen werden, die die **Augenblicksbeschleunigung** anzeigen.

> Die Beschleunigung eines Körpers kann berechnet werden mit der Gleichung:
>
> $a = \frac{v}{t}$ bzw. $a = \frac{\Delta v}{\Delta t}$
>
> Δv Änderung der Geschwindigkeit
> Δt Zeitintervall

Bei einer **gleichmäßig beschleunigten** Bewegung (a = konstant) gilt die berechnete Beschleunigung für jeden Ort der Bewegung.

Bei einer **ungleichmäßig beschleunigten** Bewegung ($a \neq$ konstant) kann mit der obigen Gleichung nur eine *mittlere* Beschleunigung $\bar{a}$ berechnet werden.

1.2.4 Gleichförmige Bewegungen

Die geradlinig gleichförmige Bewegung

Eine geradlinig gleichförmige Bewegung liegt vor, wenn Betrag und Richtung der Geschwindigkeit eines Körpers ständig gleich sind.
Für eine gleichförmige Bewegung gilt:

In gleichen Zeiten werden gleiche Wege zurückgelegt. Der zurückgelegte Weg ist der verflossenen Zeit proportional.	$s \sim t$ $s = v \cdot t$
Der Quotient aus Weg und Zeit ist konstant. Er ist gleich dem Betrag der Geschwindigkeit.	$\frac{s}{t} = v =$ konstant
Im s-t-Diagramm ergibt sich eine Gerade, die durch den Nullpunkt des Koordinatensystems verläuft. Je größer die Geschwindigkeit ist, desto größer ist der Anstieg der Geraden.	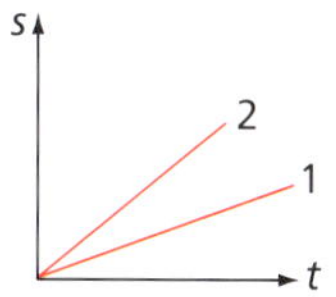 $v_1 < v_2$
Im v-t-Diagramm ergibt sich eine Gerade, die parallel zur t-Achse des Koordinatensystems verläuft. Je größer die Geschwindigkeit ist, desto höher liegt die Gerade.	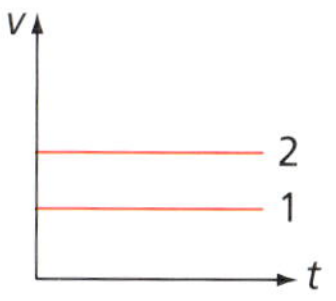 $v_1 < v_2$
Die Beschleunigung längs der Bahn ist null. Im a-t-Diagramm ergibt sich eine Gerade, die mit der t-Achse zusammenfällt.	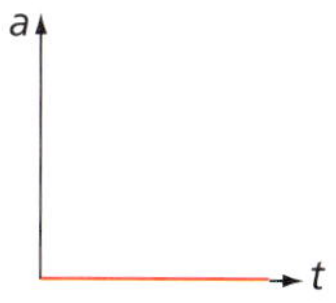 $a = 0$

Die gleichförmige Kreisbewegung

Eine gleichförmige Kreisbewegung liegt vor, wenn sich ein Körper ständig mit dem gleichen Betrag der Geschwindigkeit auf einer kreisförmigen Bahn bewegt.

Die Richtung der Geschwindigkeit ändert sich ständig. Eine gleichförmige Kreisbewegung ist deshalb eine beschleunigte Bewegung.

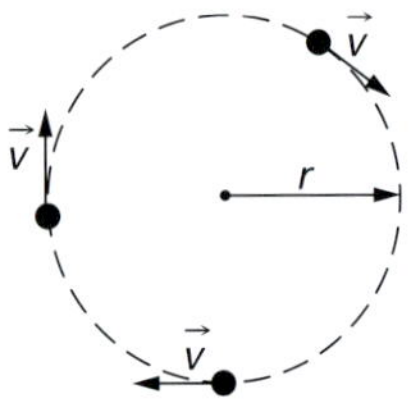

Für die gleichförmige Kreisbewegung ergibt sich aus $v = \frac{s}{t}$ mit $s = 2\pi \cdot r$ und der Umlaufzeit T folgendes Gesetz:

> Für eine gleichförmige Kreisbewegung (v = konstant) gilt:
>
> $$v = \frac{2\pi \cdot r}{T}$$
>
> r Radius der Kreisbahn
> T Zeit für einen Umlauf

1.2.5 Ungleichförmige Bewegungen

Die gleichmäßig beschleunigte Bewegung

Eine gleichmäßig beschleunigte Bewegung liegt vor, wenn sich bei einem Körper die Geschwindigkeit in jeweils gleichen Zeiten in gleichem Maße ändert. Befindet sich der Körper zu Beginn der Bewegung in Ruhe, so gilt:

Der zurückgelegte Weg ändert sich mit dem Quadrat der Zeit.	$s \sim t^2$ $s = \frac{a}{2} \cdot t^2$
Der Quotient aus dem Weg und dem Quadrat der Zeit ist konstant.	$\frac{s}{t^2}$ = konstant $= \frac{a}{2}$
Der Quotient aus Geschwindigkeit und Zeit ist konstant. Er ist gleich der Beschleunigung.	$\frac{v}{t} = a$ = konstant $v = a \cdot t$
Im s-t-Diagramm ergibt sich eine parabelförmige Kurve, die durch den Nullpunkt des Koordinatensystems verläuft. Je größer die Beschleunigung a ist, desto steiler verläuft die Kurve.	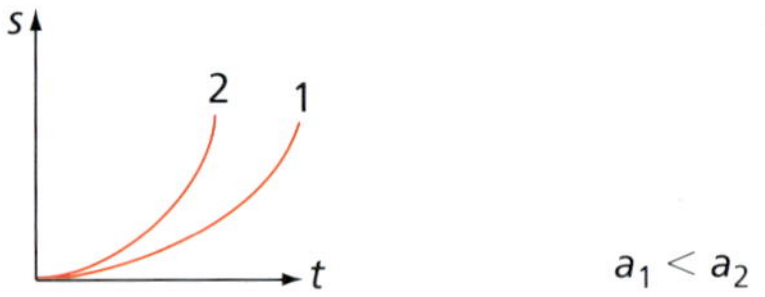

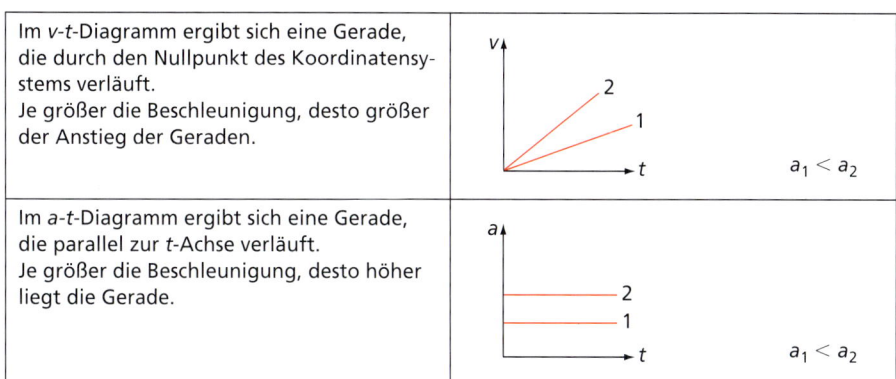

Im *v*-*t*-Diagramm ergibt sich eine Gerade, die durch den Nullpunkt des Koordinatensystems verläuft. Je größer die Beschleunigung, desto größer der Anstieg der Geraden.	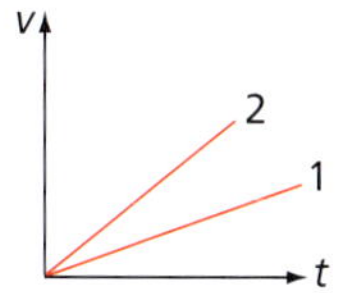
Im *a*-*t*-Diagramm ergibt sich eine Gerade, die parallel zur *t*-Achse verläuft. Je größer die Beschleunigung, desto höher liegt die Gerade.	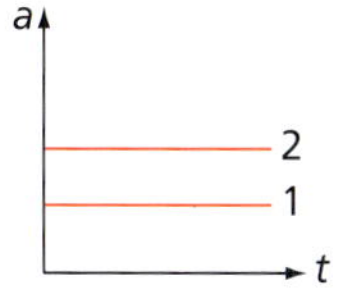

Der freie Fall

Der freie Fall eines Körpers ist eine gleichmäßig beschleunigte geradlinige Bewegung.

Die Beschleunigung, mit der ein frei fallender Körper fällt, wird als **Fallbeschleunigung** g bezeichnet. Da die Fallbeschleunigung vom Ort abhängig ist, nennt man sie auch **Ortsfaktor.**

Unter der Bedingung, dass der Luftwiderstand vernachlässigt werden kann, gilt:

mittlere Fallbeschleunigung an der Erdoberfläche:	$g = 9{,}80665\ \frac{\text{m}}{\text{s}^2} \approx 9{,}81\ \frac{\text{m}}{\text{s}^2}$
Fallbeschleunigung am Äquator der Erde:	$g = 9{,}787\ \frac{\text{m}}{\text{s}^2}$
Fallbeschleunigung am Pol der Erde:	$g = 9{,}832\ \frac{\text{m}}{\text{s}^2}$
Fallbeschleunigung 100 km über der Erdoberfläche:	$g = 9{,}52\ \frac{\text{m}}{\text{s}^2}$
Fallbeschleunigung an der Mondoberfläche:	$g = 1{,}62\ \frac{\text{m}}{\text{s}^2}$

Der Ortsfaktor gibt auch an, wie groß die Gewichtskraft eines Körpers je Kilogramm Masse infolge der Gravitation an dem jeweiligen Ort ist.

Der Ortsfaktor wird dann in der Einheit $\frac{\text{N}}{\text{kg}}$ angegeben, beträgt also an der Erdoberfläche $g = 9{,}81\ \frac{\text{N}}{\text{kg}}$.

Die Gesetze für den freien Fall gelten im Vakuum. Sie können für den freien Fall in Luft angewendet werden, wenn der Luftwiderstand vernachlässigbar klein ist.

Beachte:
Der Fall eines Steines kann als freier Fall betrachtet werden. Für das Schweben eines Fallschirmes sind die Gesetze des freien Falles nicht anwendbar.
Für den freien Fall gilt:

Weg-Zeit-Gesetz	$s = \frac{g}{2} t^2$	s Weg t Zeit g Fallbeschleunigung v Geschwindigkeit
Geschwindigkeit-Zeit-Gesetz	$v = g \cdot t$	
Geschwindigkeit-Weg-Gesetz	$v = \sqrt{2g \cdot s}$	

Die Überlagerung von Bewegungen

Ein Körper kann eine Bewegung ausführen, die durch eine Überlagerung von mehreren anderen Bewegungen zustande kommt.
So resultiert die Bewegung eines Flugzeugs (Abb. 1) z.B. aus der Bewegung des eigenen Antriebs und der Bewegung des Windes. Die Bewegung eines Hochspringens (Abb. 2) resultiert z.B. aus der Absprungbewegung und dem freien Fall.

Abb. 1

Abb. 2

Überlagerung zweier gleichförmiger Bewegungen

Die Teilbewegungen können in gleicher, in entgegengesetzter oder in anderer Richtung zueinander erfolgen.

Gleiche Richtung	Entgegengesetzte Richtung	Im rechten Winkel zueinander
Eine Person läuft in Fahrtrichtung in einem fahrenden Zug.	Eine Person läuft entgegen der Fahrtrichtung in einem fahrenden Zug.	Ein Boot fährt senkrecht zur Richtung der Strömung über einen Fluss.
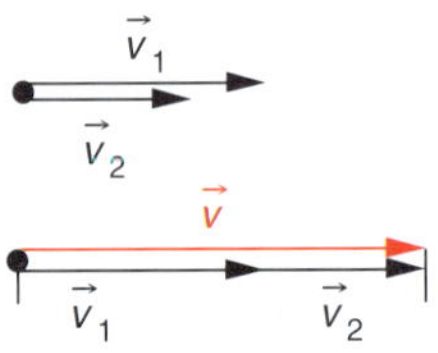	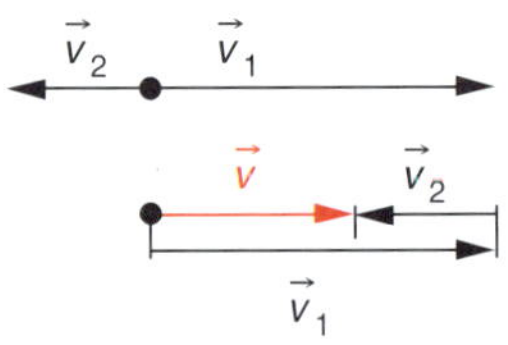	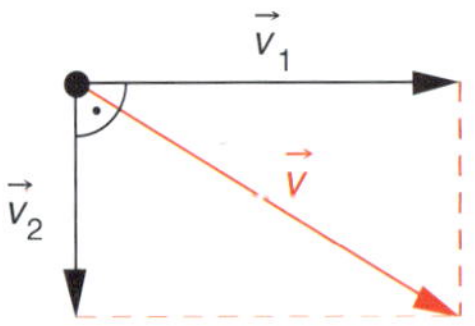
$v = v_1 + v_2$	$v = v_1 - v_2$	$v = \sqrt{v_1^2 + v_2^2}$

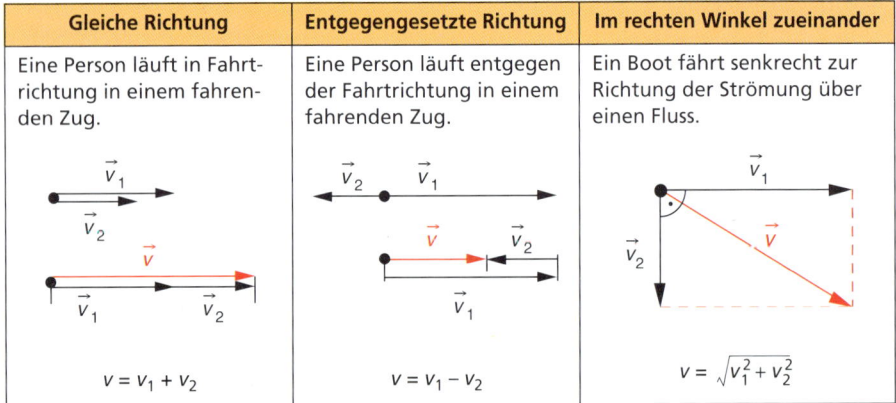

v_1 und v_2 sind die Geschwindigkeiten der Teilbewegungen, v ist die resultierende Geschwindigkeit.

Überlagerung von gleichförmiger und gleichmäßig beschleunigter Bewegung (Würfe)

Die Teilbewegungen können in gleicher, in entgegengesetzter oder in anderer Richtung zueinander erfolgen.

Gleiche Richtung	Entgegengesetzte Richtung	Im rechten Winkel zueinander
Ein Ball wird senkrecht nach unten geworfen (**senkrechter Wurf** nach unten). Es überlagern sich eine gleichförmige Bewegung nach unten und der freie Fall.	Ein Ball wird senkrecht nach oben geworfen (**senkrechter Wurf** nach oben). Es überlagern sich eine gleichförmige Bewegung nach oben und der freie Fall.	Ein Ball wird in waagerechter Richtung abgeworfen (**waagerechter Wurf**). Es überlagern sich eine gleichförmige Bewegung in waagerechter Richtung und der freie Fall.
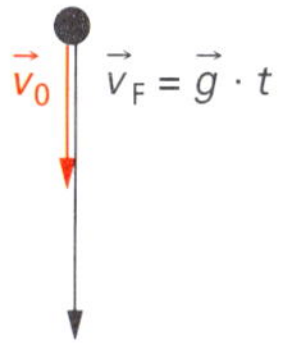	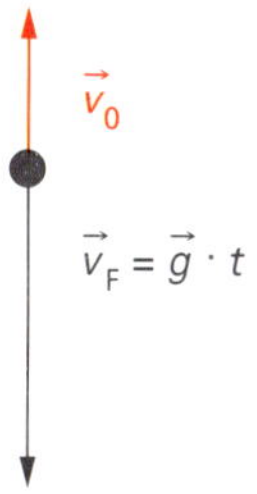	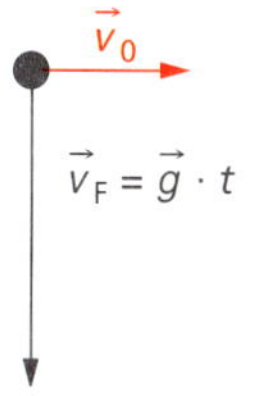
$v = v_0 + g \cdot t$	$v = v_0 - g \cdot t$	$v = \sqrt{v_0^2 + (g \cdot t)^2}$

Bei einem **schrägen Wurf** überlagern sich eine gleichförmige Bewegung und der freie Fall, wobei der Winkel α zwischen den beiden Teilbewegungen zwischen 0° und 90° liegt. Bei der Überlagerung der Teilbewegungen kommen typische **Wurfparabeln** zustande.
Die Wurfweite ist abhängig

- von der Abwurfgeschwindigkeit v_0,
- vom Abwurfwinkel α.

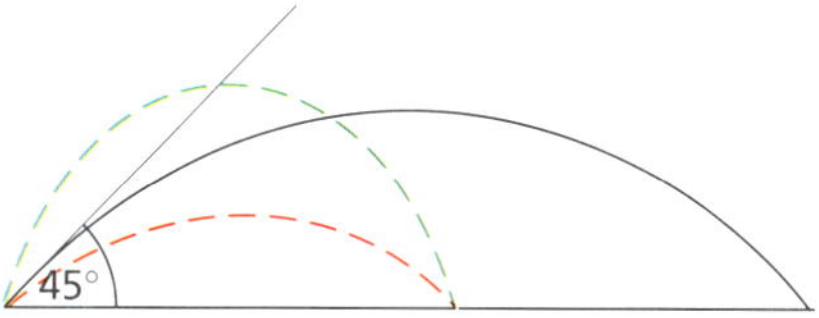

Die größte Wurfweite wird bei einem Abwurfwinkel von 45° erreicht.
Berücksichtigt man den Luftwiderstand, so ergibt sich als Bahnkurve eine **ballistische Kurve**. Die Wurfweite ist geringer.

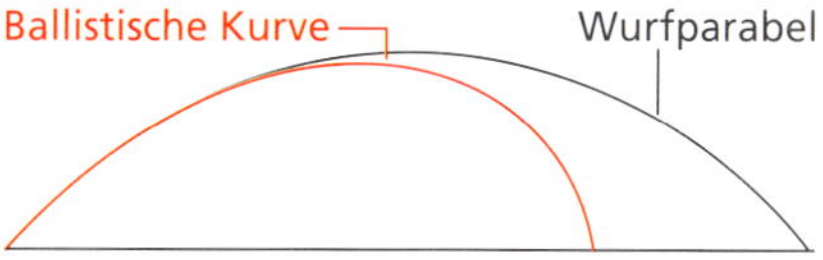

1.2.6 Kräfte und ihre Wirkungen

Die Größe Kraft

Die Kraft gibt an, wie stark Körper aufeinander einwirken.	**Formelzeichen:** *F*	**Einheit:** 1 Newton (1 N)

Ein Newton ist die Kraft, die einem Körper mit der Masse 1 kg eine Beschleunigung von 1 m/s^2 erteilt. Es ist etwa die Kraft, mit der ein Körper der Masse 100 g auf eine ruhende Unterlage drückt oder an einer Aufhängung zieht.

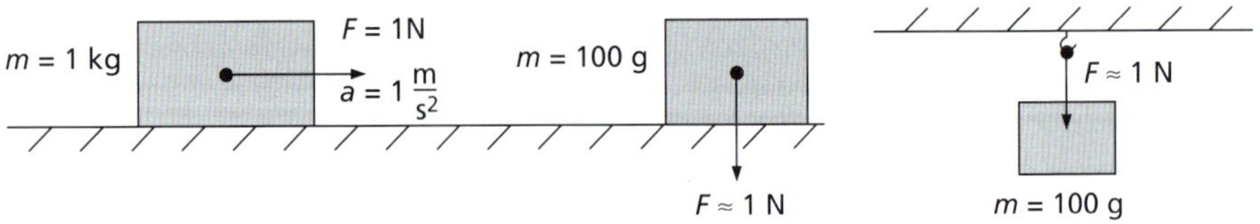

Vielfache der Einheit 1 N sind ein Kilonewton (1 kN) und ein Meganewton (1 MN):

1 kN = 1 000 N

1 MN = 1 000 kN = 1 000 000 N

Kräfte wirken immer zwischen zwei oder mehreren Körpern. Die Einwirkungen der Körper aufeinander sind dabei *wechselseitig.* Die Kraft ist eine **Wechselwirkungsgröße.** Kräfte sind nur an ihren Wirkungen erkennbar.

Kräfte können eine Änderung des Bewegungszustandes (Art und Form der Bewegung) hervorrufen.
Ein Fußballer wirkt mit seinem Fuß auf den Ball ein. Dadurch wird der Ball in Bewegung gesetzt, abgebremst oder in eine andere Richtung gelenkt.

Kräfte können die Form von Körpern ändern. Diese Verformungen können plastisch oder elastisch sein.
Eine **plastische Verformung** liegt vor, wenn der Körper nach der Krafteinwirkung nicht von allein wieder seine ursprüngliche Form annimmt. Dies ist z.B. nach einem Autounfall so.

Eine **elastische Verformung** liegt vor, wenn der Körper von allein wieder seine ursprüngliche Form annimmt. Dies ist z.B. bei einem Impander der Fall.

Die Wirkung einer Kraft ist abhängig
- vom Betrag der Kraft,
- von der Richtung der Kraft,
- vom Angriffspunkt der Kraft.

Die Kraft ist eine gerichtete (vektorielle) Größe.

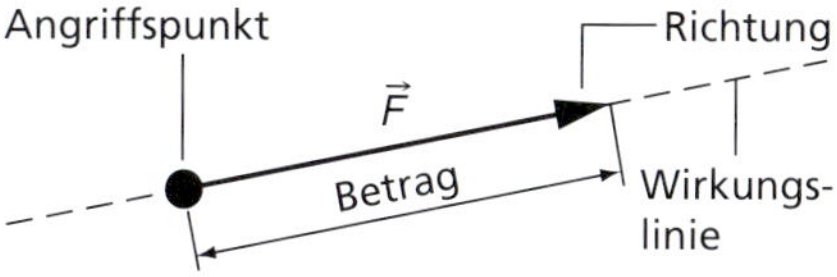

Arten von Kräften

Durch einen großen Elektromagneten werden Körper aus Eisen angezogen und hoch gehoben. Durch den Elektromagneten wirken auf die Eisenkörper **magnetische Kräfte.**

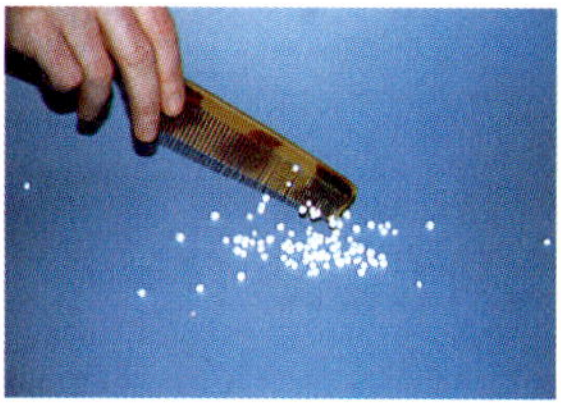

Durch Reibung wird ein Kamm elektrisch geladen und kann Kugeln aus Styropor anziehen. Zwischen Styroporkugeln und Kamm wirken **elektrische Kräfte**.

Körper ziehen sich aufgrund ihrer Masse an. Jeder Körper wird von der Erde angezogen und drückt auf seine Unterlage. Er besitzt eine **Gewichtskraft** F_G.

Will man mit einem Fahrrad einen Sandweg entlangfahren, muss man eine große Kraft aufbringen.
Zwischen dem Sandweg und dem Rad wirken starke, die Bewegung hemmende **Reibungskräfte** F_R.

Die Kreide haftet an der Tafel. Farbe oder Bleistiftmine haften auf Papier. Auch hier wirken Kräfte.
Kräfte zwischen den Teilchen verschiedener Stoffe nennt man **Adhäsionskräfte**.

Auch zwischen den Teilchen ein und desselben Stoffes (z.B. Kunststoff oder Holz) wirken Kräfte.
Diese Kräfte, die zwischen den Teilchen eines Stoffes wirken, nennt man **Kohäsionskräfte**.

Kräfte in Natur und Technik	
Gewichtskräfte	
ein 10-Pfennig-Stück	0,04 N
1 Tafel Schokolade	1 N
1 Liter Wasser	10 N
Mensch	500 N … 800 N
PKW	≈ 10 000 N

Kräfte in Natur und Technik	
Zugkräfte Pferd PKW Lokomotive	 400 N ... 750 N 5 000 N 200 000 N
Hubkräfte Gewichtheben Eisenbahndrehkran	 1 000 N ... 2 500 N bis 2 500 000 N
Auftriebskräfte Ball von 30 cm Durchmesser im Wasser Schiff mit einer Wasserverdrängung von 20 t	 139 N 196 000 N
Luftwiderstandskraft PKW bei einer Geschwindigkeit von 100 km/h	 ≈ 210 N

Messen von Kräften

Kräfte werden mit **Federkraftmessern** gemessen. Dabei wird die Eigenschaft von elastischen Federn genutzt, sich bei Einwirkung einer Kraft auszudehnen.

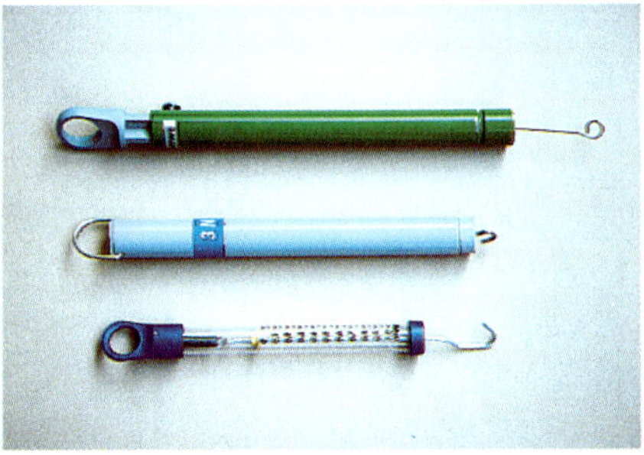

Es gilt das **hookesche Gesetz:**

Unter der Bedingung, dass eine Feder elastisch verformt wird, gilt:

$F \sim s$ oder $\frac{F}{s} = \text{konstant}$

oder $F = D \cdot s$

F angreifende Kraft

s Verlängerung der Feder

D Federkonstante

Vorgehen beim Messen von Kräften

1. Wähle einen geeigneten Federkraftmesser aus! Beachte dabei den Messbereich!
2. Stelle den Nullpunkt ein!
3. Lass die Kraft einwirken und lies an der Skala den Betrag der Kraft ab!

Zusammensetzung und Zerlegung von Kräften

Wenn auf einen Körper zwei Kräfte wirken, so setzen sich diese zu einer resultierenden Kraft F zusammen.

Zwei Kräfte wirken in gleicher Richtung	**Zwei Kräfte wirken in entgegengesetzter Richtung**	**Zwei Kräfte wirken im rechten Winkel zueinander**	**Zwei Kräfte wirken in beliebiger Richtung zueinander**
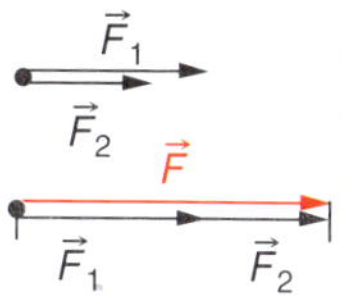 $F = F_1 + F_2$	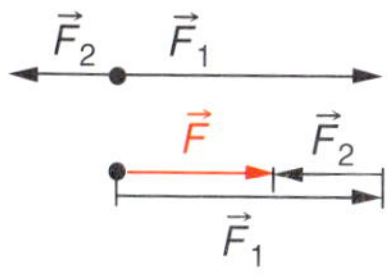 $F = F_1 - F_2$	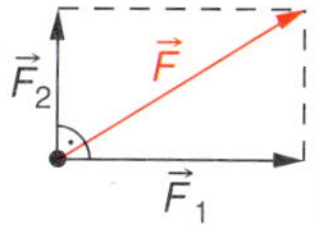 $F = \sqrt{F_1^2 + F_2^2}$	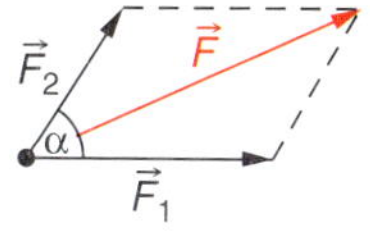 $F = \sqrt{F_1^2 + F_2^2 + 2F_1 \cdot F_2 \cdot \cos\alpha}$

Eine Kraft F kann auch in Komponenten F_1 und F_2 zerlegt werden, wenn die Richtungen der Komponenten bekannt sind.

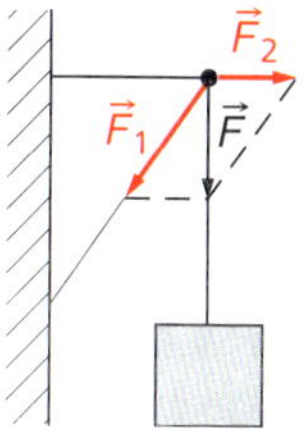

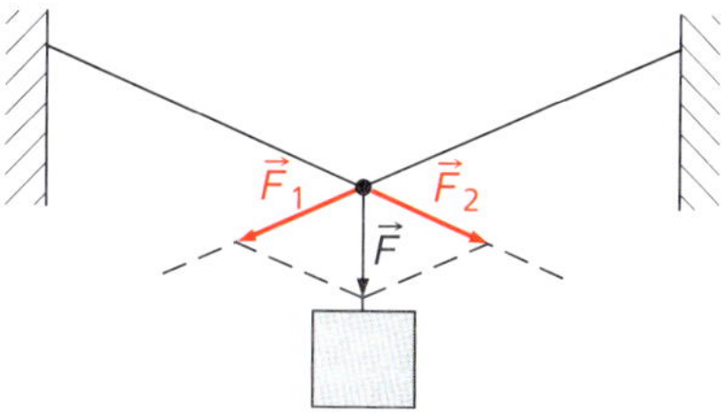

Die newtonschen Gesetze

Diese grundlegenden Gesetze der Mechanik wurden von dem englischen Naturwissenschaftler ISAAC NEWTON (1642–1727) gefunden.

1. newtonsches Gesetz (Trägheitsgesetz)	Ein Körper bleibt in Ruhe oder in gleichförmiger geradliniger Bewegung, solange die Summe der auf ihn wirkenden Kräfte null ist: $\vec{v}$ = konstant bei $\vec{F} = \vec{0}$	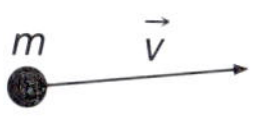
2. newtonsches Gesetz (newtonsches Grundgesetz)	Zwischen Kraft, Masse und Beschleunigung gilt folgender Zusammenhang: $\vec{F} = m \cdot \vec{a}$	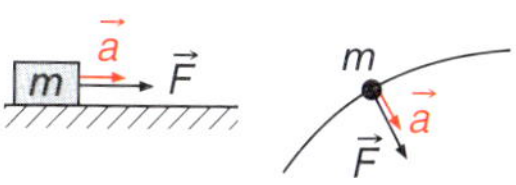 F Kraft m Masse a Beschleunigung
3. newtonsches Gesetz (Wechselwirkungsgesetz)	Wirken zwei Körper aufeinander ein, so wirkt auf jeden der Körper eine Kraft. Die Kräfte sind gleich groß und entgegengesetzt gerichtet: $\vec{F}_1 = -\vec{F}_2$	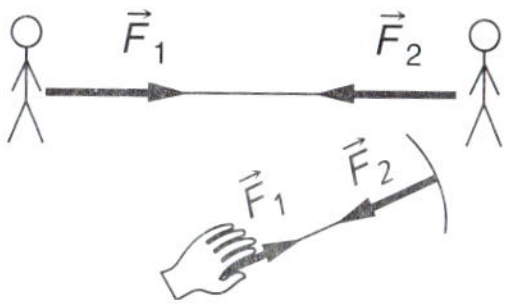

Die Gewichtskraft

Die Gewichtskraft F_G gibt an, mit welcher Kraft ein Körper aufgrund der Gravitation auf eine ruhende, waagerechte Unterlage drückt oder an einer Aufhängung zieht.

Die Gewichtskraft, die auf einen Körper wirkt, hängt ab
- von seiner Masse und
- von dem Ort, an dem er sich befindet.

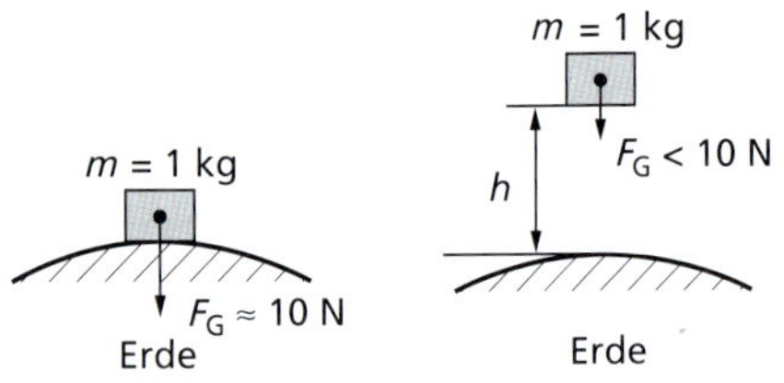

Die Gewichtskraft eines Körpers kann berechnet werden mit der Gleichung:

$$F_G = m \cdot g$$

F_G Gewichtskraft
m Masse
g Ortsfaktor (Fallbeschleunigung)

Auf der Erdoberfläche beträgt der Ortsfaktor im Mittel $g = 9{,}81\ \frac{\text{N}}{\text{kg}}$. In vielen Fällen reicht es aus, mit dem gerundeten Wert $g \approx 10\ \frac{\text{N}}{\text{kg}}$ zu rechnen.

Masse und Gewichtskraft

In der Physik muss man die Masse und die Gewichtskraft eines Körpers voneinander unterscheiden.

Masse m	Gewichtskraft F_G
Die Masse ist eine Eigenschaft eines Körpers. Sie ist nur von diesem Körper abhängig.	Die Gewichtskraft kennzeichnet die Wechselwirkung zwischen zwei Körpern. Sie ist von beiden Körpern abhängig.
Die Masse eines Körpers ist überall gleich groß.	Die Gewichtskraft eines Körpers ist abhängig vom Ort, an dem sich der Körper befindet.
Einheit der Masse ist ein Kilogramm (1 kg).	Einheit der Gewichtskraft ist ein Newton (1 N).
Messgerät für die Masse ist die Waage.	Messgerät für die Gewichtskraft ist der Federkraftmesser.

Körper in einer Raumstation, die die Erde umkreist, sind **schwerelos**. Die Summe der auf die Körper wirkenden Kräfte ist null. Bei einer solchen Bewegung wirkt auf einen Körper die Gewichtskraft F_G in Richtung Erdmittelpunkt und eine gleich große, entgegengesetzt gerichtete Kraft F_Z aufgrund der Kreisbewegung (**Zentrifugalkraft** oder **Fliehkraft**). Die Summe beider Kräfte ist null.

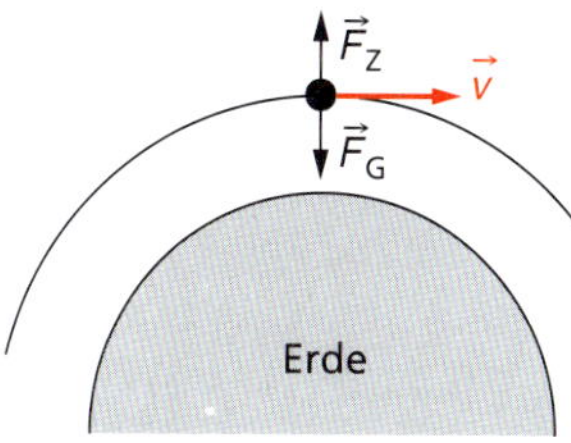

Die Radialkraft

Die Radialkraft F_r gibt an, mit welcher Kraft ein Körper auf einer Kreisbahn gehalten wird.

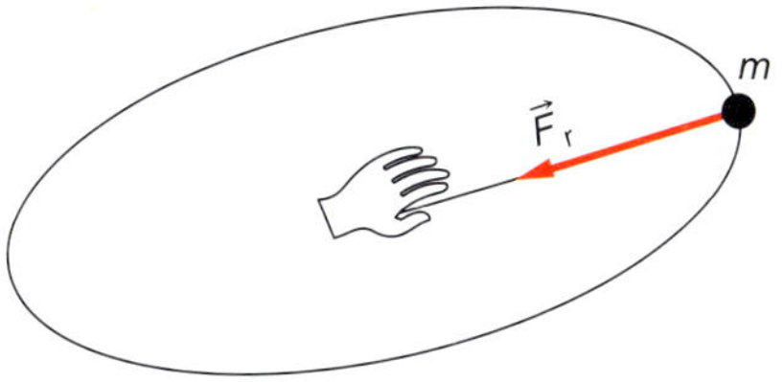

Die Gegenkraft zur Radialkraft ist an der Hand zu spüren. Sie ist genauso groß wie die Radialkraft und ihr entgegengesetzt gerichtet.

Für eine gleichförmige Kreisbewegung gilt:

$$F_r = m \cdot \frac{v^2}{r}$$

$$F_r = m \cdot \frac{4\pi^2 \cdot r}{T^2}$$

F_r	Radialkraft
m	Masse des Körpers
v	Geschwindigkeit des Körpers
r	Radius der Kreisbahn
T	Umlaufzeit

Reibung und Reibungskräfte

Wenn Körper aufeinander haften, gleiten oder rollen, tritt Reibung auf. Zwischen den Körpern wirken Kräfte, die die Bewegung hemmen. Die Reibungskraft ist immer so gerichtet, dass sie eine Bewegung zu hemmen versucht.

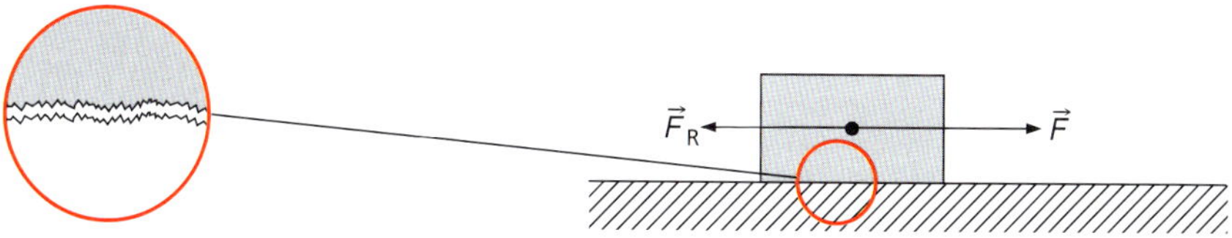

Berührungsfläche der Körper (stark vergrößert)

F	Kraft, die die Bewegung hervorruft
F_R	Reibungskraft

Nach der Art der Bewegung der Körper unterscheidet man Haftreibung, Gleitreibung und Rollreibung.

Haftreibung	Gleitreibung	Rollreibung
Sie tritt auf, wenn ein Körper, der auf einem anderen ruht, in Bewegung gesetzt werden soll. 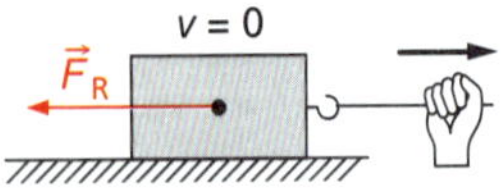 **Beispiel:** Es wird an einer Kiste gezogen, ohne dass sich diese schon bewegt.	Sie tritt auf, wenn ein Körper auf einem anderen gleitet. 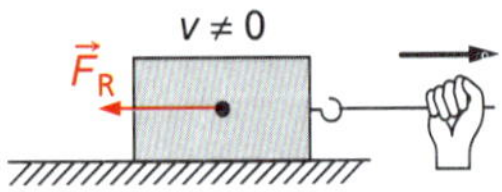 **Beispiel:** Eine Kiste wird über den Fußboden gezogen.	Sie tritt auf, wenn ein Körper auf einem anderen rollt. 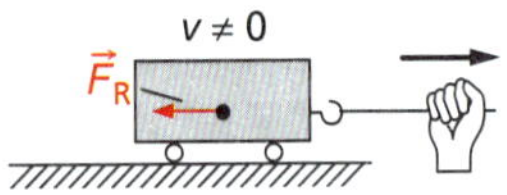 **Beispiel:** Ein Koffer mit Rollen wird gezogen.
Die Haftreibungskraft hängt ab – von der Beschaffenheit der Berührungsflächen, die aufeinander liegen, – von der Kraft, mit der die Körper aufeinander wirken.	Die Gleitreibungskraft hängt ab – von der Beschaffenheit der Berührungsflächen, die aufeinander gleiten, – von der Kraft, mit der die Körper aufeinander wirken.	Die Rollreibungskraft hängt ab – von der Beschaffenheit der Berührungsflächen, die aufeinander rollen, – von der Kraft, mit der die Körper aufeinander wirken.

Die Kraft, mit der die Körper aufeinander wirken, ist meistens die Gewichtskraft. Ausschlaggebend für die Größe der Reibungskraft ist immer diejenige Kraft, die senkrecht auf die Unterlage wirkt (**Normalkraft** F_N).

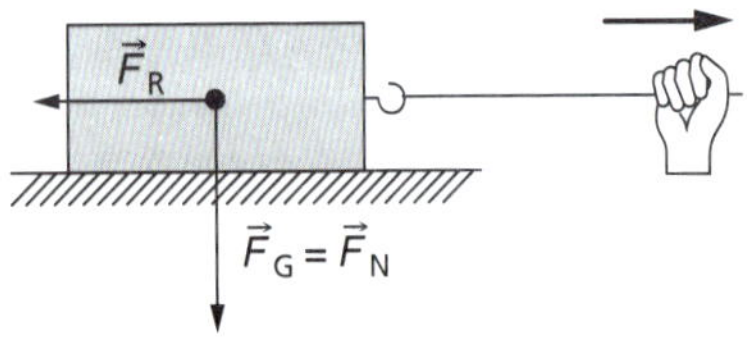

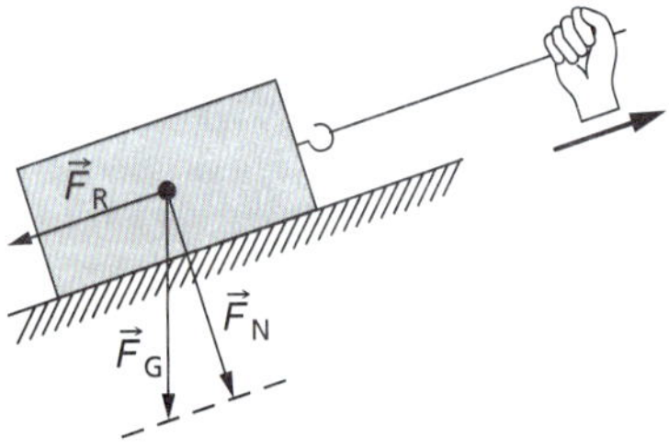

Die Reibungskraft kann berechnet werden mit der Gleichung:

$$F_R = \mu \cdot F_N$$

F_R Reibungskraft
μ Reibungszahl
F_N Normalkraft

Je größer die Normalkraft F_N ist, desto größer ist bei ansonsten gleichen Bedingungen die Reibungskraft.
Bei gleichen Bedingungen gilt:

Haftreibungskraft > Gleitreibungskraft > Rollreibungskraft

1.2.7 Das Drehmoment an Körpern

Das Drehmoment beschreibt die Wirkung einer Kraft, die in einem Abstand vom Drehpunkt senkrecht zu diesem Punkt an einem drehbar gelagerten Körper angreift.	**Formelzeichen:** M	**Einheit:** 1 Newtonmeter (1 Nm)

Drehmomente sind immer mit dem Auftreten von *Hebelwirkungen* verbunden.

Unter der Bedingung, dass die Kraft senkrecht am Hebel angreift, gilt:

$$M = r \cdot F$$

- M Drehmoment
- r Abstand des Angriffspunktes der Kraft vom Drehpunkt
- F Kraft

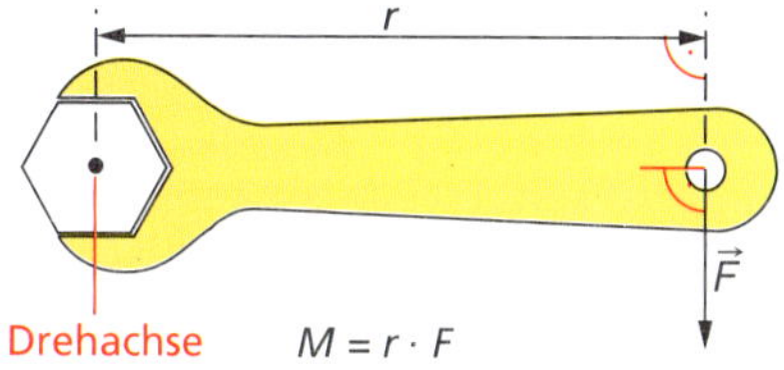

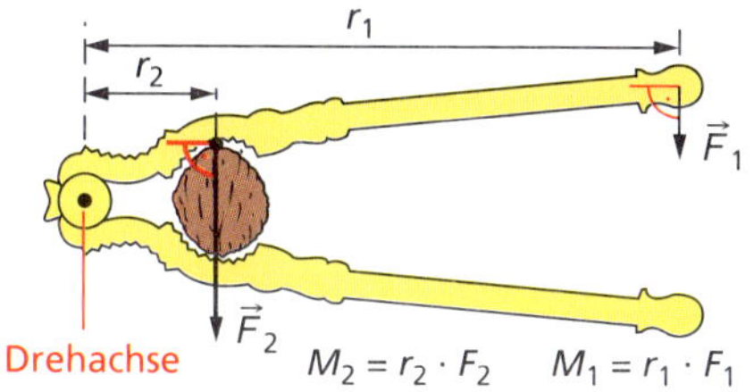

1.2.8 Kraftumformende Einrichtungen

Hebel

Je nach Anordnung der Drehachse unterscheidet man zwischen einseitigen und zweiseitigen Hebeln.

<table>
<tr><th>Einseitiger Hebel</th><th>Zweiseitiger Hebel</th></tr>
<tr><td>Die Drehachse liegt auf einer Seite, verschiedene Kräfte greifen auf der gleichen Seite an.
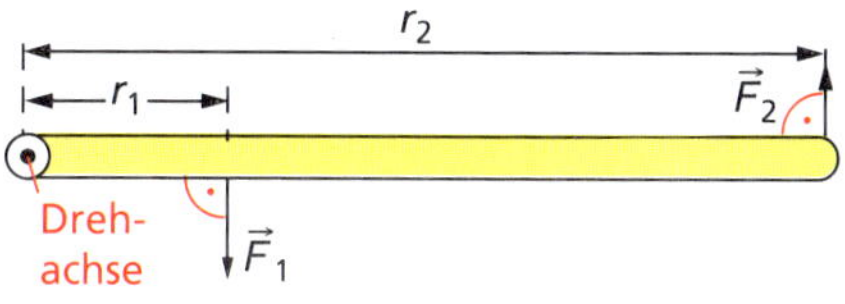

Befindet sich der Hebel im Gleichgewicht, so gilt:
$F_1 \cdot r_1 = F_2 \cdot r_2$
Beispiel: Nussknacker oder Brechstange im Gleichgewicht</td><td>Die Drehachse liegt so, dass Kräfte auf verschiedenen Seiten angreifen.
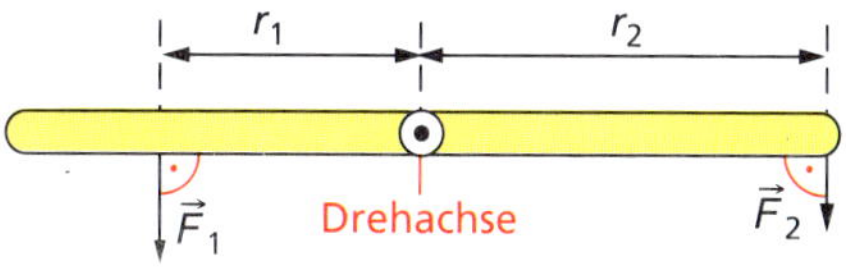

Befindet sich der Hebel im Gleichgewicht, so gilt:
$F_1 \cdot r_1 = F_2 \cdot r_2$
Beispiel: Balkenwaage oder Wippe im Gleichgewicht</td></tr>
</table>

Für beliebige Hebel gilt das **Hebelgesetz**:

> Für alle Hebel im Gleichgewicht gilt unter der Bedingung, dass die Kraft senkrecht am Hebel angreift:
>
> $$F \sim \frac{1}{r} \quad \text{oder} \quad \frac{F_1}{F_2} = \frac{r_2}{r_1} \quad \text{oder} \quad F_1 \cdot r_1 = F_2 \cdot r_2$$
>
> F Kraft
> r Länge des zugehörigen Kraftarms

Mit der Größe Drehmoment kann man das Hebelgesetz auch formulieren:

Ein Hebel ist im Gleichgewicht, wenn das linksdrehende Drehmoment gleich dem rechtsdrehenden Drehmoment ist. $M_L = M_R$	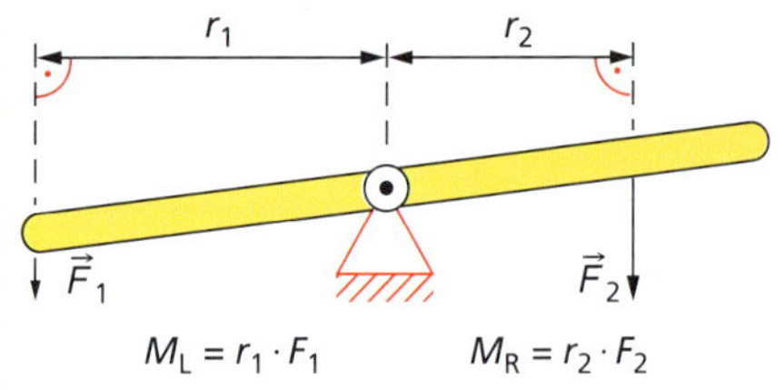

Rollen

Um die Richtung einer Kraft zu ändern oder den Betrag der aufzubringenden Kraft zu verringern (z.B. bei Kranen oder Spannvorrichtungen für Fahrdrähte) verwendet man manchmal eine oder mehrere Rollen mit Seilen.

Feste Rolle	Lose Rolle	Flaschenzug

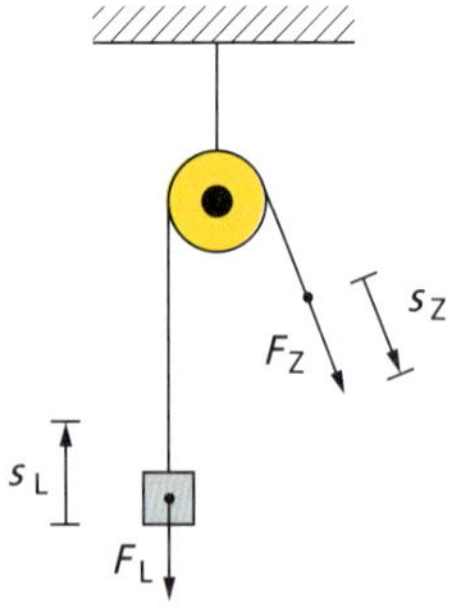	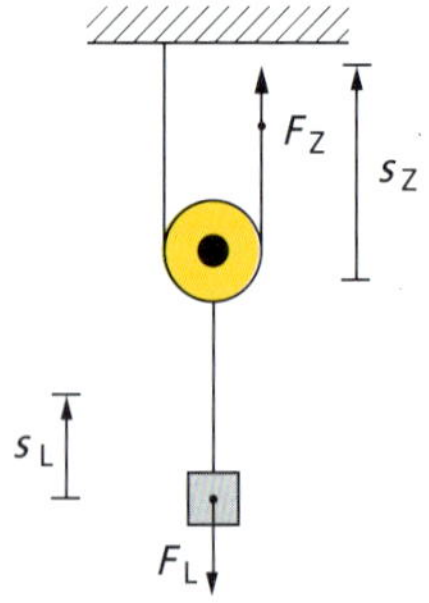	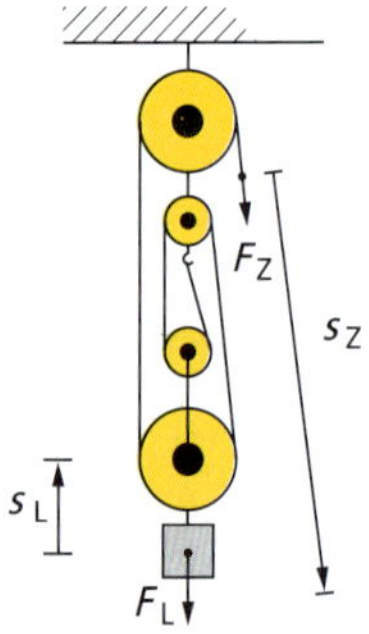

Bei einer **festen Rolle** ist die Zugkraft F_Z genauso groß wie die Gewichtskraft F_L der Last. Man kann aber die Kraft in eine andere Richtung umlenken (Umlenkrolle). Zugweg s_Z und Lastweg s_L sind gleich groß.	Bei einer **losen Rolle** verteilt sich die Gewichtskraft der Last auf zwei Seile. Auf jedes Seil wirkt nur die halbe Gewichtskraft. Der Zugweg s_Z ist doppelt so groß wie der Lastweg s_L.	Bei einem **Flaschenzug** verteilt sich die Gewichtskraft der Last auf die Anzahl der tragenden Seile, im gezeichneten Fall auf vier Seile. Die Zugkraft F_Z beträgt ein Viertel der Gewichtskraft F_L der Last. Der Zugweg s_Z ist viermal so groß wie der Lastweg s_L.
$F_Z = F_L$ $s_Z = s_L$	$F_Z = \frac{1}{2} F_L$ $s_Z = 2\, s_L$	$F_Z = \frac{1}{4} F_L$ $s_Z = 4\, s_L$

Die Zusammenhänge für die Kräfte gelten exakt nur unter der Bedingung, dass die Masse der Seile und Rollen sowie die Reibung vernachlässigt werden können.

Die Rollen bei einem Flaschenzug können sehr unterschiedlich angeordnet sein. Entscheidend ist immer die Anzahl der Seile, auf die sich die Last verteilt (Anzahl der tragenden Seile).

Beträgt die Anzahl der tragenden Seile bei einem Flaschenzug n, so gilt:

$$F_Z = \frac{1}{n} \cdot F_L \qquad s_Z = n \cdot s_L$$

Die geneigte Ebene

Geneigte Ebenen werden bei Schrägaufzügen, Rolltreppen oder Transportbändern genutzt. Jede ansteigende oder abfallende Straße ist eine geneigte Ebene.

Auf einen Körper, der sich auf einer geneigten Ebene befindet, wirkt die Gewichtskraft. Diese kann in zwei Komponenten zerlegt werden: eine Komponente senkrecht zur geneigten Ebene (**Normalkraft** F_N) und eine Komponente in Richtung der geneigten Ebene (**Hangabtriebskraft** F_H).

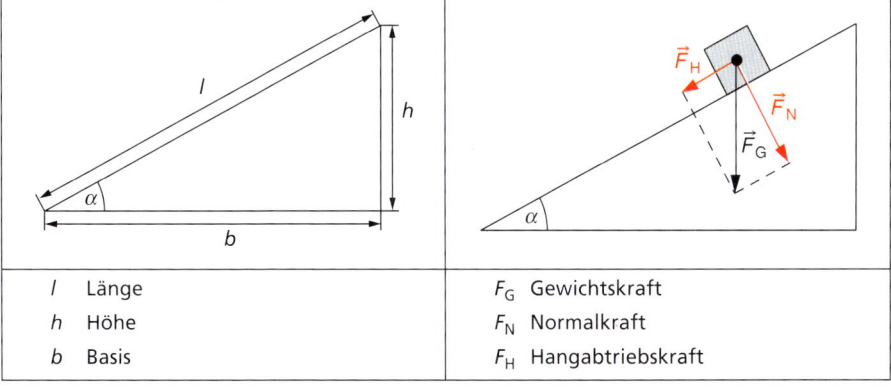

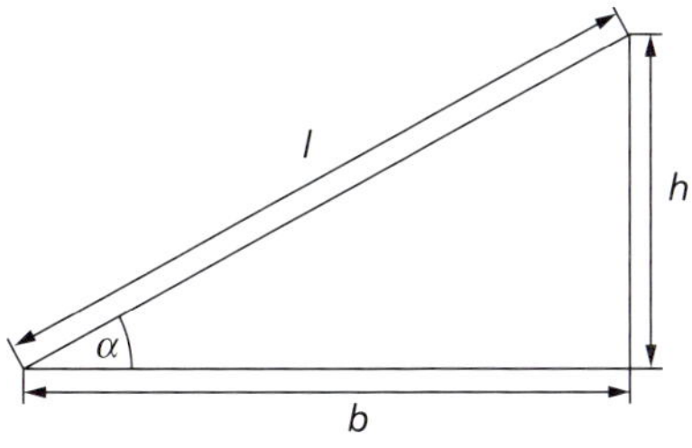

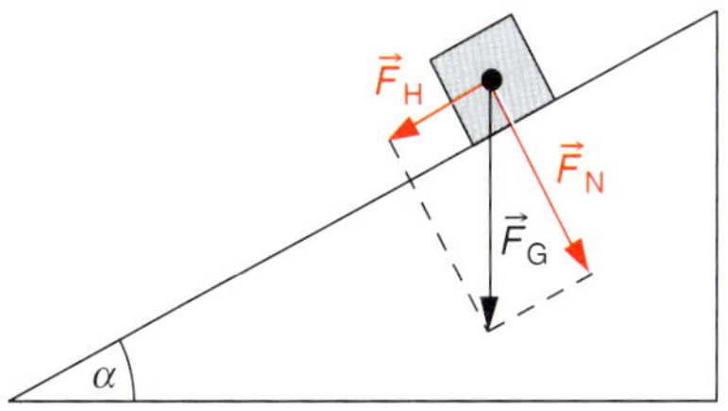

l Länge h Höhe b Basis	F_G Gewichtskraft F_N Normalkraft F_H Hangabtriebskraft

Für die geneigte Ebene gelten folgende Gleichungen:

$$F_H = F_G \cdot \sin\alpha \qquad F_N = F_G \cdot \cos\alpha$$

$$\frac{F_H}{F_G} = \frac{h}{l} \qquad \frac{F_N}{F_G} = \frac{b}{l} \qquad \frac{F_H}{F_N} = \frac{h}{b}$$

Bei Straßen wird das Verhältnis $h : l$ als **Steigung** (Gefälle) bezeichnet und in Prozent angegeben.

Die Goldene Regel der Mechanik

Hebel, Rollen und geneigte Ebenen sind kraftumformende Einrichtungen. Mit ihnen kann keine mechanische Arbeit gespart werden. Für alle kraftumformenden Einrichtungen gilt die **Goldene Regel der Mechanik**.

Für alle kraftumformenden Einrichtungen gilt unter der Bedingung, dass die Reibung vernachlässigt wird:

$$F \sim \frac{1}{s} \quad \text{oder} \quad \frac{F_1}{F_2} = \frac{s_2}{s_1} \quad \text{oder} \quad F_1 \cdot s_1 = F_2 \cdot s_2 \quad \text{oder} \quad W_1 = W_2$$

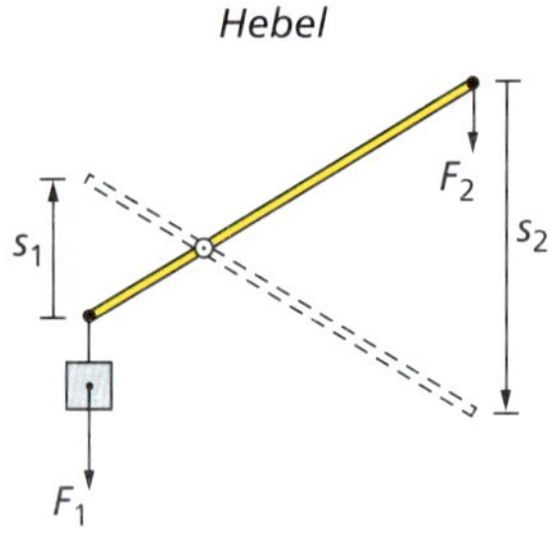

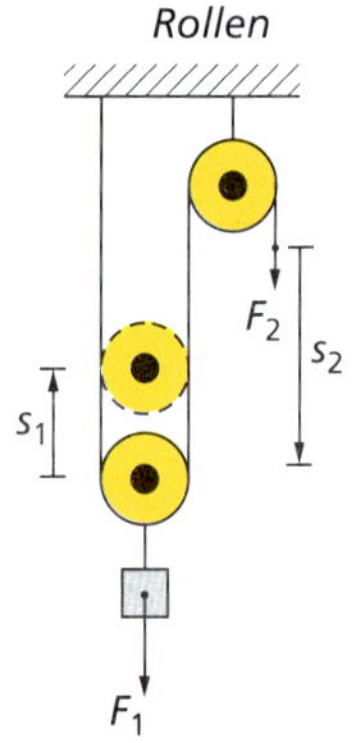

Die **Goldene Regel der Mechanik** wurde vor ca. 400 Jahren von dem italienischen Physiker Galileo Galilei (1564–1642) wie folgt formuliert:

Was man an Kraft spart, muss man an Weg zusetzen.

1.2.9 Der Auflagedruck

Die Größe Auflagedruck

Der Auflagedruck gibt an, mit welcher Kraft ein Körper senkrecht auf eine Fläche von 1 m^2 wirkt.	**Formelzeichen:** p	**Einheit:** 1 Pascal (1 Pa)

Für die Einheit 1 Pa gilt:

$$1\ \text{Pa} = 1\ \frac{\text{N}}{\text{m}^2} = 0{,}0001\ \frac{\text{N}}{\text{cm}^2}$$

Vielfache der Einheit 1 Pa sind ein Kilopascal (1 kPa) und ein Megapascal (1 MPa):

1 kPa = 1 000 Pa

1 MPa = 1 000 kPa = 1 000 000 Pa

Berechnen des Auflagedrucks

Unter der Bedingung, dass die Kraft senkrecht auf die Fläche wirkt, kann der Auflagedruck nach folgender Gleichung berechnet werden:

$$p = \frac{F}{A}$$

F wirkende Kraft
A Fläche, auf die die Kraft wirkt

Der Auflagedruck ist umso größer,

- je größer die wirkende Kraft F ist,
- je kleiner die Fläche A ist, auf die die Kraft wirkt.

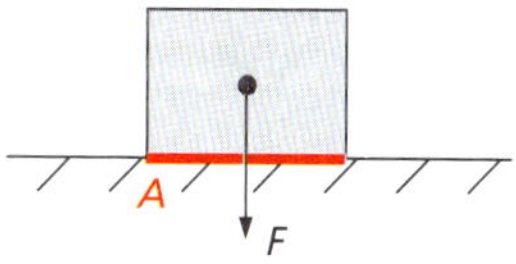

1.2.10 Gravitation

Gravitationskräfte

Zwischen zwei Körpern wirken aufgrund ihrer Masse anziehende Kräfte. Diese Erscheinung wird als **Gravitation** bezeichnet. Die anziehenden Kräfte sind **Gravitationskräfte**.

Auf einen Körper der Masse m wirkt auf der Erdoberfläche die Gewichtskraft F_G. Die Gewichtskraft ist die Gravitationskraft, die von der Erde auf den Körper ausgeübt wird.

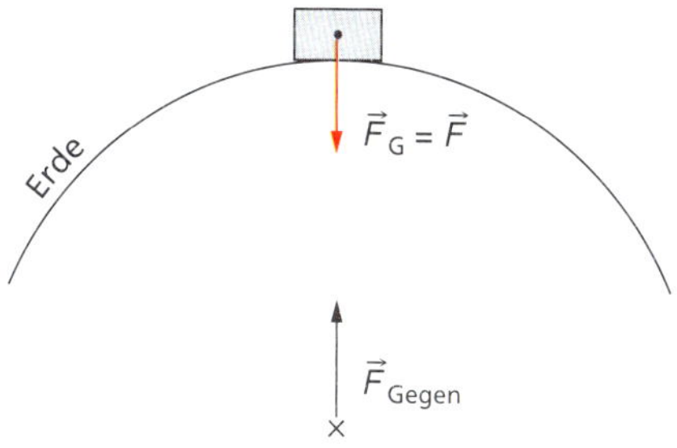

Die Erde bewegt sich auf einer fast kreisförmigen Bahn um die Sonne. Damit sich die Erde auf einer kreisförmigen Bahn bewegt, muss eine Radialkraft wirken.
Diese Radialkraft ist die Gravitationskraft, die die Sonne auf die Erde ausübt.

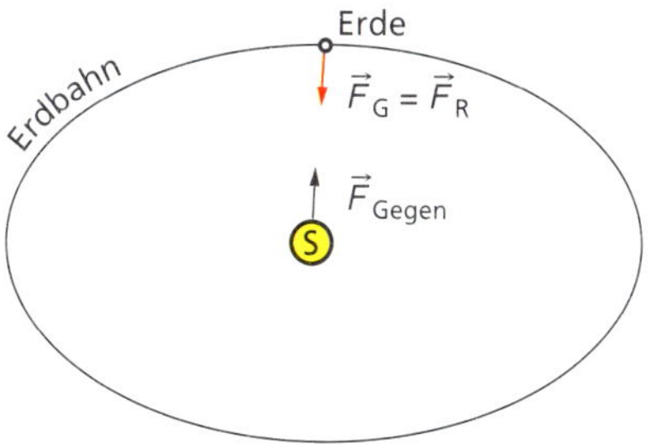

Beide Körper ziehen sich *wechselseitig* mit jeweils *der gleichen Kraft* an. Der Betrag der Kraft kann nach dem **Gravitationsgesetz** berechnet werden.

Die Gravitationskraft kann man nach der Gleichung berechnen:

$$F = G \cdot \frac{m_1 \cdot m_2}{r^2}$$

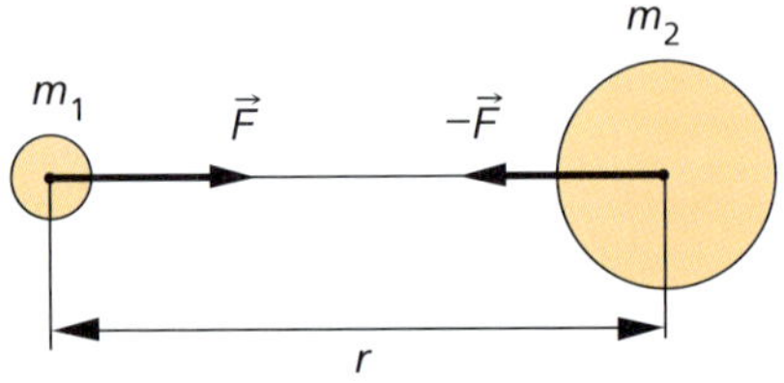

F	Gravitationskraft
G	Gravitationskonstante ($\gamma = 6{,}673 \cdot 10^{-11}\ m^3 \cdot kg^{-1} \cdot s^{-2}$)
m_1, m_2	Massen der Körper
r	Abstand der Massemittelpunkte

Bewegung unter dem Einfluß von Gravitationskräften

Auf Monde, Planeten, Satelliten und andere Himmelskörper wirken Gravitationskräfte. Dadurch wird ihre Bahnform bestimmt.

Ist die Gravitationskraft größer als die **Zentrifugalkraft (Fliehkraft)**, so fällt ein waagerecht abgeworfener Körper auf die Erde (1).

Ist die Gravitationskraft gleich der Zentrifugalkraft, so bewegt sich ein waagerecht abgeworfener Körper auf einer Kreisbahn um die Erde (2).

Ist die Gravitationskraft kleiner als die Zentrifugalkraft, so bewegt sich ein Körper von der Erde weg (3).

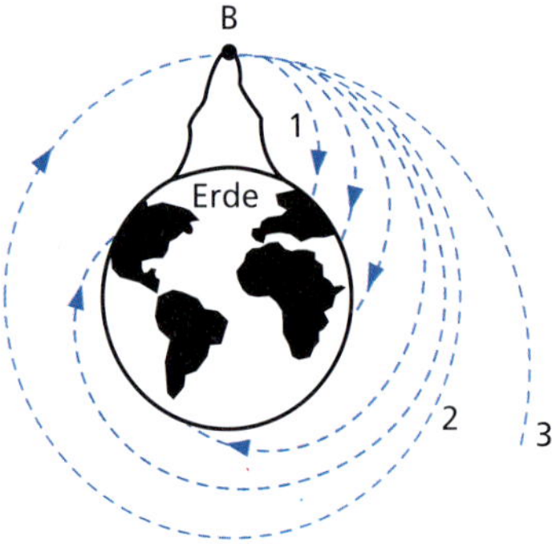

Wie groß die Zentrifugalkräfte (S. 71) sind, ist abhängig von der Geschwindigkeit der Körper. Um bestimmte Bahnen zu erreichen, müssen die Körper entsprechende **kosmische Geschwindigkeiten** (S. 222 f.) besitzen.
Für die Bewegung von Planeten gelten die **keplerschen Gesetze** (S. 221 f.).

1.3 Mechanische Arbeit, Energie und Leistung

1.3.1 Die mechanische Arbeit

Die Größe mechanische Arbeit

Mechanische Arbeit wird verrichtet, wenn ein Körper durch eine Kraft bewegt oder verformt wird.	**Formelzeichen:** W	**Einheiten:** 1 Joule (1 J) 1 Newtonmeter (1 Nm) 1 Nm = 1 J

Vielfache der Einheit 1 J (sprich: ein dschul) sind 1 Kilojoule (1 kJ) und 1 Megajoule (1 MJ):

1 kJ = 1 000 J

1 MJ = 1 000 kJ = 1 000 000 J

Mechanische Arbeiten in Natur und Technik	
Dehnen eines Expanders mit einer Feder um 30 cm	15 J
mit einer Tasche (10 kg Masse) 60 Stufen einer Treppe steigen	10 kJ
Anfahren eines PKW auf einer Strecke von 100 m	200 kJ
eine Stunde Rad fahren	700 kJ
Anfahren eines LKW auf einer Strecke von 100 m	1 MJ
Heben einer Betonplatte (4 t Masse) um 25 m durch einen Kran	1 MJ

Berechnen der mechanischen Arbeit

Unter der Bedingung, daß die Kraft konstant ist und in Richtung des Weges wirkt, gilt:

$$W = F \cdot s$$

F einwirkende Kraft
s zurückgelegter Weg

Beachte:
Es müssen stets beide Bedingungen erfüllt sein, damit man die mechanische Arbeit mit dieser einfachen Gleichung berechnen kann. In vielen Fällen sind diese Bedingungen nicht erfüllt.

Wirkt die Kraft nicht in Richtung des Weges, dann spielt für die Arbeit nur die Komponente der Kraft eine Rolle, die in Richtung des Weges wirkt.

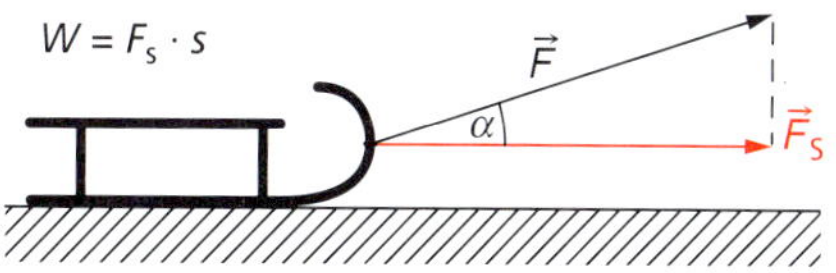

Wirkt die Kraft senkrecht zur Richtung des Weges, so ist die mechanische Arbeit null.

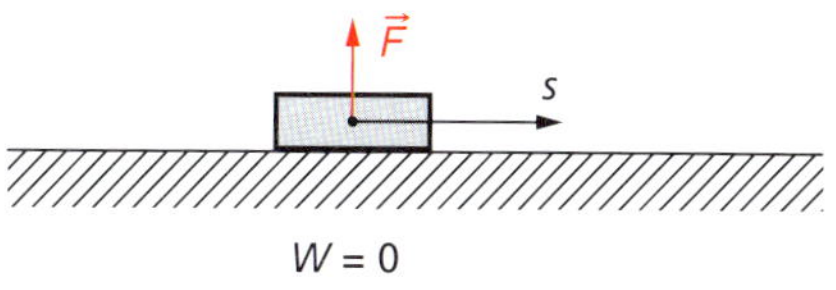

Arten mechanischer Arbeit

Hubarbeit	Verformungsarbeit	Beschleunigungsarbeit	Reibungsarbeit
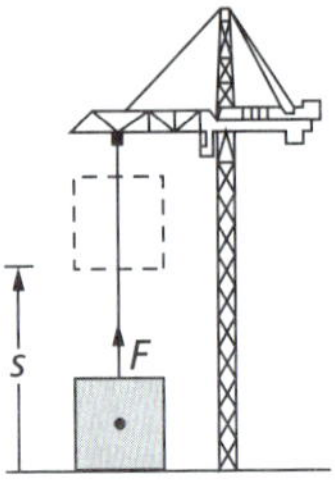	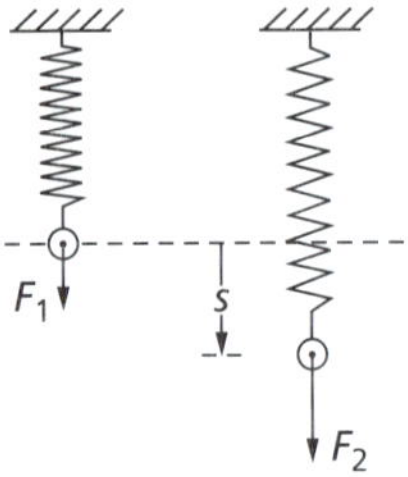	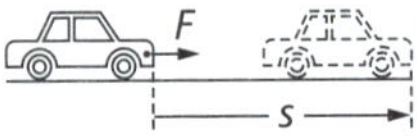	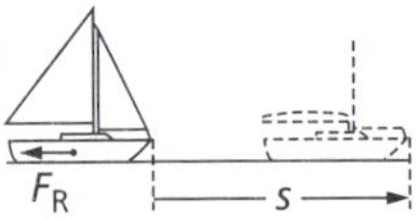
Wird ein Körper gehoben, so wird **Hubarbeit** verrichtet.	Wird ein Körper verformt, so wird **Verformungsarbeit** verrichtet.	Wird ein Körper beschleunigt, so wird **Beschleunigungsarbeit** verrichtet.	Wirken Reibungskräfte auf einen Körper und hemmen seine Bewegung, so wird **Reibungsarbeit** verrichtet.
$W = F_G \cdot h$	$W = \frac{1}{2} F_E \cdot s$ $W = \frac{1}{2} D \cdot s^2$	$W = F_B \cdot s$	$W = F_R \cdot s$

1.3.2 Die mechanische Energie

Die Größe mechanische Energie

Mechanische Energie ist die Fähigkeit eines Körpers, aufgrund seiner Lage oder seiner Bewegung mechanische Arbeit zu verrichten, Wärme abzugeben oder Licht auszusenden.	**Formelzeichen:** E_{mech}	**Einheiten:** 1 Joule (1 J) 1 Newtonmeter (1 Nm) 1 Nm = 1 J

Vielfache der Einheit 1 J sind 1 Kilojoule (1 kJ), 1 Megajoule (1 MJ) und 1 Gigajoule (1 GJ):

1 kJ = 1 000 J

1 MJ = 1 000 kJ = 1 000 000 J

1 GJ = 1 000 MJ = 1 000 000 kJ = 1 000 000 000 J

Arten mechanischer Energie

In der Mechanik wird unterschieden zwischen **Energie der Lage (potentielle Energie) E_{pot}** und **Energie der Bewegung (kinetische Energie) E_{kin}**.

<table>
<tr><th>Potentielle Energie E_{pot}</th><th>Kinetische Energie E_{kin}</th></tr>
<tr><td>Ein gehobener Körper besitzt potentielle Energie. Die Größe der Energie ist abhängig
– von der Masse des Körpers,
– von der Höhe des Körpers.
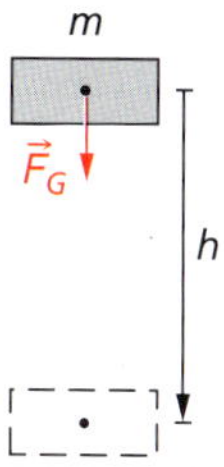

$E_{pot} = F_G \cdot h$
$E_{pot} = m \cdot g \cdot h$
F_G Gewichtskraft
m Masse
g Fallbeschleunigung
h Höhe</td><td>Ein sich bewegender Körper besitzt kinetische Energie. Die Größe der Energie ist abhängig
– von der Masse des Körpers,
– von der Geschwindigkeit, mit der er sich bewegt.
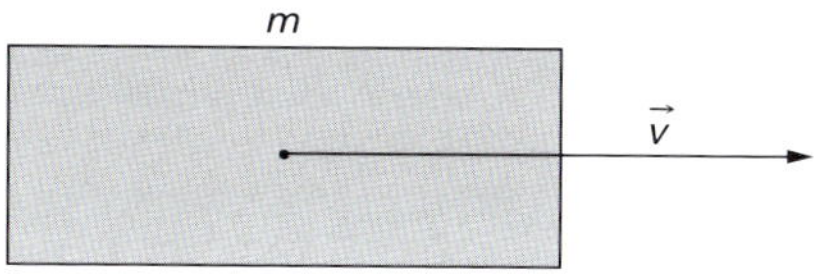
</td></tr>
<tr><td>Eine gespannte Feder besitzt die potentielle Energie:
$E_{pot} = \frac{1}{2} F_E \cdot s$
F_E Endkraft
s Verlängerung der Feder</td><td>Ein sich bewegender Körper besitzt die kinetische Energie:
$E_{kin} = \frac{1}{2} m \cdot v^2$
m Masse
v Geschwindigkeit</td></tr>
</table>

Mechanische Energie in Natur und Technik	
potentielle Energie	
1 Liter Wasser um 1 Meter gehoben	9,81 J
PKW (m = 1 000 kg) auf einer Hebebühne (h = 1,50 m)	14,7 kJ
Rammbär (m = 1 000 kg), um 3 m gehoben	29,4 kJ
kinetische Energie	
Fußgänger (m = 60 kg) bei 5 km/h	58 J
Radfahrer (m = 75 kg) bei 20 km/h	1,2 kJ
PKW (m = 1 000 kg) bei 50 km/h	96 kJ
PKW (m = 1 000 kg) bei 100 km/h	386 kJ

Zusammenhang zwischen mechanischer Arbeit und mechanischer Energie

Wird an einem Körper mechanische Arbeit verrichtet oder verrichtet ein Körper selbst mechanische Arbeit, so kann sich seine mechanische Energie ändern.

> Die an einem Körper verrichtete Hubarbeit bzw. Beschleunigungsarbeit führt zu einer Änderung seiner mechanischen Energie.
>
> $$W = E_{\text{Ende}} - E_{\text{Anfang}}$$
> $$W = \Delta E$$

Hubarbeit führt zu einer Änderung der potentiellen Energie.	Beschleunigungsarbeit führt zu einer Änderung der kinetischen Energie.
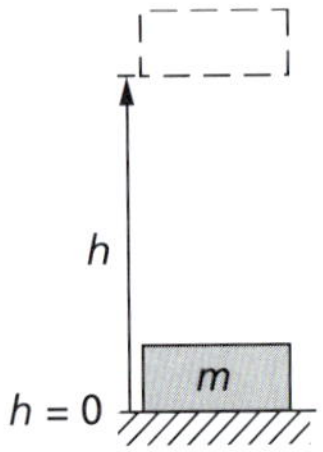 $E_{pot} = m \cdot g \cdot h$ $\Uparrow$ $W = m \cdot g \cdot h$ $\Uparrow$ $E_{pot} = 0$	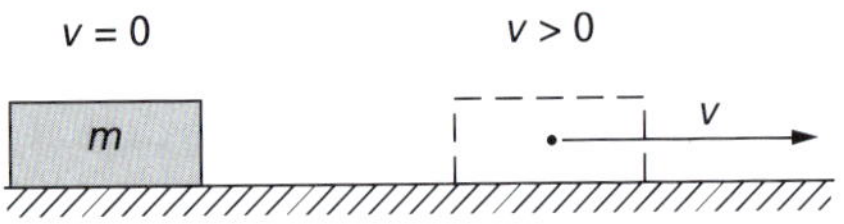 $E_{kin} = 0 \Rightarrow W = F_B \cdot s \Rightarrow E_{kin} = \frac{1}{2} m \cdot v^2$

Gesetz von der Erhaltung der mechanischen Energie (Energieerhaltungssatz der Mechanik)

Der Energieerhaltungssatz der Mechanik ist ein spezieller Fall des allgemeinen Energieerhaltungssatzes (S. 44).

> Unter der Bedingung, daß keine Umwandlung von mechanischer Energie in andere Energieformen erfolgt, gilt:
>
> Die Summe aus potentieller und kinetischer Energie ist konstant.
>
> $$E_{pot} + E_{kin} = \text{konstant}$$

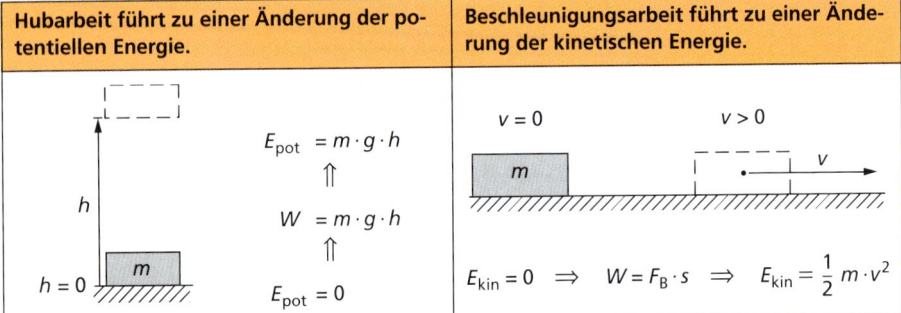

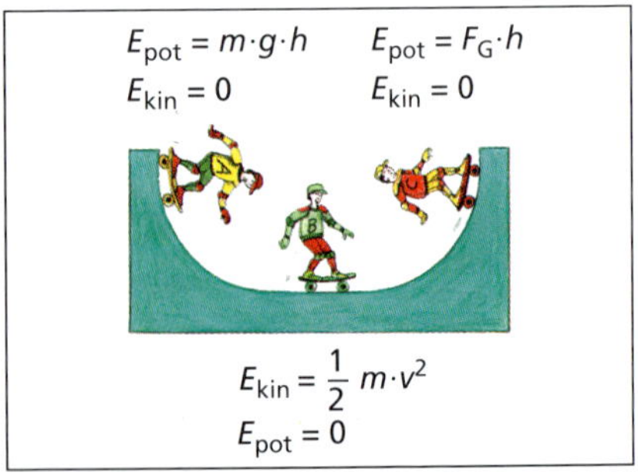

1.3.3 Die mechanische Leistung

Die Größe mechanische Leistung

Die mechanische Leistung gibt an, wie viel mechanische Arbeit in jeder Sekunde verrichtet wird.	**Formelzeichen:** P	**Einheit:** 1 Watt (1 W) $1\ \text{W} = 1\ \frac{\text{J}}{\text{s}} = 1\ \frac{\text{Nm}}{\text{s}}$

Weitere Einheiten der Leistung 1 W sind ein Milliwatt (1 mW), ein Kilowatt (1 kW) und ein Megawatt (1 MW):

1 W = 1 000 mW

1 kW = 1 000 W = 1 000 000 mW

1 MW = 1 000 kW = 1 000 000 W = 1 000 000 000 mW

Noch vielfach verwendet wird die gesetzlich nicht mehr zugelassene Einheit eine Pferdestärke (1 PS):

1 PS = 736 W

Mechanische Leistungen in Natur und Technik	
menschliches Herz (Durchschnittswert)	1,5 W
Heben eines 1 kg schweren Körpers um 1 m in 1 s	9,81 W
Spazieren gehen	≈ 20 W
Mensch (Dauerleistung)	80 W … 100 W
Pferd (Dauerleistung)	400 W
kurzzeitige sportliche Höchstleistung	1 kW
mittlerer Automotor	50 kW
Windkraftanlagen	≈ 100 kW
mittlerer LKW	≈ 250 kW
ICE Triebkraft	6 MW
Airbus A 300	130 MW

Berechnen der mechanischen Leistung

Die mechanische Leistung kann berechnet werden mit der Gleichung:

$$P = \frac{W}{t}$$

W verrichtete mechanische Arbeit

t Zeit

Wenn die mechanische Arbeit *gleichmäßig* verrichtet wird, so wird während des gesamten Vorgangs die gleiche Leistung vollbracht.

Wenn die mechanische Arbeit *unregelmäßig* während eines Vorgangs verrichtet wird, so wird mit der Gleichung eine *mittlere* Leistung für diesen Vorgang berechnet.

Bewegt sich ein Körper gleichförmig, so kann die mechanische Leistung berechnet werden nach der Gleichung:

$$P = F \cdot v$$

F wirkende Kraft
v Geschwindigkeit

1.3.4 Der Wirkungsgrad

Die Größe Wirkungsgrad

Der Wirkungsgrad gibt an, welcher Anteil der aufzuwendenden Energie in nutzbringende Energie umgewandelt wird.	**Formelzeichen:** η	**Einheiten:** 1 oder Prozent (%)

Der Wirkungsgrad einer beliebigen Anordnung ist immer kleiner als 1 bzw. kleiner als 100 %. Ein Wirkungsgrad von 0,4 oder 40 % bedeutet: 40 % der aufgewendeten Energie werden für einen bestimmten Zweck in nutzbringende Energie umgewandelt. Die übrigen 60 % sind für den betreffenden Zweck nicht nutzbar.

Wirkungsgrade in Natur und Technik	
Glühlampe	5 %
Dampflokomotive	10 %
Leuchtstofflampe, Energiesparlampe	25 %
Benzinmotor	max. 35 %
Dieselmotor	max. 40 %
Dampfturbine	46 %
Akumulator	70 %
Wasserturbine	87 %
Elektromotor	max. 90 %
bei körperlicher Tätigkeit des Menschen	
Schwimmen	3 %
Radfahren, Gehen auf ebener Strecke	25 %
Bergaufgehen, Treppensteigen	30 %

Berechnen des Wirkungsgrades

Der Wirkungsgrad kann nach folgenden Gleichungen berechnet werden:

$$\eta = \frac{E_{nutz}}{E_{auf}} \qquad \eta = \frac{W_{nutz}}{W_{auf}} \qquad \eta = \frac{P_{nutz}}{P_{auf}}$$

E_{nutz}, W_{nutz}, P_{nutz} nutzbringende Energie, Arbeit, Leistung
E_{auf}, W_{auf}, P_{auf} aufzuwendende Energie, Arbeit, Leistung

1.4 Mechanische Schwingungen und Wellen

1.4.1 Mechanische Schwingungen

Arten mechanischer Schwingungen

Eine **mechanische Schwingung** ist eine zeitlich *periodische Bewegung* eines Körpers um eine **Ruhegewichtslage**. Dabei ändern sich mit der Zeit z.B. der Abstand des Körpers von der Ruhelage, seine Geschwindigkeit, seine Beschleunigung oder andere mechanische Größen.

Eine angeschlagene Stimmgabel schwingt um ihre Ruhelage.

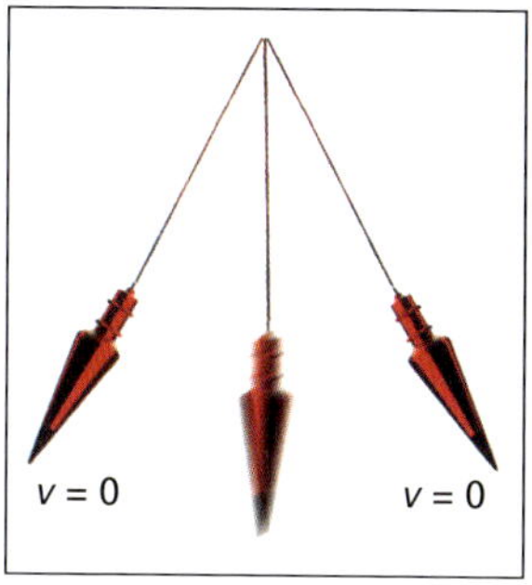

Das Pendel schwingt um eine Ruhelage.

Ein Auto auf einer unebenen Straße schwingt um eine Ruhelage.

Die periodischen Hin- und Herbewegungen können **harmonisch** (sinusförmig) oder **nicht harmonisch** sein.

Harmonische Schwingung (sinusförmige Schwingung)	Nicht harmonische Schwingung (nicht sinusförmige Schwingung)
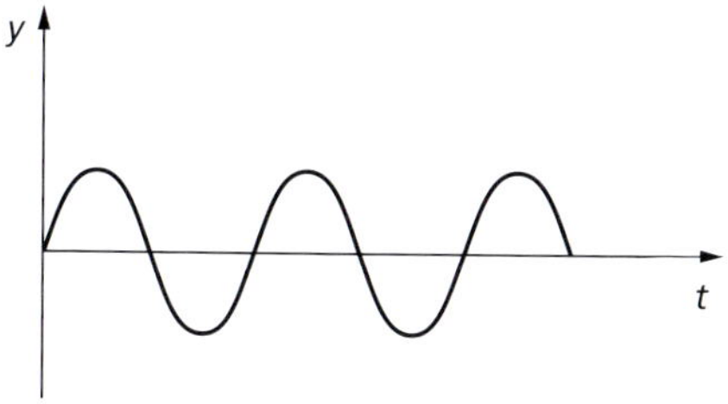	
Beispiele: Schwingung einer Stimmgabel Schwingung eines Uhrpendels	**Beispiele:** Schwingungen bei einem Auto Schwingungen der Stimmbänder beim Menschen

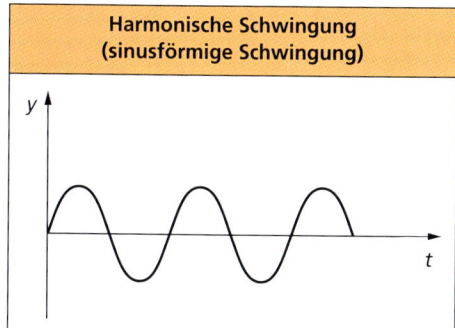

Schwingungen können ungedämpft oder gedämpft sein.
Bei einer **ungedämpften** Schwingung ist die maximale Auslenkung immer gleich groß. Bei einer **gedämpften** Schwingung wird die maximale Auslenkung immer kleiner.

Ungedämpfte Schwingung	Gedämpfte Schwingung
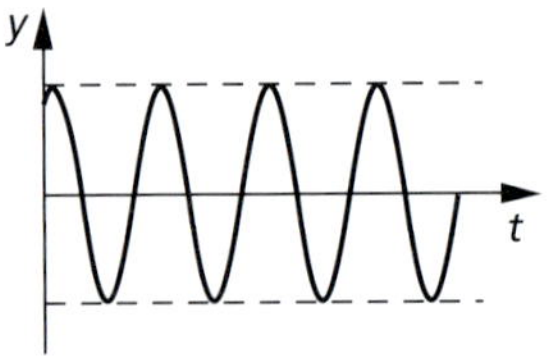 **Beispiel:** Membran eines Lautsprechers bei einem Ton bestimmter Lautstärke Pendeluhr Metronom	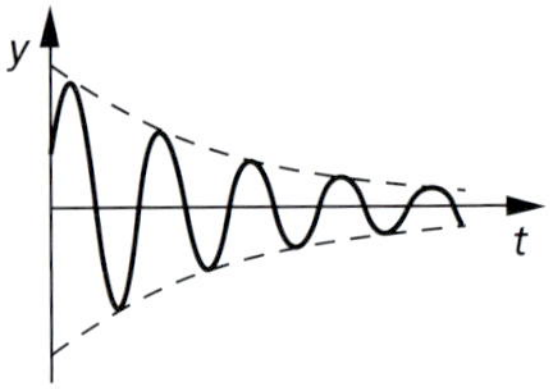 **Beispiel:** Fadenpendel bei Berücksichtigung der Luftreibung Schwingungen eines Autos, die durch Schwingungsdämpfer gedämpft werden
Die mechanische Energie des schwingenden Körpers bleibt konstant. Es gilt: $E_{pot} + E_{kin} = \text{konstant}$	Die mechanische Energie des schwingenden Körpers verringert sich. Ein Teil der mechanischen Energie wird aufgrund der Reibung in thermische Energie umgewandelt.

Ein Körper, der nach einer einmaligen Auslenkung aus der Ruhelage schwingt, führt **freie Schwingungen** bzw. **Eigenschwingungen** aus. Diesem schwingenden Körper wird nur einmalig Energie zugeführt. So führt z.B. eine Stimmgabel nach einem einmaligen Anschlagen Eigenschwingungen aus.

Ein Körper, dem ständig periodisch Energie von außen zugeführt wird, führt **erzwungene Schwingungen** aus. Wird z.B. ein Kind auf einer Schaukel periodisch von außen angestoßen, so treten erzwungene Schwingungen auf.

Freie mechanische Schwingungen entstehen unter folgenden **Bedingungen**:

1. Es muss eine zur Ruhelage rücktreibende Kraft vorhanden sein.
2. Der Körper muss mindestens einmal aus der Ruhelage ausgelenkt werden (Energiezufuhr).

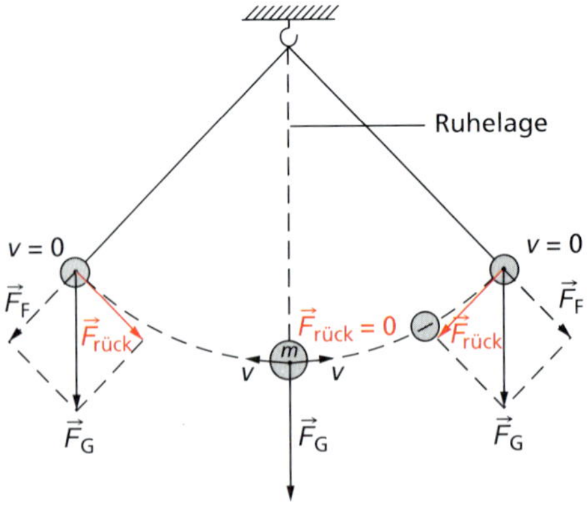

F_G Gewichtskraft
F_F Kraft am Faden
$F_{rück}$ rücktreibende Kraft

Größen zur Beschreibung mechanischer Schwingungen

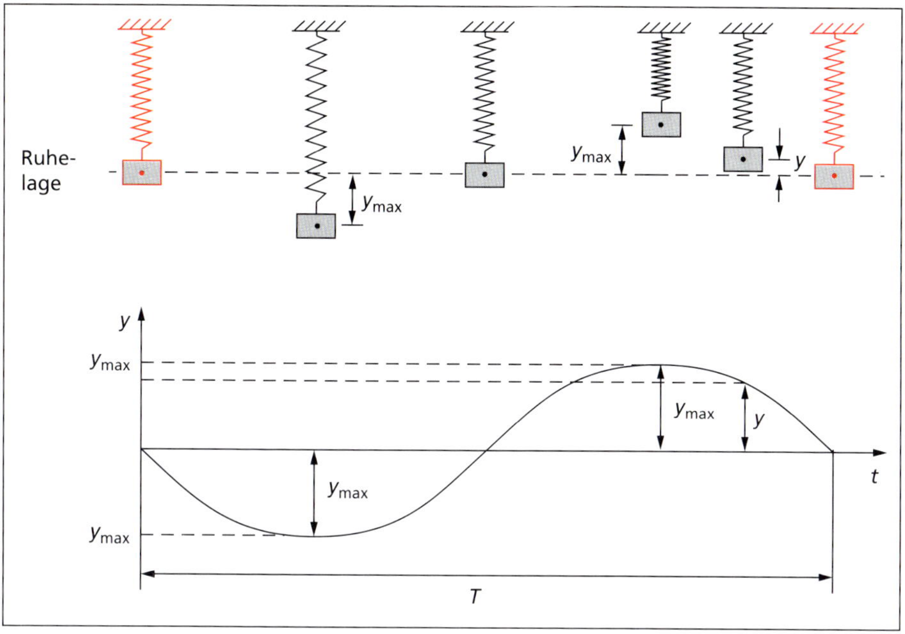

Die **Auslenkung (Elongation)** gibt den Abstand des schwingenden Körpers von der Ruhelage an.	**Formelzeichen:** y	**Einheit:** 1 Meter (1 m)
Die **Amplitude** einer Schwingung ist der maximale Abstand des schwingenden Körpers von der Ruhelage.	**Formelzeichen:** y_{max}	**Einheit:** 1 Meter (1 m)
Die **Schwingungsdauer (Periodendauer)** gibt die Zeit für eine vollständige Schwingung (Periode) an.	**Formelzeichen:** T	**Einheit:** 1 Sekunde (1 s)
Die **Frequenz** einer Schwingung gibt an, wie viel Schwingungen in jeder Sekunde ablaufen.	**Formelzeichen:** f	**Einheit:** 1 Hertz (1 Hz) 1 Hz = 1/s

Vielfache der Einheit 1 Hz sind 1 Kilohertz (1 kHz) und 1 Megahertz (1 MHz):

1 kHz = 1 000 Hz

1 MHz = 1 000 kHz = 1 000 000 Hz

Frequenzen in Natur und Technik	
1 m langes Pendel	0,5 Hz
durchschnittliche Frequenz des Herzschlages beim Menschen	0,7 Hz
tiefste vom Menschen hörbare Frequenz	16 Hz
Flügel einer Hummel	200 Hz
Kammerton a	440 Hz
Frequenzen beim Sprechen	100 Hz … 1 000 Hz
höchste von jungen Menschen hörbare Frequenz	20 000 Hz
Ultraschall	über 20 000 Hz

Die Frequenz einer Schwingung kann berechnet werden mit folgenden Gleichungen:

$$f = \frac{1}{T} \quad \text{oder} \quad f = \frac{n}{t}$$

T Schwingungsdauer
n Anzahl der Schwingungen
t Zeit für n Schwingungen

Unter der Bedingung, daß eine harmonische Schwingung vorliegt, gilt:

$$y = y_{max} \cdot \sin\left(\frac{2\pi}{T} \cdot t\right) \quad \text{oder} \quad y = y_{max} \cdot \sin(2\pi \cdot f \cdot t)$$

Der Ausdruck $\frac{2\pi}{T} = 2\pi \cdot f$ wird auch als **Kreisfrequenz ω** bezeichnet. Damit erhält man $y = y_{max} \cdot \sin(\omega t)$.

Federschwinger und Fadenpendel

Federschwinger und Fadenpendel führen näherungsweise harmonische (sinusförmige) Schwingungen aus.

Federschwinger	Fadenpendel
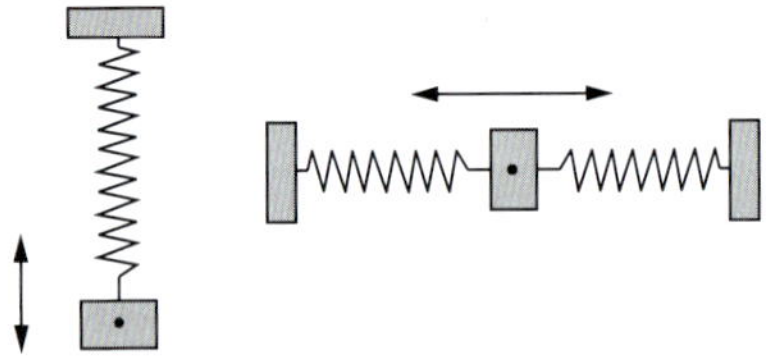	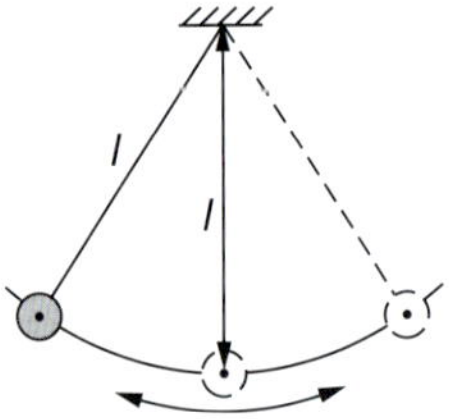
Für die Schwingungsdauer eines Federschwingers gilt $T = 2\pi\sqrt{\frac{m}{D}}$ m Masse des schwingenden Körpers D Federkonstante	Für die Schwingungsdauer eines Fadenpendels gilt unter der Bedingung kleiner Auslenkungen: $T = 2\pi\sqrt{\frac{l}{g}}$ l Länge des Pendels g Fallbeschleunigung (Ortsfaktor)

Schallschwingungen

Alles, was man mit den Ohren (S. 400) hören kann (Geräusche, Sprache, Musik, Lärm) ist **Schall**. Schall wird durch Schwingungen erzeugt.

Bei Musikinstrumenten können z.B. schwingen:
- Saiten (bei Zupf- und Streichinstrumenten wie Gitarre, Klavier, Violine),
- Stäbe, Platten oder Membranen (bei Schlaginstrumenten wie Xylophon und Schlagzeug),
- Luft (bei Blasinstrumenten wie Flöte, Trompete und Orgel).

Bei Schallschwingungen unterscheidet man **Ton**, **Klang**, **Geräusch** und **Knall**.

Ton	Klang	Geräusch	Knall
Die Schwingung ist sinusförmig.	Die Schwingung ist periodisch, aber nicht sinusförmig.	Die Schwingung ist unregelmäßig.	Die Schwingung hat zunächst eine große Amplitude und klingt schnell ab.
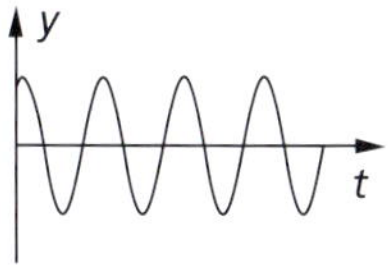	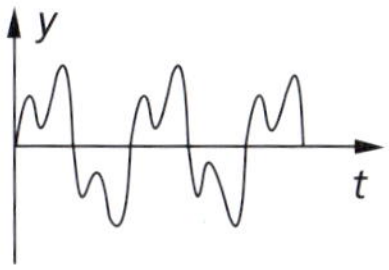		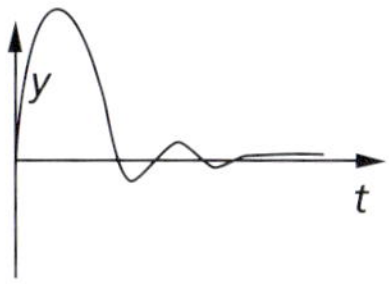

Eine angeschlagene Stimmgabel erzeugt einen ganz klaren Ton.	Mit Musikinstrumenten kann man verschiedene Klänge erzeugen.	Geräusche entstehen z.B. bei Fahrzeugen und Maschinen.	Beim Explodieren eines Feuerwerkskörpers entsteht ein Knall.

Die Frequenz einer schwingenden Saite kann berechnet werden mit der Gleichung:

$$f = \frac{1}{2l}\sqrt{\frac{F}{\rho \cdot A}}$$

- l Länge der Saite
- A Querschnittsfläche der Saite
- ρ Dichte
- F Kraft, mit der die Saite gespannt ist

Offene Pfeife	Geschlossene Pfeife
$f = \frac{v}{2 \cdot l}$ v Schallgeschwindigkeit l Länge der Pfeife 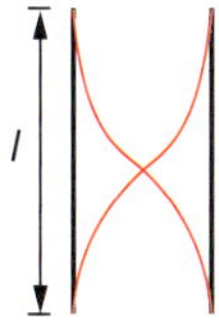	$f = \frac{v}{4 \cdot l}$ v Schallgeschwindigkeit l Länge der Pfeife 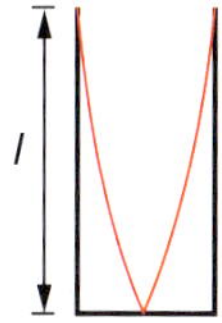

Die **Tonhöhe** ist davon abhängig, wie schnell ein Körper schwingt.

Je größer die Frequenz ist, umso höher ist der entstehende Ton.

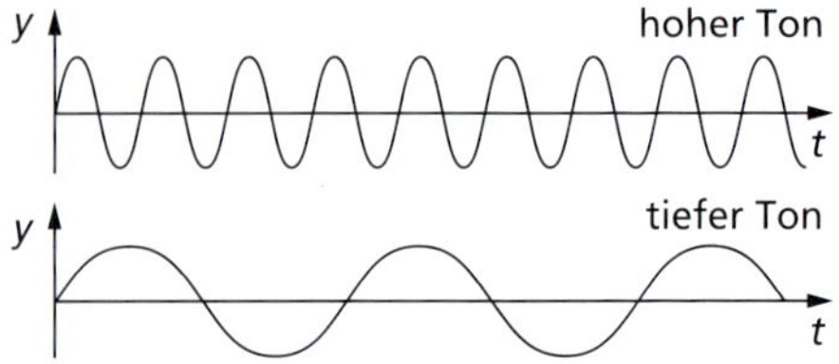

Die **Lautstärke** ist davon abhängig, mit welcher Amplitude ein Körper schwingt.

Je größer die Amplitude der Schwingung eines Körpers ist, umso lauter ist der Ton.

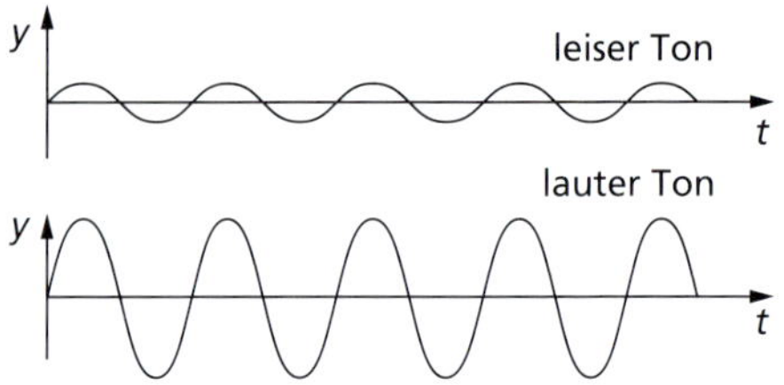

Ob etwas als **Lärm** empfunden wird, hängt von der Lautstärke und der Tonhöhe ab. Zu starker Lärm kann zu gesundheitlichen Schädigungen führen. Die Lautstärke wird in den Einheiten 1 Phon (1 phon) oder 1 Dezibel (A) (1 dB(A)) angegeben.

Beispiel	Lautstärke in phon
Hörschwelle	0
übliche Wohngeräusche, Flüstern	20
normales Sprechen	40
Unterhaltungslautstärke, Staubsauger	60
durchschnittlicher Lärm im Straßenverkehr, laute Rundfunkmusik	80
Presslufthammer, Autohupe	100
Donner, Flugzeugpropeller in geringer Entfernung	120
Schmerzschwelle, Schädigung des Gehörs	140

Resonanz

Ein frei schwingender Körper kommt aufgrund der Reibung allmählich zur Ruhe. Er schwingt mit einer bestimmten Frequenz, seiner **Eigenfrequenz** f_0.

Wird ihm aber mit einer **Erregerfrequenz** f_E und im richtigen Rhythmus Energie zugeführt, so kann sich seine Amplitude vergrößern. Ein Maximum wird erreicht, wenn die Erregerfrequenz gleich der Eigenfrequenz ist. Dieser Fall wird als **Resonanz** bezeichnet.

Beispiel:

Wenn man auf einer Schaukel sitzt und im richtigen Rhythmus Schwung nimmt, dann vergrößert sich die Amplitude der Schwingung bis zu einem Maximum.

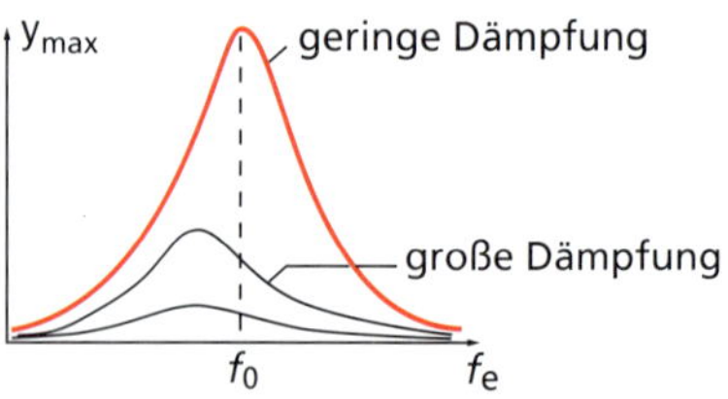

1.4.2 Mechanische Wellen

Entstehen mechanischer Wellen

Eine **mechanische Welle** ist die Ausbreitung einer mechanischen Schwingung im Raum.

<table>
<tr><th>Wasserwellen</th><th>Schallwellen</th></tr>
<tr><td>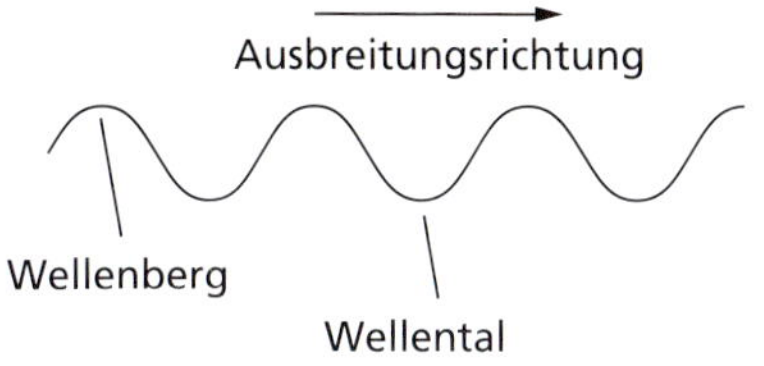
</td><td>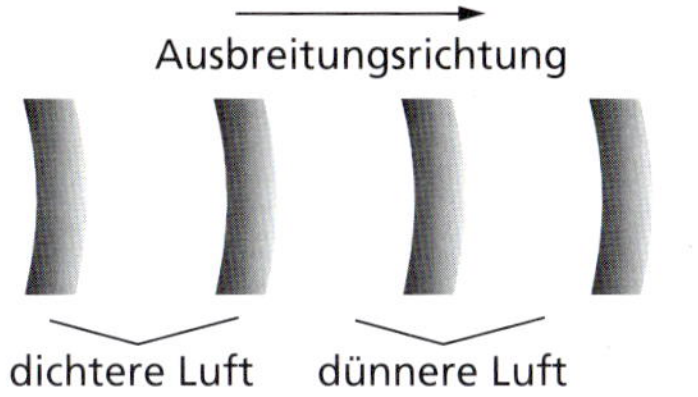
</td></tr>
<tr><td>Die Wasserwellen breiten sich auf der Wasseroberfläche aus.</td><td>Die Schallwellen breiten sich in der Luft oder in anderen Stoffen (Wasser, feste Stoffe) aus.</td></tr>
</table>

Mit einer mechanischen Welle wird Energie übertragen, jedoch kein Stoff transportiert.

Mechanische Wellen entstehen unter folgenden **Bedingungen**:

1. Es müssen schwingungsfähige Körper bzw. Teilchen vorhanden sein.
2. Zwischen diesen Körpern bzw. Teilchen müssen Kräfte wirken.
3. Mindestens einer dieser Körper bzw. Teilchen muss zu mechanischen Schwingungen angeregt werden.

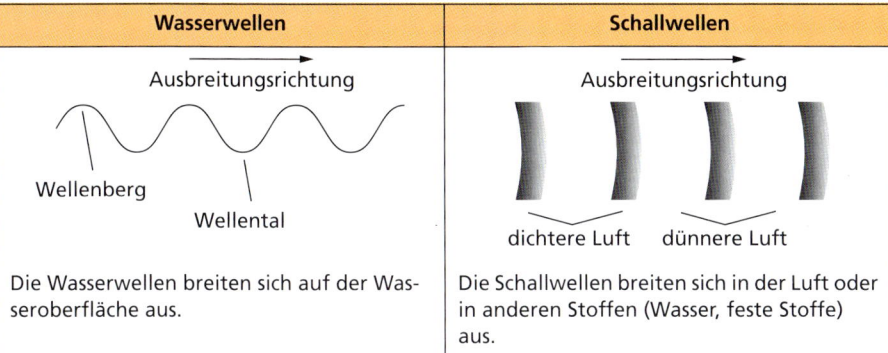

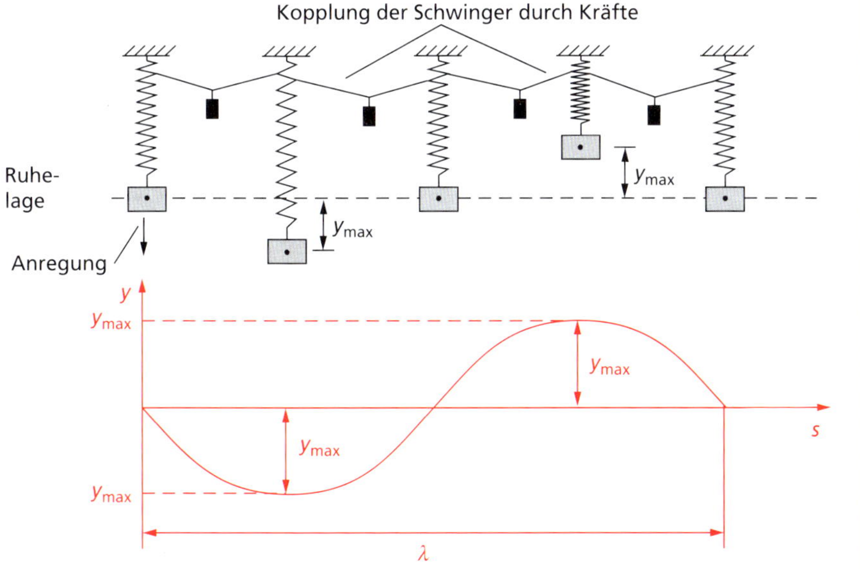

Jeder einzelne Körper bzw. jedes Teilchen führt mechanische Schwingungen aus, die durch die Kopplungskräfte auf andere Körper bzw. Teilchen übertragen werden.

Beschreibung mechanischer Wellen

Da jeder einzelne Körper des Systems mechanische Schwingungen ausführt, können zunächst Schwingungsgrößen wie **Auslenkung**, **Amplitude**, **Periodendauer** und **Frequenz** (S. 87) genutzt werden.

Die Ausbreitung der Schwingung im Raum wird darüber hinaus mit den Größen **Wellenlänge** und **Ausbreitungsgeschwindigkeit** beschrieben.

Die **Wellenlänge** gibt den Abstand zweier benachbarter Körper (Teilchen) an, die sich im gleichen Schwingungszustand befinden.	**Formelzeichen:** λ	**Einheit:** 1 Meter (1 m)
Die **Ausbreitungsgeschwindigkeit** einer Welle ist die Geschwindigkeit, mit der sich ein Schwingungszustand im Raum ausbreitet.	**Formelzeichen:** v	**Einheit:** 1 Meter je Sekunde $(1\,\frac{m}{s})$

Wellenlängen und Ausbreitungsgeschwindigkeiten in Natur und Technik		
	λ in m	v in m/s
Schallwellen in Luft bei 20 °C (Kammerton a mit 440 Hz)	0,79	344
Schallwellen in Wasser bei 5 °C (440 Hz)	3,19	1400
Erdbebenwellen	500	5000
Wasserwellen auf Ozeanen	10	0,5

Für die Ausbreitung mechanischer Wellen gilt die Grundgleichung für den Zusammenhang zwischen Ausbreitungsgeschwindigkeit, Frequenz und Wellenlänge.

Für alle mechanischen Wellen gilt für die Ausbreitungsgeschwindigkeit:

$$v = \lambda \cdot f$$

λ Wellenlänge
f Frequenz

Beachte:

Die Ausbreitungsgeschwindigkeiten und die Wellenlängen sind abhängig vom Stoff, in dem sich die Welle ausbreitet. Die Frequenz ist nur davon abhängig, wie die Welle erzeugt wird. Bei der Ausbreitung von Wellen ändert sie sich nicht.

Schallwellen können sich in festen Stoffen, Flüssigkeiten und Gasen ausbreiten. Die Schallgeschwindigkeiten und damit auch die Wellenlängen sind sehr unterschiedlich und auch von der Temperatur der Stoffe abhängig.

Ausbreitungsgeschwindigkeit von Schall					
Feste Stoffe bei 20 °C		Flüssigkeiten bei 20 °C		Gase bei 0 °C und normalem Druck	
Stoff	*v* in m/s	Stoff	*v* in m/s	Stoff	*v* in m/s
Aluminium	5 100	Benzin	1 170	Luft bei –20 °C	320
Beton	3 800	Kochsalzlösung	1 660	bei 0 °C	332
Holz (Eiche)	3 380	Wasser bei 0 °C	1 407	bei 20 °C	344
Eis (bei –4 °C)	3 250	bei 5 °C	1 400	bei 30 °C	350
Mauerwerk	3 500	bei 25 °C	1 457	Stickstoff	334

Eigenschaften von mechanischen Wellen

Mechanische Wellen können **reflektiert** (zurückgeworfen), **gebrochen** (in ihrer Ausbreitungsrichtung verändert) und **gebeugt** werden.

Sie können sich auch so überlagern, dass eine resultierende Welle als Addition der Ausgangswellen entsteht. Diese Überlagerung von Wellen nennt man **Interferenz**. Dabei kommt es an verschiedenen Stellen zu den typischen Interferenzerscheinungen wie Verstärkung und Auslöschung (s. Abb.).

Reflexion	Brechung	Beugung
Wellen werden durch ein Hindernis zurückgeworfen.	Wellen verändern ihre Ausbreitungsrichtung beim Übergang von einem Stoff in einen anderen.	Wellen breiten sich auch hinter einer Kante oder hinter einem Spalt im Schattenraum aus.
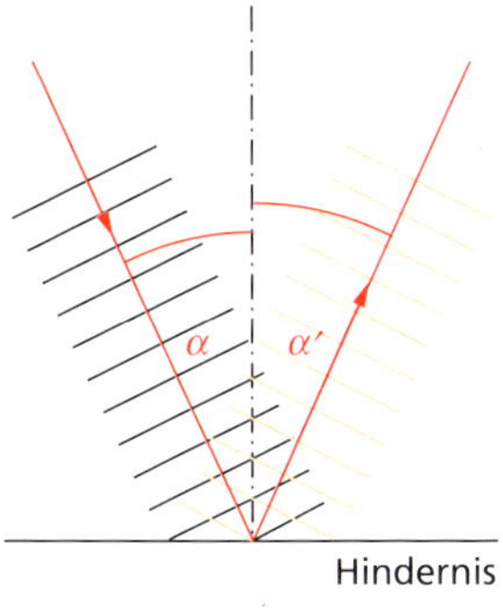	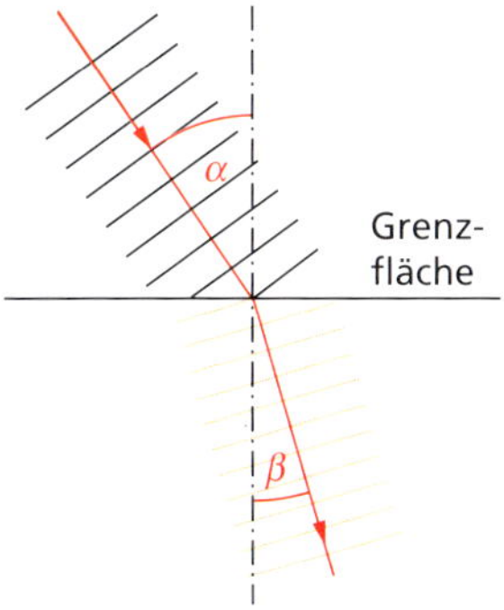	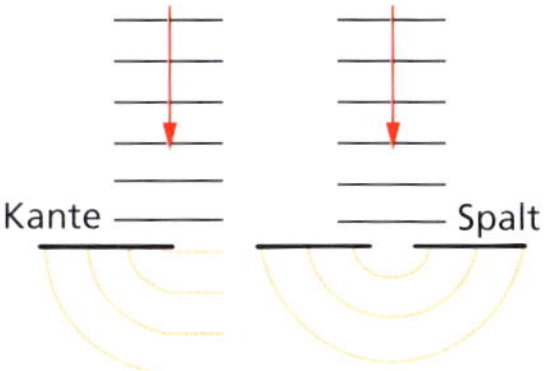

Reflexion	Brechung	Beugung
Es gilt das **Reflexionsgesetz**: $\alpha = \alpha'$	Es gilt das **Brechungsgesetz**: $\frac{\sin \alpha}{\sin \beta} = \frac{v_1}{v_2}$ v_1, v_2 Ausbreitungsgeschwindigkeiten	Es gilt: Jeder Punkt, auf den eine Welle trifft, ist Ausgangspunkt einer neuen Welle.
Beispiel:	**Beispiel:**	**Beispiel:**
Reflexion von Schallwellen an einem Berghang (Echo)	Veränderung der Ausbreitungsrichtung von Wasserwellen beim Übergang von tiefem zu flachem Wasser	Hörbarkeit von Geräuschen auch hinter einer Hausecke

Echolot

Die Reflexion des Schalls wird genutzt um Wassertiefen zu ermitteln. Von einem Sender im Schiff werden Schallwellen ausgesendet. Sie werden am Meeresboden reflektiert und von einem Empfänger registriert. Aus der Laufzeit der Schallwellen kann die Wassertiefe ermittelt werden. Näherungsweise gilt:

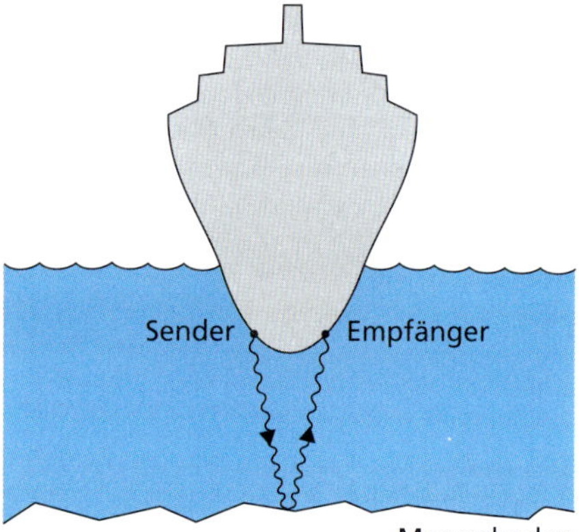

$$s = v \cdot \frac{t}{2}$$

s Wassertiefe

v Schallgeschwindigkeit in Wasser

t Laufzeit des Schalls vom Sender bis zum Empfänger

Ultraschall

Schall im nichthörbaren Bereich mit einer Frequenz über 20 kHz bezeichnet man als Ultraschall. Ultraschallwellen werden u. a. an Hindernissen reflektiert. Dies nutzen einige Tiere (z.B. Fledermäuse, Wale und Delfine) zur Orientierung, indem sie Ultraschallwellen aussenden und die reflektierten Wellen wieder empfangen.
Auch in der Medizin und in der Werkstoffprüfung wird die Reflexion von Ultraschallwellen für die **Ultraschalldiagnose** genutzt.

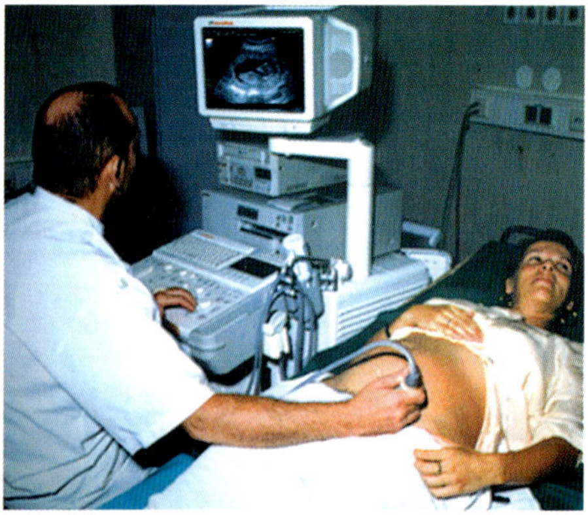

1.5 Mechanik der Flüssigkeiten und Gase

1.5.1 Der Druck in Flüssigkeiten und Gasen

Die Größe Druck

Der Druck gibt an, mit welcher Kraft ein Körper senkrecht auf eine Fläche von 1 m^2 wirkt.	**Formelzeichen:** p	**Einheiten:** 1 Pascal (1 Pa) 1 Newton je Quadratmeter $(1\ \frac{N}{m^2})$

<table>
<tr><th>Druck in Flüssigkeiten</th><th>Druck in Gasen</th></tr>
<tr><td>
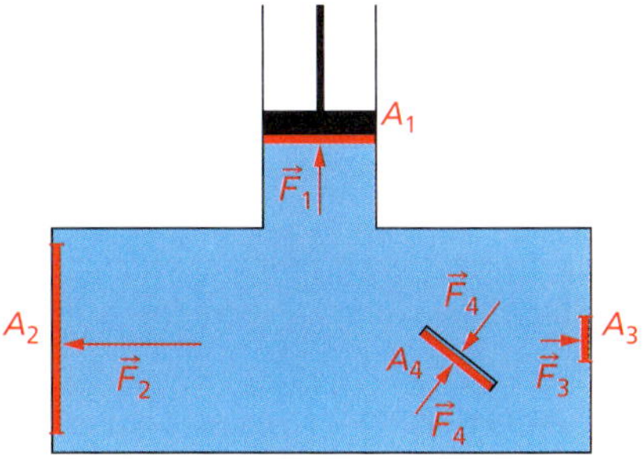

Der Druck ist im gesamten Gefäß näherungsweise konstant.
Es gilt:

$$p = \frac{F_1}{A_1} = \frac{F_2}{A_2} = \frac{F_3}{A_3} = \frac{F_4}{A_4} = \frac{F}{A} = \text{konstant}$$
</td><td>
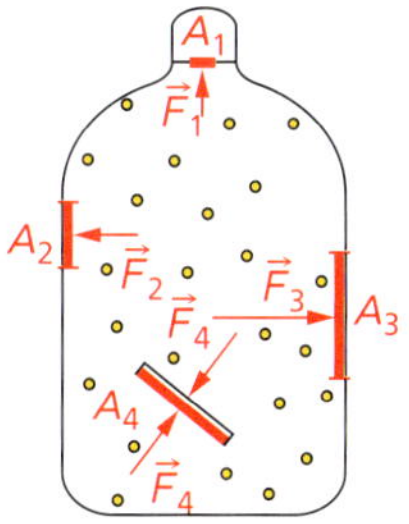

Der Druck im gesamten Gefäß ist näherungsweise konstant.
Es gilt:

$$p = \frac{F_1}{A_1} = \frac{F_2}{A_2} = \frac{F_3}{A_3} = \frac{F_4}{A_4} = \frac{F}{A} = \text{konstant}$$
</td></tr>
</table>

In einer Flüssigkeit bzw. einem Gas herrscht ein Druck von 1 Pa = $1\ \frac{N}{m^2}$, wenn auf eine Fläche von 1 m^2 senkrecht eine Kraft von 1 N wirkt.

Vielfache der Einheit 1 Pa sind ein Kilopascal (1 kPa) und ein Megapascal (1 MPa):

1 kPa = 1 000 Pa

1 MPa = 1 000 kPa = 1 000 000 Pa

Weitere, teilweise gesetzlich nicht mehr zugelassene Einheiten für den Druck sind ein Bar (1 bar), eine Atmosphäre (1 at), ein Millimeter Quecksilbersäule (1 mm Hg) oder ein Torr (1 Torr).

1 bar = 100 000 Pa = 10^5 Pa

1 at = $9{,}81 \cdot 10^4$ Pa = 98 100 Pa

1 Torr = 133,32 Pa

Drücke in Natur und Technik	
Druck im Innern des menschlichen Auges	2,0 kPa
normaler Blutdruck beim Menschen	12 kPa ... 17 kPa (90 Torr/130 Torr)
normaler Luftdruck an der Erdoberfläche	101,3 kPa (1013 mbar, 760 Torr)
Reifendruck beim PKW	180 kPa ... 240 kPa
Druck in einer Wasserleitung	400 kPa ... 600 kPa
Wasserdruck in 10 000 m Tiefe	10^8 kPa (100 MPa)
Spitze einer Nadel (bei $A = 0{,}01\ \text{mm}^2$ und $F = 10$ N)	10^9 kPa (1 000 MPa)
Druck im Innern der Sonne	10^{13} kPa

Der Druck kennzeichnet den inneren Zustand einer Flüssigkeit bzw. eines Gases. Der Druck ist damit wie die Temperatur und das Volumen eine **Zustandsgröße**.

Der Druck in einer Flüssigkeit kommt durch die Kraftwirkung der Teilchen aufeinander und auf die Gefäßwände zustande. In Gasen treffen die frei beweglichen Teilchen aufeinander und auf die Gefäßwände. Dabei üben sie Kräfte aus, die sich als Druck bemerkbar machen.

Berechnen des Drucks

Unter der Bedingung, daß die Kraft senkrecht auf die Fläche wirkt, kann der Druck nach der Gleichung berechnet werden:

$$p = \frac{F}{A}$$

F wirkende Kraft
A Fläche, auf die die Kraft wirkt

Die wirkende Kraft *F* wird häufig auch als **Druckkraft** bezeichnet.

Arten von Drücken

<table>
<tr><th>Kolbendruck in Flüssigkeiten</th><th>Kolbendruck in Gasen</th></tr>
<tr><td>

Beispiel: Spritze

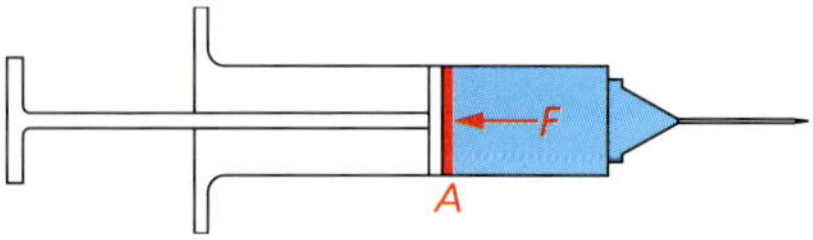

$p = \frac{F}{A}$

F Druckkraft

A gedrückte Fläche

</td><td>

Beispiel: Luftpumpe

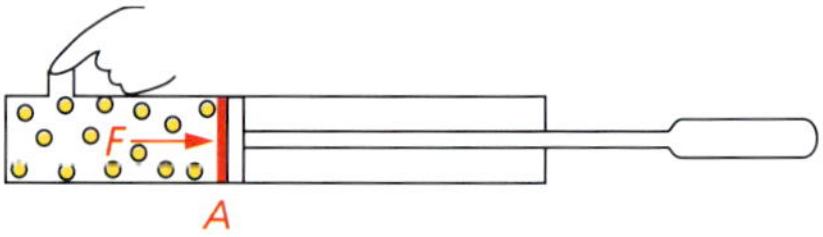

$p = \frac{F}{A}$

F Druckkraft

A gedrückte Fläche

</td></tr>
<tr><td colspan="2">Da der Druck in der Flüssigkeit bzw. in einem komprimierten Gas näherungsweise konstant ist, gilt:
Je größer die gedrückte Fläche, desto größer ist die Druckkraft.</td></tr>
</table>

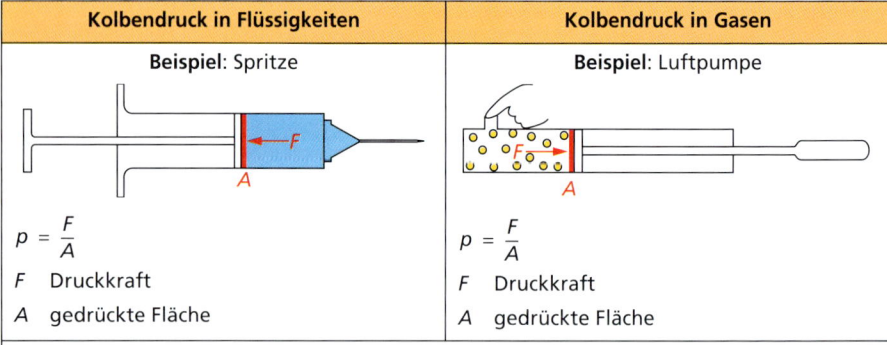

Flüssigkeiten lassen sich durch eine größere Kraft auf den Kolben kaum zusammendrücken. Sie sind **inkompressibel**. Es erhöht sich lediglich der Kolbendruck.

Gase lassen sich durch eine größere Kraft auf den Kolben zusammendrücken. Sie sind **kompressibel**. Dabei können sich neben dem Druck auch das Volumen und die Temperatur des Gases ändern (S. 111).

Infolge der Gewichtskraft einer Flüssigkeit bzw. eines Gases üben diese einen Druck aus. Dieser Druck wird **Schweredruck** genannt. Bei Gasen ist der **Luftdruck** als Schweredruck der Luft unserer Atmosphäre von besonderer Bedeutung.

<table>
<tr><th>Schweredruck in Flüssigkeiten</th><th>Luftdruck in Gasen</th></tr>
<tr><td>Der Schweredruck in einer Flüssigkeit hängt ab
– von der Dichte der Flüssigkeit,
– von der Höhe der Flüssigkeitssäule.
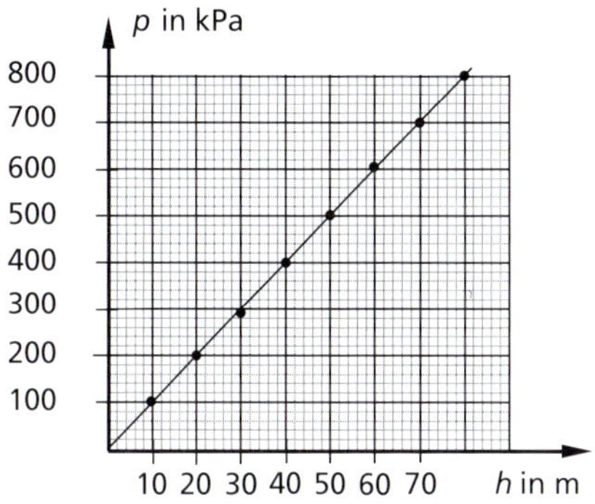
</td><td>Der Luftdruck hängt ab
– von der Dichte der Luft,
– von der Höhe der Luftsäule über einem bestimmten Ort.
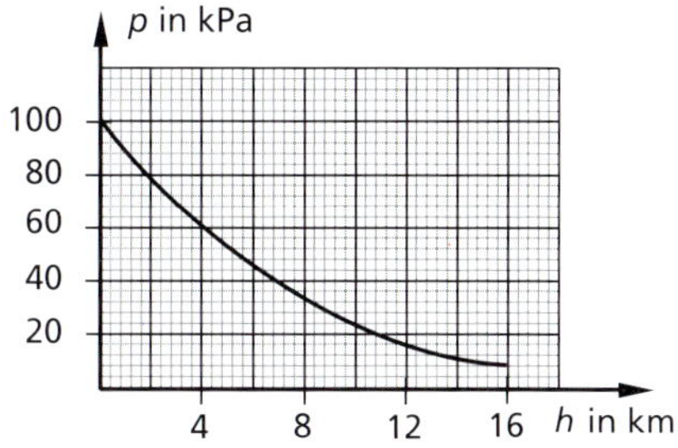
</td></tr>
<tr><td>Es gilt:
$p = \frac{F_G}{A} = \frac{m \cdot g}{A}$
$p = \rho \cdot g \cdot h$

ρ Dichte der Flüssigkeit
g Fallbeschleunigung
h Höhe der Flüssigkeitssäule</td><td>Es gilt:
Der Luftdruck nimmt in der Nähe der Erdoberfläche langsamer, in größerer Entfernung von ihr schneller ab.</td></tr>
<tr><td>Der Schweredruck in Flüssigkeiten ist in einer bestimmten Tiefe nach allen Seiten gleich groß.</td><td>Der Luftdruck ist in einer bestimmten Höhe nach allen Seiten gleich groß.
Der normale Luftdruck an der Erdoberfläche beträgt 101,325 kPa.
Häufig findet man auch die Angaben 1013 hPa, 1013 mbar oder 760 Torr.</td></tr>
</table>

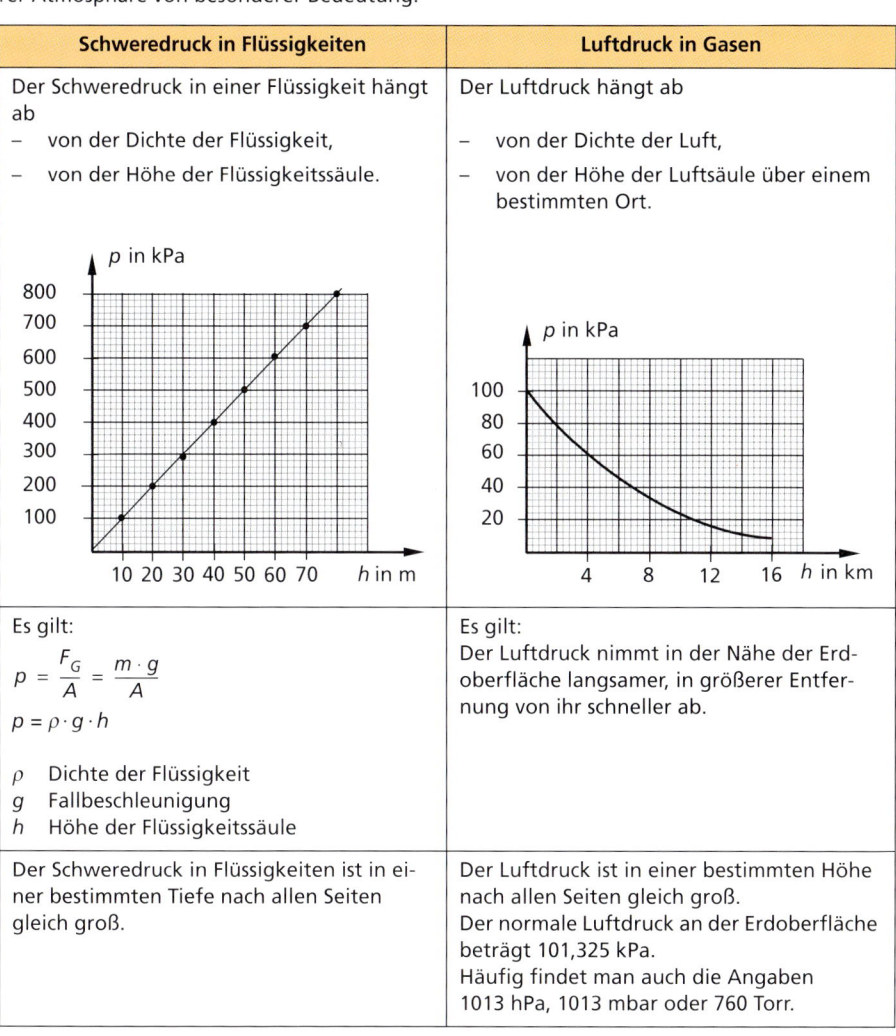

Der Schweredruck ist nur von der Dichte und der Höhe der darüber liegenden Flüssigkeits- bzw. Gasschicht abhängig. Die Gefäßform hat keinen Einfluss auf den Schweredruck.
In einem Gefäß, aus dem das Gas weitgehend entfernt wurde, herrscht ein sehr kleiner Druck. Man nennt einen Raum, in dem ein wesentlich kleinerer Druck als der Luftdruck herrscht, ein **Vakuum**.

In miteinander **verbundenen Gefäßen** herrschen in gleichen Höhen dieselben Drücke. Druckunterschiede in verbundenen Gefäßen gleichen sich so lange aus, bis die Flüssigkeit in allen Gefäßen dieselbe Höhe erreicht hat.

Durch das Wirken eines festen Körpers auf eine feste Unterlage mit einer Kraft entsteht ebenfalls ein Druck, der **Auflagedruck** (S. 76).

Messen des Drucks

Die Messung des Druckes erfolgt mit Hilfe von **Manometern**.

U-Rohr-Manometer	Röhrenmanometer	Membranmanometer
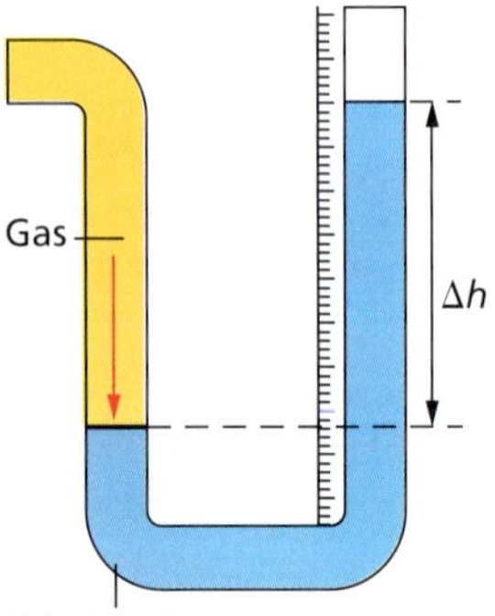	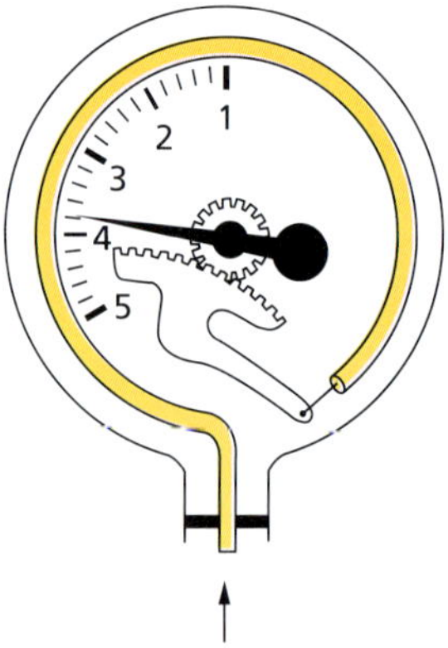	
Der von der Flüssigkeitssäule der Höhe Δh ausgeübte Druck ist gleich dem Gasdruck.	Durch den Druck erfolgt eine Verformung der kreisförmigen Röhre und damit ein Zeigerausschlag.	Durch den Druck wird die Membran verformt. Damit erfolgt ein Zeigerausschlag.

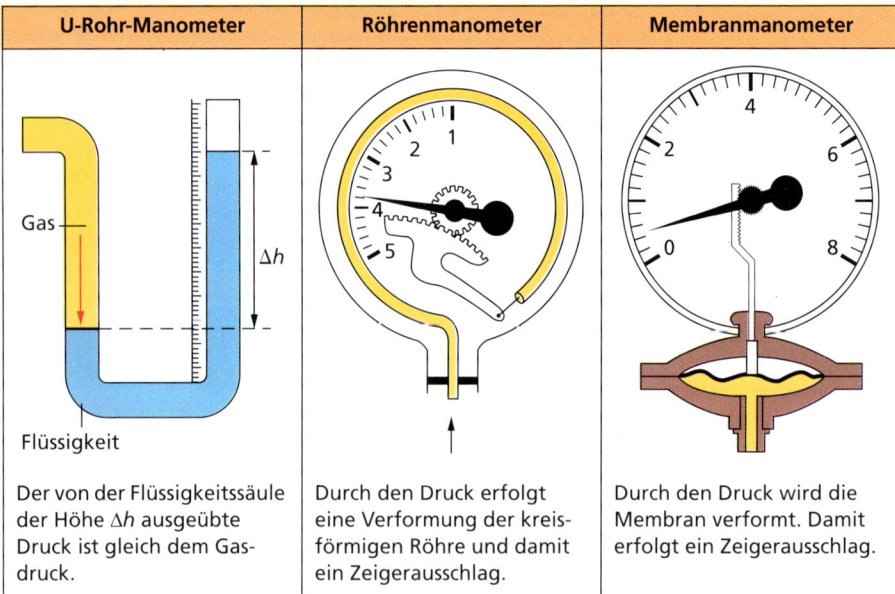

Die Geräte für die Messung des Luftdrucks werden als **Barometer** bezeichnet. Wichtige Formen sind das Dosenbarometer und das Quecksilberbarometer.

Dosenbarometer	Quecksilberbarometer
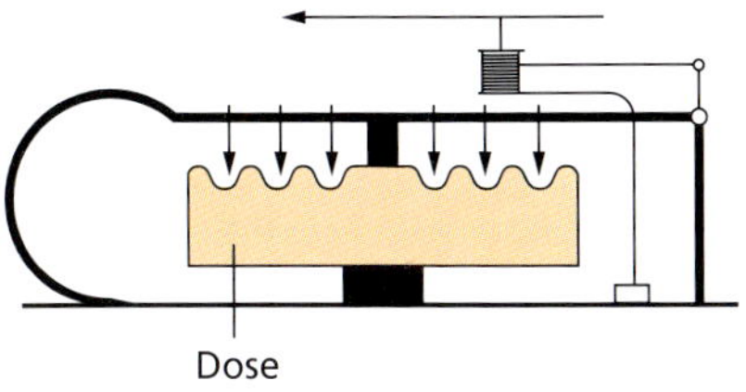	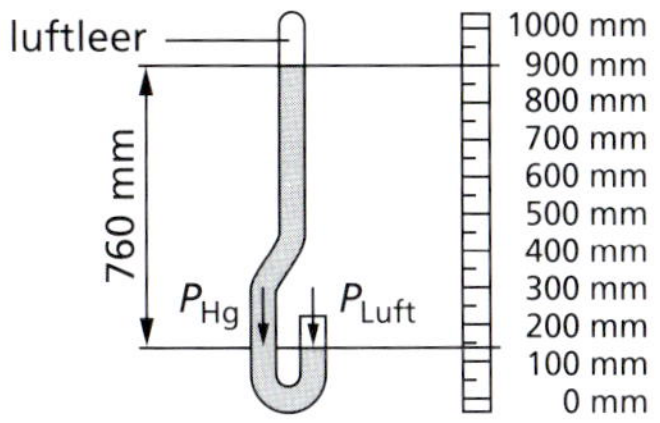
Der Luftdruck wirkt auf die Membran einer luftleeren Dose. Die Verformung der Membran ist ein Maß für den Luftdruck. Durch einen Mechanismus wird die Verformung der Dose auf einen Zeiger übertragen.	Das Quecksilberbarometer ist ein einseitig geschlossenes U-Rohr-Manometer (S. 98). Der normale Luftdruck entspricht dem Druck einer Säule von 760 mm Quecksilber (760 Torr).

Pneumatische und hydraulische Anlagen

Diese Anlagen sind kraftumformende Einrichtungen (S. 73), bei denen die gleichmäßige und allseitige Ausbreitung des Druckes genutzt wird.
Bei pneumatischen Anlagen wird meist Druckluft, bei hydraulischen Anlagen werden Flüssigkeiten verwendet.

Aus $p = \frac{F}{A}$ = konstant folgt:

Je größer die Fläche, desto größer die Kraft.

$$\frac{F_1}{A_1} = \frac{F_2}{A_2}$$

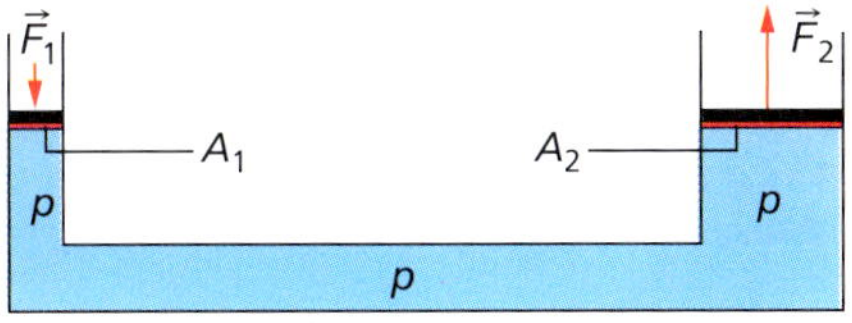

Für die verrichtete Arbeit gilt:

Je kleiner die erforderliche Kraft, desto größer der Weg (Goldene Regel der Mechanik, S. 76):

$F_1 \cdot s_1 = F_2 \cdot s_2$

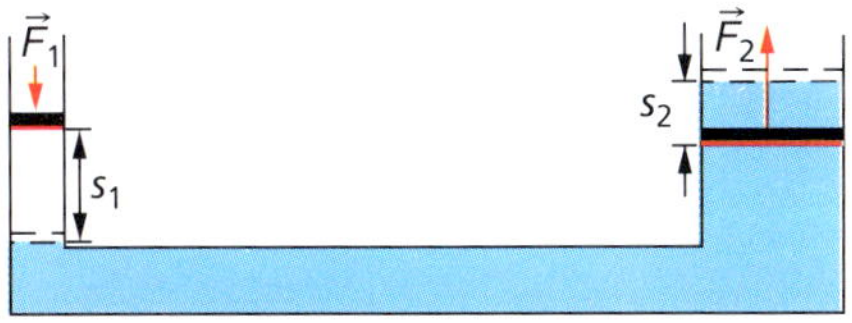

Hydraulische Hebebühne	Hydraulische Trommelbremse
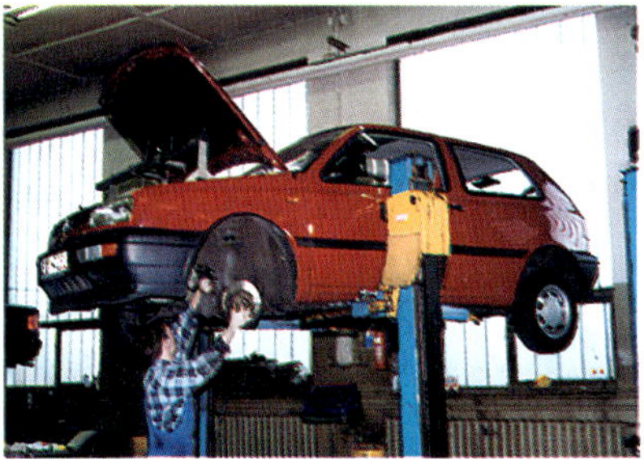	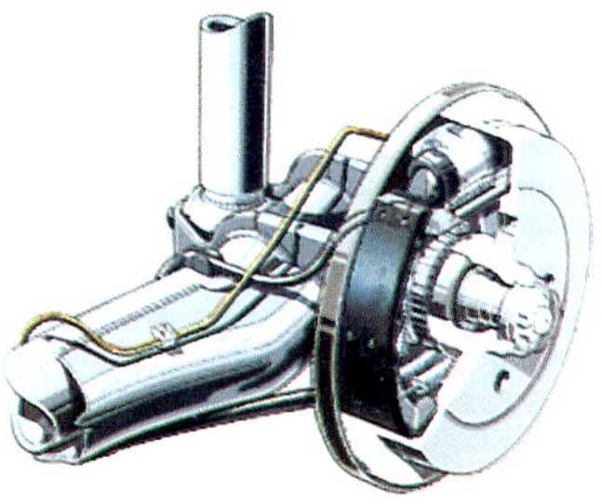

1.5.2 Auftrieb in ruhenden Flüssigkeiten und Gasen

Auftrieb und archimedisches Gesetz

Befindet sich ein Körper in einem Gas oder in einer Flüssigkeit, so verringert sich *scheinbar* seine Gewichtskraft. Diese Erscheinung wird als statischer Auftrieb bezeichnet, die der Gewichtskraft entgegengerichtete Kraft als **Auftriebskraft**.

Ursache des Auftriebs ist der unterschiedliche Schweredruck p in verschiedener Tiefe. Auf den Körper wirkt insgesamt die Auftriebskraft

$$F_A = F_2 - F_1$$

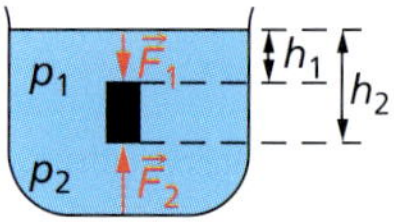

nach oben, also entgegengesetzt zur Gewichtskraft.

Nach ARCHIMEDES (um 287 v. Chr. – um 212 v. Chr.) ist das Gesetz benannt, in dem die Erkenntnisse über den Auftrieb zusammengefasst sind.

> Für einen Körper, der sich in einer Flüssigkeit oder in einem Gas befindet, gilt:
> Die auf den Körper wirkende Auftriebskraft ist gleich der Gewichtskraft der von ihm verdrängten Flüssigkeits- bzw. Gasmenge: $F_A = F_{G,Fl}$

Sinken, Schweben, Steigen, Schwimmen

Sinken	Schweben	Steigen	Schwimmen
Ein Stein sinkt im Wasser nach unten.	Ein U-Boot schwebt im Wasser.	Ein Fisch steigt aus einer größeren Tiefe nach oben.	Ein Schiff schwimmt auf dem Wasser.
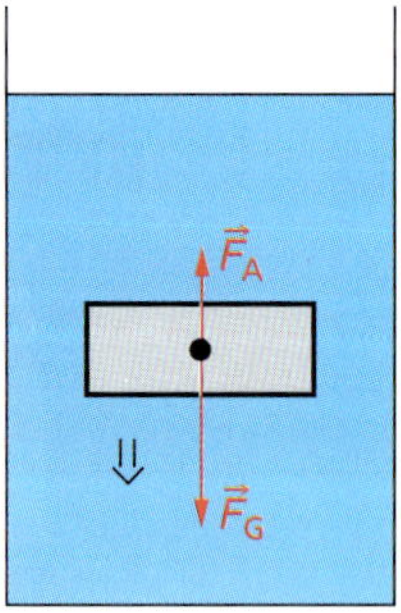	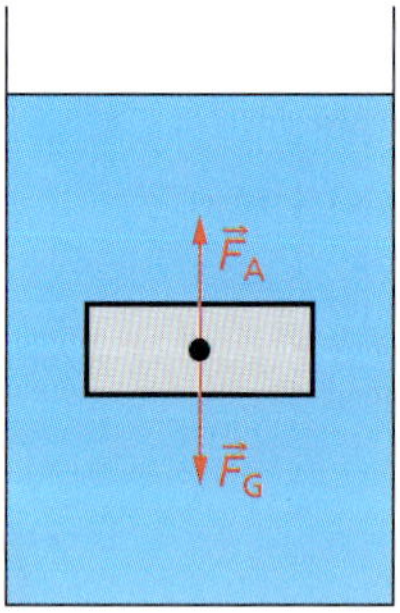	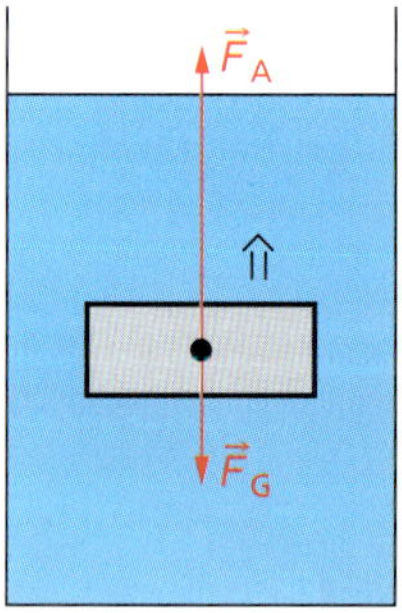	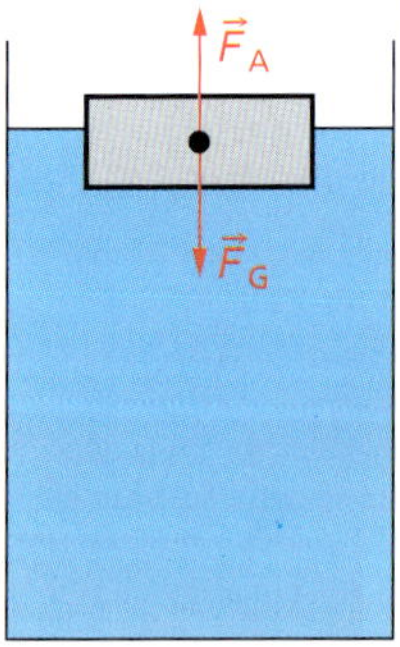
$F_A < F_G$	$F_A = F_G$	$F_A > F_G$	$F_A = F_G$ Ein Teil des Körpers befindet sich außerhalb der Flüssigkeit.
Ob ein Körper sinkt, schwebt, steigt oder schwimmt, hängt von seiner mittleren Dichte ($\rho_{Körper}$) und von der Dichte der Flüssigkeit oder des Gases ($\rho_{F,G}$) ab.			
$\rho_{F,G} < \rho_{Körper}$	$\rho_{F,G} = \rho_{Körper}$	$\rho_{F,G} > \rho_{Körper}$	$\rho_{F,G} > \rho_{Körper}$

1.5.3 Strömende Flüssigkeiten und Gase

Die Strömung

Beispiele für strömende Flüssigkeiten und Gase sind fließendes Wasser, strömendes Öl in einer Pipeline, Wind, strömendes Gas in Rohrleitungen.

Bei Windstille tritt um ein fahrendes Auto ebenfalls eine Luftströmung auf, ebenso eine Wasserströmung um ein Schiff und die Luftströmung um ein Flugzeug.

Entscheidend ist immer die Relativbewegung zwischen einer strömenden Flüssigkeit bzw. einem strömenden Gas und einem Körper (Rohrwandung, Körper in der Flüssigkeit oder im Gas).

Zur Veranschaulichung der Strömung nutzt man Stromlinienbilder als Modell. Eine Stromlinie beschreibt die Bahn eines Flüssigkeits- bzw. Gasteilchens.

Glatte Strömung	Verwirbelte Strömung
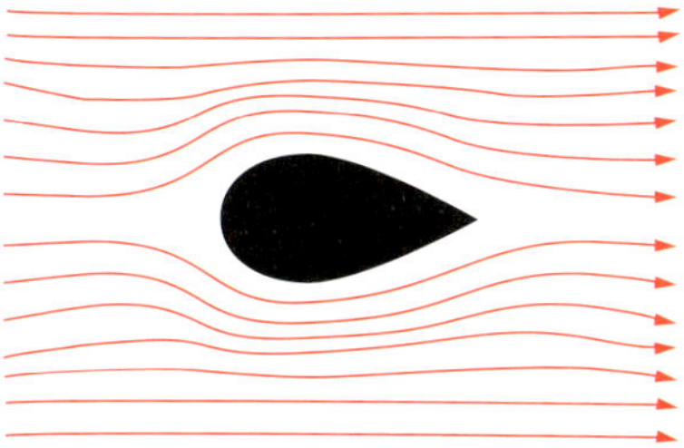	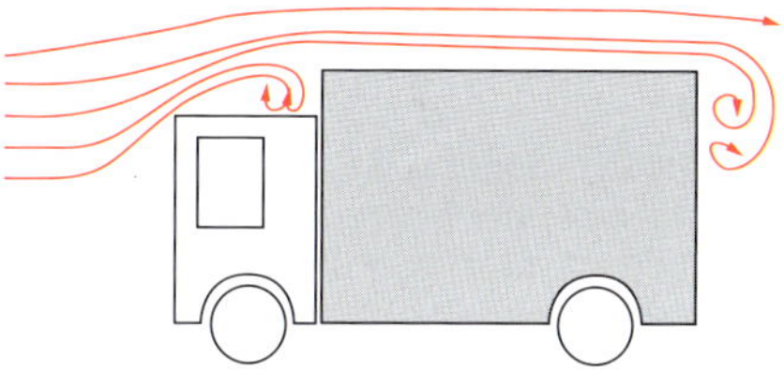

Die Stromlinien verlaufen vor und hinter dem Körper gleichmäßig.	Die Stromlinien verlaufen hinter dem Körper unregelmäßig. Es bilden sich Wirbel.

Der Druck in strömenden Flüssigkeiten und Gasen

Der Druck in einer Flüssigkeit oder einem Gas (statischer Druck) hängt von der Strömungsgeschwindigkeit ab. Es gilt:

> Je größer die Strömungsgeschwindigkeit ist, desto kleiner ist der statische Druck.

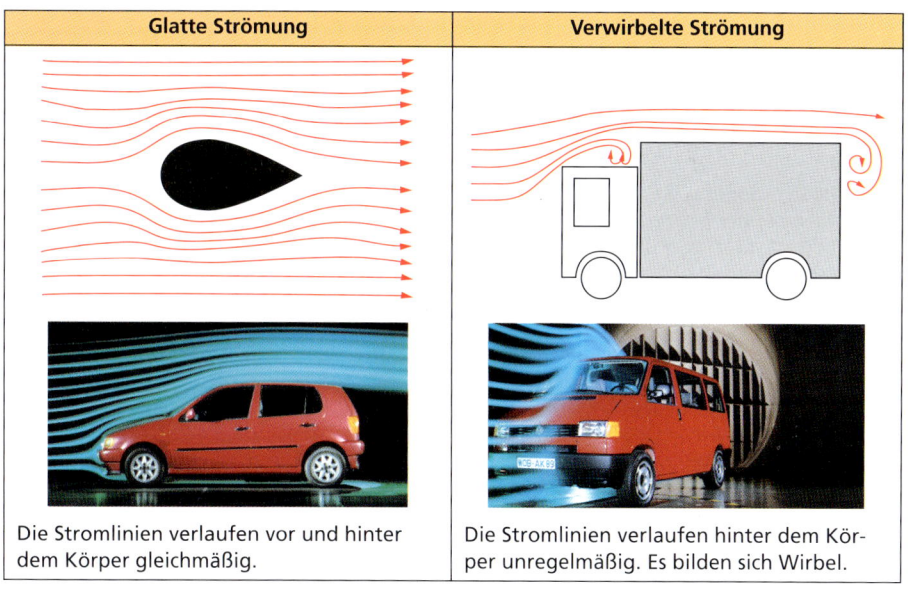

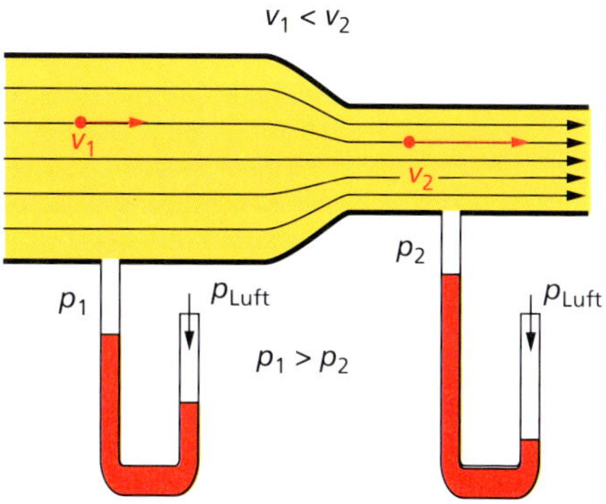

Allgemein gilt das **bernoullische Gesetz**:

Die Summe aus dem statischen Druck p_s, dem Schweredruck p und dem Staudruck p_{st} ist konstant.

$$p_s + p + p_{st} = \text{konstant}$$

$$p_s + \rho \cdot g \cdot h + \frac{1}{2}\rho \cdot v^2 = \text{konstant}$$

ρ Dichte
g Fallbeschleunigung
h Höhe
v Strömungsgeschwindigkeit

Auftrieb in strömenden Flüssigkeiten und Gasen

Wird ein Körper von einer Flüssigkeit oder einem Gas umströmt, so kann ein **Auftrieb**, also eine nach oben gerichtete Kraft, auftreten. Das wird z.B. bei den Tragflächen eines Flugzeuges genutzt.

Der Auftrieb kommt zustande, weil Luft in der Umgebung des bewegten Körpers nach unten bewegt wird. Verstärkt wird dieser **dynamische Auftrieb** durch geeignete Flügelprofile. An ihnen entsteht zwischen Oberseite und Unterseite ein Druckunterschied, der eine zusätzliche Kraft nach oben bewirkt.

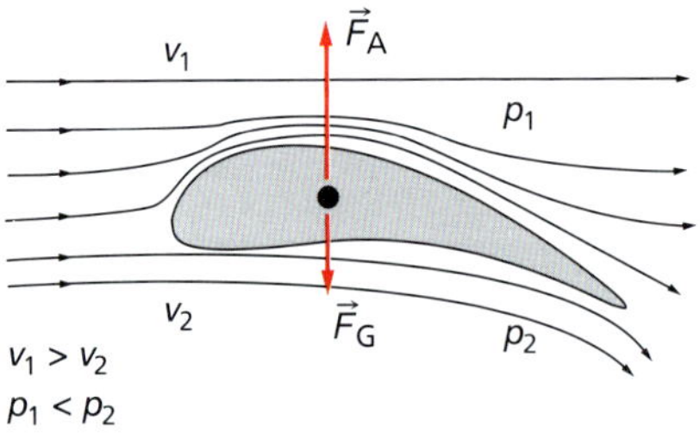

Der Strömungswiderstand

Wird ein Körper von einer Flüssigkeit oder einem Gas umströmt, dann wirkt auf den Körper eine Kraft, die seine Bewegung hemmt. Sie wird als Strömungswiderstandskraft F_W bezeichnet.

Die Strömungswiderstandskraft ist abhängig

- vom umströmten Körper (Querschnittsfläche A des Körpers senkrecht zur Strömungsrichtung, Form des Körpers, Oberflächenbeschaffenheit),
- vom strömenden Stoff (Dichte des Stoffes),
- von der Geschwindigkeit, mit der der Körper umströmt wird.

Für einen von Luft umströmten Körper kann die Strömungswiderstandskraft F_W mit der Gleichung berechnet werden:

$$F_W = \frac{1}{2} c_W \cdot A \cdot \rho \cdot v^2$$

c_W Luftwiderstandszahl
A umströmte Querschnittsfläche
ρ Dichte der Luft
v Geschwindigkeit zwischen Körper und Luft

Die Luftwiderstandszahl c_W ist von der Form und der Oberflächenbeschaffenheit des Körpers abhängig.

Körper	c_W	Körper	c_W
Scheibe →	1,1	PKW	0,25 … 0,45
Kugel → 	0,45	Omnibus	0,6 … 0,7
Halbkugel → 	0,3 … 0,4	LKW	0,6 … 1,0
Schale → 	1,3 … 1,5	Motorrad	0,6 … 0,7
Stromlinienkörper → 	0,06	Rennwagen	0,15 … 0,2
Walze → 	0,85	Fallschirm	0,9

Rohrquerschnitt und Strömungsgeschwindigkeit

Verändert sich der Rohrquerschnitt A, so verändert sich auch die Strömungsgeschwindigkeit v. Es gilt die **Kontinuitätsgleichung**:

$$A_1 \cdot v_1 = A_2 \cdot v_2 \quad \text{oder}$$

$$\frac{\Delta m}{\Delta t} = \text{konstant}$$

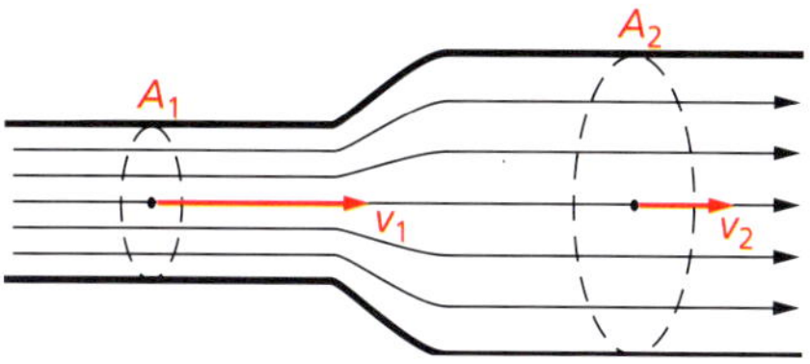

Δm ist hierbei die Masse des Stoffes, die im Zeitintervall Δt durch einen Rohrquerschnitt hindurchströmt.
Bei sehr kleinen Rohrquerschnitten (Düsen) treten hohe Strömungsgeschwindigkeiten auf.

Spraydose	Gasbrenner
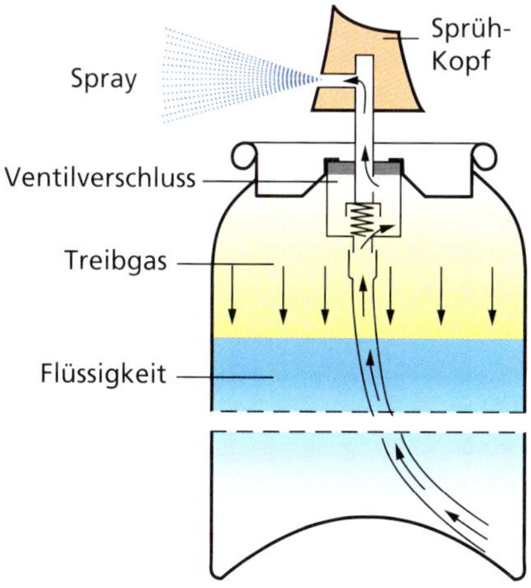	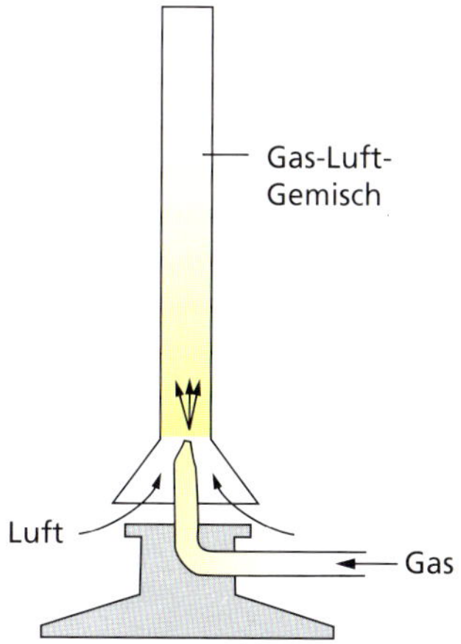

2 Wärmelehre

2.1 Temperatur und Wärme

2.1.1 Die Temperatur von Körpern

Die Größe Temperatur

Die Temperatur gibt an, wie warm oder wie kalt ein Körper ist.	**Formelzeichen:** ϑ T	**Einheiten:** 1 Grad Celsius (1 °C) 1 Kelvin (1 K)

Weitere Einheiten der Temperatur sind ein Grad Fahrenheit (1 °F) oder ein Grad Reaumur (1 °R).

Temperaturdifferenzen werden meistens in Kelvin (1 K) angegeben.

Zwischen den verschiedenen Temperatureinheiten bestehen folgende Beziehungen:

Celsiusskala	Kelvinskala	Fahrenheitskala	Reaumurskala

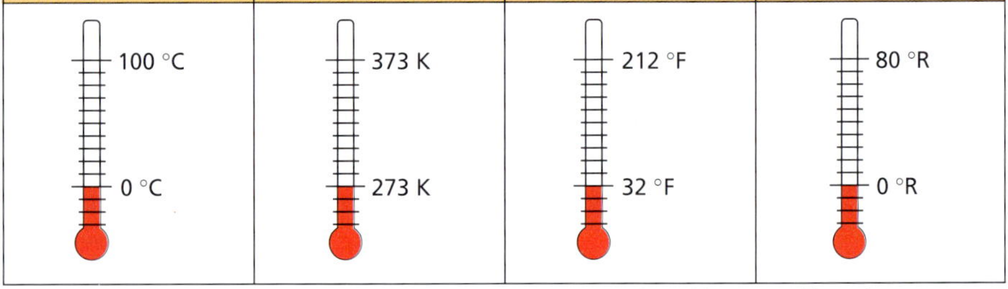

Für die Umrechnung von Kelvin in °C und umgekehrt gilt: $\frac{\vartheta}{°\text{C}} = \frac{T}{\text{K}} - 273 \qquad \frac{T}{\text{K}} = \frac{\vartheta}{°\text{C}} + 273$

Temperaturen in Natur und Technik	
tiefstmögliche Temperatur	–273 °C
Temperatur flüssiger Luft	–193 °C
tiefste auf der Erde gemessene Lufttemperatur	–88 °C
Tiefkühlfach im Kühlschrank	–20 °C
Schmelztemperatur von Eis	0 °C
normale Körpertemperatur des Menschen	37 °C
höchste auf der Erde gemessene Lufttemperatur	58 °C
Siedetemperatur von Wasser	100 °C
Kerzenflamme	1 200 °C
Glühwendel in einer Glühlampe	2 500 °C
Oberfläche der Sonne	6 000 °C

Die Bewegung der Teilchen eines Stoffes ist abhängig von der Temperatur. Je höher die Temperatur, desto heftiger bewegen sich die Teilchen. Die Temperatur eines Körpers ist ein Maß für die mittlere kinetische Energie seiner Teilchen.

Messen der Temperatur

Messgeräte für die Temperatur sind **Thermometer.** Es gibt sie in vielen unterschiedlichen Formen. Sie arbeiten nach verschiedenen Prinzipien und unterscheiden sich in ihren Messbereichen sowie in der Messgenauigkeit.

Weit verbreitet sind Flüssigkeitsthermometer unterschiedlicher Form.

<table>
<tr><th>Verschiedene Arten von Flüssigkeitsthermometern</th><th>Aufbau eines Flüssigkeitsthermometers</th><th>Aufbau eines Gasthermometers</th></tr>
<tr><td>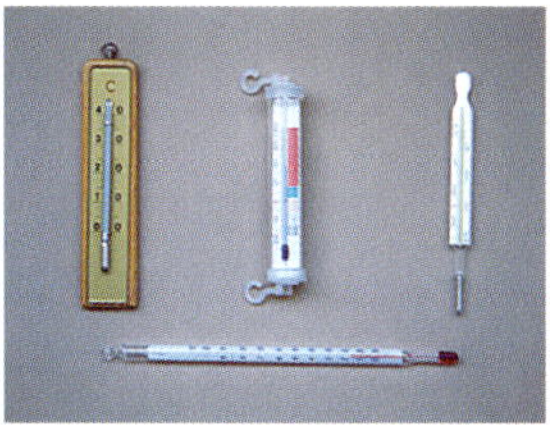</td><td>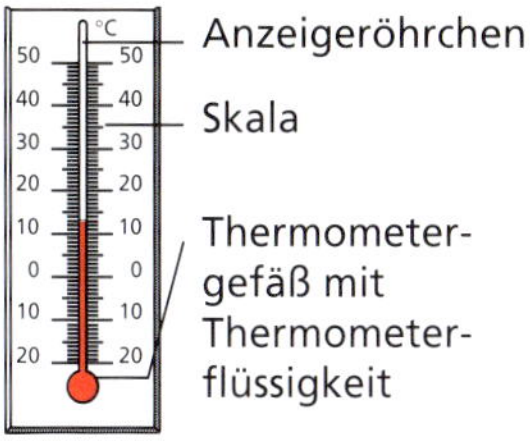
</td><td>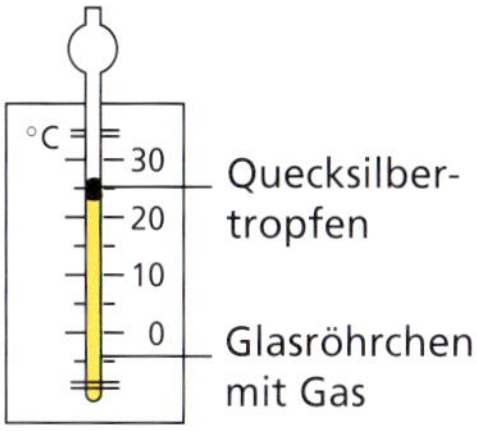
</td></tr>
</table>

Mit Erhöhung der Temperatur dehnen sich die Thermometerflüssigkeit bzw. das Gas aus und steigen im Anzeigeröhrchen nach oben. Bei Verringerung der Temperatur sinkt sie nach unten. Die Fixpunkte eines in Grad Celsius geeichten Thermometers sind die Temperatur von schmelzendem Eis (0 °C) und die Temperatur von siedendem Wasser (100 °C).

Weitere Arten von Thermometern

<table>
<tr><th>Bimetallthermometer</th><th>Elektrisches Thermometer</th><th>Galileisches Thermometer</th></tr>
<tr><td>
</td><td>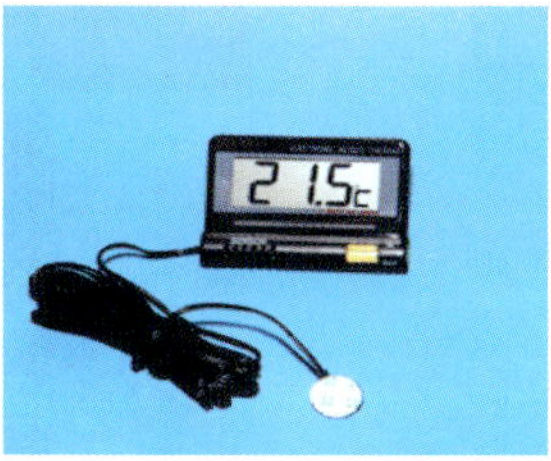
</td><td></td></tr>
<tr><td>Mit Veränderung der Temperatur verändert sich die Krümmung eines Bimetallstreifens (S. 110).</td><td>Mit Veränderung der Temperatur verändert sich der elektrische Widerstand eines Bauelements (S. 132).</td><td>Mit Veränderung der Temperatur verändert sich die Dichte und damit der Auftrieb (S. 100).</td></tr>
</table>

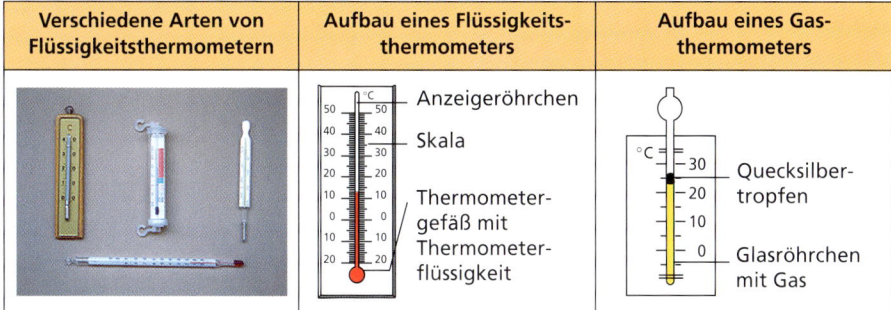

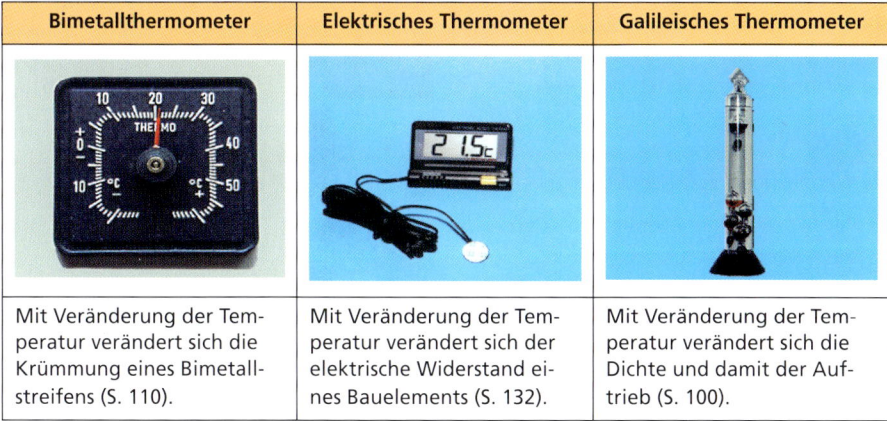

Vorgehen beim Messen der Temperatur

1. Schätze die Temperatur und wähle ein geeignetes Thermometer aus! Beachte dabei den Messbereich des Thermometers und die notwendige Messgenauigkeit!
2. Bringe den Messfühler (z.B. das Thermometergefäß) in guten Kontakt mit dem Körper, dessen Temperatur gemessen werden soll!
3. Warte ab, bis sich die angezeigte Temperatur nicht mehr ändert!
4. Lies die Temperatur an der Skala ab!

2.1.2 Wärme und Energie

Die Größe Wärme

Alle Körper besitzen aufgrund ihrer Temperatur thermische Energie E_{therm}. An eine kältere Umgebung können wärmere Körper thermische Energie abgeben. Die kältere Umgebung nimmt dabei thermische Energie auf.

Die Wärme gibt an, wie viel thermische Energie von einem Körper auf einen anderen Körper übertragen wird.	**Formelzeichen:** Q	**Einheit :** 1 Joule (1 J)

Früher waren für die Wärme (auch Wärmemenge genannt) auch die Einheiten eine Kalorie (1 cal) oder eine Kilokalorie (1 kcal) üblich.

Es gilt:

1 cal = 4,19 J

Vielfache der Einheit 1 J sind ein Kilojoule (1 kJ) und ein Megajoule (1 MJ):

1 kJ = 1 000 J

1 MJ = 1000 kJ = 1 000 000 J

Wenn zwei Körper unterschiedliche Temperaturen besitzen, so geht thermische Energie als Wärme von einem Körper auf den anderen über. Es gilt:

$$Q = \Delta E_{therm}$$

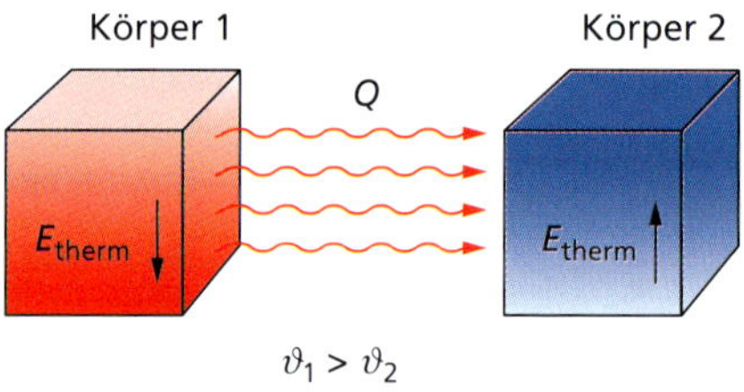

Die Wärme kennzeichnet den Prozess der Übertragung thermischer Energie. Sie ist eine **Prozessgröße**.

Die Wärmezufuhr zu einem Körper kann

- die Temperatur des Körpers erhöhen,
- das Volumen des Körpers ändern,
- den Druck im Körper ändern,
- den Aggregatzustand des Körpers ändern.

Die Grundgleichung der Wärmelehre

Die Wärme, die einem Körper für eine Temperaturerhöhung zugeführt oder von ihm bei einer Temperaturerniedrigung abgegeben wird, kann mit der **Grundgleichung der Wärmelehre** berechnet werden.

Unter der Bedingung, dass keine Änderung des Aggregatzustandes erfolgt, gilt:

$$Q = c \cdot m \cdot \Delta T$$

c spezifische Wärmekapazität
m Masse des Körpers
ΔT Temperaturänderung

Die **spezifische Wärmekapazität *c*** ist eine Stoffkonstante. Sie gibt an, wie viel Wärme von einem Körper aufgenommen oder abgegeben werden muss, damit sich die Temperatur von 1 kg des Stoffes um 1 K ändert.

Spezifische Wärmekapazität von einigen Stoffen

Stoff	c in $\frac{\text{kJ}}{\text{kg} \cdot \text{K}}$
Aluminium Stahl Zinn	0,90 0,47 0,23
Petroleum Quecksilber Wasser	2,0 0,14 4,19
Luft Stickstoff Sauerstoff	1,01 1,04 0,92 } bei konstantem Volumen

Wärmequellen

Wärmequellen sind technische Geräte oder natürliche Objekte, die Wärme an ihre Umgebung abgeben.

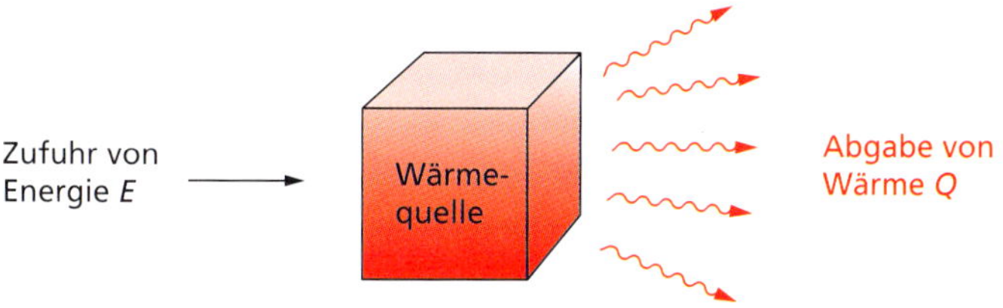

Beispiele für Wärmequellen

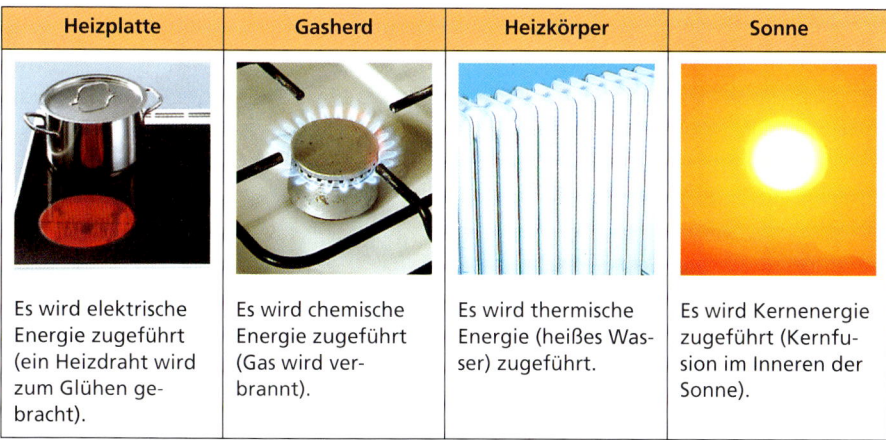

Heizplatte	Gasherd	Heizkörper	Sonne

Es wird elektrische Energie zugeführt (ein Heizdraht wird zum Glühen gebracht).	Es wird chemische Energie zugeführt (Gas wird verbrannt).	Es wird thermische Energie (heißes Wasser) zugeführt.	Es wird Kernenergie zugeführt (Kernfusion im Inneren der Sonne).

Verbrennungswärme

Zum Betrieb vieler Wärmequellen werden Brennstoffe verbrannt. Die Verbrennungswärme Q gibt an, wie viel Wärme abgegeben wird, wenn eine bestimmte Menge Brennstoff verbrannt wird.

Die Verbrennungswärme kann berechnet werden mit der Gleichung:

$$Q = H \cdot m$$

Für flüssige und gasförmige Brennstoffe gilt auch:

$$Q = H' \cdot V_n$$

H Heizwert in MJ/kg
m Masse
H' Heizwert in MJ/l oder in MJ/m^3
V_n Volumen im Normzustand

Der Heizwert von Brennstoffen ist sehr unterschiedlich. Er gibt an, wie viel Wärme frei wird, wenn 1 kg oder 1 l oder 1 m^3 eines Brennstoffes verbrannt werden.

Heizwerte einiger Brennstoffe					
Feste Stoffe		Flüssigkeiten		Gase	
Braunkohlen-briketts	20 $\frac{\text{MJ}}{\text{kg}}$	Benzin	32 … 38 $\frac{\text{MJ}}{\text{l}}$	Erdgas	31 $\frac{\text{MJ}}{\text{m}^3}$
Holz	8 … 16 $\frac{\text{MJ}}{\text{kg}}$	Diesel	35 … 38 $\frac{\text{MJ}}{\text{l}}$	Propan	94 $\frac{\text{MJ}}{\text{m}^3}$
Steinkohle	27 … 33 $\frac{\text{MJ}}{\text{kg}}$	Heizöl	42 $\frac{\text{MJ}}{\text{l}}$	Stadtgas	17 $\frac{\text{MJ}}{\text{m}^3}$

2.1.3 Die thermische Leistung von Wärmequellen

Die Größe thermische Leistung

Die thermische Leistung gibt an, wie viel Wärme in jeder Sekunde von der Wärmequelle abgegeben wird.	**Formelzeichen:** P	**Einheit:** 1 Watt (1 W)

Leistungen von Wärmequellen in Natur und Technik	
Brennendes Streichholz	≈ 10 W
Experimentierheizplatte	150 W
Tauchsieder	bis 1 000 W
Strahlung der Sonne, die senkrecht auf einen Quadratmeter Erdoberfläche fällt	1 360 W
Heizkessel im Kraftwerk	bis 800 000 kW

Berechnen der thermischen Leistung

Die thermische Leistung kann berechnet werden mit der Gleichung:

$$P = \frac{Q}{t}$$

Q abgegebene Wärme
t Zeit

Der Wirkungsgrad von Wärmequellen

Der Wirkungsgrad η von Wärmequellen gibt an, welcher Teil der zugeführten Energie in Form von Wärme abgegeben wird.

Der Wirkungsgrad von Wärmequellen kann mit der Gleichung berechnet werden:

$$\eta = \frac{Q_{ab}}{E_{zu}}$$

Q_{ab} abgegebene Wärme
E_{zu} zugeführte Energie

2.2 Volumenänderung von Körpern bei Temperaturänderung

Volumenänderung von Körpern

Bei einer bestimmten Temperatur nimmt jeder Körper ein bestimmtes Volumen ein. Ändert sich die Temperatur, so ändert sich meistens auch das Volumen des Körpers. Das gilt für feste Körper, Flüssigkeiten und Gase.

Unter der Bedingung, dass sich ein Körper ausdehnen kann, gilt:

Wenn sich die Temperatur eines Körpers ändert, so ändert sich auch i. A. sein Volumen.

Bei Erhöhung der Temperatur dehnen sich die meisten Körper aus, bei Verringerung der Temperatur ziehen sie sich zusammen. Wasser ist eine Ausnahme (S. 110).

Unter der Bedingung, dass sich ein Körper frei ausdehnen kann, gilt für die Volumenänderung:

$$\Delta V = \gamma \cdot V \cdot \Delta T$$

γ Volumenausdehnungskoeffizient
V Ausgangsvolumen
ΔT Temperaturänderung

Die Volumenausdehnungskoeffizienten sind für verschiedene Stoffe unterschiedlich. Deshalb ändert sich das Volumen von Körpern aus verschiedenen Stoffen bei sonst gleichen Bedingungen unterschiedlich stark.

Es gilt:

Bei gleichem Ausgangsvolumen und gleicher Temperaturänderung ist die Volumenänderung von Gasen größer als die von Flüssigkeiten und die von Flüssigkeiten größer als die von festen Körpern.

Anomalie des Wassers

Wasser verhält sich anders als fast alle anderen Stoffe. Es verhält sich **anomal**.
Kühlt man Wasser ab, so verringert sich wie bei fast allen Stoffen sein Volumen. Bei 4 °C ist das Volumen am kleinsten und damit die Dichte des Wassers am größten.

Bei Verringerung der Temperatur unter 4 °C dehnt sich Wasser wieder aus.

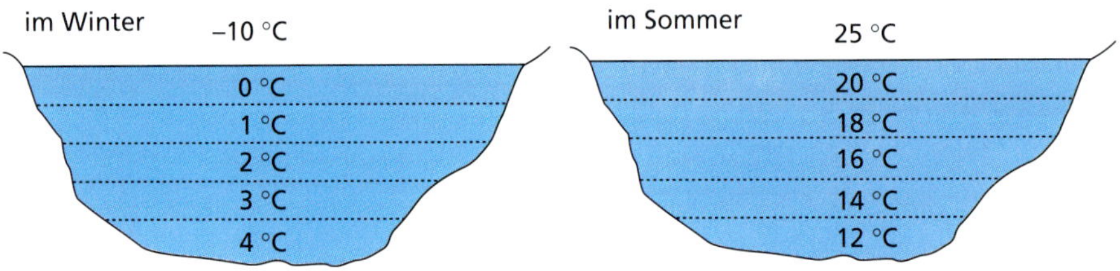

Die Längenänderung von festen Körpern

Bei Stahlbrücken und Hochspannungsleitungen ist nur die Längenänderung von praktischer Bedeutung.

Unter der Bedingung, dass sich ein fester Körper frei ausdehnen kann, gilt für die Längenänderung:

$$\Delta l = \alpha \cdot l \cdot \Delta T$$

α Längenausdehnungskoeffizient
l Ausgangslänge
ΔT Temperaturänderung

Der Längenausdehnungskoeffizient gibt an, um welchen Teil ein Körper aus bestimmten Stoff seine Länge bei einer Temperaturänderung von 1 K ändert.

Die Längenausdehnungskoeffizienten (lineare Ausdehnungskoeffizienten) sind für verschiedene Stoffe unterschiedlich.

Längenausdehnungskoeffizienten einiger Stoffe in K^{-1}			
Holz (Eiche)	0,000 008	Kupfer	0,000 016
Stahl	0,000 012	Aluminium	0,000 024
Beton	0,000 012	Zink	0,000 036

Die Zustandsänderung von Gasen

Mit der Temperatur können sich bei Gasen sowohl der Druck als auch das Volumen ändern. Zur Beschreibung der Zusammenhänge wird das Modell **ideales Gas** genutzt. Es ist dadurch gekennzeichnet, dass

- die Teilchen keinen Raum einnehmen und
- die Stöße der Teilchen untereinander und mit den Gefässwänden elastisch sind.

Reale Gase verhalten sich bei Zimmertemperatur und normalem Druck nährungsweise wie das ideale Gas.

Druck ist konstant	**Volumen ist konstant**	**Temperatur ist konstant**
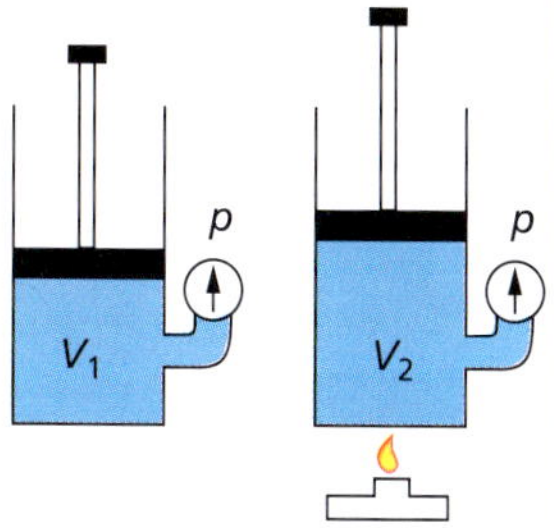 $T_1 < T_2$ $V_1 < V_2$ Je größer die Temperatur, desto größer das Volumen.	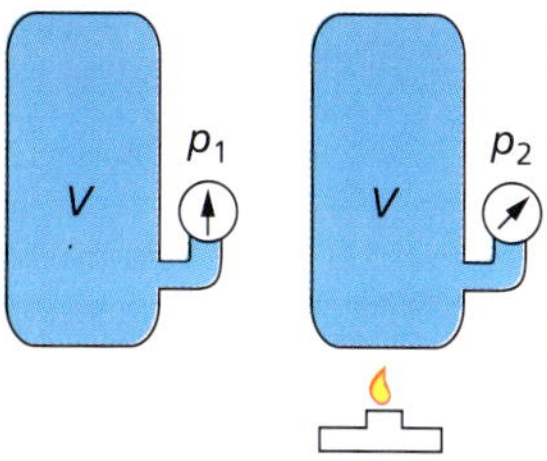 $T_1 < T_2$ $p_1 < p_2$ Je größer die Temperatur, desto größer der Druck.	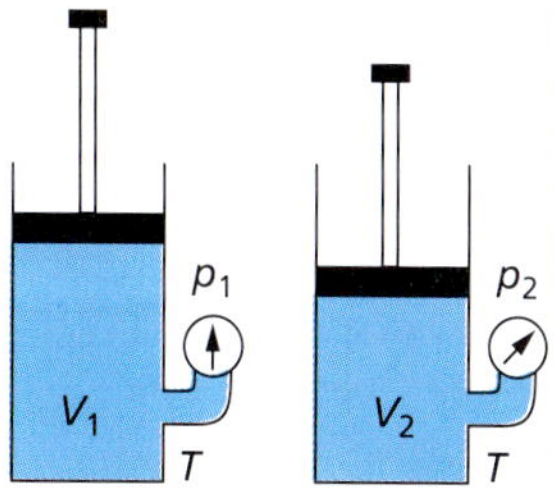 $p_1 < p_2$ $V_1 > V_2$ Je größer der Druck, desto kleiner das Volumen.
Unter der Bedingung, dass der Druck konstant ist, gilt für eine abgeschlossene Gasmenge: $\frac{V_1}{T_1} = \frac{V_2}{T_2} = \text{konstant}$ (Gesetz von GAY-LUSSAC)	Unter der Bedingung, dass das Volumen konstant ist, gilt für eine abgeschlossene Gasmenge: $\frac{p_1}{T_1} = \frac{p_2}{T_2} = \text{konstant}$ (Gesetz von AMONTONS)	Unter der Bedingung, dass die Temperatur konstant ist, gilt für eine abgeschlossene Gasmenge: $p_1 \cdot V_1 = p_2 \cdot V_2 = \text{konstant}$ (Gesetz von BOYLE-MARIOTTE)
Beispiel: Erwärmung der Luft in einem Wohnraum	**Beispiel:** Erwärmung des Gases in einer Gasflasche	**Beispiel:** Zusammendrücken der Luft in einer Luftpumpe

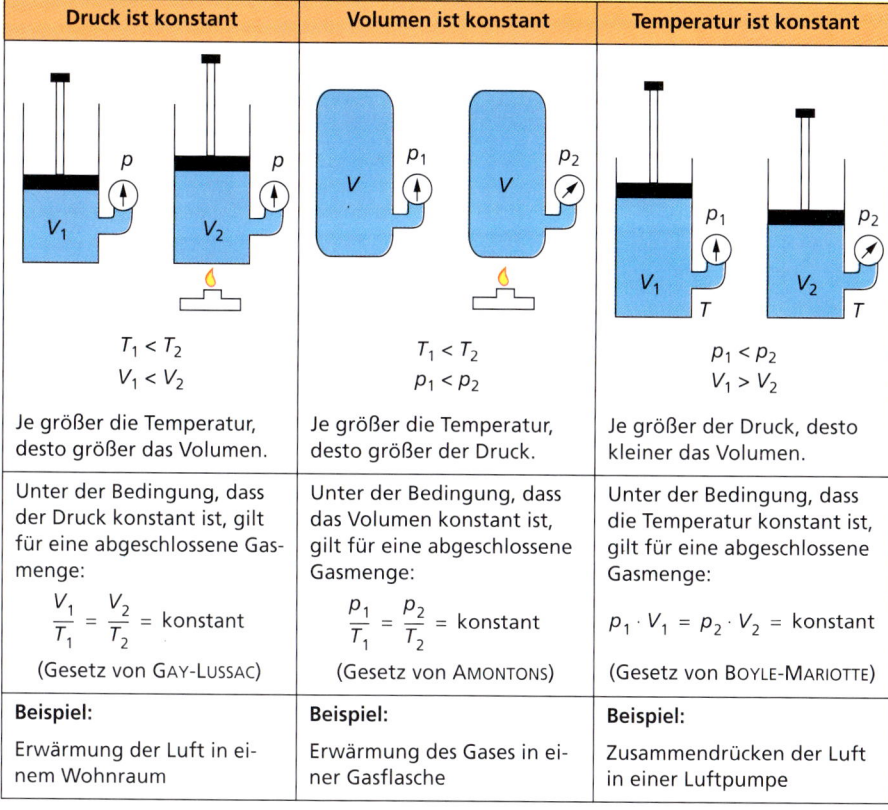

In vielen Fällen, z.B. bei einem Autoreifen oder einer Luftmatratze, ändern sich Druck, Volumen und Temperatur gleichzeitig. Es gilt dann die **Zustandsgleichung für das ideale Gas**.

Zwischen Druck, Volumen und Temperatur des idealen Gases besteht folgender Zusammenhang:

$$\frac{p \cdot V}{T} = \text{konstant} \quad \text{oder} \quad \frac{p_1 \cdot V_1}{T_1} = \frac{p_2 \cdot V_2}{T_2}$$

p Druck
V Volumen
T Temperatur in K

2.3 Aggregatzustandsänderungen

Aggregatzustände und ihre Änderungen

Durch die Zufuhr von Wärme kann sich auch der Aggregatzustand eines Körpers ändern. Während des Umwandlungsprozesses ändert sich die Temperatur des Körpers nicht, jedoch seine thermische (innere) Energie.

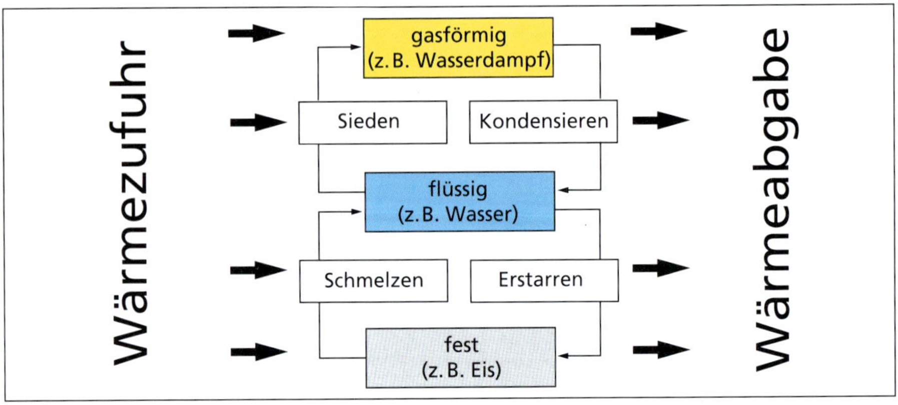

Schmelzen und Erstarren

Bei der **Schmelztemperatur** ϑ_S geht ein Stoff vom festen in den flüssigen Aggregatzustand über.

Dazu muss Wärme zugeführt werden.

Während des **Schmelzens** ändert sich die Temperatur nicht.

Schmelzen von Wachs bei gleichmäßiger Wärmezufuhr

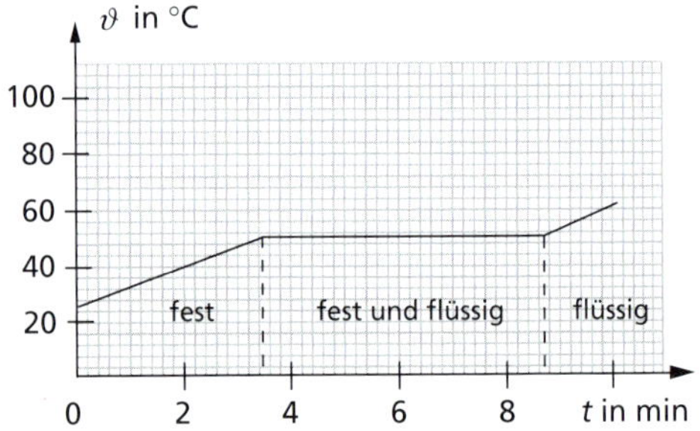

Bei der **Erstarrungstemperatur** geht ein Stoff vom flüssigen in den festen Aggregatzustand über.

Dabei wird Wärme abgegeben.

Während des **Erstarrens** ändert sich die Temperatur nicht.

Schmelztemperatur und Erstarrungstemperatur sind gleich groß. Die Wärme, die man zum Schmelzen braucht (Schmelzwärme), wird beim Erstarren wieder frei (Erstarrungswärme).

Die Schmelzwärme Q_s kann berechnet werden mit der Gleichung:

$$Q_s = q_s \cdot m$$

q_s spezifische Schmelzwärme
m Masse des Körpers

Die spezifische Schmelzwärme q_s ist abhängig vom Stoff, aus dem der Körper besteht.

Die Schmelztemperatur ist abhängig vom Druck.

Für das Schmelzen von Eis gilt:
Je größer der Druck, desto niedriger ist die Schmelztemperatur.

Während des Schmelzens und des Erstarrens ändert sich mit dem Aggregatzustand auch das Volumen des Körpers.
Das kann man z.B. bei einer Kerze beobachten.

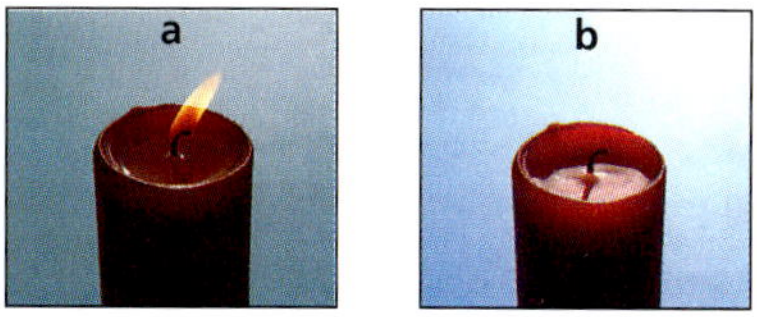

Bei den meisten Stoffen ist das Volumen des flüssigen Körpers größer als das Volumen des festen Körpers.

Wasser bildet dabei eine Ausnahme.

Sieden und Kondensieren

Bei der **Siedetemperatur** ϑ_V geht ein Stoff vom flüssigen in den gasförmigen Aggregatzustand über.

Dazu muss Wärme zugeführt werden.

Während des **Siedens** ändert sich die Temperatur nicht.

Sieden von Wasser bei gleichmäßiger Wärmezufuhr

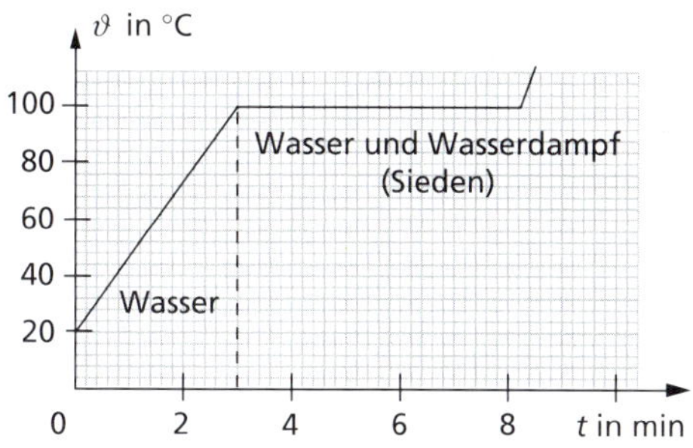

Bei der **Kondensationstemperatur** geht ein Stoff vom gasförmigen in den flüssigen Aggregatzustand über.
Dabei wird Wärme abgegeben.
Siedetemperatur und Kondensationstemperatur sind gleich groß. Die Wärme, die man zum Sieden braucht (Verdampfungswärme), wird beim Kondensieren wieder frei (Kondensationswärme).

Die Verdampfungswärme Q_V kann unter der Bedingung, dass der Druck konstant ist, berechnet werden mit der Gleichung:

$$Q_V = q_V \cdot m$$

q_V spezifische Verdampfungswärme
m Masse des Körpers

Die spezifische Verdampfungswärme q_V ist abhängig vom Stoff, aus dem der Körper besteht. Die Siedetemperatur ist abhängig vom Druck.

> Für eine Flüssigkeit gilt:
>
> Je größer der Druck auf die Oberfläche, desto höher ist die Siedetemperatur.

Verdunsten

Flüssigkeiten können auch unterhalb der Siedetemperatur in den gasförmigen Aggregatzustand übergehen. Diesen Vorgang nennt man Verdunsten.

Die Verdunstung ist abhängig

- von der Größe der Oberfläche der Flüssigkeit,
- von der Temperatur,
- davon, wie schnell der verdunstete Anteil der Flüssigkeit abgeführt wird.

Auch zum Verdunsten ist Wärme erforderlich. Sie wird meistens der Umgebung entzogen.

2.4 Wärmeübertragung

Arten der Wärmeübertragung

Übertragung von Energie in Form von Wärme kann durch **Wärmeleitung, Wärmeströmung (Konvektion)** oder **Wärmestrahlung** erfolgen.

Wärmeleitung	Wärmeströmung (Konvektion)	Wärmestrahlung
	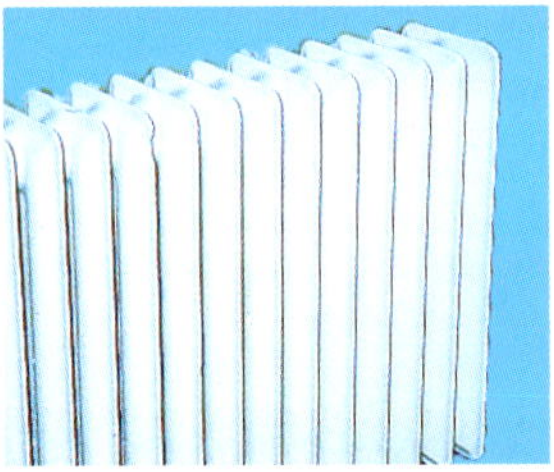	
Von einem Körper höherer Temperatur wird auf einen Körper niedrigerer Temperatur Wärme übertragen.	Durch strömende Flüssigkeiten oder Gase wird Wärme übertragen.	Körper, vor allem heiße Körper, strahlen Wärme ab. Die Wärmestrahlung breitet sich auch im luftleeren Raum aus.
Beispiel: Ein Topf steht auf einer Herdplatte. Ein Löffel, mit dem man heißen Tee umrührt, wird am anderen Ende warm.	**Beispiele:** Warmwasserheizung, Golfstrom als warme Meeresströmung, warme Luft als Luftströmung	**Beispiele:** Wärmestrahlung der Sonne, Wärmestrahlung einer Infrarotlampe, Wärmestrahlung eines Lagerfeuers

Häufig treten Wärmeleitung, Wärmeströmung und Wärmestrahlung zusammen auf.

Wärmeleitung

Metalle (z.B. Kupfer, Stahl, Messing) sind gute Wärmeleiter. Luft, fast alle Kunststoffe und Wasser sind schlechte Wärmeleiter. Für die Wärmeleitung in *einem* Stoff gilt:

Unter der Bedingung einer konstanten Temperaturdifferenz $\Delta\vartheta = \vartheta_2 - \vartheta_1$ = konstant gilt:

$$Q = \lambda \cdot \frac{A \cdot t \cdot \Delta\vartheta}{l}$$

Q durch den Stoff übertragene Wärme
λ Wärmeleitfähigkeit
A Fläche
t Zeit
l Länge
$\Delta\vartheta$ Temperaturdifferenz

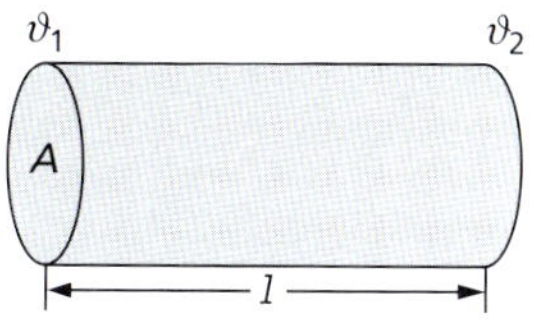

Die Wärmeleitfähigkeit ist eine Stoffkonstante. Luft hat z.B. eine sehr geringe Wärmeleitfähigkeit von $\lambda = 0{,}02\ \frac{\mathrm{W}}{\mathrm{m \cdot K}}$, Kupfer dagegen eine große von $\lambda = 398\ \frac{\mathrm{W}}{\mathrm{m \cdot K}}$.

Die Wärmeleitung kann auch von einem Stoff zu einem anderen oder durch einen Stoff hindurch erfolgen.

Wärmeübergang	**Wärmedurchgang**
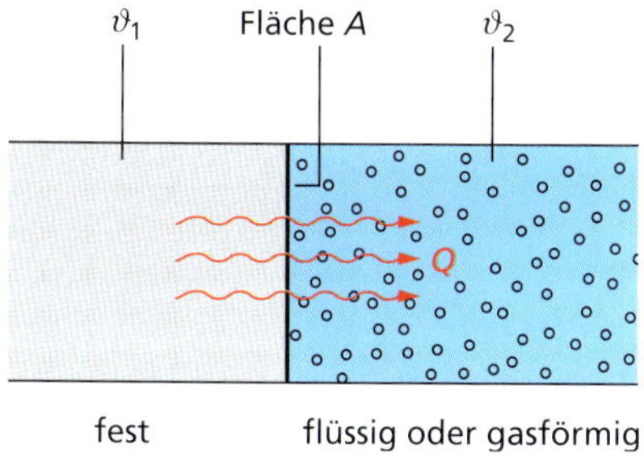 Wärme geht von einem Stoff in einen anderen über.	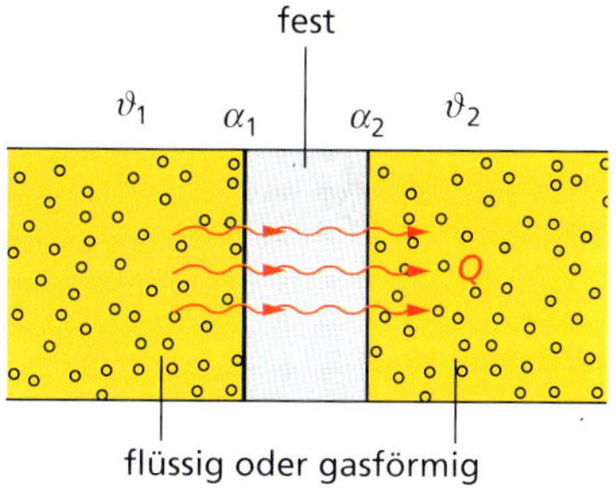 Wärme geht durch einen Stoff hindurch.
Beispiel: Wärme geht von der Oberfläche eines Tauchsieders in das Wasser über.	**Beispiel:** Wärme geht von einem geheizten Zimmer durch die Wand an die Umgebung über.

Unter der Bedingung $\Delta\vartheta$ = konstant gilt für den Wärmeübergang: $Q = \alpha \cdot A \cdot t \cdot \Delta\vartheta$	Unter der Bedingung $\Delta\vartheta$ = konstant gilt für den Wärmedurchgang: $Q = k \cdot A \cdot t \cdot \Delta\vartheta$
Q übertragene Wärme α Wärmeübergangskoeffizient A Fläche	t Zeit k Wärmedurchgangskoeffizient $\Delta\vartheta$ Temperaturdifferenz

Wärmestrahlung

Wärmestrahlung wird z.B. genutzt, um **Sonnenkollektoren** oder **Solarzellen** zu betreiben. Bei Sonnenkollektoren wird Wasser erwärmt, das für die Heizung oder Warmwasserversorgung genutzt werden kann.

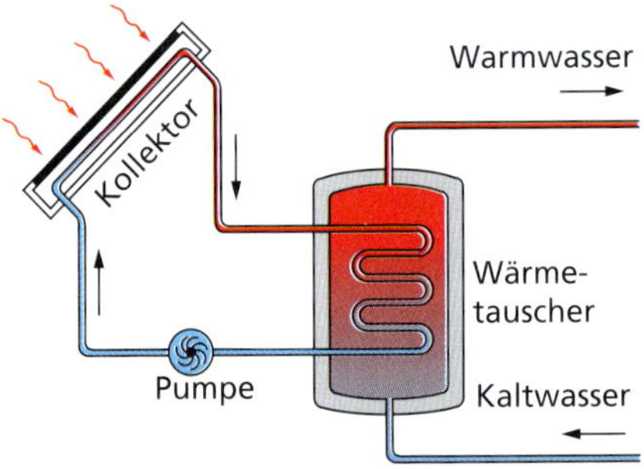

Wärmedämmung

Alle Maßnahmen, die der Vermeidung der Wärmeübertragung dienen, werden als **Wärmedämmung** bezeichnet.

Wärmedämmung ist z.B. erforderlich bei Häusern, bei Rohrleitungen der Fernwärmeversorgung oder bei Thermoskannen.

Die Wärmeübertragung kann z.B. verringert werden

- durch eine Isolierung der Hauswände mit Wärmedämmplatten,
- durch Verwendung von Doppelfenstern und Wärmeisolierglas,
- durch eine Isolierung des Daches,
- durch dichte Fenster und Türen.

Wärmeaustausch zwischen zwei Körpern

Wenn warmes und kaltes Wasser in ein Gefäß geschüttet werden, dann gibt das warme Wasser Wärme ab, das kalte Wasser nimmt Wärme auf.

Allgemein gilt das **Grundgesetz des Wärmeaustauschs**:

> Wenn zwei Körper unterschiedlicher Temperatur in engen Kontakt miteinander kommen, so gibt der Körper höherer Temperatur Wärme ab, der Körper niedrigerer Temperatur nimmt Wärme auf.
> Die vom Körper höherer Temperatur abgegebene Wärme ist genauso groß wie die vom Körper niedrigerer Temperatur aufgenommene Wärme:
>
> $$Q_{ab} = Q_{zu}$$

Diesen Zusammenhang kann man nutzen, um z.B. die Mischungstemperatur zweier Wassermengen zu ermitteln.

> Unter der Bedingung, dass keine Aggregatzustandsänderungen und keine Wärmeverluste auftreten, gilt die **richmannsche Mischungsregel:**
>
> $$\vartheta_M = \frac{c_1 \cdot m_1 \cdot \vartheta_1 + c_2 \cdot m_2 \cdot \vartheta_2}{c_1 \cdot m_1 + c_2 \cdot m_2}$$
>
> ϑ_M Mischungstemperatur
> ϑ_1, ϑ_2 Ausgangstemperaturen der Körper
> m_1, m_2 Massen der Körper
> c_1, c_2 spezifische Wärmekapazitäten der Stoffe

2.5 Hauptsätze der Wärmelehre

0. Hauptsatz der Wärmelehre

> Bringt man zwei Körper mit den Temperaturen ϑ_w und ϑ_k in engen Kontakt, so gleichen sich allmählich die Temperaturen aus.
> ϑ_w Temperatur des wärmeren Körpers
> ϑ_k Temperatur des kälteren Körpers

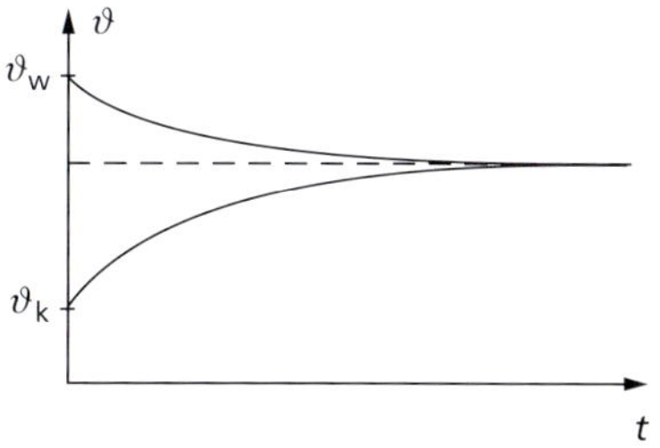

Der 0. Hauptsatz ist die Grundlage für jede Temperaturmessung.

1. Hauptsatz der Wärmelehre

Der 1. Hauptsatz stellt einen Zusammenhang zwischen Wärme, mechanischer Arbeit und thermischer (innerer) Energie eines Körpers her. Er ist der Energieerhaltungssatz bezogen auf thermische Prozesse (S. 44).

In einem abgeschlossenen System bzw. bei einem abgeschlossenen Vorgang führt die Zufuhr oder Abgabe von Wärme zu einer Änderung der thermischen (inneren) Energie des Systems und zur Verrichtung mechanischer Arbeit.

$Q = \Delta E_{therm} + W_{mech}$

So kann sich z.B. bei Wärmezufuhr die Temperatur eines Gases erhöhen. Dadurch dehnt sich das Gas aus.

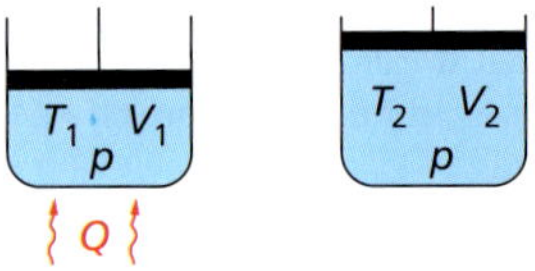

$T_1 < T_2$
$V_1 < V_2$
p = konstant

Unter der Bedingung, dass der Druck konstant bleibt, kann die **Volumenänderungsarbeit** W_A mit der Gleichung berechnet werden:

$$W_A = p \cdot \Delta V$$

p Druck im Gas
ΔV Volumenänderung

2. Hauptsatz der Wärmelehre

Der 2. Hauptsatz der Wärmelehre macht eine Aussage darüber, in welcher Richtung sich selbst überlassene Vorgänge in Natur und Technik verlaufen.

Er ist das Gesetz von der Energieentwertung bezogen auf thermische Prozesse (S. 44).

Wärme geht niemals von selbst von einem Körper mit niedrigerer Temperatur auf einen Körper mit höherer Temperatur über.

2.6 Thermodynamische Anlagen und Maschinen

Wärmepumpe

Eine Wärmepumpe dient zur Heizung von Gebäuden oder zur Warmwasseraufbereitung.

In einem Rohrsystem befindet sich eine Flüssigkeit (Arbeitsmittel) mit sehr niedrigem Siedepunkt unter geringem Druck.
Wird die Flüssigkeit in einem Rohr durch Luft, durch das Erdreich oder durch Grundwasser geleitet, so verdampft sie. Beim Verdampfen wird der Umgebung Wärme entzogen (Verdampfungswärme).
Das gasförmige Arbeitsmittel wird durch einen Kompressor verdichtet. Es steht dann unter höherem Druck und hat eine höhere Temperatur. Dazu muss Elektroenergie aufgewendet werden.
In einem Verflüssiger kondensiert das Arbeitsmittel. Dabei wird Wärme (Kondensationswärme) frei. Diese wird an die Umgebung abgegeben.

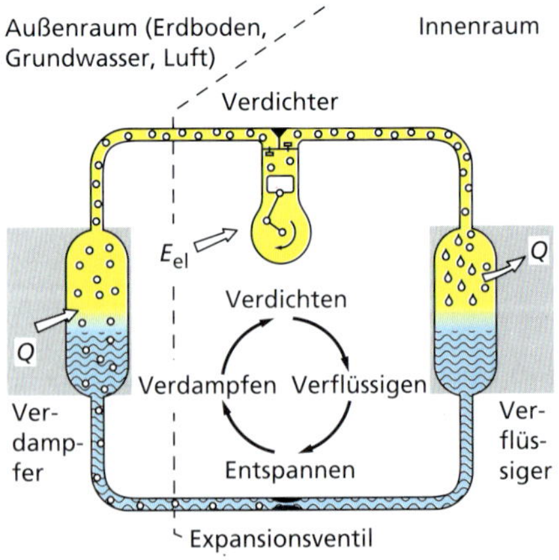

Kühlschrank

Ein Kühlschrank dient dazu, einen umschlossenen Raum, den Innenraum, abzukühlen. Sein Wirkprinzip entspricht dem der Wärmepumpe.

Im Innenraum befindet sich ein Verdampfer, in dem das Arbeitsmittel (Kühlflüssigkeit) verdampft und dabei der Umgebung Wärme entzieht.

Das gasförmige Arbeitsmittel wird durch einen Kompressor verdichtet. Dazu muss Elektroenergie aufgewendet werden. Das Arbeitsmittel steht dann unter einem höheren Druck und hat eine höhere Temperatur.

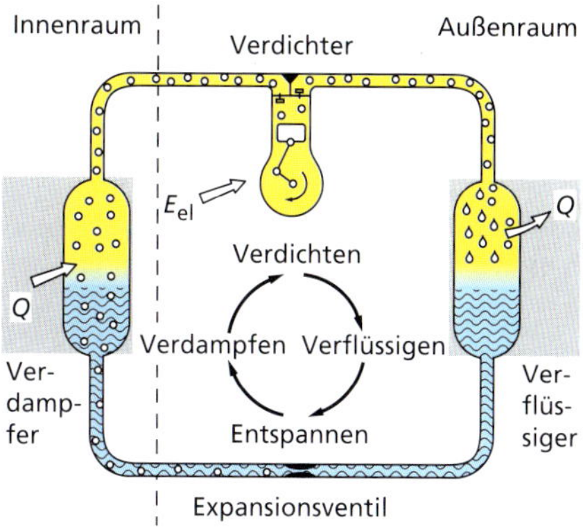

In einem Verflüssiger, der sich an der Rückwand des Kühlschranks befindet, wird das erwärmte, zusammengepresste Arbeitsmittel wieder flüssig. Dabei wird Wärme an die Umgebung abgegeben.

Ottomotor

Ottomotoren, benannt nach dem deutschen Erfinder NIKOLAUS AUGUST OTTO (1832–1891), gibt es als Zweitakt- und als Viertaktmotoren. Sie werden zum Antrieb von Motorrädern, PKW, Booten usw. genutzt.

Bei einem Ottomotor wird im Vergaser ein Benzin-Luft-Gemisch erzeugt und in den Zyllinder eingebracht.

Dieses Benzin-Luft-Gemisch wird im Zylinder durch elektrische Funken zwischen den Elektroden der Zündkerze gezündet. Es verbrennt, dehnt sich dabei aus und bewegt den Kolben.

Die Skizze zeigt die prinzipielle Wirkungsweise eines Viertakt-Ottomotors.

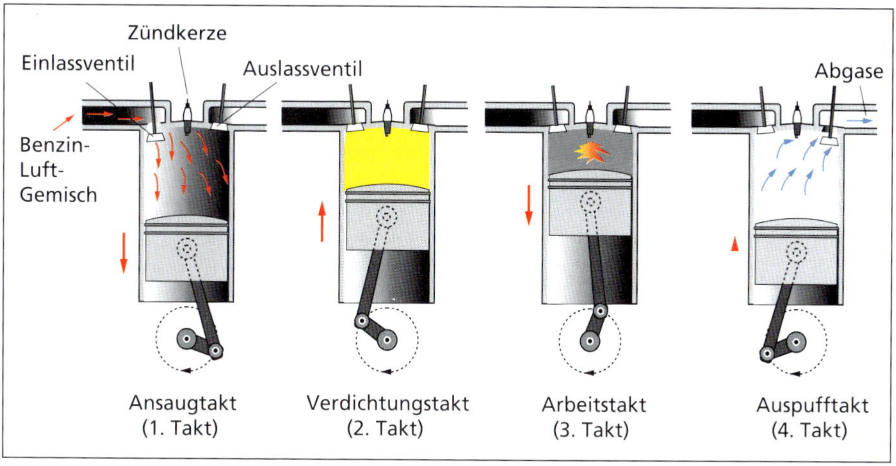

Dieselmotor

Dieselmotoren, benannt nach dem deutschen Erfinder Rudolf Diesel (1858–1913), gibt es ebenfalls als Zweitakt- und Viertaktmotoren. Sie werden u. a. zum Antrieb von PKW, LKW und Schiffen genutzt.

Im Unterschied zum Ottomotor besitzt der Dieselmotor keine Zündkerze und keinen Vergaser.

Vielmehr wird die im Zylinder angesaugte Luft so stark verdichtet, dass ihre Temperatur auf 500 °C bis 700 °C steigt. Bei dieser Temperatur wird der Treibstoff (Diesel) mit Hilfe einer Einspritzpumpe in den Zylinder eingespritzt. Der Treibstoff entzündet sich und verbrennt.

Beim Viertakt-Dieselmotor entsprechen die Takte denen des Viertakt-Ottomotors (S. 119).

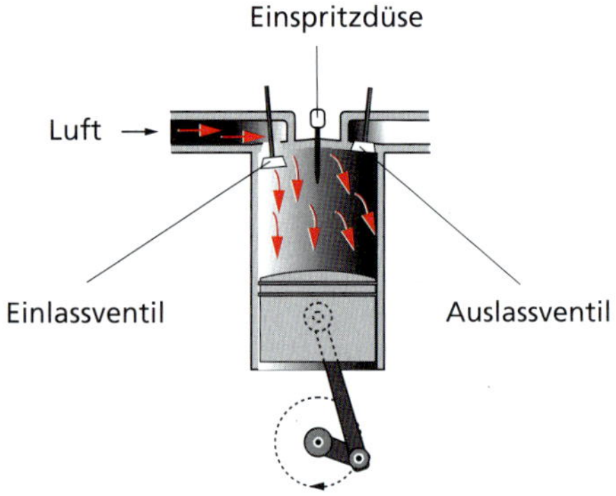

Dampfmaschine

Eine historisch bedeutsame Wärmekraftmaschine ist die Dampfmaschine, die von dem Engländer James Watt (1776–1819) so weiterentwickelt wurde, dass sie als Antriebsmaschine genutzt werden konnte. Umfangreich verwendet wurde sie z. B. bei Dampflokomotiven, aber auch als Antriebsmaschine in Fabriken und im Bergbau.

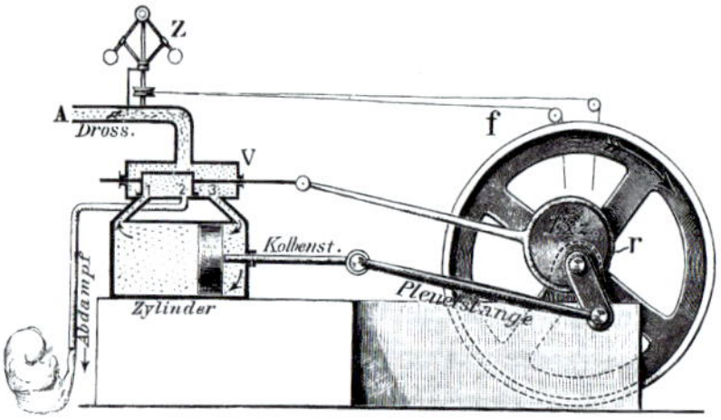

Das Grundprinzip besteht darin, dass Wasserdampf von einem Heizkessel durch eine spezielle Steuerung einmal in den Bereich links vom Kolben (s. Abb.) und einmal in den Bereich rechts vom Kolben strömt.
Durch den unter hohem Druck stehenden Wasserdampf wird der Arbeitskolben bewegt. Er führt eine Hin- und Herbewegung aus, die über eine Pleuelstange und ein Rad in eine Drehbewegung umgewandelt werden kann.

Dampfturbine

Bei der in Kraftwerken genutzten Dampfturbine strömt Dampf mit hoher Geschwindigkeit gegen die Schaufeln eines Laufrades. Dieses Laufrad wird dadurch in Umdrehung versetzt.

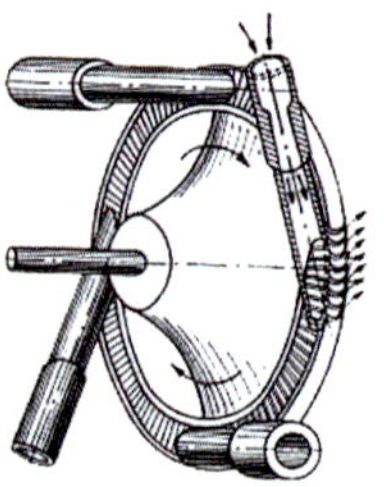

3 Elektrizitätslehre

3.1 Der elektrische Stromkreis

3.1.1 Elektrische Ladungen

Elektrisch geladene Körper

Alle Körper sind aus Atomen (S. 204) und Molekülen aufgebaut. Atome wiederum bestehen aus einer Atomhülle, in der sich elektrisch negativ geladene Elektronen befinden, und dem Atomkern. Der Atomkern enthält u.a. elektrisch positiv geladene Protonen und ist damit ebenfalls positiv geladen.

Ein Atom, das die gleiche Anzahl positiver Ladungen im Kern und negativer Ladungen in der Atomhülle hat, ist **elektrisch neutral**. Auch ein Körper, der insgesamt genauso viele Elektronen wie positive Ladungen hat, ist nach außen ungeladen.

Ein Körper, der mehr Elektronen als positive Ladungen hat, besitzt einen **Elektronenüberschuss** und ist **elektrisch negativ geladen**.

Ein Körper, der mehr positive Ladungen als Elektronen hat, besitzt einen **Elektronenmangel** und ist **elektrisch positiv geladen.**

Die elektrische Ladung ist wie die Masse eine *grundlegende* Eigenschaft von Körpern. Ein Elektron besitzt die kleinste, nicht weiter teilbare negative elektrische Ladung. Man nennt sie **Elementarladung.**

Die Größe elektrische Ladung

Die elektrische Ladung gibt an, wie groß der Elektronenüberschuss bzw. Elektronenmangel eines elektrisch geladenen Körpers ist.	**Formelzeichen:** Q	**Einheit:** 1 Coulomb (1 C)

Für die Einheit gilt:

$$1\ \text{C} = 1\ \text{A} \cdot \text{s}$$

Jede elektrische Ladung ist ein Vielfaches der **Elementarladung e**.

$$e = 1{,}602 \cdot 10^{-19}\ \text{C}$$

Die Ladung eines Körpers kann berechnet werden mit der Gleichung:

$$Q = N \cdot e$$

N Anzahl der Ladungen
e Elementarladung

Je nachdem, ob ein Körper positiv oder negativ geladen ist, kann man dem Zahlenwert der Ladung ein positives oder ein negatives Vorzeichen geben.

Verhalten geladener Körper

Mit dem Transport von Elektronen werden auch elektrische Ladungen übertragen. Dabei kann es zu einer **Ladungstrennung**, einer **Ladungsteilung** oder einem **Ladungsausgleich** kommen.

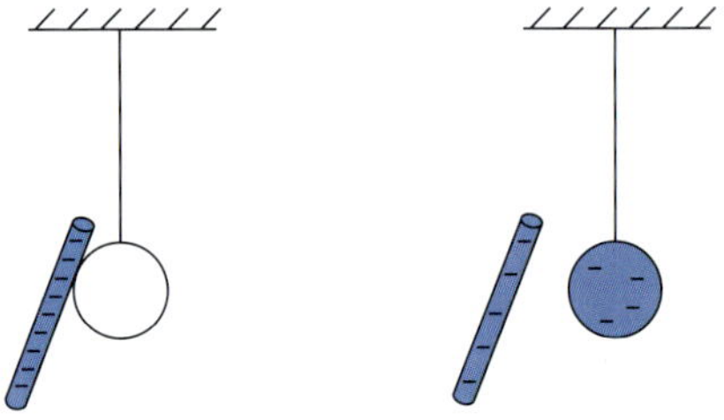	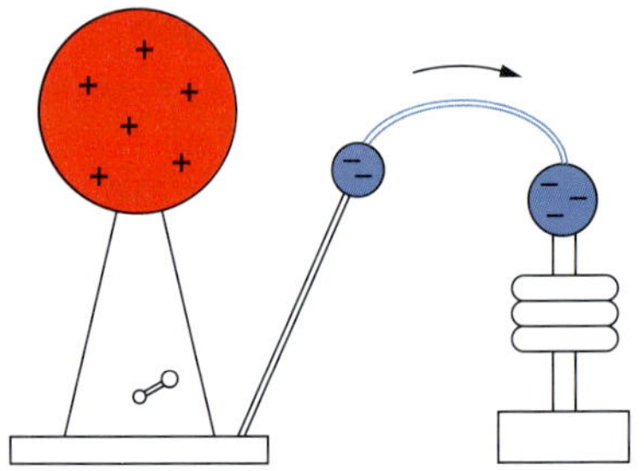
Übertragung von Elektronen vom geladenen Plastikstab auf die zunächst ungeladene Metallkugel	Übertragung von Elektronen durch einen elektrischen Leiter von der Kugel des Bandgenerators auf die zweite Experimentierkugel

Zwischen elektrisch geladenen Körpern wirken Kräfte.

Gleichartig geladene Körper stoßen einander ab.
Ungleichartig geladene Körper ziehen einander an.

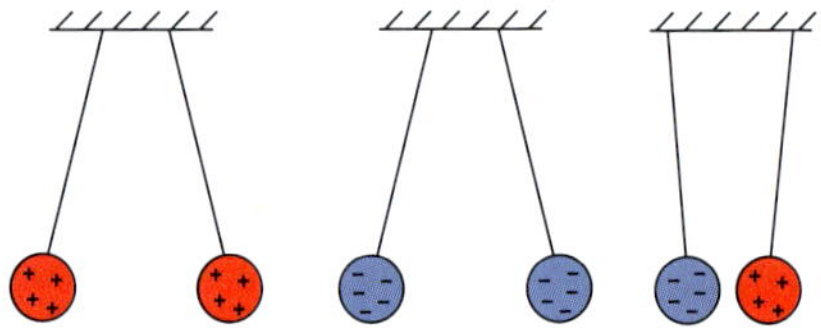

Ladungstrennung

Ladungen können durch Berühren bzw. Reiben getrennt werden. Dabei gehen Elektronen von einem Körper auf einen anderen über. Nach Berührung oder Reibung erhält man geladene Körper (**Reibungselektrizität**). Wie die Körper nach Berührung oder Reibung aufgeladen sind, hängt von den Stoffen ab, aus denen sie bestehen.

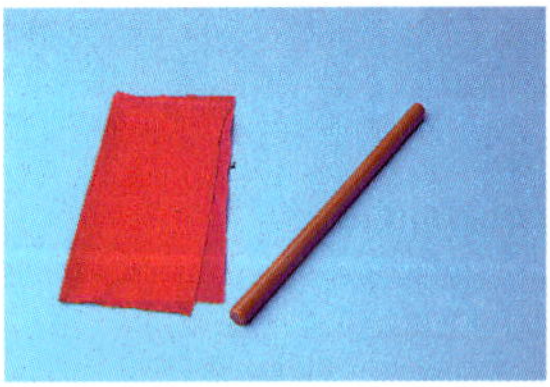	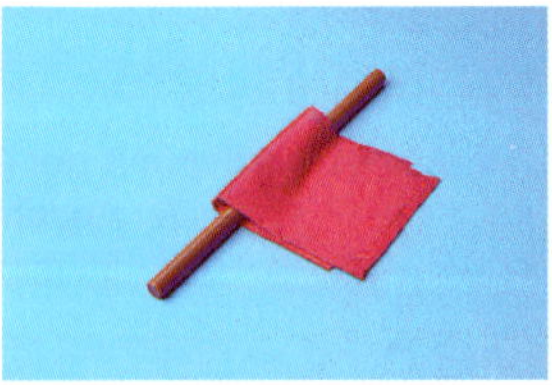	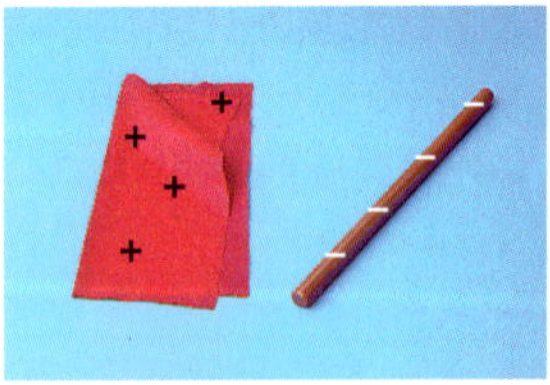
Vor der Berührung sind Tuch und Plastikstab elektrisch neutral.	Beim innigen Berühren gehen Elektronen vom Tuch auf den Plastikstab über.	Nach der Berührung sind das Tuch positiv (Elektronenmangel) und der Plastikstab negativ (Elektronenüberschuss) geladen.

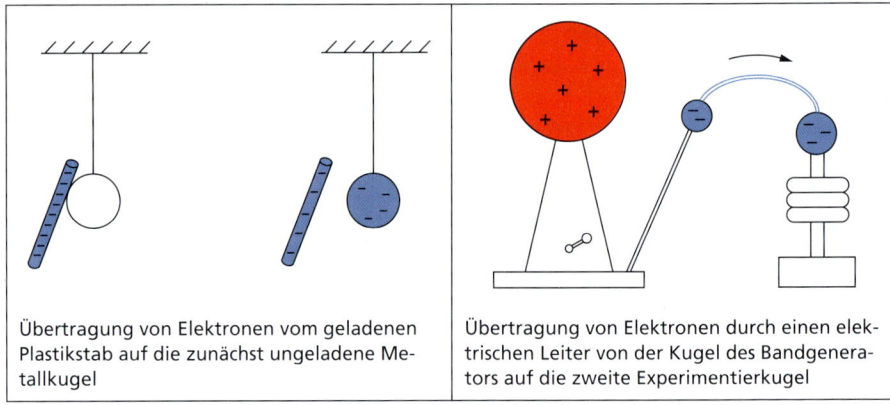

Ladungstrennung auf einem Körper kann man auch erreichen, wenn man einen elektrisch geladenen Körper in die Nähe eines anderen, ungeladenen Körpers bringt. Unter dem Einfluss des geladenen Körpers wirken Kräfte auf die frei beweglichen Elektronen des anderen Körpers. Diese Kräfte führen zu Bewegungen und Verschiebungen der Elektronen und damit zu einer Ladungstrennung. Man nennt diese Art der Ladungstrennung unter dem Einfluss eines anderen, geladenen Körpers **Influenz**.

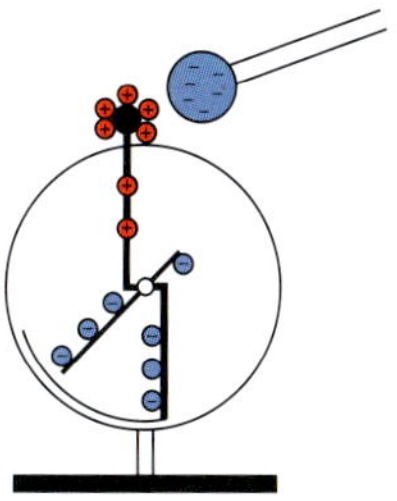

Nachweis elektrischer Ladungen

Zum Nachweis elektrischer Ladungen dient das **Elektroskop**. Dabei verteilen sich die Ladungen des zu prüfenden Körpers auf Metallzeiger und Metallstab des Elektroskops. Es kommt infolge von abstoßenden Kräften zum Zeigerausschlag.

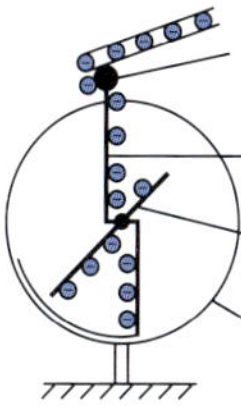

3.1.2 Elektrische Stromkreise

Der einfache elektrische Stromkreis

Elektronen können durch elektrische Leiter übertragen werden. Dabei werden mit den Elektronen elektrische Ladungen transportiert. Die gerichtete Bewegung elektrischer Ladungsträger (z.B. von Elektronen) nennt man **elektrischen Strom.**
Ein solcher elektrischer Strom fließt in einem geschlossenen Stromkreis.

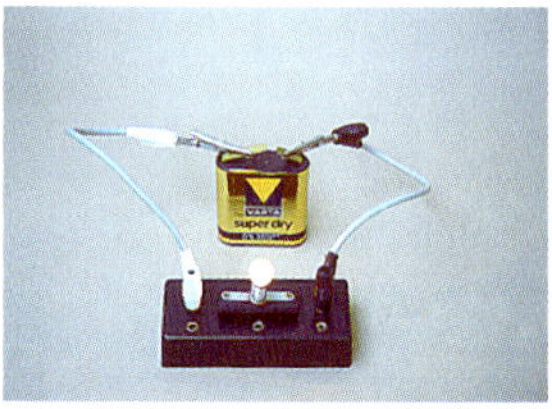

Ein einfacher Stromkreis

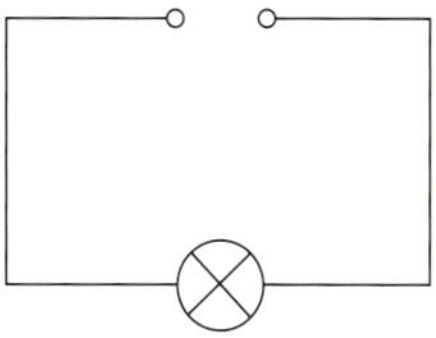

Schaltplan eines einfachen Stromkreises

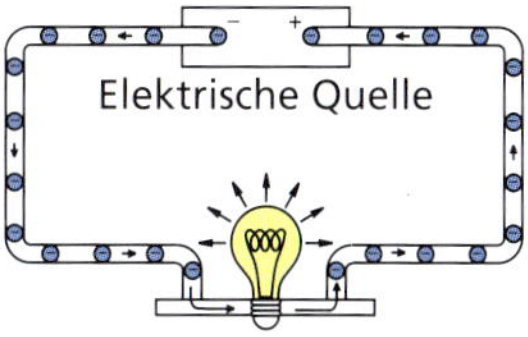

Elektronenwanderung in den elektrischen Leitungen eines einfachen Stromkreises

Ein **geschlossener Stromkreis** besteht mindestens aus einer elektrischen Quelle und einem elektrischen Gerät oder Bauteil, die durch elektrische Leitungen miteinander verbunden sind.

In den meisten einfachen Stromkreisen ist noch ein **Schalter** eingebaut, mit dem der Stromkreis *geöffnet* oder *geschlossen* werden kann.

Elektrische Quellen sind z.B. Batterien, Akkumulatoren, Solarzellen. Man nennt elektrische Quellen auch Stromquellen, Spannungsquellen oder Elektrizitätsquellen.

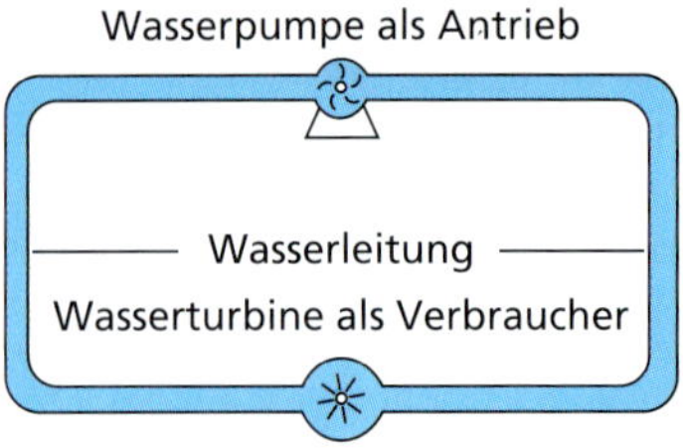

Wassermodell für einen einfachen Stromkreis

Elektrische Quellen haben immer *zwei* Pole. Bei **Gleichstrom** (–) hat die Quelle einen Pluspol (+) und einen Minuspol (–). Der Strom fließt nur in eine Richtung.
Bei **Wechselstrom** (~) ändert sich ständig die Polung der Quelle und damit die Richtung des Stromes im Stromkreis.
Bei **elektrischen Geräten oder Bauteilen** werden die verschiedenen Wirkungen des elektrischen Stromes genutzt, z.B. um Licht und Wärme zu erzeugen.
Elektrische Leitungen bestehen meistens aus Kupfer oder Aluminium, manchmal auch aus Stahl oder Eisen.
Elektrische Stromkreise können mit **Schaltzeichen** (s. innere Umschlagsseiten) und **Schaltplänen** vereinfacht dargestellt werden.
Zur Erklärung bzw. Voraussage von Erscheinungen in elektrischen Stromkreisen verwendet man häufig das **Modell der Elektronenleitung** oder ein **Wassermodell**.

Leiter und Nichtleiter

Verschiedene Körper leiten den elektrischen Strom unterschiedlich gut.

Körper, die den elektrischen Strom gut leiten, nennt man **elektrische Leiter**.
Körper, die den elektrischen Strom schlecht oder gar nicht leiten, nennt man **elektrische Nichtleiter** oder **Isolatoren**.

Die Leitung des elektrischen Stromes durch einen Körper ist abhängig von
- dem Stoff, aus dem der Körper besteht,
- der Länge des Körpers und
- der Querschnittsfläche des Körpers.

Fast alle Metalle sind gute elektrische Leiter. Körper aus Kupfer und Aluminium leiten den elektrischen Strom besonders gut. Sie werden deshalb für elektrische Leitungen eingesetzt.

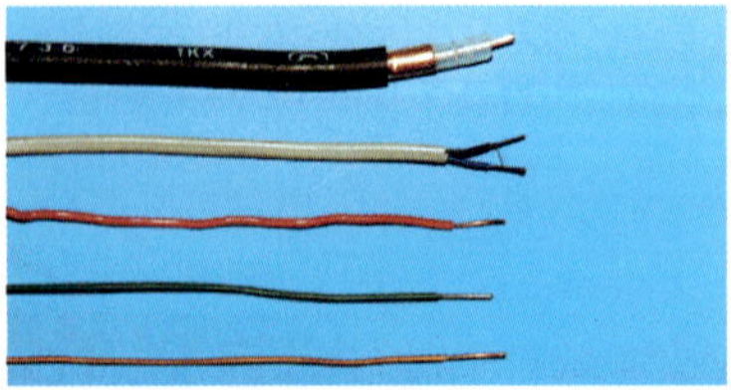
Verschiedene Leiter

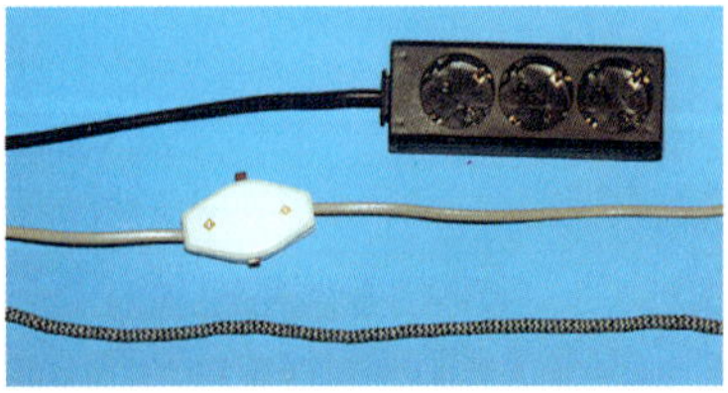
Isolation von Leitungen, Steckdose und Schalter

Kurzschluss und Leerlauf

Wenn der elektrische Strom die Möglichkeit hat, von einem Pol der elektrischen Quelle zum anderen Pol zu fließen, ohne durch ein Gerät zu gehen, so wird er diesen Weg wählen. Man spricht dann von einem **Kurzschluss**.

Bei einem Kurzschluss arbeitet das Gerät nicht mehr. Der elektrische Strom in den Leitungen und in der Quelle kann so groß werden, dass die Leitungen und die Quelle heiß werden und es zu Bränden kommen kann. Wenn der Verbraucher an einer oder mehreren Stellen von der elektrischen Quelle getrennt ist, so kann er ebenfalls nicht arbeiten. Man spricht dann vom **Leerlauf** der elektrischen Quelle. Ein elektrischer Strom fließt nicht.

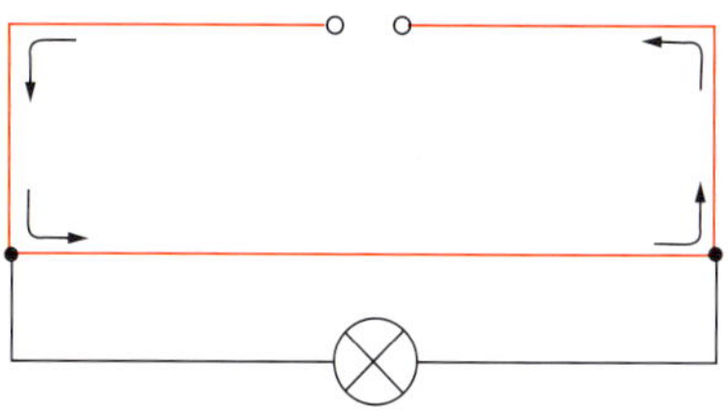

Kurzschluss

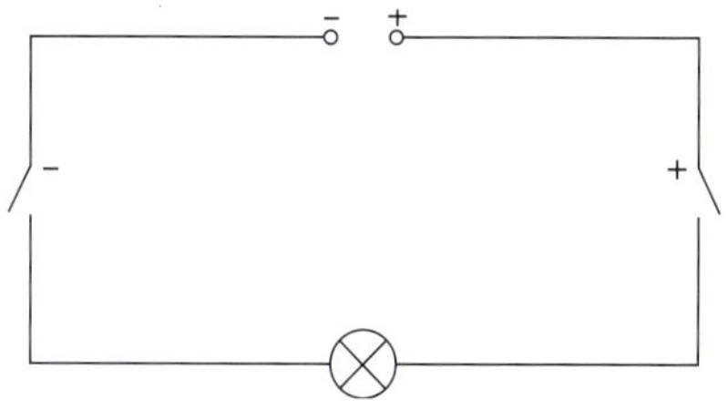

Leerlauf

Arten von Stromkreisen

Bei vielen Anwendungen werden mehrere Bauteile im Stromkreis zusammengeschaltet. Prinzipiell können zwei Bauteile in Reihe oder parallel zueinander geschaltet werden. Dadurch erhält man einen **unverzweigten** oder **verzweigten Stromkreis**.

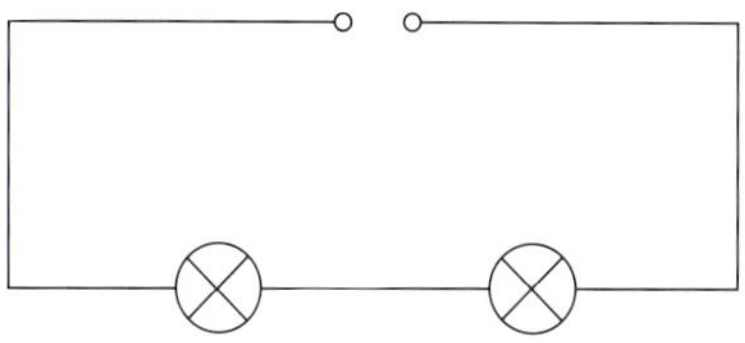

Reihenschaltung von Glühlampen
(unverzweigter Stromkreis)

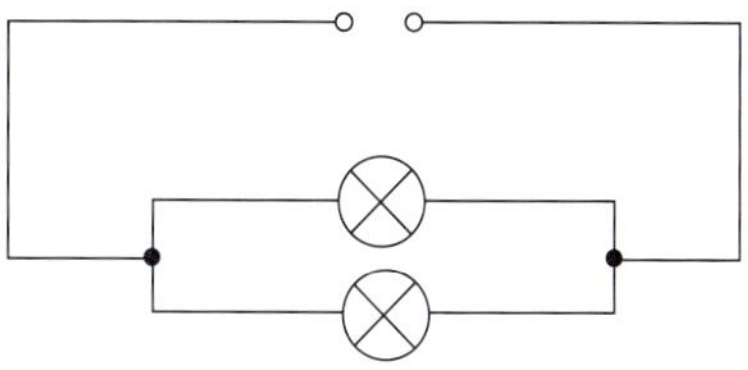

Parallelschaltung von Glühlampen
(verzweigter Stromkreis)

Reihenschaltung von Bauteilen	**Parallelschaltung von Bauteilen**
elektrische Widerstände	elektrische Widerstände
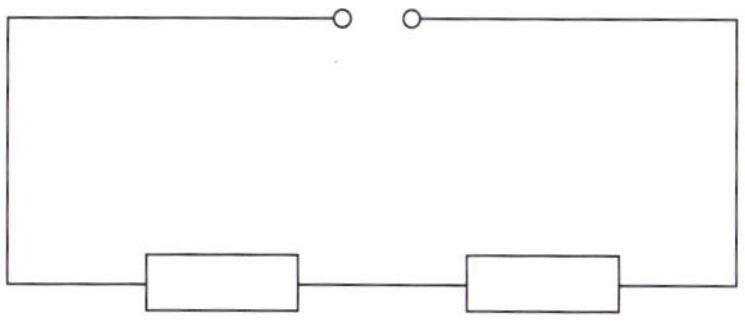	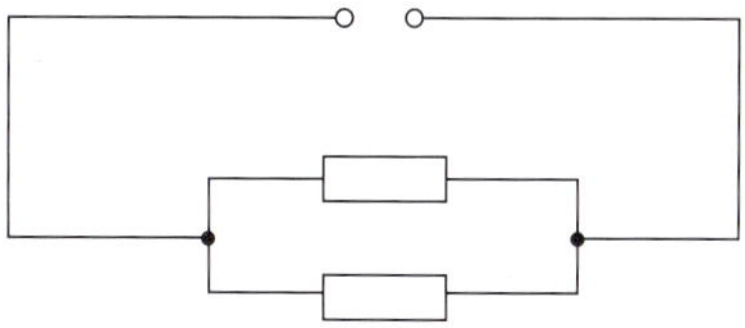
Die Widerstände sind hintereinander (in Reihe) geschaltet (unverzweigter Stromkreis).	Die Widerstände sind parallel zueinander geschaltet. Es gibt zwei Verzweigungsstellen (verzweigter Stromkreis).

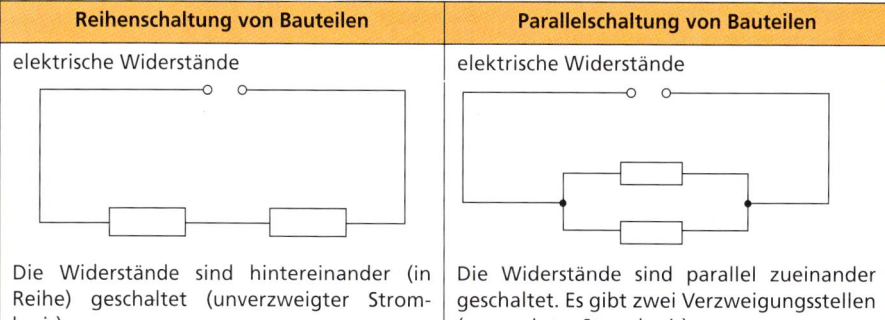

Reihenschaltung von Bauteilen	**Parallelschaltung von Bauteilen**
elektrische Quellen 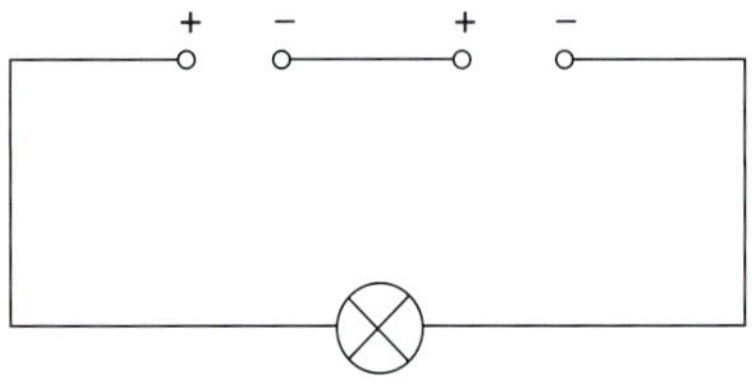 Um eine größere Spannung zu erhalten kann man zwei elektrische Quellen in Reihe schalten.	elektrische Quellen 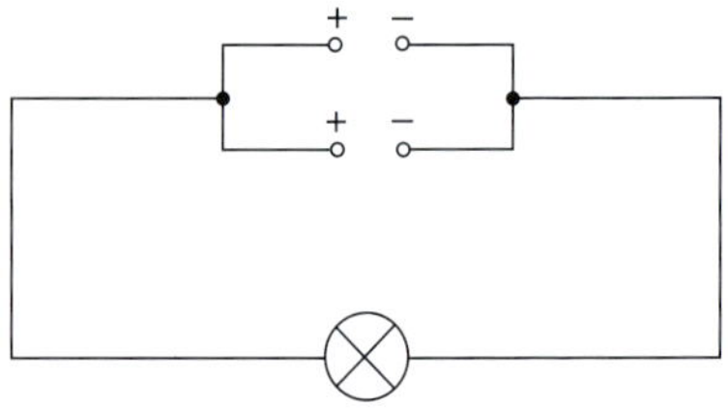 Um einen stärkeren Strom zu erhalten kann man zwei elektrische Quellen parallel schalten.
Schalter 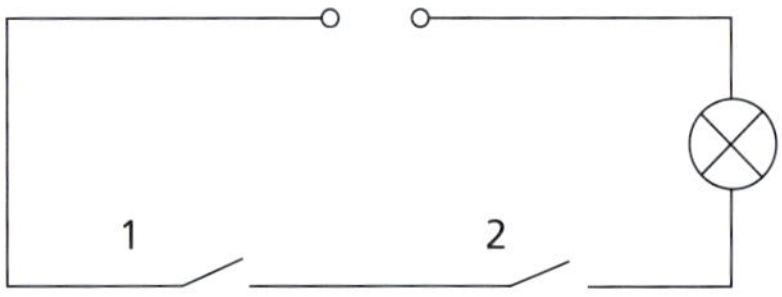 Die Lampe leuchtet nur, wenn Schalter 1 und Schalter 2 geschlossen sind (UND-Schaltung).	Schalter 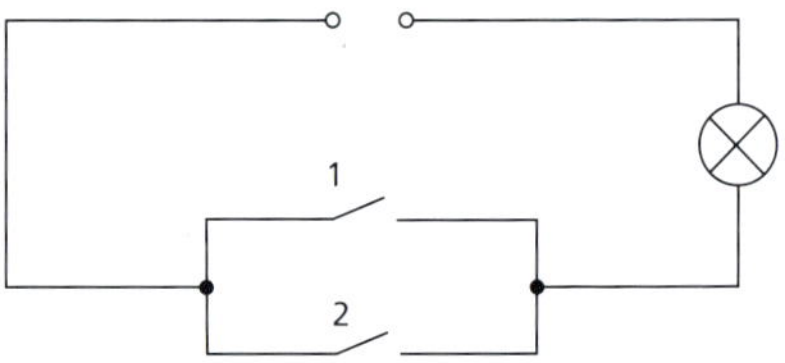 Die Lampe leuchtet, wenn Schalter 1 oder Schalter 2 geschlossen ist (ODER-Schaltung).

Die Wirkungen des elektrischen Stromes

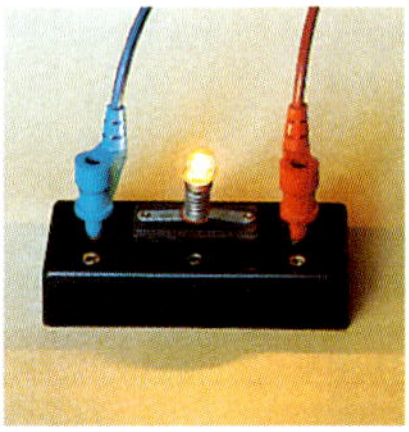 Der elektrische Strom in einer Glühlampe kann Licht erzeugen. Der Strom hat eine *Lichtwirkung*.	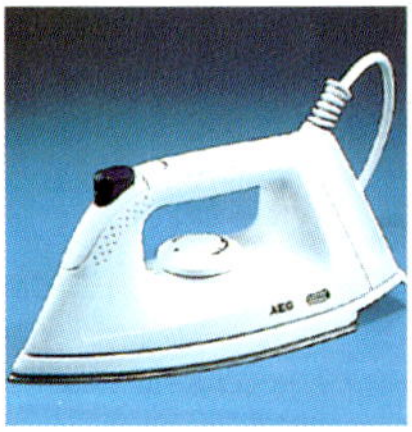 Der elektrische Strom in einem Bügeleisen erwärmt die Heizplatte. Der Strom hat eine *Wärmewirkung*.	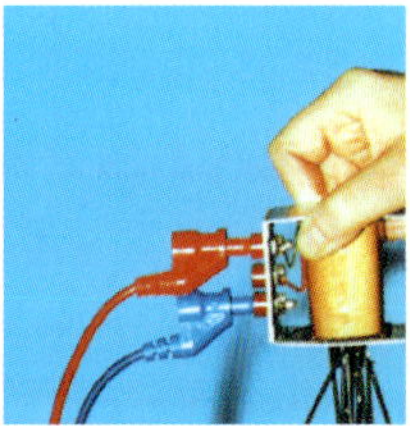 Der elektrische Strom macht aus der Spule einen Elektromagneten. Der Strom hat eine *magnetische Wirkung*.	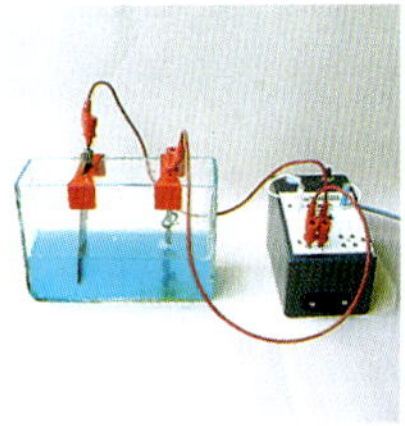 Mit Hilfe des elektrischen Stromes kann man einen Schlüssel verkupfern. Der Strom hat eine *chemische Wirkung*.

Der elektrische Strom wirkt auch auf biologische Organismen. Besonders der Mensch muss sich vor den **Wirkungen** des elektrischen Stromes schützen.

Der Schutz des Menschen vor elektrischem Strom

Der menschliche Körper kann den elektrischen Strom leiten. Sehr kleine Ströme schaden nichts. Manchmal werden sie auch zur medizinischen Behandlung genutzt.

Aber bereits etwas größere Ströme können den Menschen verletzen oder sogar töten. Schon Ströme aus elektrischen Quellen über 25 V können lebensgefährlich sein. Steckdosen haben 230 V und sind damit für den Menschen äußerst lebensgefährlich!

Bereits schwache Ströme können beim Menschen Krämpfe verursachen, so dass man manchmal nicht einmal mehr die Hand von der elektrischen Leitung lösen kann. Stärkere Ströme verursachen Atmungsbeschwerden, Verbrennungen und Unregelmäßigkeiten der Herztätigkeit. Dies kann zur Bewußtlosigkeit, zum Herzstillstand und damit zum Tod führen.

Manchmal kann aber auch bereits der Schreck beim Berühren einer elektrischen Quelle zu einem Unfall führen. Deshalb muss sich der Mensch vor dem elektrischen Strom schützen.

Regeln für einen sicheren Umgang mit elektrischem Strom

1. Experimentiere niemals mit elektrischen Quellen, die 25 V und mehr besitzen!
2. Berühre niemals die Pole einer Steckdose, blanke Leitungen oder Leitungen mit schadhafter Isolierung mit bloßen Händen, metallischen Gegenständen oder anderen Leitern des elektrischen Stromes, wie z.B. Bleistift- oder Kugelschreiberminen!
3. Schließe Geräte stets an die richtige elektrische Quelle an! Die Spannung von elektrischer Quelle und Gerät müssen annähernd übereinstimmen.
4. Ziehe Stecker niemals an den Leitungen aus der Steckdose, sondern stets am Stecker!
5. Baue elektrische Schaltungen stets bei ausgeschalteter elektrischer Quelle auf! Die elektrische Quelle darf erst nach Überprüfung der Schaltung eingeschaltet werden.
6. Bei gefährlichen Schaltungen müssen Sicherungen (Leitungsschutzschalter) bzw. Fehlerstromschalter eingebaut werden.

   Wenn eine Sicherung kaputtgeht, dann ist
   - zunächst die Ursache der Störung zu beseitigen (z.B. Kurzschluss) und
   - dann eine neue Sicherung einsetzen.

3.2 Der Gleichstromkreis

3.2.1 Die elektrische Stromstärke

Die Größe elektrische Stromstärke

Die elektrische Stromstärke gibt an, wie viel elektrische Ladungen sich in jeder Sekunde durch den Querschnitt eines elektrischen Leiters bewegen.	**Formelzeichen:** I	**Einheit:** 1 Ampere (1A)

Teile der Einheit 1 A sind 1 Milliampere (1mA) und 1 Mikroampere (1μA):

1 A = 1 000 mA = 1 000 000 μA

1 mA = 1 000 μA

Elektrische Stromstärken in Natur und Technik	
Fotozelle	10 μA
Radio (batteriebetrieben)	10 mA
Lebensgefährliche Stromstärke	> 25 mA
Glühlampe einer Taschenlampe	0,2 A
60-W-Glühlampe	0,26 A
Bügeleisen	5 A
Elektrolokomotive	300 A
Elektroschweißgerät	500 A
Elektroschmelzofen	15 000 A
Blitz	100 000 A

Messen der elektrischen Stromstärke

Die elektrische Stromstärke wird mit Hilfe von **Strommessern**, auch Stromstärkemesser oder Amperemeter genannt, gemessen. Häufig werden Vielfachmessgeräte genutzt, die auch als Strommesser geschaltet werden können.

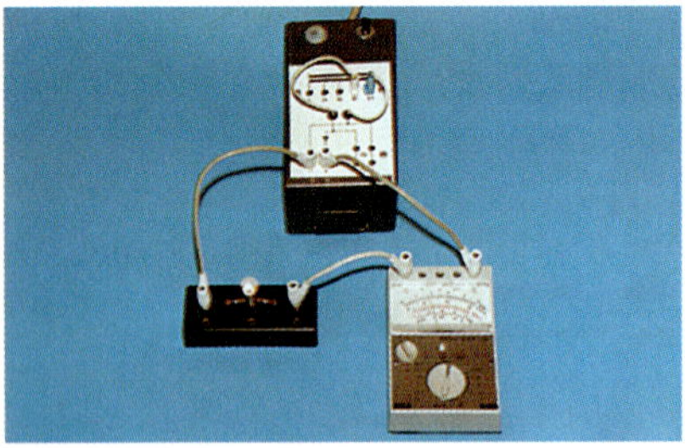

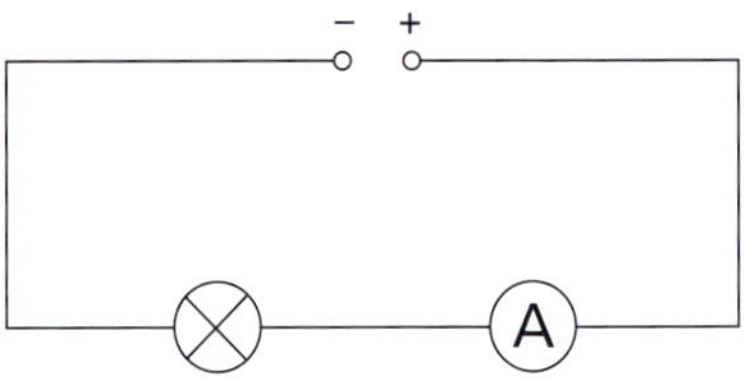

Beachte:
Strommesser sind immer *in Reihe* zum elektrischen Gerät zu schalten, damit sie von demselben Strom durchflossen werden, dessen Stärke gemessen werden soll.

Vorgehen beim Messen der elektrischen Stromstärke mit einem Vielfachmessgerät

1. Stelle die Stromart (Gleich- oder Wechselstrom) am Messgerät ein, die im Stromkreis vorliegt!
2. Stelle den größten Messbereich für die Stromstärke am Messgerät ein!
3. Schalte das Messgerät in Reihe zum elektrischen Gerät in den Stromkreis ein! Achte bei Gleichstrom darauf, dass der Minuspol der elektrischen Quelle mit dem Minuspol des Messgerätes bzw. der Pluspol der Quelle mit dem Pluspol des Messgerätes verbunden wird!
4. Schalte den Messbereich des Messgerätes so weit herunter, dass günstig (möglichst im letzten Drittel der Skala) abgelesen werden kann!
5. Lies die Stromstärke ab! Beachte dabei, dass der eingestellte Messbereich den Höchstwert der Skala angibt!

Berechnen der elektrischen Stromstärke

Unter der Bedingung, dass ein Strom konstanter Stärke fließt (I = konstant), kann die elektrische Stromstärke nach folgender Gleichung berechnet werden:

$$I = \frac{Q}{t}$$

Q elektrische Ladung
t Zeit

Aus dieser Gleichung ergeben sich folgende Beziehungen zwischen den Einheiten:

$$1\ \text{A} = \frac{1\ \text{C}}{1\ \text{s}} \text{ bzw. } 1\ \text{C} = 1\ \text{A} \cdot \text{s}$$

3.2.2 Die elektrische Spannung

Die Größe elektrische Spannung

Die elektrische Spannung gibt an, wie stark der Antrieb des elektrischen Stromes ist.	**Formelzeichen:** U	**Einheit:** 1 Volt (1 V)

Vielfaches der Einheit 1 V ist 1 Kilovolt (1 kV)

1 kV = 1 000 V

Teil der Einheit 1 V ist 1 Millivolt (1 mV)

1 mV = 0,001 V

Elektrische Spannungen in Natur und Technik	
Körperzellen des Menschen	≈ 70 mV
Knopfzelle	1,35 V
Monozelle, Mignonzelle	1,5 V
Flachbatterie	4,5 V
Fahrraddynamo	6 V
Autobatterie	12 V
Wechselstrom in Haushaltssteckdose	230 V
Zitteraal	bis 800 V
Fahrdraht der Elektrolokomotive	15 000 V
Generator im Kraftwerk	15 000 V
Hochspannung im Fernsehgerät	25 000 V
Überlandleitung	bis 380 000 V
Blitz	10^9 V

Messen der elektrischen Spannung

Die elektrische Spannung wird mit Hilfe von **Spannungmessern,** auch Voltmeter genannt, gemessen. Häufig werden Vielfachmesser genutzt, die auch als Spannungsmesser geschaltet werden können.

Es kann die elektrische Spannung, also der Antrieb des elektrischen Stromes, sowohl an der elektrischen Quelle als auch an elektrischen Verbrauchern gemessen werden.

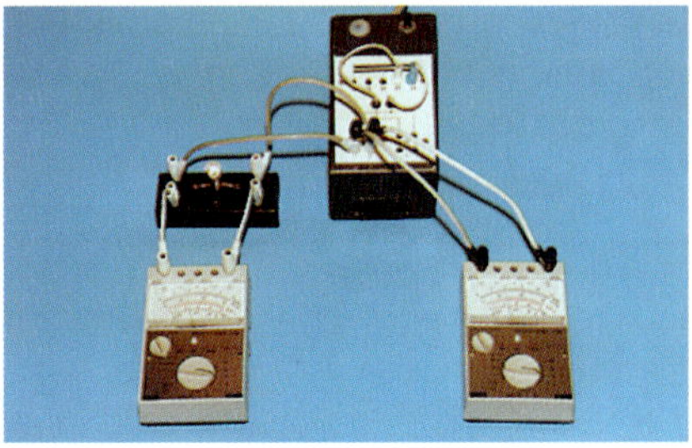

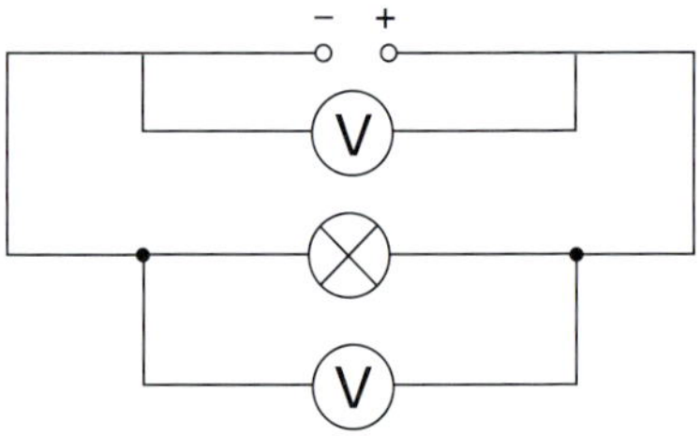

Beachte:
Spannungsmesser sind immer *parallel* zum elektrischen Gerät zu schalten, um die Spannung an diesem Gerät zu messen.

Vorgehen beim Messen der elektrischen Spannung mit einem Vielfachmessgerät

1. Stelle die Stromart (Gleich- oder Wechselstrom) am Messgerät ein, die auch im Stromkreis vorliegt!
2. Stelle den größten Messbereich für die Spannung am Messgerät ein!
3. Schalte das Messgerät parallel zum elektrischen Gerät, an dem die Spannung gemessen werden soll! Achte dabei auf die Polung des Messgerätes, wenn Gleichstrom vorliegt!
4. Schalte den Messbereich des Messgerätes so weit herunter, dass günstig (möglichst im letzten Drittel der Skala) abgelesen werden kann!
5. Lies die Spannung ab! Beachte dabei, dass der eingestellte Messbereich den Höchstwert der Skala angibt!

Leerlaufspannung und Klemmenspannung

Die Spannung an einer elektrischen Quelle kann sowohl im Leerlauf (Verbraucher arbeitet nicht) als auch bei Betrieb des elektrischen Verbrauchers gemessen werden.

Leerlaufspannung U_L	Klemmenspannung U_K
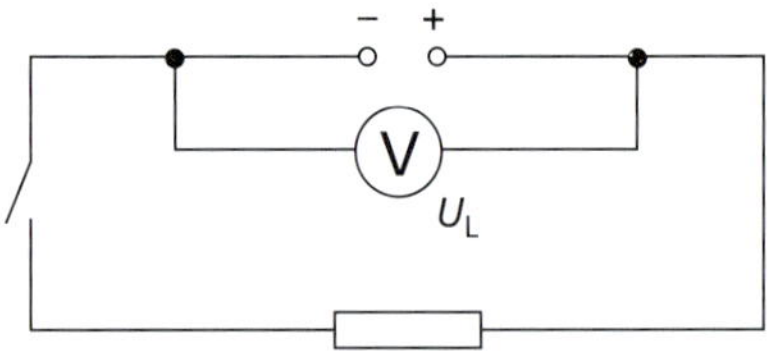	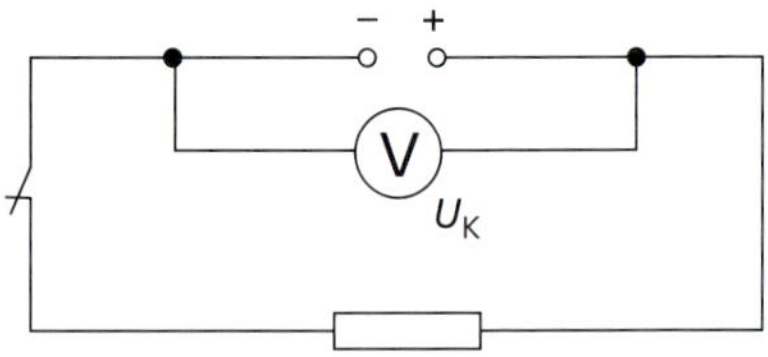
Der Stromkreis ist offen.	Der Stromkreis ist geschlossen.

Die Leerlaufspannung wird häufig auch als **Urspannung** U_0 und die Klemmenspannung als Spannung U bezeichnet.

Die Klemmenspannung ist stets kleiner als die Leerlaufspannung, da bei geschlossenem Stromkreis ein Teil der Spannung der elektrischen Quelle für den Antrieb des elektrischen Stromes durch die Quelle selbst gebraucht wird: $U_K < U_L$.
Mit steigender Stromstärke im Stromkreis sinkt die Klemmenspannung ab.

Berechnen der elektrischen Spannung

Die elektrische Spannung gibt an, wie groß der Antrieb des elektrischen Stromes zwischen zwei Punkten des Stromkreises ist. Dieser Antrieb ist umso größer, je größer die Arbeit ist, die für die Bewegung der Ladungen zwischen diesen Punkten des Stromkreises aufgebracht wird.

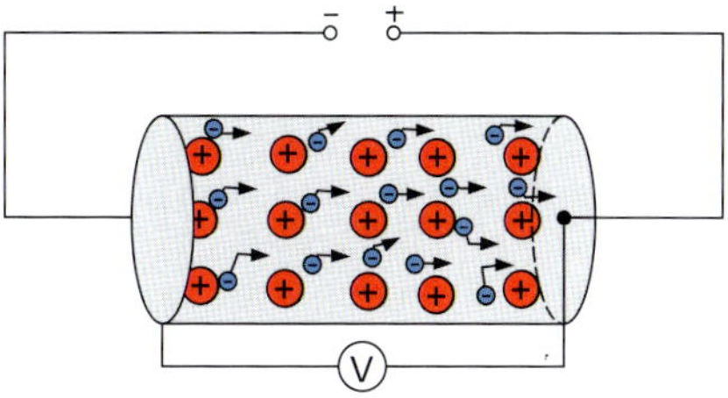

Die elektrische Spannung kann berechnet werden mit der Gleichung:

$$U = \frac{W}{Q}$$

W Arbeit
Q Ladung

3.2.3 Der elektrische Widerstand

Die Größe elektrischer Widerstand

Die Bewegung der elektrischen Ladungen im Stromkreis wird behindert. So stoßen z.B. im metallischen Leiter die sich bewegenden Elektronen mit den Ionen des Metallgitters zusammen. Dem elektrischen Strom wird so ein Widerstand entgegengesetzt. Dieser Widerstand ist umso größer, je stärker der Stromfluss behindert wird. Die elektrische Spannung, der Antrieb des elektrischen Stromes, verursacht entgegen dem Widerstand einen Stromfluss und gewährleistet eine bestimmte Stromstärke im Stromkreis. Der elektrische Widerstand eines Leiters gibt an, wie stark der Stromfluss in diesem Leiter (durch diesen Leiter) behindert wird.

Der elektrische Widerstand eines Bauteils oder Gerätes gibt an, welche Spannung für einen elektrischen Strom der Stärke 1 A erforderlich ist.	**Formelzeichen:** *R*	**Einheit:** 1 Ohm (1 Ω)

Für die Einheit ein Ohm gilt:

$$1\,\Omega = \frac{1\,\text{V}}{1\,\text{A}}$$

Vielfache der Einheit 1 Ω sind ein Kiloohm (1 kΩ) und 1 Megaohm (1 MΩ):

1 kΩ = 1 000 Ω

1 MΩ = 1 000 kΩ = 1 000 000 Ω.

Elektrische Widerstände in Natur und Technik	
Verlängerungsschnur im Haushalt	0,1 Ω
Heizung einer Waschmaschine mit 2000 W Heizleistung	26 Ω
Heizplatte im Elektroherd (800 W)	66 Ω
60-W-Glühlampe	880 Ω
Körperwiderstand des Menschen (von Hand zu Hand)	≈ 1 200 Ω

Messen und Berechnen des elektrischen Widerstandes

Der elektrische Widerstand von Bauteilen oder Geräten kann mit Hilfe von **Widerstandsmessern** gemessen werden. Dazu können häufig auch Vielfachmessgeräte genutzt werden, in denen eine elektrische Quelle eingesetzt wird.

Der elektrische Widerstand kann berechnet werden mit der Gleichung:

$$R = \frac{U}{I}$$

U elektrische Spannung
I elektrische Stromstärke

Der elektrische Widerstand eines metallischen Leiters kann mit Hilfe des **Widerstandsgesetzes** berechnet werden.

Unter der Bedingung, dass die Temperatur des Leiters konstant bleibt (ϑ = konstant) gilt:

$$R = \rho \cdot \frac{l}{A}$$

ρ spezifischer elektrischer Widerstand
l Länge des metallischen Leiters
A Querschnittsfläche des Leiters

Der **spezifische elektrische Widerstand** ist eine Stoffkonstante. Sie gibt an, welchen Widerstand ein elektrischer Leiter aus diesem Stoff besitzt, der 1 m lang ist und eine Querschnittsfläche von 1 mm^2 hat.

Spezifische elektrische Widerstände in $\Omega \cdot mm^2 \cdot m^{-1}$	
Aluminium	0,028
Eisen	0,10
Kupfer	0,017
Messing	0,07
Stahl	0,10 – 0,20
Wolfram	0,053

Der spezifische elektrische Widerstand und damit auch der elektrische Widerstand von Leitern, aber auch vieler anderer elektrischer Bauteile, ist abhängig von der Temperatur.

Der spezifische elektrische Widerstand von metallischen Leitern ist umso größer, je höher deren Temperatur ist.

Bei einer höheren Temperatur schwingen die Metallionen von metallischen Leitern stärker und weiter um ihre Ruhelage. Dadurch kommt es zu häufigeren Zusammenstößen der sich bewegenden Elektronen mit den Metallionen. Die Bewegung des elektrischen Stromes wird stärker behindert. Die Temperatur eines Leiters kann sowohl von außen als auch durch den Stromfluss im Leiter selbst geändert werden.
Bei sehr niedrigen Temperaturen wird der elektrische Widerstand null. Diese Erscheinung wird als **Supraleitung** bezeichnet.

Technische Widerstände

In vielen technischen Geräten werden elektrische Bauelemente benötigt, die feste (**Festwiderstände**) oder **regelbare elektrische Widerstände** besitzen. Man nennt sie einfach **Widerstände** .

Drahtwiderstände	Schichtwiderstände
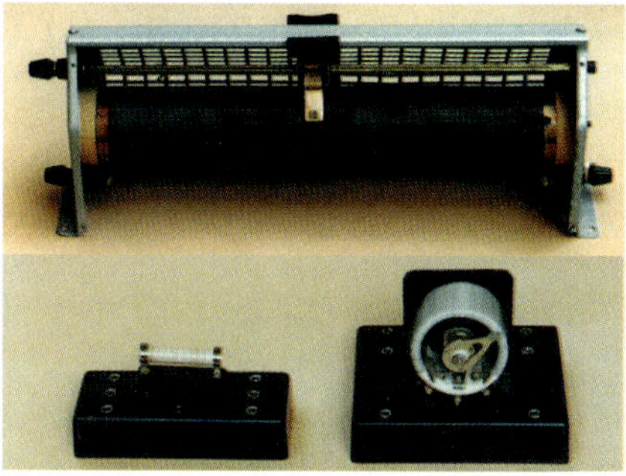	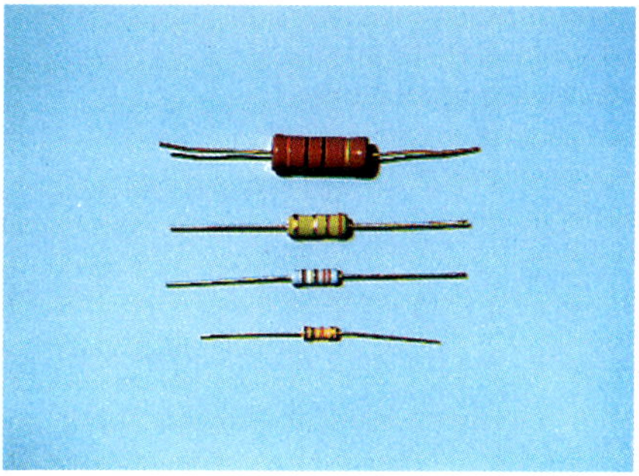
Auf einem Isolator ist ein langer Draht aufgewickelt.	Auf einem Isolator ist eine dünne Schicht eines Stoffes (z.B. Kohle oder Metall) aufgedampft.

Der genaue Wert eines Festwiderstandes ist in Form von Ringen als Farbcode auf dem Widerstand ablesbar.

Internationaler Farbcode für Widerstände der Reihen E6, E12, E24

Farbe	1. Ziffer	2. Ziffer	Multiplikator	Toleranz	Beispiel
Schwarz	0	0	x 1 Ω	–	
Braun	1	1	x 10 Ω	± 1 %	
Rot	2	2	x 100 Ω	± 2 %	
Orange	3	3	x 1000 Ω	–	
Gelb	4	4	x 10000 Ω	–	
Grün	5	5	x 100000 Ω	–	
Blau	6	6	x 1000000 Ω	–	
Violett	7	7	–	–	
Grau	8	8	–	–	
Weiß	9	9	–	–	
Gold	–	–	x 0,1 Ω	± 5 %	
Silber	–	–	x 0,01 Ω	± 10 %	

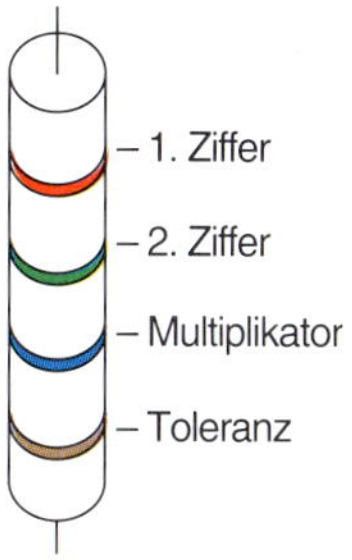

Bei **regelbaren Widerständen** kann durch einen Gleit- oder Drehkontakt eine unterschiedliche Länge eines Widerstandsdrahtes vom elektrischen Strom durchflossen werden. Dadurch ändert sich mit $R \sim l$ auch der Wert des Widerstandes.

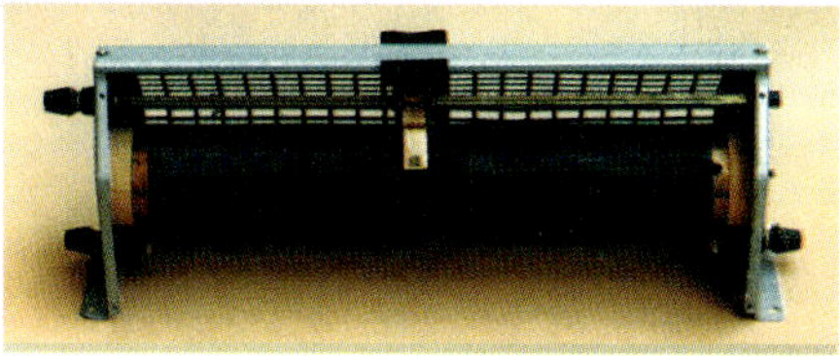

3.2.4 Elektrische Energie und Arbeit

Die Größe elektrische Energie

Die elektrische Energie ist die Fähigkeit des elektrischen Stromes, mechanische Arbeit zu verrichten, Wärme abzugeben oder Licht auszusenden.	**Formelzeichen:** E_{el}	**Einheiten:** 1 Joule (1 J) 1 Wattsekunde (1 Ws)

Für die Einheiten gilt:

$$1\ J = 1\ Ws = 1\ V \cdot A \cdot s$$

Vielfaches der Einheit 1 Ws ist 1 Kilowattstunde (1 kWh):

$$1\ kWh = 3\ 600\ 000\ Ws = 3{,}6 \cdot 10^6\ Ws$$

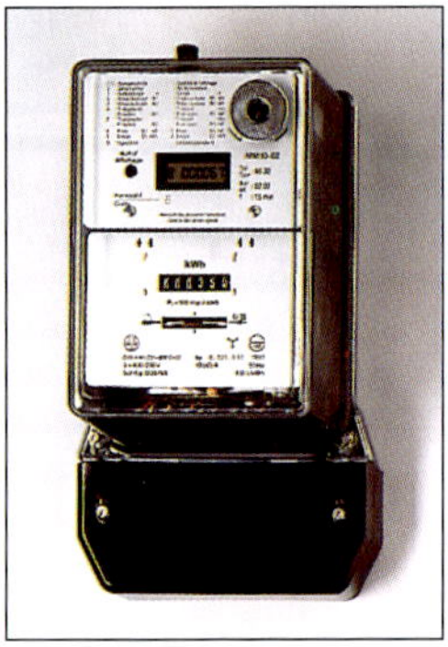

Messen und Berechnen der elektrischen Energie

Die elektrische Energie kann mit einem **Kilowattstundenzähler** (Elektrizitätszähler) gemessen werden. Die in einem Stromkreis umgewandelte elektrische Energie ist umso größer, je größer die Spannung (also der Antrieb des Stromes), je größer die Stromstärke und je länger der Stromkreis in Betrieb sind.

Die in einem Stromkreis umgewandelte elektrische Energie kann unter der Bedingung U = konstant und I = konstant berechnet werden mit der Gleichung:

$$E_{el} = U \cdot I \cdot t$$

U elektrische Spannung
I elektrische Stromstärke
t Zeit

Zusammenhang zwischen elektrischer Energie und elektrischer Arbeit

Bei der *Umwandlung elektrischer Energie* in mechanische Arbeit, Licht oder Wärme verrichtet der elektrische Strom in einem Stromkreis bzw. einem elektrischen Gerät **elektrische Arbeit.**

Die vom elektrischen Strom verrichtete elektrische Arbeit ist gleich der umgewandelten elektrischen Energie.

$$W = E_{el}$$

Damit kann auch die elektrische Arbeit berechnet werden mit der Gleichung:

$$W = U \cdot I \cdot t$$

3.2.5 Die elektrische Leistung

Die Größe elektrische Leistung

Die elektrische Leistung gibt an, wie viel elektrische Arbeit der elektrische Strom in jeder Sekunde verrichtet.	**Formelzeichen:** P	**Einheit:** 1 Watt (1 W)

Für die Einheit ein Watt gilt:

$$1\ \text{W} = 1\ \text{V} \cdot \text{A}$$

Vielfache der Einheit 1 W sind 1 Kilowatt (1 kW) und ein Megawatt (1 MW):

$$1\ \text{kW} = 1\,000\ \text{W}$$

$$1\ \text{MW} = 1\,000\ \text{kW} = 1\,000\,000\ \text{W}$$

Elektrische Leistungen in Natur und Technik	
Spielzeugmotor	1 W
Glühlampe einer Taschenlampe	1 W
Energiesparlampen	5 W ... 20 W
Glühlampen für Raumbeleuchtung	25 W ... 100 W
Tauchsieder, Kochplatte	1 kW
Bügeleisen	1,1 kW
Waschmaschine	2 kW
Motor einer Elektrolokomotive	2,5 MW

Messen und Berechnen der elektrischen Leistung

Die elektrische Leistung eines Gerätes kann mit einem **Leistungsmesser** gemessen werden.

Die elektrische Leistung in einem Stromkreis kann berechnet werden mit der Gleichung:

$$P = \frac{W}{t}$$

W elektrische Arbeit
t Zeit

Die elektrische Leistung in einem Stromkreis ist umso größer, je größer die Spannung und je größer die Stromstärke sind.

Unter der Bedingung, dass die Spannung und die Stromstärke im Stromkreis konstant sind (U = konstant und I = konstant), kann die elektrische Leistung berechnet werden nach der Gleichung:

$$P = U \cdot I$$

U elektrische Spannung
I elektrische Stromstärke

3.2.6 Gesetze im Gleichstromkreis

Das ohmsche Gesetz

Je größer die Spannung in einem Stromkreis, desto größer ist der Antrieb des elektrischen Stromes. Dies läßt vermuten, dass auch die Stromstärke mit steigender Spannung wächst. Auf dieser Vermutung aufbauend entdeckte GEORG SIMON OHM (1789–1854) das nach ihm benannte **ohmsche Gesetz**.

> Für alle Leiter gilt unter der Bedingung einer konstanten Temperatur (ϑ = konstant):
> $$U \sim I$$

Daraus folgt für einen bestimmten metallischen Leiter:

$$\frac{U}{I} = \text{konstant}$$

Der Graf im *I*-*U*-Diagramm ist eine Gerade.

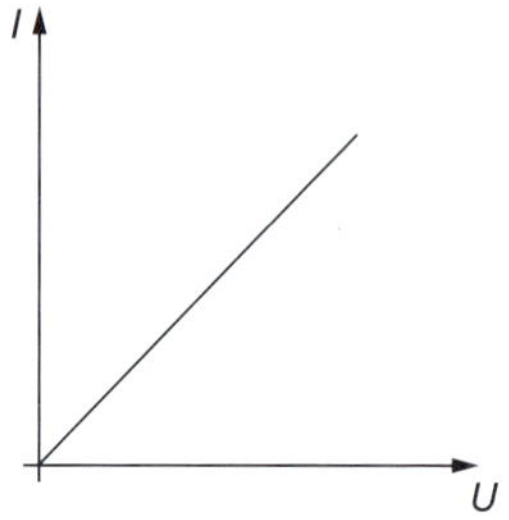

Spannungen, Stromstärken und Widerstände in unverzweigten und verzweigten Stromkreisen

<table>
<tr><th>Reihenschaltung von Widerständen</th><th>Parallelschaltung von Widerständen</th></tr>
<tr><td>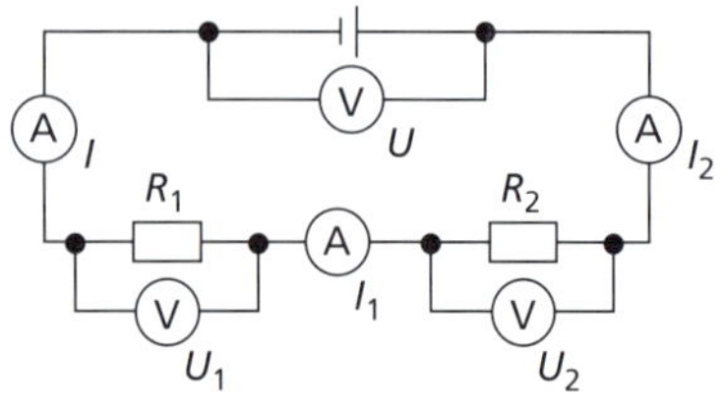
</td><td>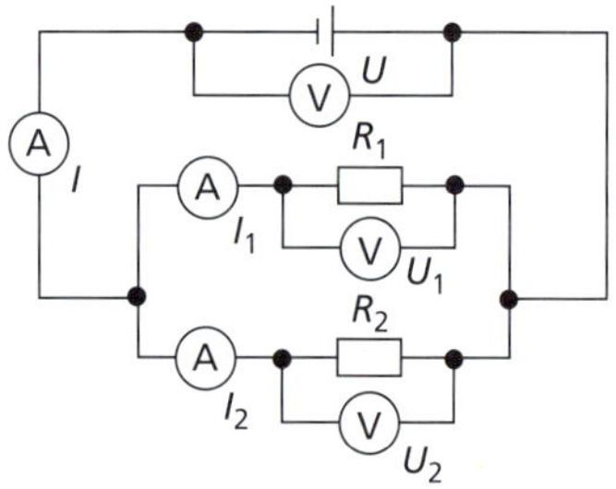
</td></tr>
<tr><td>$I = I_1 = I_2$</td><td>$I = I_1 + I_2$</td></tr>
<tr><td>$U = U_1 + U_2$</td><td>$U = U_1 = U_2$</td></tr>
<tr><td>$R = R_1 + R_2$</td><td>$\frac{1}{R} = \frac{1}{R_1} + \frac{1}{R_2}$</td></tr>
<tr><td>Spannungsteilerregel:
$\frac{U_1}{U_2} = \frac{R_1}{R_2}$ $\frac{U_1}{U} = \frac{R_1}{R}$</td><td>Stromteilerregel:
$\frac{I_1}{I_2} = \frac{R_2}{R_1}$ $\frac{I_1}{I} = \frac{R}{R_1}$</td></tr>
</table>

Reihenschaltung von Spannungsquellen	Parallelschaltung von Spannungsquellen
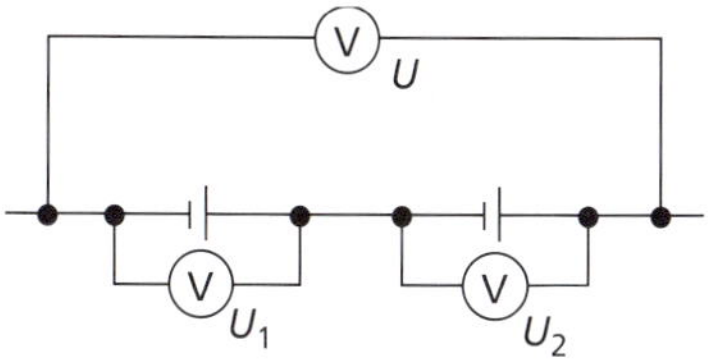	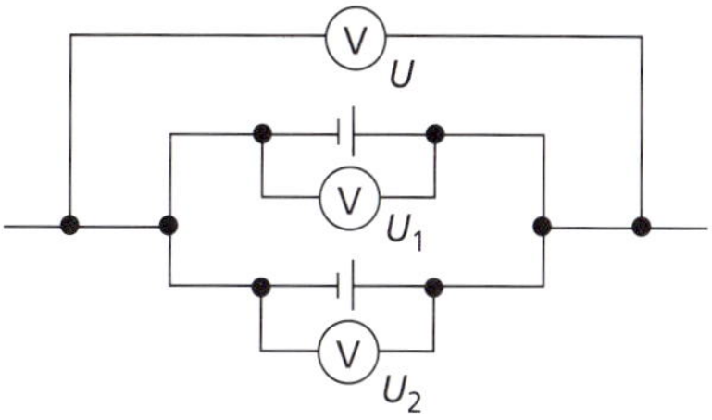
$U = U_1 + U_2$	Unter der Bedingung gleicher Spannungsquellen gilt: $U = U_1 = U_2$

Spannungsteilerschaltung (Potentiometerschaltung)	
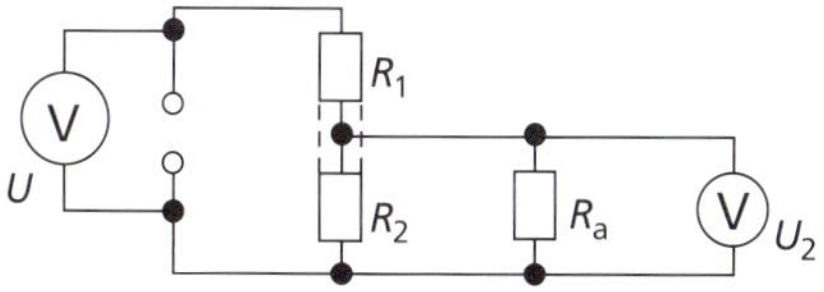	U Gesamtspannung U_2 Teilspannung R_1, R_2 Teilwiderstände R_a Lastwiderstand $\frac{U_2}{U} = \frac{R_2}{R_1 + R_2 + \frac{R_1 \cdot R_2}{R_a}}$

Innenwiderstände von elektrischen Quellen und Messgeräten

Auch elektrische Quellen und Messgeräte haben einen elektrischen Widerstand, den **Innenwiderstand**, da auch durch diese Geräte elektrischer Strom fließt und dieser Stromfluss behindert wird. Dadurch werden Stromstärke und Spannung im gesamten Stromkreis beeinflusst.

Für sehr genaue Messungen und Berechnungen müssen deshalb die Innenwiderstände von elektrischen Quellen und von Messgeräten berücksichtigt werden.

Ersatzschaltung für einen einfachen Stromkreis	
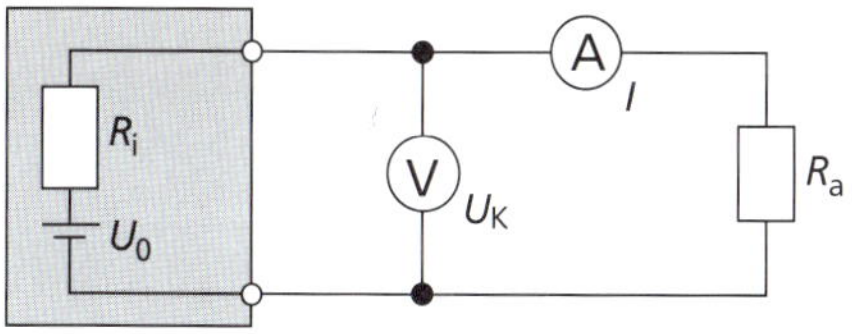Spannungsquelle (aktiver Zweipol) — Außenwiderstand (passiver Zweipol) Für die Klemmenspannung gilt: $U_K = U_0 - (I \cdot R_i)$ Für die Stromstärke gilt: $I = \frac{U_0}{R_i + R_a}$	R_i Innenwiderstand der elektrischen Quelle U_0 Urspannung der elektrischen Quelle I Stromstärke R_a Außenwiderstand U_K Klemmenspannung **Leerlauf:** $R_a \to \infty$ $I = 0$ $U_K = U_0$ **Kurzschluss:** $R_a \to 0$ $I = \frac{U_0}{R_i}$ $U_K \to 0$ **Anpassung (maximale Leistung):** $R_a = R_i$

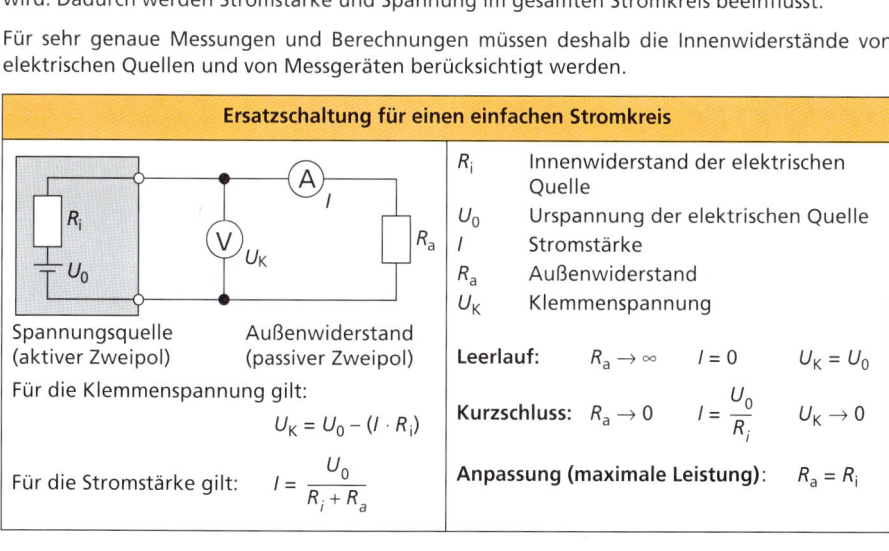

Stromrichtige Messschaltung	Spannungsrichtige Messschaltung
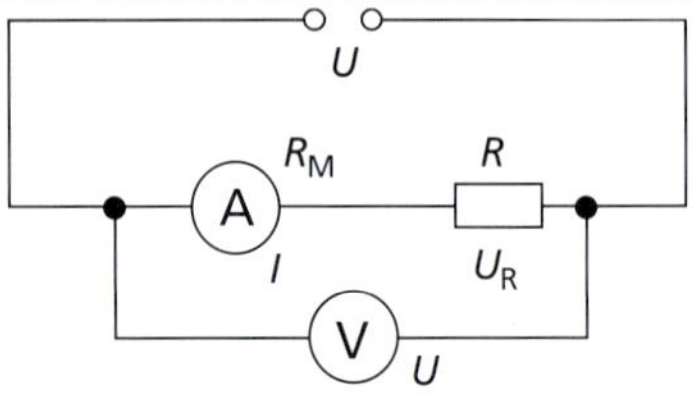	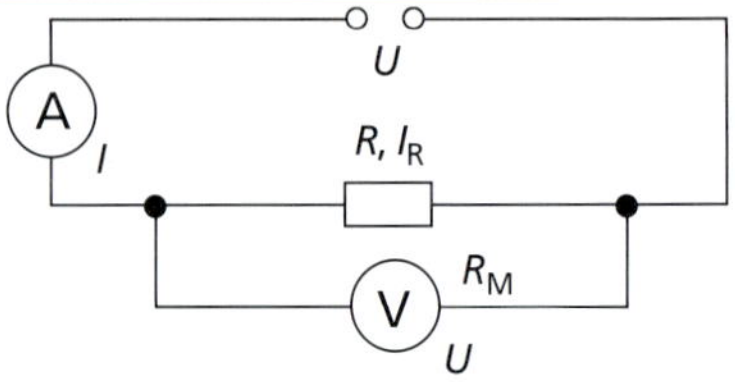
$U_R = U - I \cdot R_M$	$I_R = I - \frac{U}{R_M}$
Korrektur nicht erforderlich, wenn $R_M \ll R$.	Korrektur nicht erforderlich, wenn $R_M \gg R$.

3.3 Elektrische und magnetische Felder

3.3.1 Das elektrische Feld

Elektrische Felder und ihre Darstellung

Zwischen elektrisch geladenen Körpern wirken anziehende oder abstoßende Kräfte (S. 123). Die elektrische Ladung versetzt den *Raum um einen geladenen Körper* in einen besonderen Zustand, so dass in diesem Raum auf andere geladene Körper Kräfte wirken. Im Raum um einen geladenen Körper existiert ein **elektrisches Feld**.

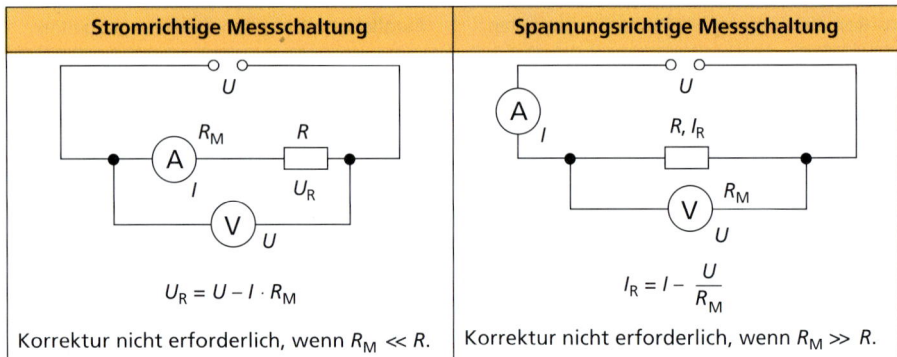

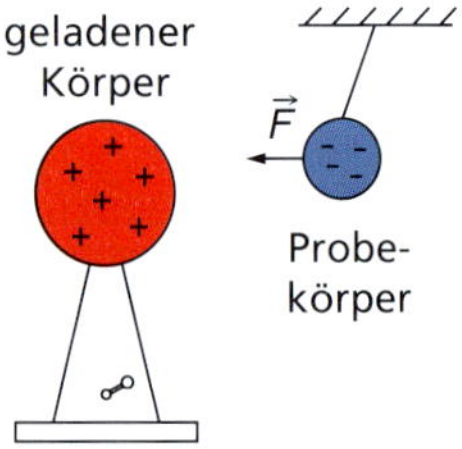

Ein elektrisches Feld ist der Zustand des Raumes um einen elektrisch geladenen Körper, in dem auf andere elektrisch geladene Körper Kräfte ausgeübt werden.

Elektrische Felder können mit Hilfe von **Feldlinienbildern** dargestellt werden. Ein **Feldlinienbild** ist ein *Modell* für das elektrische Feld. Es macht Aussagen über Beträge und Richtungen der Kräfte auf Probekörper im elektrischen Feld.

Für das Feldlinienbild als Modell des elektrischen Feldes gilt:

- Je größer die Anzahl der Feldlinien in einem bestimmten Gebiet des Feldes, desto stärker sind die dort wirkenden Kräfte auf geladene Körper.
- Die Richtung der Feldlinien gibt die Richtung der wirkenden Kräfte auf geladene Körper an. Dabei ist die Art der Ladung zu beachten.

Feld eines Plattenkondensators	Feld zweier geladener Kugeln
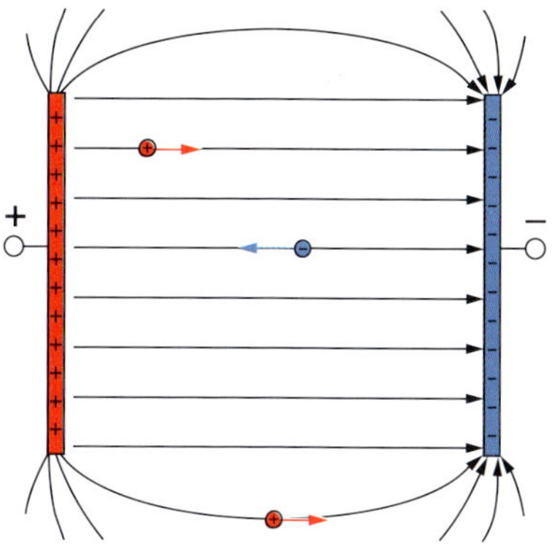	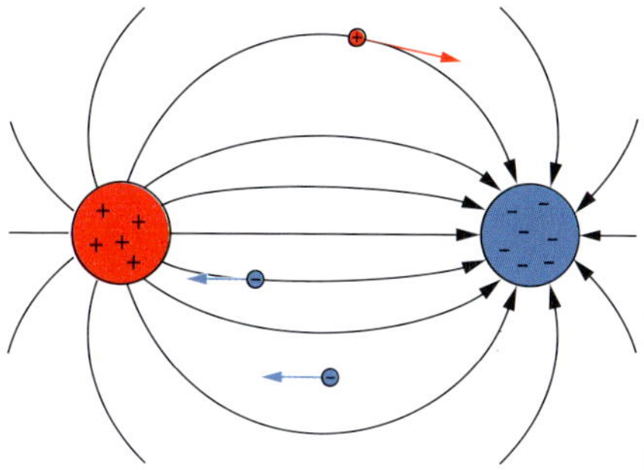
Das Feld zwischen den Platten des Plattenkondensators ist überall gleich stark. Dieser Teil des Feldes ist ein **homogenes** Feld.	Das Feld zwischen zwei geladenen Kugeln ist unterschiedlich stark. Es ist ein **inhomogenes** Feld.

Feldlinienbilder elektrischer Felder		
Punktladung	Geladene Spitze	Elektrischer Dipol
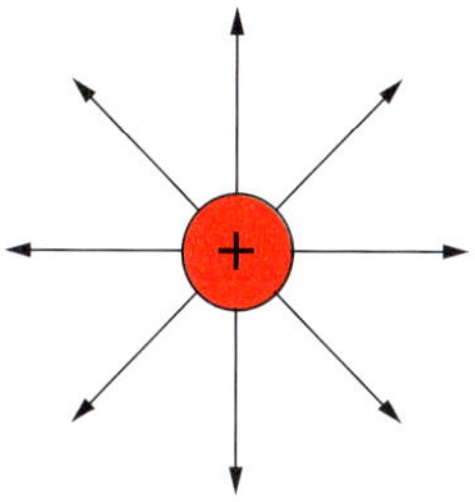	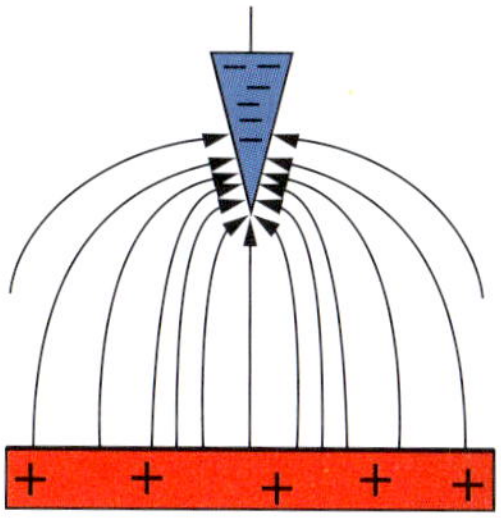	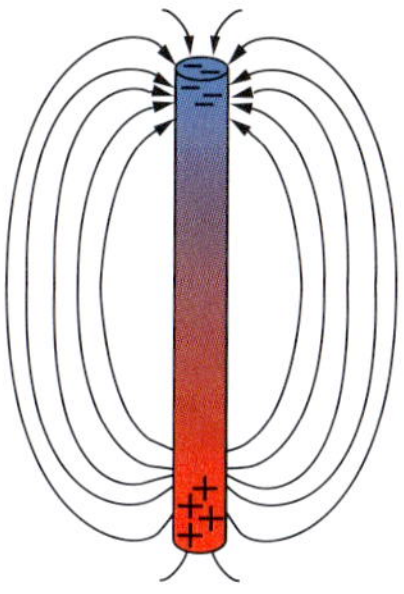

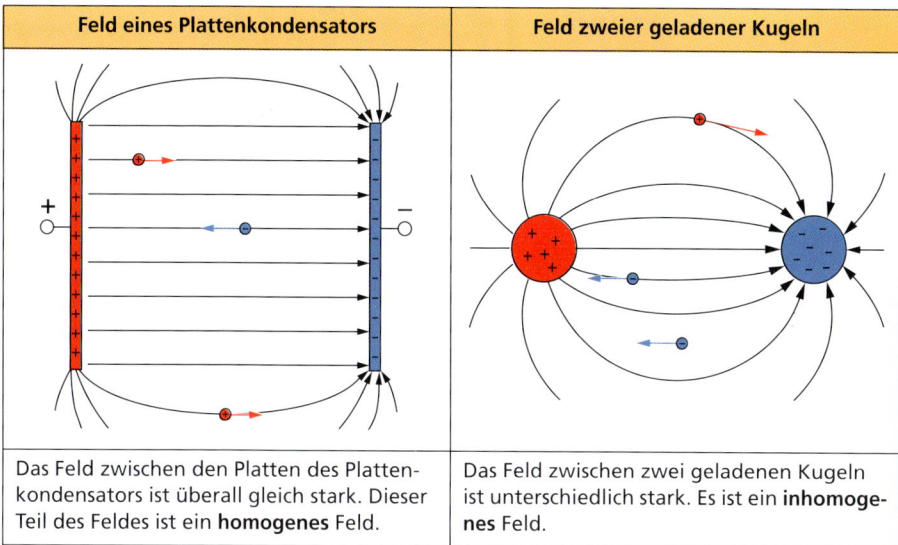

Die Stärke des elektrischen Feldes in einem bestimmten Punkt kann durch die **elektrische Feldstärke** beschrieben werden. Dabei wird die Größe der Kraft auf eine Probeladung, die sich in diesem Punkt befindet, zugrunde gelegt.

Die elektrische Feldstärke gibt an, wie groß die Kraft auf eine Probeladung von 1 C in diesem Punkt des Feldes ist.	**Formelzeichen:** *E*	**Einheiten:** 1 Newton pro Coulomb $(1\,\frac{N}{C})$ 1 Volt pro Meter $(1\,\frac{V}{m})$

Für die Einheiten gilt:

$$1\,\frac{N}{C} = 1\,\frac{V}{m}$$

Spannungen, Ströme und Energie im elektrischen Feld

Im elektrischen Feld wirkt auf eine Probeladung eine Kraft. Diese Kraft kann zu einer Bewegung bzw. Bewegungsänderung des Probekörpers führen. Der Probekörper legt unter Krafteinwirkung einen Weg zurück. Dabei wird mechanische Arbeit verrichtet.

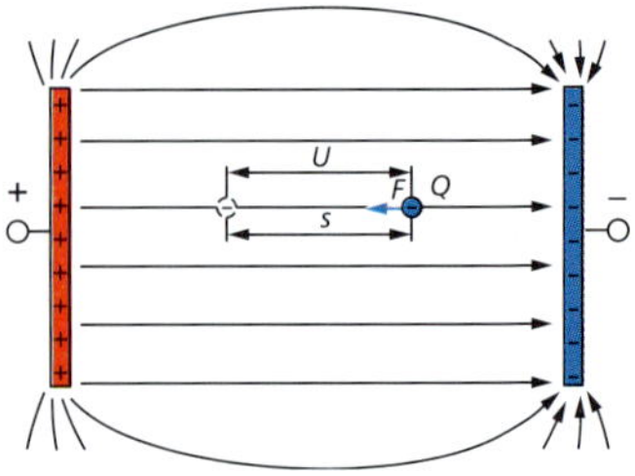

Das elektrische Feld besitzt *elektrische Energie*, die in mechanische Energie des Probekörpers umgewandelt wird.

Die gerichtete Bewegung von Ladungsträgern im elektrischen Feld ist ein elektrischer Strom (S. 123). Die Stromstärke kann aus der bewegten Ladung durch eine bestimmte Querschnittsfläche und der Zeit berechnet werden mit

$$I = \frac{Q}{t}.$$

Den Antrieb für den elektrischen Strom liefert eine elektrische Spannung zwischen zwei Punkten des elektrischen Feldes. Die Spannung zwischen zwei Punkten bewirkt das Verrichten der mechanischen Arbeit an der bewegten Ladung. Diese Spannung kann aus der Verschiebungsarbeit an der Ladung berechnet werden mit

$$U = \frac{W}{Q}.$$

Der Kondensator

Ein Kondensator ist ein elektrisches Bauelement, mit dem elektrische Ladungen gespeichert werden können. Mit dem Speichern von Ladungen speichert ein Kondensator auch *elektrische Energie*.

Plattenkondensator	
	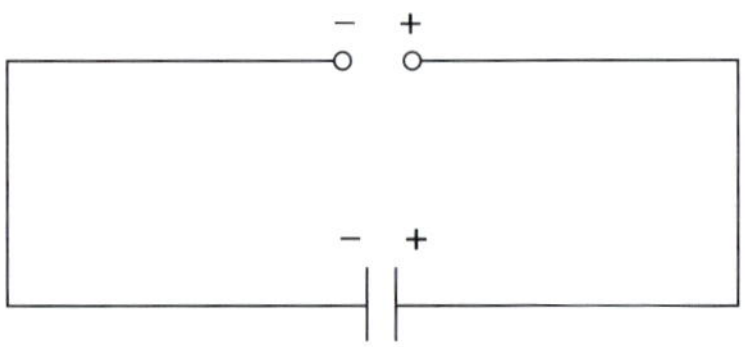

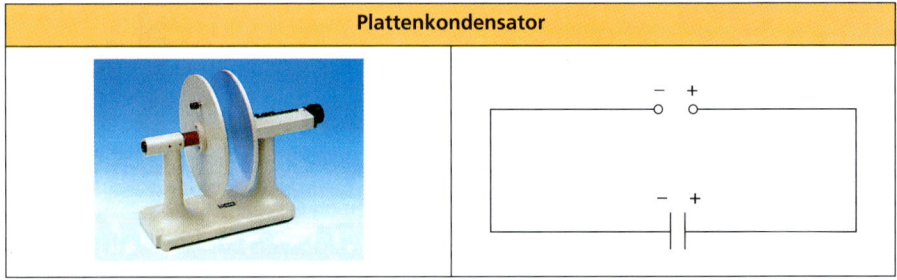

Dazu wird der Kondensator an eine elektrische Quelle einer bestimmten Spannung angeschlossen. Jeder Kondensator kann bei einer gegebenen Spannung nur eine bestimmte Ladung aufnehmen. Diese unterschiedliche Speicherfähigkeit für Ladungen wird durch die Größe **Kapazität** angegeben.

Die Kapazität eines Kondensators gibt an, wie viel Ladung der Kondensator bei einer Spannung von 1 V speichern kann.	**Formelzeichen:** C	**Einheiten:** 1 Farad (1 F) 1 Coulomb je Volt $(1\,\frac{\mathrm{C}}{\mathrm{V}})$

Für die Einheiten gilt:

$$1\ \mathrm{F} = 1\ \frac{\mathrm{C}}{\mathrm{V}} = \frac{\mathrm{A} \cdot \mathrm{s}}{\mathrm{V}}$$

Teile der Einheit 1 F sind 1 Mikrofarad (1µF), 1 Nanofarad (1nF) und 1 Picofarad (1pF):

$$1\ \mathrm{F} = 10^6\ \mu\mathrm{F} = 10^9\ \mathrm{nF} = 10^{12}\ \mathrm{pF}$$

Kondensatoren bestehen aus leitenden Schichten, die durch einen Isolator, **Dielektrikum** genannt, voneinander getrennt sind. Technisch können Kondensatoren als Wickelkondensator oder Keramikkondensator gefertigt sein.

Wickelkondensator	Keramikkondensator
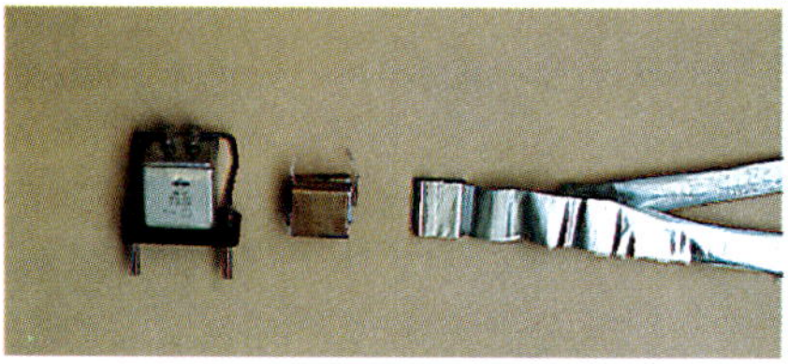	
Zwischen Metallfolien befindet sich eine Isolierschicht. Diese werden aufgewickelt.	Auf eine keramische Isolierschicht werden zwei leitende Schichten aufgedampft.

Die Kapazität eines Kondensators ist abhängig vom Flächeninhalt der sich gegenüber befindenden leitenden Flächen, dem Abstand der Flächen und dem Stoff des Isolators.
Beachte:
Bei einer zu hohen Spannung oder bei einer falschen Polung kann ein Kondensator zerstört werden.

3.3.2 Das magnetische Feld

Magnete und ihre Wirkungen

Magnete sind Körper, die andere Körper aus Eisen, Nickel oder Kobalt anziehen.
Körper, die diese magnetische Eigenschaft auf Dauer oder über sehr lange Zeit besitzen, nennt man **Dauermagnete** oder **Permanentmagnete**.
Dauermagnete bestehen ebenfalls aus Eisen, Nickel oder Kobalt. Sie können verschiedene Formen haben.
Permanentmagnete werden heute technisch hergestellt. Dabei nutzt man, dass Körper aus Eisen, Nickel und Kobalt selbst magnetisch werden, wenn man sie in die Nähe eines starken Magneten bringt.

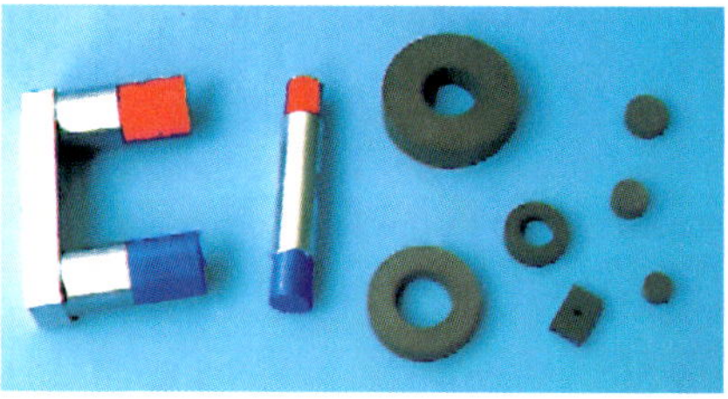	a, b 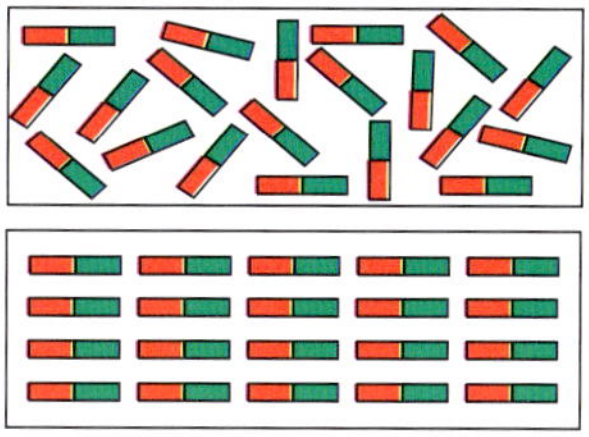
Dauermagnete unterschiedlicher Form	Unmagnetisiertes (a) und magnetisiertes (b) Eisen im Modell

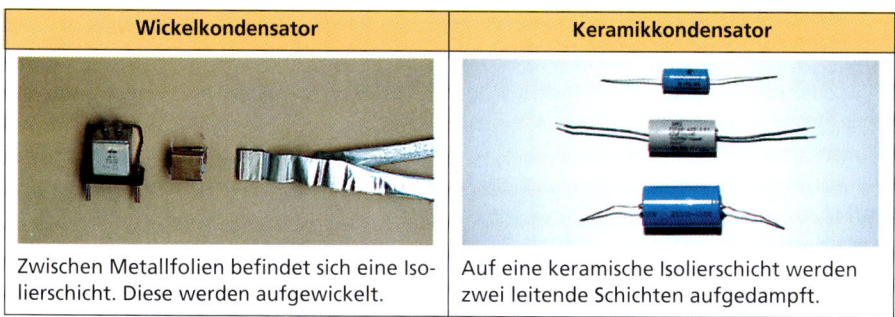

Diese Eigenschaft von Stoffen aus Eisen, Nickel und Kobalt, den **ferromagnetischen Stoffen**, ergibt sich aus ihrem Aufbau.

Magnetisierbare Stoffe bestehen aus winzigen Bereichen, von denen sich jeder wie ein kleiner Magnet verhält. Im unmagnetisierten Zustand sind diese Elementarmagnete völlig ungeordnet. Der Körper ist nach außen hin unmagnetisch.

Unter dem Einfluss eines Magneten können sich diese Elementarmagnete ausrichten. Der Körper wird selbst magnetisch.

Die Ausrichtung der **Elementarmagnete** geht verloren, wenn man einen Magneten zu stark erhitzt oder starken Erschütterungen aussetzt, ihn also z.B. mit einem Hammer bearbeitet.

Lassen sich in einem Stoff die Elementarmagnete leicht ausrichten, so bezeichnet man diesen Stoff als **magnetisch weich**. Die Ausrichtung der Elementarmagnete geht bei weichmagnetischen Stoffen leicht wieder verloren.

Stoffe, bei denen die Ausrichtung der Elementarmagnete nur unter dem Einfluss starker Magnete erfolgt und lange Zeit erhalten bleibt, bezeichnet man als **magnetisch hart**. Aus solchen Stoffen stellt man Permanentmagnete her.

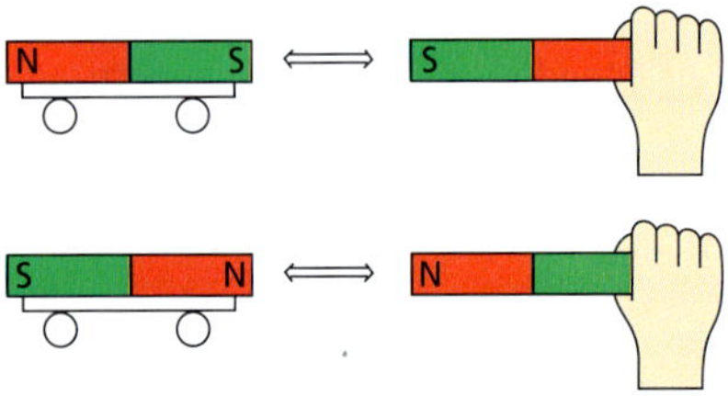

Gleiche Magnetpole stoßen sich ab.

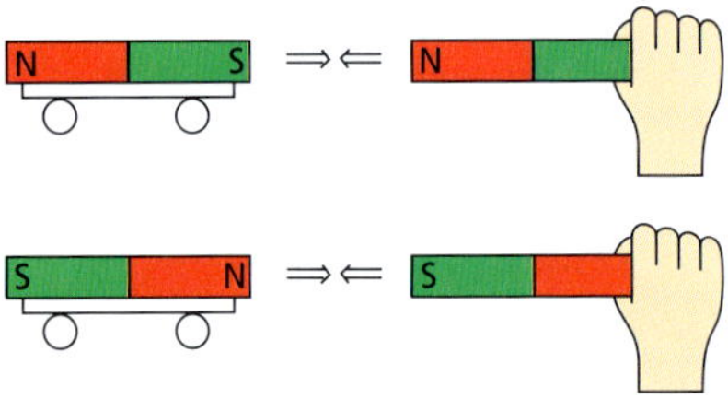

Ungleiche Magnetpole ziehen sich an.

Zwischen Magneten wirken anziehende oder abstoßende Kräfte. Diese Kräfte sind zwischen den **Polen** der Magnete am größten.

Jeder Magnet hat zwei Pole, den **Nordpol** und den **Südpol**.

Auch wenn man einen Magneten zerteilt, hat jeder Teil wieder zwei Pole, einen Nordpol und einen Südpol.

Die magnetische Kraftwirkung kann durch andere Körper hindurchgehen. Nur Körper aus Eisen, Nickel und Kobalt, also aus ferromagnetischen Stoffen, können die magnetische Kraftwirkung und damit das magnetische Feld *abschirmen*.

Magnetische Felder und ihre Darstellung

Im Raum um Magnete wirken auf andere Magnete bzw. auf Körper aus ferromagnetischen Stoffen Kräfte. Im Raum um Magnete existiert ein **magnetisches Feld**.

Ein magnetisches Feld ist der Zustand des Raumes um Magnete, in dem auf andere Magnete bzw. Körper aus ferromagnetischen Stoffen Kräfte ausgeübt werden.

Magnetische Felder können ebenfalls mit Hilfe von **Feldlinienbildern** dargestellt werden (S. 138). Ein Feldlinienbild als *Modell* des magnetischen Feldes macht Aussagen über die Kräfte auf Probekörper (z.B. kleine Magnete). Dabei gelten dieselben Aussagen wie für Feldlinienbilder elektrischer Felder (S. 138).
Die Stärke des magnetischen Feldes in einem bestimmten Punkt kann durch die magnetische Feldstärke beschrieben werden. Dabei wird die Größe der Kraft auf einen magnetischen Probekörper, der sich in diesem Punkt befindet, zugrunde gelegt.

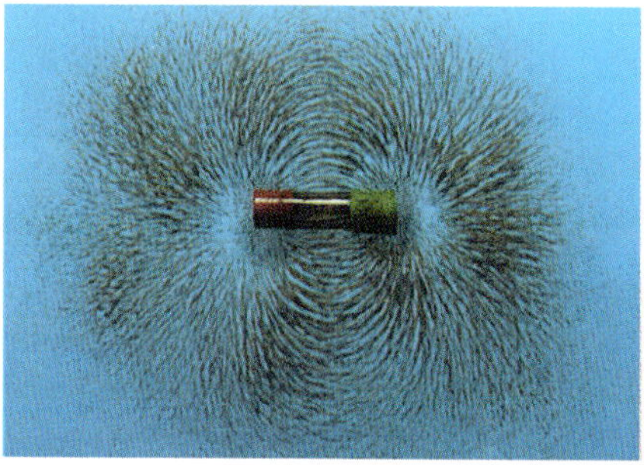

Eisenfeilspäne im magnetischen Feld eines Stabmagneten

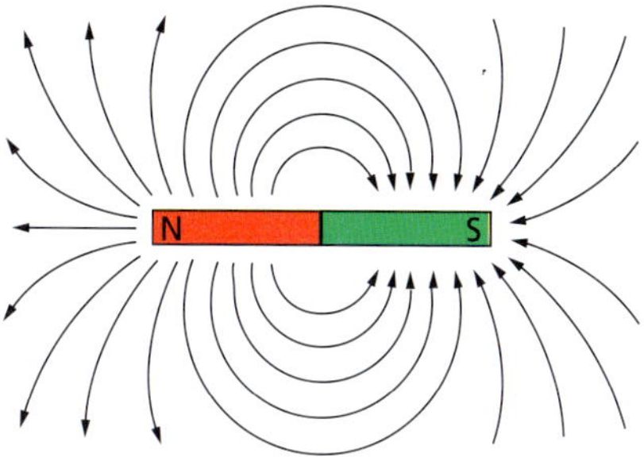

Feldlinienbild eines Stabmagneten

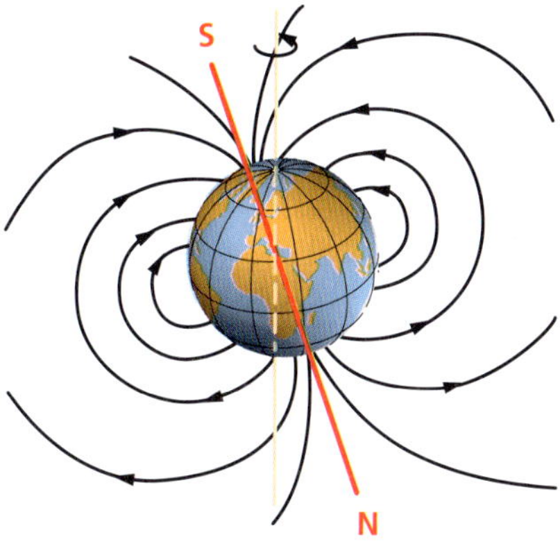

Magnetfeld der Erde

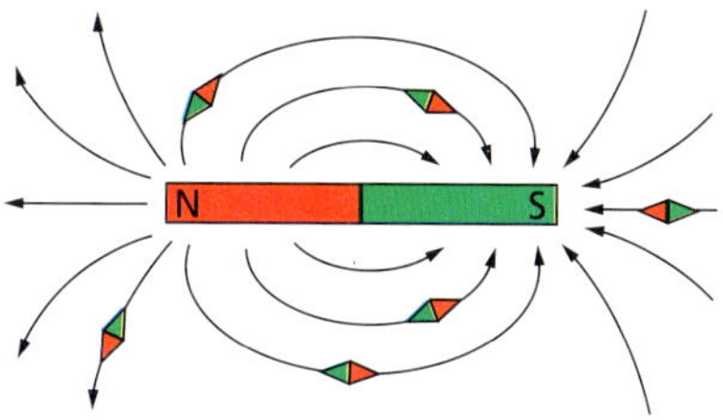

Ausrichtung von kleinen Magneten in einem Magnetfeld

Die magnetische Feldstärke gibt an, wie groß die Kraft auf einen magnetischen Probekörper in diesem Punkt des Feldes ist.	**Formelzeichen:** H	**Einheit:** 1 Ampere je Meter $(1\ \frac{A}{m})$

Ein magnetisches Feld besitzt *magnetische Energie*.

Elektromagnetismus

Im Raum um stromdurchflossene Leiter wirken ebenfalls Kräfte auf magnetische Probekörper. Jeder elektrische Leiter ist bei Stromfluss von einem Magnetfeld umgeben. Besonders stark ist das magnetische Feld, wenn ein Leiter als Spule aufgewickelt ist und einen Eisenkern enthält. Man nennt eine solche stromdurchflossene Spule mit Eisenkern auch **Elektromagnet**.

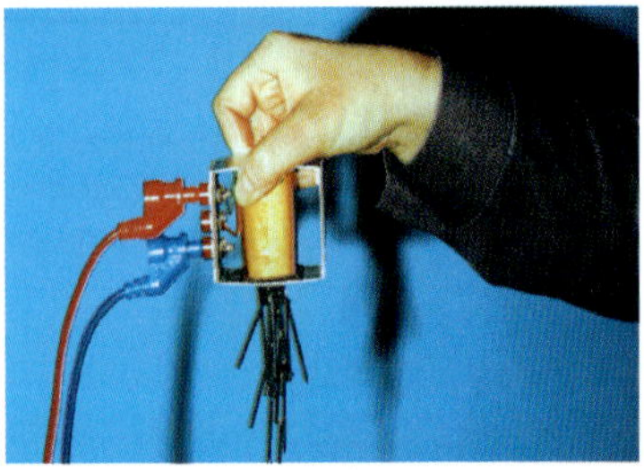

Das magnetische Feld einer stromdurchflossenen Spule weist große Ähnlichkeiten mit dem Magnetfeld eines Stabmagneten auf.

Stabmagnet	Elektromagnet
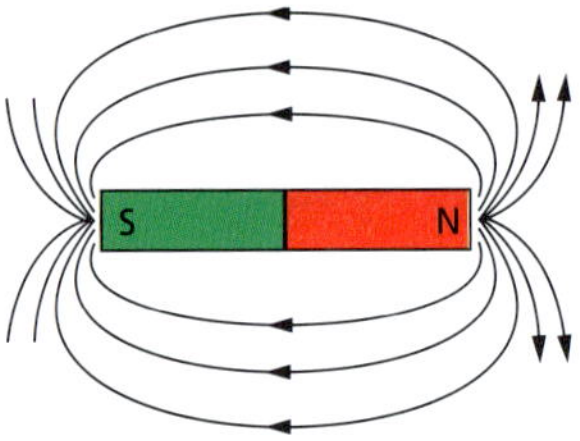	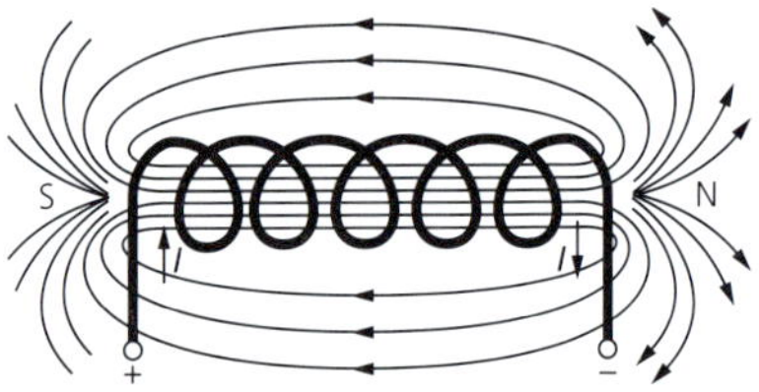

Die Richtung des Feldes eines Elektromagneten ist abhängig von der Richtung des Stromflusses. Das Feld im Innern eines Elektromagneten ist *homogen,* d.h., die magnetische Feldstärke ist überall gleich groß. Die magnetische Feldstärke eines Elektromagneten ist abhängig von der Stromstärke sowie von der Windungszahl und der Länge der Spule.

Die magnetische Feldstärke im Innern einer langen stromdurchflossenen Spule kann berechnet werden nach der Gleichung:

$$H = \frac{N \cdot I}{l}$$

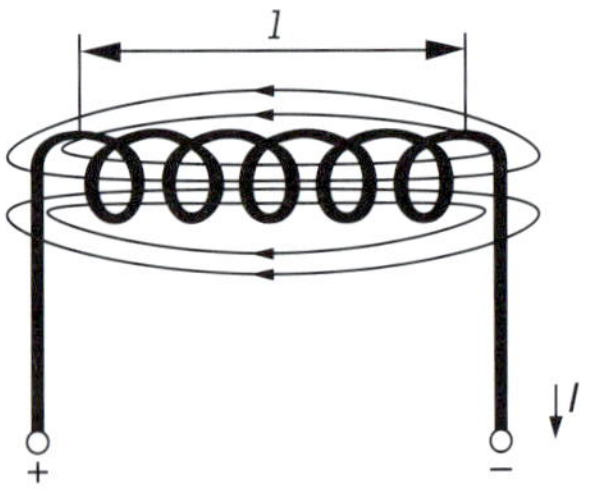

N Windungszahl der Spule
I Stromstärke
l Länge der Spule

Durch einen Eisenkern wird das Magnetfeld verstärkt.

Die magnetische Feldstärke um einen geraden stromdurchflossenen Leiter kann berechnet werden nach der Gleichung:

$$H = \frac{I}{2\pi \cdot r}$$

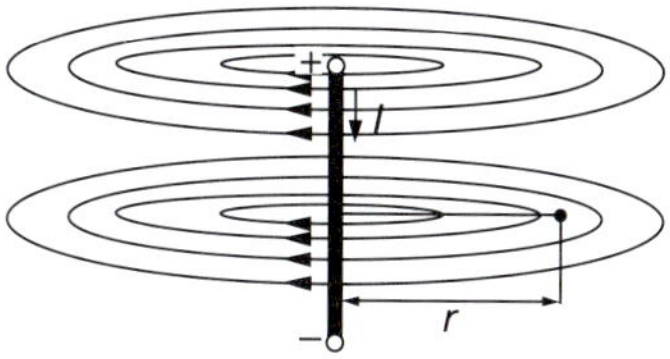

I Stromstärke
r Abstand vom Leiter

Stromdurchflossene Leiter im Magnetfeld

In Experimenten fand HANS CHRISTIAN OERSTED (1777–1851) im Jahre 1820 die Kraftwirkung zwischen Dauermagneten und stromdurchflossenen Leitern. Damit wurde erstmals nachgewiesen, dass auch um stromdurchflossene Leiter *magnetische* Felder existieren.

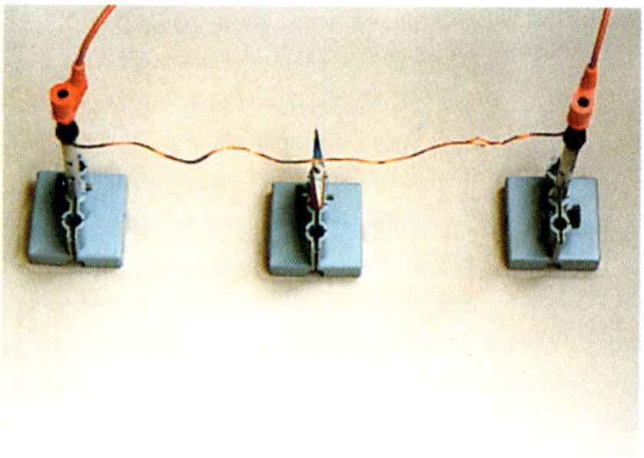

Eine Magnetnadel wird von einem stromdurchflossenen Leiter abgelenkt.

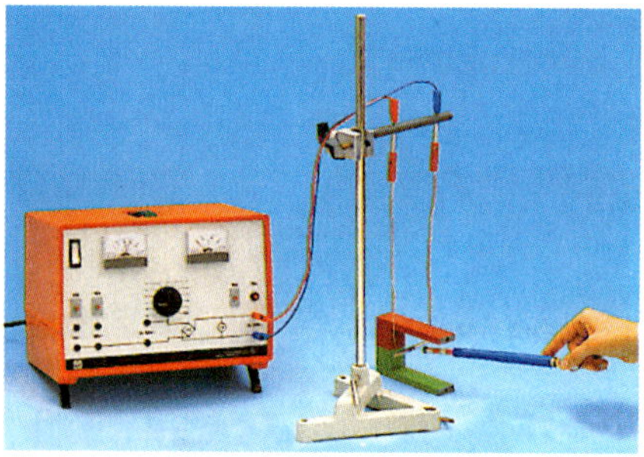

Auf eine stromdurchflossene Leiterschleife wirkt eine Kraft.

Auf einen stromdurchflossenen Leiter wirkt in einem Magnetfeld eine Kraft. Diese Kraft wirkt senkrecht zum Stromfluss und senkrecht zur Richtung des magnetischen Feldes.

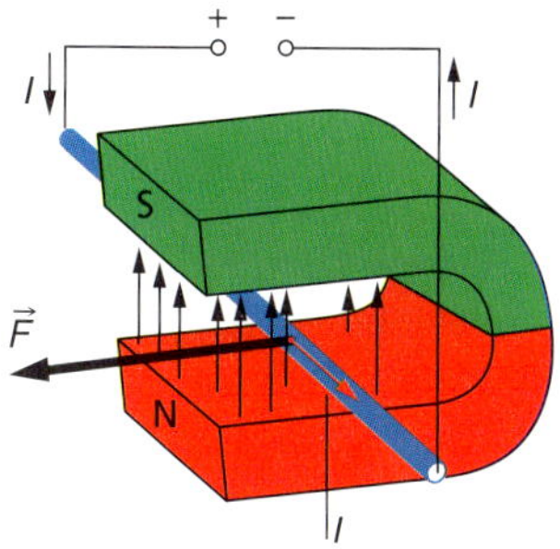

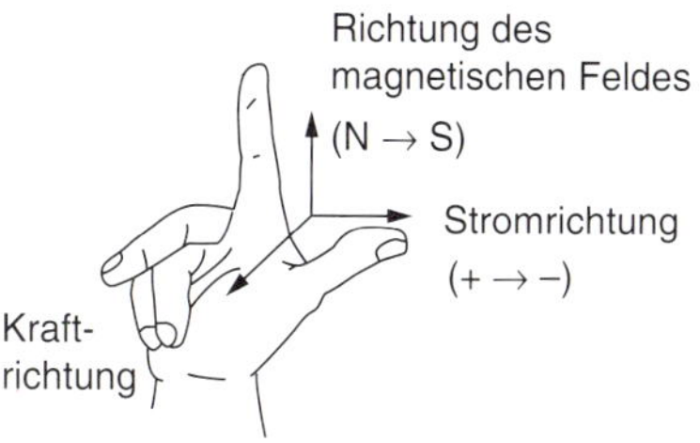

Rechte-Hand-Regel

Zur Ermittlung der Kraft auf einen stromdurchflossenen Leiter benutzt man die **Rechte-Hand-Regel**:

Daumen:	Stromrichtung von + nach –
Zeigefinger:	Richtung des magnetischen Feldes vom Nord- zum Südpol
Mittelfinger:	Richtung der Kraft

Die Kraft auf einen stromdurchflossenen Leiter im Magnetfeld wird z.B. in einem **Gleichstrommotor** genutzt.

Durch einen *Feldmagneten* (Dauer- oder Elektromagnet) wird ein magnetisches Feld aufgebaut. In diesem Feld ist ein Elektromagnet drehbar gelagert, der *Anker* genannt wird. Über *Kohlebürsten* als Schleifkontakte wird der Anker an eine Gleichspannung angeschlossen. Durch den Stromfluss im Anker wird dieser zum Magneten und es treten Kräfte zwischen Feldmagneten und Anker auf. Diese Kräfte führen zu einer Drehbewegung. Durch einen *Kollektor* (Polwender) wird bei einer bestimmten Stellung des Ankers eine Umkehr der Stromrichtung erreicht, damit die Drehbewegung ungehindert weiter laufen kann.

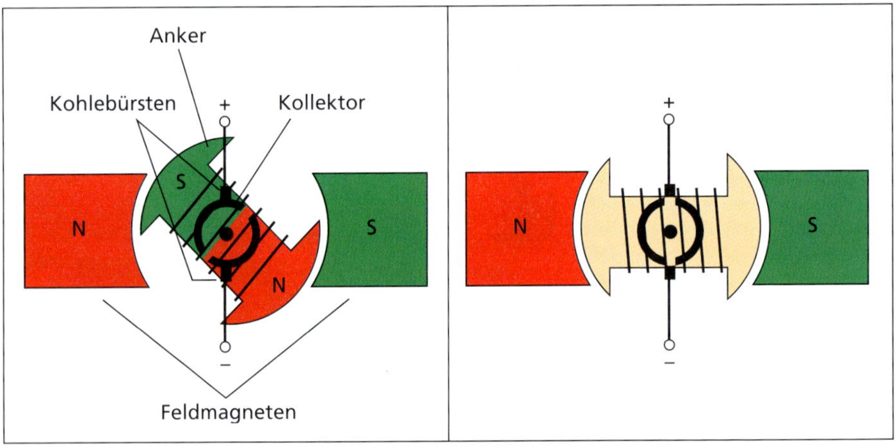

Auch auf frei bewegte Ladungsträger, z.B. auf Elektronen in einer Elektronenstrahlröhre (S. 164), wirkt in einem Magnetfeld eine Kraft, die **Lorentzkraft**.

> Auf bewegte Ladungsträger wirkt in einem Magnetfeld eine Kraft senkrecht zur Bewegungsrichtung und senkrecht zur Richtung des magnetisches Feldes.

Beachte:
Bei der Bestimmung der Kraftrichtung ist zu beachten, ob sich positive oder negative Ladungsträger bewegen. Bei Anwendung der Rechte-Hand-Regel zeigt der Daumen in Bewegungsrichtung positiv geladener Teilchen (entgegengesetzt der Bewegungsrichtung von Elektronen).

3.3.3 Die elektromagnetische Induktion

Gesetze der elektromagnetischen Induktion

Auf bewegte Ladungsträger wirkt in einem Magnetfeld eine Kraft. Dies gilt auch für frei bewegliche Elektronen in einem metallischen Leiter, wenn diese *mit* dem Leiter im Magnetfeld bewegt werden. Bei einer solchen Bewegung des Leiters kommt es zu einer Verschiebung der Elektronen im Leiter. Im Leiter entsteht ein Stromfluss. Zwischen den Enden des Leiters entsteht eine Spannung, die **Induktionsspannung** genannt wird. Der Vorgang heißt **elektromagnetische Induktion**. Größere Induktionsspannungen entstehen, wenn anstelle eines Leiters eine Spule benutzt wird.

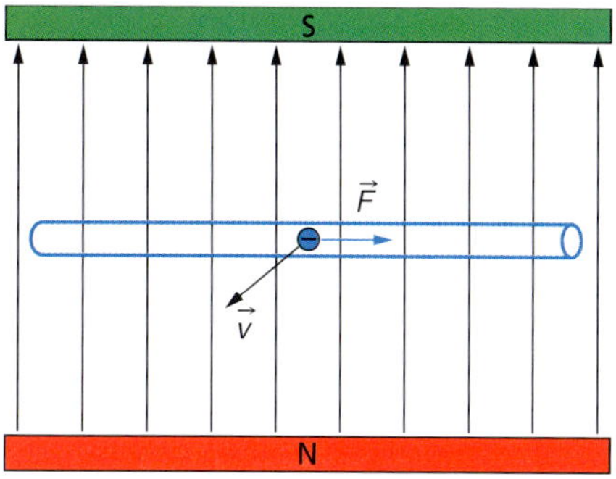

Nähere Untersuchungen haben ergeben, dass das Entstehen einer Induktionsspannung nicht an die Bewegung im Magnetfeld gebunden ist, sondern an die Änderung des von der Spule bzw. dem Leiter umfassten Magnetfeldes. Diese Erkenntnisse sind im **Induktionsgesetz** zusammengefasst.

In einer Spule wird eine Spannung induziert, wenn sich das von der Spule umfasste Magnetfeld ändert.

Die Induktionsspannung ist umso größer,

- je schneller sich der räumliche Anteil des von der Spule umfassten Magnetfeldes ändert (je schneller man die Spule im Magnetfeld bewegt),
- je stärker sich das von der Spule umfasste Magnetfeld ändert,
- je schneller die Änderung der Stärke des Magnetfeldes erfolgt.

Der Betrag der Induktionsspannung ist auch vom Bau der Spule abhängig.

Das Magnetfeld für die elektromagnetische Induktion kann sowohl durch Dauermagneten als auch durch Elektromagneten erzeugt werden.

Anordnungen zur Erzeugung von Induktionsspannungen

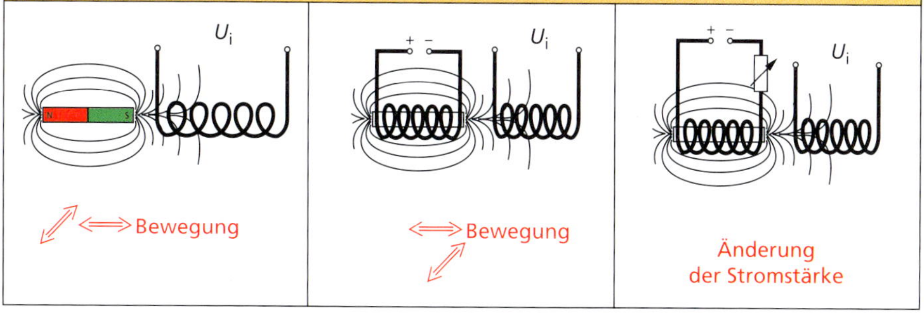

Die in einer Spule induzierte Spannung ist umso größer,

- je größer die Windungszahl der Spule und
- je größer die Querschnittsfläche der Spule ist.

Die Induktionsspannung ist bei einer Spule mit Eisenkern größer als bei einer Spule ohne Eisenkern.

Der durch eine Induktionsspannung hervorgerufene elektrische Strom wird als **Induktionsstrom** bezeichnet. Die Richtung des Induktionsstromes ist davon abhängig, in welcher Weise sich das von der Spule umfasste Magnetfeld ändert.

Durch elektromagnetische Induktion entsteht elektrische Energie. Nach dem Gesetz von der Erhaltung der Energie kann diese nur durch Umwandlung anderer Energien, z. B. der kinetischen Energie der Bewegung, entstehen. Diese Erkenntnis wird im **lenzschen Gesetz** ausgedrückt.

Der Induktionsstrom ist stets so gerichtet, dass die Ursache für seine Entstehung gehemmt wird.

Bringt man metallische Körper, z. B. Platten oder Stäbe, in ein Magnetfeld und ändert sich das von diesen Körpern umfasste Magnetfeld, so werden auch in diesen Körpern Spannungen induziert, es fließen Ströme. Man nennt diese Induktionsströme nach ihrem Verlauf **Wirbelströme**. Wirbelströme sind nach dem lenzschen Gesetz so gerichtet, dass sie die Ursache ihrer Entstehung hemmen. Ist die Ursache für das Entstehen von Wirbelströmen z. B. eine Bewegung, so wird diese Bewegung gehemmt. Das wird bei **Wirbelstrombremsen** genutzt.

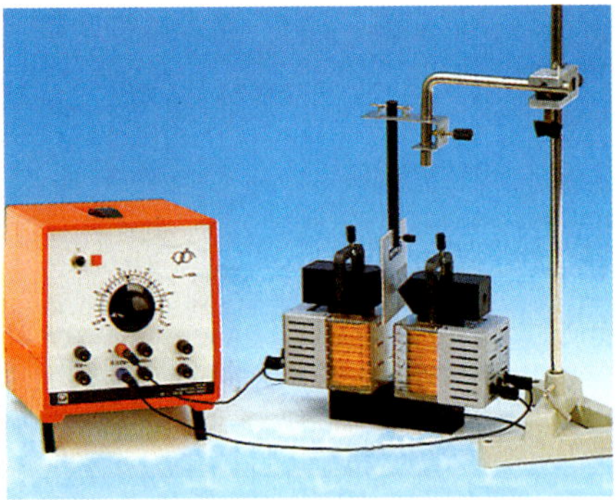

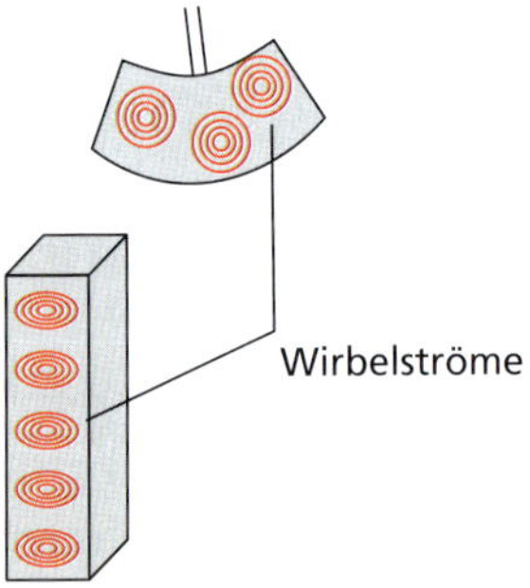

Wirbelströme bilden sich vor allem in massiven Metallkörpern aus. Bei Elektromotoren, Generatoren und Transformatoren sind Wirbelströme unerwünscht. Zur Verhinderung von Wirbelströmen setzt man entsprechende Teile aus dünnen, gegeneinander isolierten Blechen (Dynamoblechen) zusammen.

Die Selbstinduktion

Wird ein Stromkreis, in dem sich eine Spule befindet, eingeschaltet, so steigt die Stromstärke, und um die Spule wird ein Magnetfeld aufgebaut. Dieses sich ändernde Magnetfeld umfasst die Spule selbst und induziert in der Spule eine Spannung und einen Strom. Den Vorgang nennt man **Selbstinduktion**.

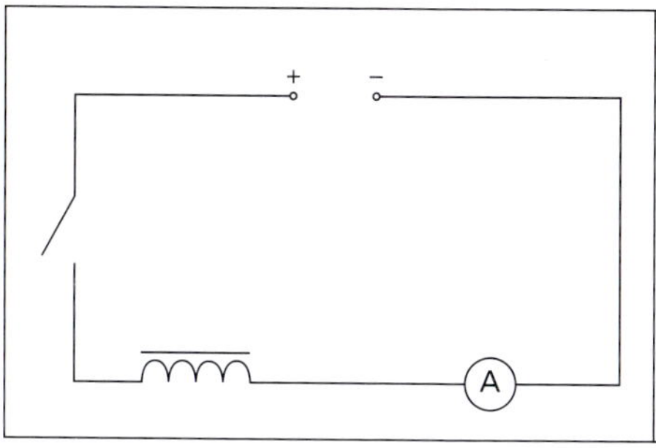

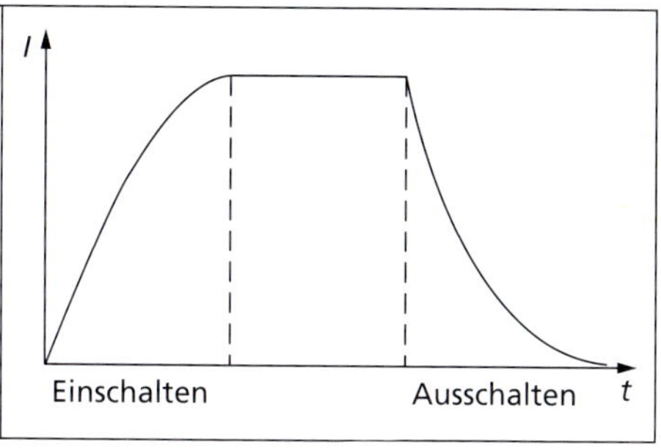

Nach dem lenzschen Gesetz ist der Induktionsstrom stets so gerichtet, dass er die Ursache für seine Entstehung, also das Ansteigen der Stromstärke, hemmt. Dadurch steigt die Stromstärke in einem solchen Stromkreis nur allmählich an. Beim Ausschalten dagegen sinkt die Stromstärke aufgrund der Selbstinduktion nur allmählich ab.
Wie groß die Selbstinduktion in einer Spule ist, hängt vom Bau der Spule ab und wird durch die Größe **Induktivität** angegeben.

Die Induktivität einer Spule gibt an, wie stark die Änderung der Stromstärke in der Spule aufgrund der Selbstinduktion behindert wird.	**Formelzeichen:** *L*	**Einheiten:** 1 Henry (1H)

Für die Einheit gilt:

$$1\ \text{H} = 1\ \frac{\text{V} \cdot \text{s}}{\text{A}}$$

Die Induktivität einer Spule ist umso größer,

- je größer die Windungszahl der Spule ist,
- je größer die Querschnittsfläche der Spule ist,
- je kleiner die Länge der Spule ist.

Die Induktivität einer Spule mit Eisenkern ist größer als die einer Spule ohne Eisenkern.

Der Wechselstromgenerator

Der Wechselstromgenerator dient der Erzeugung von Wechselspannungen und Wechselströmen. Dabei wird kinetische Energie in elektrische Energie umgewandelt. In Wechselstromgeneratoren wird die elektromagnetische Induktion und das Induktionsgesetz genutzt.

Wechselstromgeneratoren können als **Innenpolmaschine** gebaut sein. Dabei rotiert im Inneren eines Stators (Spulen) ein drehbar gelagerter Elektromagnet als *Rotor*. Der Rotor ist über *Schleifringe* mit einer Gleichspannungsquelle verbunden. Beim Drehen des Rotors wird im Stator eine Wechselspannung induziert. Auch der Fahrraddynamo ist eine kleine Innenpolmaschine. Dabei rotiert ein Permanentmagnet im Inneren einer Statorspule.

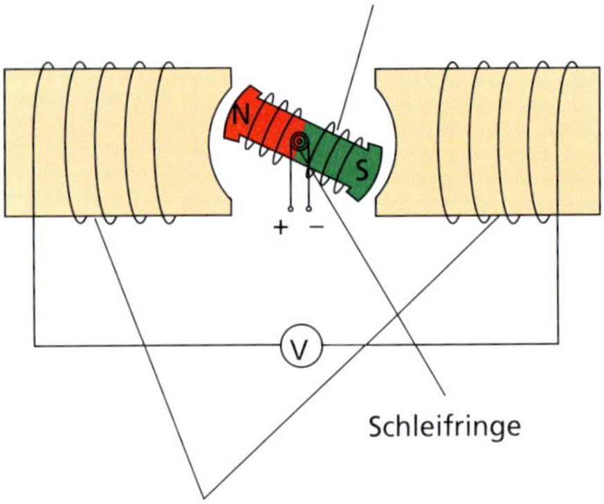

Der Transformator

Der Transformator dient der Umwandlung von elektrischen Spannungen und Stromstärken. Dabei werden die elektromagnetische Induktion und das Induktionsgesetz genutzt. Ein Transformator besteht aus zwei Spulen, die sich auf einem geschlossenen Eisenkern befinden. Die Spulen sind miteinander nicht elektrisch leitend verbunden. An die eine Spule, die *Primärspule*, wird eine Wechselspannung angelegt, die in der Spule ein ständig wechselndes Magnetfeld erzeugt. Über den geschlossenen Eisenkern wird das magnetische Wechselfeld in die andere Spule, die *Sekundärspule*, übertragen. Dort wird dann eine Wechselspannung induziert.

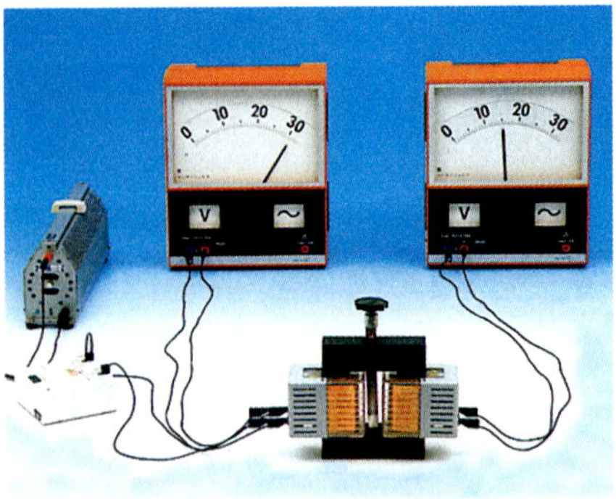

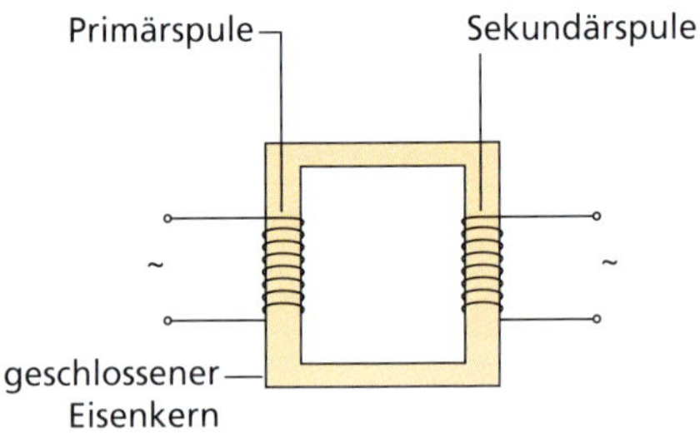

Die Verhältnisse, in welchen sich die Werte der Wechselspannungen und Wechselstromstärken ändern, hängen von den Windungszahlen von Primär- und Sekundärspule und von der Belastung des Transformators ab.

Für einen idealen Transformator, bei dem keine Verluste z. B. durch Wirbelströme im Eisenkern auftreten, gelten folgende Gesetze.

Spannungsübersetzung für einen verlustlosen Transformator	Unter der Bedingung $I_2 \to 0$ (Leerlauf) gilt: $\frac{U_1}{U_2} = \frac{N_1}{N_2}$
Stromstärkeübersetzung für einen verlustlosen Transformator	Unter der Bedingung $I_2 \to \infty$ (Kurzschluss) gilt: $\frac{I_1}{I_2} = \frac{N_2}{N_1}$
Übersetzungsverhältnis $\ddot{u}$	$\ddot{u} = \frac{N_1}{N_2}$
Leistungsübersetzung	$P_1 = P_2 + P_v$ $U_1 \cdot I_1 \cdot \cos \varphi_1 = U_2 \cdot I_2 \cdot \cos \varphi_2 + P_v$ Unter der Bedingung der Vernachlässigung aller Verluste, einer starken Belastung und $\varphi_1 = \varphi_2$ gilt: $U_1 \cdot I_1 = U_2 \cdot I_2$
Wirkungsgrad η eines Transformators	$\eta = \frac{P_{ab}}{P_{zu}}$

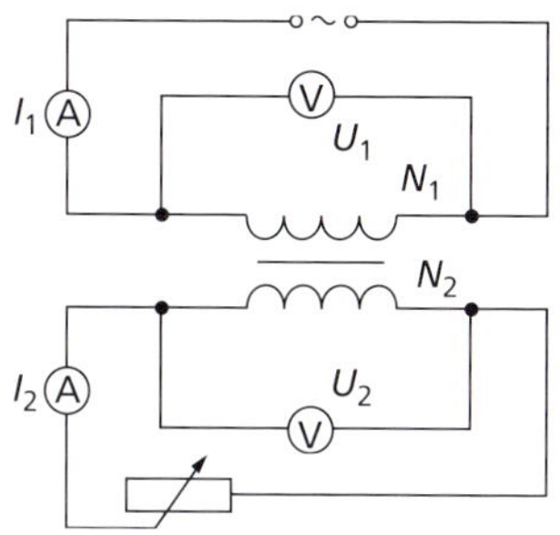

U	Spannung
I	Stromstärke
N	Windungszahl
P	Leistung
P_v	Verlustleistung
φ	Phasenverschiebungswinkel zwischen Stromstärke und Spannung
P_{ab}	abgegebene Leistung
P_{zu}	zugeführte Leistung

3.4 Der Wechselstromkreis

3.4.1 Bauelemente im Wechselstromkreis

Spannung und Stromstärke im Wechselstromkreis

In einem Wechselstromkreis ändern sich die Polung, die Richtung und der Betrag der Spannung und der Stromstärke zeitlich periodisch mit der **Frequenz** f (S. 87). Der Wechselstrom in Haushaltssteckdosen hat z. B. eine Frequenz von 50 Hz.
Entspricht der zeitlich periodische Verlauf von Spannung und Stromstärke einer Sinusfunktion, so spricht man von **sinusförmigen Wechselstrom**.

Gleichspannung	Wechselspannung
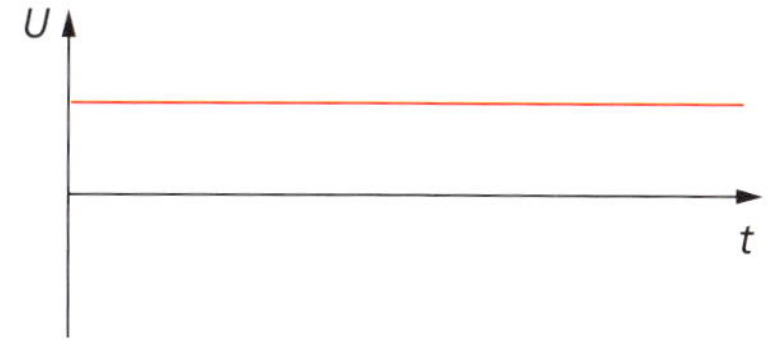	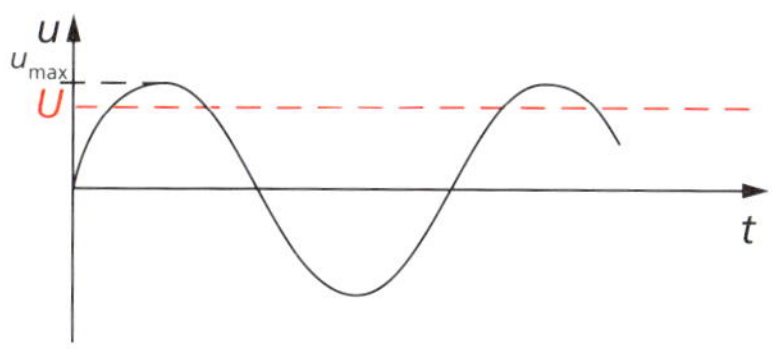

Gleichstromstärke	Wechselstromstärke
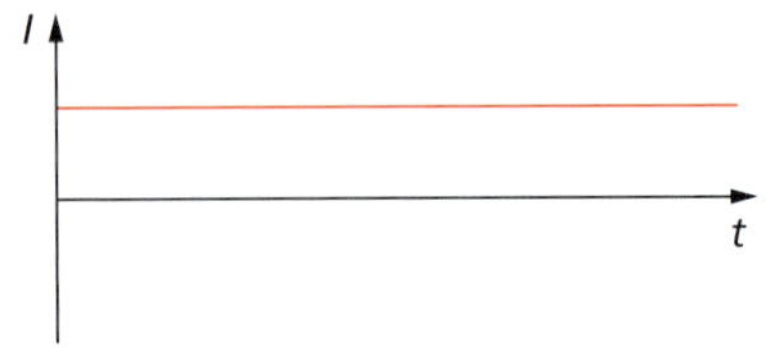	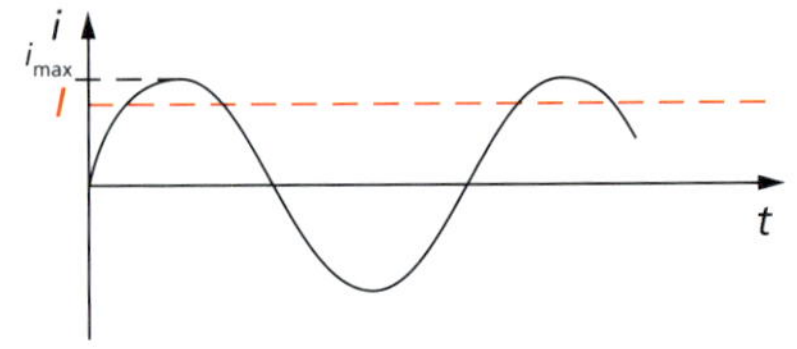

u_{max}, i_{max}: **Maximalwerte** der Wechselspannung und Wechselstromstärke

U, I: **Effektivwerte** der Wechselspannung und Wechselstromstärke.

Die Effektivwerte rufen dieselbe Wirkung hervor wie Gleichstrom mit denselben Werten. Wechselstrommessgeräte zeigen diese Effektivwerte an.

Für den Zusammenhang zwischen Effektivwerten und Maximalwerten gilt:

$$U = \frac{u_{max}}{\sqrt{2}} \approx 0,7\ u_{max}$$

$$I = \frac{i_{max}}{\sqrt{2}} \approx 0,7\ i_{max}$$

Für u_{max} und i_{max} wird manchmal auch û und î geschrieben.

Sind in Wechselstromkreise nur **ohmsche Bauelemente** (es gilt das ohmsche Gesetz) geschaltet, so stimmen der zeitliche Verlauf von Spannung und Stromstärke überein.

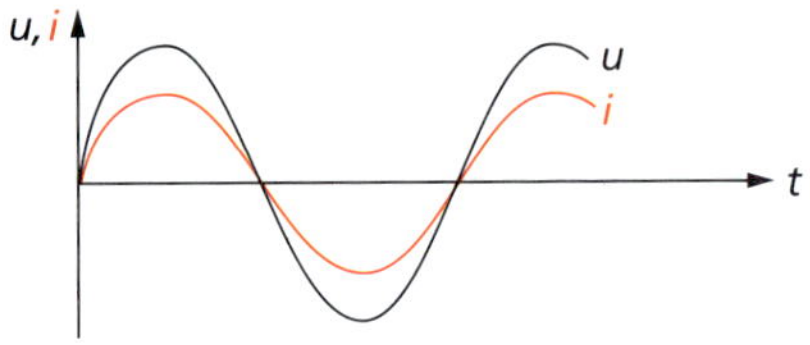

Die Spule im Wechselstromkreis

Wird eine Spule in einen Wechselstromkreis geschaltet, so besitzt sie neben dem ohmschen Widerstand *R* des aufgewickelten metallischen Leiters noch einen **induktiven Widerstand**.

Der induktive Widerstand einer Spule gibt an, wie groß der Widerstand der Spule im Wechselstromkreis aufgrund der Selbstinduktion ist.	**Formelzeichen** X_L	**Einheit:** 1 Ohm (1 Ω)

Durch die ständige Selbstinduktion der Spule im Wechselstromkreis wird der Stromfluss nach dem lenzschen Gesetz (S. 148) zusätzlich behindert und damit der Gesamtwiderstand für den Strom vergrößert. Es kommt zu einer zeitlichen Verschiebung zwischen Spannung und Stromstärke an der Spule. Die Stromstärke läuft der Spannung zeitlich nach.

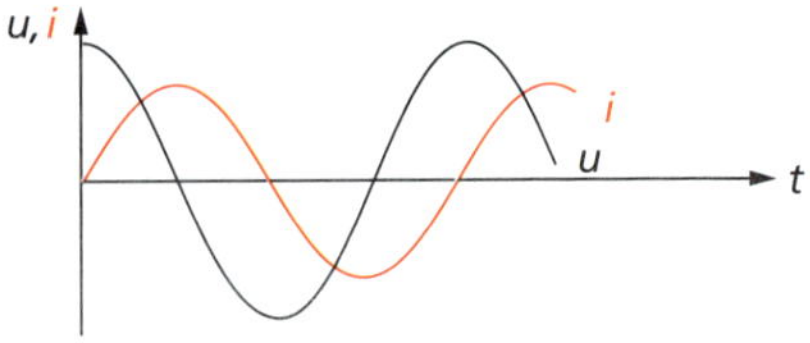

In der Spule wird ständig elektrische Energie des Stromes umgewandelt in magnetische Energie des Magnetfeldes um die Spule und umgekehrt.

Der induktive Widerstand einer Spule im Wechselstromkreis kann berechnet werden nach der Gleichung:

$$X_L = 2\pi \cdot f \cdot L$$

f Frequenz des Wechselstroms
L Induktivität der Spule

Der Kondensator im Wechselstromkreis

Ein Kondensator im Gleichstromkreis unterbricht aufgrund der Isolation zwischen den Kondensatorplatten den Stromfluss. Wird ein Kondensator in einen Wechselstromkreis geschaltet, so werden die Kondensatorplatten in der Frequenz des Wechselstromes ständig auf- und entladen. Aufgrund der begrenzten Kapazität eines Kondensators (S. 140) kann er jedoch stets nur einen Teil der Ladungen der elektrischen Quelle speichern. Dadurch setzt der Kondensator dem Stromfluss im Wechselstromkreis einen **kapazitiven Widerstand** entgegen.

Der kapazitive Widerstand eines Kondensators gibt an, wie groß der Widerstand des Kondensators im Wechselstromkreis aufgrund seiner begrenzten Kapazität ist.	**Formelzeichen:** X_C	**Einheit:** 1 Ohm (1 Ω)

Durch Wechselstrom wird ein Kondensator ständig auf- und entladen. Dadurch fliesst im Stromkreis ein Wechselstrom. Die Stromstärke eilt der Spannung zeitlich voraus.

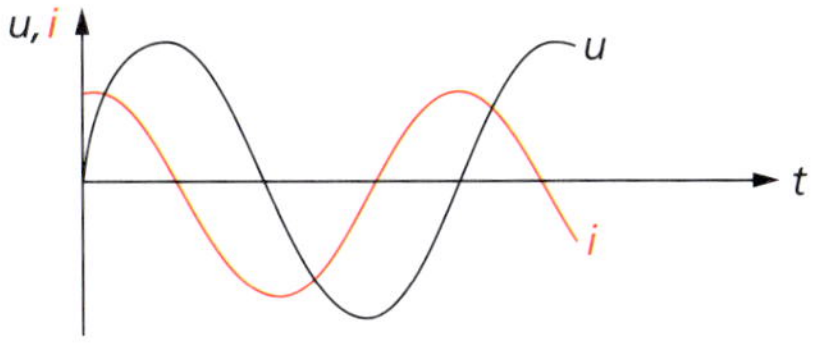

Im Kondensator wird ständig elektrische Energie des Stromes umgewandelt in elektrische Energie des Feldes des Kondensators und umgekehrt.

Der kapazitive Widerstand eines Kondensators im Wechselstromkreis kann berechnet werden nach der Gleichung:

$$X_C = \frac{1}{2\pi \cdot f \cdot C}$$

f Frequenz des Wechselstromes
C Kapazität des Kondensators

3.4.2 Elektromagnetische Schwingungen

Der geschlossene Schwingkreis

Die zeitlich periodische Änderung von elektrischer Spannung und Stromstärke in einem Wechselstromkreis ist eine Form einer elektromagnetischen Schwingung. Auch die zeitlich periodische Änderung des elektrischen Feldes des Kondensators und des magnetischen Feldes einer Spule sind Formen elektromagnetischer Schwingungen.

Schaltet man einen Kondensator und eine Spule zu einem geschlossenen Stromkreis zusammen, so erhält man einen einfachen **Schwingkreis,** mit dem elektromagnetische Schwingungen erzeugt werden können. Dabei wird ständig die elektrische Energie des Feldes des Kondensators in magnetische Energie des Feldes der Spule umgewandelt und umgekehrt. Die Summe aus elektrischer und magnetischer Energie ist konstant.

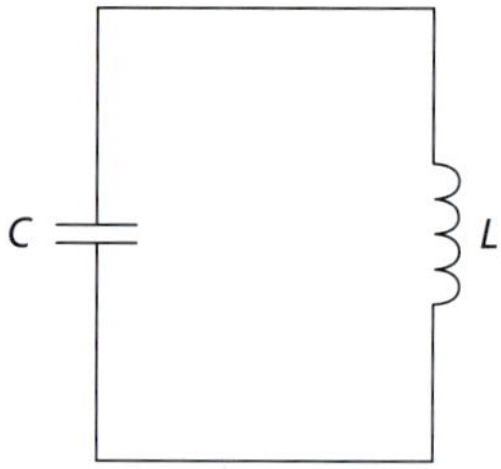

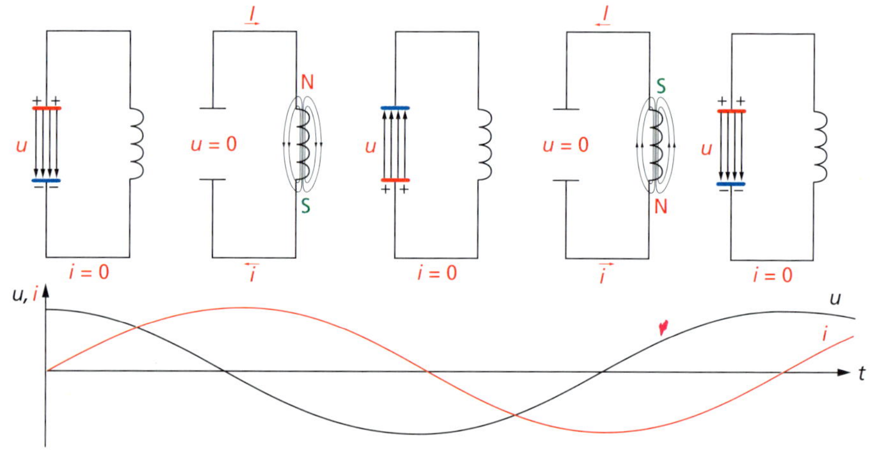

Der Kondensator ist geladen. Die Energie ist im elektrischen Feld gespeichert.

Durch den Stromfluss entsteht um die Spule ein magnetisches Feld, in dem die Energie gespeichert ist.

Durch Induktion in der Spule entsteht eine Spannung und ein Strom, die zu einer entgegengesetzten Aufladung des Kondensators führen.

Der Kondensator entlädt sich in umgekehrter Richtung. Durch den Strom entsteht um die Spule wieder ein Magnetfeld.

Durch Induktion entsteht wieder ein Stromfluss, der zur erneuten Aufladung des Kondensators führt.

Die Frequenz bzw. die Periodendauer (S. 87) der elektromagnetischen Schwingung in einem geschlossenen Schwingkreis ist abhängig von der Induktivität der Spule und der Kapazität des Kondensators. Dies wird mit der **thomsonschen Schwingungsgleichung** beschrieben.

> Unter der Bedingung, dass der ohmsche Widerstand der Spule vernachlässigt wird, gilt:
>
> $$T = 2\pi \cdot \sqrt{L \cdot C}$$
>
> L Induktivität der Spule
> C Kapazität des Kondensators

Gedämpfte und ungedämpfte elektromagnetische Schwingungen

Wird einem geschlossenen Schwingkreis einmal Energie zugeführt, z. B. durch einmaliges Aufladen des Kondensators, so kommt die elektromagnetische Schwingung im Schwingkreis nach einer bestimmten Zeit zum Erliegen. Die Maximalwerte der Wechselspannungen und -stromstärken nehmen ständig ab. Es liegt eine **gedämpfte Schwingung** (S. 86) vor. Eine Ursache dafür ist, dass die Energie des elektrischen bzw. magnetischen Feldes durch den Stromfluss in Spule und Leiter schrittweise in thermische Energie umgewandelt wird, die zur Erwärmung von Spule und Leiter führt.

Gedämpfte Schwingung	Ungedämpfte Schwingung
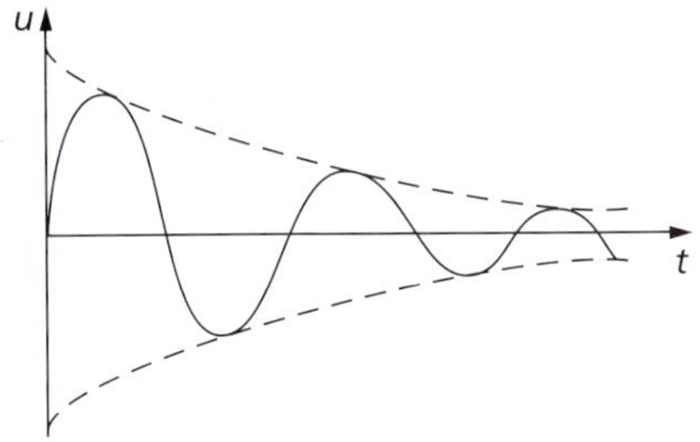	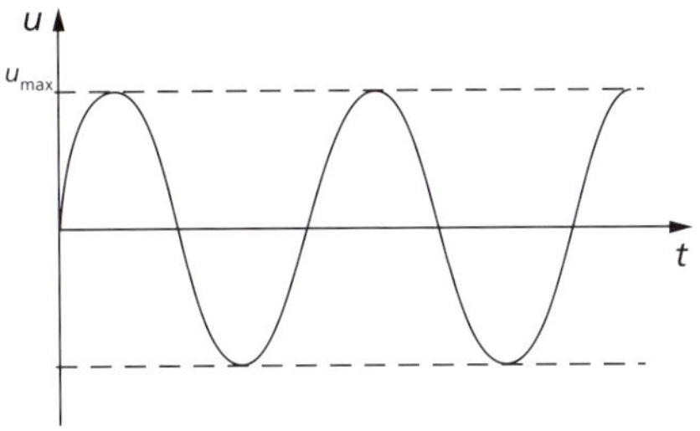

Um eine **ungedämpfte elektromagnetische Schwingung** (S. 86) zu erhalten, muss dem Schwingkreis ständig so viel Energie zugeführt werden, wie im Schwingkreis in thermische Energie umgewandelt wird. Dabei muss die ständige Energiezufuhr zeitlich periodisch mit derselben Frequenz erfolgen, mit der der Schwingkreis aufgrund der Induktivität und Kapazität selbst schwingt (**Resonanz,** S. 90). Die Energie muss auch in der richtigen Phase zugeführt werden.

Eine solche periodische Energiezufuhr kann durch einen Wechselstromgenerator oder eine meißnersche Rückkopplungsschaltung erfolgen. Dabei erfolgt die Kopplung mit dem Schwingkreis in der Regel über die Spule des Schwingkreises.

3.4.3 Elektromagnetische Wellen

Entstehen elektromagnetischer Wellen

Durch **Antennen** können elektromagnetische Schwingungen in den Raum abgestrahlt werden. Es entstehen **elektromagnetische Wellen**. Die Antenne ist ein **Dipol**, der durch Öffnen eines Schwingkreises entsteht.

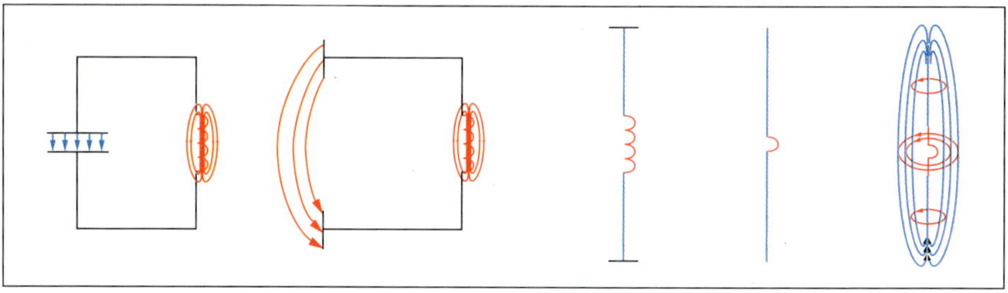

Ein Dipol ist ein langer gerader Leiter (Metallstab). Im Metallstab befinden sich frei bewegliche Elektronen, die zu Schwingungen angeregt werden. Dadurch kommt es zu ständigen Ladungsverschiebungen auf dem Metallstab und zu einer zeitweiligen Anhäufung von Ladungen an den Dipolenden. So entsteht ein elektrisches Wechselfeld. Dies ist verbunden mit einem Wechselstrom im Leiter, der ein magnetisches Wechselfeld, hervorruft. Stromstärke und Spannung und damit magnetische und elektrische Feldstärke sind zeitlich verschoben. Beim ständigen Umpolen der elektrischen und magnetischen Felder lösen sich diese vom Dipol ab und breiten sich im Raum als elektromagnetische Wellen aus.

Eigenschaften elektromagnetischer Wellen

Durch elektromagnetische Wellen wird **Energie übertragen**. Elektromagnetische Wellen besitzen wie Wellen allgemein eine **Frequenz** und eine **Wellenlänge** (S. 92). Die Frequenz beschreibt dabei die zeitliche Änderung der elektrischen Feldstärke E bzw. der magnetischen Feldstärke H in einem bestimmten Punkt des Raumes. Die Wellenlänge gibt die Länge für einen vollständigen Wellenzug der elektrischen bzw. magnetischen Feldstärke an.

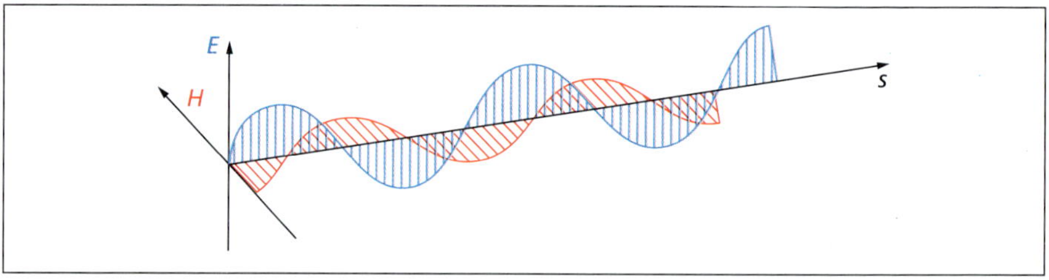

Elektromagnetische Wellen breiten sich mit der Lichtgeschwindigkeit c aus.

Für die Ausbreitung elektromagnetischer Wellen gilt:

$$c = \lambda \cdot f$$

c Ausbreitungsgeschwindigkeit
λ Wellenlänge
f Frequenz

Die **Ausbreitungsgeschwindigkeit** elektromagnetischer Wellen beträgt im Vakuum $c \approx 300\,000$ km/s.

Beachte:
Die Ausbreitungsgeschwindigkeit und die Wellenlänge sind abhängig vom Stoff, in dem sich die Welle ausbreitet.

Elektromagnetische Wellen besitzen analoge Eigenschaften wie mechanische Wellen (S. 93). Sie breiten sich in Stoffen und im Vakuum in der Regel **geradlinig** aus, wenn sie nicht durch Hindernisse daran gehindert werden. An Leitern werden elektromagnetische Wellen **reflektiert**. Isolatoren können von elektromagnetischen Wellen **durchdrungen** werden. An Hindernissen können elektromagnetische Wellen **gebeugt** werden. Beim Übergang von einem Stoff in einen anderen werden elektromagnetische Wellen **gebrochen**. Ob und wie stark Durchdringung, Reflexion, Beugung und Brechung bei elektromagnetischen Wellen auftreten, hängt von Frequenz und Wellenlänge dieser Wellen und von den beteiligten Körpern bzw. Stoffen ab. Für Reflexion und Brechung elektromagnetischer Wellen gilt das Reflexions- und das Brechungsgesetz (S. 94). Elektromagnetische Wellen können sich auch **überlagern (Interferenz)**. Dabei kommt es zu analogen Interferenzerscheinungen wie bei mechanischen Wellen (S. 93) und beim Licht (S. 194).

Hertzsche Wellen

Elektromagnetische Wellen, die zur Übertragung von Rundfunk und Fernsehen genutzt werden, nennt man auch **hertzsche Wellen**, benannt nach ihrem Entdecker HEINRICH HERTZ (1857 bis 1894).

Hertzsche Wellen teilt man in unterschiedliche Bereiche ein. Für Anwendungen nutzt man die unterschiedlichen Eigenschaften hertzscher Wellen bei verschiedenen Frequenzen bzw. Wellenlängen aus.

Bereich	Frequenz f	Wellenlänge λ	Anwendungen
Langwellen LW	148,5 – 283,5 kHz	1 – 2 km	Rundfunk Funknavigation
Mittelwellen MW	526,5 – 1 606,5 kHz	100 – 600 m	Rundfunk Schiffsfunk Funkpeilung
Kurzwellen KW	3,95 – 26,1 MHz	10 – 100 m	Rundfunk Schiffsfunk Flugfunk Amateurfunk CB–Sprechfunk
Meterwellen (m–Wellen)	48,25 – 62,25 MHz 87,5 – 108 MHz 175,25 – 217,25 MHz	4,8 – 6,2 m 2,8 – 3,4 m 1,4 – 1,7 m	Fernsehen VHF Band I UKW–Rundfunk Fernsehen VHF Band III
Dezimeterwellen (dm–Wellen)	0,3 – 3 GHz 471,25 – 599,25 MHz 607,25 – 783,25 MHz	1 – 10 dm 5 – 6,3 dm 3,8 – 4,9 dm	Richtfunk auf der Erde, Radar Fernsehen UHF Band IV Fernsehen UHF Band V
Zentimeterwellen (cm–Welle)	3 – 30 GHz	1 – 10 cm	Richtfunk von Nachrichten-Satelliten Funkastronomie

Senden und Empfangen hertzscher Wellen

Hertzsche Wellen werden über Antennen (Dipole) ausgestrahlt und empfangen. Diese **Sende- und Empfangsdipole** sind offene Schwingkreise (S. 154). Beim **Senden** von hertzschen Wellen wird der Sendedipol durch einen weiteren Schwingkreis zu elektromagnetischen Schwingungen angeregt. Beim **Empfang** hertzscher Wellen wird der Empfangsdipol durch elektromagnetische Wechselfelder in der Umgebung zu Schwingungen angeregt. Diese Schwingungen werden wiederum auf einen Schwingkreis im Empfänger, den Abstimmkreis, übertragen.

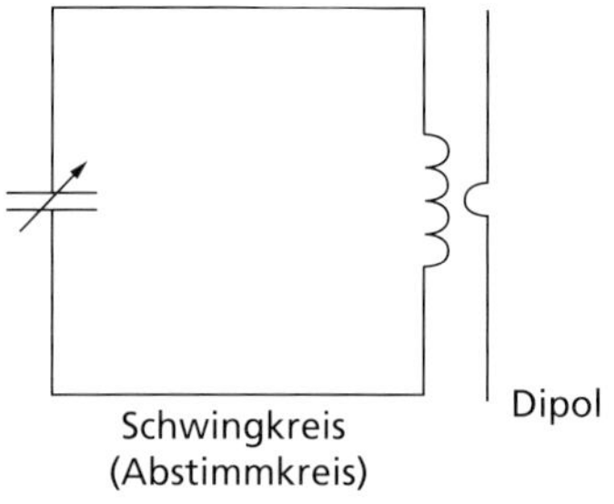

Beim **Senden** hertzscher Wellen sind Schwingkreis und Dipol so aufeinander abgestimmt, dass beide mit derselben Eigenfrequenz schwingen können. **Empfangsdipole** werden so gewählt, dass sie annähernd dieselbe Eigenfrequenz besitzen wie der Sendedipol. Auf einen Empfangsdipol treffen jedoch hertzsche Wellen unterschiedlicher Frequenzen. Um genau einen Sender auszuwählen, wird mit Hilfe eines Abstimmkreises im Empfänger die Eigenfrequenz des gewünschten Senders eingestellt. Durch Resonanz ist die Amplitude der elektromagnetischen Schwingung im Abstimmkreis dann am größten, wenn sie mit der Sendefrequenz des gewünschten Senders übereinstimmt.

Elektromagnetische Schwingungen können nur dann als hertzsche Wellen von einem Sender abgestrahlt werden, wenn sie eine relativ hohe Frequenz (mindestens 100 kHz) besitzen. Man nennt diese auch **Hochfrequenz-Schwingungen (HF).** Sprache und Musik, also Schallschwingungen, besitzen nur eine Frequenz bis maximal 20 kHz. Diese Schallschwingungen kann man mit einem Mikrofon in elektromagnetische Schwingungen umwandeln. Man nennt diese auch **Niederfrequenz-Schwingungen (NF)**. Sie sind aufgrund der geringen Frequenz für das Aussenden als hertzsche Wellen nicht geeignet.

Um Sprache, Musik und Bilder mit Hilfe hertzscher Wellen zu übertragen, bedient man sich deshalb des Verfahrens der **Modulation**. Dabei wird eine hochfrequente Schwingung als „Träger" für niederfrequente Schwingungen (Sprache, Musik) genutzt, da diese als hertzsche Welle abgestrahlt werden kann.

Die hochfrequente Schwingung wird dabei im Takte der niederfrequenten Schwingung so verändert, dass die Information der niederfrequenten Schwingung mit übertragen wird. Dies geschieht z. B. dadurch, dass man die Amplitude der HF-Schwingung im Takte der Amplitude der NF-Schwingung verändert **(Amplitudenmodulation).**

Die modulierte hochfrequente Trägerschwingung muss im Empfänger wieder in HF- und NF-Schwingung getrennt werden, damit die NF-Schwingung im Lautsprecher hörbar gemacht werden kann. Diesen Vorgang nennt man **Demodulation**. In der Regel werden die NF-Schwingungen im Empfänger noch **verstärkt** (S. 168), damit z. B. Sprache und Musik gut hörbar werden.

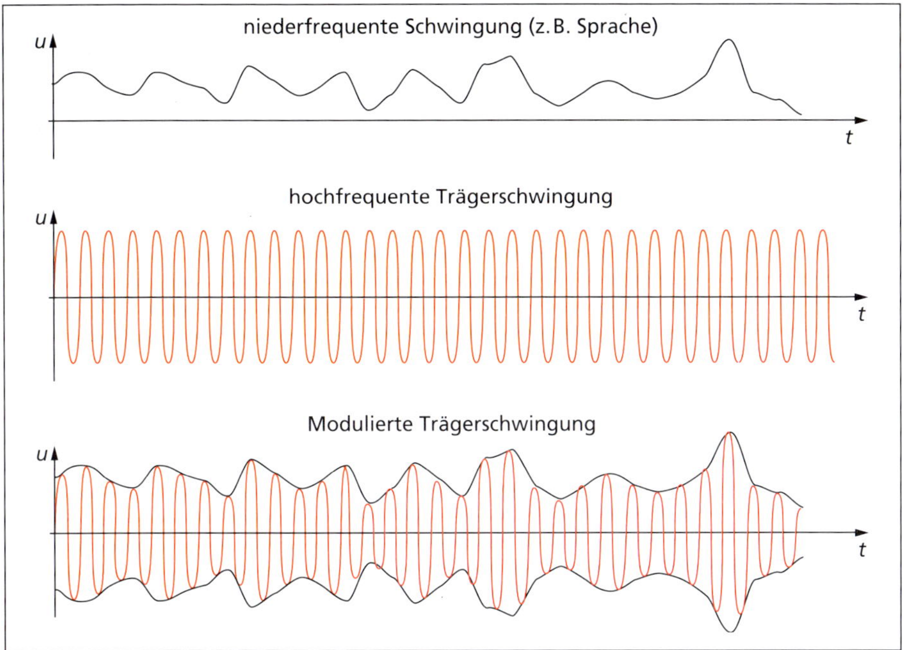

Prinzip eines Senders

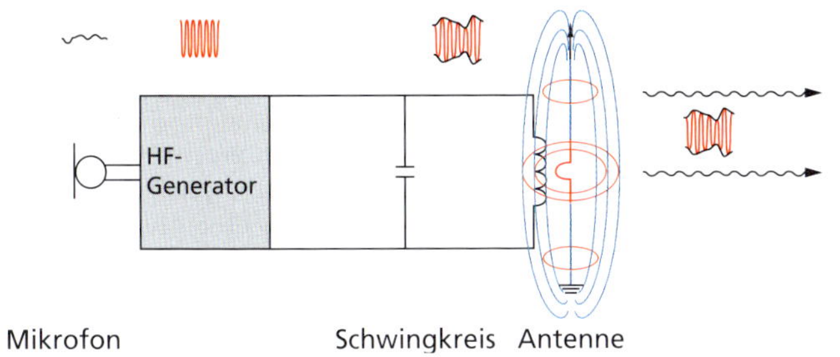

Prinzip eines Empfängers

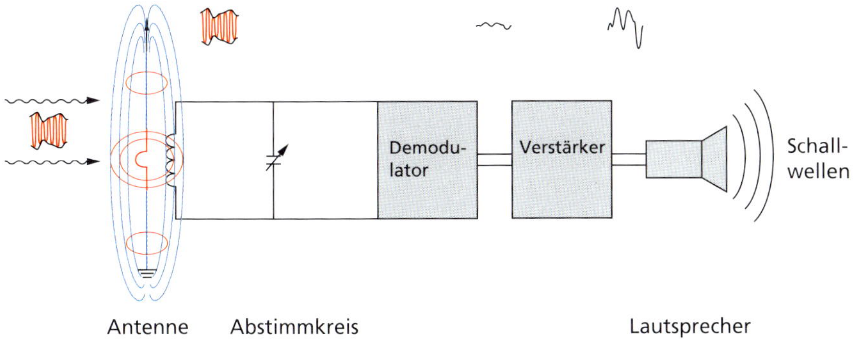

Das elektromagnetische Spektrum

Hertzsche Wellen sind ebenso wie Licht (S. 192) elektromagnetische Wellen und damit Teil des gesamten elektromagnetischen Spektrums.

Art der Wellen	Frequenz f in Hz	Wellenlänge λ in m	Eigenschaften	Anwendungen
Technischer Wechselstrom	30 – 300	$10^7 - 10^6$	leichte Erzeugbarkeit, einfache Übertragbarkeit mit Hilfe von Leitern	Gewinnung und Übertragung elektrischer Energie, Antrieb elektrischer Maschinen und Anlagen
Tonfrequenter Wechselstrom (Niederfrequenz)	$3 \cdot 10^2 - 3 \cdot 10^4$	$10^5 - 10^4$	Frequenzbereich entspricht dem der für den Menschen hörbaren Schallwellen	Übertragung von Sprache und Musik mit Leitungen (Telefonie)
Hertzsche Wellen Langwelle Mittelwelle Kurzwelle Ultrakurzwelle	 $3 \cdot 10^4 - 3 \cdot 10^5$ $3 \cdot 10^5 - 3 \cdot 10^6$ $3 \cdot 10^6 - 3 \cdot 10^7$ $3 \cdot 10^7 - 3 \cdot 10^9$	 $10^4 - 10^3$ $10^3 - 10^2$ $10^2 - 10$ $10 - 0{,}1$	gute Ausbreitung in Luft, teilweise Reflexion an Schichten der Atmosphäre, Reflexion an Leitern	Radio Fernsehen Radar
Mikrowellen	$3 \cdot 10^9 - 10^{13}$	$0{,}1 - 3 \cdot 10^{-5}$	Eindringen in viele Stoffe und dabei Absorption durch diese Stoffe	Mikrowellenherd Mikrowellentherapie
Infrarotes Licht	$10^{13} - 3{,}8 \cdot 10^{14}$	$3 \cdot 10^{-5} - 7{,}8 \cdot 10^{-7}$	tiefes Eindringen in menschliche Haut, gute Absorption durch viele Stoffe	Wärmestrahlung (Infrarotstrahler) Infrarotfernbedienung
Sichtbares Licht	$3{,}8 \cdot 10^{14} - 7{,}7 \cdot 10^{14}$	$7{,}8 \cdot 10^{-7} - 3{,}9 \cdot 10^{-7}$	vom Menschen mit dem Auge wahrnehmbar	Beleuchtung von Räumen (Lampen)
Ultraviolettes Licht	$7{,}7 \cdot 10^{14} - 3 \cdot 10^{16}$	$3{,}9 \cdot 10^{-7} - 10^{-8}$	dringt in äußere Hautschichten ein und ruft Veränderungen hervor (Bräunung, Sonnenbrand)	UV–Strahler (Höhensonne)
Röntgenstrahlung	$3 \cdot 10^{16} - 5 \cdot 10^{21}$	$10^{-8} - 6 \cdot 10^{-14}$	unterschiedliches Durchdringen von weichem Gewebe und Knochen	Organbeobachtung im menschlichen Körper (Röntgen)
Gammastrahlung und kosmische Strahlung	$3 \cdot 10^{18} - \ldots$	$10^{-10} - \ldots$	großes Durchdringungsvermögen von massiven Körpern	Fehlersuche in Stahlträgern, Metallrohren und anderen massiven Werkstücken

3.5 Elektrische Leitungsvorgänge

3.5.1 Elektrische Leitung in festen Körpern

Der elektrische Leitungsvorgang

Ein **elektrischer Leitungsvorgang** ist eine gerichtete Bewegung von elektrischen Ladungsträgern (z.B. von Elektronen). Man nennt einen solchen Leitungsvorgang auch *elektrischen Strom* (S. 123). *Voraussetzungen* für einen elektrischen Leitungsvorgang sind:

- das Vorhandensein *frei beweglicher Ladungsträger* (S. 123) und
- die Existenz eines *elektrischen Feldes* (S. 138).

Der elektrische Leitungsvorgang in einem Körper ist abhängig von

- der Art und Anzahl der zur Verfügung stehenden frei beweglichen Ladungsträger,
- der Behinderung des elektrischen Stromflusses durch andere Teilchen des Körpers (elektrischer Widerstand, S. 131),
- der Stärke des vorhandenen elektrischen Feldes (S. 139).

Die Art und die Anzahl der zur Verfügung stehenden frei beweglichen Ladungsträger sowie die Behinderung des elektrischen Stromflusses sind abhängig vom Stoff, in dem ein elektrischer Leitungsvorgang stattfindet. Prinzipiell unterscheidet man **elektrische Leiter** und **Nichtleiter (Isolatoren)** (S. 124). Es gibt auch Stoffe, deren elektrische Leitfähigkeit zwischen Leitern und Isolatoren liegt. Man nennt sie **Halbleiter** (z.B. Silicium und Germanium). Sie besitzen als reine Stoffe nur wenige frei bewegliche Ladungsträger.

Um die elektrische Leitfähigkeit von bestimmten Körpern bzw. Bauelementen zu kennen, fertigt man ***I-U*-Kennlinien** an. Diese Kennlinien geben Auskunft über die Stromstärke durch ein Bauelement beim Vorhandensein einer bestimmten Spannung. Daraus lassen sich gleichzeitig Aussagen über den elektrischen Widerstand (S. 131) des Bauelements bei einer bestimmten Spannung ableiten. Die *I-U*-Kennlinie eines Konstantandrahtes zeigt z.B., dass sein elektrischer Widerstand konstant ist. Die *I-U*-Kennlinie der Glühlampe zeigt z.B., dass der elektrische Widerstand der Lampe mit steigender Spannung größer wird.

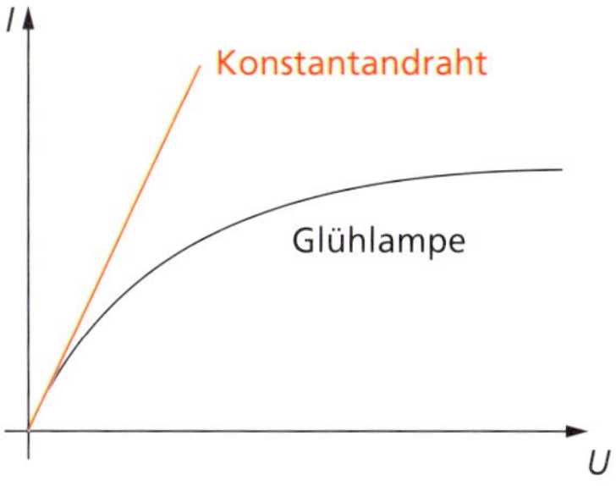

Elektrische Leitung in Metallen

Fast alle Metalle sind gute elektrische Leiter (S. 124). In Metallen liegt *Metallbindung* vor. Jedes Metallatom gibt im Durchschnitt ein Elektron ab, das sich nahezu frei im Metall bewegen kann. Die Metallionen schwingen im Metallgitter um ihre Ruhelage (Abb. a).

a)

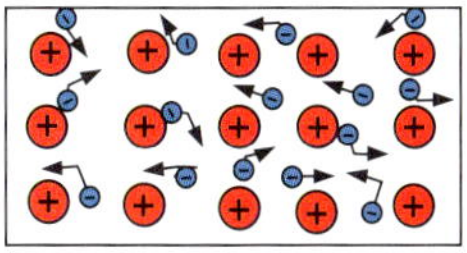

b)

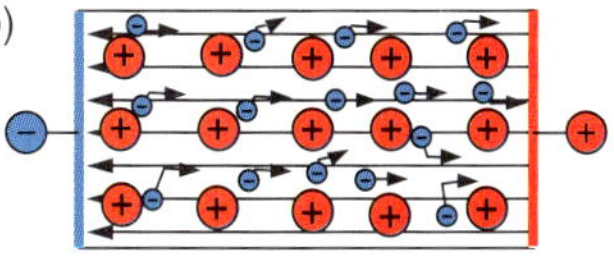

Wird an ein Metall ein elektrisches Feld angelegt, so setzt ein elektrischer Stromfluss ein. Frei bewegliche Ladungsträger sind in Form von **freien Elektronen** in Metallen vorhanden. Durch das elektrische Feld wirken Kräfte auf die freien Elektronen in Richtung des elektrischen Feldes. Diese Kräfte führen zu einer gerichteten Bewegung der Elektronen (Abb. b, S. 161).

Bei dieser Bewegung stoßen die Elektronen mit den Metallionen zusammen. Dadurch erfährt der Stromfluss einen Widerstand. Dieser Widerstand ist umso größer, je höher die Temperatur des Metalls ist (S. 132). Bei einer höheren Temperatur führen die Metallionen stärkere Schwingungen um ihre Ruhelage aus, wodurch häufigere Zusammenstöße mit den sich bewegenden Elektronen verursacht werden.

Die Erwärmung eines Metalls kann von außen (**Fremderwärmung**) oder auch durch den Stromfluss im Metall selbst (**Eigenerwärmung**) erfolgen. Die Eigenerwärmung ist z.B. die Ursache dafür, dass der Widerstand einer Glühlampe im Betriebszustand erheblich größer ist als im Moment des Einschaltens.

3.5.2 Elektrische Leitung in Flüssigkeiten

In Flüssigkeiten kann eine elektrische Leitung stattfinden, wenn frei bewegliche positive und negative **Ionen** (S. 252) vorhanden sind und ein elektrisches Feld anliegt.

Destilliertes Wasser (S. 255) besteht aus elektrisch neutralen Molekülen und leitet deshalb den elektrischen Strom nicht. Durch **Dissoziation** (S. 292) von Salzen, Basen und Säuren in Wasser werden diese in Ionen aufgespalten. So dissoziiert z.B. Kupfersulfat ($CuSO_4$) in positive Kupferionen (Cu^{2+}) und negative Sulfationen (SO_4^{2-}). Diese Ionen stehen als frei bewegliche Ladungsträger in Flüssigkeiten zur Verfügung. Wird ein elektrisches Feld angelegt, so bewegen sich die positiven Ionen zum Minuspol und die negativen Ionen zum Pluspol. Dabei wird mit den Ladungsträgern auch Stoff transportiert. An den Elektroden finden chemische Reaktionen statt. Das wird zur **Oberflächenveredlung** von Körpern (Verkupfern, Verchromen, Vergolden, Versilbern) genutzt. Diesen Vorgang bezeichnet man als **Galvanisieren**.

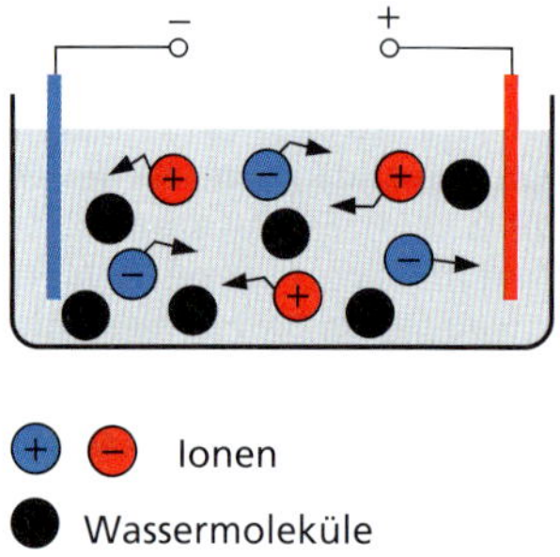

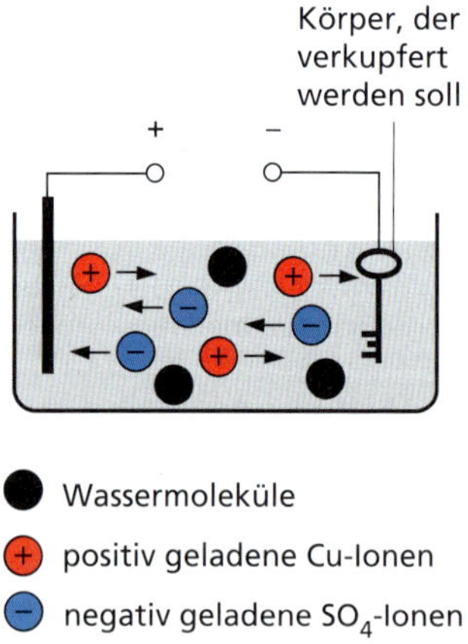

> Leitende Flüssigkeiten nennt man auch **Elektrolyte** und den chemischen Vorgang, der bei Stromfluss in Flüssigkeiten vor sich geht, **Elektrolyse**.

3.5.3 Elektrische Leitung in Gasen

In Gasen kann eine elektrische Leitung nur stattfinden, wenn durch äußere Einflüsse frei bewegliche Ladungsträger erzeugt werden und ein elektrisches Feld anliegt. In Gasen unter Normalbedingungen existieren nur sehr wenige freie Ladungsträger, so dass kein Leitungsvorgang stattfinden kann. Luft ist unter Normalbedingungen z.B. ein guter Isolator.

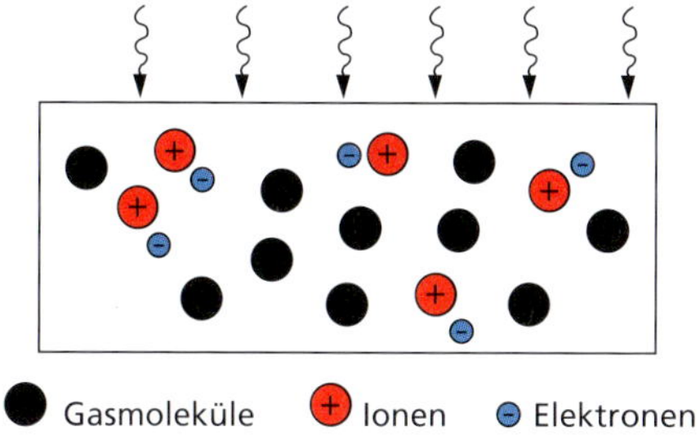

Eine Möglichkeit zur Erzeugung frei beweglicher Ladungsträger ist die **Ionisation** des Gases. Dabei werden z.B. durch Energiezufuhr in Form von Wärme oder radioaktiver Strahlung einzelne Elektronen aus den Gasmolekülen heraus gelöst. Es entstehen Elektronen und positive Gasionen als frei bewegliche Ladungsträger.

Auch durch **Stoßionisation** können Gase ionisiert werden. Dabei treffen schnelle Elektronen auf Gasmoleküle. Durch die Energie beim Zusammenstoß wird ein weiteres Elektron aus dem Gasmolekül herausgelöst. In einem lawinenartigen Prozess entstehen Elektronen und positive Gasionen.

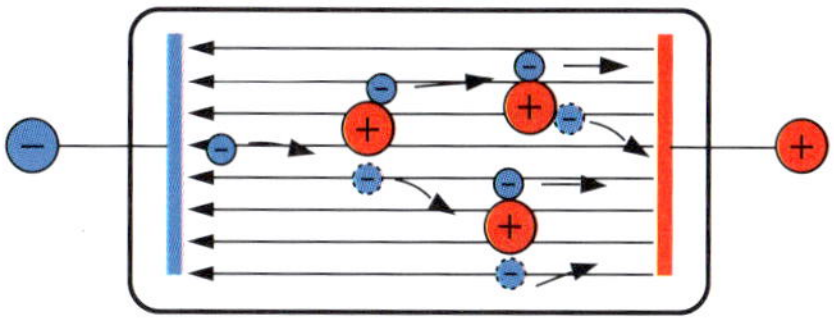

Voraussetzung für Stoßionisation ist, dass durch eine Druckverminderung im Gas nur relativ wenige Gasmoleküle vorhanden sind und die vorhandenen freien Elektronen durch ein elektrisches Feld große Geschwindigkeiten erreichen können. Als Ladungsträger stehen in ionisierten Gasen sowohl Elektronen als auch positive Gasionen zur Verfügung. Leitungsvorgänge in Gasen sind mit Leuchterscheinungen verbunden, die z.B. bei **Leuchtstofflampen, Gasentladungslampen** oder **Glimmlampen** genutzt werden. Elektronen als freie Ladungsträger können in Gasen wie im Vakuum auch durch **Emission** (s.u.) erzeugt werden.

3.5.4 Elektrische Leitung im Vakuum

Glüh- und Fotoemission

Im Vakuum kann nur dann ein elektrischer Leitungsvorgang stattfinden, wenn durch äußere Einflüsse Elektronen als frei bewegliche Ladungsträger erzeugt werden und ein elektrisches Feld anliegt. Dies kann z.B. durch den **glühelektrischen** oder **lichtelektrischen Effekt** erfolgen. Dabei wird in das Vakuum eine Platte aus Metall oder Metalloxid als *Elektrode* gebracht. Durch Erwärmen bzw. Bestrahlen mit Licht erhalten einzelne Elektronen der Elektrode so viel Energie, dass sie sich aus der Metalloberfläche lösen können. Sie stehen dann als frei bewegliche Ladungsträger zur Verfügung.

Glühemission	Fotoemission
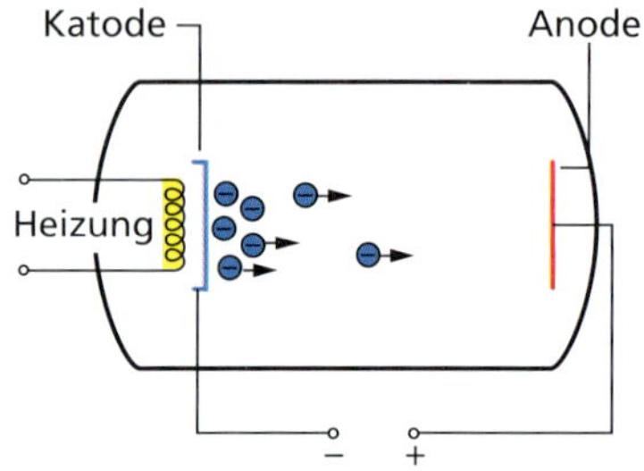	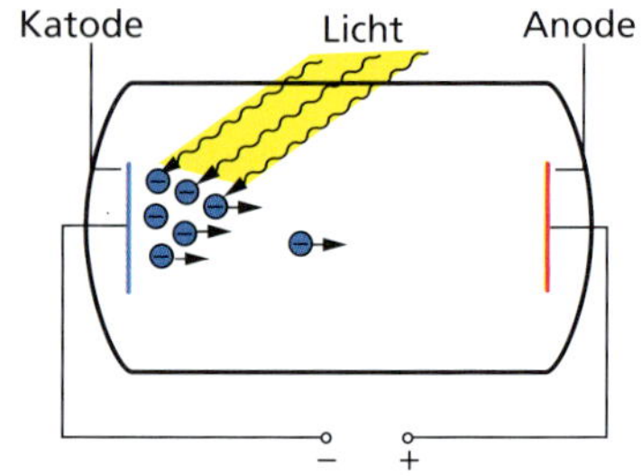
Anwendung: z. B. Elektronenstrahlröhre	**Anwendung:** z. B. Fotozelle

Die Bewegung der Elektronen im Vakuum wird im Unterschied zu Leitungsvorgängen in festen Körpern, Flüssigkeiten und Gasen nicht behindert.

Die Elektronenstrahlröhre

Die Elektronenstrahlröhre, auch **braunsche Röhre** genannt, dient u.a. in Oszillografen und Fernsehgeräten der Erzeugung sich verändernder Bilder. Dabei werden die elektrische Leitung durch Elektronen im Vakuum und die Kraftwirkung auf Elektronen im elektrischen Feld (S. 140) oder magnetischen Feld (S. 146) genutzt.

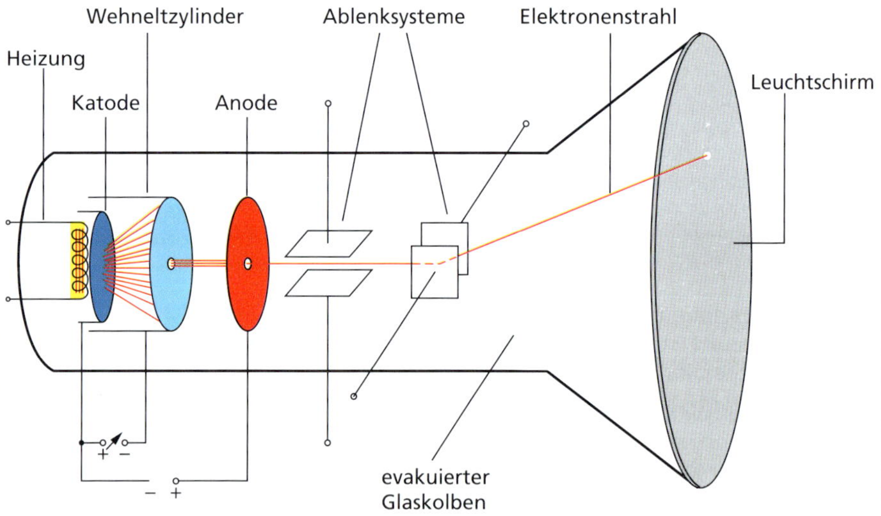

Mit Heizung, Katode, Anode und Wehneltzylinder wird ein Elektronenstrahl erzeugt, der sich durch die Anode hindurch weiterbewegt. Der Wehneltzylinder dient der Helligkeitssteuerung. Durch geladene Kondensatorplatten des Ablenksystems wird der Elektronenstrahl horizontal und vertikal so abgelenkt, dass er an einem bestimmten Punkt auf den Leuchtschirm auftrifft. Dort bringt er den Schirm zum Leuchten. Die Ablenkung des Elektronenstrahls kann auch mit Hilfe von Magnetfeldern stromdurchflossener Spulen erfolgen (Fernsehbildröhre).

3.5.5 Elektrische Leitung in Halbleiterbauelementen

Leitungsvorgänge in Halbleitern

Reine Halbleiterstoffe (S. 161) wie Silicium und Germanium besitzen unter Normalbedingungen nur eine geringe, technisch kaum nutzbare elektrische Leitfähigkeit. In einem Halbleiterkristall sind die Atome durch Atombindung miteinander verbunden. Dabei sind die Atome im Gitter so angeordnet, dass gemeinsame Paare von Außenelektronen gebildet werden. Einzelne wenige Elektronen können aus der Atombindung ausbrechen und sich frei im Kristall bewegen. Damit stehen frei bewegliche Ladungsträger zur Verfügung, die bei Anlegen eines elektrischen Feldes zu einem sehr geringen Leitungsvorgang führen.

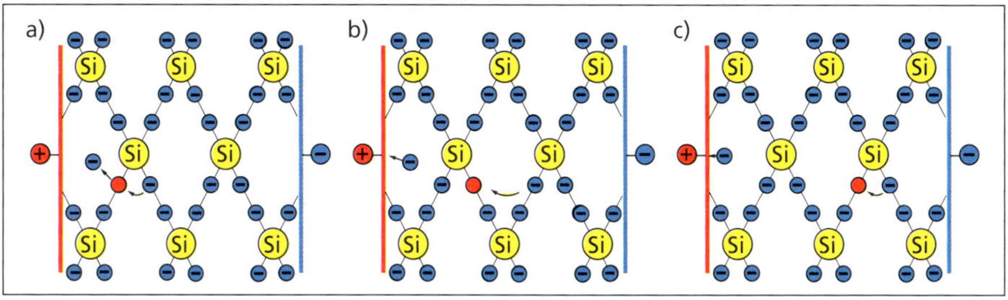

Die freien Elektronen bewegen sich zum positiven Pol des elektrischen Feldes. Da sich mit den Elektronen negative Ladungen bewegen, bezeichnet man dies auch als **n-Leitung**. Gleichzeitig hinterlässt ein freies Elektron ein *Loch* im Atomgitter. Unter Wirkung eines elektrischen Feldes bewegt sich ein benachbartes Außenelektron in dieses Loch und hinterlässt seinerseits ein Loch. In dieses Loch bewegt sich wiederum ein benachbartes Außenelektron. So bewegt sich das Loch zum negativen Pol des elektrischen Feldes. Die Löcher bezeichnet man auch als **Defektelektronen**. Sie verhalten sich wie positive Ladungsträger. Deshalb nennt man diesen Leitungsvorgang auch **p-Leitung**.

Die gesamte **Eigenleitung** eines Halbleiters setzt sich aus dem Strom der Elektronen (n-Leitung) und der Defektelektronen (p-Leitung) zusammen.

In einem Halbleiter kann man mehr freie Ladungsträger für den Leitungsvorgang zur Verfügung stellen, wenn man Atome anderer Elemente (Fremdatome) einbringt, die mehr oder weniger Außenelektronen haben als die Halbleiteratome. Man nennt diesen Vorgang **Dotieren.**

Wird in ein Siliciumkristall ein Boratom (3-wertig) dotiert, kann ein Außenelektron eines Siliciumatoms nicht gebunden werden. Es bleibt ein *Loch*, das wie bei der Löcherleitung für eine *p-Leitung* zur Verfügung steht.

Wird ein Phosphoratom (5-wertig) in Silicium dotiert, kann ein Außenelektron des Phosphors nicht gebunden werden und steht als *freies Elektron* für eine *n-Leitung* zur Verfügung.

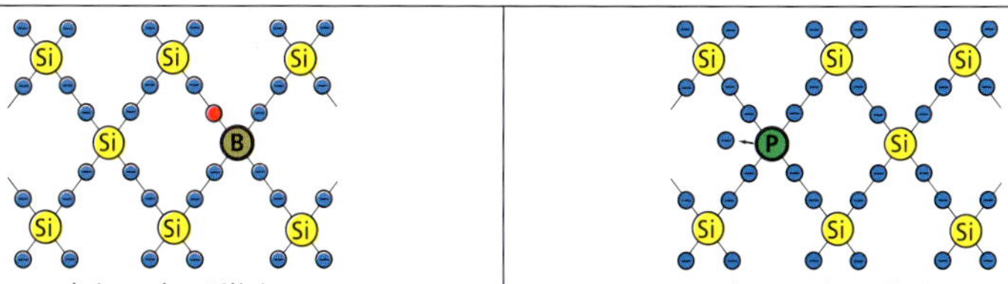

p-leitendes Silicium | n-leitendes Silicium

Durch Dotieren von Halbleiterstoffen mit anderswertigen Atomen entstehen **Störstellen** mit freien Elektronen oder Defektelektronen. Man nennt die darauf basierende n- oder p-Leitung auch **Störstellenleitung.**

Der Thermistor

Ein Thermistor ist ein Halbleiterbauelement, dessen elektrischer Widerstand stark von der Temperatur abhängig ist. Je nach Bauart gibt es Kaltleiter und Heißleiter.
Bei **Kaltleitern** wird der elektrische Widerstand umso größer, je höher die Temperatur ist.
Bei **Heißleitern** nimmt der elektrische Widerstand mit steigender Temperatur ab. Die Temperaturabhängigkeit des elektrischen Widerstandes von Thermistoren kann z.B. für Temperaturmessungen genutzt werden. Dabei wird der Thermistor als messfühler verwendet. Durch Dotierung von Halbleiterstoffen können diese Messfühler so hergestellt werden, dass sie für spezielle Anwendungen besonders geeignet sind.

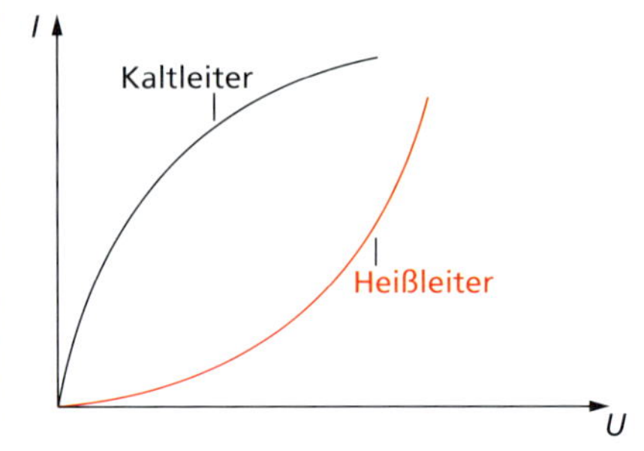

I-*U*-Kennlinien von Thermistoren

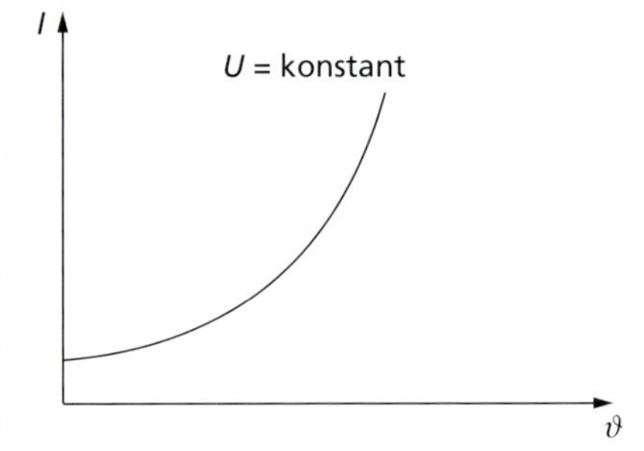

I-ϑ-Diagramm eines Heißleiters

Der Fotowiderstand

Ein Fotowiderstand ist ein Halbleiterbauelement, dessen elektrischer Widerstand von der Beleuchtungsstärke (Stärke des auffallenden Lichtes) abhängig ist. Ab einer Mindestbeleuchtung gilt: Je größer die Beleuchtungsstärke, desto kleiner ist der elektrische Widerstand.
Fotowiderstände können als Messfühler für Lichtmessungen genutzt werden (z.B. in Belichtungsmessern).

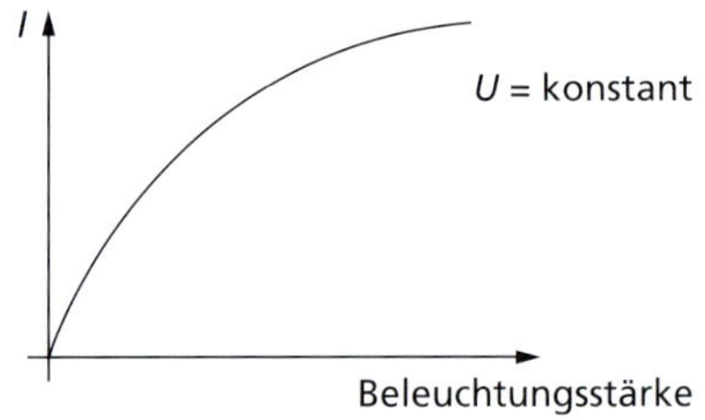

Abhängigkeit der Stromstärke von der Beleuchtungsstärke bei einem Fotowiderstand

Die Halbleiterdiode

Eine **Diode** ist ein Halbleiterbauelement, das aus *zwei* unterschiedlich dotierten Schichten besteht, einem *p-Leiter* und einem *n-Leiter*. An der Berührungsfläche bewegen sich die freien Elektronen in den p-Leiter, besetzen dort die Löcher (Defektelektronen) und neutralisieren diese. Es entsteht ein **pn-Übergang**, der nur sehr wenige Ladungsträger besitzt.

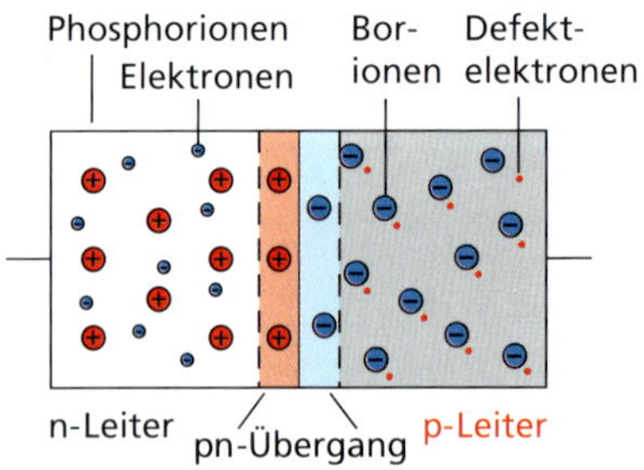

Wie aus der *I*-*U*-Kennlinie einer Diode zu erkennen ist, hängt der elektrische Widerstand von der Polung bzw. der Stromrichtung ab. Bei einer Polung erfolgt ein Stromfluss (**Durchlassrichtung**) und bei der anderen Polung nicht (**Sperrrichtung**).
Ist die Diode in Durchlassrichtung geschaltet, bewegen sich die Elektronen durch den pn-Übergang und dann in Richtung Pluspol der elektrischen Quelle. Die Löcher bewegen sich in entgegengesetzter Richtung.

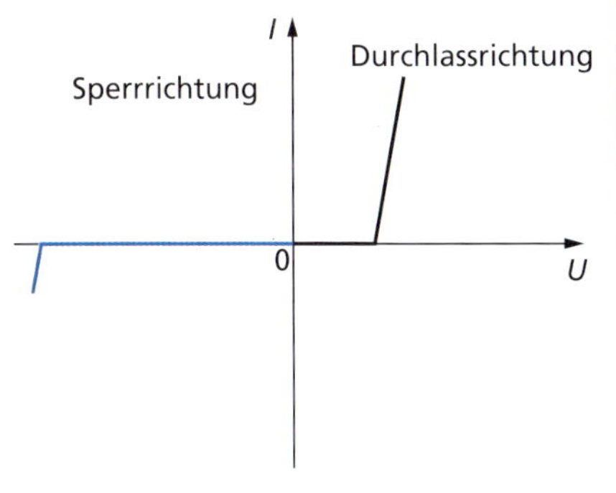

I-*U*-Kennlinie einer Halbleiterdiode

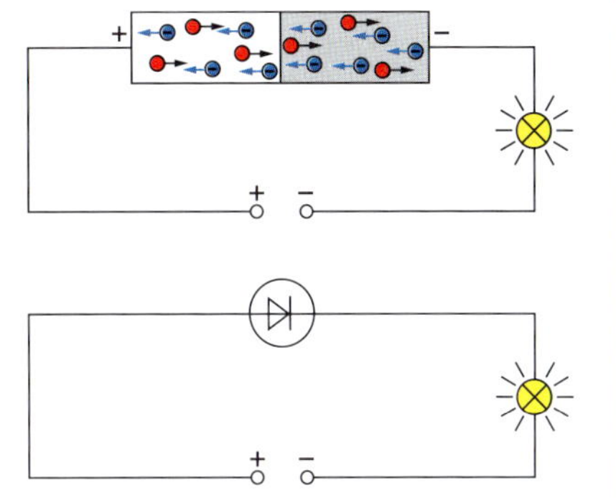

Diode in Durchlassrichtung

Ist die Diode in Sperrrichtung geschaltet, werden die Ladungsträger vom pn-Übergang weggezogen. Der pn-Übergang verbreitert sich und bildet einen großen elektrischen Widerstand.
Die Abhängigkeit des Stromflusses durch eine Diode von der Stromrichtung kann zur Gleichrichtung von Wechselströmen genutzt werden.

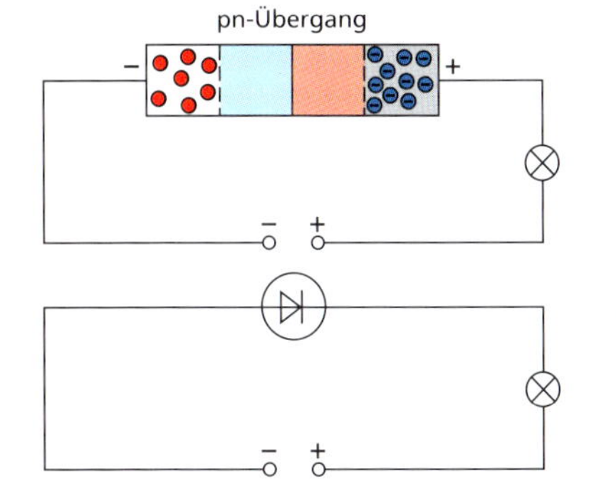

Diode in Sperrrichtung

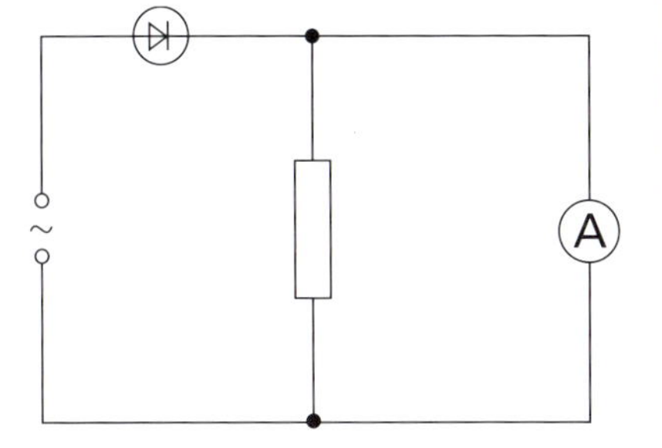

Einfache Gleichrichterschaltung

Der Transistor

Ein Transistor ist ein Halbleiterbauelement, das aus *drei* unterschiedlich dotierten Schichten besteht und damit *zwei* pn-Übergänge besitzt (Bipolartransistor). Man unterscheidet **npn-Transistoren** und **pnp-Transistoren**. Jeder Transistor besitzt *drei* Anschlüsse, den **Emitter** (E), den **Kollektor** (C) und die **Basis** (B). Mit diesen drei Anschlüssen können die Widerstände der pn-Übergänge und die Stromflüsse durch den Transistor *gesteuert* werden. Dazu schaltet man den Transistor so, dass zwei Stromkreise entstehen, der Basisstromkreis und der Kollektorstromkreis. Wie aus der $I_C - I_B$ – Kennlinie des Transistors erkennbar ist, kann durch eine Veränderung der Basisstromstärke I_B die Kollektorstromstärke I_C verändert werden. Dabei ist für Anwendungen wichtig, dass bereits eine kleine Änderung der Basisstromstärke eine große Änderung der Kollektorstromstärke bewirkt. Das wird in **Verstärkern** (z.B. Signalverstärkern) angewendet.

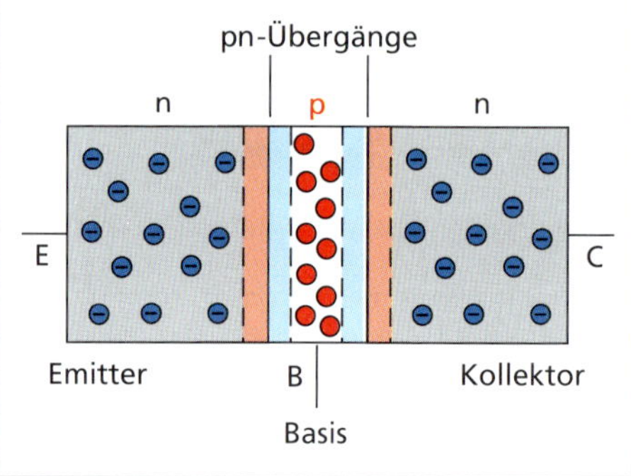

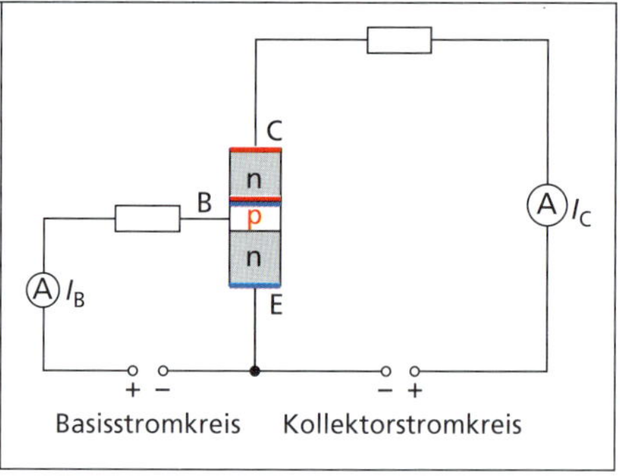

Ist die Basisstromstärke eines Transistors $I_B = 0$, so ist auch die Kollektorstromstärke $I_C = 0$. So kann durch den Basisstrom der Kollektorstromkreis ein- bzw. ausgeschaltet werden. Damit kann man Transistoren auch als elektronische **Schalter** nutzen.

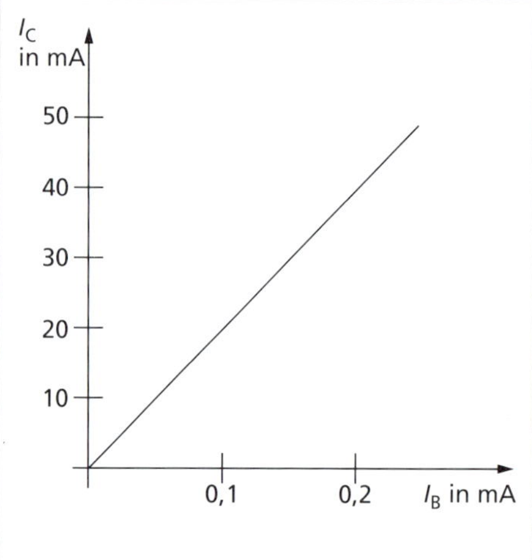

I_C–I_B–Kennlinie eines npn-Transistors

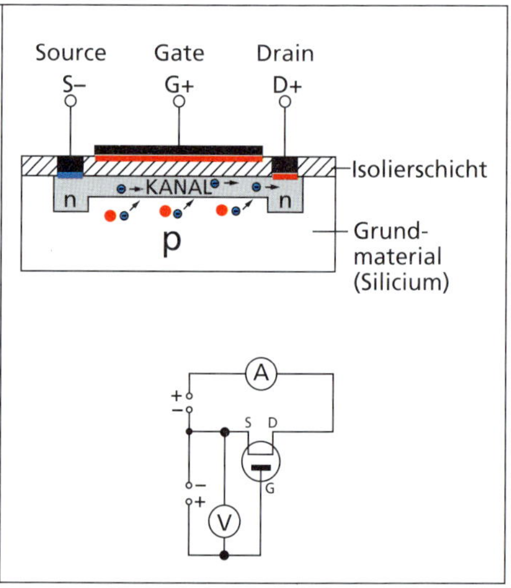

Eine andere Form von Transistoren sind **Feldeffekt-Transistoren**. Bei dem dargestellten Transistor wird die Größe des n-leitenden Kanals durch ein elektrisches Feld am Tor (Gate G) gesteuert.

4 Optik

4.1 Lichtquellen und Lichtausbreitung

Lichtquellen und beleuchtete Körper

Körper, die selbst Licht erzeugen, nennt man **Lichtquellen** oder selbst leuchtende Körper. Die meisten Lichtquellen sind glühende Körper, also Körper mit einer hohen Temperatur (z.B. eine Kerzenflamme).
Körper, die nicht selbst Licht erzeugen, sondern nur auftreffendes Licht reflektieren (zurückwerfen), nennt man **beleuchtete Körper**.

Lichtausbreitung

Von einer Lichtquelle breitet sich Licht **nach allen Seiten** aus, wenn es nicht durch andere Körper daran gehindert wird. Das von der Lichtquelle ausgehende Licht wird auch als **Lichtbündel** bezeichnet.

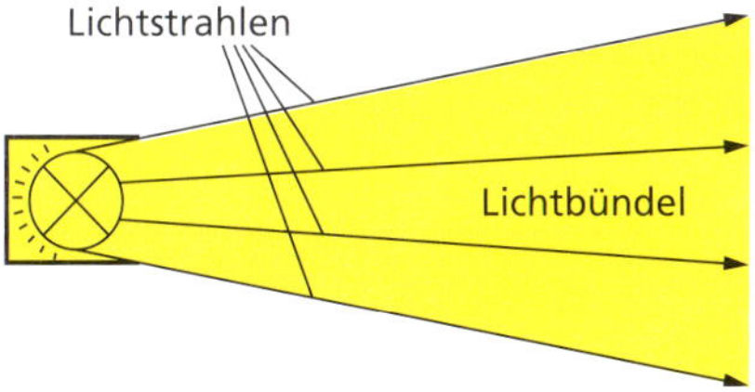

Licht breitet sich von einer Lichtquelle **geradlinig** aus. Die geradlinige Ausbreitung des Lichtes kann durch Geraden veranschaulicht werden. Diese Geraden nennt man **Lichtstrahlen.**

Lichtstrahlen dienen als **Modell** zur Darstellung der Ausbreitung des Lichtes. Sie geben den Weg an, den das Licht zurücklegt.

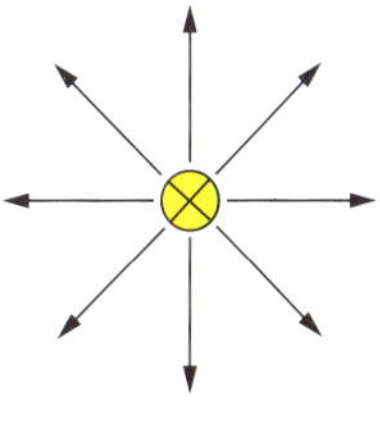

Wenn Licht auf einen Körper trifft, so wird es zum Teil **hindurchgelassen,** zum Teil **absorbiert** (verschluckt) und zum Teil **reflektiert** (zurückgeworfen).

Lichtdurchlässige Körper können **durchsichtig** (z.B. Fensterglas) oder **durchscheinend** (z.B. Papier, Milchglas) sein. Manche Körper lassen kein Licht hindurch. Sie sind **lichtundurchlässig (undurchsichtig).**

Wie viel Licht von einem Körper hindurchgelassen wird, hängt ab

- von der Schichtdicke und
- vom Stoff, aus dem der Körper besteht.

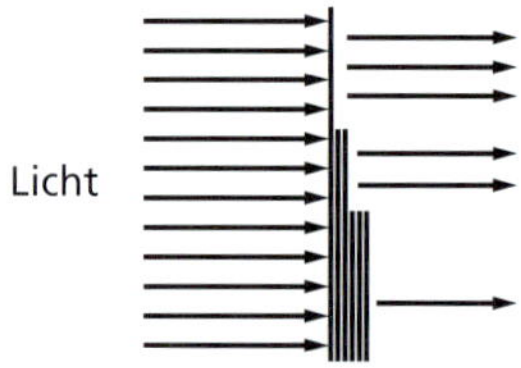

Papier unterschiedlicher Dicke

So lassen z.B. dicke Wasserschichten kaum noch Licht hindurch. Das Licht wird absorbiert.

Körper mit dunkler, rauer Oberfläche absorbieren viel Licht und reflektieren wenig Licht. Körper mit heller, glatter Oberfläche reflektieren viel Licht und absorbieren wenig Licht.

Licht breitet sich mit einer Geschwindigkeit, der Lichtgeschwindigkeit, aus. Die **Lichtgeschwindigkeit** c ist abhängig vom Stoff, in dem sich das Licht ausbreitet.

Stoff	**c in 10^6 m/s**
Diamant	124
Eis	229
Flintglas leicht schwer	 186 171
Kronglas leicht schwer	 199 186
Luft	299, 711
Plexiglas	201
Wasser	225
Vakuum	299, 792

Stoffe, in denen das Licht eine kleinere Ausbreitungsgeschwindigkeit als in anderen hat, nennt man **optisch dichter.** Stoffe, in denen sich Licht mit einer größeren Geschwindigkeit als in anderen ausbreitet, nennt man **optisch dünner.** So ist z.B. Diamant optisch dichter als Eis. Wasser ist optisch dünner als Plexiglas.

Licht und Schatten

Hinter beleuchtete, lichtundurchlässige Körper gelangt von einer Lichtquelle kein Licht. Es bilden sich dunkle Gebiete aus, die **Schatten** genannt werden. Mit Hilfe von Randstrahlen wird ein Schatten begrenzt. **Randstrahlen** sind die Strahlen, die gerade noch am Hindernis vorbeigehen. Bei **einer punktförmigen Lichtquelle** ist der Schatten scharf begrenzt.

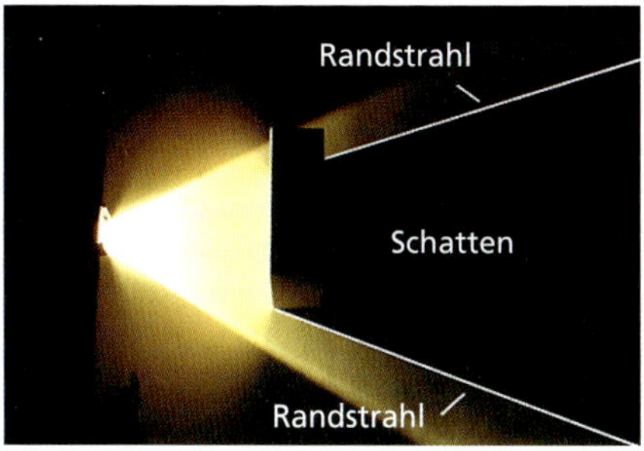

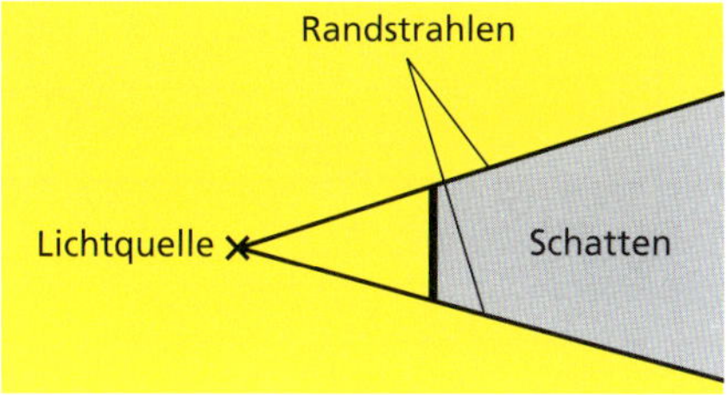

Ist die Lichtquelle ausgedehnt oder gibt es mehrere Lichtquellen, so entstehen verschiedene Schatten. Das Gebiet, das vom Licht keiner Lichtquelle erreicht wird, nennt man **Kernschatten.** Die Gebiete, die vom Licht *einer* Lichtquelle erreicht werden, heißen **Halbschatten.**

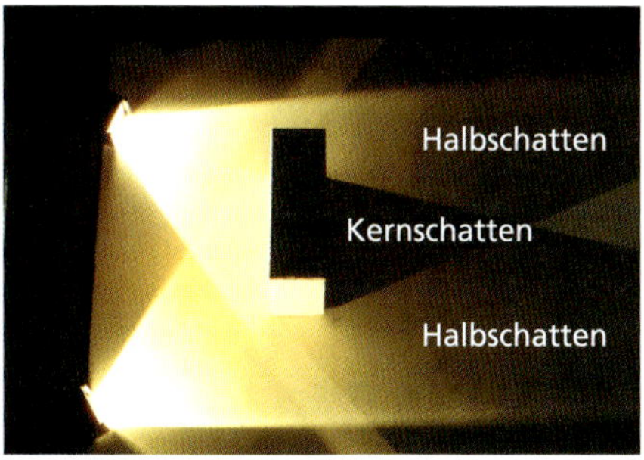

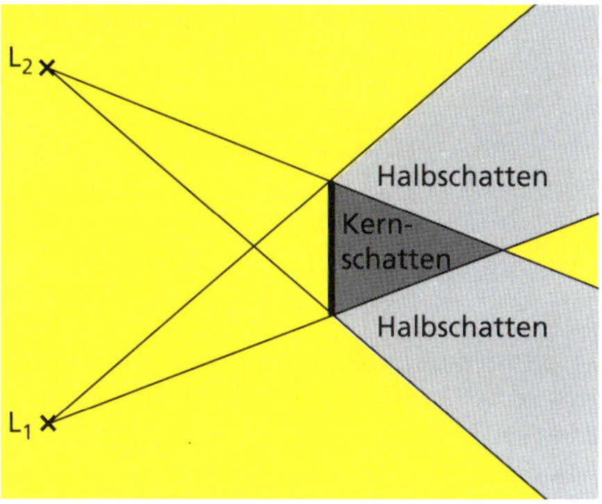

Die Lochkamera

Mit Hilfe eines kleinen Loches kann das Bild eines Gegenstandes auf einem Schirm erzeugt werden. Die Entstehung dieses Bildes kann mit Hilfe der geradlinigen Ausbreitung des Lichtes erklärt werden.

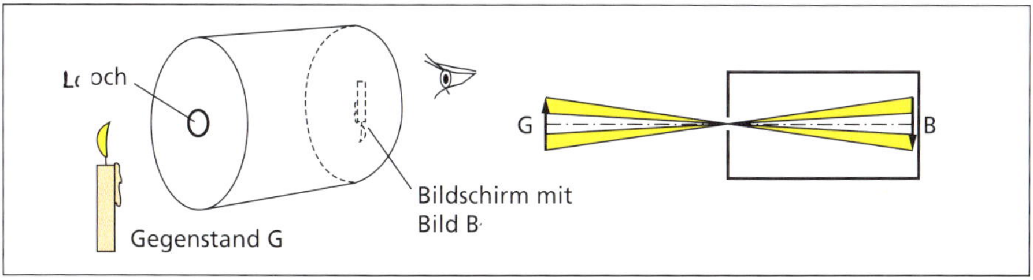

Die Größe des Bildes *B*, das von einem Gegenstand der Größe *G* mit einer Lochkamera erzeugt wird, ist abhängig von der Gegenstandsweite *g* und der Bildweite *b*. Die Bildgröße kann mit Hilfe der Randstrahlen konstruiert oder mit dem **Abbildungsgesetz** berechnet werden.

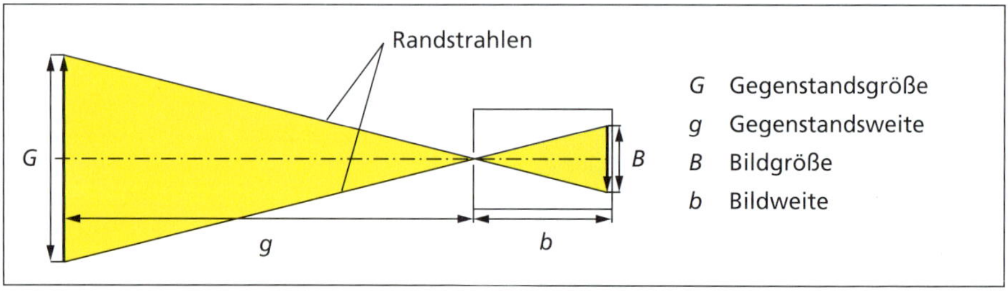

Für jede Abbildung eines Gegenstandes mit einer Lochkamera gilt:

$$\frac{B}{G} = \frac{b}{g} \quad \text{oder} \quad B \cdot g = G \cdot b$$

Das Bild, das mit einer Lochkamera erzeugt wird, ist unscharf. Je kleiner das Loch bei einer Lochkamera ist, desto schärfer, aber auch desto lichtschwächer ist das Bild.

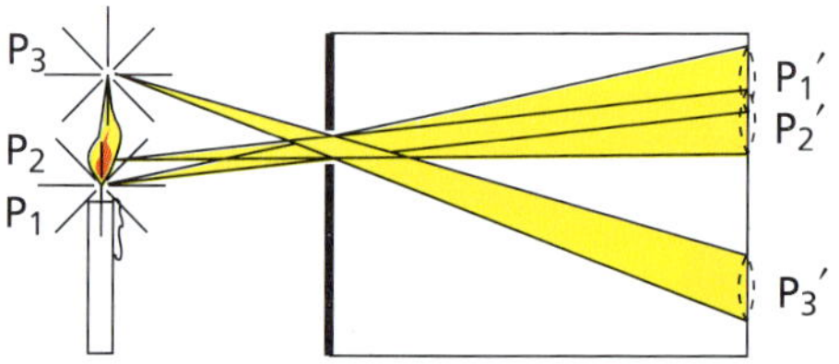

Sonnen- und Mondfinsternisse

Die Sonne sendet Licht nach allen Seiten geradlinig aus und bestrahlt Planeten, Monde und andere Himmelskörper. Hinter diesen bestrahlten Himmelskörpern entstehen im Weltall gewaltige Schatten. Auch hinter der Erde und dem Erdmond entstehen solche Schatten. Sie sind die Ursache für Sonnen- und Mondfinsternisse (S. 234).

Sonnenfinsternis bei Magdeburg (Fotomontage)

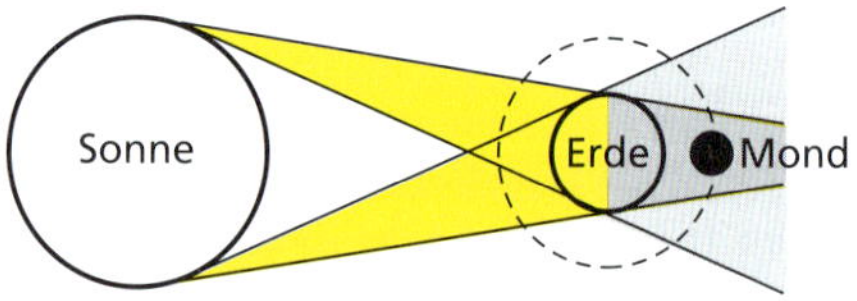

Mondfinsternis

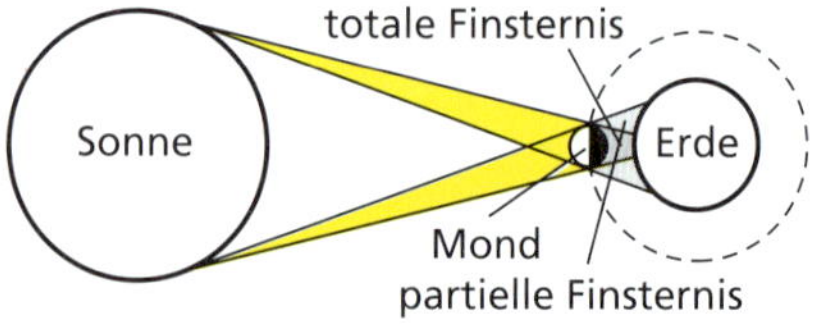

Sonnenfinsternis

Finsternisse entstehen nur, wenn sich Sonne, Erde und Mond in einer Ebene befinden.

Durch die unterschiedliche und sich ständig ändernde Stellung von Sonne, Erde und Mond entstehen auch die unterschiedlichen Phasen (Lichtgestalten) des Mondes (S. 233).

4.2 Reflexion und Brechung des Lichtes

Das Reflexionsgesetz

Wenn Licht an einer Fläche reflektiert wird, so ist der Einfallswinkel α gleich dem Reflexionswinkel α'. Dabei liegen einfallender Strahl, Einfallslot und reflektierter Strahl in einer Ebene.

$$\alpha = \alpha'$$

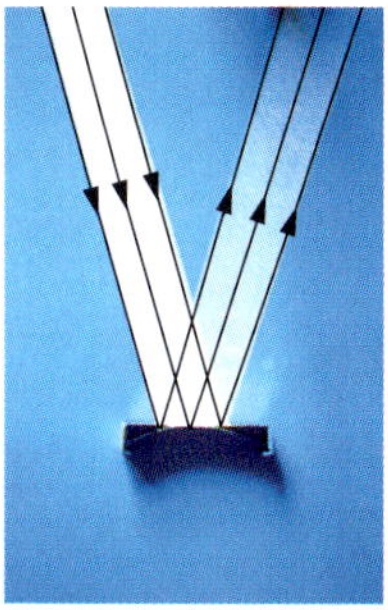

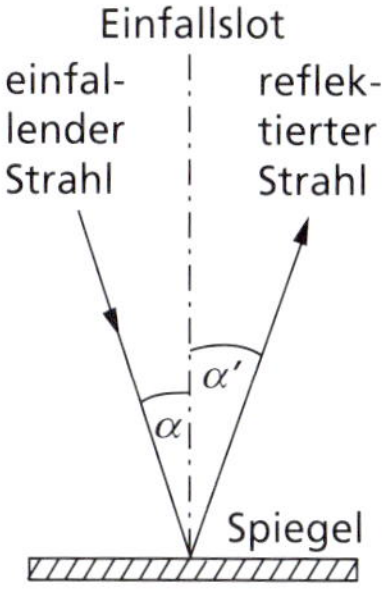

Reflexion an verschiedenen Oberflächen

Trifft paralleles Licht auf eine *ebene Fläche,* z.B. auf einen Spiegel oder auf eine glatte Wasserfläche, so ist das reflektierte Licht ebenfalls parallel. Jeder Lichtstrahl wird nach dem Reflexionsgesetz zurückgeworfen.
Wenn Licht nur in eine Richtung zurückgeworfen wird, spricht man von **regulärer Reflexion.**
Trifft paralleles Licht auf eine *raue Fläche,* so wird jeder einzelne Lichtstrahl nach dem Reflexionsgesetz reflektiert. Die einzelnen Strahlen werden aufgrund der unterschiedlichen Einfallswinkel in verschiedene Richtungen reflektiert. Wenn Licht in die verschiedensten Richtungen zurückgeworfen wird, spricht man von **diffuser Reflexion.**

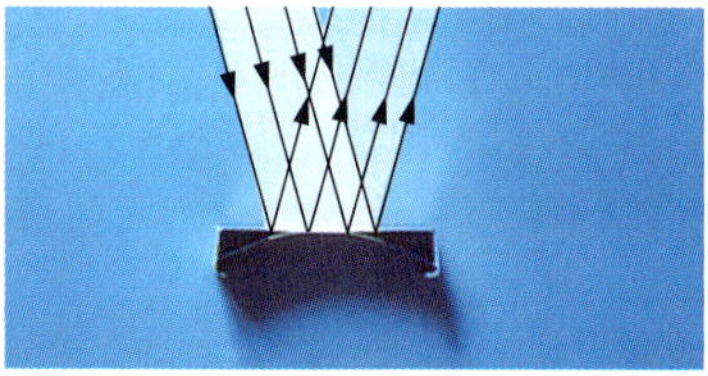

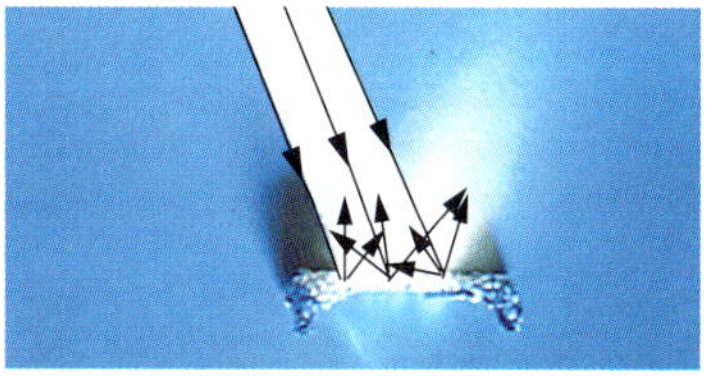

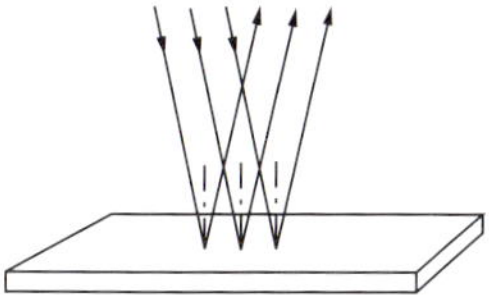

reguläre Reflexion

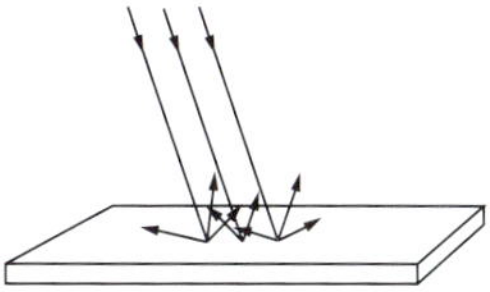

diffuse Reflexion

Trifft paralleles Licht auf eine *gekrümmte Fläche*, so wird wieder jeder einzelne Lichtstrahl nach dem Reflexionsgesetz reflektiert, jedoch werden die einzelnen Strahlen aufgrund der unterschiedlichen Einfallswinkel in verschiedene Richtungen reflektiert. Dies wird bei **gekrümmten Spiegeln** genutzt.

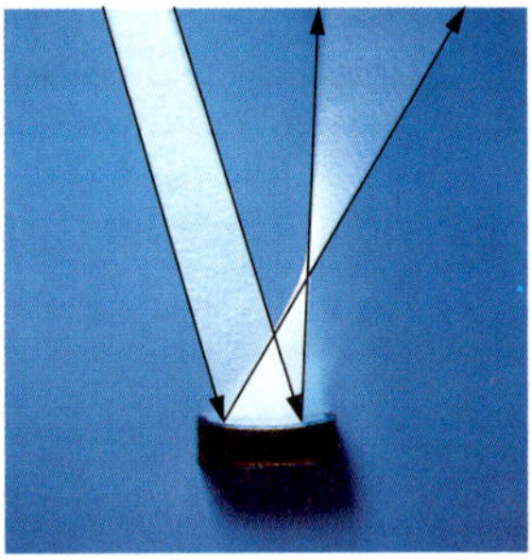

Reflexion am Hohlspiegel

Hohlspiegel können sehr unterschiedliche Formen haben.
Trifft Licht auf einen Hohlspiegel, so wird jeder einzelne Lichtstrahl nach dem Reflexionsgesetz zurückgeworfen.

Fällt paralleles Licht auf einen Hohlspiegel, dann werden die Lichtstrahlen so reflektiert, dass sie alle in einem Punkt zusammenlaufen. In diesem Punkt wird das Licht konzentriert. Es können dort hohe Temperaturen entstehen.
Man nennt diesen Punkt den **Brennpunkt F** (lateinisch: focus) eines Hohlspiegels.

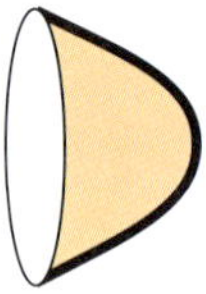

parabolischer Hohlspiegel

(Parabolspiegel)

kugelförmiger Hohlspiegel

(Kugelspiegel)

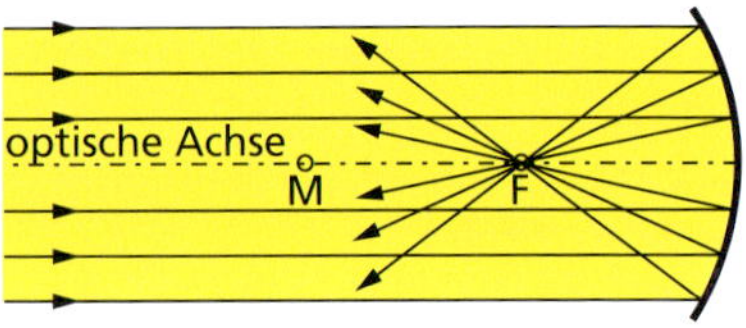

M Mittelpunkt der kugelförmigen Spiegelfläche
F Brennpunkt $\overline{FS} = f$
S Scheitelpunkt $\overline{MS} = 2f$
f Brennweite

Die Eigenschaft, dass parallel einfallende Strahlung im Brennpunkt eines Hohlspiegels konzentriert wird und dort sehr hohe Temperaturen entstehen, wird bei einem **Sonnenofen** ausgenutzt. Die Bilder zeigen den Sonnenoffen von Odeillo (Frankreich).

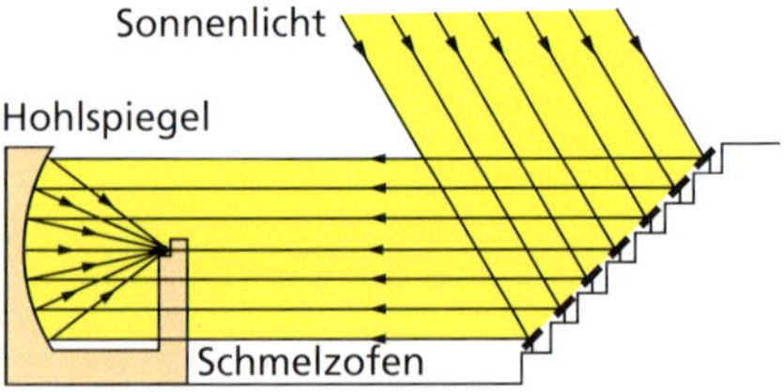

Das Brechungsgesetz

Trifft Licht auf die Grenzfläche zwischen zwei *verschiedenen lichtdurchlässigen Stoffen,* z.B. von Luft und Wasser, so wird ein Teil des Lichtes nach dem Reflexionsgesetz zurückgeworfen. Der andere Teil des Lichtes geht in den anderen Stoff über.
Dabei ändert sich im Allgemeinen die Ausbreitungsrichtung des Lichtes. Diese Erscheinung nennt man Brechung.

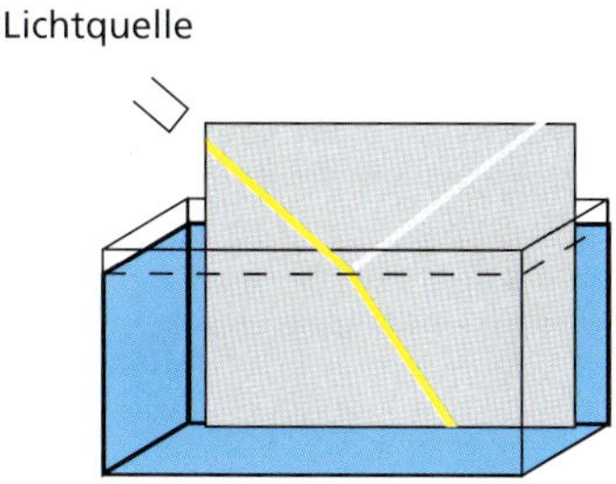

Als **Brechung** des Lichtes bezeichnet man die Änderung seiner Ausbreitungsrichtung an der Grenzfläche zweier lichtdurchlässiger Stoffe.

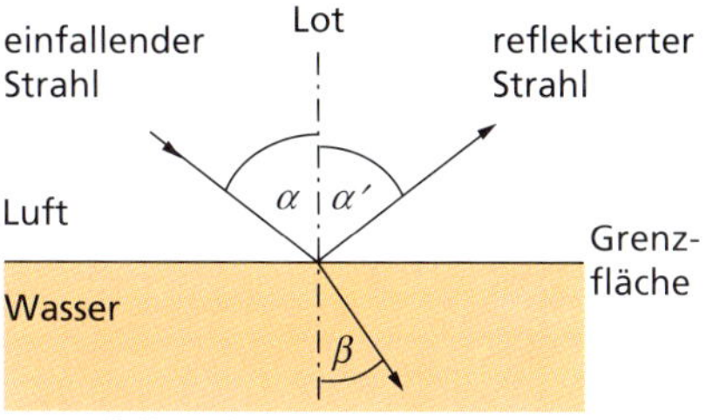

α Einfallswinkel
α' Reflexionswinkel
β Brechungswinkel

Für die Brechung des Lichtes an einer Grenzfläche zwischen Luft und Glas oder Wasser gilt das **Brechungsgesetz** in folgender Form.

Wenn Licht von Luft in Glas oder Wasser übergeht, so wird es an der Grenzfläche zum Lot hin gebrochen.

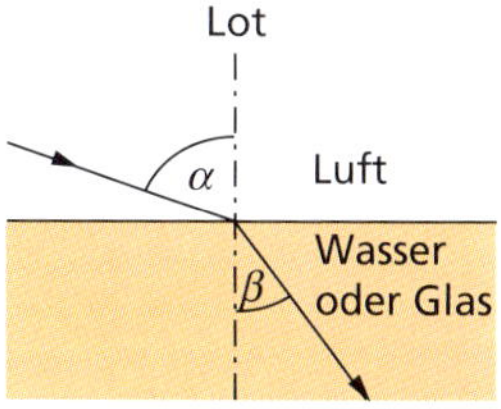

Für $\alpha \neq 0°$ gilt:

$$\beta < \alpha$$

Wenn Licht von Glas oder Wasser in Luft übergeht, so wird es an der Grenzfläche vom Lot weg gebrochen.

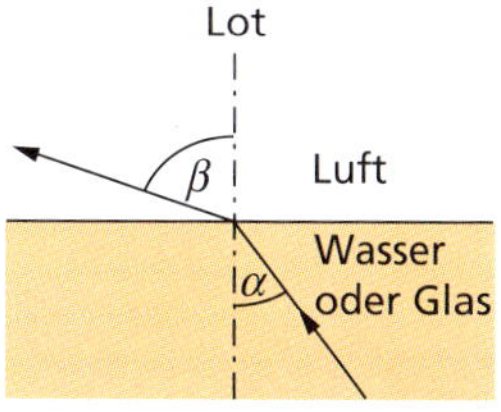

Für $\alpha \neq 0°$ gilt:

$$\beta > \alpha$$

Für beliebige Grenzflächen zweier lichtdurchlässiger Stoffe gilt das *Brechungsgesetz* allgemein in folgender Form:

Wenn Licht an einer Grenzfläche von einem lichtdurchlässigen Stoff in einen anderen lichtdurchlässigen Stoff übergeht, so gilt für den Einfallswinkel α und den Brechungswinkel β:

$$\frac{\sin\alpha}{\sin\beta} = \frac{c_1}{c_2} \quad \text{oder} \quad \frac{\sin\alpha}{\sin\beta} = \frac{n_2}{n_1} \quad \text{oder} \quad \frac{\sin\alpha}{\sin\beta} = n$$

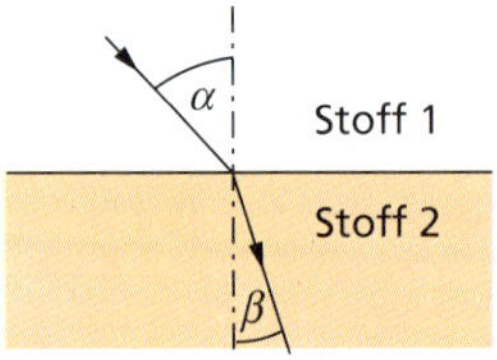

c_1, c_2 Lichtgeschwindigkeiten in den Stoffen 1 und 2
n_1, n_2 absolute Brechzahlen in den Stoffen 1 und 2
n Brechzahl

Der Stoff, bei dem das Licht bei einem bestimmten Einfallswinkel stärker gebrochen wird als bei einem anderen, heißt **optisch dichter.** Der andere Stoff heißt **optisch dünner** (S. 170).

Die Totalreflexion

Tritt Licht von Glas oder Wasser in Luft (vom optisch dichteren in den optisch dünneren Stoff) über, so wird es vom Lot weg gebrochen. Der Brechungswinkel β ist größer als der Einfallswinkel α (Abb. a). Vergrößert man den Einfallswinkel, so wird auch der Brechungswinkel größer und erreicht den Wert $\beta = 90°$ (Abb. b). Wird nun der Einfallswinkel weiter vergrößert, so wird das gesamte einfallende Licht an der Grenzfläche reflektiert (Abb. c).

Die Erscheinung, dass beim Übergang des Lichtes von Glas oder Wasser in Luft bei bestimmten Winkeln sämtliches Licht an der Grenzfläche reflektiert wird, nennt man **Totalreflexion**.

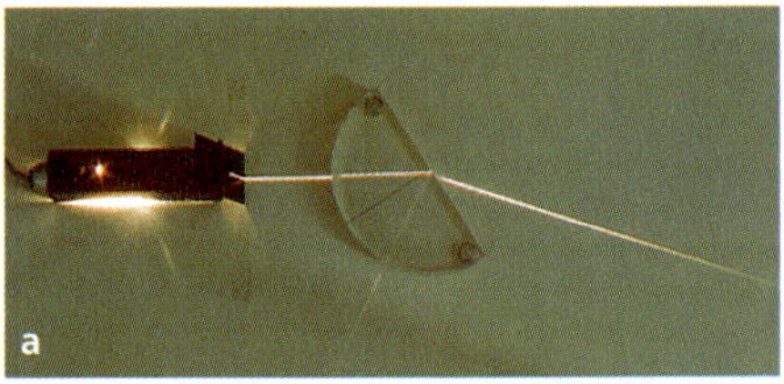

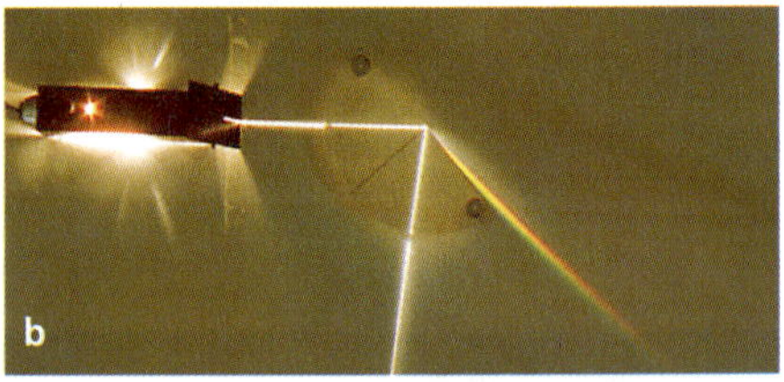

Den Einfallswinkel, bei dem der Brechungswinkel gerade 90° beträgt, nennt man **Grenzwinkel der Totalreflexion α_G**.

Für alle Winkel $\alpha > \alpha_G$ tritt Totalreflexion auf.

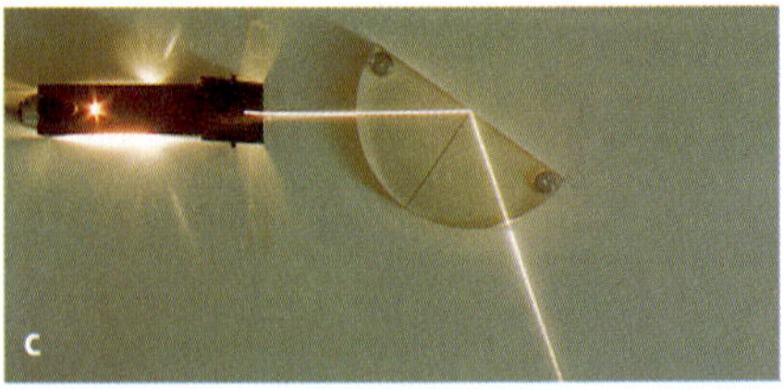

Da für den Grenzwinkel der Totalreflexion $\beta = 90°$ ist, folgt mit $\sin\beta = \sin 90° = 1$:

$$\sin\alpha_G = \frac{c_1}{c_2}$$

oder

$$\sin\alpha_G = \frac{n_2}{n_1}.$$

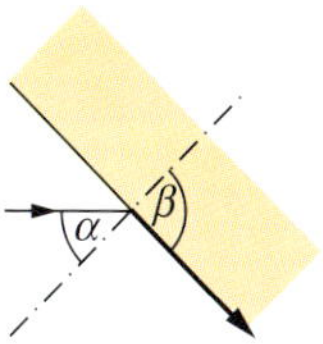

Die Totalreflexion wird bei **Lichtleitkabeln** zur Informationsübertragung von Telefongesprächen, Computerdaten, Fernsehbildern und Rundfunkprogrammen genutzt. Ein Lichtleiter besteht aus einem Mantel und einem Kern. Mantel und Kern haben unterschiedliche Brechzahlen und damit unterschiedliche optische Eigenschaften.

Das Licht fällt unter einem solchen Winkel in den Lichtleiter ein, dass es an der Grenzfläche zwischen Mantel und Kern durch Totalreflexion mehrfach reflektiert wird. So gelangt es bis ans andere Ende des Lichtleiters und kann dort empfangen werden.

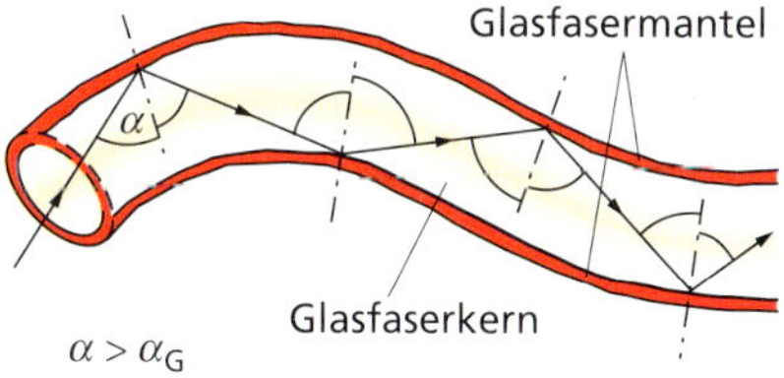

Brechung des Lichtes durch verschiedene Körper

Trifft Licht auf eine **planparallele Platte,** so wird es an beiden Grenzflächen nach dem Brechungsgesetz gebrochen. Der austretende Lichtstrahl verläuft parallel zum auftreffenden Lichtstrahl. Betrachtet man einen Gegenstand durch eine planparallele Platte, so sieht man ihn dadurch seitlich versetzt.

Trifft Licht auf ein **Prisma** aus Glas oder Kunststoff, so wird es beim Durchgang an beiden Grenzflächen nach dem Brechungsgesetz gebrochen. Insgesamt wird das einfallende Licht in eine andere Richtung gelenkt.

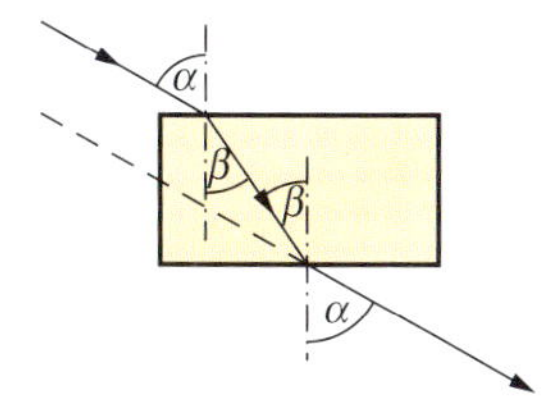

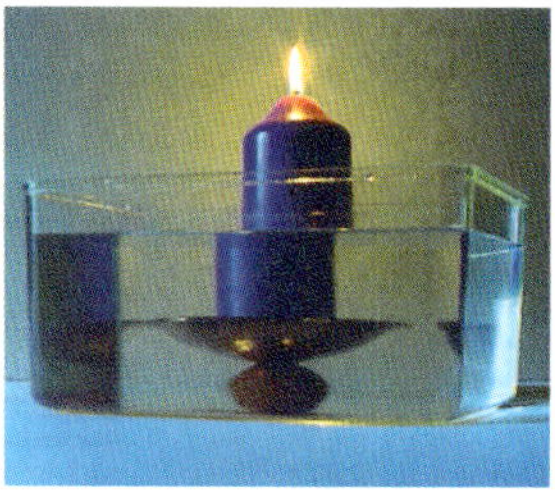

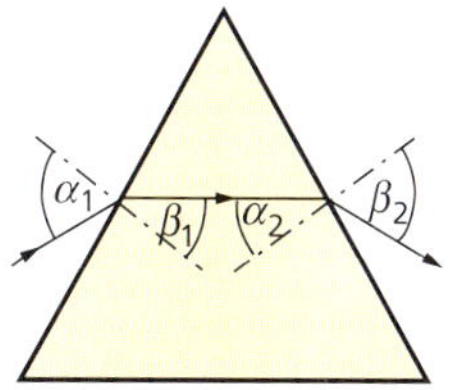

Bei einem rechtwinkligen Prisma tritt Totalreflexion auf, wenn das Licht senkrecht auf eine Kathede fällt. Das Licht wird um 90° abgelenkt. Ein solches Prisma nennt man **Umlenkprisma**.

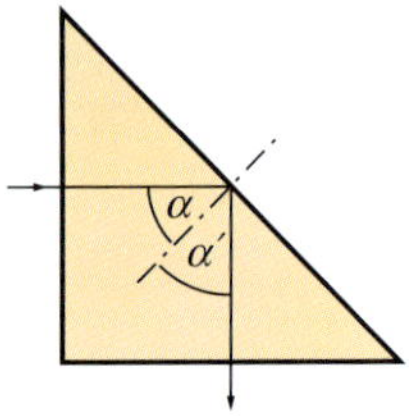

Trifft Licht auf eine **Linse**, so wird es beim Durchgang an beiden Grenzflächen nach dem Brechungsgesetz gebrochen. Zur Vereinfachung beim Zeichnen von Strahlenverläufen kann man bei dünnen Strahlenverläufen diese zweifache Brechung durch *eine* Brechung an der Linsenebene ersetzen.

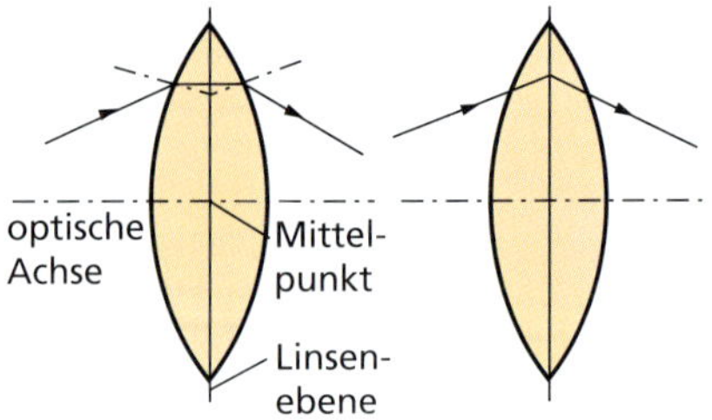

Fällt paralleles Licht auf eine Sammellinse, dann werden die Lichtstrahlen so gebrochen, dass sie nach der Brechung alle durch einen Punkt gehen.

Bei intensiver Strahlung kann sich an diesem Punkt, in dem das Licht gebündelt wird, ein Gegenstand entzünden. Man nennt ihn deshalb **Brennpunkt.**

Der Abstand des Brennpunktes von der Linsenebene wird als **Brennweite** *f* bezeichnet. Die Brennweite ist an beiden Seiten der Linse gleich groß.

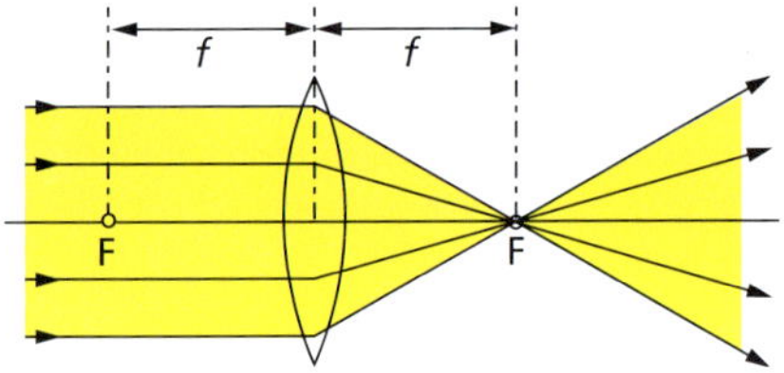

Auch wenn paralleles Licht schräg auf eine Sammellinse fällt, wird es in einem Punkt gebündelt. Dieser Punkt liegt in einer Ebene parallel zur Linsenebene, die durch den Brennpunkt verläuft.

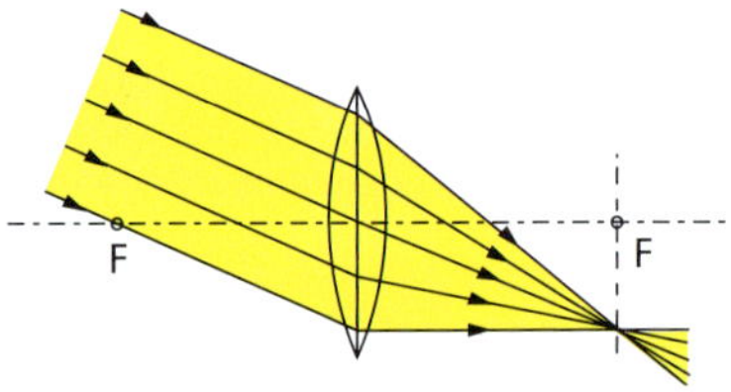

Linsen besitzen unterschiedliche Brennweiten. Die Brennweite einer Linse ist abhängig

- von der Krümmung der Linse,
- vom Material, aus dem die Linse besteht.

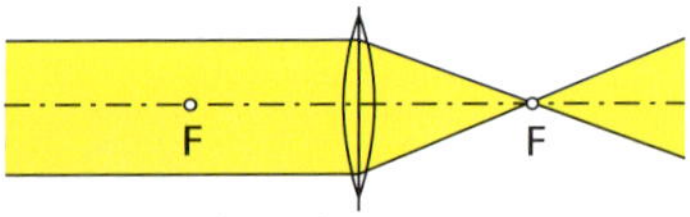

Linse mit schwacher Krümmung

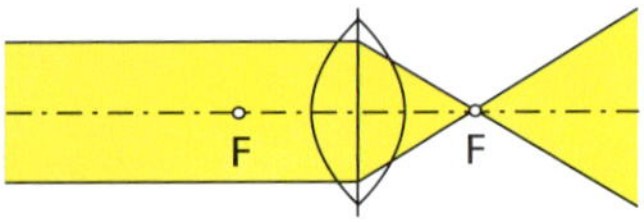

Linse mit starker Krümmung

Mehrere Linsen zusammen bilden ein **Linsensystem.**
Ein solches Linsensystem hat ebenfalls eine Brennweite und wirkt wie eine Sammellinse oder eine Zerstreuungslinse. Mit Hilfe eines solchen Linsensystems können Abbildungsfehler verringert werden. Außerdem ist es möglich, durch Verschieben einer Linse die Brennweite des Linsensystems zu verändern, was für viele technische Anwendungen wichtig ist.

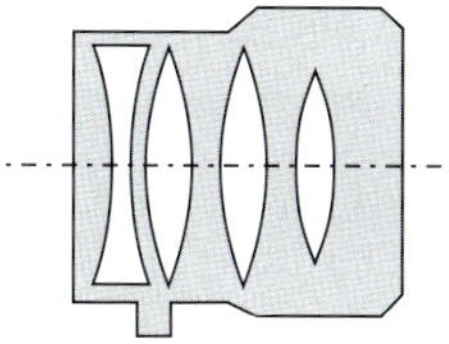

Linsensystem eines Fernrohres

FRESNEL-Linsen sind dünne und leichte Linsen, die die gleiche Brechung des Lichtes bewirken wie entsprechende dicke Linsen. Dabei wird die Entdeckung des französischen Physikers AUGUSTIN JEAN FRESNEL (1788–1827) genutzt, dass entscheidend für die Stärke der Brechung des Lichtes nicht die Dicke der Linse, sondern die Krümmung der Linse ist.

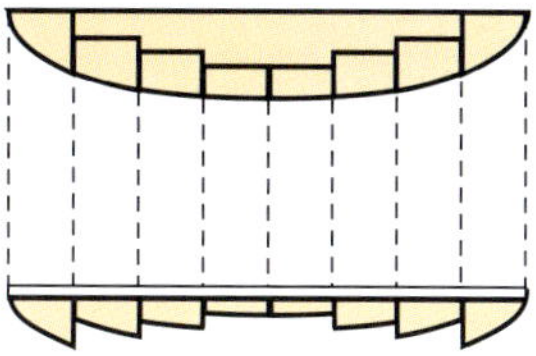

4.3 Bildentstehung an Spiegeln und Linsen

Optische Bilder

Von jedem Punkt eines Gegenstandes geht Licht in unterschiedliche Richtungen aus, das an anderen Orten empfangen werden kann. Wenn das Licht, das vom Punkt P eines Gegenstandes ausgeht, von einer Linse gebrochen oder durch einen Spiegel reflektiert wird, so trifft es wieder in einem Punkt P′, dem **Bildpunkt**, zusammen.

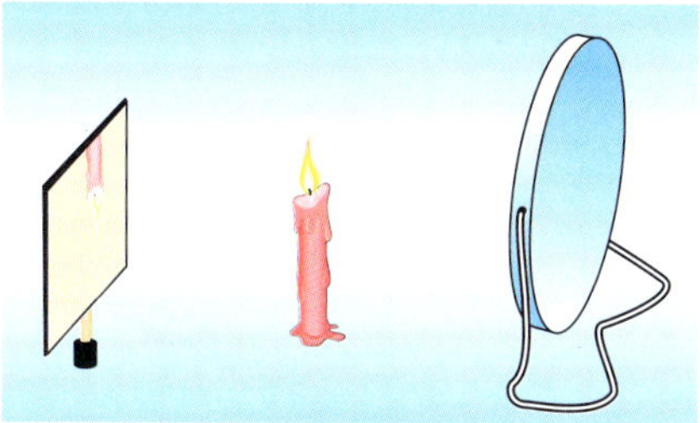

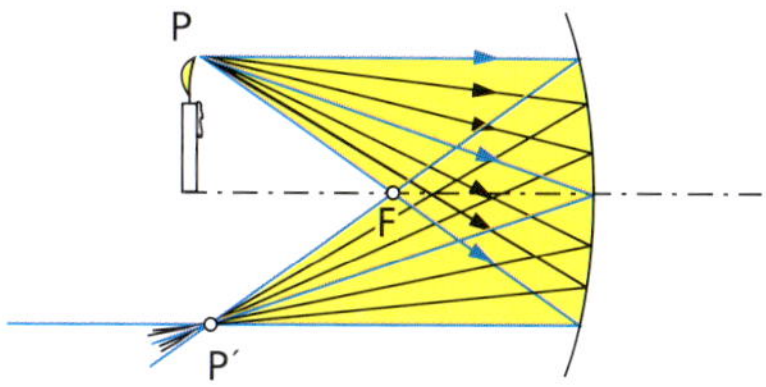

Treffen sich die Lichtstrahlen, die von einem Punkt P eines Gegenstandes ausgehen, wieder in einem Punkt P′, so entsteht ein **scharfer Bildpunkt** des Gegenstandes. Treffen sich die Lichtstrahlen von einem Punkt eines Gegenstandes nicht wieder genau in einem Punkt, so ist das Bild unscharf. Dies ist z.B. für achsenferne Lichtstrahlen bei Linsen der Fall. Dadurch entstehen z.B. **Abbildungsfehler** bei Linsen.

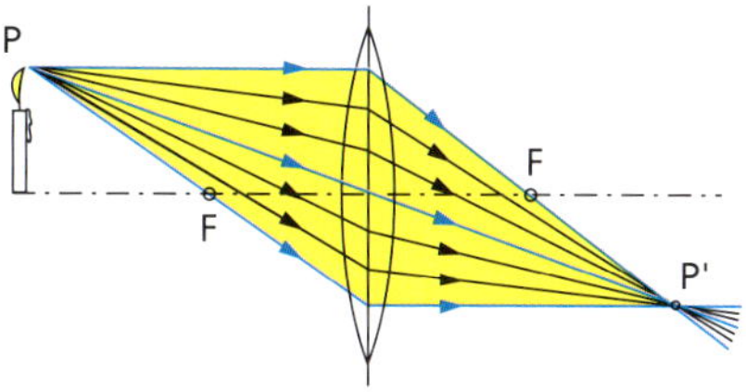

Bei einer einfachen Sammellinse verlaufen z.B. nicht alle gebrochenen Parallelstrahlen durch den Brennpunkt. Auch dadurch entstehen Abbildungsfehler.

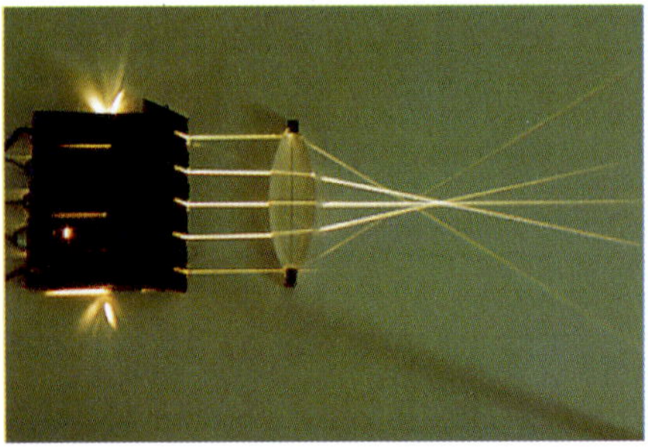

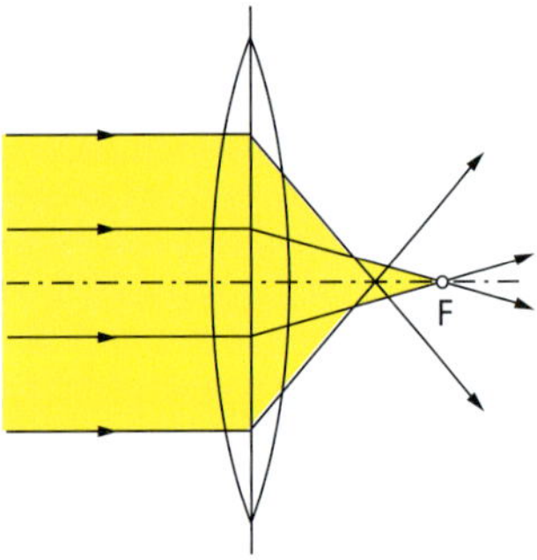

Bilder, die man mit einem Schirm auffangen kann, nennt man **reelle (wirkliche) Bilder.** Bilder, die man zwar sehen und fotografieren, aber nicht auf einem Schirm auffangen kann, nennt man **virtuelle (scheinbare) Bilder.** So kann man z.B. das Bild einer Kerze im ebenen Spiegel hinter dem Spiegel nicht auf einem Schirm auffangen.

Bildentstehung am ebenen Spiegel

Trifft Licht von einem Punkt P eines Gegenstandes auf einen *ebenen Spiegel,* so wird es nach dem Reflexionsgesetz zurückgeworfen. Für den Beobachter scheint das Licht vom Punkt P′ aus zu kommen.
Wir sehen im Spiegel den Punkt P an der Stelle P′, von wo aus die Lichtstrahlen geradlinig in unsere Augen herzukommen scheinen.

Spiegel

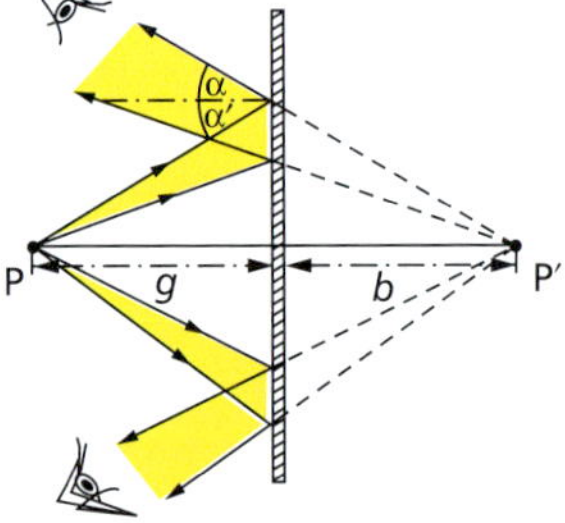

Befindet sich ein Gegenstand vor einem ebenen Spiegel, so geht von jedem Punkt des Gegenstandes Licht aus.

Führt man die Konstruktion des Strahlenverlaufs für jeden Punkt aus, so erhält man das Spiegelbild des Gegenstandes.

Spiegel

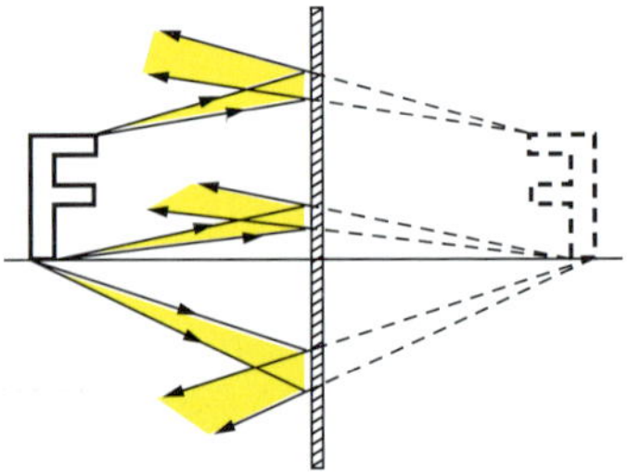

Für einen ebenen Spiegel gilt:
- Das Spiegelbild des Gegenstandes befindet sich *hinter dem Spiegel.*
- Gegenstand und Spiegelbild sind *symmetrisch* zueinander.
- Gegenstands- und Bildpunkte sind *gleich weit vom Spiegel entfernt.*
- Das Spiegelbild ist *genauso groß wie der Gegenstand.*
- Das Spiegelbild kann hinter dem Spiegel nicht auf einem Schirm aufgefangen werden. Es ist ein *virtuelles Bild.*

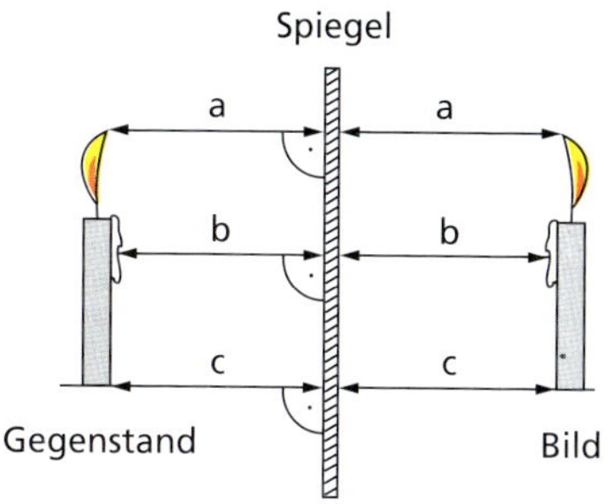

Bildentstehung an gekrümmten Spiegeln

Je nachdem, von welcher Seite Licht auf einen gekrümmten Spiegel fällt, unterscheidet man **Hohlspiegel (Konkavspiegel)** und **Wölbspiegel (Konvexspiegel).**

Hohlspiegel (Konkavspiegel)	**Wölbspiegel (Konvexspiegel)**
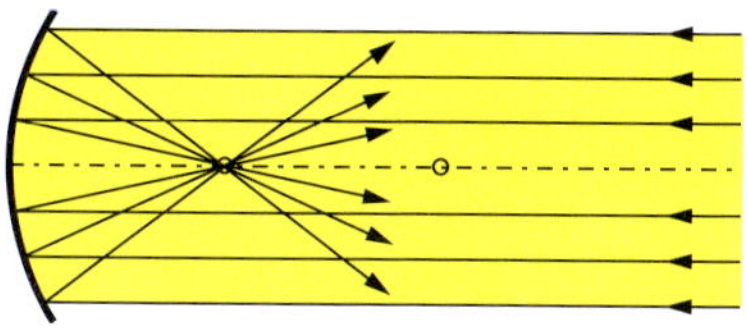	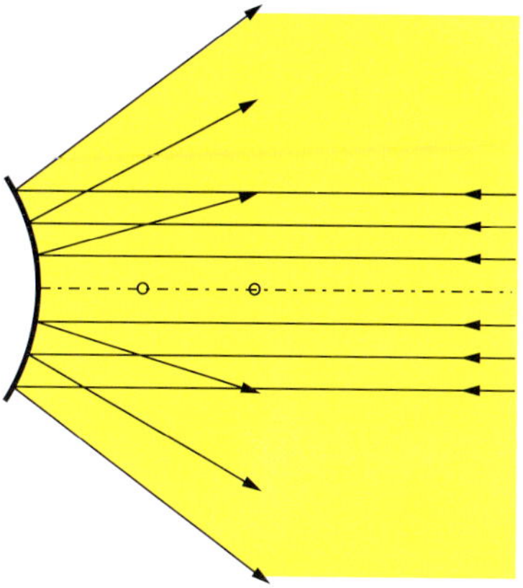

Zur zeichnerischen Konstruktion von Bildpunkten an Hohlspiegeln und Wölbspiegeln reicht es aus, den Verlauf einiger wichtiger Strahlen zu kennen.

Parallelstrahlen verlaufen parallel zur optischen Achse des gekrümmten Spiegels.

Brennpunktstrahlen verlaufen durch den Brennpunkt des gekrümmten Spiegels.

Mittelpunktstrahlen verlaufen durch den Krümmungsmittelpunkt des gekrümmten Spiegels.

Wenn diese Strahlen an einem Hohlspiegel reflektiert werden, so gilt unter der Bedingung achsennaher Strahlen:

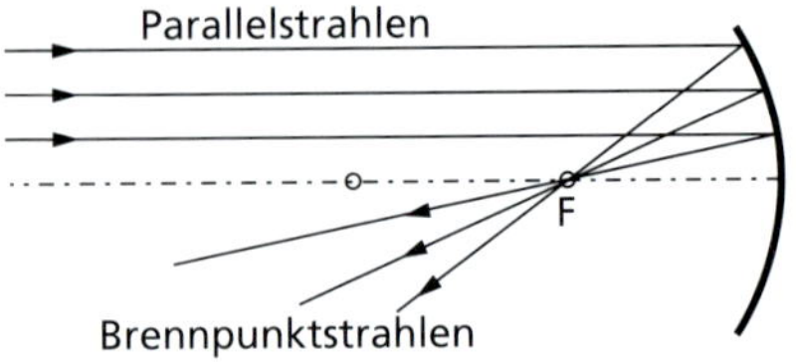

Ein Parallelstrahl wird so reflektiert, dass er dann durch den Brennpunkt geht.

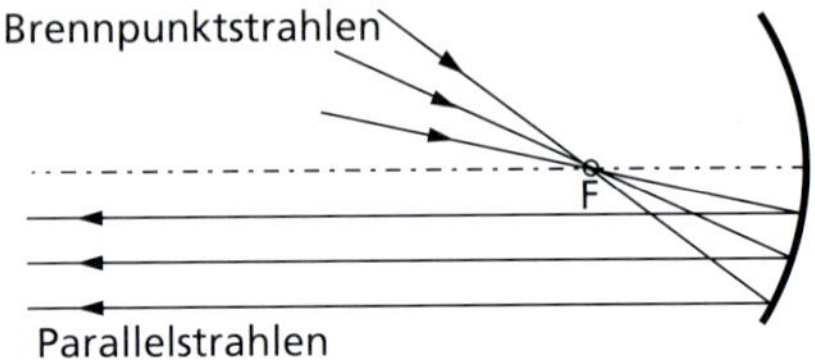

Ein Brennpunktstrahl wird so reflektiert, dass er dann als Parallelstrahl verläuft.

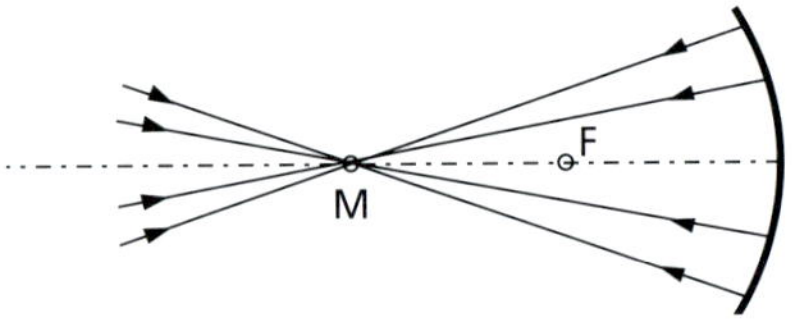

Ein Mittelpunktstrahl wird so reflektiert, dass er dann wieder als Mittelpunktstrahl verläuft.

Für die Reflexion dieser Strahlen an Wölbspiegeln gelten analoge Gesetze.
Um von einem Gegenstandspunkt einen Bildpunkt zu konstruieren, zeichnet man die vom Gegenstandspunkt ausgehenden Strahlen. Der Schnittpunkt zweier Strahlen, die von einem Punkt des Gegenstandes ausgehen und am Hohlspiegel reflektiert werden, ergibt den betreffenden Bildpunkt.

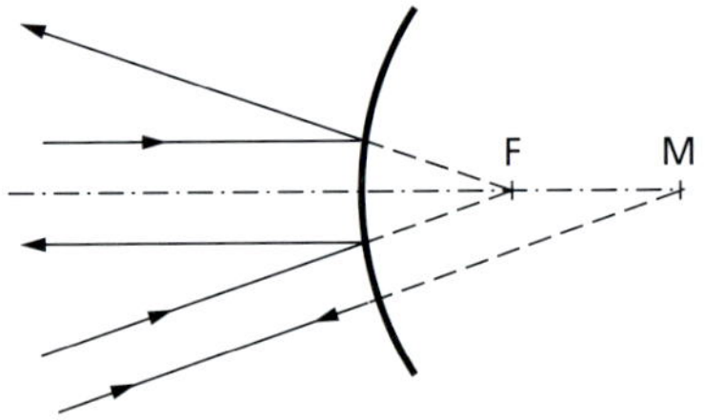

Will man das Bild eines Gegenstandes konstruieren, so muss man von mehreren Gegenstandspunkten die Bildpunkte ermitteln. Bringt man in den Schnittpunkt der Strahlen einen Schirm, so kann man auf ihm das Bild auffangen. Es ist ein reelles Bild.

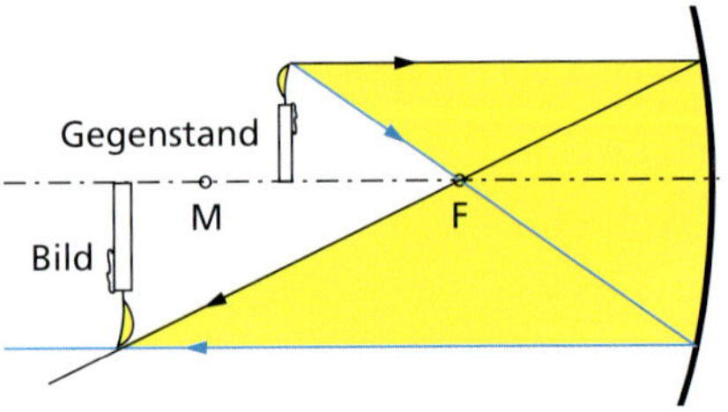

Übersicht über einige Bilder an gekrümmten Spiegeln

Ort des Gegenstandes	Bildkonstruktion und Bild	Eigenschaften des Bildes
außerhalb der doppelten Brennweite eines Hohlspiegels	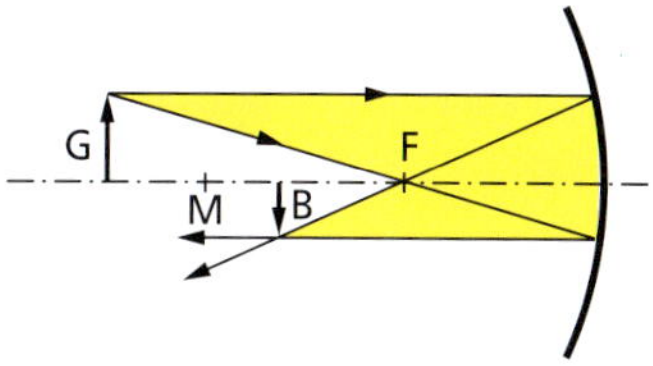	– verkleinert – umgekehrt – seitenvertauscht – reell
in der doppelten Brennweite eines Hohlspiegels	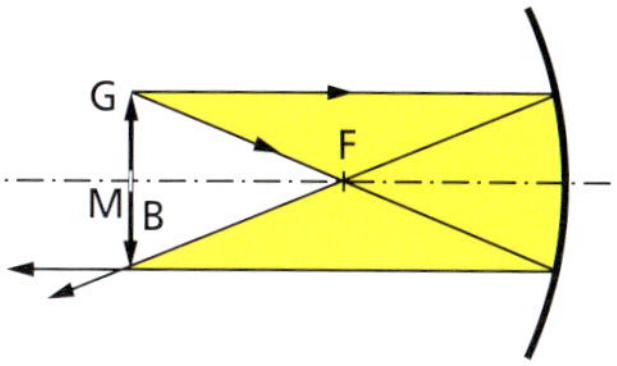	– gleich groß wie der Gegenstand – umgekehrt – seitenvertauscht – reell
zwischen einfacher und doppelter Brennweite eines Hohlspiegels	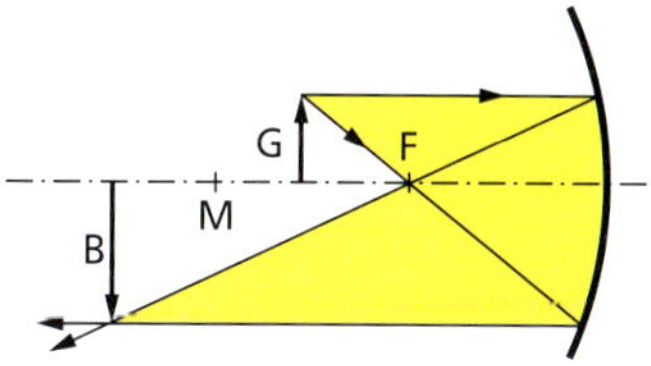	– vergrößert – umgekehrt – seitenvertauscht – reell
in der einfachen Brennweite eines Hohlspiegels	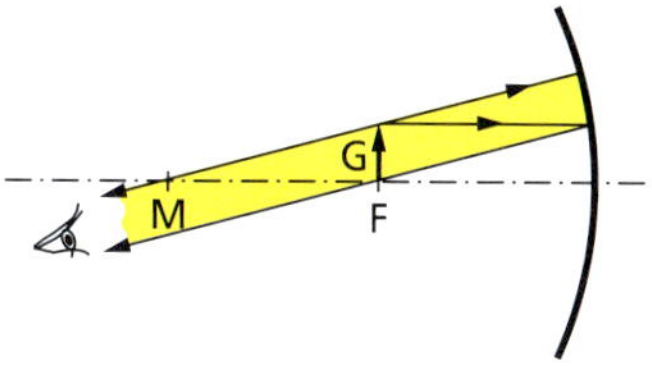	– kein scharfes Bild – reflektierte Strahlen verlaufen parallel – für einen Beobachter Spiegel voll mit einer Farbe des Gegenstandes bedeckt
innerhalb der einfachen Brennweite eines Hohlspiegels	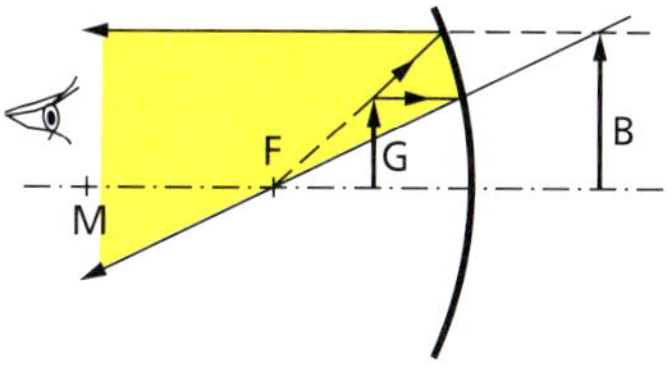	– vergrößert – aufrecht – seitenrichtig – virtuell
beliebig vor einem Wölbspiegel	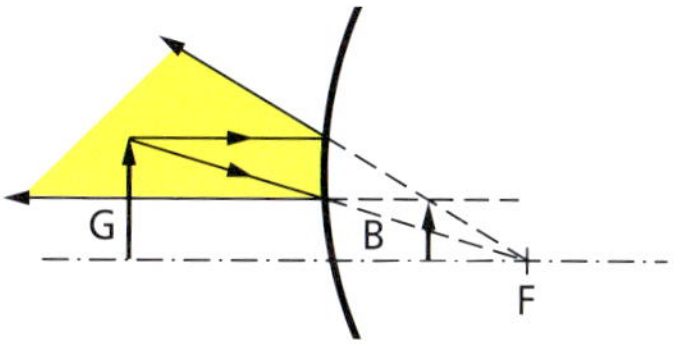	– verkleinert – aufrecht – seitenrichtig – virtuell

Bildentstehung an Linsen

Linsen sind lichtdurchlässige Körper, die meistens aus Glas oder Kunststoff bestehen und sehr unterschiedliche Form haben können. Wenn Licht auf sie trifft, wird es nach dem Brechungsgesetz gebrochen. Je nach dem Strahlenverlauf unterscheidet man zwei große Gruppen von Linsen.

Linsen, die paralleles Licht nach der Brechung zunächst in einem Punkt sammeln, bevor es wieder auseinander geht, nennt man **Sammellinsen**. Sammellinsen aus Glas oder Kunststoff sind in der Mitte dicker als am Rand **(Konvexlinsen).**

Linsen, die paralleles Licht nach der Brechung in verschiedene auseinanderlaufende Richtungen lenken, nennt man **Zerstreuungslinsen**. Zerstreuungslinsen aus Glas oder Kunststoff sind in der Mitte dünner als am Rand **(Konkavlinsen).**

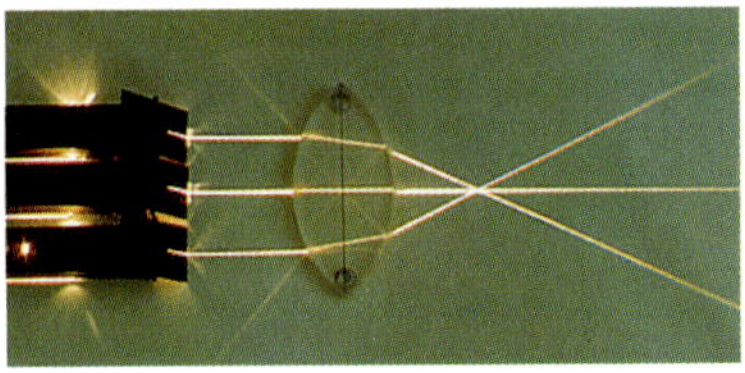

Sammellinsen (Konvexlinsen)

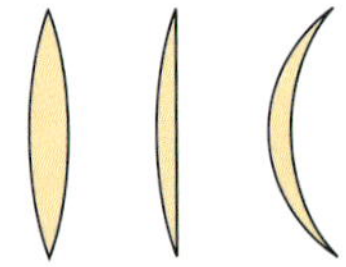

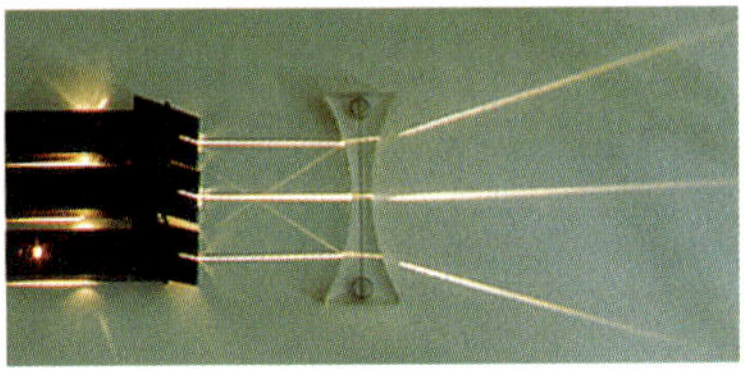

Zerstreuungslinsen (Konkavlinsen)

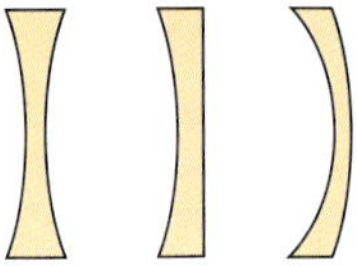

Zur zeichnerischen Konstruktion von Bildpunkten an Linsen reicht es aus, den Verlauf einiger wichtiger Strahlen zu kennen.

Parallelstrahlen verlaufen parallel zur optischen Achse der Linse.
Brennpunktstrahlen verlaufen durch einen Brennpunkt der Linse.
Mittelpunktstrahlen verlaufen durch den Mittelpunkt der Linse.

Wenn diese Strahlen an einer Sammellinse gebrochen werden, so gilt unter der Bedingung dünner Linsen und achsennaher Strahlen:

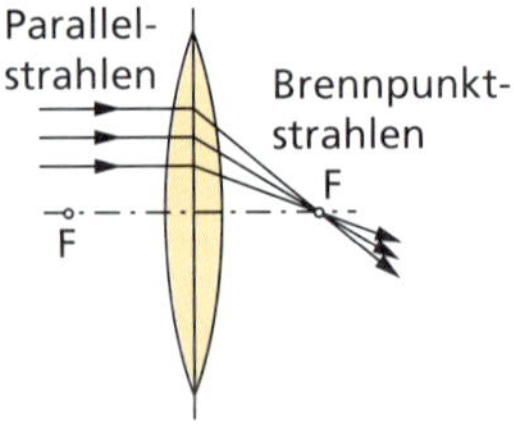

Ein Parallelstrahl wird so gebrochen, dass er dann durch den Brennpunkt verläuft.

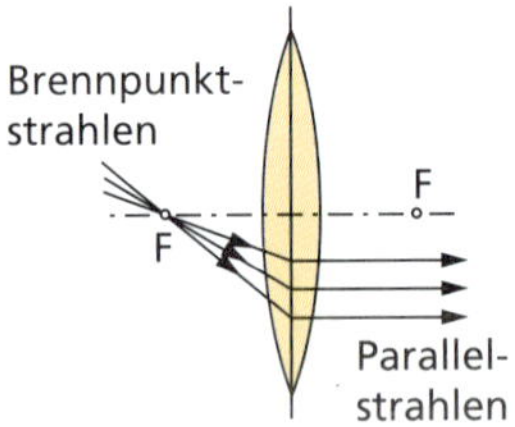

Ein Brennpunktstrahl wird so gebrochen, dass er dann parallel zur optischen Achse verläuft.

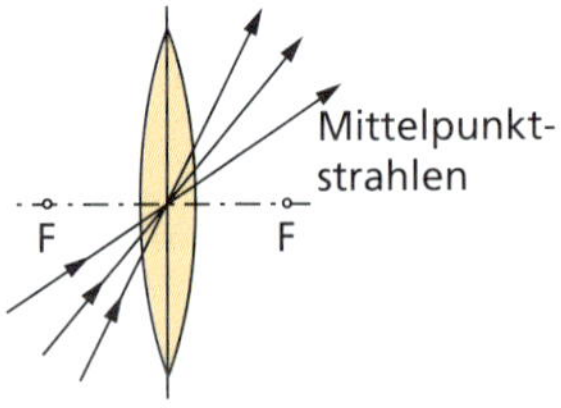

Ein Mittelpunktstrahl geht ungebrochen durch eine Sammellinse.

Für die Brechung dieser Strahlen durch Zerstreuungslinsen gelten analoge Gesetze.

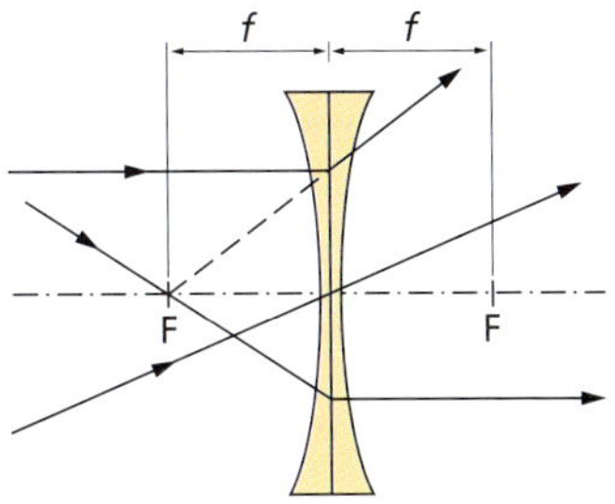

Um von einem Gegenstandspunkt einen Bildpunkt zu konstruieren, zeichnet man die von dem Gegenstandspunkt ausgehenden Strahlen.
Der Schnittpunkt zweier Strahlen, die von einem Punkt des Gegenstandes ausgehen und durch die Linse gebrochen werden, ergibt den betreffenden Bildpunkt. Will man das Bild eines Gegenstandes konstruieren, so muss man von mehreren Gegenstandspunkten die Bildpunkte ermitteln. Das so entstehende Bild ist ein reelles Bild.

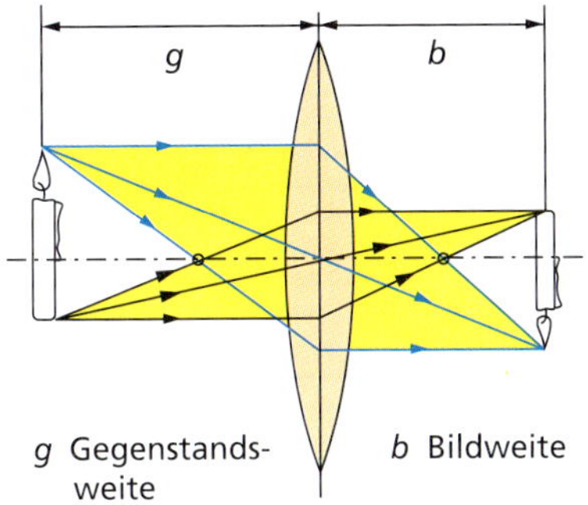

g Gegenstandsweite *b* Bildweite

Für die Bildentstehung an Linsen gilt das **Abbildungsgesetz**.

Für die Bildentstehung an Linsen gilt stets:

$$\frac{1}{f} = \frac{1}{g} + \frac{1}{b}$$

f Brennweite

g Gegenstandsweite

b Bildweite

Beachte:
Die Brennweite *f* einer Sammellinse im Abbildungsgesetz ist positiv, die einer Zerstreuungslinse negativ.
Bei virtuellen Bildern muss die Bildweite *b* negativ angegeben werden.
Die Gleichung gilt nur für dünne Linsen. Bei dicken Linsen und Linsensystemen ist sie nicht anwendbar.

Übersicht über einige Bilder an Linsen

Ort des Gegenstandes	Bildkonstruktion und Bild	Eigenschaften des Bildes
außerhalb der doppelten Brennweite einer Sammellinse	 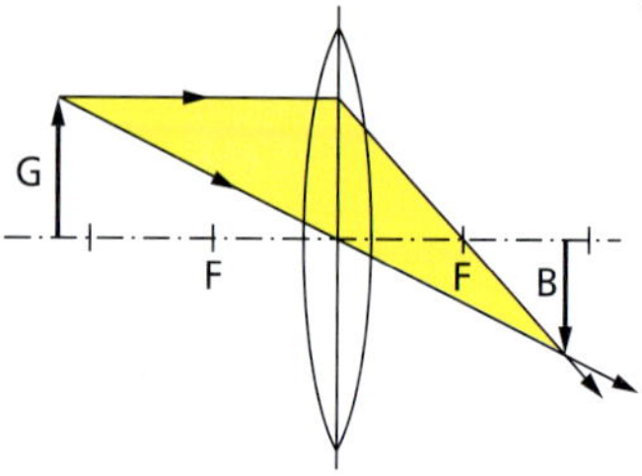	– verkleinert – umgekehrt – seitenvertauscht – reell
in der doppelten Brennweite einer Sammellinse	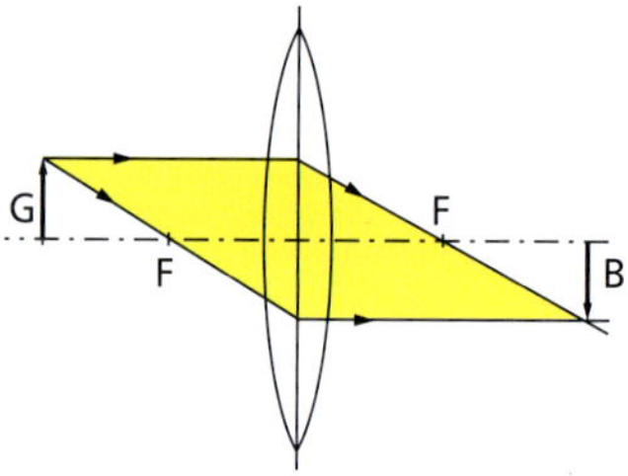	– gleich groß wie der Gegenstand – umgekehrt – seitenvertauscht – reell
zwischen einfacher und doppelter Brennweite einer Sammellinse	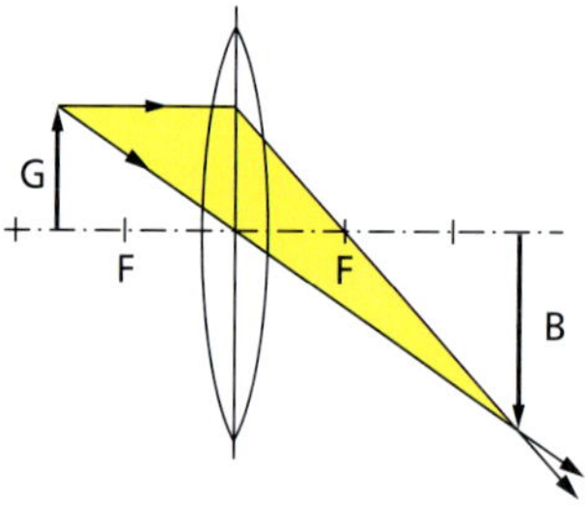	– vergrößert – umgekehrt – seitenvertauscht – reell

Ort des Gegenstandes	Bildkonstruktion und Bild	Eigenschaften des Bildes
in der einfachen Brennweite einer Sammellinse	 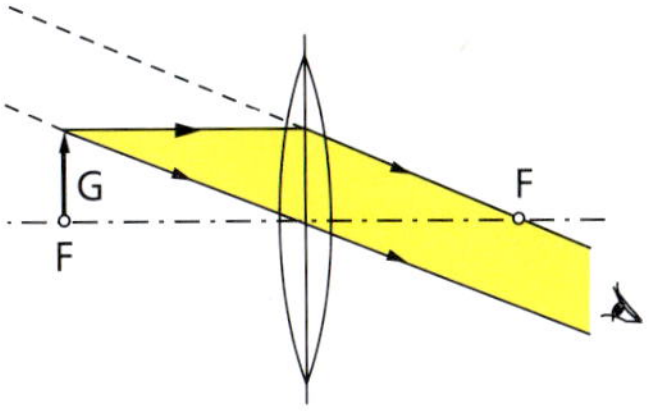	– kein scharfes Bild – gebrochene Strahlen verlaufen parallel – Linse voll mit der Farbe des Gegenstandes bedeckt
innerhalb der einfachen Brennweite einer Sammellinse	 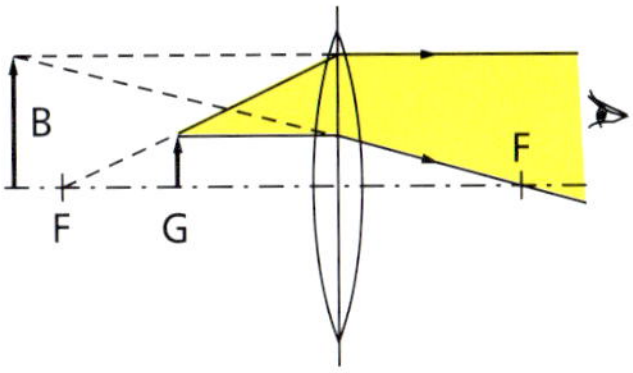	– vergrößert – aufrecht – seitenrichtig – virtuell
beliebig vor einer Zerstreuungslinse	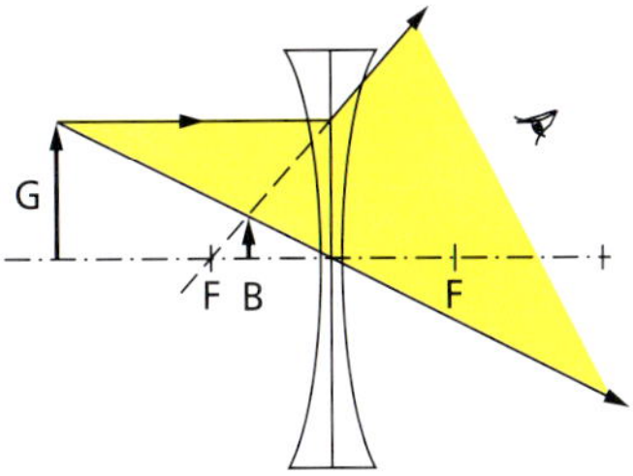	– verkleinert – aufrecht – seitenrichtig – virtuell

4.4 Optische Geräte

Das Auge – Teil des Sehvorganges des Menschen

Das menschliche Auge (S. 400) ist ein kompliziertes Organ, das aus Muskeln, Fasern, Häuten, Nerven und Blutgefäßen besteht. Es besitzt die wichtigsten optischen Bauteile, um Bilder von Gegenständen zu erzeugen: Linse und Schirm.

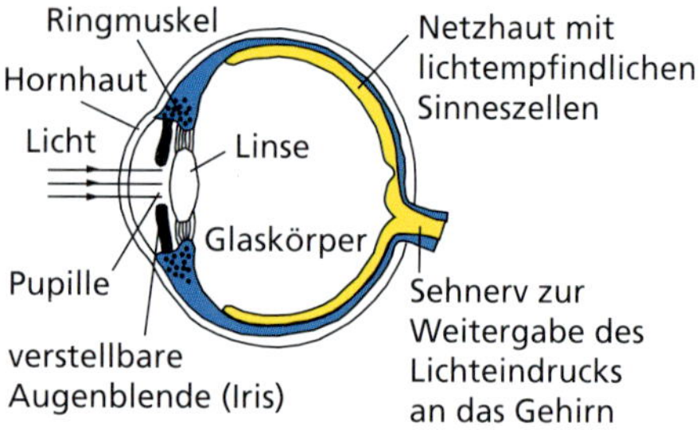

Hornhaut, Augenflüssigkeit, Augenlinse und Glaskörper bilden ein Linsensystem, das wie eine Sammellinse wirkt. Das einfallende Licht wird so gebrochen, dass auf der Netzhaut ein verkleinertes, wirkliches, umgekehrtes und seitenvertauschtes Bild entsteht.

Nun sind aber Gegenstände unterschiedlich weit von uns entfernt. Damit jeweils ein scharfes Bild auf der Netzhaut entsteht, wird durch ein Muskelsystem die Krümmung der Augenlinse und damit ihre Brennweite stufenlos verändert (S. 422). Das geschieht unwillkürlich.

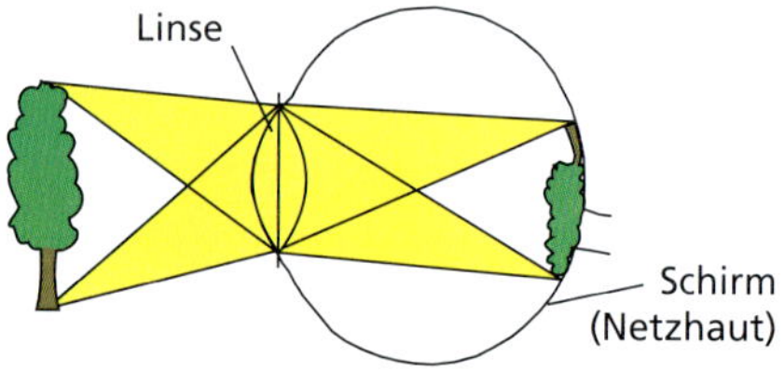

Die kürzeste Entfernung, in der ein Gegenstand ohne Überanstrengung längere Zeit betrachtet werden kann, beträgt beim menschlichen Auge ca. 25 cm. Die Entfernung heißt **deutliche Sehweite.**
Verringert man die Entfernung eines Gegenstandes von den Augen immer mehr, so kommt man schließlich bis zu einem Punkt, bei dem man gerade noch ein scharfes Bild sehen kann. Dieser Punkt heißt **Nahpunkt**. Seine Entfernung vom Auge beträgt bei einem normalsichtigen jungen Menschen etwa 10 cm.
Um die Intensität des einfallenden Lichts zu steuern, besitzt das menschliche Auge eine Blende, die Iris, mit der Pupille als Öffnung.
Das menschliche Sehen funktioniert nur im Zusammenspiel der Augen mit dem Nervensystem. Die Netzhaut ist mit vielen kleinen Nervenzellen besetzt, die die Bilder an das Gehirn zur Verarbeitung weiterleiten. Das Gehirn verarbeitet aufgrund seiner Erfahrungen die umgekehrten und seitenvertauschten Bilder in optische Eindrücke.

Dabei tritt eine Besonderheit auf. Wir registrieren einfallendes Licht stets so, als ob es von einem Ausgangspunkt aus *geradlinig in die Augen fällt.* Das gilt auch für Licht, das auf seinem Weg zu den Augen reflektiert oder gebrochen wurde. Deshalb sehen wir auch Bilder an Stellen (z. B. hinter Spiegeln), wo man kein Bild auf einem Schirm auffangen kann.

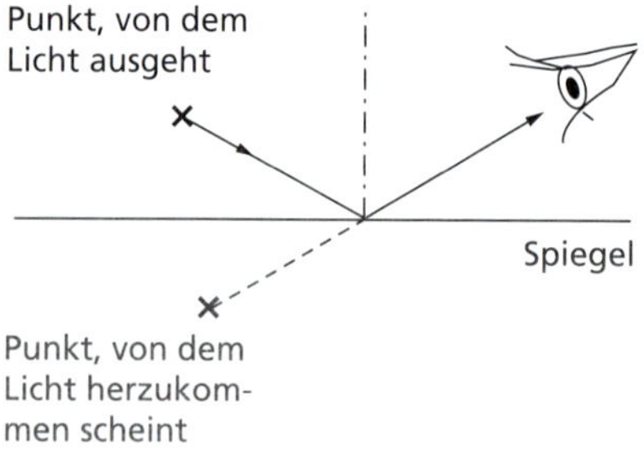

Brillen als Sehhilfen

Bei einer Reihe von Menschen ist die Anpassung des Auges an die unterschiedlichen Entfernungen der Gegenstände gestört (S. 424). Diese Sehfehler können angeboren sein oder auch erst mit zunehmendem Alter auftreten.

Bei **normalsichtigen** Menschen geschieht die Anpassung der Linsenkrümmung an die Entfernung des Gegenstandes unwillkürlich und ohne Anstrengung, so dass auf der Netzhaut ein scharfes Bild entsteht.

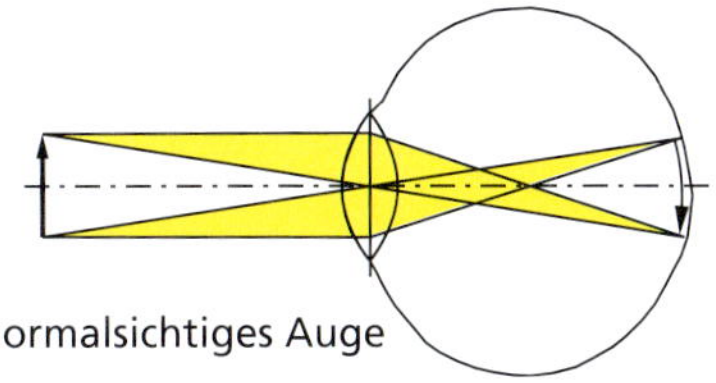

normalsichtiges Auge

Kurzsichtige Menschen können zwar nahe Gegenstände mühelos sehen, aber ferne Gegenstände sehen sie verschwommen. Der Augapfel dieser Menschen ist länger als gewöhnlich. Eine Zerstreuungslinse als Brille kann diesen Sehfehler korrigieren.

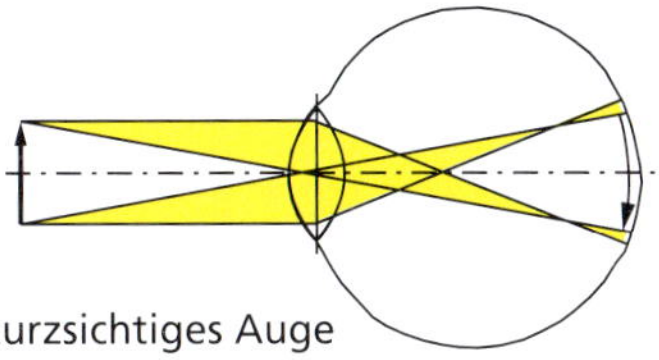

kurzsichtiges Auge

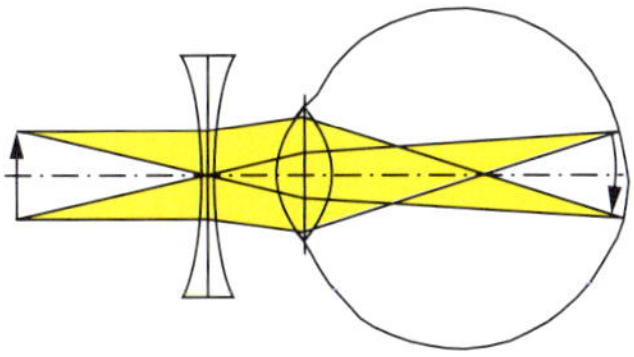

Bei **übersichtigen (weitsichtigen)** Menschen ist der Augapfel kürzer als bei normalsichtigen Menschen. Dieser Sehfehler führt dazu, dass übersichtige Menschen zwar ferne Gegenstände mühelos scharf sehen können, nahe Gegenstände jedoch nur mit Mühe oder nur unscharf. Eine Sammellinse als Brille kann diesen Sehfehler korrigieren.

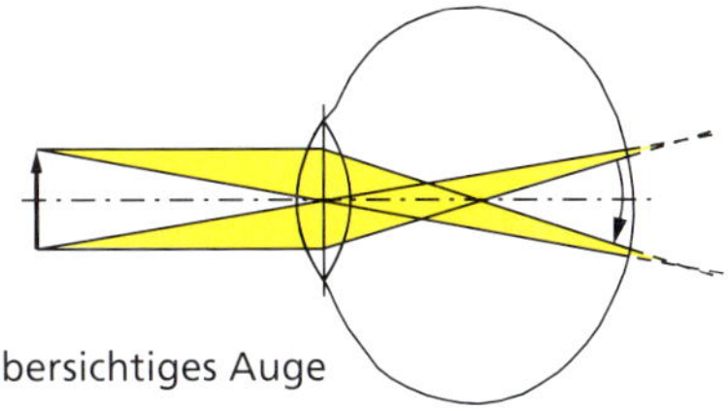

übersichtiges Auge

Mit zunehmendem Alter kann sich die Augenlinse den verschiedenen Entfernungen nicht mehr ausreichend anpassen. Diese **Alterssichtigkeit** kann durch Sammellinsen korrigiert werden.

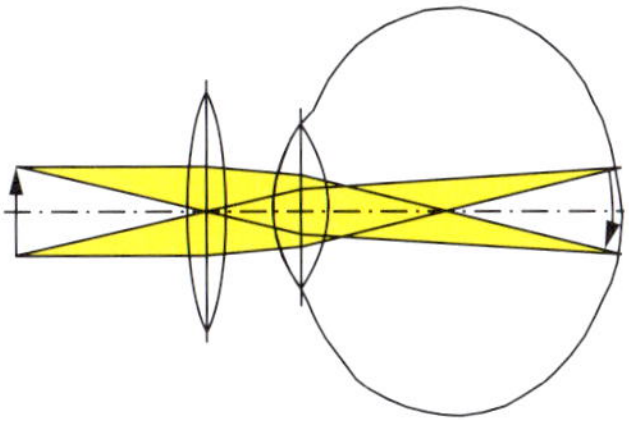

Ein Maß für die Stärke von Brillengläsern ist der **Brechwert** (die **Brechkraft).** Je größer der Sehfehler ist, desto größer muss der Brechwert der Brillengläser sein.

Der Brechwert eines Brillenglases gibt an, wie stark oder schwach der Strahlenverlauf durch das Brillenglas korrigiert wird.	**Formelzeichen:** D	**Einheit:** 1 Dioptrie (1 dpt)

Es gilt: $1\ \text{dpt} = 1\ \text{m}^{-1} = \frac{1}{\text{m}}$

Die meisten Brillen haben Brechwerte im Bereich von 0,5 dpt bis 5,0 dpt.

Der Brechwert eines Brillenglases kann berechnet werden mit der Gleichung:

$$D = \frac{1}{f}$$ f Brennweite der Linse

Beachte: Der Brechwert von Sammellinsen ist positiv, der von Zerstreuungslinsen negativ.

Die Lupe

Die Lupe dient dazu, Gegenstände vergrößert zu sehen.

Die Lupe ist eine Sammellinse. Sie wird so dicht an den Gegenstand herangeführt, dass er sich innerhalb der Brennweite der Linse befindet.

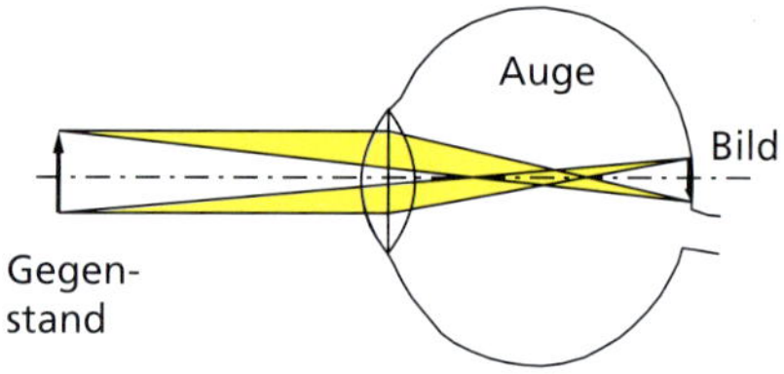

Bild eines Gegenstandes ohne Lupe

Durch die Lupe wird ein virtuelles (scheinbares), aufrechtes und seitenrichtiges Bild des Gegenstandes erzeugt, das sich auf derselben Seite wie der Gegenstand, jedoch außerhalb der Brennweite befindet. Dieses scheinbare Bild kann mit Hilfe des Auges gesehen werden. Es ist größer als das Bild des Gegenstandes ohne Lupe.

Dadurch, dass nicht nur achsennahe Lichtstrahlen gebrochen werden, sind die Ränder des Bildes manchmal unscharf.

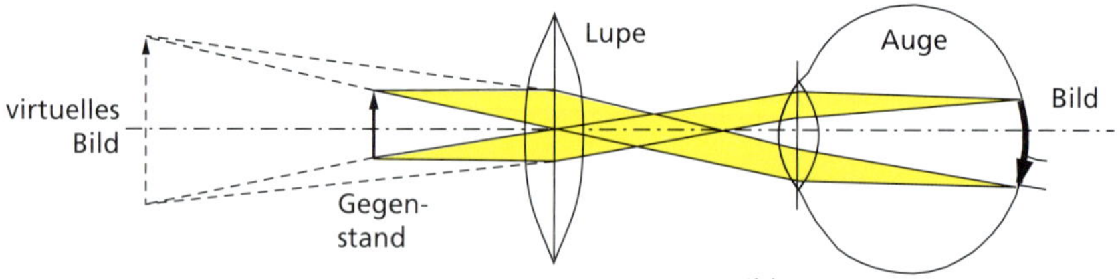

Bild eines Gegenstandes mit Lupe

Optische Geräte mit einem Objektiv

Viele optische Geräte, z. B. Fotoapparate und Diaprojektoren, erzeugen mit einem Linsensystem (einem Objektiv) ein reelles Bild des Gegenstandes auf einem Schirm oder einem Film.
Das Objektiv besteht aus mehreren Linsen, die zusammen wie eine Sammellinse bestimmter Brennweite wirken. Die Größe des Bildes ist abhängig

- von der Gegenstandsgröße,
- von der Gegenstandsweite,
- von der Brennweite des Objektivs.

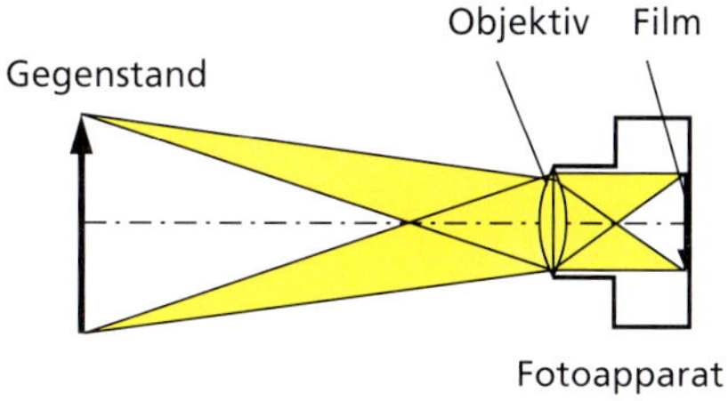

Beim **Fotoapparat** befinden sich die Gegenstände, die abgebildet werden sollen, meist außerhalb der doppelten Brennweite des Objektivs.

Auf dem Film entsteht ein verkleinertes, umgekehrtes, seitenvertauschtes und reelles Bild.

Beim **Diaprojektor** befindet sich das Dia zwischen der einfachen und der doppelten Brennweite des Objektivs. Das auf dem Schirm entstehende Bild ist vergrößert, umgekehrt, seitenvertauscht und reell.

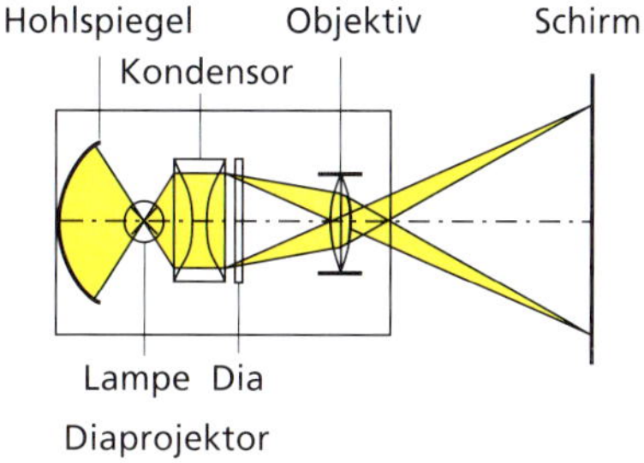

Auch bei einem **Tageslichtprojektor** entsteht ein vergrößertes, reelles Bild mit Hilfe des Objektivs. Dieses reelle Bild wird mit einem Umlenkspiegel so umgelenkt, dass es auf die senkrechte Wand projiziert wird. Die Kondensorlinse (FRESNEL-Linse, S. 179) sorgt dafür, dass möglichst viel Licht durch den Gegenstand auf das Objektiv fällt.

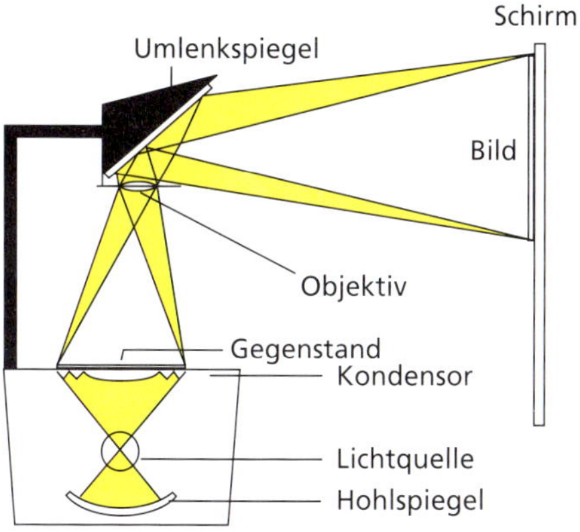

Optische Geräte mit Objektiv und Okular

Eine Reihe von optischen Geräten, wie z. B. **Mikroskop** und **Fernrohr**, besteht aus zwei Linsensystemen, dem Objektiv und dem Okular.
Mit dem **Objektiv,** das dem Gegenstand zugewandt ist, wird ein reelles Bild des Gegenstandes erzeugt.

Dieses Bild wird jedoch nicht mit einem Schirm aufgefangen, sondern von der anderen Seite mit dem **Okular** betrachtet. Dabei wird von dem reellen Zwischenbild noch einmal ein vergrößertes virtuelles (scheinbares) Bild erzeugt. Das Okular wirkt wie eine Lupe.
Dieses virtuelle Bild kann auf der Netzhaut des Auges oder auf dem Film in einem Fotoapparat abgebildet werden.

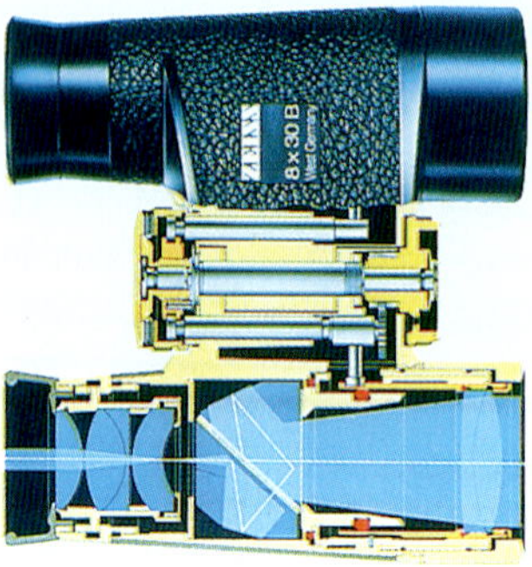

Strahlengang durch ein Fernglas

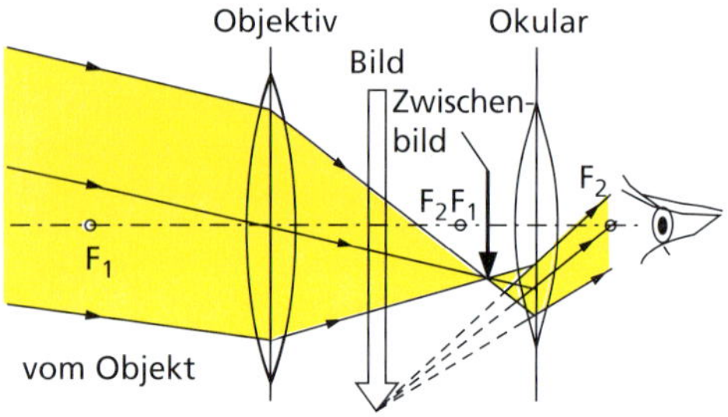

Bildentstehung am Fernrohr

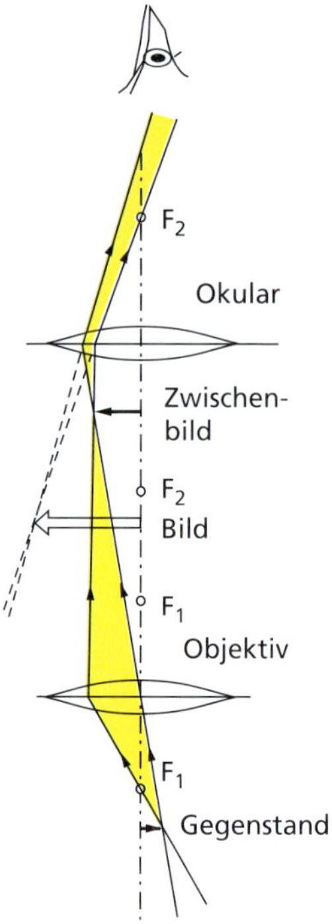

Bildentstehung am Mikroskop

4.5 Welleneigenschaften des Lichtes

Licht als elektromagnetische Welle

Viele optische Erscheinungen, wie Beugung und Interferenz, lassen sich nur erklären, wenn man annimmt, dass sich Licht wie eine Welle ausbreitet. Die Ausbreitung des Lichtes wird dabei mit dem **Wellenmodell** beschrieben.

Lichtwellen sind elektromagnetische Wellen (S. 156), die Energie, jedoch keinen Stoff transportieren. Sie können sich in Stoffen, aber auch im luftleeren Raum (Vakuum) ausbreiten.

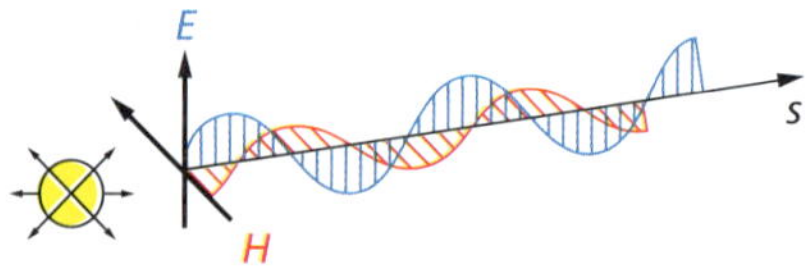

Die sich periodisch ändernden Größen einer Lichtwelle sind die Stärke des elektrischen Feldes E und des magnetischen Feldes H.

Lichtwellen besitzen ebenso wie mechanische Wellen und hertzsche Wellen eine Frequenz f und eine Wellenlänge λ. Sie breiten sich mit der Lichtgeschwindigkeit c aus.

Für die Ausbreitung von Licht gilt:

$$c = \lambda \cdot f$$

c Ausbreitungsgeschwindigkeit
λ Wellenlänge
f Frequenz

Beachte:
Die Frequenz von Licht ist in allen Stoffen gleich. Die Lichtgeschwindigkeit und die Wellenlänge sind abhängig vom Stoff, in dem sich das Licht ausbreitet.

Die Frequenz bzw. die Wellenlänge des Lichtes bestimmen die Farbe des sichtbaren Lichtes. Das Spektrum des sichtbaren Lichtes reicht von den Farben Rot bis Violett. Außerhalb des Spektrums sichtbaren Lichtes gibt es unsichtbares Licht, das man **infrarotes** bzw. **ultraviolettes Licht** nennt.

Häufig setzt sich sichtbares Licht aus Lichtwellen verschiedenster Frequenzen zusammen. Weißes Licht besteht z.B. aus sichtbarem Licht aller Frequenzen bzw. Farben.

Art des Lichtes	Frequenz f in Hz	Wellenlänge λ (in Luft) in nm
Infrarotes Licht	$0{,}1 - 3{,}8 \cdot 10^{14}$	30 000 – 780
Rotes Licht	$3{,}8 - 4{,}8 \cdot 10^{14}$	780 – 620
Oranges Licht	$4{,}8 - 5{,}0 \cdot 10^{14}$	620 – 600
Gelbes Licht	$5{,}0 - 5{,}3 \cdot 10^{14}$	600 – 570
Grünes Licht	$5{,}3 - 6{,}1 \cdot 10^{14}$	570 – 490
Blaues Licht	$6{,}1 - 7{,}0 \cdot 10^{14}$	490 – 430
Violettes Licht	$7{,}0 - 7{,}7 \cdot 10^{14}$	430 – 390
Ultraviolettes Licht	$7{,}7 - 300 \cdot 10^{14}$	390 – 10

Vergleich von Schallwellen und Lichtwellen

Schallwellen	Lichtwellen
Schallwellen sind mechanische Wellen.	Lichtwellen sind elektromagnetische Wellen.
Schallwellen benötigen einen Schallträger zu ihrer Ausbreitung. Im Vakuum können sie sich nicht ausbreiten.	Lichtwellen benötigen keinen Träger zu ihrer Ausbreitung. Sie breiten sich auch im Vakuum aus.
Schallwellen können reflektiert, gebrochen und gebeugt werden.	Lichtwellen können reflektiert, gebrochen und gebeugt werden.
Die Frequenz des Schalls beeinflusst die Tonhöhe. Schall mit *einer* Frequenz ergibt einen reinen Ton.	Die Frequenz des Lichtes beeinflusst die Farbe. Licht mit *einer* Frequenz ergibt eine reine Spektralfarbe.
Die Amplitude des Schalls beeinflusst die Lautstärke des Tones.	Die Amplitude des Lichtes beeinflusst die Intensität des Lichtes.

Laserlicht

Mit Hilfe von Laser-Geräten wird Laserlicht erzeugt. Laserlicht hat einige besondere Eigenschaften:

- Es ist einfarbig und hat nur eine Frequenz.
- Es ist eine sehr energiereiche und damit intensive Strahlung.
- Es wird in einem sehr schmalen, nahezu parallelen Lichtbündel ausgestrahlt.

Die Beugung des Lichtes

Trifft Licht auf einen sehr schmalen Spalt oder eine Kante, so breitet es sich hinter dem Spalt bzw. der Kante nach allen Richtungen, auch in die Schattenräume hinein, aus. Die Lichtwellen werden um die Ränder des Spaltes bzw. der Kante „herumgebogen" (gebeugt).

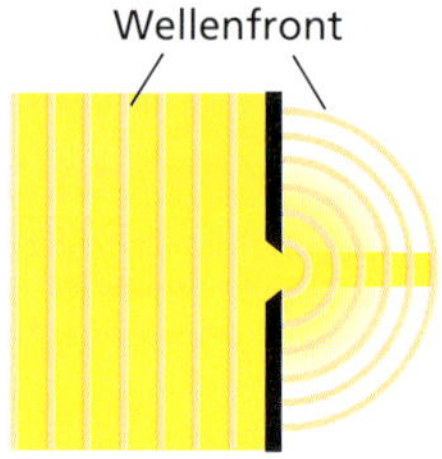

Beugung an einem Spalt

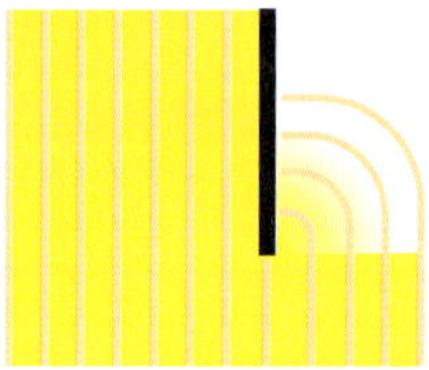

Beugung an einer Kante

Die Intensität dieses gebeugten Lichtes ist häufig so gering, dass man es nicht wahrnimmt.

Als Beugung des Lichtes bezeichnet man die allseitige Ausbreitung des Lichtes hinter Kanten, schmalen Spalten und kleineren Hindernissen auch in die Schattenräume hinein.

Die Interferenz des Lichtes

Lichtwellen, die von derselben Lichtquelle stammen, können sich überlagern. Diese Überlagerung von Lichtwellen nennt man **Interferenz.** Dabei kommt es an verschiedenen Stellen zu einer Verstärkung bzw. Auslöschung des Lichtes, den typischen Interferenzerscheinungen.

Interferenz von Lichtwellen kann durch Reflexion, Brechung oder Beugung des Lichtes einer Lichtquelle hervorgerufen werden. So entstehen Interferenzstreifen als Folge der Verstärkung von Lichtwellen hinter einem **Doppelspalt.**
Noch deutlicher können Interferenzerscheinungen durch Beugung an einem **Gitter** beobachtet werden. Ein Gitter besteht aus sehr vielen Spalten (Mehrfachspalt), die in gleichen Abständen hintereinander angeordnet sind. Diese Spalten entstehen, indem z.B. mit Diamanten viele feine Striche auf eine Glasplatte geritzt werden.
Bei sonst gleichen Bedingungen ist der Abstand der Interferenzstreifen abhängig von der Farbe und damit von der Wellenlänge des Lichtes.

Rotes Licht hat eine etwa doppelt so große Wellenlänge wie blaues Licht. Eine einfache Konstruktion ergibt: Bei blauem Licht ist der Abstand der Interferenzstreifen kleiner als bei rotem Licht.

Rotes Licht (große Wellenlänge)

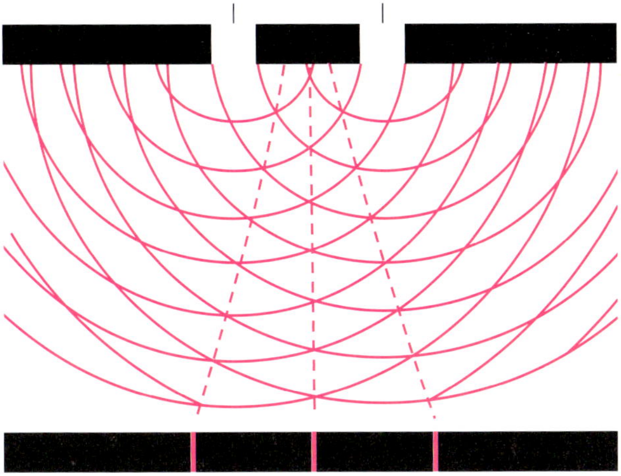

Blaues Licht (kleine Wellenlänge)

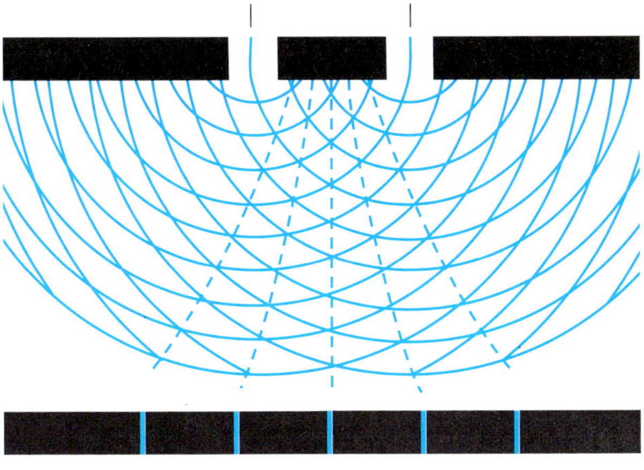

Je größer die Wellenlänge des Lichtes ist, desto größer ist der Abstand zwischen den Interferenzstreifen.

Strahlenoptik und Wellenoptik

An breiten Spalten und großen Öffnungen, wie man sie bei vielen optischen Instrumenten findet, spielen Beugung und Interferenz keine Rolle. Es tritt zwar auch Beugung auf, das gebeugte Licht ist aber wegen seiner geringen Intensität nicht sichtbar. Die Lichtausbreitung kann mit dem Modell **Lichtstrahl** beschrieben werden. Den Bereich der Optik, in dem man optische Erscheinungen mit dem Modell Lichtstrahl beschreiben und erklären kann, bezeichnet man als **Strahlenoptik**. In der Strahlenoptik kann man z. B. die Schattenbildung (s. Abb.) beschreiben und erklären.
Bei engen Spalten und sehr kleinen Öffnungen sind Beugung und Interferenz die charakteristischen Erscheinungen. Beugung und Interferenz lassen sich nicht mit dem Modell Lichtstrahl, sondern nur mit dem Modell **Lichtwelle** beschreiben und erklären. Den Bereich der Optik, in dem man optische Erscheinungen mit dem Modell Lichtwelle beschreiben muss, bezeichnet man als **Wellenoptik**. Interferenzerscheinungen kann man nur in der Wellenoptik erklären.

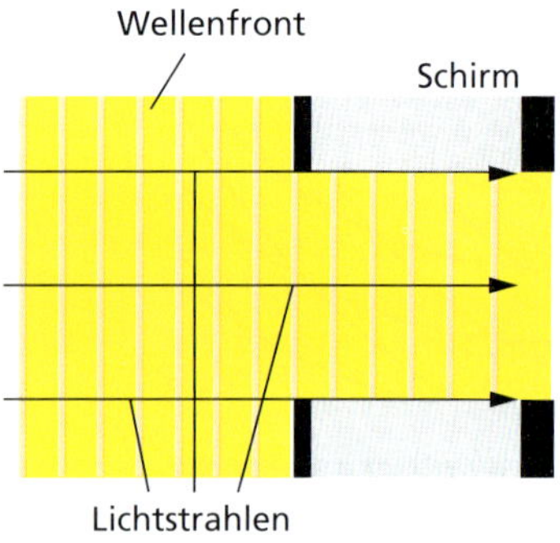

Schattenbildung am breiten Spalt

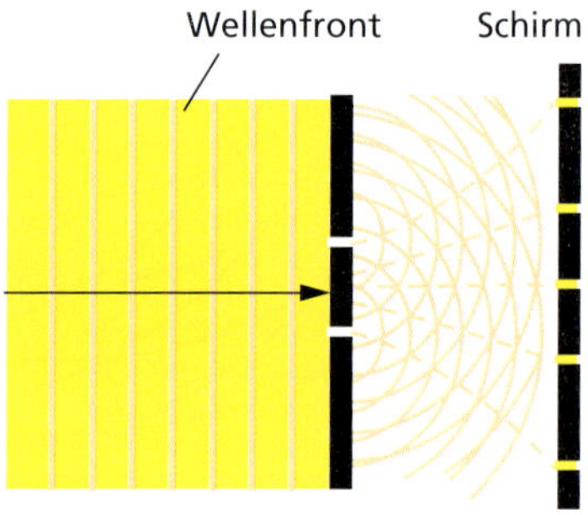

Interferenzerscheinungen am Doppelspalt

4.6 Licht und Farben

Die Dispersion des Lichtes

Wenn weißes Licht auf ein Prisma fällt, so entsteht hinter dem Prisma ein prächtiges Farbband, bei dem die Farben kontinuierlich ineinander übergehen. Ein solches Farbband nennt man **kontinuierliches Spektrum.** Es enthält sichtbares Licht aller Farben und damit aller Frequenzen bzw. Wellenlängen.
Deutlich erkennbar sind die **Spektralfarben** Rot, Orange, Gelb, Grün, Blau und Violett (S. 193).

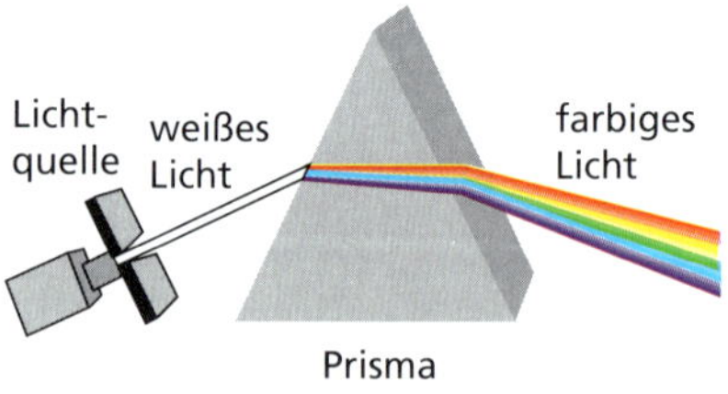

Die Auffächerung des weißen Lichtes in Spektralfarben nennt man **Dispersion** (Auffächerung).
Die Dispersion des Lichtes durch Brechung mit einem Prisma entsteht dadurch, dass das Licht unterschiedlicher Frequenz bzw. Farbe beim Übergang in ein anderes Medium seine Lichtgeschwindigkeit unterschiedlich ändert. Dadurch wird das Licht verschiedener Farben unterschiedlich stark gebrochen.

Eine Dispersion weißen Lichtes erhält man auch, wenn weißes Licht durch ein Gitter gelenkt wird. Dabei entstehen durch Interferenz mehrere Streifen eines kontinuierlichen Spektrums. Die Dispersion an einem Gitter hat ihre Ursache in der Abhängigkeit der Lage der Interferenzstreifen von der Farbe bzw. Wellenlänge des Lichtes.

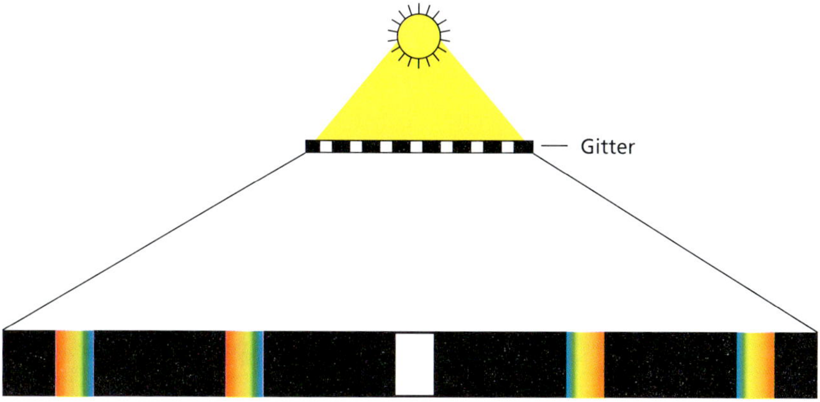

Der Regenbogen

Die Dispersion des Lichtes durch Brechung ist die Ursache für die Entstehung eines Regenbogens. Das weiße Sonnenlicht wird durch mehrmalige Brechung und Reflexion in Regentropfen in die Spektralfarben aufgefächert. In das Auge des Beobachters gelangt von diesen Spektren jedoch stets nur ein Teil, so dass man insgesamt ein prächtiges Farbband sieht.

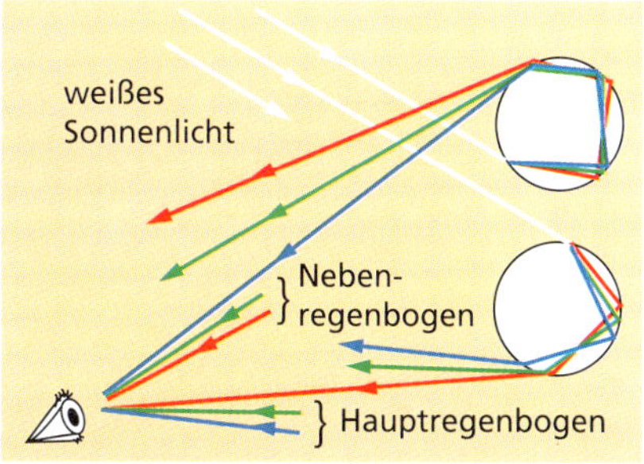

Kontinuierliche Spektren und Linienspektren

Zerlegt man das Licht, das von Lichtquellen ausgeht, mit Hilfe eines Prismas oder eines Gitters, so erhält man unterschiedliche Spektren.
Das Licht von glühenden festen und flüssigen Körpern sowie von Gasen unter hohem Druck erzeugt bei einer spektralen Zerlegung ein **kontinuierliches Spektrum.**
Das Licht von leuchtenden Gasen unter niedrigem Druck erzeugt bei einer spektralen Zerlegung ein **Linienspektrum.** Die Anzahl und die Lage der Spektrallinien ist charakteristisch für einen bestimmten Stoff.

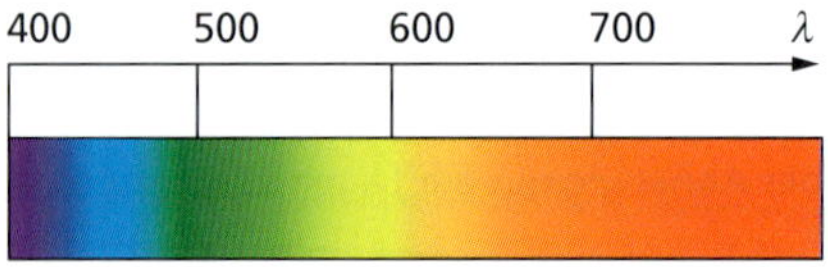

Kontinuierliches Spektrum von glühenden festen oder flüssigen Körpern

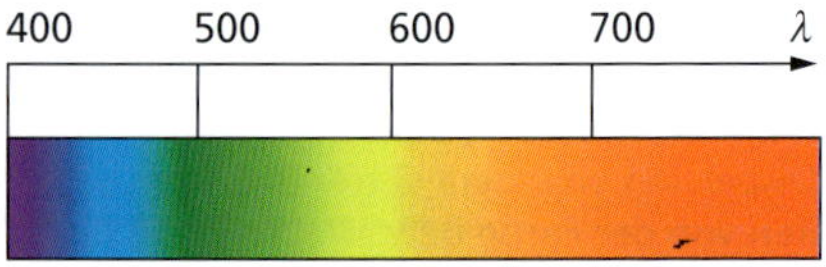

Kontinuierliches Spektrum von Xenon unter hohem Druck

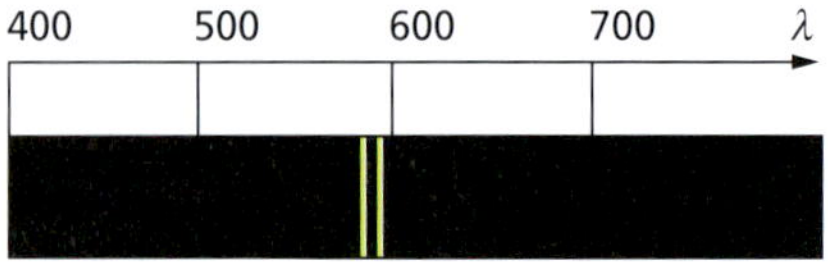

Linienspektrum von Natriumdampf

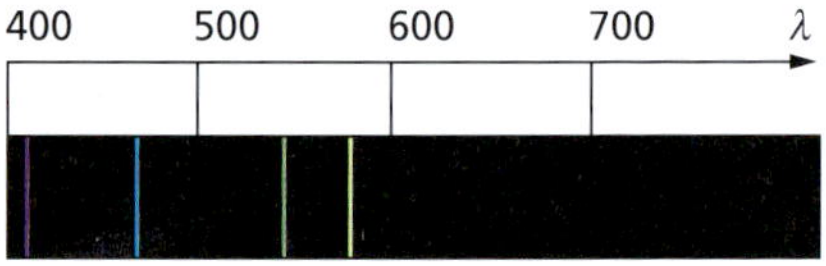

Linienspektrum von Quecksilberdampf

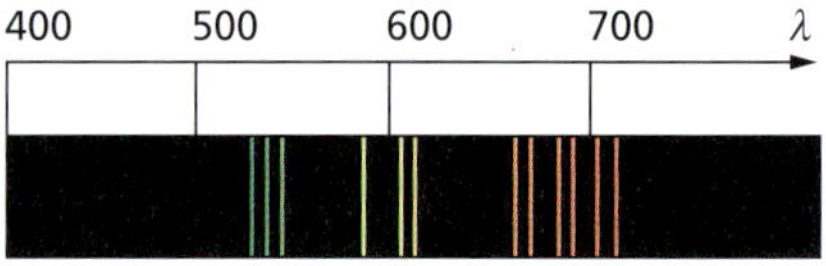

Linienspektrum von Neondampf

Emissions- und Absorptionsspektren

Spektren, die allein durch das ausgesandte (emittierte) Licht von Lichtquellen entstehen, nennt man **Emissionsspektren.**

Durchleuchtet man einen Körper mit Licht, so wird ein Teil des Lichtes absorbiert und ein Teil hindurchgelassen. Zerlegt man das hindurchgelassene Licht, so erhält man ein **Absorptionsspektrum.**

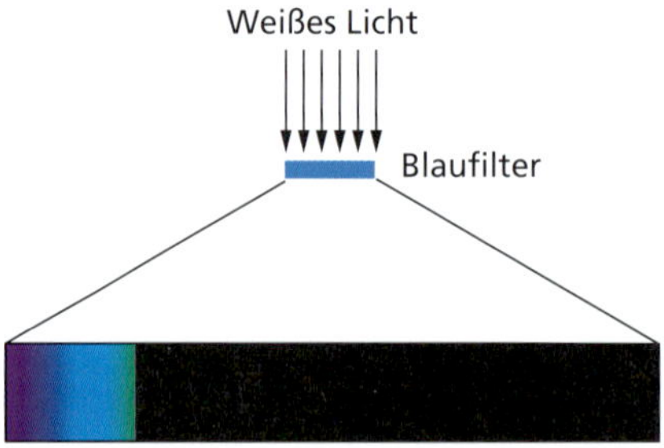

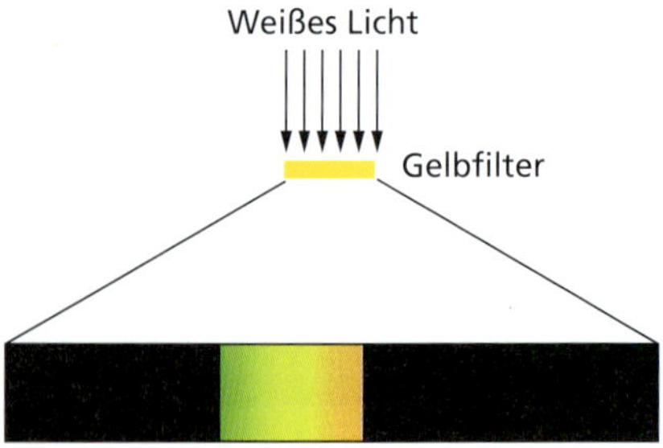

Ein Absorptionsspektrum besteht aus Teilen eines kontinuierlichen Spektrums sowie farbigen und dunklen Spektrallinien. Der durchleuchtete Körper absorbiert (verschluckt) aus dem auftreffenden Licht genau die Teile des Spektrums, die er selbst beim Leuchten oder Glühen aussenden würde. Diese Teile bleiben im Absorptionsspektrum schwarz.

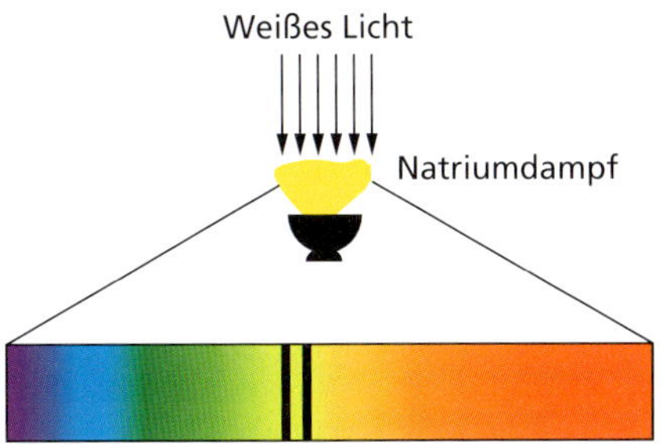

Das Spektrum des Sonnenlichtes weist eine Reihe von schwarzen Absorptionslinien auf, die man **fraunhofersche Linien** (JOSEPH FRAUNHOFER, 1787–1826) nennt. Diese entstehen dadurch, dass das weiße Licht aus dem Sonneninneren Gase an der Sonnenoberfläche und in der Erdatmosphäre durchdringt und dabei Teile des Spektrums absorbiert werden.

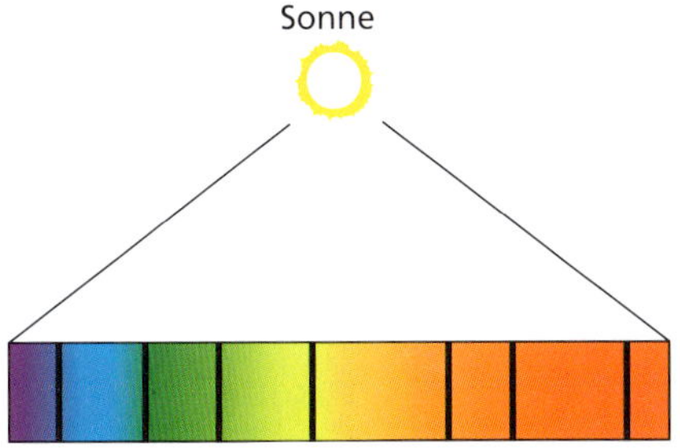

Dadurch, dass jeder Stoff bzw. jedes chemische Element ein ganz charakteristisches Spektrum erzeugt, kann man Emissions- und Absorptionsspektren nutzen, um zu untersuchen, welche Stoffe und Elemente an der Lichtaussendung bzw. Durchleuchtung beteiligt sind.

Man nennt diese Verfahren **Spektralanalyse**. Die Spektralanalyse wird auch genutzt, um die Zusammensetzung unbekannter Stoffe zu analysieren. Dazu wird der unbekannte Stoff zum Leuchten angeregt bzw. durchleuchtet.

Mischung farbigen Lichtes

Vereinigt man alle Farben des kontinuierlichen Spektrums mit Hilfe einer Linse oder eines Prismas, erhält man wieder weißes Licht. Blendet man einzelne Farben bzw. Frequenzen aus dem Spektrum aus und vereinigt das restliche Licht, so erhält man eine andere Mischfarbe. Solche Paare von ausgeblendeter Farbe und Mischfarbe des restlichen Spektrums nennt man **Komplementärfarben.**

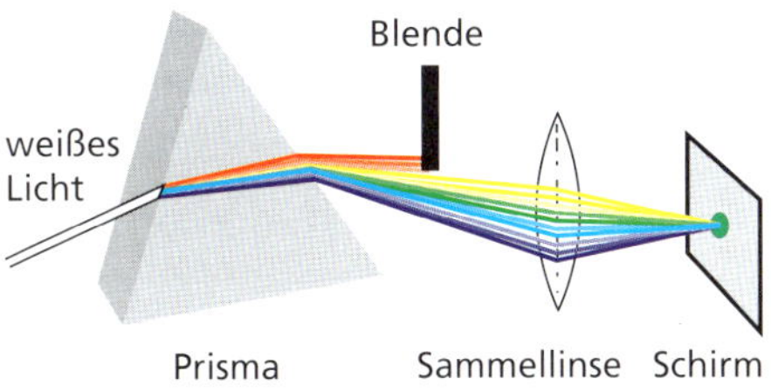

Blendet man rotes Licht aus, so erhält man durch Vereinigung des restlichen Spektrums grünes Licht.

Man kann auch einzelne Farben vereinigen und erhält eine neue Mischfarbe. Welche Farbe bei der Mischung entsteht, ist davon abhängig, *welche* Farben gemischt werden und *wie* diese gemischt werden. Man unterscheidet grundsätzlich zwei Verfahren, die additive Farbmischung und die subtraktive Farbmischung.

Paare von Komplementärfarben

Die additive Farbmischung

Bei einer additiven Farbmischung wird das Licht verschiedener Farben auf dieselbe Stelle gelenkt und übereinander gelagert (addiert). Dies ist z.B. beim Farbsehen und Farbfernsehen der Fall.

Durch Untersuchung der Addition verschiedener Spektralfarben konnten eine Reihe von **Gesetzen der additiven Farbmischung** erkannt werden. Dazu ordnet man die Spektralfarben zu einem Farbenkreis und schließt die Lücke zwischen Violett und Rot durch die Mischfarbe Purpur.

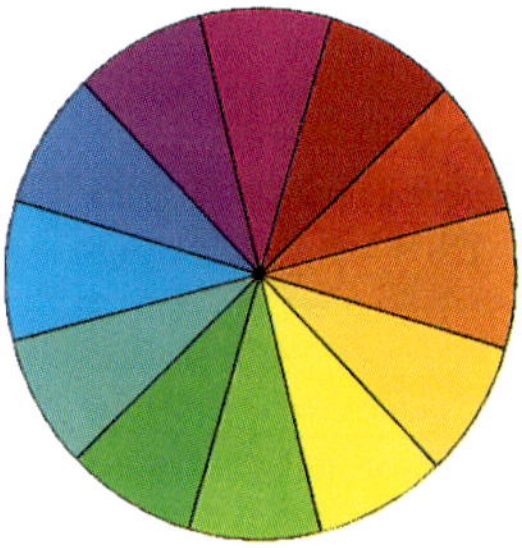

Werden Farben durch Addition gemischt, so gilt:

1. Gegenüberliegende Farben des Farbenkreis ergeben beim Mischen Weiß (Komplementärfarben).
2. Jede Farbe des Farbenkreises kann man durch Mischen der beiden benachbarten Farben erhalten.
3. Alle Farben des Farbenkreises kann man durch Mischen der **Grundfarben** Rot, Grün und Blau erhalten.

Die subtraktive Farbmischung

Bei einer subtraktiven Farbmischung wird das Licht verschiedener Farben durch Farbfilter oder Farbstoffe ausgeblendet bzw. absorbiert (subtrahiert). Farbfilter lassen nur Licht bestimmter Farben durch. Diese Art der Farbmischung tritt z.B. bei der Farbfotografie und der Projektion von Farbdias auf.

Für die Subtraktion von Farben gelten ebenfalls eine Reihe von Gesetzen.

Werden Farben durch Subtraktion (Ausblenden) gemischt, so gilt:

1. Alle Farben des Farbenkreises kann man durch Mischen der **Grundfarben** Gelb, Purpur (Magenta) und Blaugrün (Cyan) erhalten.
2. Durch Mischen aller Farben erhält man Schwarz.

Die Grundfarben der additiven und subtraktiven Farbmischung kann man ebenfalls in einem Farbenkreis anordnen. Für diesen Farbenkreis gilt:

- Eine subtraktive Grundfarbe erhält man durch Addition der benachbarten Grundfarbe.
- Eine additive Grundfarbe erhält man durch Subtraktion (Ausblenden) der benachbarten Grundfarben aus weißem Licht.

Die Farbe von Körpern

Licht, das auf einen Körper fällt, wird teilweise reflektiert (zurückgeworfen), teilweise absorbiert (verschluckt) und teilweise hindurchgelassen. Das geschieht auch mit Licht unterschiedlicher Farbe.

Die Farbe, in der wir einen Körper sehen, ist abhängig
- von der Farbe des Lichtes, mit dem er bestrahlt wird,
- von seinem Reflexionsvermögen für verschiedenfarbiges Licht,
- von seinem Durchlassvermögen für verschiedenfarbiges Licht.

Ein Körper hat die Farbe, die sich aus der Mischung des von ihm reflektierten bzw. hindurch gelassenen Lichtes ergibt.

Ein Körper, der das gesamte auffallende Licht absorbiert, erscheint uns schwarz.
Ein Körper, der mit weißem Licht beleuchtet wird und alle Spektralfarben reflektiert, erscheint uns weiß.
Ein gelber Körper absorbiert vom einfallenden weißen Licht alle Spektralfarben außer Gelb. Wird der Körper mit andersfarbigem Licht bestrahlt, so erscheint er uns in einer anderen Farbe.

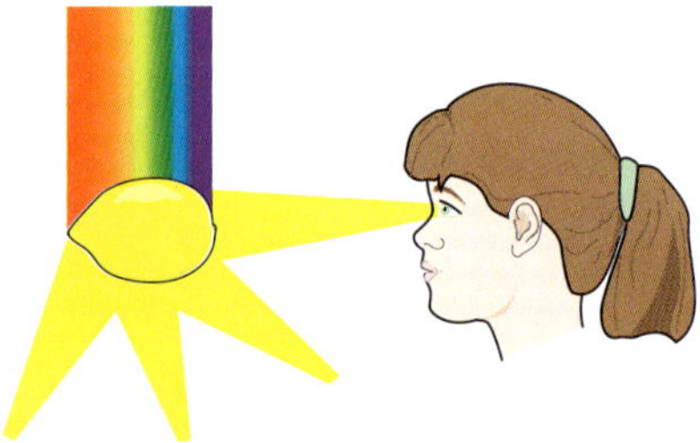

Das **Mischen von Farben beim Malen** funktioniert nach den Gesetzen der subtraktiven Farbmischung. Der Farbstoff absorbiert vom einfallenden weißen Licht alle Farbanteile, außer die, in deren Farbe er uns erscheint. Der Farbstoff wirkt also wie ein Farbfilter. Mischt man mehrere Malfarben, so wirken mehrere Farbschichten (Farbfilter) nacheinander.

Farbiges Sehen

Auf der Netzhaut des Auges befinden sich hell-dunkel-empfindliche und farbempfindliche Sinneszellen, die die Reize aufnehmen und zum Gehirn weiterleiten. Die Stäbchen reagieren nur auf den Hell-Dunkel-Reiz. Neben den Stäbchen gibt es die Zäpfchen, die auf farbiges Licht reagieren. Dabei gibt es drei Arten von Zäpfchen, die für die drei Farben Rot, Grün und Blau empfindlich sind. Diese Farbempfindungen werden zum Gehirn weitergeleitet. Dort können durch additive Farbmischung aus den drei Grundfarben alle Farben des Farbkreises erzeugt werden.

Farbfernsehen

Ein farbiges Fernsehbild erhält man ebenfalls durch eine Farbmischung der Grundfarben Rot, Grün und Blau. Jeder Punkt des Fernsehbildes besteht aus drei sehr kleinen Bereichen, die rot, grün oder blau leuchten können.
Die Bereiche werden durch drei getrennte Elektronenstrahlen unterschiedlich zum Leuchten angeregt.

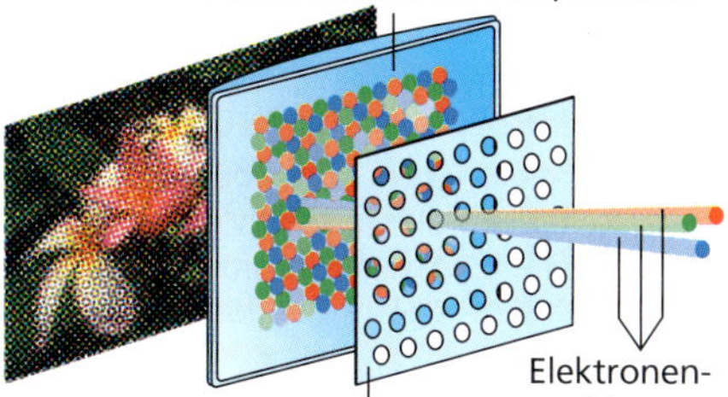

Vierfarbendruck

Für den Vierfarbendruck wird die farbige Vorlage zunächst in einzelne Farbpunkte zerlegt (gerastert). Anschließend werden von der Vorlage vier Farbauszüge in den Grundfarben Blaugrün (Cyan), Purpur (Magenta) und Gelb sowie in Schwarz angefertigt. Beim Druck werden diese vier Farbschichten übereinander gedruckt.

Der Farbeindruck des gedruckten Bildes ergibt sich sowohl nach den Gesetzen der additiven als auch der subtraktiven Farbmischung. Farbpunkte, die aufeinander gedruckt werden, mischen sich subtraktiv wie Malfarben. Das Licht von benachbarten Farbpunkten mischt das Auge additiv zu einem Farbeindruck.

5 Atom- und Kernphysik

5.1 Aufbau von Atomen

Atommodelle

Atome sind die Teilchen, aus denen Stoffe aufgebaut sind (S. 250).
Sie bestehen aus einem positiv geladenen **Atomkern** und einer negativ geladenen **Atomhülle.** Bestandteile des Atomkerns sind **positiv geladene Protonen** und **Neutronen,** die elektrisch neutral sind. In der negativ geladenen Atomhülle befinden sich **Elektronen.**

Die Atome verschiedener Stoffe unterscheiden sich in der Anzahl der Protonen, Neutronen und Elektronen.

Wasserstoffatom	Sauerstoffatom	Aluminiumatom
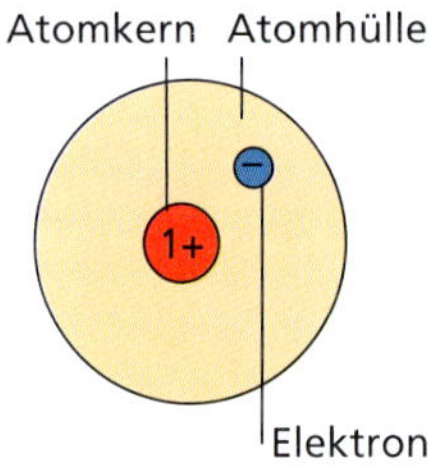	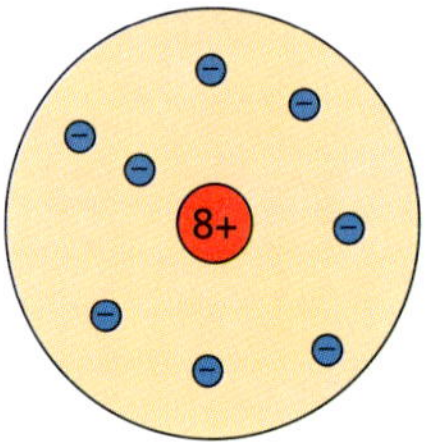	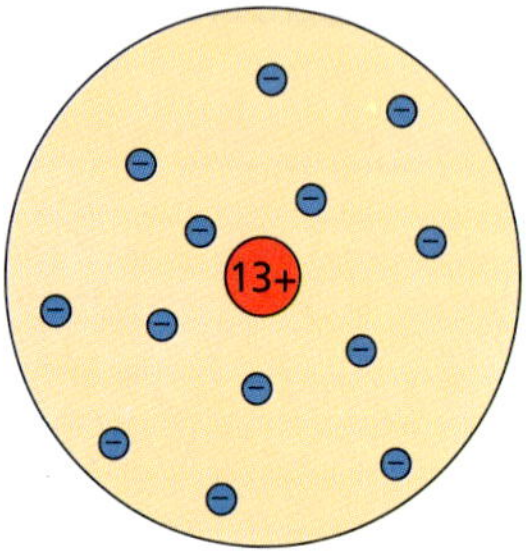

Der Durchmesser eines Atoms beträgt etwa 10^{-10} m, der Durchmesser des Atomkerns etwa 10^{-15} m.
Im Vergleich zu den Abmessungen der Atomhülle ist der Atomkern außerordentlich klein.
In ihm ist aber fast die gesamte Masse des Atoms vereinigt.

Proton, Neutron und Elektron

	Masse in kg	Ladung	Symbol
Proton	$1{,}673 \cdot 10^{-27}$	positiv (+)	$^{1}_{1}p$
Neutron	$1{,}675 \cdot 10^{-27}$	ungeladen	$^{1}_{0}n$
Elektron	$9{,}109 \cdot 10^{-31}$	negativ (–)	$^{0}_{-1}e$

Die Masse eines Elektrons beträgt nur etwa 1/1800 der Masse eines Protons oder Neutrons.

Ordnungszahl und Massenzahl

Im Periodensystem der Elemente hat jedes Element eine Ordnungszahl.

> Die Ordnungszahl gibt die Anzahl der Protonen *Z* (Kernladungszahl) im Atomkern an.

Bei einem neutralen Atom ist das zugleich auch die Anzahl der Elektronen in der Atomhülle. Ist *N* die Anzahl der Neutronen im Kern und *A* die Massenzahl (Atommasse), so gilt:

> Die Massenzahl *A* ist gleich der Summe aus der Anzahl der Protonen *Z* (Kernladungszahl) und Anzahl der Neutronen *N*:
>
> $$A = Z + N$$

Häufig wendet man auch die Symbolschreibweise an, z. B.:

$$^{238}_{92}\text{U}$$

Massenzahl (Anzahl von Protonen und Neutronen): 238
Ordnungszahl (Kernladungszahl, Anzahl der Protonen): 92
U: Symbol des Elements (Uran)

Uran hat 92 Protonen und damit das elektrisch neutrale Uranatom auch 92 Elektronen in der Atomhülle.
Die Anzahl der Neutronen *N* beträgt 238 – 92 = 146.
Üblich ist auch die Schreibweise U-238.

Die Symbolschreibweise wendet man bei Elementen, aber auch bei Teilchen an.

Im Periodensystem sind die Massenzahlen (Atommassen) meist als Vielfache der atomaren Masseeinheit *u* angegeben.

> $u = 1{,}66 \cdot 10^{-27}$ kg

Isotope und Nuklide

> Elemente mit gleicher Ordnungszahl können eine unterschiedliche Anzahl von Neutronen haben. Solche Arten von Atomkernen bezeichnet man als **Isotope.**

Die meisten natürlichen Elemente bestehen aus Gemischen von Isotopen.

Beispiel:

Es gibt z. B. die Uranisotope $^{235}_{92}\text{U}$ und $^{238}_{92}\text{U}$. Die Anzahl der Protonen ist gleich und beträgt 92.

Die Anzahl der Neutronen beträgt einmal 235 – 92 = 143 und einmal 238 – 92 = 146.

Natürliches Uran besteht zu 99,3 % aus $^{238}_{92}\text{U}$ und zu 0,7 % aus $^{235}_{92}\text{U}$.

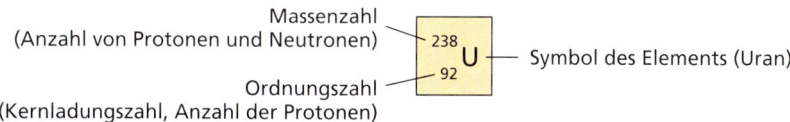

Insgesamt sind weit über 2 000 Isotope bekannt.

Nuklide sind Atomkerne, die eindeutig durch die Massenzahl *A* und die Kernladungszahl *Z* gekennzeichnet sind.

Zwischen der Kernladungszahl *Z* und der Neutronenzahl *N* gibt es einen charakteristischen Zusammenhang.
Isotope liegen jeweils auf einer horizontalen Linie.

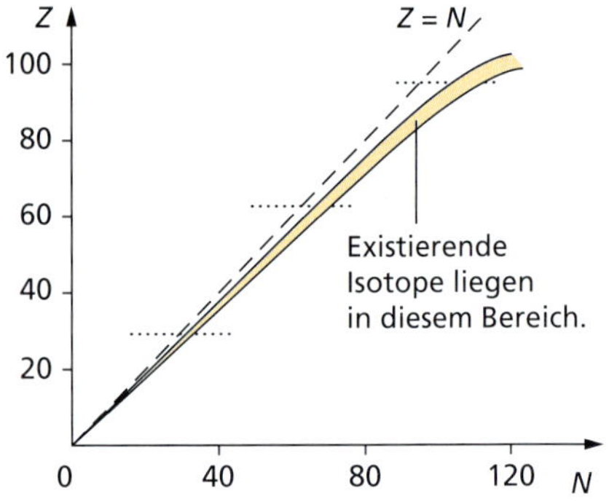

Die Zusammenhänge werden auch in **Nuklidkarten** dargestellt.

Ausschnitt aus einer Nuklidkarte

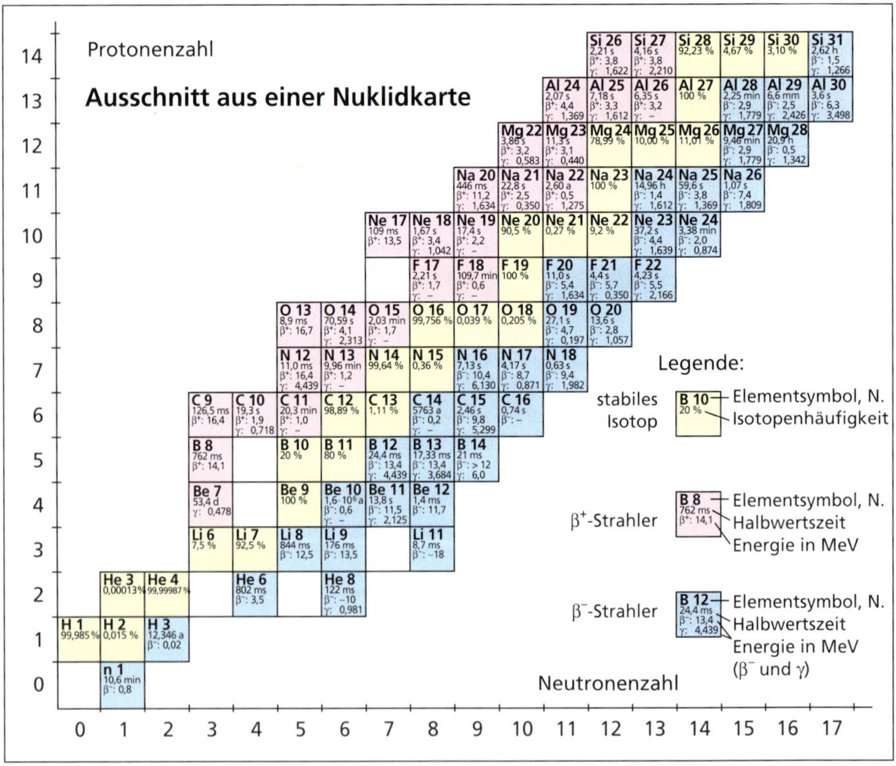

5.2 Kernumwandlungen

Atomkerne können zerfallen, durch Teilchen aufgespalten werden oder verschmelzen. In allen diesen Fällen entstehen neue Kerne. Man spricht von Kernumwandlungen.

Natürliche Radioaktivität

Eine Reihe von Stoffen, z.B. Uran, Radium oder Polonium, senden ständig radioaktive Strahlung aus.

Dadurch erfolgt eine Kernumwandlung.

Radium zerfällt unter Aussendung eines doppelt positiv geladenen Heliumkerns (α-Teilchen) in Radon.

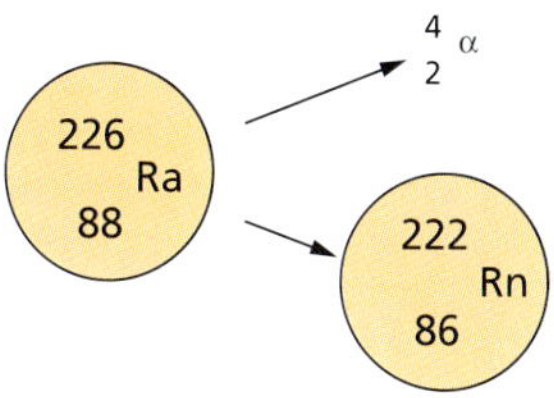

Die natürliche Radioaktivität in unserer Umwelt führt dazu, dass wir ständig einer schwachen radioaktiven Strahlung ausgesetzt sind. Die Intensität dieser radioaktiven Strahlung ist örtlich verschieden.

Künstliche Radioaktivität

Zur Gewinnung von radioaktivem Material, z.B. für den medizinischen Bereich oder für Kernbrennstoffe, werden künstlich instabile Atomkerne erzeugt, die ihrerseits dann wieder zerfallen.

Wird Kobalt-59 mit Neutronen beschossen, so bildet sich das radioaktive Kobalt-60.

Kobalt-60 zerfällt in Nickel, wobei ein Elektron (β-Teilchen) abgegeben wird.

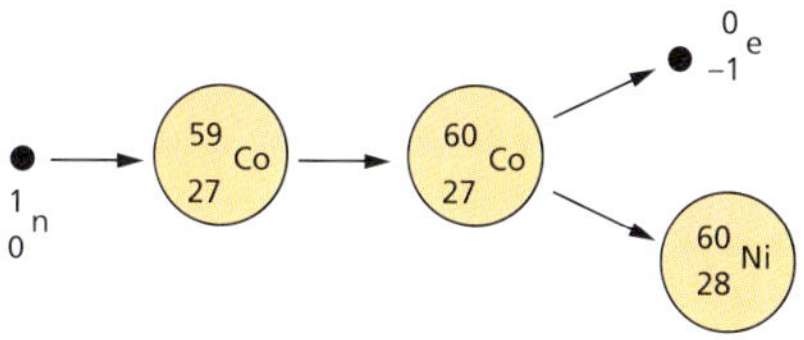

Kernspaltung

Unter Kernspaltung versteht man die Zerlegung schwerer Atomkerne in leichtere Atomkerne. Dabei wird Energie freigesetzt.

Wird z.B. Uran-235 mit Neutronen beschossen, so bildet sich Uran-236.
Dieses U-236 zerfällt in Krypton und Barium. Zugleich werden bei jeder Kernspaltung drei Neutronen frei, die ihrerseits den Prozess der Kernspaltung fortsetzen können.

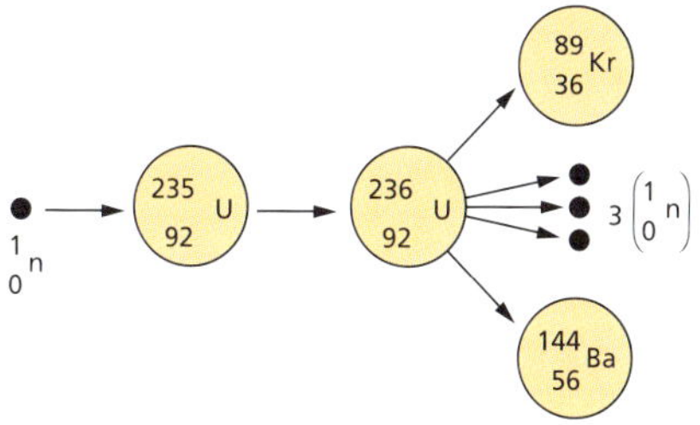

Sind genügend Uranatome vorhanden und haben die Neutronen die „richtige" Geschwindigkeit, so kann es zu einer **Kettenreaktion** kommen.

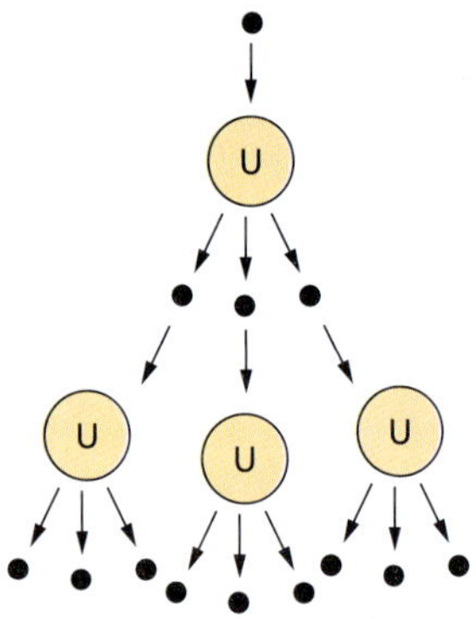

Eine gesteuerte Kettenreaktion wird z.B. in den Reaktoren von Kernkraftwerken genutzt um Energie zu erzeugen.

Eine ungesteuerte Kettenreaktion erfolgt bei der Zündung einer Atombombe.

Kernfusion

Unter Kernfusion versteht man die Verschmelzung leichter Atomkerne zu schwereren. Dabei wird Energie freigesetzt.

Nachfolgend sind vereinfacht die Prozesse dargestellt, die ständig im Inneren der Sonne (S. 232) vor sich gehen.

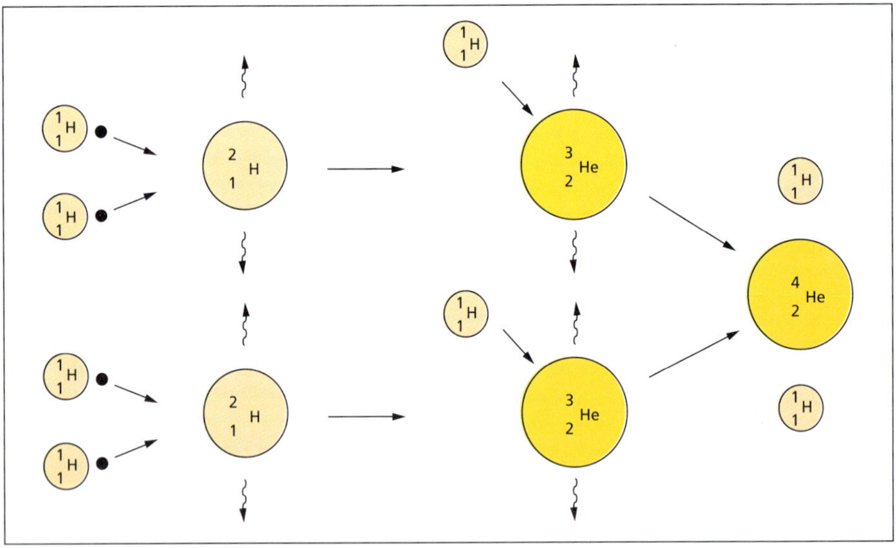

Die Sonne besteht im Wesentlichen aus Wasserstoff und Helium. Je zwei Wasserstoffkerne verschmelzen zu schwerem Wasserstoff (Deuterium). Dabei wird Energie freigesetzt.

Im nächsten Schritt verschmelzen Wasserstoff und schwerer Wasserstoff zu Helium-3. Auch dabei wird wieder Energie frei.

Zwei Heliumkerne verschmelzen dann zu Helium-4.

Insgesamt entsteht bei diesem Prozess Helium, während Wasserstoff verbraucht wird.

Nach heutigen Schätzungen reicht der Wasserstoffvorrat der Sonne aus, damit sie noch ca. 5 Milliarden Jahre mit der Intensität wie heute strahlen kann.

Eine Kernfusion erfolgt nur bei sehr hohem Druck und bei hoher Temperatur (im Inneren der Sonne: $T \approx 1{,}6 \cdot 10^7$ K, $p \approx 10^{16}$ Pa).

Kernfusion geht ständig in der Sonne und in vielen Sternen vor sich.
Eine ungesteuerte Kernfusion erfolgt bei Wasserstoffbomben. Eine gesteuerte Kernfusion konnte bisher noch nicht realisiert werden.

Radioaktive Strahlung

Bei allen Kernumwandlungen tritt radioaktive Strahlung auf. Es gibt α-Strahlung, β-Strahlung und γ-Strahlung.

α-Strahlung	β-Strahlung	γ-Strahlung
Die Strahlung besteht aus doppelt positiv geladenen Heliumkernen (α-Teilchen).	Die Strahlung besteht aus negativ geladenen Elektronen (β^--Strahlung) oder positiv geladenen Positronen (β^+-Strahlung).	Die Strahlung ist eine sehr energiereiche elektromagnetische Strahlung kleiner Wellenlänge.
$^{226}_{88}\text{Ra} \rightarrow {}^{222}_{86}\text{Rn} + {}^{4}_{2}\alpha$	$^{214}_{82}\text{Pb} \rightarrow {}^{214}_{83}\text{Bi} + {}^{0}_{-1}\text{e}$ $^{30}_{15}\text{P} \rightarrow {}^{30}_{14}\text{Si} + {}^{0}_{+1}\text{e}$	$^{208}_{82}\text{Pb} \rightarrow {}^{208}_{82}\text{Pb} + \gamma$
Durch radioaktive Strahlung wird Energie übertragen. Durch die Strahlung können Gase ionisiert und Filme geschwärzt werden.		

Die **Ausbreitung radioaktiver Strahlung** erfolgt geradlinig. α- und β-Strahlung werden aber von elektrischen und magnetischen Feldern abgelenkt.

elektrisches Feld	magnetisches Feld

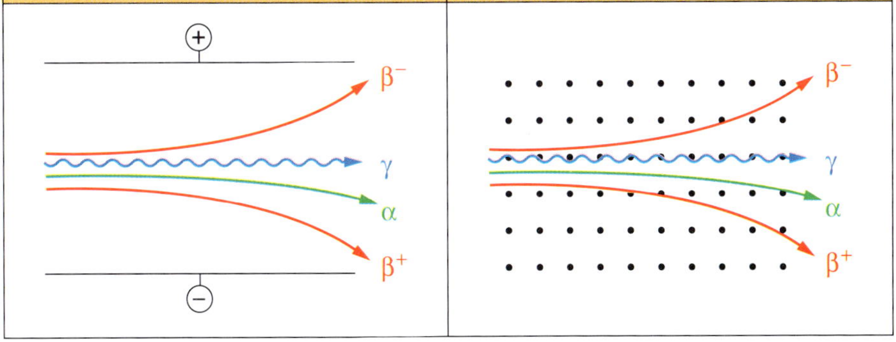

Die **Durchdringungsfähigkeit radioaktiver Strahlung** ist abhängig

- von der Art der Strahlung,
- von der Intensität (Energie) der Strahlung,
- von der Art des durchstrahlten Stoffes,
- von der Dicke des durchstrahlten Stoffes.

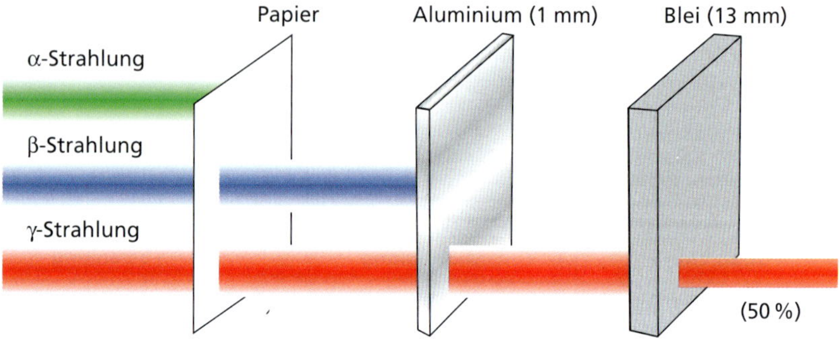

In Luft beträgt die Reichweite von α-Strahlung 4 cm bis 6 cm, die von β-Strahlung mehrere Meter.

Für den **Nachweis radioaktiver Strahlung** gibt es verschiedene Möglichkeiten.

Fotografische Schicht	Zählrohr	Nebelkammer
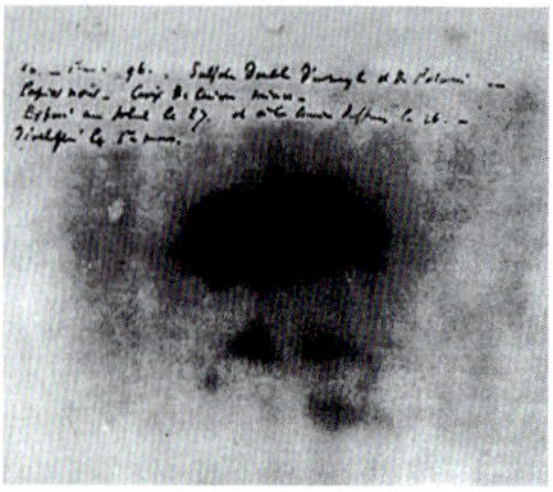	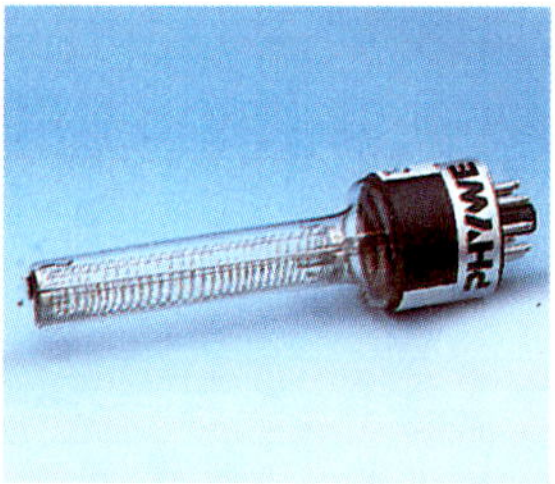	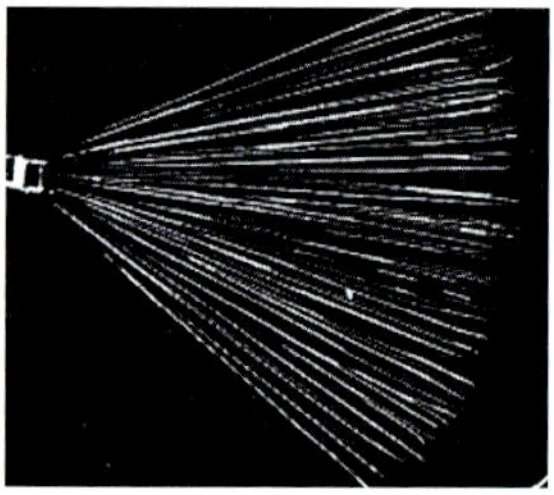
Ein Film wird an den Stellen, an denen radioaktive Strahlung auftrifft, geschwärzt. Das Bild zeigt die Platte, die zur Entdeckung der Radioaktivität führte. (Becquerel 1896)	Bei einem Zählrohr wird die ionisierende Wirkung radioaktiver Strahlung genutzt.	Bei einer Nebelkammer wird die ionisierende Wirkung radioaktiver Strahlung genutzt. Die Länge der Nebelspur ist ein Maß für die Energie der Strahlung.

Durch radioaktive Strahlung wird das Gas ionisiert. Die Ionen wandern zu den beiden Elektroden. Es kommt zu einem kurzzeitigen Stromfluss und damit zu einem Spannungsstoß am Widerstand *R*.
Dieser Spannungsstoß wird verstärkt. Er ist im Lautsprecher als Knacken hörbar und kann mit einem Zähler registriert werden.

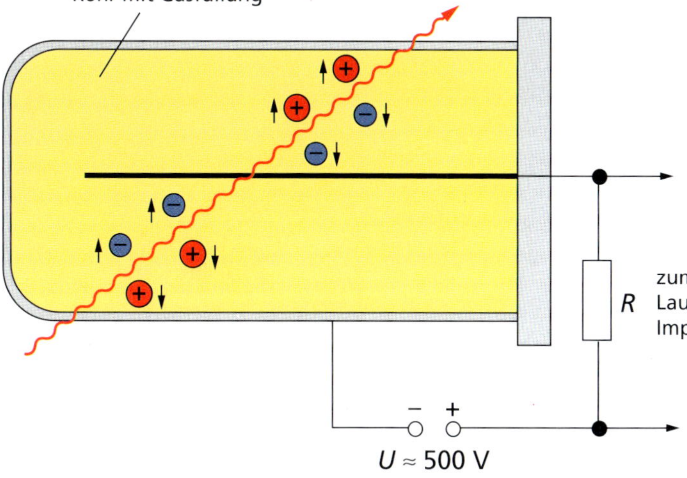

Gesetz des Kernzerfalls

Ist zu einem bestimmten Zeitpunkt eine Anzahl *N* von Atomen eines radioaktiven Stoffes vorhanden, so zerfällt in einer bestimmten Zeit die Hälfte der Atome.

In der gleichen Zeit zerfällt dann die Hälfte der Hälfte usw.

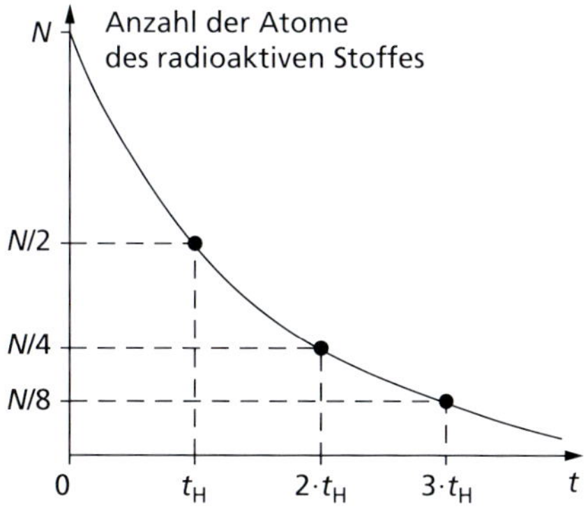

Die Halbwertszeit gibt an, in welcher Zeit jeweils die Hälfte der vorhandenen instabilen Atomkerne zerfällt.	**Formelzeichen:** t_H	**Einheit:** 1 Sekunde (1 s)

Die Halbwertszeit verschiedener radioaktiver Stoffe ist sehr unterschiedlich.

Nuklid	Halbwertszeit	Art der Strahlung
Radon-220	55,6 s	α
Barium-137	2,55 min	γ
Iod-131	8,04 d	β^-
Natrium-22	2,6 a	β^+, γ
Radium-226	1 600 a	α, γ
Kohlenstoff-14	5 730 a	β^-
Uran-238	$4{,}5 \cdot 10^9$ a	α

Aktivität, Energiedosis und Äquivalentdosis

Wichtige Größen bei der radioaktiven Strahlung sind die **Aktivität** einer Quelle radioaktiver Strahlung, die von einem Körper aufgenommene **Energiedosis** und die **Äquivalentdosis**, die die biologische Wirkung radioaktiver Strahlung berücksichtigt.

Die Aktivität einer radioaktiven Substanz gibt an, wie viel Kernzerfälle in einer bestimmten Zeit vor sich gehen.	**Formelzeichen:** A	**Einheiten:** 1 Becquerel (1 Bq) $1\,\text{Bq} = 1 \cdot \text{s}^{-1}$

Eine Aktitivät von 1 Bq bedeutet, dass ein Kernzerfall in einer Sekunde stattfindet.

Die Aktivität kann mit der Gleichung berechnet werden:

$$A = \frac{\Delta N}{\Delta t}$$

ΔN Anzahl der Kernzerfälle
Δt Zeitintervall

Die Energiedosis gibt an, wie viel Energie der Strahlung einer Strahlenquelle von einem Körper mit 1 kg Masse aufgenommen wird.	**Formelzeichen:** D	**Einheiten:** 1 Gray (1 Gy) 1 Gy = 1 J/Kg

Ein Körper hat eine Energiedosis von 1 Gy aufgenommen, wenn er je kg Masse eine Energie von 1 J absorbiert hat.

Die Energiedosis kann mit der Gleichung berechnet werden:

$$D = \frac{E}{m}$$

E von einem Körper aufgenommene Strahlungsenergie

m Masse des Körpers

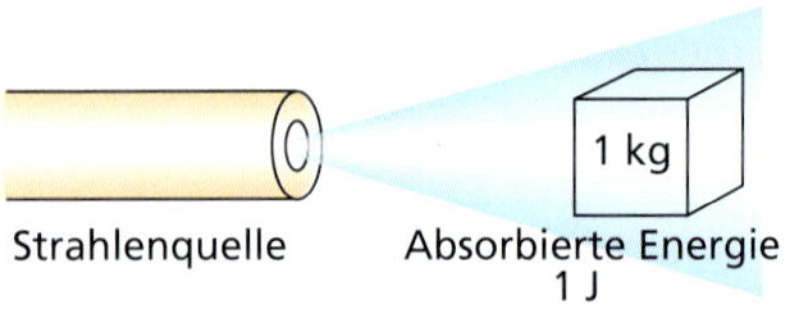

Die biologische Wirkung radioaktiver Strahlung auf einen Körper hängt nicht nur davon ab, wie viel Strahlung der Körper aufnimmt, sondern auch von der Art der Strahlung.

Die Äquivalentdosis kennzeichnet die von einem Körper aufgenommene Energiedosis unter Berücksichtigung biologischer Wirkungen.	**Formelzeichen:** H	**Einheiten:** 1 Sievert (1 Sv) 1 Sv = 1 J/kg

Die Äquivalentdosis kann mit der folgenden Gleichung berechnet werden:

$$H = D \cdot q$$

D Energiedosis
q Qualitätsfaktor

Der Qualitätsfaktor ist ein Erfahrungswert.

Strahlungsart	Qualitätsfaktor q
β-Strahlung γ-Strahlung Röntgenstrahlung	1
langsame Neutronen	2,3
schnelle Neutronen	10
α-Strahlung	20

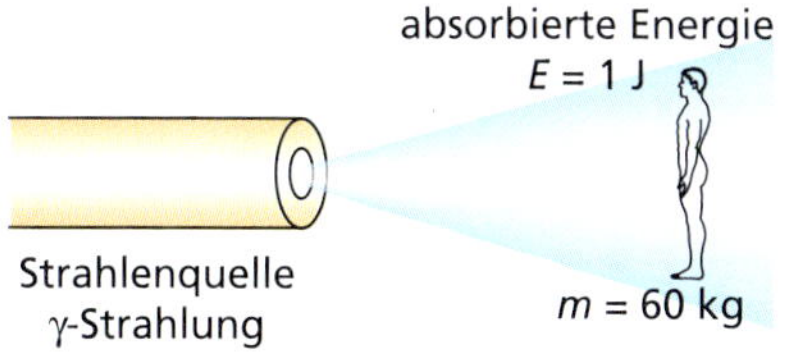

Im gegebenen Fall beträgt die Äquivalentdosis

$$H = \frac{1\ \text{J}}{60\ \text{kg}} \cdot 1$$

$$H \approx 0{,}017\ \text{Sv} \approx 17\ \text{mSv}$$

Nach gegenwärtigen Erkenntnissen treten bei kurzzeitiger Strahlenbelastung ab 250 mSv bereits Schäden auf. Eine Belastung von 5 000 mSv ist tödlich.

Für Menschen, die beruflich Strahlung ausgesetzt sind (in der Medizin, in der Forschung, in Kernkraftwerken), gilt z. Z. ein Grenzwert von 50 mSv pro Jahr.

Mittlere Strahlenbelastung in der Bundesrepublik Deutschland im Jahr:

Art der Strahlung	Äquivalentdosis
von der Umgebung (Erde) ausgehende Strahlung kosmische Strahlung Strahlung durch die aufgenommene Nahrung	0,4 mSv 0,3 mSv 1,7 mSv
medizinische Anwendungen einschließlich Röntgenuntersuchung Strahlung durch Kernkraftwerke, Kernwaffenversuche Strahlung durch Bildschirm des Fernsehapparates und des Computers	1,5 mSv 0,01 mSv 0,02 mSv
Gesamtbelastung	≈ 4 mSv/Jahr

Besonders gefährlich ist eine kurzzeitige hohe Strahlenbelastung. Über Schäden durch geringe Strahlenbelastung über eine längere Zeit hinweg liegen keine eindeutigen Erkenntnisse vor. Bei organischem Gewebe, vor allem bei hoch entwickelten Säugetieren und beim Menschen, können zwei Arten von Strahlenschäden auftreten:

Somatische Schäden wirken sich auf den Gesundheitszustand des betreffenden Lebewesens (Menschen) aus.

Genetische Schäden wirken sich erst bei den Nachkommen aus.

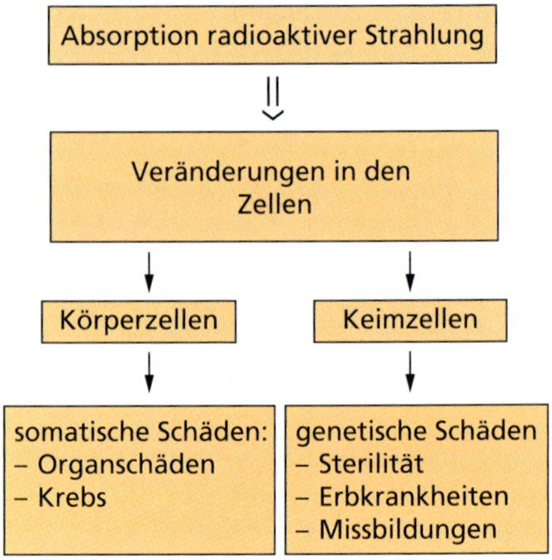

Als Grundsatz gilt:

Die Strahlung, der man sich aussetzt, sollte so gering wie möglich sein.

5.3 Anwendungen kernphysikalischer Erkenntnisse

Altersbestimmung (C-14-Methode)

Der radioaktive Kohlenstoff-14 entsteht in der Luft durch Kernumwandlung von Stickstoff infolge des ständigen „Beschusses" mit Neutronen der Höhenstrahlung.

Man kann davon ausgehen, dass dieser Prozess seit Jahrtausenden vor sich geht und der Anteil an C-14-Isotopen in der Atmosphäre weitgehend gleich war und ist.

Alle Pflanzen nehmen bei der Assimilation das radioaktive C-14 und das nicht radioaktive C-12 auf. Pflanzen werden von Tieren gefressen. Menschen essen Pflanzen und Tiere. In allen Lebewesen gibt es dadurch ein festes Verhältnis von C-14 und C-12.

Mit dem Tod eines Lebewesens oder einer Pflanze hört die Aufnahme von Kohlenstoff auf. Der Anteil von C-14 am Kohlenstoff des toten Materials nimmt mit einer Halbwertszeit von 5 730 Jahren ab. Aus dem Mengenverhältnis von C-14 und C-12 kann auf das Alter eines Fundes geschlossen werden.

Beispiel:

Bei einem Fund beträgt der C-14-Anteil nur noch ein Viertel des heutigen Anteils. Daraus kann man folgern: Es muss zweimal die Halbwertszeit vergangen sein, also $2 \cdot 5\,730$ Jahre = 11 460 Jahre.

Markierungsverfahren

Radioaktive Isotope können genutzt werden um den Weg von Stoffen im menschlichen Körper, bei Pflanzen und Tieren, in Rohrleitungen oder im Erdboden zu verfolgen.

Zur Untersuchung der Schilddrüse wird radioaktives Iod injiziert. Iod reichert sich besonders stark in der Schilddrüse an.

Die Stärke der registrierten radioaktiven Strahlung lässt Rückschlüsse auf die Iodkonzentration in der Schilddrüse und auf mögliche krankhafte Veränderungen zu.

In der Technik können mit Hilfe des Markierungsverfahrens Dichtheitsprüfungen und Strömungsmessungen durchgeführt werden.

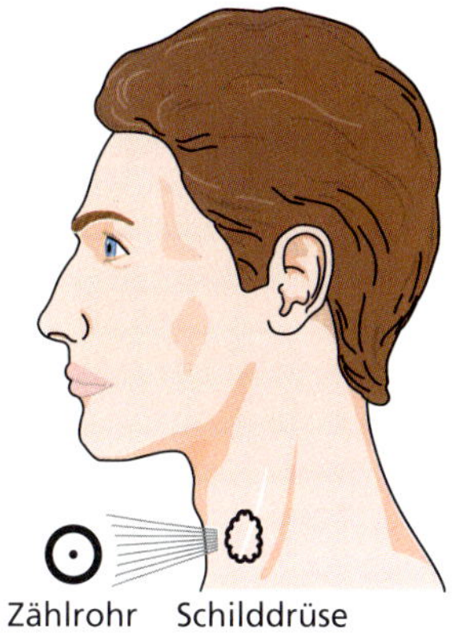

Durchstrahlungsverfahren

Werkstücke werden durchstrahlt. Sind Einschlüsse vorhanden, so verändert sich die vom Werkstück absorbierte Strahlung und damit die beim Strahlungsempfänger ankommende Strahlung.

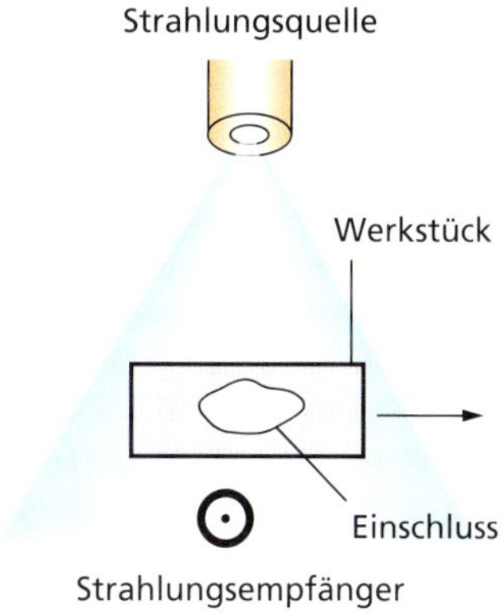

Bestrahlungsverfahren

Durch radioaktive Strahlung können in Stoffen chemische, biologische oder physikalische Veränderungen hervorgerufen werden.

So wird z.B. die Lagerfähigkeit von Kartoffeln und Zwiebeln verbessert.

Das Bestrahlungsverfahren wird auch bei der Tumorbehandlung angewendet, um Krebszellen abzutöten.

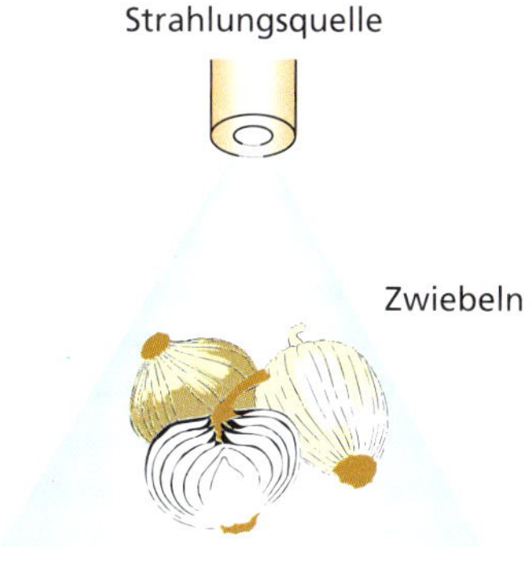

Kernkraftwerke

Das Kernstück eines Kernkraftwerkes ist ein Kernreaktor, in dem eine gesteuerte Kernspaltung erfolgt.

Das spaltbare Material befindet sich in **Brennstoffstäben**. Es ist meist ein Gemisch aus U-233, U–235, U-238 und Pu-239, meistens in Kugel- oder Tablettenform.

Die bei Kernspaltung frei werdenden schnellen Neutronen werden durch **Moderatoren** (Wasser, Graphit) abgebremst und können dann als langsame Neutronen weitere Urankerne spalten.

Durch **Regelstäbe** aus Bor oder Cadmium wird die Kettenreaktion gesteuert. Bor und Cadmium absorbieren Neutronen. Je tiefer die Regelstäbe in den Reaktor hineingefahren werden, umso mehr Neutronen werden absorbiert.

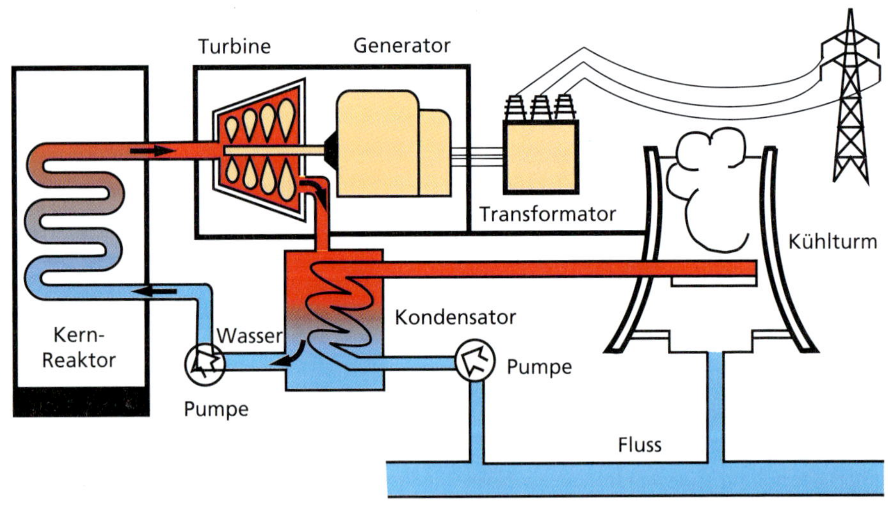

Astronomie

Die **Astronomie** ist die Wissenschaft von der Bewegung, vom Aufbau, von den Eigenschaften und von der Entwicklung einzelner kosmischer Objekte, Gruppen von Objekten und des gesamten Weltalls.

Planetensystem	Sterne	Sternsysteme
Planeten Monde Planetoiden Kometen Meteorite	Sonne andere Sterne	Milchstraßensystem (Galaxis) andere Sternsysteme (Galaxien) Haufen von Sternsystemen (z.B. Lokale Gruppe)

Erde	Sonne	Milchstraßensystem

Erdmond	Kugelsternhaufen	Andromeda-Nebel

Komet	Magellansche Wolke	Sterne

1 Die Beobachtung in der Astronomie

1.1 Arbeitsmittel des Astronomen

Wichtigstes Mittel der Erkenntnisgewinnung in der Astronomie ist die zielgerichtete *Beobachtung* von Objekten und Erscheinungen. Dazu werden Refraktoren (Linsenfernrohre), Reflektoren (Spiegelteleskope), Radioteleskope und viele spezielle Registriergeräte genutzt.

Refraktor (Linsenfernrohr) 	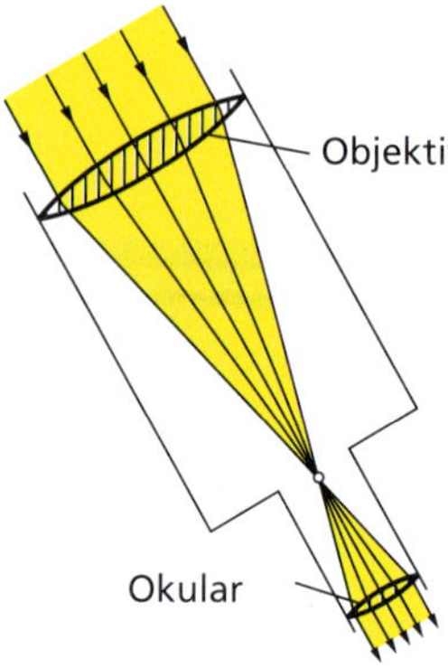	**Größter Refraktor:** Objektivöffnung 1,02 m (Yerkes-Observatorium, USA) Schulfernrohr Telementor: Objektivöffnung 63 mm
Reflektor (Spiegelteleskop) 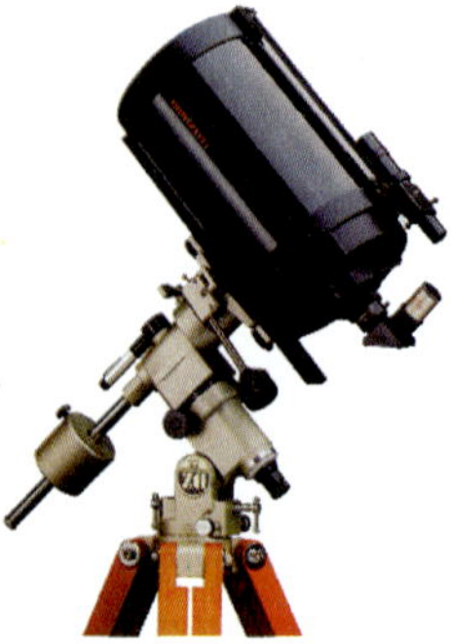	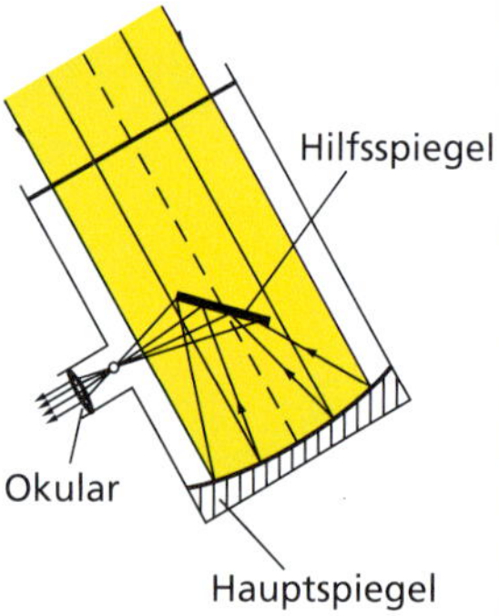	**Größter Reflektor:** Spiegeldurchmesser 10 m (Keck-Teleskop, USA)
Radioteleskop 	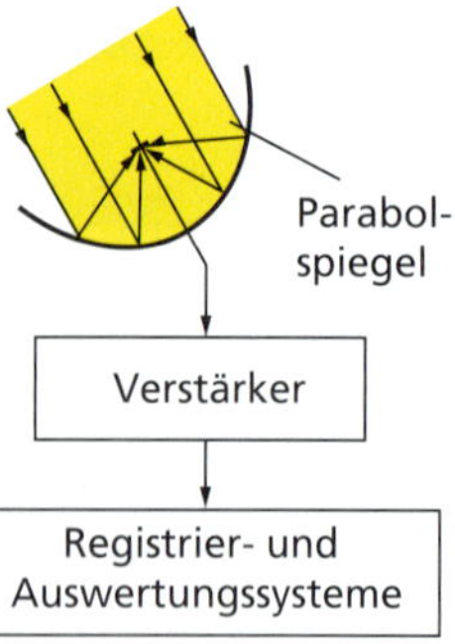	**Größter beweglicher Parabolspiegel:** Durchmesser 100 m Effelsberg (Eifel, Bundesrepublik Deutschland)

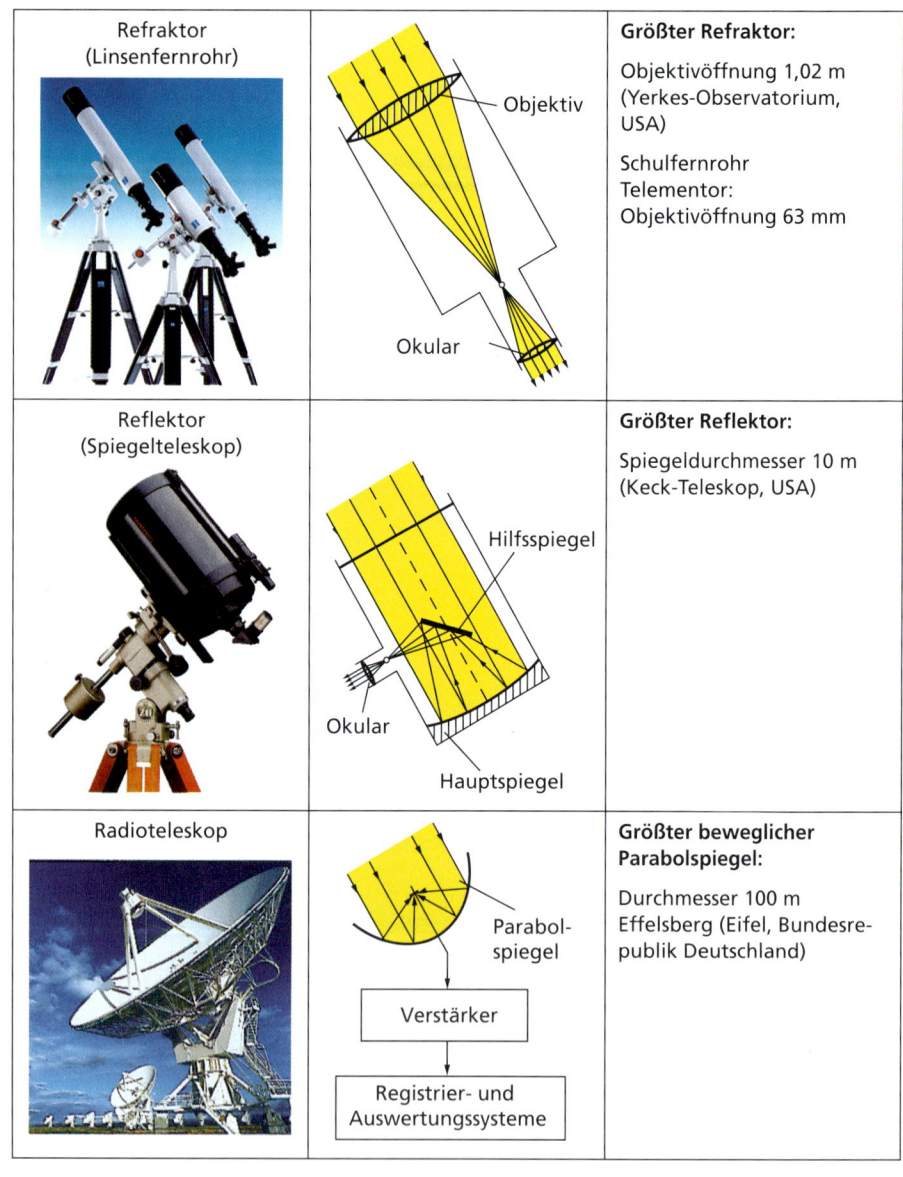

1.2 Licht als Informationsträger

Der wichtigste Informationsträger in der Astronomie ist die elektromagnetische Strahlung, die bis zur Erdoberfläche gelangt. Dazu gehört:

sichtbares Licht: Wellenlänge 400 nm bis 800 nm

Radiostrahlung: Wellenlänge einige mm bis etwa 15 m.

Elektromagnetische Strahlung anderer Wellenlänge wird von der Erdatmosphäre nicht oder nur zu kleinen Teilen hindurchgelassen. Durch Forschungssatelliten, die sich außerhalb der Erdatmosphäre befinden, konnten die Beobachtungsmöglichkeiten erheblich erweitert werden.

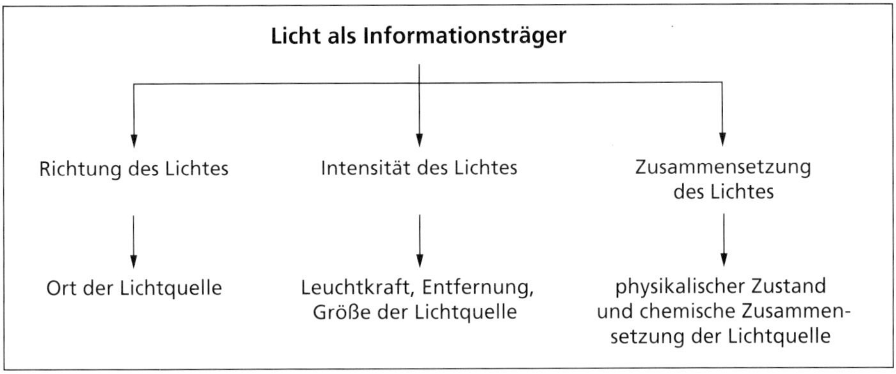

Für die Registrierung des Lichtes gibt es neben der direkten Beobachtung die Möglichkeit der fotografischen und der elektronischen Speicherung.

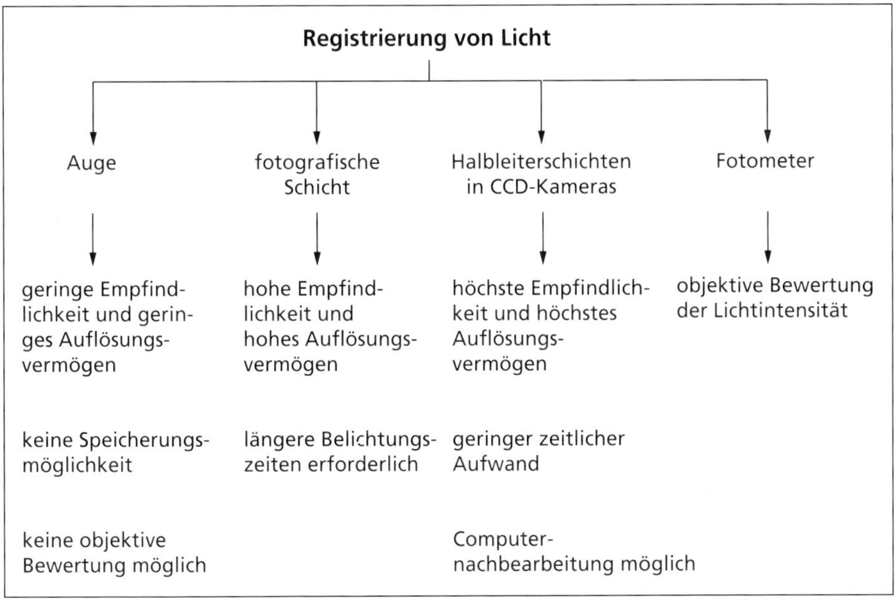

2 Astrophysikalische Konstanten, Größen und Zusammenhänge

2.1 Wichtige astrophysikalische Konstanten und Größen

Einheiten für Länge und Zeit

Größe	Einheit		Beziehungen zwischen den Einheiten	
Länge	Astronomische Einheit	AE	1 AE	$= 1{,}495\,978\,70 \cdot 10^{11}$ m $= 1{,}581\,29 \cdot 10^{-5}$ ly $= 4{,}848\,1 \cdot 10^{-6}$ pc
	Lichtjahr	ly	1 ly	$= 9{,}460\,5 \cdot 10^{15}$ m $= 6{,}323\,4 \cdot 10^{4}$ AE = 0,306 6 pc
	Parsec	pc	1 pc	$= 3{,}085\,65 \cdot 10^{16}$ m = 3,261 5 ly $= 2{,}062\,6 \cdot 10^{5}$ AE
Zeit	mittlerer Sonnentag	d	1 d	= 86 400 s = 24 h
	Sterntag		1 Sterntag	= 23 h 56 min 4,098 s = 0,997 27 d = 86 164 s
	siderisches Jahr		1 sid. Jahr	= 365,256 360 d $= 3{,}155\,8 \cdot 10^{7}$ s

Die **Astronomische Einheit** ist die mittlere Entfernung Sonne–Erde. Ihr Zahlenwert ist international auf den oben genannten Wert festgelegt worden.

Der **mittlere Sonnentag** ist die Grundlage der üblichen Zeiteinteilung in Stunden, Tage und Jahre.

Das **Kalenderjahr** umfasst 365 oder 366 Tage. Ein **Schaltjahr** ist ein Jahr, bei dem im Februar ein zusätzlicher Tag eingefügt wird. Es hat also 366 Tage. Schaltjahre sind alle durch vier teilbaren Jahreszahlen mit folgenden Ausnahmen: Bei allen Jahreszahlen, die durch 100, aber nicht durch 400 ganzzahlig teilbar sind, wird der Schalttag gestrichen.

Beispiel:

Die Jahre 1996 und 2000 sind Schaltjahre, das Jahr 2100 ist dagegen kein Schaltjahr.

Die Festlegung der Schaltjahre erfolgte mit Einführung des Gregorianischen Kalenders im Jahre 1582. Dieser Kalender ist so genau, dass erst in 3 000 Jahren ein Tag Differenz zur scheinbaren Bewegung der Sonne auftritt.

2.2 Wichtige Gesetze in der Astronomie

Das Gravitationsgesetz

Das von Isaac Newton (1642–1727) im Jahre 1687 entdeckte Gravitationsgesetz gibt an, wie stark zwei Körper (Sonne, Planeten, Monde, beliebige andere Körper) aufgrund ihrer Masse aufeinander einwirken.

$$F = G \cdot \frac{m_1 \cdot m_2}{r^2}$$

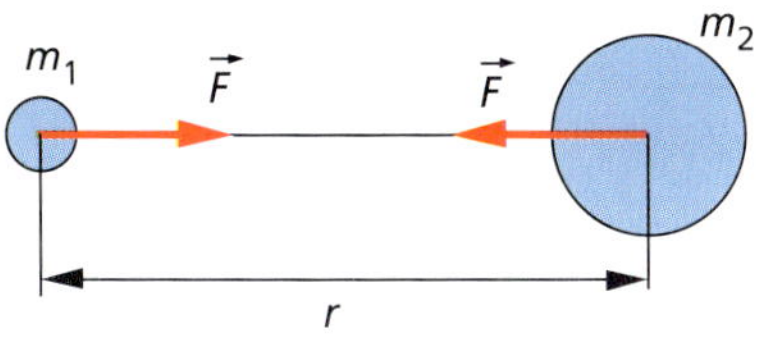

F	Gravitationskraft zwischen den Körpern
G	Gravitationskonstante ($G = 6{,}672\,59 \cdot 10^{-11}\,m^3 \cdot kg^{-1} \cdot s^{-2}$)
m_1, m_2	Massen der Körper
r	Abstand der Massenmittelpunkte

Die keplerschen Gesetze

Die von Johannes Kepler (1571–1630) im Jahre 1609 entdeckten Gesetze beschreiben die Bewegung von Planeten und damit auch die Bewegung der Erde um die Sonne.

1. keplersches Gesetz

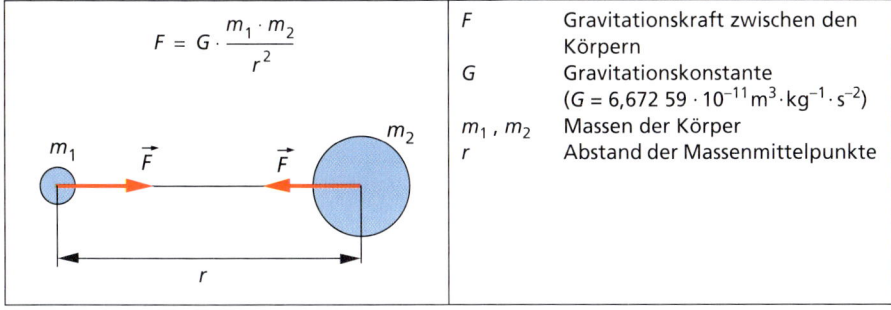

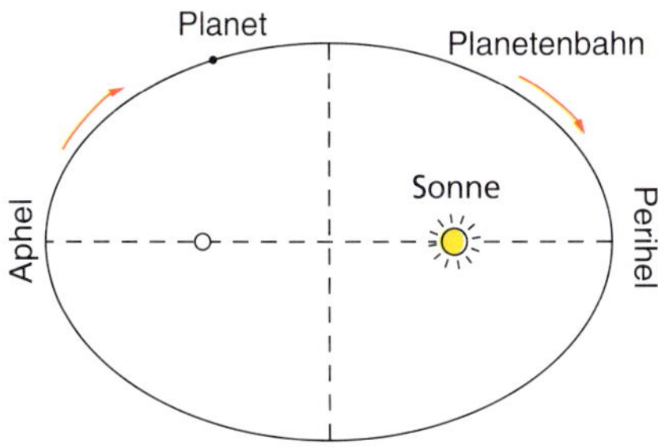

Alle Planeten bewegen sich auf elliptischen Bahnen. In einem gemeinsamen Brennpunkt steht die Sonne.

Daraus folgt, dass sich bei der Bewegung von Planeten um die Sonne der Abstand Planet–Sonne ständig ändert. Für die Erde beträgt die geringste Entfernung von der Sonne $147{,}1 \cdot 10^6$ km (Perihel, Anfang Januar), die größte Entfernung $152{,}1 \cdot 10^6$ km (Aphel, Anfang Juli).

Die Bahnen der meisten Planeten, auch die der Erde, kann man aber näherungsweise als kreisförmig ansehen.

2. keplersches Gesetz

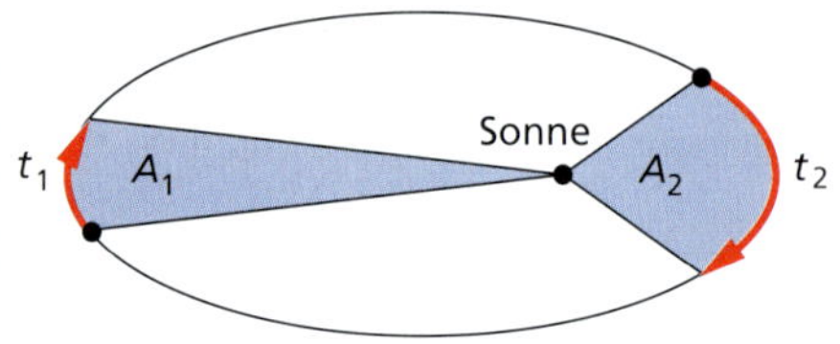

Die Verbindungslinie Sonne–Planet überstreicht in gleichen Zeiten gleiche Flächen.

$$\frac{A_1}{t_1} = \frac{A_2}{t_2} = \text{konstant}$$

A_1, A_2	Flächeninhalte
t_1, t_2	Zeiten

Daraus folgt, dass sich ein Planet in Sonnenferne langsamer bewegt als in Sonnennähe. Für die Erde betragen die Geschwindigkeiten 29,3 km·s^{-1} in Sonnenferne (Juni/Juli) und 30,3 km·s^{-1} in Sonnennähe (Dezember/Januar).

3. keplersches Gesetz

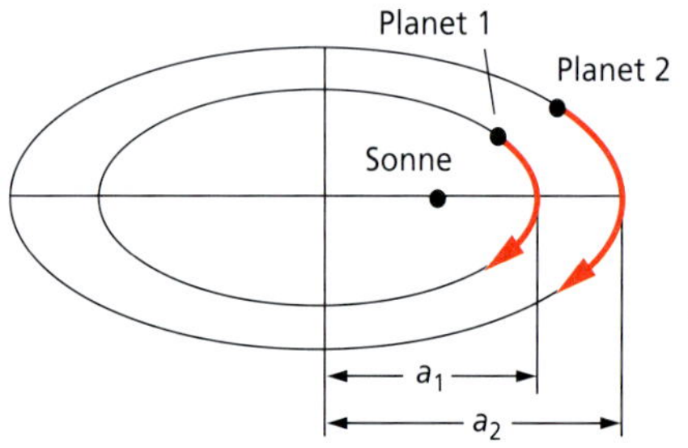

Die Quadrate der Umlaufzeiten zweier Planeten verhalten sich wie die dritten Potenzen der großen Halbachsen ihrer Bahnen.

$$\frac{T_1^2}{T_2^2} = \frac{a_1^3}{a_2^3}$$

T_1, T_2	Umlaufzeiten der Planeten
a_1, a_2	Große Halbachsen der Planetenbahnen

Aus diesem Gesetz folgt, dass die Bahngeschwindigkeit von Planeten mit wachsendem Abstand von der Sonne abnimmt. Merkur als sonnennächster Planet bewegt sich schneller um die Sonne als die Erde. Die Erde bewegt sich schneller um die Sonne als die sonnenfernen Planeten Saturn oder Pluto.

Minimale Kreisbahngeschwindigkeit und Fluchtgeschwindigkeit

Die Geschwindigkeit, die ein Satellit erreichen muss, damit er einen Zentralkörper (z.B. die Erde, den Mond) gerade umkreist, wird *minimale Kreisbahngeschwindigkeit* (1. kosmische Geschwindigkeit) genannt.

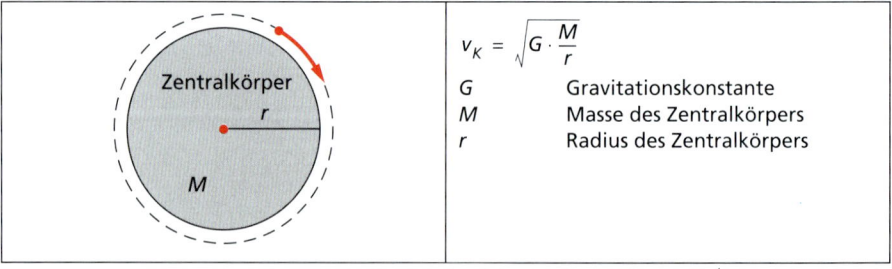

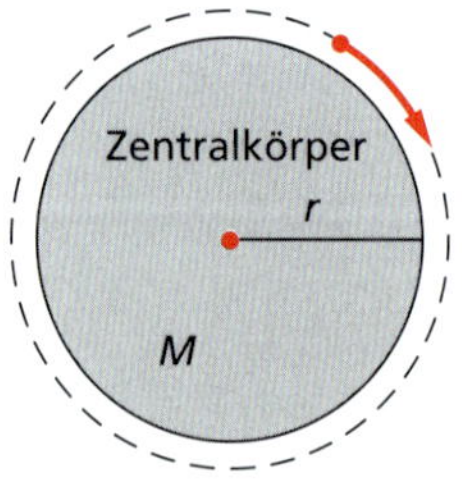

$$v_K = \sqrt{G \cdot \frac{M}{r}}$$

G	Gravitationskonstante
M	Masse des Zentralkörpers
r	Radius des Zentralkörpers

Für die Erde beträgt die minimale Kreisbahngeschwindigkeit 7,9 km·s^{-1}, für den Mond 1,67 km·s^{-1}.

Die Geschwindigkeit, die ein Satellit erreichen muss um den Anziehungsbereich eines Zentralkörpers zu verlassen, wird *Fluchtgeschwindigkeit* (2. kosmische Geschwindigkeit) genannt.

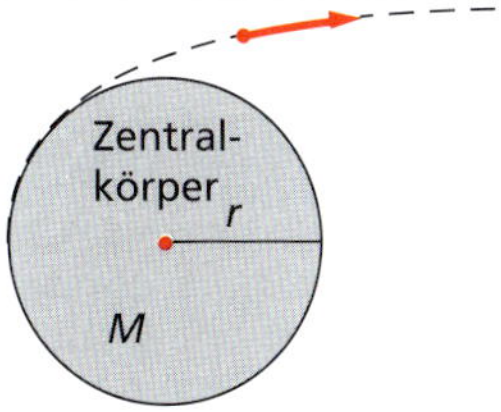

$$v_F = \sqrt{2 \cdot G \cdot \frac{M}{r}} = \sqrt{2} \cdot v_k$$

G	Gravitationskonstante
M	Masse des Zentralkörpers
r	Radius des Zentralkörpers

Für die Erde beträgt die Fluchtgeschwindigkeit 11,2 $km \cdot s^{-1}$, für den Mond 2,38 $km \cdot s^{-1}$.
Soll ein Satellit unser Planetensystem verlassen, muss er mindestens die *3. kosmische Geschwindigkeit* haben. Bei einem Start von der Erde sind das 16,7 $km \cdot s^{-1}$.

3 Orientierung am Sternhimmel

3.1 Punkte und Linien an der Himmelskugel

Die *scheinbare Himmelskugel* ist eine gedachte Kugel mit unendlich großem Radius, an die vom Beobachtungsort aus die Sterne projiziert erscheinen. Zur Orientierung dienen verschiedene Punkte und Linien.

Scheinbare Himmelskugel

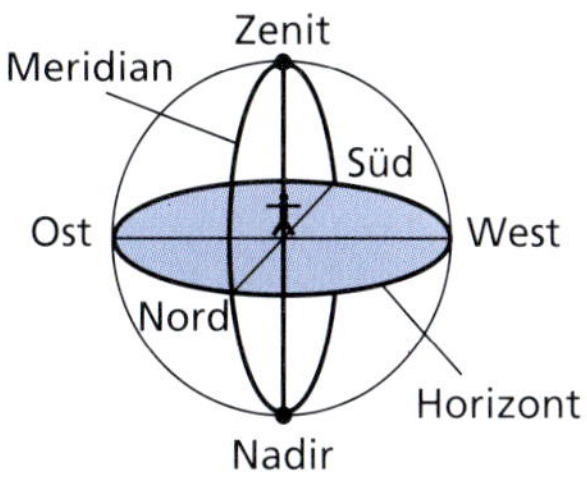

Himmelspole und Himmelsäquator

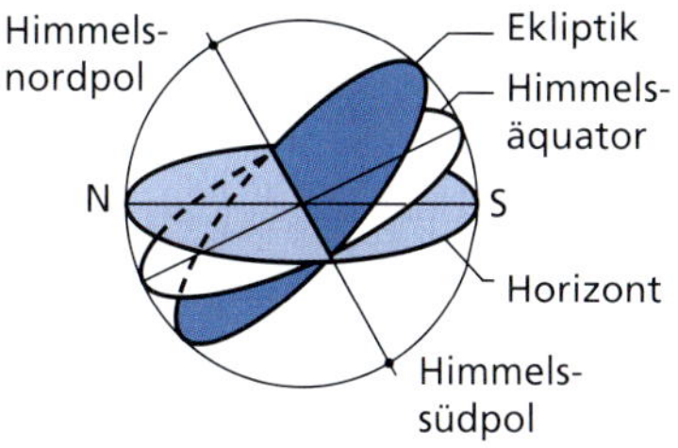

Horizontebenen

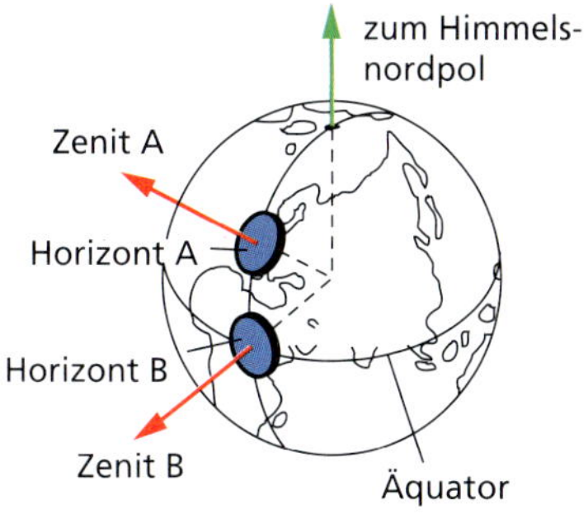

Himmelshalbkugeln

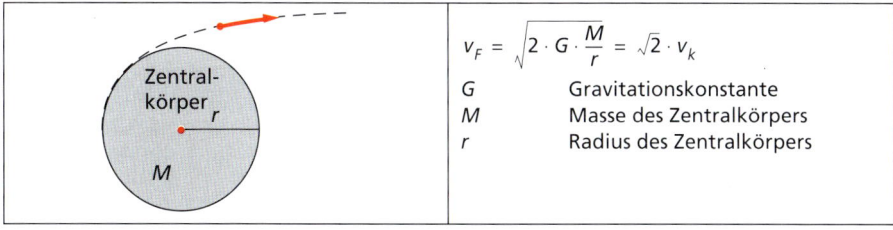

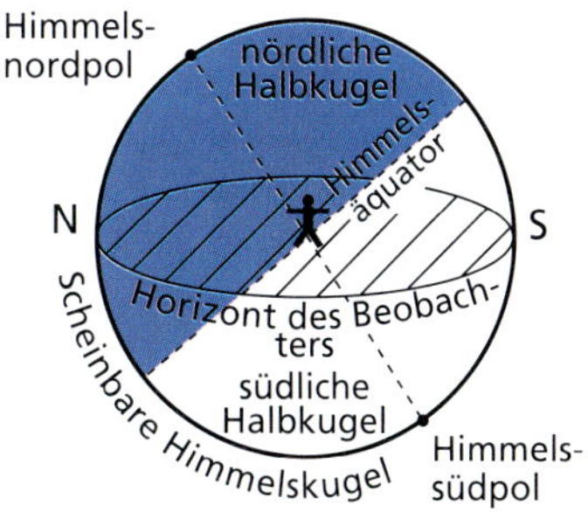

3.2 Astronomische Koordinatensysteme

Zur Beschreibung des Ortes von Sternen nutzt man unterschiedliche Koordinatensysteme.

Das Horizontsystem

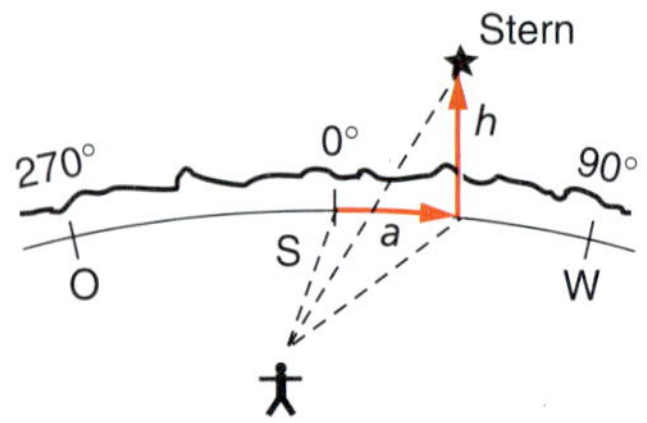

Koordinaten	**Höhe *h***	**Azimut *a***
Erläuterung	Winkelabstand des Sterns vom Horizont	Winkelabstand des Stern vom Meridian
Definitionsbereich	$0° \leq h \leq +90°$	$0° \leq a < 360°$

Die Koordinaten sind vom Beobachtungsort und von der Beobachtungszeit abhängig.

Das Äquatorsystem

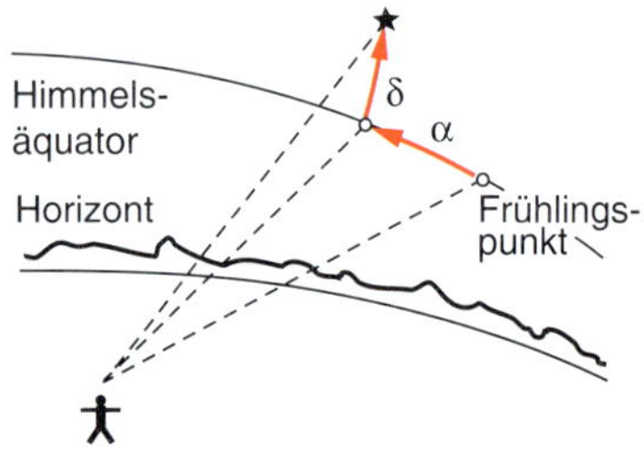

Koordinaten	**Deklination δ**	**Rektaszension α**
Erläuterung	Winkelabstand des Sterns vom Himmelsäquator	Winkelabstand des Sterns vom Frühlingspunkt
Definitionsbereich	$-90° \leq \delta \leq +90°$	$0\,h \leq \alpha < 24\,h$ $1\,h \mathrel{\hat{=}} 15°$

Die Koordinaten sind vom Beobachtungsort und von der Beobachtungszeit unabhängig.

3.3 Sternbilder und Tierkreis

Sternbilder

Zur Orientierung am Sternhimmel eignen sich markante Sterne und Sternbilder. Sternbilder sind eine willkürliche Zusammenfassung von Sternen. Die Namen der Sternbilder entstammen meist der griechischen Sagenwelt. Es gibt insgesamt 88 Sternbilder. Davon liegen 31 auf der nördlichen und 45 auf der südlichen Halbkugel. 12 liegen beiderseits des Himmelsäquators.

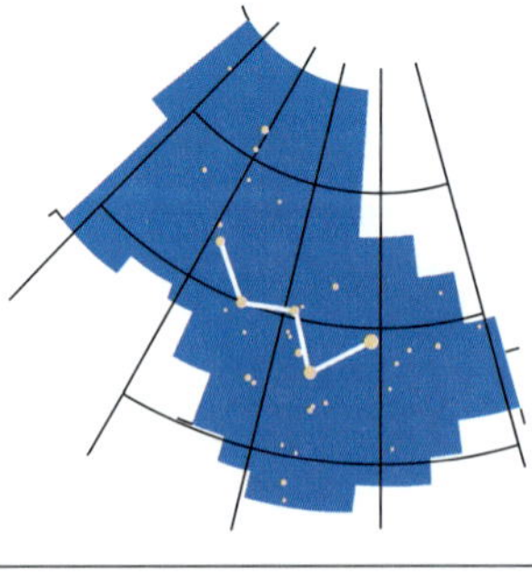

Die Verbindungslinien einiger heller Sterne bilden das „Himmels-W", das Sternbild CASSIOPEIA.

In der Astronomie ist international vereinbart, dass ein Sternbild eine Fläche an der Himmelskugel ist. Die blaue Fläche ist das Sternbild CASSIOPEIA.

Verschiedene Sterne und Sternbilder ermöglichen eine schnelle Orientierung am Sternhimmel.

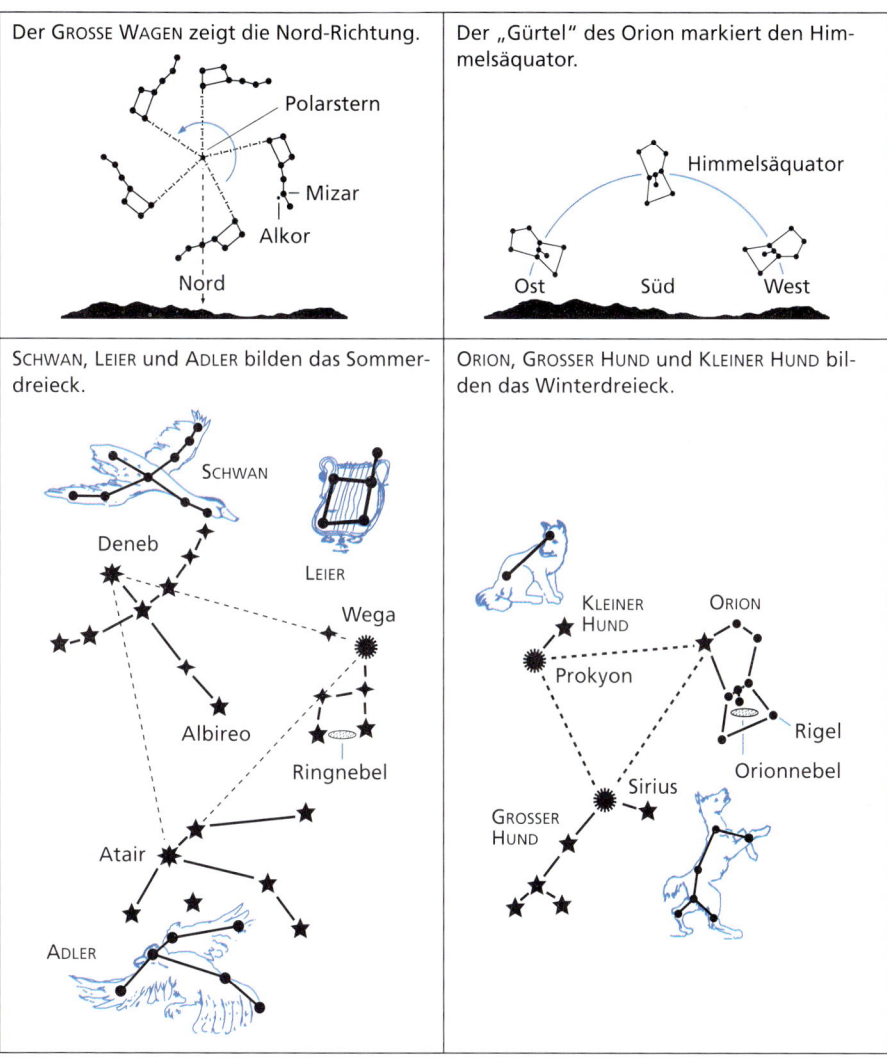

Der GROSSE WAGEN zeigt die Nord-Richtung.

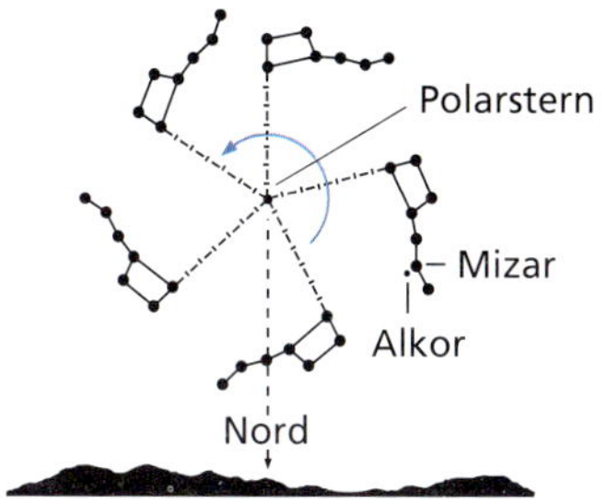

Der „Gürtel" des Orion markiert den Himmelsäquator.

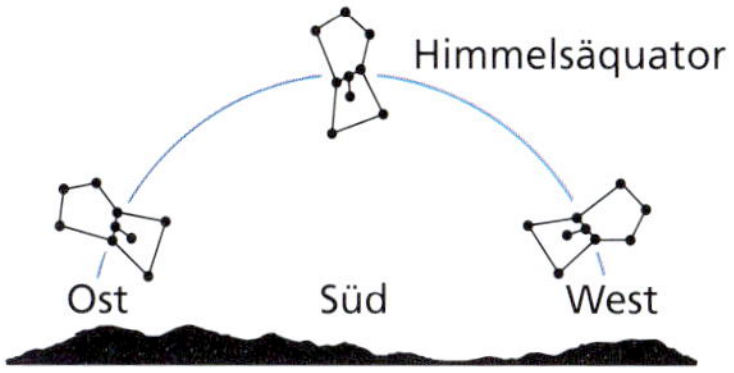

SCHWAN, LEIER und ADLER bilden das Sommerdreieck.

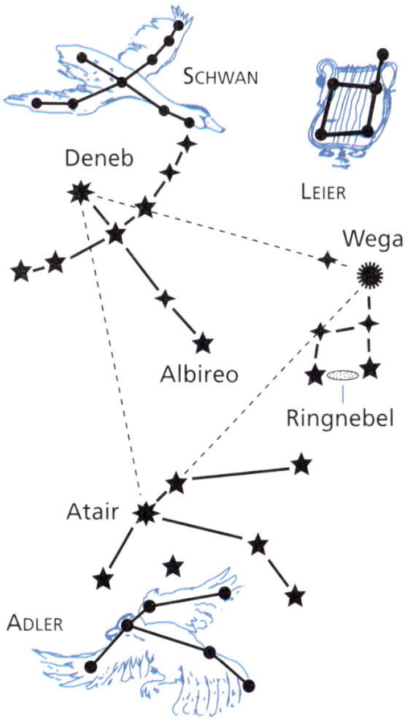

ORION, GROSSER HUND und KLEINER HUND bilden das Winterdreieck.

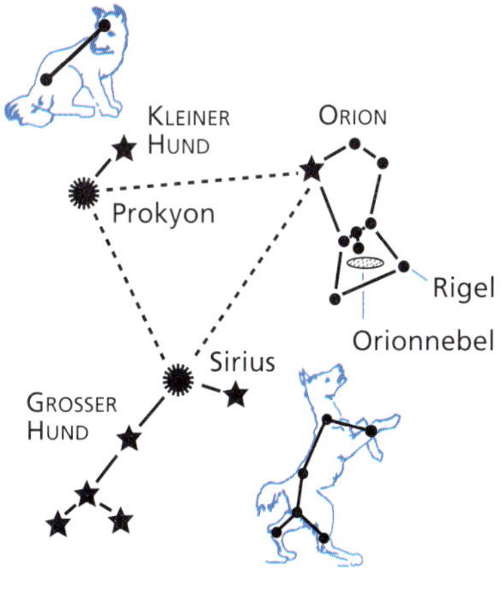

In allen Jahreszeiten sichtbar sind die **zirkumpolaren Sternbilder.**

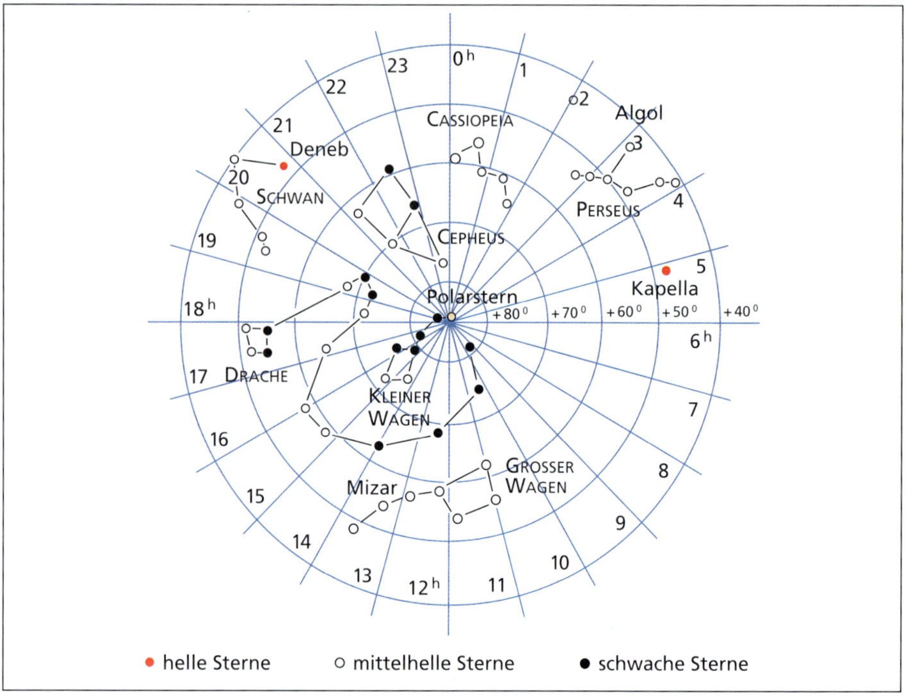

Tierkreissternbilder und Tierkreiszeichen

Tierkreissternbilder sind 12 Sternbilder in einem die Himmelskugel umspannenden, relativ schmalen Streifen, in dessen Mitte die scheinbare jährliche Bahn der Sonne (Ekliptik) verläuft. In diesem Streifen sieht man nacheinander folgende Sternbilder: WIDDER; STIER; ZWILLINGE; KREBS; LÖWE; JUNGFRAU; WAAGE; SKORPION; SCHÜTZE; STEINBOCK; WASSERMANN; FISCHE.

Tierkreiszeichen sind 12 gleich lange Abschnitte der scheinbaren jährlichen Bahn der Sonne, die vor ca. 2 000 Jahren nach den jeweils nächstliegenden Sternbildern benannt wurden.

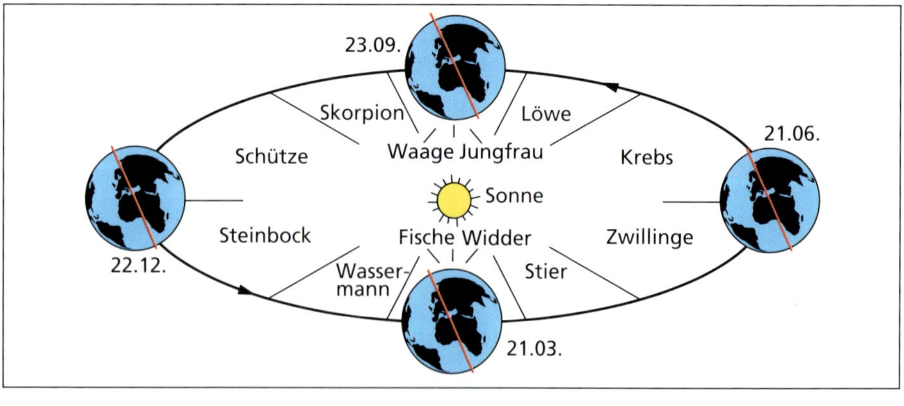

3.4 Die Bewegung der Erde um die Sonne

Scheinbare Bewegung der Sterne

Die Erde rotiert in 24 Stunden einmal um ihre Achse, von West nach Ost. Für einen Beobachter auf der Erde spiegelt sich diese Erdrotation in einer scheinbaren Drehung der Himmelskugel von Ost nach West wider. Auch Sonne und Mond scheinen sich in dieser Richtung zu bewegen.

Durch die Erdrotation verändert sich ständig der Ort, an dem wir einen Stern beobachten können.

Scheinbare Ost-West-Drehung der Himmelskugel

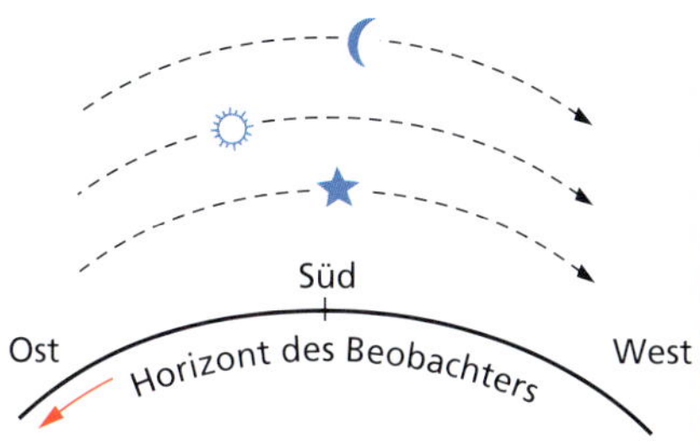

Scheinbare Bahn der Sterne für einen Beobachter in Mitteleuropa

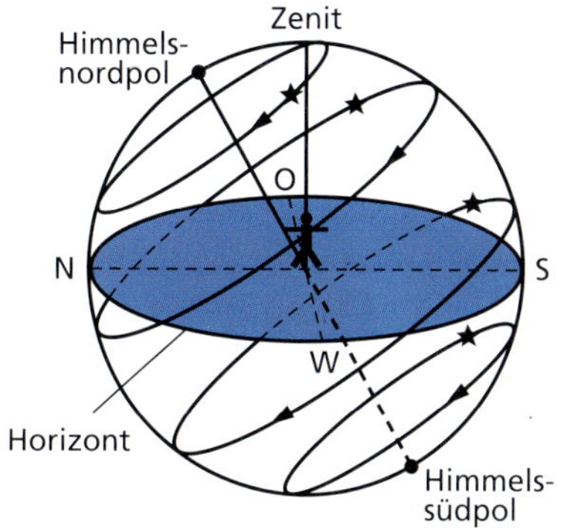

Drehbare Sternkarte

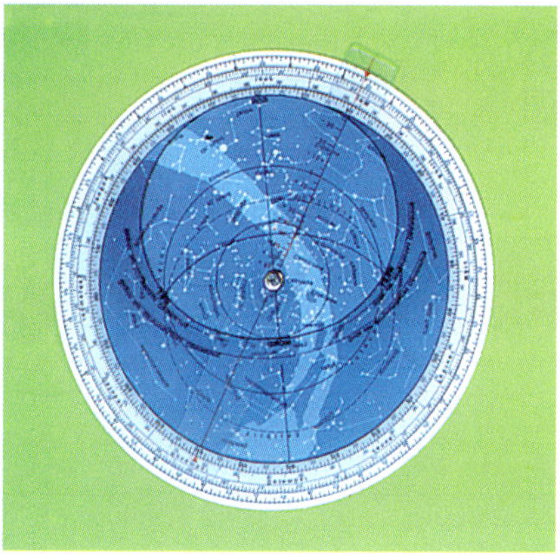

Eine drehbare Sternkarte ist ein Hilfsmittel zur Orientierung am Sternhimmel.

Sie zeigt einen Teil der Himmelskugel mit Sternen und Sternbildern. Durch Einstellen von Datum und Uhrzeit kann der jeweils beobachtbare Teil der Himmelskugel bestimmt werden.

Zeitzonen

Durch die Drehung der Erde von West nach Ost hat ein östlich von uns gelegener Ort früher den Sonnenhöchststand erreicht. Er hat einen anderen Mittagspunkt. Jeder Ort hat seine eigene **Ortszeit**.
International sind 24 Zeitzonen mit jeweils einer Stunde Zeitunterschied vereinbart worden.

Westeuropäische Zeit (WEZ) (Greenwicher Zeit, Weltzeit)	Ortszeit für 0° geographischer Länge (Greenwich bei London)	gültig für England, Irland, Portugal, Spanien	12 h MEZ = 11 h WEZ
Mitteleuropäische Zeit (MEZ)	Ortszeit für 15° östlicher Länge (Görlitz)	gültig für Dänemark, Schweden, Deutschland, Österreich, Italien	
Osteuropäische Zeit (OEZ)	Ortszeit für 30° östlicher Länge	gültig für Finnland, Bulgarien, Rumänien, Griechenland	12 h MEZ = 13 h OEZ

In vielen Ländern ist es üblich, von März/April bis September/Oktober die mitteleuropäische Sommerzeit (MESZ) einzuführen. Die Sommerzeit in Deutschland entspricht der Weltzeit.

Zeitzonen der Erde

Bezugszeit: mitteleuropäische Zeit (MEZ)

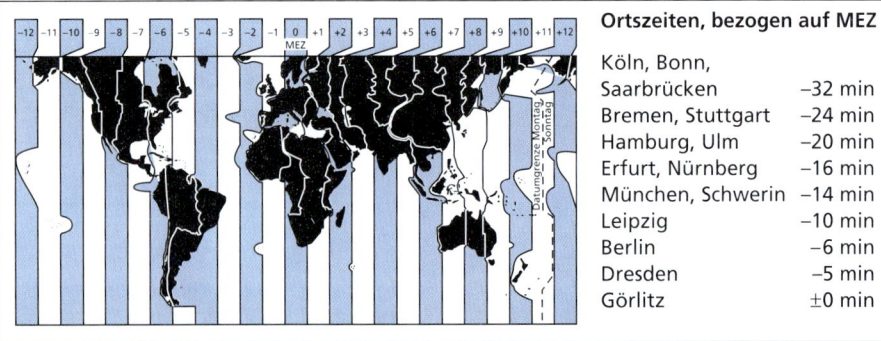

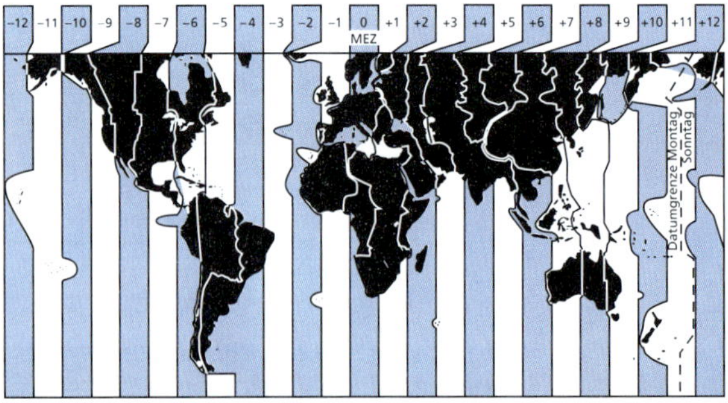

Ortszeiten, bezogen auf MEZ

Köln, Bonn, Saarbrücken	–32 min
Bremen, Stuttgart	–24 min
Hamburg, Ulm	–20 min
Erfurt, Nürnberg	–16 min
München, Schwerin	–14 min
Leipzig	–10 min
Berlin	–6 min
Dresden	–5 min
Görlitz	±0 min

Die Ortszeiten ergeben sich aus den unterschiedlichen geographischen Längen. Bezugspunkt für die MEZ ist Görlitz (15° östlicher Länge).

Geographische Länge	Orte auf dieser geographischen Länge	Ortszeit bezüglich Görlitz
15°	Görlitz, Insel Bornholm	± 0 min
14°	Zinnowitz, Fürstenwalde	– 4 min
13°	Stralsund, Potsdam, Chemnitz	– 8 min
12°	Rostock, Halle (Saale), Regensburg	– 12 min
11°	Lübeck, Erfurt, Nürnberg	– 16 min
10°	Hamburg, Hildesheim, Würzburg	– 20 min
9°	Bremen, Stuttgart	– 24 min

Ein Unterschied von 1° in der geographischen Länge bedeutet einen Unterschied von 4 min in der Ortszeit.

Jährliche Bewegung der Erde um die Sonne

Die Erde bewegt sich in einem Jahr einmal um die Sonne. Die durchschnittliche Geschwindigkeit der Erde auf ihrer Bahn um die Sonne beträgt 30 $km \cdot s^{-1}$.

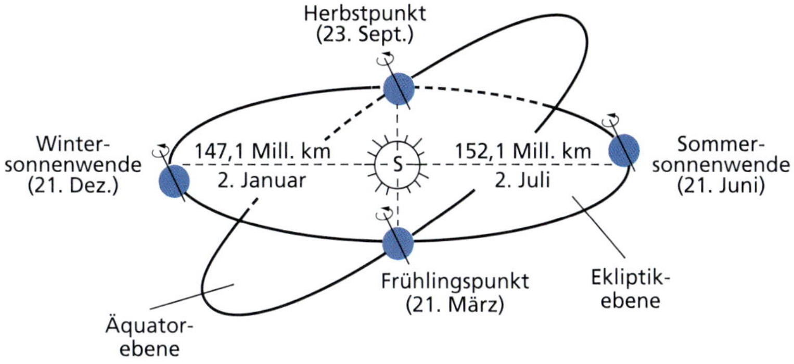

Der Umlauf der Erde um die Sonne bei gleichzeitiger Neigung des Erdäquators gegen die Erdbahn führt in den gemäßigten Zonen zu deutlich unterscheidbaren Jahreszeiten.

Entscheidend ist der Einfallswinkel der Sonnenstrahlung, nicht die Länge von Tag und Nacht oder der Abstand zwischen Sonne und Erde.

Beleuchtung zweier Punkte durch die Sonne am 21. Juni

A nördliche gemäßigte Zone

B südliche gemäßigte Zone

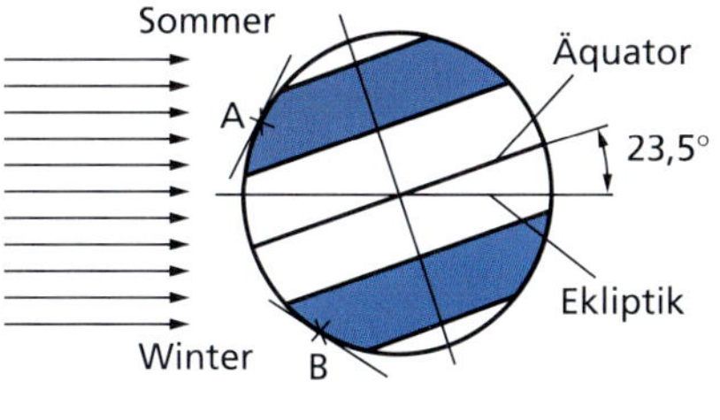

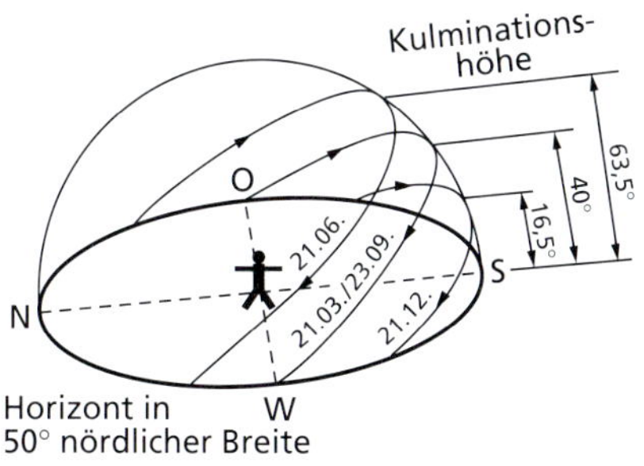

An einem Ort 50° nördlicher Breite (z. B. Mainz, Frankfurt a. M., Bayreuth) erreicht die Sonne zu unterschiedlichen Zeiten verschiedene Höhen über dem Horizont.

An anderen Orten (z.B. Dresden und Erfurt 51°, Berlin 52,5°, Rostock 54°) ist die Kulminationshöhe entsprechend geringer.

4 Das Planetensystem

4.1 Der Aufbau des Planetensystems

Zu unserem Planetensystem gehören die Sonne als unser Stern, 9 große Planeten mit gegenwärtig 61 bekannten Monden, eine Vielzahl von Planetoiden (kleinen Planeten), Kometen und Meteorite.

Himmelskörper	Anzahl der Himmelskörper	Gesamtmasse in Erdmassen	Durchmesser in km
Sonne (Stern)	1	333 000	1 392 000
Planeten	9	447	2 300 bis 143 650
Monde	61	0,12	10 bis 5 280
Planetoiden	≈ 500 000	≈ 0,1	≈ 1 bis 1 020
Kometen	$\approx 10^{11}$	≈ 0,1	Kern 1 bis 100
Meteorite	?	$\approx 10^{-6}$	unterschiedlich

Die Größe der Planeten ist außerordentlich unterschiedlich.

Der bei weitem größte und schwerste Planet unseres Planetensystems ist der Jupiter mit einem Radius von 71 825 km. Seine Masse ist größer als die aller anderen Planeten zusammen.

Der kleinste Planet ist Pluto, der von der Sonne am weitesten entfernte Planet. Er wurde erst im Jahre 1930 entdeckt und ist aufgrund seiner großen Entfernung von der Erde bisher nur wenig erforscht. Erst in jüngster Zeit konnten einige Details seiner Oberfläche mit Hilfe des Hubble-Weltraumteleskops erforscht werden.

Charakteristische Daten von Erde, Mond und Sonne

Charakteristische Daten	Erde ⊕	Mond ☾	Sonne ⊙
Radius r mittlerer Polradius Äquatorradius	$6{,}371 \cdot 10^3$ km $6{,}351 \cdot 10^3$ km $6{,}378 \cdot 10^3$ km	$1{,}738 \cdot 10^3$ km	$6{,}96 \cdot 10^5$ km
Abplattung $\frac{a-b}{a}$	1 : 298 ≈ 0,003 4	0,000 5	0
Masse m	$5{,}975 \cdot 10^{24}$ kg	$7{,}35 \cdot 10^{22}$ kg	$1{,}989 \cdot 10^{30}$ kg
mittlere Dichte $\bar{\rho}$	$5{,}524\ \mathrm{g \cdot cm^{-3}}$	$3{,}34\ \mathrm{g \cdot cm^{-3}}$	$1{,}41\ \mathrm{g \cdot cm^{-3}}$
Rotationsdauer T	siderisch 23 h 56 min 4,098 s Sonnentag: 24 h	27,321 66 d	siderisch 25,4 d synodisch 27,3 d
Umlaufzeit T_U	tropisch: 365,242 199 d siderisch: 365,256 360 d (365 d 6 h 9 min 9 s)	siderisch 27,321 66 d synodisch 29,530 59 d	–
mittlere Bahngeschwindigkeit $\bar{v}$	$29{,}785\ \mathrm{km \cdot s^{-1}}$	$1{,}02\ \mathrm{km \cdot s^{-1}}$	$\approx 250\ \mathrm{km \cdot s^{-1}}$
Fallbeschleunigung g an der Oberfläche mittlere am Äquator am Pol	$9{,}806\,65\ \mathrm{m \cdot s^{-2}}$ $9{,}787\,032\ \mathrm{m \cdot s^{-2}}$ $9{,}832\,18\ \mathrm{m \cdot s^{-2}}$	$1{,}62\ \mathrm{m \cdot s^{-2}}$	$274\ \mathrm{m \cdot s^{-2}}$
Entfernung zur Erde mittlere größte kleinste	–	$3{,}844 \cdot 10^5$ km $4{,}067 \cdot 10^5$ km $3{,}564 \cdot 10^5$ km	$1{,}496 \cdot 10^8$ km $1{,}521 \cdot 10^8$ km $1{,}471 \cdot 10^8$ km
größte scheinbare Helligkeit m_{max}	–	$-12^{m}{,}7$	$-26^{m}{,}86$
Oberflächentemperatur T	−88 °C … 60 °C	Tagseite: ≈ 130 °C Nachtseite: ≈ −140 °C	≈ 5 770 K (effektive Temperatur)
mittlerer scheinbarer Winkeldurchmesser d	–	≈ 31′ ≈ 0,5°	≈ 32′ ≈ 0,5°
minimale Kreisbahngeschwindigkeit v_K (1. kosmische Geschwindigkeit)	$7{,}9\ \mathrm{km \cdot s^{-1}}$	$1{,}67\ \mathrm{km \cdot s^{-1}}$	$435\ \mathrm{km \cdot s^{-1}}$
Fluchtgeschwindigkeit v_F (2. kosmische Geschwindigkeit)	$11{,}2\ \mathrm{km \cdot s^{-1}}$	$2{,}38\ \mathrm{km \cdot s^{-1}}$	$618\ \mathrm{km \cdot s^{-1}}$

4.2 Die Sonne

Die Sonne ist der uns nächste Stern. Sie ist eine riesige Gaskugel mit einer Leuchtkraft von $3{,}83 \cdot 10^{26}$ W.

Aufbau der Sonne

Die Sonne besteht aus einem Zentralgebiet, in dem Energie freigesetzt wird. In diesem Gebiet sind etwa 35 % der Sonnenmasse konzentriert.
Die Atmosphäre der Sonne besteht aus drei Bereichen:

der Photosphäre,

der Chromosphäre,

der Korona.

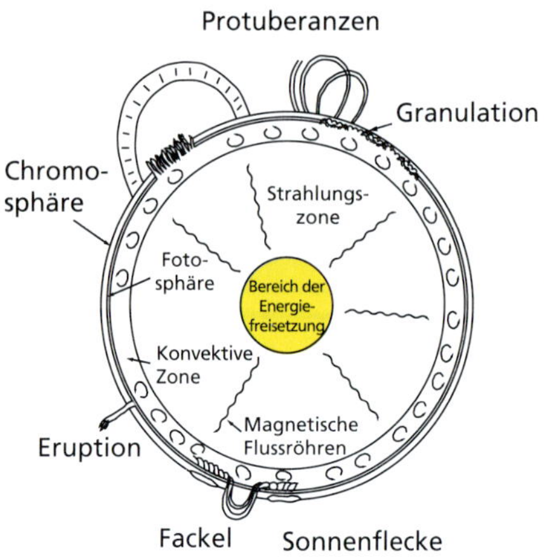

Von der Sonne gehen elektromagnetische Strahlung und der Sonnenwind aus.

Strahlungsarten der Sonne		
Strahlungsart	**Wellenlänge**	**Anteil in %**
Wärme-, Radiostrahlung	> 2µm	6
Infrarotstrahlung (IR-Strahlung)	2 µm … 780 nm	38
Licht (sichtbar)	780 nm … 390 nm	48
Ultraviolette Strahlung (UV–Strahlung)	390 nm … 300 nm	6,8
kurzwellige UV-Strahlung, Röntgenstrahlung	< 300 nm	1,2

Energiefreisetzung in der Sonne

Die Energiefreisetzung erfolgt durch Kernfusion (S. 208) im Zentralgebiet. Wasserstoffkerne vereinigen sich, es entsteht Helium. Dabei wird Energie freigesetzt. Das erfolgt im Zentralgebiet der Sonne. Die folgenden Angaben beziehen sich auf das Zentralgebiet.

Chemische Zusammensetzung		Physikalische Zustandsgrößen	
Wasserstoff	36 %	Temperatur	$\approx 1{,}6 \cdot 10^7$ K
Helium	62 %	Dichte	$\approx 160\ g \cdot cm^{-3}$
schwere Elemente	2 %	Druck	$\approx 10^{16}$ Pa

Im Zentralgebiet geht folgender Prozeß vor sich:

$$4\,\mathrm{H} \longrightarrow \mathrm{He} + \Delta m\ (\text{Energie})$$

$$6{,}69056 \cdot 10^{-27}\ \mathrm{kg} \longrightarrow 6{,}64476 \cdot 10^{-27}\ \mathrm{kg} + 0{,}04580 \cdot 10^{-27}\ \mathrm{kg}$$

In einer Sekunde reagieren

$$567{,}0 \cdot 10^{6}\ \mathrm{t\ H} \longrightarrow 562{,}8 \cdot 10^{6}\ \mathrm{t\ He} + 4{,}2 \cdot 10^{6}\ \mathrm{t}\ (\text{Energie})$$

Die Masse der Sonne verringert sich in 1 s um etwa 4,2 Millionen Tonnen. Die Sonne verändert ständig ihre Zusammensetzung. Der Heliumanteil vergrößert sich.
Die Sonne hat bisher etwa 1/3 ihres Vorrates an Wasserstoff verbraucht. Sie strahlt seit über 4 Milliarden Jahren. Ihr Wasserstoffvorrat reicht noch für einige Milliarden Jahre.

4.3 Der Erdmond

Der Erdmond (kurz: Mond) ist der einzige natürliche Begleiter der Erde und der uns nächste Himmelskörper. Die durchschnittliche Entfernung Erde–Mond beträgt 384 400 km.

Bewegung des Mondes

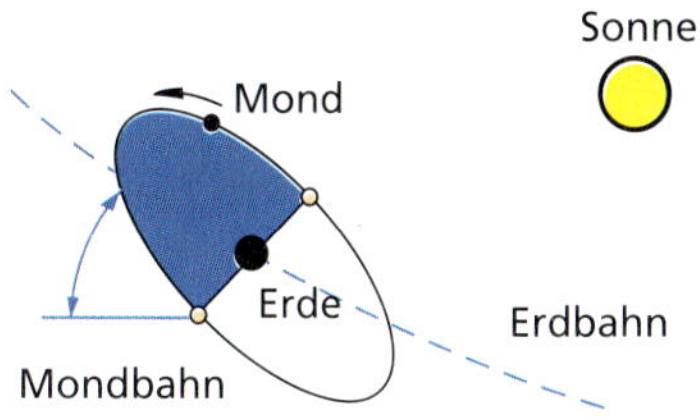

Der Mond bewegt sich auf einer elliptischen Bahn um die Erde und gemeinsam mit der Erde um die Sonne.

Die Dauer eines Umlaufs um die Erde beträgt einen Monat, wobei die Länge eines Monats in der Astronomie anders festgelegt wird als die eines Kalendermonats (s.u.).

- Ein **siderischer Monat** hat 27,32 Tage. Das ist der Zeitraum, in dem der Mond wieder die gleiche Stellung zu den Sternen erreicht hat.
- ein **synodischer Monat** hat 29,53 Tage. Das ist der Zeitraum, in dem der Mond wieder die gleiche Phase erreicht hat, z.B. vom Vollmond zum nächsten Vollmond.

Während eines Umlaufs um die Erde rotiert der Mond einmal um seine Achse (gebundene Rotation). Dadurch wendet er uns immer die gleiche Seite zu. Von der Erde aus ist die Rückseite des Mondes nicht sichtbar. Wir kennen sie nur von Satellitenaufnahmen.

Lichtgestalten (Phasen) des Mondes

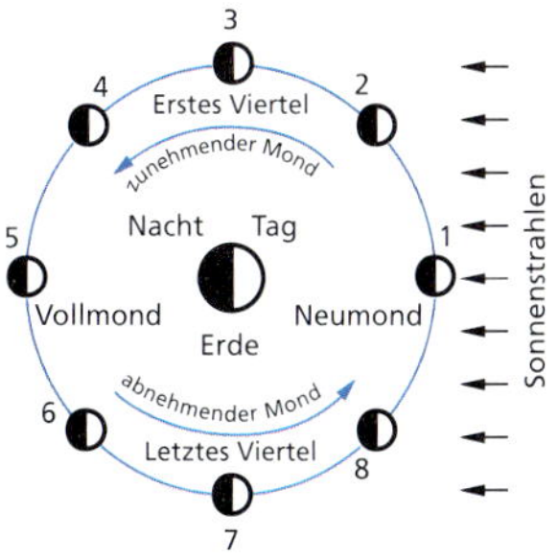

Durch die sich ständig ändernde Stellung von Sonne, Erde und Mond zueinander werden unterschiedliche Teile der Mondoberfläche beleuchtet. Wir sehen dann verschiedene Teile derjenigen Seite, die uns der Mond immer zuwendet.

Finsternisse

Finsternisse können nur dann entstehen, wenn sich Sonne, Erde und Mond in einer Ebene befinden.

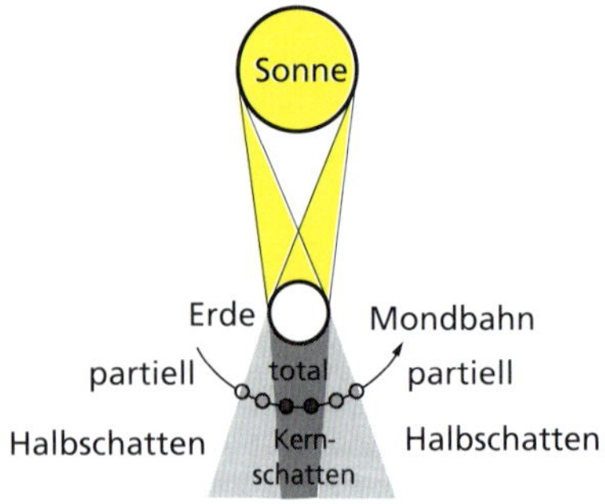

Mondfinsternis entsteht, wenn der Mond in den Schatten der Erde eintritt. Dabei kann der Mond vollständig (totale Mondfinsternis) oder teilweise (partielle Mondfinsternis) in den Erdschatten eintreten.

Sonnenfinsternis entsteht, wenn der Mond sich so vor der Erde vorbeibewegt, dass sein Schatten die Erde überstreicht.

Totale Sonnenfinsternis

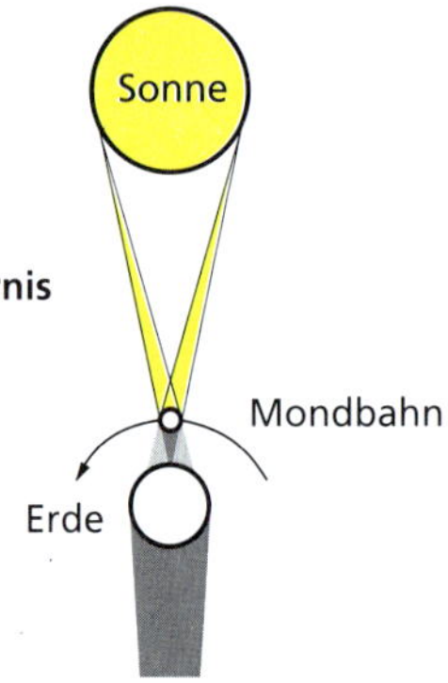

Ringförmige Sonnenfinsternis

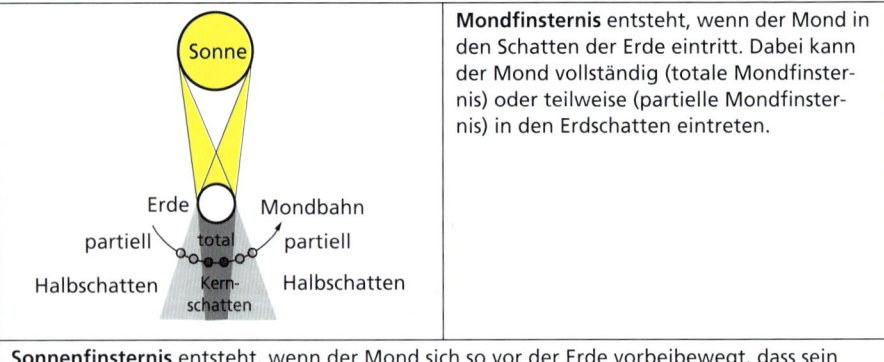

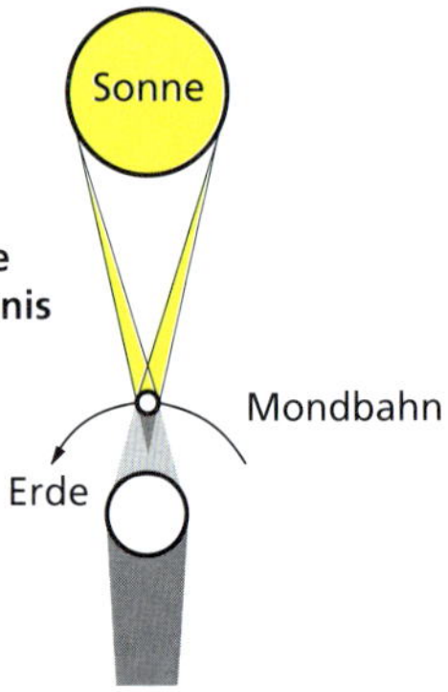

Mond- und Sonnenfinsternisse von 1995 bis 2005

Mondfinsternisse			Sonnenfinsternisse		
Datum	**Uhrzeit***	**Art der Finsternis**	**Datum**	**Uhrzeit***	**Art der Finsternis**
04.04.96 27.09.96 24.03.97	1.10 3.55 5.39	total total partiell	12.10.96	15.02	partiell, Sonne zu 50 % verfinstert
16.09.97 21.01.00	19.47 5.44	total total	11.08.99	12.03	total im Süden der Bundesrepublik Deutschland
09.01.01 16.05.03	21.21 4.40	total total	31.05.03	5.08	partiell
09.11.03 04.05.04 28.10.04	2.19 21.30 4.04	total total total	03.10.05	11.32	partiell

* Die Uhrzeit (in MEZ) bezieht sich auf die Mitte der Mondfinsternis bzw. auf den Höhepunkt der Sonnenfinsternis.

4.4 Die Planeten

Bahndaten der neun großen Planeten

Planet	Mittlerer Abstand *r* von der Sonne in 10^6 km	Mittlerer Abstand *r* von der Sonne in AE	Umlaufzeit T_U um die Sonne (siderisch) in a	Mittlere Bahngeschwindigkeit *v* in km·s^{-1}	Numerische Exzentrizität *e*	Bahnneigung in Grad	Entfernung von der Erde in AE: größte	Entfernung von der Erde in AE: kleinste
Merkur	57,9	0,387	0,24	47,90	0,205 6	7,0	1,47	0,53
Venus	108,2	0,723	0,62	35,04	0,006 8	3,4	1,73	0,27
Erde	149,6	1,000	1,00	29,79	0,016 7	0,0	–	–
Mars	227,9	1,524	1,88	24,14	0,093 4	1,8	2,67	0,38
Jupiter	778,3	5,203	11,86	13,07	0,048 5	1,3	6,45	3,95
Saturn	1 427	9,539	29,46	9,65	0,055 6	2,5	11,07	8,01
Uranus	2 870	19,287	84,02	6,81	0,047 2	0,8	21,07	17,29
Neptun	4 496	30,057	164,79	5,44	0,008 6	1,8	31,33	28,80
Pluto	5 900	39,4	247,7	4,73	0,245	17,1	50,3	28,7

Eigenschaften der neun großen Planeten

Planet	Äquatorradius *r* in km	Masse in 10^{24} kg	Mittlere Dichte *ρ* in g·cm^{-3}	Rotationsdauer *T* (siderisch) in *d*	Fallbeschleunigung *g* in m·s^{-2}	Fluchtgeschwindigkeit v_F in km·s^{-1}	Größte scheinbare Helligkeit *m* in (^{m})	Anzahl der bekannten Monde
Merkur	2 438	0,34	5,4	58,625	3,7	4,3	−0,2	–
Venus	6 056	4,87	5,24	243,02 (rückläufig)	8,87	10,3	−4,1	–
Erde	6 378	5,97	5,52	0,997	9,81	11,2	–	1
Mars	3 394	0,64	3,93	1,026	3,71	5,0	−2,0	2
Jupiter	71 825	1900	1,33	0,41	24,88	59,5	−2,5	16
Saturn	60 335	569	0,69	0,445	10,44	35,6	+0,7	18
Uranus	25 600	87	1,24	0,72 (rückläufig)	8,85	21,2	+5,7	15
Neptun	24 800	103	1,65	0,67	11,13	23,4	+7,7	8
Pluto *	1 150	0,013	2,0	6,4	0,6	1,1	+14,8	1

* Die Angaben zu Pluto sind unsicher.

Physikalische Einteilung der Planeten

Vergleicht man Masse, Dichte, Oberfläche und Aufbau der verschiedenen Planeten miteinander, so ergibt sich eine Einteilung in zwei Gruppen:

Erdähnliche Planeten sind neben der Erde die Planeten Merkur, Venus und Mars.

Jupiterähnliche Planeten sind neben dem Jupiter die Planeten Saturn, Uranus und Neptun.

Pluto kann nicht eindeutig in eine der Gruppen eingeordnet werden, da die bisher bekannten Daten zu Pluto unsicher sind.

Eigenschaft	Erdähnliche Planeten	Jupiterähnliche Planeten
Aufbau	Erde 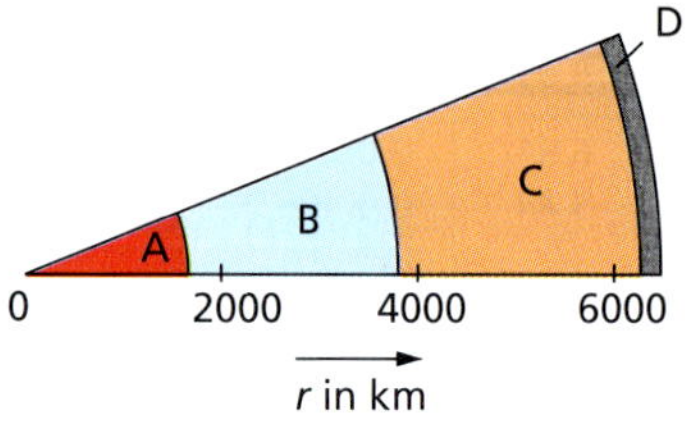 A … (fester) Kern B … flüssiger Kern C … plastischer Mantel D … feste Kruste	Jupiter 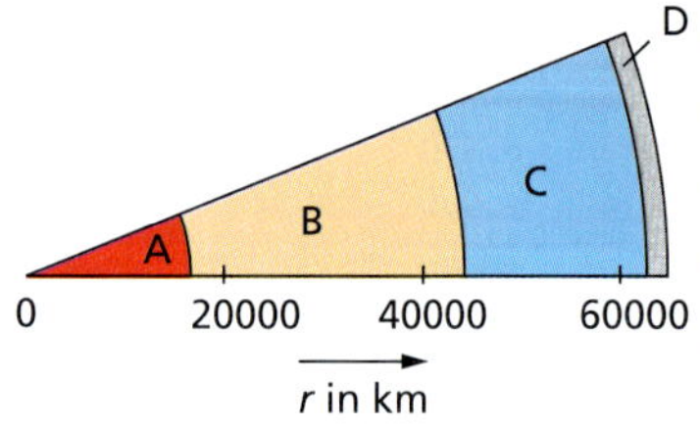 A … fester Kern B … metallischer Wasserstoff C … flüssiger Wasserstoff D … Atmosphäre
Radius	2 440 km … 6 378 km	24 800 km … 71 825 km
Masse	$0{,}34 \cdot 10^{24}$ kg … $5{,}97 \cdot 10^{24}$ kg	$87 \cdot 10^{24}$ kg … $1\,900 \cdot 10^{24}$ kg
Dichte	$3{,}93\ g \cdot cm^{-3}$ … $5{,}52\ g \cdot cm^{-3}$	$0{,}69\ g \cdot cm^{-3}$ … $1{,}65\ g \cdot cm^{-3}$
Oberfläche	fest	gasförmig
stofflicher Aufbau	Eisen, schwere Oxide, Silikate	Wasserstoff, Helium
Monde und Ringsysteme	maximal 2 Monde, kein Ringsystem	bis 18 Monde, Ringsysteme vorhanden

Merkur 	– keine nachweisbare Atmosphäre – Oberflächentemperatur auf der Tagseite etwa 700 °C, auf der Nachtseite etwa –160 °C. – Oberflächenbeschaffenheit ähnlich der des Erdmondes – besteht zu etwa zwei Drittel aus Eisen (80 % des Durchmessers)
Venus 	– starke Wolkendecke mit hohem Anteil an SO_3, das mit Wasser Schwefelsäure bildet – Oberflächentemperatur etwa 480 °C, hoher Druck an der Oberfläche (etwa 90-mal so groß wie der Luftdruck auf der Erdoberfläche) – vielgestaltige Oberfläche (tiefe Täler, hohe Gebirge, zahlreiche Krater) – Aufbau ähnlich dem der Erde
Mars 	– sehr dünne Atmosphäre (Kohlenstoffdioxid) – Oberflächentemperatur von –140 °C bis 20 °C – Polkappen aus Eis, flache Krater, erloschene Vulkane und schluchtähnliche Täler (Canyons), – Vulkan Olympus Mons: 27 km Höhe, – Canyonsystem Valles Marineris: 5 000 km lang, bis 6 km tief – kleiner schwerer Metallkern

Jupiter 	– Dichte und ausgedehnte Atmosphäre aus Wasserstoff und Helium, Methan und Ammoniak – Oberfläche besteht aus flüssigem Wasserstoff – besteht im Wesentlichen aus Wasserstoff und Helium. Der Kern des Planeten besteht aus Eisen und Silicaten. – Ringsystem mit mindestens 3 Ringen
Saturn 	– Atmosphäre ähnlich dem Jupiter – Oberfläche besteht aus flüssigem Wasserstoff – besteht im Wesentlichen aus Wasserstoff und Helium mit einem Kern aus Steinen und Metallen – gewaltiges Ringsystem mit zahlreichen Ringen
Uranus **Neptun** 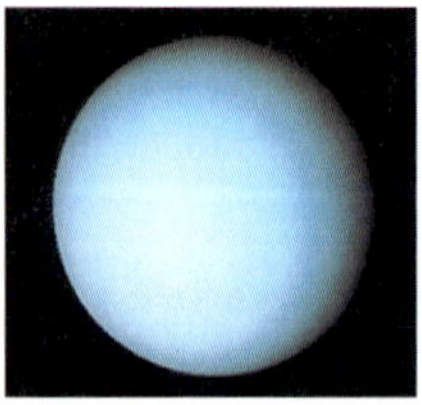 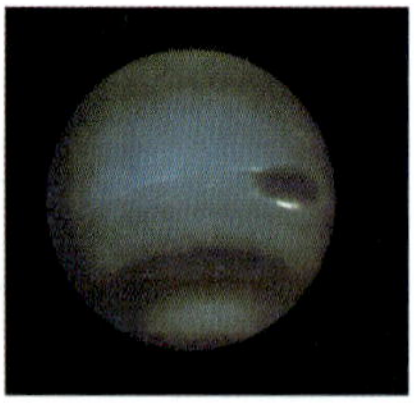	– dichte Atmosphäre aus Wasserstoff und Helium – fester Kern aus Gestein, darüber ein Eismantel aus Wassereis mit Anteilen von Ammoniak und Methan

4.5 Planetoiden, Kometen, Meteorite

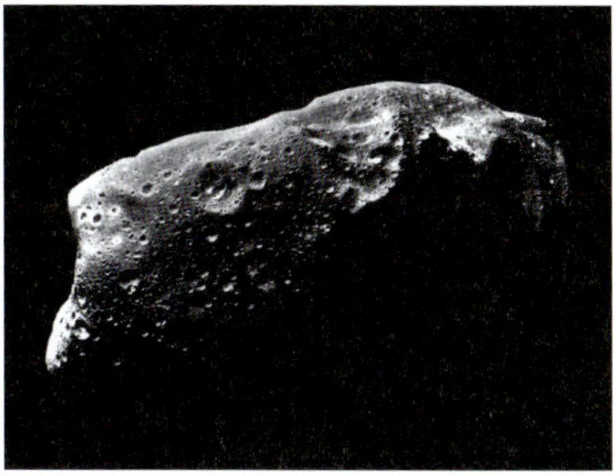

Planetoiden, auch Asteoriden genannt, sind kleine Planeten meist unregelmäßiger Gestalt mit Durchmessern von einigen hundert Metern bis ca. 1 000 km. Von etwa 3 500 Planetoiden sind die Bahnen bekannt, ihre Gesamtzahl beträgt wahrscheinlich mehr als 50 000. Die meisten Planetoiden befinden sich zwischen Mars- und Jupiterbahn.

Kleiner Planet 243-Ida (Länge: 52 km)

Planetoiden (Asteroiden) Auswahl

	Ceres	Pallas	Juno	Vesta	Eros	Achilles	Melpomene	Ikarus	Hidelgo
Radius in km	501,5	304	124	269	11,5	26,5	65	0,5	8
mittlerer Abstand zur Sonne in AE	2,767	2,767	2,67	2,361	1,458	5,21	2,3	1,08	5,82
Umlaufzeit in Jahren	4,61	4,61	4,37	3,63	1,76	11,90	3,48	1,12	14,04
Bahnexzentrizität in°	0,079	0,234	0,258	0,089	0,223	?	0,218	?	?

Kometen sind kleine Himmelskörper aus Eis und festen Teilchen („schmutzige Schneebälle"). Charakteristisch ist die Ausbildung eines Schweifs in Sonnennähe. Ein Teil der Kometen ist in bestimmten Zeitabständen beobachtbar (periodische Kometen), bei anderen Kometen kennt man die Zeit ihrer Wiederkehr nicht (nichtperiodische Kometen). Der bekannteste Komet ist der Komet Halley mit einer Umlaufzeit von 76 Jahren um die Sonne.

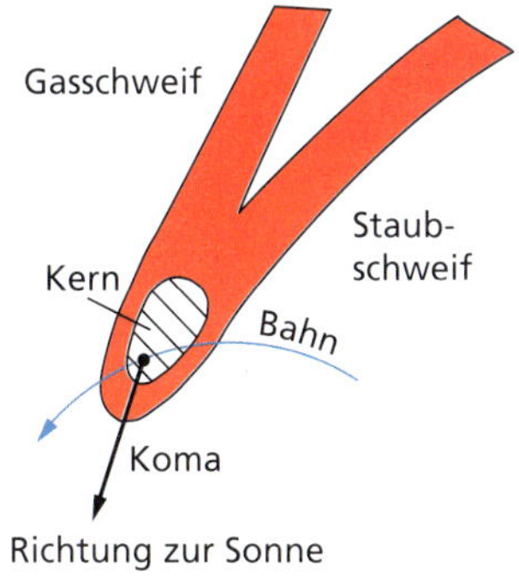

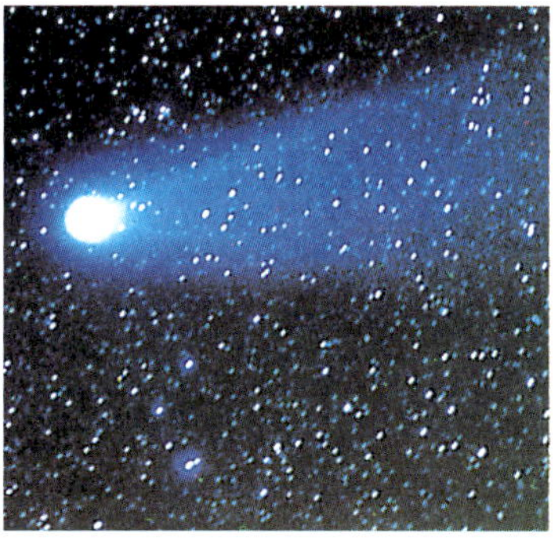

Periodische Kometen

Auswahl

Name	Jahr der Entdeckung	Umlaufzeit in Jahren	Entfernung von der Sonne in AE	
			kleinste	größte
Halley	1682	76,029	0,59	35,3
Encke	1786	3,300	0,34	4,1
Pons-Winnecke	1858	6,296	1,23	5,5
Giacobini-Zinner	1900	6,416	0,94	6,0
Whipple-Fedtke	1942	7,462	2,47	5,2

Meteorite sind Kleinstkörper des Sonnensystems, die in die Erdatmosphäre eindringen können, dabei ganz oder teilweise verdampfen und in der Atmosphäre Leuchterscheinungen hervorrufen können.

Solche Leuchterscheinungen nennt man **Meteore** (Sternschnuppen, Feuerkugeln). Dabei gibt es jahreszeitliche Häufungen, die mit ausgedehnten Meteoritenschwärmen (Meteorströmen) zusammenhängen.

Meteorströme

Auswahl

Name	Beobachtungszeitraum	Maximum	Durchschnittliche Anzahl der Meteore je Stunde	Herkunft
Quadrantiden	1.1. – 6.1.	3. 1.	110	planetarisch
Delta-Aquariden	15.7. – 15.8.	28. 7.	35	ekliptikal
Perseiden	25.7. – 18.8.	12. 8.	68	Swift-Tuttle
Leoniden	15.11. – 19.11.	17. 11.	variabel	Temple-Tuttle
Geminiden	7.12. – 15.12.	14. 12.	58	ekliptikal

Einschläge von Meteoriten auf der Erdoberfläche führen zu Kratern, z.T. mit beachtlichen Ausmaßen.

Der *Arizona-Krater* (USA) hat einen Durchmesser von 1 265 m und ist 175 m tief. Auf der Halbinsel Yucatan (Mexiko) existiert ein Krater von mindestens 80 km Durchmesser.

Meteoritischen Ursprungs sind auch das *Nördlinger Ries* (Durchmesser 25 km) und das *Steinheimer Becken* in Süddeutschland.

5 Sterne

5.1 Die Entwicklung von Sternen und Planeten

Sterne und Planeten entwickeln sich aus interstellaren Wolken unter dem Einfluss von Gravitationskräften und Kräften, die bei Rotationen auftreten.

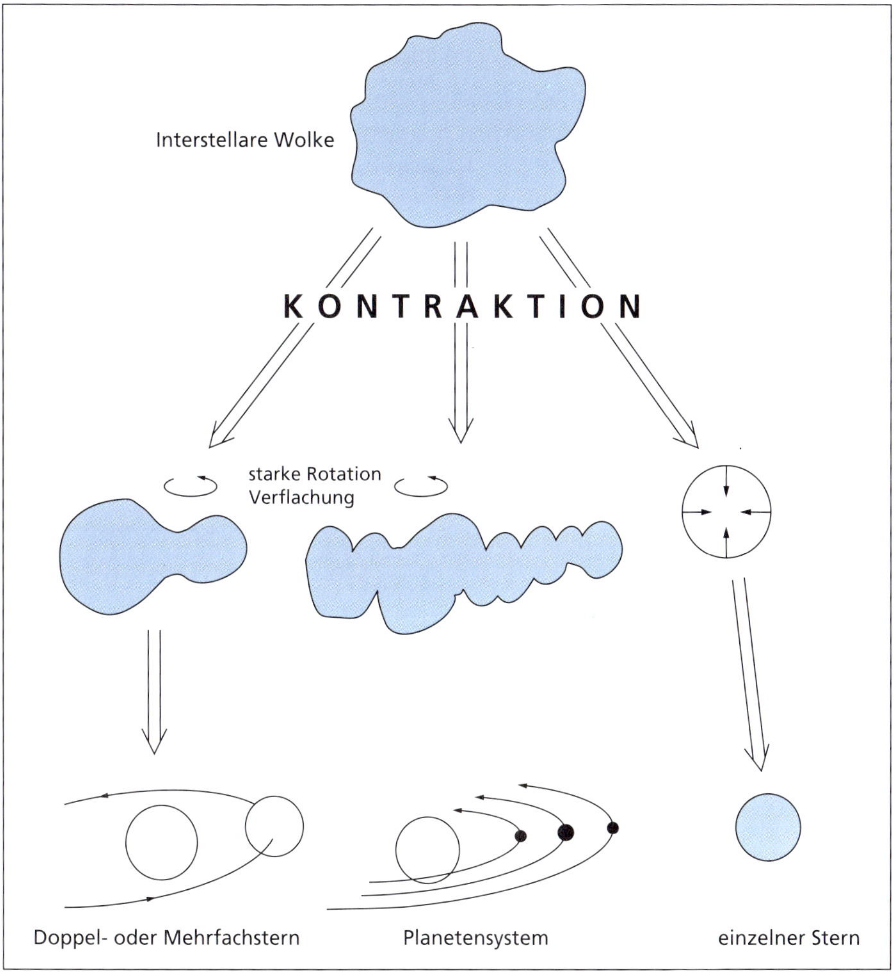

Die Weiterentwicklung eines Sterns kann in Abhängigkeit von den jeweiligen Bedingungen in unterschiedlicher Weise erfolgen.

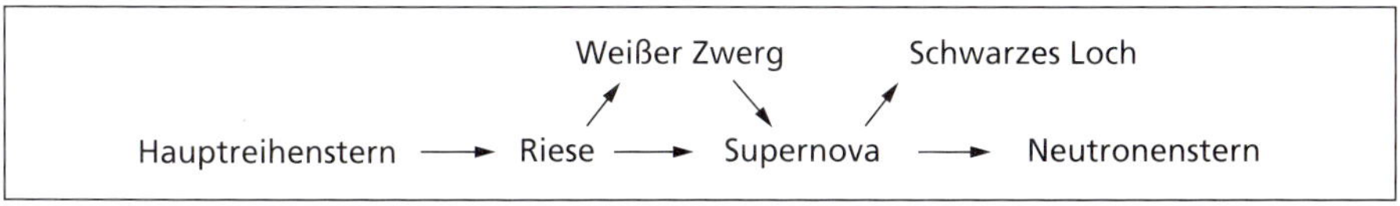

5.2 Die Entfernung von Sternen

Trigonometrische Entfernungsbestimmung

Gemessen wird die Verschiebung des Sterns gegenüber sehr weit entfernten Sternen. Aus dem Winkel p kann die Sternentfernung ermittelt werden.

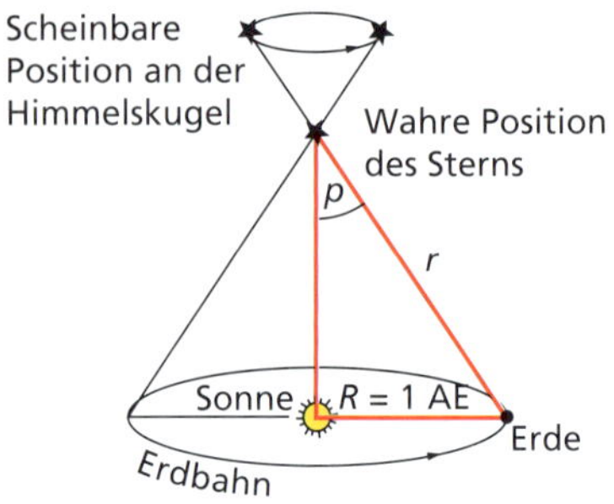

Zwischen der Parallaxe p, dem Erdbahnradius R = 1 AE und der Entfernung r des Sterns von der Erde besteht folgende Beziehung:

$$r = \frac{1\ \text{AE}}{\sin p}$$

Allgemein gilt:

$$r = \frac{1\ \text{pc} \cdot 1''}{p}$$

Fotometrische Entfernungsbestimmung

Zwischen der scheinbaren Helligkeit m, der absoluten Helligkeit M und der Entfernung r eines Sterns besteht folgende Beziehung:
$m - M = 5 \cdot \lg r - 5$

Die 10 nächsten Sterne

Name	Entfernung in pc	scheinbare visuelle Helligkeit m in (^{m})	absolute visuelle Helligkeit M in (^{m})	Spektraltyp	Eigenbewegung in Bogensekunden je Jahr
Proxima Centauri	1,81	11,05	15,45	M5	3,85
α Centauri A	1,34	−0,01	4,35	G2V	3,68
B	–	1,33	5,69	K2V	3,68
Barnards Stern	1,83	9,54	13,25	M5V	10,31
Wolf 359	2,33	13,53	16,68	M8	4,71
HD 95 735	2,49	7,50	10,49	M2V	4,78
Sirius A	2,65	−1,45	1,42	A1V	1,33
B	2,65	8,68	11,56	WZ	1,33
UV Ceti A	2,72	12,45	15,27	M5	3,36
B	2,72	12,95	15,8	M6	3,36
Ross 154	2,90	10,6	13,3	M4	0,72
Ross 248	3,15	12,29	14,80	M6	1,59
ε Eridani	3,30	3,73	6,13	K2V	0,98

5.3 Zustandsgrößen von Sternen

Zustandsgrößen sind die physikalischen Größen, die den Zustand eines Sterns beschreiben. Wichtige Zustandsgrößen sind die Leuchtkraft, die Helligkeit, die Masse und der Radius eines Sterns, seine mittlere Dichte, die Spektralklasse und die Oberflächentemperatur.

Die Leuchtkraft L ist die Gesamtstrahlungsleistung eines Sterns.

$$L = 4\pi \cdot r^2 \cdot I$$

L Leuchtkraft
r Abstand Stern–Erde
I Intensität der Strahlung (Strahlungsleistung je Flächeneinheit)

Die Leuchtkräfte von Sternen liegen zwischen 10^{-4} Sonnenleuchtkräften und 10^5 Sonnenleuchtkräften. Sterne werden in **Leuchtkraftklassen** (von I bis VII, S. 245) eingeteilt.

Die **scheinbare Helligkeit** *m* eines Sterns ist die ohne Berücksichtigung des Sternabstandes ermittelte Helligkeit. Einheit der scheinbaren Helligkeit ist die Größenklasse, bezeichnet mit (m).

Scheinbare Helligkeit einiger Objekte

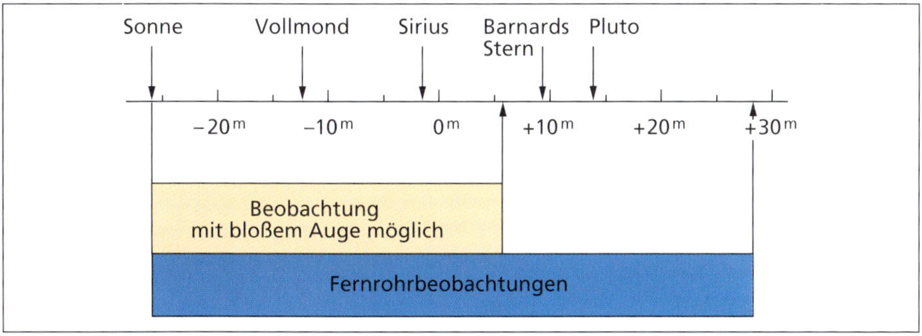

Die 10 hellsten von Mitteleuropa aus sichtbaren Sterne

Name	Kurzbezeichnung	Sternbild	scheinbare visuelle Helligkeit *m* in (^{m})	absolute visuelle Helligkeit *M* in (^{m})	Entfernung in pc	Spektralklasse	Farbe des Sternlichts	Leuchtkraft	
								Klasse	in $L_\odot$
Sirius	α CMa	Gr. Hund	−1,43	+1,4	2,7	A1	weiß	V	24
Arktur	α Boo	Bootes	−0,06	−0,2	11,0	K2	orange	III	105
Wega	α Lyr	Leier	0,04	+0,5	8,3	AO	weiß	V	60
Kapella	α Aur	Fuhrmann	0,09	−0,6	13,8	G1	gelb	III	150
Beteigeuze	α Ori	Orion	0,1–1,2	−3,9	200	M2	orange	Ib	3 100
Rigel	β Ori	Orion	0,15	−6,0	400	B8	weiß	Ia	21 000

Name	Kurzbezeichnung	Sternbild	scheinbare visuelle Helligkeit m in (^{m})	absolute visuelle Helligkeit M in (^{m})	Entfernung in pc	Spektralklasse	Farbe des Sternlichts	Leuchtkraft	
								Klasse	in $L_\odot$
Prokyon	α CMi	Kl. Hund	0,37	+2,6	3,4	F5	gelb	IV	8
Atair	α Aql	Adler	0,80	+2,2	4,9	A7	gelblich	V	11
Aldebaran	α Tau	Stier	0,85	–0,7	20,9	K5	orange	III	165
Antares	α Sco	Skorpion	0,9–1,8	–4,0	52,1	M1	rötlich	Ib	10 000

Zwischen den scheinbaren Helligkeiten zweier Sterne und den Intensitäten ihrer Strahlung gilt folgende Beziehung:

$$m_1 - m_2 = -2{,}5 \cdot \lg \frac{I_1}{I_2}$$

m_1, m_2 ... scheinbare Helligkeit
I_1, I_2 ... Intensität der Strahlung

Die **absolute Helligkeit** M ist die Helligkeit, mit der ein Stern aus der Entfernung von 10 Parsec erscheint. Die absolute Helligkeit wird ebenfalls in Größenklassen (m) gemessen.

Zwischen scheinbarer Helligkeit, absoluter Helligkeit und Entfernung eines Sterns gilt folgende Beziehung:

$$m - M = 5 \cdot \lg r - 5$$

m scheinbare Helligkeit
M absolute Helligkeit
r Abstand des Sterns in pc

Die **Masse** eines Sterns lässt sich, mit Ausnahme der Sonne, nur aus Beobachtungen an Doppelsternen ermitteln. Die Masse von Sternen beträgt 0,05 bis 70 Sonnenmassen.

Der **Radius** von Sternen kann i. A. nur indirekt festgestellt werden. Bei Bedeckungsveränderlichen, also Doppelsternen, die sich periodisch gegenseitig verdecken, kann der Radius bzw. der Durchmesser aus der Lichtkurve ermittelt werden.

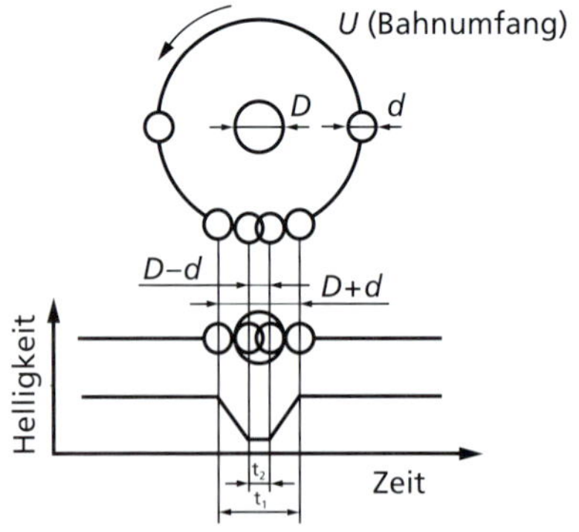

Aus $\frac{D}{U} = \frac{t_1 + t_2}{2T}$ und $\frac{d}{U} = \frac{t_1 - t_2}{2T}$ folgt

$$\frac{D - d}{D + d} = \frac{t_2}{t_1}$$

Die **mittlere Dichte** $\bar{\rho}$ ergibt sich aus Masse und Radius:

$$\bar{\rho} = \frac{m}{V} = \frac{3m}{4\pi \cdot r^3}.$$

Die **Oberflächentemperatur** der meisten Sterne liegt zwischen 2 500 K und 50 000 K.
Sind Leuchtkraft und Durchmesser eines Sterns bekannt, so lässt sich seine Temperatur nach dem Gesetz von STEFAN und BOLTZMANN ermitteln.

$$T = \sqrt[4]{\frac{L}{\sigma \cdot A}}$$

L	Leuchtkraft
σ	STEFAN-BOLTZMANN-Konstante ($5{,}671 \cdot 10^{-8}\ \mathrm{W \cdot m^{-2} \cdot K^{-4}}$)
A	Flächeninhalt der strahlenden Fläche

Die Spektren der Sterne werden **Spektralklassen** zugeordnet.

Stern	Spektrum	Farbe	Temperatur
Spica		bläulich	25 000 K
Sirius		weiß	10 000 K
Sonne		gelblich	6 000 K
Arktur		rötlich-gelb	4 700 K
Beteigeuze		rötlich	3 300 K

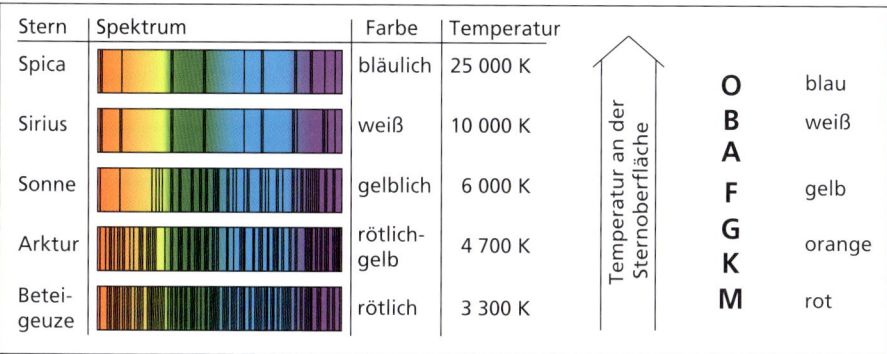

O	blau
B	weiß
A	
F	gelb
G	orange
K	
M	rot

Wichtige Spektralklassen und Leuchtkraftklassen der Sterne

Spektralklassen			
Spektralklasse	**Charakteristische Absorptionslinien**	**ungefähre effektive Temperatur in K**	**Farbe des Sternlichtes**
O	ionisiertes Helium	30 000	bläulich
B	neutrales Helium, Wasserstoff	15 000	bläulich-weiß
A	Wasserstoff, ionisierte Metalle	9 000	reinweiß
F	ionisierte Metalle, Wasserstoff	7 000	gelblich-weiß
G	ionisierte Metalle, Wasserstoff	5 500	gelblich
K	Metalle, Metalloxide	4 000	rötlich-gelb
M	Metalle, Metalloxide	2 800	rötlich

Leuchtkraftklassen	
Symbol	**Art von Sternen**
I	Überriesen
II	helle Riesen
III	Riesen
IV	Unterriesen
V	Hauptreihensterne
VI	Unterzwerge
VII	Weiße Zwerge

Das Hertzsprung-Russell-Diagramm stellt den grundlegenden Zusammenhang zwischen Temperatur und Leuchtkraft von Sternen dar.

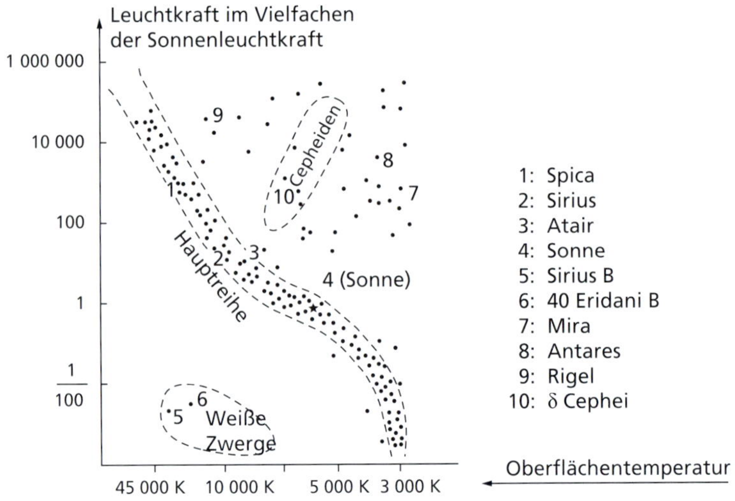

Zwischen Leuchtkraft L und Masse M von Hauptreihensternen gilt die Beziehung:

$$L \sim M^3$$

5.4 Arten von Sternen

Wichtige Arten von Sternen sind **Riesen, Hauptreihensterne, Weiße Zwerge** und **Neutronensterne**. Diese Sterne unterscheiden sich in charakteristischen Daten (Radius R, Dichte ρ, Leuchtkraft L).

Riesen	Hauptreihensterne	Weiße Zwerge	Neutronensterne
$R \approx$ bis 10^9 km 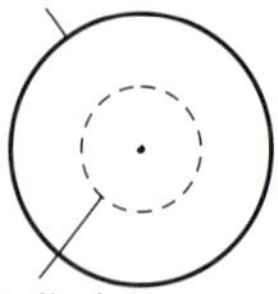	$R \approx 10^5$ km … 10^6 km 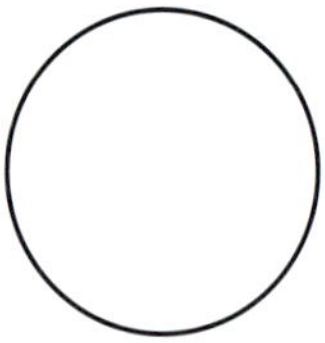	$R \approx 10^3$ km 	$R \approx 10$ km 
$\rho = 10^{-6}\ \text{g} \cdot \text{cm}^{-3}$	$\rho = 1\ \text{g} \cdot \text{cm}^{-3}$	$\rho = 10^{6}\ \text{g} \cdot \text{cm}^{-3}$	$\rho = 10^{15}\ \text{g} \cdot \text{cm}^{-3}$
hohe Leuchtkraft	sonnenähnlich	geringe Leuchtkraft	sehr geringe Leuchtkraft

Ein **Schwarzes Loch** ist ein vermutetes Objekt so großer Dichte, dass selbst Licht es nicht verlassen kann.

6 Sternsysteme

6.1 Das Milchstraßensystem (Galaxis)

Das Milchstraßensystem (Galaxis) ist ein Sternsystem mit mehr als 200 Milliarden Sternen. Einer dieser Sterne ist die Sonne.

Einige Daten der Galaxis (des Milchstraßensystems)

Gesamtmasse **Anzahl der Sterne**	$\approx 2{,}2 \cdot 10^{11}$ Sonnenmassen $\approx 2 \cdot 10^{11}$
Durchmesser **Dicke**	$\approx$ 30 000 pc $\approx$ 98 000 ly $\approx$ 5 000 pc $\approx$ 16 000 ly
Abstand der Sonne vom Zentrum des Systems	$\approx$ 10 000 pc $\approx$ 33 000 ly
Abstand der Sonne von der Milchstraßenebene	$\approx$ 15 pc nördlich
Richtung von der Sonne zum Zentrum	zu den Sternbildern Schütze und Schlangenträger
Mittlere Dichte $\bar{\rho}$ der Galaxis	10^{-23} g·cm^{-3}
Gesamtleuchtkraft *L*	$\approx 2{,}5 \cdot 10^{10}\ L_{\odot}$ $\approx 10^{40}$ W
absolute Helligkeit *M*	$-20^{m}{,}5$

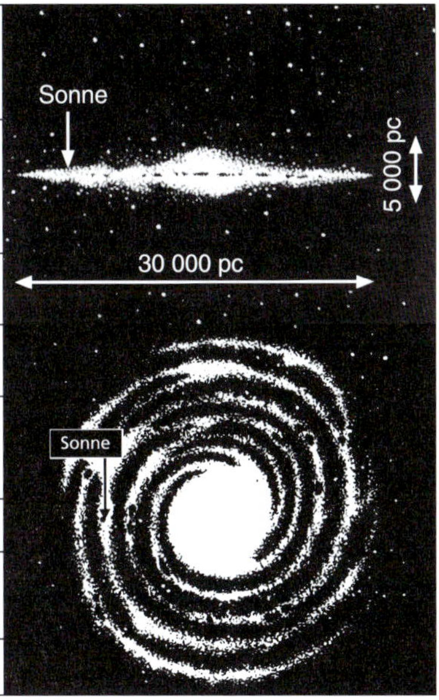

6.2 Andere Sternsysteme (Galaxien)

Neben dem Milchstraßensystem existieren viele Millionen weitere Sternsysteme (Galaxien). Sie werden nach ihrem Erscheinungsbild eingeteilt.

Arten von Galaxien

Art der Galaxie	Masse in Sonnenmassen	Anteil an den Galaxien in %	Absolute Helligkeit in (^{m})	Form
Spiralsysteme	10^{10}–10^{12}	83	–18 bis –21	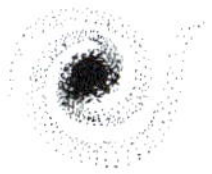
Elliptische Systeme	10^{6}–10^{13}	14	–10 bis –22	
Irreguläre Systeme	10^{9}–10^{11}	3	–15 bis –19	

6.3 Die Zukunft des Universums

Die **Kosmologie** beschäftigt sich mit der Struktur und der Entwicklung des Weltalls als Ganzes. Wie sich das Universum insgesamt entwickeln wird, ist nach heutigem Erkenntnisstand vom Verhältnis der kritischen Dichte ρ_K zur tatsächlichen mittleren Dichte ρ des Universums abhängig.

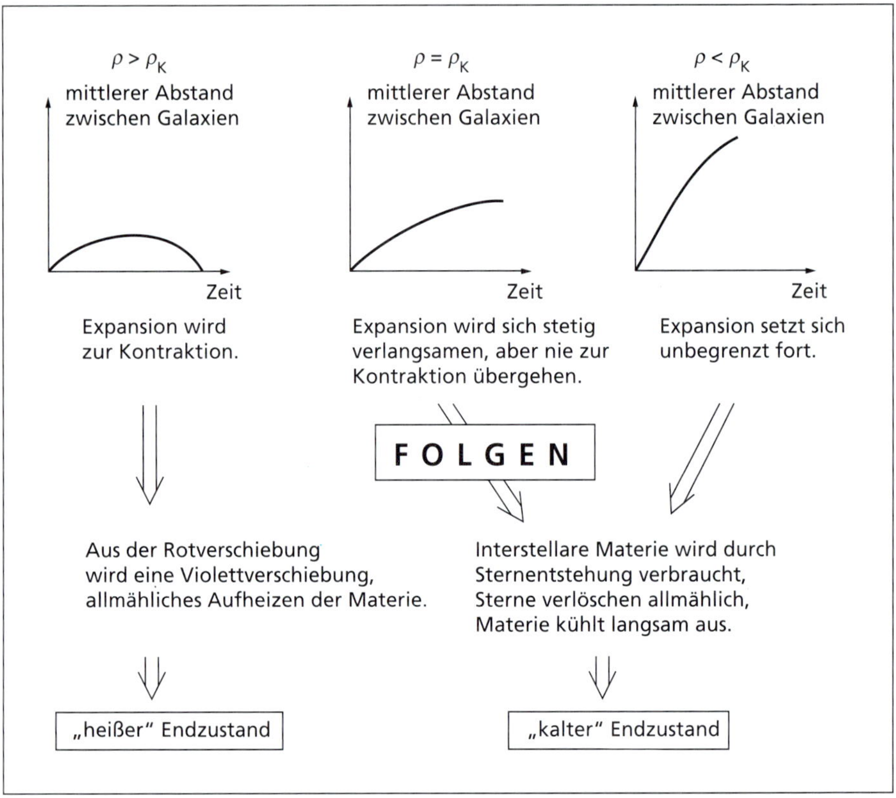

Das kosmologische Prinzip besagt, dass überall im Weltall in großen Raumbereichen die gleichen physikalischen Bedingungen existieren:
- Kein Punkt ist vor dem anderen ausgezeichnet.
- Keine Richtung ist vor der anderen ausgezeichnet.

Die gegenwärtige Fluchtgeschwindigkeit der Galaxien voneinander lässt sich folgendermaßen berechnen:

$$v = H \cdot r$$

v Fluchtgeschwindigkeit des Sternsystems in $km \cdot s^{-1}$
H HUBBLE-Konstante
r Entfernung des Sternsystems in Mpc

Der Wert für die HUBBLE-Konstante ist unsicher. Meist wird ein Wert im Intervall $40\ km \cdot s^{-1} \cdot Mpc^{-1} < H < 75\ km \cdot s^{-1} \cdot Mpc^{-1}$ angegeben.

Chemie

Die Chemie als Naturwissenschaft

Die Chemie ist diejenige Naturwissenschaft, die sich mit dem Aufbau, den Eigenschaften und der Umwandlung von Stoffen durch chemische Reaktionen beschäftigt.

Auch Verfahren der Stofftrennung spielen eine große Rolle.

Die Chemie wird in Teilgebiete untergliedert. Sie unterscheiden sich in Aufgabenbereichen und Arbeitsmethoden. Zwischen den Teilgebieten gibt es hinsichtlich der Aufgaben und Methoden jedoch vielfältige Verknüpfungen. Einige wichtige Teilgebiete zeigt die folgende Tabelle.

Teilgebiet	Untersuchungsgegenstand
Allgemeine Chemie	bearbeitet gemeinsame Grundlagen aller Teilgebiete (Aufbau der Stoffe, Bindungen, chemische Reaktionsarten u.a.)
Organische Chemie	Chemie der Kohlenwasserstoffe und ihrer Derivate (Synthese von Naturstoffen u.a.)
Anorganische Chemie	behandelt alle Stoffe, die nicht zu organischen Verbindungen gehören (z.B. Festkörper, Katalysatoren, Komplexchemie)
Physikalische Chemie	beschäftigt sich mit physikalischen Erscheinungen bei chemischen Vorgängen und die Beeinflussung chemischer Vorgänge durch physikalische Einwirkungen
Biochemie	bearbeitet chemische Probleme aus Biologie und Medizin
Angewandte oder Technische Chemie	bearbeitet chemische Vorgänge und Methoden, die in technischen Prozessen Anwendung finden (Petrochemie, Agrikulturchemie, pharmazeutische Chemie)
Analytische Chemie	Nachweis und quantitative Bestimmung von chemischen Elementen und Verbindungen
Präparative oder Synthetische Chemie	künstliche Herstellung von Stoffen

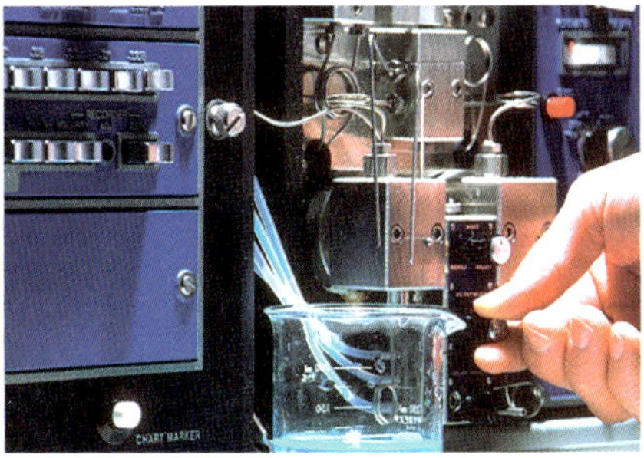

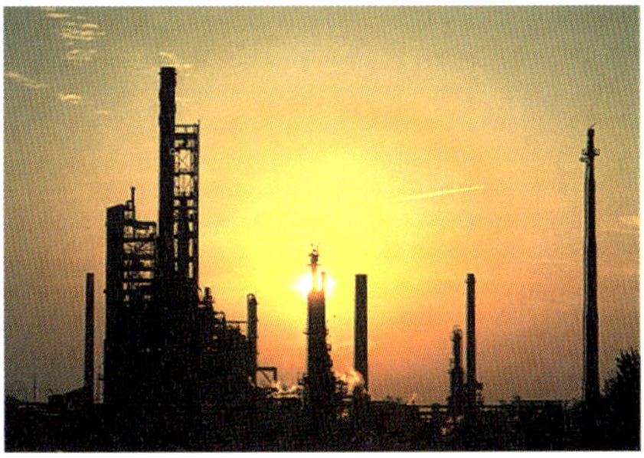

1 Stoffe, ihr Bau und ihre Eigenschaften

1.1 Teilchen

Alle Stoffe bestehen aus Teilchen. Solche Teilchen können Atome, Ionen oder Moleküle sein. Die Anordnung dieser Bausteine in den Stoffen wird mit Hilfe von **Modellen** veranschaulicht.

Das Atom

Atome sind die kleinsten Bausteine der Stoffe (S. 204). Sie können durch chemische Reaktionen nicht in andere Atome umgewandelt werden. Jedes Atom besteht aus **Atomkern** und **Atomhülle.**

Der **Atomkern** wird aus den elektrisch positiv geladenen **Protonen** (p^+) und den elektrisch neutralen (ungeladenen) **Neutronen** (n) gebildet. Protonen und Neutronen sind Masseteilchen. Fast die gesamte Masse des Atoms ist im Atomkern vereinigt:

Protonenzahl + Neutronenzahl = Massenzahl

Die Protonenzahl (auch Kernladungszahl oder Ordnungszahl) bestimmt die Art des Elements, zu der das Atom gehört.

Atomarten eines Elements, die die gleiche Protonenzahl, jedoch eine unterschiedliche Anzahl von Neutronen aufweisen, nennt man **Isotope.** Auf die chemischen Eigenschaften eines Elements hat die Anzahl der Neutronen im Atomkern der Atome keinen Einfluss.

Die **Atomhülle** wird von den elektrisch negativ geladenen **Elektronen** (e^-) gebildet.

Die Anzahl der Ladungen im Atomkern eines Elements ist gleich der Anzahl der Ladungen in der Atomhülle. Ein Atom ist darum ein elektrisch neutrales Teilchen.

Atommodelle

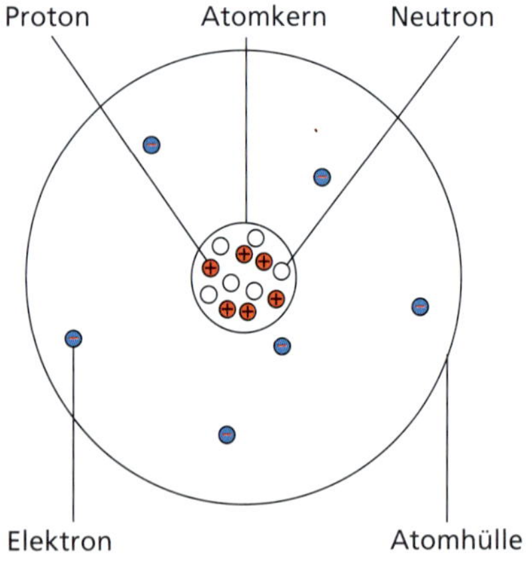

Einfaches **Kern-Hülle-Modell** für ein Atom des Elementes Kohlenstoff

Ladung

$(6^-) + (6^+) = 0$

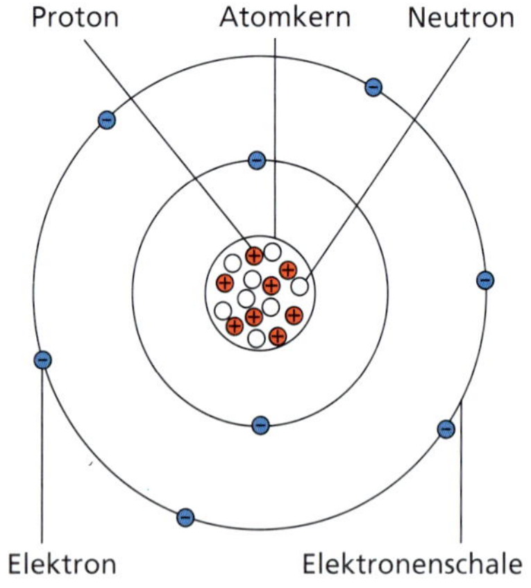

Rutherford-Bohr-Modell für ein Atom des Elementes Sauerstoff

Ladung

$(8^-) + (8^+) = 0$

Energieniveau der Elektronen

Die Elektronen umkreisen den Atomkern in bestimmten Abständen, den **Elektronenschalen.** Als Elektronenschalen werden die Räume bezeichnet, in denen Elektronen mit annähernd gleicher Energie sich mit größter Wahrscheinlichkeit aufhalten. Elektronenschalen nennt man auch **Energieniveaus** oder **Energiestufen.** Die Elektronen der 1. Elektronenschale (der dem Kern am nächsten gelegenen Schale) sind am energieärmsten, die Elektronen der äußersten besetzten Schale heißen **Außenelektronen.**

In der Regel gilt:

- Die Besetzung der Schalen beginnt mit der niedrigsten Energiestufe.
- Die äußerste besetzte Schale eines Hauptgruppenelements kann nicht mehr als acht Elektronen aufnehmen. Eine Gruppe von acht Elektronen nennt man **Elektronenoktett.** Ein Elektronenoktett in der äußersten besetzten Elektronenschale stellt einen stabilen, energiearmen Zustand dar, der von allen Atomen angestrebt wird **(Oktettregel).**

Schema des Energiegehaltes der Elektronen des Natriumatoms (Energieniveauschema)

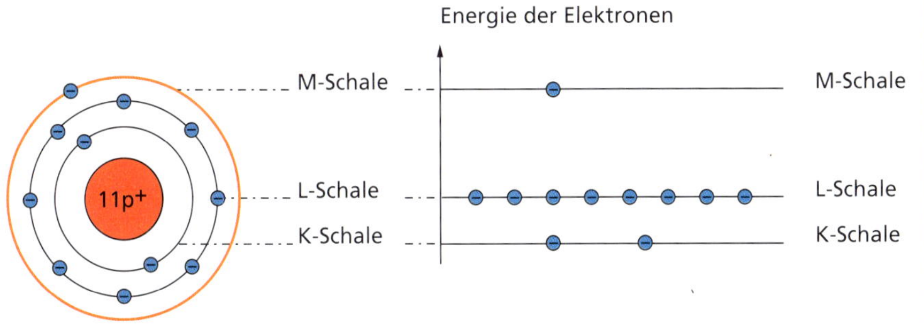

Jede Elektronenschale kann nur eine bestimmte Anzahl von Elektronen aufnehmen.

Theoretische Maximalbesetzung der Energiestufen mit Elektronen = $2\,n^2$			
		n	$2n^2$
K-Schale	1. Energieniveau	1	2
L-Schale	2. Energieniveau	2	8
M-Schale	3. Energieniveau	3	18
N-Schale	4. Energieniveau	4	32
O-Schale	5. Energieniveau	5	50
P-Schale	6. Energieniveau	6	72
Q-Schale	7. Energieniveau	7	98

Das Ion

Ionen sind Bausteine der Stoffe, die elektrisch positiv oder elektrisch negativ geladen sind. Elektrisch positiv geladene Ionen heißen **Kationen**, elektrisch negativ geladene Ionen heißen **Anionen**. Die Bildung der Ionen beruht auf dem Bestreben der Atome, den energiearmen, stabilen Zustand – das Elektronenoktett in der Außenschale – zu erreichen. Das geschieht z.B. durch Elektronenaufnahme bzw. -abgabe.
Atome und Ionen desselben Elements haben demzufolge gleiche Kernladungszahlen, weisen aber eine unterschiedliche Anzahl an Elektronen auf.

Bildung von Ionen durch Elektronenabgabe

in der Regel typisch für Elemente der Hauptgruppe I – III
Beispiel:

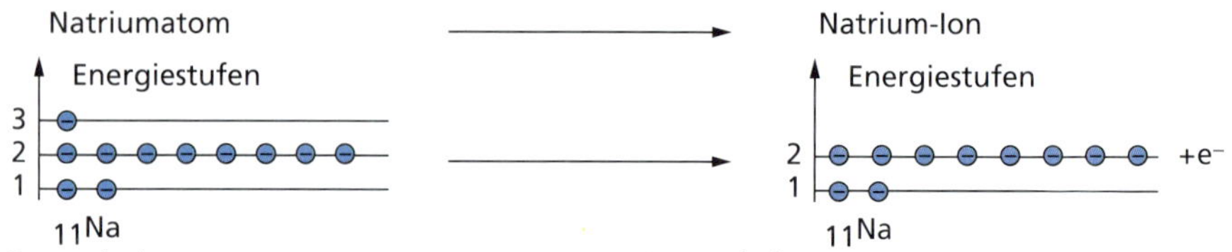

Gesamtladung:
$11p^{+} + 11\ e^{-} = 0$
Das Natriumatom ist elektrisch neutral.

Gesamtladung:
$11p^{+} + 10\ e^{-} = 1+$
Das Natrium-Ion ist elektrisch einfach positiv geladen. Es ist ein Kation.

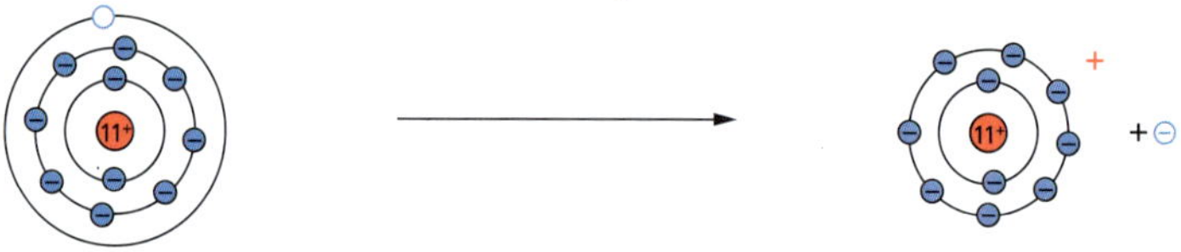

Bildung von Ionen durch Elektronenaufnahme

in der Regel typisch für Elemente der Hauptgruppe V – VII
Beispiel:

Gesamtladung:
$17p^{+} + 17\ e^{-} = 0$
Das Chloratom ist elektrisch neutral.

Gesamtladung:
$17p^{+} + 18\ e^{-} = 1-$
Das Chlorid-Ion ist elektrisch einfach negativ geladen. Es ist ein Anion.

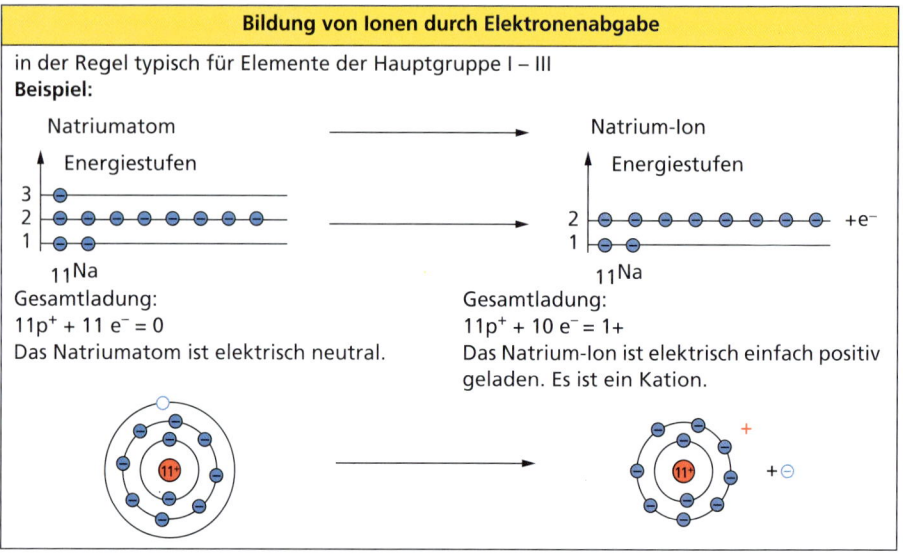

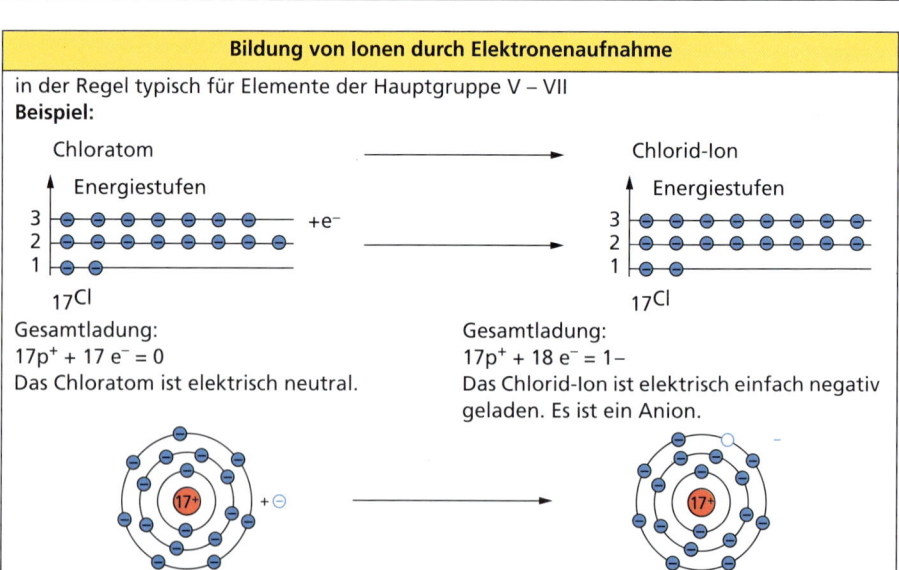

Ionen können auch aus Teilchen verschiedener Elemente zusammengesetzt sein.

Namen und Symbole einiger Ionen			
einfache Ionen		aus Teilchen verschiedener Elemente zusammengesetzte Ionen	
Kationen	Anionen	Kationen	Anionen
Natrium-Ion Na^{+} Magnesium-Ion Mg^{2+} Calcium-Ion Ca^{2+}	Chlorid-Ion Cl^{-} Bromid-Ion Br^{-} Sulfid-Ion S^{2-}	Ammonium-Ion NH_4^{+} Hydronium-Ion H_3O^{+}	Sulfat-Ion SO_4^{2-} Hydroxid-Ion OH^{-} Phosphat-Ion PO_4^{3-}

Das Molekül

Moleküle sind Bausteine der Stoffe, die aus mindestens zwei Atomen bestehen. Dabei können Atome des gleichen Elementes oder Atome verschiedener Elemente miteinander verbunden sein.

Im Gegensatz zu Atomen und Ionen können Moleküle durch chemische Reaktionen in ihre Bestandteile zerlegt oder in andere Moleküle und Bruchstücke (Radikale) aufgespalten werden.

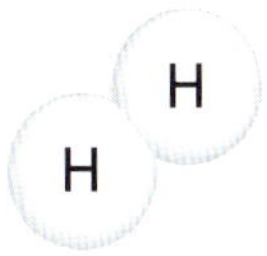

Das Wasserstoffmolekül besteht aus 2 Atomen des Elements Wasserstoff.

Das Schwefelmolekül besteht aus 8 Atomen des Elements Schwefel.

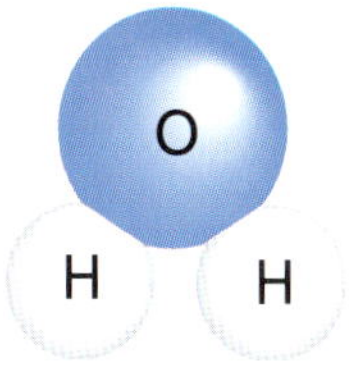

Das Wassermolekül besteht aus 2 Atomen des Elements Wasserstoff und einem Atom des Elements Sauerstoff.

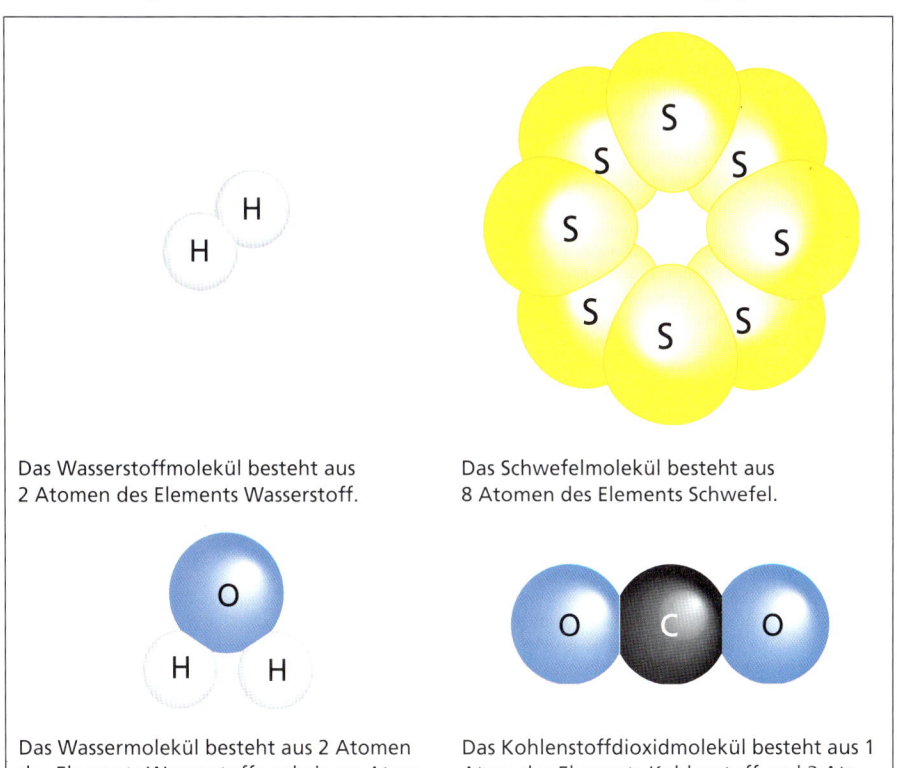

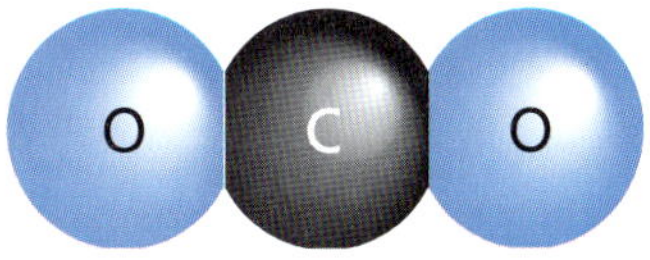

Das Kohlenstoffdioxidmolekül besteht aus 1 Atom des Elements Kohlenstoff und 2 Atomen des Elements Sauerstoff.

1.2 Stoffe

Stoffe bestehen aus Teilchen (Atomen, Molekülen oder Ionen). Stoffportionen besitzen eine Masse und ein Volumen. Stoffe nehmen einen Raum ein. Körper bestehen aus Stoffen (z.B. Draht, Blech oder ein Rohr können aus dem Stoff Kupfer bestehen).

Reine Stoffe bestehen nur aus Teilchen eines Stoffes (z.B. Wasser besteht nur aus Wassermolekülen, Helium nur aus Heliumatomen, Natriumchlorid nur aus Natriumchloridbaueinheiten). Reine Stoffe sind chemische Elemente oder chemische Verbindungen. Sie können durch physikalische Operationen nicht in ihre Bestandteile zerlegt werden. Reine Stoffe sind homogen, sie bestehen aus einer Phase. Bei konstantem Druck besitzen sie konstante physikalische Eigenschaften wie Schmelz- und Siedetemperatur.

Elementsubstanzen sind reine Stoffe, die nur aus Teilchen eines Elements bestehen (z.B. besteht das Metall Natrium nur aus Teilchen des Elements Natrium, das Edelgas Helium nur aus Heliumteilchen und Wasserstoff ist nur aus Teilchen des Elements Wasserstoff zusammengesetzt).

Metalle und **Nichtmetalle** sind Elementsubstanzen. Metalle zeichnen sich im Gegensatz zu Nichtmetallen durch relativ hohe Schmelz- und Siedetemperaturen, durch Wärmeleitfähigkeit und elektrische Leitfähigkeit, durch Verformbarkeit und durch metallischen Glanz aus.

Molekülsubstanzen sind reine Stoffe, die aus Molekülen aufgebaut sind.
Diese Moleküle können aus Atomen eines Elements gebildet sein. Diese Molekülsubstanzen gehören dann zu den Elementsubstanzen (z.B. werden die Moleküle des Wasserstoffs aus zwei Wasserstoffatomen gebildet).
Die Moleküle können aber auch aus Atomen mehrerer Elemente zusammengesetzt sein. Diese Molekülsubstanzen sind dann den chemischen Verbindungen zuzuordnen (z.B. werden die Wassermoleküle aus je zwei Wasserstoffatomen und einem Sauerstoffatom gebildet).

Ionensubstanzen sind chemische Verbindungen, deren Baueinheiten aus Ionen verschiedener Elemente oder zusammengesetzten Ionen bestehen. Hier sind viele Salze und auch viele Metalloxide und Metallhydroxide einzuordnen. (So ist die Baueinheit von Natriumchlorid aus einem Natrium-Ion und einem Chlorid-Ion zusammengesetzt.)

Stoffgemische (Gemenge) sind Stoffe, die aus Teilchen mehrerer reiner Stoffe zusammengesetzt sind. Die enthaltenen Bestandteile lassen sich mit physikalischen Methoden (Sieben, Magnetscheiden, Dekantieren, Filtrieren, Abdampfen, Destillieren u.a.) voneinander trennen. Die Eigenschaften des Stoffgemisches sind nicht konstant, sondern werden durch die Eigenschaften der enthaltenen reinen Stoffe und durch deren Mischungsverhältnis bestimmt. Luft enthält u.a. Stickstoff, Sauerstoff, Kohlenstoffdioxid und Edelgase.

Einteilung der Stoffe

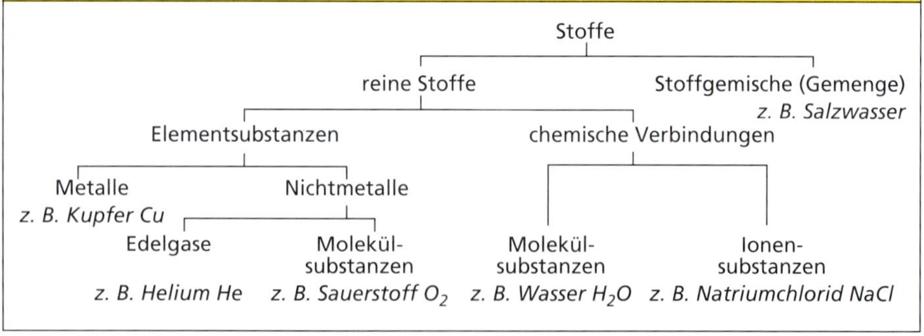

Trennen von Stoffgemischen

unter Ausnutzung der Siedetemperaturen

Eindunsten und **Eindampfen**: Trennen von Lösungen aufgrund unterschiedlicher Siedetemperaturen, wobei allgemein nur der gelöste Feststoff gewonnen wird.

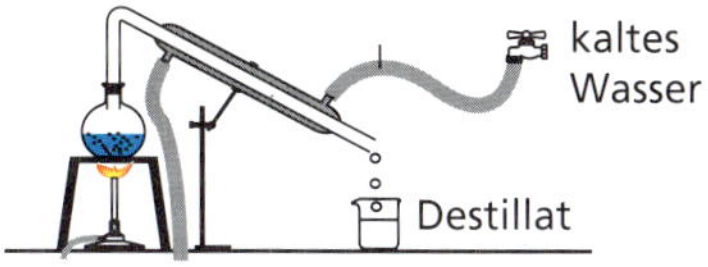

Destillieren: Trennen von Stoffgemischen aus mehreren flüssigen Stoffen oder aus Lösungsmittel und gelöstem Feststoff aufgrund unterschiedlicher Siede- bzw. Kondensationstemperaturen, wobei alle enthaltenen Stoffe gewonnen werden.

unter Ausnutzung der Teilchengröße

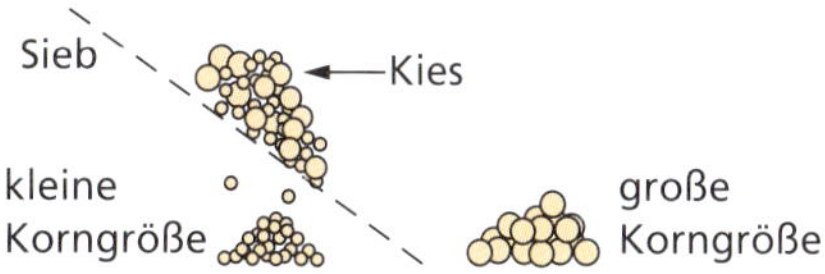

Sieben: Trennen von Gemischen aus festen Stoffen aufgrund unterschiedlicher Korngröße der enthaltenen Stoffe.

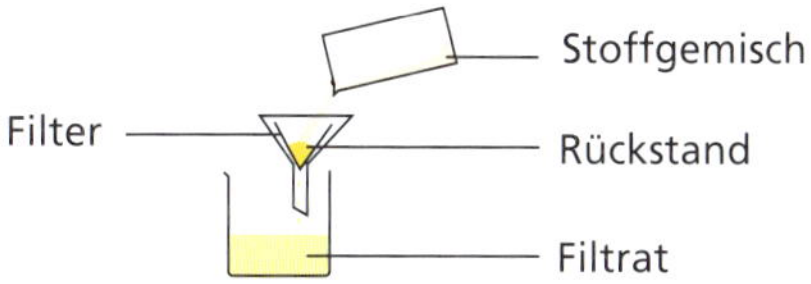

Filtrieren: Trennung einer Suspension aufgrund unterschiedlicher Teilchengröße der enthaltenen Stoffe.

unter Ausnutzung der Dichte

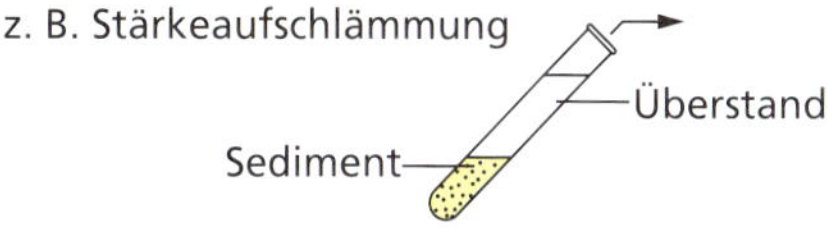

Dekantieren: Trennen eines Stoffgemisches aus flüssigem Stoff und Feststoff (Suspension) aufgrund unterschiedlicher Dichte und unterschiedlicher Aggregatzustände der enthaltenen Stoffe durch Abgießen des Überstandes.

unter Ausnutzung magnetischer Eigenschaften

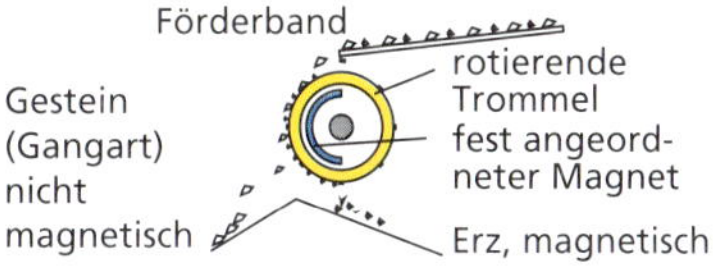

Magnetscheiden: Trennen von Stoffgemischen aus festen Stoffen aufgrund der magnetischen Eigenschaften eines der enthaltenen Stoffe.

unter Ausnutzung der Löslichkeit

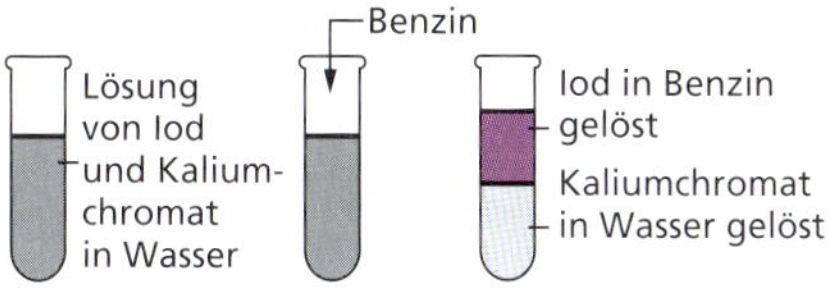

Extrahieren: Trennen von Stoffgemischen unter Ausnutzung unterschiedlicher Löslichkeit in einem bestimmten Lösungsmittel.

unter Ausnutzung der Haftfähigkeit

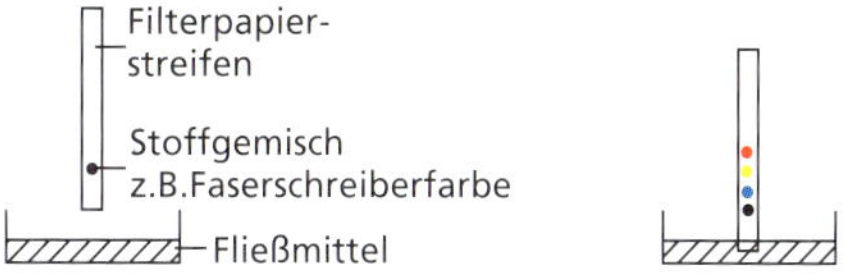

Chromatographieren: Trennen von Stoffgemischen unter Nutzung der unterschiedlichen Haftfähigkeit verschiedener Teilchen (z.B. in Farbstoffen) auf Papier oder Kreide.

1.3 Chemische Bindung in Stoffen

Alle Atome streben einen energiearmen Zustand an. Dieser wird durch ein Elektronenoktett in der äußersten besetzten Elektronenschale (Oktettregel) erreicht. Er ist ebenfalls erreicht, wenn ein Atom eines Elements mit nur einer besetzten Elektronenschale zwei Außenelektronen besitzt. Das Bestreben nach Stabilität führt dazu, dass sich die Teilchen zusammenlagern und verbinden. Dadurch entstehen Kräfte zwischen ihnen, die einen Zusammenhalt der Teilchen bewirken. Die Art des Zusammenhalts bestimmt die Art der chemischen Bindung und hat Einfluss auf die Eigenschaften der Stoffe.

Atombindung

Atombindung beruht auf der Anziehung des (der) negativ geladenen gemeinsamen Elektronenpaare(s) und der positiv geladenen Atomkerne. Durch die Ausbildung gemeinsamer Elektronenpaare wird die vollbesetzte Außenschale erreicht. Im Ergebnis dieser Bindung bilden sich Moleküle.

reine Atombindung	polare Atombindung
Reine Atombindung liegt vor, wenn das gemeinsame Elektronenpaar gleichberechtigt zu beiden Atomen gehört.	Polare Atombindung (Atombindung mit teilweisem Ionencharakter) liegt vor, wenn das gemeinsame Elektronenpaar von einem Atomkern stärker angezogen wird.
Wasserstoff hat ein Außenelektron, benötigt zum Erreichen des stabilen Zustandes jedoch zwei Außenelektronen. Durch die Ausbildung eines gemeinsamen Elektronenpaares, das gleichberechtigt zu beiden Wasserstoffatomen gehört, wird die Stabilität für beide Atome gewährleistet. 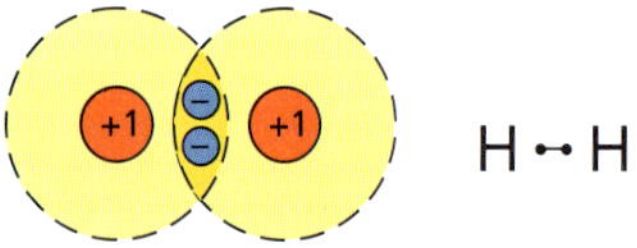	Das gemeinsame Elektronenpaar im Chlorwasserstoffmolekül wird stärker vom Atomkern des Chlors angezogen. Dadurch wird das Chloratom partiell negativ, das Wasserstoffatom partiell positiv geladen. 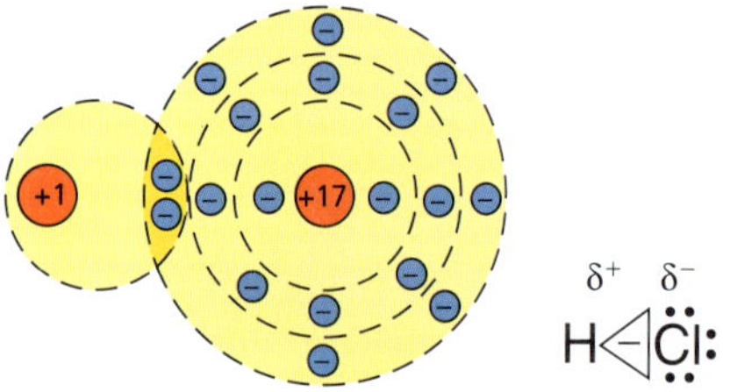

Ionenbindung (Ionenbeziehung)

Ionenbeziehung beruht auf der elektrostatischen Anziehung zwischen positiv und negativ geladenen Ionen.

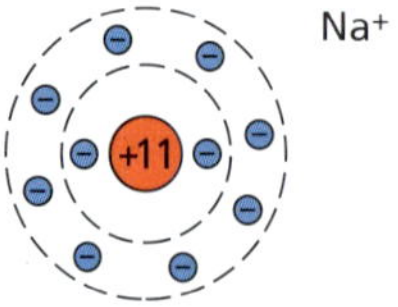

Natrium-Ion

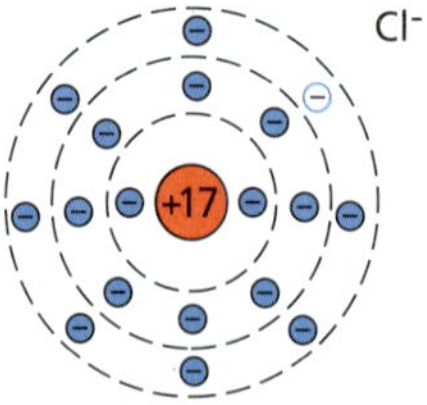

Chlorid-Ion

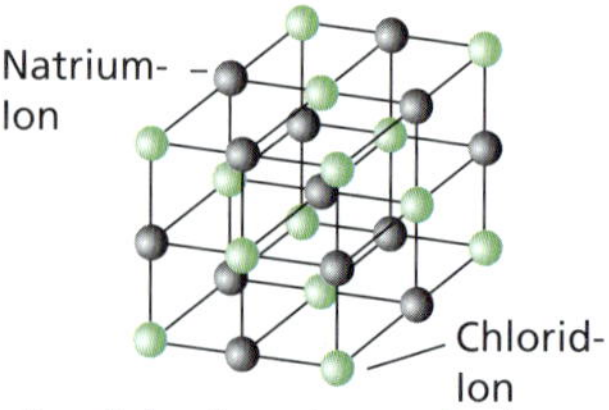

räumliche Anordnung der Ionen im Natriumchlorid-Kristall

Metallbindung

Die **Metallbindung** beruht auf der elektrostatischen Anziehung zwischen den positiv geladenen Ionen (Atomrümpfe) und den frei beweglichen Elektronen. Die frei beweglichen Elektronen sind Außenelektronen der Atome von Metallen. Sie bilden eine Elektronenwolke und sind leicht verschiebbar.

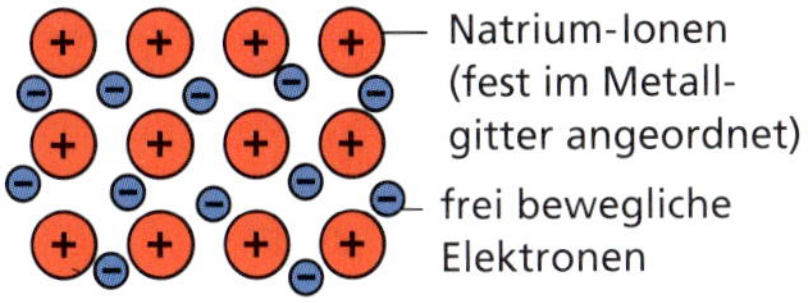

Modell der Metallbindung im Natrium

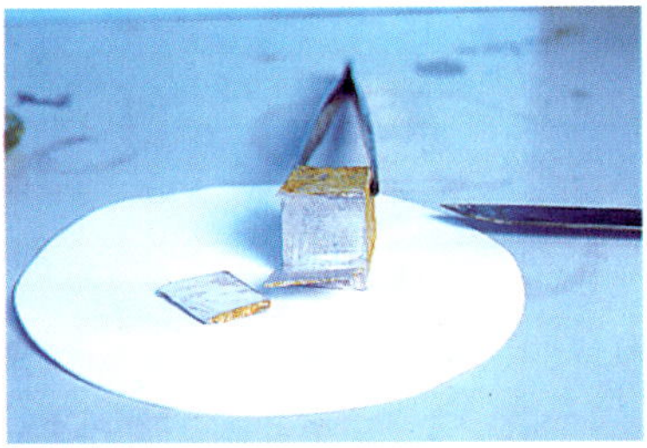

Das Metall Natrium

Der Elektronegativitätswert

Mit Hilfe des **Elektronegativitätswertes** kann man abschätzen, welche Form der chemischen Bindung vorliegt. Der Elektronegativitätswert stellt einen Vergleichswert für die Fähigkeit eines Atoms dar, gemeinsame Elektronenpaare anzuziehen. Gehen zwei Atome eine Bindung ein, so ist mit Hilfe der Differenz aus den Elektronegativitätswerten die Art der chemischen Bindung abschätzbar.

Differenz = 0 bedeutet reine Atombindung
Differenz < 1,7 bedeutet, Atombindung überwiegt
Differenz > 1,7 bedeutet, Ionenbeziehung überwiegt

Der Elektronegativitätswert eines Elements kann aus dem Periodensystem abgelesen werden.

Beispiel	Elektronegativitätswert der beteiligten Elemente	Differenz der Elektronegativitätswerte	wahrscheinlich vorliegende Bindungsart
Chlor Cl_2	Cl 3,0 Cl 3,0	3,0 – 3,0 = 0	Differenz = 0 reine Atombindung
Chlorwasserstoff HCl	H 2,1 Cl 3,0	3,0 – 2,1 = 0,9	Differenz < 1,7 polare Atombindung
Natriumchlorid NaCl	Na 0,9 Cl 3,0	3,0 – 0,9 = 2,1	Differenz > 1,7 Ionenbeziehung
Magnesium Mg	Mg 1,2	–	Magnesium ist ein Metall Metallbindung

1.4 Periodensystem der Elemente

Elemente

Ein **chemisches Element** ist eine Atomsorte, deren Atome alle die gleiche Anzahl von Protonen im Kern enthalten.

Elemente werden in der chemischen Zeichensprache durch **Symbole** beschrieben.

Namen und Symbole einiger Metalle		
Deutsche Bezeichnung	**Lat. od. griech. Bezeichnung**	**Symbol**
Aluminium	**Al**uminium	Al
Blei	**P**lum**b**um	Pb
Silber	**A**r**g**entum	Ag
Eisen	**Fe**rrum	Fe
Gold	**Au**rum	Au
Kupfer	**Cu**prum	Cu
Quecksilber	**H**ydrar**g**yrum	Hg

Bedeutung von Symbolen
1. Das Symbol ist ein Zeichen für die Elementsubstanz. 2. Es ist das Zeichen für ein Element. 3. Das Symbol ist das Zeichen für ein Atom des Elements. 4. Es handelt sich um die Stoffmenge von 1 mol des Elements. **Beispiel:** **2 Al** bedeutet: 1. Es handelt sich um die Elementsubstanz Aluminium. 2. Es handelt sich um das Element Aluminium. 3. Es handelt sich um zwei Atome des Elements Aluminium. 4. Es handelt sich um die Stoffmenge von 2 mol des Elements Aluminium.

Periodensystem der Elemente

Das Periodensystem der Elemente enthält für jedes Element wesentliche Angaben.

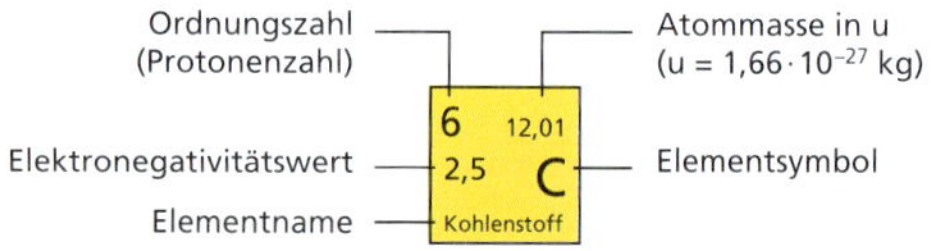

Die Anordnung der Elektronen in der Atomhülle der Elemente spiegelt sich in der Periode bzw. in der Gruppe (Haupt- oder Nebengruppe) wider.
Das Periodensystem besitzt 8 Hauptgruppen. Die Hauptgruppennummer entspricht der maximalen Außenelektronenzahl der Atome der in dieser Gruppe stehenden Elemente.
Das Periodensystem besitzt 7 Perioden. Die Periodennummer entspricht der Anzahl der besetzten Elektronenschalen (Energiestufen) der Atome der in der Periode stehenden Elemente.

Stellung des Elements im PSE		Aussagen zum Atombau
Ordnungszahl	=	Anzahl der Protonen = Kernladungszahl = Anzahl der Elektronen
Periode	=	Anzahl der besetzten Elektronenschalen (Energiestufen)
Hauptgruppennummer	=	Anzahl der Außenelektronen

Gesetz der Periodizität

Die Elemente im Periodensystem sind mit steigender Ordnungszahl (steigender Kernladungszahl) geordnet. In regelmäßigen Abständen findet man Elemente, deren Atome einen ähnlichen Bau und demzufolge ähnliche Eigenschaften haben.

Atombau: Innerhalb der Periode nimmt die Anzahl der Außenelektronen mit steigender Ordnungszahl zu. Innerhalb der Hauptgruppe nimmt die Anzahl der besetzten Elektronenschalen (Energiestufen) mit steigender Ordnungszahl zu.

Eigenschaften: Mit steigender Ordnungszahl nehmen die metallischen Eigenschaften eines Elements innerhalb der Periode ab und innerhalb der Hauptgruppe zu.

Mit steigender Ordnungszahl nehmen die nichtmetallischen Eigenschaften eines Elements innerhalb der Periode zu und innerhalb der Hauptgruppe ab.

Mit steigender Ordnungszahl nimmt die höchste Wertigkeit des Elements gegenüber Sauerstoff in der Periode (von der I. bis zur VII. Hauptgruppe) zu, da sie der Hauptgruppennummer entspricht. Die Wertigkeit gegenüber Wasserstoff nimmt innerhalb der Periode von der I. bis zur IV. Hauptgruppe zu (entspricht der Hauptgruppennummer) und dann wieder ab (8 – Hauptgruppennummer). Innerhalb der Hauptgruppe bleibt die Wertigkeit gleich.

Überblick über die Periodizität der Eigenschaften bei Hauptgruppenelementen

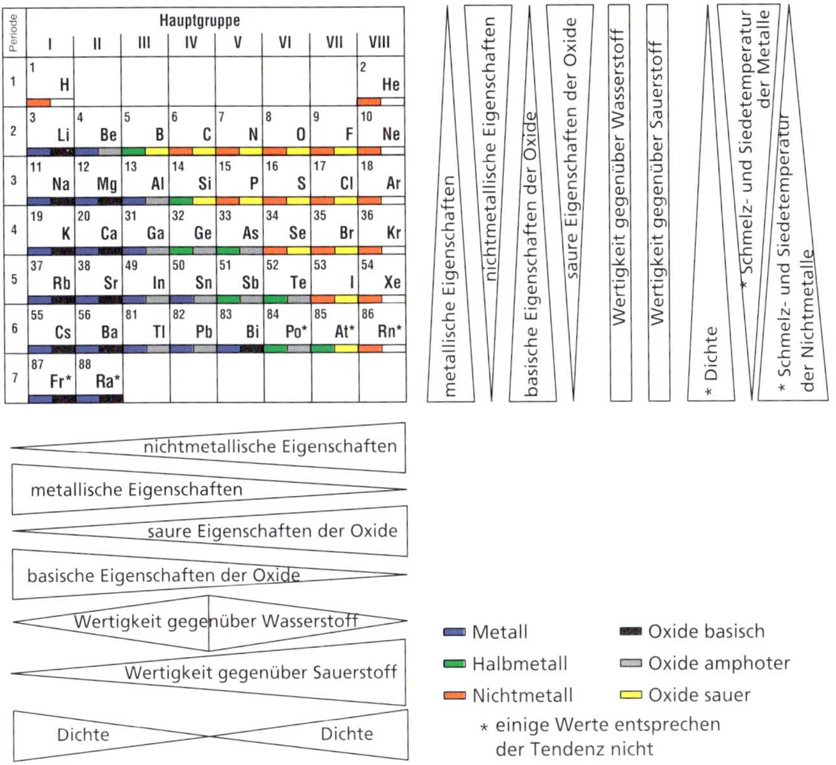

2 Chemische Reaktionen

2.1 Allgemeine Charakteristik der chemischen Reaktion

Eine chemische Reaktion ist eine Stoffumwandlung, bei der die Bindungen der Teilchen der Ausgangsstoffe gelöst werden, diese Teilchen dann neu miteinander kombiniert in den Reaktionsprodukten neue Bindungen eingehen und so die neuen Teilchen der Reaktionsprodukte bilden (S. 38).

Bei chemischen Reaktionen treten physikalische Erscheinungen auf (Wärmeabgabe oder Wärmeaufnahme, Lichterscheinungen, Volumenänderungen).
Diese Erscheinungen beruhen auf Umwandlungen chemischer Energie in andere Energieformen.

Bei einer chemischen Reaktion werden aus Ausgangsstoffen **neue Stoffe mit neuen Eigenschaften** gebildet.

Dabei ist die Masse der Ausgangsstoffe gleich der Masse der Reaktionsprodukte (**Gesetz von der Erhaltung der Masse**).

Chemische Reaktion:

Ausgangsstoffe (Edukte) ⟶ Reaktionsprodukte (Produkte)

Beispiel:

Kohlenstoff +	Sauerstoff	⟶	Kohlenstoffdioxid
fester Stoff	gasförmiger Stoff, unterhält die Verbrennung		gasförmiger Stoff, wirkt erstickend

Jede Eigenschaft eines Stoffes hat ihre Ursache in der chemischen Struktur der Stoffe. Während einer chemischen Reaktion bilden sich aus den Teilchen der Ausgangsstoffe **neue Teilchen der Reaktionsprodukte.** Alte Bindungen werden aufgelöst, neue geknüpft.

Kohlenstoffatom | Sauerstoffmolekül | Kohlenstoffdioxidmolekül

2.1.1 Endotherme und exotherme Reaktion

Wird Wärme abgegeben, spricht man von einer **exothermen Reaktion.** Die Reaktionsprodukte haben einen geringeren Energiegehalt als die Ausgangsstoffe. Deshalb erhält die Reaktionswärme Q ein negatives Vorzeichen.

Exotherme Reaktion

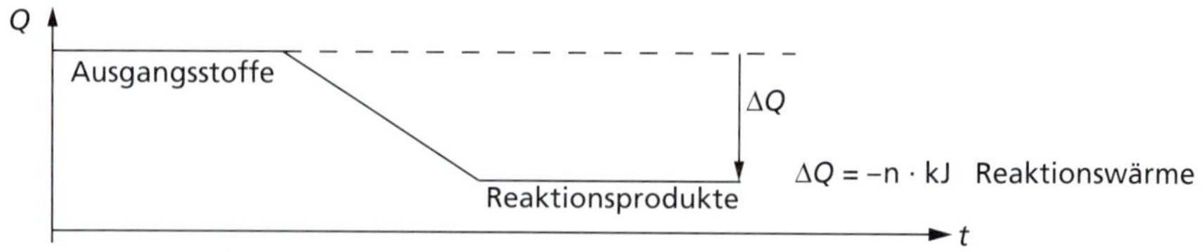

Ausgangsstoffe ⟶ Reaktionsprodukte; $Q = -n \cdot kJ$

Wird bei der Reaktion Wärme aufgenommen, spricht man von einer **endothermen Reaktion.** Die Reaktionsprodukte haben einen höheren Energiegehalt als die Ausgangsstoffe.

Endotherme Reaktion

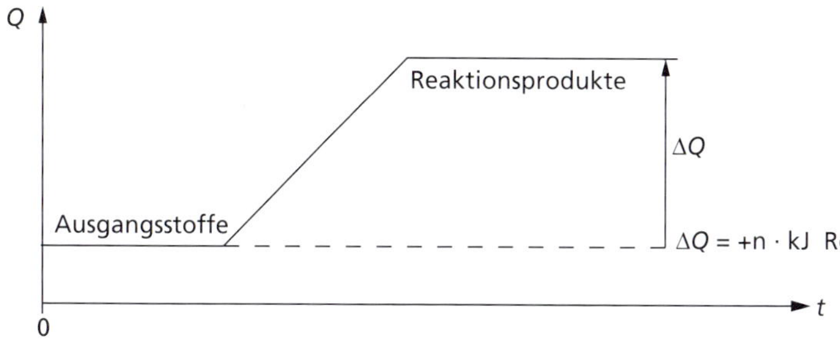

Ausgangsstoffe ⟶ Reaktionsprodukte; $Q = +n \cdot kJ$

2.1.2 Reaktionsgeschwindigkeit

Im Verlauf einer chemischen Reaktion ändern sich mit der Zeit die Stoffmengen der Ausgangsstoffe und der Reaktionsprodukte.

Eine Stoffmenge in einem bestimmten Volumen wird als **Konzentration** bezeichnet. Nimmt die Menge eines Stoffes in einem bestimmten Volumen ab, so nimmt auch seine Konzentration (c) ab.

Reaktionsgeschwindigkeit (V) ist die Konzentrationsänderung (Δc) in einer bestimmten Zeit (Δt).

$$V = \frac{\Delta c}{\Delta t}$$

Beeinflussung der Reaktionsgeschwindigkeit

Temperaturabhängigkeit

Erhöht sich die Temperatur um 10 °C, so erhöht sich die Reaktionsgeschwindigkeit allgemein um das 2bis 4fache **(van't hoffsche RGT-Regel).**

Bei höherer Temperatur liegen mehr aktivierte Teilchen vor, d. h. Teilchen, die die für die chemische Reaktion erfoderliche Mindestenergie besitzen. In gleicher Zeit stoßen die Teilchen häufiger zusammen. Stoßen aktivierte Teilchen zusammen, kommt es zur Ausbildung einer chemischen Verbindung bzw. zur Aufspaltung von Bindungen.

Konzentrationsabhängigkeit/Druckabhängigkeit

Konzentrationserhöhung in Flüssigkeiten bedeutet ebenso wie Druckerhöhung in Gasen, dass in einem bestimmten Volumen die Zahl der Teilchen erhöht wird.
Die Folge ist eine Erhöhung der Zahl der Zusammenstöße der Teilchen. Konzentrations- und Druckerhöhung führen zu einer Erhöhung der Reaktionsgeschwindigkeit.

2.1.3 Katalysator

Katalysatoren sind Stoffe, die durch ihre Anwesenheit die Geschwindigkeit chemischer Reaktionen beeinflussen können. Sie verbrauchen sich während der chemischen Reaktion selbst nicht und liegen nach der Reaktion wieder vollständig vor. Sie gehen mit dem reagierenden Stoff Zwischenverbindungen ein, die mit weniger Aktivierungsenergie reagieren.

Somit besteht die Wirkung des Katalysators darin, dass er die notwendige Aktivierungsenergie (Mindestenergie, die Teilchen für einen wirksamen, die chemische Reaktion hervorrufenden Zusammenstoß benötigen) herabsetzt und dadurch die Reaktionsgeschwindigkeit vergrößert.

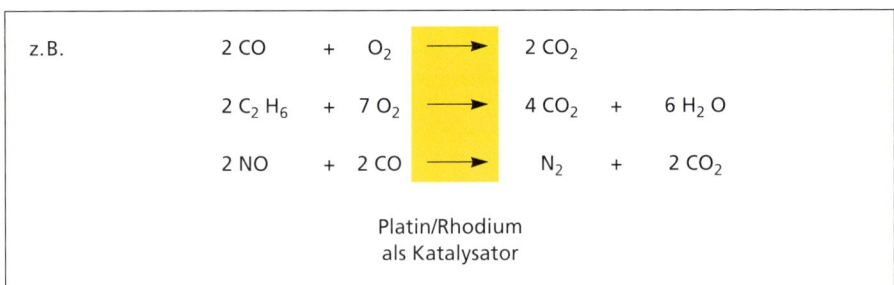

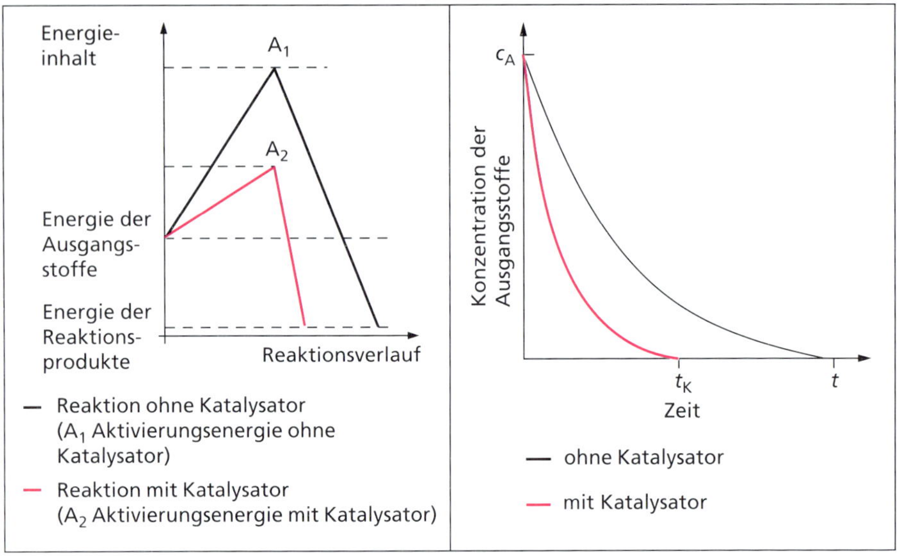

Beispiele:

1. Der Autokatalysator ermöglicht einen schnellen Umsatz schädlicher Stoffe.

z.B.

$$2\,CO + O_2 \longrightarrow 2\,CO_2$$

$$2\,C_2H_6 + 7\,O_2 \longrightarrow 4\,CO_2 + 6\,H_2O$$

$$2\,NO + 2\,CO \longrightarrow N_2 + 2\,CO_2$$

Platin/Rhodium als Katalysator

2. Bei der technischen Herstellung von Schwefelsäure wird als Katalysator Vanadium(V)-oxid (V_2O_5) verwendet.

3. Enzyme, Hormone und Vitamine wirken als **Biokatalysatoren** und ermöglichen den Ablauf von Stoffwechselvorgängen bei Körpertemperatur.

2.2 Arten chemischer Reaktionen

2.2.1 Redoxreaktion

Redoxreaktion im engeren Sinn (i.e.S.)

Oxidation (i.e.S.)	Reduktion (i.e.S.)
Reaktion eines Stoffes mit Sauerstoff (lat. Oxygenium) **Beispiel:** $2\,Mg + O_2 \longrightarrow 2\,MgO$ Magnesium wird durch Sauerstoff zu Magnesiumoxid oxidiert.	Reaktion, bei der eine Verbindung Sauerstoff abgibt **Beispiel:** Zerlegung von Wasser $2\,H_2O \longrightarrow 2\,H_2 + O_2$

Redoxreaktion (i.e.S.)

„Redoxreaktion" ist das Kurzwort für Reduktions-Oxidationsreaktion.

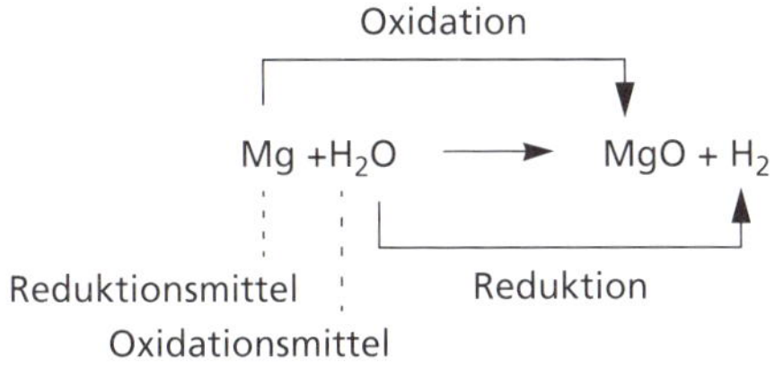

Wasser gibt Sauerstoff ab – wird also reduziert.
Magnesium nimmt Sauerstoff auf – wird also oxidiert.
Oxidationsmittel ist der Reaktionspartner, der Sauerstoff abgibt.
Reduktionsmittel ist der Reaktionspartner, der Sauerstoff aufnimmt.
Eine Reaktion, bei der Oxidation und Reduktion miteinander verbunden ablaufen, nennt man eine **Redoxreaktion.**

Redoxreaktion im erweiterten Sinn – Reaktion mit Elektronenübergang

Ausgangspunkt ist die Vereinbarung, dass alle Teilchen der Stoffe geladen sind.

Die so formal auftretenden Ladungen nennt man in Abgrenzung zur tatsächlichen Ladung von echten Ionen **Oxidationszahl** und gibt sie in der Regel mit römischen Zahlen über dem Symbol des Elements an.

Regeln zur Bestimmung von Oxidationszahlen		
1. Die Oxidationszahl von **Elementsubstanzen** ist immer gleich	⟶	0
2. Die Oxidationszahl von **Sauerstoff** ist in Verbindungen immer gleich (Ausnahmen: Verbindung mit Fluor, Peroxide)	⟶	–II
3. Oxidationszahl von **Wasserstoff** ist in Verbindungen immer gleich (Ausnahmen: Metallhydride)	⟶	+I
4. Die **Summe der Oxidationszahlen in Verbindungen** ist gleich	⟶	0
5. Die **Oxidationszahl von Ionen** ist immer gleich der	⟶	Ionenladung
6. Die Summe der Oxidationszahlen in zusammengesetzten Ionen ist immer gleich der	⟶	Ionenladung

Oxidation	**Reduktion**
Die Oxidation ist eine Teilreaktion der Redoxreaktion, bei der ein Teilchen Elektronen abgibt. Dadurch erhöht sich dessen Oxidationszahl. **Beispiel:** $\mathrm{Mg} \longrightarrow \overset{+II}{\mathrm{Mg}^{2+}} + 2\,e^-$	Die Reduktion ist eine Teilreaktion der Redoxreaktion, bei der ein Teilchen Elektronen aufnimmt. Dadurch verringert sich dessen Oxidationszahl. **Beispiel:** $\overset{\pm 0}{\mathrm{O}} + 2e^- \longrightarrow \overset{-II}{\mathrm{O}^{2-}}$

Redoxreaktion

Die Redoxreaktion ist eine chemische Reaktion, bei der zwischen Teilchen der Ausgangsstoffe Elektronen übertragen werden. Dadurch verändern sich die Oxidationszahlen.

Beispiel 1:

Teilreaktion Oxidation

$$\overset{\pm 0}{\mathrm{Mg}} + \overset{+I}{\mathrm{H}_2}\overset{-II}{\mathrm{O}} \longrightarrow \overset{+II}{\mathrm{Mg}}\overset{-II}{\mathrm{O}} + \overset{\pm 0}{\mathrm{H}_2}$$

Reduktionsmittel Teilreaktion Reduktion

Oxidationsmittel

Beispiel 2: Wassergassynthese – eine Redoxreaktion

Kohlenstoff + Wasser ⟶ Kohlenstoffmonoxid + Wasserstoff

Teilreaktion Oxidation

$$\overset{\pm 0}{\mathrm{C}} + \overset{+I}{\mathrm{H}_2}\overset{-II}{\mathrm{O}} \longrightarrow \overset{+II}{\mathrm{C}}\overset{-II}{\mathrm{O}} + \overset{\pm 0}{\mathrm{H}_2}$$

Teilreaktion Reduktion

$\mathrm{C} \longrightarrow \mathrm{C} + 2e^-$: Kohlenstoff gibt zwei Elektronen ab und wird auf die Oxidationsstufe +II oxidiert.
= Reduktionsmittel

$2\mathrm{H} + 2e^- \longrightarrow \mathrm{H}_2$: Zwei Protonen nehmen je ein Elektron auf und werden so auf die Oxidationsstufe ±0 reduziert.
= Oxidationsmittel

Reduktionsmittel ist der Reaktionspartner, der Elektronen abgibt.

Oxidationsmittel ist der Reaktionspartner, der Elektronen aufnimmt.

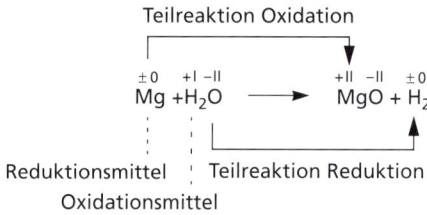

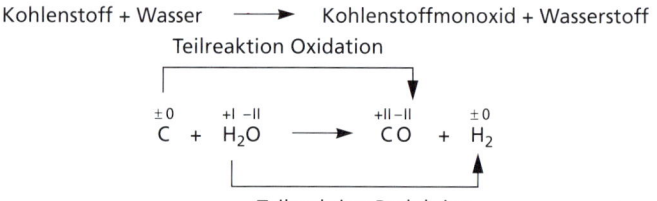

2.2.2 Reaktion mit Protonenübergang

Protonen sind die Träger der positiven Ladung im Atomkern.
Das Wasserstoffatom mit der Ordnungszahl 1 besteht nur aus einem Proton, das den Atomkern bildet, und einem Elektron, das diesen Kern umkreist. Gibt ein Wasserstoffatom ein Außenelektron ab, dann bleibt von diesem Wasserstoffatom nur noch das Proton des Kerns als „Rest" übrig (H \longrightarrow H$^+$ + e$^-$).
Reaktionen, bei denen zwischen den Ausgangsstoffen einer chemischen Reaktion Protonen übertragen werden, sind **Reaktionen mit Protonenübergang**.
Beispiele:

Protonenübergang		
HCl + H$_2$O \rightleftharpoons H$_3$O$^+$ + Cl$^-$		Das Wasserstoffatom geht unter Zurücklassung seines Elektrons als Proton vom Chlorwasserstoffmolekül zum Wassermolekül über.
Protonenübergang		
H$_2$O + NH$_3$ \rightleftharpoons NH$_4^+$ + OH$^-$		Das Wasserstoffatom geht unter Zurücklassung seines Elektrons als Proton vom Wassermolekül zum Ammoniakmolekül über.

2.2.3 Reaktionen organischer Verbindungen

Addition

Die Addition ist eine chemische Reaktion, bei der sich mindestens zwei Stoffe zu einem vereinigen. Das ist nur möglich, wenn einer dieser Stoffe ungesättigt ist, also über Mehrfachbindungen zwischen benachbarten Kohlenstoffatomen verfügt (C=C oder C≡C). Die Addition ist die für ungesättigte Kohlenwasserstoffe typische Reaktionsart. Bei dieser Reaktion entsteht **kein Nebenprodukt**.
Beispiel:

$$H_2C=CH_2 + H_2 \longrightarrow H_3C-CH_3$$

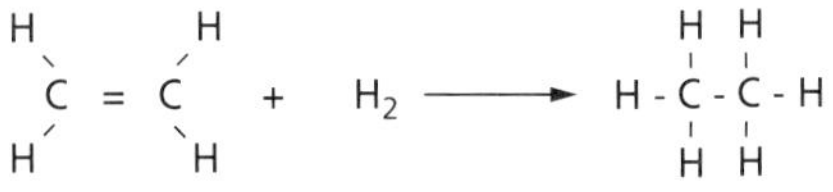

Ethen Ethan

Diese Reaktion läuft z. B. bei der Härtung von fetten Ölen ab. An die Doppelbindungen der ungesättigten Fettsäuren wird Wasserstoff angelagert. Aus fetten Ölen werden so streichfähige Fette für die Margarineherstellung erzeugt.

Polymerisation

Die Polymerisation ist eine Additionsreaktion, bei der viele Moleküle mit Mehrfachbindungen unter deren Aufspaltung zu einem Makromolekül reagieren.
Beispiel:

$$n\ H_2C=CH_2 \longrightarrow [-CH_2-CH_2-]_n$$

Ethen Polyethylen

Diese Reaktion führt z. B. zur Bildung von Polyethylen, bekannt als Haushaltsfolie, oder zu Polypropylen, das z. B. als Faser in Förderbändern zum Einsatz kommt.

Substitution

Die Substitution ist eine chemische Reaktion, bei der Atome bzw. Atomgruppen zwischen den Molekülen der Ausgangsstoffe ausgetauscht werden. Eine solche Reaktion findet in der Regel statt, wenn in dem Molekül nur Einfachbindungen zwischen den Kohlenstoffatomen vorliegen. Die Substitution ist die für gesättigte Kohlenwasserstoffe typische Reaktionsart. Bei dieser Reaktion entstehen immer mehrere Reaktionsprodukte.
Beispiel:

| H H
\| \|
H-C-C-H
\| \|
H H
Ethan | + | Cl-Cl

Chlor | ⟶ | H H
\| \|
H-C-C-Cl
\| \|
H H
Monochlorethan | + | H-Cl

Chlorwasserstoff |

Diese Reaktion wird z. B. angewendet, um aus Kohlenwasserstoffen Halogenkohlenwasserstoffe als Ausgangsstoffe für die Herstellung anderer organischer Verbindungen zu erzeugen.

Polykondensation

Die Polykondensation ist eine Substitution, bei der aus einfach gebauten Molekülen mit funktionellen Gruppen Makromoleküle gebildet werden. Dabei erfolgt eine Abspaltung kleinerer Moleküle (z. B. Wasser).
Beispiel:

| 2 n ⌬-OH

Phenol | + | 2n HCHO

Methanal | ⟶ | $\left[\text{⌬(OH)-CH}_2\text{-⌬(OH)-CH}_2\right]_n$

Phenoplast | + | 2n H_2O

Wasser |

Eliminierung

Die Eliminierung ist eine chemische Reaktion, bei der Atome oder Atomgruppen aus den Molekülen der Ausgangsstoffe ohne Ersatz abgespalten werden. Bei dieser Reaktion wird aus einem gesättigten Kohlenwasserstoffmolekül an zwei benachbarten Kohlenstoffatomen je ein gebundenes Atom oder eine Atomgruppe entfernt. Es bildet sich eine Doppelbindung zwischen diesen beiden Kohlenstoffatomen aus.
Beispiele:

$H_3C-CH_3 \longrightarrow H_2C=CH_2 + H_2$

Ethan wird durch Eliminierung von 2 Wasserstoffatomen zu Ethen umgewandelt. Eliminierungen, bei denen Wasserstoffatome abgespalten werden, werden als **Dehydrierung** bezeichnet.

$H_3C-CH_2\,OH \longrightarrow H_2C=CH_2 + H_2O$

Ethanol wird durch Eliminierung von Wasser zu Ethen umgewandelt. Eliminierungen, bei denen Wasser abgespalten wird, werden als **Dehydratisierungen** bezeichnet.

$H_3C-CH_2\,Cl \longrightarrow H_2C=CH_2 + HCl$

Monochlorethan wird durch Eliminierung zu Ethen umgewandelt.

Eliminierungen spielen eine große Rolle zur Erzeugung von ungesättigten Kohlenwasserstoffmolekülen als Ausgangsstoffe für die Polymerisation von Plasten.

3 Anorganische Stoffe

3.1 Metalle

Metalle sind bei Zimmertemperatur feste Stoffe (Ausnahme: Quecksilber). Sie sind undurchsichtig, leiten den elektrischen Strom und die Wärme und besitzen metallischen Glanz.
Reine Metalle bestehen aus einer Atomsorte. Die Teilchen in Metallen sind über **Metallbindung** miteinander verbunden.
Legierungen entstehen, wenn ein Metall mit einem weiteren Metall oder anderen Stoffen zusammengeschmolzen werden. Legierungen bestehen aus mehreren Atomsorten.

Überblick über einige Metalle und Legierungen			
	Name	Eigenschaften	Verwendung
Metalle	**Eisen**	silbergrau, polierfähig, magnetisierbar, reagiert mit Luftsauerstoff bei Feuchtigkeit zu Rost	Stahlherstellung, Gusseisen, Maschinen, Bauwesen, Geräte, Schiffe
	Kupfer	rotbraun, weich, sehr gute elektrische Leitfähigkeit, gute Wärmeleitfähigkeit, dehnbar	Leitungsmaterial in der Elektrotechnik, Herstellung von Wasserleitungen, Dachbelag, Heizkesseln, Legierungsmetall
	Aluminium	silberweiß, geringe Dichte, an der Luft beständig	Kabelherstellung, Flugzeugbau, Leichtbau, Haushaltgeräteherstellung, Baustoff, Folien
	Magnesium	silberweiß bis grau, geringe Dichte, leicht brennbar	Flugzeugbau, Unterwasser-Fackeln
	Silber	silberweiß, luft- und wasserbeständig, sehr guter elektrischer Leiter, weich, sehr dehnbar	Schmuck, elektrische Kontakte, Fotografie, Spiegelbeläge
	Quecksilber	bei Zimmertemperatur flüssig, gute Ausdehnungsfähigkeit, große Dichte	Thermometer, Barometer, Manometer, Spezialschalter, Batterien
	Gold	gelbrot, weich, polierfähig, sehr dehnbar, widerstandsfähig gegenüber äußeren Einflüssen	Zahlungsmittel, Wertanlage, Schmuck, Zahnersatz, feinmechanische Teile, elektrische Kontakte
Legierungen	**Stähle**	entstehen aus Eisen und verschiedenen Zusätzen, u.a. Kohlenstoff, Mangan, Chrom; sie sind hart, elastisch, schlagfest, gießbar, schmiedbar, walzbar	Baustahl, Brückenbau, Schiffbau, Fahrzeugbau, Stahlwerkzeuge, Schneidwerkzeuge
	Bronzen	entstehen aus Kupfer (Kupferanteil > 60 %) und Zinn u.a. Stoffen	Glocken, Figuren, Maschinenteile, Armaturen
	Messinge	entstehen aus Kupfer (Kuperanteil > 55 %) und Zink u.a. Stoffen	Herstellung von Drähten, Blechen, Profilen, Armaturen
	Amalgame	entstehen aus flüssigem Quecksilber und dem weichen Silber oder Magnesium o.a. Metallen	Zahnfüllungen, Elektroden

3.2 Nichtmetalle

Als **Nichtmetalle** werden meistens die Elemente bezeichnet, die keine oder nur einzelne metallische Eigenschaften besitzen. Sie selbst unterscheiden sich in ihren Eigenschaften oft erheblich.

Physikalische Konstanten einiger Nichtmetalle			
Nichtmetall	Schmelztemperatur in °C bei 1013 hPa	Siedetemperatur in °C bei 1013 hPa	Dichte in $g \cdot cm^{-3}$ bei 25 °C
Argon	–189	–186	1,784 $g \cdot l^{-1}$ bei 0 °C
Chlor	–101	–35	3,214 $g \cdot l^{-1}$ bei 0 °C
Kohlenstoff Graphit Diamant	 3 730 > 3 550	 4 830	 2,26 3,51
Phosphor (weiß)	44	280	1,82
Sauerstoff	–219	–183	1,429 $g \cdot l^{-1}$ bei 0 °C
Schwefel (monoklin)	119	445	1,96
Silicium	1 410	2 680	2,33
Stickstoff	–210	–196	1,251 $g \cdot l^{-1}$ bei 0 °C

3.3 Verbindungen

Reinstoffe, in denen Teilchen von mindestens zwei Elementen untereinander verbunden sind, werden als chemische **Verbindung** bezeichnet.

Die Namen der Elemente können aus dem Periodensystem entnommen werden.

Die Namen der anorganischen Verbindungen setzen sich wie folgt zusammen:

Metallverbindungen aus zwei Elementen

1. Name des Metalls
2. Wertigkeit des Metalls, falls das Metall mehrere Wertigkeiten haben kann
3. abgeleiteter Name des zweiten Elements

Die **Wertigkeit** eines Elements gibt an, wie viele Wasserstoffatome ein Atom binden oder in Verbindungen ersetzen kann. Dabei besitzt Wasserstoff immer die Wertigkeit I und Sauerstoff in fast allen Verbindungen die Wertigkeit II.

Abgeleitete Namen einiger Elemente in Verbindungen:		
Verbindungen mit:	Sauerstoff	– Oxide
	Fluor	– Fluoride
	Chlor	– Chloride
	Brom	– Bromide
	Iod	– Iodide
	Schwefel	– Sulfide
	Kohlenstoff	– Carbide

Beispiel: Natriumchlorid NaCl

Verbindungen aus zwei Nichtmetallen

1. Zahlwort für die Anzahl der Atome des ersten Elements. (Ist das erste Element mit nur einem Atom an der Verbindung beteiligt, wird das Zahlwort nicht angegeben.)
2. Name des Elements mit der kleineren Elektronegativität
3. Zahlwort für die Anzahl der Atome für das zweite Element
4. abgeleiteter Name des zweiten Elements

Zahlwörter: 1 = mon(o), 2 = di; 3 = tri; 4 = tetr(a); 5 = pent(a)

Beispiel: Schwefeldioxid SO_2 Diphosphorpent(a)oxid P_2O_5

Verbindungen aus Ionen, wobei ein Ion zusammengesetzt ist

1. Name des positiv geladenen Ions
2. Wertigkeit, falls das positiv geladene Ion ein Metall-Ion ist und mehr als nur eine Wertigkeit möglich ist
3. Name des negativ geladenen Ions

Namen von zusammengesetzten Ionen:

OH^-	– Hydroxid-Ion
CO_3^{2-}	– Carbonat-Ion
SO_4^{2-}	– Sulfat-Ion
SO_3^{2-}	– Sulfit-Ion
NO_3^-	– Nitrat-Ion
PO_4^{3-}	– Phosphat-Ion

Beispiel: Kupfer(II)-sulfat $CuSO_4$

Chemische Elemente werden durch Symbole dargestellt. Diese kann man dem Periodensystem entnehmen.

Chemische Verbindungen werden durch chemische **Formeln** dargestellt. Eine Formel enthält die Symbole der Elemente und gibt das Zahlenverhältnis der Atome an, die sich verbunden haben.

Schrittfolge zum Aufstellen von Formeln:

1. Notiere die Symbole der enthaltenen Elemente.
2. Ermittle die Wertigkeiten.
3. Bilde das kleinste gemeinsame Vielfache (kgV).
4. Ermittle die tiefgestellten Zahlen durch Division (kgV: Wertigkeit).
5. Stelle die Formel auf.

(Beachte: tief gestellte Zahl = 1 wird in der Formel nicht angegeben)

Beispiel: Formel für die Verbindung Eisen(III)-chlorid

1. Symbole	Fe		Cl
2. Wertigkeit	III		I
3. kgV		3	
4. tief gestellte Zahlen	3 : III = 1		3 : I = 3
5. Formel		$FeCl_3$	

3.3.1 Oxide

Oxide sind chemische Verbindungen, in denen das Element Sauerstoff mit mindestens einem weiteren Element verbunden ist.

Beispiele:

	Name	Eigenschaften	Verwendung
Metalloxide	Calciumoxid (Branntkalk)	weiß, stückig oder pulverig, reagiert mit Wasser zu einer Hydroxidlösung	Ausgangsstoff für die Zementproduktion, Metallindustrie, Düngemittelindustrie
	Titan(IV)-oxid	weiß, in Wasser kaum löslich	Fassadenfarbe, Keramikindustrie
	Magnesiumoxid	weiß, pulverförmig, reagiert mit Wasser zu einer Hydroxidlösung	Laborgeräte, Arzneimittel
	Cobalt(II)-oxid	olivgrün, in Wasser kaum löslich	Glas- und Keramikindustrie
Nichtmetalloxide	Kohlenstoffdioxid	farbloses Gas, wirkt erstickend, nicht brennbar, ungiftig	Trockenlöscher
	Schwefeldioxid	farbloses Gas, stechender Geruch, giftig, nicht brennbar	Schwefelsäureherstellung

Bedeutung

Viele in der Natur vorkommende **Erze** sind Metalloxide. Roteisenstein (Fe_2O_3) und Magneteisenstein (Fe_3O_4) sind Eisenoxide unterschiedlicher Zusammensetzung. Sie werden zur Gewinnung von Roheisen genutzt. **Bauxit** besteht zum größten Teil aus Aluminiumoxid (Al_2O_3), Rotkupfererz aus Kupfer(I)-oxid (Cu_2O), Schwarzkupfererz aus Kupfer(II)-oxid (CuO).

3.3.2 Säuren und Basen

Definitionen nach ARRHENIUS

Säuren sind chemische Verbindungen, die in wässriger Lösung in elektrisch positiv geladene Wasserstoff-Ionen (Protonen) und elektrisch negativ geladene Säurerest-Ionen dissoziieren.

Beispiele:

$$HCl \rightleftharpoons H^+ + Cl^-$$

$$H_2SO_4 \rightleftharpoons 2\,H^+ + SO_4^{2-}$$

Basen sind chemische Verbindungen, die in wässriger Lösung in elektrisch positiv geladene Metall-Ionen und elektrisch negativ geladene Hydroxid-Ionen dissoziieren. **Basen sind Hydroxide.**

Beispiele:

$$NaOH \rightleftharpoons Na^+ + OH^-$$

$$Mg(OH)_2 \rightleftharpoons Mg^{2+} + 2\,OH^-$$

Definitionen nach BRÖNSTED

Säuren sind Stoffe oder Teilchen, die bei chemischen Reaktionen positiv geladene Wasserstoff-Ionen (Protonen) abgeben. Säuren sind **Protonendonatoren**.

Beispiel:

$$\underset{\text{Säure}}{H_2O} + NH_3 \rightleftharpoons NH_4^+ + OH^-$$

Basen sind Stoffe oder Teilchen, die bei chemischen Reaktionen Protonen aufnehmen. Basen sind **Protonenakzeptoren.**

Beispiel:

$$H_2O + \underset{\text{Base}}{NH_3} \rightleftharpoons NH_4^+ + OH^-$$

$$H_3O^+ + CO_3^{2-} \rightleftharpoons HCO_3^- + H_2O$$

Nach BRÖNSTED korrespondiert jede Säure mit einer Base.
Wo ein Protonendonator ist, muss auch ein Partner sein, der Protonen aufnimmt, ein Protonenakzeptor.

Beispiel:

HCl	+	H_2O	$\rightleftharpoons$	H_3O^+	+	Cl^-
Säure 1			korrespondiert mit			Base 1
		Base 2	korrespondiert mit	Säure 2		

Darstellung von Säuren und Basen

Sauerstoffhaltige **Säuren** entstehen durch Reaktion eines Nichtmetalloxides mit Wasser.

Beispiele:

CO_2	+	H_2O	⟶	H_2CO_3
Kohlenstoffdioxid	+	Wasser	⟶	Kohlensäure
SO_3	+	H_2O	⟶	H_2SO_4
Schwefeltrioxid	+	Wasser	⟶	Schwefelsäure

Basen entstehen durch Reaktion eines Metalloxides oder eines unedlen Metalls mit Wasser.

Beispiele:

MgO	+	H_2O	⟶	$Mg(OH)_2$		
Magnesiumoxid	+	Wasser	⟶	Magnesiumhydroxid		
Mg	+	$2\ H_2O$	⟶	$Mg(OH)_2$	+	H_2
Magnesium	+	Wasser	⟶	Magnesium-hydroxid		Wasserstoff

3.3.3 Salze

Salze sind Ionensubstanzen, die in wässriger Lösung in positiv geladene Ionen (meistens Metall-Ionen) und negativ geladene Säurerest-Ionen dissoziieren. Sie können auf drei Wegen gebildet werden.

Salzbildungsreaktionen

Säuren und unedle Metalle

$$2\,HCl + Mg \longrightarrow MgCl_2 + H_2$$

Salzsäure + Magnesium ⟶ Magnesiumchlorid + Wasserstoff

in Ionenschreibweise

$$2\,H^+ + 2\,Cl^- + Mg \longrightarrow Mg^{2+} + 2Cl^- + H_2$$

Redoxreaktion mit Wasserstoff-Ionen (H^+) als Oxidationsmittel und Magnesiumatomen (Mg) als Reduktionsmittel

Säuren und Metalloxide

$$2\,HCl + MgO \longrightarrow MgCl_2 + H_2O$$

Salzsäure + Magnesiumoxid ⟶ Magnesiumchlorid + Wasser

in Ionenschreibweise

$$2\,H^+ + 2\,Cl^- + MgO \longrightarrow Mg^{2+} + 2\,Cl^- + H_2O$$

Reaktion mit Protonenübergang

Säuren und Metallhydroxide (Neutralisationsreaktion)

$$HCl + KOH \longrightarrow KCl + H_2O$$

Salzsäure, Kaliumhydroxid ⟶ Kaliumchlorid, Wasser

in Ionenschreibweise

$$H^+ + Cl^- + K^+ + OH^- \longrightarrow K^+ + Cl^- + H_2O$$

Neutralisation – Reaktion mit Protonenübergang

Bei dieser Reaktion reagieren die von der Säure gebildeten Wasserstoff-Ionen, die für die saure Reaktion der Säure verantwortlich sind, mit den Hydroxid-Ionen der Base, die die basische Reaktion hervorrufen, zu neutralem Wasser.

$$H^+ + OH^- \rightleftharpoons H_2O$$

Einige Salze und ihre Verwendung	
Natriumchlorid NaCl	Vorkommen als Steinsalz; Speisesalz, Konservierungsstoff, Ausgangsstoff für die Herstellung von Natronlauge, Chlor, Natriumhydroxid und Soda
Kaliumchlorid KCl	Vorkommen als Kalisalz; Ausgangsstoff für die Herstellung mineralischer Düngemittel
Calciumcarbonat $CaCO_3$	Vorkommen als Marmor, Kalkstein und Kreide; Verwendung als Baumaterial, Ausgangsstoff für das Kalkbrennen (Herstellung von Mörtel, Herstellung von Zement) u.v.a.

3.4 Einige Hauptgruppenelemente und ihre anorganischen Verbindungen

3.4.1 Kohlenstoff und Kohlenstoffverbindungen

Kohlenstoff

Kohlenstoff hat die Ordnungszahl 6, steht in der 2. Periode und in der IV. Hauptgruppe. Daraus lässt sich ableiten, dass das Kohlenstoffatom 6 Protonen und 6 Elektronen besitzt, die auf 2 Elektronenschalen verteilt sind. In der äußersten besetzten Elektronenschale befinden sich 4 Elektronen. Durch diese 4 Außenelektronen bedingt, gibt es mehrere Modifikationen des Kohlenstoffs. Die bekanntesten zwei sind Graphit und Diamant.

Modifikation	**Graphit**	**Diamant**
Anordnung der Kohlenstoffatome im Kristall	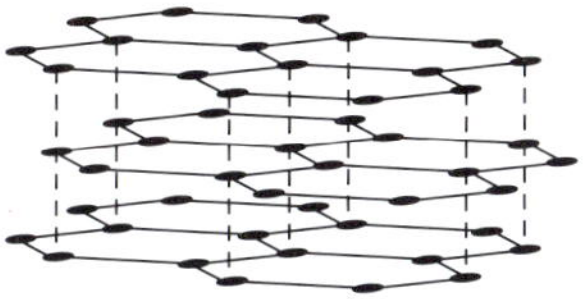 Jedes Kohlenstoffatom ist mit 3 anderen verbunden. Die Ebenen liegen schichtweise übereinander.	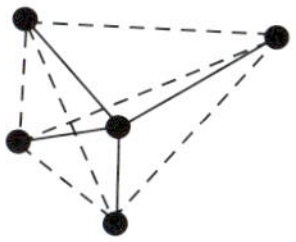 (Ausschnitt aus dem Diamantgitter) Jedes Kohlenstoffatom ist mit 4 anderen verbunden – Tetraeder.
Eigenschaften	grau, weich, leicht abreibbar, guter elektrischer und Wärmeleiter, brennbar	meist farblos durchscheinend, sehr hart, spröde, nicht leitfähig, brennbar
Verwendung	Bleistift, Elektroden	Schneid- und Schleifwerkzeuge

Oxide des Kohlenstoffs

	Kohlenstoffmonooxid CO	**Kohlenstoffdioxid CO_2**
Bau	Molekülsubstanz, deren Moleküle aus je einem Kohlenstoff- und aus je einem Sauerstoffatom bestehen 	Molekülsubstanz, deren Moleküle aus je einem Kohlenstoff- und aus je zwei Sauerstoffatomen bestehen 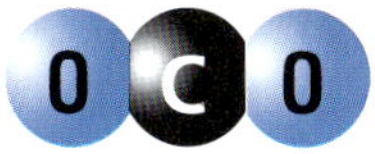
Vorkommen	in Autoabgasen, bei unvollständigen Verbrennungen	in der Ausatemluft, wichtiger Ausgangsstoff der Fotosynthese, Produkt der Verbrennung fossiler Brennstoffe
Eigenschaften	farbloses Gas, leichter als Luft (geringere Dichte), giftig, brennbar	farbloses Gas, schwerer als Luft, erstickend, nicht brennbar
Verwendung	Reduktionsmittel z.B. im Hochofen	Substanz im Trockenlöscher

Nachweis des Kohlenstoffdioxids: Trübung von Baryt- bzw. Kalkwasser

$$Ba(OH)_2 + CO_2 \longrightarrow BaCO_3 + H_2O \quad \text{bzw.}$$
$$Ca(OH)_2 + CO_2 \longrightarrow CaCO_3 + H_2O$$

Kohlensäure H_2CO_3

Darstellung: Kohlensäure entsteht beim Einleiten von Kohlenstoffdioxid in Wasser.

$$CO_2 + H_2O \rightleftharpoons H_2CO_3$$

Eigenschaften: Kohlensäure zerfällt leicht unter Einfluss von Wärme.

$$H_2CO_3 \rightleftharpoons CO_2 + H_2O$$

Kohlensäure dissoziiert in wässriger Lösung (schwache Säure).

$$H_2CO_3 \rightleftharpoons 2\,H^+ + CO_3^{2-} \text{ (nach ARRHENIUS) oder}$$

$$H_2CO_3 + 2\,H_2O \rightleftharpoons 2\,H_3O^+ + CO_3^{2-} \text{ (nach BRÖNSTED)}$$

Carbonate

Carbonate sind Ionensubstanzen, deren Baueinheiten das Carbonat-Ion und Kationen enthalten.
Carbonate, deren Baueinheiten neben dem Carbonat-Ion Ionen der Metalle der II. Hauptgruppe enthalten, sind schwer löslich.

Beispiel: Calciumcarbonat ($CaCO_3$) spielt bei der Bildung von Tropfsteinhöhlen eine Rolle. Dabei versickern Wasser und darin gelöstes Kohlenstoffdioxid im Kalkstein, lösen dort einen Teil heraus und lagern ihn in Form von Tropfsteinen wieder ab. Es ist ein wesentlicher Bestandteil von „hartem Wasser". Calciumcarbonat und andere Carbonate im Wasser sind die Ursache von Kalkablagerungen in Wasserleitungen oder an Heizstäben.
Carbonate, deren Baueinheiten neben dem Carbonat-Ion Ionen der Metalle der I. Hauptgruppe enthalten, sind gut in Wasser löslich.

Beispiele: Natriumcarbonat Na_2CO_3 (Soda)
Kaliumcarbonat K_2CO_3 (Pottasche)

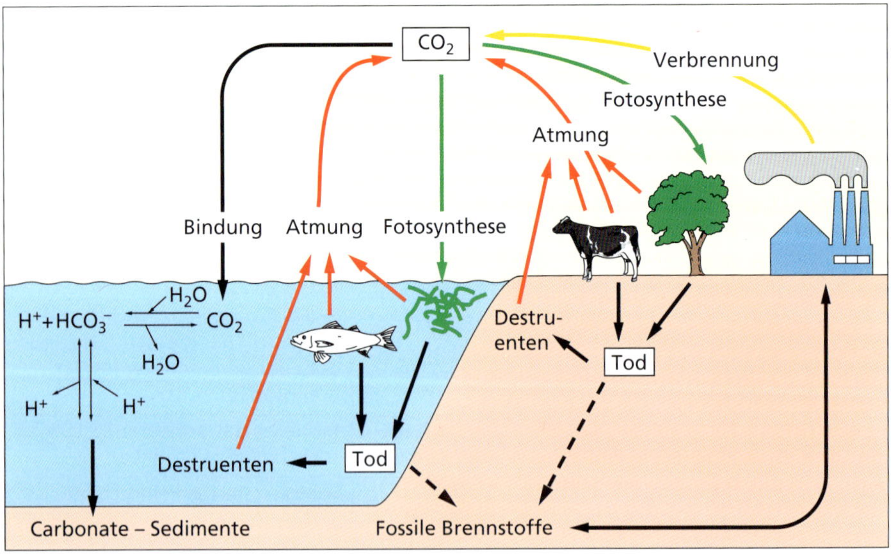

Kohlenstoff-Kreislauf in der Natur

3.4.2 Silicium und seine Verbindungen

Silicium

Silicium (Si) hat die Ordnungszahl 14, steht in der 3. Periode und in der IV. Hauptgruppe. Daraus kann man ableiten, dass Siliciumatome je 14 Protonen und 14 Elektronen besitzen. Die Elektronen befinden sich in 3 Elektronenschalen. Die äußerste besetzte Elektronenschale enthält 4 Elektronen.

Vorkommen: Silicium kommt in der Natur in Verbindungen wie Siliciumoxid und Silicaten vor, nie als Element. Reines Silicium kann jedoch gewonnen werden.

Bau: Reines Silicium bildet unter bestimmten Bedingungen Kristalle, in denen Siliciumatome tetradisch angeordnet sind.

Eigenschaften: Siliciumkristalle sind sehr hart, silbrig glänzend und nicht leitfähig.

Verwendung: Halbleitertechnik, Mikroelektronik

Siliciumdioxid (SiO_2)

Vorkommen: in der Natur z.B. als Quarz (Bergkristall), Achat, Feuerstein, Sand

Bau: Riesenmoleküle, diamantartiger Bau

Eigenschaften: Siliciumdioxid ist hart und weist sehr hohe Schmelz- und Siedetemperaturen auf.

Verwendung: als Schleifmittel, Ausgangsstoff der Glasherstellung

Silicate

Silicate sind Stoffe, die aus Silicium, Sauerstoff und mindestens einem Metall bestehen.

Vorkommen: Viele Gesteine bestehen aus unterschiedlichen Silicaten.

Bau: Silicate sind polymere Stoffe mit kompliziertem Bau.

Verwendung: Baustoffe

Glas ist ein Werkstoff, der vorwiegend aus verbundenen Siliciumdioxid-Baueinheiten besteht. Im Gegensatz zur Kristallstruktur sind die Baueinheiten im Glas nicht regelmäßig angeordnet. Durch schnelles Abkühlen erstarrt die Schmelze und der „glasartige Zustand" entsteht.

Siliciumdioxid		

Opal	Quarz als Bergkristall	Achat

3.4.3 Stickstoff und Stickstoffverbindungen

Stickstoff

Stickstoff (N) hat die Ordnungszahl 7, steht in der 2. Periode und in der V. Hauptgruppe. Das bedeutet, ein Stickstoffatom besitzt 7 Protonen und 7 Elektronen. Die Elektronen sind auf 2 Elektronenschalen verteilt. In der äußersten besetzten Elektronenschale befinden sich 5 Elektronen.

Vorkommen: Die Luft besteht zu ungefähr 78 % aus Stickstoff.

Bau: Stickstoff ist eine Molekülsubstanz. Die Moleküle bestehen aus je 2 Atomen, zwischen denen 3 gemeinsame Elektronenpaare ausgebildet sind.

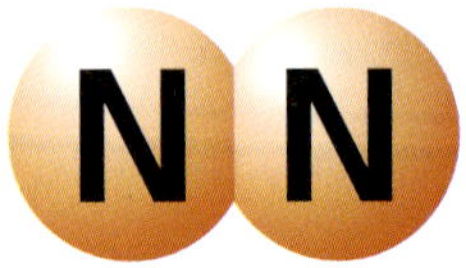

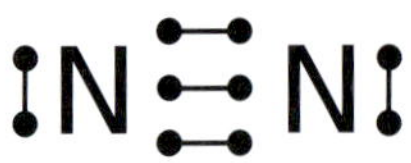

Eigenschaften: Stickstoff ist ein farbloses Gas, sehr reaktionsträge, nicht brennbar und kondensiert bei −195 °C.

Verwendung: Es wird zum Konservieren von Lebensmitteln bzw. in der Medizin verwendet.

Ammoniak (NH_3)

Bau: Ammoniak ist eine Molekülsubstanz, deren Moleküle aus einem Stickstoffatom und 3 Wasserstoffatomen bestehen.

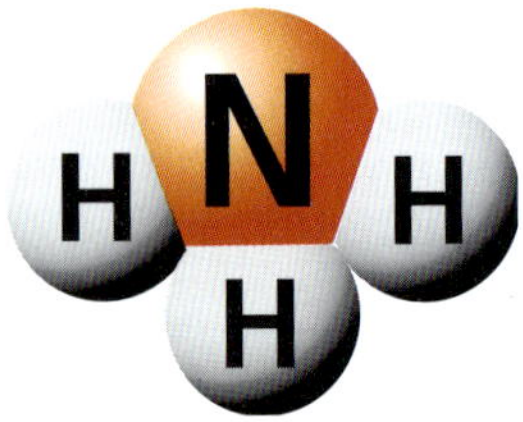

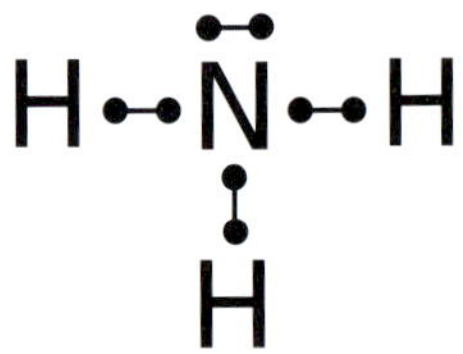

Vorkommen: Ammoniak entsteht bei der Zersetzung von Eiweißen.

Eigenschaften: Ammoniak ist ein farbloses, stechend riechendes, giftiges Gas, welches sich sehr gut in Wasser löst.

Ammoniak reagiert in wässriger Lösung basisch.

$NH_3 + H_2O \longrightarrow NH_4^+ + OH^-$ (Reaktion mit Protonenübergang)

Verwendung: Herstellung von Salpetersäure und Düngemitteln

Ammoniaksynthese (Haber-Bosch-Verfahren)

Reaktion aus den Elementen im Kontaktofen, im Hochdruckverfahren und ungefähr bei 450 °C (exotherm) (S. 309)

$$N_2 + 3\,H_2 \rightleftharpoons 2\,NH_3 \qquad Q = -n\,kJ$$

Oxide des Stickstoffs

Oxide des Stickstoffs sind Molekülsubstanzen, deren Moleküle aus Stickstoffatom(en) und Sauerstoffatom(en) bestehen.

Vorkommen: Stickstoffoxide entstehen bei der Verbrennung in Benzinmotoren und Heizkraftwerken.
Sie haben große Bedeutung als luftverschmutzende Abgase. In der Natur entstehen Stickstoffoxide z.B. durch die Wirkung der Blitze.

Verwendung: Stickstoffoxide sind Ausgangsstoffe für die Herstellung der Salpetersäure.

Stickstoffmonooxid (NO)		in Wasser wenig löslich, gasförmig bei 20 °C, farblos, starkes Atemgift
Stickstoffdioxid (NO_2)	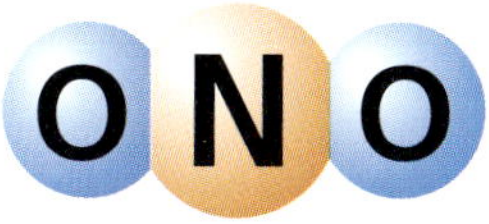	in Wasser leicht löslich, gasförmig bei 20 °C, braun, starkes Atemgift

Salpetersäure (HNO_3)

Salpetersäure ist eine Säure, die in wässriger Lösung in positiv geladene Wasserstoff-Ionen und negativ geladene Nitrat-Ionen dissoziiert.

Vorkommen: Die Stickstoffoxide in der Luft reagieren mit dem Regenwasser und bilden verdünnte Salpetersäure.

Eigenschaften: Salpetersäure dissoziiert in Wasser.

$$HNO_3 \rightleftharpoons H^+ + NO_3^-$$ (ARRHENIUS)

$$HNO_3 + H_2O \rightleftharpoons H_3O^+ + NO_3^-$$ (BRÖNSTED)

Konzentrierte Salpetersäure ist ein starkes Oxidationsmittel.

Herstellung der Salpetersäure durch das **OSTWALD-Verfahren** (S. 312)

1. katalytische Oxidation des Ammoniaks

$$4\,NH_3 + 5\,O_2 \rightleftharpoons 6\,H_2O + 4\,NO$$

$$2\,NO + O_2 \rightleftharpoons 2\,NO_2$$

2. Reaktion von Stickstoffdioxid mit Sauerstoff und Wasser

$$4\,NO_2 + O_2 + H_2O \rightleftharpoons 4\,HNO_3$$

Verwendung: Herstellung von Düngemitteln

Nitrate

Nitrate sind Ionensubstanzen, deren Baueinheiten aus Metall-Ionen bzw. Ammonium-Ionen und Nitrat-Ionen bestehen.

Vorkommen: im Boden

Eigenschaften: Viele Nitrate sind gut wasserlöslich.

Herstellung: z.B. durch die Reaktion von Laugen mit Salpetersäure

$$NaOH + HNO_3 \rightleftharpoons NaNO_3 + H_2O$$

Verwendung: Herstellung von Düngemitteln

3.4.4 Phosphor und Phosphorverbindungen

Phosphor

Phosphor (P) hat die Ordnungszahl 15, steht in der 3. Periode und in der V. Hauptgruppe. Für den Atombau des Phosphoratoms lässt sich ableiten, dass es 15 Protonen und 15 Elektronen besitzt. Die Elektronen befinden sich in 3 Elektronenschalen, in der äußersten besetzten Elektronenschale halten sich 5 Elektronen auf. Phosphor kommt in verschiedenen Modifikationen vor.

Weißer Phosphor	Roter Phosphor
wachsweiche Masse	pulverige oder kristalline Masse
schmilzt bei 44 °C	schmilzt bei etwa 62 °C
löst sich schwer in Wasser und leicht in Kohlenstoffdisulfid	nahezu unlöslich in allen Lösungsmitteln
entzündet sich in feiner Verteilung an der Luft bereits bei Zimmertemperatur	brennbar über 400 °C
sehr giftig! tödliche Dosis für Menschen ab 0,05 mg	ungiftig
leuchtet an der Luft	leuchtet nicht
weißer Phosphor wandelt sich an der Luft zu rotem Phosphor	wird roter Phosphor unter Luftabschluß stark erhitzt, entsteht weißer Phosphor

Phosphorsäure H_3PO_4

Phosphorsäure entsteht, wenn Diphosphorpent(a)oxid mit Wasser reagiert.

$$P_2O_5 + 3\,H_2O \longrightarrow 2\,H_3PO_4$$

Eigenschaften: Phosphorsäure ist eine mittelstarke Säure.

$$H_3PO_4 \rightleftharpoons 3\,H^+ + PO_4^{3-}$$ (ARRHENIUS)

$$H_3PO_4 + 3\,H_2O \rightleftharpoons 3\,H_3O^+ + PO_4^{3-}$$ (BRÖNSTED)

Verwendung: Herstellung von Düngemitteln

Phosphate

Phosphate sind Ionensubstanzen, deren Baueinheiten aus Kationen (meist Metall-Ionen) und Phosphat-Ionen bestehen. Sie entstehen u. a. durch Reaktion von Metallen mit der Säure.

Vorkommen: Phosphate sind wichtige Mineralsalze im Boden und stellen einen wesentlichen pflanzlichen Nährstoff dar.

Natürliche Lagerstätten enthalten
- Phosphorit $Ca_3(PO_4)_2$
- Apalit $Ca_{10}(PO_4)_6F_2$
- Guano (Vogelkot),

die zu Dünger weiterverarbeitet werden.

Calciumphosphat ist ein Bestandteil der Knochensubstanz.

Verwendung: Phosphate werden als Düngemittel eingesetzt. Wenn überdüngt wird, spielen die Phosphate eine bedeutende Rolle bei der Eutrophierung unserer Gewässer.

3.4.5 Schwefel und Schwefelverbindungen

Schwefel

Schwefel (S) hat die Ordnungszahl 16, steht in der 3. Periode und in der VI. Hauptgruppe. Daraus läßt sich für den Atombau des Schwefelatoms ableiten, dass es 16 Protonen und 16 Elektronen besitzt. Die Elektronen befinden sich in 3 Elektronenschalen, wobei die äußerste besetzte Elektronenschale 6 Elektronen enthält.

Vorkommen: In elementarer Form ist Schwefel u.a. in vulkanischen Gebieten zu finden.

Bau: Die häufigste Modifikation stellt ein Molekül aus 8 Schwefelatomen dar.

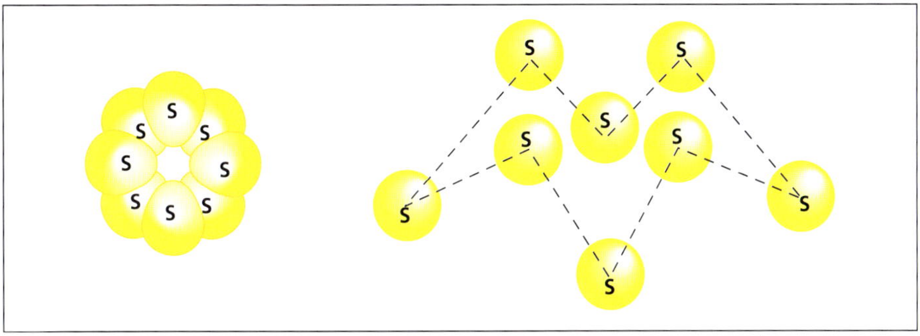

Eigenschaften: Schwefel ist fest, von gelber Farbe und bildet Kristalle. Diese sind nicht leitfähig und nicht wasserlöslich. Die Schmelztemperatur beträgt 113 °C und die Siedetemperatur 445 °C. Schwefel brennt mit blauer Flamme.

Verwendung: Aufgrund der keimabtötenden Wirkung wird Schwefel in Heilsalben verwendet. Er ist ein wichtiger Ausgangsstoff für die Herstellung der Schwefelsäure.

Oxide des Schwefels

Schwefeldioxid (SO_2) entsteht durch die Verbrennung von Schwefel (z.B. auch bei der Verbrennung schwefelhaltiger Kohle).

$$S + O_2 \longrightarrow SO_2$$

Eigenschaften: Schwefeldioxid ist ein farbloses, stechend riechendes Gas, das sehr gut wasserlöslich ist. Es ist ein Atemgift. Schwefeldioxid verbindet sich nur unter Einfluss eines Katalysators mit Sauerstoff. Schwefeldioxid reagiert mit Wasser zu schwefliger Säure.

Verwendung: Herstellung der Schwefelsäure

Schwefeltrioxid (SO_3) entsteht bei der katalytischen Reaktion von Schwefeldioxid mit Sauerstoff. Die Reaktion wird im Kontaktofen in Anwesenheit von Vanadium(V)-oxid als Katalysator durchgeführt. (S. 311)

$$2\,SO_2 + O_2 \longrightarrow 2SO_3$$

Eigenschaften: Schwefeltrioxid ist bei Zimmertemperatur ein farbloses Gas, welches sich besser in Schwefelsäure als in Wasser löst. Es ist ein starkes Atemgift.

Verwendung: Schwefelsäureherstellung

Schweflige Säure (H_2SO_3)

Diese Säure bildet sich bei der Reaktion von Schwefeldioxid mit Wasser.

$$SO_2 + H_2O \longrightarrow H_2SO_3$$

Eigenschaften: farblose Flüssigkeit, mittelstarke Säure

$$H_2SO_3 \rightleftharpoons 2\,H^+ + SO_3^{2-} \text{ (Arrhenius)}$$

$$H_2SO_3 + 2\,H_2O \rightleftharpoons 2\,H_3O^+ + SO_3^{2-} \text{ (Brönsted)}$$

Bedeutung: Die Reaktion von Schwefeldioxid mit Wasser läuft auch in der Luft ab und führt gemeinsam mit anderen Bestandteilen zu „**saurem Regen**". Die entstandene Säure ruft Schäden an Gebäuden hervor und hat einen großen Anteil am Waldsterben.

Schwefelsäure (H_2SO_4)

Diese Säure wird in der Technik hergestellt, indem Schwefeltrioxid gelöst wird. Dabei entsteht Oleum (Dischwefelsäure), welches mit Wasser zu 98 %iger Schwefelsäure reagiert. (S. 311)

$$SO_3 + H_2SO_4 \longrightarrow H_2S_2O_7 \text{ (Dischwefelsäure)}$$

$$H_2S_2O_7 + H_2O \longrightarrow 2\,H_2SO_4$$

Eigenschaften: Verdünnte Schwefelsäure ist eine farblose, geruchlose Flüssigkeit, die eine starke Säure darstellt.

$$H_2SO_4 \rightleftharpoons 2\,H^+ + SO_4^{2-} \text{ (Arrhenius)}$$

$$H_2SO_4 + 2\,H_2O \rightleftharpoons 2\,H_3O^+ + SO_4^{2-} \text{ (Brönsted)}$$

Mit unedlen Metallen bildet die Säure **Sulfate**. Das sind Ionensubstanzen, deren Baueinheiten Sulfat-Ionen und Kationen enthalten.

Konzentrierte Schwefelsäure ist eine farblose, ölige Flüssigkeit, die stark ätzend ist. Sie hat eine stark wasseranziehende Wirkung.

(**Verdünnungsregel:** Erst das Wasser, dann die Säure!)

Verwendung: Schwefelsäure wird als Batteriesäure verwendet, dient zur Herstellung von Waschmitteln, Kunstfasern, Düngemitteln, Lacken und Arzneimitteln.

Konzentrierte Schwefelsäure wird als Trocknungsmittel eingesetzt.

Schwefelwasserstoff (H_2S)

Vorkommen: Schwefelwasserstoff entsteht beim Abbau von Eiweißen.

Eigenschaften: Schwefelwasserstoff ist ein unangenehm riechendes, giftiges Gas. Es ist brennbar und wasserlöslich. Bei der Reaktion mit Wasser entsteht eine mittelstarke Säure, die Schwefelwasserstoffsäure.

$$H_2S \rightleftharpoons 2\,H^+ + S^{2-} \text{ (Arrhenius)}$$

$$H_2S + 2\,H_2O \rightleftharpoons 2\,H_3O^+ + S^{2-} \text{ (Brönsted)}$$

(S^{2-} = Sulfid-Ion)

Mit Schwermetall-Ionen bilden Sulfid-Ionen schwer lösliche **Sulfide**, mit Ionen der Alkalimetalle gut wasserlösliche Sulfide. Viele Sulfide sind Ionensubstanzen, deren Baueinheiten Sulfid-Ionen und Kationen enthalten.

3.4.6 Chlor und Chlorverbindungen

Chlor

Chlor (Cl) hat die Ordnungszahl 17, steht in der 3. Periode und in der VII. Hauptgruppe. Daraus kann man ableiten, dass das Chloratom 17 Protonen und 17 Elektronen besitzt. Die Elektronen befinden sich in 3 Elektronenschalen. Die äußerste Elektronenschale ist mit 7 Elektronen besetzt.

Darstellung: Chlor entsteht, wenn man Kaliumpermanganat mit Salzsäure versetzt.

Bau: Chlor ist eine Molekülsubstanz. Die Moleküle enthalten jeweils zwei Chloratome.

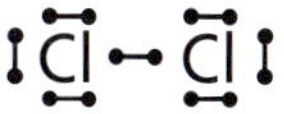

Eigenschaften: Chlor ist ein gelbgrünes, stechend riechendes Gas mit Bleichwirkung. Es ist sehr giftig. Chlor ist gut wasserlöslich. In geringen Konzentrationen wirkt Chlorwasser desinfizierend.

Verwendung: Chlor wird zum Bleichen von Zellstoff und zum Desinfizieren von Wasser in Hallenbädern genutzt. Wegen seiner Giftigkeit wird es zunehmend durch andere Stoffe und Verfahren ersetzt.

Chlorwasserstoff HCl

Vorkommen: Der Magensaft enthält eine ungefähr 0,15 %ige Salzsäure.

Darstellung: Chlorwasserstoff entsteht bei der Reaktion von Chlor und Wasserstoff. (**Vorsicht:** Das Chlor-Wasserstoff-Gemisch reagiert durch Sonnenlicht ausgelöst explosionsartig – **Chlorknallgas**!)

Bau: Chlorwasserstoff ist eine Molekülsubstanz, deren Moleküle ein Wasserstoffatom und ein Chloratom enthalten. Das gemeinsame Elektronenpaar wird vom Chloratom stärker angezogen als vom Wasserstoffatom. Deshalb ist das Chloratom partiell negativ (δ–) und das Wasserstoffatom partiell positiv (δ+).

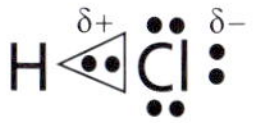

Eigenschaften: Chlorwasserstoff ist ein farbloses, stechend riechendes, giftiges Gas. Es löst sich sehr gut in Wasser und bildet dann eine starke Säure (**Salzsäure**):

$$HCl \rightleftharpoons H^+ + Cl^- \text{ (Arrhenius)}$$

$$HCl + H_2O \rightleftharpoons H_3O^+ + Cl^- \text{ (Brönsted)}$$

Verwendung: Chlorwasserstoff dient zur Herstellung von Salzsäure und vielen organischen Verbindungen.

Chloride

Chloride sind Ionensubstanzen, die aus negativ geladene Chlorid-Ionen und Kationen (meist Metall-Ionen) bestehen. Sie entstehen u.a. bei der Reaktion der Chlorwasserstoffsäure oder von Chlor mit Metallen oder Metall-Ionen.

$$2\ Na + Cl_2 \longrightarrow 2\ NaCl$$

$$NaOH + HCl \longrightarrow NaCl + H_2O$$

Eigenschaften: Viele Chloride sind wasserlöslich. Ihre Lösungen und die Schmelzen sind elektrisch leitfähig. Die Schmelz- und Siedetemperaturen sind relativ hoch.

Verwendung: Besonders **Natriumchlorid** (Kochsalz) hat große Bedeutung. Es wird zum Würzen von Speisen benutzt, aber auch in der Medizin verwendet (Herstellung von physiologischer Kochsalzlösung).

4 Organische Verbindungen

4.1 Kohlenwasserstoffe

Kohlenstoffatome können mit sich selbst mehrfach Atombindung eingehen. Sind nur Kohlenstoff- und Wasserstoffatome miteinander verbunden, spricht man von **Kohlenwasserstoffen.** Kohlenwasserstoffe können unverzweigte oder verzweigte Ketten oder ringförmige Strukturen bilden.

Beispiele für einfache Ketten:

Hexan:

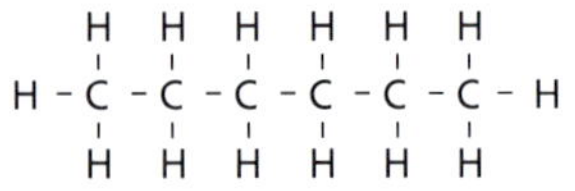

Hepten:

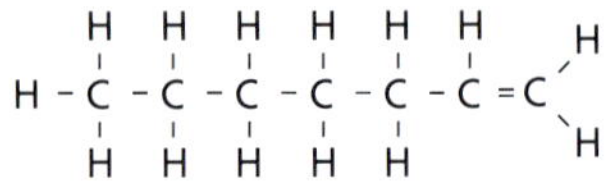

Hexan verbrennt mit stark rußender Flamme

Beispiel für verzweigte Ketten:

Methylpropan:

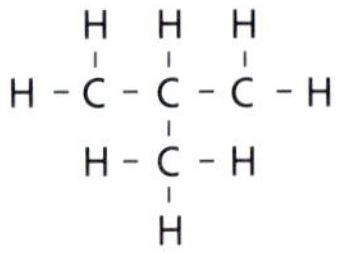

Beispiel für ringförmige Kohlenwasserstoffe:

Benzen:

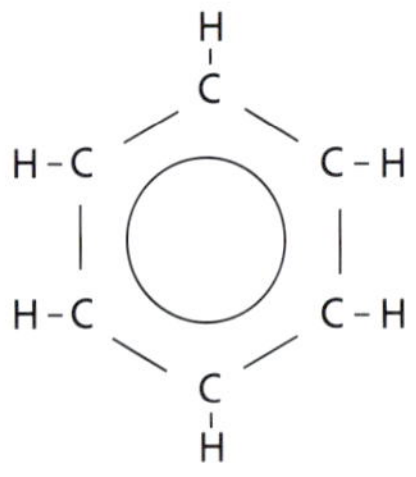

Cyclohexan:

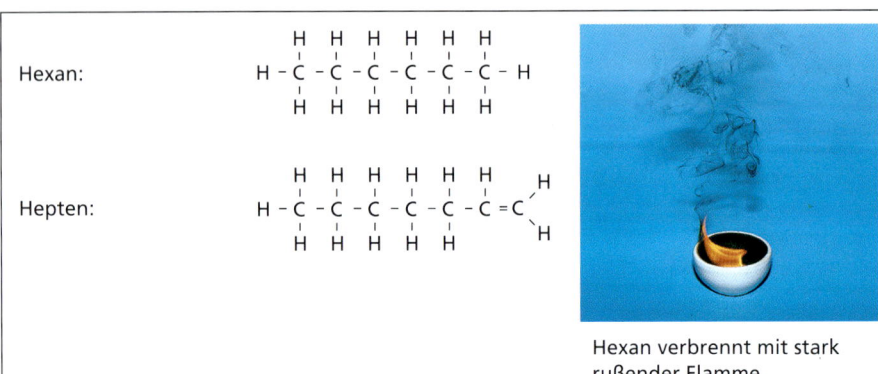

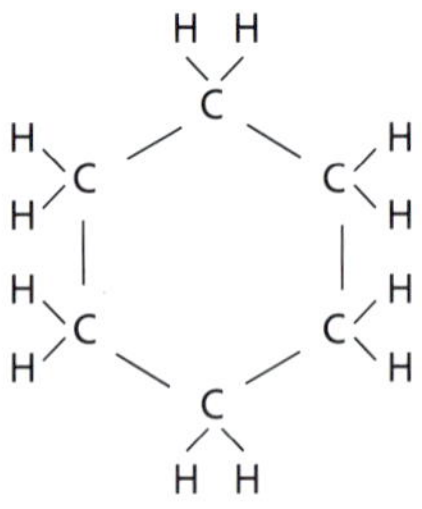

Kettenförmige Kohlenwasserstoffe bilden **homologe Reihen.**

Eine **homologe Reihe** ist eine Folge chemisch ähnlicher Verbindungen, bei der zwischen den Formeln zweier aufeinanderfolgender Glieder der Reihe immer die Differenz ($-CH_2-$) auftritt. Gleiche Strukturmerkmale bedingen ähnliche chemische Eigenschaften. Unterschiedliche Molekülmassen haben verschiedene physikalische Eigenschaften zur Folge.

Nomenklatur organischer Verbindungen

Die **Wortstämme** entsprechen der Anzahl der Kohlenstoffatome in der **Kette**.

1	Meth	6	Hex	11	Undec	16	Hexadec
2	Eth	7	Hept	12	Dodec	17	Heptadec
3	Prop	8	Okt	13	Tridec	18	Oktadec
4	But	9	Non	14	Tetradec	19	Nonadec
5	Pent	10	Dec	15	Pentadec	20	Eikos

Beispiel:

Prop**an**

$$H-\underset{H}{\overset{H}{C}}-\underset{H}{\overset{H}{C}}-\underset{H}{\overset{H}{C}}-H$$

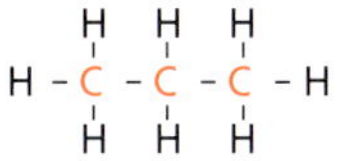

Die **Endungen** kennzeichnen einfache Bindungen, Doppelbindungen bzw. Dreifachbindungen in der **Kette**.

Endung	Bedeutung	Beispiel	Name
-an	einfache Bindungen zwischen den Kohlenstoffatomen	$H-\underset{H}{\overset{H}{C}}-\underset{H}{\overset{H}{C}}-H$	Eth**an**
-en	eine Doppelbindung zwischen zwei C-Atomen	$\underset{H}{\overset{H}{>}}C=C\underset{H}{\overset{H}{<}}$	Eth**en**
-in	eine Dreifachbindung zwischen zwei C-Atomen	$H-C\equiv C-H$	Eth**in**

Beispiel:

But**en**-2

$$H-\underset{H}{\overset{H}{C}}-\overset{H}{C}=\overset{H}{C}-\underset{H}{\overset{H}{C}}-H$$

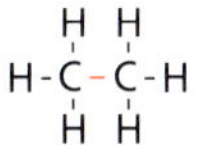

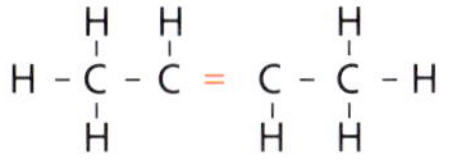

Doppelbindung zwischen 2. und 3. C-Atom

Der Name für **verzweigte kettenförmige Kohlenwasserstoffe** wird wie folgt gebildet.

Grundname: Name der längsten unverzweigten Kette im Molekül (Wortstamm und Endung)
Seitenkette: Wortstamm des entsprechenden Kohlenwasserstoffrests mit der Endung – yl

Beispiel:

2- Meth**yl**hept**an**

Die Ziffer bezeichnet die Stellung der Seitenkette bzw. die Stellung von Mehrfachbindungen in der Kette.

$$H-\overset{H}{\underset{H}{C^1}}-\overset{H}{\underset{|}{C^2}}-\overset{H}{\underset{H}{C^3}}-\overset{H}{\underset{H}{C^4}}-\overset{H}{\underset{H}{C^5}}-\overset{H}{\underset{H}{C^6}}-\overset{H}{\underset{H}{C^7}}-H$$
$$H-\underset{H}{\overset{|}{C}}-H$$

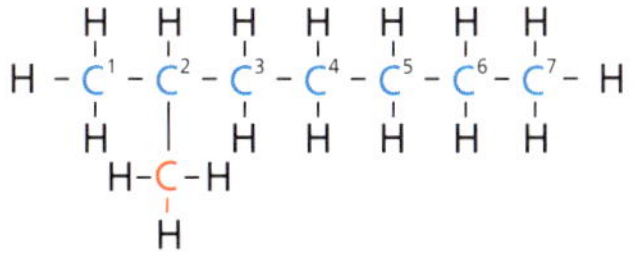

Für die **Anzahl der Bindungen** oder Seitenketten gilt:

1 mono-	6 hexa-	
2 di-	7 hepta-	
3 tri-	8 octa-	
4 tetra-	9 nona-	
5 penta-	10 deca-	

Beispiele:

Propa**dien**
2 Doppelbindungen

$$\underset{H}{\overset{H}{>}}C=C=C\underset{H}{\overset{H}{<}}$$

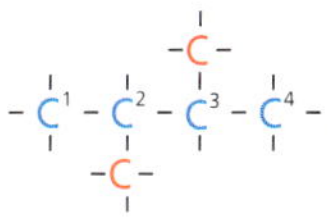

2,3-**Dimethyl**butan
2 Methylgruppen am 2. und 3. C-Atom

$$-\overset{|}{\underset{|}{C^1}}-\overset{\overset{|}{-C-}}{\underset{|}{C^2}}-\overset{\overset{|}{-C-}}{\underset{|}{C^3}}-\overset{|}{\underset{|}{C^4}}-$$

4.1.1 Kettenförmige Kohlenwasserstoffe

Alkane

Alkane sind kettenförmige Kohlenwasserstoffe, die in ihrem Molekül ausschließlich Einfachbindungen enthalten. Kohlenwasserstoffe, die zwischen den Kohlenstoffatomen nur Einfachbindungen enthalten, sind **gesättigt**.

Alkan (Name)	Homologe Reihe		Schmelz-temperatur in °C	Siede-temperatur in °C
	Summenformel	Strukturformel		
Methan	CH_4	H\|H-C-H\|H	−182	−161
Ethan	C_2H_6	H H\|H-C-C-H\|H H	−183	−89
Propan	C_3H_8	H H H\|H-C-C-C-H\|H H H	−187	−42
Butan	C_4H_{10}	H H H H\|H-C-C-C-C-H\|H H H H	−138	−0,5
Pentan	C_5H_{12}	H H H H H\|H-C-C-C-C-C-H\|H H H H H	−129	36
allgemeine Formel		C_nH_{2n+2}		

Methan, Ethan, Propan und Butan sind im Erdgas enthalten und werden wegen ihrer Brennbarkeit als Heizgas verwendet. Aus ihnen können viele Grundchemikalien und Lösungsmittel hergestellt werden. Viele Alkane sind Bestandteile des Erdöls und können über das Destillationsverfahren daraus gewonnen und weiterverarbeitet werden.

Typische Reaktionen:

Substitutionsreaktionen

Ethan + Chor ⟶ Monochlorethan + Chlorwasserstoff
C_2H_6 + Cl_2 ⟶ C_2H_5Cl + HCl

H H H H
 \| \| \| \|
H-C-C-H + Cl−Cl ⟶ H-C-C-Cl + HCl
 \| \| \| \|
H H H H

Eliminierungsreaktionen

Ethan ⟶ Ethen + Wasserstoff
C_2H_6 C_2H_4 + H_2

H H H H
 \| \| \\ /
H-C-C-H ⟶ C=C + H_2
 \| \| / \\
H H H H

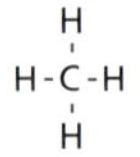

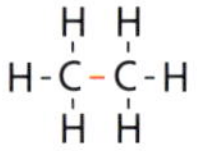

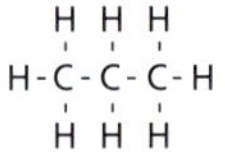

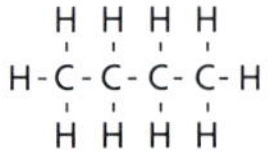

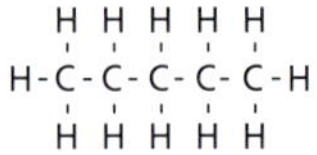

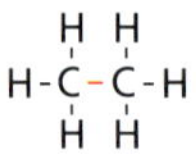

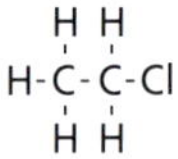

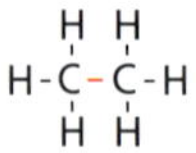

Alkene

Alkene sind kettenförmige Kohlenwasserstoffe, deren Moleküle zwischen zwei benachbarten Kohlenstoffatomen der Kette eine Doppelbindung besitzen. Kohlenwasserstoffe, die im Molekül eine Mehrfachbindung enthalten, sind **ungesättigte Kohlenwasserstoffe**.

Alken (Name)	Homologe Reihe Summenformel	Strukturformel	Schmelztemperatur in °C	Siedetemperatur in °C
Ethen (Ethylen)	C_2H_4	$H_2C=CH_2$	−169	−104
Propen (Propylen)	C_3H_6	$H_2C=CH-CH_3$	−185	−47
Buten-2 (Butylen)	C_4H_8	$H_3C-CH=CH-CH_3$	−185	−6
Penten-2	C_5H_{10}	$H_3C-CH=CH-CH_2-CH_3$	−138	30
allgemeine Formel		C_nH_{2n}		

Alkene sind Ausgangsstoffe für die Herstellung einer Vielzahl organischer Stoffe (Kautschuk, Vergaserkraftstoffe, Kunststoffe, wie z.B. Plaste). Sie sind brennbar und können zur Energiegewinnung genutzt werden.

Typische Reaktionen:

Additionsreaktionen

Ethen + Chlor ⟶ 1,2-Dichlorethan

C_2H_4 + Cl_2 ⟶ $C_2H_4Cl_2$

$H_2C=CH_2$ + $Cl-Cl$ ⟶ $Cl-CH_2-CH_2-Cl$

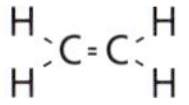

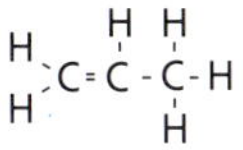

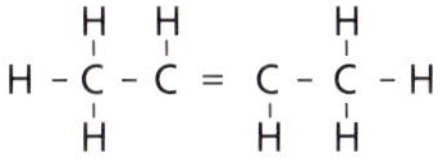

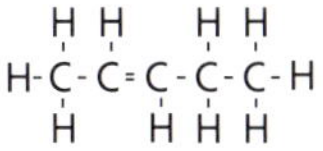

Polymerisation (Bildung von Makromolekülen durch Reaktion mehrerer ungesättigter Moleküle miteinander)

n Ethen ⟶ Polyethen

$n\,[H_2C=CH_2]$ ⟶ $[-CH_2-CH_2-]_n$

Alkine

Alkine sind kettenförmige Kohlenwasserstoffe, deren Moleküle zwischen zwei benachbarten Kohlenstoffatomen der Kette eine Dreifachbindung besitzen. Auch sie sind ungesättigte Kohlenwasserstoffe.

Alkin (Name)	Homologe Reihe Summenformel	Strukturformel	Schmelztemperatur in °C	Siedetemperatur in °C
Ethin (Acetylen)	C_2H_2	H-C≡C-H	–80,8	–84,0
Propin (Methylacetylen)	C_3H_4	H H-C≡C-C-H H	–102,7	–23,2
Butin-2 (Dimethylacetylen)	C_4H_6	H H H-C-C≡C-C-H H H	–32,3	27,0
Pentin-2	C_5H_8	H H H H-C-C≡C-C-C-H H H H	–109,3	56,1
allgemeine Formel	C_nH_{2n-2}			

Ethin wird als Brenngas zum Gasschweißen und zum Brennschneiden technisch genutzt. Im Gemisch mit Sauerstoff wird es für Schweißbrenner benötigt. Ethin ist Ausgangsstoff zur Herstellung von Plasten (Polyvinylchlorid PVC), synthetischem Kautschuk und von Kunstfasern.

Typische Reaktionen

Addition an die Dreifachbindung

Ethin + Brom ⟶ Tetrabromethan

$C_2H_2 + 2\,Br_2 \longrightarrow C_2H_2Br_4$

H-C≡C-H + 2 Br-Br ⟶ Br-C(Br)(H)-C(H)(Br)-Br

Ethin + Chlorwasserstoff —Kat.⟶ Monochlorethen (Vinylchlorid)

$C_2H_2 + HCl \xrightarrow{Kat.} C_2H_3Cl$

H-C≡C-H + H-Cl —Kat.⟶ (H)(H)C=C(H)(Cl)

4.1.2 Ringförmige Kohlenwasserstoffe

In **ringförmigen** oder **cyclischen Kohlenwasserstoffen** sind die Kohlenstoffatome zu einem Ring geschlossen. Dabei können z. B. drei, vier, fünf oder sechs Kohlstoffatome zu einem Ring verbunden sein. Es können nur Einfachbindungen oder auch Mehrfachbindungen auftreten.

	Name	Summenformel	Strukturformel ausführlich	Strukturformel vereinfacht	
Cycloalkane (enthalten nur Einfachbindungen)	Cyclopropan	C_3H_6	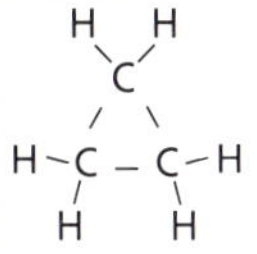	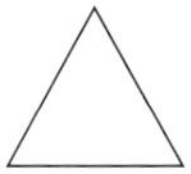	– gesättigt – Substitutionsreaktionen sind möglich
	Cyclobutan	C_4H_8	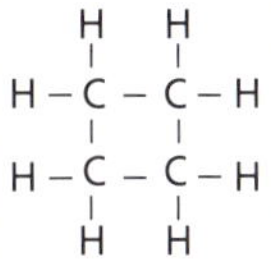		– Eigenschaften ähneln denen der Alkane
	Cyclopentan	C_5H_{10}	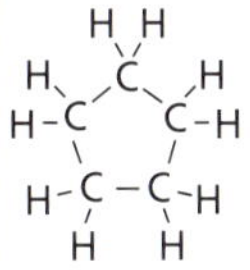	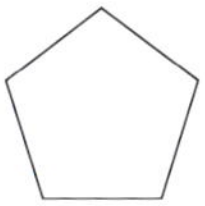	
	Cyclohexan	C_6H_{12}	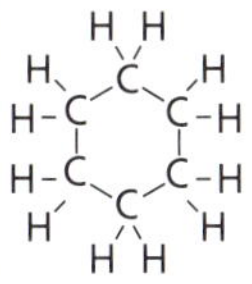	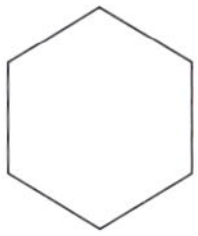	– Vorkommen in Erdölen
Cycloalkene (enthalten mindestens eine Doppelbindung)	Cyclohexen	C_6H_{10}	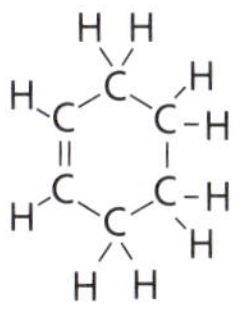	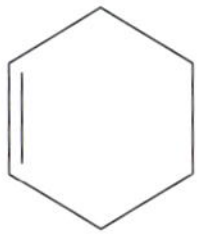	– ungesättigt – Additionsreaktionen sind typisch – instabil – Eigenschaften ähneln denen der Alkene – Vorkommen in Erdölen
Cycloalkine (enthalten mindestens eine Dreifachbindung)	Cyclopentin	C_5H_6	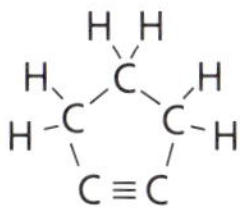	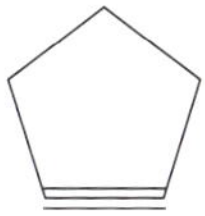	– ungesättigt – sehr instabil – Additionsreaktionen sind typisch

Aromaten

Zwischen den Kohlenstoffatomen eines Ringes können sich Einfachbindungen und ein **Elektronensextett** befinden.

C_6H_6

Summenformel

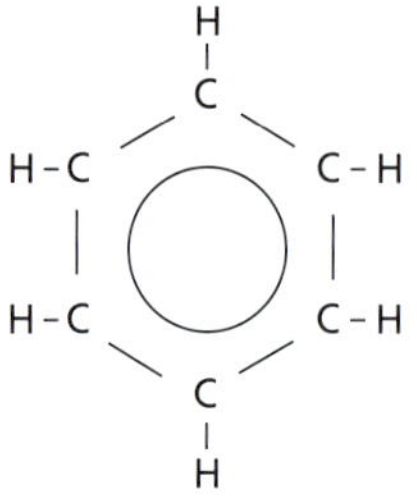

Strukturformel

Benzol (Benzen)

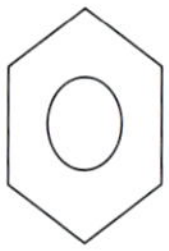

vereinfachte Strukturformel

Die Elektronen des Elektronensextetts sind im Ring frei beweglich. Stoffe, deren Moleküle ein Elektronensextett enthalten, bezeichnet man als **Aromaten**.

Stoffe mit einem solchen Elektronensextett verhalten sich ähnlich wie gesättigte Kohlenwasserstoffe und gehen in der Regel nur Substitutionsreaktionen analog den Alkanen ein.

Eine Addition ist nur unter hohem Energieaufwand möglich.

Aromaten haben große Bedeutung als Ausgangsstoffe in der chemischen Industrie.

Aromaten		
Name	**vereinfachte Strukturformel**	**Verwendung/Bedeutung**
Benzol (Benzen)		Bestandteil des Benzins; Grundstoff zur Herstellung von Farben, Kunststoffen, Medikamenten, Lösungsmitteln
Toluol (Toluen)		Lösungsmittel, Ausgangsstoff zur Herstellung von Farbstoffen und Sprengstoffen, Bestandteil des Benzins
Anilin		Ausgangsstoff zur Herstellung von Farben, Arzneimitteln (Sulfonamide, Schmerzmittel), Kunststoffen (Polyurethane)
Naphthalin	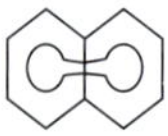	Ausgangsstoff zur Herstellung von Farben (Indigo) und Arzneimitteln
Styren (Styrol)		Ausgangsstoff zur Herstellung von Plasten (Polystyrol)

4.2 Kohlenwasserstoffe mit weiteren Elementen im Molekül

Funktionelle Gruppen

Als funktionelle Gruppen werden Atomgruppen bezeichnet, die wesentlich die chemischen Eigenschaften der Verbindungen bestimmen.

Mit steigender Kettenlänge bzw. mit wachsender Größe des Moleküls nimmt die Wirkung der funktionellen Gruppe auf die Eigenschaften des Moleküls ab.

Stoffe mit funktionellen Gruppen im Molekül werden als **Derivate** (abgeleitete Verbindungen) der Stoffe bezeichnet, aus denen sie durch Ersatz eines H-Atoms durch die funktionelle Gruppe entstanden sind. Solche Stoffe bilden ebenfalls homologe Reihen.

Überblick über funktionelle Gruppen

Stoffklasse	funktionelle Gruppe		Kennzeichnung in Verbindungen	Beispiele	
	Name	Zusammensetzung			
Alkohole (z. B. Alkanole)	Hydroxylgruppe	$-OH$	-ol	$H-\overset{H}{\underset{H}{C}}-OH$	Methanol
Phenole	Hydroxylgruppe	$-OH$	-ol	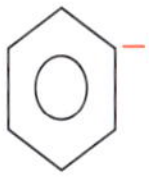 $-OH$	Monohydroxybenzol (Phenol)
Aldehyde (z. B. Alkanale)	Aldehydgruppe	$-C\begin{matrix}\diagup\!\!\diagup O\\ \diagdown H\end{matrix}$ ($-CHO$)	-al	$H-\overset{H}{\underset{H}{C}}-C\begin{matrix}\diagup\!\!\diagup O\\ \diagdown H\end{matrix}$	Ethanal (Acetaldehyd)
Carbonsäuren (z. B. Alkansäuren)	Carboxylgruppe	$-C\begin{matrix}\diagup\!\!\diagup O\\ \diagdown OH\end{matrix}$ ($-COOH$)	-säure	$H-\overset{H}{\underset{H}{C}}-C\begin{matrix}\diagup\!\!\diagup O\\ \diagdown OH\end{matrix}$	Ethansäure (Essigsäure)
Amine	Aminogruppe	$-N\begin{matrix}\diagup H\\ \diagdown H\end{matrix}$ ($-NH_2$)	-amin	$H-\overset{H}{\underset{H}{C}}-NH_2$	Methylamin
Aminosäuren	Carboxylgruppe und Aminogruppe	z. B. $-\overset{\mid}{\underset{NH_2}{C}}-COOH$	–	$CH_3-\overset{H}{\underset{NH_2}{C}}-COOH$	2-Aminopropansäure (Alanin)

Alkohole und Phenole

Alkohole sind Derivate kettenförmiger Kohlenwasserstoffe, die in ihrem Molekül eine oder mehrere Hydroxylgruppen enthalten. Sie bilden homologe Reihen. **Phenole** sind Benzenderivate mit mindestens einer Hydroxylgruppe im Molekül.

\multicolumn{3}{c}{Beispiele für Alkohole/Phenole}		
Name Summenformel	Strukturformel	Eigenschaften/Verwendung
Methanol CH_3OH	H\|H-C-OH\|H	farblos, brennbar, in Wasser gut löslich, giftig; Lösungsmittel für Lacke, Zusatz zu Brennstoffen, Ausgangsstoff zur Farbenherstellung
Ethanol C_2H_5OH	H H\| \|H-C-C-OH\| \|H H	farblos, leicht entzündbar, gesundheitsschädigend; Verwendung als Lösungsmittel; in der Genussmittelindustrie; als Treibstoffzusatz; Ausgangsstoff zur Herstellung von Farbstoffen und Medikamenten
Propanol C_3H_7OH	H H H\| \| \|H-C-C-C-OH\| \| \|H H H	farblos, mit Wasser mischbar, giftig, leicht entzündlich; Verwendung als Lösungsmittel
Propantriol (Glycerin) $C_3H_5(OH)_3$	H H H\| \| \|H-C- C -C-H\| \| \|OH OH OH	farblose, ölige Flüssigkeit, mit Wasser mischbar; Ausgangsstoff zur Herstellung von Medikamenten und Kosmetika, Zusatzstoff in der Textilindustrie, Ausgangsstoff zur Herstellung von Sprengstoffen
Phenol C_6H_5OH	⬡-OH	farblos, in Wasser wenig, in Ethanol jedoch gut löslich, typischer Geruch, giftig, wirkt ätzend; Ausgangsstoff zur Herstellung von Phenoplasten, Chemiefasern, Farbstoffen, Arzneimitteln

Typische Reaktionen

Oxidation (Redoxreaktion)

$$2\ CH_3-OH\ +\ 3\ O_2\ \rightleftharpoons\ 2\ CO_2\ +\ 4\ H_2O$$
Methanol

Eliminierung von Wasserstoff (= Dehydrierung)

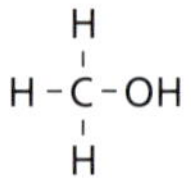

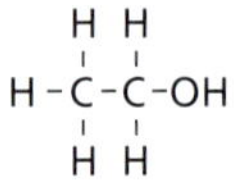

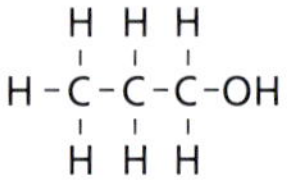

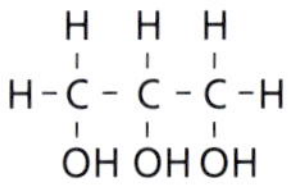

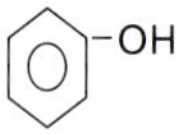

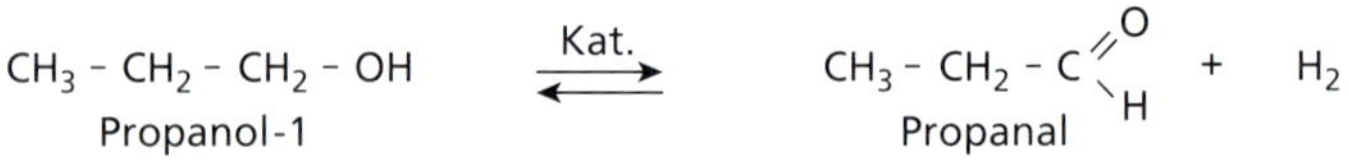

$$CH_3-CH_2-CH_2-OH\ \xrightarrow{Kat.}\ CH_3-CH_2-C{\overset{O}{\underset{H}{\diagup\!\!\!\diagdown}}}\ +\ H_2$$
Propanol-1 \hspace{3cm} Propanal

Esterbildung

$$CH_3-\overset{O}{\overset{\|}{C}}-OH + H-O-CH_3 \rightleftharpoons CH_3-\overset{O}{\overset{\|}{C}}-O-CH_3\ +\ H_2O$$
Ethansäure \hspace{0.5cm} Methanol \hspace{2cm} Ethansäuremethylester

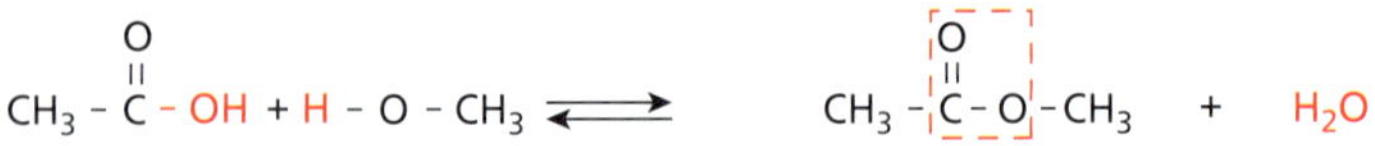

Aldehyde

Aldehyde sind Derivate der Kohlenwasserstoffe, die in ihrem Molekül die Aldehydgruppe enthalten. Diese ist immer endständig. Aldehyde, die sich von den Alkanen ableiten, heißen **Alkanale**. Alkanale bilden eine homologe Reihe.

Beispiele für Aldehyde		
Name Summenformel	**Strukturformel**	**Eigenschaften/Verwendung**
Methanal HCHO (Formaldehyd)	$H-C{\overset{O}{\underset{H}{\lessgtr}}}$	stechend riechendes, farbloses Gas, in Wasser löslich, wirkt desinfizierend, ist giftig; Verwendung als Desinfektionsmittel, eiweißhärtendes Konservierungsmittel (Anatomie), Ausgangsstoff zur Herstellung von Gerbstoffen, Kunstharzen, Plasten, Lacken, Waschmitteln
Ethanal CH_3 CHO (Acetaldehyd)	$H-\overset{H}{\underset{H}{C}}-C{\overset{O}{\underset{H}{\lessgtr}}}$	farblose Flüssigkeit mit typischem Geruch, Siedetemperatur 20,1 °C, brennbar, in Wasser leicht löslich, giftig; Ausgangsstoff zur Herstellung von Arzneimitteln, Farben, Ethanol; Zwischenprodukt bei der alkoholischen Gärung
Benzaldehyd C_6H_5 CHO	$\bigcirc -C{\overset{O}{\underset{H}{\lessgtr}}}$	farblose, nach bitteren Mandeln riechende Flüssigkeit, kommt in einigen Pflanzenölen vor und ist als Amygdalin Bestandteil in bitteren Mandeln

Typische Reaktionen

Addition mit Wasserstoff (= Hydrierung)

$CH_3 - C{\overset{O}{\underset{H}{\lessgtr}}}$ + H_2 $\xrightleftharpoons{Kat.}$ $CH_3 - CH_2 - OH$
Ethanal Ethanol

Vollständige Oxidation (Redoxreaktion)

$2\ CH_3 - C{\overset{O}{\underset{H}{\lessgtr}}}$ + $5\ O_2$ \rightleftharpoons $4\ CO_2$ + $4\ H_2O$
Ethanal

Katalytische Oxidation (Redoxreaktion)

$2\ H - C{\overset{O}{\underset{H}{\lessgtr}}}$ + O_2 $\xrightleftharpoons{Kat.}$ $2\ H - C{\overset{O}{\underset{OH}{\lessgtr}}}$
Methanal Methansäure

Modell des Methanal-Moleküls	Modell des Ethanal-Moleküls

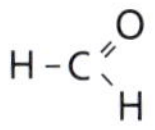

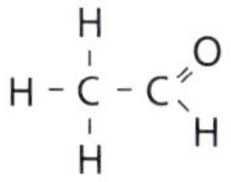

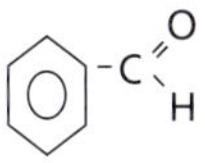

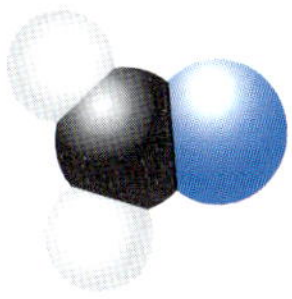

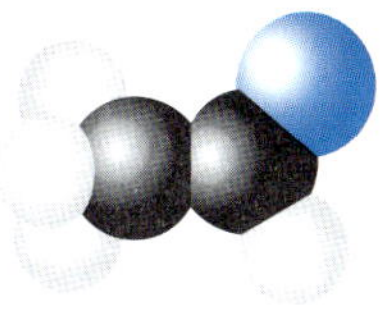

Carbonsäuren

Carbonsäuren sind Sauerstoffderivate der Kohlenwasserstoffe. Sie enthalten in ihrem Molekül eine oder mehrere Carboxylgruppen. Carbonsäuren, die sich von den Alkanen ableiten, heißen Alkansäuren.
Carbonsäuren bilden eine homologe Reihe. Langkettige Carbonsäuren werden als **Fettsäuren** bezeichnet. Enthalten diese Mehrfachbindungen, spricht man von **ungesättigten Fettsäuren.** Bei der Namensbildung wird das Kohlenstoffatom der funktionellen Gruppe mitgezählt.

Beispiele für Carbonsäuren		
Name Summenformel	**Strukturformel (vereinf.)**	**Eigenschaften/Verwendung**
Methansäure HCOOH (Ameisensäure)	$\mathrm{H{-}C}^{/\!\!/ O}_{\backslash OH}$	farblos, stechend riechend, wasserlöslich, stark ätzend, wirkt reduzierend; Vorkommen bei Ameisen und in Brennnesseln; Verwendung zur Konservierung, Desinfizierung, als Hilfsbeize, zum Entkalken von Leder in der Gerberei
Ethansäure CH_3COOH (Essigsäure)	$\mathrm{CH_3{-}C}^{/\!\!/ O}_{\backslash OH}$	farblos, stechend riechend, wasserlöslich, schmeckt stark sauer; entsteht während der Essigsäuregärung z.B. von Wein, Verwendung als Speiseessig, vielseitiger Ausgangsstoff in der chemischen und pharmazeutischen Industrie
Propansäure C_2H_5COOH (Propionsäure)	$\mathrm{CH_3{-}CH_2{-}C}^{/\!\!/ O}_{\backslash OH}$	farblos, stechend riechend, wasserlöslich; Verwendung als Konservierungsmittel
Butansäure C_3H_7COOH (Buttersäure)	$\mathrm{CH_3{-}CH_2{-}CH_2{-}C}^{/\!\!/ O}_{\backslash OH}$	ranziger Geruch, dick ölig, Vorkommen als Ester in der Kuhbutter, im Schweiß; entsteht beim Faulen von Eiweiß
Hexadecansäure $C_{15}H_{31}COOH$ (Palmitinsäure)	$\mathrm{CH_3{-}(CH_2)_{14}{-}C}^{/\!\!/ O}_{\backslash OH}$	fest, geruchlos, in Alkohol löslich, wasserunlöslich; Vorkommen in Talg, Schmalz, Palmfett, Kakaobutter, Ausgangsstoff zur Herstellung von Kerzen, Seifen, Kosmetika, Pharmazeutika
Octadecansäure $C_{17}H_{35}COOH$ (Stearinsäure)	$\mathrm{CH_3{-}(CH_2)_{16}{-}C}^{/\!\!/ O}_{\backslash OH}$	fest, geruchlos, in Alkohol löslich, wasserunlöslich; Vorkommen in vielen Naturfetten (Talg, Palmfett usw.) Ausgangsstoff zur Herstellung von Kerzen, Seifen u.a.

Typische Reaktionen

Dissoziation

$$\mathrm{HCOOH} \rightleftharpoons \mathrm{HCOO^-} + \mathrm{H^+} \quad \text{bzw.}$$

$$\mathrm{HCOOH} + \mathrm{H_2O} \rightleftharpoons \underset{\text{Formiat-Ion}}{\mathrm{HCOO^-}} + \underset{\text{Hydronium-Ion}}{\mathrm{H_3O^+}}$$

Salzbildung

$$\mathrm{CH_3\,COOH} + \mathrm{NaOH} \rightleftharpoons \underbrace{\mathrm{CH_3\,COO^-} + \mathrm{Na^+}}_{\text{Natriumacetat}} + \mathrm{H_2\,O}\ \text{(Neutralisation)}$$

Esterbildung

$$\underset{\text{Propansäure}}{\mathrm{C_2H_5{-}C}^{/\!\!/ O}_{\backslash OH}} + \underset{\text{Propanol}}{\mathrm{H{-}O{-}C_3H_7}} \rightleftharpoons \underset{\text{Propansäurepropylester}}{\mathrm{C_2H_5{-}\overset{\overset{\displaystyle O}{\|}}{C}{-}O{-}C_3H_7}} + \mathrm{H_2O}$$

Ester und Fette

Als **Ester** werden die Stoffe bezeichnet, die aus der Reaktion zwischen Alkoholen und Säuren hervorgehen.

Typisches Strukturmerkmal der Ester von Carbonsäuren ist die Estergruppe $-\overset{\overset{O}{\|}}{C}-O$ im Molekül.

Ester können auch aus anorganischen Säuren und Alkoholen gebildet werden.

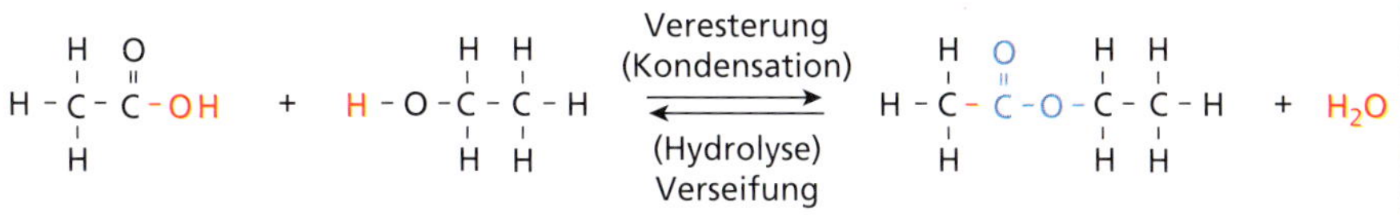

$$\underset{\text{Ethansäure}}{H-\overset{H}{\underset{H}{|}}C-\overset{O}{\underset{}{\overset{\|}{C}}}-OH} + \underset{\text{Ethanol}}{H-O-\overset{H}{\underset{H}{|}}C-\overset{H}{\underset{H}{|}}C-H} \underset{\substack{\text{(Hydrolyse)} \\ \text{Verseifung}}}{\overset{\substack{\text{Veresterung} \\ \text{(Kondensation)}}}{\rightleftarrows}} \underset{\text{Ethansäureethylester}}{H-\overset{H}{\underset{H}{|}}C-\overset{O}{\underset{}{\overset{\|}{C}}}-O-\overset{H}{\underset{H}{|}}C-\overset{H}{\underset{H}{|}}C-H} + H_2O$$

Ausgangsstoffe und Verwendung von Estern

Frucht-ester	niedermolekulare Alkansäuren	niedermolekulare Alkohole	Aromen, Duftstoffe, Lösungsmittel
Wachse	höhermolekulare Alkansäuren	höhermolekulare Alkohole	Kerzen, Polituren, Schmierstoffe, Imprägniermittel, Kosmetika
Phosphorsäureester	Phosphorsäure	meist niedermolekulare Alkohole	Weichmacher, Lösungsmittel, Kampfstoffe, biochemische Energiespeicher (ATP)
Salpetersäureester	Salpetersäure	niedermolekulare, mehrwertige Alkohole	Sprengstoffe und Schießpulver, zur Herstellung von Lacken, Kunststoffen, Medikamenten
Schwefelsäureester	Schwefelsäure	meist niedermolekulare Alkohole	Hilfsstoffe für organische Synthesen, zur Herstellung von Waschmitteln

Fette sind Ester des 1,2,3-Propantriols (Glycerin) mit verschiedenen Fettsäuren (Carbonsäuren mit meist gerader Anzahl von Kohlenstoffatomen).

$$\underset{\text{Fettsäuren}}{\begin{array}{l}C_{15}H_{31}COOH\\C_{17}H_{35}COOH\\C_{15}H_{31}COOH\end{array}} + \underset{\text{1,2,3-Propantriol}}{\begin{array}{l}H-\overset{H}{\underset{}{|}}C-OH\\H-\overset{H}{\underset{}{|}}C-OH\\H-\overset{H}{\underset{}{|}}C-OH\\\overset{}{\underset{H}{|}}\end{array}} \longrightarrow \underset{\text{ein Fett}}{\begin{array}{l}H-\overset{H}{\underset{}{|}}C-O-\overset{O}{\overset{\|}{C}}-C_{15}H_{35}\\H-\overset{}{\underset{}{|}}C-O-\overset{O}{\overset{\|}{C}}-C_{17}H_{31}\\H-\overset{}{\underset{}{|}}C-O-\overset{O}{\overset{\|}{C}}-C_{15}H_{31}\\\overset{}{\underset{H}{|}}\end{array}} + \underset{\text{Wasser}}{3\,H_2O}$$

Fette sind in Wasser nicht, in Chloroform, Methanol und Ethanol jedoch gut löslich. Sie können bei Zimmertemperatur fest oder flüssig sein (**fette Öle**). In fetten Ölen ist das 1,2,3-Propantriol mit einem hohen Anteil ungesättigter Fettsäuren verestert.
Fette kommen in Pflanzen (z.B. Raps, Sonnenblume) und Tieren (Fettgewebe) vor. Sie sind wichtige Nährstoffe. Sie können neben der Herstellung von Nahrungsmitteln u.a. auch für die Herstellung von Seifen genutzt werden.

Seifen

Seifen sind Natrium- bzw. Kaliumsalze höherer Fettsäuren.
Die Natriumsalze werden als **Kernseife**, die Kaliumsalze als **Schmierseife** bezeichnet.

Herstellung			
Ausgangsstoffe			**Reaktionsprodukt**
Fette, z.B. Rindertalg, Schweineschmalz, Palmfett, Kokosöl	NaOH, Na_2CO_3 (Soda)	—	Kernseife
	KOH, K_2CO_3 (Pottasche)	—	Schmierseife

Darstellung (Beispiel)

$$\begin{array}{l} H_2C-O-CO-C_{17}H_{35} \\ \;\;HC-O-CO-C_{17}H_{35} \\ H_2C-O-CO-C_{17}H_{35} \end{array} + 3\,NaOH \longrightarrow \begin{array}{l} H_2C-OH \\ \;\;HC-OH \\ H_2C-OH \end{array} + 3\,C_{17}H_{35}COONa$$

Fett	Natronlauge	1,2,3-Propantriol	Natriumstearat (Kernseife)

Eigenschaften

Seifen sind wasserlöslich. Sie setzen die Oberflächenspannung des Wassers herab. Wässrige Seifenlösungen reagieren basisch. Die Fettsäurerest-Ionen (z.B. $C_{17}H_{35}COO^-$) können sich an Schmutzteilchen anlagern und sie im Wasser in der Schwebe halten (Waschwirkung der Seife).

Waschvorgang wässrige Seifenlösung: $C_{17}H_{35}\,COO\,Na \rightleftharpoons Na^+ + C_{17}H_{35}\,COO^-$

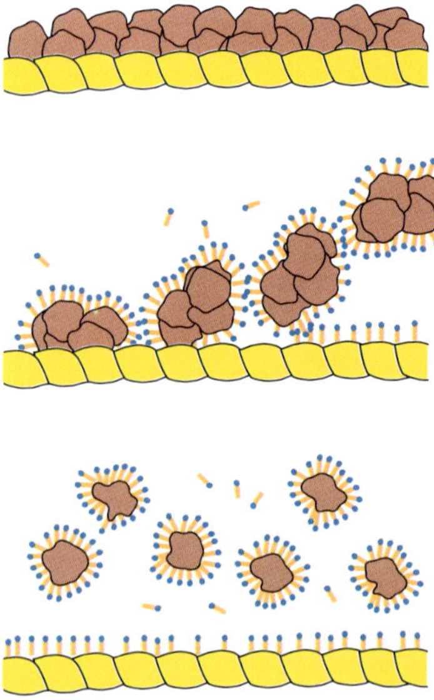

	Gewebe mit fest haftenden Schmutzteilchen
	Der hydrophobe Teil des Fettsäurerest-Ions dringt in die Schmutzpartikel ein. Sie besitzen dann eine einheitliche Ladung und stoßen sich gegenseitig ab. Der hydrophobe Teil des Ions dringt gleichzeitig in das Gewebe ein. Es wird aufgeladen. Die Schmutzteilchen lösen sich vom Gewebe
	Zerteilen der Schmutzteilchen, Verteilen in der Waschlauge, sie bleiben in der Schwebe und werden weggespült. Die vorhandene elektrische Aufladung verhindert eine erneute Zusammenballung des Schmutzes.

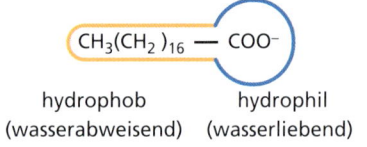

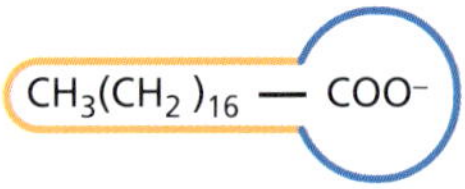

hydrophob (wasserabweisend) hydrophil (wasserliebend)

Kohlenhydrate

Als „Kohlenhydrate" wird allgemein die Stoffgruppe bezeichnet, der alle Zucker, Stärke- und Cellulosearten angehören. Sie haben oft die Summenformel $C_n(H_2O)_m$, wobei m und n gleich oder nur wenig verschieden sind.

Monosaccharide	Glucose (Traubenzucker) $C_6H_{12}O_6$	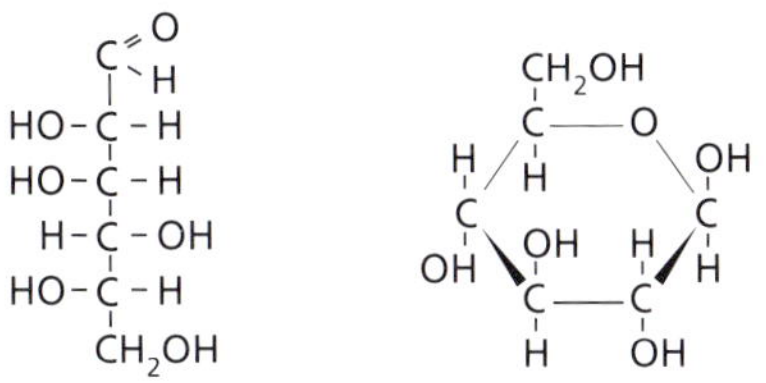	weiß, kristallin, in Wasser gut löslich, schmeckt süß, Vorkommen in Früchten, Honig, wirkt reduzierend (fehlingsche Lösung, Nachweismittel), Verwendung als Nährstoff in Nahrungsmittelindustrie
Disaccharide	Saccharose (Rübenzucker) $C_{12}H_{22}O_{11}$	besteht aus einem Glucoserest und einem Fructoserest 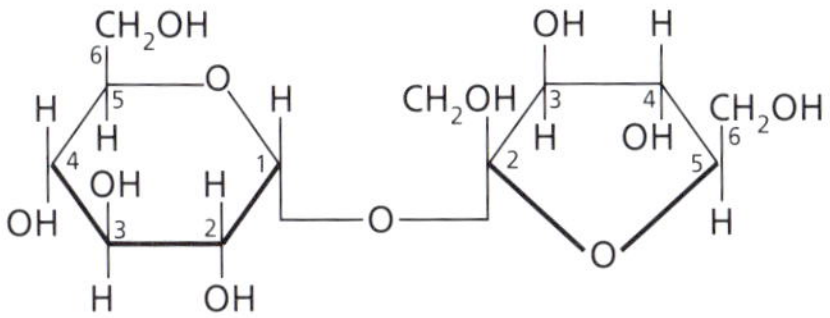 Glucose Fructose	weiß, kristallin, in Wasser gut löslich, sehr süßer Geschmack, wirkt nicht reduzierend (fehlingsche Probe negativ), Verwendung in Nahrungs- und Genußmittelindustrie, Vorkommen in Früchten, Zuckerrohr, Zuckerrübe
	Maltose (Malzzucker) $C_{12}H_{22}O_{11}$	besteht aus zwei Glucoseresten 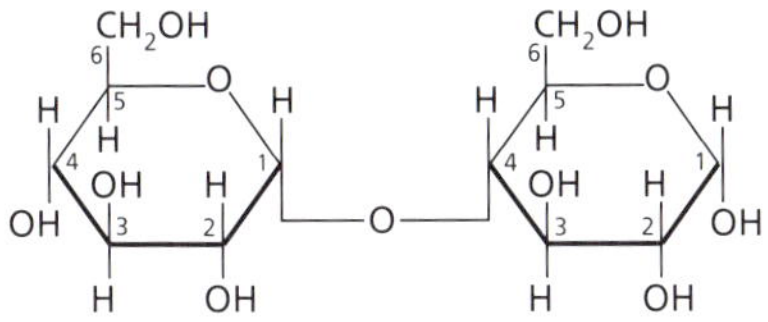 α-Glucose α-Glucose Malzzucker	feine, farblose Kristalle, süß schmeckend, in Wasser leicht löslich, wirkt reduzierend (fehlingsche Probe positiv), Vorkommen in keimendem Getreide, in Kartoffelkeimen; enthalten im Malzextrakt
Polysaccharide	Stärke $(C_6H_{10}O_5)_n$ etwa 500 bis 5000 Glucoseeinheiten	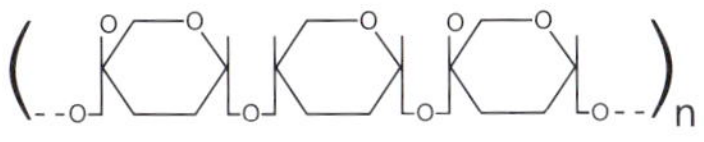 knäulförmig	weiß, fest, quillt mit Wasser auf, geruchlos, ohne Geschmack, wirkt nicht reduzierend, Spaltung in Maltose und Glucose möglich, Verwendung in Nahrungsmittelindustrie, zur Leimherstellung, Vorkommen in Samen und Wurzelknollen
	Cellulose $(C_6H_{10}O_5)_n$ etwa 10 000 Glucoseeinheiten	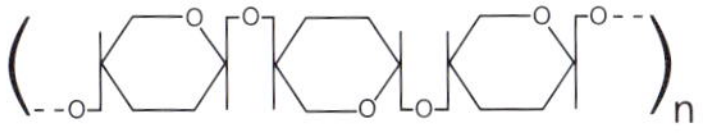 fadenförmig	in Wasser unlöslich, brennbar, weiß, fest, geruchlos, geschmacksfrei, Verwendung zur Zellulose- u. Papierherstellung, Vorkommen in Zellwänden von Pflanzen (Baumwollfasern, Leinenfasern)

Eiweiße (Proteine)

Eiweiße sind natürliche makromolekulare Stoffe, die in ihren Molekülen neben Kohlenstoff-, Wasserstoff- und Sauerstoffatomen einen hohen Anteil an Stickstoff enthalten.

Struktur der Eiweiße	
Grundbaustein der Eiweiße sind 2-**Aminosäuren** (Aminogruppe am 2. Kohlenstoffatom). 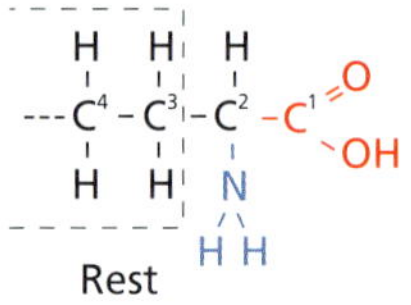 	wichtige 2-Aminosäuren (insgesamt gibt es 20 verschiedene) Valin (Val) 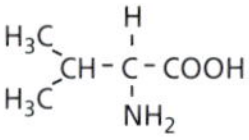 Serin (Ser) 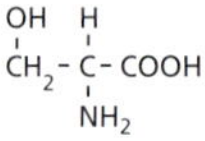 Phenylalanin (Phe) 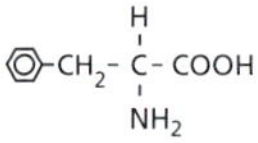 Glutaminsäure (Glu) 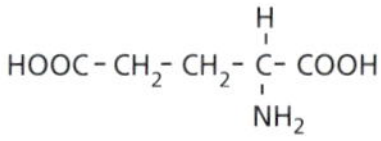 Cystin (Cys) 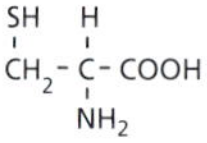 Lysin (Lys) 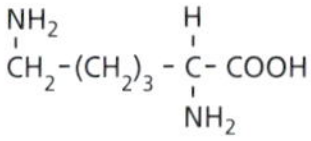 Alanin (Ala) 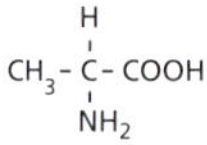 Glycin (Gly) 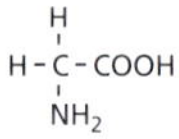
In den Eiweißen sind die verschiedenen 2-Aminosäuren über **Peptidbindung** miteinander verbunden. 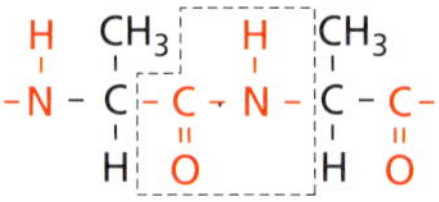 Alaninrest 1 (Ala) Alaninrest 2 (Ala) Es werden **Polypeptidketten** gebildet. Die in ihnen festgelegte Reihenfolge der verschiedenen Aminosäuren (Aminosäuresequenz) ist charakteristisch für jedes spezifische Eiweiß und bestimmt seine Eigenschaften **(Primärstruktur).**	Aminosäuresequenz in Insulin (Primärstruktur) 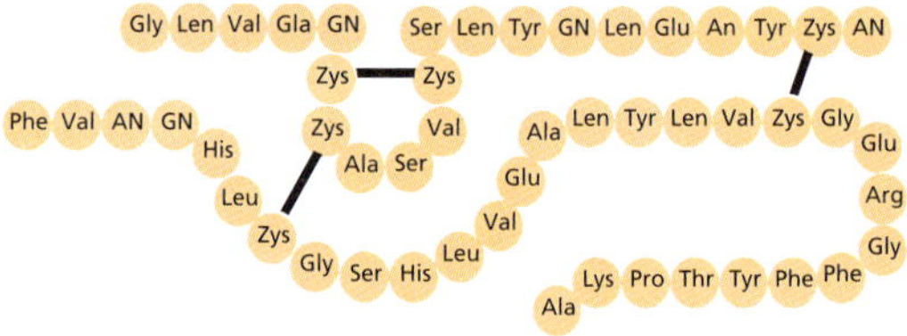
Die Polypeptidkette windet sich u.a. schraubenförmig auf **(Sekundärstruktur).** Die **Tertiärstruktur** beschreibt die gesamte räumliche Anordnung der Polypeptidketten (gefaltet, kugelig).	Sekundärstruktur  Tertiärstruktur  Myoglobin

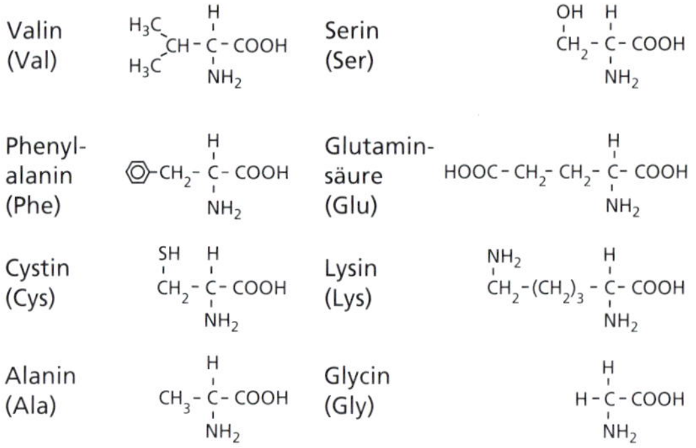

Eiweiße sind gegen Hitze und Chemikalien sehr empfindlich (Denaturierung, Gerinnung). Sie kommen in allen lebenden Organismen vor und sind maßgeblich an Lebensprozessen beteiligt (Aufbau von Körpersubstanz, Ausbildung von Merkmalen, Hormone, Enzyme).

Kunststoffe

	Herstellung (chem. Reaktion)	Verwendung	Eigenschaften	Bau
Thermoplaste • Polyethylen (PE) • Polyvinylchlorid (PVC)	**Polymerisation** $n\ \mathrm{CH_2{=}CH_2} \longrightarrow \left[-\mathrm{CH_2{-}CH_2}-\right]_n$ Ethen → Polyethylen $n\ \left[\mathrm{CH_2{=}CH(Cl)}\right] \longrightarrow \left[-\mathrm{CH_2{-}CH(Cl)}-\right]_n$ Vinylchlorid → Polyvinylchlorid	Leitungen, Flaschen, Spielzeug, Verpackungsmittel, Regenbekleidung	erweichen beim Erwärmen, sind plastisch verformbar, gegenüber Chemikalien meist beständig, geringe Dichte	kettenförmige Makromoleküle, weitgehend linear angeordnet 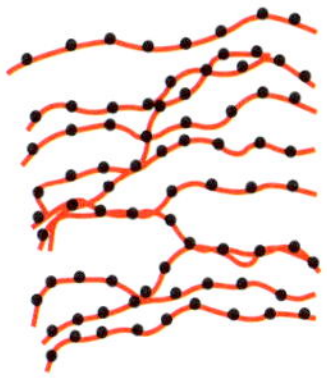
Duroplaste • Phenoplaste • Aminoplaste	**Polykondensation** Phenol + Methanal $\xrightarrow{\text{Kat.}}$ Phenoplast + Wasser Harnstoff + Methanal ⟶ Aminoplast + Wasser	Karosserieteile, Verkleidungen, Gehäuse, Haushaltartikel, Verpackungsmaterial	zersetzen sich beim Erhitzen, ohne zu erweichen, plastisch nicht verformbar, gegen Chemikalien beständig, hart, spröde	engmaschige Vernetzung der Makromoleküle 
Elastomere • synthetischer Kautschuk	**Polymerisation** z.B. $n\ \mathrm{CH_2{=}CH-CH{=}CH_2} \longrightarrow \left[-\mathrm{CH_2-CH{=}CH-CH_2}-\right]_n$ Buta-1,3-dien → Polybutadien	Gummi, Reifen, Schwämme	elastisch; gegenüber Chemikalien beständig, nicht umformbar	weitmaschige Vernetzung der Makromoleküle 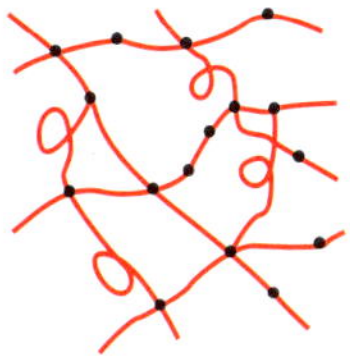
Chemiefasern • Polyamid • Polyester • Polyacrylnitril	**Polykondensation** oder **Polymerisation** z.B. $n\ \mathrm{CH_2{=}CH(CN)} \longrightarrow \left[-\mathrm{CH_2{-}CH(CN)}-\right]_n$ Acrylnitril → Polyacrylnitril	formbeständige, knitterfeste Textilfasern, Fischernetze	elastisch, mottensicher, licht- und wetterbeständig, relativ reißfest und zugfest	kettenförmige Makromoleküle, teilweise mit kristallinen Bereichen in der Längsrichtung

5 Quantitative Betrachtungen von Stoffen und Reaktionen

5.1 Stoffkennzeichnende Größen (Qualitätsgrößen)

Größe	Beispiele
molare Masse $M = \frac{m}{n}$	M (NaOH) = 40 g/mol M (H_2SO_4) = 98 g/mol
molares Volumen $V_m = \frac{V}{n}$	bei Normbedingungen (273 K; 101,3 kPa) $V_m \approx 22{,}4$ l/mol V_m (H_2) = 22,4 l/mol V_m (O_2) = 22,4 l/mol V_m (NH_3) = 22,08 l/mol
Dichte $\rho = \frac{M}{V_m}$ $\rho = \frac{m}{V}$	$\rho\ (SO_2) = \frac{64\ \text{g/mol}}{22{,}4\ \text{l/mol}} = 2{,}86$ g/l für Gase ρ (C_2H_5OH) = 0,785 g/cm³ für Flüssigkeiten und Feststoffe ρ (NaCl) = 2,2 g/cm³

5.2 Stoffprobenkennzeichnende Größen (Quantitätsgrößen)

Größe	Beispiele
Teilchenanzahl N	Anzahl der Teilchen (Atome, Ionen, Moleküle, Baueinheiten) in einer konkreten Stoffprobe
Stoffmenge n	Eine Stoffprobe, die aus $6 \cdot 10^{23}$ Teilchen besteht, hat die Stoffmenge von 1 mol. 1 mol Fe = $6 \cdot 10^{23}$ Eisenatome 1 mol SO_4^{2-} = $6 \cdot 10^{23}$ Sulfat-Ionen
Masse m	Masse einer Stoffprobe in g
absolute Atommasse m_A	Masse eines Atoms eines Elements m (1 H) = 0 000 000 000 000 000 000 000 001 673 g
relative Atommasse A_r atomare Masseneinheiten	$A_r = \frac{\text{Masse eines Atoms eines Elements}}{\text{1/12 der Masse eines Kohlenstoffatoms}}$ $A_r = \frac{\text{Masse eines Atoms eines Elements}}{\text{atomare Masseneinheit}}$ $u(\text{Fe}) = \frac{m\ (1\ Fe)}{1\ u} = 55{,}85$ Fe = 55,85 u
relative Molekülemasse M_r	M_r = Summe der relativen Atommassen aller Atome eines Moleküls M_r (H_2SO_4) $2 \cdot A_r$ (1 H) = $2 \cdot 1 = 2$ $1 \cdot A_r$ (1 S) = $1 \cdot 32 = 32$ $4 \cdot A_r$ (1 O) = $4 \cdot 16 = 64$ M_r (H_2SO_4) = 98

5.3 Beziehung zwischen Qualitäts- und Quantitätsgrößen

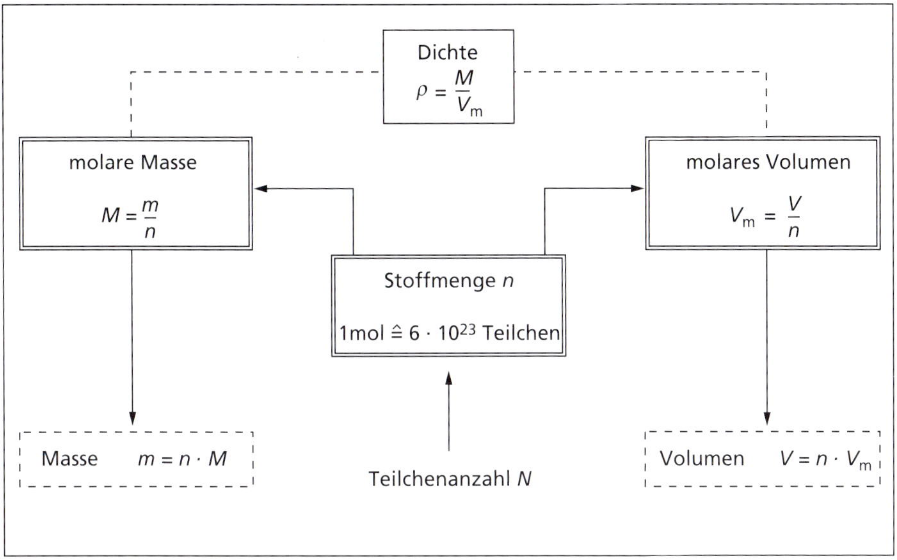

Berechnung	Beispiel
Massenberechnung $m = n \cdot M$	Berechne die Masse von 3 mol Eisen! m = 3 mol · 56 g/mol m = 168 g
Volumenberechnung $V = n \cdot V_m$	Berechne das Volumen von 2 mol Chlorwasserstoff bei Normbedingungen V = 2 mol · 22,4 l/mol V = 44,8 l
Stoffmengenberechnung $n = \frac{m}{M}$ $n = \frac{V}{V_m}$	Berechne die Stoffmenge von 20 g Natriumhydroxid! $n = \frac{20\ \text{g}}{40\ \text{g/mol}}$ n = 0,5 mol Berechne die Stoffmenge von 67,2 l Chlor! $n = \frac{67{,}2\ \text{l}}{22{,}4\ \text{l/mol}}$ n = 3 mol

5.4 Umsatzberechnungen bei chemischen Reaktionen

Größengleichungen

gesucht	gegeben	Größengleichung
Masse m_1	Masse m_2	$\frac{m_1}{m_2} = \frac{n_1 \cdot M_1}{n_2 \cdot M_2}$
Masse m_1	Volumen V_2	$\frac{m_1}{V_2} = \frac{n_1 \cdot M_1}{n_2 \cdot V_m}$
Volumen V_1	Masse m_2	$\frac{V_1}{m_2} = \frac{n_1 \cdot V_m}{n_2 \cdot M_2}$
Volumen V_1	Volumen V_2	$\frac{V_1}{V_2} = \frac{n_1 \cdot V_m}{n_2 \cdot V_m} \rightarrow \frac{V_1}{V_2} = \frac{n_1}{n_2}$

Umsatzberechnungen mit Größengleichungen

Beispiel: Im Labor kann durch Reaktion von Zink mit Salzsäure Wasserstoff hergestellt werden. Welches Volumen Wasserstoff (a) und welche Masse Zinkchlorid (b) entstehen, wenn eine Masse von 10 g Zink eingesetzt wird?

Schritt	Beispiel
Formulierung der Reaktionsgleichung	$Zn + 2\,HCl \longrightarrow ZnCl_2 + H_2$
Angabe der gesuchten und der gegebenen Größen	(a) ges.: $V(H_2)$ geg.: $m(Zn) = 10$ g (b) ges.: $m(ZnCl_2)$ geg.: $m(Zn) = 10$ g
Umformen der Größengleichungen	a) $\frac{V(H_2)}{m(Zn)} = \frac{n(H_2) \cdot V_m}{n(Zn) \cdot M(Zn)}$ $V(H_2) = \frac{n(H_2) \cdot V_m \cdot m(Zn)}{n(Zn) \cdot M(Zn)}$ b) $\frac{m(ZnCl_2)}{m(Zn)} = \frac{n(ZnCl_2) \cdot M(ZnCl_2)}{n(Zn) \cdot M(Zn)}$ $m(ZnCl_2) = \frac{n(ZnCl_2) \cdot M(ZnCl_2) \cdot m(Zn)}{n(Zn) \cdot M(Zn)}$
Einsetzen der Größen und Berechnen des Ergebnisses	a) $V(H_2) = \frac{1\text{ mol} \cdot 22{,}4\text{ l/mol} \cdot 10\text{ g}}{1\text{ mol} \cdot 65\text{ l mol}}$ $V(H_2) = 3{,}45$ l b) $m(ZnCl_2) = \frac{1\text{ mol} \cdot 136\text{ g/mol} \cdot 10\text{ g}}{1\text{ mol} \cdot 65\text{ g/mol}}$ $m(ZnCl_2) = 20{,}9$ g
Formulieren des Antwortsatzes	Bei der Reaktion von 10 g Zink mit Salzsäure entsteht a) ein Volumen von 3,45 l Wasserstoff und b) eine Masse von 20,9 g Zinkchlorid.

6 Chemisch-technische Prozesse

6.1 Veredlung von Kohle

Kohleentgasung (Verkokung)

Reaktionsprodukte:

Koks
für Brennstoffe, als Reduktionsmittel bei chemischen Prozessen, Ausgangsstoff für die Herstellung verschiedener chemischer Stoffe (z.B. Calciumcarbid)

Heizgas (N_2, CO_2, C_2H_4, CH_4, CO, H_2, H_2S, NH_3)
zur Wärmeerzeugung als Stadt- und Industriegas

Teer (enthält ca. 10 000 Stoffe, z.B. Benzol, Phenol, Toluol)
zur Gewinnung vieler Grundchemikalien, Medikamente, Farben, Waschmittel

Ausgangsstoffe:

Kohle

Chemische Reaktion:

Trockendestillation: Kohle $\xrightarrow{\text{Wärme}}$ Koks + Gas + Teer

Reaktionsapparat:

Kammeröfen (in Batterien angeordnet)

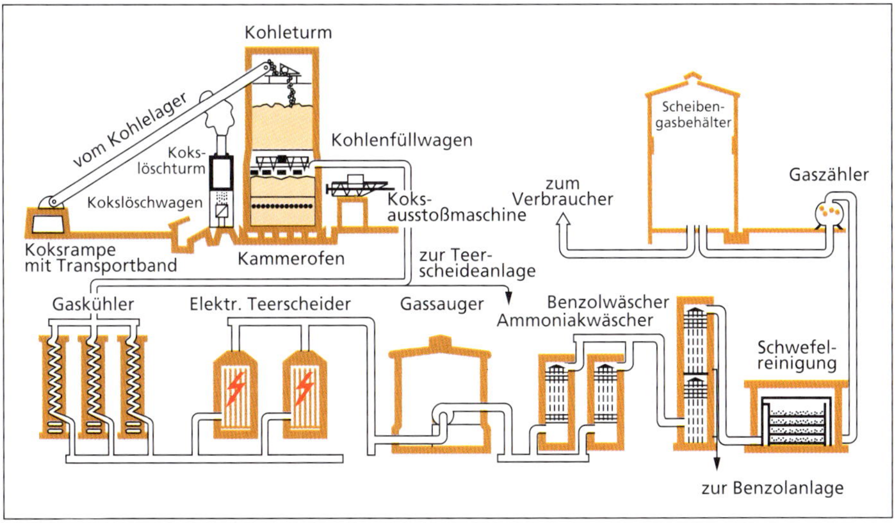

Arbeitsprinzipien:

- periodische Arbeitsweise
- mittelbare oder unmittelbare Wärmeübertragung
- Temperatur: 1000–1400 °C in Kokskammer
- Druck: Normaldruck

Kohlevergasung

Reaktionsprodukte:

Mischgas (CO, H_2, CO_2, CH_4, H_2O-Dampf)
zur Wärmeerzeugung als Stadt- und Industriegas, als Ausgangsstoff für technische Synthesen (z.B. CO für Methanolherstellung)

Asche und Schlacke
zur Straßenbefestigung

Ausgangsstoffe:

Koks, Luft, Wasser, Sauerstoff

Chemische Reaktionen:

$$\underbrace{4\,N_2 + O_2}_{\text{Luft}} + \underbrace{2\,C}_{\text{Koks}} \longrightarrow \underbrace{4\,N_2 + 2\,CO}_{\text{Generatorgas (Luftgas)}} \qquad Q = -221\ \text{kJ/mol}$$

$$\underbrace{2\,H_2O}_{\text{Wasserdampf}} + \underbrace{2\,C}_{\text{Koks}} \longrightarrow \underbrace{2\,H_2 + 2\,CO}_{\text{Wassergas}} \qquad Q = +260\ \text{kJ/mol}$$

$$4\,N_2 + O_2 + 2\,H_2O + 4\,C \longrightarrow \underbrace{4\,CO + 2\,H_2 + 4\,N_2}_{\text{Mischgas}} \qquad Q = +39\ \text{kJ/mol}$$

Reaktionsapparat:

WINKLER-Generator

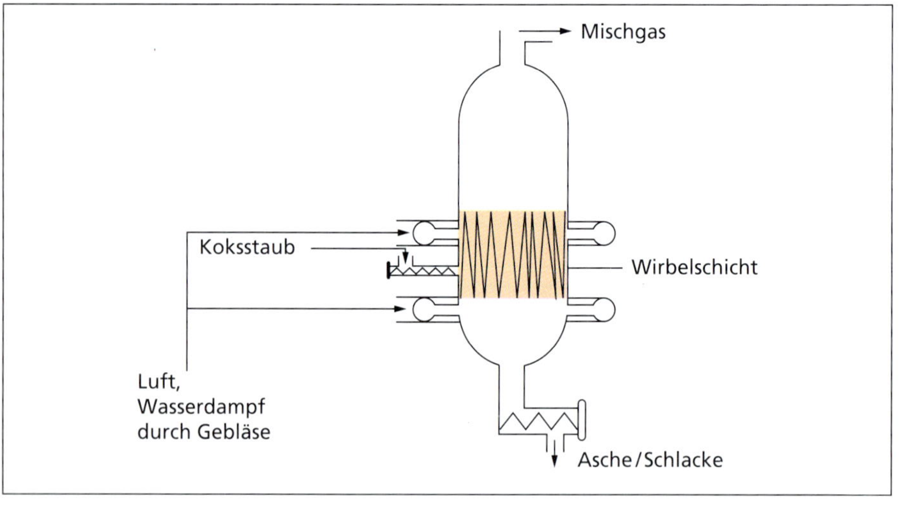

Arbeitsprinzipien:

- Wirbelschichtverfahren
- kontinuierliche Arbeitsweise
- Kopplung von exothermer und endothermer Reaktion
- Temperatur: 1800–2000 °C
- Druck: 3 MPa

Kohlehydrierung

Reaktionsprodukte:

Gemisch aus Kohlenwasserstoffen (vorwiegend Alkane) als öliges Produkt „Kohleöl"-Weiterverarbeitung durch fraktionierte Destillation
Ausgangsstoffe für organische Synthesen, Kraftstoff- und Schmierstoffzusätze, Wachse

Ausgangsstoffe:

Kohle (zermahlen und getrocknet)

Wasserstoff

Katalysatoren (z.B. Eisen(III)-oxid)

Chemische Reaktion:

$n\,C + n\,H_2 \longrightarrow n\,(-CH_2-);$ $Q = -n$ kJ/mol
(Methylengruppen)

Reaktionsapparat:

Hydrierungsreaktor und Destillationskolonne

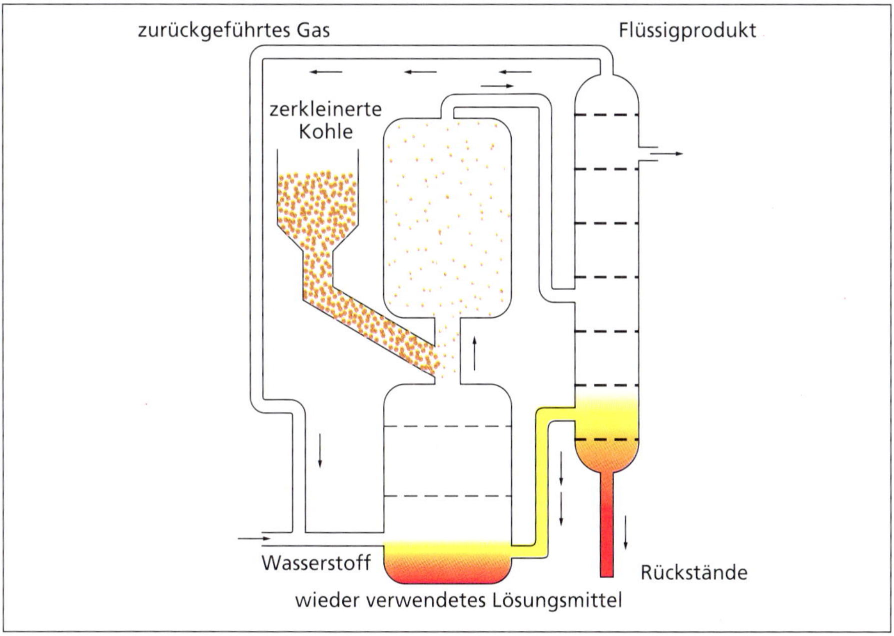

Arbeitsprinzipien:

- kontinuierliche Arbeitsweise
- Kreislaufprinzip zur Rückführung entstandener Gase und dickflüssiger Öle
- Einsatz eines Katalysators
- Temperatur: 450–500 °C
- Druck: 20–30 MPa
- Hydrierung erfolgt in Suspension (Kohle in Öl-Wasserstoff-Gemisch)

6.2 Aufarbeitung von Erdöl

6.2.1 Destillation von Erdöl

Reaktionsprodukte:

Fraktionierte Destillation unter Normaldruck

Raffineriegas (< 40 °C):	Heizgas, Flaschengas, Treibstoff, Rohstoff für Petrochemie
Rohbenzine (40–180 °C):	Petrolether: Löse- und Reinigungsmittel
Leichtbenzin:	Heizmittel, Beleuchtungsmittel
Motoren- und Schwerbenzin:	Treibstoff, Lösemittel, Flugzeugbenzin
Mittelöle (180–360 °C) **Petroleum:**	Heiz- und Beleuchtungsmittel, Flugzeug- und Turbinenkraftstoff
Dieselöl:	Heizmittel, Treibstoff

Fraktionierte Destillation unter stark vermindertem Druck (sog. Vakuumdestillation) (ca. 3,3 kPa)

Heiz- und Schmieröle (360–520 °C):	Schmiermittel, Hartparaffine, Vaseline
Erdölbitumen (Rückstand) (> 520 °C):	Straßenbau, Isoliermaterial, Bodenbeschichtungen, Dachpappen, Energieerzeugung

Ausgangsstoff:

Erdöl

Herstellung:

physikalischer Vorgang der fraktionierten Destillation (Trennverfahren, bei dem Erdöl unter Ausnutzung unterschiedlicher Siedetemperaturen stufenweise in einzelne Fraktionen zerlegt wird)

Apparat:

Destillationskolonnen mit Glockenböden

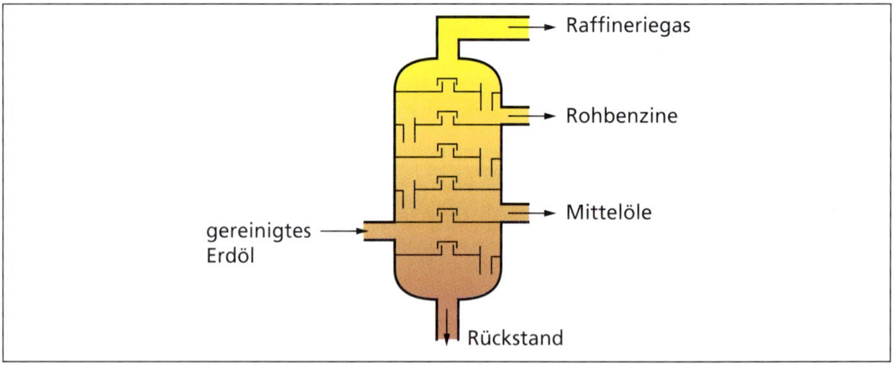

Arbeitsprinzipien:

- Ausnutzen unterschiedlicher Siedebereiche zum Trennen von Erdölbestandteilen (Fraktionen)
- Rückstand überträgt in einem Wärmeaustauscher dem zufließenden Rohöl seinen hohen Wärmeenergiegehalt

6.2.2 Cracken von Erdölfraktionen

Reaktionsprodukte:

kurzkettige Kohlenwasserstoffe (Alkane, Alkene) und
ringförmige Kohlenwasserstoffe (Benzol, Toluol, Xylol) zur Benzingewinnung
Petrolkoks als unerwünschtes Nebenprodukt

Ausgangsstoffe:

Gemische höher siedender Erdölfraktionen

Chemische Reaktion:

Spalten langkettiger Kohlenwasserstoffe

Beispiele:

$$C_{16}H_{34} \longrightarrow C_8H_{18} + C_8H_{16}$$

$$C_{14}H_{30} \longrightarrow C_7H_{16} + 2\ C_2H_4 + C_3H_6$$

$$C_{16}H_{34} \longrightarrow C_7\ H_{16} + C_5\ H_{12} + C_2\ H_6 + 2\ C$$

$$C_{15}H_{32} \longrightarrow C_6\ H_{14} + C_6\ H_{12} + C_2\ H_6 + C$$

Reaktionsapparat:

Wirbelschichtreaktor

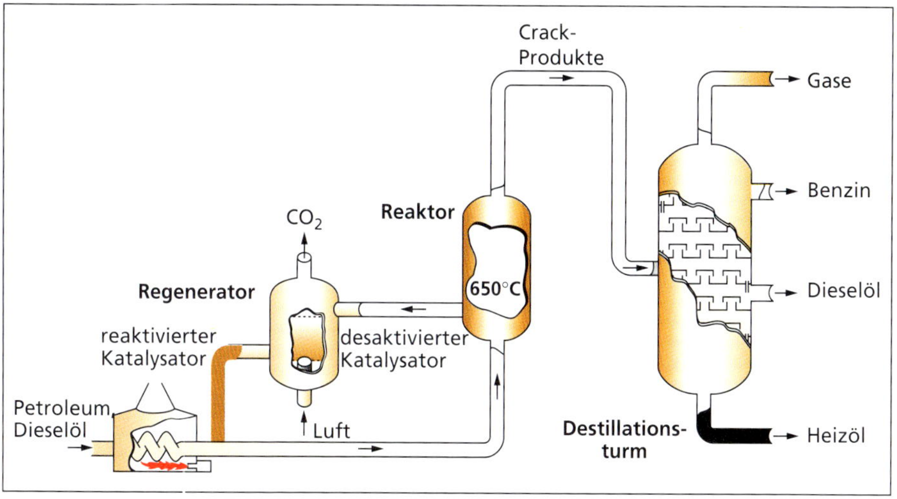

Arbeitsprinzipien:

- Cracken in einer Wirbelschicht aus Erdölfraktionen und staubförmigem saurem Aluminiumsilicat-Katalysator
- Temperatur: 420–500 °C
- Regenerierung des mit Petrolkoks verklebten Katalysators durch Verbrennen des Kokses im Regenerator
- Nutzen der im Regenerator entstehenden Wärme

6.3 Technische Herstellung von Eisen und Stahl

Herstellung von Eisen im Hochofen

Reaktionsprodukte:

Roheisen (96 % Eisen; 3,5 % Kohlenstoff) – Gusseisen für Kanaldeckel, Öfen, Rohre
Gichtgas (CO, CO_2, N_2) – Heizgas zum Vorwärmen der Luft beim Hochofenprozess
Schlacke – Straßen- und Betonbau, Zementherstellung, Bimsstein

Ausgangsstoffe

Eisenerze

Fe_3O_4	Magnetit	$Fe_2O_3 \cdot H_2O$	Brauneisenstein, Limonit
Fe_2O_3	Roteisenstein, Hämatit, Blutstein	$FeCO_3$	Siderit, Spateisenstein
		FeS_2	Eisenkies, Pyrit

Alle Eisenerze enthalten weitere Verbindungen, z.B. Mangan-, Schwefel-, Phosphorverbindungen, als **Gangart.**

Zuschläge:

- Kalkstein (zum Entfernen der Gangart als Schlacke)
- Koks, Luft (zur Bildung des Reduktionsmittels Kohlenstoffmonoxid)

Chemische Reaktionen:

Reduktionszone

$$Fe_2O_3 + 3\,C \longrightarrow 2\,Fe + 3\,CO$$
$$Fe_2O_3 + 3\,CO \longrightarrow 2\,Fe + 3\,CO_2 \qquad Q = -33{,}5\ kJ \cdot mol^{-1}$$

Kohlungszone

$$CO_2 + C \longrightarrow 2\,CO \qquad Q = +172{,}5\ kJ \cdot mol^{-1}$$

Schmelzzone

$$C + O_2 \longrightarrow CO_2 \qquad Q = -393{,}6\ kJ \cdot mol^{-1}$$

Reaktionsapparat: Hochofen

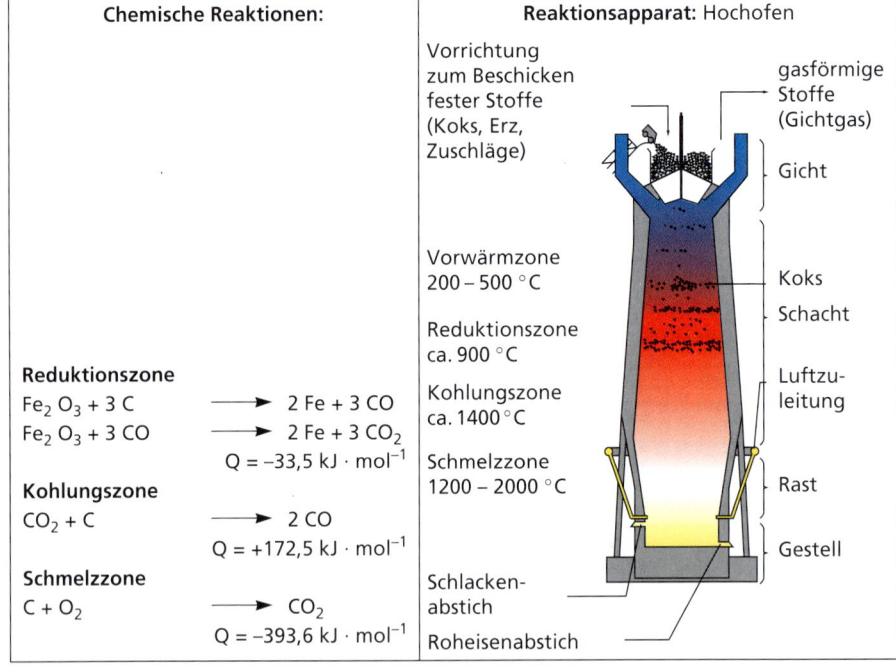

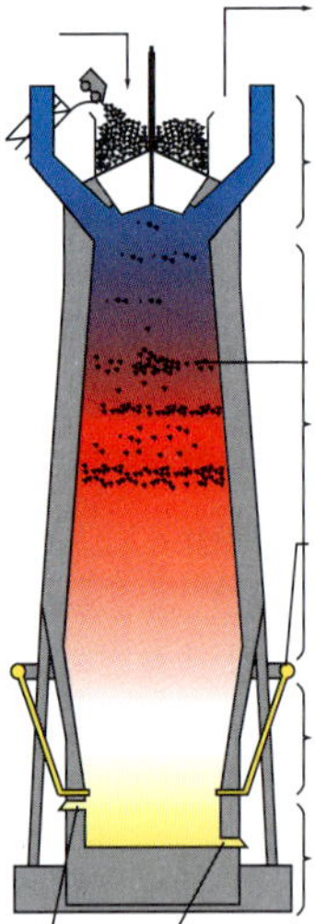

Arbeitsprinzipien:

- kontinuierliche Arbeitsweise
- Gegenstromprinzip: Heiße Reaktionsprodukte (Gichtgas) strömen kalten Ausgangsstoffen entgegen–Wärmeaustausch.
- Ausgangsstoffe werden periodisch zugegeben.
- Roheisen wird periodisch abgestochen.

Herstellung von Stahl

Als **Stahl** werden Eisenlegierungen bezeichnet, deren Kohlenstoffgehalt geringer als 1,7 % ist. Stähle sind hart, elastisch und schlagfest. Sie lassen sich gießen, schmieden, pressen und walzen.

	im Konverter	im Elektroofen
Ausgangsstoffe	flüssiges Roheisen (Kohlenstoffanteil > 1,7 %) Sauerstoff (als Oxidationsmittel für die Begleitelemente im Roheisen)	Roheisen (Kohlenstoffanteil > 1,7 %) Schrott
Reaktionsprodukte	Stahl Schlacke gasförmige Oxide	Stahl Schlacke gasförmige Oxide
Chemische Reaktionen	Oxidation der Beimengungen des Roheisens, z.B. $C + O_2 \longrightarrow CO_2$ $S + O_2 \longrightarrow SO_2$ } gasförmige Oxide $Si + O_2 \longrightarrow SiO_2$ $4\,P + 5O_2 \longrightarrow 2\,P_2O_5$ } Schlacke	Beimengungen des Roheisens reduzieren den Schrott und werden selbst oxidiert.
Reaktionsapparat	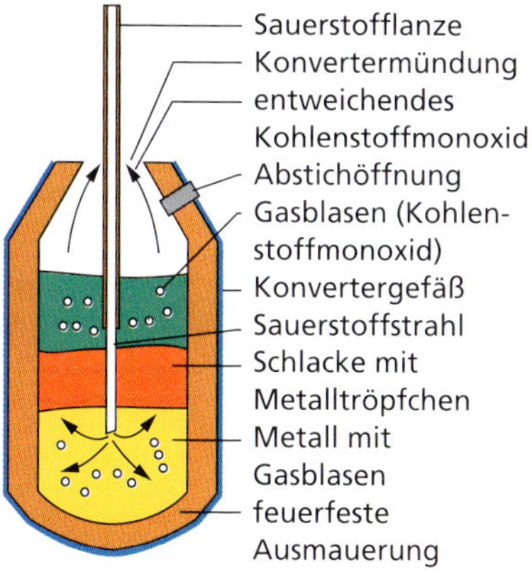	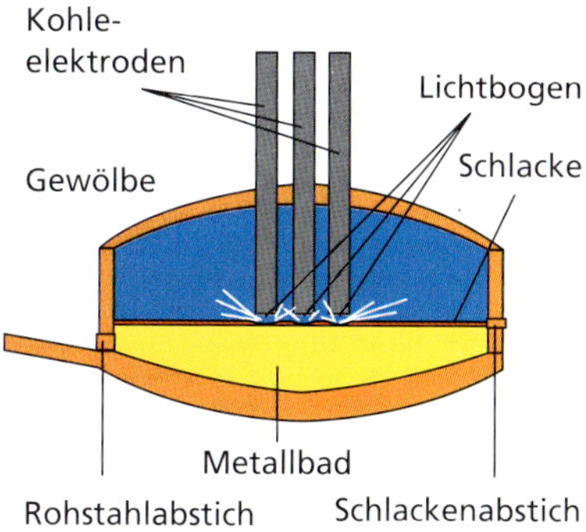
Arbeitsprinzipien	diskontinuierlich	diskontinuierlich

Aluminothermisches Gewinnen von Roheisen (Thermitverfahren)

Reaktionsprodukte:

Roheisen wird an Ort und Stelle gewonnen und dient dem Verschweißen von Schienen.
Schlacke (Al_2O_3) wird verworfen.

Ausgangsstoffe:

Eisen(II/III)-oxid	Fe_3O_4
Aluminium	Al

Chemische Reaktion:

$$3\,Fe_3O_4 + 8\,Al \longrightarrow 9\,Fe + 4\,Al_2O_3 \qquad Q = -3396\ kJ/mol$$

Reaktionsapparat:

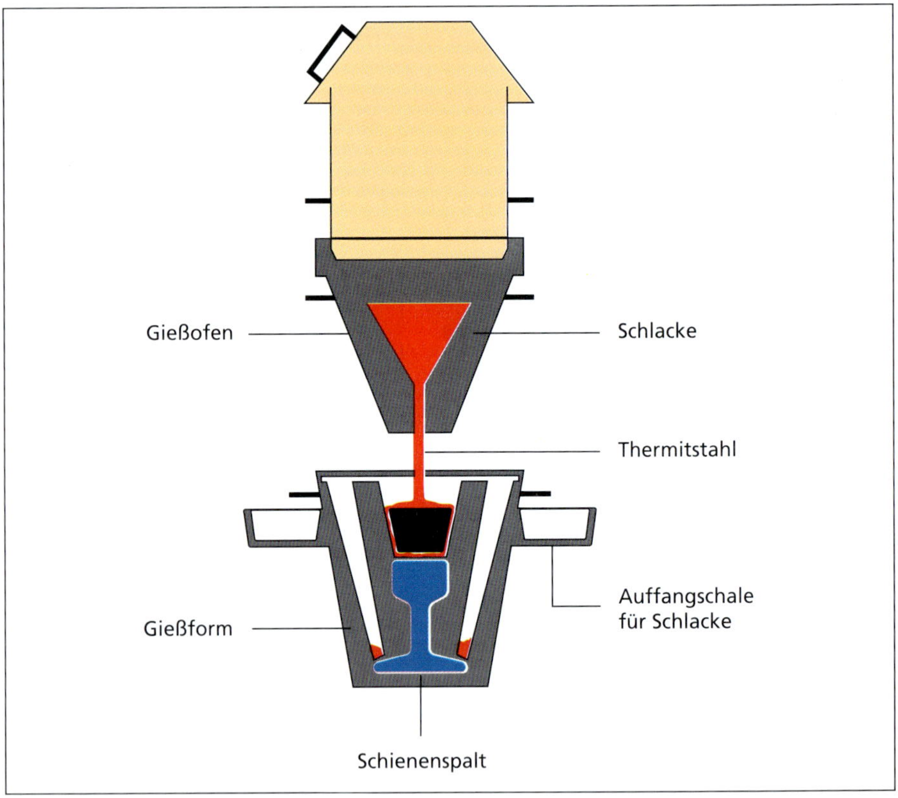

Arbeitsprinzipien:

- diskontinuierliche Arbeitsweise: Reaktion wird nur bei Bedarf durchgeführt.
- mobil einsetzbar: Reaktionsapparat kann direkt an die zu verschweißenden Schienen gebracht werden

6.4 Technische Herstellung von Ammoniak – Ammoniaksynthese

Reaktionsprodukte:

Ammoniak NH_3: Kältemittel, Putzmittel, Ausgangsstoff für Salpetersäure, Düngemittel, Sprengstoff, Arzneimittel, Farbstoffe, Soda

Ausgangsstoffe:

Stickstoff N_2: durch Luftverflüssigung gewonnen
Wasserstoff H_2: aus Erdöl, Erdgas oder Kohle gewonnen

Chemische Reaktion:

$$N_2 + 3\,H_2 \rightleftharpoons 2\,NH_3 \qquad Q = -92{,}5\ \text{kJ} \cdot \text{mol}^{-1}$$

Reaktionsapparat:

Kontaktofen

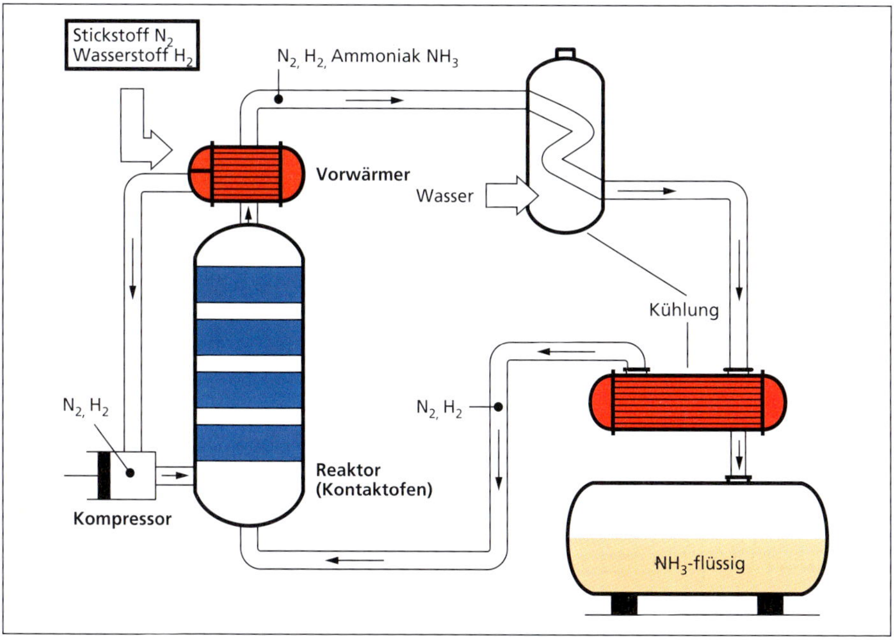

Arbeitsprinzipien:

- kontinuierliche Arbeitsweise
- Wärmeaustausch im Gegenstromprinzip (kaltes Synthesegas wird durch heiße Reaktionsprodukte vorgewärmt).
- Kreislaufprinzip: Nicht umgesetztes Synthesegas (ca. 80 %) wird im Kreislauf wieder als Ausgangsstoff eingesetzt.
- 450 °C Arbeitstemperatur des Katalysators
- 25–35 MPa (Prinzip von Le Chatelier)

6.5 Technische Gewinnung von Methanol (Methanolsynthese)

Reaktionsprodukt:

Methanol (CH_3OH) für Treibstoffe, Brennstoffe, Lösungsmittel; als Ausgangsstoff für Farbstoffe, Arzneimittel, Kunststoffe und Kunstfasern

Ausgangsstoffe:

Kohlenstoffmonoxid: CO aus Kohle, Erdöl oder Erdgas
Wasserstoff: H_2

Chemische Reaktion:

$CO + 2\,H_2 \rightleftharpoons CH_3OH \qquad Q = -92\ kJ \cdot mol^{-1}$

Reaktionsapparat:

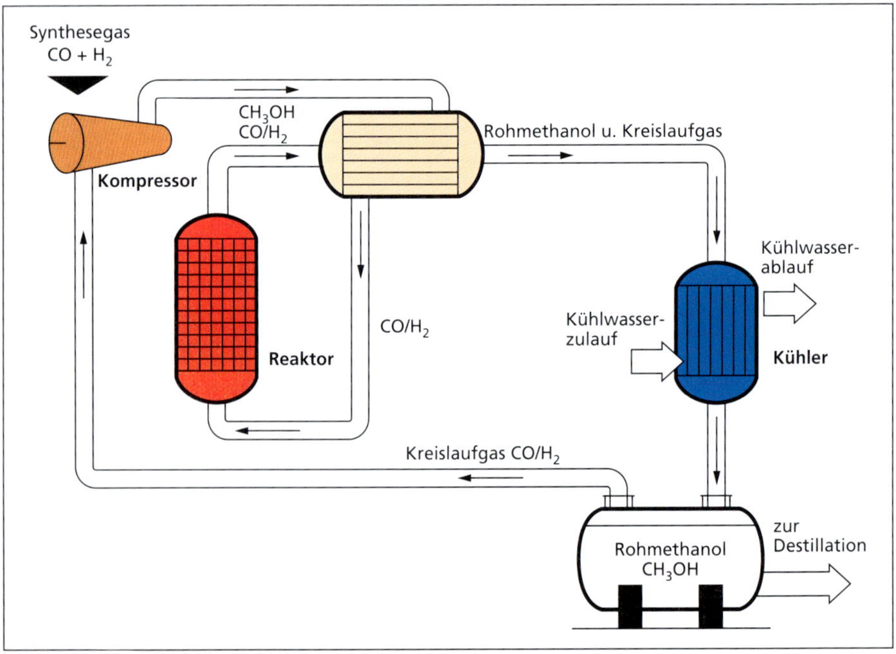

Arbeitsprinzipien:

- kontinuierliche Arbeitsweise
- Kreislaufprinzip (15 % Ausbeute)
- 380 °C, 20–70 MPa Druck, Zinkoxid /Chromoxid-Katalysator
- Wärmeaustausch im Wärmeaustauscher: Kaltes Synthesegas wird im Gegenstrom dem Reaktorgas entgegengeleitet. Damit wird das Synthesegas vorgewärmt.

6.6 Technische Herstellung von Schwefelsäure

Reaktionsprodukt:

Roh-Schwefelsäure (konzentrierte Schwefelsäure)
zur Aufbereitung von Erzen, zum Aufschließen von Rohphosphaten, zur Herstellung von Düngemitteln, Waschmitteln, Farbmitteln, Arzneimitteln, Kunststoffen, Chemiefasern, Sprengmitteln, als Hilfsstoff für organische Synthesen, Trocknungsmittel, zum Reinigen von Erdöl und Erdgas, zum Beizen von Metallteilen

Ausgangsstoffe:

Schwefeldioxid, Luft, Wasser

Chemische Reaktionen:

a) $S + O_2 \longrightarrow SO_2$; Q = −297 kJ/mol

oder $4\,FeS_2 + 11\,O_2 \longrightarrow 8\,SO_2 + 2\,Fe_2O_3$; Q = −3442 kJ/mol

oder $2\,CaSO_4 + C \longrightarrow 2\,SO_2 + 2\,CaO + CO_2$; Q = +544,3 kJ/mol

b) $2\,SO_2 + O_2 \rightleftharpoons 2\,SO_3$; Q = −198 kJ/mol

c) $SO_3 + H_2SO_4 \longrightarrow H_2S_2O_7$

$H_2S_2O_7 + H_2O \longrightarrow 2\,H_2SO_4$

Reaktionsapparat:

- Kontaktofen zur SO_3-Herstellung
- Absorptionstürme zur H_2SO_4-Herstellung

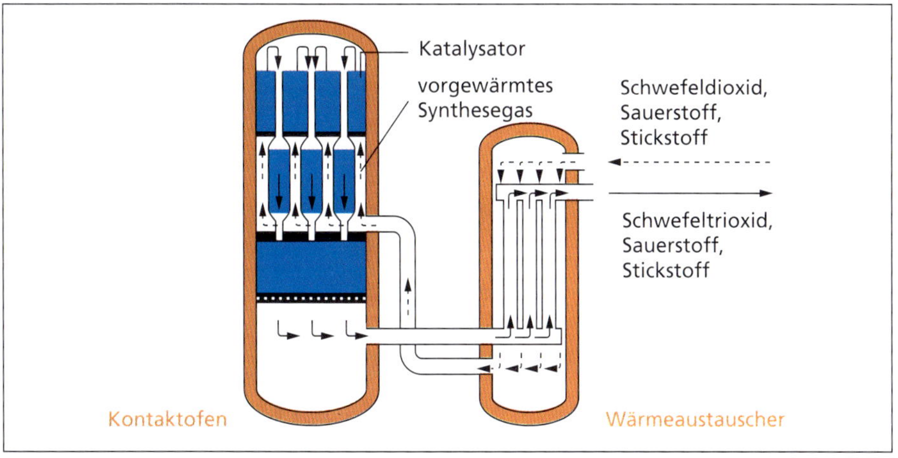

Arbeitsprinzipien:

SO_3-Herstellung:
- Kontinuierliche Arbeitsweise
- Wärmeaustausch erfolgt im Gegenstrom (Gegenstromprinzip)
- 450 °C Arbeitstemperatur des Vanadiummischkatalysators
- Normaldruck, bei Überschuss von Luft

H_2SO_4-Herstellung:
- Kontinuierliche Arbeitsweise in zwei hintereinandergeschalteten Absorptionstürmen
- Rest SO_2 wird in weiterem Kontaktofen oxidiert.

6.7 Technische Herstellung von Salpetersäure

Reaktionsprodukt:

Salpetersäure (HNO_3)
Ausgangsstoff zur Herstellung von Arzneimitteln, Farben und Lacken, Sprengmitteln, Düngemitteln, Plasten und Faserstoffen, Lösungsmitteln, Beiz- und Ätzmitteln für Metalle

Ausgangsstoffe:

Ammoniak (NH_3) aus Ammoniaksynthese
Luft (Sauerstoff der Luft)
Wasser

Chemische Reaktionen:

a) Verbrennung von Ammoniak

$4\ NH_3 + 5\ O_2 \rightleftharpoons 4\ NO + 6\ H_2O \qquad Q = -906\ kJ \cdot mol^{-1}$

b) Oxidation von Stickstoffmonoxid

$2\ NO + O_2 \rightleftharpoons 2\ NO_2 \qquad Q = -114\ KJ \cdot mol^{-1}$

c) Absorption des Stickstoffdioxids durch Wasser und Umsetzung

$3\ NO_2 + H_2O \rightleftharpoons 2\ HNO_3 + NO \qquad Q = -72\ kJ \cdot mol^{-1}$

Reaktionsapparat:

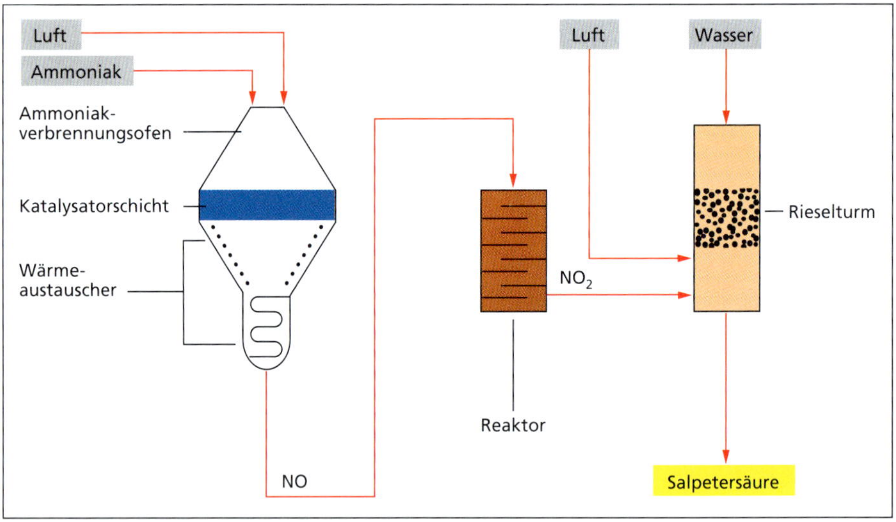

Arbeitsprinzipien:

- Wärmeaustausch im Wärmeaustauscher zum Vorwärmen des Luft/Ammoniak-Gemisches
- 800 °– 900 °C
- stofflicher Gegenstrom (Wasser strömt NO_2 entgegen.)
- Kreislaufprinzip (entstehendes NO wird zum Oxidationsofen zurückgeführt.)

6.8 Technische Herstellung von Branntkalk – Kalkbrennen

Reaktionsprodukte:

Branntkalk (CaO-Calciumoxid)
Verwendung zur Herstellung von Mörtel, Zement, Calciumcarbid, Glas, Zucker; als Düngemittel; als Zuschlag beim Erschmelzen von Metallen, Sodaherstellung
Kohlenstoffdioxid (CO_2)

Ausgangsstoffe:

Kalkstein ($CaCO_3$ -Calciumcarbonat)
Koks zum Erreichen der erforderlichen Brenntemperatur (ca. 1000 °C)

Chemische Reaktion:

$$CaCO_3 \xrightarrow{1000\,°C} CaO + CO_2 \qquad Q = +177{,}8\ kJ/mol$$

Reaktionsapparat: Kalkschachtoffen

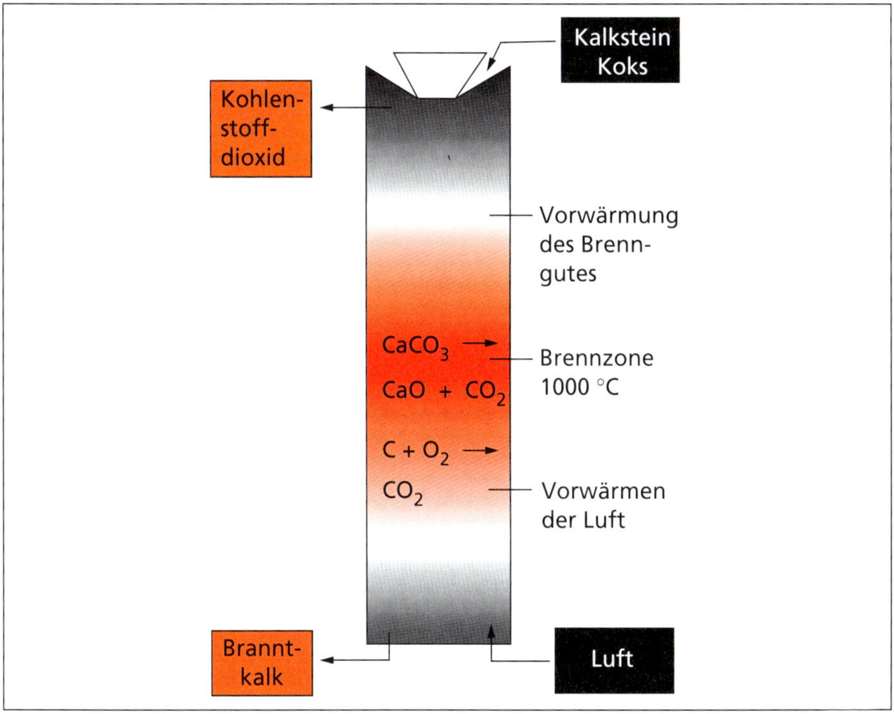

Arbeitsprinzipien:

- kontinuierliche Arbeitsweise
- direkte Wärmeerzeugung durch Reaktion von Koks mit Luft im Ofen (Kopplung der exothermen Reaktion der Koksverbrennung mit der endothermen Reaktion des Kalkbrennens)
- Gegenstromprinzip: Das heiße Kohlenstoffdioxid wärmt die Ausgangsstoffe vor.
- Bei neuen Öfen wird die Temperatur durch Erdöl/Erdgasbrenner erreicht.

6.9 Wichtige Baustoffe und ihre Herstellung

	Kalk Kalkmörtel	**Zement Zementmörtel**	**Gips**	**Beton**	**Glas**
Herstellung	Löschkalk: Löschen von Branntkalk mit Wasser Kalkmörtel Mischen des Löschkalks mit Sand und Wasser	Zement: Brennen von Ton (Aluminium-Silicate) mit Kalkstein (Calcium-Carbonat) Zementmörtel: Mischen von Zement und Sand und Wasser	Brennen von natürlichem Gips (gebrannter Gips)	Beton: Mischen von Zementmörtel mit grobem Kies oder Steinschotter Stahlbeton: Einbetten von Eisenstäben oder -gittern in Beton	Schmelzen von Quarzsand (Siliciumdioxid) und Kalkstein, Soda, Pottasche und vielen Zuschlägen
Hauptbestandteil	Calciumhydroxid $Ca(OH)_2$	Calciumsilicate mit Aluminium- und Eisenoxid $(CaO)_3 \cdot SiO_2$	Calciumsulfat $CaSO_4 \cdot \frac{1}{2}\ H_2O$	Calciumsilicate mit Aluminium- und Eisenoxiden $(CaO)_3 \cdot SiO_2$	„Normalglas" Natrium-Calcium-Silicat $Na_2O \cdot CaO \cdot 6\ SiO_2$
Verwendung	Zum Mauern von Mauersteinen (Verbinden der Steine) und zum Verputzen von Wänden, Herstellen von Bausteinen (Kalksandsteine)	Baustoff zum Verbinden von Mauersteinen oder Betonfertigteilen	zur Herstellung von Stuck, Innenputz, Fußboden Gipsverbände Bauteile aus Gießformen	zur Herstellung von Fertigteilen im Haus- und Brückenbau	zur Herstellung von Fensterglas, Tafelglas, Flaschenglas, Spiegelglas Spezialgläser enthalten weitere Zusätze
	nach Aufnahme von Kohlenstoffdioxid aus der Luft und Wasserabgabe wird der Mörtel fest (Abbinden)	nach Wasseraufnahme wird der Zement fest (Abbinden)	nach Wasseraufnahme wird der Gips fest (Abbinden)	nach Wasseraufnahme wird der Beton fest (Abbinden)	nach Erkalten wird das Glas fest

6.10 Anwendung elektrochemischer Reaktionen

Elektrochemische Reaktionen sind Redoxreaktionen, die an Phasengrenzen (z.B. Metall und Elektrolytlösung) ablaufen. Über die Phasengrenzen erfolgt ein Ladungstransport. Elektrochemische Reaktionen sind oft mit Energieumwandlungen (chemische Energie $\rightleftharpoons$ elektrische Energie) verbunden.

Elektrochemische Reaktionen ohne Stromeinfluss

Elektrochemische Fällung von Metallen	Entwicklung von Wasserstoff
Unedle Metalle scheiden edle Metalle aus ihren Salzlösungen ab.	Unedle Metalle reagieren mit verdünnten Säurelösungen unter Bildung von Wasserstoff.
$Zn \longrightarrow Zn^{2+} + 2\,e^-$ Oxidation	$Zn \longrightarrow Zn^{2+} + 2\,e^-$ Oxidation
$2\,Ag^+ + 2\,e^- \longrightarrow 2\,Ag$ Reduktion	$2\,H^+ + 2\,e^- \longrightarrow H_2$ Reduktion
$Zn + 2\,Ag^+ \longrightarrow Zn^{2+} + 2\,Ag$ Redoxreaktion	$Zn + 2\,H^+ \longrightarrow Zn^{2+} + H_2$ Redoxreaktion
Bedeutung: Gewinnung von Edelmetallen Rückgewinnung von Edelmetallen	**Bedeutung:** Darstellung von Wasserstoff im Labor

Elektrochemische Korrosion …

… ist eine unerwünschte Zerstörung von unedleren Metallen an Berührungsstellen mit edleren Metallen bei Vorhandensein von Elektrolytlösungen.

Beispiel: Korrosion an verchromtem Eisen (Fahrradlenker)

Luftfeuchtigkeit (H^+, SO_3^{2-}, SO_4^{2-}, CO_3^{2-}, NO_3^-, H_2O)

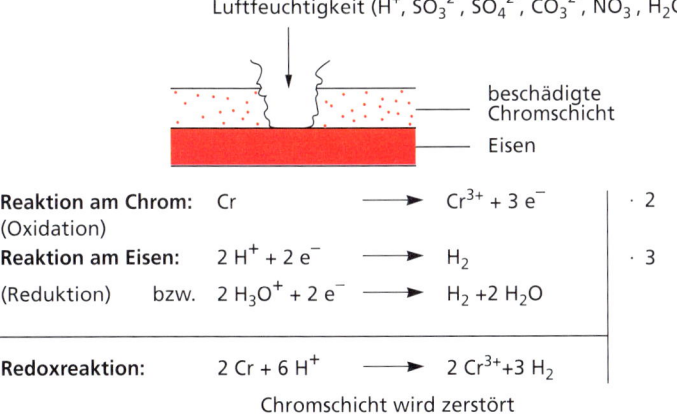

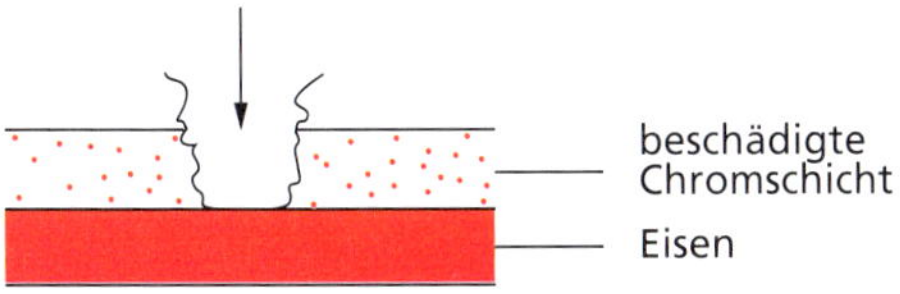

Reaktion am Chrom: (Oxidation)	Cr	$\longrightarrow$	$Cr^{3+} + 3\,e^-$	$\cdot\,2$
Reaktion am Eisen:	$2\,H^+ + 2\,e^-$	$\longrightarrow$	H_2	$\cdot\,3$
(Reduktion) bzw.	$2\,H_3O^+ + 2\,e^-$	$\longrightarrow$	$H_2 + 2\,H_2O$	
Redoxreaktion:	$2\,Cr + 6\,H^+$	$\longrightarrow$	$2\,Cr^{3+} + 3\,H_2$	

Chromschicht wird zerstört

Korrosionsschutzmaßnahmen:

- keine Elektrolytlösung zutreten lassen (einölen, einfetten, lackieren, Plastiküberzüge)
- Oberfläche der Metalle vor Beschädigung schützen
- zu schützendes Metall elektrisch leitend mit einem unedleren Metall verbinden (Opferanode z.B. bei Tanklagern, Rohrleitungen, Schiffswänden, Brücken)

Elektrochemische Reaktionen unter Stromeinfluss

Elektrolyse

- Redoxreaktion
- nicht freiwillig ablaufende Reaktion, die durch elektrischen Strom bewirkt wird
- Umwandlung von elektrischer in chemische Energie

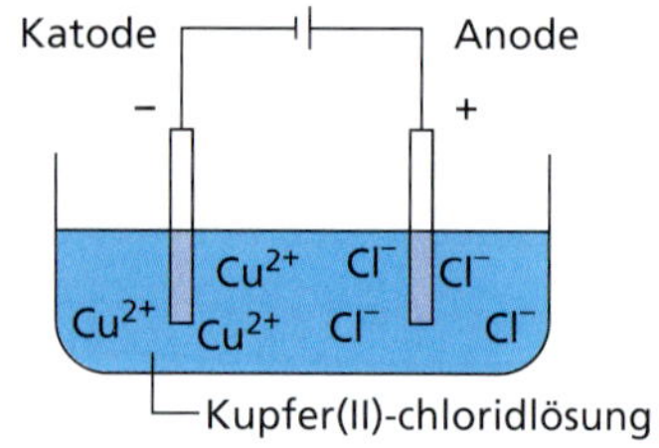

Anode: (Oxidation)	$2\,Cl^-$	$\longrightarrow$	$Cl_2 + 2\,e^-$
Katode: (Reduktion)	$Cu^{2+} + 2\,e^-$	$\longrightarrow$	Cu
Elektrolysezelle (Redoxreaktion)	$Cu^{2+} + 2\,Cl^-$	$\longrightarrow$	$Cu + Cl_2$

Bedeutung:

- Herstellen metallischer Überzüge durch Galvanisieren (Verchromen, Verzinken, Verkupfern, Vernickeln)
- Reinigen von Rohmetallen (Kupfer, Aluminium, Blei)
- Herstellen wichtiger Grundstoffe (Natronlauge, Wasserstoff und Chlor durch Natriumchloridelektrolyse; Magnesium und Aluminium durch Schmelzflusselektrolyse)

Technische Herstellung von Aluminium (Schmelzflusselektrolyse)

Reaktionsprodukte:

Aluminium
Abgase (N_2, CO, CO_2, F_2, u.a.)

Ausgangsstoffe:

Bauxit (Al_2O_3), Zusatzstoffe
Kryolith ($Na_3[AlF_6]$)

Reaktionsapparat:

Elektrolysezelle

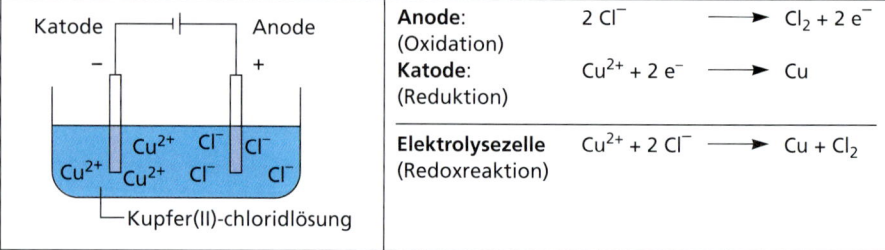

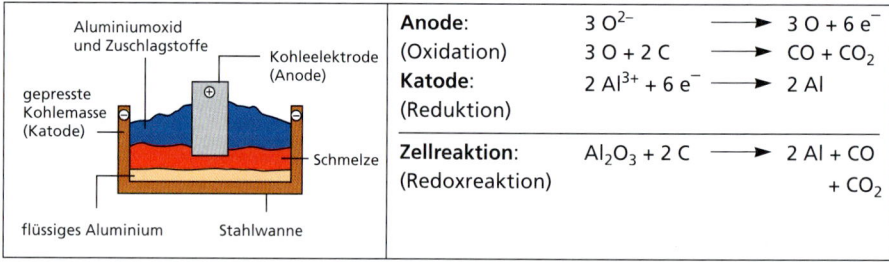

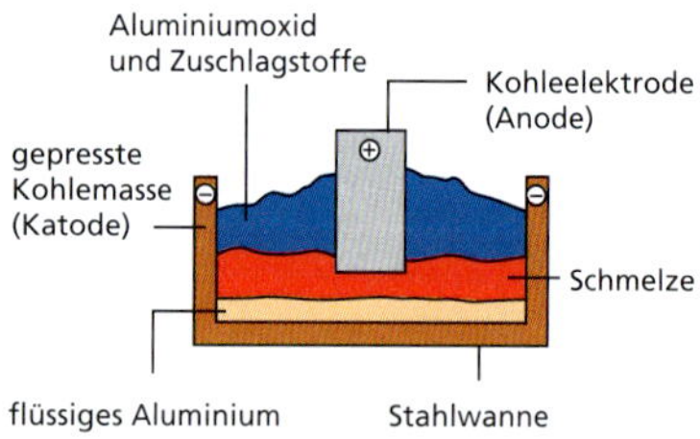

Anode: (Oxidation)	$3\,O^{2-}$	$\longrightarrow$	$3\,O + 6\,e^-$
	$3\,O + 2\,C$	$\longrightarrow$	$CO + CO_2$
Katode: (Reduktion)	$2\,Al^{3+} + 6\,e^-$	$\longrightarrow$	$2\,Al$
Zellreaktion: (Redoxreaktion)	$Al_2O_3 + 2\,C$	$\longrightarrow$	$2\,Al + CO + CO_2$

Arbeitsprinzipien:

- periodische Arbeitsweise
- Spannung: 5 V
- Stromstärke: 100–150 kA
- Temperatur der Schmelze: 950 °C
- Stromverbrauch: 15 000–20 000 kWh pro t Aluminium

Elektrotechnische Reaktionen zur Stromerzeugung

Galvanische Reaktionen (galvanische Elemente)

- Redoxreaktion durch Kopplung von zwei Metallen in ihren Salzlösungen
- freiwillig ablaufende Reaktion, bei der elektrischer Strom erzeugt wird
- Umwandlung von chemischer in elektrische Energie

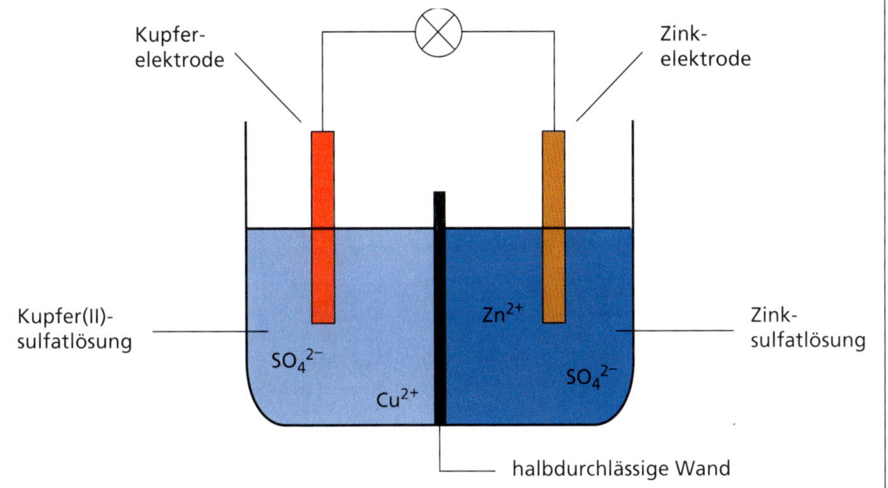

Reaktion am unedleren Metall: (Oxidation) $Zn \longrightarrow Zn^{2+} + 2\,e^-$

Reaktion am edleren Metall: (Reduktion) $Cu^{2+} + 2\,e^- \longrightarrow Cu$

Gesamtreaktion: (Redoxreaktion) $Zn + Cu^{2+} \longrightarrow Zn^{2+} + Cu$

Bedeutung:

In Batterien (Primärelemente: chemische Energie $\xrightarrow{\text{Entladen}}$ elektrische Energie)

- Kohle-Zink-Batterien in Radios, Fernbedienungen, Taschenlampen, Weckern
- Knopfzellen in Taschenrechnern, Uhren, Belichtungsmessern, Computern
- Füllelemente in Seenotrettungsgeräten

In Akkumulatoren (Sekundärelemente: chemische Energie $\underset{\text{Laden}}{\overset{\text{Entladen}}{\rightleftharpoons}}$ elektrische Energie)

- Bleiakkumulator in Kfz
- Nickel-Cadmium-Akkumulator in Kfz, Straßenfahrzeugen
- Silber-Zink-Akkumulator in Flugzeugen, Militärtechnik, Weltraumanlagen

6.11 Verbrennung – Feuer – Brände – Brandschutz

Die **Verbrennung** ist eine sehr schnell verlaufende Oxidation, die mit Feuererscheinungen verbunden ist.
Feuer ist eine äußere Erscheinungsform einer Verbrennung. Dabei können auftreten:
- **Flammen** als brennende Gase,
- **Rauch** (aus Verbrennung stammender Flugstaub),
- **Glut** (glühender Festkörper, der Wärme und Licht ausstrahlt).

Bedingungen für das Entstehen eines Feuers	**Maßnahmen zum Löschen eines Feuers**
Vorhandensein eines brennbaren Stoffes	Entfernen des brennbaren Stoffes – brennbare Stoffe vom Brandherd beseitigen – Feuerschneisen bei Waldbränden anlegen – Wassersperre zwischen Brand und anderen brennbaren Stoffen anlegen
Vorhandensein von Sauerstoff (Luft)	Sauerstoffzutritt verhindern – Kohlenstoffdioxid oder Schaumlöscher benutzen – Abdecken mit Löschdecke – Zuschütten mit Sand
Erreichen der Entzündungstemperatur	Abkühlen unter die Entzündungstemperatur – Löschen mit Wasser – Löschen mit Kohlenstoffdioxidschaum
Was brennt?	**Womit kann man löschen?**
Kleidung von Personen, Haare	Wasser, feuchte Tücher, Löschdecken
Einrichtungsgegenstände in der Wohnung (außer elektrische Geräte)	Wasser, Sand, feuchte Tücher, Löschdecken, Feuerlöscher aller Art
mit Wasser mischbare Flüssigkeiten (z.B. Spiritus)	Wasser, feuchte Tücher, Löschdecken, Feuerlöscher aller Art
mit Wasser **nicht** mischbare Flüssigkeiten (z.B. Fett, Öl, Benzin)	Sand, feuchte Tücher, Löschdecken, Trockenlöscher, Schaumlöscher
elektrische Geräte, Leitungen und Anlagen	Löschdecken, Trockenlöscher, Schaumlöscher Niemals mit Wasser löschen!
Wiesen, Bahndämme, Wälder	Wasser, Sand, Erde, Löschdecken, Feuerlöscher aller Art

7 Chemische Experimente

7.1 Gefahrstoffverordnung

Die **Gefahrstoffverordnung** legt fest, dass gefährliche Stoffe durch Gefahrsymbole zu kennzeichnen sind. Gefahrsymbole sind leicht verständlich und international üblich.

Gefahrensymbole, Gefahrenbezeichnungen und Kennbuchstaben

T+ sehr giftig	**T** giftig	**Xn** gesundheits- schädlich	Ätzend	**Xi** reizend
very toxic très toxique	toxic toxique	noxious nocif	corrosif corrosive	irritating irritant

F+ hochentzündlich	**F** entzündlich	**E** explosionsgefährlich	**O** brandfördernd
extremely flammable extrémement inflammable	high flammable facilement inflammable	explosiv explosif	oxidizing comburant

T+ krebserzeugend	**Xn** Verdacht auf krebserzeugende Wirkung	**T** fruchtschädigend	**Xn** Verdacht auf fruchtschädigende Wirkung

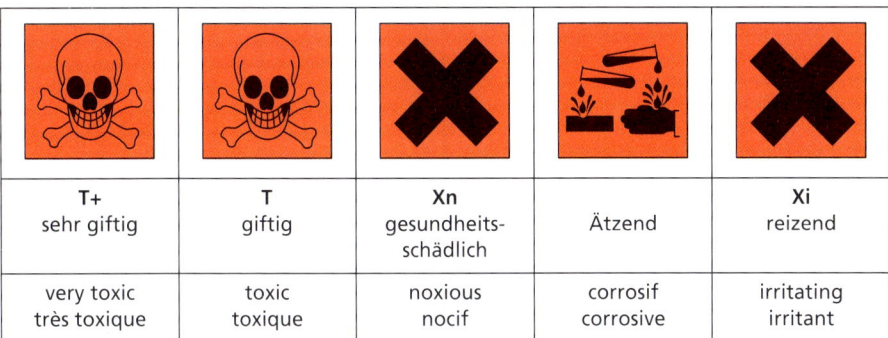

Gefahrenhinweise (R-Sätze)

R 1 In trockenem Zustand explosionsgefährlich.
R 2 Durch Schlag, Reibung, Feuer oder andere Zündquellen explosionsgefährlich.
R 3 Durch Schlag, Reibung, Feuer oder andere Zündquellen besonders explosionsgefährlich.
R 4 Bildet hochempfindliche explosionsgefährliche Metallverbindungen.
R 5 Beim Erwärmen explosionsfähig.
R 6 Mit und ohne Luft explosionsfähig.
R 7 Kann Brand verursachen.
R 8 Feuergefahr bei Berührung mit brennbaren Stoffen.
R 9 Explosionsgefahr bei Mischung mit brennbaren Stoffen.
R 10 Entzündlich.
R 11 Leichtentzündlich.
R 12 Hochentzündlich.
R 13 Hochentzündliches Flüssiggas.
R 14 Reagiert heftig mit Wasser.
R 15 Reagiert mit Wasser unter Bildung leichtentzündlicher Gase.
R 16 Explosionsgefährlich in Mischung mit brandfördernden Stoffen.
R 17 Selbstentzündlich an der Luft
R 18 Bei Gebrauch Bildung explosionsfähiger/leichtentzündlicher Dampf-Luftgemische möglich.
R 19 Kann explosionsfähige Peroxide bilden.
R 20 Gesundheitsschädlich beim Einatmen.
R 21 Gesundheitsschädlich bei Berührung mit der Haut.
R 22 Gesundheitsschädlich beim Verschlucken.
R 23 Giftig beim Einatmen.
R 24 Giftig bei Berührung mit der Haut.
R 25 Giftig beim Verschlucken.
R 26 Sehr giftig beim Einatmen.
R 27 Sehr giftig bei Berührung mit der Haut.
R 28 Sehr giftig beim Verschlucken.
R 29 Entwickelt bei Berührung mit Wasser giftige Gase.
R 30 Kann bei Gebrauch leicht entzündlich werden.
R 31 Entwickelt bei Berührung mit Säure giftige Gase.
R 32 Entwickelt bei Berührung mit Säure sehr giftige Gase.
R 33 Gefahr kumulativer Wirkungen.
R 34 Verursacht Verätzungen.
R 35 Verursacht schwere Verätzungen.
R 36 Reizt die Augen.
R 37 Reizt die Atmungsorgane.
R 38 Reizt die Haut.
R 39 Ernste Gefahr irreversiblen Schadens.
R 40 Irreversibler Schaden möglich.
R 41 Gefahr ernster Augenschäden.
R 42 Sensibilisierung durch Einatmen möglich.
R 43 Sensibilisierung durch Hautkontakt möglich.
R 44 Explosionsgefahr bei Erhitzen unter Einschluss.
R 45 Kann Krebs erzeugen.
R 46 Kann vererbbare Schäden verursachen.
R 47 Kann Missbildungen verursachen.
R 48 Gefahr ernster Gesundheitsschäden bei längerer Exposition.

R-Sätze weisen auf besondere Gefahren hin.

Sicherheitsratschläge (S-Sätze)

S 1 Unter Verschluss aufbewahren.
S 2 Darf nicht in die Hände von Kindern gelangen.
S 3 Kühl aufbewahren.
S 4 Von Wohnplätzen fernhalten.
S 5 Unter ... aufbewahren (geeignete Flüssigkeit vom Hersteller anzugeben).
S 6 Unter ... aufbewahren (inertes Gas vom Hersteller anzugeben).
S 7 Behälter dicht geschlossen halten.
S 8 Behälter trocken halten.
S 9 Behälter an einem gut gelüfteten Ort aufbewahren.
S 12 Behälter nicht gasdicht verschließen.
S 13 Von Nahrungsmitteln, Getränken und Futtermitteln fernhalten.
S 14 Von ... fernhalten (inkompatible Substanzen vom Hersteller anzugeben).
S 15 Vor Hitze schützen.
S 16 Von Zündquellen fernhalten – Nicht rauchen.
S 17 Von brennbaren Stoffen fernhalten.
S 18 Behälter mit Vorsicht öffnen und handhaben.
S 20 Bei der Arbeit nicht essen und trinken.
S 21 Bei der Arbeit nicht rauchen.
S 22 Staub nicht einatmen.
S 23 Gas/Rauch/Dampf/Aerosol nicht einatmen (geeignete Bezeichnung vom Hersteller anzugeben).
S 24 Berührung mit der Haut vermeiden.
S 25 Berührung mit den Augen vermeiden.
S 26 Bei Berührung mit den Augen gründlich mit Wasser abspülen und Arzt konsultieren.
S 27 Beschmutzte, getränkte Kleidung sofort ausziehen.
S 28 Bei Berührung mit der Haut sofort abwaschen mit viel ... (vom Hersteller anzugeben).
S 29 Nicht in die Kanalisation gelangen lassen.
S 30 Niemals Wasser hinzugießen.
S 33 Maßnahmen gegen elektrostatische Aufladungen treffen.
S 34 Schlag und Reibung vermeiden.
S 35 Abfälle und Behälter müssen in gesicherter Weise beseitigt werden.
S 36 Bei der Arbeit geeignete Schutzkleidung tragen.
S 37 Geeignete Schutzhandschuhe tragen.
S 38 Bei unzureichender Belüftung Atemschutzgerät anlegen.
S 39 Schutzbrille/Gesichtsschutz tragen.
S 40 Fußboden und verunreinigte Gegenstände mit ... reinigen (vom Hersteller anzugeben).
S 41 Explosions- und Brandgase nicht einatmen.
S 42 Beim Räuchern/Versprühen geeignetes Atemschutzgerät anlegen (geeignete Bezeichnung vom Hersteller anzugeben).
S 43 Zum Löschen ... (vom Hersteller anzugeben) verwenden (wenn Wasser die Gefahr erhöht, anfügen: Kein Wasser verwenden).
S 44 Bei Unwohlsein ärztlichen Rat einholen (wenn möglich, dieses Etikett vorzeigen).
S 46 Bei Verschlucken sofort ärztlichen Rat einholen und Verpackung oder Etikett vorzeigen.
S 47 Nicht bei Temperaturen über ... °C aufbewahren (vom Hersteller anzugeben).
S 48 Feucht halten mit ... (geeignetes Mittel vom Hersteller anzugeben).
S 49 Nur im Originalbehälter aufbewahren.
S 50 Nicht mischen mit ... (vom Hersteller anzugeben).
S 51 Nur in gut gelüfteten Bereichen verwenden.
S 52 Nicht großflächig für Wohn- und Aufenthaltsräume zu verwenden.
S 53 Expositionen vermeiden. Vor Gebrauch besondere Anweisung einholen.

S-Sätze geben Ratschläge für den sachgemäßen Umgang mit Gefahrstoffen.

Gefahrstoffkennzeichnung für einige Chemikalien

Ammoniak wasserfrei	T, R10, R23, S7, S9, S16, S38	Kupfer(i)-oxid	X_n, R22, S22
Lösung über 35 %	C, R34, R36, R37, R38, S7, S26	Kupfersulfat	X_n, R22
Lösung 10–35 %	Xi, R36, R37, R38, S2, S26	Magnesium (Pulver, Späne)	F, R11, R15, S7, S8, S43
Ammoniumchlorid	Xn, R22, R36, S22	Mangandioxid (Braunstein)	Xn, R20, R22, S25
Ammoniumnitrat	0, R8, R9, S15, S16, S41	Methanallösung 5 %–30 %	Xn, R36, R37, R40, R43, S2, S26, S51
Bariumchlorid	Xn, R20, R22, S28	Methanol	F, T, R11, R23, R25, S2, S7, S16, S24
Blei(II)-nitratlösung	Xn, R20, R22, R33, S13, S20, S21	Methansäure 25–90 %ig	C, R34, S2, S23, S26
Bleioxid	Xn, R20, R22, R33, S13, S20, S21	Natriumcarbonat	Xi, R36, S22, S26
Calcium	F, R15, S8, S24, S25, S43	Natriumhydroxidlösung 1–5 %ig	Xi, R36, R38, S2, S26
Calciumcarbid	F, F15, S8, S43	über 5 %	C, R35, S2, S26, S27, S37, S39
Calciumchlorid	Xi, R36, S22, S24	Phosphorsäure 10–25 %ig	Xi, R36, S25
Calciumhydroxid	C, R34, S26, S36	Salpetersäure 20–70 %	C, R35, S2, S23, S26, S27
Calciumoxid	C, R34, S26, S36	Salzsäure über 25 %	C, R 34, R37, S2, S26
Chlor	T, R23, R36, R37, R38, S7, S9, S44	10–25 %ig	Xi, R36, R38, S2, S28
Essigsäureethylester (Ethansäureethylester)	F, R11, S16, S23, S29, S33	Schwefeldioxid	T, R23, R36, R37, S7, S9, S44
Ethanol	F, R11, S7, S16	Schwefelsäure 5–15 %	Xi, R36, R38, S2, S26
Ethansäure 25–90 %ig	C, R34, S2, S23, S26	über 15 %	C, R35, S2, S26, S30
Ethin	F+, R5, R6, R12, S9, S16, S33	Silbernitrat	C, R34, S2, S26
Fehlingsche Lösung II	C, R35, S26	Wasserstoff	R+, R12, S7, S9
Kaliumhydroxidlösung 1–5 %ig	Xi, R36, R38, S2, S26	Wasserstoffperioxidlösung 20–60 %ig	C, R34, S28, S39
Kaliumpermanganat	O, X_n, R8, R22, S2	Zinkpulver (stabil.)	R10, R15, S7, S8, S43

7.2 Das Experiment im Chemieunterricht

Allgemeine Hinweise zum Experimentieren im Chemieunterricht

1. Schulmappen und Kleidungsstücke sollten aus dem unmittelbaren Arbeitsbereich entfernt werden. Sie könnten beschädigt werden oder den Arbeitsplatz einengen. Zum Schutz der Kleidung empfiehlt sich das Tragen eines Kittels. Auf dem Arbeitsplatz sollten nur die notwendigen Arbeitsmittel liegen.

2. Längere Haare sollten mit einem Band zusammengefasst werden. Sie können sonst sehr schnell in die Flamme eines Brenners geraten.

3. Vor dem Experimentieren ist die Versuchsanleitung genau durchzulesen. Alle benötigten Geräte sollten auf dem Arbeitsplatz bereitgestellt und überprüft werden, ob sie sauber und vollständig in Ordnung sind!
   Es ist wichtig, sich über Eigenschaften der Stoffe, die für das Experiment benötigt werden, und über mögliche Gefahren, die von diesen Stoffen ausgehen, zu informieren.

4. Die Apparaturen sind exakt nach Anleitung aufzubauen und beim Experimentieren die Versuchsdurchführung genauestens einzuhalten. Nur so ist gewährleistet, dass das Experiment gefahrlos abläuft.

5. Brenner, Chemikalien und Geräte sind nicht zu nah an die Tischkante zu stellen!
   Einen entzündeten Brenner immer im Auge behalten!

6. Flüssigkeiten können beim Erhitzen leicht herausspritzen. Das Reagenzglas ist deshalb höchstens bis zur Hälfte zu füllen. Das Erwärmen sollte vorsichtig bei leichtem Schütteln erfolgen.
   Die Öffnung eines Reagenzglases darf nie auf eine Person gerichtet werden!
   Das Gesicht nie über ein Gefäß, in dem eine Reaktion abläuft, bringen!

7. Mit Chemikalien ist sparsam umzugehen und nie mit größeren Mengen zu arbeiten, als in der Versuchsanleitung angegeben! Damit werden Gefahren, Kosten und Umweltbelastungen verringert.
   Nach der Entnahme von Chemikalien sind die Vorratsgefäße sofort wieder zu verschließen. Einmal entnommene Chemikalien dürfen nicht wieder in das Vorratsgefäß zurückgegeben werden.

8. Chemikalien nicht mit den Fingern berühren. Geschmacksproben werden grundsätzlich nicht vorgenommen.
   Geruchsproben werden durchgeführt, indem das austretende Gas aus ausreichender Entfernung mit der Hand zugefächelt wird.

9. Nach Beendigung des Experimentes sind Chemikalienreste in die vom Lehrer bereitgestellten Abfallgefäße zu geben.
   Gebrauchte Gefäße sind sorgfältig zu säubern, zu trocknen und wegzuräumen.
   Der Arbeitsplatz ist abzuwischen und zu prüfen, ob Gas- und Wasserhähne geschlossen sind!

Apparaturen ausgewählter Experimente

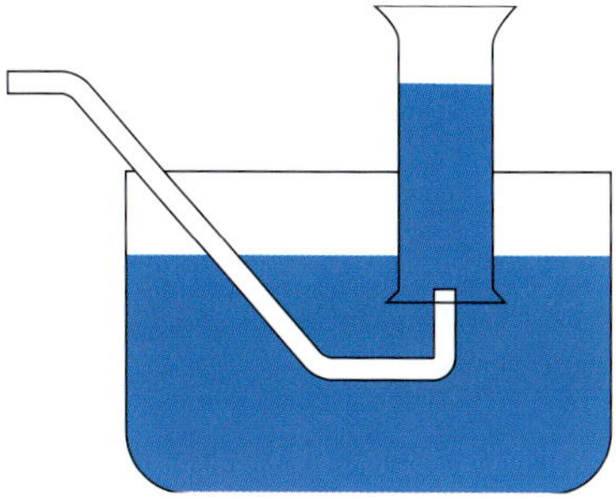

pneumatische Apparatur zum Auffangen von Gasen

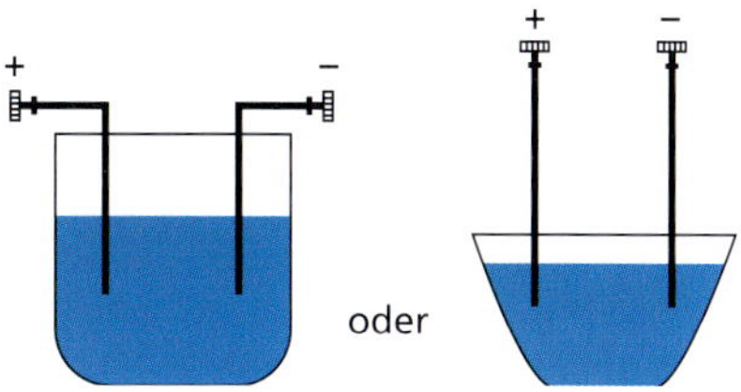

Elektrolysezelle

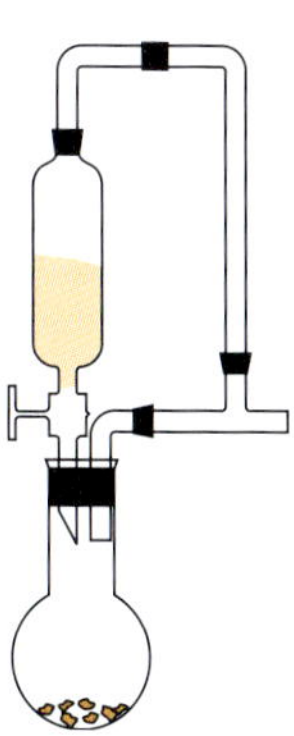

Gasentwickler mit Druckausgleich

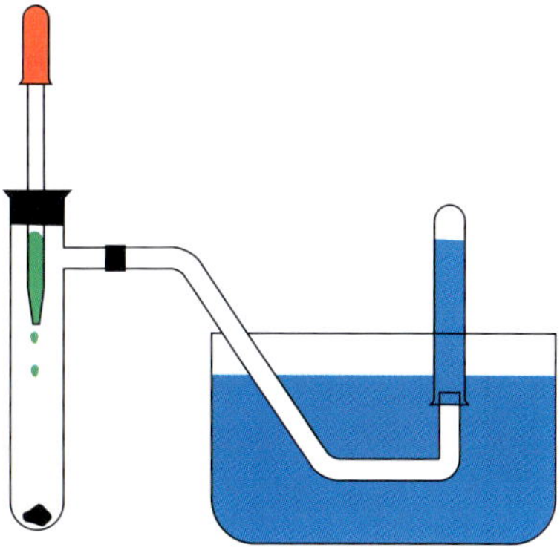

einfacher Gasentwickler mit pneumatischer Gasauffangvorrichtung

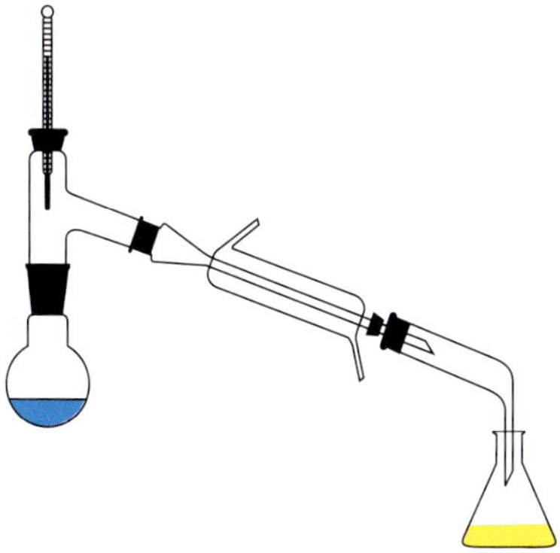

Destillationsapparatur

7.3 Nachweisreaktionen

Nachweis von Ionen

Fällungsreaktionen

Bei Fällungsreaktionen treten Ionen der Lösung des Nachweismittels mit Ionen der Lösung des zu prüfenden Stoffes zusammen und bilden schwerlösliche Salze, die als Niederschlag ausfallen.

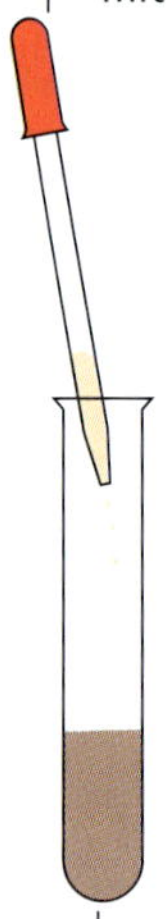

nachgewiesen werden	Nachweismittel	Niederschlag	chemische Reaktion
Chlorid-Ionen Cl^-	Silbernitratlösung ($AgNO_3$-Lösung)	weiß	$Ag^+ + Cl^- \longrightarrow AgCl$ Silberchlorid
Bromid-Ionen Br^-		gelblich	$Ag^+ + Br^- \longrightarrow AgBr$ Silberbromid
Iodid-Ionen I^-		gelb	$Ag^+ + I^- \longrightarrow AgI$ Silberiodid
Sulfat-Ionen SO_4^{2-}	Bariumchloridlösung ($CaCl_2$-Lösung)	weiß	$Ba^{2+} + SO_4^{2-} \longrightarrow BaSO_4$ Bariumsulfat
Blei-Ionen Pb^{2+} Sulfid-Ionen S^{2-}	Schwefelwasserstoff (H_2S) Bleiacetatlösung	schwarz	$Pb^{2+} + S^{2-} \longrightarrow PbS$ Bleisulfid
Carbonat-Ionen CO_3^{2-}	Calciumhydroxidlösung oder Bariumhydroxidlösung $Ca(OH)_2$, $Ba(OH)_2$	weiß	$Ca^{2+} + CO_3^{2-} \longrightarrow CaCO_3$ Calciumcarbonat $Ba^{2+} + CO_3^{2-} \longrightarrow BaCO_3$ Bariumcarbonat
Silber-Ionen Ag^+	Natriumchloridlösung (NaCl)	weiß	$Ag^+ + Cl^- \longrightarrow AgCl$ Silberchlorid

Nachweis von Hydroxid-Ionen und Wasserstoff-Ionen

Indikator	Färbung bei Überschuss von	
	Hydroxid-Ionen	**Wasserstoff-Ionen**
Lackmus	blau	rot
Phenolphthalein	rot	farblos
Methylrot	gelb	rot
Unitest	Farbskala pH > 7	Farbskala pH < 7

pH-Wert

Zahlenangabe zur Unterscheidung einer sauren, neutralen oder basischen Reaktion einer verdünnt wässrigen Lösung

sauer: Überschuss an Wasserstoff-Ionen: $0 \leq pH < 7$
basisch: Überschuss an Hydroxid-Ionen: $7 < pH \leq 14$

pH-Wert	0	1	2	3	4	5	6	7	8	9	10	11	12	13	14
Eigenschaften der Lösung		stark sauer			schwach sauer			neutral		schwach basisch			stark basisch		

Nachweis von Stoffen

Flammenfärbung bei Metallen

Flammenfärbungen sind Vorproben zur Identifizierung von Metallen sowie von entsprechenden Metall-Ionen.

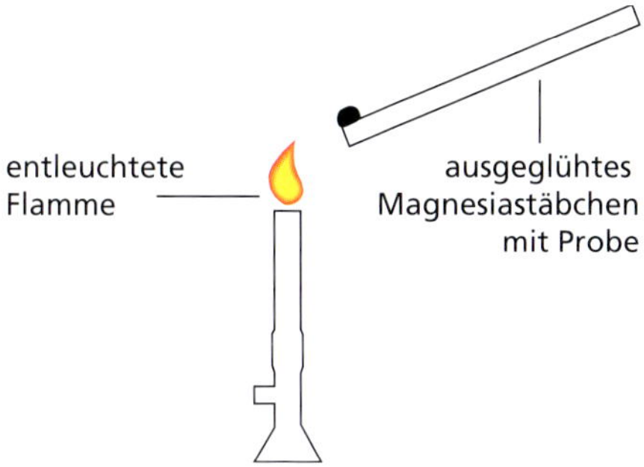

Metall	Färbung der Flamme
Natrium	gelb
Kalium	violett
Calcium	ziegelrot
Kupfer	grün

Nachweis von gasförmigen Stoffen

Sauerstoff

Bei Vorhandensein von reinem Sauerstoff entzündet sich ein glimmender Holzspan.

Wasserstoff

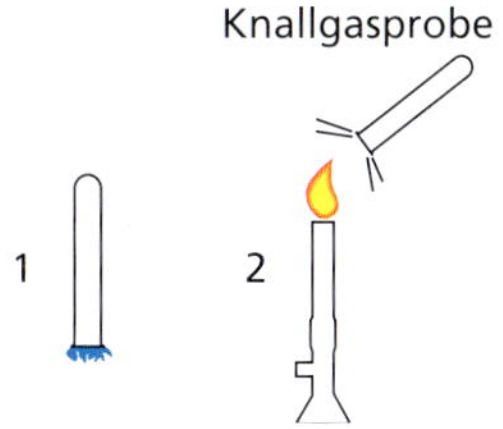

1 Reiner Wasserstoff brennt mit blauer Flamme.
2 Wasserstoff-Sauerstoffgemische sind explosiv (Pfiff/Knall beim Entzünden).

Kohlenstoffdioxid

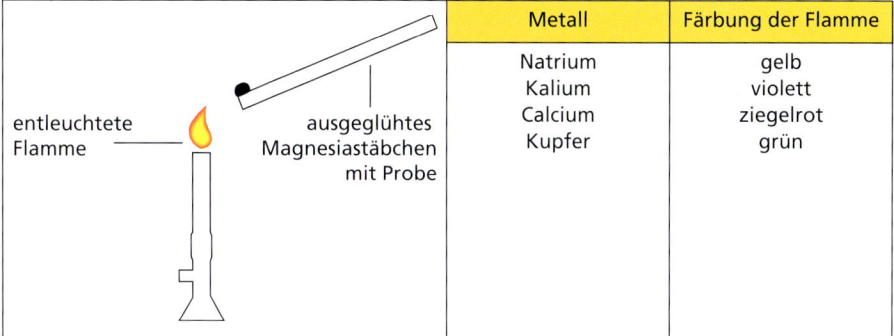

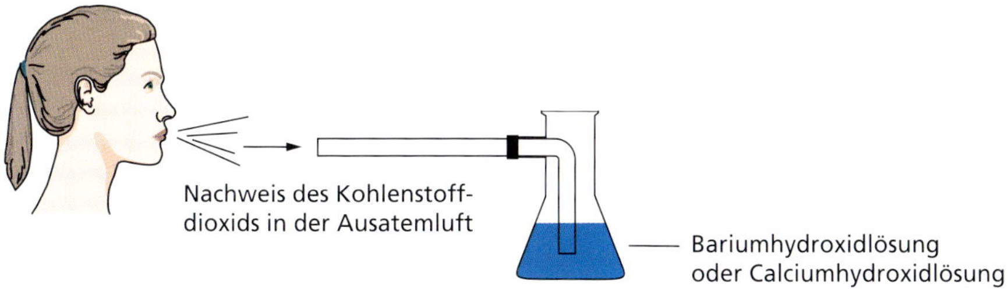

Kohlenstoffdioxid verursacht in $Ba(OH)_2$-Lösung oder $Ca(OH)_2$ -Lösung eine milchigweiße Trübung.

Nachweisreaktionen organischer Verbindungen

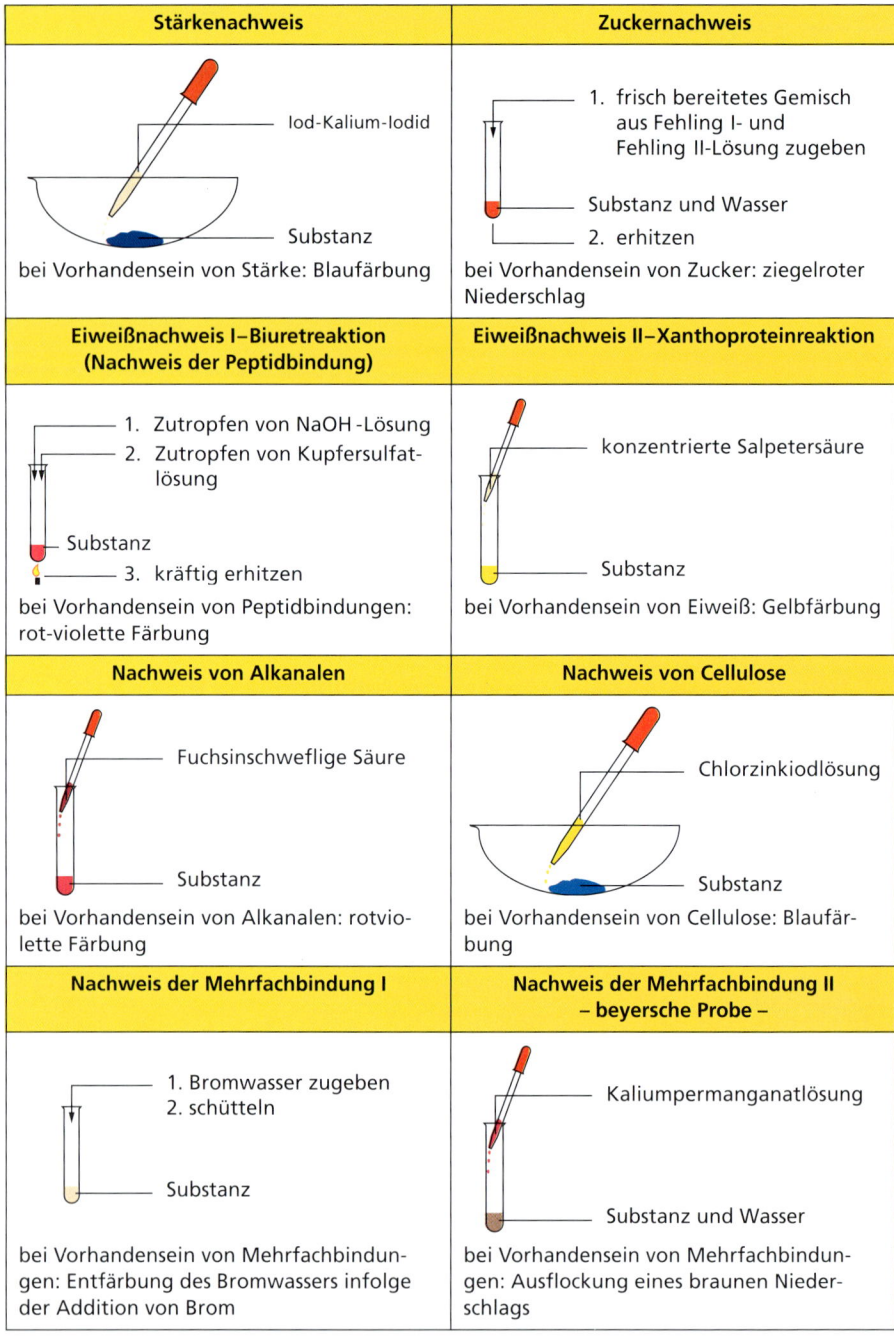

Stärkenachweis

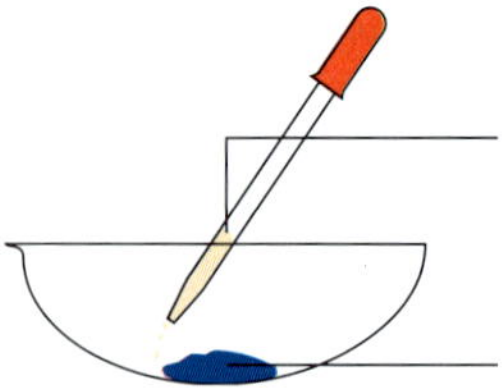

bei Vorhandensein von Stärke: Blaufärbung

Zuckernachweis

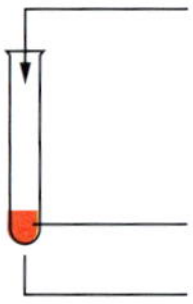

bei Vorhandensein von Zucker: ziegelroter Niederschlag

Eiweißnachweis I–Biuretreaktion (Nachweis der Peptidbindung)

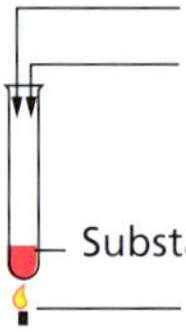

bei Vorhandensein von Peptidbindungen: rot-violette Färbung

Eiweißnachweis II–Xanthoproteinreaktion

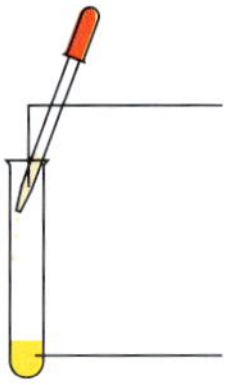

bei Vorhandensein von Eiweiß: Gelbfärbung

Nachweis von Alkanalen

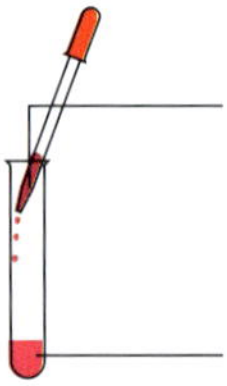

bei Vorhandensein von Alkanalen: rotviolette Färbung

Nachweis von Cellulose

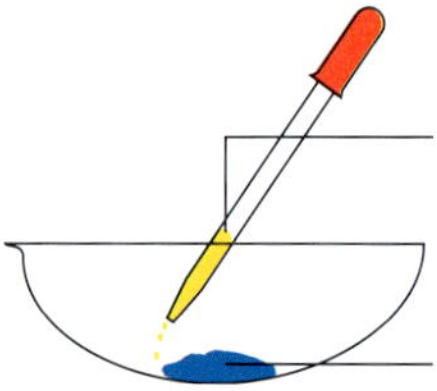

bei Vorhandensein von Cellulose: Blaufärbung

Nachweis der Mehrfachbindung I

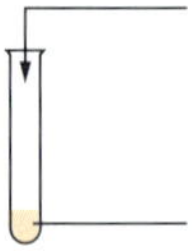

bei Vorhandensein von Mehrfachbindungen: Entfärbung des Bromwassers infolge der Addition von Brom

Nachweis der Mehrfachbindung II – beyersche Probe –

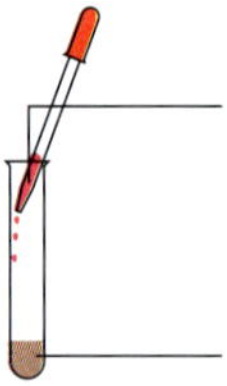

bei Vorhandensein von Mehrfachbindungen: Ausflockung eines braunen Niederschlags

Biologie

Biologie (griech. bios = Leben, logos = Lehre) ist die Wissenschaft vom Leben, seiner Entstehung, seinen Gesetzmäßigkeiten und Erscheinungsformen, seiner Entwicklung.

Die Komplexität und Vielfalt der Lebenserscheinungen wird von verschiedenen biologischen Disziplinen erforscht.

Teilgebiet (Auswahl)	Untersuchungsgegenstand
Systematik (Taxonomie)	Ordnung der Organismen in ein System abgestufter Gruppen, das ihre natürliche Verwandtschaft widerspiegelt
Morphologie	Körpergestalt, Aufbau des Organismus, Lage und Lagebeziehungen seiner Organe
Anatomie	Bau der Organsysteme, innerer Aufbau der Organe
Physiologie	Funktionelle Abläufe in den Organismen, Zusammenhänge der Lebensprozesse untereinander und mit der Umwelt
Genetik	Vorgänge der Vererbung, ihre materiellen Strukturen
Evolution	Entstehung des Lebens, Ursachen und Verlauf der Stammesentwicklung der Organismen
Zellenlehre (Zytologie)	Struktur und Funktion der Zellen und ihrer Bestandteile
Verhaltensbiologie	Verhalten von Tier und Mensch und die physiologischen Grundlagen
Ökologie	Wechselbeziehungen zwischen Organismen und ihrer abiotischen und biotischen Umwelt, Stellung des Menschen Autökologie – Forschungsgegenstand ist Einzelorganismus Populationsökologie – Forschungsgegenstand ist Population Synökologie – Forschungsgegenstand ist Lebensgemeinschaft
Mikrobiologie	Bau und Lebensweise der Mikroorganismen

Mit zunehmendem Erkenntnisstand vollzog sich in der Wissenschaft Biologie einerseits eine Spezialisierung in konkrete Einzeldisziplinen, andererseits aber eine stärkere Verflechtung mit anderen Wissenschaften.

Wissenschaftsdisziplinen (Auswahl)	Untersuchungsgegenstand
Biochemie	Chemische Zusammensetzung der Lebewesen, Regulation der Lebensvorgänge, Einsatz chemischer Methoden
Biophysik	Physikalische Prozesse bei Lebewesen, Einsatz physikalischer Methoden
Biogeographie	Verbreitung der Lebewesen auf der Erde

1 Äußerer Bau und Organsysteme von Organismen

1.1 Bakterien

Bau und Größe

Bakterien sind einzellige oder zu Kolonien oder Zellfäden angeordnete, unterschiedlich geformte Organismen ohne abgegrenzten Zellkern (Kernsubstanz). Sie vermehren sich durch Zellspaltung. Ihre Größe schwankt zwischen 0,2 μm und 100 μm. Sie kommen fast überall auf der Erde vor, in Boden, Wasser, Luft, an Organismen und Gegenständen.

Bakterienzelle

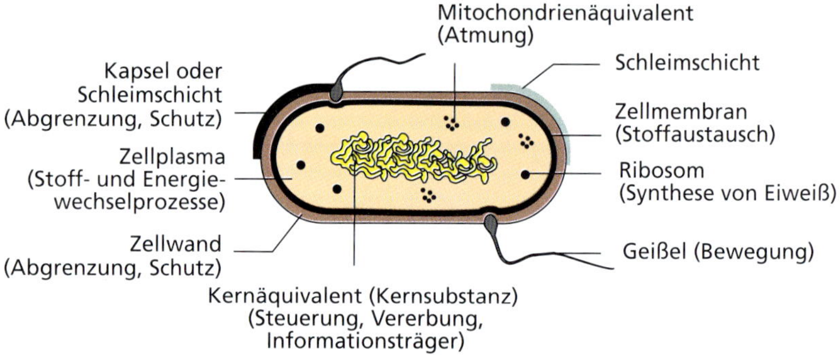

Bakterienformen

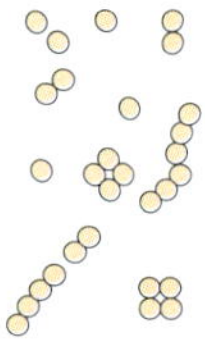

kugelförmige Bakterien (Kokken)

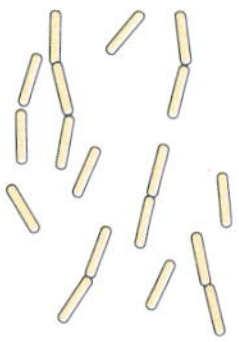

stäbchenförmige Bakterien (Stäbchen)

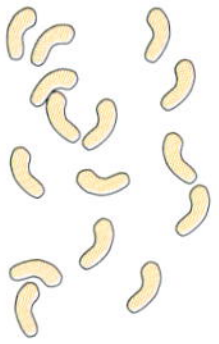

kommaförmige Bakterien (Vibrionen)

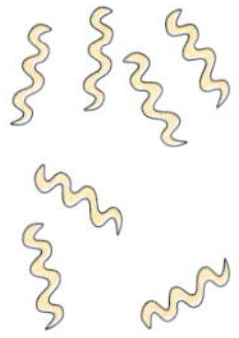

schraubenförmige Bakterien (Spirillen)

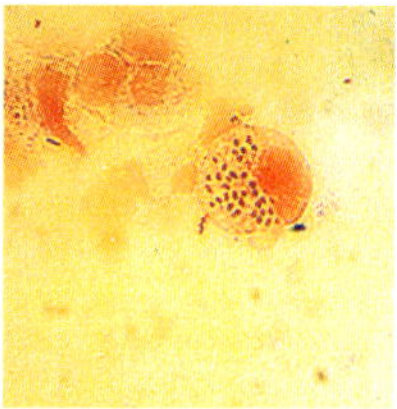

Trippererreger

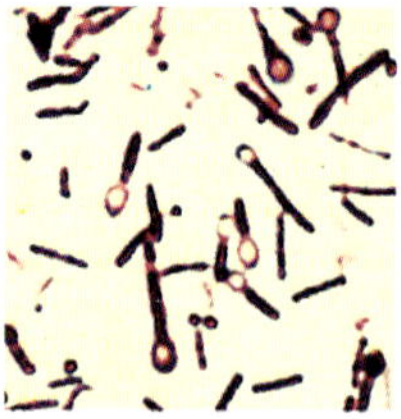

Tetanuserreger

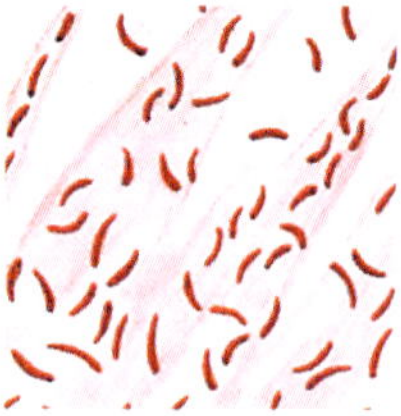

Cholerabakterien

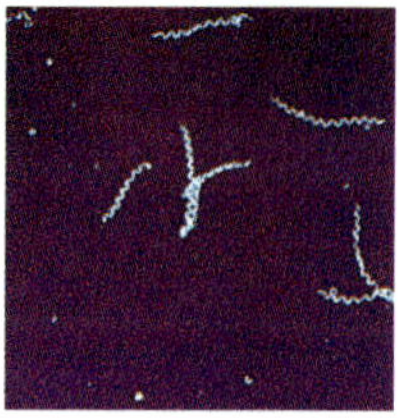

Syphiliserreger

Lebensweise und Bedeutung

Die meisten Bakterien ernähren sich **heterotroph** (S. 414). Stäbchenförmige Bakterien können in Form von **Dauersporen** ungünstige Lebensbedingungen überleben.

Bakterien haben u.a. große *Bedeutung* als

- Destruenten im Kreislauf der Natur (z.B. Humusbildung, Selbstreinigung der Gewässer, biologische Reinigung von Abwasser),
- Erreger von Krankheiten bei Mensch, Tier und Pflanze (z.B. Diphtherie, Wundstarrkrampf, Lungenentzündung, Milzbrand, Nassfäule, Wurzelhalsgallen),
- Gärungserreger beim Abbau organischer Stoffe (z.B. Herstellung von Molkereiprodukten, Essig, Silage, Alkohol),
- Fäulniserreger beim Zersetzen von Nahrungs- und Futtermitteln,
- Symbiont in Schmetterlingsblütengewächsen (Knöllchenbakterien).

1.2 „Blaualgen" (Cyanobakterien)

Bau und Größe

Blaualgen sind unterschiedlich geformte einzellige oder zu Kolonien und Zellfäden angeordnete Organismen ohne abgegrenzten Zellkern (Kernsubstanz). Sie enthalten im Plasma Farbstoffe, z.B. Chlorophyll a, Phycocyan. Blaualgen kommen fast überall vor, im Wasser und feuchten Boden, an Felsen.

Vertreter

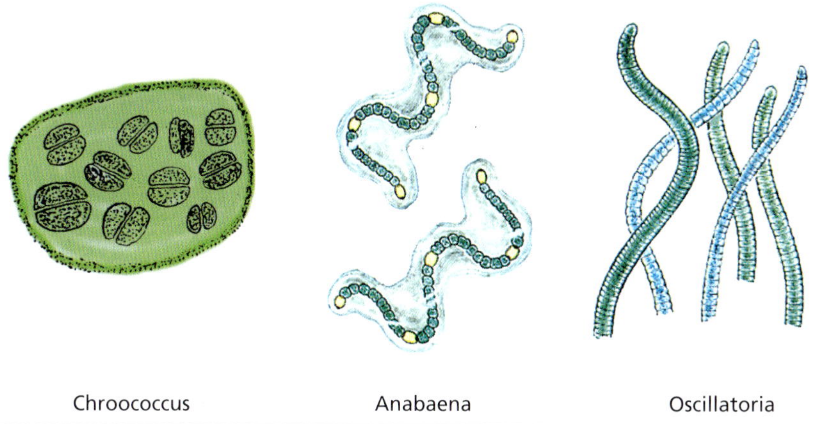

Lebensweise und Bedeutung

Blaualgen ernähren sich **autotroph** (S. 414). Sie pflanzen sich **ungeschlechtlich durch Zellspaltung** (S. 433) fort. Blaualgen haben *Bedeutung* als

- Erstbesiedler von Steinen und Felsen,
- Anfangsglieder von Nahrungsketten, Verursacher der „Wasserblüte",
- Symbiont in Flechten.

1.3 Grünalgen

Bau und Größe

Grünalgen sind einzellige, koloniebildende oder mehrzellige (meist faden- oder flächenförmige) Pflanzen, die durch den Besitz von Chloroplasten (Chlorophyll) grün gefärbt sind. Frei bewegliche Grünalgen bewegen sich mit 2 bis 4 gleich langen Geißeln fort.
Sie kommen vorwiegend im Süßwasser vor, wenige im Meer, an Felsen oder Baumrinden.

Einzellige Grünalgen		
Chlamydomonas (Hüllengeißelalge)	**Chlorella**	**Closterium** (Mondsichelalge)
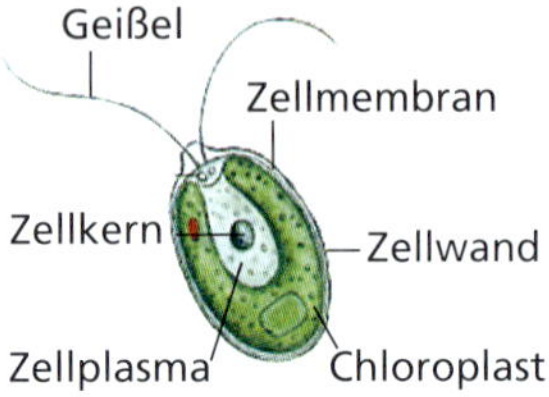	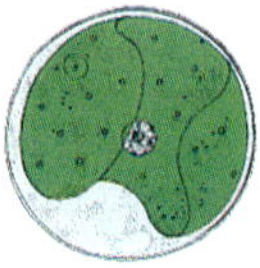	
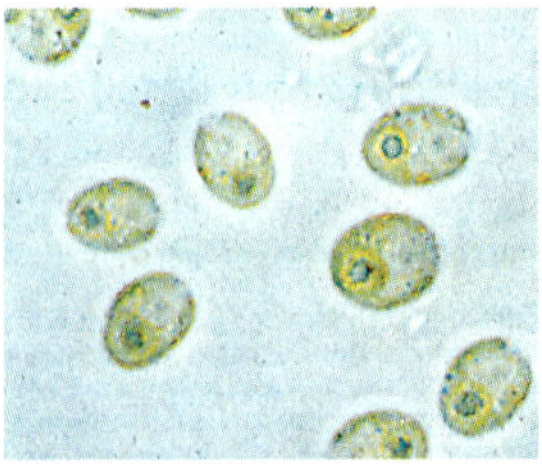	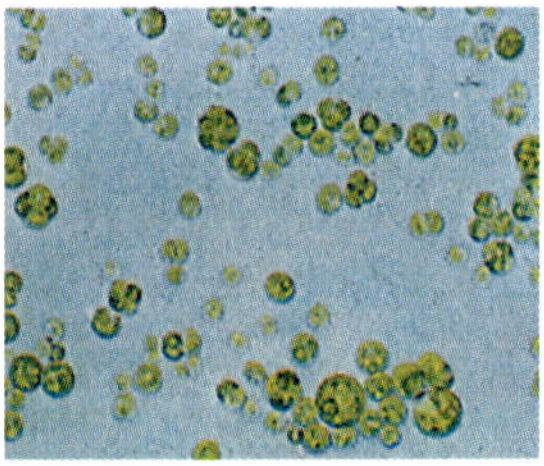	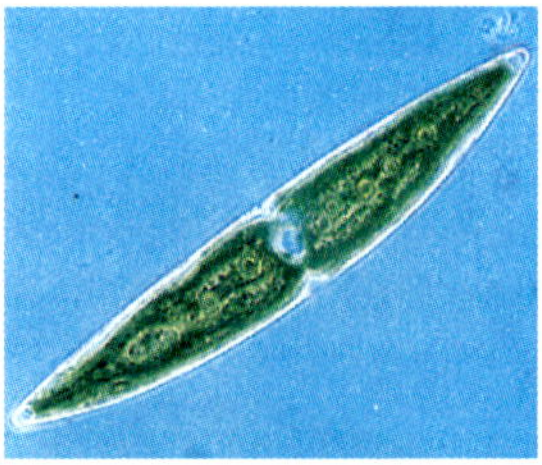

Koloniebildende Grünalgen		
Pediastrum (Zackenrädchen)	**Scenedesmus** (Gürtelalge)	**Eudorina**
	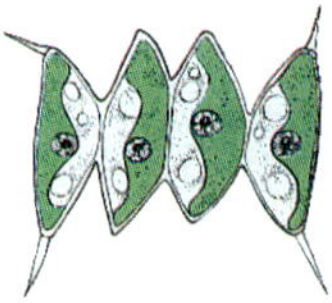	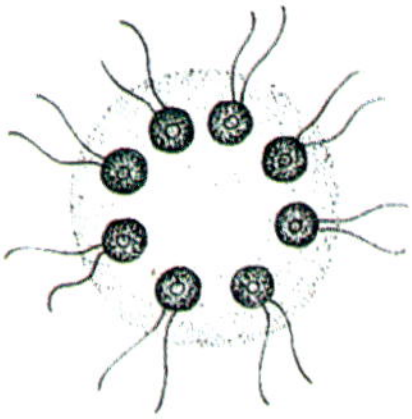
	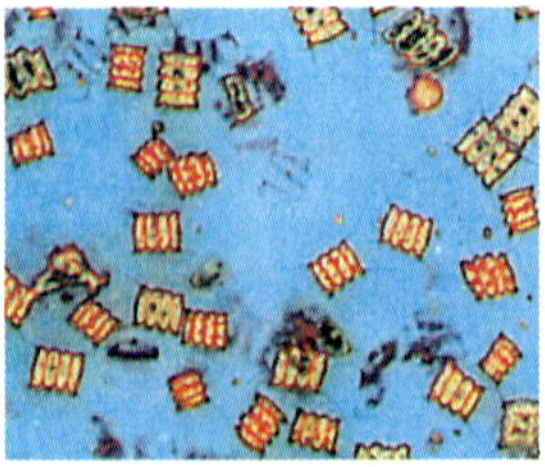	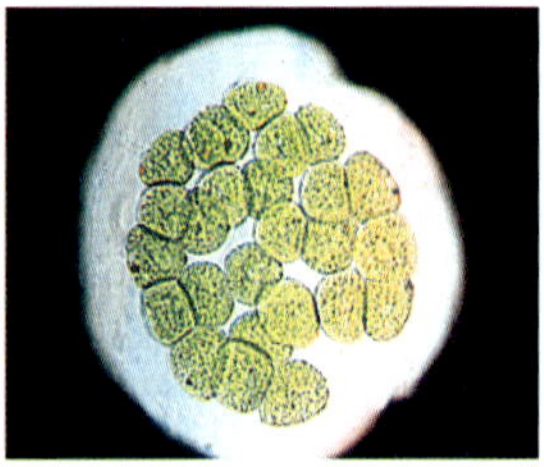

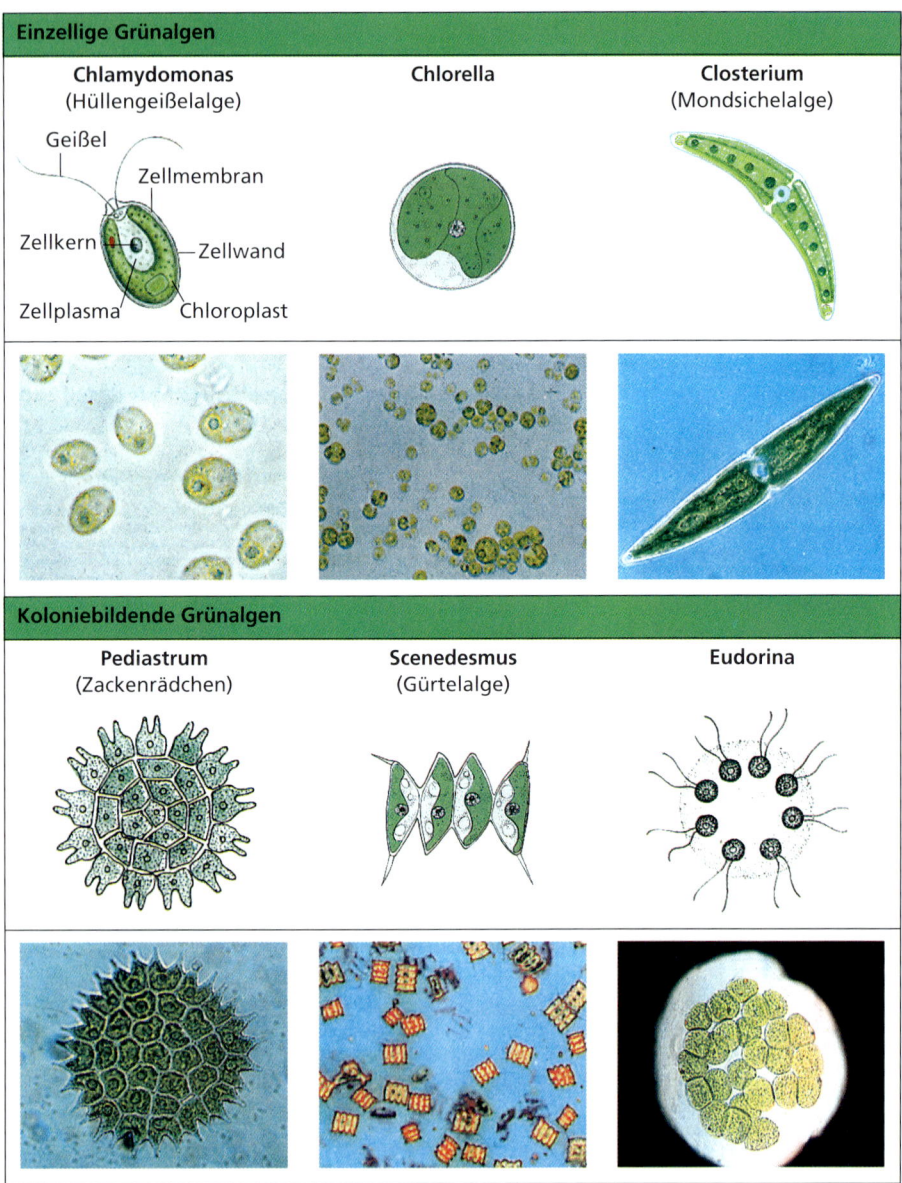

Mehrzellige Grünalgen		
Kugelalge 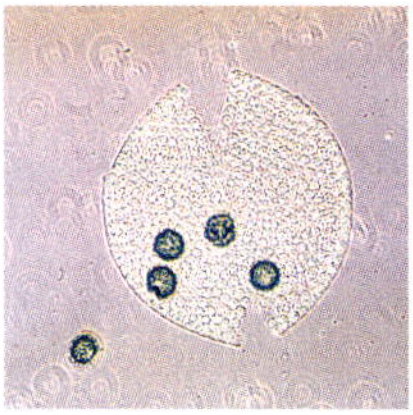	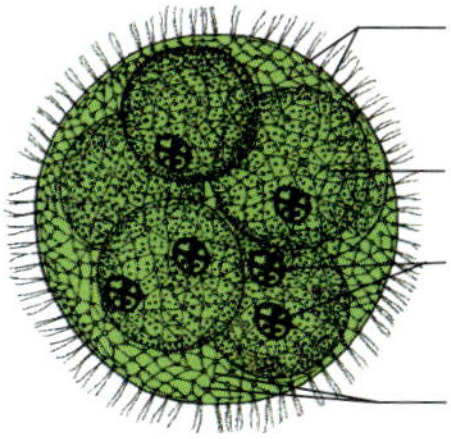	kugelig, frei schwimmend, Funktionsteilung der Zellen *Süßwasser-bewohner*
Schraubenalge 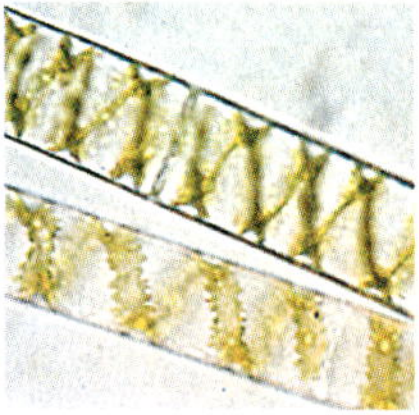	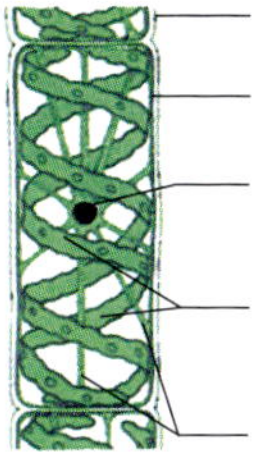	fadenförmig, frei schwimmend *Süßwasser-bewohner*
Kraushaaralge 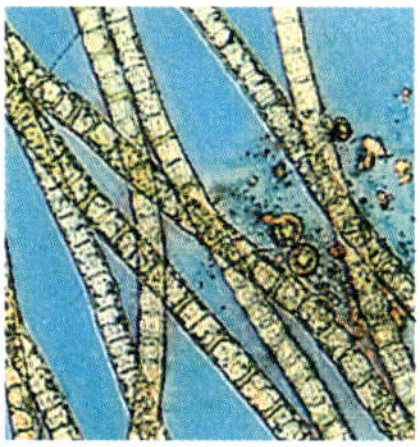		fadenförmig, festsitzend *Meeres- und Süß-wasserbewohner*
Meersalat 		flächenförmig, festsitzend *Meeresbewohner*

Lebensweise und Bedeutung

Grünalgen ernähren sich **autotroph** (S. 414). Sie haben u.a. *Bedeutung* als

- Anfangsglieder von Nahrungsketten,
- Produzenten im Stoffkreislauf der Natur (Biomasse, Sauerstoff),
- Grundlage für die Herstellung von Futtermitteln für Tiere und Nahrungsmitteln für Menschen,
- Symbiont in Flechten (S. 453).

Euglena – Pflanze oder Tier?

Im Frühjahr sind viele Tümpel, Teiche und Pfützen durch kleine (0,05 mm), bewegliche, spindelförmige, begeißelte Einzeller grün gefärbt („Wasserblüte"). Die Euglena (Augentierchen, Rotäuglein) ist eine **Geißelalge,** die mit Hilfe eines roten Augenfleckes Lichtreize aufnehmen, sich durch das Vorhandensein von Chlorophyll bei Licht **autotroph** ernähren und sich bei Dunkelheit **heterotroph** ernähren kann. **In der Euglena sind tierische und pflanzliche Merkmale vereinigt.**

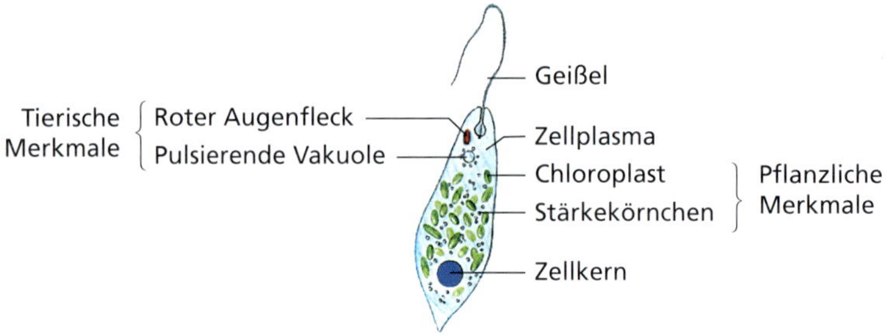

1.4 Pilze

Bau und Größe

Pilze sind einzellige, meist aber mehrzellige Organismen ohne Chlorophyll und mit einer Zellwand aus Chitin. Die mehrzelligen Pilze bestehen aus **Zellfäden (Hyphen),** deren Zellen einen bzw. mehrere Zellkerne besitzen. Die Pilzfäden bauen ein mehrjähriges **Pilzgeflecht** (Myzel, Vegetationskörper) auf, das den **Fruchtkörper** der Pilze bildet.

Pilze kommen vorwiegend auf dem Lande vor.

Hefepilze	
Einzelzelle 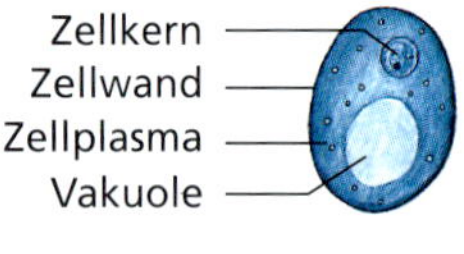	**Sprossverband** 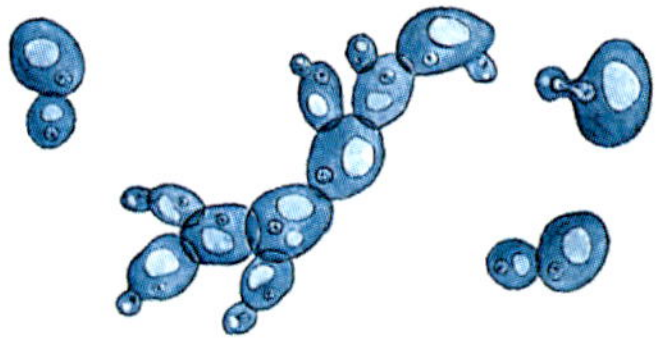
Schimmelpilze	
Pinselschimmel 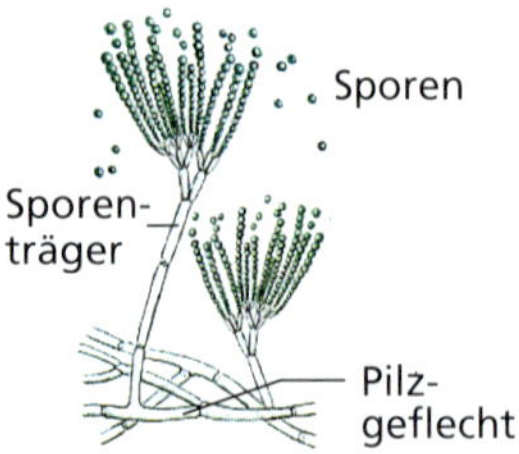	**Köpfchenschimmel** 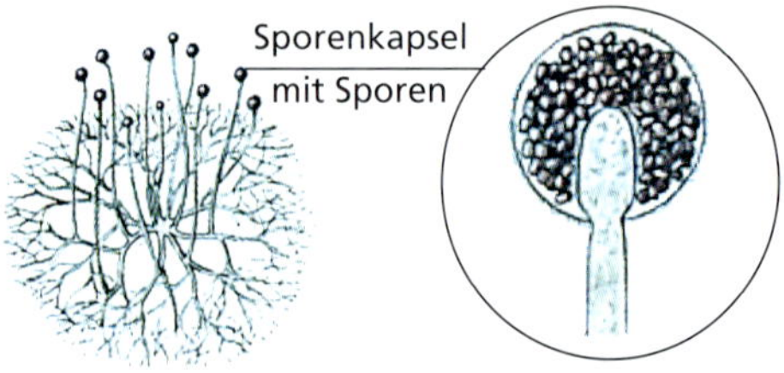

Hutpilze (Röhren- und Blätterpilze)

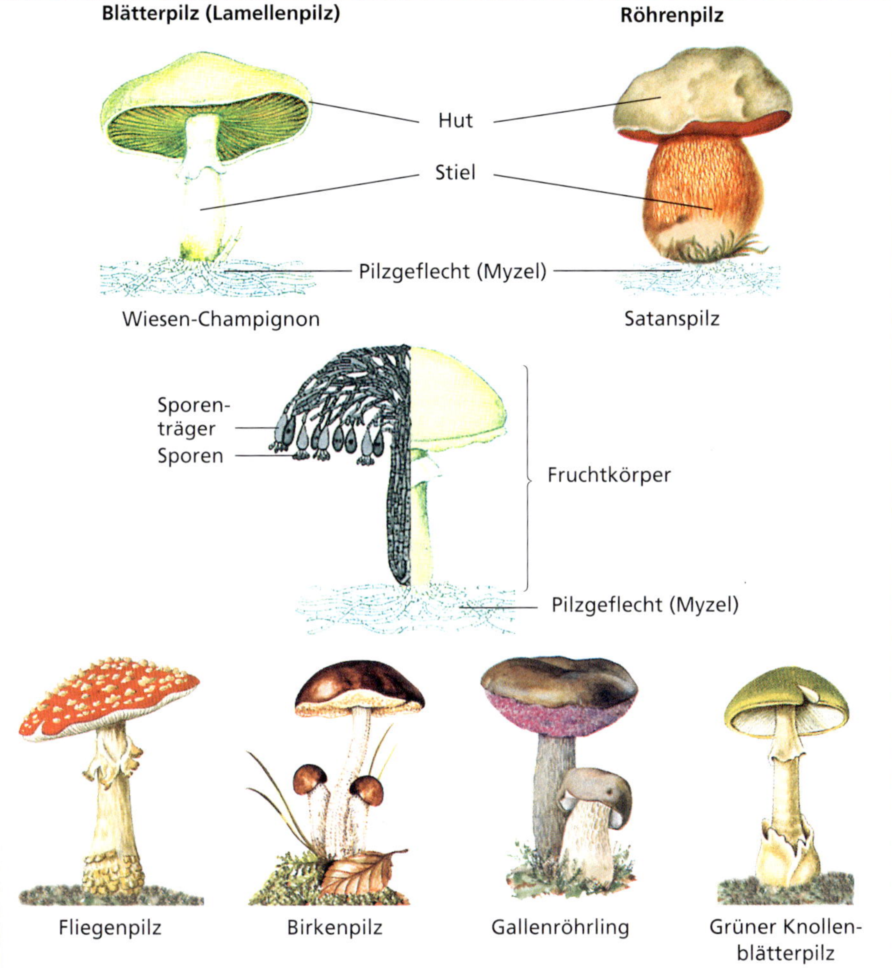

Lebensweise und Bedeutung

Pilze ernähren sich **heterotroph** (S. 414). Sie pflanzen sich ungeschlechtlich durch **Sprossung** (S. 433) bzw. **Sporen** fort. Sie haben u.a. *Bedeutung* als

- Destruenten im Stoffkreislauf der Natur (Zersetzer organischer Stoffe, Humusbildung),
- Nahrungsmittel für den Menschen (Speisepilze),
- Gärungserreger bei der alkoholischen Gärung (Hefepilze),
- Erreger von Krankheiten bei Mensch (Fußpilze) und Pflanze (Mehltau, Knollenfäule, Mutterkorn),
- Fäulniserreger beim Zersetzen von Nahrungsmitteln und anderen organischen Stoffen (Schimmelpilze),
- Grundlage zur Herstellung von Antibiotika (Schimmelpilze),
- Symbiont in Flechten (S. 453).

1.5 Moose und Farne

Bau

Moose sind kleine in Stämmchen, Blättchen und wurzelähnliche Gebilde (**Rhizoide**) gegliederte (**Laubmoose**) oder mit einem flächenförmigen Körper ausgebildete (**Lebermoose**) Pflanzen, in deren Zellen Chloroplasten vorhanden sind. Eine Gewebedifferenzierung ist kaum vorhanden, spezielle Zellen übernehmen bestimmte Funktionen (S. 497).
Moose sind vorwiegend Landbewohner und besiedeln als **Moospolster** feuchte Standorte, z.B. Wald- und Ackerböden, Moore, Mauern, Baumrinden, Bachufer.

Farne sind in Spross (Sprossachse und Blätter) und Wurzel gegliederte krautige, selten baumartige grüne Pflanzen mit großen Blättern (Wedeln), auf deren Unterseite sich häufchenweise angeordnet **Sporenkapseln mit Sporen** befinden. Sie besitzen echte Gewebe, z.B. Leit-, Grund- und Festigungsgewebe, Epidermis mit Spaltöffnungen, die bestimmte Funktionen ausführen. Farne sind durch ihren Bau besonders an das Landleben angepasst.

Lebermoose

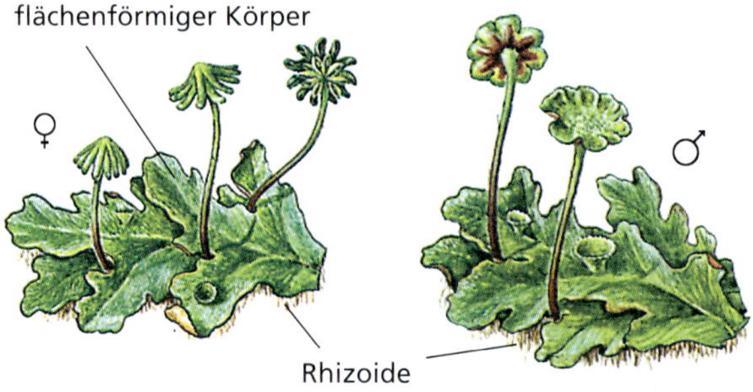

Brunnenlebermoos

Laubmoose

Torfmoos

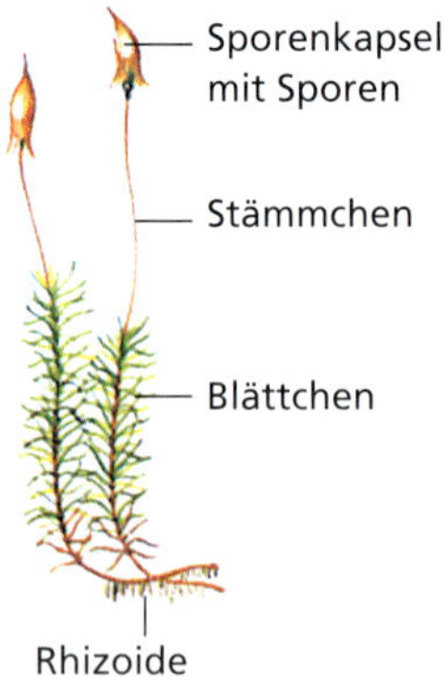

Widertonmoos

Farne

Wurmfarn

Querschnitt eines Farnwedels

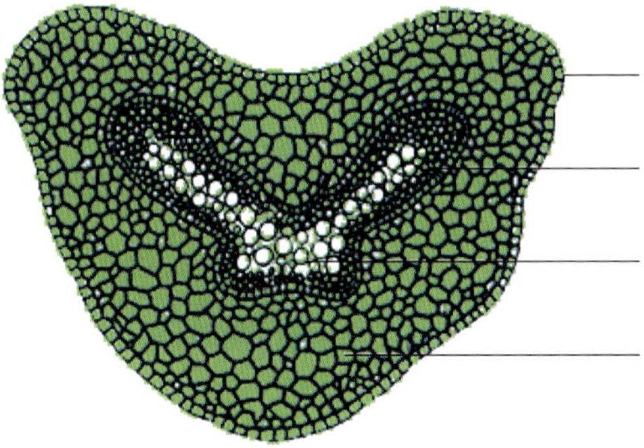

Lebensweise und Bedeutung

Moose und Farne ernähren sich **autotroph** (S. 414). Wasser und Nährsalze werden bei den Moosen durch die Blättchen, bei den Farnen durch die Wurzeln aufgenommen. Die Fortpflanzung erfolgt bei beiden Pflanzengruppen durch Sporen. Sie haben einen **Generationswechsel** (S. 438).

Moose haben *Bedeutung* als

- Standortanzeiger für Böden (z.B. Torfmoos für sauren Boden),
- Wasserspeicher im Wasserhaushalt der Natur,
- Besiedler von kahlem Untergrund (Bodenbildung, Verhinderung der Abspülung und Austrocknung des Untergrunds).

Farne haben *Bedeutung* als

- Zierpflanzen für den Menschen,
- Ausgangsmaterial für die Bildung von Steinkohlenlagerstätten in der Karbonzeit.

1.6 Samenpflanzen (Blütenpflanzen)

1.6.1 Einteilung der Samenpflanzen

Samenpflanzen sind in Wurzel, Sprossachse und Blätter gegliedert. Sie sind durch die Ausbildung von Blüten und Samen charakterisiert. Als höchst entwickelte Pflanzen besitzen sie echte Gewebe, z.B. Haut-, Leit-, Festigungs-, Grund-, Assimilations-, Bildungsgewebe.
Nach der Lage der Samenanlagen werden Samenpflanzen in zwei Gruppen unterteilt, die **Nacktsamer** und **Bedecktsamer.**

Nacktsamer

Nacktsamer sind Holzgewächse (Bäume, Sträucher), in deren Blüten die **Samenanlagen frei** („nackt“) auf den offenen Fruchtblättern (Samenschuppen) liegen. Es werden **Samen**, aber keine Früchte ausgebildet. Die Blütenglieder stehen meist in spiraliger Anordnung übereinander, so dass **Zapfenblüten** gebildet werden. Die **Blätter** sind meist nadel- oder schuppenförmig.

Familien der Nacktsamer

Ginkgogewächse	Eibengewächse
 Ginkgo	 Eibe
Zypressengewächse	**Kieferngewächse**
 Wacholder	 Berg-Kiefer

Merkmale der Kieferngewächse

Blüten

Zweig mit männlichen Blüten, gehäuft in eiförmigen Kätzchen

Zweig mit weiblichen Blüten, meist in paarweise stehenden Zäpfchen

Junger weiblicher Zapfen

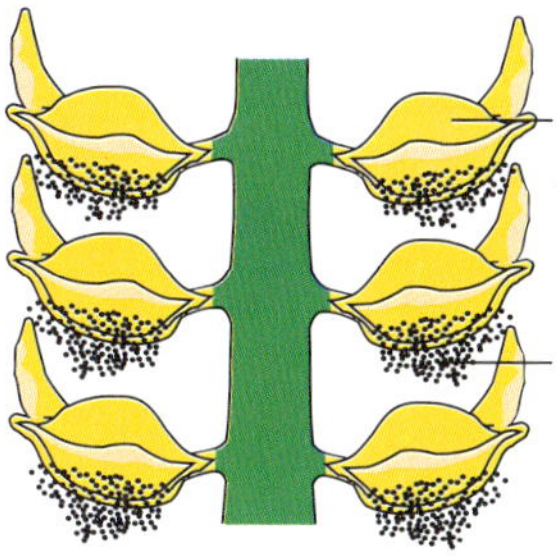

Längsschnitt durch männlichen Zapfen

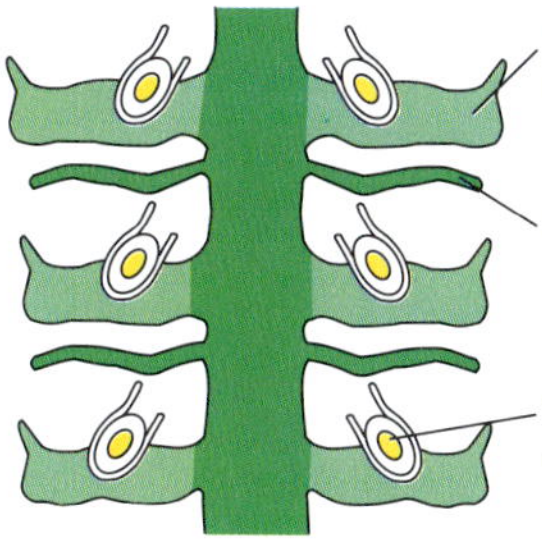

Längsschnitt durch weiblichen Zapfen

Nadeln

einzeln

zu 2 stehend

zu 5 stehend

in Büscheln

Weiß-Tanne

Gemeine Kiefer

Weymouths-Kiefer

Europäische Lärche

Bedecktsamer

Bedecktsamer sind Kräuter, Sträucher oder Bäume, in deren Blüten die **Samenanlagen** in einem von den Fruchtblättern gebildeten **Fruchtknoten** eingeschlossen sind. Aus dem Fruchtknoten entwickelt sich die **Frucht** (S. 357), die die **Samen** (S. 358) enthält.
Die Bedecktsamer werden nach der Anzahl der Keimblätter bei ihren Keimlingen in zwei Gruppen unterteilt, die **einkeimblättrigen** und **zweikeimblättrigen Pflanzen.**

Einkeimblättrige Pflanzen		Zweikeimblättrige Pflanzen	
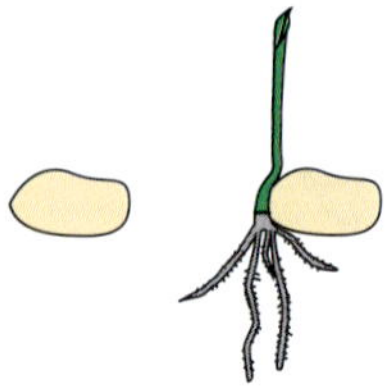 Grasfrucht (Karyopse)	1 Keimblatt	 Bohnensame	2 Keimblätter
	Blätter meist parallelnervig, ungestielt		Blätter meist netznervig, gestielt
	Hauptwurzel kurzlebig, durch sprossbürtige Wurzeln ersetzt	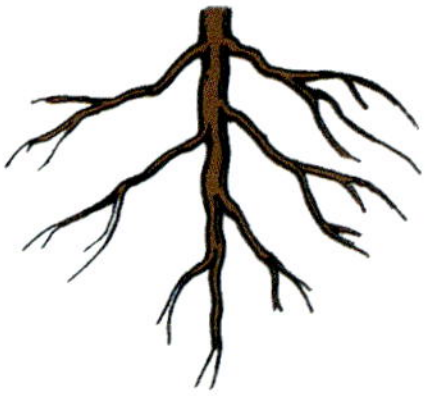	Hauptwurzel langlebig
	Leitbündel auf Stängelquerschnitt zerstreut		Leitbündel auf Stängelquerschnitt im Kreis angeordnet
	Blütenteile vorwiegend dreizählig		Blütenteile vorwiegend vier- oder fünfzählig

Familien der einkeimblättrigen Pflanzen (Auswahl)

Familie Süßgräser

Einblütiges Ährchen

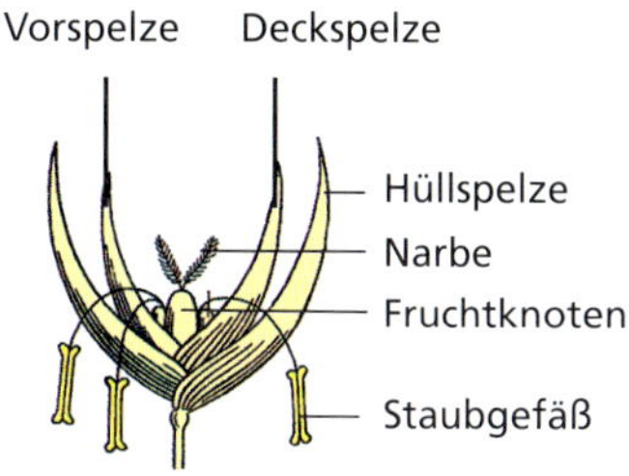

Blatt

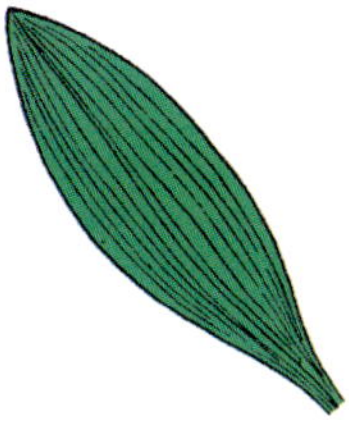

parallelnervig, schmal, lanzettlich

Schließfrucht

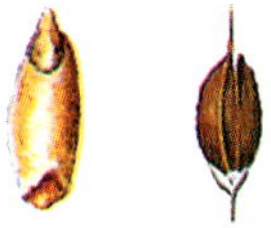

Karyopse („Körnerfrucht") (Grasfrucht)

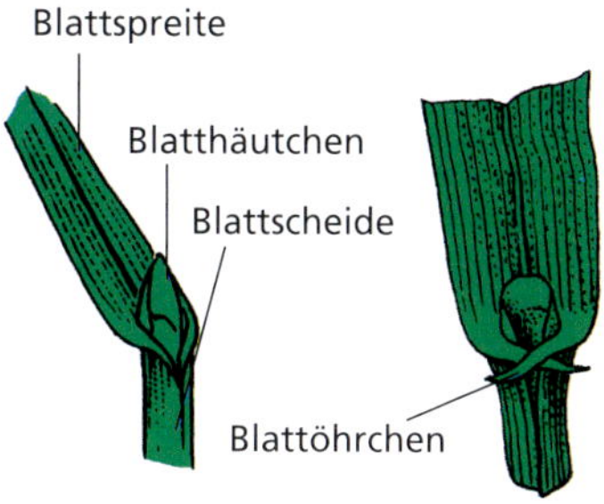

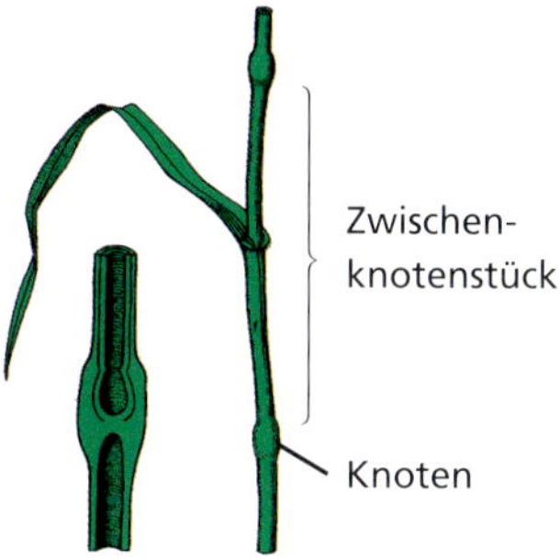

Wiesen-Rispengras

Blütenstände

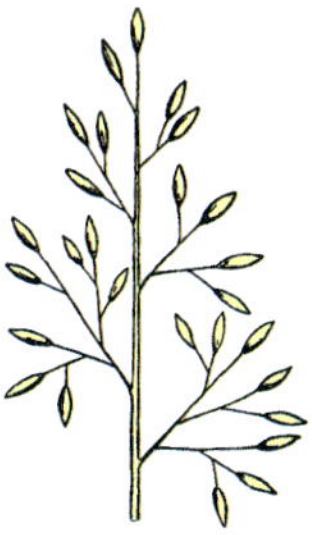

Rispe
Ährchen sitzen an verlängerten Stielen 1., 2. und 3. Ordnung

Ährenrispe
Ährchen sitzen an kurzen Stielen 1., 2. und 3. Ordnung

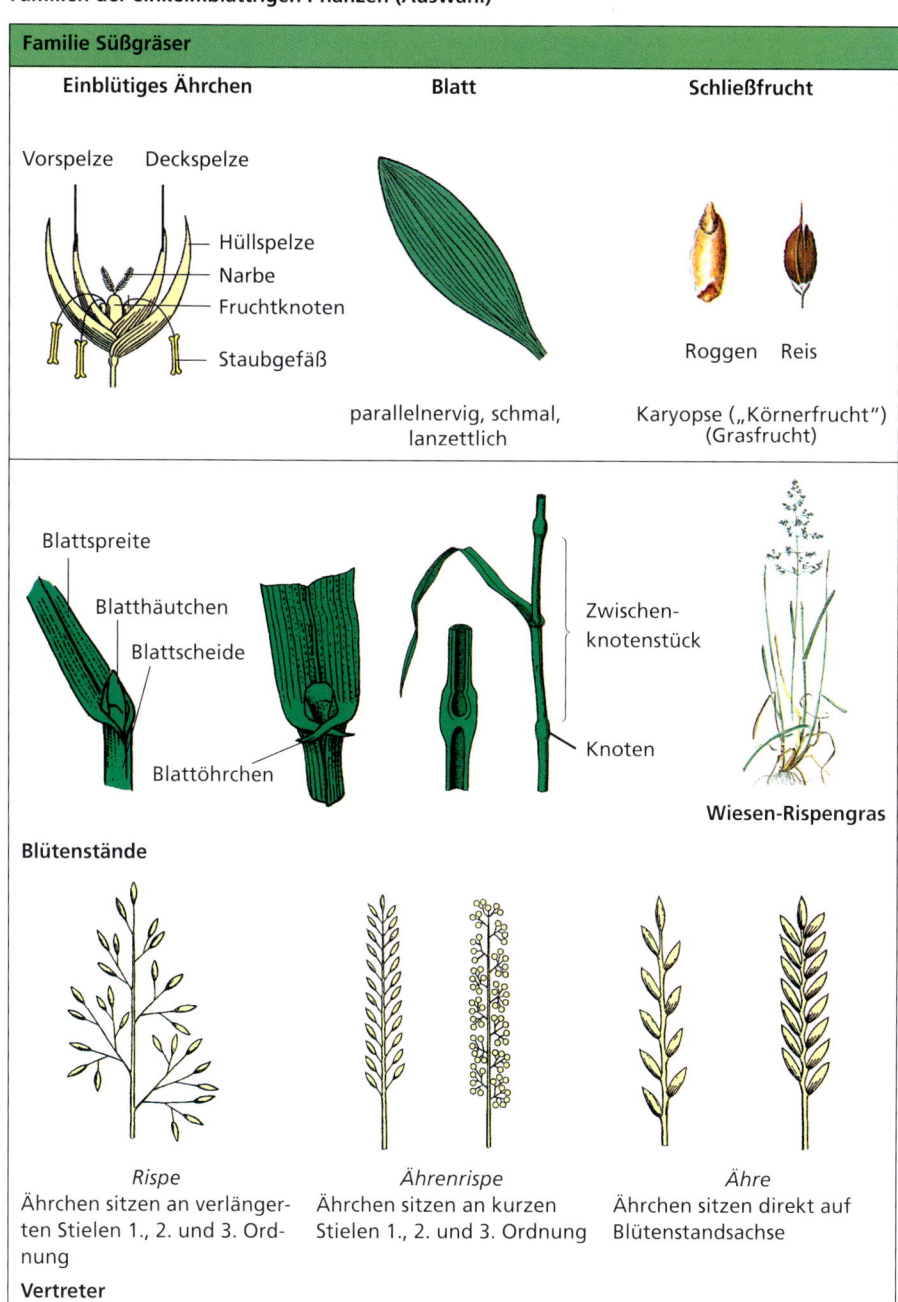

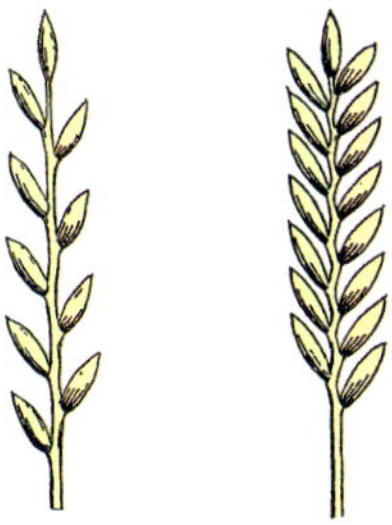

Ähre
Ährchen sitzen direkt auf Blütenstandsachse

Vertreter
Roggen, Weizen, Hafer, Gerste, Reis, Mais, Zuckerrohr, Weidelgras, Quecke, Schilfrohr, Strandhafer, Knäuelgras, Einjähriges Rispengras, Perlgras, Fuchsschwanz

Familie Liliengewächse

Blüten

Tulpe

Herbstzeitlose

Blüten mit je 3 in Farbe und Form gleichen Kelch- und Kronblättern, 6 Staubblättern, 3-fächerigem Fruchtknoten

Früchte

Weißwurz (Salomonsiegel)

Maiglöckchen

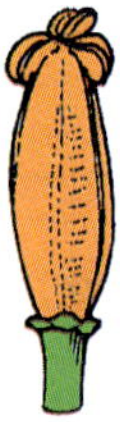
Tulpe

Früchte meistens Beeren und Kapseln

Unterirdische Organe

Tulpe
Blaustern

Maiglöckchen
Graslilie

Taglilie

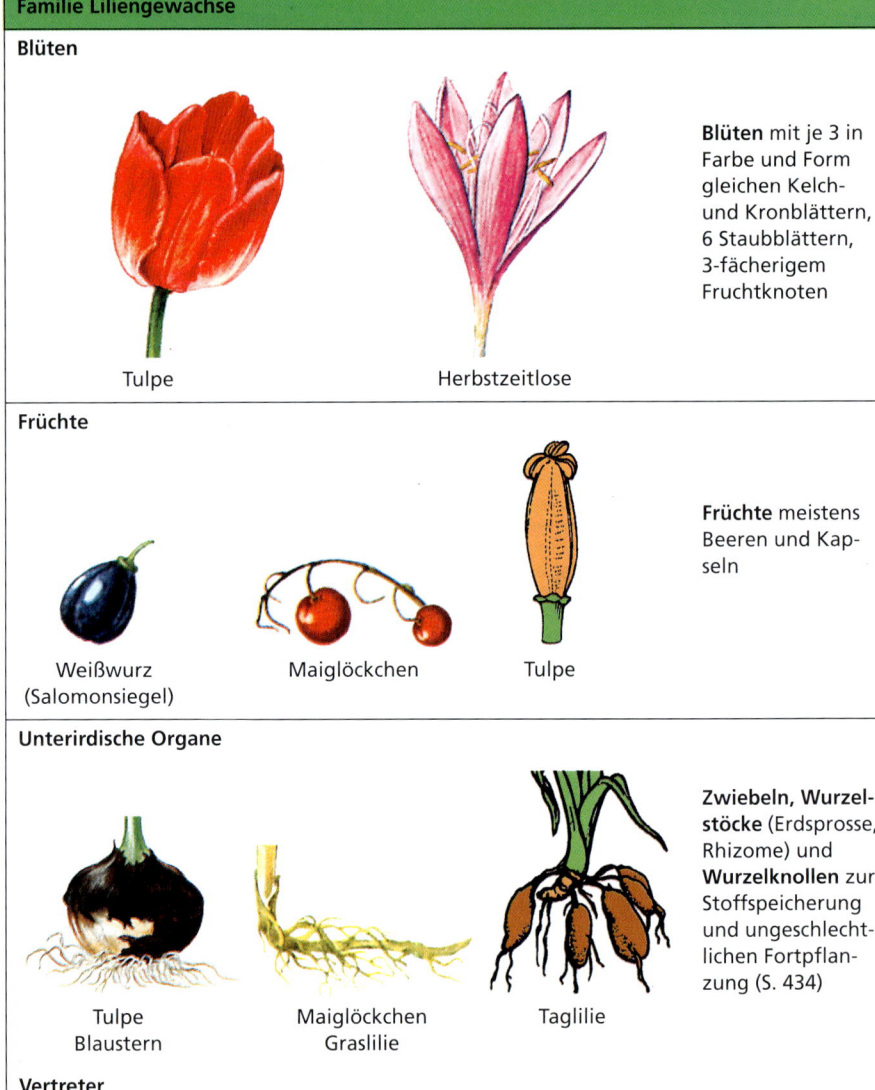

Zwiebeln, Wurzelstöcke (Erdsprosse, Rhizome) und **Wurzelknollen** zur Stoffspeicherung und ungeschlechtlichen Fortpflanzung (S. 434)

Vertreter
Tulpe, Hyazinthe, Spargel, Maiglöckchen, Schattenblume, Schnittlauch, Porree, Knoblauch, Zwiebel, Blaustern, Graslilie, Taglilie

Familien der zweikeimblättrigen Pflanzen (Auswahl)

Die **zweikeimblättrigen Pflanzen** umfassen etwa 200 000 Arten. Ihr Körper, ihre Blätter, Sprossachsen, Blüten und Früchte besitzen eine mannigfaltige Form, Gestalt und Farbe.
Wichtige Familien sind z.B. Rosengewächse, Kreuzblüten-, Schmetterlingsblüten-, Lippenblüten-, Doldenblüten-, Korbblütengewächse.

Familie Kreuzblütengewächse

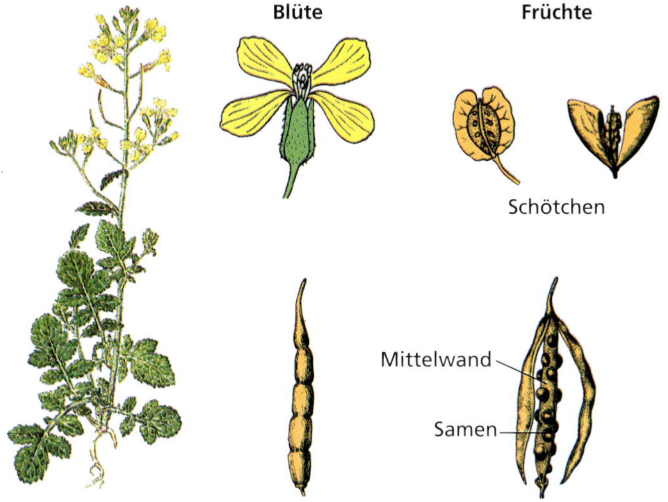

Hederich Gliederschote Schote

Traubiger **Blütenstand,** strahlige **Blüten** mit je 4 sich kreuzweise gegenüberstehenden Kelch- und Kronblättern, 2 äußere kurze und 4 innere lange Staubblätter, Fruchtknoten aus 2 Fruchtblättern gebildet

Früchte meistens Schoten oder Schötchen

Vertreter
Kohl, Rettich, Hederich, Raps, Senf, Acker-Senf, Hirtentäschel, Kresse, Hellerkraut, Goldlack, Schaumkraut, Meerretich, Knoblauchs-Rauke

Familie Schmetterlingsblütengewächse

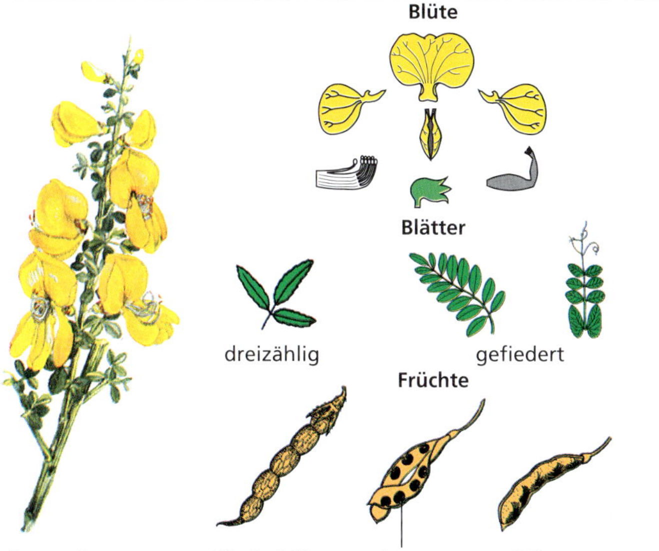

Besenginster Gliederhülse Samen Hülse

Blüte schmetterlingsförmig, bestehend aus 5 Kelch-, 5 unterschiedlich gestalteten Kronblättern (Fahne, Flügel, Schiffchen), 10 Staubblättern (meist 9 verwachsen); Fruchtknoten aus 1 Fruchtblatt

Blätter meistens dreizählig oder gefiedert, oft mit Nebenblättern

Früchte meistens Hülsen

Vertreter
Robinie, Ginster, Lupine, Erbse, Klee, Bohne, Wicke, Linse, Goldregen, Blauregen

Familie Lippenblütengewächse

Wiesen-Salbei

Blüte

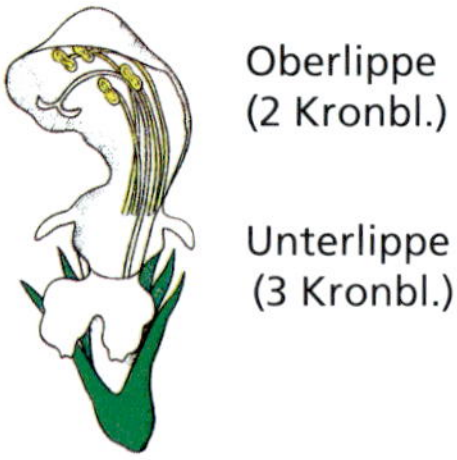

Früchte

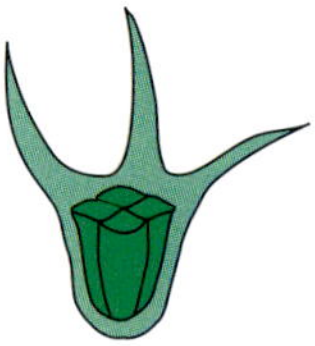

Stängel

Zweiseitig symmetrische **Blüten** mit 5 Kelch-, 5 Kronblättern (verwachsen zur Kronröhre mit Ober- und Unterlippe), 4 Staubblättern

Stängel vierkantig mit kreuzweise gegenständig angeordneten Blättern

4 einsamige **Teilfrüchte**

Vertreter
Majoran, Bohnenkraut, Pfefferminze, Thymian, Günsel, Salbei, Taubnessel, Gundermann, Lavendel, Hohlzahn, Braunelle

Familie Doldengewächse

Wilde Möhre

Blüte

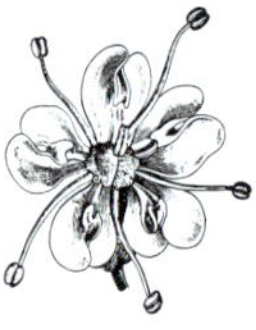

Blütenstand

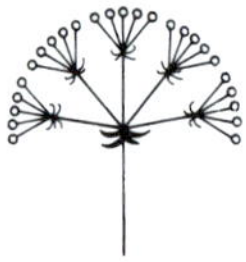

Doppeldolde

Blattformen

Frucht

Blütenstand meistens Doppeldolde; strahlige **Blüten** mit 5 Kelch- (meist zurückgebildet), 5 Kron-, 5 Staubblättern, 1 Fruchtknoten mit 2 Griffeln

Stängel hohl, durch Knoten gegliedert

Blätter meistens mehrfach geteilt, umfassen Stängel mit Blattscheide

Früchte meistens Spaltfrüchte, zerfallen in 2 einsamige Teilfrüchte

Vertreter
Petersilie, Dill, Fenchel, Kümmel, Möhre, Sellerie, Schierling, Bärenklau

Familie Rosengewächse

Hunds-Rose

Blüten

Blätter

Früchte

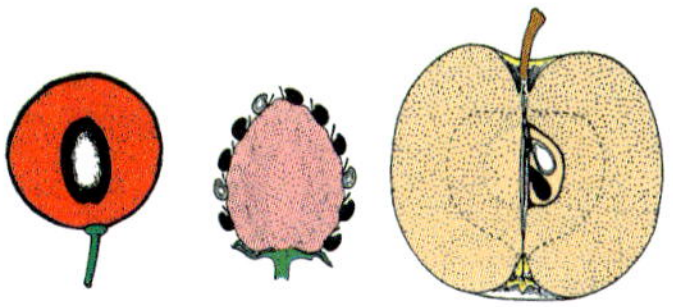

Vielgestaltige **Blüten** mit meist 5 Kelch- und 5 Kronblättern sowie zahlreichen Staubblättern

Blätter einfach oder geteilt, oft mit Nebenblättern

Früchte vielgestaltig (unter Beteiligung des Blütenbodens); Kapseln, Nüsse, Beeren, Steinfrüchte, oft Sammelfrüchte

Vertreter
Rose, Fingerkraut, Erdbeere, Himbeere, Brombeere, Birne, Apfel, Pflaume, Kirsche

Familie Korbblütengewächse

Sonnenblume

Blüten

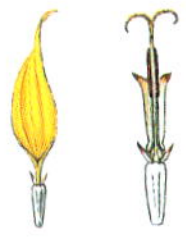

Zungenblüte Röhrenblüte

Blütenstände

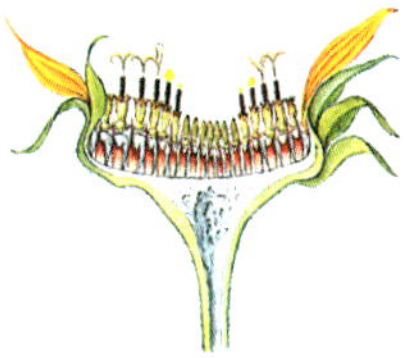

Blütenkorb mit Zungen- und Röhrenblüten

Blütenstände

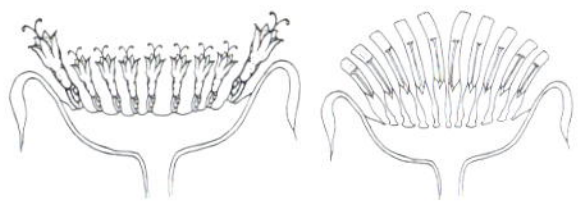

nur Röhrenblüten nur Zungenblüten

Früchte

Korbartige **Blütenstände** mit **Röhren-** und/oder **Zungenblüten;** 5 Kronblätter zur Röhre (Röhrenblüten) oder unregelmäßig verwachsen und zungenförmig verlängert (Zungenblüten)

Früchte meistens Nüsse, oft mit Haarkranz zur Verbreitung

Vertreter
Aster, Margerite, Salat, Sonnenblume, Kamille, Wermut, Löwenzahn, Huflattich, Wegwarte, Gänsedistel, Flockenblume, Beifuß, Kreuzkraut, Klette, Rainfarn, Schafgarbe

1.6.2 Organe der Samenpflanzen

Körpergliederung der Samenpflanzen

Die **Samenpflanzen** sind in **Wurzel** und **Spross** gegliedert. Der Spross besteht aus Sprossachse, Laubblättern und Blüten.

Die **Holzgewächse** (Bäume, Sträucher) besitzen verholzte Sprossachsen (Stamm, Ast). Die **krautigen Pflanzen** haben unverholzte (krautige) Sprossachsen (Stängel, Halm).

Holzgewächse

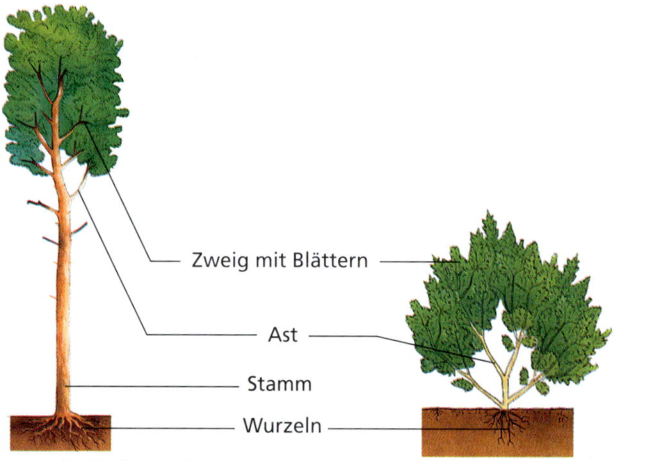

Baum, z.B. Kiefer, Buche

Strauch, z.B. Rose, Ginster

Kräuter

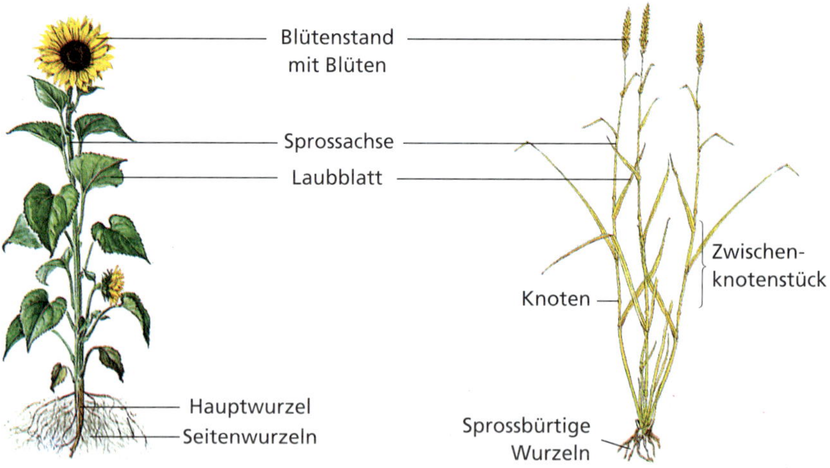

Zweikeimblättrige Pflanze, z.B. Sonnenblume

Einkeimblättrige Pflanze, z.B. Weizen

Wurzeln der Samenpflanzen

Die **Wurzeln** sind stets blattlos. Sie befinden sich meistens im Boden, sind reich verzweigt und bilden ein **Wurzelsystem.** Dabei kann die **Hauptwurzel** senkrecht nach unten wachsen und tief in den Boden vordringen (**Tiefwurzler**) oder die **Seitenwurzeln** (Nebenwurzeln) wachsen im Erdboden flach nach allen Seiten (**Flachwurzler**). Entstehen Wurzeln aus dem unteren Teil der Sprossachse – wie bei einkeimblättrigen Pflanzen (S. 338) – nennt man diese Wurzeln **sprossbürtige Wurzeln.**

Wurzelsysteme

Fichte

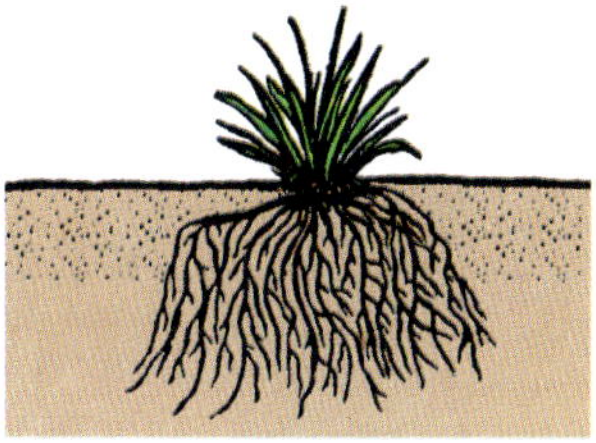

Gras

Flachwurzler, z.B. Fichte, Pappel, Kartoffel, Gräser

Raps

Tiefwurzler, z.B. Eiche, Tanne, Kiefer, Löwenzahn

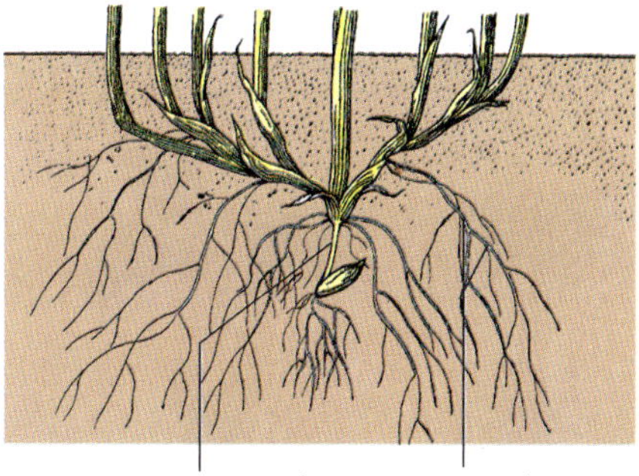

Getreide

Sprossbürtige Wurzelsysteme, z.B. Getreide, Farne, Zwiebel, Maiglöckchen

Innerer Bau der Wurzel

Die **Wurzel** dient dazu, die Pflanzen im Boden zu verankern, Wasser und Nährsalze aufzunehmen und in den Spross weiterzuleiten sowie Reservestoffe zu speichern. Diese Funktionen werden von verschiedenen Geweben ausgeführt, z.B. Haut-, Grund-, Leitgewebe (Gefäße und Siebröhren).

Längsschnitt durch eine Wurzelspitze

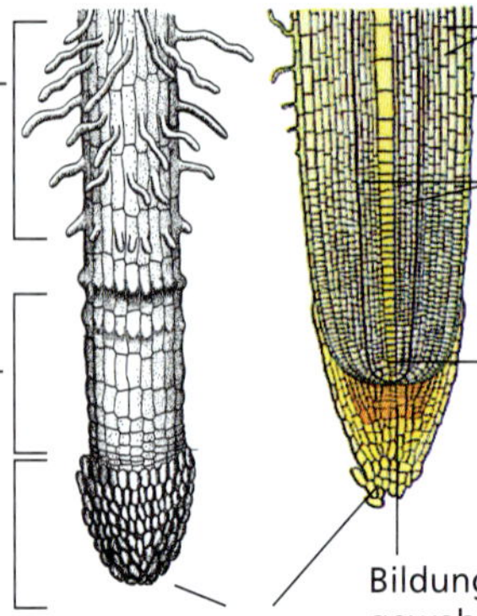

Querschnitt durch eine Wurzel

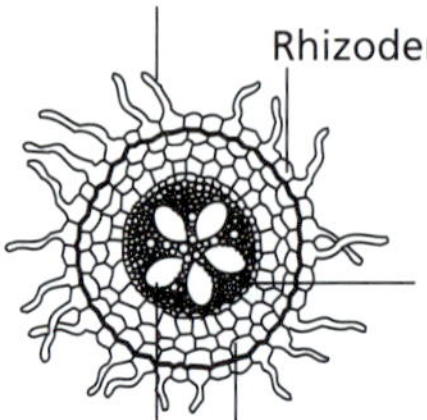

Umbildungen (Metamorphosen) der Wurzel

Wurzelumbildungen (**Wurzelmetamorphosen**, S. 439) entstanden bei einigen Pflanzen in Anpassung an bestimmte Umweltbedingungen. Sie führen spezielle Funktionen aus.

Speicherwurzeln

Rüben (verdickte Hauptwurzel), z.B. Möhre, Zuckerrübe

Wurzelknollen (verdickte sprossbürtige Wurzeln), z.B. Dahlie, Scharbockskraut, Orchideen

Haft- und Kletterwurzeln

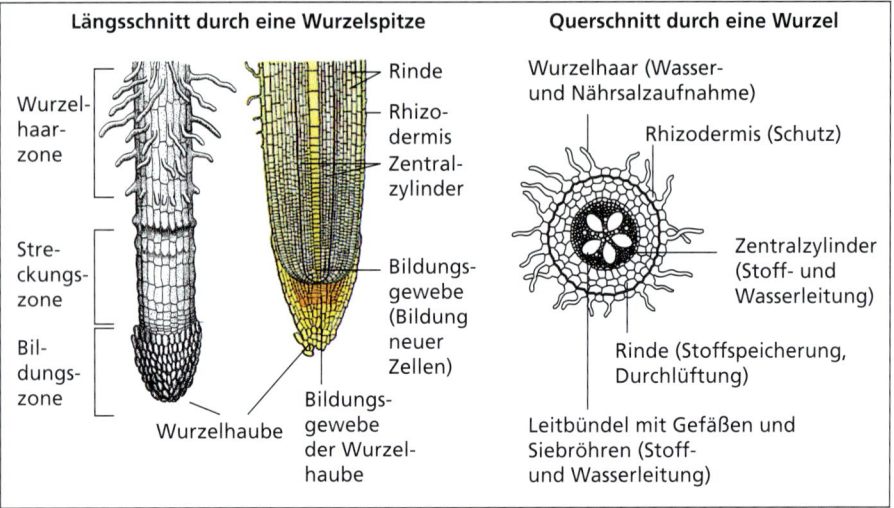

Anheftung an fester Unterlage, z.B. Efeu, Liane

Sprossachse der Samenpflanzen

Die **Sprossachse** ist in **Knoten** und blattlose **Zwischenknotenstücke** gegliedert. An den Knoten werden sowohl die Laubblätter als auch die Seitensprossachsen gebildet. Die Sprossachse trägt die Laubblätter und Blüten.

Innerer Bau der Sprossachse

Die Sprossachse besteht aus verschiedenen **Geweben**, z.B. Abschluss-, Grund-, Leit-, Festigungsgewebe. Sie sind in Schichten angeordnet und führen spezielle Funktionen aus.
Die im Zentralzylinder liegenden **Leitbündel** enthalten Gefäße zur Wasserleitung und Siebröhren (bestehend aus Siebzellen) zur Stoffleitung. Zwischen ihnen liegt ein **Bildungsgewebe**, das nach innen und außen neue Zellen bildet. Die Anordnung der Leitbündel im Sprossachsenquerschnitt ist bei Gruppen von Samenpflanzen verschieden. Bei den Nacktsamern und zweikeimblättrigen Pflanzen sind die Leitbündel im Kreis angeordnet, bei den einkeimblättrigen Pflanzen sind sie über den Sprossachsenquerschnitt zerstreut.

Querschnitt durch eine Sprossachse

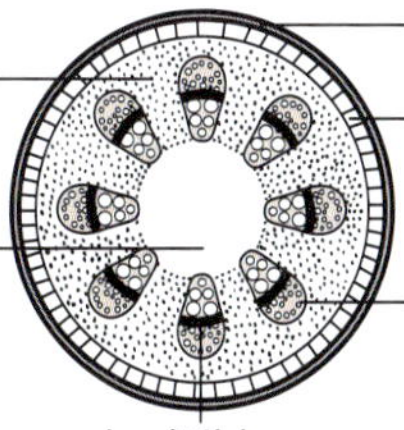

Querschnitt durch ein Leitbündel

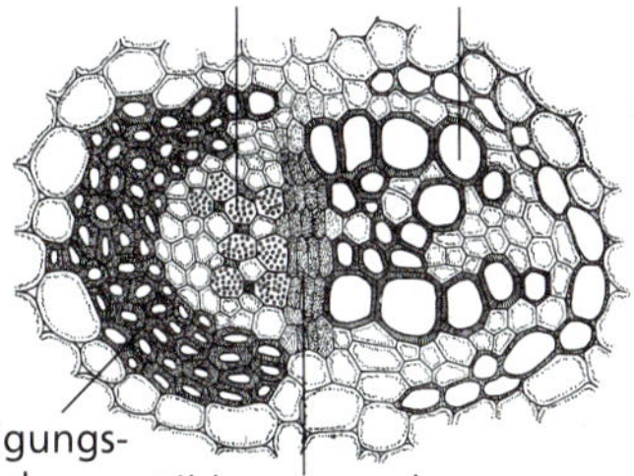

Längsschnitt durch ein Leitbündel

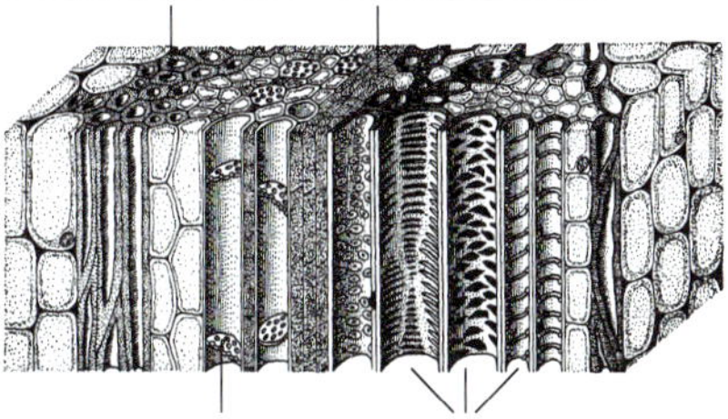

Anordnung der Leitbündel im Sprossachsenquerschnitt

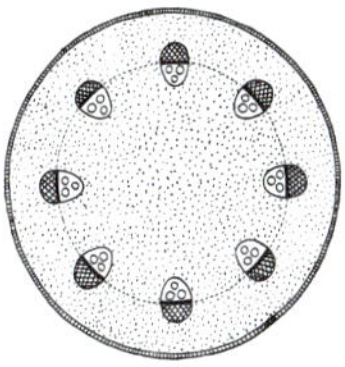

Zweikeimblättrige Pflanzen, Nacktsamer

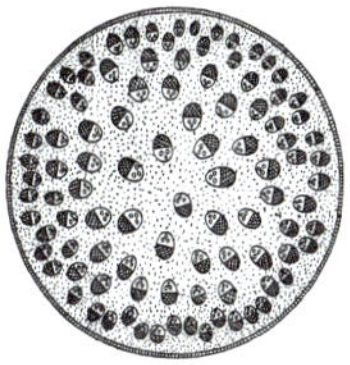

Einkeimblättrige Pflanzen

Umbildungen (Metamorphosen) der Sprossachse

Umbildungen der Sprossachse (**Sprossmetamorphosen**, S. 439) entstanden bei einigen Pflanzen in Anpassung an bestimmte Umweltbedingungen. Sie führen spezielle Funktionen aus.

Umbildungen der Sprossachse	Charakteristische Merkmale/ Funktionen	Beispiele
Wurzelstöcke (Rhizome, Erdsprosse) 	Unterirdisch verdickte Sprossachsen mit schuppenförmigen Blättchen (Niederblättern) und sprossbürtigen Wurzeln/Speicherfunktion, ungeschlechtliche Fortpflanzung	Busch-Windröschen, Schwertlilie, Maiglöckchen, Schattenblume, Spargel
Sprossknollen 	Oberirdisch verdickte Teile der Sprossachse in rundlicher Form/Speicherfunktion	Kohlrabi, Radieschen, Alpenveilchen
	Unterirdisch verdickte Teile der Sprossachse (oft das Ende) mit Schuppenblättchen, die abfallen/Speicherfunktion, ungeschlechtliche Fortpflanzung	Kartoffel
Ausläufer oberirdische Ausläufer 	Oberirdische Seitensprosse, die waagerecht verlaufen und am Ende neue Pflanze bilden/ungeschlechtliche Fortpflanzung	Erdbeere, Weiß-Klee, Kriechender Günsel
unterirdische Ausläufer 	Unterirdische Seitensprosse, die am Ende neue Pflanze bilden/ ungeschlechtliche Fortpflanzung	Schilf, Quecke, Brennnessel, Pfeffer-Minze
Sprossranken 	Teile des Haupt- oder der Seitensprosse zu Ranken umgebildet/Verankerung der Pflanze an Stützen	Wein, Passionsblume
Sprossdornen 	Kurztriebe laufen in dornige Spitze aus, manchmal noch mit kleinen Blättchen/Assimilation, Schutz	Weißdorn, Schlehe

Umbildungen der Sprossachse	Charakteristische Merkmale/ Funktionen	Beispiele
Stammsukkulente Pflanzen 	Sprossachse fleischig abgeflacht, säulen- oder kegelförmig, Blätter zu Dornen umgewandelt/Wasserspeicherung (Anpassung an trockene Standorte)	Kakteen

Laubblätter der Samenpflanzen

Laubblätter sind in Form und Größe vielgestaltete Organe, die an der Sprossachse sitzen und verschiedene **Blattstellungen** aufweisen.

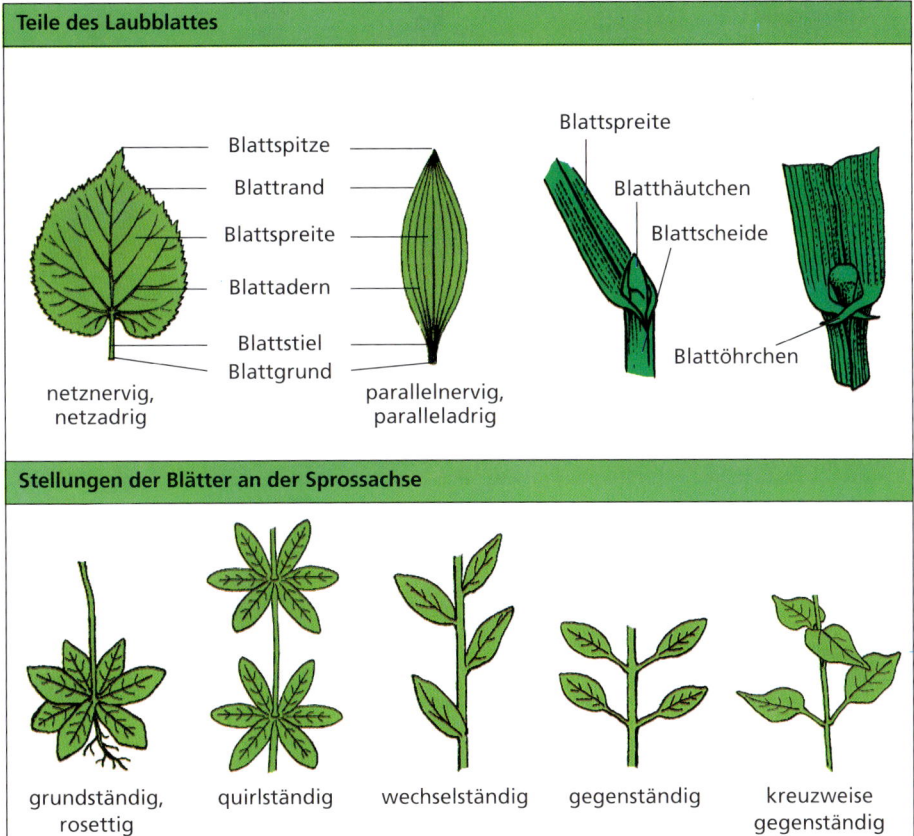

Teile des Laubblattes

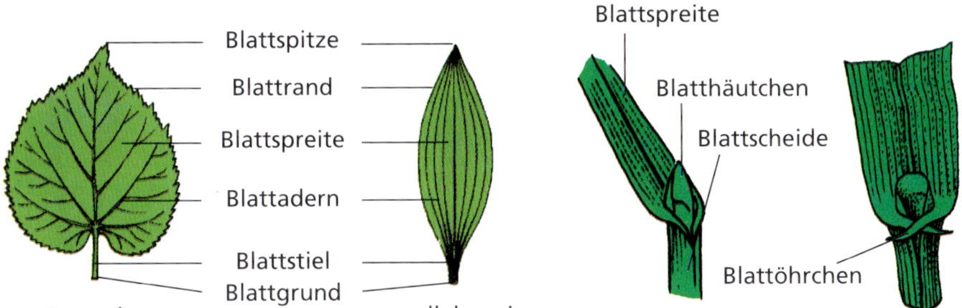

netznervig, netzadrig

parallelnervig, paralleladrig

Stellungen der Blätter an der Sprossachse

grundständig, rosettig | quirlständig | wechselständig | gegenständig | kreuzweise gegenständig

Formen der Blattspreite bei einfachen Blättern

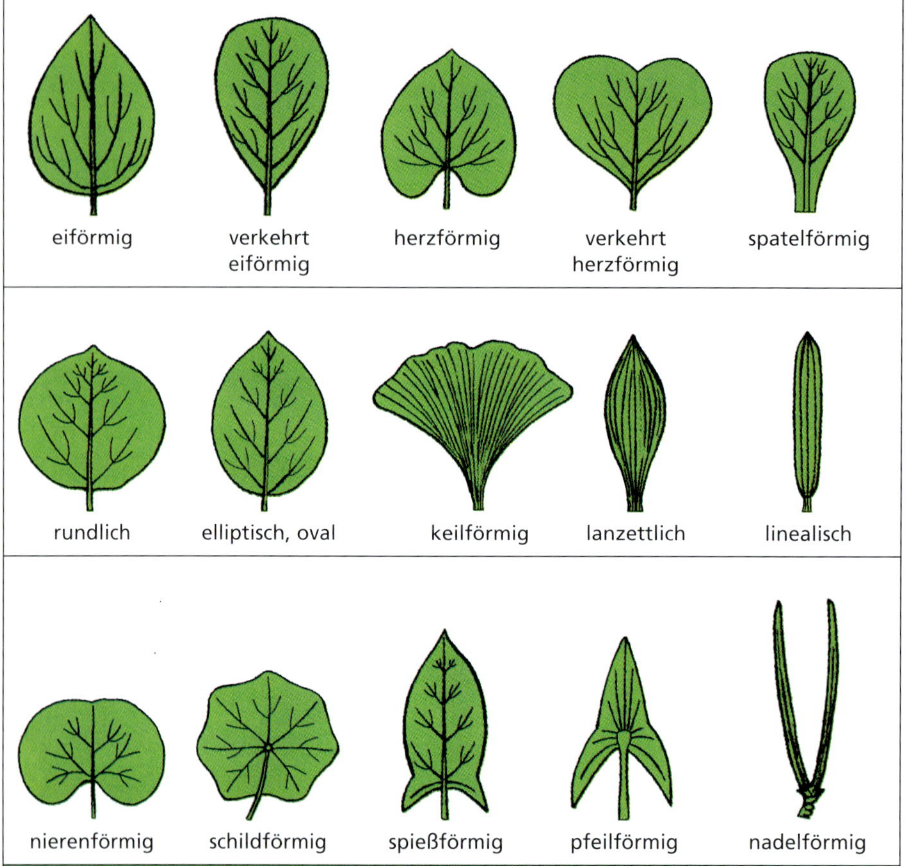

Formen der Blattspreite bei zusammengesetzten Blättern

(Spreiten durch tiefe Einschnitte in getrennte Teilblättchen zerlegt)

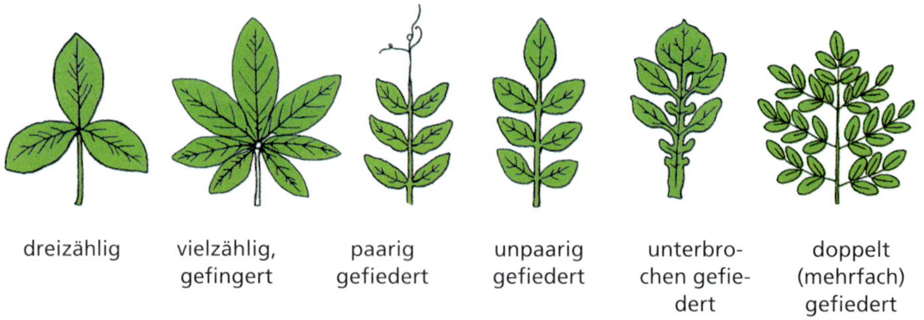

Formen der Blattspreite bei geteilten Blättern
(Spreiten mit unterschiedlich tiefen Einschnitten)

dreilappig

handförmig gelappt

fiederlappig, gebuchtet

leierförmig

handförmig geteilt

dreispaltig

handförmig gespalten

fiederspaltig

fiederteilig

Formen des Blattrandes

ganzrandig

gebuchtet (Zähnchen außen rund, innen gerundete Buchten)

gesägt (Zähnchen außen und innen spitz)

doppelt gesägt

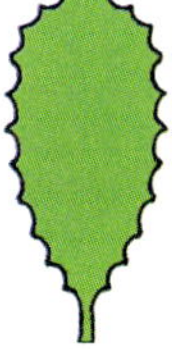
gezähnt (Zähnchen außen spitz, innen rund)

grob gezähnt, gelappt

gekerbt (Zähnchen außen rund, innen spitz)

schrotsägeförmig (Zähnchen groß, feingesägt und rückwärts gerichtet)

Innerer Bau des Laubblattes

Die **Laubblätter** dienen dem Gasaustausch (Kohlenstoffdioxid, Sauerstoff), der Abgabe von Wasserdampf (Transpiration) und – da sie in ihren Zellen Chloroplasten mit Chlorophyll enthalten – der Fotosynthese. Diese Funktionen werden von verschiedenen Geweben ausgeführt.

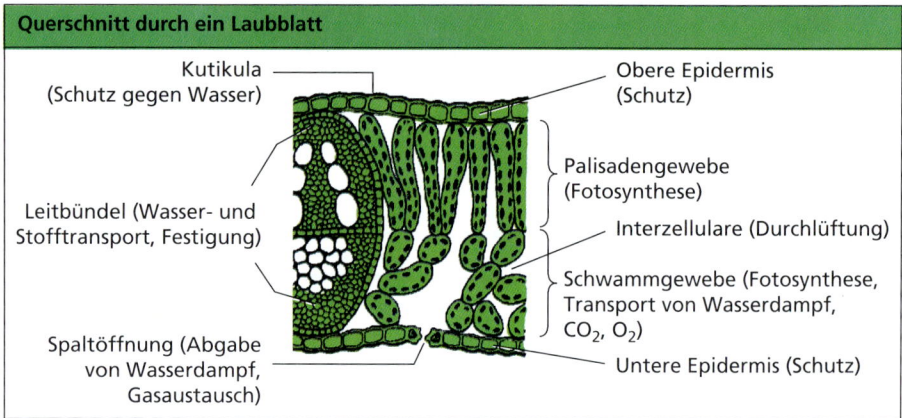

Querschnitt durch ein Laubblatt

Umbildungen (Metamorphosen) des Blattes

Umbildungen des Blattes (**Blattmetamorphosen,** S. 439) entstanden bei einigen Pflanzen in Anpassung an bestimmte Umweltbedingungen. Sie führen spezielle Funktionen aus.

Blattranken 	Blattspreite oder Teile der Blattspreite zu fadenförmigen, unverzweigten oder verzweigten Organen umgebildet/Klettern der Pflanzen	Erbse Wicke Kürbis
Blattdornen 	Blattteile in verholzte oder durch Festigungsgewebe starre Organe umgebildet/Schutz, Anpassung an trockene Standorte	Kakteen Berberitze Distel
Speicherblätter (Zwiebel) 	Blätter in fleischige, schalen- oder schuppenförmige Zwiebelblätter umgebildet, die an gestauchter Sprossachse sitzen/Wasser- und Stoffspeicherung, ungeschlechtliche Fortpflanzung	Küchenzwiebel Tulpe

Blattsukkulente Pflanzen 	Blätter fleischig verdickt/Wasserspeicherung, Anpassung an trockene Standorte	Mauerpfeffer Hauswurz Queller

Blüten der Samenpflanzen

Die **Blüte** ist das Organ der Samenpflanzen, das der **geschlechtlichen Fortpflanzung** (S. 435) dient. Sie enthält die weiblichen Fortpflanzungsorgane (**Fruchtblätter** mit Samenanlagen) und die männlichen Fortpflanzungsorgane (**Staubblätter**). Umgeben sind diese in vielen Blüten von farbigen **Kronblättern** (Anlocken von Insekten) und grünen **Kelchblättern** (Schutz). Die Fruchtblätter bilden bei den Bedecktsamern den **Fruchtknoten**, in dem die Samenanlagen liegen. Bei den Nacktsamern bilden sie die stark verholzten „Samenschuppen", auf denen die Samenanlagen frei („nackt") liegen. Nach seiner Stellung in der Blüte ist der **Fruchtknoten** ober-, mittel- bzw. unterständig.

Die Blüten zeigen viele **Formen**, z.B. glockig, röhrig, trichter-, rad- oder tellerförmig. Sie können nach ihren **Symmetrieverhältnissen** eingeteilt werden (S. 354).

Teile einer Blüte

Blüte der Zweikeimblättrigen

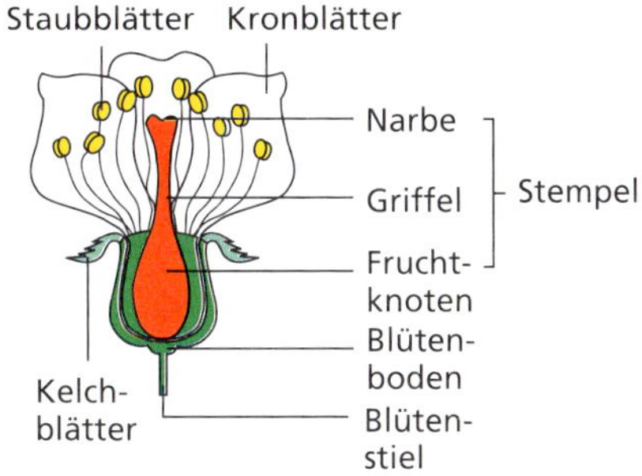

Blüte der Einkeimblättrigen

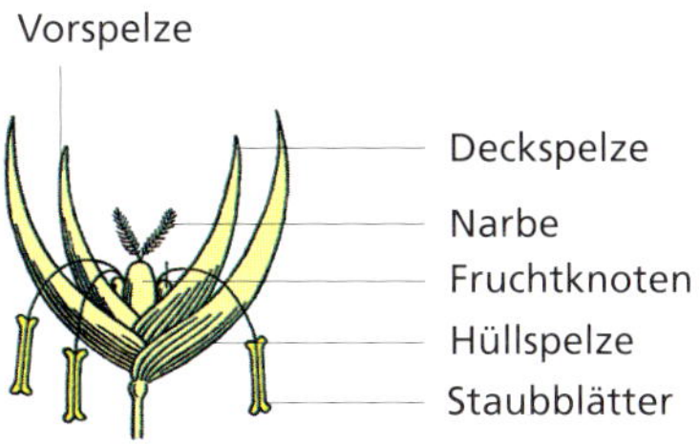

Männliche Zapfenblüte der Nacktsamer

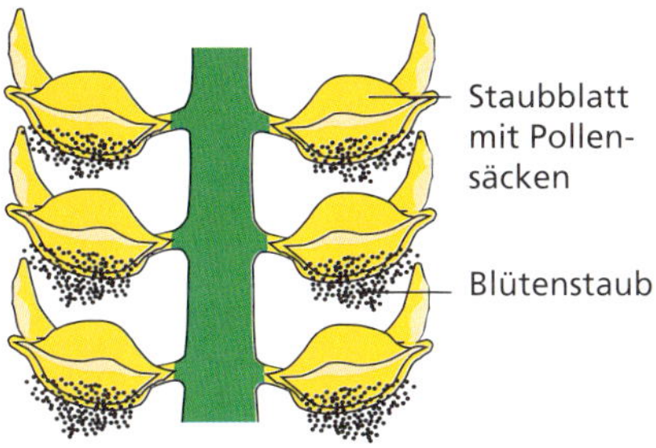

Weibliche Zapfenblüte der Nacktsamer

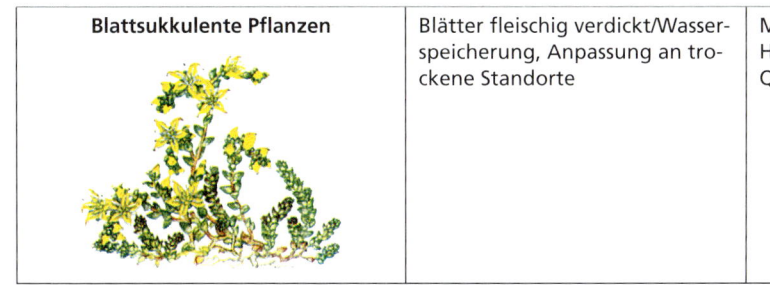

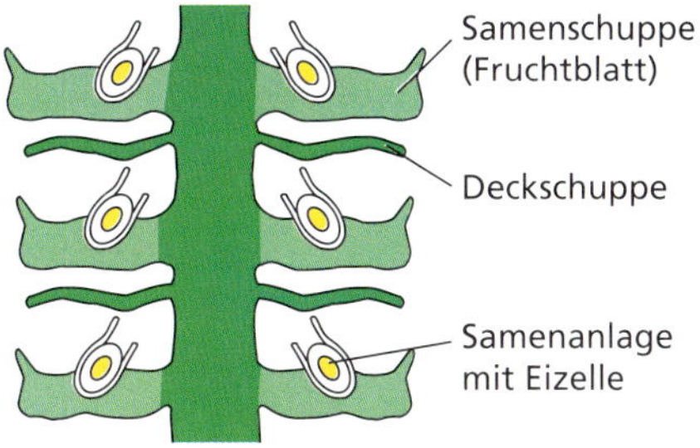

Stellungen des Fruchtknotens

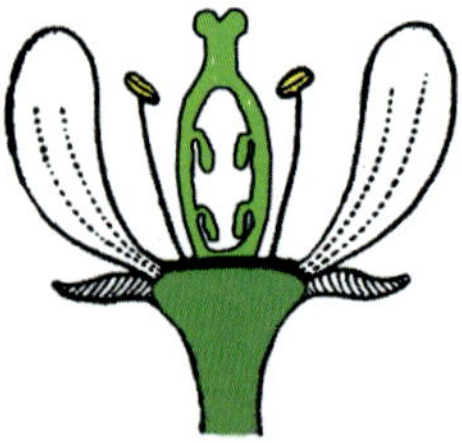

oberständig
(sitzt auf Blütenboden), z.B. Raps

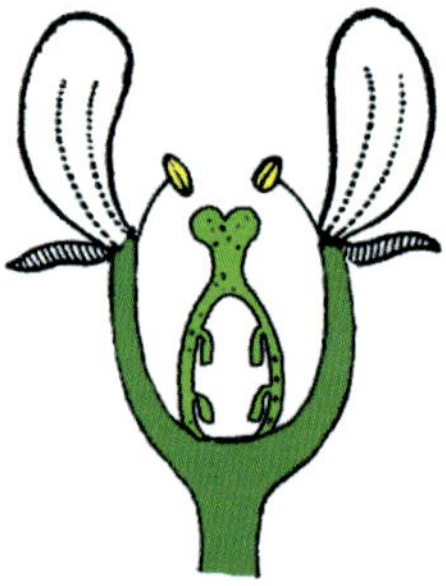

mittelständig
(versenkt in becherartiger Vertiefung, Blütenboden ist hohl), z.B. Kirsche

unterständig
(eingesenkt in Blütenboden, damit verwachsen), z.B. Kürbis, Rose

Symmetrieformen bei Blüten

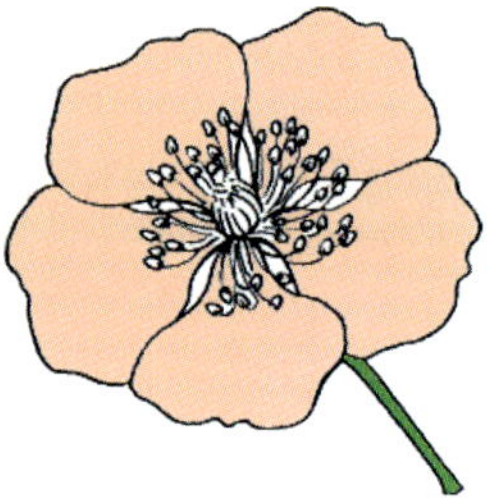

strahlig, radiär
z.B. Hahnenfuß, Raps, Rose, Nelke

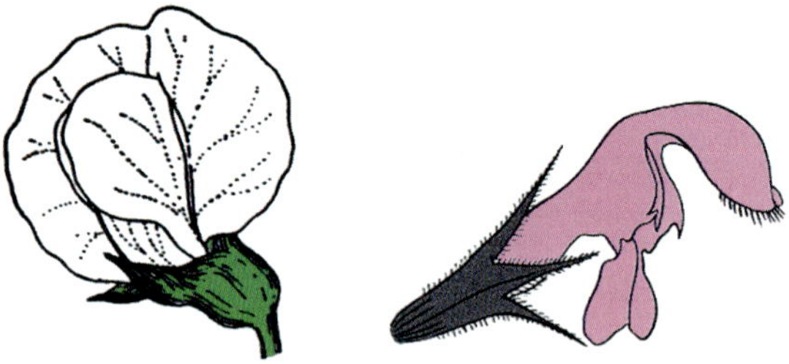

zweiseitig-symmetrisch
z.B. Erbse, Löwenmaul, Veilchen, Ginster

Blütenstände

Oftmals werden Einzelblüten zu **Blütenständen** vereinigt. Dies sind meist verzweigte oder unverzweigte Sprossteile, die durch das Fehlen von Laubblättern charakterisiert sind. Blütenstände existieren in vielfältigen Formen.

Formen der Blütenstände

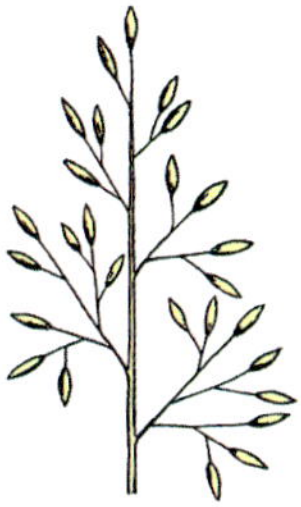

Rispe
(Blütenstandsachse mit mehrmals verzweigten blütentragenden Nebenachsen)

Ährenrispe
(Blütenstandsachse mit kurzen oder mehrmals verzweigten blütentragenden Nebenachsen)

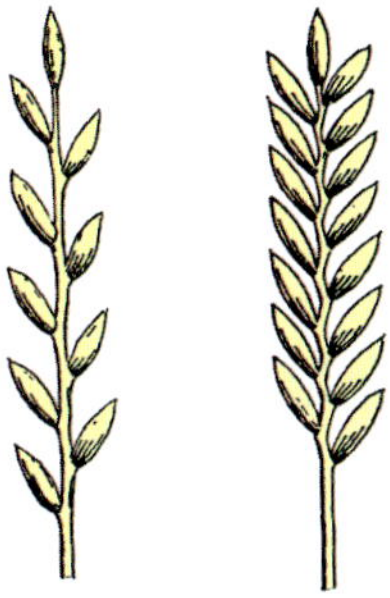

Ähre
(Blütenstandsachse mit ungestielten Ährchen)

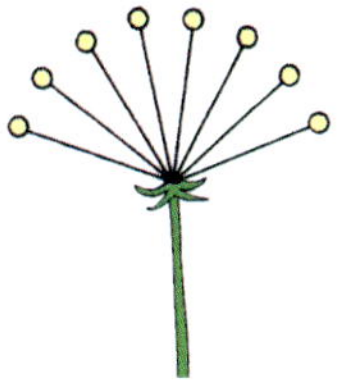

Dolde
(verkürzte Blütenstandsachse, am Ende unverzweigte, blütentragende Nebenachsen)

Doppeldolde
(verkürzte Blütenstandsachse, am Ende Nebenachsen mit „Döldchen")

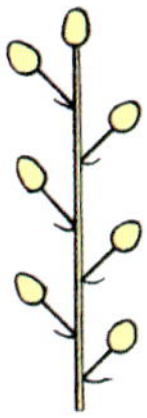

Traube
(Blütenstandsachse mit unverzweigten, blütentragenden Nebenachsen)

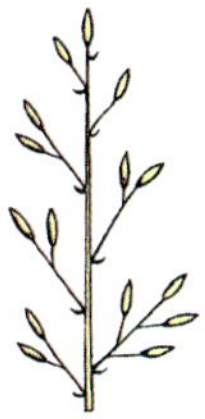

Doppeltraube
(Blütenstandsachse mit einfach verzweigten, blütentragenden Nebenachsen)

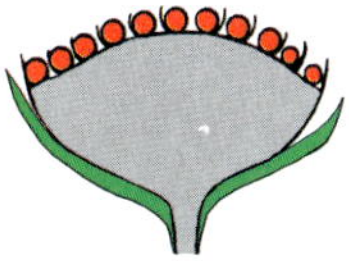

Körbchen
(Blütenstandsachse scheibenförmig verbreitert, darauf sitzen Einzelblüten, von Hüllblättern umgeben)

Köpfchen
(Blütenstandsachse gestaucht, darauf sitzen kurz- oder ungestielte Einzelblüten)

Kätzchen
(Blütenstandsachse oft hängend, mit Blüten)

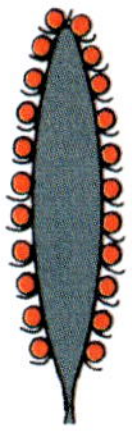

Kolben
(Blütenstandsachse verdickt, mit ungestielten Blüten)

Geschlechtsverhältnisse

Nicht jede Blüte besitzt alle Blütenteile. Blüten, die sowohl Staub- und Fruchtblätter enthalten, sind **zweigeschlechtlich** oder **zwittrig.** Enthalten Blüten nur Staubblätter bzw. nur Fruchtblätter, sind sie **eingeschlechtlich.** Es sind entweder männliche Blüten oder weibliche Blüten.

Die Verteilung der eingeschlechtlichen Blüten auf Einzelpflanzen kann unterschiedlich sein. Trägt eine Pflanze männliche und weibliche Blüten, ist sie **einhäusig.** Trägt eine Pflanze nur männliche Blüten bzw. nur weibliche Blüten, ist sie **zweihäusig.** Es gibt dann männliche Pflanzen bzw. weibliche Pflanzen.

Teile von Blüten

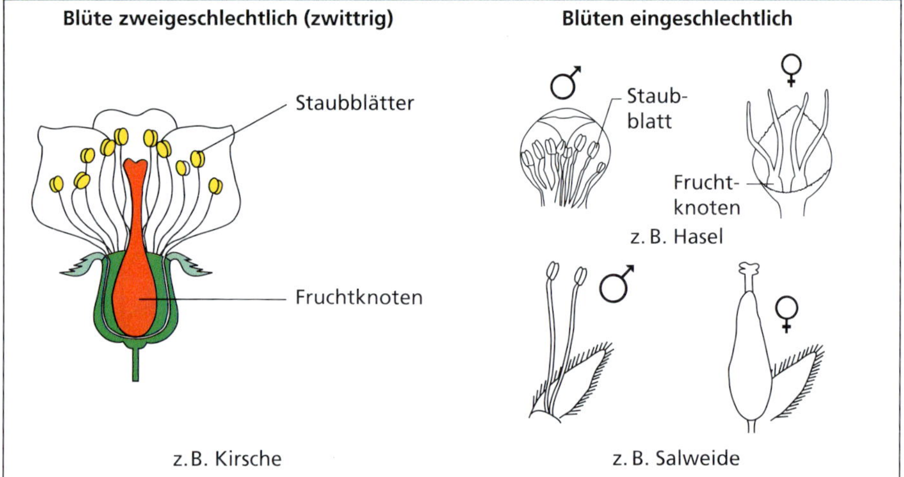

Verteilung der eingeschlechtlichen Blüten auf Pflanzen

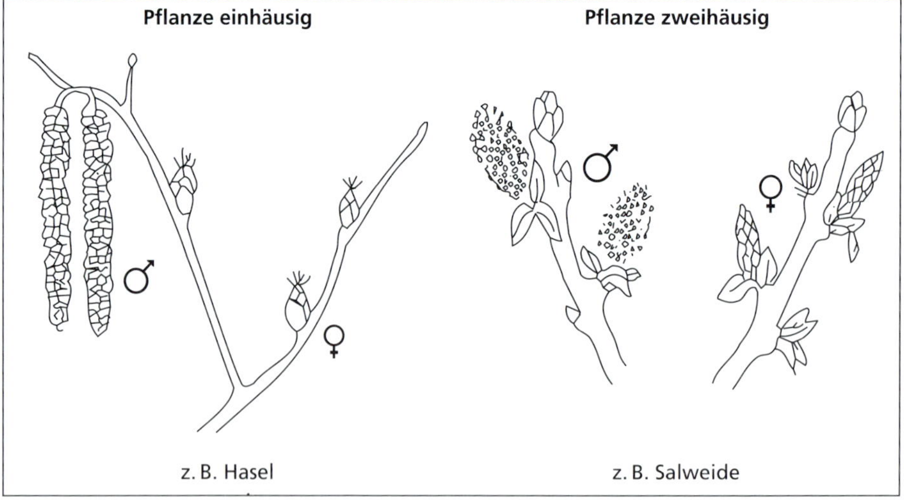

Früchte und Samen der Samenpflanzen

Jede **Frucht** entsteht aus einem Fruchtknoten. Aus den **Fruchtblättern** wird die Fruchtwand gebildet. Im Inneren der Frucht sitzen an der Fruchtwand ein oder mehrere **Samen**.

Die Fruchtwand kann fest oder fleischig sein, verschiedene Hafteinrichtungen zum Anheften an Tiere besitzen, mit Flügeln oder Flughaaren ausgestattet sein oder Vorrichtungen zum Ausstreuen der Samen haben.

Nach ihrem Bau werden bei den Bedecktsamern **Einzel-** und **Sammelfrüchte** unterschieden.

Einzelfrüchte

Streufrüchte

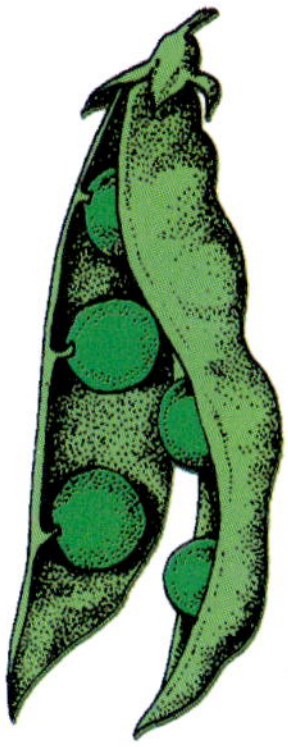

Hülse
z.B. Erbse, Ginster, Klee, Bohne

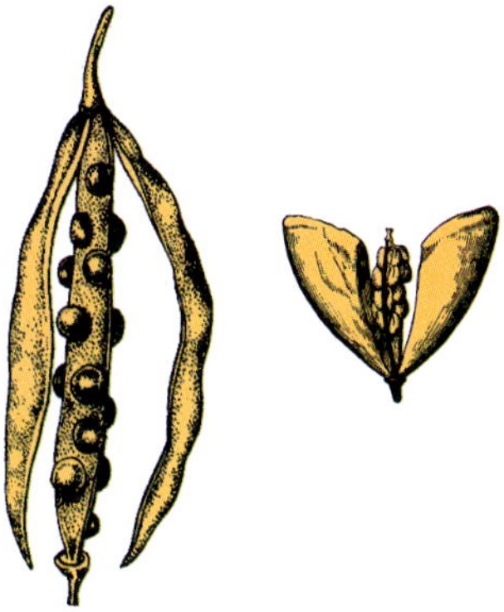

Schote/Schötchen
z.B. Acker-Senf, Rettich, Hederich, Hirtentäschel

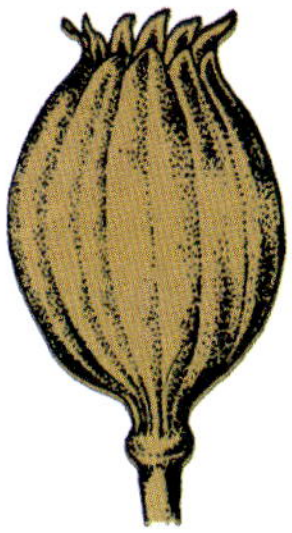

Kapsel
z.B. Mohn, Tabak, Tulpe, Schwertlilie

Schließfrüchte

Beere
z.B. Weinbeere, Tomate, Stachelbeere, Paprika

Steinfrucht
z.B. Kirsche, Pfirsich, Walnuss

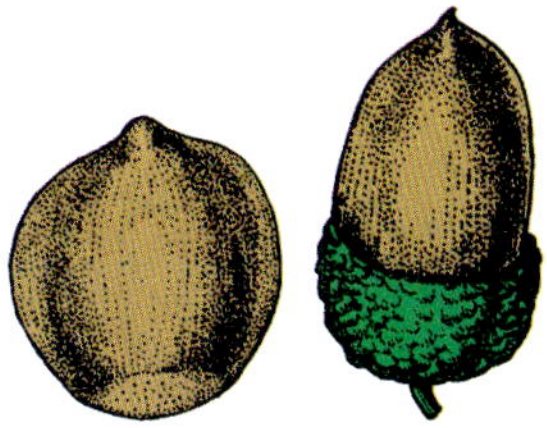

Nuss
z.B. Hasel, Eiche, Ulme, Buche

Sammelfrüchte

Sammelsteinfrüchte
z.B. Himbeere, Brombeere

Sammelnussfrüchte
z.B. Erdbeere, Hagebutte

Bau des Samens

Der **Samen** besteht aus Keimling (Embryo), Nährgewebe und Samenschale. Aus ihm entwickelt sich eine neue Pflanze.

Der Samen dient der Verbreitung und der Arterhaltung der Pflanze.

Bohnensamen (geöffnet)

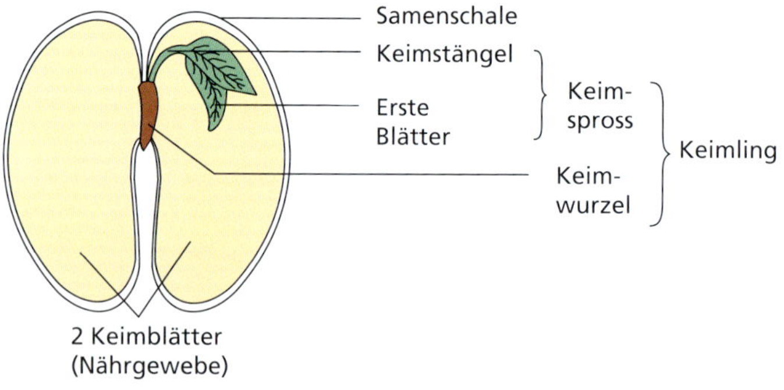

Getreidekorn (aufgeschnitten)

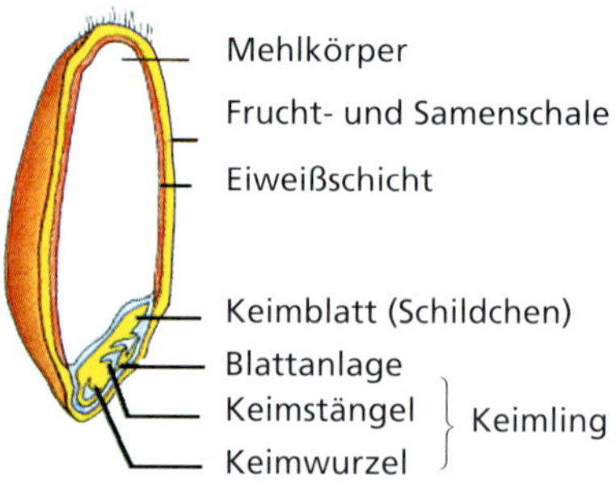

1.7 Tierische Einzeller (Urtierchen)

Bau und Lebensweise

Urtierchen sind kleine (2 μm bis 2 mm) einzellige Lebewesen, deren eine **Zelle alle Lebensfunktionen** wie Ernährung, Ausscheidung, Reizreaktion und Fortpflanzung ausführt. Sie besitzen einen abgegrenzten Zellkern, verschiedene Zellorganellen und als Begrenzung eine Zellmembran. Ihre Körpergestalt ist sehr unterschiedlich.

Urtierchen kommen fast überall vor, z.B. im Süßwasser, Meer, feuchten Boden.

Einige Urtierchen leben **parasitisch** im Menschen und sind lebensgefährliche **Krankheitserreger**, z.B. Erreger der Malaria (Sporentierchen), der Schlafkrankheit (Geißeltierchen), der Amöbenruhr (Wurzelfüßer).

Wechseltierchen (Amöbe)

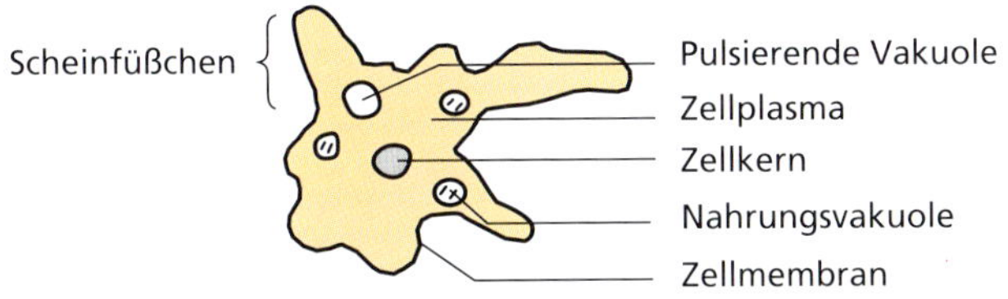

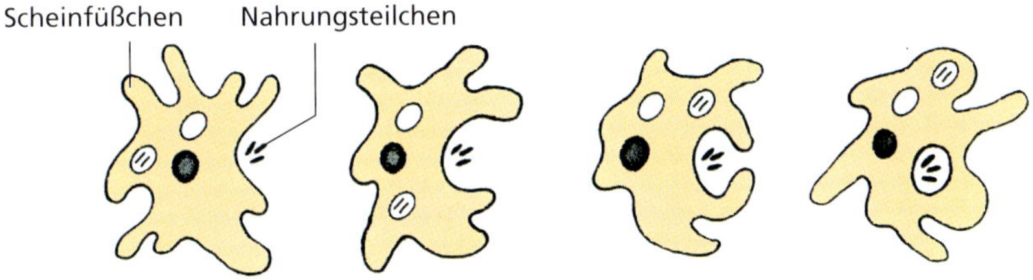

Durch Hervorstrecken und Rückbilden von Scheinfüßchen (Plasmafäden) wechseln die Amöben ständig ihre Gestalt, bewegen sich dadurch fort und umfließen Nahrungsteilchen, die in das Plasma gelangen und in Nahrungsvakuolen verdaut werden.

Pantoffeltierchen

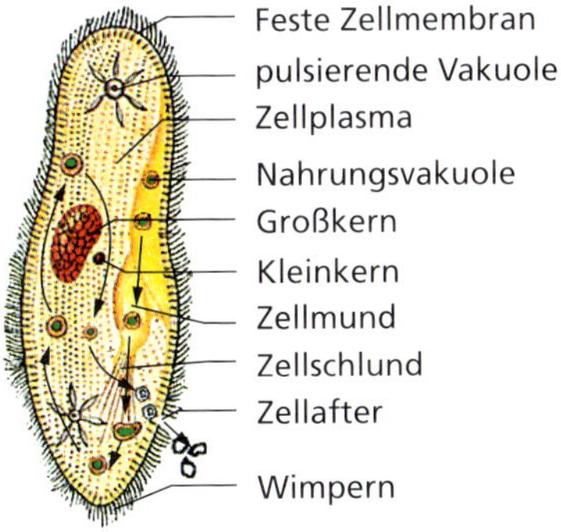

Durch Schlagen der Wimpern bewegt sich das Pantoffeltierchen fort. Gleichzeitig werden Nahrungsteilchen zum Mundfeld und in den Zellschlund befördert, die in Nahrungsvakuolen durch den Körper wandern und verdaut werden. Die unverdaulichen Reste werden durch den Zellafter ausgeschieden.

1.8 Hohltiere

Bau und Lebensweise

Hohltiere sind einfach gebaute vielzellige Tiere, die nur einen einzigen Hohlraum – die **Magenhöhle** – besitzen. Der Körper wird aus 2 Schichten, einer **Außen**- und einer **Innenschicht**, aufgebaut, zwischen denen sich eine gallertartige **Stützschicht** befindet.

Hohltiere leben im Süßwasser (z.B. Süßwasserpolyp) und im Meer (z.B. Quallen, Korallen). Sie sind festsitzend oder frei beweglich, ergreifen ihre Beute mit beweglichen Fangarmen, töten oder betäuben sie durch Nesselzellen und führen sie der Magenhöhle zur Verdauung zu.

Korallen leben einzeln (z.B. Seerose) oder zur Kolonien vereinigt (z.B. Edelkoralle). Koloniebildende Korallen bilden häufig an der Fußscheibe Kalkskelette aus, die in der Entwicklung der Erde zur Entstehung von **Korallenriffen** führten.

Polypen

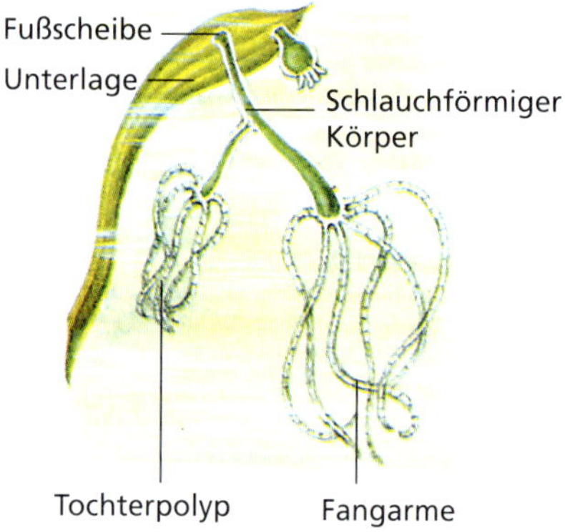

Süßwasserpolyp (1,5 cm)
mit Tochterpolypen

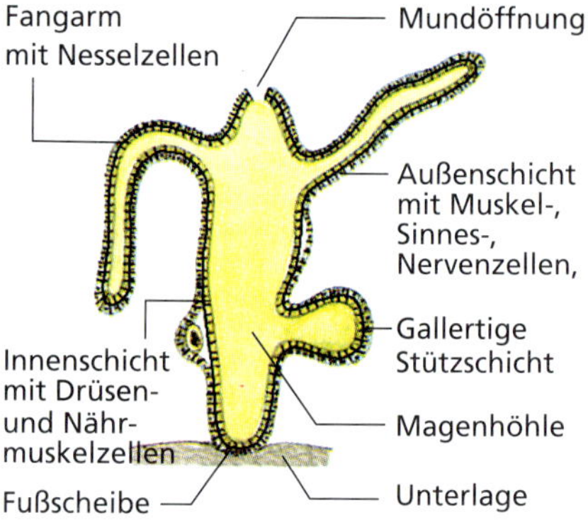

Süßwasserpolyp längs

Quallen

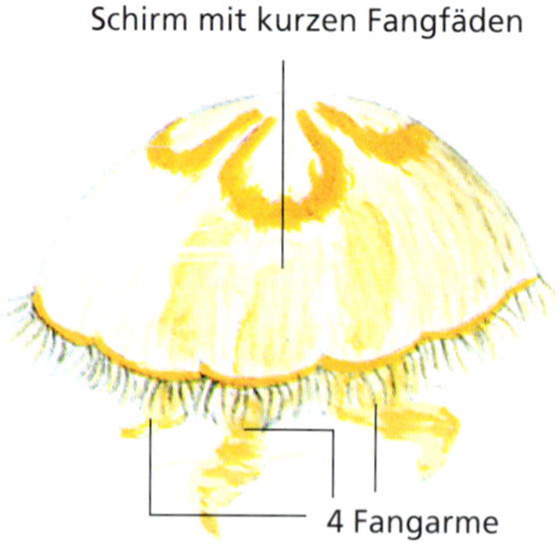

Ohrenqualle (40 cm)

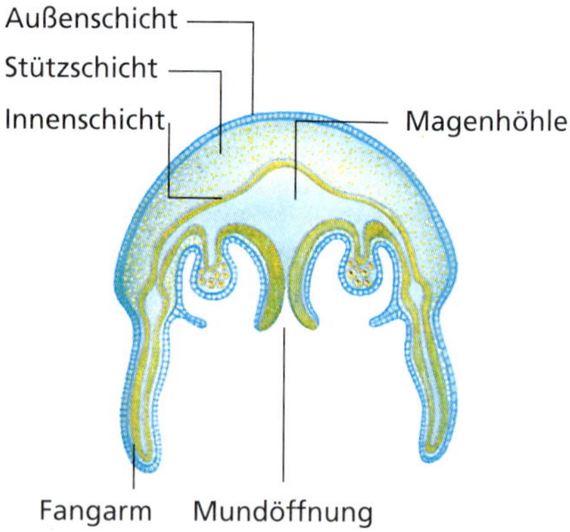

Ohrenqualle längs

Korallen

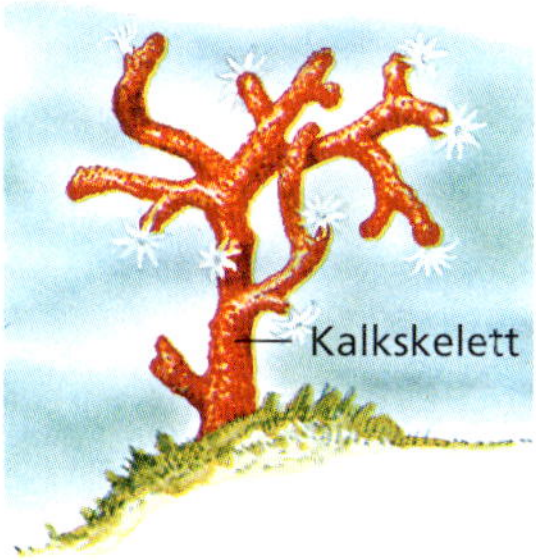

Edelkoralle

Seerose

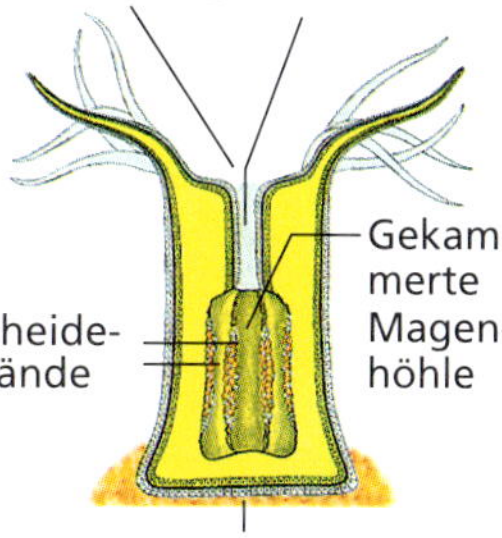

Seerose längs

1.9 Stachelhäuter

Bau und Lebensweise

Stachelhäuter sind meist fünfstrahlig-symmetrische Tiere. Durch Einlagerung von Kalkplatten in die Haut entsteht ein Kalkskelett. Ein Wassergefäßsystem – bestehend aus Siebplatte und Kanälen und endend in Saugfüßchen – dient der Fortbewegung.

Stachelhäuter sind Meeresbewohner. Sie leben räuberisch, z.B. von Schwämmen, Hohltieren, Muscheln, Würmern, Schnecken und Krebsen.

Seestern

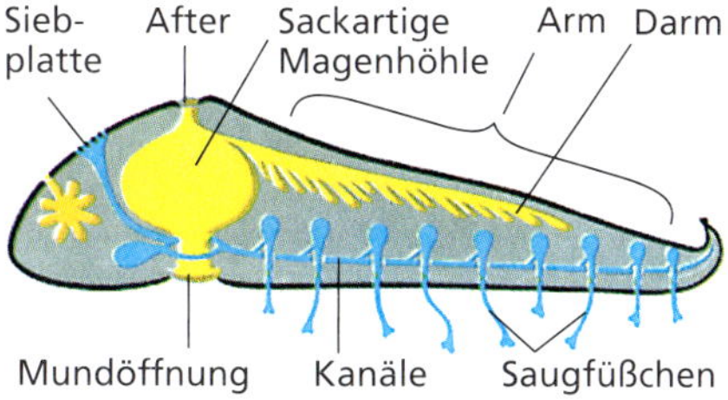

Seestern längs

Seeigel

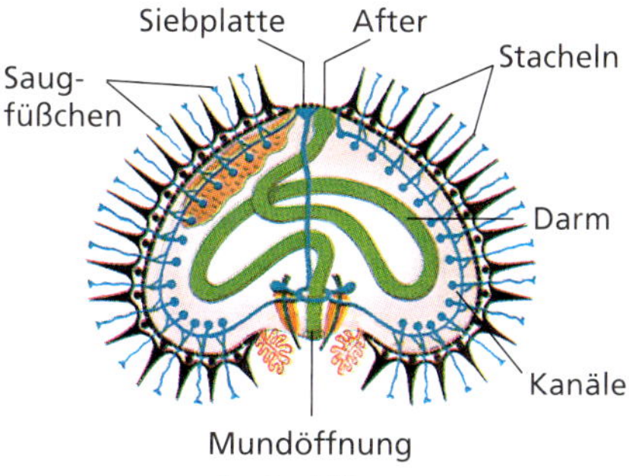

Seeigel längs

1.10 Plattwürmer

Bau und Lebensweise

Plattwürmer sind blatt- oder bandförmige wirbellose Tiere, deren Körper abgeplattet ist.

Plattwürmer leben sowohl im Süßwasser (z.B. Planarie) als auch als Innenparasit in Tieren (z.B. Leberegel im Rind) und im Menschen (z.B. Bandwürmer).

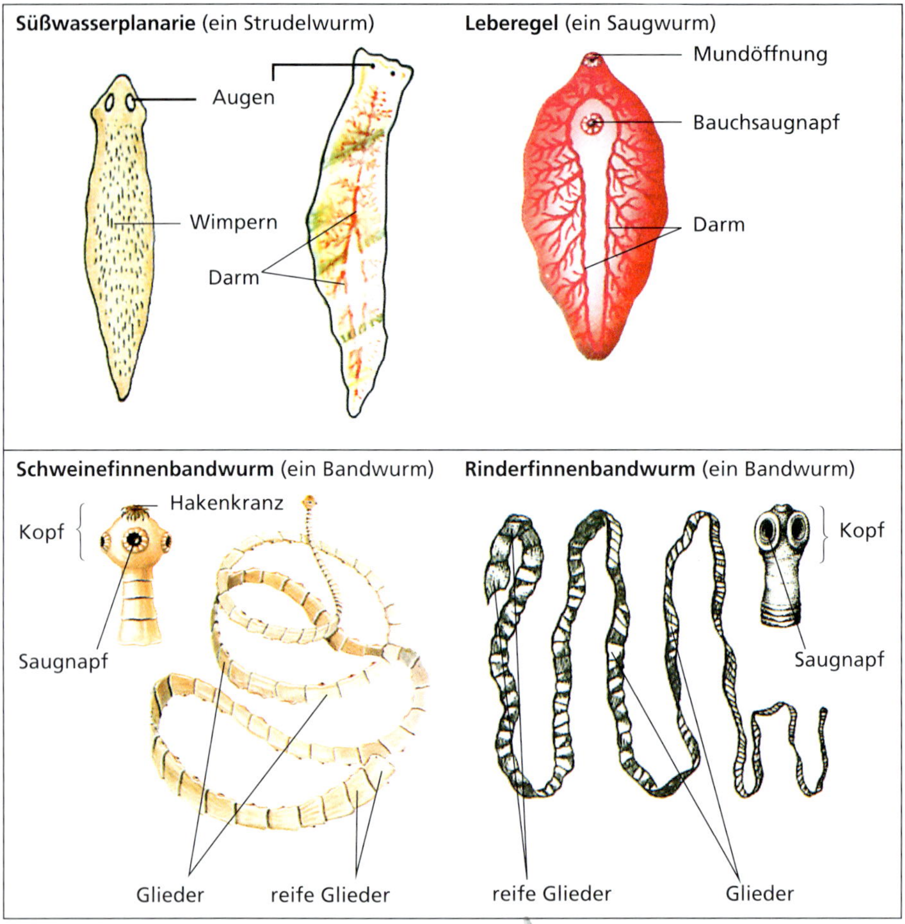

Bedeutung

Parasitisch lebende Plattwürmer bzw. ihre Larven verursachen bei Tieren und beim Menschen gesundheitliche Schäden. Der Endwirt beherbergt den geschlechtsreifen Wurm, der Zwischenwirt die Larve.

Sie sind an ihre **parasitische Lebensweise** gut angepasst, z.B. durch Hautatmung, Aufnahme der Nahrung mit gesamter Körperoberfläche, Entwicklung verbunden mit einem Wirtswechsel.

Entwicklung des Schweinefinnenbandwurms

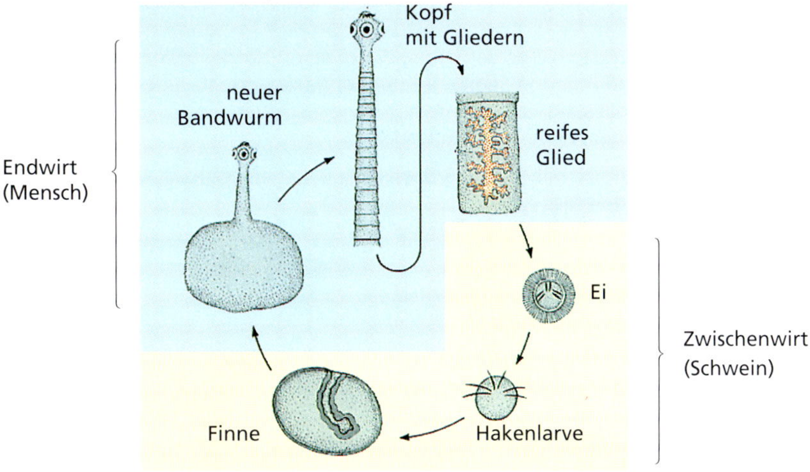

Schadwirkungen

Verdauungsstörungen, Leibschmerzen, Erbrechen, Schwindel, Abmagerung

Prophylaxe und Bekämpfung

Fleischbeschau, Sauberkeit des Körpers, Essen von gekochtem bzw. gebratenem Fleisch, Wurmkur (Arzt)

1.11 Rundwürmer

Bau und Lebensweise

Rundwürmer sind lang gestreckte wirbellose Tiere, deren Körper zylinderförmig ist. Sie leben sowohl im Süß- und Meerwasser als auch auf dem festen Land (z.B. Boden, Moor, Hochgebirge). Viele von ihnen sind **Parasiten**. Sie schmarotzen an Pflanzen (z.B. Kartoffelälchen), in Tieren und im Menschen (z.B. Spulwurm, Madenwurm).

Madenwurm (0,3 – 1,2 cm) 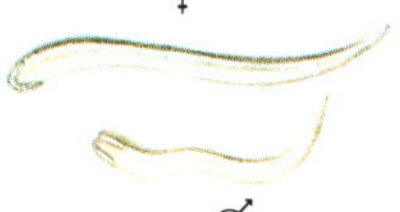 	Lebt im Dick- und Enddarm des Menschen, Eiablage in Aftergegend Verursacht Juckreiz, Blässe, Nervosität Prophylaxe und Bekämpfung durch Sauberkeit von Körper und Kleidung
Spulwurm (15 – 40 cm) 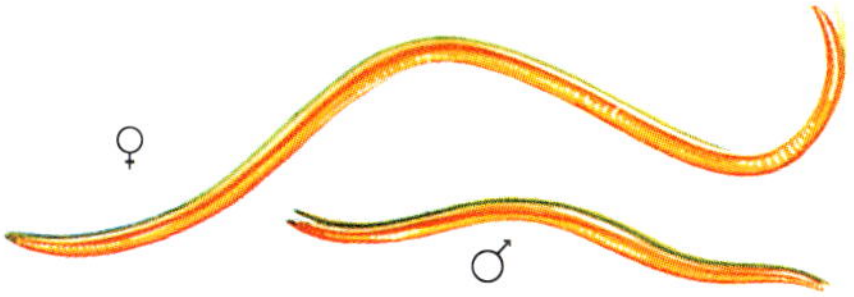 	Lebt im Dünndarm des Menschen, ernährt sich von dessen Darminhalt Verursacht Verdauungsstörungen Prophylaxe und Bekämpfung durch Sauberkeit von Obst, Gemüse, der Hände

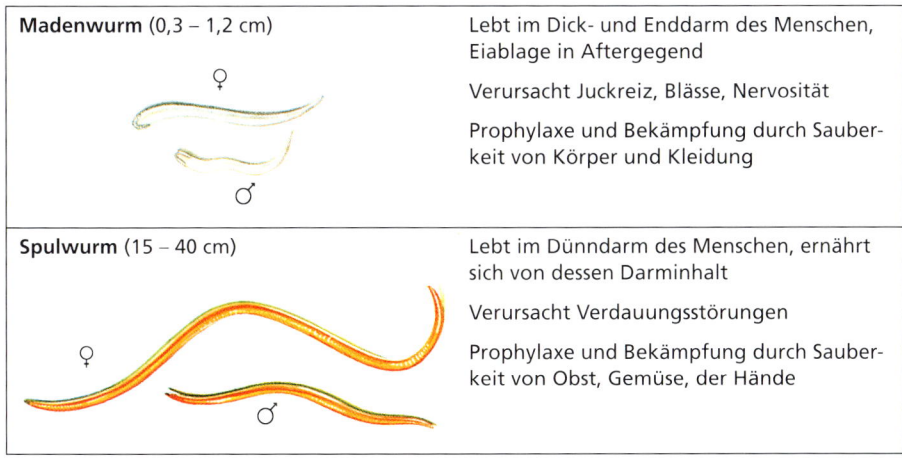

1.12 Ringelwürmer

Bau und Lebensweise

Ringelwürmer sind lang gestreckte wirbellose Tiere, deren Körper zylinderförmig oder abgeplattet sowie außen und innen in **Segmente (Ringe)** gegliedert ist. Jedes Segment hat im Innern Anteil an den Organsystemen, z.B. dem Strickleiternervensystem, geschlossenen Blutgefäßsystem, Ausscheidungssystem, Verdauungssystem.

Ringelwürmer bewegen sich mit Hilfe von **Borsten** (z.B. Regenwurm, Meeresringelwurm) oder **Saugnäpfen** (z.B. Blutegel) fort.

Sie leben sowohl im Boden (z.B. Regenwurm) als auch im Süßwasser (z.B. Blutegel) und im Meer (z.B. Meeresringelwurm, Sandpierwurm). Der Regenwurm ist ein **Feuchtlufttier** und **Hautatmer**. Meeresringelwürmer besitzen Kiemen.

Regenwurm (Längsschnitt)

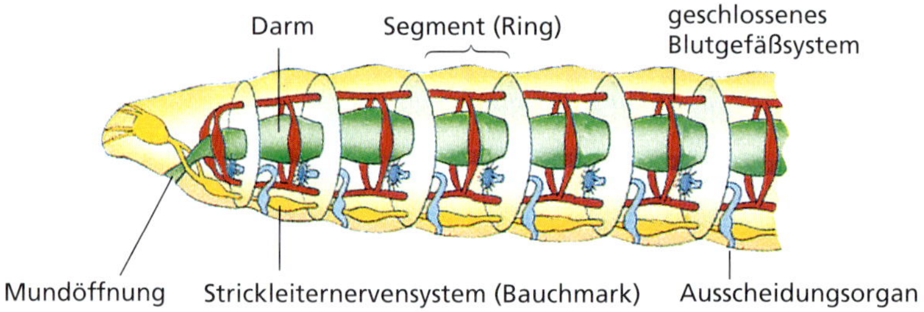

Regenwurm (ein Wenigborster)

Blutegel (ein Egel)

Meeresringelwurm (ein Vielborster)

Sandpierwurm (ein Vielborster)

Bedeutung des Regenwurmes

Der im Boden lebende Regenwurm ist ein **Bodenverbesserer**. Er ernährt sich von Erde und den darin enthaltenen Resten von Pflanzen und Tieren. Dadurch wird der Boden zerkrümelt und durchmischt. Durch seine zahlreichen Röhren lockert der Wurm den Boden auf und sorgt für seine Durchlüftung.

1.13 Krebstiere

Bau und Lebensweise

Krebstiere sind meist in **Kopf**, **Brust** und **Hinterleib** gegliedert, wobei oftmals Kopf und Brust zum **Kopfbruststück** verwachsen sind. Manche Vertreter besitzen einen Schwanz bzw. **Schwanzfächer**. Sie besitzen 5 und mehr Paare Spaltbeine, die entsprechend ihrer Funktion einen unterschiedlichen Bau aufweisen. Der Kopfabschnitt trägt 2 Paare Antennen (Fühler), 3 Paare Mundwerkzeuge und die Augen. Viele Krebstiere besitzen zum Schutz ein starres Außenskelett aus Chitin. Während des Wachstums müssen sie den Chitinpanzer abstreifen, sie häuten sich.

Die meisten Krebstiere sind Wasserbewohner (z.B. Flusskrebs, Strandkrabbe, Wasserfloh). Sie atmen durch Kiemen. Sie besitzen u.a. ein Strickleiternervensystem (Bauchmark), offenes Blutgefäßsystem, Verdauungssystem.

Hummer

Einsiedlerkrebs

Krebstier (Längsschnitt)

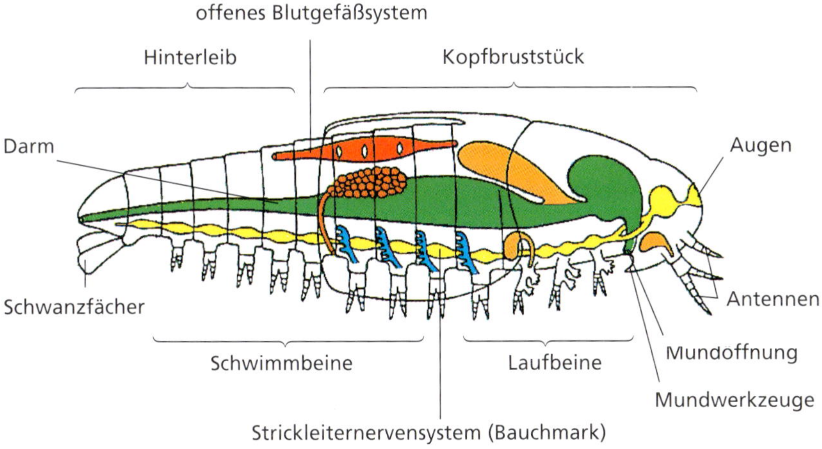

Vertreter der Krebstiere

Bachflohkrebs

Hüpferling

Hummer

Wollhandkrabbe

Garnele

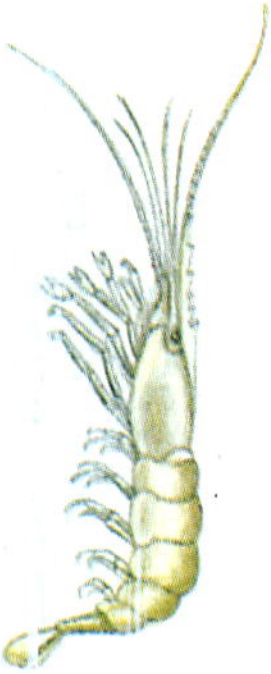

Wasserfloh

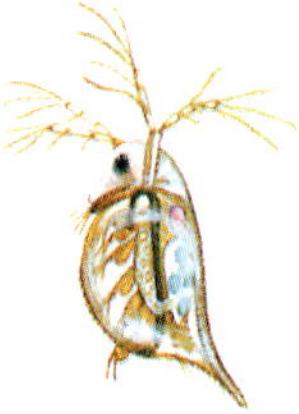

Assel

Seepocken

Bedeutung

Krebstiere haben *Bedeutung* als
- Nahrung für den Menschen (z.B. Garnelen, Hummer, Krabben),
- wichtiges Glied in der Nahrungskette der Fische und Wale (z.B. Wasserfloh, Ruderfußkrebse).

1.14 Spinnentiere

Bau und Lebensweise

Spinnentiere sind in **Kopfbruststück** und **Hinterleib** gegliedert. Sie besitzen 2 Paare Mundwerkzeuge (Kiefertaster, Kieferklauen) und 4 Paare gegliederte Laufbeine. Sie atmen durch Fächertracheen (Fächerlungen) und sehen durch Punktaugen.
Spinnentiere findet man in fast allen Lebensräumen, z.B. auf Blüten, Bäumen und Sträuchern, unter Steinen, im Haus.
Zu den Spinnentieren gehören u. a. Spinnen, Milben, Skorpione und Weberknechte.

Einige Spinnen (Netzspinnen) bauen Netze und fangen darin ihre Beute, andere Spinnen (Jagdspinnen) lauern auf ihre Beute oder schleichen sie an. Spinnen leben räuberisch.

Kreuzspinne

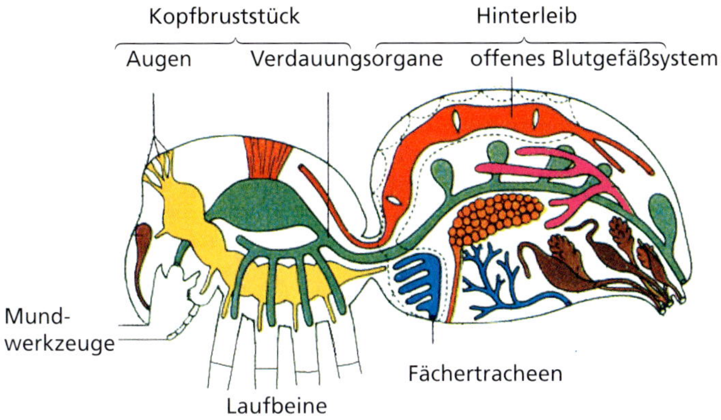

Vertreter der Spinnentiere

Kreuzspinne

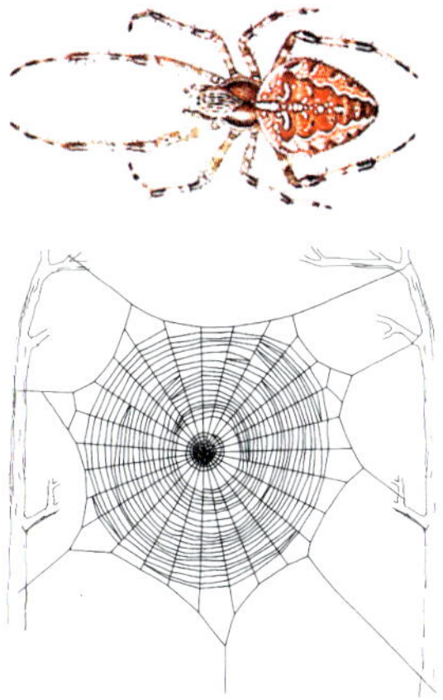

Sektorenspinne

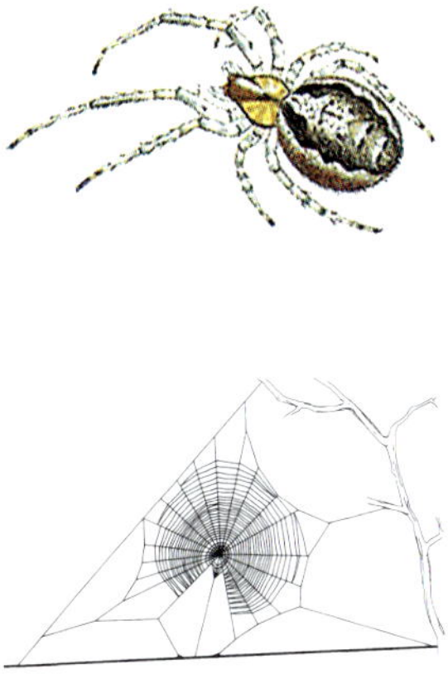

Hausspinne

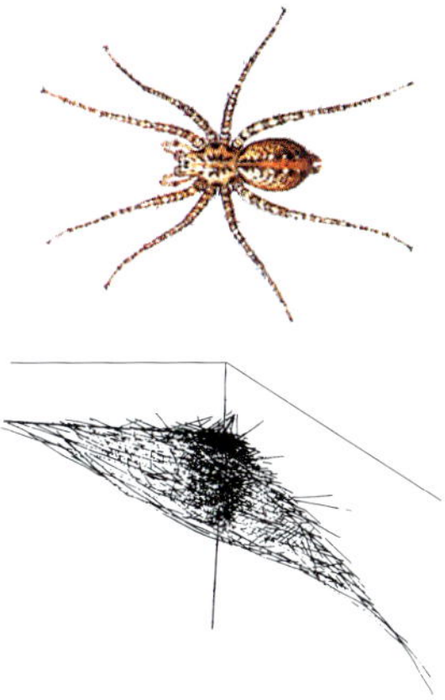

Weberknecht

Holzbock

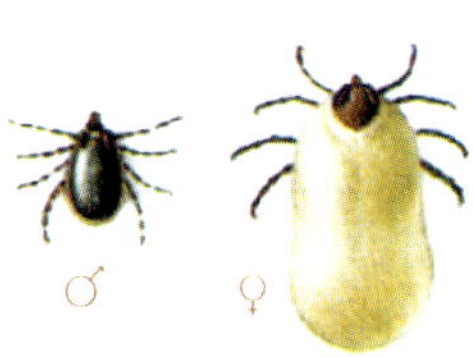

Skorpion

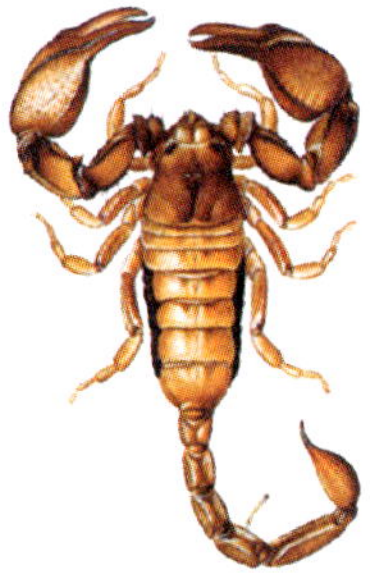

1.15 Insekten

Bau und Lebensweise

Insekten sind in **Kopf**, **Brust** und **Hinterleib** gegliedert. Sie besitzen am Kopf 1 Paar Fühler und 1 Paar große leistungsfähige Netz- oder Facettenaugen (bestehend aus vielen einzelnen Linsenaugen), die ein Bildsehen und das Erkennen von Farben ermöglichen. Die Mundgliedmaßen sind entsprechend der vielfältigen Ernährungsweise unterschiedlich ausgebildet (z.B. Saug-, Stechrüssel, Beißkiefer). An der Brust befinden sich 3 Paare gegliederte Beine sowie 2 Paare Flügel.

Insekten besitzen ein Strickleiternervensystem (Bauchmark) mit gut entwickeltem Gehirn und ein offenes Blutgefäßsystem. Sie atmen durch röhrenförmige Tracheen, die den gesamten Körper durchziehen. Insekten pflanzen sich geschlechtlich fort. Sie entwickeln sich über Larven- und Puppenstadium (**vollkommene Verwandlung**) bzw. ohne Puppenstadium (**unvollkommene Verwandlung**) unter Häutungen zum Vollinsekt.

Insekt (Schema eines Längsschnittes)

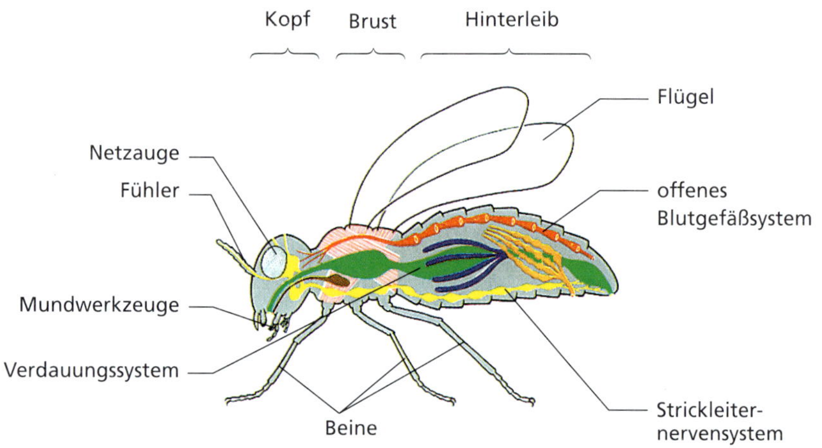

Einige Gruppen der Insekten

Zu den Insekten gehören etwa 75 % aller Tiere. Man findet sie in allen Lebensräumen.

Hautflügler

Honigbiene	Gemeine Wespe	Erdhummel	Ameisenkönigin
	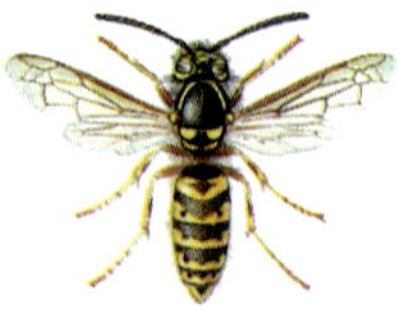		

Hautflügler tragen am Brustabschnitt je 1 Paar häutig durchsichtige Vorder- und Hinterflügel.

Zweiflügler

Schmeißfliege

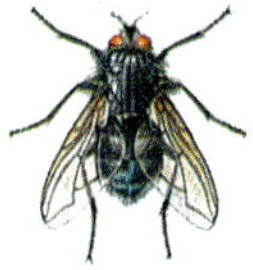

Große Stubenfliege

Stechmücke

Schwebfliege

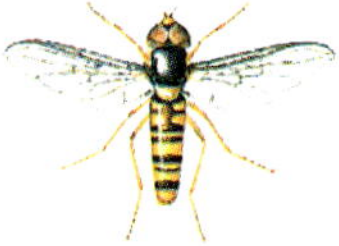

Zweiflügler tragen am Brustabschnitt nur 1 Paar häutige Flügel und 1 Paar paukenschlegelartige Schwingkölbchen.

Käfer

Feld-Maikäfer

Siebenpunkt-Marienkäfer

Gold-Laufkäfer

Hirschkäfer

Käfer tragen am Brustabschnitt 1 Paar harte, schalenförmige Vorderflügel (Deckflügel), die die 2 häutigen Hinterflügel schützen.

Schmetterlinge

Admiral

Tagpfauenauge

Nachtpfauenauge

Schmetterlinge tragen am Brustabschnitt je 1 Paar (insgesamt 2 Paare) gleichgestaltige zarte Flügel, die mit farbigen Schuppen dachziegelartig bedeckt sind.

Libellen

Großer Blaupfeil

Prachtlibelle

Hufeisen-Azurjungfer

Libellen besitzen einen lang gestreckten, meist schlanken Hinterleib sowie 4 große, überwiegend durchsichtige Flügel.

Heuschrecken

Großes Heupferd

Maulwurfsgrille

Grashüpfer

Heuschrecken sind vielfältig gestaltet (Flügel, Vordergliedmaßen, Hintergliedmaßen als Sprungbein). Sie besitzen einen Zirpapparat.

Bedeutung der Insekten

Es gibt sowohl für den Menschen nützliche als auch schädliche Insekten.

Nützliche Insekten produzieren Rohstoffe, die vom Menschen genutzt werden (Honigbiene, Seidenspinner). Sie sind Blütenbestäuber (Hummeln, Bienen, Schmetterlinge) oder erhöhen als Bodenbewohner die Fruchtbarkeit des Bodens. Insekten sind Nahrung für andere nützliche Tiere (Vögel, Fische) oder vernichten Schadinsekten (Schlupfwespe, Marienkäfer, Ameise).

Seidenspinner (Schmetterling)

In China wird die „Seidenraupe“ seit etwa 5 000 Jahren gezüchtet. Sie frisst Blätter des Maulbeerbaumes. Die Seidenraupe (Larve des Seidenspinners) fertigt in 3 – 5 Tagen aus einem Spinnfaden (1 – 3 km lang) eine Schutzhülle (Kokon) zur Verpuppung an. Aus diesem Spinnfaden wird Rohseide hergestellt.

Hummel (Hautflügler)

Insekten besuchen Blüten, um Pollen (Blütenstaub) und Nektar als Nahrung zu holen. Dabei bestäuben sie die Blüten und tragen den Blütenstaub zur anderen Blüte (Fremdbestäubung). Die Fremdbestäubung (S. 435) ist wirtschaftlich bedeutsam in Landwirtschaft und Obstbau.

Holzwespen-Schlupfwespe (Hautflügler)

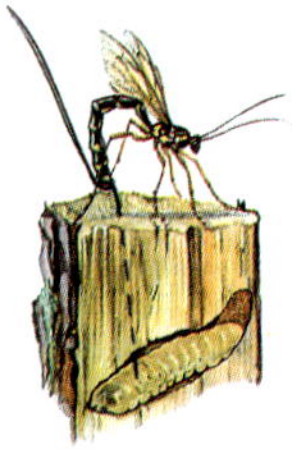

Schlupfwespen legen ihre Eier in Larven anderer Insekten. Aus den Eiern sich entwickelnde Schlupfwespenlarven fressen von innen her den Wirt auf und vernichten somit schädliche Insektenlarven.

Rote Waldameise (Hautflügler)

Ameisen vertilgen Raupen, Käfer und andere schädliche Insekten und verbreiten Samen von Pflanzen, z.B. von Veilchen, Taubnessel.

Schaden wird hauptsächlich hervorgerufen durch Schadfraß an Kulturpflanzen (Kartoffel-, Borkenkäfer), an Lebensmittelvorräten (Schaben, Kornkäfer), an Textilien und Pelzwaren (Kleidermotte, Pelzkäfer), an Holz (Hausbock) und durch Übertragung der Erreger von Pflanzenkrankheiten sowie von Krankheiten des Menschen und der Tiere.

Borkenkäfer (Käfer)

Der Käfer legt in der Rinde von Nadelbäumen Fraßgänge an. Im „Muttergang" legt das Weibchen Eier ab. Die ausschlüpfenden Larven fressen waagerechte Nebengänge, in deren Ende sie sich verpuppen.

Schaden: Zerstörung der Rinde, Beeinträchtigung des Stoffstroms, Absterben der Bäume

Nonne (Schmetterling)

Larven (Raupen) fressen Nadel- oder Laubblätter der befallenen Bäume (Fichte, Kiefer, Buche, Eiche), bei Massenauftreten verursachen sie Kahlfraß.

Schaden: Verhinderung der Fotosynthese, Beeinträchtigung der Holzqualität

Kartoffelkäfer (Käfer)

Käfer und Larve fressen an Blatträndern und in Blattmitte unterschiedlich große Löcher.

Schaden: Verhinderung der Fotosynthese und somit der Knollenbildung, Absterben der Pflanze

Apfelwickler (Schmetterling)

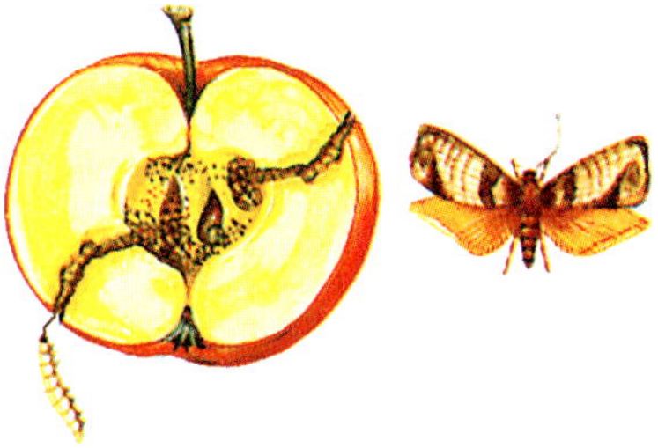

Die Larve (Raupe) legt Fraßgänge im Fruchtfleisch und Kerngehäuse an, wechselt zu anderen Äpfeln.

Schaden: Faulen der Frucht

1.16 Weichtiere

Bau, Lebensweise und Bedeutung

Weichtiere sind äußerlich wenig gegliedert. Ihr weicher, drüsenreicher Körper gliedert sich meist in **Kopf**, **Fuß**, **Mantel** (Hautfalte) und **Eingeweidesack** (umschließt die inneren Organe). Bei vielen Weichtieren wird vom Mantel eine äußere kalkhaltige Schale (Schnecken, Muscheln) gebildet. Ihr Nervensystem besteht aus wenigen paarigen Nervenknoten, die durch Nervenstränge miteinander verbunden sind. Sie besitzen ein offenes Blutgefäßsystem und atmen durch Lungen oder Kiemen.
Weichtiere besiedeln alle Lebensräume, die Meere und Süßgewässer sowie das Land. Zu ihnen gehören die **Schnecken**, **Muscheln** und **Kopffüßer** (Tintenfische). **Bedeutung** haben sie vor allem als Nahrung in vielen Ländern sowie zur Gewinnung von Perlen.

Schnecken

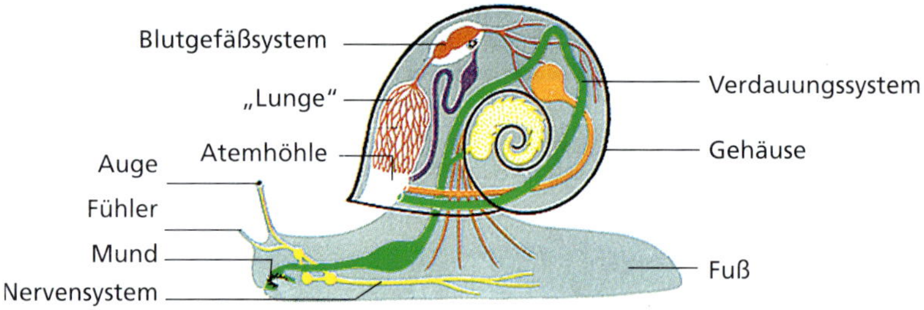

Weinbergschnecke

Wegschnecke

Schnecken haben am Kopf Augen, Fühler, einen Mund mit Reibplatte. Sie bewegen sich mit dem muskulösen Fuß (Kriechsohle) vorwärts, atmen durch Lungen (Lungenschnecken) oder Kiemen (Kiemenschnecken), besitzen ein Gehäuse (Gehäuseschnecken) oder kein Gehäuse (Nacktschnecken).

Muscheln

Herzmuschel

Meeresperlmuschel

Muscheln besitzen einen seitlich abgeflachten Weichkörper, der von 2 Schalenhälften umgeben ist. Sie haben keinen Kopf, bewegen sich mit dem breiten muskulösen Fuß langsam kriechend vorwärts. Muscheln sind Wasserbewohner, atmen durch Kiemen.

Kopffüßer

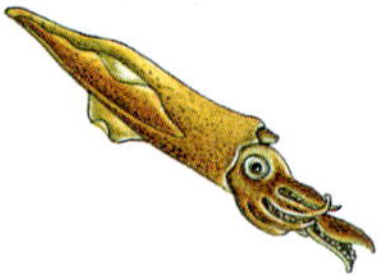

Kalmar

Krake

Kopffüßer besitzen einen Kopf mit 2 leistungsfähigen Linsenaugen, einem Mund, der von 8, 10 oder mehr Fangarmen mit Saugnäpfen umgeben ist. Ihr Weichkörper wird vom Mantel umgeben, der auf dem Rücken den Schulp (Schale) überdeckt, auf der Unterseite die Mantelhöhle (Atemhöhle) mit den Kiemen bildet.

1.17 Wirbeltiere

Der Körper der Wirbeltiere gliedert sich meist in **Kopf**, **Rumpf**, **Schwanz** und 2 Paare **Gliedmaßen**. Sie besitzen als Körperstütze ein meistens aus **Knochen** bestehendes Innenskelett, dessen Hauptteil die aus Wirbeln gegliederte **Wirbelsäule** ist. Ihr Zentralnervensystem besteht aus Gehirn und Rückenmark. Das geschlossene Blutgefäßsystem wird durch ein Herz angetrieben. Die Atmung erfolgt durch Lungen oder Kiemen. Sie pflanzen sich geschlechtlich durch Eier fort oder sind lebend gebärend.

Wirbeltiere besiedeln alle Lebensräume. Durch ihren unterschiedlichen Bau sind sie jeweils an ihre Umwelt angepasst. Es werden die Gruppen **Fische, Lurche, Kriechtiere, Vögel und Säuger** (**Säugetiere**) unterschieden.

1.17.1 Fische

Bau und Lebensweise

Fische sind ausschließlich im Wasser (Meer, Süßwasser) lebende Wirbeltiere. Sie sind in **Kopf, Rumpf** und **Schwanz** gegliedert. Die Oberfläche des meist stromlinienförmigen Körpers ist schleimig und mit **Schuppen** bedeckt. In Anpassung an das Wasserleben besitzen sie zur Atmung Kiemen. Flossen dienen der Fortbewegung, eine Schwimmblase (nicht immer vorhanden) der Druckregulierung. Fische haben eine **äußere Befruchtung** (S. 437). Die Fischweibchen legen die Eier (Laich) ins Wasser ab, die Fischmännchen die Samenzellen (Milch). Aus befruchteten Eiern schlüpfen Fischlarven, die über mehrere Stadien zu Jungfischen heranwachsen.

Fischhaut

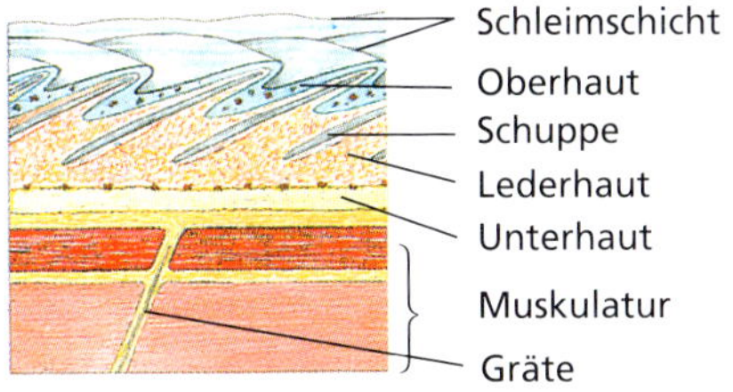

Schuppen

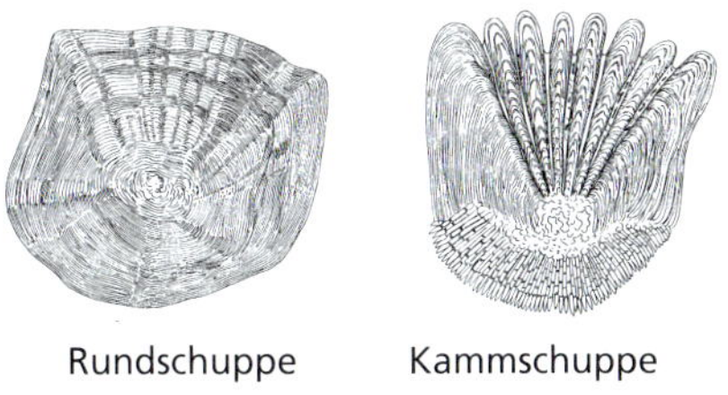

Äußerer Bau eines Fisches (Schema)

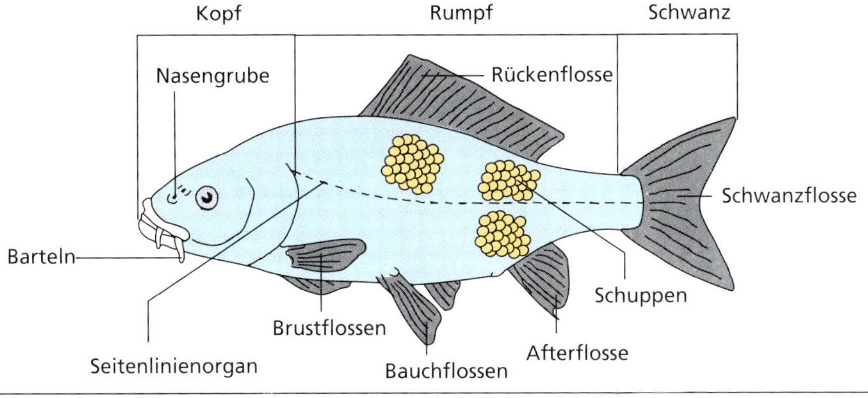

Innerer Bau eines Fisches (Schema)

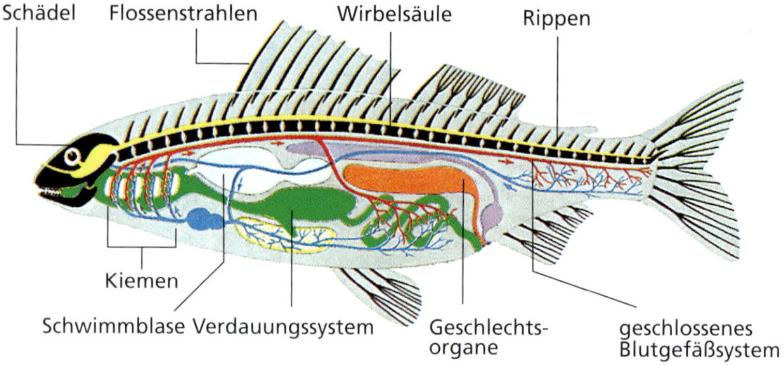

Feinbau der Kiemen

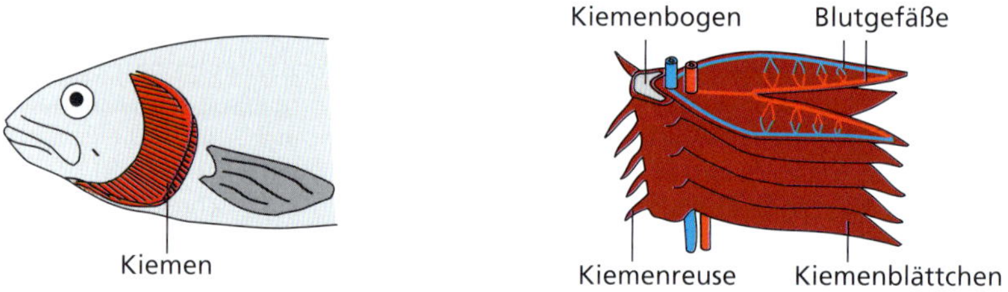

Weg des Wasserstromes im Fischmaul

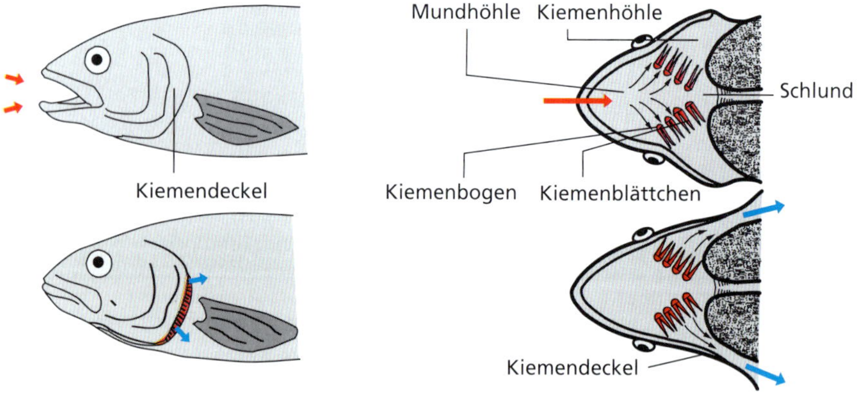

Bedeutung

Fische gehören zu den wichtigsten Nahrungsmitteln des Menschen. Ihr Nährwert beruht auf dem Gehalt an Eiweiß, Fett und Vitaminen.

Wichtige **Meeresfische** sind Kabeljau (Dorsch), Rotbarsch, Hering, Scholle. Wichtige **Süßwasserfische**, die gefangen bzw. gezüchtet werden, sind Hecht, Aal, Karpfen, Forelle.
Fische sind wichtige Glieder im Stoffkreislauf der Natur, z.B. als **Friedfische** (Karpfen, Schleie, Hering, Scholle) oder als **Raubfisch** (Forelle, Hecht, Rotbarsch, Kabeljau) in Nahrungsketten und -netzen im Ökosystem Gewässer.

Friedfische	Raubfische
Hering  Heimat: Meere der Nordhalbkugel Nahrung: Kleinkrebse; Friedfisch Größe: bis 36 cm	**Kabeljau (Dorsch)**  Heimat: Meere der Nordhalbkugel Nahrung: Friedfische, z.B. Heringe; Raubfisch Größe: bis 1,5 m
Karpfen (Zeilenkarpfen)  Heimat: Gewässer Südosteuropas, Mittelasiens, heute alle Erdteile Nahrung: Würmer, Insektenlarven, Fischfutter; Friedfisch Größe: 30 cm bis 70 cm	**Regenbogenforelle**  Heimat: aus Nordamerika eingebürgert Nahrung: kleine Fische, Insekten, Frösche; Raubfisch Größe: 25 cm bis 50 cm
Scholle  Heimat: Atlantik, Nord- und Ostsee Nahrung: kleine Organismen am Boden, Pflanzen; Friedfisch Größe: 60 cm bis 70 cm	**Hecht**  Heimat: Süßgewässer der Nordhalbkugel Nahrung: Fische, Frösche; Raubfisch Größe: 40 cm bis 1,5 m
Plötze (Rotauge)  Heimat: Binnengewässer Mittel- und Nordeuropas Nahrung: Würmer, Insektenlarven, Pflanzen; Friedfisch Größe: 20 cm bis 40 cm	**Rotbarsch**  Heimat: Nordatlantik Nahrung: Fische; Raubfisch Größe: 40 cm bis 80 cm

1.17.2 Lurche

Bau und Lebensweise

Lurche besitzen eine nackte, drüsenreiche und feucht schleimige Haut. Sie leben im Wasser oder an feuchten Stellen auf dem Lande, z.B. feuchte Wiesen, Moore, Brüche (**Feuchtlufttiere**). Sie sind wechselwarm. Den Winter verbringen sie in einer „**Kältestarre**" (S. 449). Erwachsene Lurche atmen durch einfache, sackförmige **Lungen** und die **Haut**. Lurche haben eine **äußere Befruchtung** (S. 437). Ihre Fortpflanzung durch Eier (Laich) ist an Wasser gebunden. Ihre kiemenatmenden Larven machen eine Umwandlung (**Metamorphose**) durch (S. 441). Das Skelett ist verknöchert. Sie haben 4 Gliedmaßen (2 Vorderbeine mit je 4 Zehen, 2 Hinterbeine mit je 5 Zehen). Sie können laufen, springen, kriechen, klettern oder springen.

Aufgrund ihrer Körpergliederung werden **Froschlurche** (Kopf, Rumpf) und **Schwanzlurche** (Kopf, Rumpf, Schwanz) unterschieden. Einheimische Lurche stehen unter **Naturschutz**.

Äußerer und innerer Bau eines Schwanzlurchs (Schema)

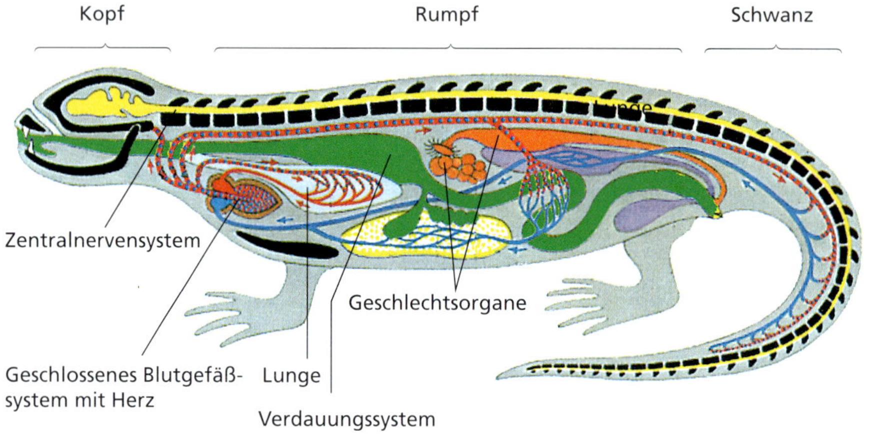

Skelett eines Froschlurchs

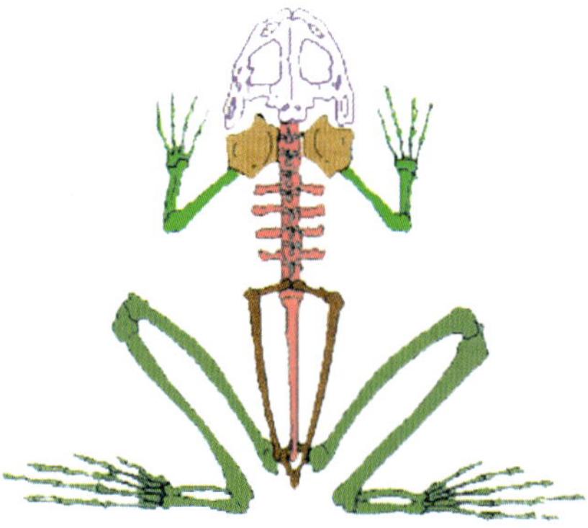

Atmungsorgane

Vertreter der Lurche

Froschlurche

Frösche

Grasfrosch

Teich- oder Wasserfrosch

Kröten

Erdkröte

Unken

Rotbauchunke

Schwanzlurche

Salamander

Gefleckter Feuersalamander

Molche

Kammmolch

Teichmolch

Bergmolch

1.17.3 Kriechtiere

Bau und Lebensweise

Kriechtiere besitzen eine trockene, mit **Hornschuppen** besetzte Haut (**Trockenlufttiere**), die während des Wachstums gewechselt wird (**Häutung** bei Echsen, Schlangen) oder laufend verdickt wird (bei Schildkröten, Krokodilen). Ihr Körper ist in **Kopf**, **Rumpf** und **Schwanz** gegliedert. 4 Gliedmaßen sind gut entwickelt oder rückgebildet. Sie bewegen sich kriechend und schlängelnd oder schwimmend vorwärts. Sie sind wechselwarm.

Kriechtiere haben eine **innere Befruchtung** (S. 437). Sie legen meist pergamentschalige Eier in Bruthöhlen ab und lassen sie von der Sonne ausbrüten oder sie sind lebend gebärend. Die ausschlüpfenden Jungtiere sind fertig entwickelt und wachsen heran.

Kriechtiere atmen durch einfach gekammerte **Lungen**. Sie ernähren sich vorwiegend von Insekten, Würmern, Schnecken, Fröschen, Mäusen. Einheimische Kriechtiere stehen unter **Naturschutz**.

Äußerer und innerer Bau (Schema)

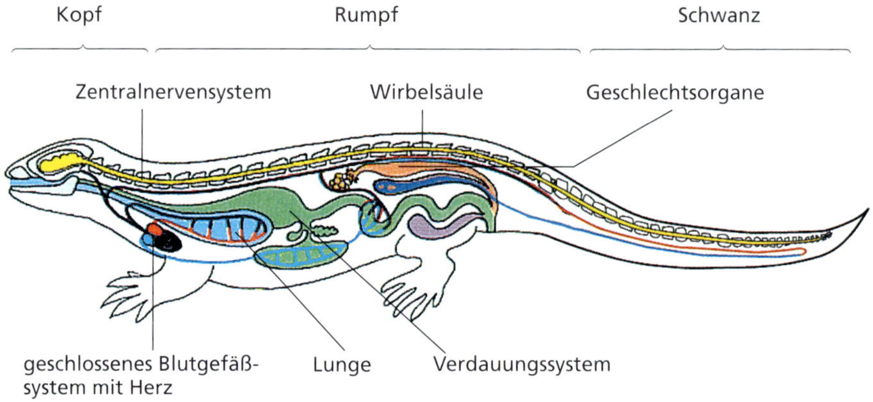

Skelett einer Eidechse

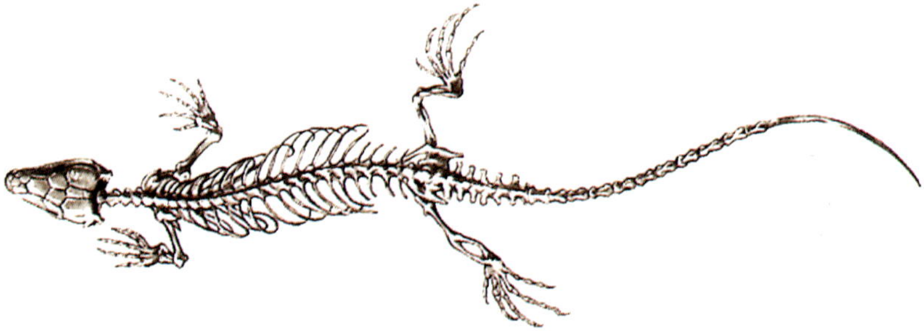

Vertreter der Kriechtiere

Aufgrund des Körperbaus werden die Gruppen **Echsen**, **Schlangen**, **Schildkröten** und **Krokodile** unterschieden. Im Erdmittelalter (vor ca. 225 Millionen Jahren) hatten die **Saurier** ihre größte Artenfülle und Verbreitung.

Echsen	Schlangen
 Zauneidechse	 Kreuzotter
 Blindschleiche	 Ringelnatter
Schildkröten	**Krokodile**
 Griechische Landschildkröte	 Nilkrokodil
 Europäische Sumpfschildkröte	 Mississippi-Alligator

1.17.4 Vögel

Bau und Lebensweise

Vögel sind gleichwarme Tiere. Ihr besonderes Kennzeichen ist das **Federkleid**, das den Vogel vor Abkühlung schützt und ihm das **Fliegen** ermöglicht. Dem Fliegen dienen die zu Flügeln umgestalteten Vordergliedmaßen, der große Brustbeinkamm, die teils hohlen und mit Luft gefüllten Knochen sowie zahlreiche mit den Lungenflügeln verbundene Luftsäcke.

Die hinteren Gliedmaßen sind zum Laufen (z.B. Strauß), Klettern (z.B. Specht), Scharren (z.B. Haushuhn), Greifen (z.B. Habicht) oder Schwimmen (z.B. Ente) geeignet. Sie sind bekrallt. Der hornige, zahnlose Schnabel hat verschiedene Formen (z.B. lang, kurz, gebogen, spitz, kegelförmig, gekreuzt).

Skelett eines Vogels

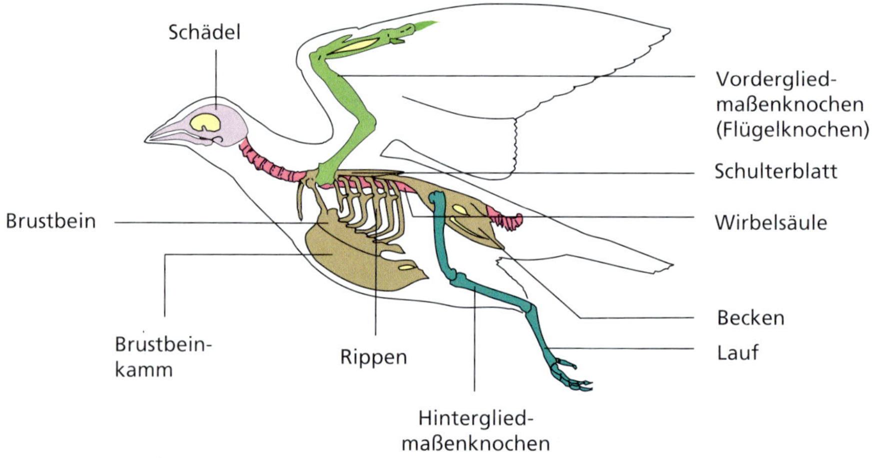

Federarten

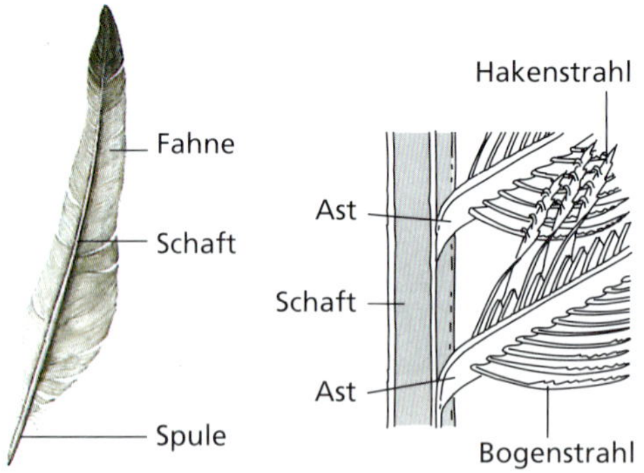

Schwungfeder

Deckfeder

Daune

Innere Organe eines Vogels

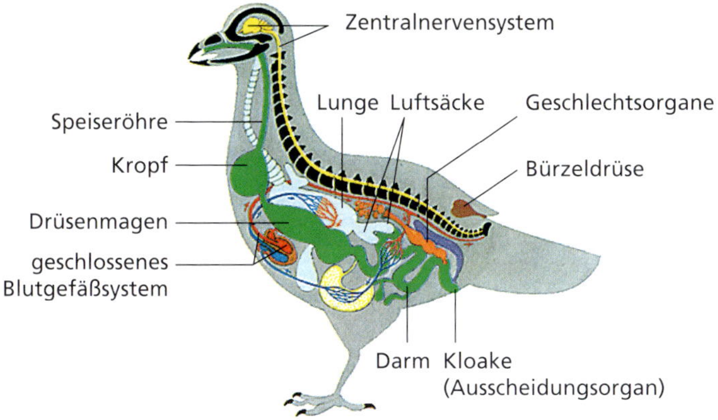

Zwischen der **Schnabelform** der Vögel, ihrer **Nahrung** und **Ernährungsweise** bestehen enge Beziehungen.

Vögel	Schnabelformen	Nahrung und Ernährungsweise
Specht 	lang und spitz, kräftig	Hacken von Löchern in den Baum, Herausholen der Insektennahrung
Buchfink 	kurz und spitz, kräftig	Zerbeißen harter Fruchtschalen, Ernährung von Samen
Kernbeißer 	kurz, kräftig, meißelförmig	Zerbeißen von Kirsch- und Pflaumenkernen
Weißstorch 	lang und spitz	Ergreifen der Beute, z.B. Frösche
Habicht 	Oberschnabel hakig gebogen	Herausreißen von Fleischstücken aus Beutetieren, z.B. Mäusen
Ente 	breit, vorne rund, mit kräftigen Hornleisten	„Ergründeln" der Nahrung aus Schlamm und Wasser, bleibt an Hornleisten hängen (Seihschnabel), z.B. Pflanzenteile, Insektenlarven

Die **Fortbewegung** der Vögel ist aufgrund ihres Körperbaus unterschiedlich.

Stockente 	**Haubentaucher** 	*Fortbewegung:* Schwimmen *Bau:* Schwimmhäute bzw. Schwimmlappen zwischen den Zehen
Rauchschwalbe 	**Star** 	*Fortbewegung:* Fliegen *Bau:* Flügel und Brustbein mit kräftiger Flugmuskulatur; schlanker stromlinienförmiger Körper
Strauß ♂ (Höhe bis 3 m) 	**Großtrappe** ♂ (Höhe bis 1 m) 	*Fortbewegung:* Laufen *Bau:* Lange, kräftige Beine; großer schwerer Körper

Vögel haben eine **innere Befruchtung** (S. 437). Sie legen kalkschalige Eier, die von Alttieren bebrütet werden. Die Jungen sind entweder voll entwickelte und selbstständige **Nestflüchter** oder nackte und hilflose **Nesthocker**, die **Brutpflege** vonseiten der Eltern benötigen.

Bau eines Vogeleies

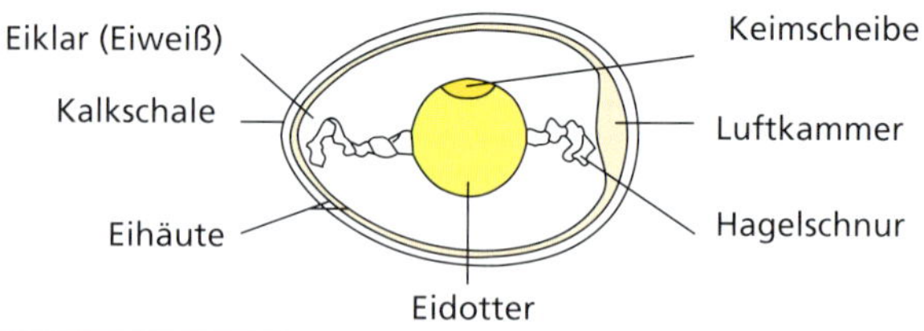

Nesthocker: z.B. Star, Amsel, Taube Augen geschlossen, keine Fortbewegung, kein Federkleid, Fütterung durch Eltern	**Nestflüchter:** z.B. Huhn, Ente Augen offen, Daunenfederkleid, Laufen möglich, suchen selbst Nahrung

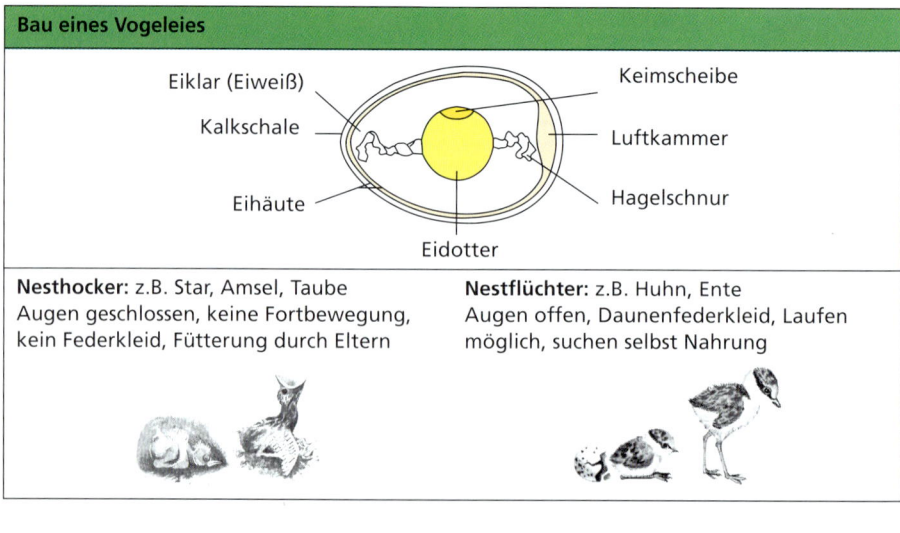

Man kann Vögel nach ihrem Aufenthalt im Brutgebiet in **Standvögel**, **Strichvögel** und **Zugvögel** einteilen.

Standvögel	Strichvögel	Zugvögel
bleiben ständig im Brutgebiet, auch im Winter	streichen außerhalb der Brutzeit (im Winter) im weiteren Umfeld des Brutgebietes umher	wandern aus der Brutheimat in ein Winterquartier und zurück

z.B. Haussperling Habicht Rebhuhn Elster Buntspecht	z.B. Kohlmeise Blaumeise Goldammer Gimpel Kernbeißer	z.B. Weißstorch Kuckuck Star Rauchschwalbe Kranich

Vogelschutz

Manche Vogelarten sind im Laufe der letzten Jahrhunderte ausgerottet oder selten geworden. Für den Schutz der Vögel gibt es deshalb gesetzliche Grundlagen, die eingehalten werden müssen, z.B. Rote Liste, Jagdgesetz, Naturschutzgesetz.

Der Mensch kann durch bestimmte **Maßnahmen** den Bestandsrückgang und Artenschwund der Vögel aufhalten, z.B. durch

- Schutz von Lebensräumen durch Schaffung von Nationalparks, Naturschutzgebieten u.a.m.,
- Schaffung von Ersatzlebensräumen, durch naturnahe Gärten, naturschonende Bewirtschaftung von land- und forstwirtschaftlichen Flächen, Anpflanzungen von Hecken und Feldgehölzen, insbesondere „Vogelschutzgehölze“ aus heimischen Wildgehölzen, Anlegen von Feuchtbiotopen,
- Einsatz von chemischen Mitteln zur Bekämpfung von Insekten und „Unkräutern“ nur im Rahmen des integrierten Pflanzenschutzes,
- Anbringen von Nisthilfen,
- sinnvolle Winterfütterung.

Bedeutung der Vögel

Vögel besitzen als **Glieder von Nahrungsketten** (S. 458) im Naturhaushalt große Bedeutung, tragen aber auch durch ihr oft farbenprächtiges Federkleid und durch ihren Gesang zur Freude und Erholung der Menschen bei.

Vögel als Glieder einer Nahrungskette

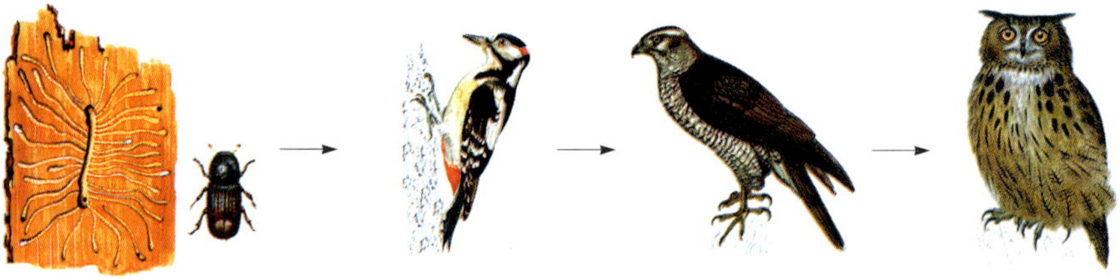

Borkenkäfer und Fraßbild am Baumstamm → Specht → Habicht → Uhu

Für den Menschen sind Vögel nützlich und schädlich. **Nützlich** sind Vögel, weil sie

- Fleisch und Eier als Nahrung liefern,
- Federn zur Anfertigung von Daunendecken, Kissen und Betten liefern,
- in ihrem Lebensraum (z.B. Garten, Wald, Wiese, Feld, Moor) schädliche Insekten vertilgen (biologische Schädlingsbekämpfung),
- eine natürliche Auslese durch Vertilgen kranker und überalterter Tiere vornehmen (z.B. die Greifvögel).

Schädlich sind Vögel, weil sie
- die Entwicklung und das Wachstum von Bäumen und Sträuchern durch Abfressen von Knospen, jungen Trieben und Früchten beeinträchtigen,
- die von Menschen auf Feldern und in Gärten ausgesäten Sämereien vertilgen.

Ausgewählte Gruppen von Vögeln

Die etwa 8 600 Vogelarten sind über die ganze Erde verbreitet. Den unterschiedlichen Lebensbedingungen entsprechend haben sich sehr verschiedenartige Vogelformen mit vielfältigen Anpassungseinrichtungen herausgebildet. Die verschiedenen Vogelarten werden nach Bau und Lebensweise zu Gruppen zusammengefasst.

Hühnervögel (ca. 262 Arten)

Jagdfasan **Wachtel** **Rebhuhn** **Birkhuhn**

Hühnervögel sind vierzehige Vögel, die nach pflanzlicher oder tierischer Nahrung scharren. Sie sind schlechte Flieger, meistens Bodenbrüter und Nestflüchter.

Eulen (ca. 144 Arten)

Uhu

Waldohreule

Steinkauz

Schleiereule

Eulen sind Nachtraubvögel mit nach vorn gerichteten großen Augen, leistungsfähigen Ohren und kräftigem Hakenschnabel. Die Beutetiere werden verschlungen, unverdauliche Reste werden als Gewölle ausgespien. Sie sind lautlose Flieger.

Greifvögel (ca. 262 Arten)

Seeadler

Mäusebussard

Habicht

Turmfalke

Greifvögel sind Tagraubvögel mit kräftigem Hakenschnabel und spitzkralligen Greiffüßen. Die Beutetiere werden gerissen, unverdaute Nahrungsreste werden als Gewölle ausgespien. Sie sind gute Flieger. Ihre Nester (Horste) werden hoch oben gebaut, ihre Jungen sind Nesthocker.

Entenvögel (ca. 148 Arten)

Stockente

Gänsesäger

Kanada-Gans

Höckerschwan

Entenvögel sind Schwimmvögel mit breitem Schnabel mit Hornlamellen und Schwimmhäuten zwischen den Vorderzehen. Sie sind gute Flieger. Ihre Nahrung sind Wasserpflanzen, Getreide, Würmer, Gräser, Insekten, Fische, Weichtiere. Die Jungen sind Nestflüchter.

Sperlingsvögel (Untergruppe Singvögel, ca. 4 000 Arten)

Star

Buchfink

Blaumeise

Rauchschwalbe

Singvögel zeigen ein sehr verschiedenes Aussehen und sind von unterschiedlichster Größe. Infolge des besonderen Baues des unteren Kehlkopfes besitzen sie einen Stimmapparat und können singen. Sie sind vor allem Baumbewohner, wenige leben am Boden. Unter ihnen gibt es Insekten-, Körner- und Allesfresser. Die Jungen sind Nesthocker.

1.17.5 Säugetiere und Mensch

Bau und Lebensweise

Säugetiere sind durch Lungen atmende **gleichwarme Wirbeltiere**, deren Haut mit **Haaren** bedeckt ist. Sie bringen lebende Junge zur Welt, die durch **Säugen** eines Milchdrüsensekretes ernährt werden.

Zahlreiche **Organsysteme** erfüllen bestimmte Aufgaben.

Das Verdauungssystem versorgt durch Umwandlung der Nahrung in aufnehmbare Nährstoffbestandteile den Körper mit organischen Stoffen. Das Atmungssystem regelt durch Austausch der Atemgase die Versorgung der Zellen mit Sauerstoff. Das Ausscheidungssystem entfernt Stoffwechselendprodukte und unverdauliche Reste aus dem Körper. Blut und Blutkreislauf transportieren Stoffe im Körper. Die Sinnesorgane nehmen Reize aus der Umwelt auf. Das Nervensystem leitet Erregungen zu allen Teilen des Körpers, verarbeitet sie im Gehirn, bewirkt die Reaktionen auf die Reize und steuert alle Lebensprozesse.

Innere Organe eines Hundes

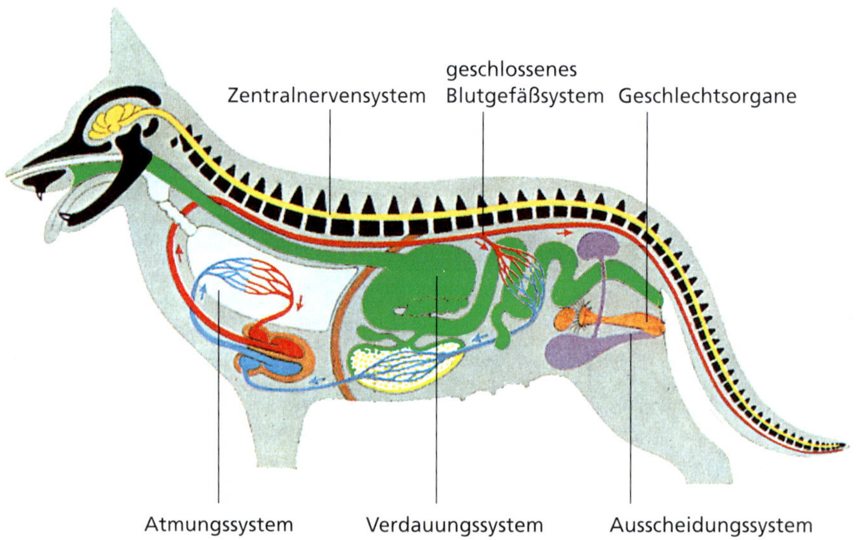

Stütz- und Bewegungssystem

Knochen, Gelenke und **Muskeln** geben dem Körper Halt und Beweglichkeit. Das **Skelett** besteht aus vielen Einzelteilen. Es lassen sich drei Abschnitte unterscheiden: Kopfskelett (Schädel), Rumpfskelett und Gliedmaßenskelett.
Die Skelettmuskeln geben dem Körper die Form.

Skelett des Menschen

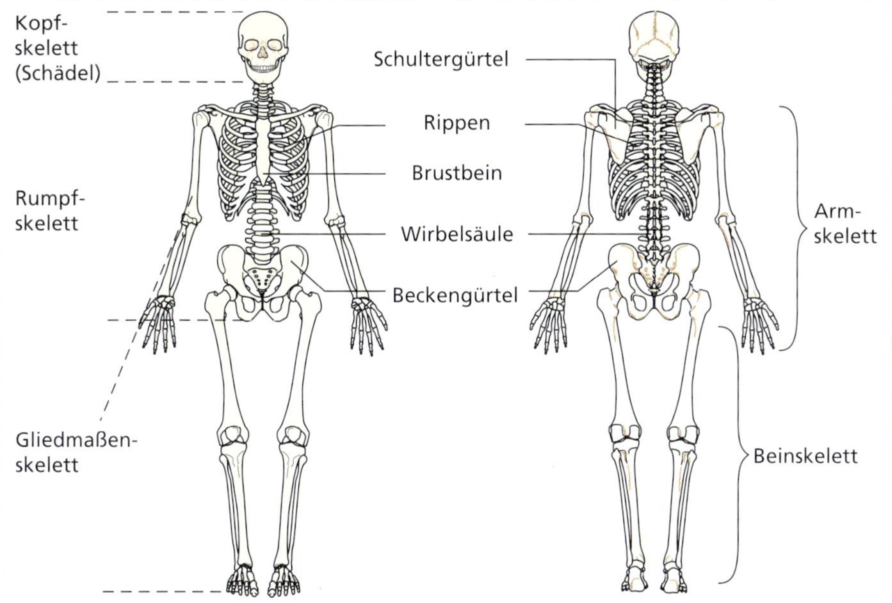

Muskeln des Menschen

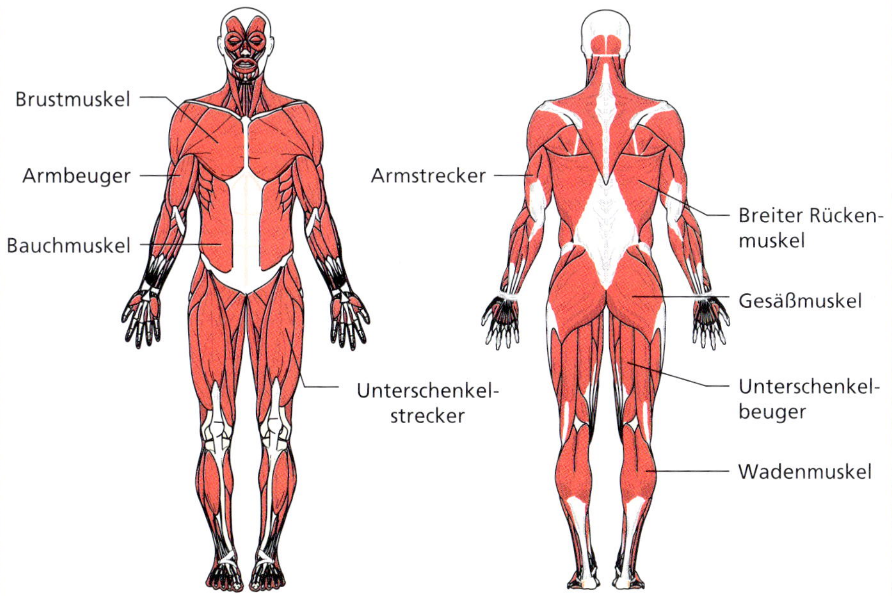

Skelett eines Hundes

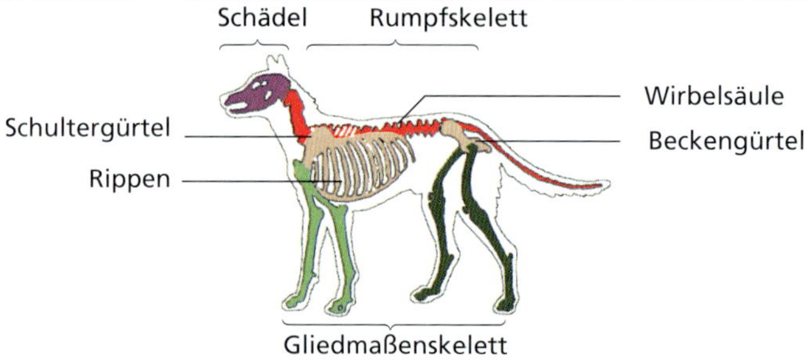

Bau eines Röhrenknochens

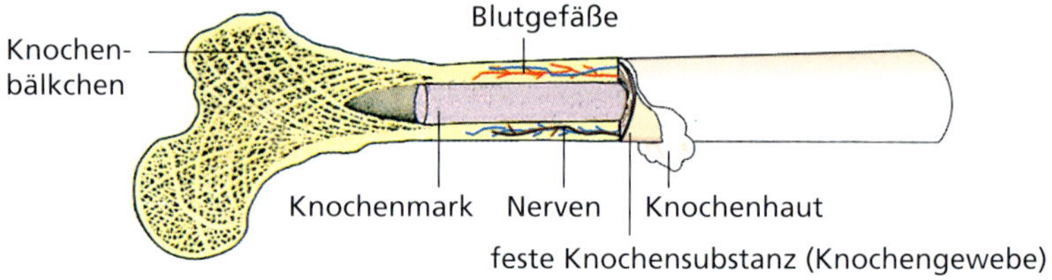

Anorganische Bestandteile (Kalk) bewirken Härte, Druckfestigkeit. **Organische Bestandteile** (Kollagen) bewirken Biegsamkeit und Zugfestigkeit.

Gelenke sitzen an den Stellen des Skeletts, an denen Knochen gegeneinander bewegt werden. Gelenke sind bewegliche Knochenverbindungen.

Aufbau eines Gelenkes

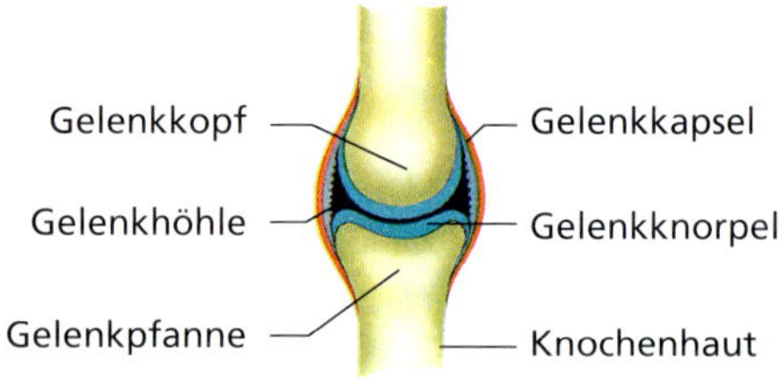

Gelenkformen

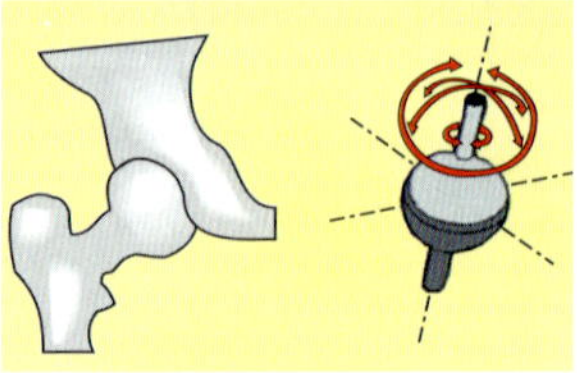

Kugelgelenk
Schultergelenk
Hüftgelenk

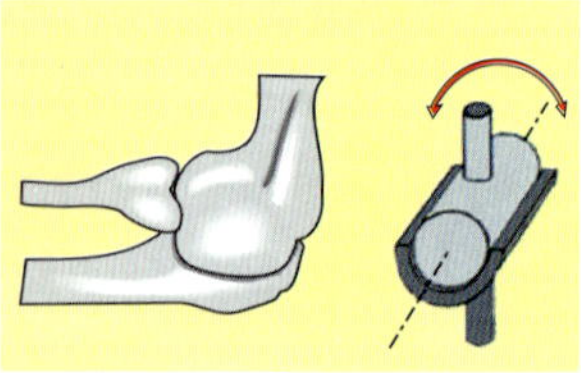

Scharniergelenk
Ellenbogengelenk
Fingergelenke

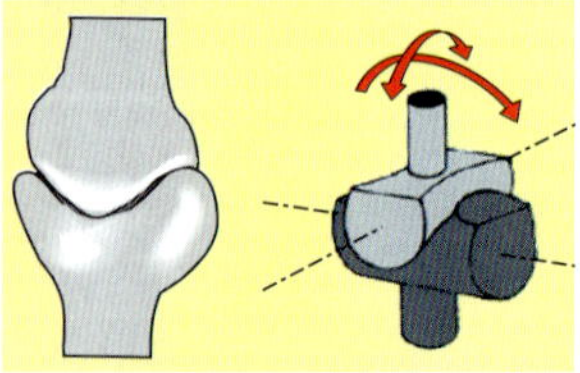

Sattelgelenk
Daumengelenk

Die Aufgabe der Muskulatur ist die Bewegung der Knochen (**Skelettmuskulatur**), aber auch die Bewegung der inneren Organe (**Eingeweidemuskulatur**). Nach Feinbau und Aufgaben werden glatte und quer gestreifte Muskulatur unterschieden.

Glatte Muskulatur	Quer gestreifte Muskulatur
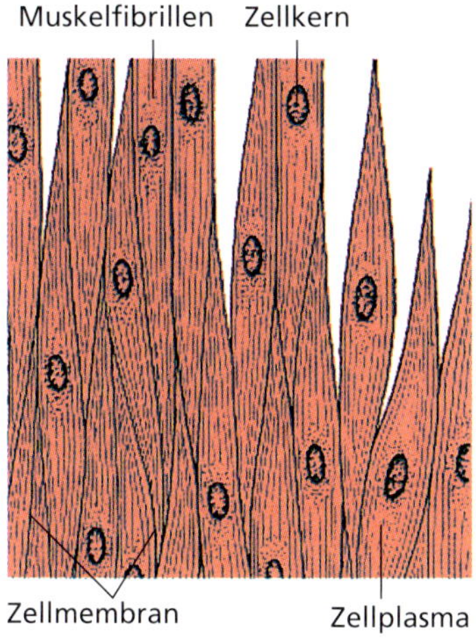	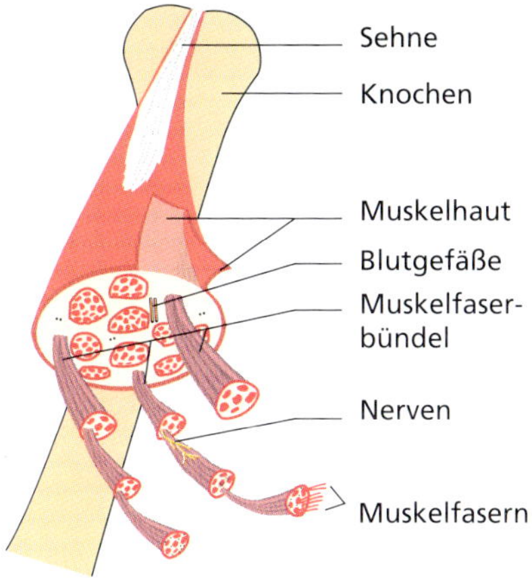
Tätigkeit langsam, ausdauernd, ohne unseren Willen Vorkommen: Eingeweidemuskulatur	**Tätigkeit** schnell, leicht ermüdend, vorwiegend mit unserem Willen Vorkommen: Skelettmuskulatur

In Angepasstheit an bestimmte **Fortbewegungsarten** in verschiedenen Lebensräumen sind die ursprünglich mit 5 Zehen versehenen Gliedmaßen bei vielen Säugetieren umgebildet. Es werden **Sohlen**-, **Zehen**- und **Spitzengänger** unterschieden. Speziell angepasste Formen leben im Boden (z.B. Maulwurf), im Wasser (z.B. Delphin), auf Bäumen (z.B. Eichhörnchen) und haben sogar den Luftraum erobert (z.B. Fledermaus).

Sohlengänger	Zehengänger	Spitzengänger	
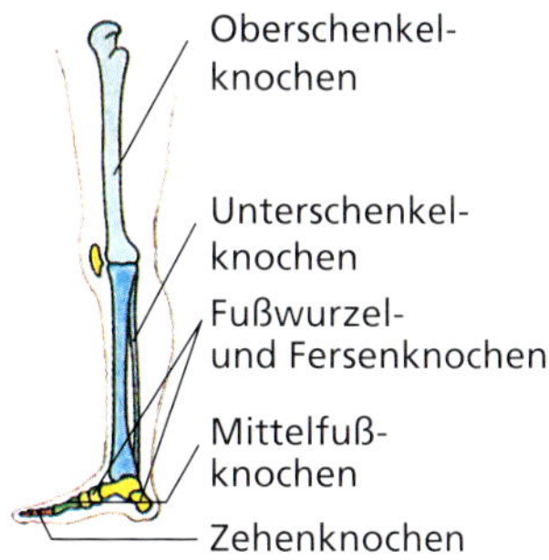	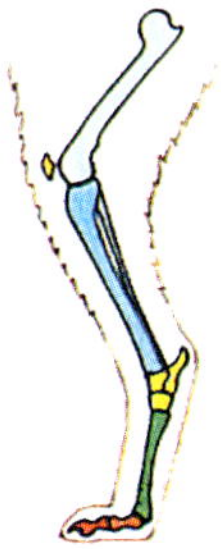	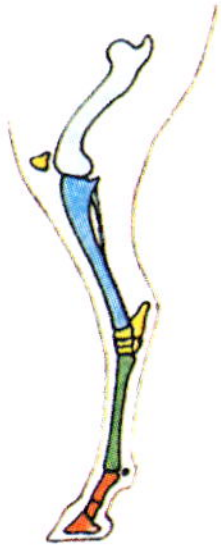	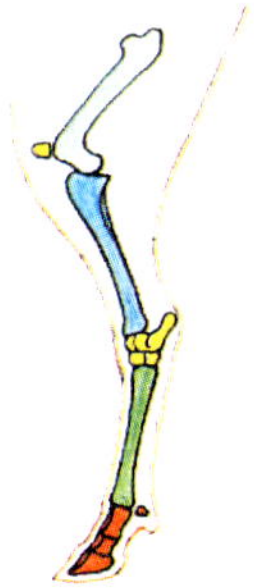
z.B. Mensch Dachs Bär	z.B. Hund Katze Fuchs	z.B. Pferd Esel Zebra **Unpaarhufer**	z.B. Reh Rind Schwein **Paarhufer**

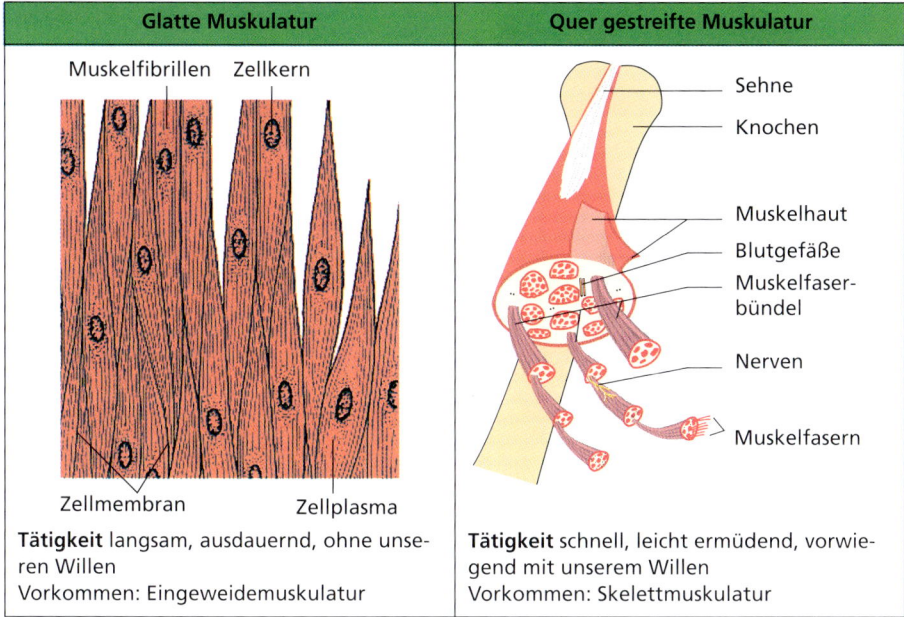

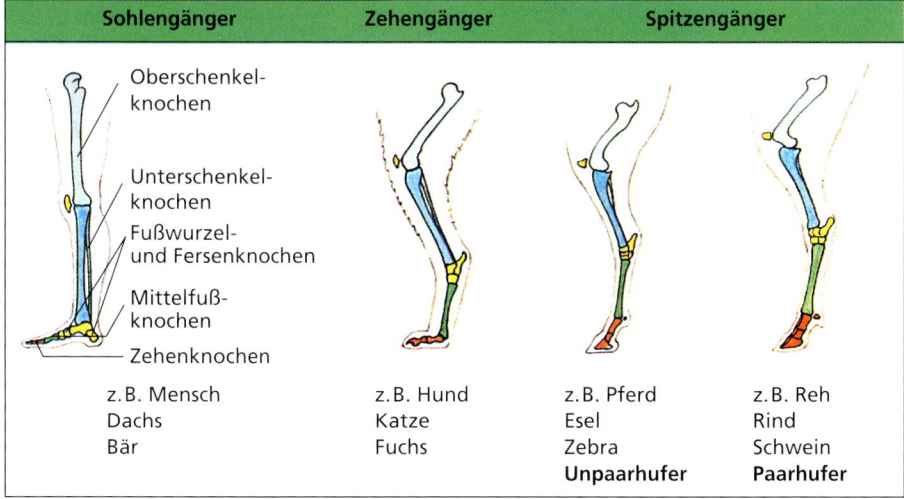

Maulwurf 	Umbildung der Vordergliedmaßen zu Schaufeln zum **Graben im Boden** – Unterarm kurz, Hände schaufelförmig mit langen Krallen 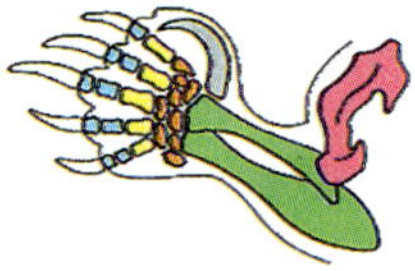
Fledermaus 	Umbildung der Vordergliedmaßen zu Hautflügeln **zum Fliegen** – Mittelhand- und Fingerknochen verlängert Flughaut zwischen den Fingern bis zu den Schwanzknochen, frei sind Füße und Daumen 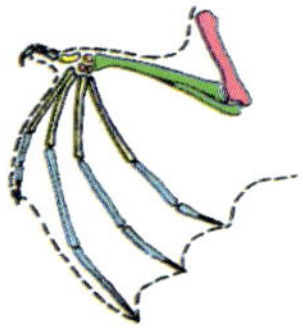
Delphin 	Umbildung der Vordergliedmaßen zu Flossen zum **Schwimmen im Wasser**, die Hintergliedmaßen sind zu einigen im Körper liegenden Knochenresten rückgebildet. 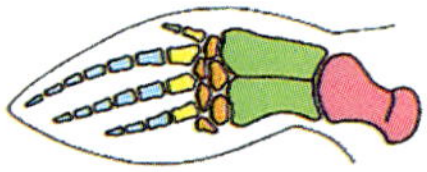
Eichhörnchen 	Kräftige Hinterbeine **zum Springen**, scharf gebogene Krallen an Vorder- und Hinterbeinen zum Erfassen der Zweige, zum Laufen und Klettern, langer, buschig behaarter Schwanz als Steuerruder und Luftbremse

Haut der Säugetiere und des Menschen

Die Haut bedeckt als mehrschichtiges Gewebe den äußeren Körper, kleidet aber auch als drüsenreiche Schleimhaut alle Körperhohlräume, wie z.B. Mund- und Nasenhöhle, Magen, Darm, Lunge, aus. In der Haut befinden sich Haare, die ein **Fell** bilden. Bei manchen Säugetieren gibt es einen Haarwechsel zwischen Sommer- und Winterfell.

Bau der Haut

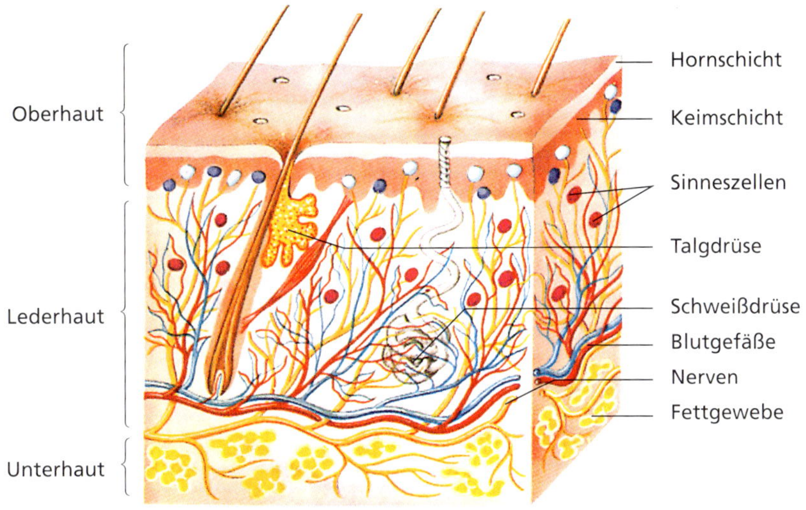

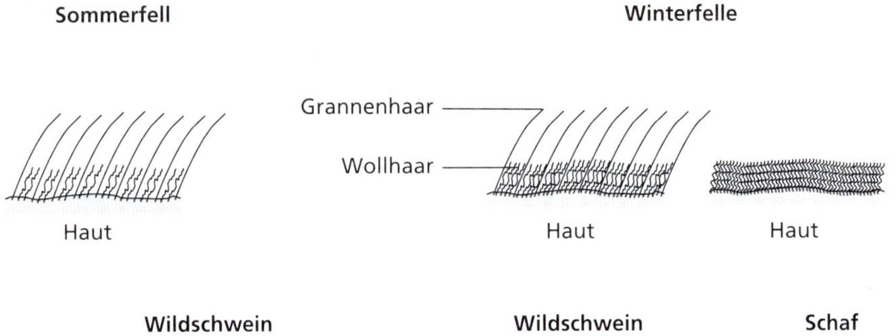

Die Haut hat wichtige **Funktionen** zu erfüllen, z.B.

- Schutz des Körpers und der inneren Organe vor mechanischen Verletzungen,
- Verhinderung des Eindringens von Bakterien,
- Abwehr schädlicher chemischer und physikalischer Umwelteinflüsse,
- Regulierung der Stoffausscheidung, des Salz- und Wasserhaushaltes,
- Aufnahme von Reizen aus der Umwelt und dem Innern des Körpers,
- Regulierung der Körpertemperatur.

Verdauungsorgane

In den **Verdauungsorganen** wird die aufgenommene Nahrung zerkleinert, transportiert und schrittweise verdaut.

Verdauung ist die Umwandlung der körperfremden organischen Stoffe (Kohlenhydrate, Fette, Eiweiße) mit Hilfe von Enzymen in Nährstoffbausteine (Glucose, Aminosäuren, Glycerol, Fettsäuren), die im Dünndarm vom Blut bzw. der Lymphe aufgenommen und zu den Zellen transportiert werden.

Verdauungsorgane des Menschen

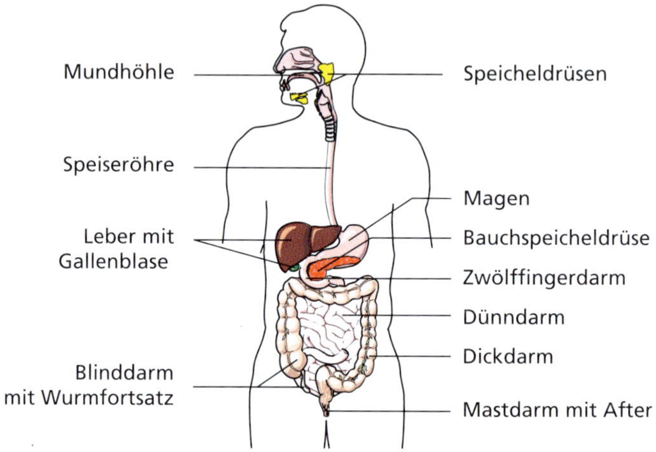

Abschnitte	Vorgänge	abgesonderte Säfte
Mundhöhle mit Speicheldrüsen	Zerkleinern der Nahrung durch Zähne und Zunge, Gleitfähigmachen der Nahrung (Einspeicheln), Beginn der Kohlenhydratverdauung (Stärke)	Mundspeichel mit kohlenhydratspaltendem Enzym
Speiseröhre	Transport des Nahrungsbreies	Schleim
Magen	Durchmischung des Nahrungsbreies, Beginn der Eiweißverdauung, Transport des Nahrungsbreies	Schleim, Salzsäure, Magensaft mit eiweißspaltendem Enzym
Dünndarm mit Anhangsorganen	Verdauung der höher molekularen Kohlenhydrate in Glucose, der Eiweiße in Aminosäuren, der Fette in Glycerol und Fettsäuren; Transport des Nahrungsbreies, Aufnahme der Nährstoffbausteine durch Darmzotten in Blut bzw. Lymphe	Gallensaft, Darmsaft mit kohlenhydrat-, eiweiß- und fettspaltenden Enzymen, Schleim
Dickdarm	Teilweise Zersetzung der unverdauten Ballaststoffe durch Bakterien, Eindicken des Nahrungsbreies durch Entzug von Wasser, Bildung und Transport des Kotes	Schleim
Mastdarm mit **After**	Sammeln des Kotes, Kotabgabe	Schleim

Bestandteile der Nahrung	Bedeutung
Eiweiße	Aufbau verschiedener Zellbestandteile, Voraussetzung für Wachstum, Bildung von Organen, Hormonen, Enzymen, Lieferung von Energie
Fette	Vor allem Lieferung von Energie, aber auch am Aufbau von Zellen beteiligt, z.B. Fettzellen im Unterhautgewebe
Kohlenhydrate	Vor allem Lieferung von Energie, aber auch am Aufbau von Zellen beteiligt, Aufbau von Abwehrstoffen und Blutgruppensubstanzen
Vitamine	Regler für den Ablauf lebenswichtiger Prozesse im Körper, z.B. Atmung, Blutbildung, Abwehr von Krankheitserregern, Fehlen in der Nahrung (Mangel) führt zu Vitaminmangelerkrankungen
Mineralstoffe	Aufbau von Skelett und Zähnen (Calcium, Phosphor), Bestandteil von Hormonen, Enzymen (Eisen), Bestandteil vom Blutfarbstoff (Magnesium, Eisen), Regler für Ablauf wichtiger Prozesse wie Tätigkeit der Nerven (Natrium, Calcium)
Wasser	Lösungs-, Transport-, Quellungsmittel, Verteiler im Wärmehaushalt
Ballaststoffe	Ausreichende Füllung des Darmes, Förderung der Darmbewegung, Nahrung für Mikroorganismen (Darmbakterien)

Bau des Zahnes

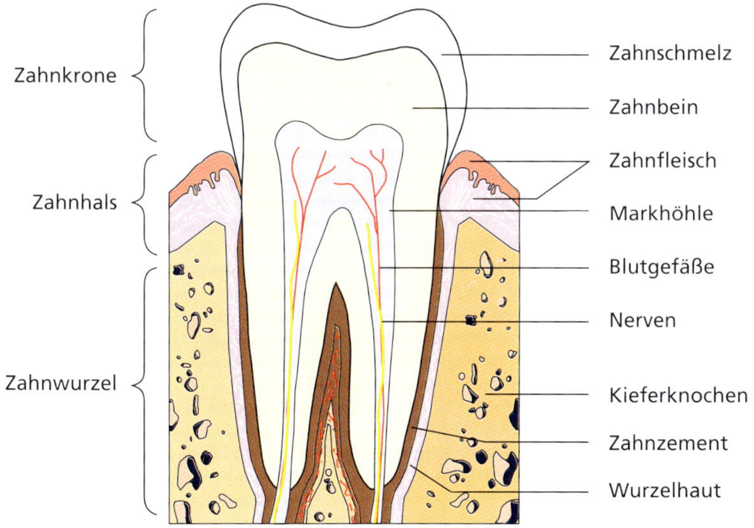

Gebiss des Menschen

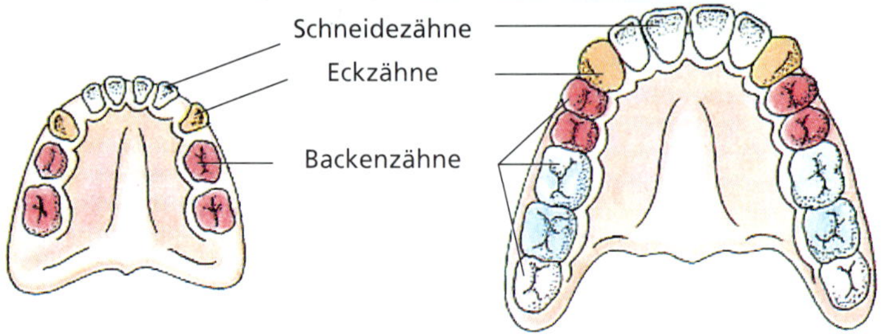

Milchgebiss **Dauergebiss**

In Anpassung an eine unterschiedliche Ernährungsweise – insbesondere in Bezug auf die Art der Nahrung und Nahrungsaufnahme – haben sich unterschiedliche **Gebisstypen** herausgebildet.

Pflanzenfressergebiss *Nagegebiss:* im Ober- und Unterkiefer 2 ständig nachwachsende lange, gebogene, meißelförmige Schneidezähne zum Nagen; Eckzähne fehlen, breite Backenzähne zum Zermahlen der Nahrung *Wiederkäuergebiss:* Oberkiefer mit Knorpelplatte	**Kaninchen** 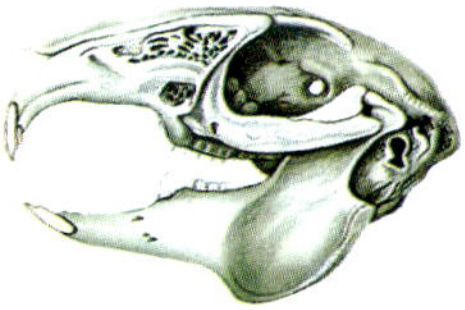 Hasentiere	**Rind** 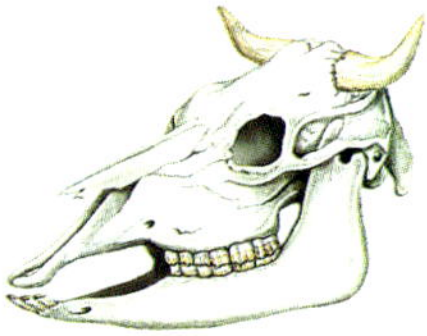 Paarhufer (Wiederkäuer)
Fleischfressergebiss *Raubtiergebiss:* Meißelförmige Schneidezähne; große, spitze, etwas gebogene Eckzähne zum Ergreifen, Festhalten und Töten der Beute; breite Backenzähne zum Zerbeißen und Zerquetschen der Nahrung; großer Reißzahn (Backenzahn) zum Zerreißen der Nahrung	**Hund** 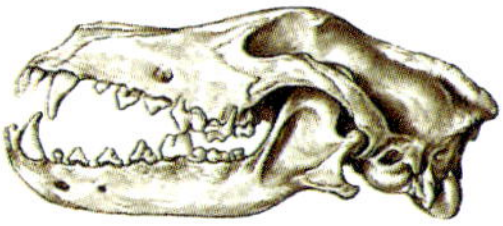 Raubtiere	**Katze** 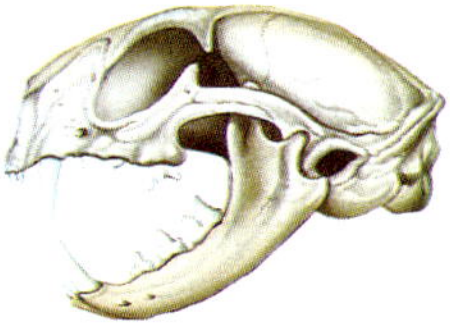 Raubtiere
Allesfressergebiss Kleine Schneidezähne zum Ergreifen und Festhalten der Nahrung, größere Eckzähne, breite Backenzähne zum Kauen und Zerquetschen der Nahrung	**Hausschwein** 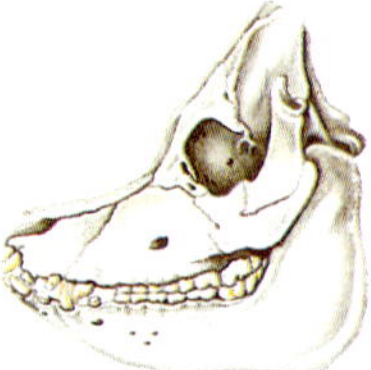 Paarhufer (Nichtwiederkäuer)	**Mensch** 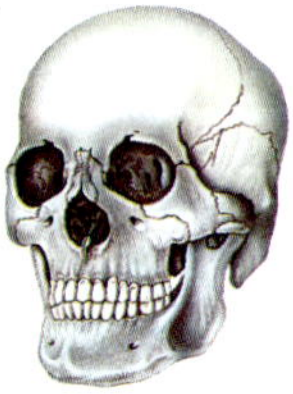 Primaten

Atmungsorgane

Säugetiere und der Mensch atmen durch eine dünnwandige, stark durchblutete **Lunge**, deren Oberfläche durch sehr viele **Lungenbläschen** vergrößert wird.

Atmung ist die Aufnahme von Sauerstoff aus der Luft in die Lunge, sein Transport mit dem Blut zu den Zellen, der Austausch von Sauerstoff und Kohlenstoffdioxid in den Zellen (**innere Atmung**), der Abtransport von Kohlenstoffdioxid durch das Blut zur Lunge, seine Ausscheidung aus der Lunge (**äußere Atmung**).

Atmungsorgane des Menschen

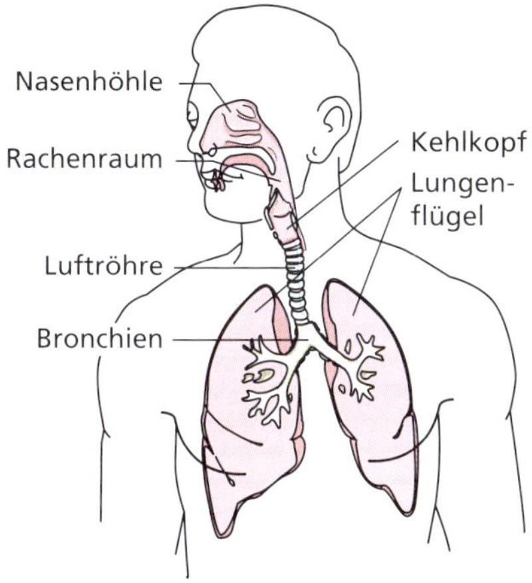

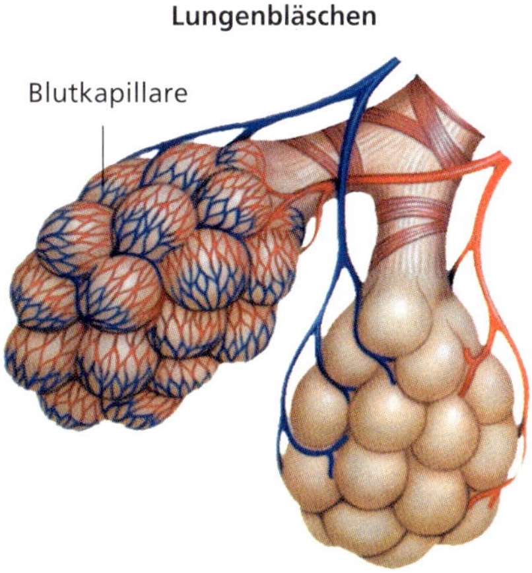

Atembewegungen

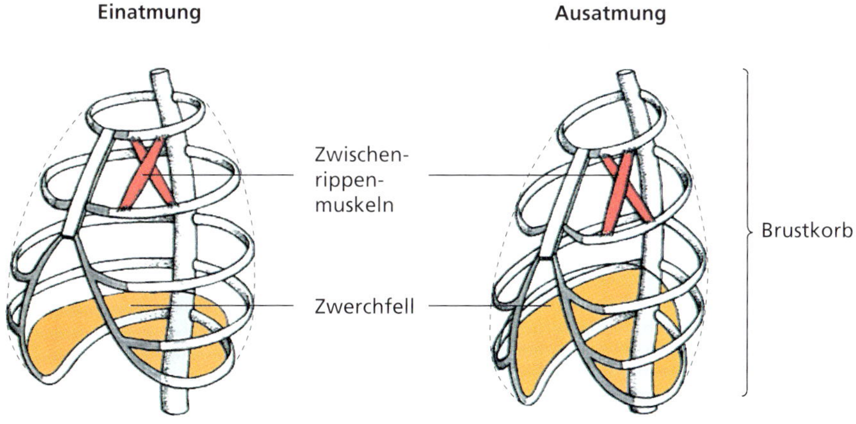

Heben des Brustkorbes, Senken des Zwerchfells hat Vergrößerung des Brustraumes zur Folge; Luft strömt in die Lunge, da Unterdruck im Brustraum	Senken des Brustkorbes, Heben des Zwerchfells hat Verkleinerung des Brustraumes zur Folge; Luft strömt aus, da Überdruck im Brustraum

Blut-, Blutkreislauf und Lymphe

Die Säugetiere und der Mensch besitzen ein **geschlossenes Blutgefäßsystem** mit Herz, Arterien, Venen und Kapillaren (Haargefäße). In diesem Röhrensystem kreist das Blut durch den Körper und erreicht alle Organe (**Blutkreislauf**).

Das **Blut** transportiert u.a. Sauerstoff, Stoffwechselendprodukte (Kohlenstoffdioxid, Wasser, Harnstoff), Wirkstoffe, Nährstoffbausteine, Mineralstoffe.

Herz (Längsschnitt)

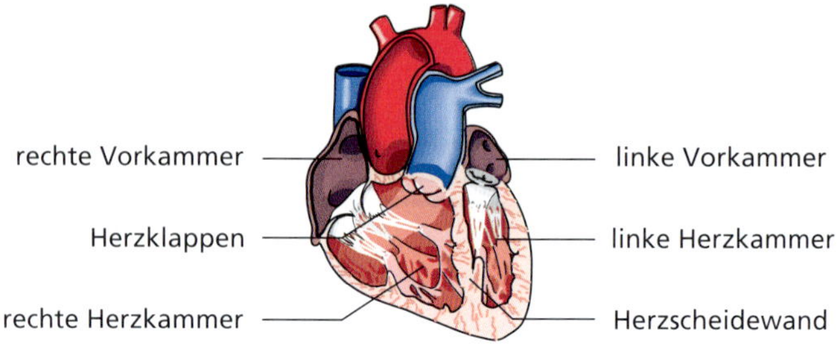

durch rhythmisches Zusammenziehen Transport des Blutes durch den Körper

Arterie

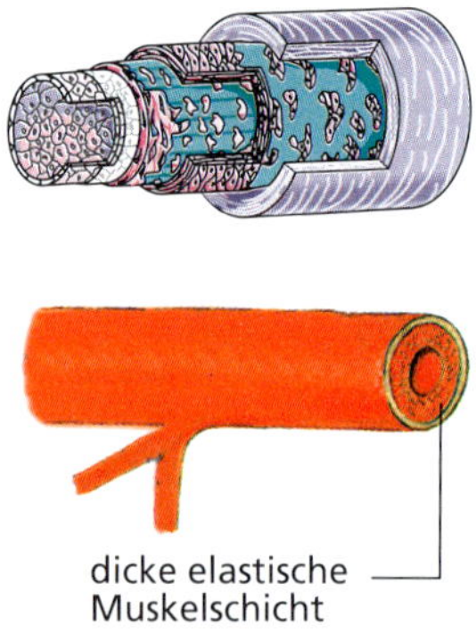

Arterien führen Blut vom Herzen in alle Körperteile bzw. zur Lunge

Vene

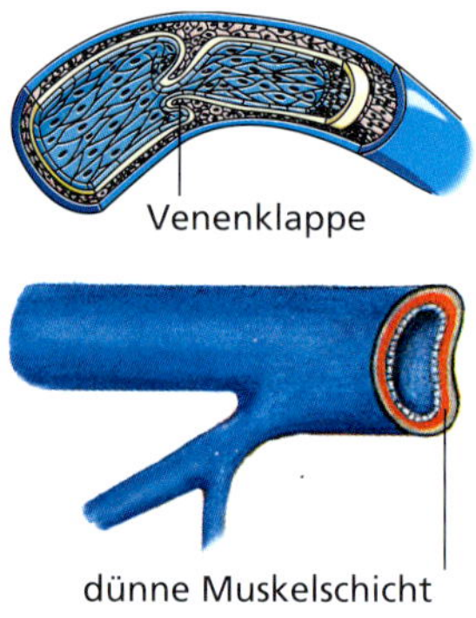

Venen führen Blut aus dem Körper bzw. von der Lunge zum Herzen

Kapillaren

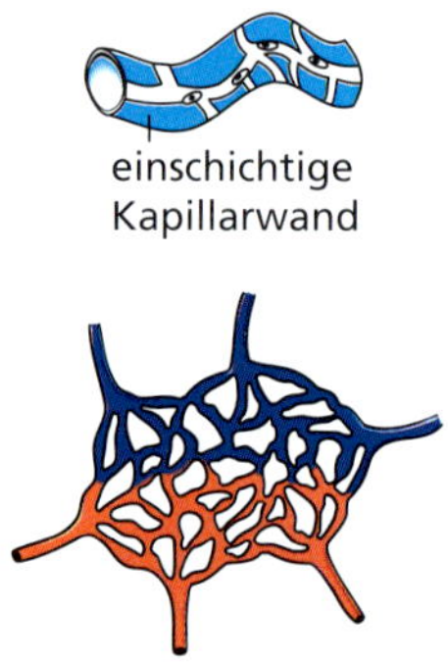

Kapillaren ermöglichen Stoffaustausch zwischen Blut und Zellen bzw. in der Lunge zwischen Blut und Luft

Bestandteile des Blutes

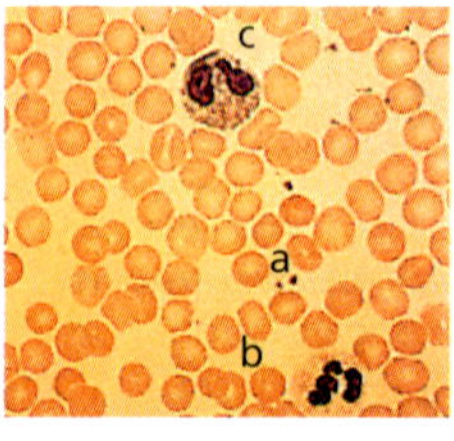

Blutplasma (ca. 55 %)
Blutplättchen (a): kernlos, unterschiedlich geformt; Blutgerinnung

Rote Blutzellen (b): kernlos, bikonkav; Rotfärbung durch Hämoglobin; Sauerstoffbindung; ca. 44 %

Weiße Blutzellen (c): farblos, kernhaltig, wechselnde Form; Vernichtung von Krankheitserregern, Bildung von Abwehrstoffen; gemeinsam mit Blutplättchen ca. 1 %

Blutkreislauf	Lymphkreislauf

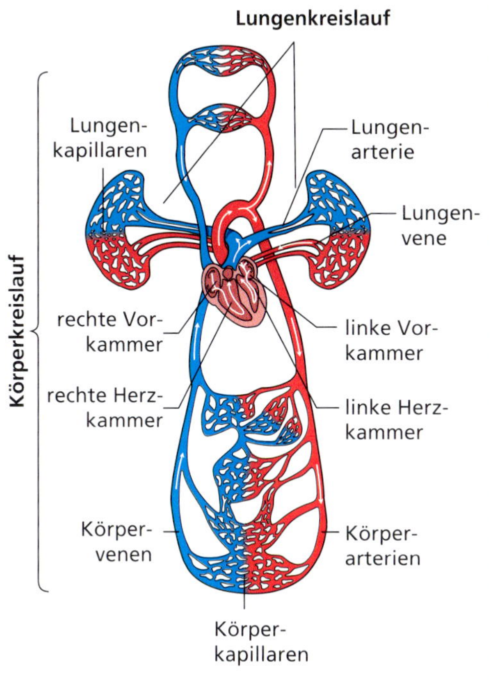

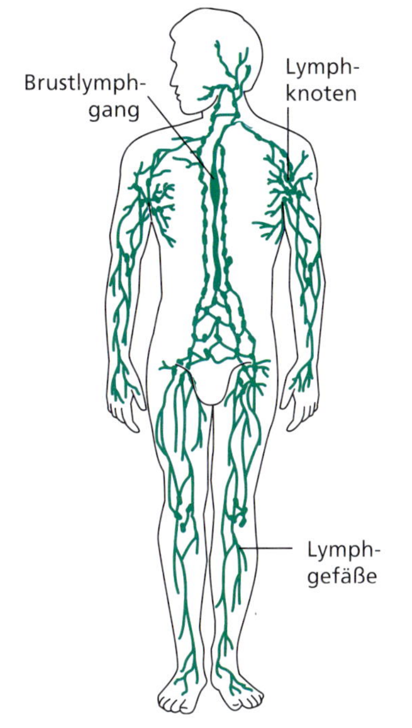

Nach dem Vorhandensein oder Fehlen von Substanzen an roten Blutkörperchen werden **Blutgruppen** (A, B, AB, O) bestimmt. Im Blutplasma befinden sich entsprechende **Antikörper**.

Blutgruppen	**A**	**B**	**AB**	**0**
Blutgruppensubstanzen an roten Blutzellen	A	B	A und B	– (keine)
Antikörper im Blutplasma	Anti-B (β)	Anti-A (α)	(keine)	Anti-A (α) und Anti-B (β)

Heute sind eine ganze Reihe von Blutgruppensubstanzen, Antikörpern und Faktoren (z.B. Rhesusfaktor) bekannt, die bei einer **Blutübertragung (Transfusion)** beachtet werden müssen um eine Verklumpung zu vermeiden.

Immunität ist die Widerstandsfähigkeit des Körpers gegenüber Krankheitserregern aufgrund des Vorhandenseins von Abwehrstoffen.

Immunisierung ist die Auslösung einer Immunreaktion (Bildung von Abwehrstoffen) zum Schutze des Körpers aufgrund des Eindringens von Krankheitserregern. Der Vorgang der Immunisierung kann künstlich ausgelöst werden.

Künstlich ausgelöste Immunisierung

aktive Immunisierung (Schutzimpfung)	**passive Immunisierung**
Impfung abgeschwächter Erreger oder deren Gifte zur eigenen Bildung von Abwehrkräften	Impfung von Serum mit fertigen Abwehrstoffen (meist von Tieren gewonnen)
Pocken, Kinderlähmung, Thyphus, Cholera, Tollwut, Ruhr, Pest	Diphtherie, Tetanus (Wundstarrkrampf), Masern

AIDS (**A**cquired **I**mmune **D**eficiency **S**yndrome – erworbenes Immundefekt-Syndrom) wird durch das HI-Virus (**H**umanes **I**mmundefekt-**V**irus) verursacht. Gelangt das Virus in den Körper, kann es in bestimmte weiße Blutzellen (Helfer-T-Zellen) eindringen und diese zerstören. Damit können die T-Zellen nicht mehr andere weiße Blutzellen (B-Zellen) zur Bildung von Antikörpern gegen das HI-Virus und auch gegen andere Krankheiten anregen. Es wird das gesamte biochemische Abwehrsystem gegen fremdartiges Eiweiß (**Immunsystem**) außer Funktion gesetzt. Die Krankheit führt zum Tode, weil sich der Körper nicht mehr gegen Infektionen wehren kann.

Ausscheidungsorgane

Ausscheidungsorgane sind **Haut**, **Lunge** und **Nieren**. Sie dienen der Regulation des Wasser- und Salzhaushaltes des Körpers sowie der Ausscheidung von Stoffwechselendprodukten (Wasser, Kohlenstoffdioxid, Harnstoff).

Nieren und Harnwege

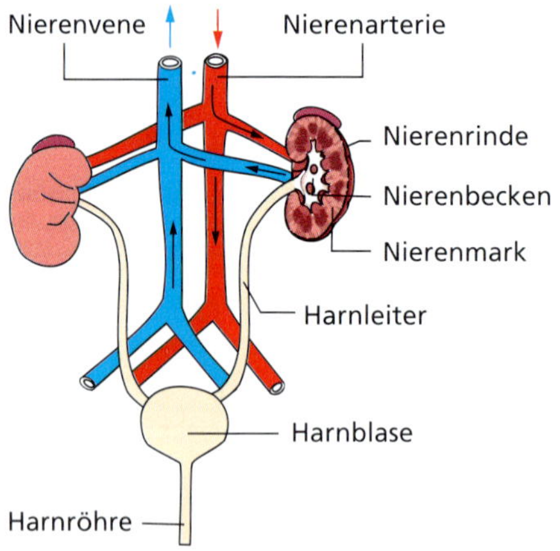

Niere (längs)

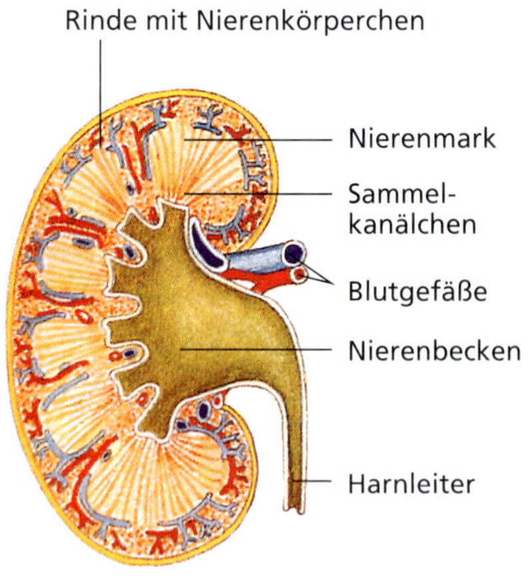

Hormondrüsen

In **Hormondrüsen** werden **Hormone** (**Wirkstoffe, Botenstoffe**) gebildet, die direkt ins Blut abgegeben und durch das Blut zu ihren speziellen Wirkungsorten transportiert werden.

Hormondrüsen des Menschen

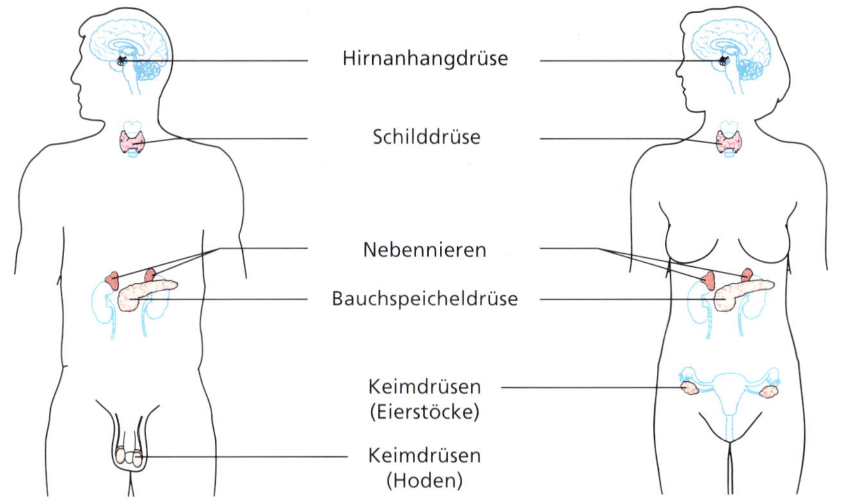

Hormone sind Informationsüberträger, steuern und koordinieren – in enger Verbindung mit dem Nervensystem – wichtige Lebensprozesse im Körper. Sie sind wirkungsspezifisch und wirken schon in geringen Mengen.

Hormondrüsen	gebildete Hormone	Wirkungen im Körper (Beispiele)
Hypophyse (Hirnanhangdrüse)	etwa 10 verschiedene Hormone	Koordination aller Hormondrüsen
Schilddrüse	Thyroxin	Regulation des Stoff- und Energiewechsels
Nebennieren	Adrenalin Cortisol, Aldosteron	Erhöhung des Blutzuckerspiegels, des Blutdrucks Hemmung und Heilung von Entzündungen, Regelung der Schweißabsonderung
Bauchspeicheldrüse	Glukagon Insulin	Erhöhung des Blutzuckerspiegels Senkung des Blutzuckerspiegels
Eierstöcke	weibliche Geschlechtshormone	Ausbildung der sekundären Geschlechtsmerkmale, Steuerung von Menstruation, Schwangerschaft, Geburt
Hoden	männliche Geschlechtshormone	Ausbildung der sekundären Geschlechtsmerkmale, Entwicklung von Spermazellen

Sinnesorgane

Mit Hilfe von Sinnesorganen können sich Mensch und Säugetiere in ihrer Umwelt orientieren, z.B. sehen, hören.

Sinnesorgane (z.B. Auge, Ohr, Nase) sind spezielle Organe zur Aufnahme von bestimmten Reizen. Sie bestehen aus zahlreichen Sinneszellen, die von Schutz- und Hilfseinrichtungen umgeben sein können.

Auge als Lichtsinnesorgan

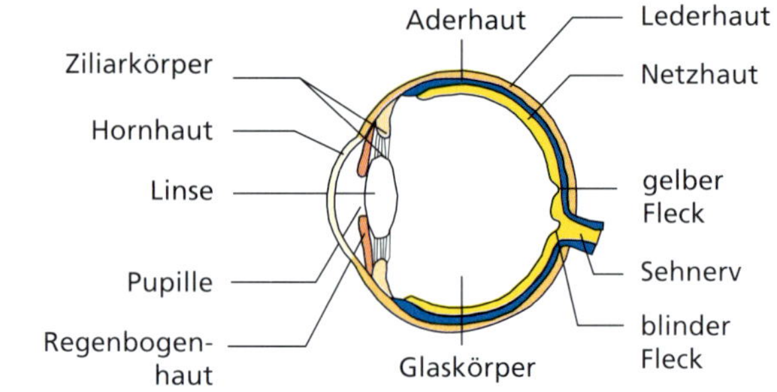

Schutz- und Hilfseinrichtungen des Auges

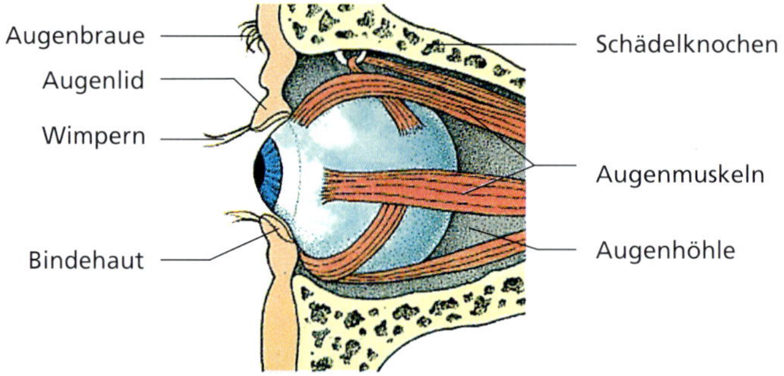

Ohr als Hör- und Gleichgewichtsorgan

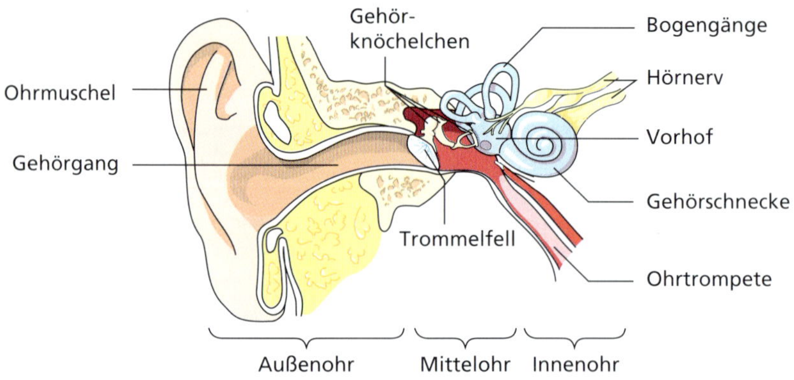

Nervensystem

Das **Nervensystem** steuert die Lebensprozesse im Körper. Es besteht aus Gehirn, Rückenmark und Nervensträngen, die alle Teile des Körpers mit den Nervenzentren (Gehirn, Rückenmark) verbinden. Man unterscheidet das **Zentralnervensystem** (aus Gehirn und Rückenmark), das **periphere Nervensystem** (aus vom Gehirn und Rückenmark ausgehenden Nervenpaaren), das **vegetative Nervensystem** (aus zwei gegensätzlich wirkenden Nervensträngen – Sympathikus und Parasympathikus). Kleinstes Bauelement des Nervensystems ist die **Nervenzelle.**

Zentralnervensystem und peripheres Nervensystem

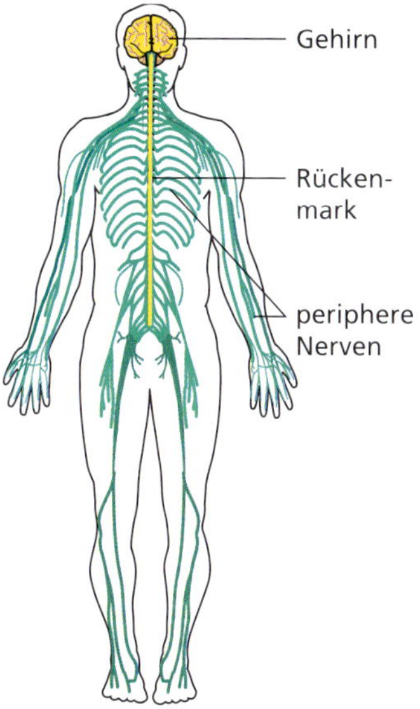

Vegetatives Nervensystem

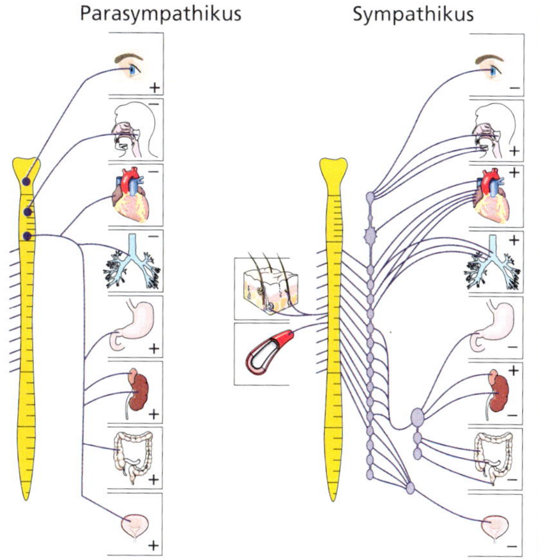

Wirkung hemmend: – Wirkung anregend: +

Nervenzelle

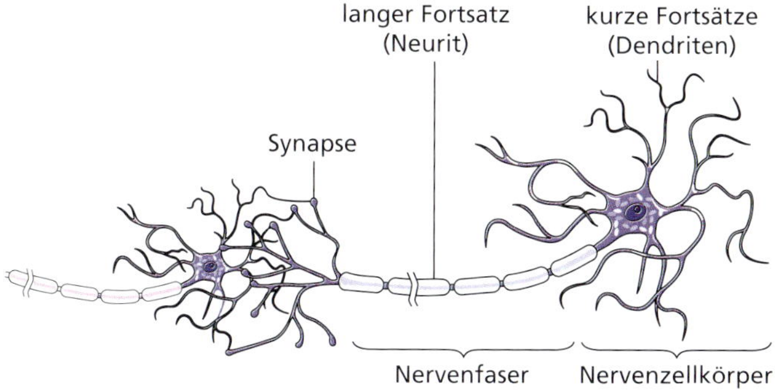

Aufnahme von Erregungen durch kurze Fortsätze, Weiterleitung durch Nervenfaser und Synapsen zu anderen Nervenzellen oder Muskeln

Gehirn des Menschen (längs)	**Rückenmark** (quer)
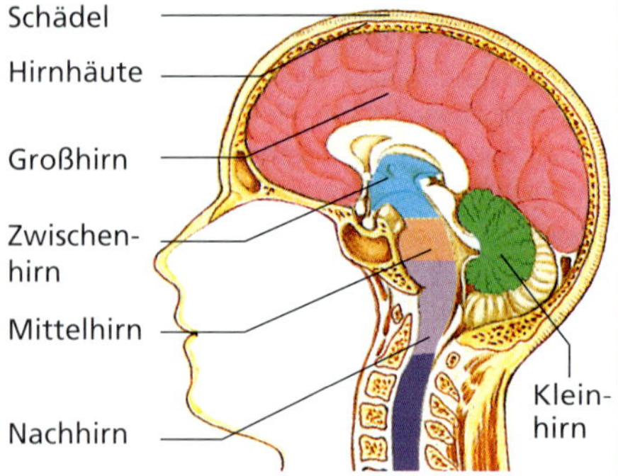	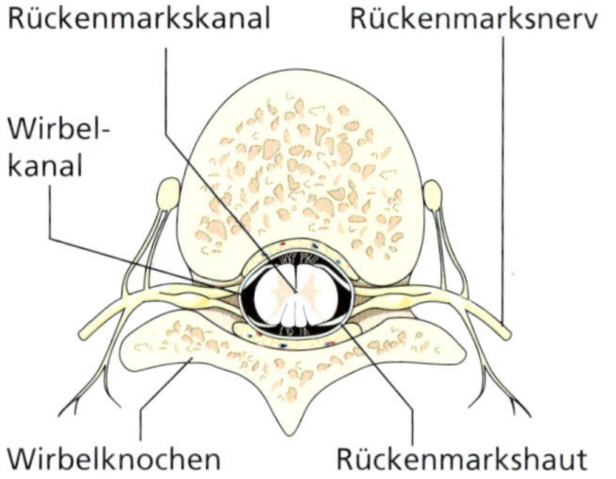

Geschlechtsorgane

Alle Säugetiere und der Mensch pflanzen sich geschlechtlich fort.

Weibliche Geschlechtsorgane des Menschen

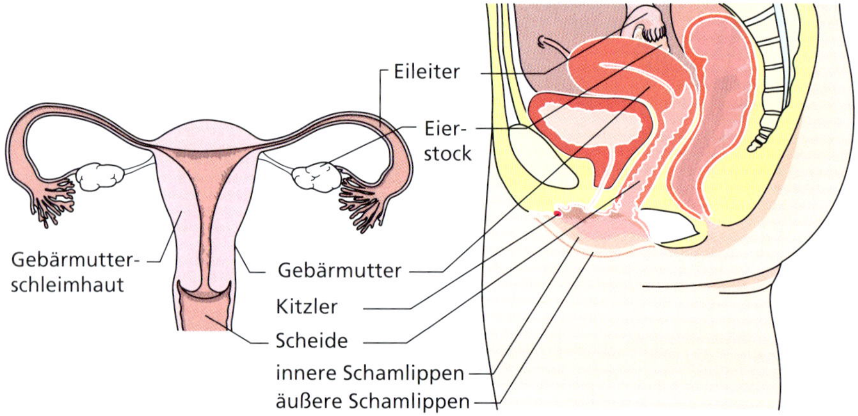

Organe	Funktionen
paarige Eierstöcke	Eizellenbildung und Follikelreifung, Follikelsprung
paarige Eileiter	Aufnahme der Eizelle in den Trichter und Transport zur Gebärmutter, Ort der Befruchtung
Gebärmutter	Aufnahme der Eizelle, monatliches Ausstoßen der Schleimhaut (Menstruation), Aufnahme und Einnisten der befruchteten Eizelle in der Schleimhaut, Versorgung des Embryos, Geburtswehen
Scheide mit Schleimhaut	Aufnahme der Samenflüssigkeit beim Geschlechtsverkehr, Geburtskanal
Kitzler mit Nerven	sexuelles Reizzentrum
Schamlippen	Schutz der inneren Geschlechtsorgane

Nach Eintritt der Geschlechtsreife treten im weiblichen Organismus im regelmäßigen Abstand von ca. 28 Tagen Blutungen auf. Dabei wird die obere Schicht der Gebärmutterschleimhaut zusammen mit der nicht befruchteten Eizelle durch die Scheide nach außen abgegeben. Die monatliche Regelblutung bezeichnet man als **Menstruation**, die regelmäßige Abfolge der Blutungen als **Menstruationszyklus**.

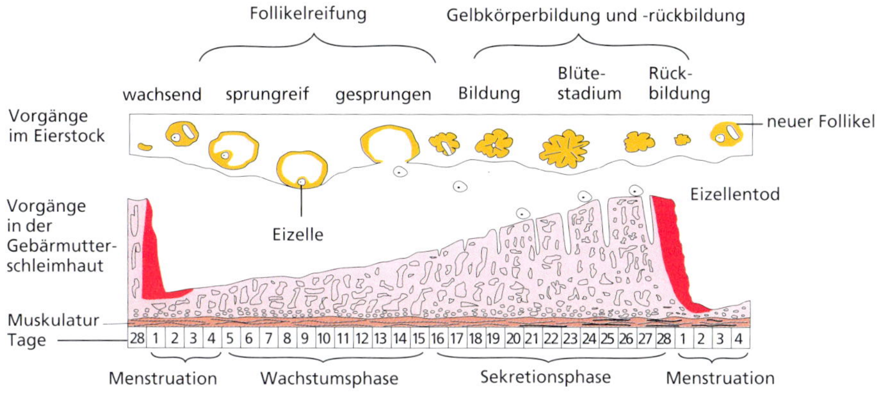

Männliche Geschlechtsorgane

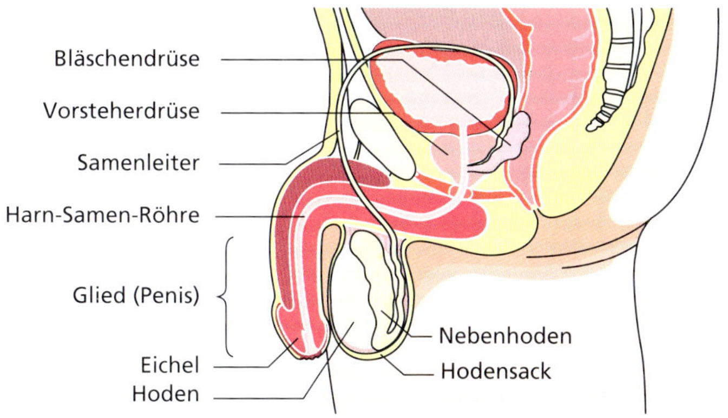

Organe	Funktionen
paarige Hoden	Samenzellenbildung
paarige Nebenhoden	Samenzellenaufbewahrung
paarige Samenleiter	Samenzellentransport
Vorsteher- und Bläschendrüse	Bildung von Samenflüssigkeit
Glied (Penis)	Versteifung des Gliedes, Übertragung der Samenflüssigkeit beim Geschlechtsverkehr in die Scheide, Eichel als sexuelles Reizzentrum, Vorhaut zum Schutz

Bedeutung der Säugetiere

Für den Menschen sind Säugetiere nützlich und schädlich. **Nützlich** sind Säugetiere u.a., weil sie

- Nahrung und Rohstoffe wie Fleisch, Eier, Wolle, Knochen liefern,
- in ihrem Lebensraum Schädlinge vertilgen,
- für wichtige Tätigkeiten genutzt werden können (als Zug- und Lasttiere, als Blindenführer),
- als Heimtiere zur Freude der Menschen gehalten werden können.

Schädlich sind Säugetiere u.a., weil sie

- Nahrungsvorräte fressen und Holz zernagen,
- Krankheitserreger wie Tollwut u.a. übertragen.

Ausgewählte Gruppen von Säugetieren

Säugetiere sind in etwa 4 500 Arten über die ganze Erde verbreitet. Da sie alle Lebensräume bewohnen, haben sie eine große Gestaltenfülle und verschiedene Formen der Anpassung entwickelt.

Insektenfresser (ca. 370 Arten)

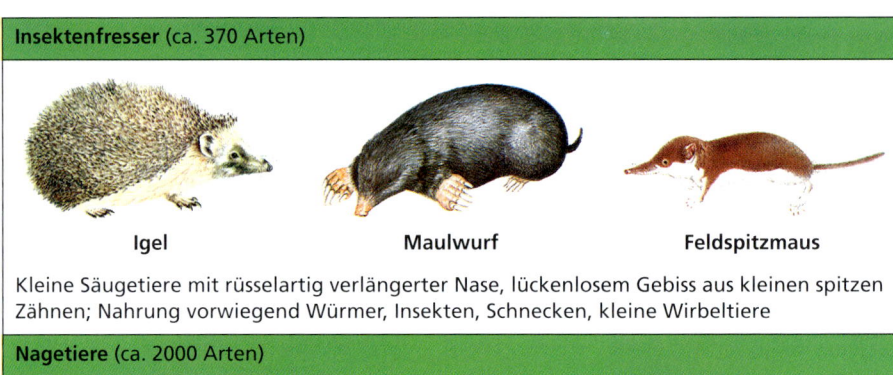

Igel

Maulwurf

Feldspitzmaus

Kleine Säugetiere mit rüsselartig verlängerter Nase, lückenlosem Gebiss aus kleinen spitzen Zähnen; Nahrung vorwiegend Würmer, Insekten, Schnecken, kleine Wirbeltiere

Nagetiere (ca. 2000 Arten)

Eichhörnchen

Biber

Brandmaus

Hamster

Kleine bis mittelgroße Tiere, Gebiss mit „Nagezähnen"; meistens Pflanzenfresser

Raubtiere (ca. 250 Arten)

Wolf

Seehund

Luchs

Dachs

Kleine bis große Tiere, Gebiss mit dolchartigen Eckzähnen und Reißzähnen, Zehen mit Krallen; meistens Fleischfresser

Unpaarhufer (ca. 17 Arten)

Pferd

Esel

Zebra

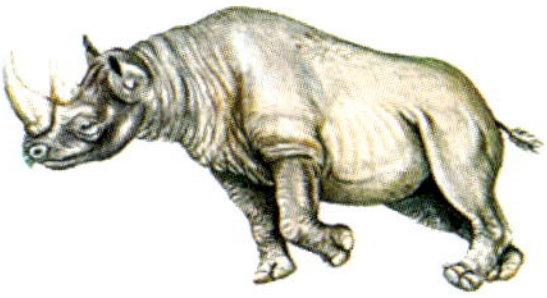
Nashorn

Meist große, langbeinige, sehr lauf- und springtüchtige Tiere, die mit einem Huf auftreten (Mittelzehe oder drei Zehenspitzen); Pflanzenfresser

Paarhufer (ca. 154 Arten)

Wildschwein

Hausrind

Reh

Flusspferd

Tiere treten mit 2 Hufen auf (Spitzen der 3. und 4. Zehe); Pflanzenfresser; Wiederkäuer (Hirsche, Giraffen, Kamele) und Nichtwiederkäuer (Schweine, Flusspferde)

2 Ausgewählte Lebensprozesse

Alle Lebewesen sind durch Lebensprozesse wie Stoff- und Energiewechsel, Reizbarkeit, Bewegung, Fortpflanzung, Wachstum und Individualentwicklung, Vererbung und Evolution gekennzeichnet.

2.1 Stoff- und Energiewechsel bei Bakterien, Pflanzen, Tieren und Menschen

Der **Stoff- und Energiewechsel** ist

- die Aufnahme von Stoffen und Energie in die Zellen,
- die Umwandlung von Stoffen und Energie in den Zellen,
- die Abgabe von Stoffen und Energie aus den Zellen.

Er ist ein Merkmal aller Lebewesen.

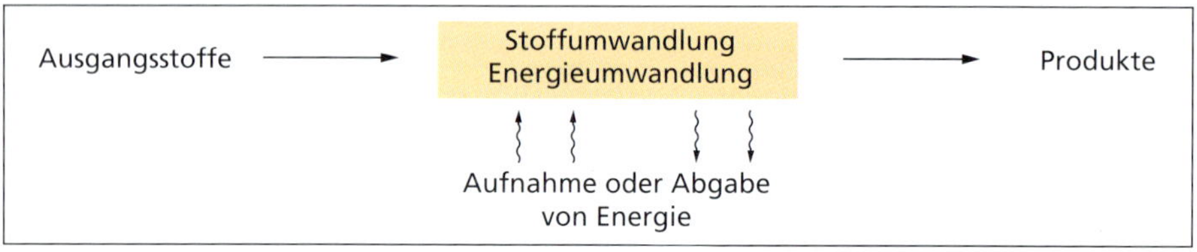

2.1.1 Aufnahme, Transport und Ausscheidung von Stoffen

Alle Organismen nehmen Stoffe aus der Umwelt auf. In den Organismen werden Stoffe

- von den Orten ihrer Aufnahme zu den Orten des Verbrauchs,
- von den Orten ihrer Bildung zu den Orten des Verbrauchs oder ihrer Speicherung,
- von den Orten ihrer Speicherung zu den Orten des Verbrauchs,
- zu den Orten der Ausscheidung

transportiert.

Vom Organismus nicht verwendbare oder schädliche Stoffe (Stoffwechselendprodukte) werden aus den Organismen ausgeschieden.

Stoffe werden von Organ zu Organ, von Zelle zu Zelle und innerhalb der Zellen transportiert.

Ernährung ist die Aufnahme von Stoffen in den Organismus zur Aufrechterhaltung der Lebensprozesse.

	Aufnahme anorganischer Stoffe (autotrophe Ernährung)	**Aufnahme organischer Stoffe (heterotrophe Ernährung)**
Stoffe	Kohlenstoffdioxid Wasser Mineralsalze	Kohlenhydrate Fette Eiweiße
Organismengruppen	Pflanzen	Mensch, Tiere, Pilze, viele Bakterien

Aufnahme, Transport und Ausscheidung von Stoffen bei Pflanzen

Wasser

Wasser wird durch die Wurzelhaare aufgenommen. Der Wasseraufnahme liegen physikalische Vorgänge zugrunde.

Physikalische Vorgänge bei der Wasseraufnahme

Diffusion

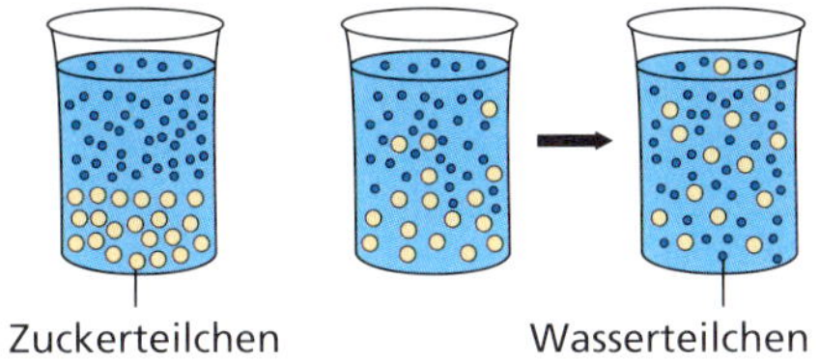

Physikalischer Vorgang, bei dem ein ungehinderter Konzentrationsausgleich zwischen zwei aneindergrenzenden unterschiedlich konzentrierten gasförmigen oder flüssigen Stoffen erfolgt.

Osmose

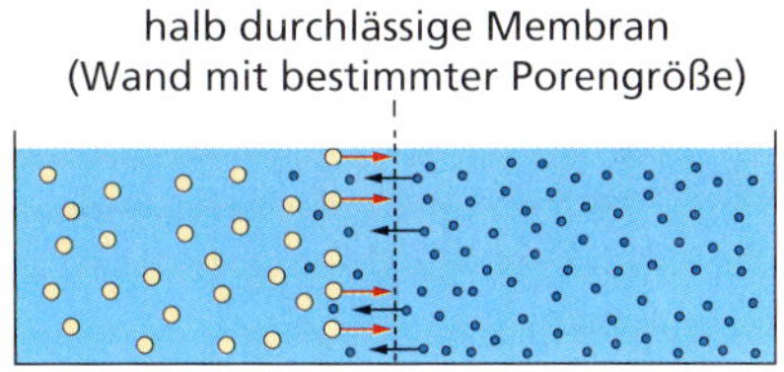

Physikalischer Vorgang, bei dem die Diffusion durch eine **halb durchlässige** Membran erfolgt. Wasserteilchen passieren die halb durchlässige Membran, gelöste Stoffe aufgrund ihrer Teilchengröße nicht.

Wasseraufnahme ins Wurzelhaar

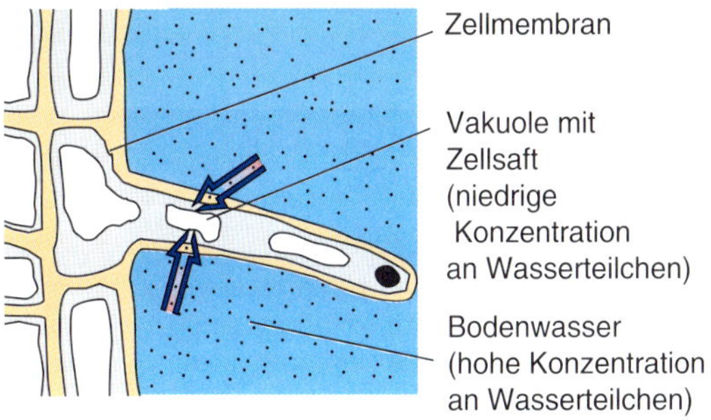

Wasser wird durch Osmose in das Wurzelhaar aufgenommen. Die Wasserteilchen wandern vom Ort ihrer hohen Konzentration (Bodenwasser) zum Ort ihrer niedrigen Konzentration (Zellsaft der Vakuole). Die Zellmembran wirkt als halb durchlässige Membran.

Transport des Wassers

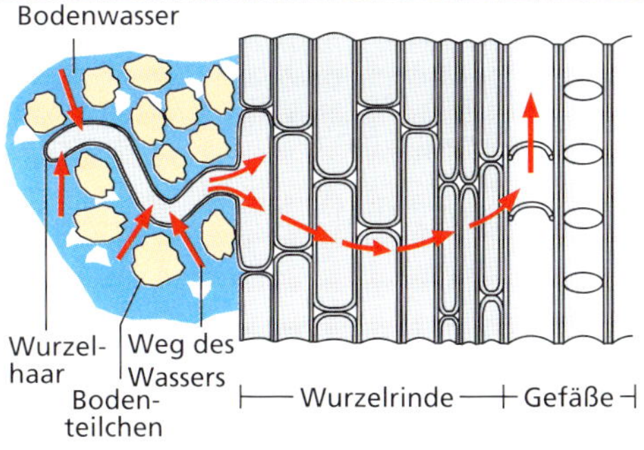

Der Transport des Wassers erfolgt bis in die Gefäße des Zentralzylinders:

- Verteilung des Wassers innerhalb der Wurzelhaarzelle durch Diffusion
- Transport des Wassers in der Rinde von Zelle zu Zelle durch Osmose

Die **Abgabe von Wasserdampf** erfolgt durch die Laubblätter. Dieser Prozess wird **Transpiration** genannt.

Der Wasserdampf wird durch die Spaltöffnungen durch Diffusion abgegeben. Die Wasserteilchen wandern vom Ort ihrer hohen Konzentration (Interzellularen) zum Ort ihrer niedrigen Konzentration (Außenluft).

Die Transpiration ist von äußeren Faktoren abhängig, z.B. von Temperatur, Luftbewegung, Luftfeuchtigkeit.

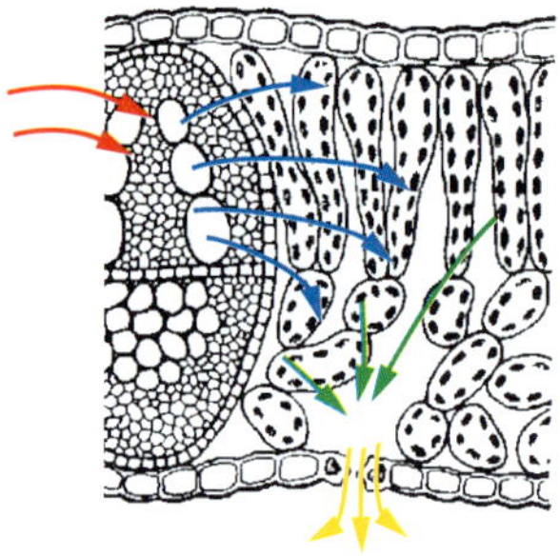

- (rot) Leitung des Wassers in den Gefäßen der Leitbündel
- (blau) Transport des Wassers in die Zellen des Laubblattes durch Osmose
- (grün) Übergang des Wassers in den gasförmigen Aggregatzustand (Verdunstung)
- (gelb) Austritt der Wasserdampfteilchen aus den Spaltöffnungen

Der Transport des Wassers von der Wurzel bis in die Laubblätter (Ferntransport) erfolgt durch Gefäße des Leitbündels. Dabei wirken mehrere physikalische Vorgänge zusammen.

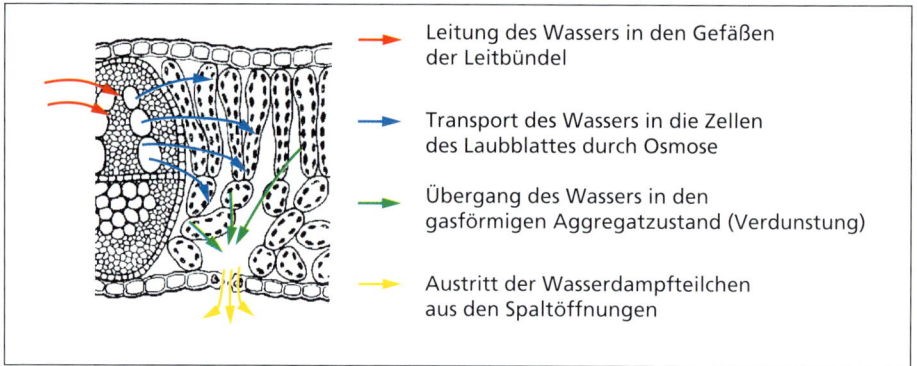

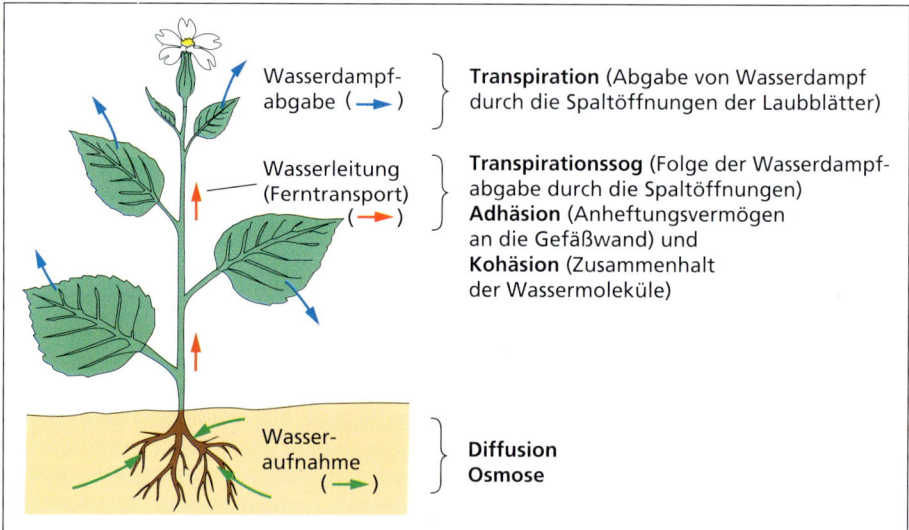

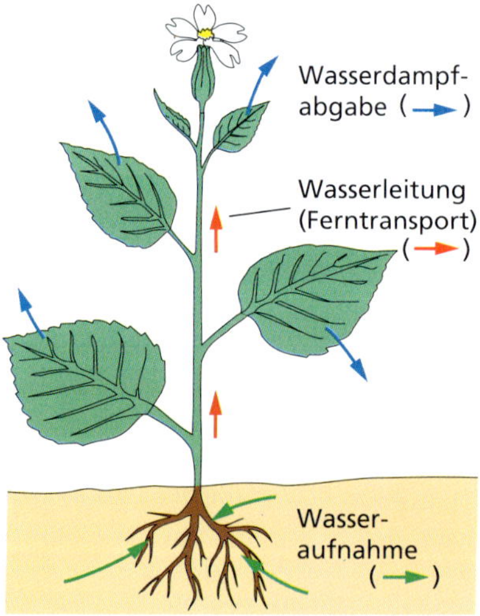

Transpiration (Abgabe von Wasserdampf durch die Spaltöffnungen der Laubblätter)

Transpirationssog (Folge der Wasserdampfabgabe durch die Spaltöffnungen)
Adhäsion (Anheftungsvermögen an die Gefäßwand) und
Kohäsion (Zusammenhalt der Wassermoleküle)

Diffusion
Osmose

Mineralsalze

Mineralsalze werden als Ionen in die Wurzel aufgenommen. Dieser Vorgang verläuft unabhängig von der Wasseraufnahme. In der Pflanze werden die Mineralsalzionen durch das Wasser transportiert.

Kohlenstoffdioxid und Sauerstoff

Die Aufnahme und Abgabe von **Kohlenstoffdioxid** und die Aufnahme und Abgabe von **Sauerstoff** (**Gasaustausch**) erfolgen durch die Spaltöffnungen der Laubblätter.

Entsprechend des Konzentrationsgefälles zwischen Interzellularen und Außenluft werden die Stoffe durch Diffusion aufgenommen oder abgegeben.

Gasaustausch während der Fotosynthese

	Konzentrationsgefälle	Diffusionsrichtung
Interzellularen	hohe Konzentration an Sauerstoff	Abgabe von Sauerstoff aus dem Laubblatt
Außenluft	niedrige Konzentration an Sauerstoff	
Interzellularen	niedrige Konzentration an Kohlenstoffdioxid	Aufnahme von Kohlenstoffdioxid in das Laubblatt
Außenluft	hohe Konzentration an Kohlenstoffdioxid	

Der Ferntransport **organischer Stoffe** erfolgt durch Siebzellen (Siebröhren der Leitbündel).

Aufnahme, Transport und Ausscheidung von Stoffen bei Tieren und Menschen

Organische Stoffe

Kohlenhydrate, Fette und Eiweiße werden mit der Nahrung in den Verdauungskanal aufgenommen und verdaut.

Verdauung ist die biochemische Umwandlung der Nährstoffe (Kohlenhydrate, Fette und Eiweiße) in ihre Bausteine mit Hilfe von Enzymen.

Zusammensetzung der Nahrung

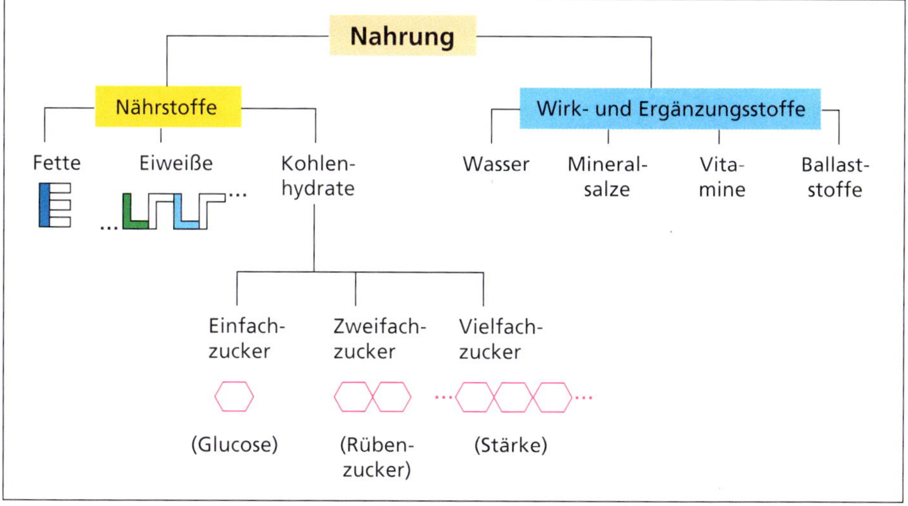

Verdauung von Kohlenhydraten, Fetten und Eiweißen

Kohlenhydrate

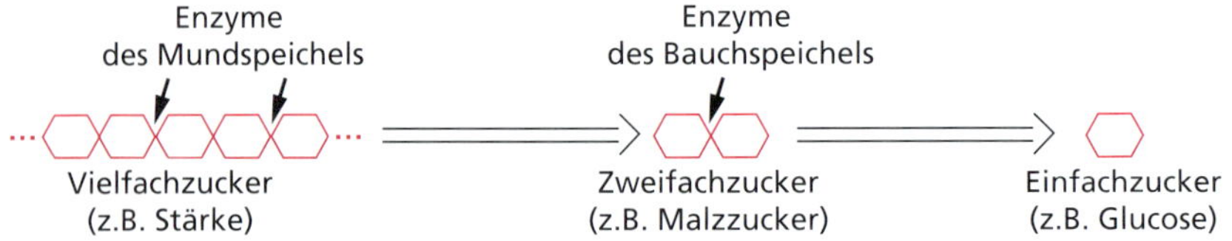

Fette

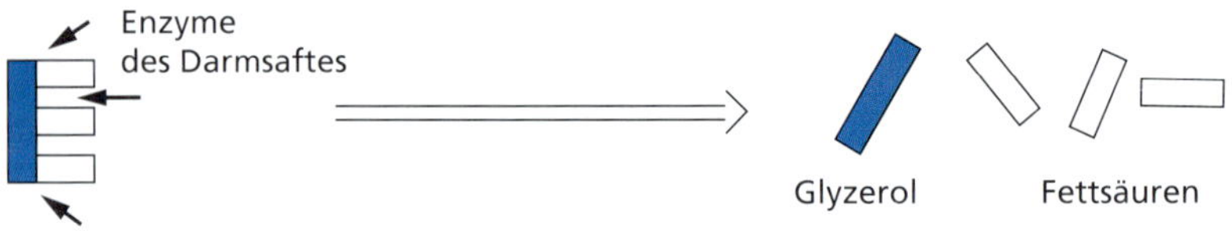

Eiweiße

Resorption

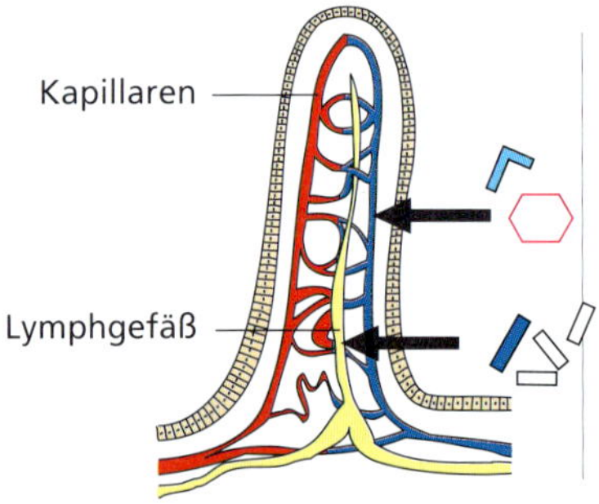

Aufnahme von

- Glucose und Aminosäuren in die Kapillaren
- Fettsäuren und Glycerol in die Lymphgefäße

Resorption ist die Aufnahme der Nährstoffbausteine aus dem Dünndarm in die Dünndarmzotten.

Transport der Nährstoffbausteine zu den Zellen (bei gleichwarmen Wirbeltieren)

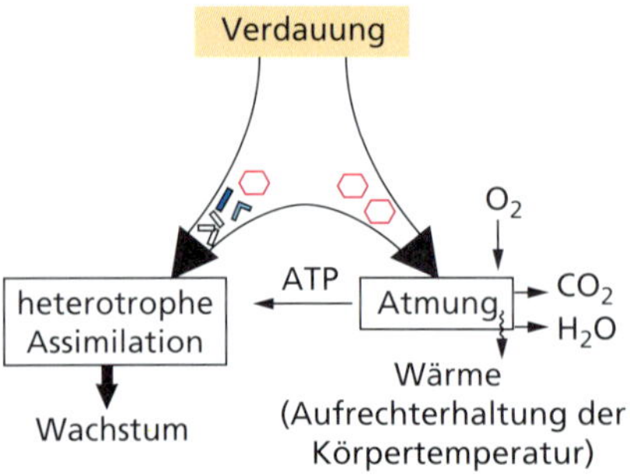

Glucose und Aminosäuren werden durch das Blut, Glyzerol und Fettsäuren durch die Lymphe zu den Zellen transportiert. Die Nährstoffbausteine sind Ausgangsstoffe für die Stoff- und Energieumwandlungen in den Zellen (S. 413).

Heterotrophe Assimilation (S. 414)

Atmung (S. 416)

Sauerstoff und Kohlenstoffdioxid

Sauerstoff aufnehmende und Kohlenstoffdioxid abgebende Flächen bei wirbellosen Tieren, Wirbeltieren und Mensch			
gesamte Körperoberfläche z.B. Hohltiere, Regenwurm	Tracheen z.B. Insekten	Kiemen z.B. Krebstiere, Fische	Lungen (Lungenbläschen) z.B. Vögel, Säugetiere, Mensch

Alle Wirbeltiere besitzen **Atmungsorgane** (Kiemen, Lungen). Bei ihnen wird

- Sauerstoff aus dem Wasser oder der Atemluft in das Blut aufgenommen und zu den Zellen transportiert,
- Kohlenstoffdioxid aus den Zellen mit dem Blut transportiert und in das Wasser oder die Atemluft abgegeben.

Leitung der Atemluft durch das Atmungssystem (am Beispiel des Menschen)

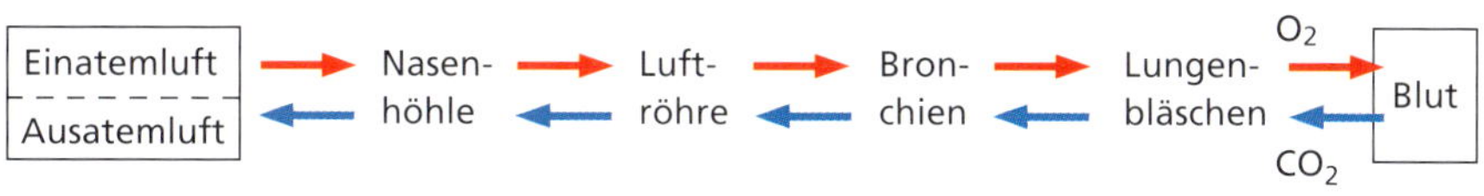

In den **Lungenbläschen** erfolgt der Austausch der **Atemgase** (Kohlenstoffdioxid und Sauerstoff).

Übergang des Kohlenstoffdioxids vom Blut ins Lungenbläschen	**Übergang des Sauerstoffs vom Lungenbläschen ins Blut**

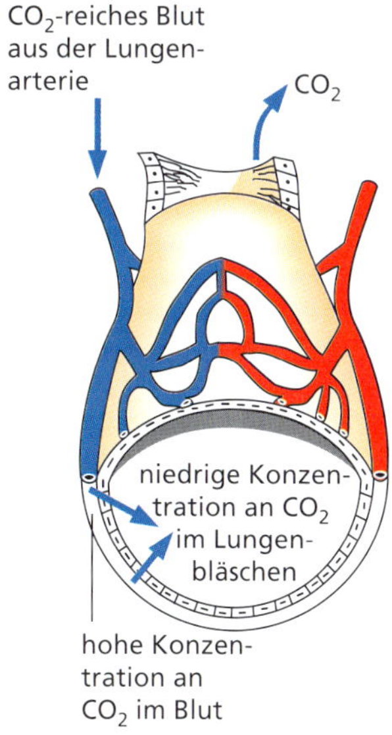

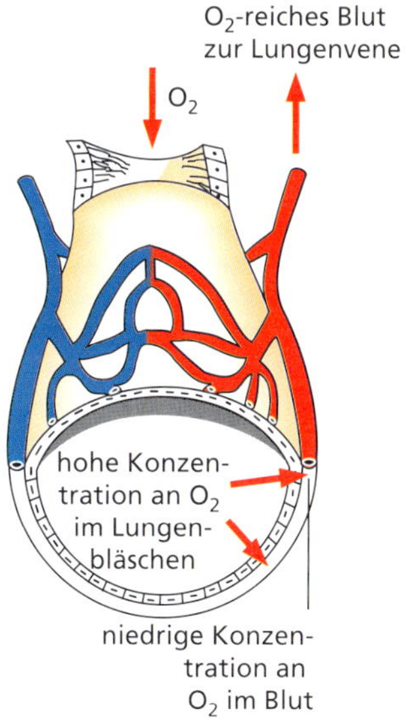

Das **Hämoglobin** (roter Blutfarbstoff) ist ein kompliziert aufgebauter organischer Stoff, der sich in den roten Blutkörperchen befindet und dem Sauerstofftransport zu den Zellen dient.

Harn und Schweiß

Harnbildung

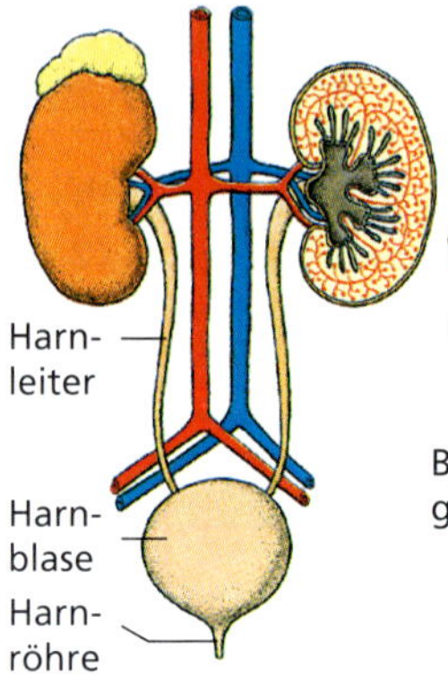

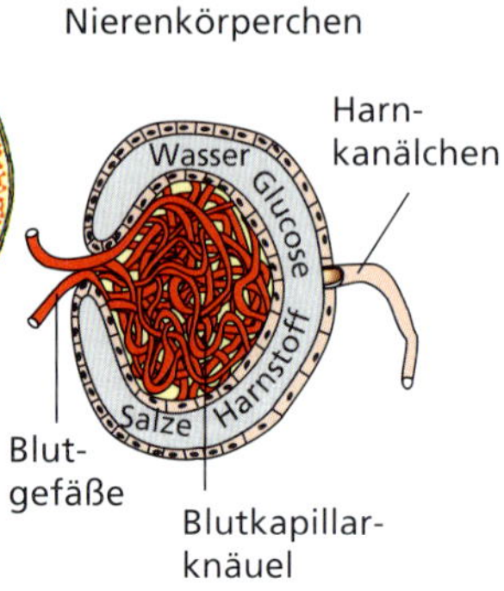

Aus dem Blut werden Wasser, Glucose, Harnstoff, Salze in das Nierenkörperchen abgeschieden. Wasser und die darin gelösten Stoffe gelangen durch die Harnkanälchen ins Nierenbecken. Dabei werden ein Teil der Stoffe (Glucose, Salze) und Wasser wieder ins Blut aufgenommen; aus dem verbleibenden Wasser mit gelösten Stoffen bildet sich der Harn (Wasser, Harnstoff, Mineralsalze), der vom Nierenbecken über Harnleiter, Harnblase, Harnröhre ausgeschieden wird.

Schweiß

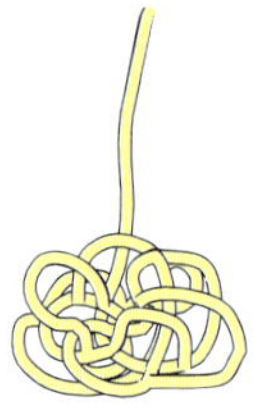
Schweißdrüse

In der Haut (S. 391) befinden sich knäuelartige Schweißdrüsen mit Ausführungsgängen. Sie dienen der Regulierung des Wasserhaushaltes und der Wärmeregulierung des Körpers durch Verdunstung von Schweiß (Wasser, Harnstoff, Mineralsalze).

Zusammenwirken der Organsysteme bei der Aufnahme, dem Transport und der Ausscheidung von Stoffen (am Beispiel des Menschen)

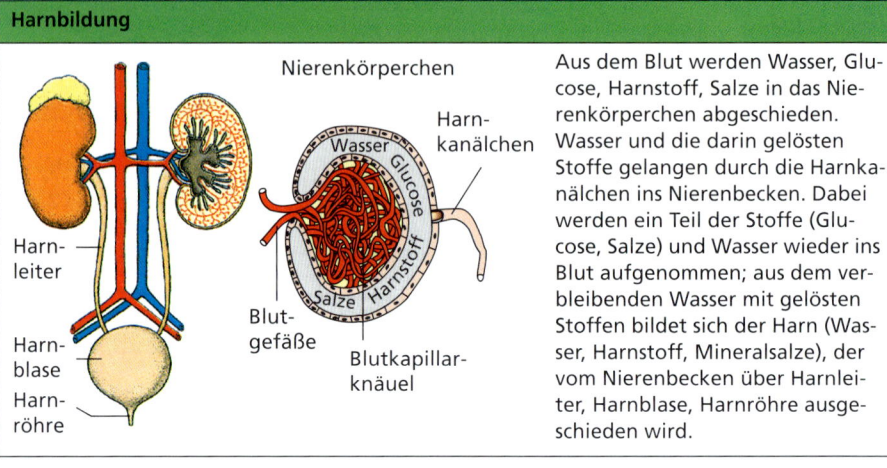

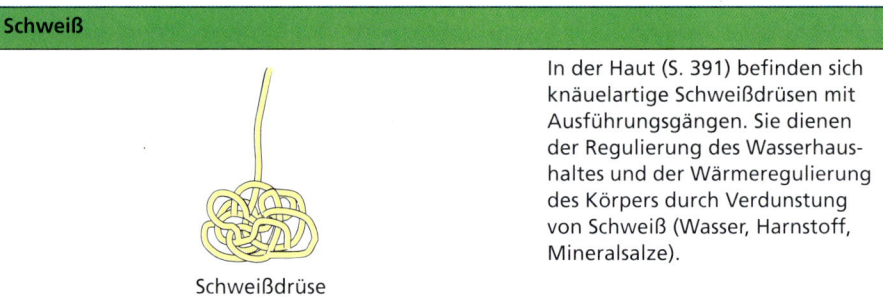

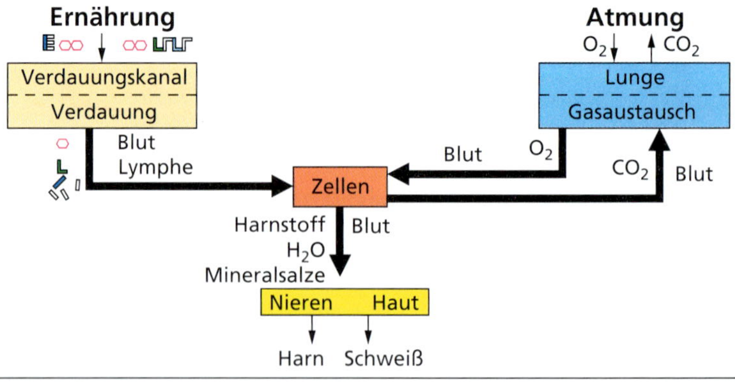

2.1.2 Stoff- und Energieumwandlungen in den Zellen

Die Stoff- und Energieumwandlungen laufen in den Zellen ab. Dabei werden körpereigene organische Stoffe aufgebaut (**Assimilation**) und organische Stoffe zur Nutzung der in ihnen enthaltenen chemischen Energie abgebaut (**Dissimilation**).

Tier- und Pflanzenzellen

Zellen sind die Grundbausteine der Organismen. Sie besitzen eine unterschiedliche Form und Größe. Zellen mit gleichem Bau und gleicher Funktion bilden ein **Gewebe**.

Pflanzenzelle

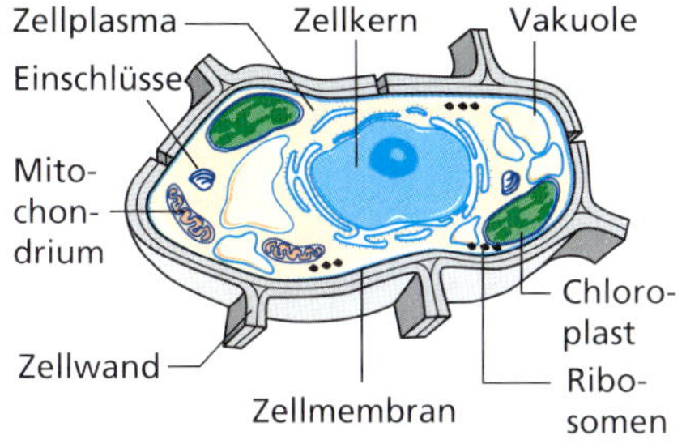

Formen von Pflanzenzellen

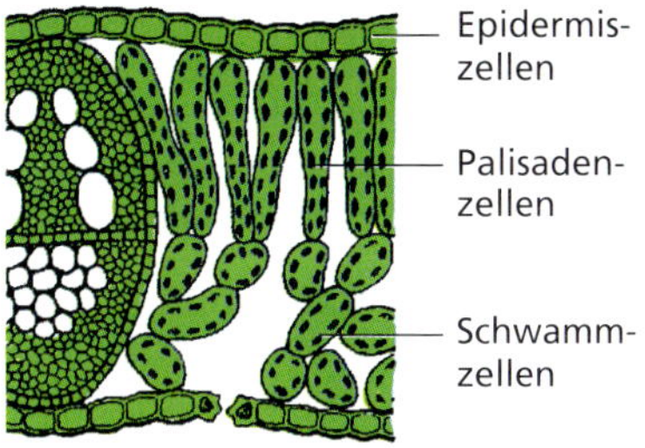

Tierzelle

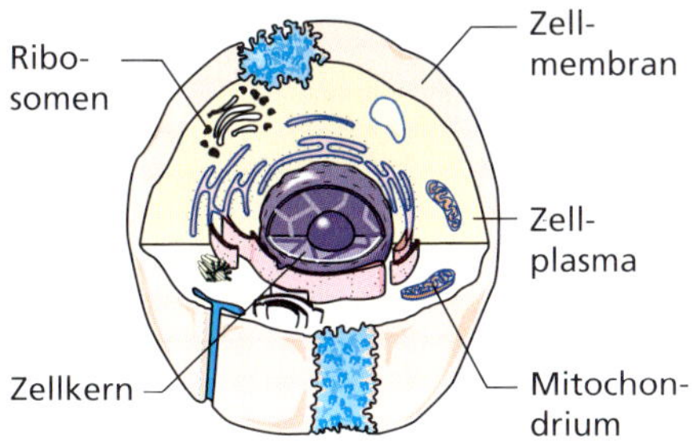

Formen von Tierzellen

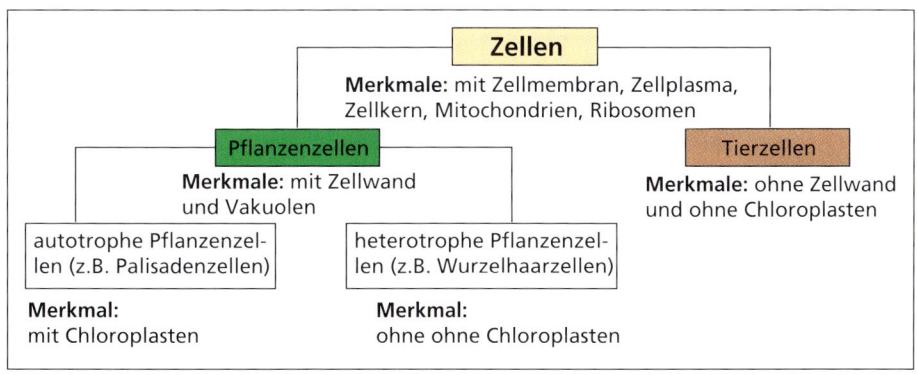

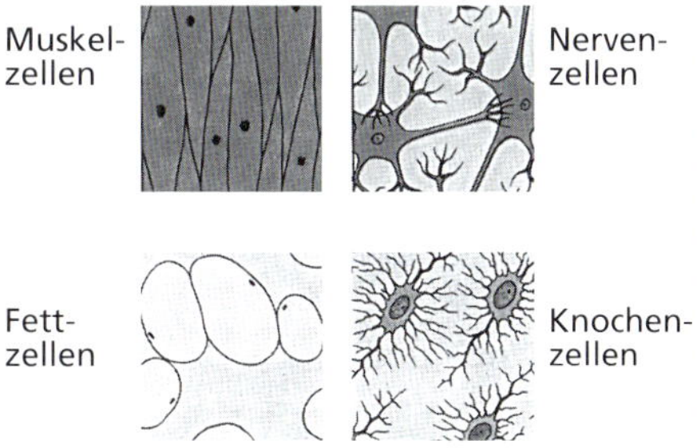

Im Grundaufbau stimmen alle Zellen überein (Zellmembran, Zellplasma, Zellkern, Mitochondrien, Ribosomen).

Zellen

Merkmale: mit Zellmembran, Zellplasma, Zellkern, Mitochondrien, Ribosomen

- **Pflanzenzellen**
  Merkmale: mit Zellwand und Vakuolen
  - autotrophe Pflanzenzellen (z.B. Palisadenzellen)
    Merkmal: mit Chloroplasten
  - heterotrophe Pflanzenzellen (z.B. Wurzelhaarzellen)
    Merkmal: ohne ohne Chloroplasten
- **Tierzellen**
  Merkmale: ohne Zellwand und ohne Chloroplasten

Assimilation

Pflanzen und einige Bakterien bauen körpereigene organische Stoffe durch **autotrophe Assimilation** auf. Die autotrophe Assimilation ist eine Form der Assimilation, bei der aus **anorganischen Stoffen** körpereigene organische Stoffe aufgebaut werden.

Viele Bakterien, Tiere und Menschen bauen körpereigene organische Stoffe durch **heterotrophe Assimilation** auf. Die heterotrophe Assimilation ist eine Form der Assimilation, bei der aus **organischen Stoffen** körpereigene organische Stoffe aufgebaut werden.

Fotosynthese der Pflanzen

Die **Fotosynthese** ist eine Form der autotrophen Assimilation, bei der der Aufbau von Kohlenhydraten aus Kohlenstoffdioxid und Wasser unter Zufuhr von Lichtenergie und mit Hilfe des Chlorophylls erfolgt. Dabei wird Sauerstoff abgegeben.

Ausgangsstoffe:
Kohlenstoffdioxid und Wasser

Produkte:
Glucose und Sauerstoff

Bedingungen für den Ablauf der Fotosynthese:
- Vorhandensein von Chlorophyll
- Zufuhr von Lichtenergie

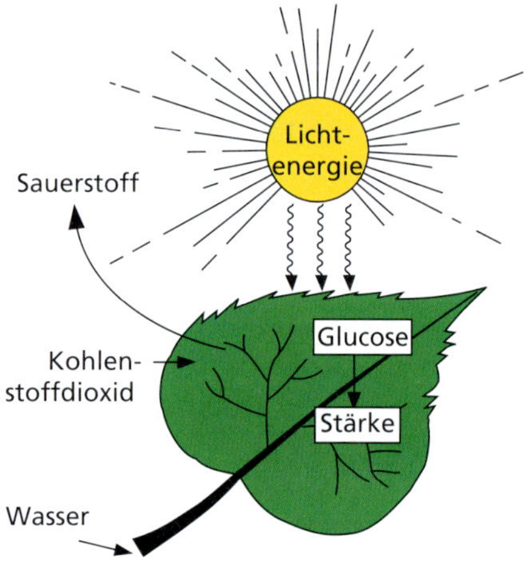

Die **Chloroplasten** sind die Orte der Fotosynthese in den Zellen.

Bau eines Chloroplasten

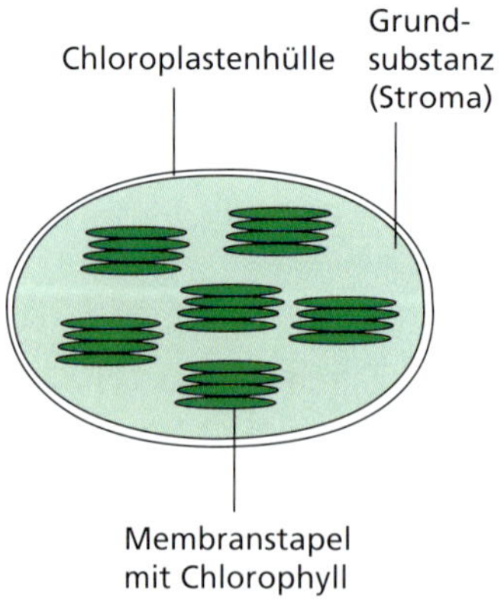

Auf den Membranen ist Chlorophyll aufgelagert. Das Chlorophyll ist ein kompliziert aufgebauter organischer Stoff, der Lichtenergie absorbiert.

In den **Chloroplasten** erfolgt die Umwandlung von Stoffen und Energie.
Die Stoff- und Energieumwandlungen vollziehen sich in vielen Teilreaktionen, die durch Enzyme gesteuert werden.

Stoff- und Energieumwandlungen bei der Fotosynthese

Chloroplast mit Chlorophyll

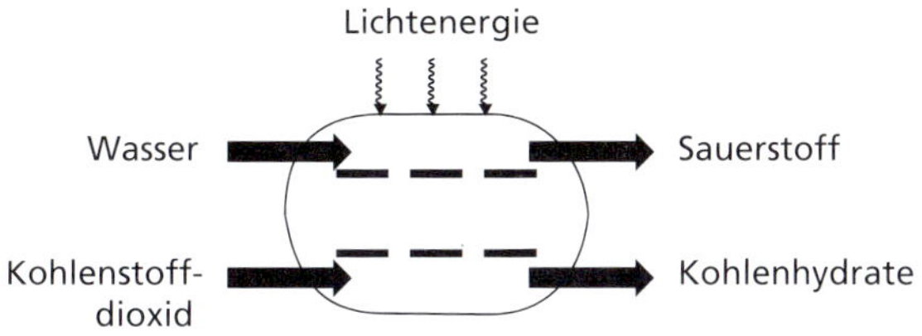

Wortgleichung

Kohlenstoffdioxid + Wasser —(Lichtenergie)→ chemische Energie der Glucose + Sauerstoff

Aus Kohlenstoffdioxid und Wasser werden der organische Stoff Glucose und Sauerstoff gebildet. Lichtenergie wird in chemische Energie der Glucose umgewandelt.

Durch **Fotosynthese** gebildete Kohlenhydrate sind Grundlage für die Bildung weiterer organischer Stoffe in Pflanzenzellen. Zum Aufbau von Eiweißen ist die Aufnahme von Mineralsalzionen notwendig.

Bildung organischer Stoffe in Pflanzenzellen

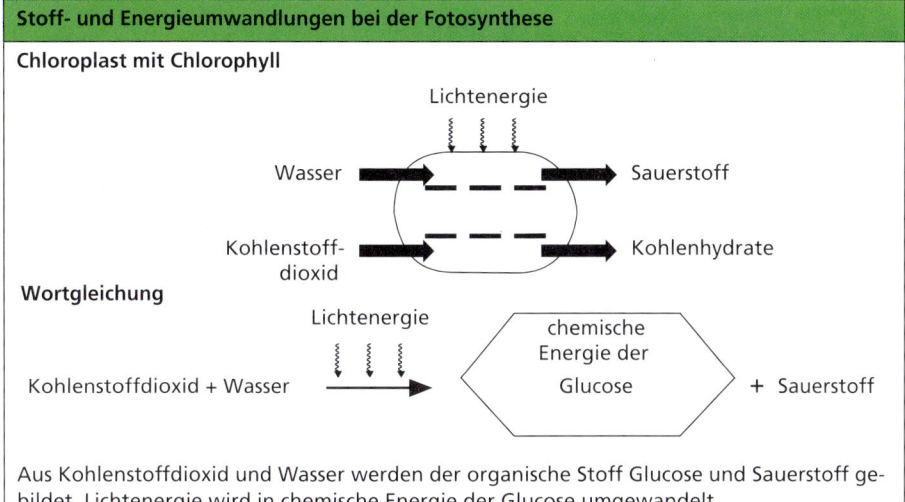

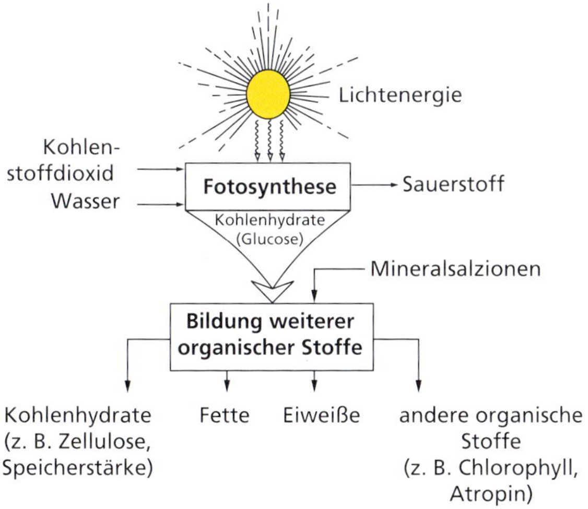

Organische Stoffe werden in Zellen von Früchten, in Samen oder Speicherorganen (Spross- und Wurzelknollen, Zwiebeln, Wurzelstöcken) **gespeichert**. Stärke ist der wichtigste und häufigste Speicherstoff der Pflanzen.

Die Intensität der **Fotosynthese** ist von äußeren Faktoren (z.B. Lichtintensität, Kohlenstoffdioxidgehalt der Luft, Temperatur) abhängig.

Durch Schaffung optimaler Umweltbedingungen in Gewächshäusern kann die Fotosyntheseleistung bei Kulturpflanzen erhöht werden. Die Erhöhung der Lichtintensität (bis zu einer bestimmten Grenze) und die Erhöhung des Kohlenstoffdioxidgehaltes der Luft (z.B. von 0,03 auf 0,08 %) bewirken, dass die Fotosynthese intensiver abläuft.

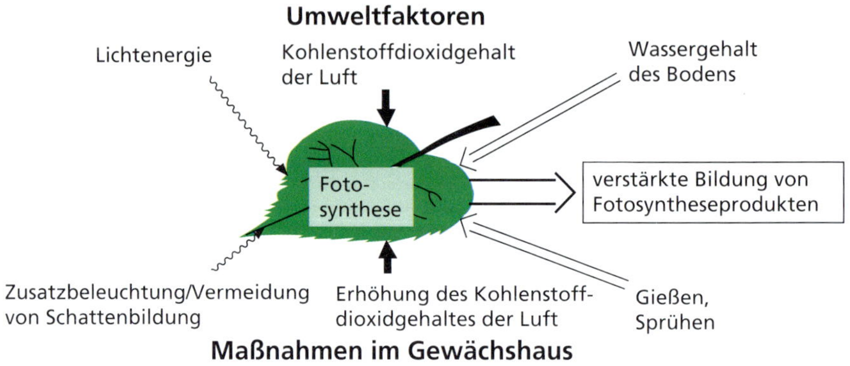

Chemosynthese

Einige Bakterien (z.B. Eisen- und Schwefelbakterien) nutzen nicht Lichtenergie für den Aufbau von Kohlenhydraten, sondern Energie aus chemischen Reaktionen. Diese Form der autotrophen Assimilation ist die **Chemosynthese**.

Dissimilation

Dissimilation erfolgt durch Atmung und Gärung.

Atmung bei Pflanzen, Tieren und Menschen

Die **Atmung** (biologische Oxidation) ist eine Form der Dissimilation, bei der in den Zellen organische Stoffe (Glucose) vollständig zu den anorganischen Stoffen Kohlenstoffdioxid und Wasser abgebaut werden.
Ausgangsstoffe der Atmung (der biologischen Oxidation) sind Glucose und Sauerstoff.
Produkte der Atmung (der biologischen Oxidation) sind Kohlenstoffdioxid und Wasser.

Die **Mitochondrien** sind die Orte der Atmung (der biologischen Oxidation) in den Zellen.

Bau eines Mitochondriums

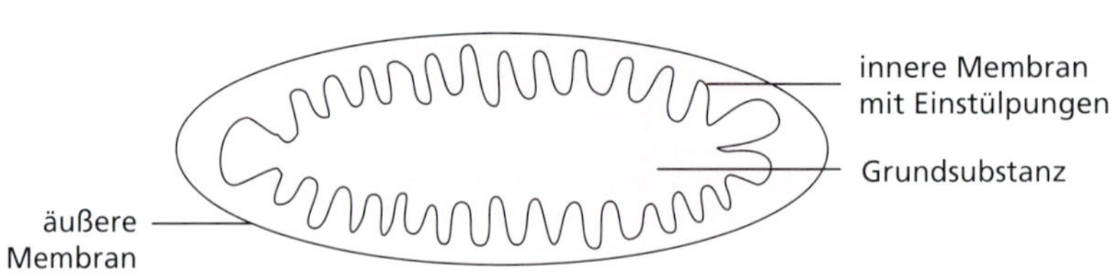

Die innere Membran des Mitochondriums bildet Einstülpungen. Dadurch wird die atmungsaktive Oberfläche vergrößert.

In den Mitochondrien erfolgt die Umwandlung von Stoffen und Energie.

Stoff- und Energieumwandlungen bei der Atmung (biologischen Oxidation)

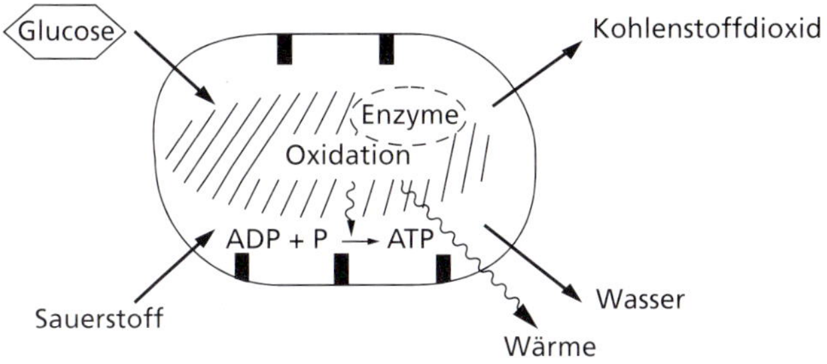

Glucose + Sauerstoff ⟶ Kohlenstoffdioxid + Wasser

Aus dem organischen Stoff Glucose und Sauerstoff entstehen Kohlenstoffdioxid und Wasser.
Die chemische Energie der Glucose wird in chemische Energie des ATP und thermische Energie umgewandelt. Die thermische Energie wird als Wärme an die Umwelt abgegeben.

Das ADP-ATP-System

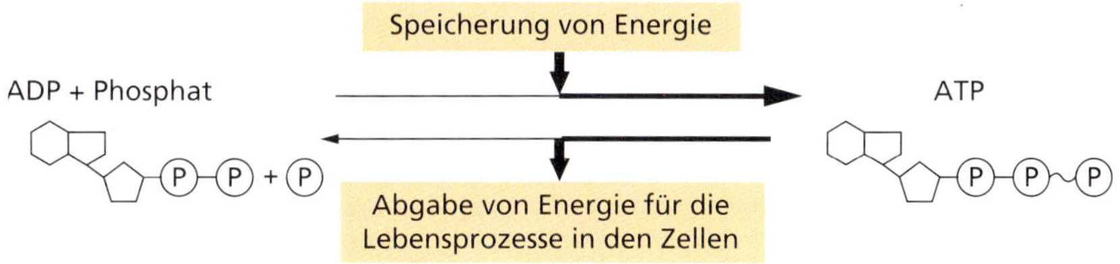

Das ATP (Adenosintriphosphat) ist der zentrale Energiespeicher und Energieüberträger in den Zellen. Die im ATP gespeicherte Energie wird für die Lebensprozesse in den Zellen (z.B. Bewegung, Wachstum) genutzt.

Die Stoff- und Energieumwandlungen vollziehen sich in vielen Teilreaktionen, die durch **Enzyme** gesteuert werden.
Enzyme sind organische Stoffe (Eiweiße), die den Ablauf biochemischer Reaktionen beeinflussen. Merkmale der Enzyme sind:

- Erhöhung der Reaktionsgeschwindigkeit biochemischer Reaktionen,
- Vorhandensein bestimmter Enzyme für jede biochemische Reaktion,
- Bildung einer Zwischenverbindung mit dem Ausgangsstoff und unverändertes Hervorgehen des Enzyms aus der biochemischen Reaktion.

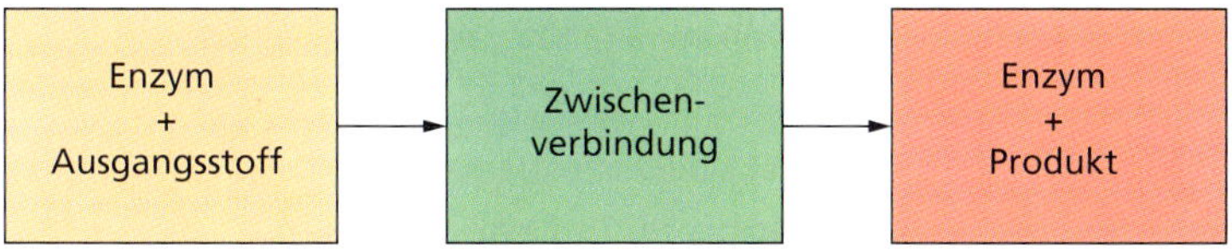

Für die **Muskelbewegung** ist Energie notwendig. Die Energie für die Tätigkeit der Muskeln wird durch den Abbau von Glykogen zu Glucose, der Glucose zu Kohlenstoffdioxid und Wasser unter Sauerstoffverbrauch (biologische Oxidation) gewonnen. Dabei wird ATP gebildet. Die im ATP gespeicherte Energie wird in mechanische Energie umgewandelt. Steht nicht genügend O_2 zur Verfügung (z.B. bei starker Belastung des Muskels), wird die Glucose zu Milchsäure abgebaut. Ihre Anreicherung im Muskel führt zum „Muskelkater".

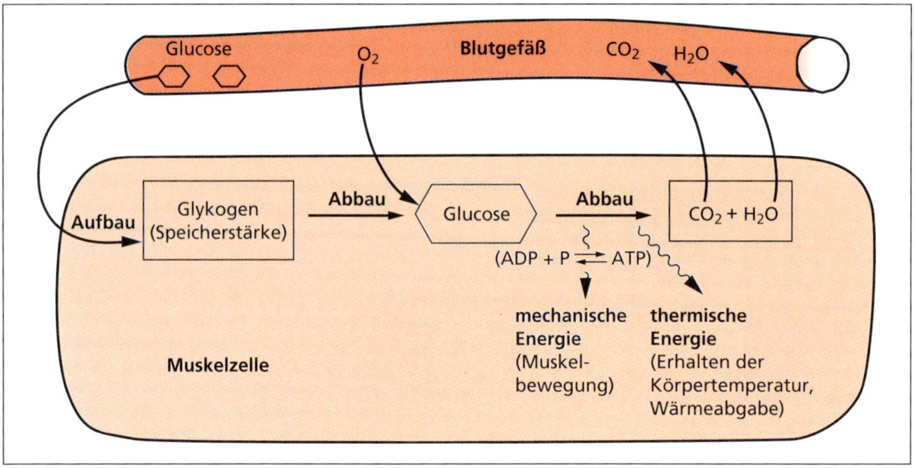

Die Intensität der **Atmung (biologischen Oxidation)** wird von äußeren Faktoren (z.B. Kohlenstoffdioxid- und Sauerstoffgehalt der Luft, Temperatur) beeinflusst.

In Lagerräumen können Umweltbedingungen geschaffen werden, die eine verlustarme Lagerung von Obst, Gemüse und Getreide durch Verminderung der Atmungsintensität der Früchte ermöglichen. Eine Erhöhung des Kohlenstoffdioxidgehaltes der Luft, die Senkung ihres Sauerstoffanteils und niedrige Temperaturen hemmen die Atmung in den Zellen.

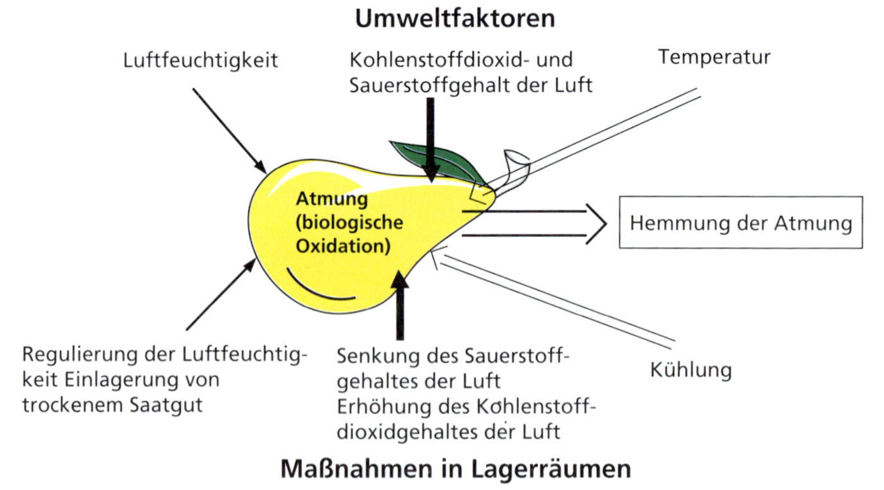

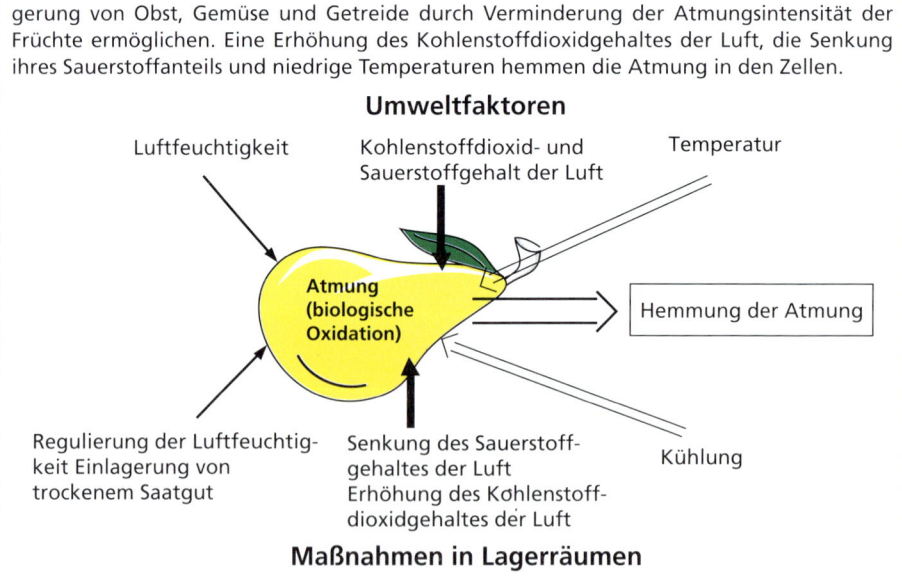

Gärung

Die **Gärung** ist eine Form der Dissimilation, bei der organische Stoffe (Glucose) zu anderen organischen Stoffen (z.B. Ethanol, Milchsäure) mit geringerem Energiegehalt als bei den Ausgangsstoffen abgebaut werden. Die Gärung verläuft ohne Sauerstoff.

Stoff- und Energieumwandlungen bei wichtigen Gärungsprozessen

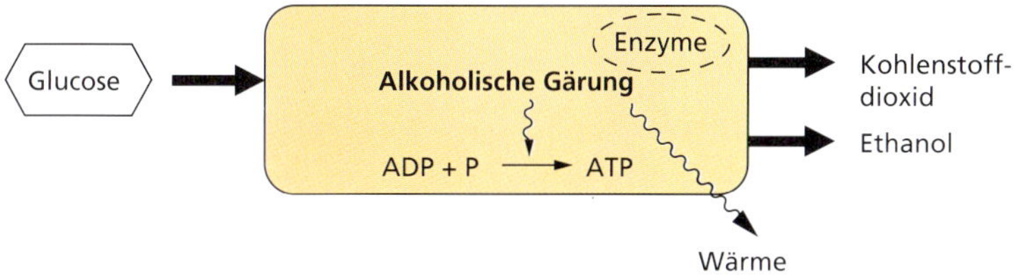

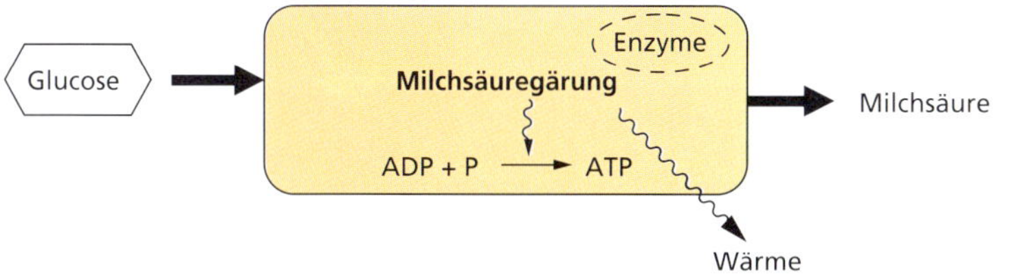

Während der **Gärung** wird die chemische Energie der Ausgangsstoffe in chemische Energie des ATP und thermische Energie umgewandelt. Die im ATP gespeicherte Energie wird von den Organismen zur Aufrechterhaltung ihrer Lebensprozesse genutzt. Es entsteht aber weniger Energie als bei der Atmung. Eine weitere Form der Dissimilation ist die „**Essigsäuregärung**“.

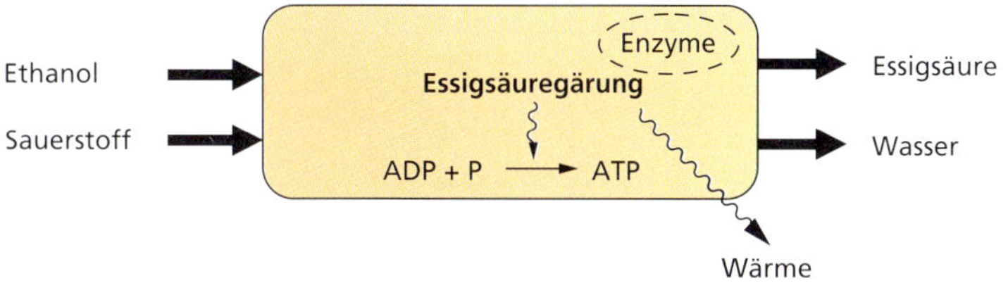

Dissimilationsprozesse	Vorkommen	Produkte	Nutzung durch den Menschen
Alkoholische Gärung	Hefepilze	Ethanol Kohlenstoffdioxid	Wein- und Bierbereitung, Herstellung von Brot und Hefekuchen
Milchsäuregärung	Milchsäurebakterien Muskeln (z.B. des Menschen) bei starker Belastung und Sauerstoffmangel	Milchsäure	Herstellung von Milchprodukten, Haltbarmachen von Sauerkraut, Silierung von Futtermitteln
„Essigsäuregärung“	Essigsäurebakterien	Essigsäure Wasser	Herstellung von Speiseessig

Zusammenwirken der Stoff- und Energiewechselprozesse

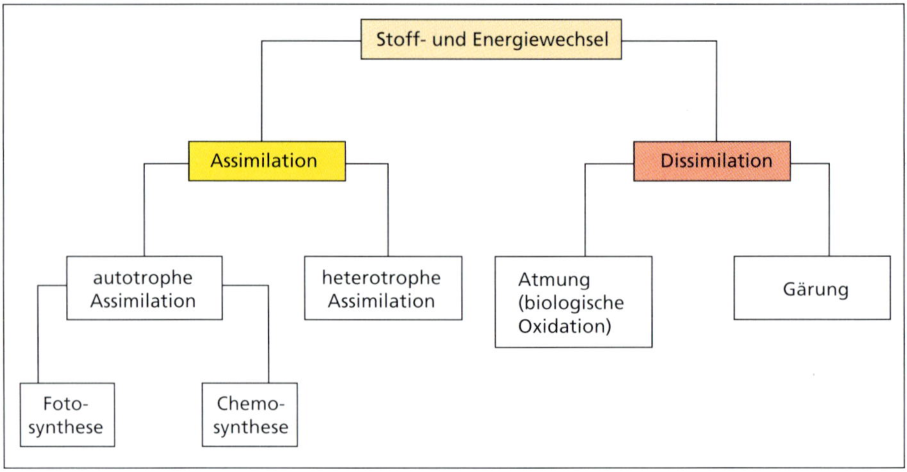

Stoff- und Energiewechselprozesse wirken in der lebenden Natur zusammen.

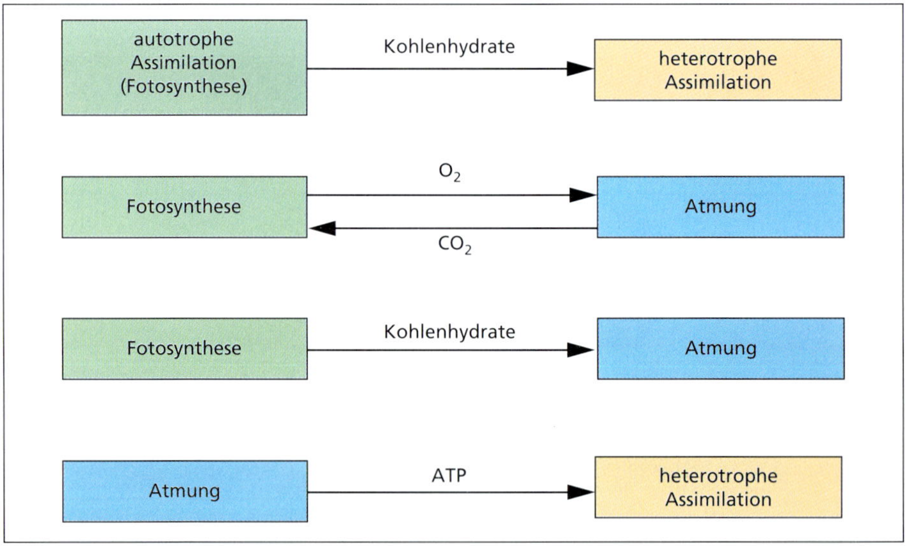

Die **Fotosynthese** liefert die stoffliche und energetische Grundlage für die Erhaltung des Lebens auf der Erde.

- Durch die Fotosynthese wird der von den Organismen durch Atmung verbrauchte Sauerstoffanteil der Luft ständig erneuert.
- Die Fotosynthese ist die Grundlage für die Ernährung heterotroph lebender Organismen.
- Die Fotosynthese liefert die Grundlage für die Energieversorgung fast aller Organismen.

2.2 Reizbarkeit, Sinnes- und Nervenleistungen und Regelung

2.2.1 Reizbarkeit und Reaktion auf Reize bei Tier und Mensch

Reizbarkeit ist eine Eigenschaft lebender Organismen, auf Einwirkungen (**Reize**) aus der Umwelt und dem Innern des Körpers mit bestimmten Reaktionen zu antworten.

Die **Reizaufnahme** erfolgt durch **Sinneszellen** (Rezeptoren) und **Sinnesorgane** (z. B. Auge, Ohr, S. 400), die für die Aufnahme spezifischer Reize ausgebildet sind, und durch freie Nervenendigungen.

Überblick über Sinne und Reizarten

Sinne	Reizarten	Orte der Reizaufnahme	Energieformen	Empfindungen
Gehörsinn	Schall (akustische Reize)	Sinneszellen im Innenohr (Schnecke)	mechanische Energie (Luftschwingungen)	Wahrnehmen von Tonhöhen und Lautstärken
Gesichtssinn	Licht (optische Reize)	Sinneszellen in der Netzhaut des Auges	Lichtenergie	Unterscheiden von Hell und Dunkel; Farben-, Bewegungs-, Bildsehen; räumliches Sehen
Geruchssinn	chemische Stoffe (chemische Reize)	Sinneszellen im Riechfeld der Nasenschleimhaut	chemische Energie	Unterscheiden von Geruchsqualitäten, z.B. brenzlig, würzig, faulig, fruchtig, blumig
Geschmackssinn	chemische Stoffe (chemische Reize)	Sinneszellen in den Geschmacksknospen der Zunge und des Gaumens	chemische Energie	Unterscheiden von Geschmacksqualitäten, z.B. sauer, süß, bitter, salzig
Gleichgewichtssinn	Lage- und Bewegungsänderungen des Körpers (mechanische Reize)	Sinneszellen im Innenohr (Lagesinneszellen im Vorhof, Bewegungssinneszellen in den Bogengängen)	mechanische Energie	Feststellen der Lage des Körpers, der Körperhaltung und -bewegung
Temperatursinn	Wärme und Kälte, Veränderung der Temperatur (Temperaturreize)	Sinneszellen in der äußeren Haut und Schleimhaut	thermische Energie	Feststellen von Temperaturunterschieden und -veränderungen, Wärme- und Kälteempfindung
Druck- und Berührungssinn	Druck und Berührung (mechanische Reize)	Sinneszellen und freie Nervenendigungen in der Haut und den inneren Organen	mechanische Energie	Feststellen von Druck und Berührung

Sehvorgang bei Wirbeltieren und Mensch

Hornhaut, Augenflüssigkeit, Augenlinse und Glaskörper bilden ein System, das wie eine Sammellinse wirkt. Durch dieses Linsensystem wird das auftreffende Licht gebrochen. Es breitet sich durch den Glaskörper aus und erregt die Lichtsinneszellen in der Netzhaut. Dort entsteht ein umgekehrtes, verkleinertes und wirkliches (reelles) Bild des betrachteten Objekts. Die in den Lichtsinneszellen entstehenden Erregungen werden über den Sehnerv zum Sehfeld des Gehirns geleitet. Die Erregungen werden verarbeitet. Der Mensch nimmt das Bild des betrachteten Objekts in seiner natürlichen Größe und Gestalt wahr.

Bildentstehung in der Netzhaut

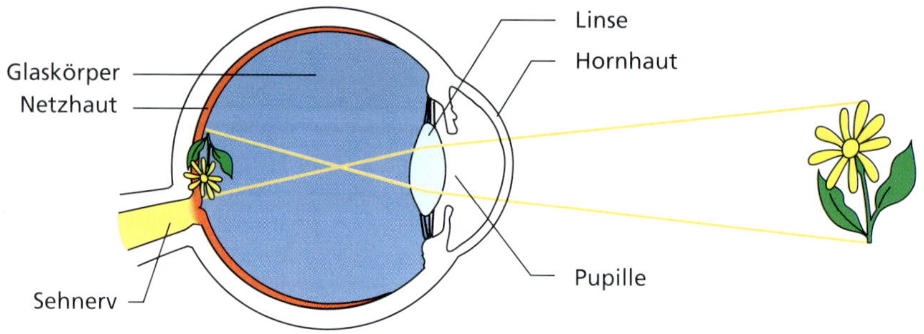

Anpassungen des Auges

Akkommodation ist die Anpassung des Auges an die unterschiedliche Entfernung der zu betrachtenden Gegenstände durch Änderung der Linsenkrümmung.

Anpassung an ferne Gegenstände – Fernakkommodation

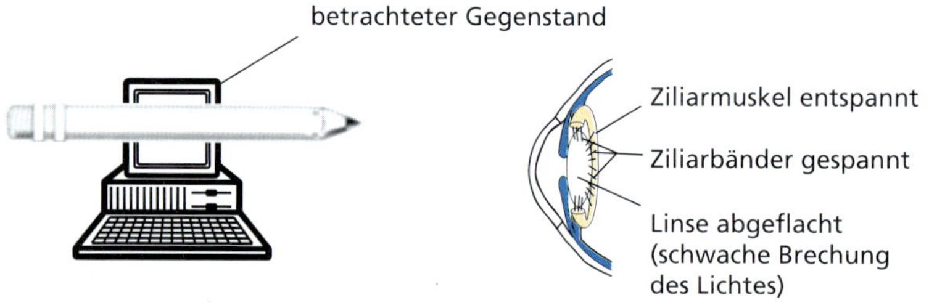

Anpassung an nahe Gegenstände – Nahakkommodation

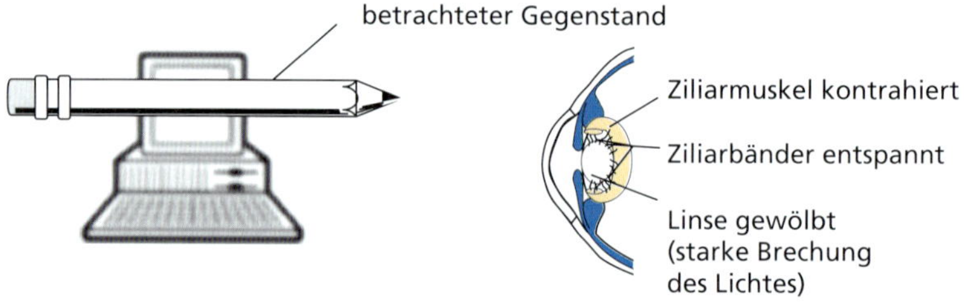

Pupillenadaptation ist die Anpassung des Auges an die Stärke des einfallenden Lichtes durch Erweiterung oder Verengung der Pupille.

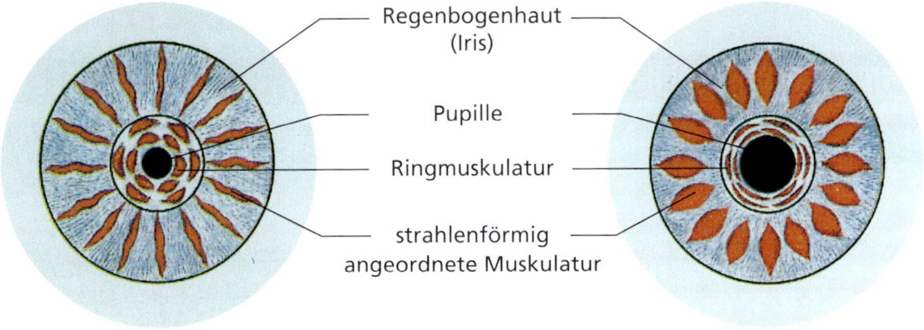

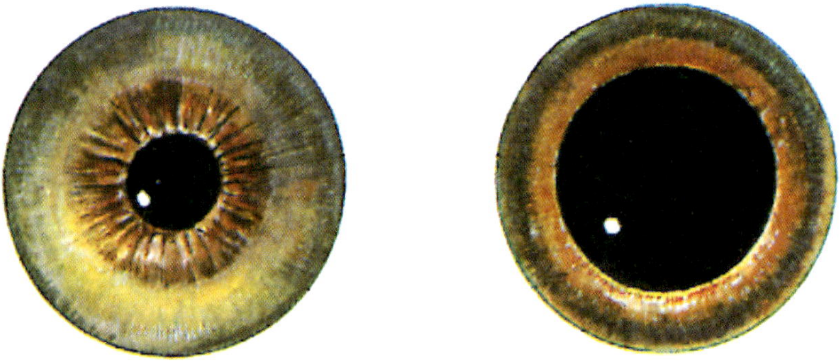

Pupille im grellen Licht	Pupille im Dunkeln
Verengung der Pupille durch Kontraktion der Ringmuskeln der Regenbogenhaut – Verringerung des einfallenden Lichtes	**Erweiterung der Pupille** durch Kontraktion der strahlenförmig angeordneten Muskeln – Erhöhung des einfallenden Lichtes

Sehfehler und ihre Korrektur beim Menschen

Sehfehler haben ihre Ursachen in Abweichungen des Augapfels von seiner normalen Länge (zu kurz bzw. zu lang) oder im Nachlassen der Krümmungsfähigkeit und damit der Brechkraft der Linse.

Kurzsichtigkeit (Ursache: angeboren)

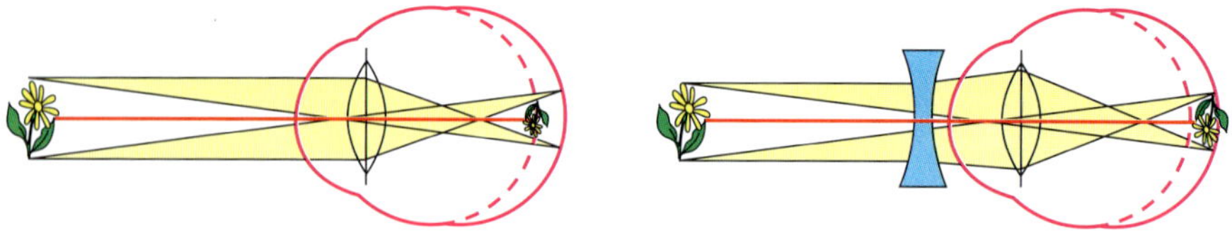

Augapfel zu lang, scharfes Bild von entfernten Gegenständen entsteht vor der Netzhaut, in der Netzhaut ist das Bild unscharf
Korrektur: durch Brillen mit Zerstreuungslinsen

Weitsichtigkeit/Übersichtigkeit (Ursache: angeboren)

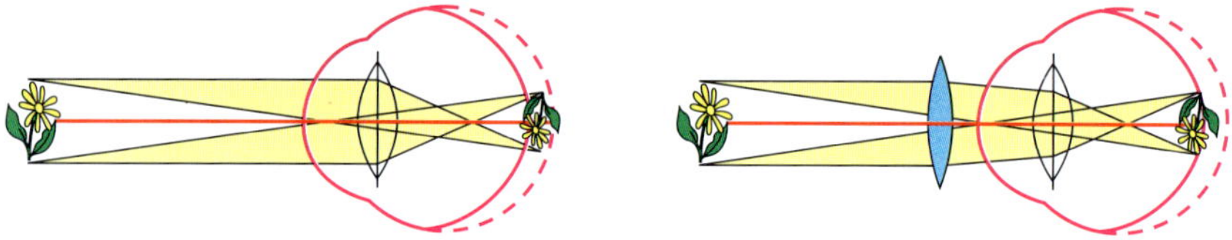

Augapfel zu kurz; scharfes Bild von nahen Gegenständen entsteht hinter der Netzhaut, in der Netzhaut ist das Bild unscharf
Korrektur: durch Brillen mit Sammellinsen

Altersweitsichtigkeit (Ursache: erworben, Alterserscheinung)

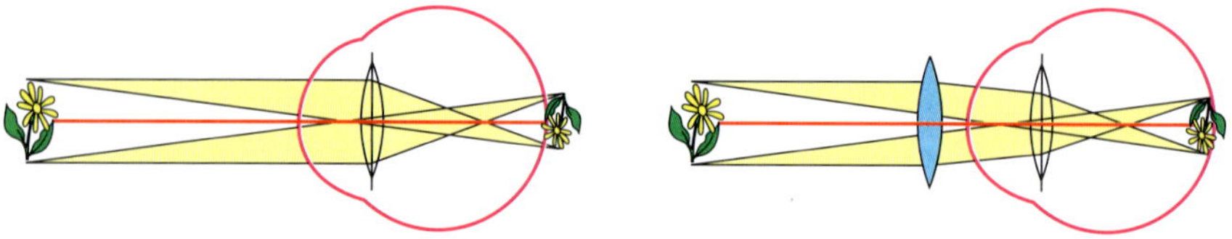

Augapfel normale Länge; Linse wird flacher, Nachlassen der Krümmungsfähigkeit und damit des Brechwertes; scharfes Bild von nahen Gegenständen entsteht hinter der Netzhaut, in der Netzhaut ist das Bild unscharf
Korrektur: durch Brillen mit Sammellinsen

Hörvorgang

Der Schall wird von der Ohrmuschel (S. 400) aufgenommen und im Gehörgang bis zum Trommelfell geleitet. Dieses wird in Schwingungen versetzt, die über die Gehörknöchelchen auf die Flüssigkeit des Innenohres (Lymphe) übertragen werden. Die Hörsinneszellen in der Gehörschnecke werden gereizt. Die entstehenden Erregungen werden über den Hörnerv zum Hörzentrum im Gehirn geleitet und dort verarbeitet. Der Mensch nimmt verschiedene Tonhöhen und Lautstärken wahr.

Reaktion auf Reize

Spezifische Reize (S. 421) werden von bestimmten Sinneszellen aufgenommen. Die Aufnahme von Reizen führt zu Änderungen der elektrischen Ladung der Zellmembran der Zellen, sie werden erregt.

Erregung ist die Ladungsänderung an der Zellmembran einer lebenden Zelle, z.B. Sinnes-, Nerven-, Muskelzelle.

Erregungsleitung ist die Weiterleitung der Erregung von den Sinneszellen durch Nerven zum Zentralnervensystem oder vom Zentralnervensystem durch Nerven zu Erfolgsorganen.

Reaktion ist die Beantwortung eines Reizes durch einen Organismus oder durch eines seiner Teile, z.B. Organe.

Reaktion auf Berührungsreize

Süßwasserpolyp

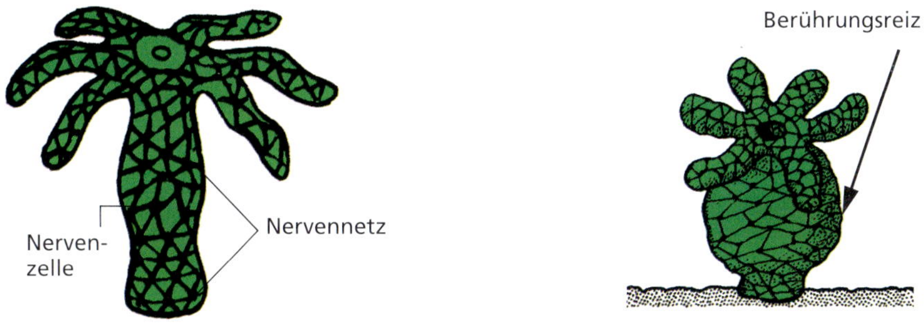

netzförmiges Nervensystem

Regenwurm

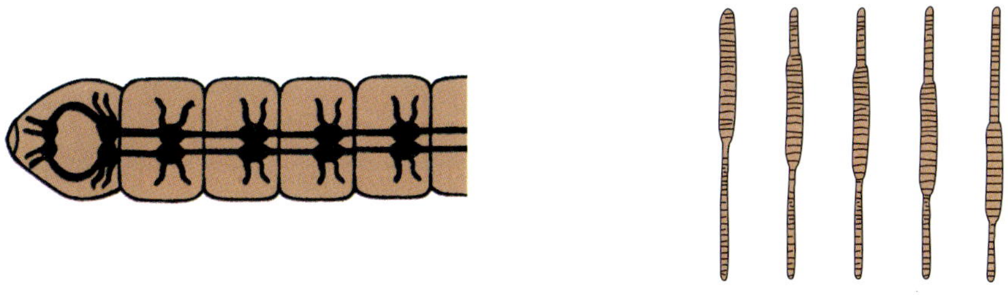

Strickleiternervensystem (S. 401)

Reflexe

Reflexe sind unwillkürliche Reaktionen des Organismus oder seiner Teile, z.B. Organe wie Arm, Bein, auf einen Reiz. Jeder Reflex läuft in einem bestimmten Reflexbogen ab.

Reflexbogen ist die Nervenbahn, auf der ein Reflex zustande kommt und abläuft.

Schema eines Reflexbogens

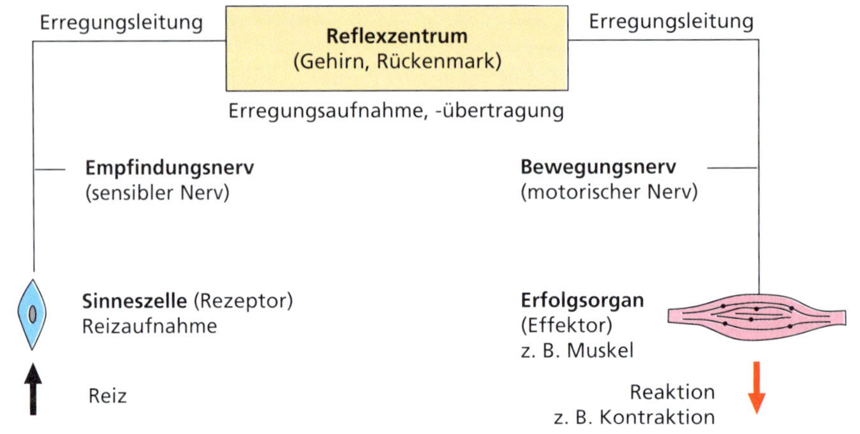

Unbedingte Reflexe sind unwillkürliche, angeborene und beständige Reaktionen auf einen Reiz. Sie bleiben meist zeitlebens erhalten und sind nicht an die Tätigkeit der Großhirnrinde gebunden, z.B. Saug-, Schluck-, Speichel-, Atemschutz-, Kniesehnenreflex (S. 505).
Auf dem Ablauf unbedingter Reflexe beruhen elementare Lebensfunktionen wie Ernährung, Atmung, Fortpflanzung, Schutz, Verteidigung.

Unbedingter Speichelreflex

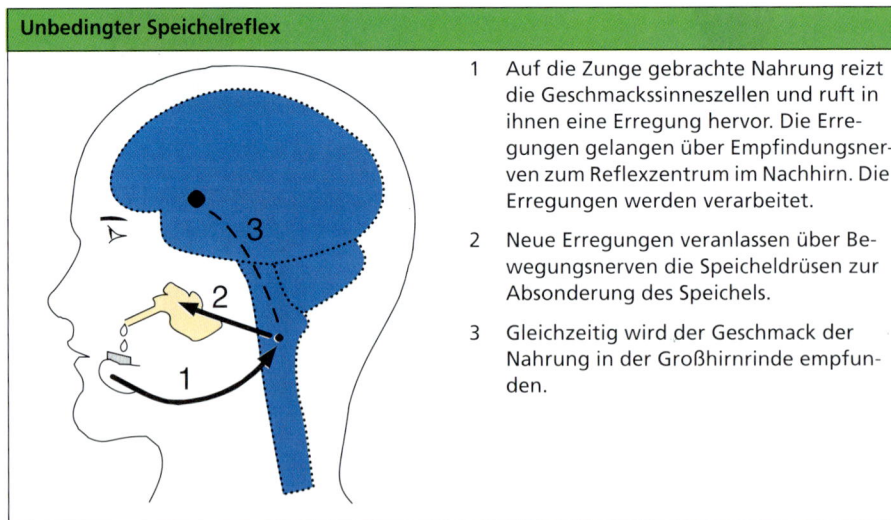

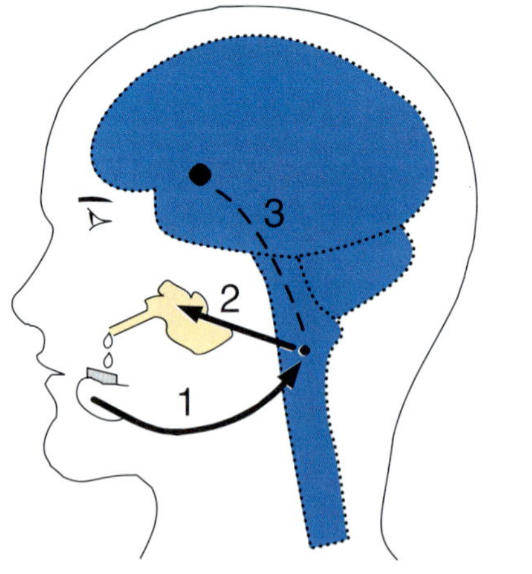

1 Auf die Zunge gebrachte Nahrung reizt die Geschmackssinneszellen und ruft in ihnen eine Erregung hervor. Die Erregungen gelangen über Empfindungsnerven zum Reflexzentrum im Nachhirn. Die Erregungen werden verarbeitet.

2 Neue Erregungen veranlassen über Bewegungsnerven die Speicheldrüsen zur Absonderung des Speichels.

3 Gleichzeitig wird der Geschmack der Nahrung in der Großhirnrinde empfunden.

Bedingte Reflexe (S. 507) sind im Verlaufe des Lebens auf der Grundlage von unbedingten Reflexen erworbene, unbestimmte Reaktionen auf spezielle Reize (**Signalreize**). Sie können erlöschen, wenn der bestimmte Reiz (Signalreiz) nicht erneut nach einiger Zeit einwirkt.
Bedingte Reflexe sind an die Tätigkeit der **Großhirnrinde** gebunden, z.B. bedingter Speichelreflex, gleicher Tagesrhythmus für Aufstehen, Mittagessen, Abendessen, Schlafengehen.

Der Mensch und viele höher entwickelte Tiere (z.B. Menschenaffen, Delphine) können sich auf der Grundlage der Bildung, Hemmung und Löschung bedingter Reflexe an ihre Umwelt besser anpassen. Sie sind durch die Ausbildung bedingter Reflexe in der Lage, Informationen im Gehirn zu verarbeiten und zu speichern. Sie sind in der Lage zu **lernen** (S. 507).

Ausbildung des bedingten Speichelreflexes

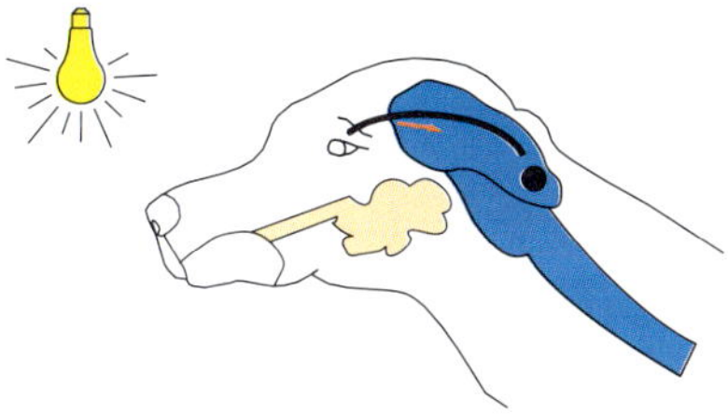

Durch Aufleuchten der Lampe Reizung der Lichtsinneszellen, Weiterleitung der entstehenden Erregungen über Sehnerv zum Sehfeld des Gehirns, Wahrnehmung des Aufleuchtens

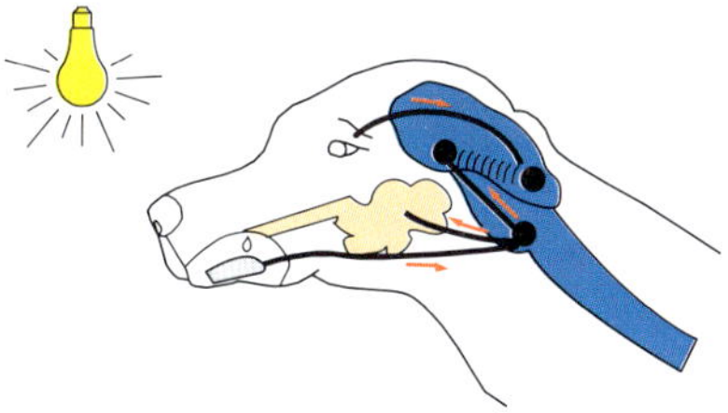

Durch Nahrung Reizung der Geschmackssinneszellen, Weiterleitung der entstehenden Erregungen zum Geschmackszentrum im Nachhirn. Über Nerven Weiterleitung der Erregungen zur Speicheldrüse, Absonderung von Speichel (**unbedingter Reflex**). Gleichzeitig Speicherung der Geschmackswahrnehmung im Gehirn. Bei mehrfacher Wiederholung dieses Vorganges (**Aufleuchten der Lampe kombiniert mit Nahrungsgabe**) Zustandekommen einer zeitweiligen und unbeständigen Verbindung der erregten Gehirnfelder (Seh- und Geschmacksfeld), Anbahnung eines **bedingten Reflexes**

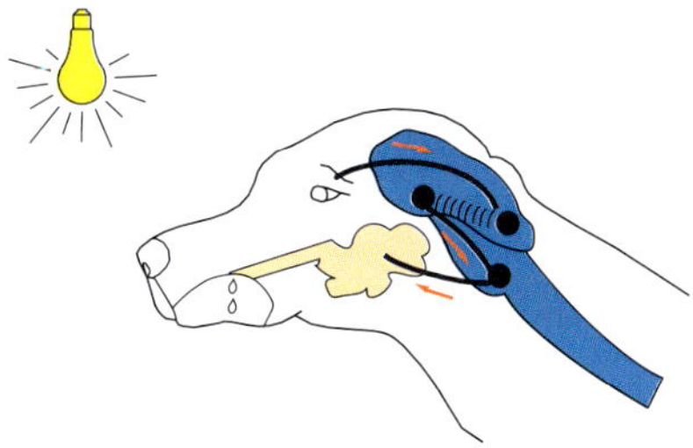

Allein das Aufleuchten der Lampe genügt nun, um die Absonderung des Speichels auszulösen. Ein **bedingter Reflex** ist ausgebildet.

Biologische Regelung

Im gesunden Organismus laufen alle biologischen Vorgänge geregelt ab, obwohl in der Umwelt und im Körperinneren ständig Veränderungen vor sich gehen, z.B. Regelung von Körpertemperatur, Blutdruck, Atmung, Blutzuckerspiegel, Lichtstärke im Auge.

Biologische Regelung ist der Ablauf biologischer Prozesse in Regelkreisen. Sie erfolgt unwillkürlich, ist angeboren und ständig vorhanden. Sie ist aber kein unbedingter Reflex, da durch eine dauernde Rückmeldung über den Ablauf der Reaktion an ein Reflexzentrum ein geschlossener Wirkungskreis entsteht.

Biologische Regelung ermöglicht eine bessere Anpassung des Organismus an sich ändernde Lebensbedingungen in der Umwelt und im Körperinneren.

Biologischer Wirkungskreis

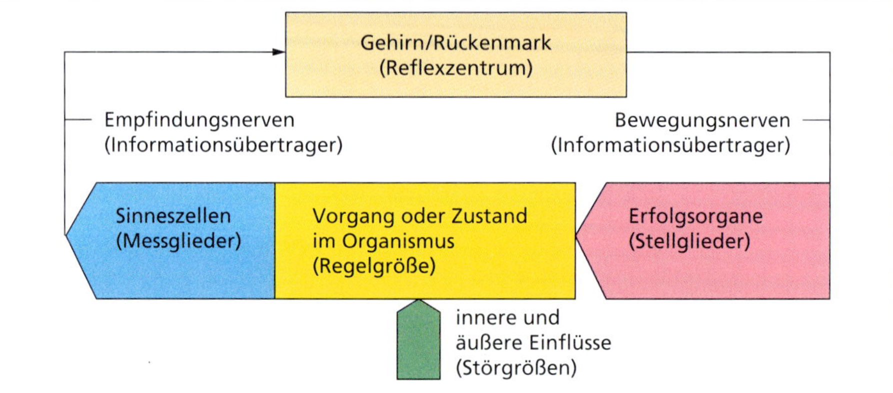

Regelung der Lichtstärke im Auge

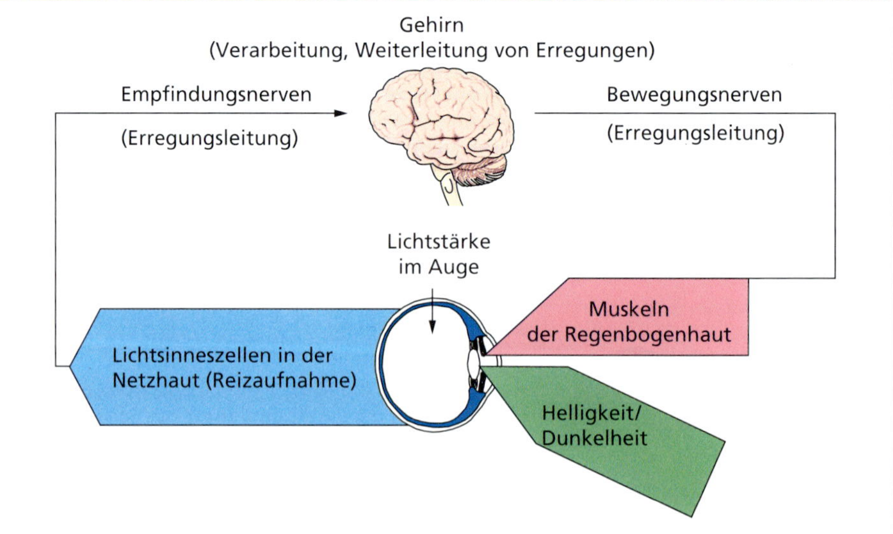

Regelung der Körpertemperatur

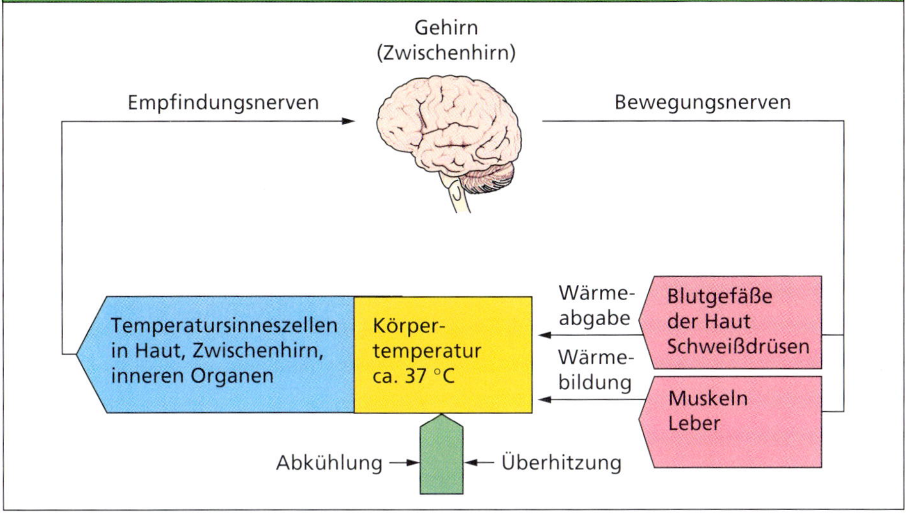

Einige biologische Prozesse werden durch **Zusammenwirken von Hormonen und Nerven** geregelt, z.B. Blutzuckerspiegel, Grundumsatz des Stoff- und Energiewechsels, Ausbildung der sekundären Geschlechtsmerkmale.

Regelung des Blutzuckerspiegels

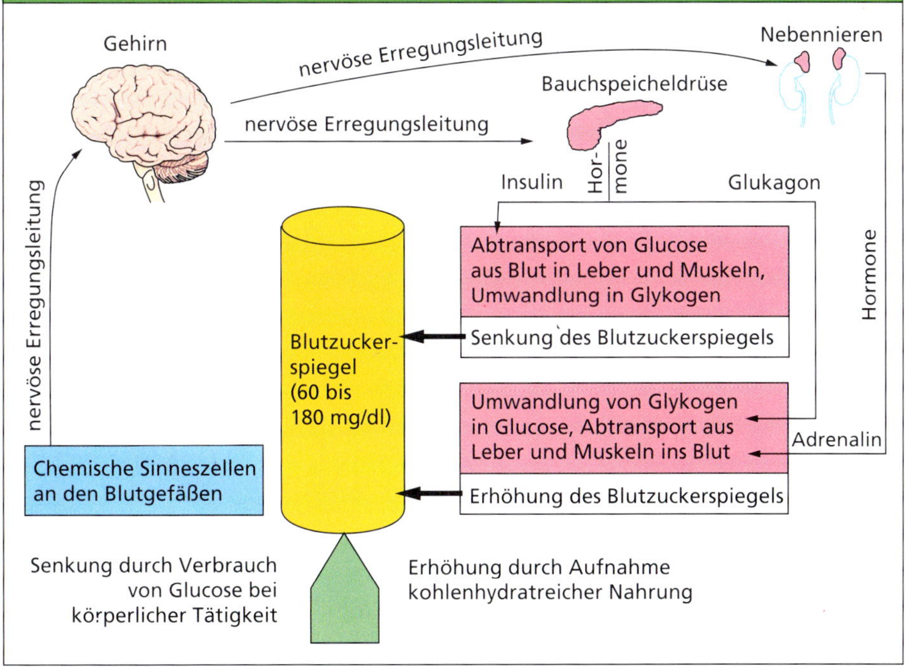

Leistungen des menschlichen Gehirns

Der Mensch besitzt das am höchsten entwickelte Gehirn. In ihm vollziehen sich alle Vorgänge unseres bewussten Fühlens, Denkens und Handelns. Im Gehirn werden alle Erregungen aufgenommen, verarbeitet, teilweise gespeichert (Gedächtnis) bzw. auf andere Nerven übertragen.

Gedächtnis ist die Fähigkeit des Gehirns, Erregungen von Reizen aus der Umwelt und dem Körperinneren über verschiedene Zeiträume hinweg aufzubewahren, z.B. im Kurz- und Langzeitgedächtnis.

Gehirnabschnitte	Leistungen
Großhirn	Aufnahme, Verarbeitung, Speicherung, Weiterleitung von Erregungen, Begriffssprache, Denken, bewusstes Handeln, Zentrum zahlreicher Empfindungen und Wahrnehmungen
Kleinhirn	Gleichgewichts- und Bewegungskoordination
Zwischenhirn	Beeinflussung von Blutdruck, Atmung, Temperaturregulation
Mittelhirn	Umschlagstelle für Nervenbahnen, Zentrum zahlreicher Reflexe
Nachhirn	Atemzentrum, Kreislaufregulation, Umschlagstelle für Nervenbahnen, Zentrum zahlreicher Reflexe

Auf der **Großhirnrinde** lassen sich verschiedene sensible und motorische **Rindenfelder** abgrenzen. In den sensiblen Hirnfeldern wird bei Aufnahme der Erregungen bestimmter Reize die entsprechende Empfindung und Wahrnehmung ausgelöst, z.B. im Sehfeld das Sehen, im Hörfeld das Hören.

Hirnfelder der Großhirnrinde

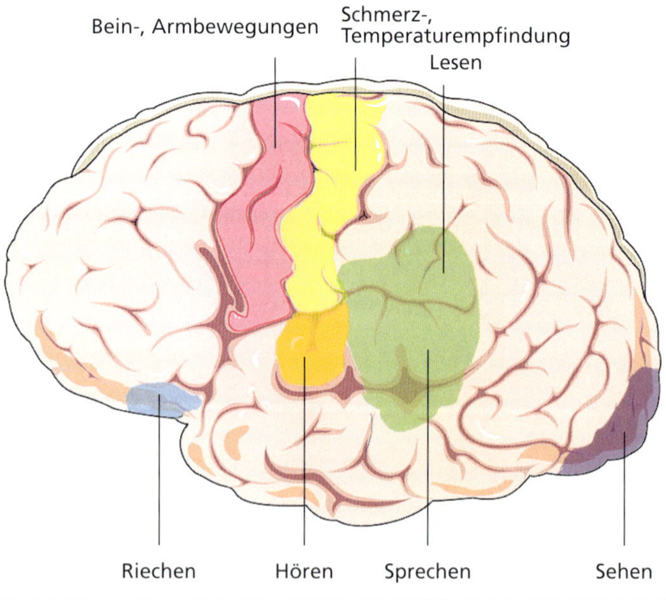

2.2.2 Reizbarkeit und Reaktion auf Reize bei Pflanzen

Pflanzen nehmen Reize aus der Umwelt auf und reagieren mit Bewegungen ihrer Organe auf sie. Die Reizbarkeit der Pflanzen ist – wie die anderer Organismen – an lebendes Zellplasma gebunden.

Krümmungsbewegungen

Krümmungsbewegungen beruhen auf dem verstärkten Transport von **Wuchsstoffen** (Auxinen) in einer Seite der Pflanzen bzw. ihrer Organe. Diese Seite zeigt ein verstärktes Wachstum.

Bei **gerichteten Krümmungsbewegungen** (Tropismen) wird die Richtung der Krümmung durch den auslösenden Reiz bestimmt. Die Pflanzen bzw. ihre Organe bewegen sich dem Reiz entgegen oder wenden sich ab.

Gerichtete Krümmungsbewegungen sind **Wachstumsbewegungen.**

Reaktion auf Licht – Lichtwendigkeit (Fototropismus) einer Sprossspitze

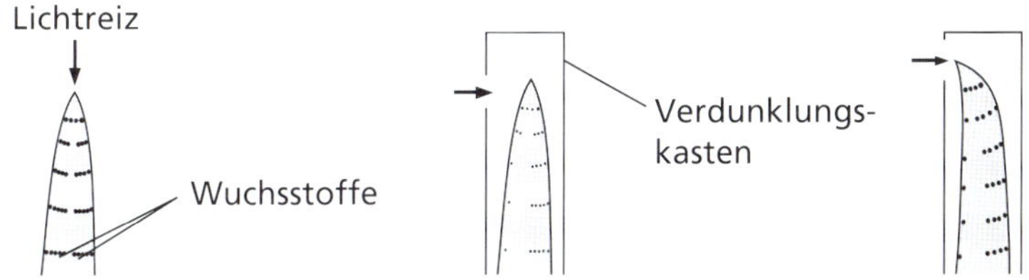

Sprossspitze wächst gerade Gleichmäßige Wuchsstoffverteilung	Sprossspitze wächst noch kurze Zeit gerade Beginnende ungleichmäßige Wuchsstoffverteilung	Sprossspitze wächst zum Licht Ungleichmäßige Wuchsstoffverteilung

Reaktion auf Erdanziehungskraft – Erdwendigkeit (Geotropismus) einer Keimpflanzenwurzel

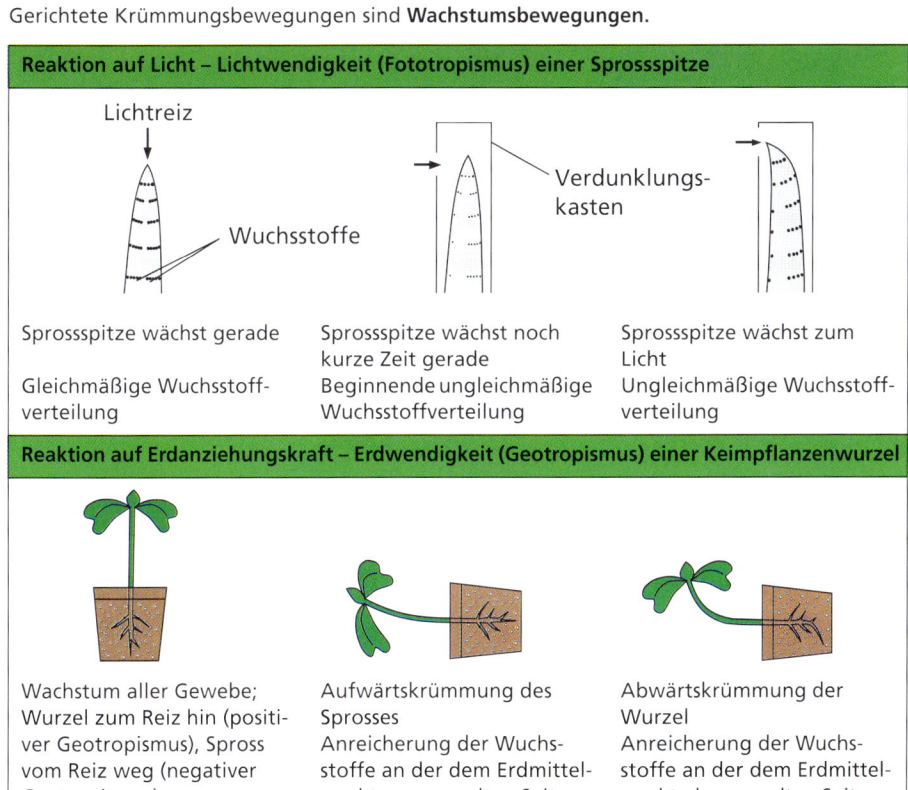

Wachstum aller Gewebe; Wurzel zum Reiz hin (positiver Geotropismus), Spross vom Reiz weg (negativer Geotropismus) Gleichmäßige Wuchsstoffverteilung	Aufwärtskrümmung des Sprosses Anreicherung der Wuchsstoffe an der dem Erdmittelpunkt zugewandten Seite (negativer Geotropismus)	Abwärtskrümmung der Wurzel Anreicherung der Wuchsstoffe an der dem Erdmittelpunkt abgewandten Seite (positiver Geotropismus)

Bei **ungerichteten Krümmungsbewegungen** (Nastien) ist die Richtung der Krümmung vom auslösenden Reiz unabhängig. Ungerichtete Krümmungsbewegungen auf die Reize Temperatur und Licht sind **Wachstumsbewegungen,** auf Berührungsreize z. B. **Turgorbewegungen** (Veränderung des Zellinnendrucks durch osmotische Aufnahme und Abgabe von Wasser aus Geweben).

Reaktion auf Temperatur (Thermonastie) – Öffnungs- und Schließbewegungen von Blüten, z.B. Krokus, Tulpe

Höhere Temperatur bewirkt verstärktes Wachstum der Oberseite (Innenseite) der Blütenblätter – Öffnen der Blüten

Niedere Temperatur bewirkt verstärktes Wachstum der Unterseite (Außenseite) der Blütenblätter – Schließen der Blüten

Reaktion auf Licht (Fotonastie) – Öffnungs- und Schließbewegungen von Blüten, z.B. Kakteen, Korbblütengewächse

Licht bewirkt verstärktes Wachstum der Oberseite (Innenseite) der Blütenblätter – Öffnen der Blüte.
Dunkelheit bewirkt verstärktes Wachstum der Unterseite (Außenseite) der Blütenblätter – Schließen der Blüte

Reaktion auf Berührung (Seismonastie) – Blattbewegung, z.B. Mimose, Bohne, Sauerklee

Blatt vor Reizung

Blatt nach Reizung

Erschütterung, Stoß, Berührung bewirken Veränderung des Zellinnendruckes (Turgor) in den Gelenken durch osmotische Aufnahme und Abgabe von Wasser – Zusammenklappen der Fiederblättchen, Senken der Blattstiele

2.2.3 Bewegungen von Pflanzen unabhängig von Reizvorgängen

Quellungsbewegungen

Quellung ist die Volumenvergrößerung eines lebenden oder nichtlebenden Körpers durch Wasseraufnahme. Dieser Vorgang kann wiederholt vollzogen und wieder rückgängig gemacht werden (**Entquellung**).
Quellungsbewegungen (hygroskopische Bewegungen) der Pflanzen beruhen auf Quellungs- und Entquellungsbewegungen und den damit verbundenen Volumenveränderungen in den unterschiedlichen Gewebeschichten. Sie sind nicht an lebendes Zellplasma gebunden.

Quellungsbewegungen eines trockenen Kiefernzapfens

bei Feuchtigkeit geschlossen

bei Trockenheit geöffnet

2.3 Fortpflanzung, Individualentwicklung und Wachstum

2.3.1 Fortpflanzung

Fortpflanzung ist ein wesentliches Merkmal des Lebens. Sie ist die Fähigkeit der Lebewesen, Nachkommen zu erzeugen. Sie kann ungeschlechtlich (vegetativ) oder geschlechtlich (generativ) erfolgen.
Vermehrung ist die Erhöhung der Anzahl der Nachkommen gegenüber den Eltern bei der Fortpflanzung.

Ungeschlechtliche Fortpflanzung

Die **ungeschlechtliche Fortpflanzung** ist die Entstehung von Nachkommen aus einer elterlichen Einzelzelle oder aus Teilstücken (Zellkomplexen) eines elterlichen Lebewesens.

Formen ungeschlechtlicher Fortpflanzung durch elterliche Einzelzellen

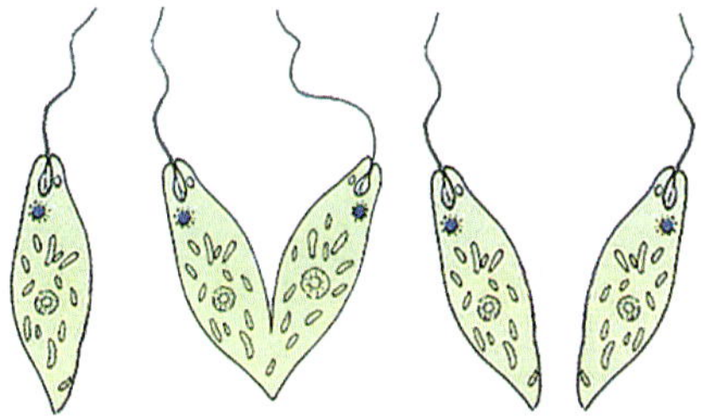

Längsteilung (Euglena)

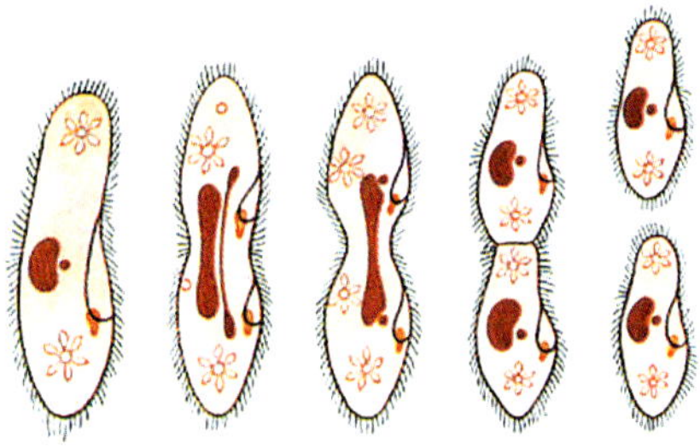

Querteilung (Pantoffeltierchen)

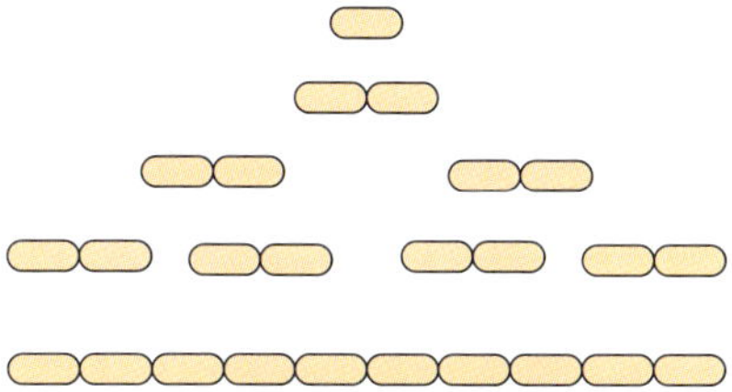

Spaltung (Bakterien)

Tochterkugeln (Kugelalge)

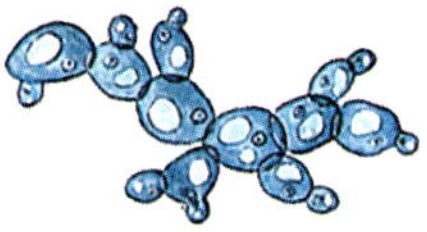

Sprossung (Bäckerhefe)

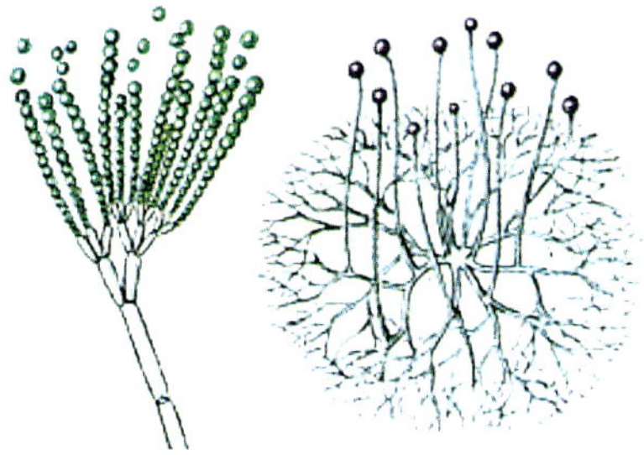

Sporen (Schimmelpilze)

Formen ungeschlechtlicher Fortpflanzung (S. 348) durch Abgliederung von elterlichen Teilstücken (Zellkomplexen)

Oberirdische Ausläufer (Erdbeere)

Unterirdische Ausläufer (Quecke)

Tochterzwiebeln
(Tulpe)

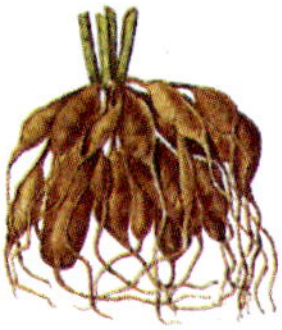

Wurzelknollen
(Dahlie)

Sprossknollen
(Kartoffel)

Wurzelstock (Rhizom/Erdspross)
(Busch-Windröschen)

Wurzelspross
(Distel)

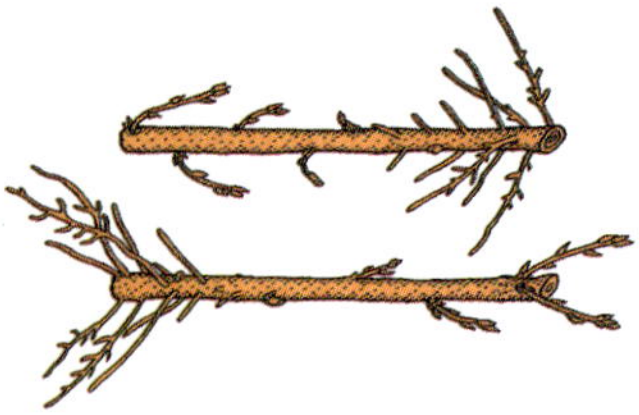

Stecklinge (Weiden)

Brutknospen (Brutblatt)

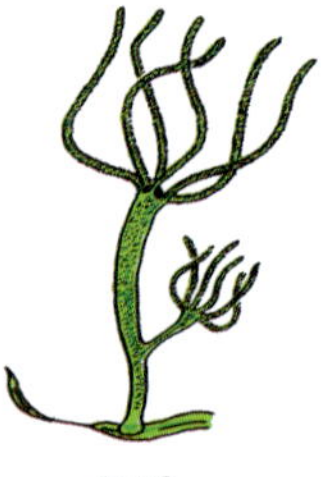

Knospung (Süßwasserpolyp)

Geschlechtliche Fortpflanzung

Die **geschlechtliche Fortpflanzung** ist die Entstehung von Nachkommen aus einer befruchteten Eizelle (**Zygote**), die durch Verschmelzung der Zellkerne einer weiblichen und männlichen Geschlechtszelle entsteht.

Übertragung der männlichen Geschlechtszellen

Die männlichen Geschlechtszellen werden durch Begattung und Bestäubung übertragen.

Begattung (Geschlechtsverkehr) ist bei höher entwickelten Tieren und dem Menschen die geschlechtliche Vereinigung eines weiblichen und männlichen Lebewesens zur Übertragung der männlichen Geschlechtszellen (Samenzellen, Spermien) in die weiblichen Geschlechtsorgane (z.B. Scheide). Dies erfolgt durch äußere Geschlechtsorgane, die **Begattungsorgane** (z.B. Penis).

Bestäubung ist bei den Samenpflanzen (Blütenpflanzen) die Übertragung des Blütenstaubes (Pollen) von den männlichen Blütenteilen (Staubgefäßen) auf die weiblichen Blütenteile (Narbe bei Bedecktsamern, Samenanlage bei Nacktsamern) oder die weiblichen Blüten (S. 353).

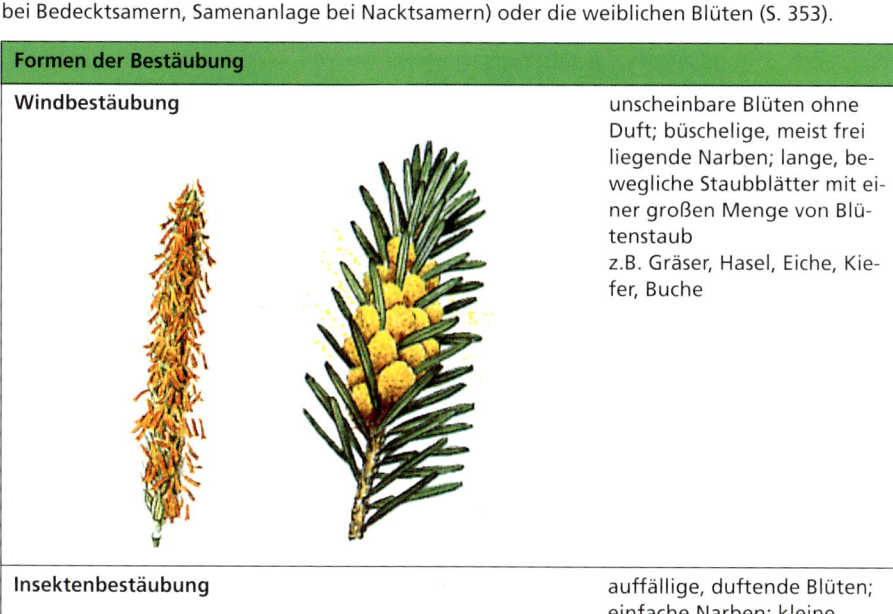

Formen der Bestäubung	
Windbestäubung 	unscheinbare Blüten ohne Duft; büschelige, meist frei liegende Narben; lange, bewegliche Staubblätter mit einer großen Menge von Blütenstaub z.B. Gräser, Hasel, Eiche, Kiefer, Buche
Insektenbestäubung 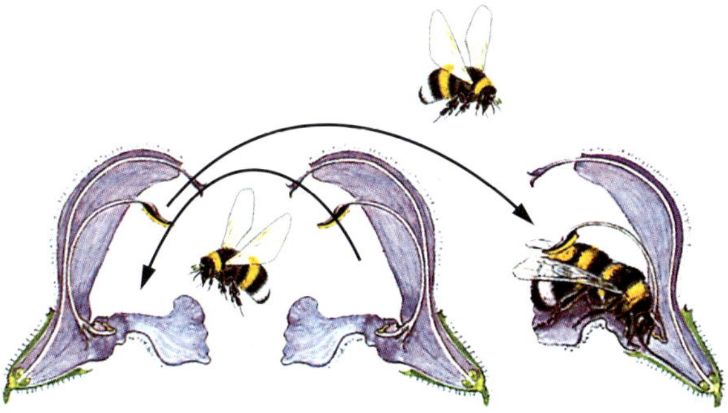	auffällige, duftende Blüten; einfache Narben; kleine Staubblätter mit einer geringen Menge von Blütenstaub, z.B. Kirsche, Rose, Raps, Schlüsselblume, Salbei

Befruchtung

Befruchtung ist die Verschmelzung der Zellkerne einer männlichen Geschlechtszelle (Samenzelle, Spermium) und einer weiblichen Geschlechtszelle (Eizelle) zur befruchteten Eizelle (Zygote).

Befruchtungsvorgänge bei Samenpflanzen

Bedecktsamer

Befruchtungsvorgang

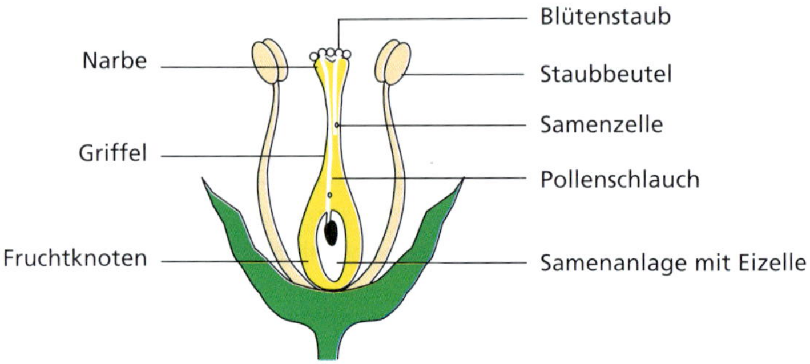

Frucht- und Samenbildung

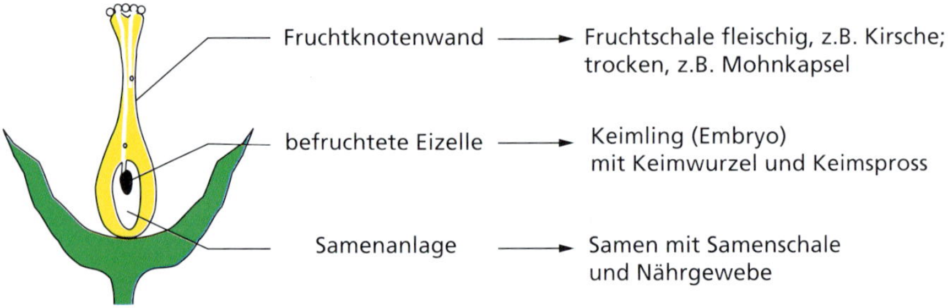

Nacktsamer

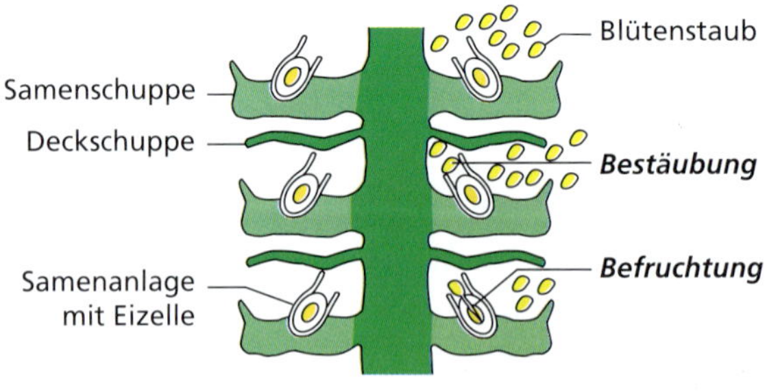

Weibliche Blüten

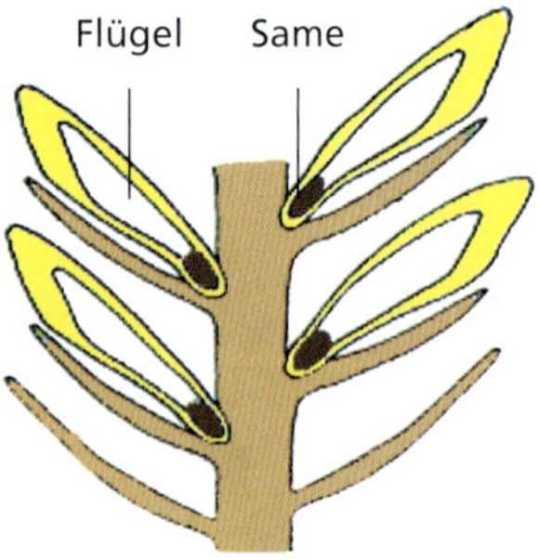

Samenbildung

Befruchtungsvorgang bei Tieren

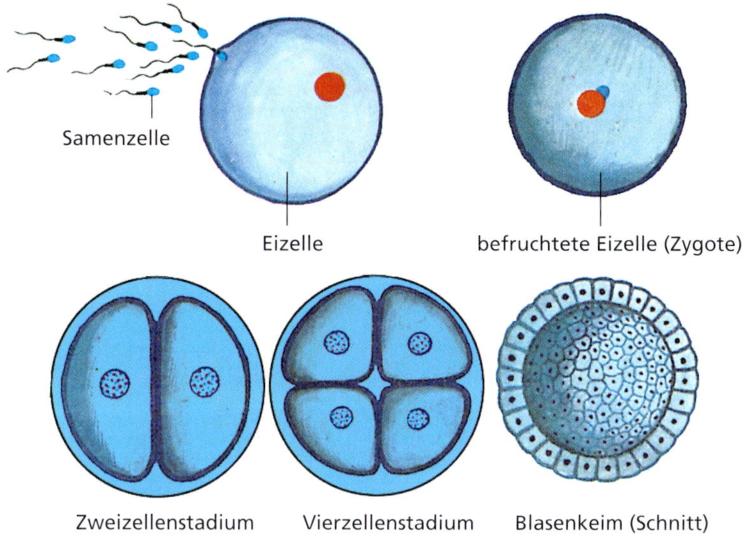

Innere Befruchtung

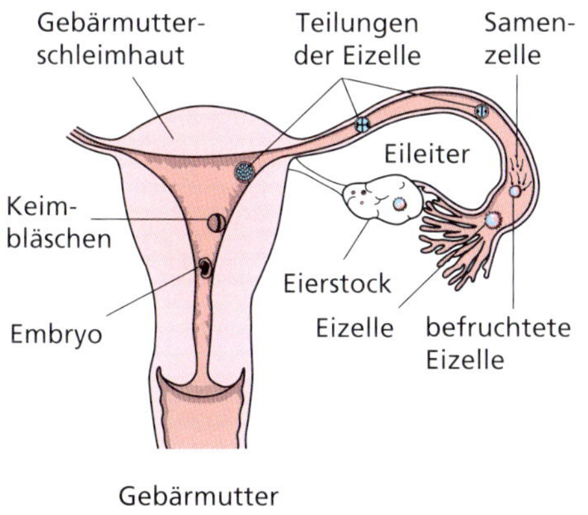

Verschmelzung der Geschlechtszellen im Inneren der weiblichen Geschlechtsorgane (z.B. im Eileiter)
Mensch, Säugetiere, Vögel, Kriechtiere

Äußere Befruchtung

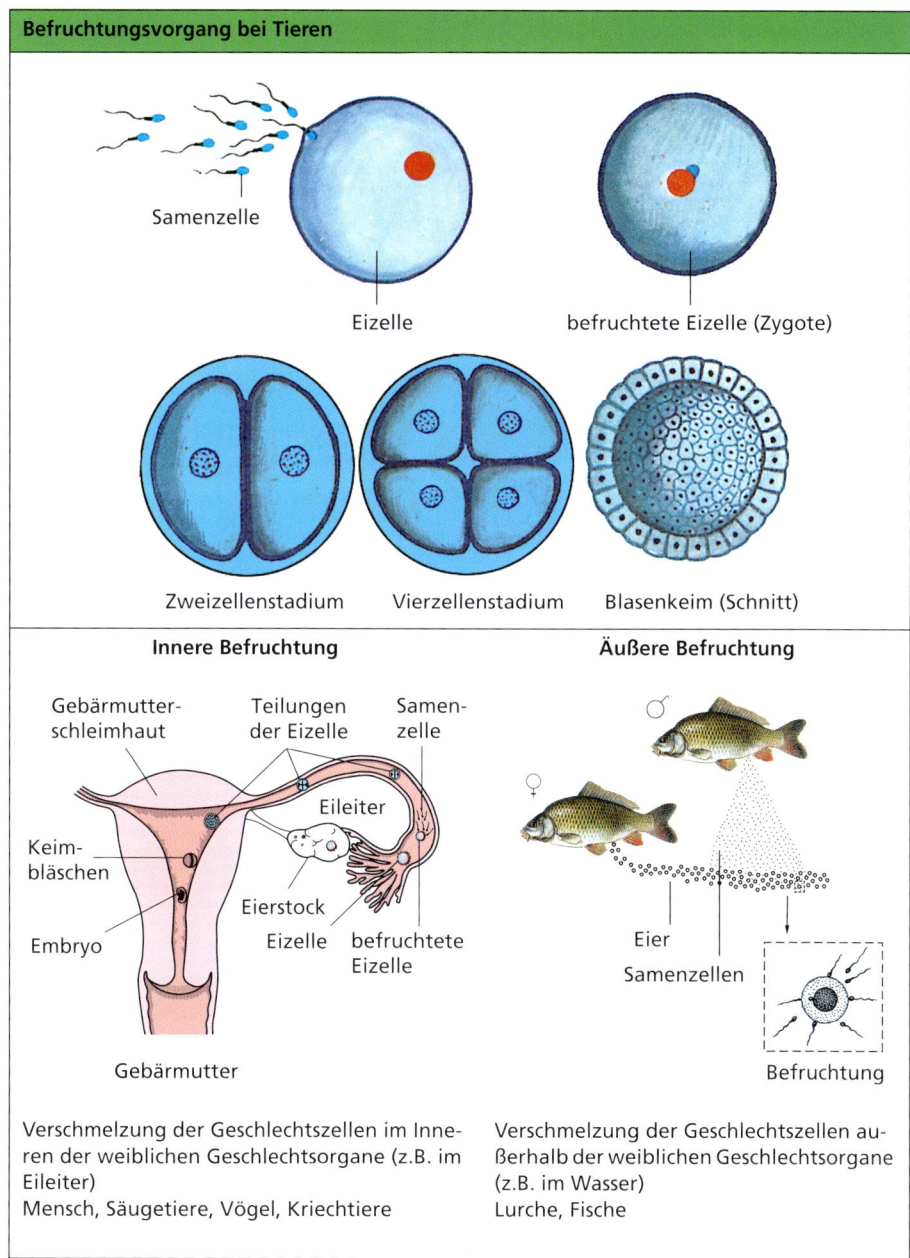

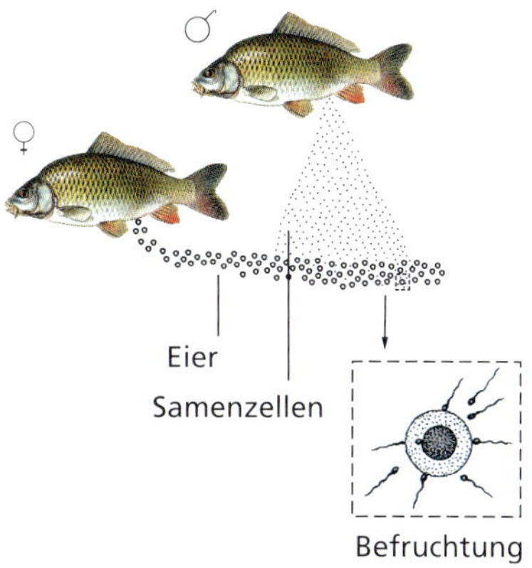

Verschmelzung der Geschlechtszellen außerhalb der weiblichen Geschlechtsorgane (z.B. im Wasser)
Lurche, Fische

Generationswechsel

Der **Generationswechsel** ist eine regelmäßige Aufeinanderfolge (der Wechsel) von geschlechtlicher und ungeschlechtlicher Generation einer Art.

Generationswechsel bei einem Laubmoos

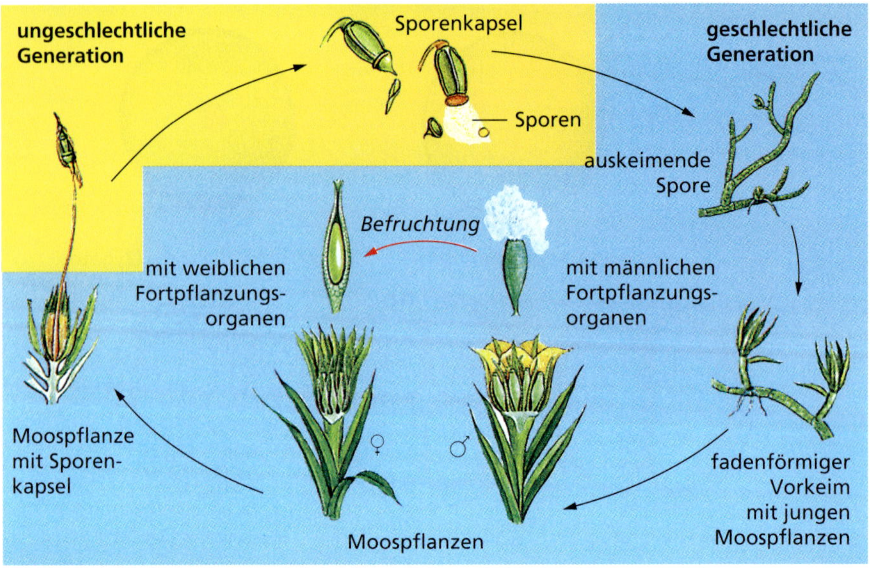

Generationswechsel bei einem Farn

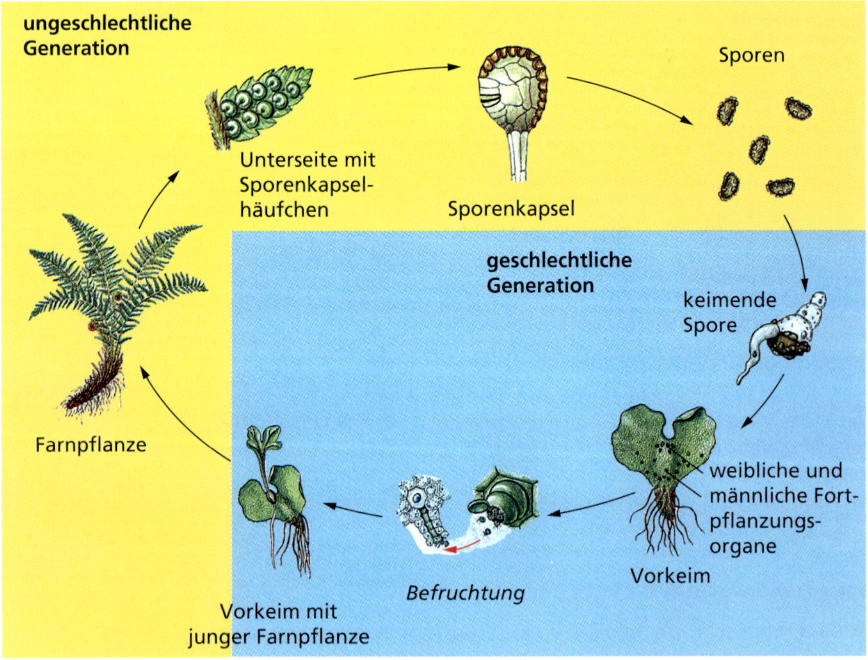

2.3.2 Individualentwicklung

Individualentwicklung ist die Entwicklung des Einzellebewesens (Individuum) von der befruchteten Eizelle bis zum Eintritt des Todes. Sie verläuft in bestimmten Phasen, die nicht umkehrbar sind. Sie stimmen trotz Unterschieden im Ablauf bei allen vielzelligen Organismen im Prinzip überein.

Die Individualentwicklung ist eng mit Wachstumsprozessen verbunden. Sie erfolgt direkt bzw. indirekt.

Bei der **direkten Entwicklung** entwickeln sich aus der befruchteten Eizelle Junglebewesen, die den erwachsenen Lebewesen in Gestalt und Lebensweise sehr ähnlich sind (z.B. Säugetiere, Kriechtiere, Vögel, Mensch).

Bei der **indirekten Entwicklung** entwickeln sich aus der befruchteten Eizelle Larven, die in Gestalt und Lebensweise von den erwachsenen Lebewesen abweichen und deren Gestalt erst durch eine Umwandlung (Gestaltwandel, Metamorphose) erreichen (z.B. Insekten, Lurche).

Eine **Metamorphose** ist beim Tier ein Gestaltwandel, den es während der Individualentwicklung bis zum ausgereiften Tier durchmacht, bei der Pflanze eine Umwandlung von Organen (z.B. Blattmetamorphosen, S. 352, Wurzelmetamorphosen, S. 346, Sprossachsenmetamorphosen, S. 348).

Individualentwicklung bei Insekten

Die Insekten (S. 368) haben eine **indirekte Entwicklung**. Bei ihnen verläuft die Entwicklung vom Ei zum geschlechtsreifen Insekt (Imago) unterschiedlich. Man unterscheidet die **unvollkommene Verwandlung** (unvollkommene Metamorphose) und die **vollkommene Verwandlung** (vollkommene Metamorphose), bei der auf die Larve noch ein Puppenstadium folgt.

Unvollkommene Verwandlung

Ei Larve Larve Larve Vollinsekt

Beispiele:
Heuschrecken, Wanzen, Schaben, Libellen

Vollkommene Verwandlung

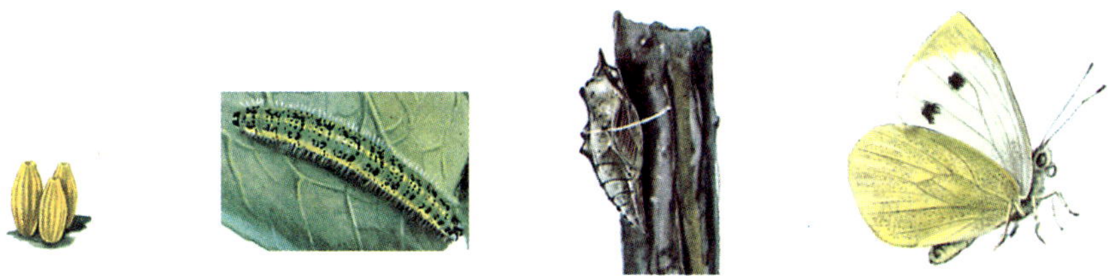

Ei Larve Puppe Vollinsekt

Beispiele:
Käfer, Zweiflügler, Schmetterlinge, Hautflügler

Individualentwicklung bei Plattwürmern

Plattwürmer (S. 362) führen ihre Entwicklung auf oder in verschiedenen Lebewesen (Wirten) durch. Sie haben einen **Wirtswechsel.** Der Träger des Wurms ist der **Endwirt**, der Träger der Larven der **Zwischenwirt**. Der regelmäßige Wechsel zwischen beiden Trägern (Wirten) ist der Wirtswechsel (z.B. Saugwürmer, Bandwürmer).

Individualentwicklung bei Wirbeltieren

Die **Individualentwicklung** () der Wirbeltiergruppen ist durch bestimmte Entwicklungsabläufe charakterisiert. Im Gegensatz zu den Fischen (S. 373), Kriechtieren (S. 378), Vögeln (S. 380) und Säugetieren (S. 386) haben Lurche (S. 376) eine indirekte Entwicklung verbunden mit einer **Metamorphose**.

Fische

Eier (Laich)

Entwicklung des Keimes

Fischlarve

Jungfisch

geschlechtsreifer Fisch

Kriechtiere

Eiablage

befruchtete Eier im Erdloch

Schlupf der Jungtiere

Vögel

Eier im Nest

Ausbrüten der Eier

Schlupf der Jungtiere

Säugetiere

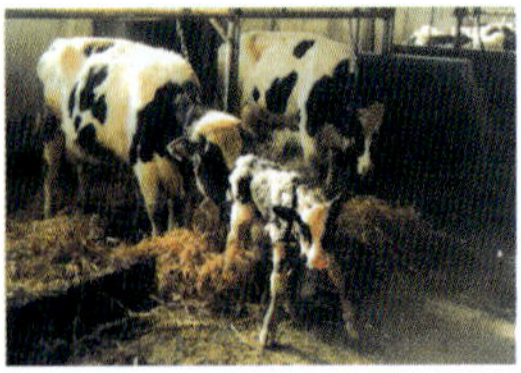
Geburt der Jungtiere

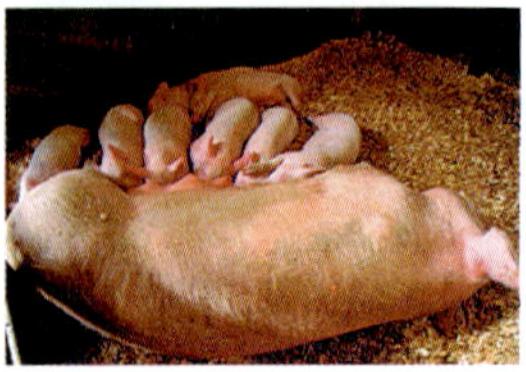
Säugen der Jungen

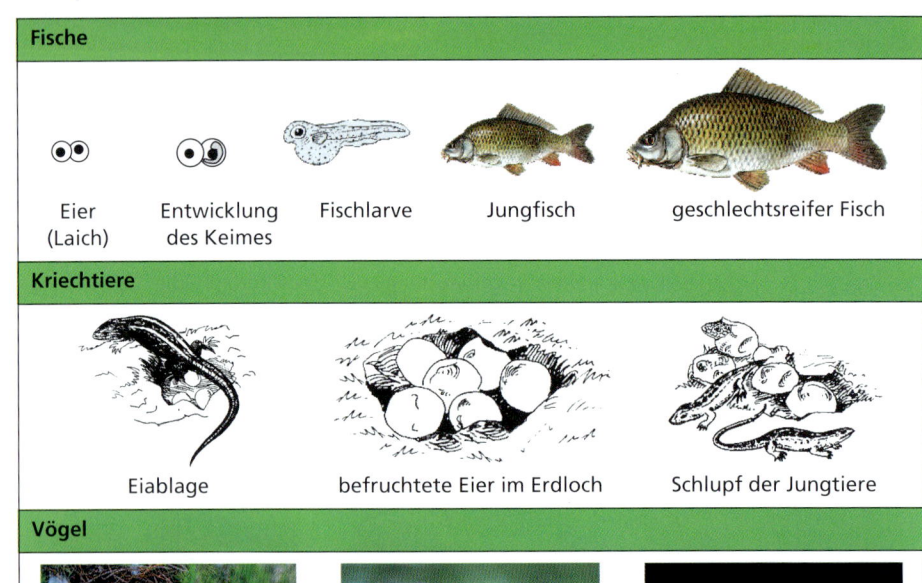

Lurche

befruchtete Froscheier und Embryonen | Junge Froschlarven (Kaulquappen) | Ältere Froschlarven (Kaulquappen) | Jungfrosch

Individualentwicklung des Menschen

Die **Individualentwicklung** des Menschen verläuft in verschiedenen Phasen: vorgeburtliche Entwicklung (Embryonalentwicklung), Geburt, nachgeburtliche Entwicklung.

Vorgeburtliche Entwicklung (**Embryonalentwicklung**) ist die Entwicklung des Organismus von der befruchteten Eizelle bis zur Geburt. Während der Embryonalentwicklung nistet sich der Keimling in der Gebärmutterschleimhaut ein, entwickeln sich die Organe und Organsysteme, wird der Embryo im Mutterleib ernährt, wächst der Embryo geschützt heran und erreicht nach etwa 268 Tagen (9 Monaten) die Geburtsreife. Den Zustand der Frau, die ein Kind austrägt, bezeichnet man als **Schwangerschaft.** Sie endet mit der Geburt.

Verlauf der Embryonalentwicklung des Menschen

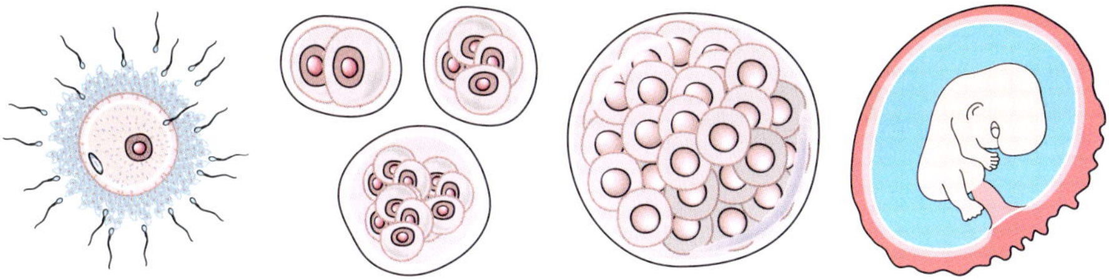

befruchtete Eizelle | verschiedene Zellstadien | Zellkugel (Morula) | Embryo

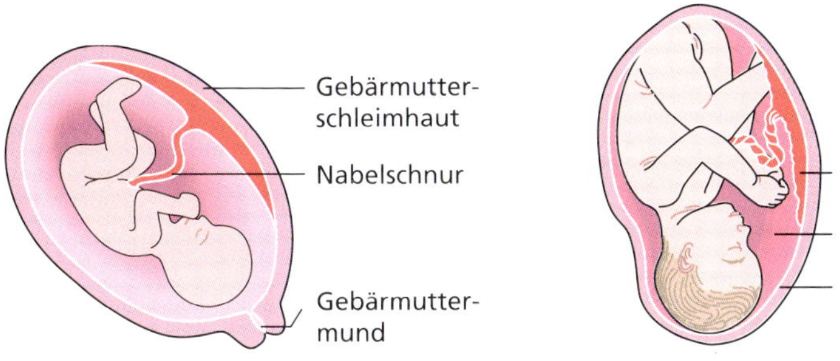

Keimling (3 Monate) | Keimling (9 Monate)

Geburt ist der Vorgang des Ausstoßens des geburtsreifen Kindes aus dem mütterlichen Organismus. Der Geburtsvorgang wird durch Hormone gesteuert und durch rhythmisches Zusammenziehen der Gebärmutter und der Bauchmuskulatur (Wehen) unterstützt. Er verläuft in 3 Phasen: Eröffnungs-, Austreibungs-, Nachgeburtsphase.

Eröffnungsphase

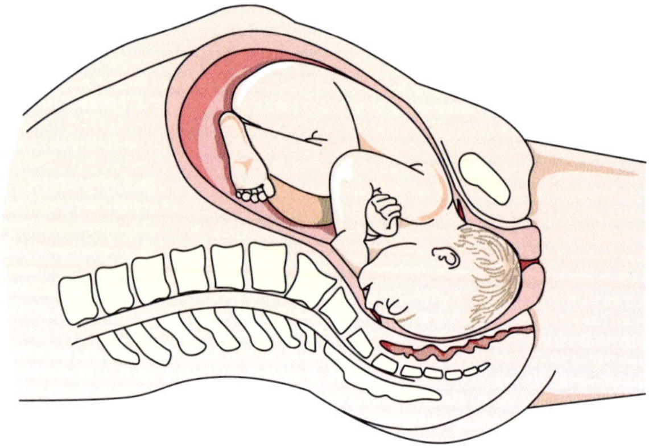

Erweiterung der Gebärmutter, Tiefersinken des Kindes in das Becken, Öffnung des Gebärmuttermundes, Platzen der Fruchtblase; Eröffnungswehen

Austreibungsphase

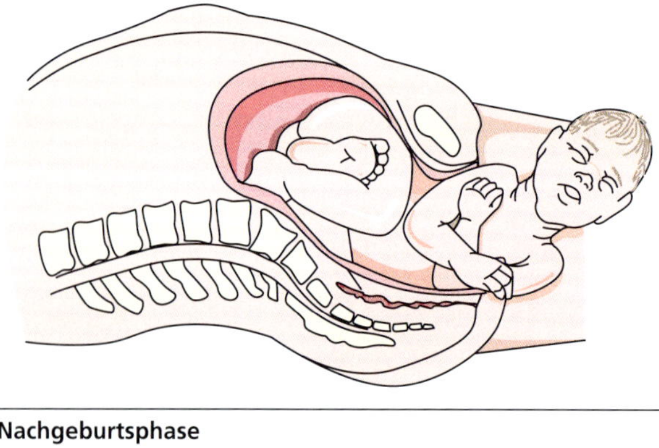

Durchtritt des Kindes durch das Becken, Kopf wird sichtbar, Ausstoßen des Kindes, Abbinden der Nabelschnur, erster Atemzug des Kindes; Presswehen

Nachgeburtsphase

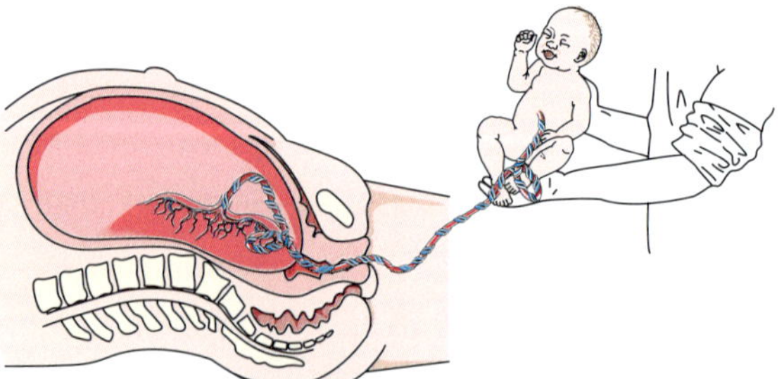

Durchtrennung der Nabelschnur, Loslösung des Mutterkuchens von der Gebärmutterschleimhaut, Ausstoßen der „Nachgeburt" (Mutterkuchen, Fruchthülle)

Nachgeburtliche Entwicklung ist die Entwicklung des Organismus von der Geburt bis zum Tode. Sie umfasst mehrere Entwicklungsabschnitte.

Entwicklungsabschnitte	Typische Merkmale
Säuglingsalter	wachsen; sitzen, kriechen, stehen; erste Zähne werden sichtbar; erste Wortnachahmungen, Saugreflex, Schlaf
Kleinkindalter	rasches Wachstum; geistige Entwicklung; Milchgebiss, Ausbildung der Sprache; erstes Einordnen in die Gemeinschaft
Schulalter	Zahnwechsel; Veränderung der Körperproportionen; geistige Entwicklung, bewusster Gebrauch der Sprache, Erwerb der Grundlagen für Schreiben, Lesen, Rechnen
Jugendalter	Abschluss des Längenwachstums, Abschluss körperlicher Reife (Geschlechtsmerkmale)); geistige Entwicklung (Allgemein-, Berufsbildung); Beziehung zwischen Mädchen und Jungen, Interessenausbildung, Charakterformung
Erwachsenenalter	Entfaltung der körperlichen und geistigen Tätigkeit im Beruf; Familiengründung, Zeugung von Nachkommen; im hohen Alter Nachlassen der körperlichen Leistungsfähigkeit und der geistigen Leistungen, Welken der Haut
Tod	altersbedingtes Nachlassen der Funktionsfähigkeit von Organen

Pubertät ist die Entwicklungszeit zwischen Kindheit und Geschlechtsreife. Sie beginnt im Alter von 9 Jahren bis 11 Jahren und endet mit 16 Jahren bis 18 Jahren. In dieser Zeit bilden sich in der Entwicklung von Mädchen und Jungen deutliche Unterschiede (sekundäre Geschlechtsmerkmale) heraus.

Sekundäre Geschlechtsmerkmale			
Mädchen/Frau		**Junge/Mann**	
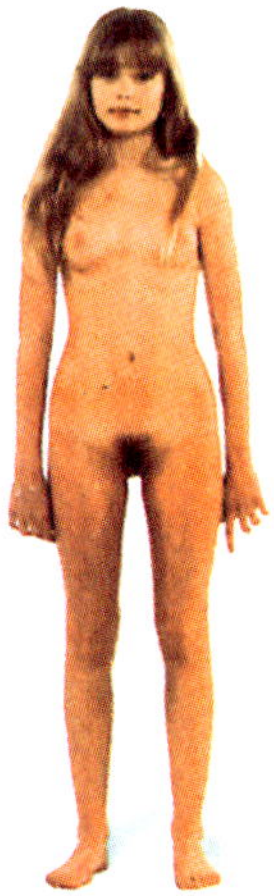	Entwicklung der Brüste Abrundung der Körperformen Verbreitung des Beckens Achselbehaarung Schambehaarung Wachstum der Geschlechtsorgane Follikel- und Eizellenreifung	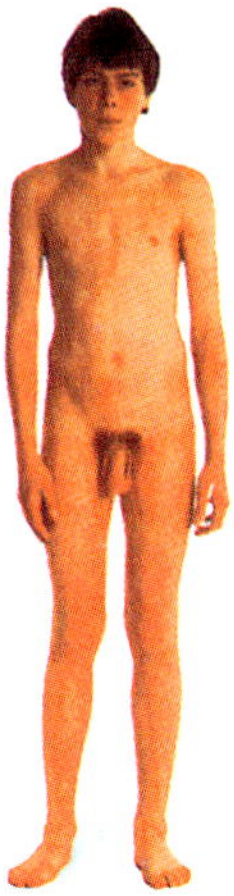	Muskelwachstum Stimmbruch breite Schultern Achselbehaarung, Bartwuchs Schambehaarung Wachstum der Geschlechtsorgane Samenzellenreifung

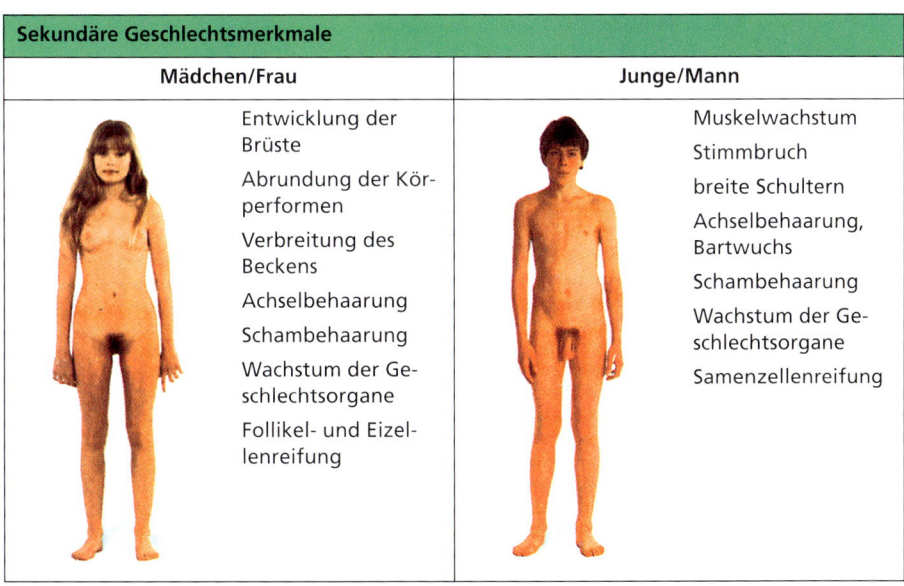

Individualentwicklung bei Samenpflanzen

Die **Individualentwicklung** der Samenpflanzen verläuft in bestimmten Phasen, die durch charakteristische Merkmale gekennzeichnet sind.

Entwicklungsphasen	Merkmale
Keimung des Samens 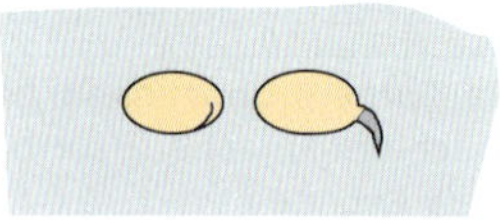	Nach Befruchtung der Eizelle und Ausbildung des Embryos entwickeln sich bei günstigen Bedingungen (Wasser, Temperatur, Sauerstoff) Keimwurzel und Keimspross. Ernährung durch im Samen gespeicherte organische Stoffe. Keimling durchbricht Samenschale.
Wachstumsphase (vegetative Phase) 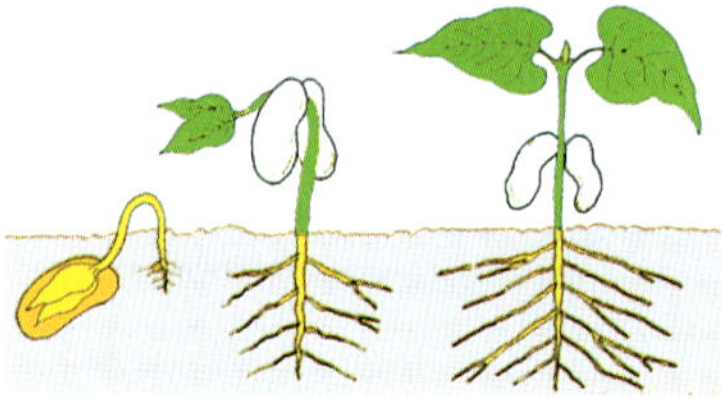	Wachstum der Keimpflanze zur Jungpflanze, Aufnahme von Stoffen und Bildung organischer Stoffe durch Fotosynthese, Differenzierung von Zellen und Geweben, Bildung von Organen (Wurzel, Sprossachse, Blätter); Jungpflanze wird von den Nährstoffen des Samens unabhängig.
Fortpflanzungsphase (generative Phase) 	Entwicklung der Jungpflanze zur fortpflanzungsfähigen Pflanze durch Bildung von Blüten und Samen
Alterungsphase 	Nachlassen des Wachstums, Absterben von Zellen und Geweben
Tod 	Abbrechen der Lebensprozesse

2.3.3 Wachstum

Das **Wachstum** eines Organismus ist durch eine bleibende Volumen- und Substanzzunahme gekennzeichnet. Wachstumsvorgänge werden durch Hormone gesteuert und sind nicht umkehrbar.

Beim Menschen und den meisten Tieren dauert das Wachstum nur kurz bis nach der Geschlechtsreife. Bei den Pflanzen können Wachstum und Organbildung bis zum Tode andauern, da sie beispielsweise an Spross- und Wurzelspitzen Bildungsgewebe besitzen.

Bildungsgewebe bei Pflanzen

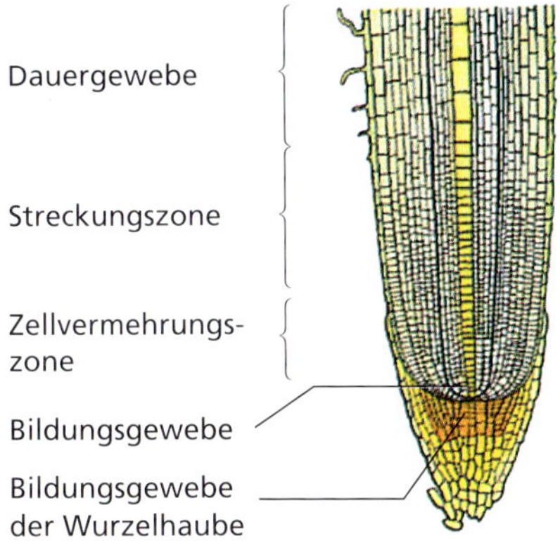

Wurzelspitze (längs)

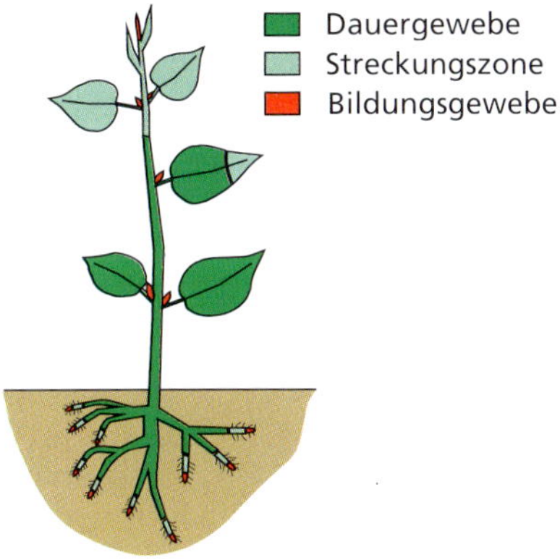

Pflanze mit Vegetationspunkten

Jede wachsende Pflanzenzelle macht verschiedene **Wachstumsphasen** durch.

Wachstumsphasen bei Pflanzenzellen

Plasmawachstum	**Zellteilungswachstum**	**Streckungswachstum**	**Differenzierungswachstum**
Zunahme des Zellplasmas in den Zellen der Bildungsgewebe	rasche Teilung der Zellen führt zur Zellvermehrung	Volumenzunahme der Zellen durch Wasseraufnahme (Vakuolenbildung) und Flächenwachstum der Zellwand, ohne Zunahme des Zellplasmas	Ausformung und Ausgestaltung der Zellen zu ihrer endgültigen Struktur, z.B. Epidermis-, Leitungs-, Festigungszelle
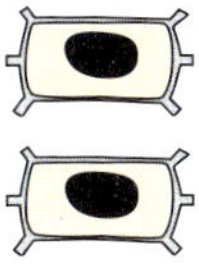	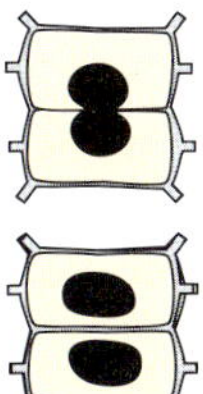	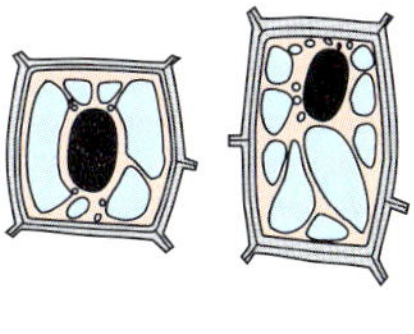	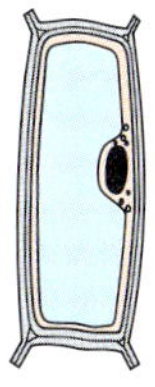

3 Grundlagen der Ökologie

Die **Ökologie** als Teilgebiet der Biologie untersucht die Wechselbeziehungen zwischen den Lebewesen und ihrer Umwelt.

In der Ökologie versteht man unter **Umwelt** die Gesamtheit aller Faktoren, die auf ein Lebewesen einwirken und für sein Leben bedeutsam sind.

Umweltfaktoren sind die Faktoren, die aus der nichtlebenden und lebenden Umwelt direkt oder indirekt auf ein Lebewesen einwirken.

Abiotische Umweltfaktoren sind Faktoren der nichtlebenden Umwelt, die auf ein Lebewesen einwirken, z.B. Klima- und Bodenfaktoren.

Biotische Umweltfaktoren sind Faktoren der belebten Umwelt, die auf ein Lebewesen einwirken. Sie können von Lebewesen der gleichen Art oder von Lebewesen anderer Arten ausgehen.

Umweltfaktoren (Auswahl) eines Tieres, z.B. Kohlmeise

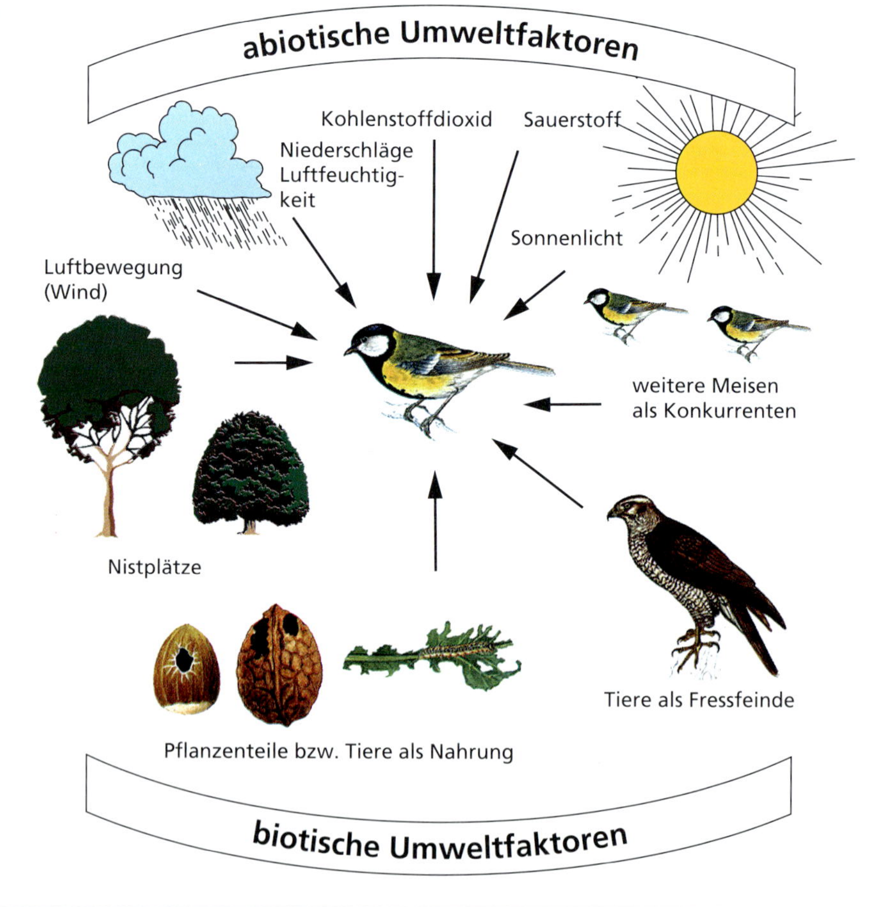

Umweltfaktoren	
abiotische Faktoren **(Faktoren der nichtlebenden Umwelt eines Lebewesens)** – Klimafaktoren, z.B. Licht Temperatur Niederschläge Luftfeuchtigkeit Luftbewegung (Wind) – Bodenfaktoren, z.B. Bodenreaktion (pH-Wert) Nährsalzgehalt Humusgehalt Feuchtigkeit Temperatur – Sauerstoff und Kohlenstoffdioxid der Luft	**biotische Faktoren** **(Faktoren der belebten Umwelt eines Lebewesens)** – Konkurrenten – Fressfeinde – Fortpflanzungspartner – Parasitismus – Symbiose – Bestäubung, Samen- und Fruchtverbreitung durch Tiere

3.1 Einflüsse abiotischer Umweltfaktoren auf Pflanzen und Tiere

Umweltfaktoren beeinflussen den Stoff- und Energiewechsel, die Entwicklungsvorgänge sowie die Verhaltensreaktionen von Organismen.

3.1.1 Einflüsse abiotischer Umweltfaktoren auf Pflanzen (Auswahl)

Licht als abiotischer Faktor für Pflanzen

Einfluss der Lichtintensität auf die Fotosynthese	
Lichtpflanzen	**Schattenpflanzen**
Pflanzen mit hohem Lichtanspruch optimale Fotosyntheseleistung erst bei hoher Lichtstärke Fotosyntheseleistung überwiegt gegenüber der Atmung erst bei intensiver Belichtung Lichtpflanzen oft mit dicken, kleinen Sonnenblättern und vielfach doppeltem Palisadengewebe 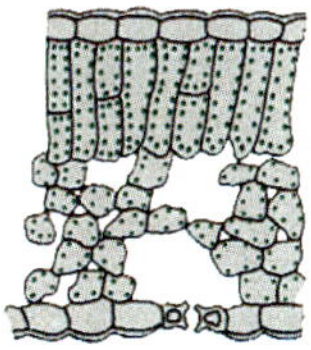 **Beispiele:** Hängebirke, Eiche, Rot-Klee, Kamille	Pflanzen mit niedrigem Lichtanspruch optimale Fotosyntheseleistung schon bei geringer Lichtstärke Fotosyntheseleistung überwiegt gegenüber der Atmung schon im Schatten Schattenpflanzen oft mit dünnen, großflächigen Schattenblättern und meist einschichtigem Palisadengewebe 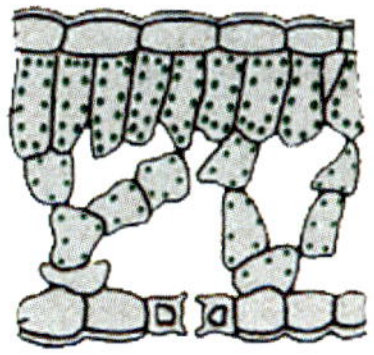 **Beispiele:** Wald-Sauerklee, Hainbuche, Leberblümchen, viele Moose und Farne

Einfluss der täglichen Belichtungsdauer auf die Blütenbildung	
Kurztagpflanzen	**Langtagpflanzen**
Blütenbildung bei weniger als 12 Stunden täglicher Belichtungsdauer Pflanzen tropischer Klimazonen, z.B. Ananas, Reis, Baumwolle, Hirse, Paprika, Dahlie, Chrysantheme	Blütenbildung bei mehr als 12 Stunden täglicher Belichtungsdauer Pflanzen gemäßigter Klimazonen, z.B. Weizen, Spinat, Roggen, Möhre, Küchenzwiebel, Rot-Klee, Salat

Wasser als abiotischer Faktor für Pflanzen

Wasserpflanzen (Hydrophyten)	**Feuchtlandpflanzen (Hygrophyten)**	**Trockenlandpflanzen (Xerophyten)**
· Blätter stark gegliedert · ohne Spaltöffnungen · Kutikula schwach ausgebildet · große Interzellularräume zur Speicherung von Luft · Aufnahme von gelöstem Kohlenstoffdioxid, Sauerstoff und Mineralstoffen durch die gesamte Oberfläche; Wurzeln fehlend oder zurückgebildet **Beispiele:** Tausendblatt, Wasserschlauch, Hornblatt	· Blätter dünn und großflächig · Spaltöffnungen über die Epidermis erhoben · Kutikula dünn, oft auch lebende Haare · Wasserabgabe oft durch Guttation (Tröpfchen) · Gasaustausch über die Spaltöffnungen, Mineralstoff- und Wasseraufnahme vorrangig durch oft flache Wurzelsysteme **Beispiele:** einige Farne, Aronstab, Begonien	· Blätter klein, eingerollt oder fehlend · Spaltöffnungen in die Epidermis eingesenkt · Kutikula stark, oft dichte Behaarung · Transpiration stark eingeschränkt · Ausbildung von Gewebe zur Wasserspeicherung, oft kugel- oder säulenförmiger Wuchs; Wurzelsysteme meist tiefreichend **Beispiele:** Kakteen, Lorbeerbaum, Myrte, Heidekraut, Oleander
 Tausendblatt	 Wurmfarn	 Kaktus

Bodenreaktion (pH-Wert) als abiotischer Faktor für Pflanzen

Die **Bodenreaktion** (Bodenazidität) gibt die im Bodenwasser vorhandene Wasserstoffionenkonzentration an. Der **pH-Wert** kennzeichnet die basische, neutrale oder saure Reaktion des Bodenwassers. Das Vorkommen von Pflanzen ist oft an einen bestimmten pH-Bereich des Bodens gebunden.

Optimale Bodenreaktion für Pflanzen (Beispiele)

pH-Wert	sehr stark sauer				stark sauer		mäßig sauer	schwach sauer		neutral	schwach basisch		stark basisch	sehr stark basisch	
	< 2,5	2,5–3,0	3,0–3,5	3,5–4,0	4,0–4,5	4,5–5,0	5,0–5,5	5,5–6,0	6,0–6,5	6,5–7,0	7,0–7,5	7,5–8,0	8,0–8,5	8,5–9,0	> 9,0
Kartoffeln							■	■	■	■					
Schwertlilie									■	■	■	■			
Bohnen								½■	■	■					
Spinat								■	■	■					
Wald-Sauerklee					■	■	■	■	■	■	■				
Gemeine Kiefer						½■	■	■							
Schlängel-Schmiele			■	■	■	■									
Gelbes Windröschen											½■	■			
Bingelkraut										½■	■				
Heidelbeere						■									
Leberblümchen											½■	■			

3.1.2 Einflüsse abiotischer Umweltfaktoren auf Tiere (Auswahl)

Temperatur als abiotischer Faktor für Tiere

Wechselwarme Tiere	Gleichwarme Tiere
Die Körpertemperatur entspricht etwa der Temperatur der Umgebung **Wirbellose Tiere, Fische, Lurche** und **Kriechtiere** sind wechselwarm, also von der Umgebungstemperatur abhängig. Ihre Toleranzbereiche entsprechen den Temperaturverhältnissen des Lebensraumes. Wechselwarme Tiere überwintern meist bei einer Körpertemperatur von 0 °C in **Kältestarre (Winterstarre).**	Die Körpertemperatur wird reguliert und relativ konstant gehalten. Die Körperbedeckung (z.B. Fell, Federn) schützt weitgehend vor Wärmeabgabe. **Säugetiere** und **Vögel** besiedeln als gleichwarme Tiere alle Klimaregionen (z.B. Arktis), da sie relativ unabhängig von der Umgebungstemperatur sind. Gleichwarme Tiere sind auch im Winter aktiv oder verfallen in einen **Winterschlaf** bzw. halten eine **Winterruhe**.

Winterstarre – Bewegungsunfähiger Zustand bei stark herabgesetztem Stoff- und Energiewechsel, Körpertemperatur wird herabgesetzt, z.B. Zauneidechse, Wasserfrosch, Erdkröte, Regenwurm, Maikäfer	**Winterschlaf** – schlafähnlicher Zustand, Lebensprozesse auf ein Minimum verringert, Körpertemperatur wird herabgesetzt, z.B. Igel, Fledermaus, Murmeltier, Feldhamster	**Winterruhe** – längerer Ruheschlaf mit Unterbrechungen, Körpertemperatur wird nicht herabgesetzt, Aktivitäten eingeschränkt, z.B. Dachs, Eichhörnchen, Braunbär

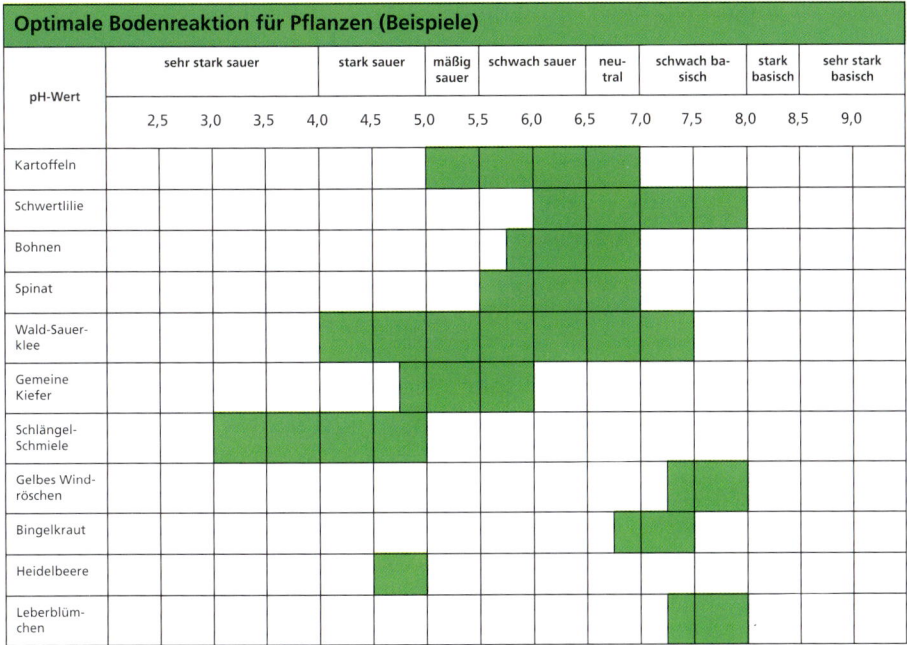

Wasser als abiotischer Faktor für Tiere

Trockenlufttiere	Feuchtlufttiere
Trockenlufttiere (z.B. **Vögel, Kriechtiere, Säugetiere**) sind relativ unabhängig vom Wassergehalt der Umgebung. Anpassungserscheinungen sind Federn, Fell und eine oft stark verhornte Haut; Schutz vor starker Verdunstung und Austrocknung des Körpers. Trockenlufttiere besiedeln auch Wüsten- und Steppengebiete.	Feuchtlufttiere (z.B. **Lurche, einige wirbellose Tiere**) sind stark vom Wassergehalt der Umgebung abhängig. Anpassungserscheinung ist eine feuchte, schleimige, drüsenreiche und kaum verhornte Haut; bietet nur wenig Verdunstungsschutz. Feuchtlufttiere leben in Feuchtgebieten oder Gewässernähe.

3.1.3 Ökologische Potenz und Toleranzbereich

Umweltfaktoren wirken nicht immer mit gleicher Intensität auf die Organismen ein. Ihr Einfluss schwankt.

Ökologische Potenz ist die Fähigkeit eines tierischen oder pflanzlichen Organismus, Schwankungen eines Umweltfaktors in bestimmten Grenzen zu ertragen.

Toleranzbereich ist die Spanne eines Umweltfaktors zwischen Minimum und Maximum. Es ist der Bereich, in dem die Lebensprozesse auf Dauer aufrecht erhalten werden können.

Maximum ist die obere Grenze des Toleranzbereiches; Bereich der Wirkung eines Umweltfaktors, bis zu dem die Organismen ihre Lebensprozesse noch aufrecht erhalten können.

Minimum ist die untere Grenze des Toleranzbereiches; Bereich der Wirkung eines Umweltfaktors, bis zu dem die Organismen ihre Lebensprozesse noch aufrecht erhalten können.

Optimum ist der Bereich der Wirkung eines Umweltfaktors, in dem die Lebensprozesse am besten ablaufen.

Toleranzbereich gegenüber dem Lichtfaktor (bezogen auf Lebensraum Flachland)

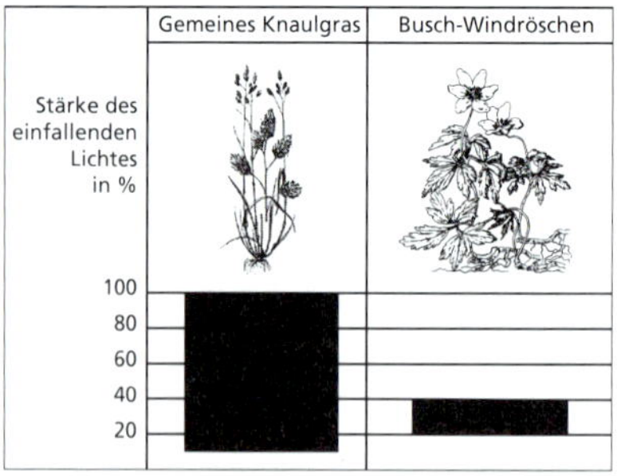

Toleranzbereich des Wald-Ziests gegenüber dem Lichtfaktor (bezogen auf Individualentwicklung)

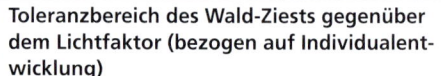

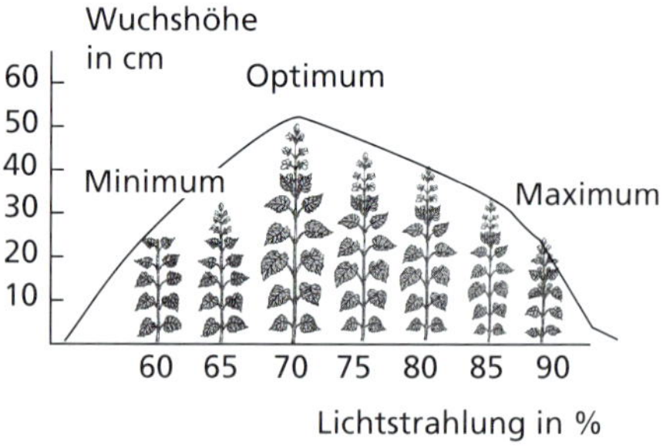

Zeigerpflanzen (Indikatorpflanzen)

Zeigerpflanzen sind Standortanzeiger. Sie besitzen gegenüber einem bestimmten Umweltfaktor einen engen Toleranzbereich (z.B. bezogen auf Bodeneigenschaften wie Kalk-, Stickstoff-, Säure-, Feuchtigkeits-, Nährsalzgehalt).

Umweltfaktor	Pflanzliche Zeigerarten (Beispiele)
Bodenreaktion sauer (pH-Wert 3 bis 6,5)	Preiselbeere, Hain-Wachtelweizen, Heidelbeere, Heidekraut, Schlängel-Schmiele, Kiefer
Bodenreaktion neutral (pH-Wert um 7)	Weiß-Klee, Acker-Senf, Scharbockskraut, Wald-Ziest
Bodenreaktion basisch (pH-Wert 7,5 – 9)	Huflattich, Bingelkraut, Leberblümchen, Hohler Lerchensporn, Lungenkraut, Schlüsselblume, Gelbes Windröschen
Feuchtigkeit groß (feuchte Standorte)	Sumpf-Dotterblume, Wiesen-Schaumkraut, Gelbe Schwertlilie, Torfmoos
Feuchtigkeit gering (trockene Standorte)	Heidekraut, Besenginster, Federgras
Stickstoffgehalt hoch	Große Brennnessel, Bärenklau

3.2 Beziehungen zwischen Organismen und biotischen Umweltfaktoren

In einem bestimmten Lebensraum (z.B. Tümpel) existiert eine bestimmte Lebensgemeinschaft aufgrund der vorherrschenden abiotischen Faktoren wie auch der vielfältigen Beziehungen der Lebewesen untereinander.
Innerartliche Beziehungen sind Beziehungen zwischen **artgleichen** Lebewesen, z.B. innerartliche Konkurrenz um Nahrung, Raum, Partner, Brutplatz.
Unter einer **Art** versteht man alle Lebewesen, die in wesentlichen Merkmalen übereinstimmen, sich untereinander fortpflanzen und deren Nachkommen fruchtbar sind.

Zwischenartliche Beziehungen sind Beziehungen zwischen **artfremden** Lebewesen, z.B. zwischenartliche Konkurrenz um Nahrung und Raum, aber auch Symbiose, Parasitismus (S. 453).

Nahrungsbeziehungen

Nahrungsbeziehungen (trophische Beziehungen) sind die wichtigsten Beziehungen in einem Ökosystem (S. 458).

Produzenten (Erzeuger organischer energiereicher Stoffe) sind die grünen Pflanzen aufgrund ihrer fotosynthetischen Stoffwechselleistung. Damit sind die Produzenten Ausgangspunkt von Nahrungsketten (S. 458) und Nahrungsnetzen sowie Voraussetzung für die Ernährung heterotropher Lebewesen (S. 406).

Konsumenten (Verbraucher organischer Stoffe) ernähren sich von den pflanzlichen organischen energiereichen Stoffen als Pflanzenfresser (Erstkonsumenten) oder nehmen als Fleischfresser (Zweit-, Dritt-, Endkonsumenten) tierische organische energiereiche Nahrung auf.	
Destruenten (Zersetzer) bauen als Abfallfresser (z.B. Regenwurm, Aaskäfer) und Mineralisierer (z.B. Bakterien, Pilze) tote, energiereiche, organische pflanzliche und tierische Substanz in anorganische energiearme Stoffe wie Kohlenstoffdioxid, Wasser und Mineralstoffe unter Energiegewinn ab und bauen körpereigene Stoffe auf.	

Konkurrenz zwischen den Lebewesen

Konkurrenz ist der Wettbewerb zwischen den Lebewesen um einen Umweltfaktor, der nicht unbegrenzt vorhanden ist.

 Konkurrenz um Licht, z.B. Pflanzen des Waldes	 Konkurrenz um Raum, z.B. Spechte um Bruthöhlen
 Konkurrenz um Nahrung, z.B. Insektenlarven um Blätter	 Konkurrenz um Fortpflanzungspartner, z.B. Hirschkampf um Rudel

Zusammenleben in Symbiosen

Symbiose ist ein enges Zusammenleben von zwei artverschiedenen Organismen mit einem gegenseitigen Vorteil, mit beiderseitigem Nutzen.

Die beiden Organismen können beide Pflanzen, beide Tiere, Pflanze und Tier oder Pflanze/Tier und Bakterien sein. Vielfach bestehen auch bei Symbiosen ernährungsbedingte Beziehungen.

Pilzmyzel und Wurzeln von Samenpflanzen (Mykorrhiza)

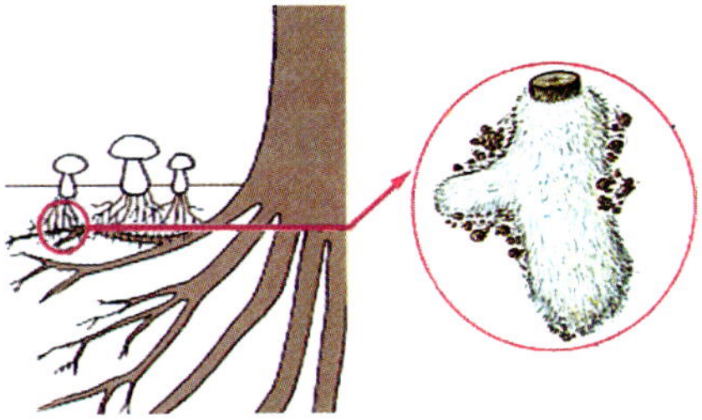

Wurzeln, z.B. von Kiefer, Buche, Lärche, Birke, Eiche, erhalten Mineralsalze und Wasser
Pilzmyzel erhält organische Stoffe, z.B. Kohlenhydrate

Algen und Pilzmyzel in Flechten

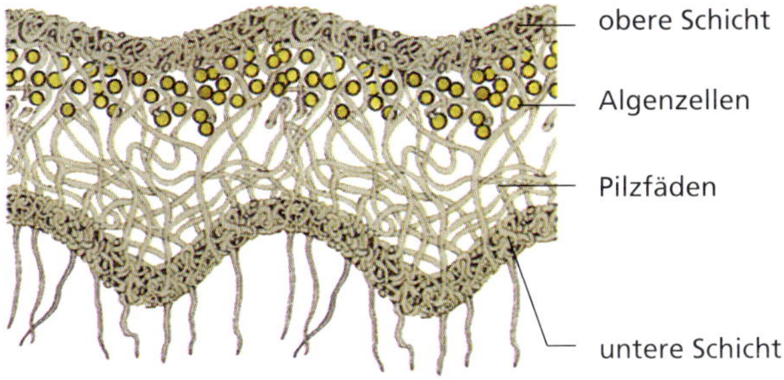

Pilzmyzel erhält organische Stoffe, gibt der Flechte Form und Gestalt, bildet das Gerüst der Flechte
Grün- oder „Blaualgen" erhalten Kohlenstoffdioxid, Wasser und Mineralstoffe

Parasitismus

Parasitismus ist ein Zusammenleben von Organismen verschiedener Arten mit einseitigem Nutzen für eine Art, den Parasiten. In der Regel werden dem **Wirt** vom Parasiten Nährstoffe entzogen. Dabei wird der Wirtsorganismus geschädigt, aber meist nicht getötet.

Beispiele sind u.a. Schlupfwespe – Insektenlarven; Schweinefinnenbandwurm – Mensch – Schwein; Mistel – Laubbaum (Halbparasitismus)

Kohlraupen-Schlupfwespe

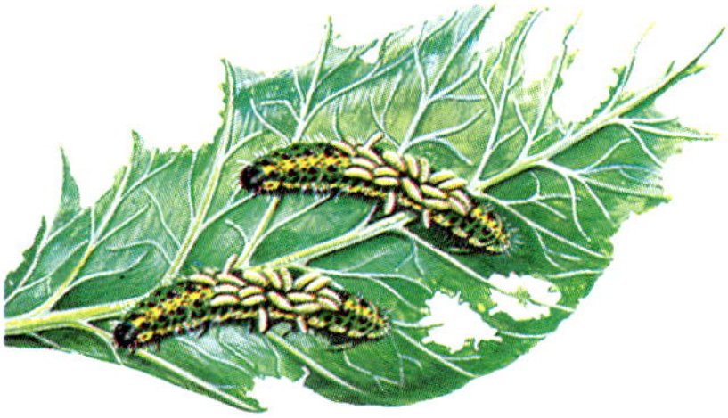

Raupe mit Schlupfwespenpuppen

Schlupfwespe (Parasit) legt Eier in Kohlweißlingsraupe (Wirt), dort Entwicklung der Schlupfwespenlarven zu Schlupfwespenpuppen, hat Absterben der Raupe zur Folge; Bedeutung für biologische Schädlingsbekämpfung

Zusammenleben in Tierstaaten

Ein **Tierstaat** ist eine komplizierte Form des Zusammenlebens von Tieren einer Art mit Arbeitsteilung aufgrund des unterschiedlichen Körperbaus und verschiedener Funktionen der Mitglieder. Das Zusammenleben im Tierstaat gibt dem Einzellebewesen Schutz, bietet Nahrung und eine gewisse Unabhängigkeit von den Klimaverhältnissen.

Honigbienen (Abb.) bilden aus Tausenden von Individuen (Königin, Arbeitsbienen, Drohnen) ein Bienenvolk mit ausgeprägter Arbeitsteilung. Nahrungsvorräte (Honig, Pollen) sichern auch in den Wintermonaten die Erzeugung von Wärme (26 – 30 °C) im Bienenstock.

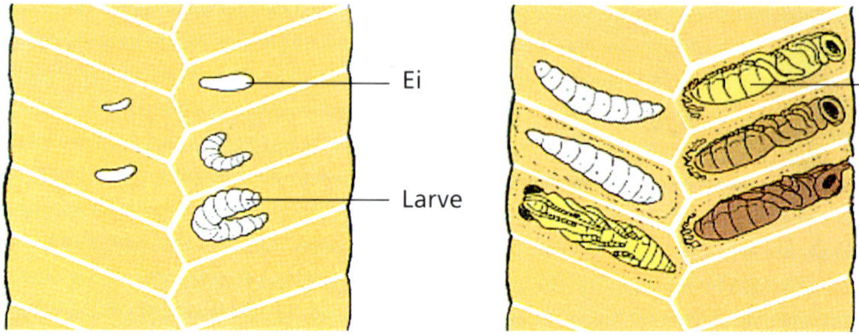

Hummeln und Wespen überwintern als befruchtete Weibchen. Diese gründen mit der Eiablage im Frühjahr einen neuen einjährigen Staat.

Ameisenstaaten (Abb.) haben oft mehrere Königinnen, eine große Anzahl von Arbeiterinnen und viele Männchen. Nahrungsvorräte werden nicht angelegt. Die Wintermonate überdauern Ameisen in Kältestarre.

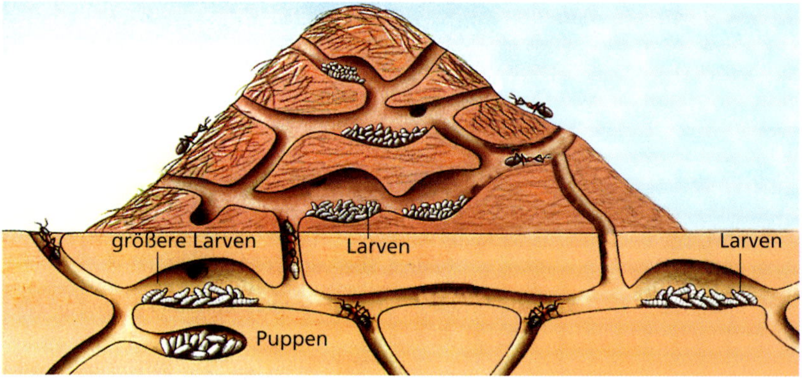

Termiten leben in zahlenmäßig großen und mehrjährigen Tierstaaten. Auch hier besteht Arbeitsteilung, wobei die Männchen viele Jahre existieren.

Zusammenleben in Biozönosen

Biozönose (Lebensgemeinschaft) ist das Zusammenleben vieler verschiedener Organismenarten, die gemeinsam in einem **Lebensraum (Biotop)** lebend vorkommen und miteinander in Beziehung stehen, z.B. alle Tiere, Pflanzen und Bakterien eines Teiches oder eines Waldes.

Biotop (Lebensraum) ist die abiotische Umwelt einer Lebensgemeinschaft. Es ist der von einer Lebensgemeinschaft besiedelte Raum.

3.3 Stoffkreislauf und Energiefluss im Ökosystem

3.3.1 Charakteristik eines Ökosystems

Das **Ökosystem** ist ein **Beziehungsgefüge** zwischen einer Lebensgemeinschaft und ihrem Lebensraum. Beide bilden aufgrund vielfältiger Wechselbeziehungen eine Einheit.

Ökosystem Wald

Lebensraum (Biotop) (gegliedert in Schichten) ⟷ Lebensgemeinschaft (Biozönose) (bestehend aus Pflanzen, Tieren, Pilzen, Bakterien)

Teil – Lebensräume

- Baum
- Baumhöhle
- Baumstubben
  Waldtümpel u.a.

Teil – Lebensgemeinschaften

- Organismen auf Bäumen
- Organismen in Baumhöhlen
- Organismen in Baumstubben
- Organismen im Waldtümpel u.a.

Wechselbeziehungen

- zwischen den Organismen
  (z.B. Konkurrenz, Symbiose, Blüte – Insekt)
- zwischen Organismen und abiotischen Umweltfaktoren
  (z. B. Pflanze – Licht, Pflanze – Azidität des Bodens, Froschlarve – Waldtümpel)

Merkmale eines Ökosystems

- Vorhandensein einer (meist) deutlichen **Gliederung** in Schichten (terrestrisches Ökosystem) oder Zonen (aquatisches Ökosystem).
- Ökosysteme sind **offene Systeme.**
- Organismen als Elemente eines Ökosystems lassen sich den **Ernährungsstufen** als Produzenten (Erzeuger), Konsumenten (Verbraucher) und Destruenten (Zersetzer) zuordnen.
- Organismen sind Bestandteile sehr komplexer **Nahrungsnetze.**
- **Kreislauf der Stoffe** und **Energiefluss** bestehen im Ökosystem.
- **Ökologisches (biologisches) Gleichgewicht** als ausgewogenes Verhältnis zwischen den Arten in einem längeren Zeitraum.
- Ökosysteme sind durch ihre **Produktivität** und die Fähigkeit zur **Selbstregulation** gekennzeichnet.
- Ökosysteme **entwickeln sich,** d.h., sie verändern sich in (meist) längeren Zeiträumen (Sukzession, Klimaxgesellschaft).

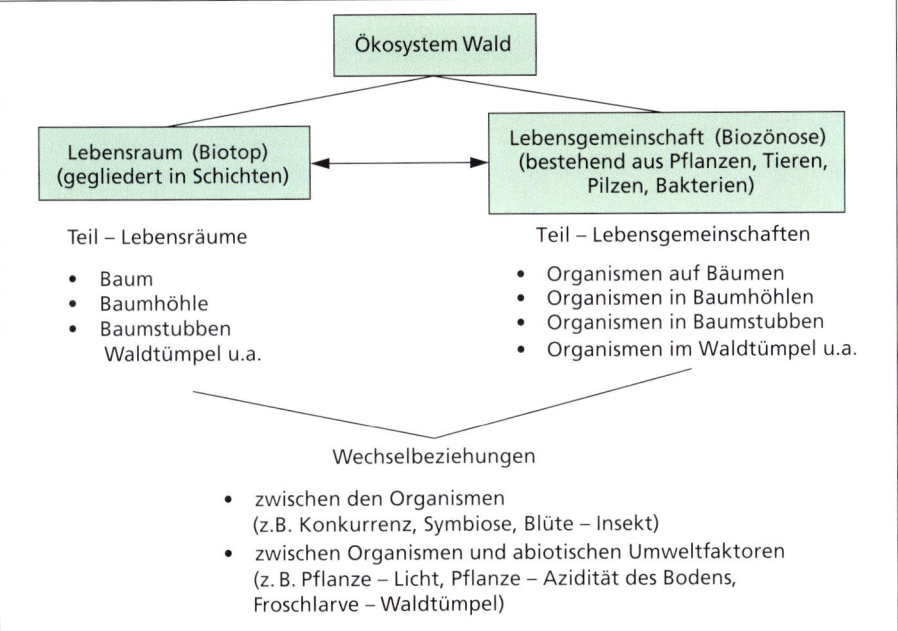

3.3.2 Räumliche Struktur eines Ökosystems

Jedes **Ökosystem** ist durch die im Lebensraum eng zusammenlebenden Organismen (z.B. Pflanzen, Tiere und Bakterien eines Waldes, einer Wiese, eines Sees) und durch das Wirken der Umweltfaktoren räumlich strukturiert.

Schichtung im Laubmischwald

Wälder sind (meistens) deutlich in Schichten gegliedert.

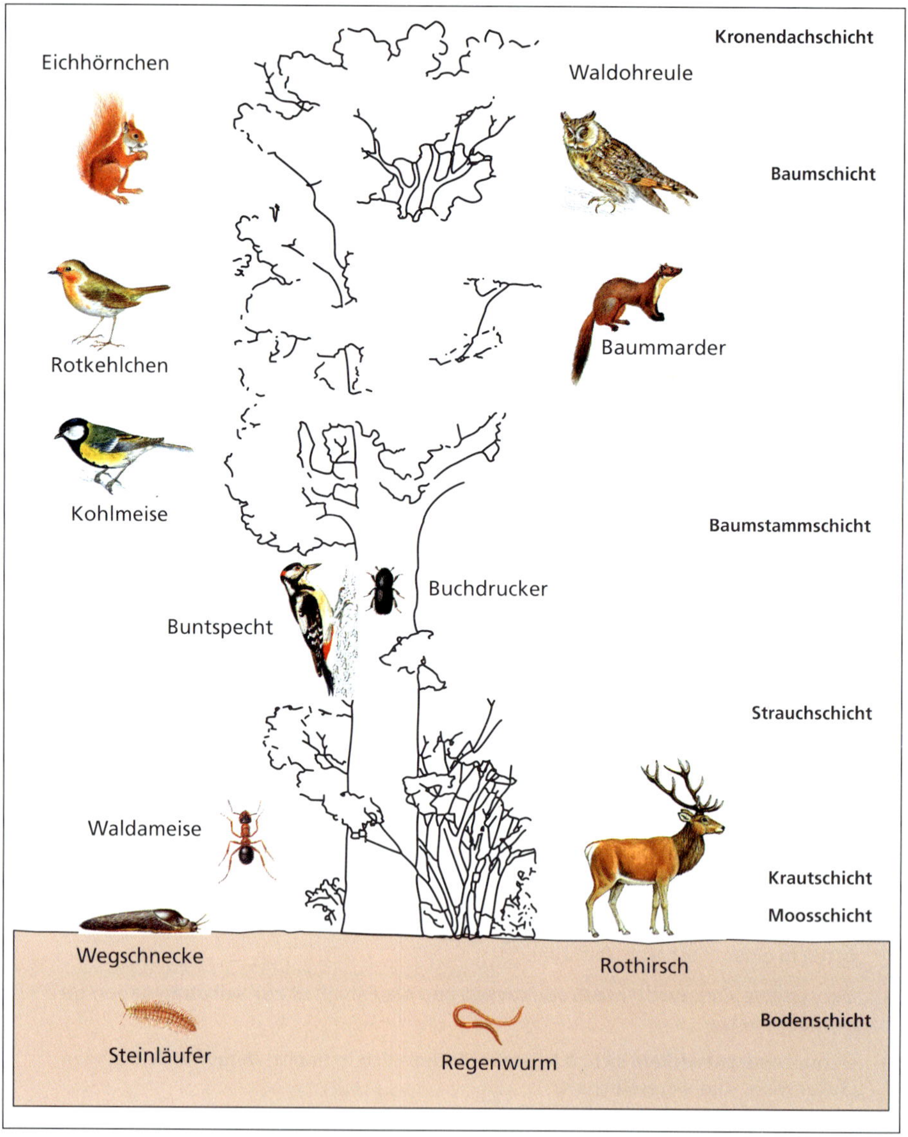

Zonierung eines Gewässers

Ein See ist in bestimmte Zonen gegliedert (z.B. Röhrichtzone, Schwimmblattzone). In jeder Zone leben bestimmte Pflanzengesellschaften und Tiere aufgrund der unterschiedlichen Umweltverhältnisse.

Organismen eines Sees (Auswahl)

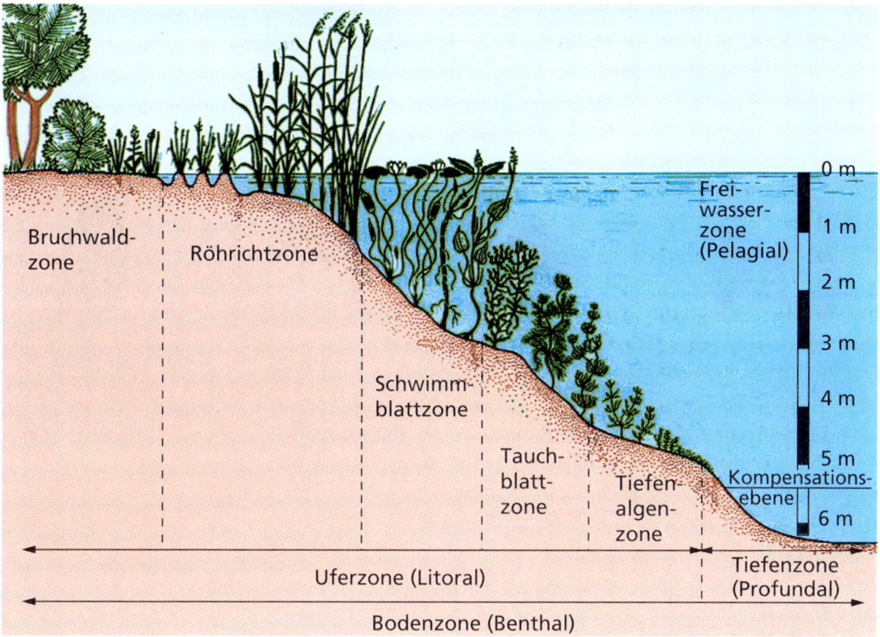

Bruchwaldzone

Erlen, Weiden, Seggen, Schwertlilien, Gilbweiderich, Blutweiderich

Röhrichtzone

Graureiher, Reiherente, Laufkäfer, Erdkröte, Schnecken, Drosselrohrsänger, Rohrdommel
Schilfrohr, Rohrkolben, Binsen, Simsen, Pfeilkraut, Froschlöffel

Schwimmblattzone

Teichmuschel, Libellen, Flusskrebs, Schnecken, Rohrdommel, Jungfische, Teichhuhn
Seerose, Teichrose, Schwimmendes Laichkraut, Wasser-Knöterich

Tauchblattzone

Schnecken, Egel, Borsten-, Strudelwürmer, Wasserkäfer, Teichhuhn, Reiherente, Ralle, Insektenlarven
Krauses Laichkraut, Tausendblatt, Hornblatt

Tiefalgenzone

Armleuchteralgen, Grünalgen, Kieselalgen

Freiwasserzone

Entenarten, Schwan, Insekten, Insektenlarven, tierisches und pflanzliches Plankton, Fische

3.3.3 Nahrungsketten, Nahrungsnetze, Nahrungspyramide

Nahrungsketten

Die **Nahrungskette** ist eine Abfolge von Organismen, die – bezogen auf ihre Ernährung – direkt voneinander abhängig sind (S. 451, S. 452).

Nahrungsketten im Wald (Beispiele)

Gräser/Kräuter	→	Wildkaninchen	→	Fuchs		
Früchte/Knospen	→	Eichhörnchen	→	Baummarder		
Samen	→	Ringeltaube	→	Habicht		
Fichtenzapfen Haselnuss	→	Eichhörnchen	→	Baummarder	→	Uhu

Pflanzen/ Pflanzenteile	→	Pflanzenfresser	→	Fleischfresser	→	Fleischfresser
Produzenten	→	**Primärkonsumenten**	→	**Sekundärkonsumenten**	→	**Endkonsumenten**
(Erzeuger)	→	**(Erstverbraucher)**	→	**(Zweitverbraucher)**	→	**(Endverbraucher)**

Nahrungsketten im Gewässer

Schilf	→	Wasserschnecke	→	Gelbrandkäfer				
Wasserpflanzen	→	Karpfen	→	Graureiher				
Einzellige Algen	→	Wasserfloh	→	Plötze (Friedfisch)	→	Hecht (Raubfisch)	→	Mensch

Pflanzen/ Pflanzenteile	→	Pflanzenfresser	→	Fleischfresser	→	Fleischfresser	→	Allesfresser
Produzenten	→	**Primärkonsumenten**	→	**Sekundärkonsumenten**	→	**Tertiärkonsumenten**	→	**Endkonsumenten**
(Erzeuger)	→	**(Erstverbraucher)**	→	**(Zweitverbraucher)**	→	**(Drittverbraucher)**	→	**(Endverbraucher)**

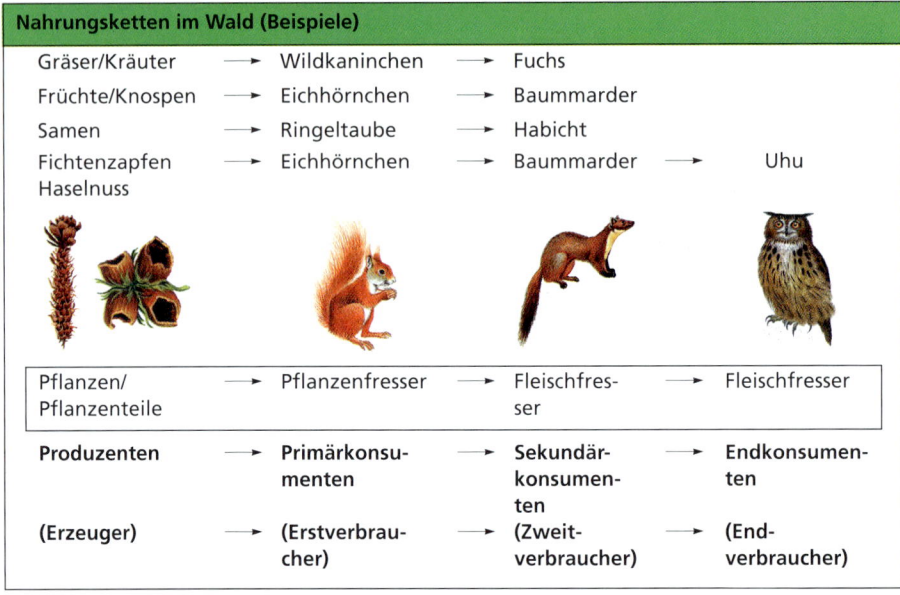

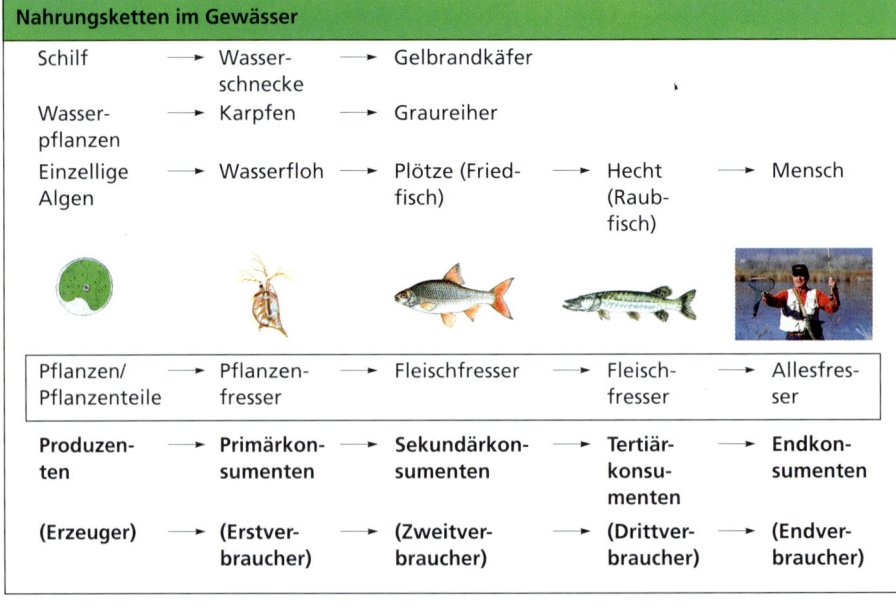

Nahrungsnetze

Nahrungsnetze (S. 451) entstehen im Ergebnis vielfältiger Nahrungsbeziehungen, da sich ein Lebewesen normalerweise von mehreren anderen Lebewesen ernährt. Dadurch überlagern sich verschiedene Nahrungsketten zu einem Nahrungsnetz. Die Lebewesen eines Nahrungsnetzes lassen sich den Ernährungsstufen (Produzenten – Konsumenten – Destruenten) zuordnen.

Nahrungsnetz in einer Hecke (Auswahl)

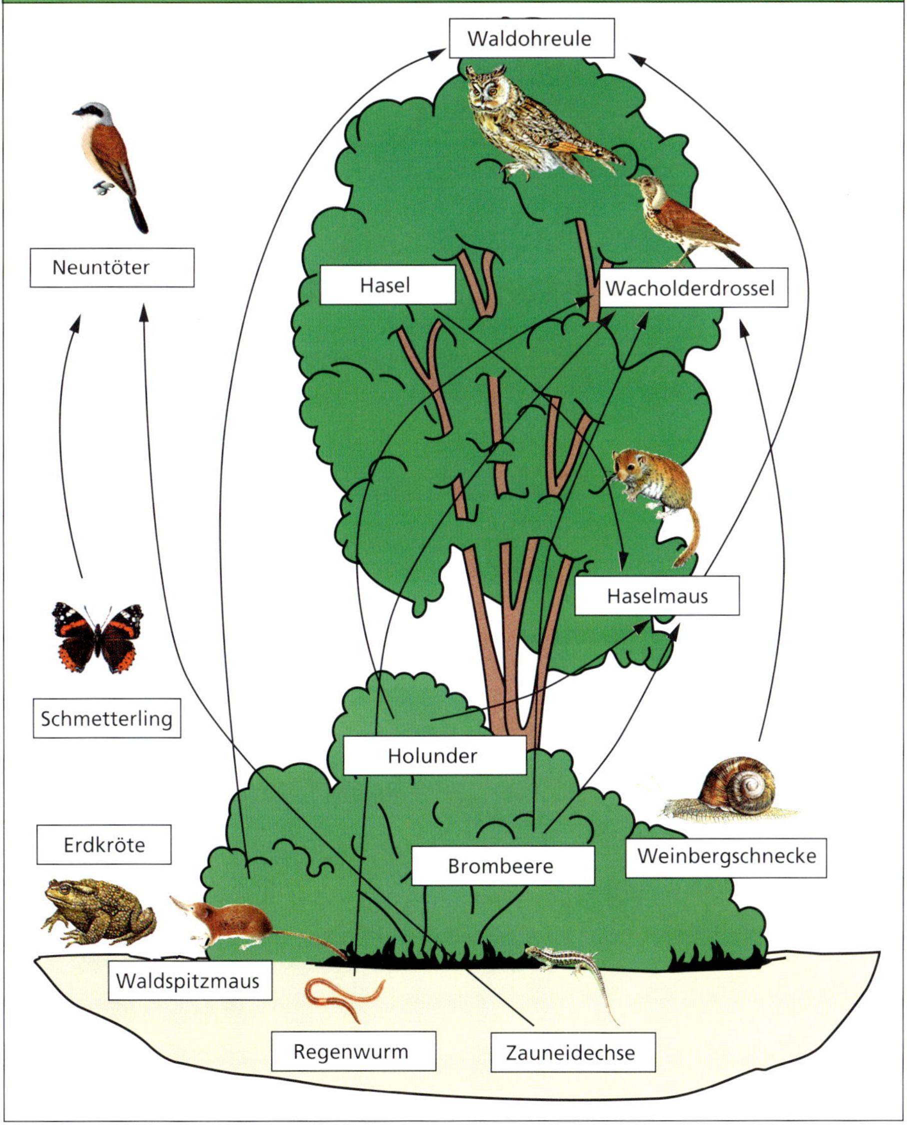

Nahrungspyramide

Nahrungspyramide ist die quantitative (mengenmäßige) Darstellung der Nahrungsmengen der verschiedenen Ernährungsstufen (Produzenten, Konsumenten) einer Nahrungskette bzw. eines Nahrungsnetzes in Pyramidenform.

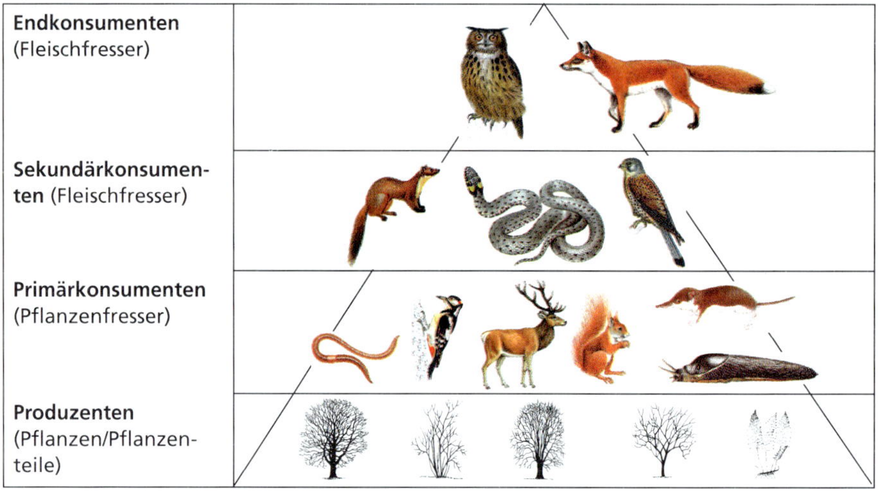

Abnahme der Biomasse, der Energie und der Individuenzahl sowie Zunahme der Individuengröße von Ernährungsstufe zu Ernährungsstufe

Ökologische Nische

Ökologische Nische einer Art ist die Gesamtheit aller abiotischen und biotischen Umweltfaktoren im Lebensraum, die diese Organismenart zum Leben braucht, z.B. bezogen auf Nahrung, Bruträume, Fangmethoden, Aktivitätszeiten. Außerdem gehört dazu die Wirkung der Art auf ihre Umwelt.

Stockente	Tafelente	Reiherente	Gänsesäger

Stockente	Tafelente	Reiherente	Gänsesäger
gründelt über flachem Gewässergrund (Nutzung der Boden- und Schlammorganismen im Flachbereich)	taucht bis ca. 4 m Wassertiefe (Nutzung der Boden- und Schlammorganismen im tieferen Bereich)	taucht nach Muscheln bis ca. 6 m Wassertiefe	jagt kleine Fische im freien Wasser

3.3.4 Stoffkreislauf und Energiefluss im Ökosystem

Der **Stoffkreislauf** im Ökosystem umfasst alle Prozesse der Produzenten, Konsumenten und Destruenten, die den Auf-, Um- und Abbau von Stoffen einschließen, z.B. Fotosynthese, Atmung, Gärung (S. 415–420).

Der **Energiefluss** im Ökosystem verdeutlicht die Weitergabe der chemischen Energie in der Nahrungskette von Ernährungsstufe zu Ernährungsstufe. Auf jeder Stufe wird Energie zur Aufrechterhaltung der Stoff- und Energiewechselprozesse benötigt. Die gespeicherte chemische Energie nimmt bis zum Endkonsumenten hin ab.

Stoffkreislauf im Waldökosystem

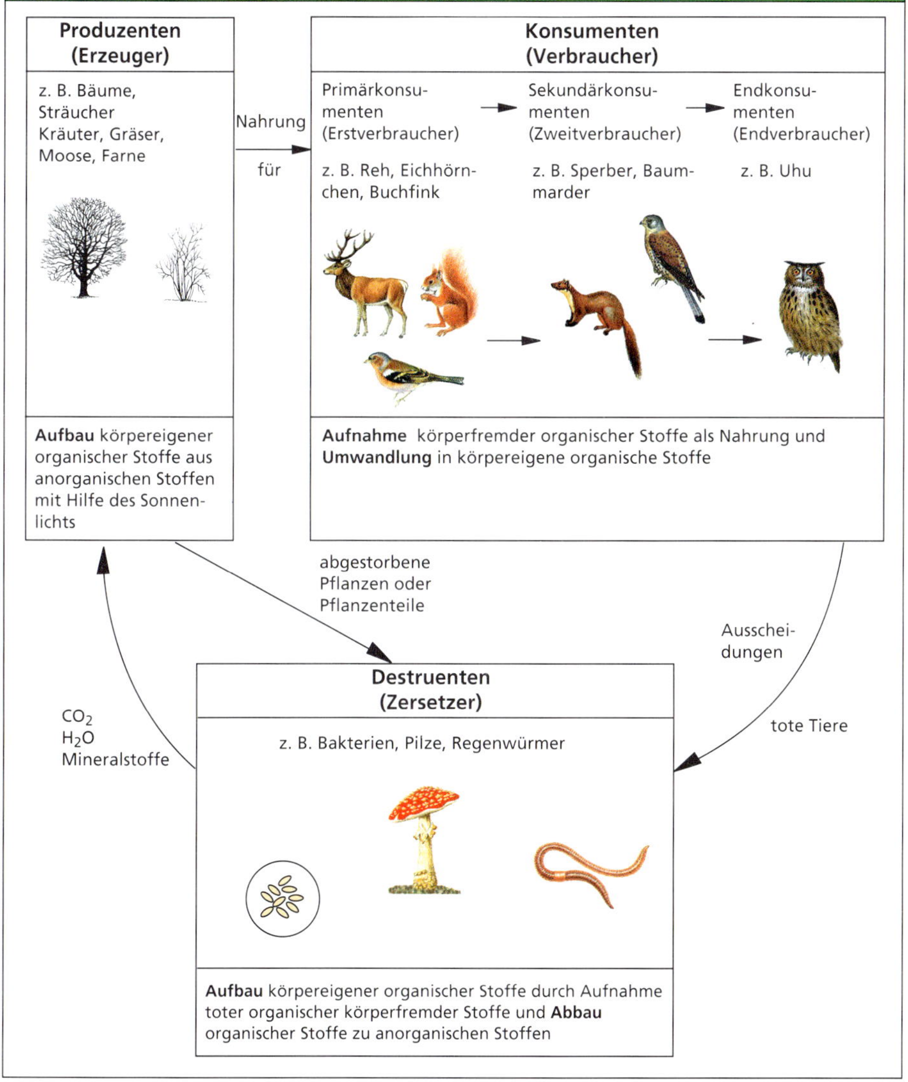

Energiefluss im Waldökosystem (Ausschnitt)

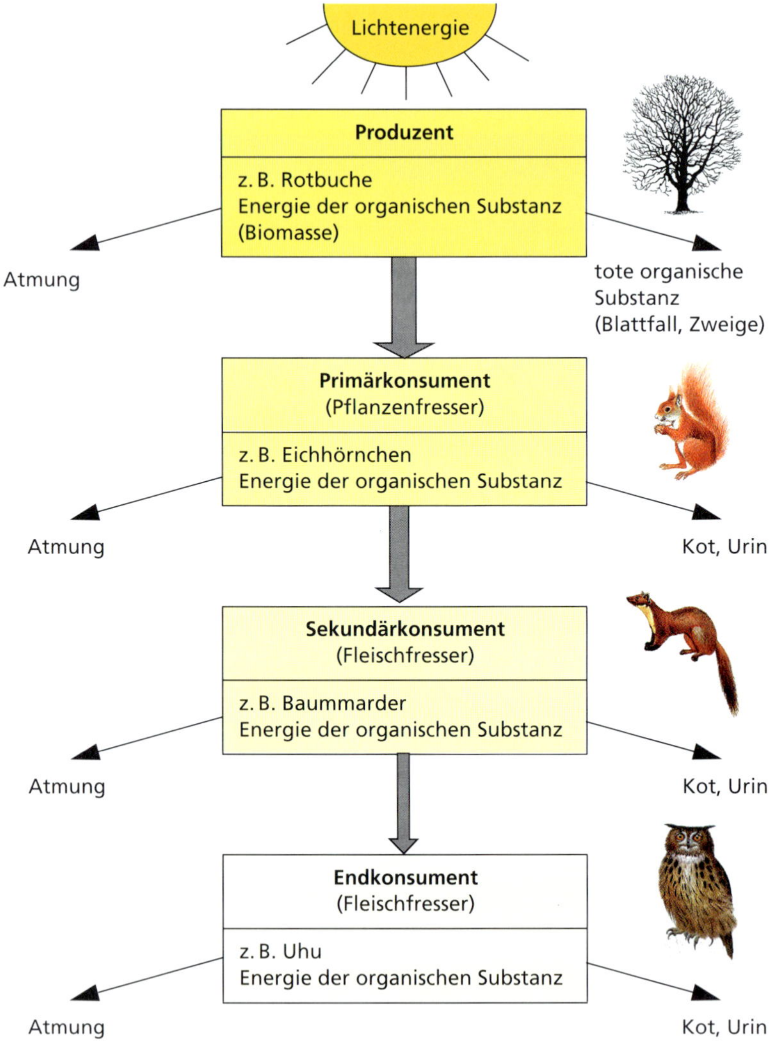

Faustregel:
Energieabnahme von Stufe zu Stufe durch Atmung, Ausscheidungen u. a., nur etwa 10 % der Nahrungsenergie werden weitergegeben.

3.3.5 Populationen, Populationsschwankungen, biologisches Gleichgewicht

Eine **Population** bilden alle Lebewesen einer Art in einem abgegrenzten zusammenhängenden Lebensraum, z.B. alle Stichlinge eines Teiches, alle Buchen eines Mischwaldes. Sie stellen eine Fortpflanzungsgemeinschaft dar.

Die Anzahl der Individuen (Individuendichte) einer Population schwankt im Laufe der Zeit. Die **Populationsschwankungen** sind von vielen abiotischen (z.B. Klima) und biotischen (z.B. Räuber – Beute) Umweltfaktoren abhängig und Ergebnis von Regelvorgängen.

Regelung der Anzahl der Individuen einer Population (Populationsdichte)

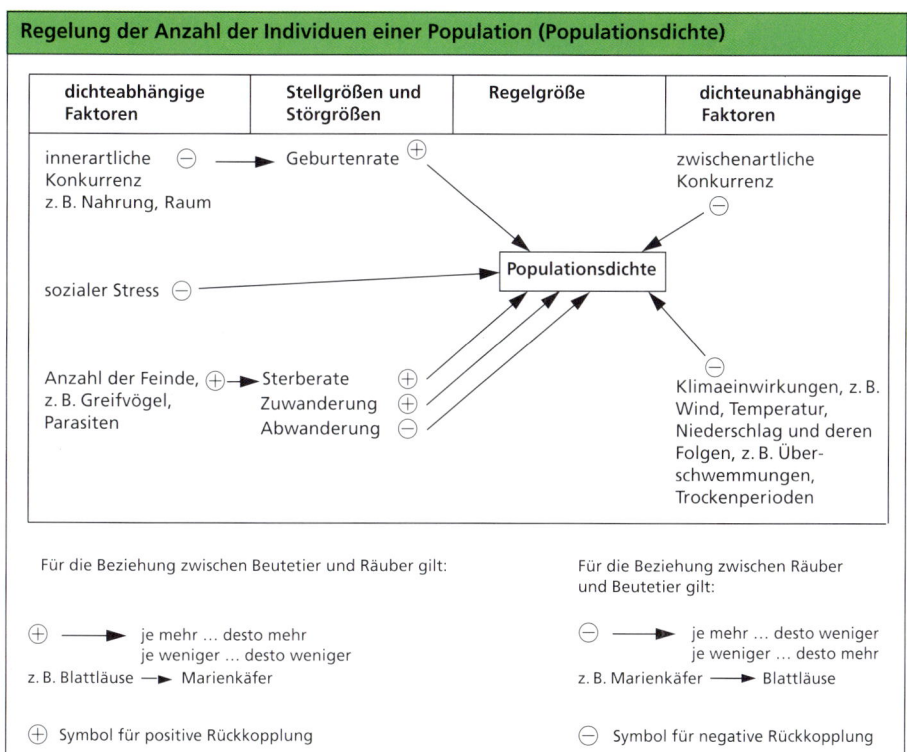

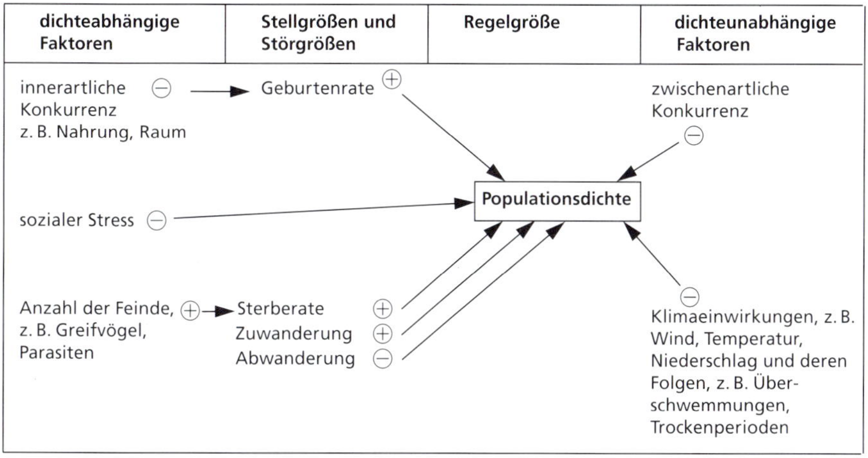

Für die Beziehung zwischen Beutetier und Räuber gilt:

⊕ ⟶ je mehr … desto mehr
je weniger … desto weniger

z. B. Blattläuse ⟶ Marienkäfer

Für die Beziehung zwischen Räuber und Beutetier gilt:

⊖ ⟶ je mehr … desto weniger
je weniger … desto mehr

z. B. Marienkäfer ⟶ Blattläuse

⊕ Symbol für positive Rückkopplung

⊖ Symbol für negative Rückkopplung

Biologisches (ökologisches) Gleichgewicht

Biologisches (ökologisches) Gleichgewicht entsteht aufgrund des Abhängigkeits- und Beziehungsgefüges in einem Ökosystem bzw. einer Biozönose zwischen Produzenten, Konsumenten und Destruenten. Die Anzahl der Individuen schwankt in einem längeren Zeitraum wegen der ernährungsbedingten Abhängigkeiten (z.B. Räuber–Beute) um einen Mittelwert.

Das biologische (ökologische) Gleichgewicht beruht auf Selbstregulation. Es ist umso stabiler, je artenreicher die Lebensgemeinschaft bzw. das Ökosystem ist.

Biologisches Gleichgewicht zwischen Borkenkäfer (Beutetier) und Specht (Räuber)

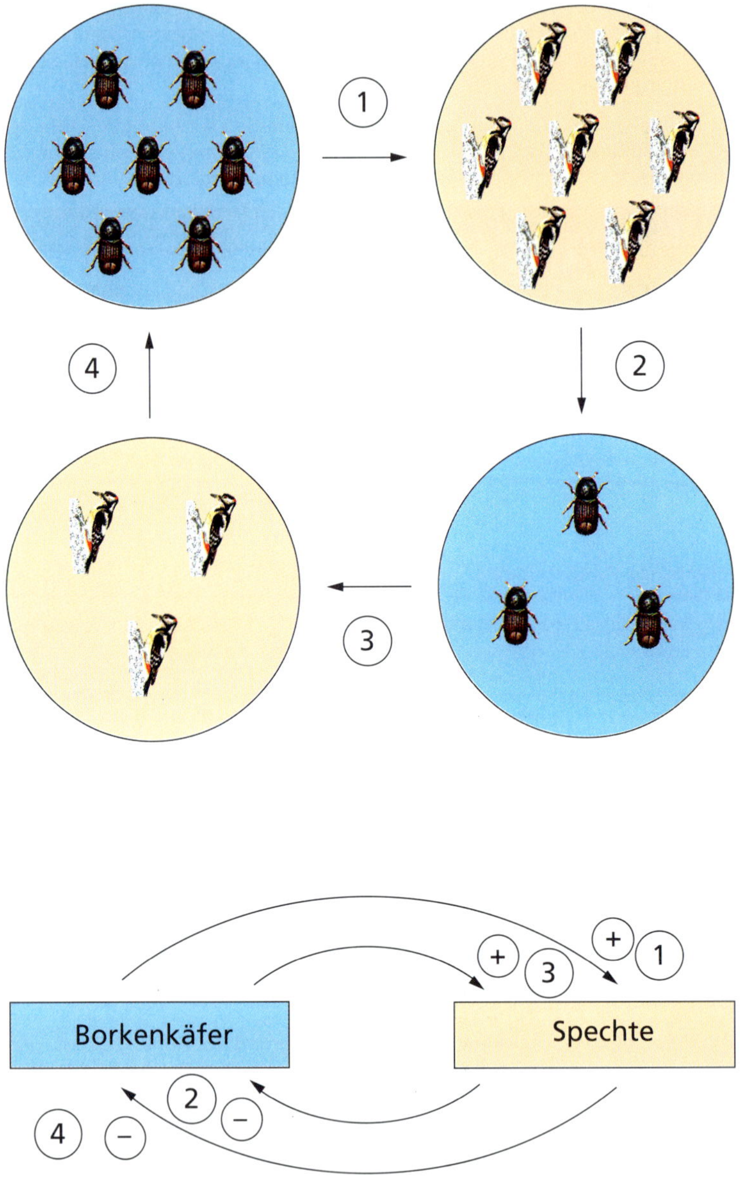

Je mehr Borkenkäfer, desto mehr Schwarzspechte (①, ⊕),
je mehr Schwarzspechte, desto weniger Borkenkäfer (②, ⊖),
je weniger Borkenkäfer, desto weniger Schwarzspechte (③, ⊕),
je weniger Schwarzspechte, desto mehr Borkenkäfer (④, ⊖).

3.4 Entwicklung von Ökosystemen

Erstmalige Besiedlung von neu sich bildenden Ökosystemen (z.B. Vulkaninseln), Umweltveränderungen natürlicher Ursachen (z.B. Klimaveränderungen) oder Eingriffe des Menschen (z.B. Kahlschlag) führen zur zeitlichen Aufeinanderfolge von verschiedenen Pflanzen- und Tiergesellschaften (Sukzession).

Sukzession ist die zeitliche Aufeinanderfolge oder Abfolge von Organismengesellschaften in einem bestimmten Ökosystem.

Eine Sukzession endet (oft nach langen Zeiträumen) mit einer ökologisch stabilen Schlussorganismengesellschaft (Endstadium oder Klimaxstadium).

Entwicklung vom Kahlschlag zum Wald

Kahlschlag	bis 10 Jahre Pflanzen der Krautschicht	10 – 20 Jahre Pflanzen der Strauchschicht	20 – 100 Jahre Pflanzen des Jungwaldes	über 100 Jahre
Moospflanzen, niedrige Gräser	Lichtliebende Pflanzen als Pionierarten, z.B. Weidenröschen, Greiskraut, Ruhrkraut, Reitgräser	Ansamen von Sträuchern, z.B. Brombeere, Himbeere, und von Bäumen, z.B. Birke, Holunder, Espe, Weide	Wachsen von jungen Waldbäumen, z.B. Eiche, Buche, Kiefer, Fichte	Alte Waldbäume
Anfangsstadium	**Sukzessionen** (zeitliche Abfolge verschiedener Entwicklungsstadien in Richtung auf ein relativ beständiges Endstadium)			**Endstadium** (Klimaxgesellschaft)

Auch bei der **Verlandung eines Sees** (S. 457) ist die zeitliche Abfolge von Organismengesellschaften zu beobachten:
- Ansammlung von eingeschwemmten organischen und anorganischen Substanzen im Uferbereich, Bildung von **Faulschlammschichten,** hat Verflachung des Seebeckens zur Folge,
- Vordringen der Pflanzen der Röhricht- und Schwimmblattzone zur Gewässermitte, Zuwachsen des Sees, Absterben von Pflanzen; hat **Verlandung des Sees** zur Folge;
- Entwicklung von Sauer- und Süßgräsern, Bildung von Torf; hat Bildung eines **Flachmoores** zur Folge;
- Ansiedlung von Schwarz-Erle, Moorbirke, Weiden, Gräsern, Farnen, Moosen; hat Entstehung eines **Bruchwaldes** als vorläufiges Endstadium zur Folge.

3.5 Mensch und Umwelt

3.5.1 Arten- und Biotopschutz

Artenschutz ist ein Komplex von Maßnahmen (staatlich, privat) zum Schutz von Pflanzen- und Tierarten. Artenschutz richtet sich vor allem auf vom Aussterben bedrohte Lebewesen.

Internationaler Artenschutz: Gefährdete und vom Aussterben bedrohte Tier- und Pflanzenarten sind im Red Data Books (seit 1966) der International Union for Conservation of Nature and Natural Ressources erfasst.

Washingtoner Artenschutzabkommen (1973): Verbot und Kontrolle des Handels mit gefährdeten frei lebenden Tier- und Pflanzenarten bzw. deren Teilen (z.B. Häute, Leder, Panzer, Elfenbein, Zähne, Schalen, Gehäuse sowie lebende und tote Tiere und Pflanzen)

Bundesartenschutzverordnung: Bestimmungen zum Schutz gefährdeter einheimischer Pflanzen- und Tierarten. Die gefährdeten wild wachsenden bzw. wild lebenden Arten sind nach Gefährdungsgruppen (z.B. selten – vom Aussterben bedroht – verschollen) geordnet.

Ziele des Artenschutzes (Auswahl):
- Erhaltung der Tier- und Pflanzenwelt als Ergebnis der Evolution,
- Schutz einzelner Arten vor dem unwiderbringlichen Aussterben,
- Sicherung von Vielfalt, Schönheit und Einmaligkeit des Lebendigen,
- Wahrnehmung der Verantwortung des Menschen gegenüber lebenden Organismen (Ehrfurcht vor dem Leben),
- Erhaltung von Ökosystemen,
- Sicherung des noch meist unerforschten Genpotentials von Organismen.

Biotopschutz ist der Schutz von Lebensräumen.
Ein wirksamer Artenschutz ist ohne Schutz der Lebensräume (Biotope) nicht möglich. Aufgrund intensiver Landwirtschaft, Zersiedlung und Verbauung der Landschaft, der Anlage immer neuer Verkehrswege usw. bedürfen Kleinbiotope des besonderen Schutzes, z.B. Wegraine, Feldgehölze, Tümpel, Weiher, Bäche, Dorfteiche, Streuobstwiesen, Ödlandflächen, Trocken- und Feuchtwiesen.

Maßnahmen des Biotopschutzes in Garten und Schulgelände, z.B. Anlage von Teichen, Anpflanzen von Hecken, Aussaat von Wildblumenwiesen, Anbringen von Nistkästen.

3.5.2 Schutz von Ökosystemen

Schutz der Wälder

Ursachen der Waldschäden	
Natur als Verursacher	**Mensch als Verursacher**
Witterungsextreme · lange Trockenheit · Schnee- und Sturmbruch · Frost Schaderreger · Insekten · Bakterien und Viren · Pilze	Luftschadstoffe · Immissionen, besonders Schwefeldioxid, Ozon, Fotooxidantien, saurer Regen Forstwirtschaft · Monokulturen · Bodennährstoffverarmung · hohe Wilddichte

Maßnahmen zum Schutze unserer Wälder (Auswahl)

(1) **Forstwirtschaftliche Maßnahmen**:
- Bodenschutz vor weiterer Versauerung
  Beispiele:
  Anbau standortgerechter Baumarten, integrierter Pflanzenschutz, Düngung und Kalkung, Wildbestandskontrolle
- Überwachung der Schadensentwicklung durch Infrarot-Luftbild-Aufnahmen

(2) **Politische Maßnahmen**:
- Durchsetzung des Bundes-Immissionsschutz-Gesetzes vom 15. 03. 1990
- Durchsetzung der Großfeuerungsanlagen-Verordnung vom 1. Juli 1983
- Beachtung der Schadstoffbegrenzung bei Kfz, seit 1988 EG Abgasgrenzwerte

(3) **Persönlicher Beitrag**:
- sinnvolle Nutzung des Autos und öftere Benutzung öffentlicher Verkehrsmittel
- Energiesparen im Haushalt
  Beispiele:
  Stromverbrauch reduzieren, Wasser sparen, moderne Heizung, Maßnahmen zur Wärmedämmung von Gebäuden

Schutz der Gewässer

Belastung von Gewässern

Eintrag mineralischer Düngesalze (Haushaltsabwasser, Abwasser von mineralstoffüberdüngten Feldern)

in Abwassern und Niederschlägen enthaltene Schadstoffe (Schwermetalle, Kochsalz, Ölreste, Abgase)

→ Gewässer ←

Einleitung ungeklärter Abwasser

Eintrag organischer Stoffe (Pflanzenreste, Gülle, Fäkalien, organische Abfälle)

Eutrophierung ist die Nährstoffübersättigung von Gewässern durch häusliche, gewerbliche und industrielle Abwasser und durch Abschwemmen von Dünger aus landwirtschaftlichen Nutzflächen.
Erhöhtes Nährstoffangebot (Stickstoffverbindungen, Phosphate) verursacht starke Vermehrung von Algen („Algenblüte"). Dies bewirkt Überproduktion von organischer Substanz, führt zu überhöhtem Sauerstoffverbrauch. Viele Algen sterben ab, dadurch Vermehrung von Bakterien, die unter Sauerstoffverbrauch die tote organische Substanz abbauen. Nährstoffe werden wieder freigesetzt und damit wieder eine erneute Massenvermehrung von Algen ermöglicht. Sauerstoffarmut im Gewässer hat das Absterben von vielen Tier- und Pflanzenarten zur Folge. Es kann Faulschlamm gebildet werden. Das Gewässer wird immer sauerstoffärmer, bis es „umkippt" und zum toten Gewässer wird.

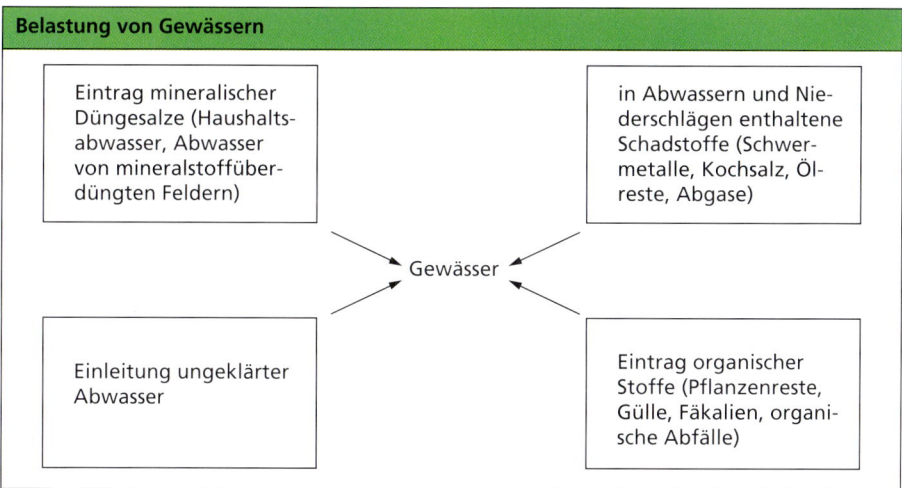

4 Grundlagen der Vererbung

4.1 Struktur und Funktion der Erbanlagen

4.1.1 Chromosomen

Chromosomen sind fädige Strukturen, die meist im Zellkern von Zellen vorliegen. Sie sind Träger der gesamten Erbinformation eines Lebewesens, der Erbanlagen. Das genetische Material der Chromosomen wird von Nukleinsäuren (Kernsäuren) gebildet.

Während der Kernteilung werden die Chromosomen durch starke Spiralisation verkürzt und dadurch sichtbar.

Die **Chromosomentheorie der Vererbung** sagt aus, dass die Chromosomen die stofflichen Träger der Erbanlagen sind.

Bau eines Chromosoms

Chromosomensatz in Körperzellen des Mannes

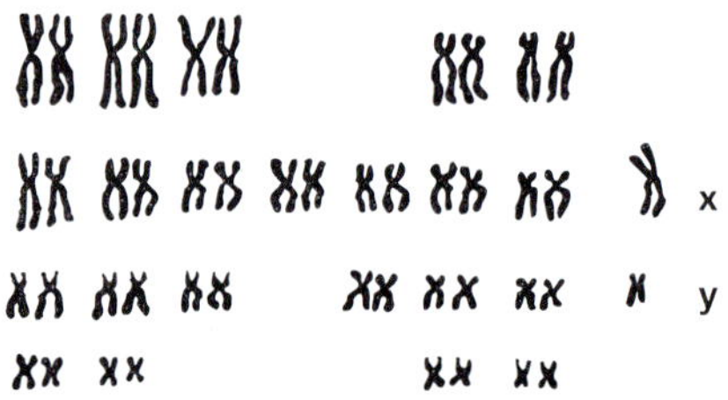

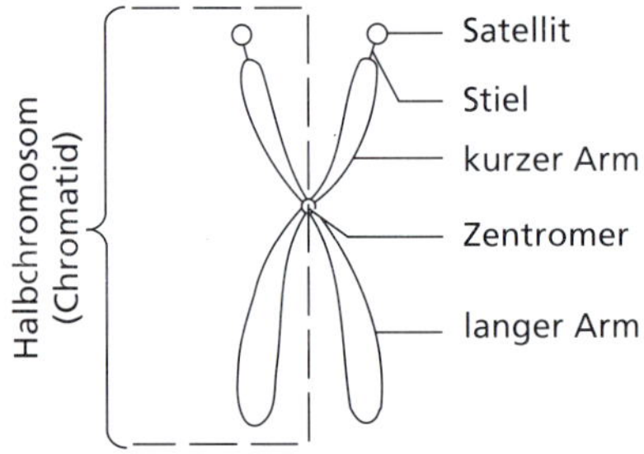

Anzahl (Chromosomenzahl), Größe und Form der Chromosomen sind artspezifisch. Die Gesamtheit aller Chromosomen einer Zelle ist der **Chromosomensatz**. Gleichen sich je zwei Chromosomen eines Satzes in Größe und Form, sind es **homologe Chromosomen**.

In Körperzellen der meisten Organismen liegt ein doppelter (**diploider**) Chromosomensatz vor, in den Geschlechtszellen ein einfacher (**haploider**) Chromosomensatz.

Organismen	**Chromosomensatz**	
	in Körperzellen (diploid)	**in Geschlechtszellen (haploid)**
Sonnenblume	34	17
Kartoffeln	48	24
Taufliege	8	4
Karpfen	104	52
Honigbiene	16	8
Schwein	40	20
Rind	60	30
Mensch	46	23

Chromosomensatz in den Körperzellen eines Mannes (diploid)

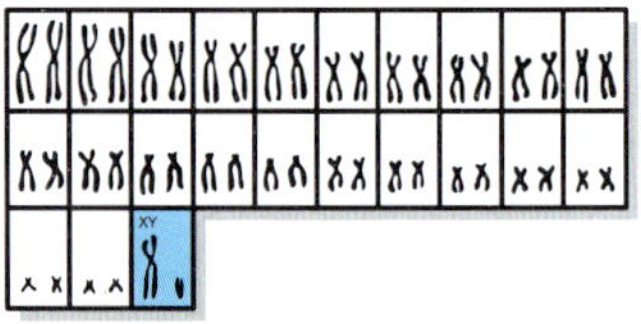

Chromosomensatz in den Geschlechtszellen (Eizellen) einer Frau (haploid)

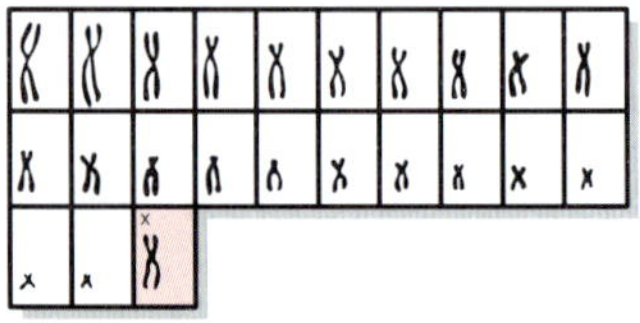

4.1.2 Gene

Ein **Gen** ist ein Abschnitt des DNS-Doppelstranges, auf dem die Information für die Synthese eines spezifischen Eiweißes (Polypeptids) festgelegt ist.

Die Gesamtheit aller Gene eines Organismus sind die **Erbanlagen (Genom)**. Die Gene bestimmen die Ausbildung spezifischer Merkmale. Sie sind auf den Chromosomen linear angeordnet, wobei jedes Gen einen ganz bestimmten Platz (**Genort**) belegt. Die Reihenfolge der Gene auf den Chromosomen kann in **genetischen Karten** erfasst werden.

Lage des Gens für die Erbkrankheit Mucoviscidose (Drüsenfehlfunktion) auf dem Chromosom Nr. 7 beim Menschen

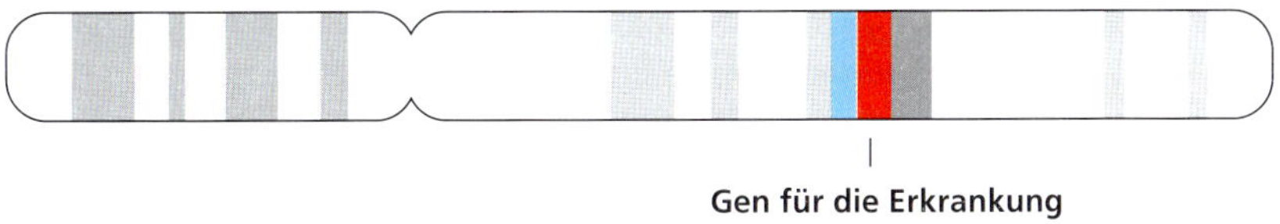

In **Strukturgenen** sind die Informationen für den Aufbau von Struktur- und Enzymeiweißen sowie von RNS (RNA) festgelegt.
Funktionsgene enthalten Informationen für den korrekten Ablauf der Eiweißsynthese (z.B. Start, Ende).

Allele

Allele sind Gene, die auf homologen Chromosomen genau den gleichen Ort einnehmen.
Diese Gene (Allele) auf den Chromosomen eines homologen Chromosomenpaares bewirken die Ausprägung desselben Merkmals (z.B. Farbe der Samen bei Erbsen). Dieses Merkmal kann aber in verschiedenen Versionen auftreten (z.B. gelb oder grün).

Gene auf homologen Chromosomen

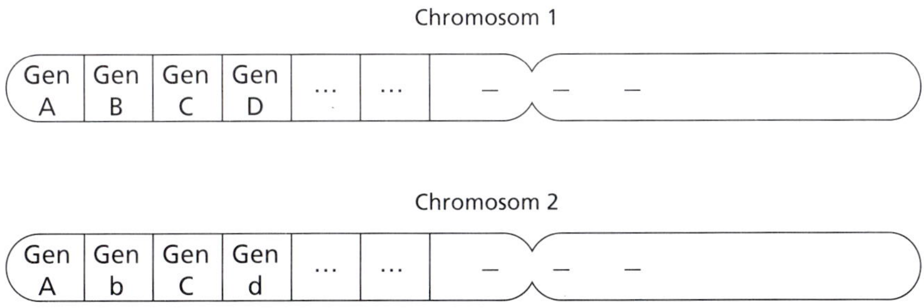

Allele sind A/A, B/b, C/C und D/d ...

Sind die Allele eines Chromosomenpaares für die Ausbildung eines Merkmals gleich (z.B. Farbe der Erbse Chromosom 1 Gen A = gelb; Chromosom 2 Gen A = gelb), ist der Organismus in Bezug auf dieses Gen (A, A) **reinerbig** oder **homozygot**.
Sind die Allele eines Chromosomenpaares für die Ausbildung eines Merkmals verschieden (z.B. Form der Erbse Chromosom 1 Gen B = glatt; Chromosom 2 Gen b = runzlig), ist der Organismus in Bezug auf dieses Gen (B, b) **mischerbig** oder **heterozygot**.

4.1.3 Nukleinsäuren

Nukleinsäuren sind hochmolekulare organische Verbindungen, die in allen Zellkernen vorkommen. Nach ihrer chemischen Zusammensetzung werden Desoxyribonukleinsäure (DNS/DNA) und Ribonukleinsäure (RNS, RNA) unterschieden. Die Nukleinsäuren sind aus vielen Nukleotiden aufgebaut. Jedes Nukleotid besteht aus drei chemischen Komponenten: einem Zucker (Ribose oder Desoxyribose), einem Phosphorsäurerest und einer stickstoffhaltigen organischen Base.

Desoxyribonukleinsäure (DNS, DNA)

Die **DNS (DNA)** ist ein Makromolekül, dessen Bausteine Phosphorsäurereste, der Zucker Desoxyribose und die organischen Basen Adenin (A), Thymin (T), Guanin (G) und Cytosin (C) sind. Die Struktur der DNA wird durch die bestimmte Aufeinanderfolge von Desoxyribose, Phosphorsäurerest und Base (den **Nukleotiden**) bestimmt. Diese Aufeinanderfolge heißt **Nukleotidsequenz.** Die DNS (DNA) bildet einen **Doppelstrang**, in dem sich die Basen A und T sowie C und G gegenüberstehen. Der Doppelstrang ist in sich spiralig verdreht. Durch die Aufeinanderfolge der Nukleotide ist in der DNS (DNA) die Erbinformation gespeichert (**genetischer Code**, S. 471). Die DNS-Moleküle (DNA-Moleküle) bilden die Chromosomen.

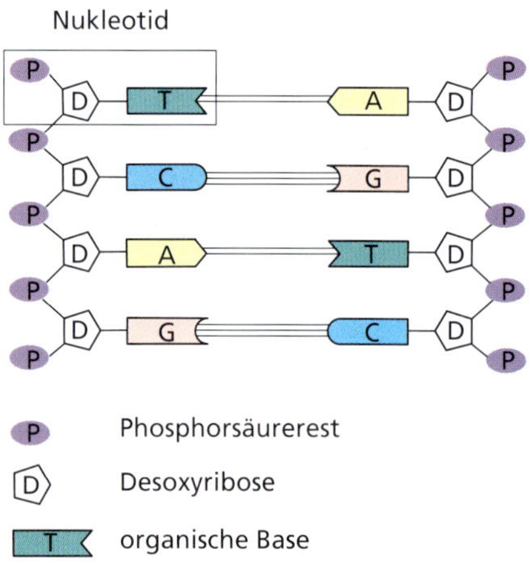

Entspiralisierter Doppelstrang

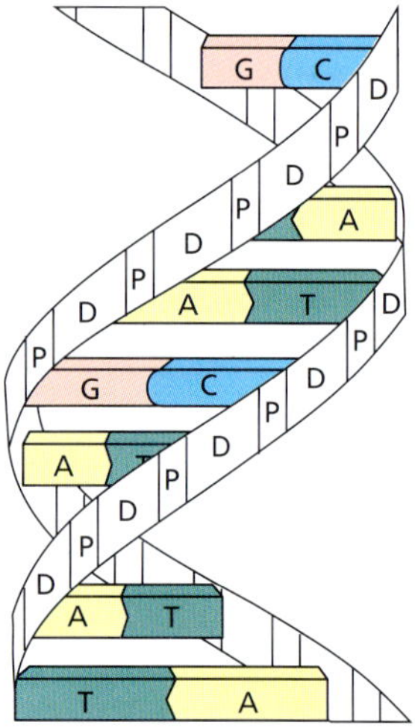

Doppelhelixmodell

Ribonukleinsäure (RNS/RNA)

Die **Ribonukleinsäuren** sind fadenförmige Makromoleküle, dessen Bausteine Phosphorsäurereste, der Zucker Ribose und die organischen Basen Adenin (A), Uracil (U), Guanin (G) und Cytosin (C) sind. Die RNS (RNA) kommt meist als **Einzelstrang** vor. Es werden 3 RNS-Formen (RNA-Formen) mit unterschiedlichen Funktionen unterschieden.

Formen	Funktionen
tRNS (Transfer-RNS)	Bindung und Transport der Aminosäuren
rRNS (Ribosomen-RNS)	RNS der Ribosomen, Bildung der Proteine
mRNS (Boten-RNS)	Ablesen der Information zur Bildung der Proteine von der DNS (DNA) und Transport der „Information" zu den Ribosomen

4.1.4 Identische Replikation

Die **identische Replikation (identische Reduplikation)** ist die Verdopplung der DNS (DNA). Dabei wird ein DNS-Doppelstrang (Elternstrang) mit Hilfe von Enzymen in zwei Einzelstränge, die als Matritzen für die Bildung neuer Doppelstränge dienen, gespalten.

Die Einzelstränge werden durch **komplementäre Basenpaarung** (A zu T, C zu G, T zu A, G zu C) unter Einwirkung von Enzymen zu zwei neuen identischen Doppelsträngen (Tochtersträngen) ergänzt.

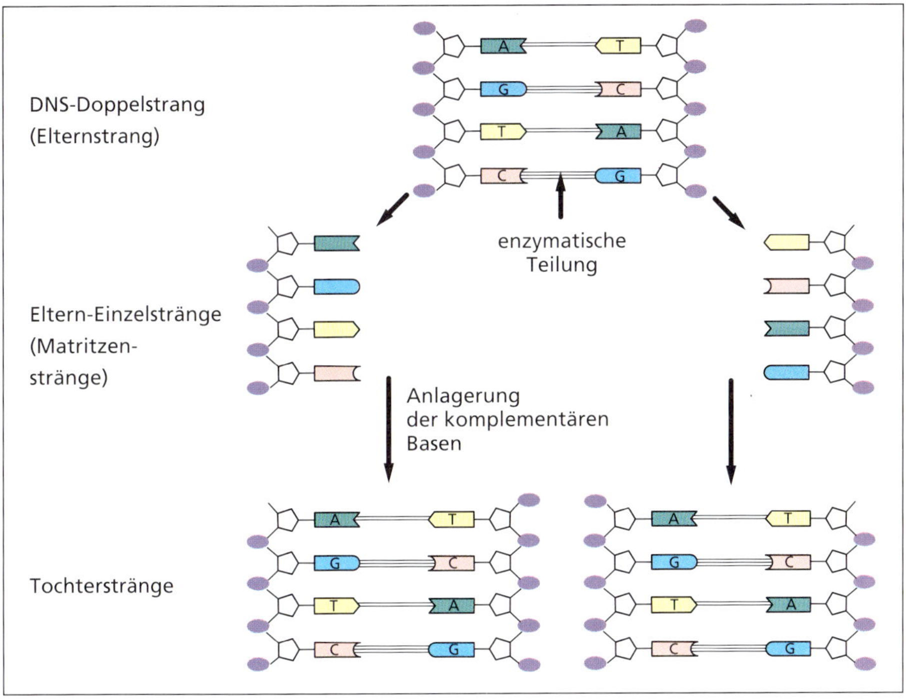

4.1.5 Genetischer Code

Der **genetische Code** ist die Verschlüsselung der genetischen Information für die Eiweißsynthese in der DNS (DNA) und RNS (RNA). Er ist die besondere (jeweils spezifische) Aufeinanderfolge von Nukleotiden der DNS (DNA), durch die die Aufeinanderfolge der verschiedenen Aminosäuren in dem entsprechenden Einweißmolekül festgelegt (verschlüsselt) ist.

Jede der 20 natürlichen Aminosäuren wird durch die Kombination von jeweils **drei** der vier organischen Basen der DNS (DNA) dargestellt (**codiert**). Der genetische Code wird deshalb als **Triplett-Code** bezeichnet (Code-"Sonne", S. 472).

Der genetische Code ist **universell.** Er gilt für alle Lebewesen in gleicher Weise.

Der genetische Code ist **degeneriert.** Viele der 20 Aminosäuren können über verschiedene Tripletts in gleicher Weise codiert werden.

Die sogenannte **Code-„Sonne"** zeigt die Verschlüsselung der 20 Aminosäuren durch die entsprechenden Nukleotidtripletts der m-RNS (RNA). Sie muß von innen nach außen gelesen werden. Ganz außen stehen die Abkürzungen der Aminosäure, die durch das entsprechende Triplett codiert ist.

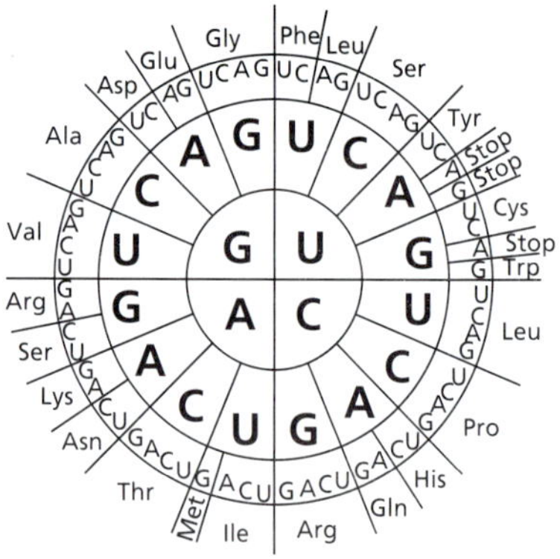

4.2 Weitergabe von Chromosomen und Genen

4.2.1 Mitose

Die **Mitose** ist die Form der Kern- und Zellteilung, in deren Ergebnis aus einer Zelle zwei genetisch identische Tochterzellen mit diploidem Chromosomensatz hervorgehen.

Die genetischen Informationen werden von einer Zellgeneration gleichmäßig auf die nächste weitergegeben. Die Mitose tritt bei der Teilung von Körperzellen auf.

Der Zeitabschnitt zwischen zwei Kernteilungen ist die **Interphase**. In der Interphase liegen die Chromosomen entspiralisiert vor. In ihr erfolgt die Verdopplung der DNS (DNA).

Prophase	Metaphase
	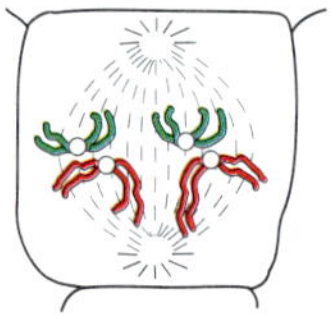
Spiralisierung der Chromosomen, Auflösung der Kernmembran	Ausbildung des Spindelapparates, Anordnung der Chromosomen in der Zellmitte in einer Ebene
Anaphase	**Telophase**
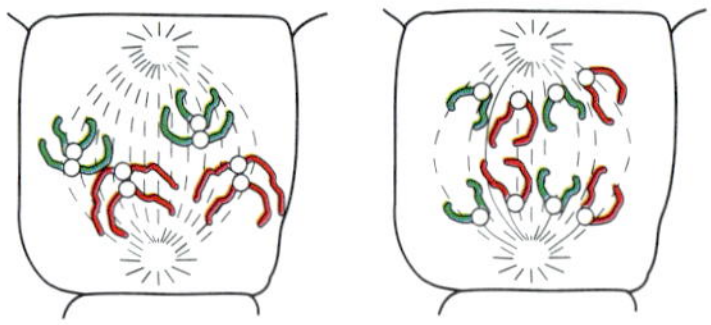	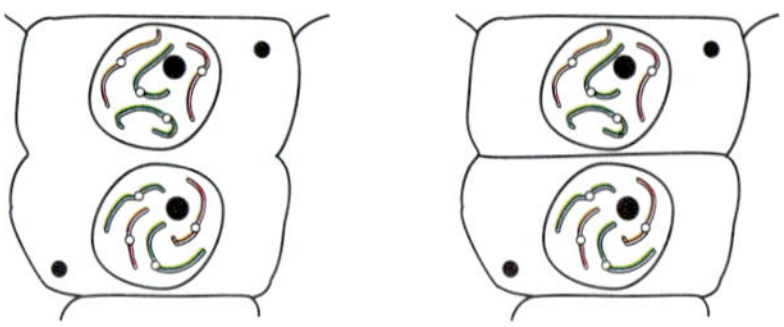
Trennung der Chromosomen in je zwei Chromatiden, Chromatiden werden zu den Polen der Zelle gezogen	Aufbau der Kernmembran, Bildung zweier identischer Tochterkerne Bildung einer Plasmamembran, Bildung zweier identischer Tochterzellen (Zellteilung)

Bedeutung der Mitose: Bildung identischer Tochterzellen für Wachstum, Regeneration und die ungeschlechtliche Fortpflanzung.

4.2.2 Meiose

Die **Meiose** ist die Form der Kern- und Zellteilung, bei der aus einer diploiden Zelle vier Tochterzellen mit haploidem Chromosomensatz entstehen.

Die Meiose tritt bei der Bildung von Geschlechtszellen auf. Durch die Meiose wird die artspezifische Chromosomenzahl bei der geschlechtlichen Fortpflanzung erhalten.

1. Teilungsprozeß

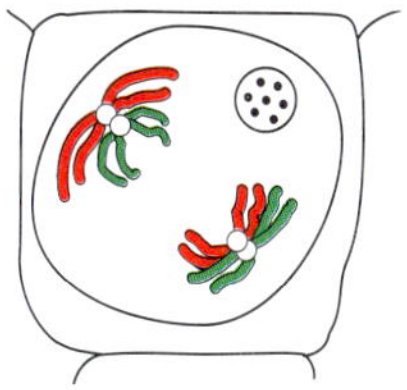

Paarung der homologen Chromosomen, Auflösung der Kernmembran

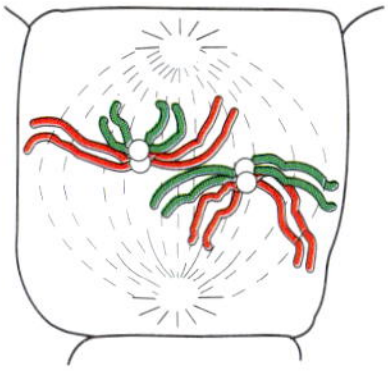

Ausbildung der Kernspindel, Anordnung der Chromosomenpaare in der Zellmitte in einer Ebene

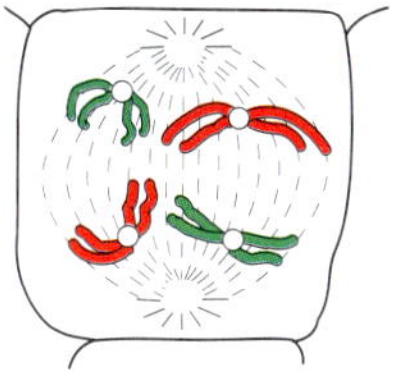

Trennung der Chromosomenpaare, Wanderung der Chromosomen zu den Polen der Zelle

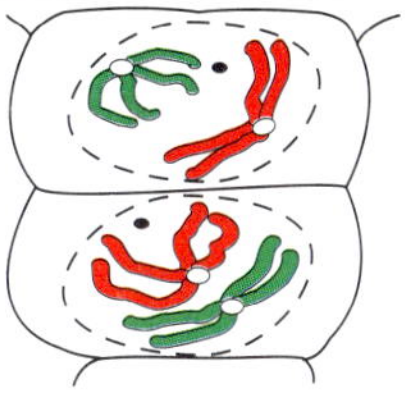

Bildung zweier Zellkerne mit haploidem Chromosomensatz, Bildung einer Plasmamembran, Entstehung von 2 Zellen

2. Teilungsprozeß

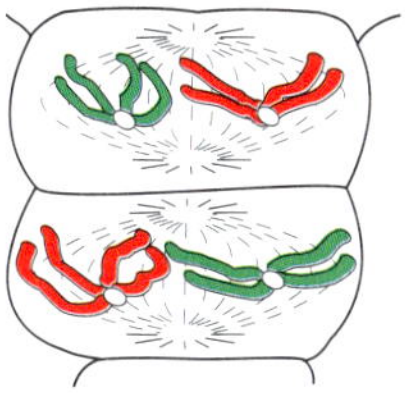

Tochterzellen bilden neue Kernspindeln aus, Anordnung der Chromosomen in der Mitte der Zellen in einer Ebene

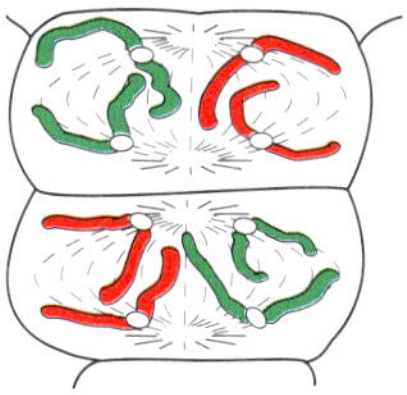

Trennung der Chromosomen in 2 Chromatiden, Wanderung der Chromatiden zu den Polen der Zellen

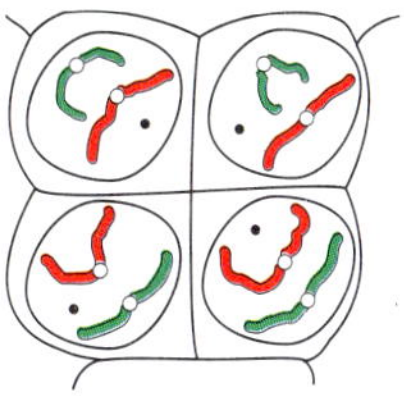

Bildung neuer Kernmembranen, Bildung einer Plasmamembran, Entstehung von 4 Tochterzellen mit haploidem Chromosomensatz und unterschiedlichen Erbinformationen

Bedeutung der Meiose: Bildung genetisch unterschiedlicher Keimzellen für die geschlechtliche Fortpflanzung. Dadurch ist die Entstehung individueller Unterschiede bei Organismen einer Art möglich.

4.2.3 Mendelsche Regeln (mendelsche Gesetze)

JOHANN GREGOR MENDEL (1822 – 1884) kam durch umfangreiche Kreuzungsversuche an Pflanzen und die statistische Auswertung der gewonnenen Ergebnisse zu allgemeingültigen Regeln über die Vererbung von Anlagen bei Pflanzen, Tieren und Menschen. Zum Verständnis der mendelschen Regeln (Gesetze) sind einige Grundbegriffe notwendig.

Der **Genotyp** ist die Gesamtheit der in den Genen verschlüsselten genetischen Information eines Organismus.

Der **Phänotyp** ist das sich aus der Gesamtheit der Merkmale ergebende äußere Erscheinungsbild eines Organismus. Er entsteht im Ergebnis des Zusammenwirkens von Erbanlagen (Genotyp) mit der Umwelt.

Bei der Darstellung von **Erbgängen** werden bestimmte Symbole verwendet:

P = Elterngeneration (Parentalgeneration)
F_1 = 1. Tochtergeneration (Filialgeneration)
F_2 = 2. Tochtergeneration

x = Kreuzung von 2 Individuen
großer Buchstabe = dominantes (merkmalbestimmendes) Allel
kleiner Buchstabe = rezessives (merkmalsunterlegenes) Allel

Intermediärer Erbgang

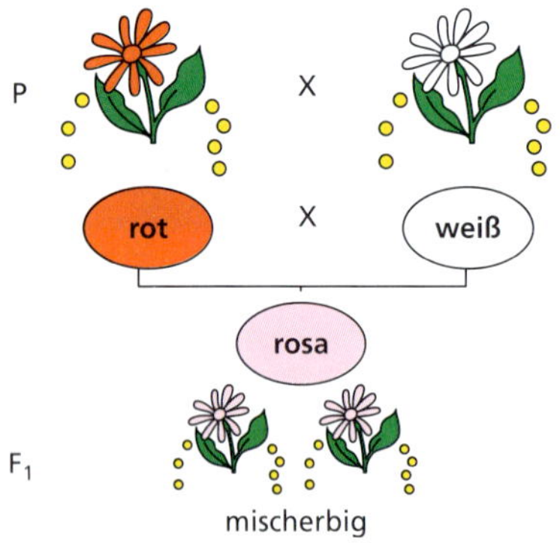

homologes Chromosomenpaar

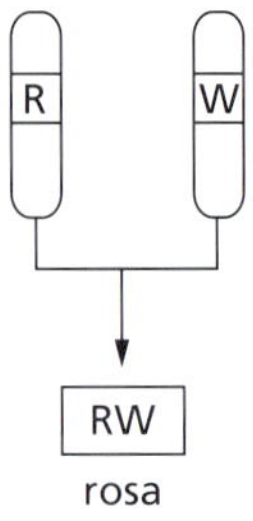

R Allel für rote Blütenfarbe der Wunderblume

W Allel für weiße Blütenfarbe der Wunderblume

Beide Allele wirken gleich stark auf die äußere Merkmalsbildung der Tochtergeneration.

Dominant-rezessiver Erbgang

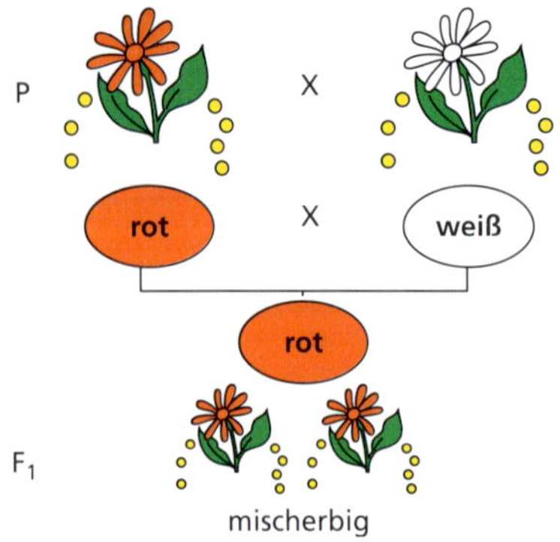

homologes Chromosomenpaar

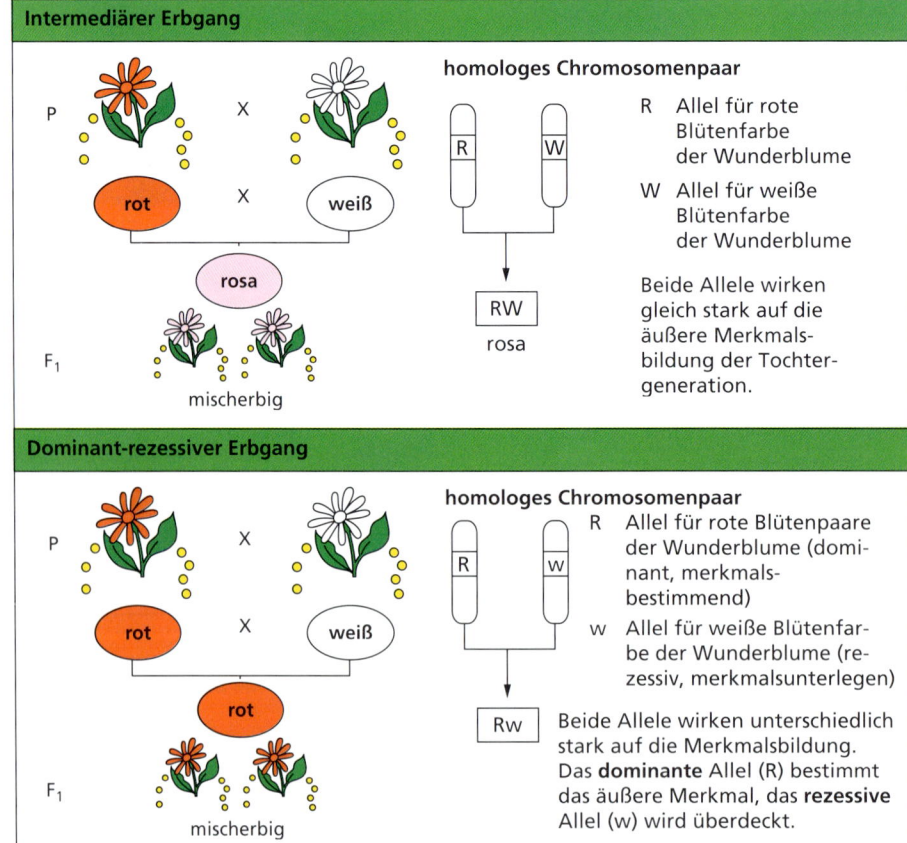

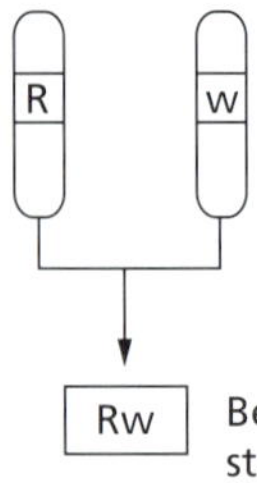

R Allel für rote Blütenpaare der Wunderblume (dominant, merkmalsbestimmend)

w Allel für weiße Blütenfarbe der Wunderblume (rezessiv, merkmalsunterlegen)

Beide Allele wirken unterschiedlich stark auf die Merkmalsbildung. Das **dominante** Allel (R) bestimmt das äußere Merkmal, das **rezessive** Allel (w) wird überdeckt.

1. mendelsche Regel (Uniformitätsregel)

Kreuzt man zwei Individuen einer Art, die in einem Merkmal unterschiedlich, aber jeweils reinerbig sind, so sind die Nachkommen in der 1. Tochtergeneration (F_1) in diesem Merkmal untereinander gleich (uniform).

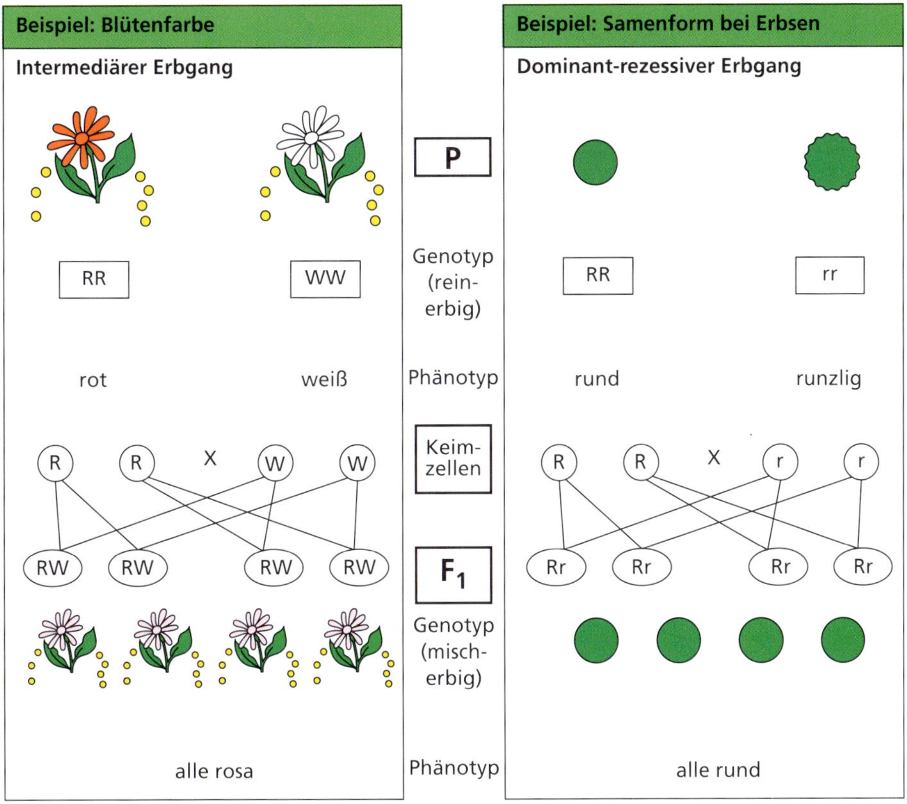

2. mendelsche Regel (Spaltungsregel)

Kreuzt man Individuen der F_1-Generation untereinander, so spalten sich die Nachkommen in der F_2-Generation (2. Tochtergeneration) in Bezug auf die Merkmale nach bestimmten Zahlenverhältnissen auf (Genotyp – Verhältnis 1 : 2 : 1, Phänotyp – Verhältnis 3 : 1).

Beispiel: Samenschalenfarbe bei Erbsen

		♀	♂
P-Generation (Elterngeneration)	Genotyp	GG	gg
	Phänotyp	gelb (dominant)	grün (rezessiv)

Keimzellen

F$_1$-Generation (Tochtergeneration)

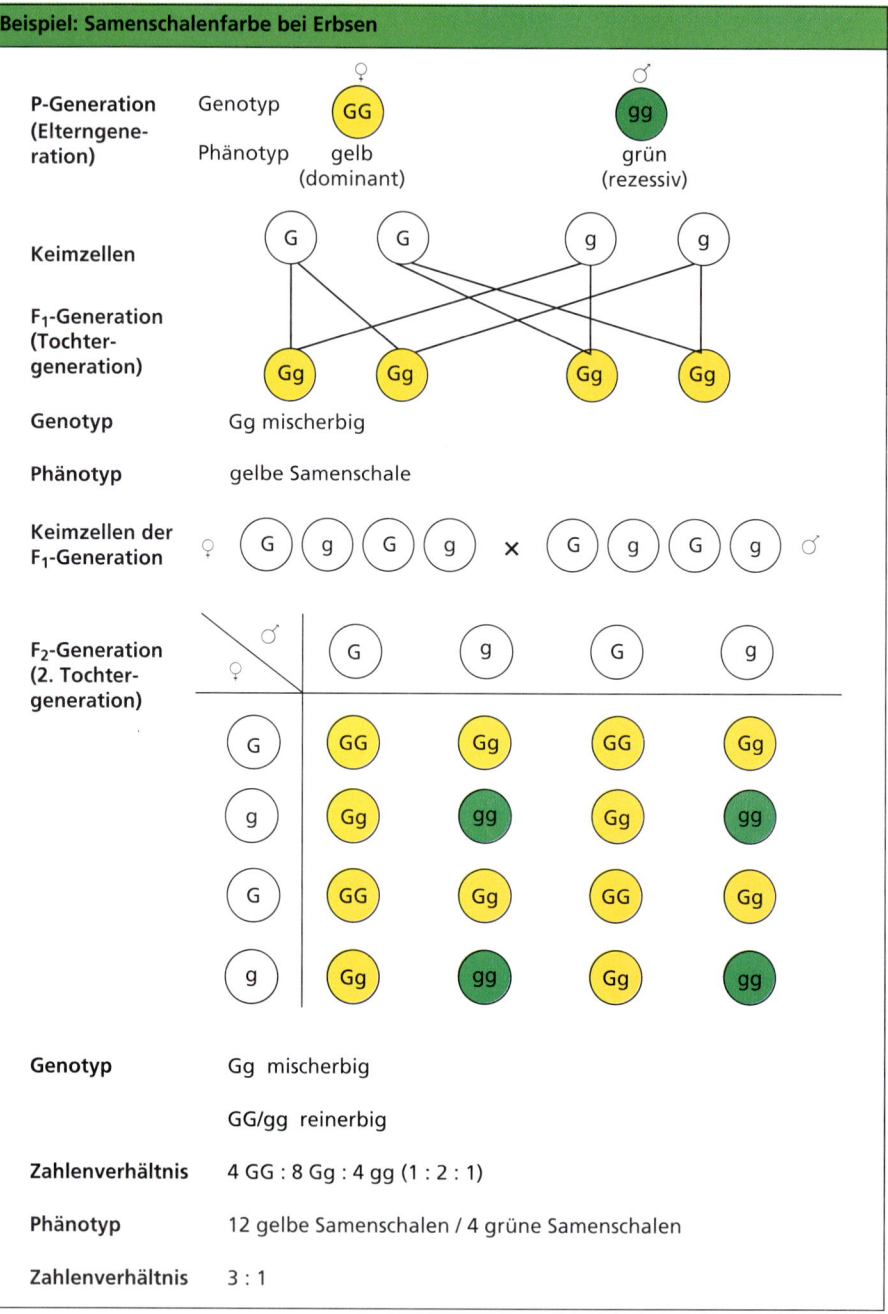

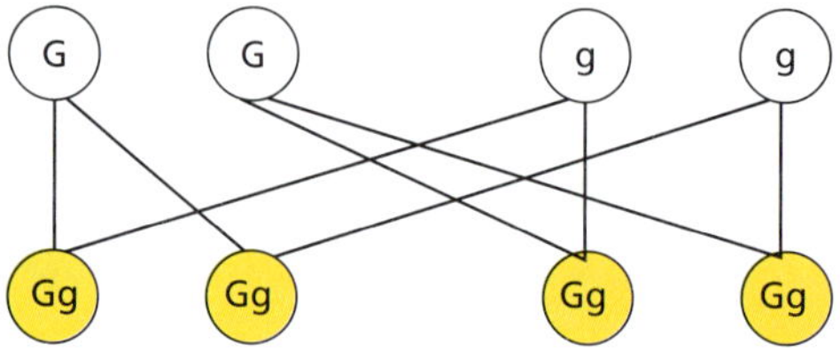

Genotyp Gg mischerbig

Phänotyp gelbe Samenschale

Keimzellen der F$_1$-Generation ♀ G g G g × G g G g ♂

F$_2$-Generation (2. Tochtergeneration)

♀ \ ♂	G	g	G	g
G	GG	Gg	GG	Gg
g	Gg	gg	Gg	gg
G	GG	Gg	GG	Gg
g	Gg	gg	Gg	gg

Genotyp Gg mischerbig

GG/gg reinerbig

Zahlenverhältnis 4 GG : 8 Gg : 4 gg (1 : 2 : 1)

Phänotyp 12 gelbe Samenschalen / 4 grüne Samenschalen

Zahlenverhältnis 3 : 1

3. mendelsche Regel (Unabhängigkeits- und Neukombinationsregel)

Werden zwei reinerbige Eltern gekreuzt, die sich in mehreren Merkmalen unterscheiden, so werden die Erbanlagen frei kombiniert und unabhängig voneinander vererbt. In der F_2-Generation treten sämtliche Merkmalskombinationen der Elterngeneration auf. Es können reinerbige Individuen mit **neu kombinierten Erbanlagen** entstehen.

Beispiel: Samenschalenfarbe und Form von Erbsen

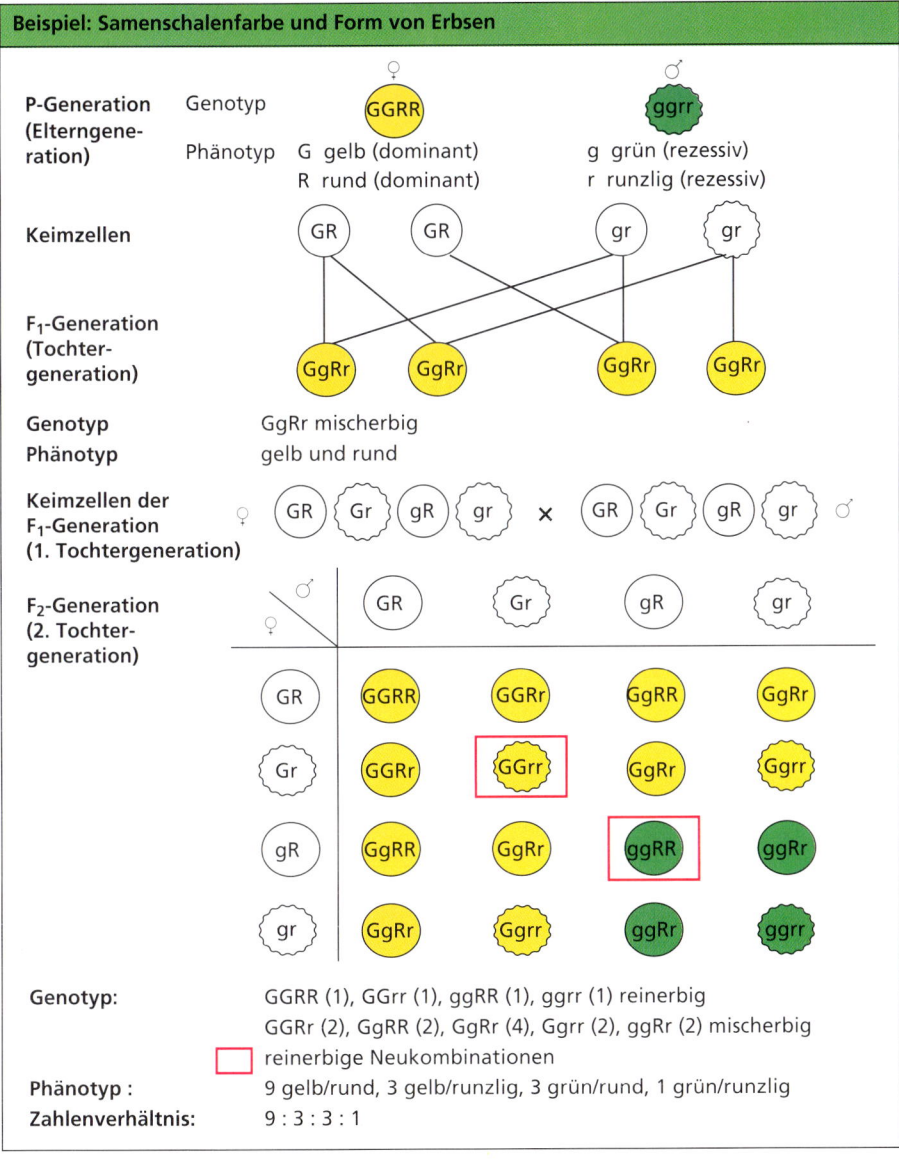

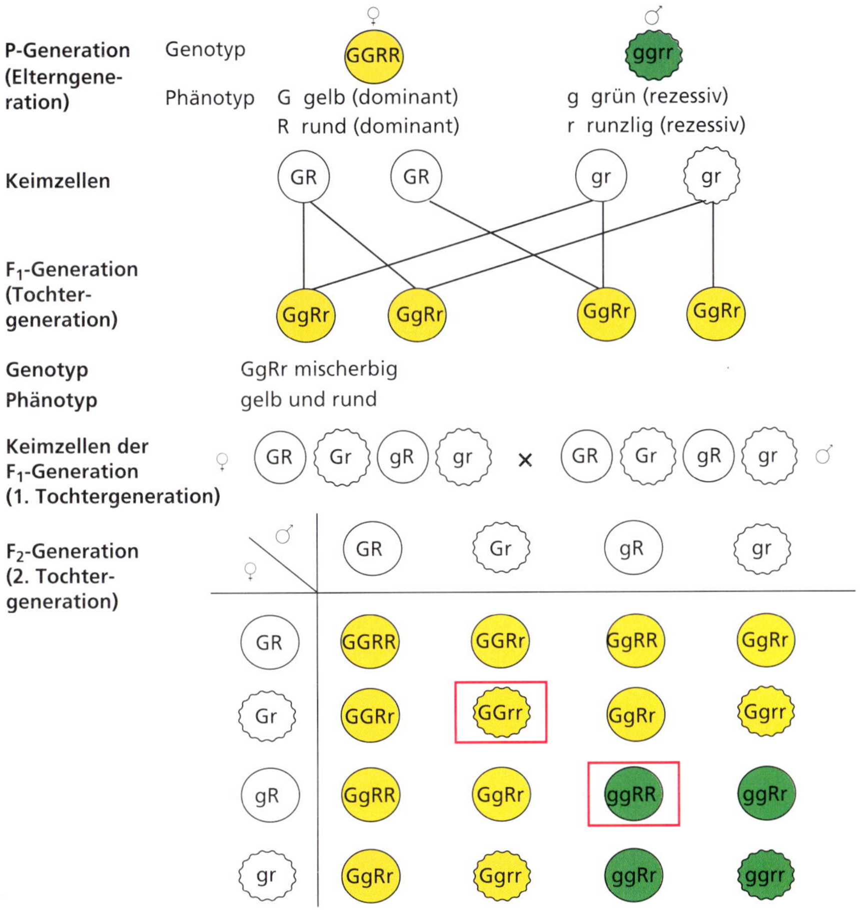

Genotyp: GGRR (1), GGrr (1), ggRR (1), ggrr (1) reinerbig
GGRr (2), GgRR (2), GgRr (4), Ggrr (2), ggRr (2) mischerbig
☐ reinerbige Neukombinationen

Phänotyp: 9 gelb/rund, 3 gelb/runzlig, 3 grün/rund, 1 grün/runzlig

Zahlenverhältnis: 9 : 3 : 3 : 1

4.2.4 Vererbungsvorgänge beim Menschen

Die **Vererbungsvorgänge beim Menschen** verlaufen ebenfalls nach den mendelschen Regeln.

Vererbung des Geschlechts

Alle Menschen besitzen in ihren Geschlechtszellen (Ei- und Samenzellen) einen einfachen (haploiden) Chromosomensatz mit 23 Chromosomen (22 Chromosomen + 1 Geschlechtschromosom). Die Eizelle enthält als Geschlechtschromosom ein x-Chromosom. Die Samenzellen enthalten entweder ein x- oder y-Chromosom. Das Geschlecht wird bei der Befruchtung der Eizelle durch die Kombination der Geschlechtschromosomen bestimmt (xx = weiblich, xy = männlich).

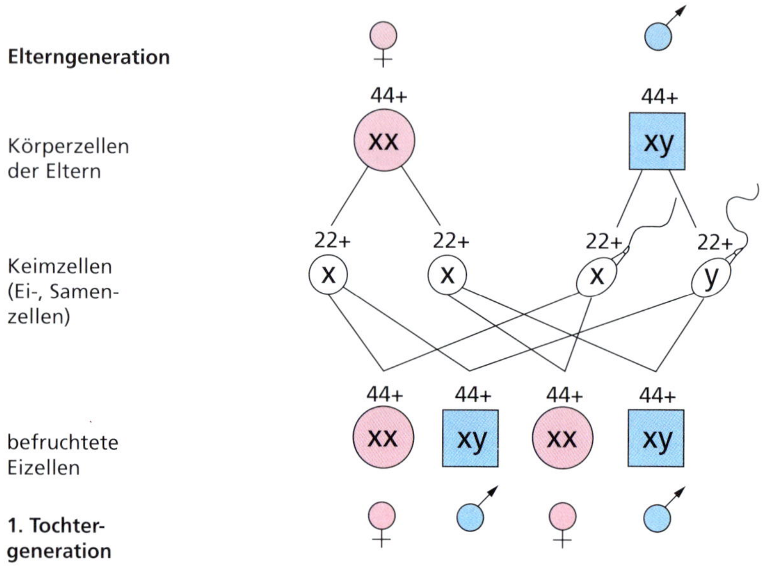

Theoretische Wahrscheinlichkeit Jungen : Mädchen = 1 : 1

Vererbung der Blutgruppen

Der Erbgang der Blutgruppen A, B, AB und 0 beim Menschen beruht auf verschiedenen Allelen, wobei die Allele A und B über das Allel 0 dominant sind, A und B sich aber zueinander gleichwertig verhalten.

Blutgruppen (Phänotyp)	Allelpaare (Genotyp)
A	AA reinerbig A0 mischerbig
B	BB reinerbig B0 mischerbig
AB	AB mischerbig
0	00 reinerbig

Erbgänge (Beispiele)			
		bei Reinerbigkeit	**bei Mischerbigkeit**
P	Blutgruppen (Phänotyp) Allelpaare (Genotyp)	A x 0 AA x 00	A x B A0 x B0
Keimzellen		A A x 0 0	A 0 x B 0
F_1	Genotyp	A0 A0 A0 A0	AB A0 B0 00
	Blutgruppen (Phänotyp)	A A A A	AB A B 0

4.3 Realisierung (Verwirklichung) der Erbinformation

Die **Realisierung der Erbinformation** erfolgt in mehreren Teilprozessen im Zellkern und in der Zelle bis zum Aufbau von Eiweißen (**Eiweißsynthese**). Dabei übernimmt die RNS (RNA) wichtige Funktionen.

Schema zur Realisierung der Erbinformation in Zellkern und Zelle

Trennung des Doppelstranges der DNS (DNA) im Zellkern, Bildung von Boten-RNS (m-RNS/RNA) am Einzelstrang der DNS, Umschreibung der Information von DNS auf Boten-RNS im Zellkern, Transport der Erbinformation durch Boten-RNS zu den Ribosomen in der Zelle.

Bindung von Aminosäuren an Transport-RNS (t-RNS, RNA) und Transport zu den Ribosomen, Anlagerung der Transport-RNS mit Aminosäuren an Boten-RNS, Bildung von Polypeptidketten, Aufbau von Eiweiß.
Eiweiße sind die Grundlage für die phänotypische Ausbildung von Merkmalen.

Zelle

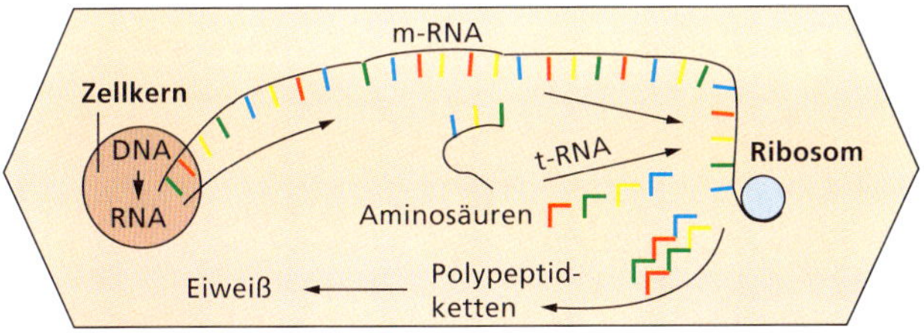

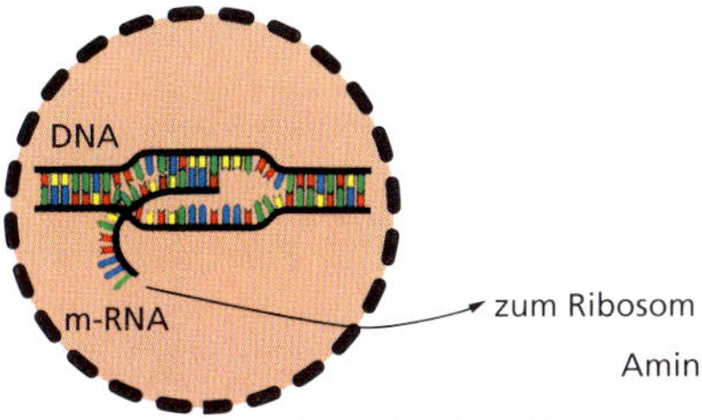

Überschreibung der Erbinformation im Zellkern

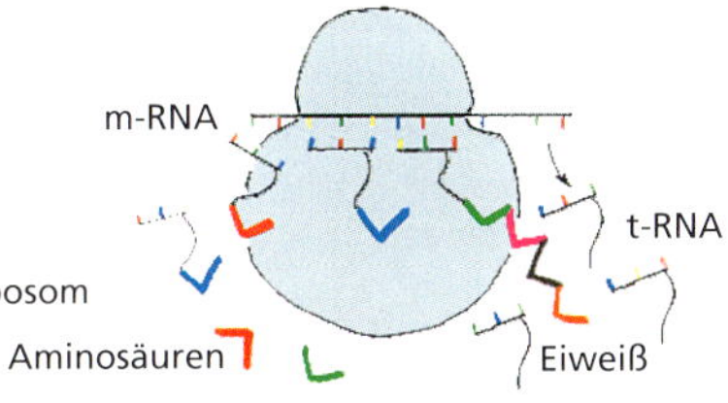

Übersetzung der Erbinformation am Ribosom

4.4 Genetisch bedingte Veränderungen – Mutationen

Mutationen (S. 489) sind Veränderungen der Chromosomen bzw. der Gene, die häufig zu Veränderungen im Phänotyp führen. Sie sind erblich. Organismen mit solchen Veränderungen heißen **Mutanten.** Mutationen können spontan, z.B. durch Stoff- und Energiewechselstörungen, entstehen oder durch bestimmte Faktoren ausgelöst werden.
Stoffe und Faktoren, die Mutationen auslösen können, heißen **Mutagene.** Zu Mutagenen zählen u.a. radioaktive Strahlung, Nikotin, Industrieabgase, Klimafaktoren.

Mutationsarten

Genommutation ist eine Veränderung der Chromosomenanzahl	**Chromosomenmutation** ist eine Veränderung der Struktur der Chromosomen	**Genmutation** ist eine Veränderung im Gen
· Verlust oder Verdoppelung *einzelner* Chromosomen (a) · Verminderung oder Vervielfachung des *gesamten* Chromosomensatzes (b)	· Chromosomenbrüche und Verlust von Bruchstücken (a) · Verdoppelung von Chromosomenabschnitten (b) · Umkehrung eines Chromosomenstücks um 180° (c) · Verlagerung von Teilstücken auf andere Chromosomen (d)	· Ersetzen einer Base durch eine andere (a) · Veränderung der Nukleotidanzahl (b) · Umkehrung eines Genabschnitts um 180° (c)
 normal	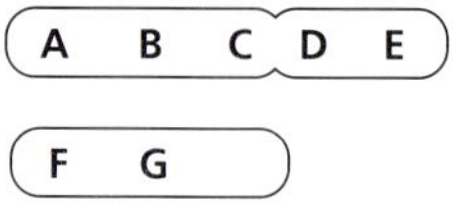 normal	... **CAT ACA TGT** ... normal
a) 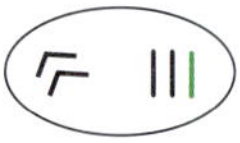 Verdreifachung eines Chromosoms b)  vierfacher Chromosomensatz	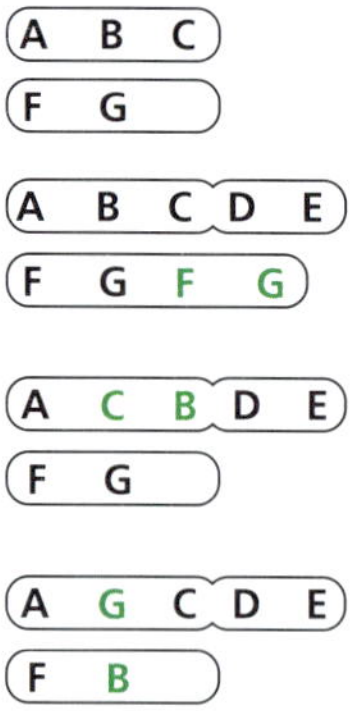	a) ... **CTT ACA TGT** ... b) ... **CAT TACA TGT** ... c) ... **TAC ACA TGT** ...
a) z.B. Trisomerie 21 (Down-Syndrom) b) Polyploidie bei Pflanzen (z.B. bei Zuckerrüben, bestimmten Gräsern, Kleearten)	a) z.B. Katzenschrei-Syndrom beim Menschen	a) z.B. Sichelzellenanämie b) Phenylketonurie (PKU)

Bedeutung der Mutationen

Mutationen können begünstigend oder nachteilig auf den Fortbestand des Lebewesens wirken. Damit bilden sie die Grundlage für den Prozess der Selektion während der Evolution.

Mutationen werden gezielt für die Tier- und Pflanzenzüchtung genutzt. Viele unserer Kulturpflanzen besitzen vervielfachte Chromosomensätze. Veränderungen des Erbgutes haben für den Menschen auch dahingehend eine große Bedeutung, dass sie als Erbkrankheit in Erscheinung treten können.

Erbkrankheiten sind durch Veränderung der Erbinformation (Mutation) bedingte krankhafte Erscheinungen oder Missbildungen, die sich im Phänotyp zeigen. Sie sind noch nicht heilbar. Das die Erbkrankheit verursachende Allel kann gegenüber dem Normalallel dominant oder rezessiv sein.

Erbkrankheiten (Beispiele)	
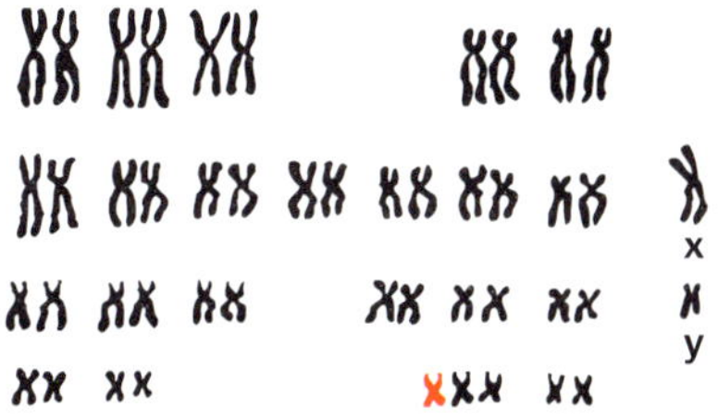	**Down-Syndrom, Trisomie 21: Genommutation** **Merkmale** – 47 Chromosomen (Chromosom 21 ist dreifach vorhanden); kleiner runder Kopf, kurze Nase, vermeintliche mongolische Lidspalte, plumpe Finger, breite und kurze Füße, kleine Gestalt, sehr niedrige Intelligenz (Schwachsinn)
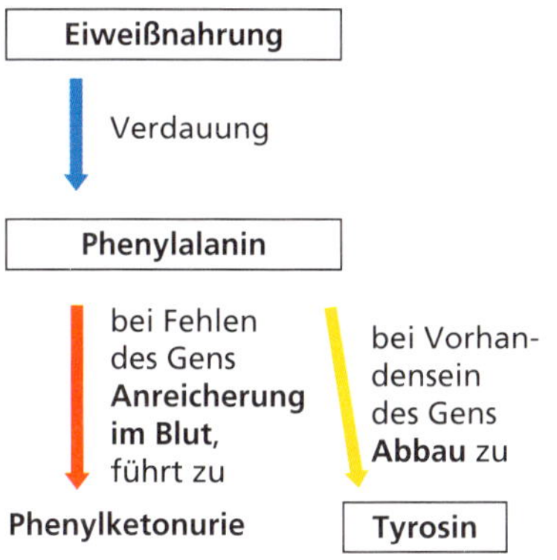	**Phenylketonurie (PKU): Genmutation** **Merkmale** – Fehlen der genetischen Information für den Bau des Enzyms, das im Stoffwechsel des Menschen die Aminosäure Phenylalanin zur Aminosäure Tyrosin abbaut; Anreicherung von Phenylalanin im Blut führt zu Schädigungen des Zentralnervensystems und zum Schwachsinn
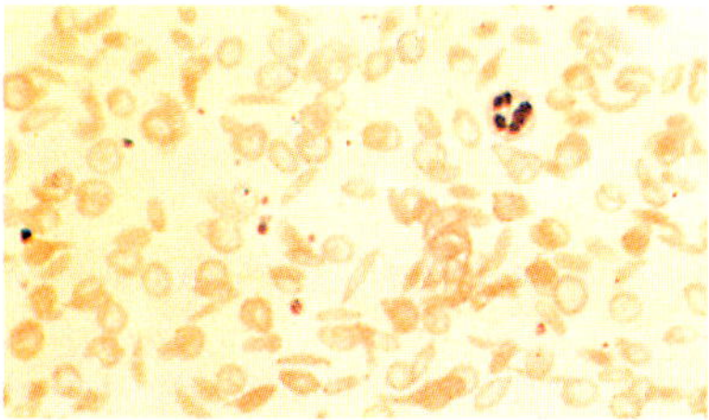	**Sichelzellenanämie: Genmutation** **Merkmale** – Ersetzen der Aminosäure Glutaminsäure durch die Aminosäure Valinsäure an einer Stelle im Hämoglobin. Bildung von kurzlebigen sichelförmigen roten Blutzellen; geringe Sauerstoffaufnahmefähigkeit der roten Blutzellen; Sichler sind sehr blass, Blutarmut, schmerzhaftes Anschwellen von Hand- und Fußrücken
normales Hämoglobin … val–his–leu–thr–pro–glu–glu–lys …	„Sichelzell"-hämoglobin … val–his–leu–thr–pro–val–glu–lys …

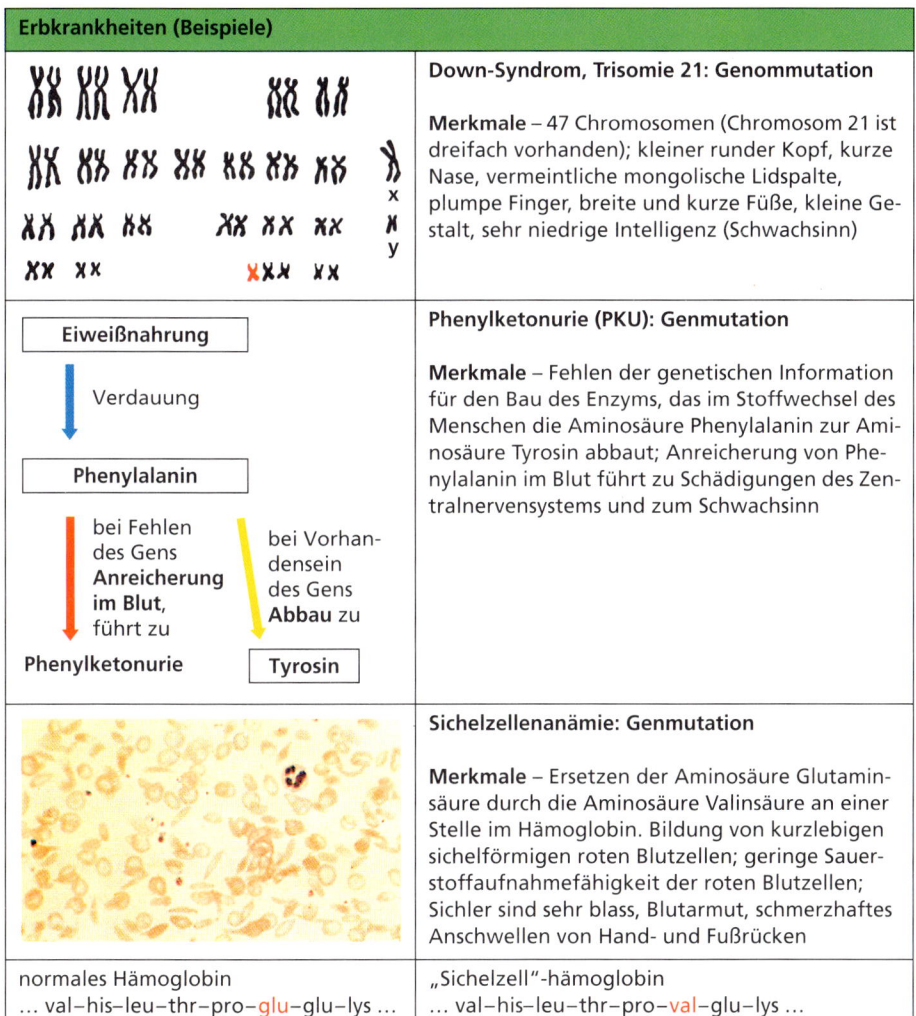

4.5 Nicht erbliche Veränderungen – Modifikationen

Modifikationen sind nicht erbliche Veränderungen im Erscheinungsbild (Phänotyp) eines Organismus während der Individualentwicklung. Ursache von Modifikationen sind Einflüsse aus der Umwelt.

Voraussetzung für das Entstehen von Modifikationen ist die genetisch bedingte **Möglichkeit,** dass das entsprechende Merkmal in bestimmten Grenzen im Verlauf der Individualentwicklung variieren kann. Dabei schwankt die Häufigkeit der Ausprägung dieses Merkmals um einen Mittelwert.

Häufigkeitsverteilung eines Merkmals (z.B. Größe des Bohnensamens)

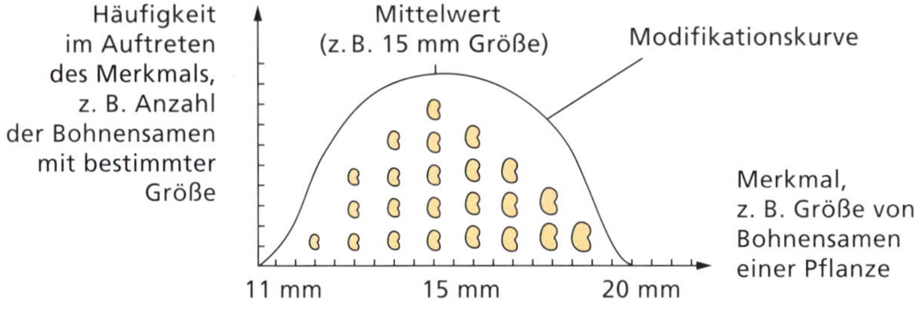

Beispiele für Modifikationen

Schweine desselben Wurfes bei unterschiedlicher Fütterung

Weitere Beispiele:

- unterschiedliche Bräunung der Haut bei eineiigen Zwillingen,
- unterschiedliche Ausprägung der Blattgröße des Sauerklees am Waldrand und im Waldinneren,
- unterschiedliche Wuchshöhe von Kastanienbäumen gleichen Alters,
- unterschiedliche Größe von Kartoffeln einer Pflanze,
- Licht- und Schattenblatt eines Baumes bei unterschiedlicher Lichteinwirkung

Bedeutung der Modifikationen

Modifikationen ermöglichen eine Anpassung des Organismus an unterschiedliche Umweltbedingungen (z.B. Licht- und Schattenblätter) ohne Veränderung des Genotyps. Durch Kenntnis derjenigen Umweltbedingungen, die bestimmte Modifikationsformen hervorrufen, kann der Mensch gezielt Einfluss auf die Ausprägung des Phänotyps nehmen (z.B. muskulöse „fettfreie" Rinder, große Blätter bei Topfpflanzen u.a.).

5 Evolution der Organismen

Die **Evolutionstheorie** sucht mit naturwissenschaftlichen Methoden nach Antworten auf die Fragen:

- Fand eine Evolution statt?
- Welche Ursachen für eine Evolution gibt es?
- Welchen Verlauf nahm die Evolution?

Dabei steht die **Evolutionstheorie** vor der Aufgabe, die Entstehung und die Umbildung von Arten zu erklären. Es wird davon ausgegangen, dass die heute lebenden Organismen aus früheren, primitiven Vorfahren hervorgegangen sind. Für diesen Prozess der stammesgeschichtlichen Entwicklung der Pflanzen, Tiere und Menschen werden sehr lange Zeiträume sowie auch das Wirken von Evolutionsfaktoren angenommen.
Die Schwierigkeiten zum Beweisen der Evolutionstheorie bestehen darin, dass

- Experimente zur Artneubildung wegen der langen Zeit nahezu ausgeschlossen sind (Ausnahme: Modellexperimente zu Bakterien, Züchtung von Tieren und Pflanzen),
- Beobachtungen der Evolutionsvorgänge unmittelbar nicht möglich waren.

Die **Evolutionsforschung** sucht nach Beispielen, um die Stammesgeschichte der Organismen zu belegen, wie u.a.:

- Fossilien, ihre Entstehung und Altersbestimmung,
- Homologe, analoge und rudimentäre Organe,
- Vergleich der Embryonalentwicklung bei Wirbeltieren,
- Auswertung angeborener Verhaltensweisen bei Tieren,
- Deutung von Zwischenformen (Brückentieren).

5.1 Historische Entwicklung

5.1.1 Zur Geschichte der Evolutionstheorie

Über die Entstehung der Organismen wurden von Wissenschaftlern verschiedene Auffassungen entwickelt. Insbesondere CHARLES DARWIN begründete wissenschaftlich die Evolutionstheorie.

CARL VON LINNÉ (1707 – 1778) – Einführung der binären Nomenklatur: Gattungs- und Artnamen für jede Art, z.B. Bellis perennis L. (Gänseblümchen) – Erschaffung der Arten durch Gott – Arten verändern sich nicht	**GEORGES CUVIER (1769 – 1832)** – Naturkatastrophen vernichteten die Arten (Katastrophentheorie) – Neuerschaffung der Arten nach den Katastrophen – Arten verändern sich nicht	**JEAN BAPT. DE LAMARCK (1744–1829)** – Veränderung durch Gebrauch oder Nichtgebrauch von Organen – Organismen haben Vervollkommnungstrieb – Vererbung erworbener Eigenschaften – Arten wandeln sich in kleinen Schritten

Charles Darwin (1809 – 1882) – Überproduktion von Nachkommen – Nachkommen sind nicht völlig gleich (Variabilität) – natürliche Auslese (Selektion) entsprechend den Umweltbedingungen (Selektionstheorie) – Organismenarten haben sich im Verlaufe langer Zeiträume aus einfacheren Formen entwickelt (Evolutionstheorie) – alle Arten sind veränderlich	**Johann Gregor Mendel (1822–1884)** – Kreuzungsversuche an Erbsen – Verwendung von reinerbigem Ausgangsmaterial – Beschränkung auf wenige unterschiedliche Merkmale – statistische Auswertung seiner Ergebnisse – mendelsche Regeln (Gesetze) 1865	**Ernst Haeckel (1834 – 1919)** – Verbreitung der Evolutionstheorie (Selektionstheorie) Darwins – Aufstellen natürlicher Stammbäume – Biogenetisches Grundgesetz – Einbeziehung des Menschen – Arten sind veränderlich

5.1.2 Fossilien als Belege für die Evolution der Organismen

Fossilien sind Reste oder Spuren von Organismen früherer Erdzeitalter.
Fossilien beweisen die Stammesgeschichte der Organismen, da sie
- Organismen (oder Tiere) früherer Erdzeitalter dokumentieren,
- einen Einblick in den Verlauf und die Geschwindigkeit der Evolution ermöglichen,
- Verwandtschaftsbeziehungen zwischen den Organismen belegen.

Altersbestimmung von Fossilien		
stratigraphische Zeitbestimmung	**physikalische Zeitbestimmung**	
	Radiokarbonmethode	**Uran-Blei-Methode**
obere Schichten der Erdkruste enthalten jüngere Fossilien, untere Schichten der Erdkruste enthalten ältere Fossilien Problem: Faltung, Verschiebung, Verwerfung von Schichten der Erdkruste	Zerfall des Isotops C^{14} als Grundlage; $C^{12/14}$-Verhältnis wird bestimmt, Altersbestimmung von Fossilien ist möglich	Zerfall des Isotops U^{238} als Grundlage, dabei entsteht das Isotop Pb^{206}, Altersbestimmung des Gesteins ist möglich

Formen von Fossilien

Nach der Art ihrer Entstehung werden mehrere Formen von Fossilien unterschieden.

Versteinerung	Abdruck	Einschluss
Zersetzung der organischen Substanzen von Körpern, Ausfüllen der entstandenen Hohlräume mit Kalk oder Kieselsäure, die erhärten, z.B. versteinerte Seeigel (Steinkern), Muschelschalen (echte Versteinerung)	Einbettung in ein Sediment (Ton, Schlamm), Zerstörung des Körpers, Abdruck bleibt übrig, z.B. Saurierfährte, Urvogel, Pflanzen	Einschluss in Harz, Salz oder Eis, z.B. Insekten in Bernstein, Mammut im Eis

Steinkern eines Seeigels aus dem Jura	Abdruck eines Farnwedels aus dem Karbon	Einschluss eines Hundertfüßers in Bernstein aus dem Tertiär
Hartteile	**Mumifizierung**	**Inkohlung**
Erhaltung von Strukturen des Körpers aus anorganischen Substanzen, z.B. Knochenreste, Weichtierschalen, Gehäuse, Zähne	Einbettung in Moor, z.B. Tiere und Menschen aus der Eiszeit, Pflanzen des Tertiärs	Unter bestimmten Temperaturbedingungen und Luftabschluss Einbettung in Braun- oder Steinkohle, Kohlenstoff bleibt übrig z.B. Steinkohlenfarne

Schneckengehäuse aus dem Tertiär	Blattrest aus einem tertiären Moorloch	Farn aus dem Oberkarbon

5.1.3 Überblick über die Entwicklung von Organismen in den verschiedenen Erdzeitaltern

vor ca. … Millionen Jahren	Zeitalter	Epochen	Ereignisse	
ca. 2		Quartär	Auftreten und Entwicklung des Menschen, der Pflanzen und Tiere der Gegenwart	
70	Erdneuzeit	Tertiär	Entwicklung und Ausbreitung der Säugetiere, Entwicklung der Affen, Ausbreitung von Gräsern, Entfaltung der Vögel, erste Vormenschen	
135		Kreide	Letzte Saurier, erste Affen, Ausbreitung der höheren Blütenpflanzen, erste Laubhölzer, erste Vögel	
190	Erdmittelzeit	Jura	Vorherrschaft der Saurier, Urvögel, Nadelhölzer verbreitet	
220		Trias	Erste Säugetiere, Vielfalt von Kriechtieren, Nacktsamer vorherrschend	
280		Perm	Vielfalt von Kriechtieren, erste Nadelhölzer, viele Farnpflanzen	
380		Karbon	Erste Kriechtiere, zahlreiche Lurche, erste Wälder aus Farnen, Schachtelhalmen	
410	Erdaltzeit	Devon	Erste Lurche, erste Insekten, Baumfarne, Vielfalt von Fischen, Quastenflosser	
435		Silur	Erste Landpflanzen (Farne, Schachtelhalme, Bärlappe)	
500		Ordovicium	Erste Fische, Meeres- und Süßwasseralgen	
600		Kambrium	Wirbellose im Meer, z.B. Quallen, Algen, Bakterien	
4 – 6 Mrd.	Erdfrühzeit	Präkambrium	Entstehung des Lebens, einfache Formen, z.B. Bakterien, Blaualgen	

5.1.4 Zwischenformen (Übergangsformen) als Belege der Evolution

Zwischenformen (Übergangsformen) sind Organismen mit Merkmalen verschiedener systematischer Gruppen. Sie belegen die Verwandtschaft zwischen bestimmten Organismengruppen und geben Einblick in den Verlauf der stammesgeschichtlichen Entwicklung. Zwischenformen sind fossile (z.B. Urvogel) und rezente Organismen (z.B. Quastenflosser).

Beispiele:

Urvogel (Archaeopteryx) als fossile Zwischenform		
Kriechtiermerkmale Lange Schwanzwirbelsäule Bezahnter Kiefer Schien- und Wadenbein getrennt Kleines Brustbein ohne Kamm Finger mit Krallen		**Vogelmerkmale** Federn Vogelschädel Mittelfußknochen verwachsen z.T. hohle Knochen Vorderflügel mit 3 Fingern
Quastenflosser (Latimeria) als lebende (rezente) Zwischenform		
Merkmale urtümlicher Lurche An den paarigen Flossen durch Gelenke miteinander verbundene Knöchelchen zum Abstützen und Fortbewegen auf dem Grund des Wassers Kurze Landgänge möglich bei fossilen Quastenflossern		**Merkmale eines Knochenfisches** Flossen, Schuppen Gestalt Kiemen Wasserbewohner
Schnabeltier mit besonderen Merkmalen		
Kriechtiermerkmale Kloake Eierlegend Ausbrüten der Eier		**Säugetiermerkmale** Fell Milchsekret für die Jungen aus Drüsen auf der Bauchseite Gleichwarme Körpertemperatur

5.1.5 Hypothesen über die Entstehung des Lebens

Die Vorgänge, die zur Entstehung des Lebens auf der Erde führten, sind bis heute noch nicht experimentell bewiesen. Bis ins 17. Jahrhundert wurde die Lehre, nach der Lebewesen nicht nur von artgleichen Vorfahren, sondern direkt aus leblosen Stoffen hervorgehen können (**Urzeugung**), nicht angezweifelt.
Wissenschaftliche Auffassungen gehen gegenwärtig davon aus, dass das Leben auf der Erde in mehreren Phasen aus nicht lebenden anorganischen Stoffen entstanden ist.

Phasen der Entstehung des Lebens

Entstehung organischer Stoffe in Uratmosphäre und Urozean vor etwa 5 bis 3 Mrd. Jahren	Ablauf chemischer Reaktionen in Uratmosphäre und Urozean, als deren Ergebnis entstanden zunächst verschiedene anorganische Verbindungen (z.B. Ammoniak, Wasser, Schwefelwasserstoff, Methan) und einfache organische Verbindungen (z.B. Aminosäuren, Karbonsäuren, Monosaccharide). Reaktionen der entstandenen Verbindungen untereinander führten zur Bildung hochmolekularer, organischer Stoffe (z.B. Nukleinsäuren, eiweißartige Stoffe). Die notwendige Energie lieferte insbesondere die Strahlung der Sonne.
Entstehung von Urorganismen im Urozean	**Koazervathypothese** Vorhandensein hochmolekularer organischer Stoffe als Kolloide → Aufgrund Wasserentzug Zusammenlagerung von Kolloidteilchen zu Koazervaten → Urorganismen 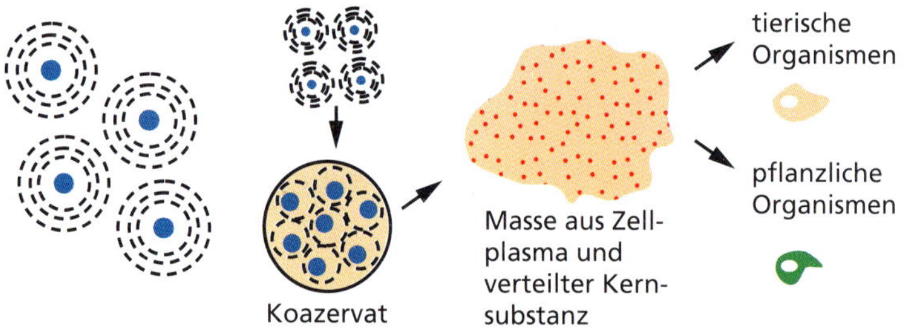 Fähigkeit zur Aufnahme und Abgabe von Stoffen, damit zu Wachstum und Teilung Aufgrund von Auslese Anpassung an Umwelt, Fähigkeit zum Ablauf von enzymgesteuerten Stoffwechselprozessen
	Molekular- oder Nukleinsäurehypothese Vorhandensein hochmolekularer organischer Stoffe (z.B. Nukleotide) → Entstehung neuer Polynukleotide, Eiweiße → Urorganismen Fähigkeit zur identischen Replikation Fähigkeit zum einfachen Stoffwechsel Anpassung an Umwelt, Lebensprozesse

Weitere Entwicklung der Urorganismen im Urozean	Urorganismen heterotrophe Ernährungsweise, notwendige Energie durch Gärung, da kein Sauerstoff in Uratmosphäre vorhanden. Durch Mutation und Auslese entstehen Lebewesen mit Assimilationsfarbstoffen, Fähigkeit zur autotrophen Ernährungsweise, zur Fotosynthese. Anreicherung der Uratmosphäre mit Sauerstoff, ermöglicht Energiegewinn durch Atmung, damit auch Entwicklung und Differenzierung in pflanzliche Organismen (autotroph) und tierische Organismen (heterotroph).

5.2 Evolutionsfaktoren und ihre Wirkung

Die stammesgeschichtliche Entwicklung der Organismen erfolgte im Verlaufe der Erdgeschichte in ständiger Wechselwirkung mit der Umwelt. Als Ursache für diesen Prozess wurde das Zusammenwirken von **Evolutionsfaktoren** in den Populationen erkannt. Die wesentlichen Faktoren der Evolution sind Mutation, Neukombination, Isolation und Auslese (Selektion).

5.2.1 Mutationen

Mutationen (S. 480) sind sprunghafte, ungerichtete Veränderungen von Erbanlagen. Es erhöht sich damit die Vielfalt der Genotypen in einer Population. Dadurch entstehen immer wieder veränderte oder neue Merkmale. Diese zufälligen Merkmalsänderungen sind eine Voraussetzung für die Evolution. Es kann die Auslese wirksam werden.

Beispiele für Mutationen

Wildkohl-Mutationen

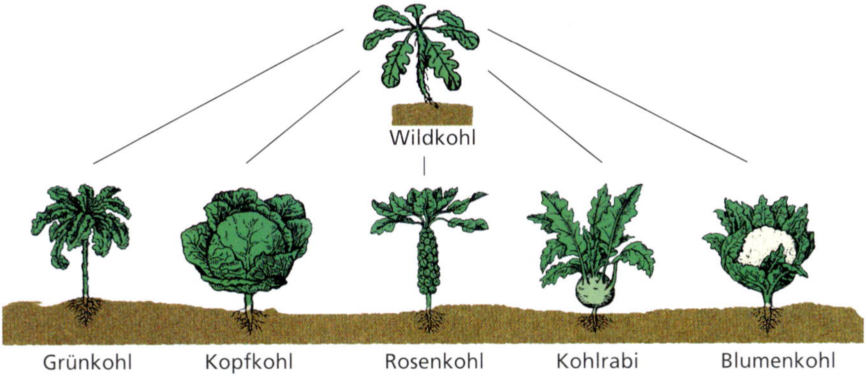

Weitere Beispiele

Goldhamsterzuchtformen – Scheckenhamster, Langhaarhamster

Fellfarbe von Gorilla – Albino-Mutante

Flügelformen von Drosophila – aufgebogene Flügel, Stummelflügel, flügellos

Hunderassenzuchtformen – Schäferhund, Bernhardiner, Boxer

Hühnerrassenzuchtformen – Italiener, Leghorn, Rhodeländer

5.2.2 Neukombination

In einer Population werden durch sexuelle Fortpflanzung immer wieder genetisch verschieden ausgestattete Keimzellen neu kombiniert. Durch die Neukombination entstehen ständig neue Genotypen (mendelsche Gesetze). Diese genetische Vielfalt hat die Vielfalt von Merkmalen in einer Population (**Variabilität**) zur Folge. Damit ist eine weitere Voraussetzung für das Wirken der Auslese gegeben.
Variabilität ist die Veränderlichkeit der Organismen derselben Art. Sie beruht auf Unterschieden in der Erbinformation (Mutationen) oder auf nichterblichen Veränderungen des Erscheinungsbildes durch Umwelteinflüsse während der Individualentwicklung (Modifikation, S. 482).

Beispiele für Variabilität

Schnirkelschneckengehäuse: Farben, Bänderung

Haustauben: Größe, Gefieder, Farbe

Laubblätter von Efeu: Größe, Form

5.2.3 Isolation

Durch **Isolation** wird die geschlechtliche Fortpflanzung zwischen den Individuen einer Population unterbrochen. Dadurch wird der Genaustausch verhindert. Die einzelnen **Teilpopulationen** entwickeln sich oft auch bei unterschiedlichen Umweltbedingungen isoliert voneinander. So können in langen Zeiträumen neue Formen, Unterarten oder auch Arten entstehen.

Beispiele für Isolation

Geografische Isolation, hervorgerufen von Meeren, Seen, Gebirgen, Gletschereis

Rabenkrähe

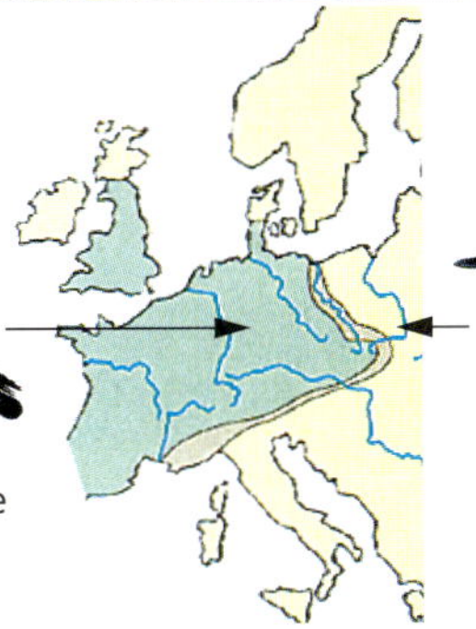

Nebelkrähe

Durch Vorstoßen der Gletscher in der letzten Eiszeit nach Mitteleuropa (vor etwa 20 000 Jahren) entwickelten sich aus der einheitlichen Krähenpopulation die Teilpopulationen der Rabenkrähe und Nebelkrähe.

Legende:
grauer Bereich kennzeichnet gemeinsames Vorkommen beider Formen

Ökologische Isolation, hervorgerufen durch Besiedlung verschiedener Biotope im gleichen geographischen Gebiet

Dickschnabel-Grundfink

Spechtfink

Kaktus-Grundfink

Mittlerer-Baumfink

Auf den Galapagos-Inseln lebende Finkenarten sehen ähnlich aus, unterscheiden sich in der Schnabelform. Sie sind Nahrungsspezialisten (Körnerfresser, Pflanzenfresser) und besiedeln verschiedene Biotope (Boden, Kakteen, Bäume).

Aus einer gemeinsamen Ahnform, einem auf dem Boden lebenden und Körner fressenden Fink des südamerikanischen Festlandes, entstanden neue Finkenarten:

z.B. Dickschnabel-Grundfink (Körnerfresser, am Boden lebend),

Kaktus-Grundfink (Körnerfresser, auf Kakteen lebend),

Spechtfink (Insektenfresser, auf Bäumen lebend),

Mittlerer Baumfink (Insektenfresser, auf Bäumen lebend)

Fortpflanzungsbiologische Isolation, hervorgerufen durch unterschiedliche Fortpflanzungszeiten und unterschiedliches Paarungsverhalten

- Arttypischer Gesang der Vögel trennt z.B. Fitis-Laubsänger und Zilpzalp
- Arttypisches Leuchtmuster bei Leuchtkäfermännchen führt nur zur Reaktion von Weibchen der gleichen Art
- Unterschiedliche Laichzeiten bei Fröschen, z.B. Wasserfrosch (Mai/Juni); Grasfrosch (Febr./April)

5.2.4 Auslese (Selektion)

Die Unterschiede zwischen den Organismen einer Art sind vor allem auf Mutationen und Neukombination zurückzuführen. Alle Organismen, die aufgrund ihrer Genkombination gut an die vorherrschenden Umweltbedingungen angepasst sind, überleben mit großer Wahrscheinlichkeit und können eine große Anzahl fortpflanzungsfähiger Nachkommen erzeugen. Organismen, die aufgrund ihrer Genkombination nicht an die vorherrschenden Umweltbedingungen angepasst sind, erzeugen meist keine Nachkommen und sterben somit aus.
Diese **natürliche Auslese (Selektion)** ist ein richtunggebender Evolutionsfaktor, da von Generation zu Generation immer neu die optimal angepassten Individuen einer Population an vorherrschende Umweltbedingungen erhalten bleiben und bei der Fortpflanzung ihren Genbestand an die Nachkommen weitergeben.

Beispiele für Auslese

Helle und dunkle Formen von Birkenspanner

Der Birkenspanner, ein Nachtfalter, sitzt tagsüber meistens an der Rinde von Bäumen. Seine hell gemusterten Flügel unterscheiden sich kaum von der hellen Birkenrinde oder der hellen flechtenbewachsenen Rinde anderer Bäume.
Birkenspanner werden deshalb von Singvögeln (Fressfeinde) oft übersehen (**Selektionsvorteil**).

1848 entdeckte man in England erstmals dunkle Formen (**Mutationen**). Bereits 1900 betrug ihr Anteil in Manchester 83 %. Die dunklen Formen in Industriegebieten waren auf der dunklen, rußgeschwärzten und flechtenlosen Baumrinde vor Fressfeinden geschützt (**Selektionsvorteil**).
Ihr Anteil nahm in Industriegebieten ständig zu, während die hell gefärbten Birkenspanner häufiger in ländlichen Gebieten zu finden waren.
Der Selektionsvorteil für die jeweilige Form ergibt sich aus den jeweils vorherrschenden Umweltbedingungen.

Auslesefaktoren	Wirkung auf die Evolution der Organismen
abiotische Faktoren	
niedrige Temperaturen	Förderung kleiner Körperoberflächen im Vergleich zum Körpergewicht – Galapagos-Pinguin (Tropen) – Kaiserpinguin (Antarktis)
Trockenheit	Begünstigung xeromorpher Pflanzen – Hartlaubgewächse – Kakteen
Sturm	Begünstigung flugunfähiger Arten – Fliegen und Schmetterlinge auf den Kerguelen-Inseln
Antibiotika und Gifte	Förderung resistenter Organismen – bestimmte Bakterienstämme – bestimmte Insektenarten
biotische Faktoren	
Fressfeinde	Begünstigung schneller oder geschützter Arten – schnelle Läufer – Huftiere – Tarnfarbe – Schneehuhn, Birkenspanner – Drüsenhaare – Brennnessel – Tarnformen – Gespenstschrecke, Stabschrecke – Scheinwarntracht – Hornissenschwärmer, Schwebfliegen
Konkurrenz	Begünstigung konkurrenzstarker Organismen – Jungbäume im Laubwald – Geschlechtspartner bei Rotwild

5.2.5 Zusammenwirken der Evolutionsfaktoren

Die **genetische Vielfalt einer Population** wird durch spontane **Mutationen** und **Neukombinationen** ständig beeinflusst. Damit ist eine Voraussetzung für die Evolution gegeben, indem immer wieder neue Merkmale bei den Individuen auftreten. Durch **Auslese** (**Selektion**) werden ungünstige Genkombinationen bezüglich der vorherrschenden Umweltbedingungen nicht gefördert, d.h., die Individuen entwickeln sich schlecht, haben keinen Fortpflanzungserfolg. Individuen mit günstigen Genkombinationen werden dagegen durch Auslese in ihrer Entwicklung und Fortpflanzung gefördert. Dabei ist der unterschiedliche Fortpflanzungserfolg (Fitness) immer in Bezug zu den gegenwärtigen Umweltbedingungen zu sehen. Während die Evolutionsfaktoren Mutation und Neukombination zufällig genetische Vielfalt erzeugen, wirkt die Auslese als Evolutionsfaktor richtend auf die Auswahl der Individuen. Diese Auswahl bezieht sich bei vorherrschenden Umweltbedingungen auf die Angepasstheit von Individuen, bei sich verändernden Umweltbedingungen auf die Anpassungsfähigkeit von Individuen.

5.3 Erscheinungen und Ergebnisse der Evolution

5.3.1 Homologie

Homologe Organe sind ursprungsgleiche Organe. Sie sind auf einen gleichen Grundbauplan zurückzuführen, im Aussehen und in der Funktion aber unterschiedlich. Ein gemeinsamer Grundbauplan lässt bei Homologie auf Verwandtschaft schließen. Die Lebewesen haben gemeinsame Vorfahren. Die Abwandlungen können als Entwicklung während der Evolution gedeutet werden. Es liegt Angepasstheit an verschiedene Umweltbedingungen vor.

Beispiele für homologe Organe

Vordergliedmaßen der Wirbeltiere

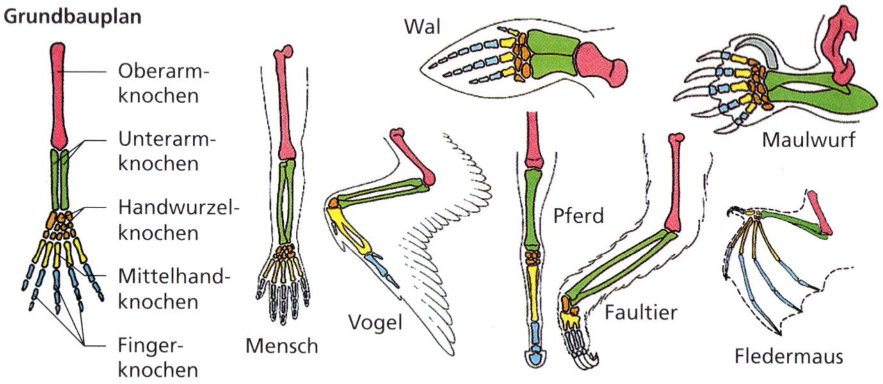

Blattmetamorphosen bei Schmetterlingsblütengewächsen

Erbse

Blattranken

Weiße Robinie

Blattdornen

Beine von Insekten

Maulwurfsgrille

Grabbein

Heuschrecke

Sprungbein

Laufkäfer

Laufbein

Gelbrandkäfer

Schwimmbein

Weitere Beispiele

Gebisstypen von Säugetieren, Mundwerkzeuge von Insekten, Schnäbel verschiedener Vogelarten einer Gruppe

5.3.2 Analogie

Analoge Organe sind Organe mit unterschiedlichem Ursprung. Sie haben einen unterschiedlichen Grundbauplan, sind im Aussehen und in der Funktion aber sehr ähnlich. Es liegt Angepasstheit an ähnliche Umweltbedingungen vor. Analogie lässt keine Rückschlüsse auf Verwandtschaft, wohl aber auf Entwicklungen während der Evolution zu.

Beispiele für analoge Organe

Grabbeine von Maulwurf und Maulwurfsgrille

Knollen von Dahlie und Kartoffel

Flügel von Vogel und Insekt

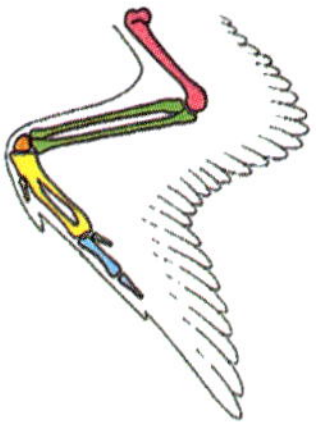

Flosse vom Wal und Schwimmbein vom Gelbrandkäfer

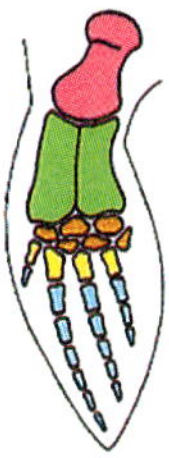

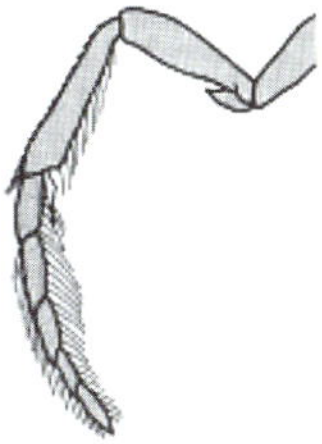

5.3.3 Rudimentäre Organe

Rudimentäre Organe haben ihre Funktion im Verlauf der Evolution teilweise oder vollständig verloren. Diese Organe sind zurückgebildet, sie sind noch als Reste vorhanden. In einigen Fällen ist auch ein Funktionswechsel zu verzeichnen.
Rudimentäre Organe können auf Verwandtschaft verweisen.

Beispiele für rudimentäre Organe

Reste des Beckengürtels bei verschiedenen Walen

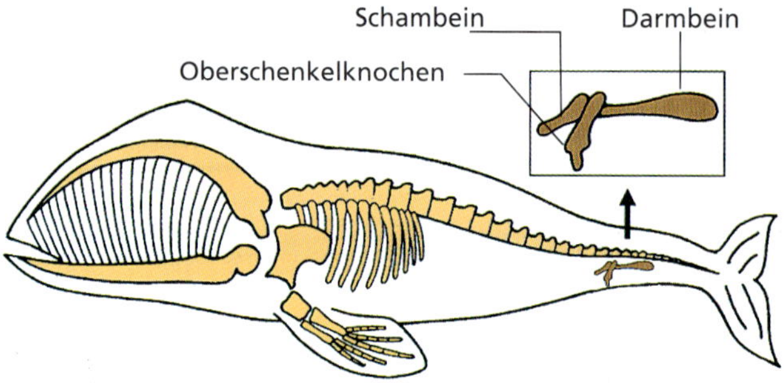

Weitere Beispiele

- Reste von Beckenknochen bei Blindschleiche und einigen Riesenschlangen;
- Steißbein, Restbehaarung der Brust, Weisheitszähne und Wurmfortsatz beim Menschen

5.3.4 Angepasstheit und Spezialisierung

Die **Angepasstheit** der Pflanzen und Tiere an die jeweils vorherrschenden Umweltbedingungen ist ein Ergebnis der Evolution. Was hierbei als zweckmäßig erscheint, ist im Verlauf langer Zeiträume durch das Zusammenwirken der Evolutionsfaktoren entstanden.

Angepasstheit ist die spezielle Ausprägung bestimmter Merkmale und Verhaltensweisen eines Organismus aufgrund der gegebenen Umweltbedingungen.

Stabheuschrecke (Nachahmungstracht)

Schneehase (Umgebungstracht)

Hornissenschwärmer (Scheinwarntracht)

Die **Spezialisierung** führt bei den Lebewesen durch Veränderung im Bau bzw. durch Ausbildung bestimmter Verhaltensweisen zu einer besseren Angepasstheit an spezifische Umweltbedingungen.

Eine Veränderung der Umweltbedingungen (z.B. Klimaverhältnisse) kann bei speziell angepassten Organismen zum Aussterben führen, da sie aufgrund ihrer Spezialisierung im Toleranzbereich (S. 450) eingeengt sind.

Beispiele für Spezialisierung

Spezialisierung auf bestimmte Nahrung: z.B.

- Säugetiere: Fleischfresser, Pflanzenfresser
- Vögel: Körnerfresser, Insektenfresser, Nektarsauger, Fleischfresser

Buchfink Grünspecht Kolibri Roter Milan

Spezialisierung auf bestimmte Temperaturen: z.B.

- Tiere und Pflanzen der Tropen bzw. der Arktis
- Kaltwasserfische und Warmwasserfische
- Tiere und Pflanzen in Wüstengebieten

Spezialisierung auf bestimmte Wasserverhältnisse: z.B.

- Trockenlufttiere (S. 378), Feuchtlufttiere (S. 376), Wassertiere (S. 373)
- Trockenlandpflanzen, Feuchtlandpflanzen, Wasserpflanzen (S. 448)

5.3.5 Zunahme der Organisationshöhe

Im Verlauf der stammesgeschichtlichen Entwicklung ist eine zunehmende Höhe der Organisation bei vielen Organismengruppen festzustellen. Dabei treten **Differenzierungen** und **Zentralisierungen** von Zellen, Geweben und Organen auf, die **Leistungssteigerungen** bewirken, die dann jeweils zu einer zunehmend relativen Umweltunabhängigkeit der Organismen führen.

Beispiele für die Zunahme der Organisationshöhe

Differenzierung der Gewebe bei Moos-, Farn- und Samenpflanze

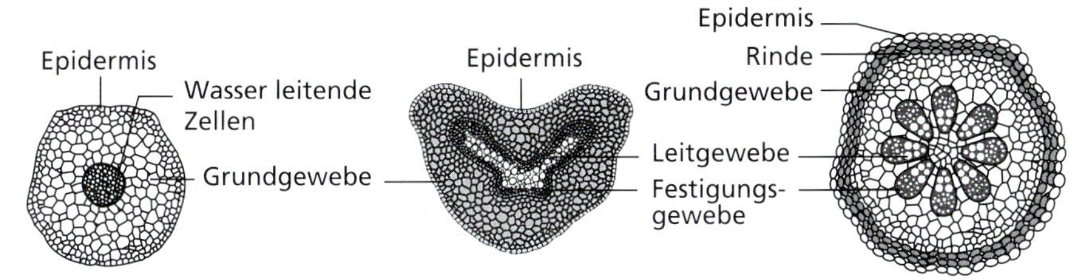

Moosstämmchen (quer) Farnwedel (quer) Sprossachse einer Samenpflanze (quer)

Zentralisierung der Nervensysteme

Netzförmiges Nervensystem | Strickleiternervensystem | Zentralnervensystem

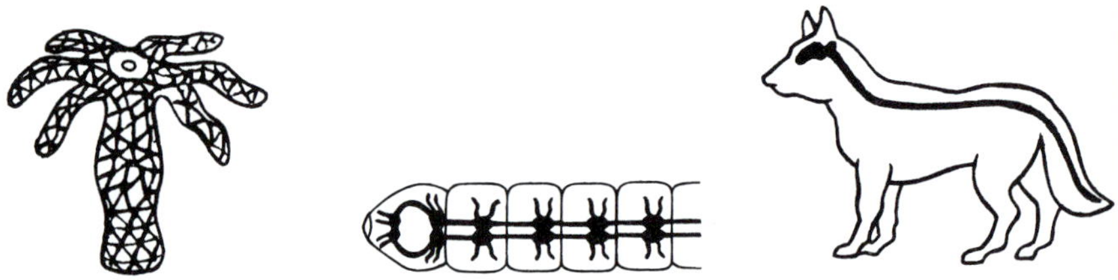

Süßwasserpolyp | Regenwurm | Hund

Leistungssteigerung durch Differenzierung bei den Lungen der Wirbeltiere

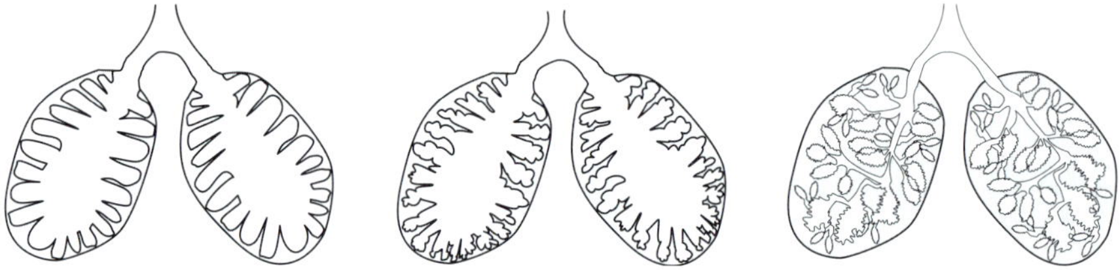

Lurche | Kriechtiere | Vögel/Säuger

5.3.6 Homologe Verhaltensweisen

Angeborene Verhaltensweisen sind bei Tieren artspezifisch. Einige Verhaltensweisen laufen nach einem starren, angeborenen Schema ab, es sind **homologe Verhaltensweisen**.

Dazu gehört z.B. das Scheinputzen des Entenerpels bei der Balz. Beim Vergleich dieser Verhaltensweise bei verschiedenen Entenarten kann auf deren Verwandtschaft geschlossen werden.

Scheinputzen der Entenerpel

Branderpel | Knäckerpel | Mandarinerpel | Stockerpel

5.4 Abstammung und Entwicklung des Menschen

Zahlreiche Funde belegen die Evolution des Menschen aus nicht menschlichen Vorfahren. Der Mensch gehört im natürlichen System der Organismen mit den Halbaffen (z.B. Maki) und den Echten Affen (Neuwelt- und Altweltaffen) zu den rezenten (heute lebenden) Primaten.

Der Vergleich des Menschen mit heute lebenden Affen (bes. Menschenaffen) belegt die enge stammesgeschichtliche Verwandtschaft hinsichtlich der **Gemeinsamkeiten.**

5.4.1 Beispiele für Gemeinsamkeiten von Mensch und Menschenaffen

- Ausprägung des Gehirns, bes. des Großhirns
- fünfstrahlige Hände und Füße
- abspreizbare Daumen und Großzehen zum Greifen
- Gebiss aus vier Zahntypen mit einmaligem Zahnwechsel
- nahezu gleiche Feinstruktur der Chromosomen
- nahezu Gleichheit der DNA-Nukleotidpaare (z.B. 98,5 % Mensch – Schimpanse)
- Ähnlichkeiten bei allen inneren Organen
- gleiches Vorkommen wirtsspezifischer Parasiten (z.B. Läuse, Madenwürmer)
- lange Kindheits- und Jugendentwicklung
- gleiche angeborene Verhaltensweisen (z.B. Such- und Greifreflex, Gestik und Mimik bei Wut, Freude, Angst)
- Lebensweise in Gruppen

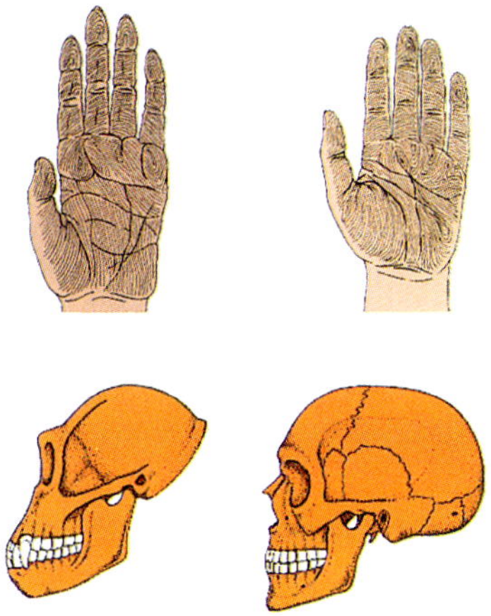

5.4.2 Biologische und kulturelle Evolution des Menschen

Biologische Evolution

Die Unterschiede im Vergleich zwischen den Menschen und heute lebenden Primaten verweisen auf den stammesgeschichtlichen Verlauf der Menschwerdung und zeigen die **Sonderstellung des Menschen**, z.B.:

- Herausbildung des aufrechten Ganges,
- Entwicklung der Greifhand (Präzisionsgriff),
- Erhöhung der Gehirnleistung bezüglich der Informationsaufnahme, -verarbeitung und -speicherung,
- Entwicklung des Sprechapparates und der Sprachfähigkeit,
- Verlängerung der Jugendphase mit intensiven Lernvorgängen,
- Denkfähigkeit in Gegenwart und Vergangenheit.

Vergleich von Menschenaffe und Mensch

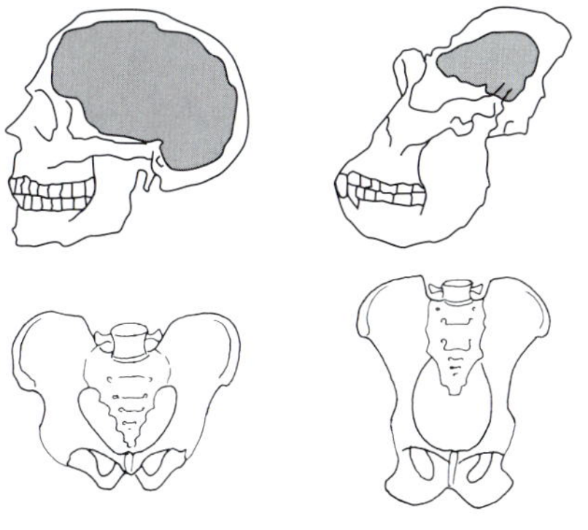

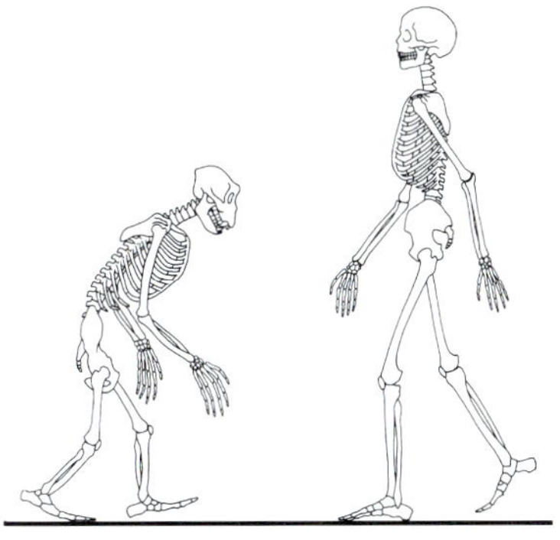

Merkmale	Orang/Gorilla/Schimpanse	Mensch
Körperhaltung	nach vorn gebeugt	aufrecht
Fortbewegung	in der Regel vierfüßig	zweifüßig, aufrechter Gang
Wirbelsäule	einfach gekrümmt	S-förmig gekrümmt
Schädel	vorgezogener großer Gesichtsschädel ohne Kinn, flacher Hirnschädel	kurzer kleiner Gesichtsschädel mit Kinn, großer gewölbter Hirnschädel
Hirnvolumen (Durchschnitt)	400 – 500 cm^3	1450 cm^3
Hinterhauptsloch	am Hirnschädel hinten	in Schädelmitte
Gebiss	lange Kiefer, U-förmig, Zahnreihe mit „Affenlücke" für die großen Eckzähne	kurze Kiefer, parabolisch, Zahnreihe geschlossen
Gliedmaßenskelett	lange Arme, kürzere Beine, Beine angewinkelt, Klammerhand, Greiffuß	kürzere Arme, längere Beine, Beine gestreckt, Greifhand mit beweglichem Daumen, Stand-Schreit-Beine
Becken	schaufelförmig	schüsselförmig
Chromosomen	2n = 48	2n = 46
Präzipitintest (Ausfällung mit Antihuman-Serum)	42 % 64 % 85 %	100 %

Kulturelle Evolution

In enger Verbindung mit der biologischen Evolution verlief die **kulturelle Evolution** des Menschen, anfangs äußerst langsam, seit etwa 80 000 Jahren jedoch sehr beschleunigt. Dabei handelt es sich um die Herausbildung von Traditionen und deren Weitergabe von Generation zu Generation, z.B.:

- Herstellung von Werkzeugen und Geräten (Faustkeil bis Computer ...),
- Haltung und Züchtung von Nutzpflanzen und Nutztieren,
- Herstellung von Schmuck und Kunstgegenständen,
- Erfindungen (z.B. Pflug, Schrift, Glas, Porzellan, Buchdruck bis Atomkernspaltung).

Eine mögliche Darstellung eines vereinfachten Stammbaumschemas des Menschen

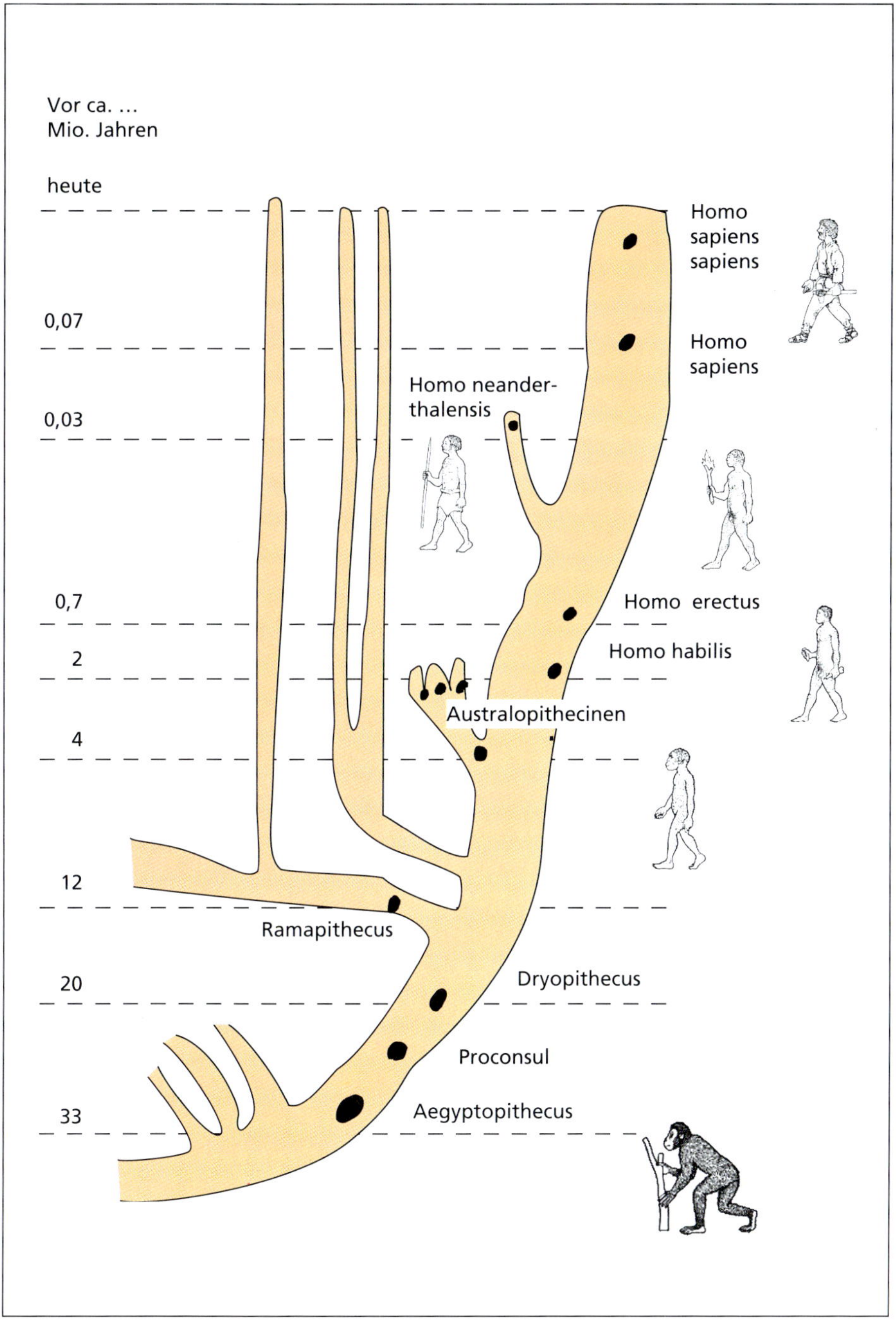

Wesentliche Etappen der Menschwerdung

Etappen	Wesentliche Merkmale
Etappe der Vorfahren von Mensch und Menschenaffen	Entwicklung fossiler unspezialisierter Affen zu Menschenaffenvorfahren und zu Menschenvorfahren (Baumaffen als Hangelkletterer) , **Dryopitecinen** und **Ramapithecinen** – aufgerichteter Gang, frei bewegliche Vordergliedmaßen, Verwendung von Naturgegenständen; Herdenbildung; Entwicklung biologischer Voraussetzungen für Menschwerdung; Trennung der Entwicklungslinien von Mensch und Menschenaffen
Etappe des Überganges vom Tier zum Menschen	**Australopithecinen**; aufrechter Gang **Habilinen** (Affenmenschen – Homo habilis), Anfänge des Denkens und der sprachlichen Verständigung; Herstellen einfacher Knochen- und Geröllwerkzeuge; Leben in Horden
Etappe der Menschwerdung	**Homo erectus** (Urmenschen) – Anfänge der artikulierten Sprache und des begrifflichen Denkens, Herstellung von Werkzeugen aus Stein, z.B. einfache Faustkeile, Abschlaggeräte; Gebrauch des Feuers, Jäger und Fleischesser; Höhlenbewohner, Urhorden **Homo neanderthalensis** (Altmenschen) – Zunahme des Hirnschädels, Lautsprache, Anfänge des abstrakten Denkens, Herstellung von Werkzeugen aus Stein, Holz, Knochen, z.B. Schaber, Faustkeil, Sperspitze, Stoßwaffen; Erzeugung des Feuers; Höhlen und hüttenartige Behausungen; Zusammenleben in verschiedenen Formen; Übergang zur bewussten Arbeit, Seitenzweig in der Entwicklung zum Menschen **Homo sapiens sapiens** (Jetztmenschen) – *fossile Jetztmenschen:* Zeltbehausungen, Fertigung von Arbeits- und Jagdgeräten, Fernwaffen (Pfeil und Bogen); *heute lebende Jetztmenschen*: kleiner Gesichts-, großer Hirnschädel, differenzierte Arbeitsteilung, schöpferische bewusste Tätigkeit, vorwiegend gesellschaftliche Entwicklung bis zum heute lebenden Menschen, Meister der Technik

5.4.3 Formenmannigfaltigkeit des Menschen (Menschenrassen)

Als **Großrassen** (**Rassenkreise**) können Europide, Mongolide und Negride unterschieden werden. Diese sind wahrscheinlich vor 30 000 bis 40 000 Jahren aufgrund von Isolation (geographisch, sozial, kulturell) und unterschiedlichen Selektionsbedingungen (z.B. Intensität der Sonneneinstrahlung) entstanden.

Alle **Vertreter dieser Rassen gehören zu einer Art: Homo sapiens sapiens**, da sie sich fruchtbar kreuzen können und auch die Nachkommen fruchtbar sind.

Die vorhandenen physischen und psychischen Unterschiede zwischen Vertretern verschiedener Rassen berechtigen in keiner Weise zu einer Bewertung. Rassenideologie mit ihren antihumanen Folgen entbehrt aller biologischen Grundlagen und ist deshalb abzulehnen.

Gegenwärtig und auch zukünftig erfolgt eine immer stärkere **Durchmischung der verschiedenen Rassen und Kulturen**, so dass ein Zuordnen zu bestimmten Großrassen oft nicht mehr möglich ist.

Merkmale der Großrassen (Rassenkreise)

Merkmale	Negride	Mongolide	Europide
Hautfarbe	hellbraun bis schwarzbraun	gelblich bis gelbbraun	hellrötlich bis hellbraun
Kopfhaar	schwarz gekräuselt, dicht und dick	meist schwarz, glatt, meist dick und kräftig	hell bis dunkel, glatt bis wellig, meist dünn
Nase	meist breit und flach, Nasenöffnungen weit	meist breit und flach, Nasenwurzel tief	meist schmal
Lippen	oft breit und wulstig	dünn, schmal bis voll	oft dünn und schmal
Augenfarbe	dunkelbraun	dunkelbraun, schmale Augen mit stark entwickelter Oberlidspalte	meist blau, grau, grünlich, aber auch bis dunkel
Gesichtszüge	meist breites und flaches Gesicht	rundliches Gesicht mit breiten Jochbögen	meist schmales Gesicht
Körperhöhe	mittel- bis großwüchsig	mittelwüchsig	mittel- bis großwüchsig

Negride

Mongolide

Europide

6 Verhalten von Tier und Mensch

Verhalten ist die Gesamtheit aller beobachtbaren Bewegungen, Lautäußerungen, Körperhaltungen und äußerlichen Veränderungen, die der gegenseitigen Verständigung dienen und beim Artgenossen Verhaltensweisen auslösen können (Farbänderungen, Absonderung von Duftstoffen u.a.). Verhalten wird durch innere und äußere Faktoren bewirkt. Es setzt sich aus angeborenen und erworbenen Verhaltensweisen zusammen.

Alle Verhaltensweisen lassen sich 6 **Verhaltensbereichen** zuordnen: Fortbewegung, Ruhe, Nahrungserwerb, Angriff und Flucht, Fortpflanzung, Körperpflege.

6.1 Angeborenes Verhalten

Angeborenes Verhalten bildete sich im Verlaufe der Stammesgeschichte heraus und ist in der Erbinformation gespeichert. Es wird von Generation zu Generation weitergegeben, läuft ohne vorherige Erfahrung sicher und formstarr ab.

Beispiele für angeborenes Verhalten

Körpersprache bei Wölfen

Imponierhaltung — Drohhaltung — Unterwerfungshaltung — Demutshaltung

Balzverhalten bei Vögeln (z.B. Stockente)

Phasen des Grundpfiffs — Das Kopfhindrehen zur Ente — Das Nickschwimmen

Das Hinterkopfzudrehen — Die Ab-Auf-Bewegung — Das Aufreißen

(aus: K. Lorenz „Über tierisches und menschliches Verhalten, Gesammelte Abhandlungen Band II“. Piper & Co. Verlag, München 1965, S. 31–42)

Weitere Beispiele

- Lächeln und Weinen beim Menschen
- Schnabelsperren bei Jungvögeln
- Balzverhalten bei Fischen (z. B. Schwertträger, Abb.)
- Kommentkämpfe bei Rothirschen (S. 514)
- Speicherbau und Nahrungssammeln des Hamsters

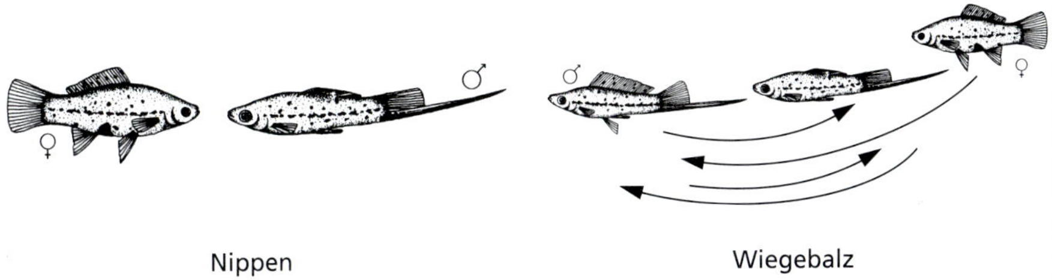

Unbedingte Reflexe und Instinkthandlungen

Unbedingte Reflexe sind angeborene Reaktionen auf Reize, die jederzeit auslösbar sind. Sie sind beständig und laufen schnell ab (S. 426).

Beispiele: Saug-, Schluck-, Speichel-, Husten-, Pupillen-, Nies-, Brechreflex (Schutzreaktionen), Kniesehnenreflex

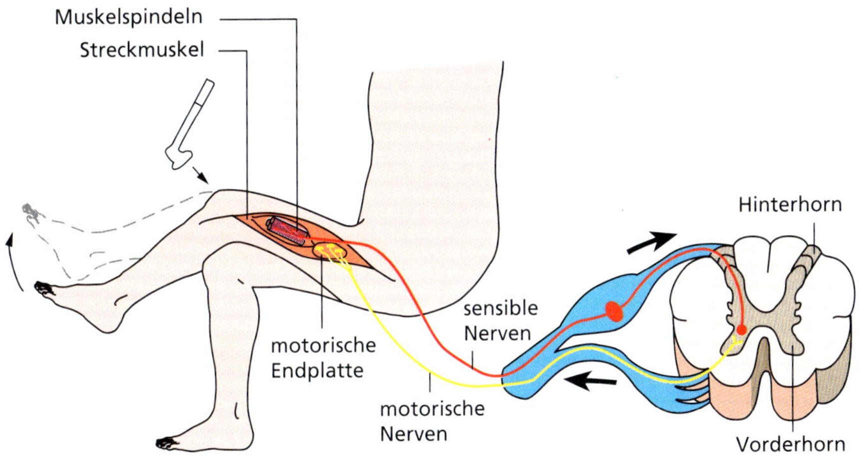

Eine **Instinkthandlung** (auch Erbkoordination genannt) ist angeborenes Verhalten. Sie wird durch Schlüsselreize ausgelöst und läuft in einer geordneten starren Folge von Bewegungen ab, wenn sich das Lebewesen in einer Handlungsbereitschaft dazu befindet.

Schlüsselreize sind Signale aus der Umwelt, die bei einem Lebewesen bestimmte angeborene Verhaltensweisen auslösen.

Ablauf einer Instinkthandlung (z.B. Nahrungserwerb einer Zecke)

hungrige Zecke
↓
klettert auf Gräser oder Sträucher
↓
fallen lassen, Blut saugen

Handlungsbereitschaft
↓
Suchverhalten
↓
Endhandlung

Schlüsselreiz für die Zecke (Körpertemperatur, Buttersäureduft)

Weitere Beispiele

- Beutefang einer Kröte
- Brutpflegeverhalten einer Sandwespe
- Bau eines Spinnennetzes

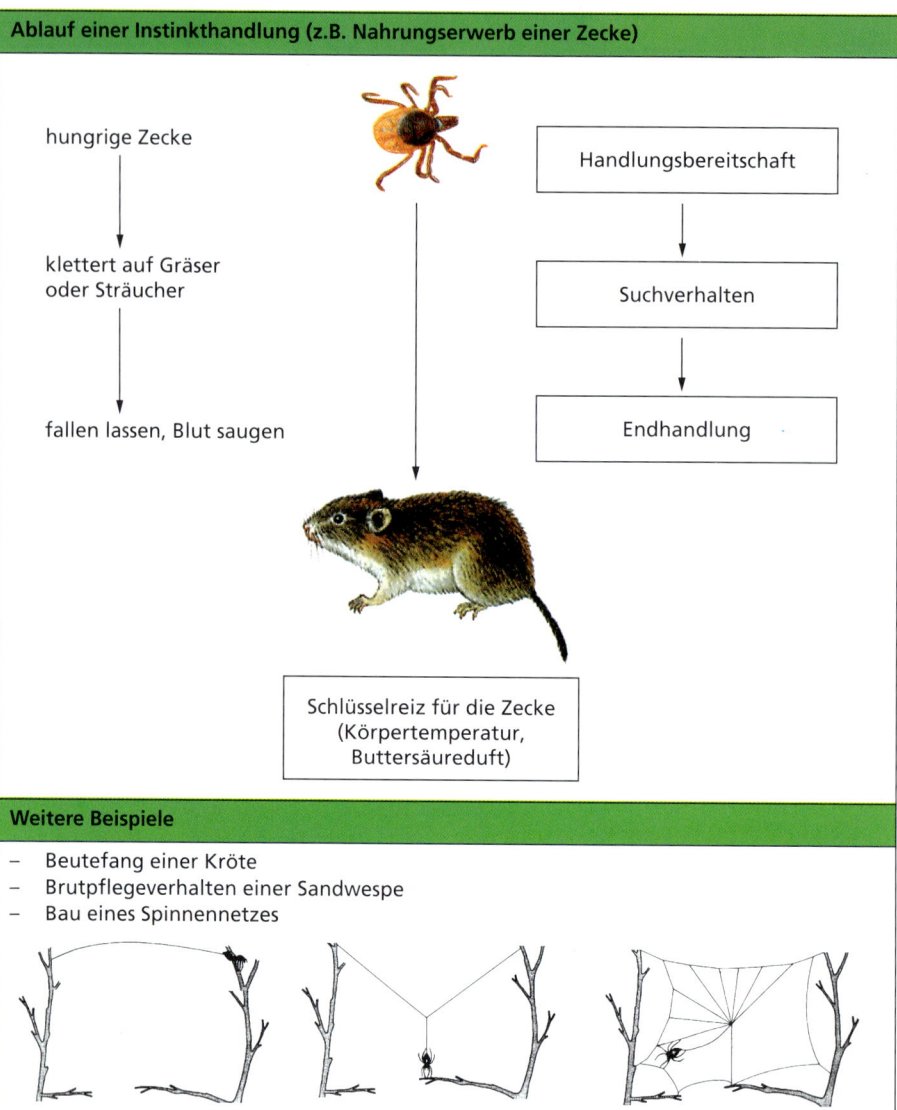

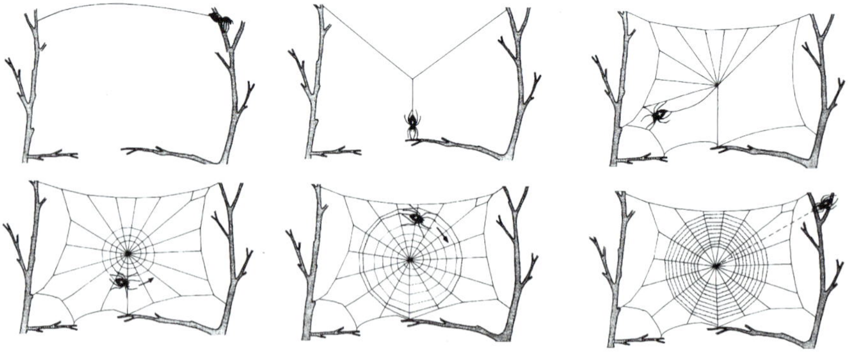

6.2 Erworbenes Verhalten

Erworbenes Verhalten wird im Verlaufe der Individualentwicklung erlernt und ermöglicht die Anpassung an spezielle Umweltbedingungen. Es ist flexibel und kann wieder vergessen werden. Aufgrund von Erfahrungen bilden sich Verhaltensänderungen heraus, die im Gedächtnis gespeichert werden und bei Bedarf abrufbar sind.

Lernformen

Lernformen	Erklärungen	Beispiele
Gewöhnung (Habituation)	Lebewesen reagieren auf wiederholt auftretende Reize nicht mehr.	Die ständige Wasserströmung löst beim Süßwasserpolypen keine Kontraktion aus.
Nachahmung (Imitation)	Lebewesen übernehmen bei anderen beobachtete Bewegungen und gehörte Laute in ihr eigenes Verhalten.	Sprechleistung bei Graupapageien und Wellensittichen
Prägung	Lebewesen lernen in einer sehr frühen sensiblen Entwicklungsphase unwiderrufliches Verhalten.	Nachfolgereaktion bei Küken 
Versuch – Irrtum	Lebewesen finden die richtige Lösung durch Probieren.	Kind setzt ein Puzzle zusammen. 
Spielverhalten	Lebewesen kombinieren arttypische Verhaltensweisen aus verschiedenen Verhaltensbereichen, ohne dabei einen Ernstbezug anzustreben.	Kätzchen spielt mit einem Wollknäuel (Verhaltensweisen aus Beutefang, Flucht und Angriff)
Bedingter Reflex	Lebewesen reagieren durch Konditionierung auf neutrale Reize mit einer bedingten Reaktion.	bedingter Speichelreflex (S. 427), Hungergefühl zu einer bestimmten Zeit

6.3 Verhaltensweisen

6.3.1 Sozialverhalten

Sozialverhalten ist auf den Artgenossen gerichtetes Verhalten. Es setzt sich aus angeborenen und erworbenen Verhaltensweisen zusammen, die zwischen Vertretern einer Art auftreten (z.B. Balzverhalten, Revierverhalten, Aggressionsverhalten) und das Zusammenleben ermöglichen.

Viele Tätigkeiten führen sozial lebende Arten gemeinsam aus (z.B. Aufsuchen der Wasserstelle, Nehmen eines Staubbades, Beutefang).

Formen des Soziallebens

Sozialverbände	Merkmale	Beispiele
Anonymer Verband	Die Tiere kennen sich nicht.	
Offener anonymer Verband	Jederzeit können sich Tiere der Gruppe anschließen oder sich von ihr entfernen. Grobe Signale des Artbildes halten die Gruppe zusammen.	wandernde Huftierarten, Heuschreckenschwärme, Fledermäuse
Geschlossener anonymer Verband	Gemeinsame Abstammung und soziale Signale (Nestduft) halten die Gruppe zusammen. Gruppenfremde Tiere werden ausgeschlossen.	Tierstaaten, z.B. Bienen, Ameisen, Termiten Mäusesippen
Nicht anonymer Verband	Die Tiere erkennen sich an individuellen Merkmalen.	
Individualisierter Verband	Die Gruppe besteht aus wenigen Tieren, die sich durch Geruch, Stimme, Aussehen persönlich kennen.	Wolfsrudel, Gorillahorde, Hühnerschar

Tiere leben auch als **Einzelgänger** (z.B. Tiger, Orang-Utan) und als **Paar** (z.B. Biber, Graugans). Individuen verschiedener Arten können auch zusammen leben. Dabei dienen bestimmte Verhaltensweisen der zwischenartlichen Verständigung und dem gegenseitigen Nutzen (**Symbiose,** S. 453).

Beispiele:

Madenhacker – Nashorn
Putzerlippfisch – Raubfische
Anemonenfisch – Riesenanemone

Einzelgänger (Tiger)

Paar (Kanada-Gans)

Revierverhalten

Tiere nutzen ein bestimmtes Gebiet als Nahrungsraum, Brut-, Schlaf- und Zufluchtsstätte. Durch artspezifische Markierungen (Rufe, Sekrete, Kratzspuren u.a.) grenzen sie dieses Territorium von anderen ab.

Schematische Darstellung eines Säugetierreviers

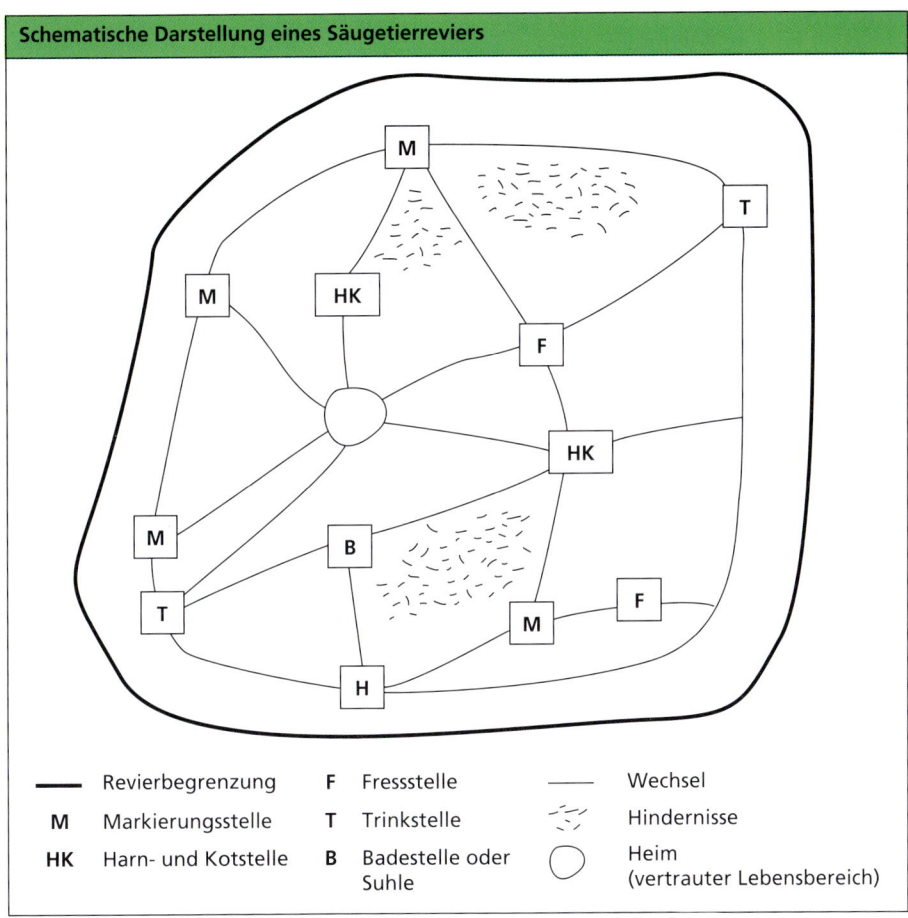

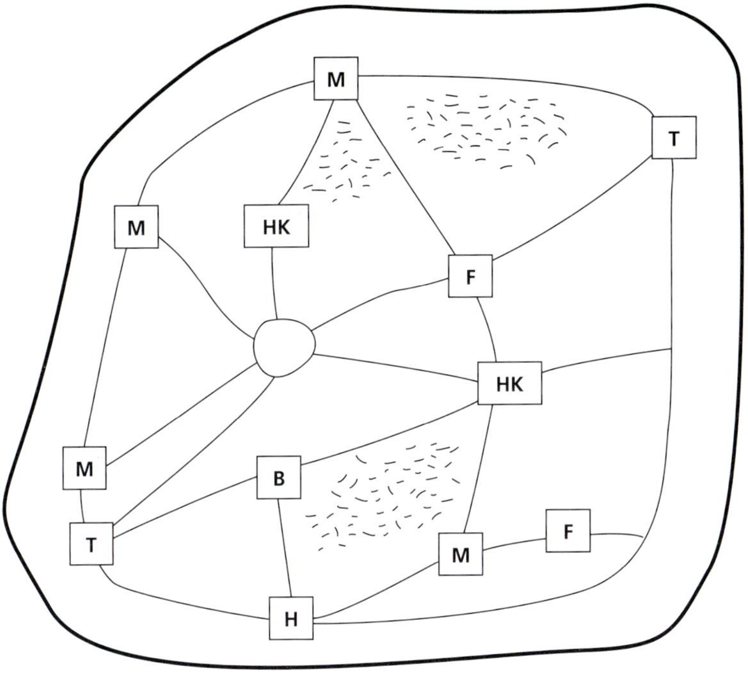

——	Revierbegrenzung	**F**	Fressstelle	——	Wechsel
M	Markierungsstelle	**T**	Trinkstelle		Hindernisse
HK	Harn- und Kotstelle	**B**	Badestelle oder Suhle		Heim (vertrauter Lebensbereich)

Rangordnungsverhalten

Innerhalb einer Gruppe bildet sich eine Reihenfolge heraus, die durch Kämpfe entstanden ist. Durch die **Rangordnung** wird die Aggressivität in der Gruppe herabgesetzt. Ranghohe und rangniedere Tiere verständigen sich durch bestimmte Ausdrucksformen.

Als **Aggression** wird jede feindlich getönte Auseinandersetzung mit anderen Lebewesen (Artgenossen, Vertreter anderer Arten) bezeichnet.

Aggressionen werden durch äußere Bedingungen (Eindringen in das Revier, Kampf um Geschlechtspartner, Futter u.a.) und innere Bedingungen (Ausschüttung von bestimmten Hormonen) ausgelöst.

Beispiele für Rangordnungsverhalten

Tierarten	ranghohes Tier (α–Tier)	rangniederes Tier (Ω-Tier)
Flußpferd 	reißt Mund auf, zeigt seine Waffen, hebt den Kopf	schließt den Mund und senkt den Kopf
Truthahn 	versucht eine Paarung	fordert ähnlich wie ein Weibchen zur Paarung auf
Dreizehenmöwe 	öffnet den Schnabel und richtet ihn nach unten	schließt den Schnabel und richtet ihn nach oben
Maus  (Skizzen verändert nach Poetsch)	kann die ungeschützte Analgegend des Ω -Tieres von vorn beriechen	zeigt Bauchseite und hebt Vorderpfoten
Wolf 	streckt Beine, hebt Schwanz, lässt sich wie von einem Jungtier belecken beschnüffelt die Weichteile des Ω-Tieres	nähert sich mit hängendem Schwanz, beleckt Artgenossen („Futterbetteln") legt sich auf den Rücken, bietet seine Weichteile an

Soziale Körperpflege

Die **soziale Körperpflege** dient der Bearbeitung der Haut, der Federn oder Haare eines Artgenossen. Sie erfolgt an Körperstellen, die der passive Partner selbst nicht erreichen kann. Die Körperpflege erfolgt mit Schnabel, Händen, Lippen und Zunge. Neben der Reinigung dient die Körperpflege auch der Gruppenbindung.

Felldurchsuchen bei Affen

Gegenseitiges „Lausen" zwischen erwachsenen Affen

Soziale Verständigung (Kommunikation)

Soziale Verständigung (Kommunikation) ist für die Erhaltung eines Sozialverbandes notwendig. Dabei werden angeborene und situationsgebundene Signale den Artgenossen übermittelt und diese zu Verhaltensänderungen veranlasst.

Vorteile des Lebens im Sozialverband

- rechtzeitige Feinderkennung,
- gemeinsame Feindabwehr,
- höherer Jadgerfolg bei Beutegreifern,
- schnelleres Auffinden von Futterquellen und Wasserstellen,
- besserer Schutz der Jungtiere,
- Jungtiere können von Älteren lernen,
- Einzeltiere sind vor Beutegreifern besser geschützt,
- oft besteht in der Gruppe Arbeitsteilung u.a.

6.3.2 Sexualverhalten

Sexualverhalten wird durch die Wirkung von Sexualhormonen (weibliche Östrogene, männliche Testosterone) und Schlüsselreizen ausgelöst. Vorwiegend in der Fortpflanzungszeit werden dadurch Balzvarianten und Paarungsvarianten hervorgerufen.

Formen des Balzverhaltens

Balzformen	Vorkommen, z.B.
Lautäußerungen	Singvögel, Grillen, Frösche
Farbänderungen	Tintenfische
Geruchsstoffe	Schlangen, Katzen, Schmetterlinge
Lichtsignale	Leuchtkäfer
Bewegungen	Pfau, Haubentaucher, Stichling (Abb.)

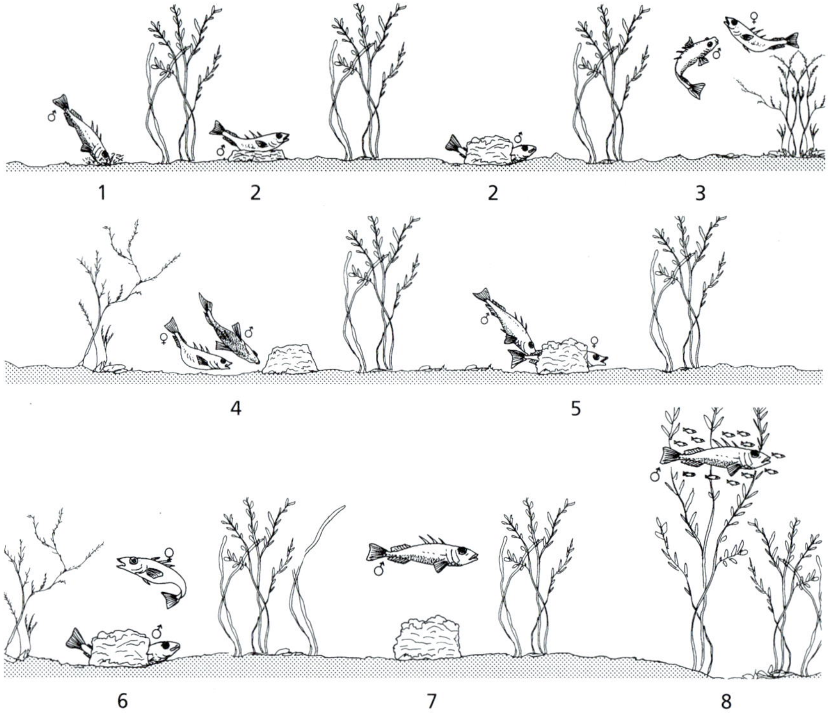

Stichlingsmännchen hebt Grube aus, baut aus Pflanzenteilen ein Nest, stößt Eingang in das Nest (1, 2); Weibchen erscheint, zeigt dicken Bauch, Männchen Zickzacktanz (3); Männchen schwimmt zum Nest, zeigt Weibchen Nesteingang (4); Weibchen schwimmt ins Nest, Männchen stößt es an (Schnauzentriller, Reiz), Weibchen laicht ab (5), Männchen schwimmt ins Nest, besamt Eier, Weibchen schwimmt weg, wird vertrieben (6); Männchen beginnt mit Brutpflege, bewacht das Gelege, fächelt mit den Brustflossen Frischwasser auf die befruchteten Eier (7); wenn die Jungfische geschlüpft sind, bewacht der Vater sie noch etwa 2 Wochen (8)

Bedeutung der Balz

- Verständigungsform unter Geschlechtspartnern,
- Zusammenführung der Geschlechtspartner,
- Abbau aggressiver Verhaltensweisen,
- Aufbau einer Paarbindung,
- sexuelle Stimulation und Synchronisation der Partner unmittelbar vor der Begattung,
- Verhinderung sexueller Kontakte mit Artfremden.

Sexualdimorphismus

Männchen und Weibchen unterscheiden sich deutlich in Körpermerkmalen und Verhaltensweisen, z.B. „Prachtkleider" vieler Vogelmännchen und „Schlichtkleider" der Weibchen, Gesang der Männchen vieler Vogelarten, Brutpflege vieler Säugetierweibchen.

6.3.3 Aggressionsverhalten

Aggressionsverhalten dient dem Angriff oder der Flucht. Beides kann gegen Artgenossen, aber auch gegen Artfremde gerichtet sein. Es tritt auf, wenn um Nahrung, Territorium, Geschlechtspartner oder eine Stelle in der Rangordnung konkurriert wird. Beschwichtigungs- und Demutsgesten hemmen Aggressionsverhalten (S. 509).

Formen von Aggressionsverhalten

Drohverhalten

Der Gegner soll eingeschüchtert werden, z.B. durch Vergrößerung des eigenen Körperumrisses, durch Zeigen seiner Waffen (Fletschen der Zähne).

Affe

Luchs

Wolf

Bär

Kommentkampf

Kampfform, die nach Regeln (genetisch fixiert) abläuft. Kommentkämpfe dienen dazu, den Rivalen zu verdrängen oder innerhalb der Rangordnung den Stärkeren zu ermitteln. Gefährliche Körperteile (Hörner, Geweihe, Zähne, Hufe u.a.) werden in der Regel nicht eingesetzt, so dass ernsthafte Verletzungen vermieden werden.

Gnus werfen sich auf die „Knie" und schlagen die Hornplatten an der Stirn aneinander.

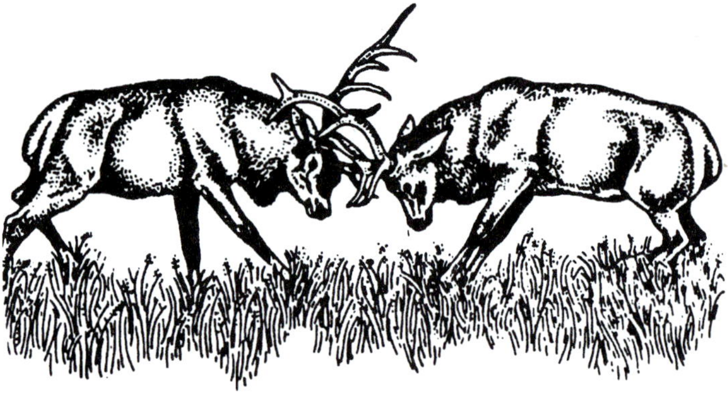

Rothirsche schieben mit dem Geweih.

Thomsongazellen bleiben auf allen Vieren stehen und verschränken ihre Hörner.

6.3.4 Besonderheiten menschlichen Verhaltens

Das **Verhalten eines Menschen** bildet sich vor allem über soziale Lernvorgänge heraus, indem er Verhaltensweisen, Überzeugungen und Wertvorstellungen von anderen übernimmt.

Für die gesunde Entwicklung eines Menschen ist ein enger **Mutter-Kind-Kontakt** notwendig, ansonsten können Störungen im Sozialverhalten auftreten (z.B. Aggressionen, Provokationen, Teilnahmslosigkeit).

Menschliches Zusammenleben wird durch **Gesetze** u.a. geregelt. Innerhalb dieser Gesetze kann er tun, was er will. Für sein Handeln ist er voll verantwortlich, weil er vorausschauend denken kann.

Durch die **Entwicklung der Sprache** kann der Mensch nicht nur über das Erbgut Informationen weitergeben. Die Erfindung der Schrift erweitert die Informationsweitergabe gewaltig.

Im Zusammenhang mit Sexualität, Brutpflege, Revierverteidigung, Rangordnungsverhalten, Ausstoßen von Außenseitern und Frustration zeigen Menschen und Tiere **aggressive Verhaltensweisen**. Der Mensch wendet Aggressionen auch bei der Durchsetzung von Zielen an.

Menschen können **lernen**, wie man Krisensituationen bewältigt. Verständnis, Mitgefühl und menschliche Vernunft sollten den Umgang mit Andersartigen (Hautfarbe, politische Gesinnung, Religion, Behinderung u.a.) regulieren.

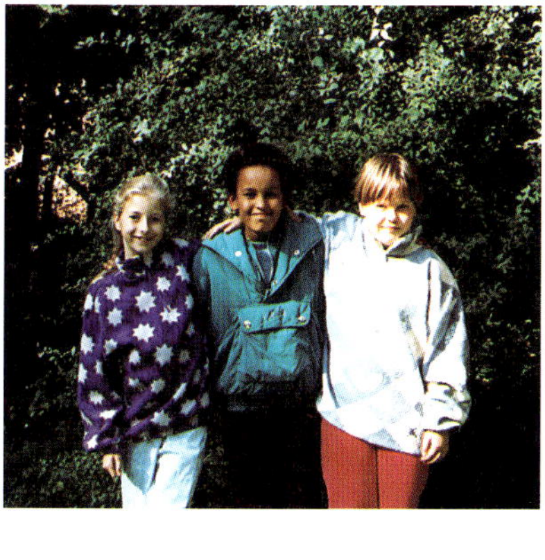

Register

L

Bildquellenverzeichnis

ADAC-Motorwelt: 169/2; AEG Hausgeräte GmbH: 114/1, 126/2; BMWi: 116/3; Corel Photos: 8/1, 10/1, 10/2, 10/4, 34/1, 34/2, 35/2, 40/1, 41/3, 57/2, 64/2, 66/1, 85/2, 89/1, 107/4; Deutsche Zähler-Gesellschaft Hamburg: 134/1; Elektro-Thermit, Essen: 30/1; Europäische Südsternwarte (ESO): 217/5, 217/8; IZE: 216/3; Kohlmorgen, Berlin: 7/3; LEYBOLD DIDACDIC GMBH: 140/1, 145/2, 148/1, 150/1; Lufthansa-Bildarchiv: 64/1; Lothar Meyer, Potsdam: 11/1, 12/1, 26/1, 26/2, 33/1, 34/3, 35/1, 36/1, 41/2, 51/1, 52/2, 57/1, 57/3, 67/1-6, 68/1, 82/1, 85/1, 99/1, 105/1, 105/2-4, 107/2-3, 113/1-3, 114/2-3, 116/2, 122/1-3, 123/1, 123/2, 124/1-2, 126/1, 126/3-4, 128/1, 130/1, 133/1-3, 141/1-3, 143/1, 144/1, 145/1, 169/3, 171/1-2, 173/1-3, 174/1, 176/1-3, 177/2, 179/1, 180/1-2, 184/1-2, 186/1, 187/1-2, 202/1-2, 227/1; NASA: 8/2, 12/2, 217/1, 237/1, 237/2, 237/3, 238/1, 238/2, 238/3, 238/4; National Optical Astronomy Observatories, Tucson, Arizona: 217/9; Adam Opel AG: 40/2, 58/1, 60/1; Orbis-Verlag München: 230/1; OTTO-Versand Hamburg: 66/3; Archiv PAETEC GmbH: 28/1, 36/2, 174/2, 210/1, 210/3; PhotoDisc, Inc.: 7/1, 10/3, 35/3, 40/3, 40/4, 43/257/4, 85/3, 89/2, 89/3, 89/4, 116/1, 169/1, 197/1, 203/1; PHYWE SYSTEME GMBH: 52/1, 93/1, 177/1, 200/1, 210/2; Max- Planck-Gesellschaft München: 239/1; Siemens AG: 9/1, 41/1, 41/4, 107/1, 216/1, 216/2; Klaus Ullerich, Burg: 31/1, 172/1; US Naval Observatory: 217/6; Dr. Vehrenberg KG, Düsseldorf: 218/2; Volkswagen AG: 66/2, 99/2; Carl Zeiss Jena: 218/1; Carl Zeiss Oberkochen: 192/1;

Alle übrigen Bilder zur Astronomie wurden uns freundlicherweise vom Archiv der Archenhold-Sternwarte Berlin-Treptow sowie von der BAADER PLANETARIUM GMBH, Zur Sternwarte, 82291 Mammendorf, zur Verfügung gestellt.

Abbildungen aus „Der Kosmos-Tierführer"/Zahradnik/Cihar, „Der Kosmos-Käferführer"/Harde/Severa, „Der Kosmos-Schmetterlingsführer"/Novak/Severa, „Kosmos-Insektenführer"/Zahradnik, mit Genehmigung des Franckh-Kosmos Verlages, Stuttgart: 367/m., u.; 368/u.; 369; 372/2-4; 375/1-7; 377; 379/1-5, 7; 382/1-4; 383/1-2, 4-6; 384; 385/1-8, 13-16; 404/1-3, 5-7; 405/1-4, 9, 11; 452/1, 2, 4; 494/u.; Biologie und Umweltkunde 1 (Leykam Buchervlag): 383/3; 390/1-4; 405/5-8, 12; Biologie und Umweltkunde 1, Ergänzungsheft (Leykam Buchverlag): 379/6, 8; Biologie und Umweltkunde 2 (Leykam Buchverlag): 333/1-2, 4-7; 336/2-4; 360/1-4; 361/1-2, 5, 7; 362/3-4; 364/3; 370/4; 371/1, 3-4; 372/5-7; 452/3; Block/Litbarski: 382/6; Charite Berlin/Prof. Halle: 328/1, 4; Corel photos Animals: 513/4; Corel photos Apes: 513/1; Corel photos Beneath the Caribbean: 365/1; Corel Photos People: 503/1, 3; Corel photos Predators: 513/2-3; Corel photos Underwater Life: 361/4, 6; 365; Corel photos Waterfowl: 385/9, 11-12; 507/1; Daber, Helms „Mein kleines Fossilienbuch" (Urania-Verlag): 485/1-2, 4-6; Dircksen, Dircksen „Tierkunde 1", Ill. Christine Scheuer (Bayerischer Schulbuch-Verlag, München 1990): 374/1; 376/1; 381/1; 386/1; Dircksen, Dircksen „Tierkunde 2", Ill. Christine Scheuer (Bayerischer Schulbuch-Verlag, München 1982): 360/2, 4; 361/3; 363/1; 368/1; 372/1; Ewald, Venzl „Pflanzenkunde 2", Ill. Hildegard Christ (Bayerischer Schulbuch-Verlag, München 1983): 328/3; 332/5; 334/1-2; 335/1; 336/1; 438/1-2; Horn: 452/3; Jahn „Geschichte der Biologie" (Gustav Fischer Verlag): 483/1-3; 484/1-3; Johnson & Johnson, Consumer affairs department – Photodokumentation zur Entwicklungsphysiologie aus der Broschüre „Die Menstruation": 443/1-2; K. Lorenz „Übertierisches und menschliches Verhalten, gesammelte Abhandlungen Band II" (R. Piper & Co. Verlag, München 1965): 504/5-10; Kalbe „Leben im Wassertropfen" (Urania-Verlag): 330/1-6; 331/3; Life Art Super Anatomy Collection: 387; 388/u.; 395/1-2; 396/1-3, 7; 397/1-2; 401/1-4; 402/2-4; 403/2; 413/1, 3; 416/2; 441/2; 442/1-2; Museum für Naturkunde Berlin/Barthel: 485/3; Naunapper: 515/3-4; Neubauer: 451/2; PAETEC Schulbuchverlag: 331/7; 334/3, 6; 335/3; 337/1-3, 10-13; 432/1-2; 448/2; 492/1-2; Photo Disc Business & Industry: 440/5; 448/3; Photo Disc Nature, Wildlife & Environment: 365/2; 382/5; 440/3-4, 6-8; 452/8; Photo Disc People & Lifestyles: 458/10; 515/1-2; Ritter: 364/4; 370/1-3; 371/2; 375/8; Schumann „Mineralien aus aller Welt" (BLV Verlagsgesellschaft mbH): S. 275/1-3; Tembrock „Grundriß der Verhaltensbiologie" (Gustav Fischer Verlag): 498/u.; Ullrich „Tiere – recht verstanden" (Urania-Verlag): 514/1, 3; Vogel: 511/1-2; Zabel: 331/1; 448/1

Alle übrigen Bilder zur Biologie sind aus dem Archiv der PAETEC GmbH.

Schaltzeichen

	Leiter, Kabel, Stromweg		Stecker	ϑ	NTC-Widerstand (Heißleiter)
L_1 L_2 L_3 PEN	Dreiphasen-Vierleitersystem		Buchse und Stecker	ϑ	PTC-Widerstand (Kaltleiter)
	Kreuzung von Leitern ohne Verbindung		Steckerverbinder, festes Teil	G	Generator
	Leitungsverzweigung: fest, lösbar		Steckverbinder, bewegliches Teil	G ~	Wechselstromgenerator
	Erde (allgemein)		Steckverbindung Steckerseite fest, Buchsenseite beweglich	M	Motor
	Schutzerde		Schalter als Schließer Öffner	M ~	Wechselstrommotor
	Masse		Taster als Schließer Öffner		Kondensator
	Gehäuse		handbetätigter Schalter (allgemein)		Stellbarer Kondensator
	Schutzisolierung		Glühlampe	− +	Elektrolytkondensator
	Sicherung		Glimmlampe		Fotowiderstand
	Antenne		Spule, Drossel		Diode
	Hörer		Spule mit Eisenkern		Lichtemitterdiode (LED)
	Lautsprecher		Transformator		Fotoelement
	Klingel		Dauermagnet		npn-Transistor
	Gleichspannung Wechselspannung		Widerstand (allgemein)	G D S	Feldeffekttransistor
	Spannungsquelle (allgemein)		Widerstand, einstellbar	V	Spannungsmessgerät
− +	Galvanische Spannungsquelle (Batterie)		Widerstand mit festen Anzapfungen	A	Stromstärkemessgerät
	Buchse		Stellbarer Widerstand		Mikrofon